# Vogeltopografie

Einige zur Beschreibung von Gefiederpartien und Färbungsmustern bei Sperlingsvögeln wichtige Begriffe; siehe auch die Topografie von Watvögeln (S. 137) und Möwen (S. 182).

## Gefiederpartien und Körperteile

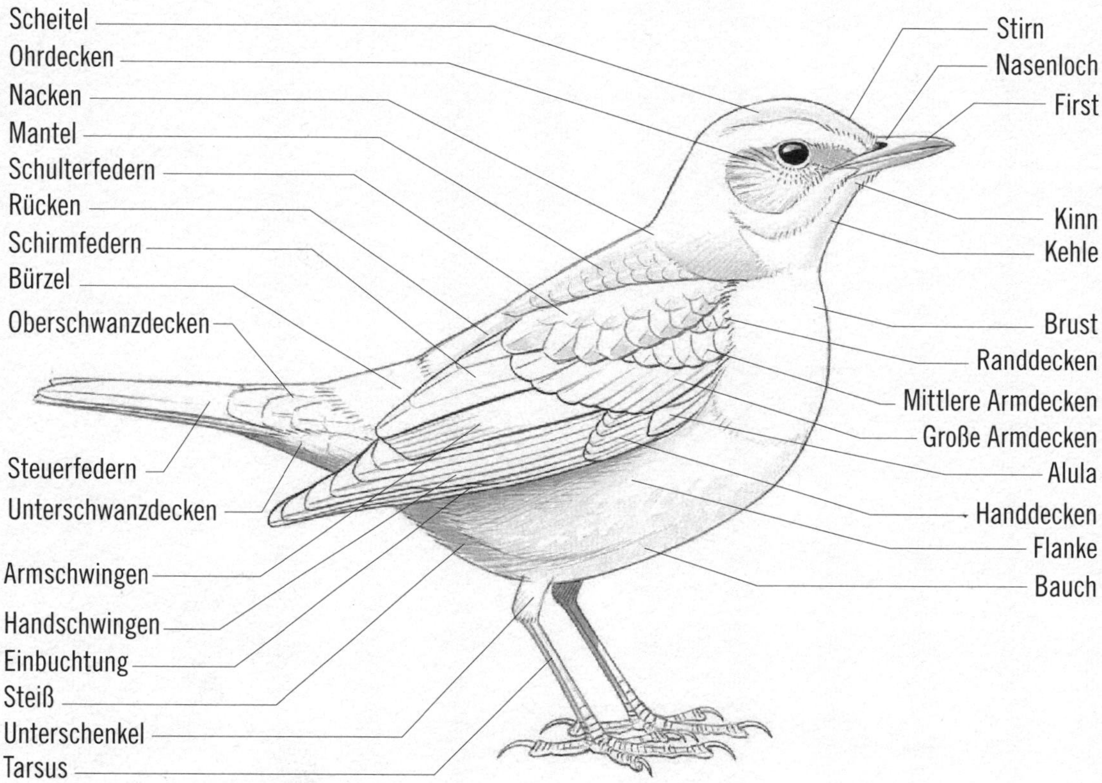

Große Ausgabe

**ERWEITERTE UND STARK AKTUALISIERTE NEUAUSGABE**

900 ARTEN EUROPAS, NORDAFRIKAS UND VORDERASIENS IN ÜBER 4000 FARBZEICHNUNGEN

# Der Kosmos Vogelführer

TEXT UND KARTEN
LARS SVENSSON
ILLUSTRATIONEN UND BILDLEGENDEN
KILLIAN MULLARNEY
DAN ZETTERSTRÖM

Übersetzt und bearbeitet von Peter H. Barthel

KOSMOS

# Inhalt


**Vorwort und Danksagung** 5

**Einführung** 8

**Entenvögel** 14
- Schwäne 14
- Gänse 16
- Gründelenten 24
- Tauchenten 30
- Entenhybriden 34
- Säger 42

**Hühnervögel** 48
- Raufußhühner 48
- Glattfußhühner 52

**Seetaucher** 60
**Lappentaucher** 64
**Röhrennasen** 68
**Pelikane** 76
**Ruderfüßer** 76
- Tölpel 76
- Scharben 78

**Schreitvögel** 80
- Reiher 80
- Störche 84
- Ibisse 86

**Flamingos** 86
**Greifvögel** 88
- Fischadler 89
- Geier 90
- Adler 96
- Milane und Weihen 104
- Bussarde 110
- Habichte 116

**Falken** 120
**Kranichvögel** 128
- Rallen 128
- Kraniche 132

**Trappen** 134
**Regenpfeifervögel** 136
- Austernfischer, Säbelschnäblerverwandte 138
- Triele, Brachschwalbenverwandte 140
- Regenpfeiferverwandte 142
- Schnepfenverwandte 152
- Raubmöwen 178
- Möwen 182
- Seeschwalben 202
- Sumpfseeschwalben 212
- Alke 216

**Flughühner** 220
**Tauben** 222
**Kuckucke** 228
**Eulen** 230
**Nachtschwalben** 242
**Segler** 244
**Wiedehopfe** 248
**Rackenvögel** 248
- Eisvögel 248
- Spinte, Racken 250

**Spechtvögel** 252
**Sperlingsvögel** 258
- Lerchen 258
- Schwalben 268
- Stelzenverwandte 272
- Wasseramseln, Seidenschwänze, Seidenwürger 282
- Braunellen 284
- Nachtigallen, Rotschwänze u. a. 286
- Schmätzer 294
- Drosseln 306
- Grasmückenverwandte, Prinien u. a. 314
- Rohrsänger, Schwirle u. a. 326
- Spötter, Laubsänger 336
- Goldhähnchen, Zaunkönige 348
- Schnäpper 350
- Meisen, Schwanz-, Bart-, Beutelmeise. 354
- Kleiber 362
- Mauerläufer 364
- Baumläufer 364
- Würger 366
- Bülbüls, Nektarvögel 372
- Häherlinge 374
- Krähenverwandte 374
- Starenverwandte 382
- Pirole 384
- Sperlinge 386
- Finkenverwandte 390
- Kreuzschnäbel 400
- Ammern 406
- Nordamerikanische Singvögel 418

**Sehr seltene Ausnahmeerscheinungen** 422
**Extreme Seltenheiten** 440
**Eingeführte Brutvögel & Gefangenschaftsflüchtlinge** 446

**Literatur und andere Quellen** 454
**Register** 458

**Anhang**
**Systematik der Vögel Europas** 478
**Statusangaben Deutschland** 480

*Der Erinnerung an Peter J. Grant gewidmet*

# VORWORT UND DANKSAGUNG

Der Erfolg des Kosmos Vogelführers ist natürlich eine Freude sowohl für die Autoren als auch für die Verleger. Er wurde in 23 Sprachen veröffentlicht und in mehr als einer Million Exemplaren verkauft, davon fast 300.000 allein in Großbritannien und Irland. Dies bestätigt, dass es uns gelungen ist, ein modernes Vogelbestimmungsbuch zu schaffen, das gleichermaßen passionierte Vogelbeobachter wie ernsthafte Ornithologen anspricht, aber auch viele, die einfach nur ein allgemeines Interesse an Vögeln zeigen. Erstmals 1999 veröffentlicht, wurde das Buch zehn Jahre später überarbeitet und verbessert, um neue Trends in der Taxonomie und Fortschritte der Bestimmungstechniken der letzten Jahre zu berücksichtigen. Nun liegt die dritte, stark überarbeitete Auflage vor.

In dieser dritten Auflage wurde die bisherige Reihenfolge der Ordnungen und Familien beibehalten. Wir sehen einen Vorteil darin, an einer vertrauten Reihenfolge festzuhalten, die das Suchen nach bestimmten Seiten erleichtert, statt ständig hin und her blättern zu müssen, bis man schließlich aufgibt und das Register zu Hilfe nehmen muss. Das soll nicht heißen, dass wir den Wert der Taxonomie nicht zu schätzen wissen – neue Erkenntnisse über die Verwandtschaft von Arten und Familien sind sicherlich interessant. Dennoch besteht der Hauptzweck eines Bestimmungsbuchs darin, schnell Hinweise darauf zu geben, wie eine bestimmte Art zuverlässig identifiziert werden kann, und daher wären ständige Änderungen der Reihenfolge zwischen den Auflagen des Buchs ein Nachteil für den Benutzer.

Durch die Hinzufügung von 32 weiteren Seiten wurde mehreren Gruppen mehr Platz für ganz oder teilweise neue Tafeln mit ausführlicherem Text gegeben: Raufußhühner, Seetaucher, mehrere Greifvogelgruppen, Seeschwalben, Eulen, Segler, Spechte, Schwalben, Rotschwänze und einige andere Fliegenschnäpperverwandte (früher oft als „kleine Drosseln" bezeichnet), Meisen und einige Finken und Ammern gehören dazu. Mehr als 50 Tafeln sind entweder neu oder wurden ganz oder teilweise überarbeitet. Ferner wurden einige neue Vignetten hinzugefügt. Der Abschnitt mit Ausnahmeerscheinungen wurde erweitert, um mehr Bilder und längere Texte für mehrere Arten unterzubringen. Der gesamte Text und alle Karten sind natürlich ebenfalls überarbeitet worden.

Wir danken allen, die sich im Laufe der Jahre mit Ratschlägen, Kommentaren und Verbesserungsvorschlägen hilfreich gemeldet haben. Und wenn wir Fragen hatten, haben Freunde und Experten ihr Wissen bereitwillig zur Verfügung gestellt. Die meisten von ihnen wurden bereits im Vorwort der ersten und zweiten Auflage gewürdigt, aber einige verdienen es, noch einmal erwähnt zu werden. Zunächst einmal geht ein besonderer Dank an Hans Larsson für die Anfertigung mehrerer fehlender Bilder im Abschnitt über eingeführte und entkommene Arten (siehe S. 446). Unser Dank geht auch an Amir Ben Dov, Marcel Haas und André van Loon für hilfreiche Anregungen.

L. S. dankt Marc Adams, Per Alström, Vladimir Arkhipov, Pierandrea Brichetti, Nigel Collar, José Luis Copete, Jochen Dierschke, Paul van Els, Magnus Hellström, Ulf Johansson, Sakari Kauppinen, Jan Bolding Kristensen, Tor Audun Olsen, James V. Remsen, Hadoram Shirihai, William Velmela und Henrik Waldenström für den nützlichen Austausch und die Hilfe bei der Suche nach entscheidenden Fakten. V. Arkhipov half auch bei der Organisation meiner letzten (sic!) größeren Exkursion, die mich in den Altai im Süden Sibiriens führte. Andere, die bei der Verbesserung der Karten oder durch Hinweise auf Fehler geholfen haben, sind Peter H. Barthel, Arnoud B. van den Berg, Gianni Conca, Pierre-André Crochet, Jerzy Dyczkowski, Joe Hobbs, Chas Holt, Steve István, Erling Jirle, Yann Kolbeinsson, Markus Lagerqvist, Stephen Menzie, Klaus Malling Olsen, Uku Paal, Gösta Peper, Katarina Slabeyova und Robert Tovey.

K. M. ist Mark Constantine besonders dankbar für seine unschätzbaren Ratschläge und seine Geduld bei anderen laufenden Projekten. Gleichermaßen ist den Freunden Paul Archer, Arnoud B. van den Berg, Oscar Campbell, Derek Charles, Pierre-André Crochet, Dave Daly, Davey Farrer, Dick Forsman, Joe Hobbs, Steve Howell, Richard Johnson, Lars Jonsson, Ian Lewington, James Lidster, Pat Lonergan, Paul Kelly, Dave McAdams, James McCallum, Colm Moore, John Murphy, René Pop, Magnus Robb, David Sibley, Julian Smith, Dave Suddaby, Daniel López Velasco und Alyn Walsh allesamt für inspirierende Diskussionen oder Begleitung zu danken, gelegentlich auch beides. Dank auch an Peter Adriaens, David Bakewell, José Luis Copete, Andrea Corso, Chris Gibbins, Barak Granit, Magnus Hellström, Richard Johnson und Mars Muusse für ihre fachlichen Ratschläge. Schließlich danke ich den Verantwortlichen der Online-Plattform eBird des Cornell Lab of Ornithology, einer wahren Fundgrube für Millionen von Vogelfotos aus der ganzen Welt, die bei der Klärung vieler interessanter Fragen zur Art- und Altersbestimmung von Vögeln hilft.

D. Z. dankt Mehdi Chetibi, Pierre-André Crochet, Javier Elorriaga, Avi Meir, David Monticelli, Peter Öhrström, Yoav Perlman, Olof Persson, Lars Petersson, George Rajebashvili, Yeray Seminario und Elchin Sultanov für ihre Hilfe und Unterstützung bei unterschiedlichsten Dingen. Ein besonderer Dank geht auch an meine Freunde Stefan Asker und Göran Ekström für anregende Diskussionen während vieler Auslandsreisen im Laufe der Jahre.

Und einmal mehr danken wir unseren Familien und engen Freunden für Unterstützung und Geduld. Ein herzliches Dankeschön auch unserem Chefredakteur Martin Ransgart und unserem Hauptverlag Bonnier Fakta für alle Hilfe und das Vertrauen.

*Lars Svensson, Killian Mullarney, Dan Zetterström*

## KILLIAN MULLARNEY

Killian Mullarney (Zeichnungen und Bildlegenden) gilt als einer der bedeutendsten Vogelkünstler unserer Zeit und ist zudem ein hochgeschätzter Ornithologe mit großer Freilanderfahrung. Er war von Anfang an in die Arbeit an diesem Buch involviert. In den Jahren 1980-2008 war er Mitglied der irischen Seltenheitenkommission und wird von Zeitschriften (z. B. Dutch Birding und Birdwatch) und Seltenheitenkommissionen in aller Welt als Bestimmungsexperte herangezogen. Dass er eine führende Autorität z. B. für Seevögel und Möwen ist, dürfte aus seinem Beitrag zu diesen Gruppen im vorliegenden Buch ersichtlich sein. Er lebt mit seiner Familie in Wexford, Irland. Sein Interesse an Vögeln hat ihn nicht nur in alle Teile Europas geführt, sondern auch nach China, Nordamerika und in den Nahen Osten.

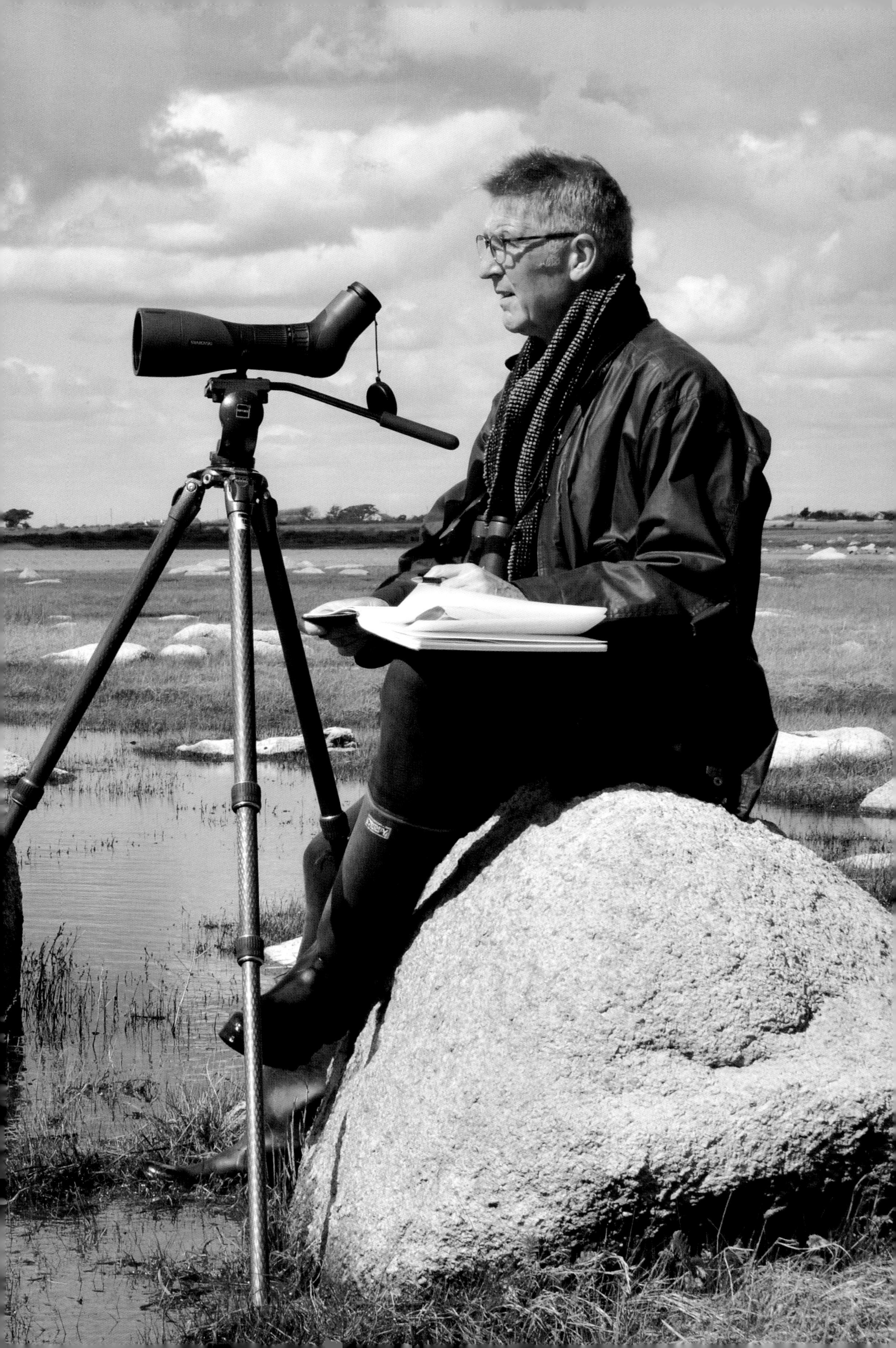

## DAN ZETTERSTRÖM

Dan Zetterström (Zeichnungen und Bildlegenden) gehört zu besten Vogelzeichnern der Welt und ist ein anerkannter Experte für die Bestimmung von Vögeln. Durch häufige Reisen in Europa und im Mittelmeerraum, aber auch in entlegenere Länder besonders der nördlichen Hemisphäre, hat er praktisch alle in diesem Buch behandelten Arten aus erster Hand kennen gelernt. In den Jahren 1989-97 war er Mitglied der schwedischen Seltenheitenkommission. Im Jahr 1990 wurde er eingeladen, dem Team dieses Buchs beizutreten, und seitdem sind sein Ideenreichtum, sein Wissen und seine Arbeitsfähigkeit ein großer Gewinn für Inhalt und Gestaltung des Werks. Er hat auch zu mehreren anderen Büchern über Vögel beigetragen, z. B. *Philip's Guide to Birds of Britain and Europe, The Birds of the Western Palearctic, Handbuch der Vogelbestimmung* und *Kosmos Vogeljahr.* Er lebt in der Nähe von Karlstad in Westschweden.

## LARS SVENSSON

Lars Svensson (Text und Karten) ist ein hoch angesehener schwedischer Ornithologe. In den 1980er-Jahren fasste er den Plan zur Erstellung dieses Buchs und bezog von Anfang an Peter J. Grant und Killian Mullarney in die Arbeit ein. Er hat unter anderem das Buch *Identification Guide to European Passerines* geschrieben, ein Buch für Vogelberinger zur exakten Bestimmung aller europäischer Singvögel in der Hand. Von 1971-74 war er Herausgeber der schwedischen ornithologischen Zeitschrift *Vår Fågelvärld,* gründete die erste schwedische Seltenheitenkommission (unter der Leitung der Schwedischen Ornithologischen Gesellschaft) und war von 1971-86 deren Vorsitzender. Er war Mitglied der schwedischen und britischen taxonomischen Kommission. Auch ist er als Autor oder Mitautor anderer Bücher und mehrerer maßgeblicher Abhandlungen über Vogelbestimmung bekannt. Er lebt abwechselnd in Torekov im Süden Schwedens und in Stockholm und hat unzählige ausgedehnte Reisen zum Studium von Vögeln unternommen. Im Jahr 2004 wurde er zum Ehrendoktor der Universität Uppsala ernannt. 2018 erschienen die ersten beiden Bände des reich mit Fotos illustrierten *Handbook of Western Palearctic Birds,* das in Zusammenarbeit mit Hadoram Shirihai entstand.

# Einführung

Dieses Buch behandelt alle Vogelarten, die als Brutvögel oder regelmäßige Gäste in Europa, Nordafrika nördlich 30° nördlicher Breite sowie in Israel, Palästina, Jordanien, Syrien, der Türkei, Armenien, Georgien und Aserbaidschan und auf der ägyptischen Sinaihalbinsel beobachtet werden können. Ferner sind die Kanarischen Inseln und Madeira behandelt (nicht aber die Azoren, Kapverden, der Irak und Iran). Europa wird im Osten durch den Kamm des Uralgebirges, den Fluss Ural und das Kaspische Meer begrenzt.

729 Arten sind im Hauptteil beschrieben, 66 seltene Besucher werden nur kurz vorgestellt. Weitere 36 Arten, bei denen es sich möglicherweise oder sicher um Gefangenschaftsflüchtlinge bzw. um vom Menschen ausgesetzte Vögel mit in Freiheit brütenden verwilderten Populationen handelt, werden separat vorgestellt. Schließlich werden 142 sehr seltene Ausnahmeerscheinungen von anderen Kontinenten lediglich aufgelistet.

### Taxonomie und Vogelnamen

Hinsichtlich der Taxonomie und Benennung der Vogelarten folgt das vorliegende Buch den Vorgaben der Deutschen Ornithologen-Gesellschaft bzw. der Weltvogelliste der IOC von Gill et al. (2022). Ausnahmsweise gibt es den begründeten Vorlieben des Autors entsprechende Abweichungen.

Jede Vogelart trägt eine latinisierte wissenschaftliche Bezeichnung, die aus zwei Teilen besteht, nämlich dem Gattungsnamen (mit einem Großbuchstaben beginnend) und dem eigentlichen Artnamen (in Kleinbuchstaben). Wissenschaftliche Art- und Gattungsbezeichnungen werden immer kursiv geschrieben. So lautet z. B. der wissenschaftliche Name der Bachstelze *Motacilla alba.*

Eng miteinander verwandte Arten gehören zur selben Gattung (haben also einen identischen Gattungsnamen in ihrer wissenschaftlichen und oft auch deutschen Bezeichnung), einander nahestehende Gattungen bilden eine Familie (deren wissenschaftliche Bezeichnung immer mit -idae endet). Nah verwandte Familien werden in Ordnungen zusammengefasst (wissenschaftlicher Name endet mit -iformes).

Innerhalb einiger Arten gibt es eine erhebliche geographische Variation, die oft zur Ausbildung deutlich unterscheidbarer Unterarten oder Subspezies führt. Um sie klar zu definieren, wird an ihren zweiteiligen wissenschaftlichen Namen eine zusätzliche Bezeichnung für die Unterart angefügt. Daher heißt die dunkel gefärbte Bachstelze der Britischen Inseln *Motacilla alba yarrellii*, die im übrigen Europa lebende Unterart jedoch *Motacilla alba alba.* Für einige Unterarten haben sich umgangssprachlich auch deutsche Namen eingebürgert, die aber in Anführungszeichen gesetzt werden, für die oberseits schwarze britische Bachstelze z. B. „Trauerbachstelze“. Aus Platzmangel werden hier nur die auffallendsten Unterarten behandelt.

Die Reihenfolge der Ordnungen, Familien und Gattungen entspricht oft einer älteren Systematik, was dem Benutzer das Auffinden erleichtert. Manchmal werden auch einander ähnliche, jedoch nicht näher miteinander verwandte Arten zum besseren Vergleich direkt nebeneinander behandelt. Das Buch folgt also nicht immer dem aktuellen systematischen Kenntnisstand (siehe S. 478), sondern der Pädagogik.

### Statusangaben

Um schnell erfassen zu können, ob eine Vogelart in Deutschland eine häufige Erscheinung oder ein sehr seltener Gast ist, enthält die Kopfzeile für jede Art eine kurze Statusangabe aus kombinierten Kennbuchstaben. Sie setzt sich, durch Schrägstriche getrennt, aus Informationen zur Nachweiskategorie, zur Verbreitung und Häufigkeit als Brutvogel und zum Vorkommen außerhalb der Brutzeit zusammen. Die Angaben beruhen auf der offiziellen Artenliste der Deutschen Ornithologen-Gesellschaft (Barthel & Krüger 2019). Die Bedeutung der Abkürzungen ist nachfolgend kurz erklärt, aber auf S. 480 finden sich ausführlichere Erläuterungen dazu.

**Kategorie**

| | |
|---|---|
| A | seit 1950 mindestens einmal als Wildvogel in Deutschland nachgewiesen |
| B | nur zwischen 1800 und 1949 festgestellt |
| C | gebietsfremde, eingebürgerte Art |
| D | zwar festgestellt, aber Status als Wildvogel unklar |
| E | nicht auf natürliche Weise nach Deutschland gelangt (z. B. ausgesetzt, als Gefangenschaftsflüchtling, durch Schiffstransport) |

**Brutstatus**

| | |
|---|---|
| N | national, brütet in weiten Teilen Deutschlands in geeigneten Lebensräumen |
| R | regional, brütet nur in bestimmten Regionen, z. B. Alpenraum, Küsten |
| L | lokal, brütet nur sehr kleinräumig oder punktuell, dort aber oft im hoher Dichte |

**Häufigkeitsklassen**

| | |
|---|---|
| 1 | 1-100 Brutpaare |
| 2 | 101-1.000 Brutpaare |
| 3 | 1.001-10.000 Brutpaare |
| 4 | 10.001-100.000 Brutpaare |
| 5 | 100.001-1.000.000 Brutpaare |
| 6 | mehr als 1 Million Brutpaare |

**Status außerhalb der Brutzeit**

| | |
|---|---|
| J/j | häufiger/seltener, ganzjährig zu sehender Jahresvogel |
| Z/z | häufiger/seltener Zugvogel oder Durchzügler |
| W/w | häufiger/seltener Wintergast |
| S/s | Seltenheit mit durchschnittlich weniger als fünf Nachweisen pro Jahr (S) oder insgesamt weniger als fünf Nachweisen (s) |
| – | in Deutschland noch nicht nachgewiesene Art |

### Verbreitungskarten

Für fast alle Arten enthält dieses Buch Verbreitungskarten. In den meisten Fällen ermöglichen sie eine schnelle Einschätzung der Wahrscheinlichkeit, eine Vogelart an einem bestimmten Ort zur entsprechenden Jahreszeit sehen zu können. Obwohl die Karten recht klein sind, sollten sie dennoch eine nützliche Zusammenfassung des normalen Auftretens bieten. Soweit bekannt, wurden zusätzlich die

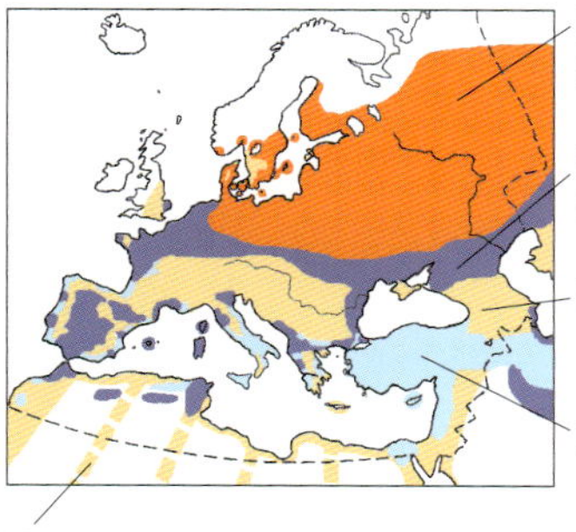


Regionen markiert, in denen die Art zu den Zugzeiten auftritt.

Um die Verbreitungskarten weiterhin so aktuell und exakt wie möglich zu halten, wurden alle das Bearbeitungsgebiet betreffenden neuen nationalen Listen und Verbreitungsatlanten der letzten zehn Jahre ausgewertet. Allerdings fehlen noch immer aktuelle Kartierungen für so wichtige Gebiete wie Finnland, Island, Norwegen und die meisten Staaten der früheren Sowjetunion.

**Größenangaben**

Jede Artbehandlung beginnt mit einer Angabe der Größe des Vogels, und zwar der beim gestreckten Vogel von der Schnabel- bis zur Schwanzspitze gemessenen Längenangabe (L). Für die meisten derjenigen Arten, die man auch öfter im Flug beobachten kann, ist zusätzlich die Spannweite (S) vermerkt.

Um der ganz normalen Größenvariation innerhalb einer jeden Art Ausdruck zu verleihen, wird ausnahmslos statt eines Durchschnittswerts die Variationsbreite angegeben. Viele Vogelbeobachter vergessen oft die biologische Variation, was allzu leicht zu einer Fehlbestimmung führt, wenn man sich zu sehr auf eine Größeneinschätzung verlässt.

Die Längenangaben beruhen meist auf Messungen von Serien gut präparierter Bälge, manchmal von gerade gestorbenen oder lebenden Vögeln (und wurden nur ausnahmsweise den gängigen Handbuchserien entnommen).

Die Angaben der Flügelspannweiten geben die Werte an, die der Vogel selbst erreichen kann (größere Werte ließen sich erzielen, wenn man bei einem Vogel in der Hand die Flügel streckt, doch wurden solche künstlichen Maße vermieden). Einige Maße in anderen Büchern sind etwas irreführend. Die hier präsentierten Angaben beruhen weitgehend auf Originalmessungen lebender Vögel, ergänzt um an Bälgen und von Fotos genommene Maße.

**Fachbegriffe und Symbole**

Damit dieses Buch für viele Vogelbeobachter und Naturfreunde verständlich bleibt, wurde auf Fachjargon weitgehend verzichtet. Einige technische Begriffe sind jedoch nützlich und erleichtern die Kommunikation und Darstellung. So sollte man die exakten Bezeichnungen für die verschiedenen Kleider und Altersstufen sowie für die Gefiederregionen und Körperteile der Vögel kennen. Sie sind nachfolgend zusammengestellt, während die Topographie des Vogels auf der inneren Umschlagseite abgebildet und erläutert wird.

**Kleiderfolge und Altersbezeichnungen**

JK – Jugendkleid; das erste komplette Gefieder, in dem ein Jungvogel die Flugfähigkeit erlangt. Er selbst wird als juvenil (Abk. juv.) bezeichnet

1er W – erstes Winterkleid; folgt auf das Jugendkleid, wird im Spätsommer/Herbst durch Teilmauser des Kleingefieders (bei einigen Arten auch Vollmauser) angelegt und bis zum Frühjahr des zweiten Kalenderjahres getragen

1er S – erstes Sommerkleid; ersetzt im Frühjahr des zweiten Kalenderjahres das erste Winterkleid, wird durch Teilmauser (bei wenigen Arten Vollmauser) angelegt oder kommt durch Abnutzung von Federrändern zum Vorschein, gut vom Gefieder der älteren Vögel unterscheidbar

2er W – zweites Winterkleid; entsteht durch Vollmauser (bei manchen Arten nur Teilmauser) im Spätsommer/Herbst des zweiten Kalenderjahres und wird bis zur nächsten Mauser im Frühjahr des dritten Kalenderjahres getragen. Meistens, besonders bei kleineren Arten, nicht mehr vom Alterskleid bzw. Schlichtkleid der Altvögel unterscheidbar

2er S – zweites Sommerkleid; das im Sommer des dritten Kalenderjahres getragene Gefieder (wenn der Vogel also zwei Jahre alt ist), meist durch Teilmauser im Frühjahr angelegt und bis zur Vollmauser im Spätsommer/Herbst getragen. Bei einigen größeren Arten (z. B. Großmöwen) lassen sich auch noch drittes Winterkleid (3er W) und drittes Sommerkleid (3er S; usw.) unterscheiden

ad. – adult; Bezeichnung für voll ausgefärbte Altvögel. Wird benutzt, wenn das Alterskleid ganzjährig mehr oder weniger identisch aussieht

PK – Prachtkleid; das von Altvögeln während der Balz- und Brutzeit, also meist im Sommerhalbjahr getragene, oft besonders farbenprächtige Kleid. Die Bezeichnung gilt auch für ♂! Das PK wird bei den meisten Arten durch Teilmauser im Frühjahr angelegt (bei einigen durch Vollmauser oder einfach durch Abnutzung/Abstoßung breiter, unauffällig gefärbter Federränder, unter denen der bunte Teil der Feder zuvor verborgen lag)

SK – Schlichtkleid; von Altvögeln meist durch Vollmauser während oder nach der Brutzeit angelegt und im Winterhalbjahr getragen, meist unscheinbarer als das PK

imm. – immatur; zusammenfassende, unpräzise Bezeichnung für unausgefärbte Vögel, die nicht mehr das Jugend- und noch nicht das Alterskleid tragen

1es KJ – erstes Kalenderjahr; in einigen Fällen sind genaue Kleiderangaben nicht möglich, sodass man sich mit der Angabe des Alters des Vogels begnügen muss. Das erste Kalenderjahr dauert bis zum 31.12. des Geburtsjahres, das zweite Kalenderjahr (2es KJ) beginnt am 1.1. des darauffolgenden Jahres und endet entsprechend auch am 31.12. (usw.)

> – Mauserzustand zwischen zwei Kleidern, z. B. JK>1erW (vom Jugend- ins erste Winterkleid mausernd) oder SK>PK (vom Schlicht- ins Prachtkleid mausernd)

**Weitere Fachbegriffe**

Albinismus – völliges Fehlen von Pigmenten, sodass Albinos weiß sind und rote Augen haben

Alula – Daumenfittich; kleine, feste Federn am Handflügel, der Manövrierfähigkeit dienend, oft anders gefärbt

Armdeckenfeld – andersfarbiges Feld auf der Oberseite des Armflügels
Armflügel – Bezeichnung für den inneren Flügel
Art – wichtigste Einheit der Taxonomie, bezeichnet sehr vereinfacht ausgedrückt eine Gruppe von Populationen, deren Mitglieder sich untereinander, aber nicht mit Angehörigen anderer Populationen (also anderer Arten) fortpflanzen
Augenring – das Auge ringförmig umgebende Befiederung
Augenstreif – auf Augenhöhe waagerecht auf den Kopfseiten verlaufender Streifen, vgl. Zügelstreif
Finger – die gespreizt sichtbaren Spitzen der längsten, äußeren Handschwingen bei kreisenden Großvögeln, z. B. Adlern
Flügelbinde – von den hellen Spitzen der Großen und/oder Mittleren Armdecken gebildetes Abzeichen
Flügeldecken – dem Flügel eine aerodynamische Form verleihende, die Schäfte der Schwungfedern, Knochen und Muskeln des Flügels bedeckende Federn, auf der Oberseite bestehend aus Großen, Mittleren und Kleinen Armdecken (Letztere fehlen Singvögeln), Randdecken und Handdecken
Flügelprojektion – Überstand der Flügelspitzen über die Schwanzspitze beim stehenden Vogel
Flügelstreif – von den hellen Basen der Hand- und Armschwingen gebildeter Streif, meist nur im Flug sichtbar, manchmal mit Flügelbinde (s. dort) kombiniert
Fußprojektion – Überstand der Füße über den Schwanz beim fliegenden Vogel
Gonys – vor der Spitze gelegener Bereich des Unterschnabels, oft als Winkel hervorstehend (Gonyseck) oder andersfarbig (Gonysfleck)
Habitus – charakteristischer Gesamteindruck eines Vogels, der sich aus Größe, Gestalt, Bewegungsweise usw. zusammensetzt und vom Beobachter oft intuitiv wahrgenommen wird
Handflügel – zusammenfassende Bezeichnung für den äußeren Flügel
Handschwingenprojektion – Überstand der Handschwingen über die sie mehr oder weniger verdeckenden Schirmfedern
Hybriden – auch im Freiland gelegentlich vorkommende Kreuzungsprodukte zwischen zwei (meist nah miteinander verwandten) Arten (oder Unterarten)
Leukismus – teilweises Fehlen dunkler Gefiederpigmente; leukistische Vögel sehen oft beige oder ausgeblichen aus
Lidring – das Auge ringförmig umgebende, oft bunte, immer unbefiederte Hautpartie
Melanismus – Pigmentstörung, die zu dunklerem bis ganz schwarzem Gefieder führt
Morphe – nicht auf eine Region oder Unterart beschränkte, meist helle oder dunkle Farbvariation
Paläarktis – tiergeographische Region, die Europa, Nordafrika und Asien nördlich des Himalaja umfasst; der Teilbereich westlich des Ural wird Westpaläarktis genannt
Pelagisch – auf dem offenen Meer lebend; Hochseevögel werden auch als Pelagen bezeichnet
Polygamie – Fortpflanzung mit mehreren Partnern des jeweils anderen Geschlechts, bei Vögeln sehr verbreitet
Schirmfedern – Bezeichnung für die anders strukturierten, oft abweichend gefärbten inneren Armschwingen, die „beschirmend“ über dem Flügel liegen und wegen des höheren Verschleißes teilweise öfter gemausert werden; bei Singvögeln meist drei, bei anderen Ordnungen oft mehr Federn
Schwanzprojektion – Überstand des Schwanzes über die Flügelspitzen beim stehenden Vogel
Spiegel – rechteckiges, farbiges Feld auf den Armschwingen, bei Enten oft mit Metallglanz
Subapikalfleck – vor der Federspitze platzierter Fleck
Subterminalbinde – kurz vor der Spitze (des Schwanzes, Flügelhinterrands oder einer einzelnen Feder) liegende, auffallend anders gefärbte Binde
Tarsus – Lauf; die zusammengewachsenen Mittelfußknochen, bilden den größten Teil des sichtbaren Vogelbeins
Tibia – Unterschenkel, bei Vögeln überwiegend verborgen
Überaugenstreif – heller, waagerechter Streif über dem Auge, der sich maximal vom Schnabelansatz bis zum Nacken erstreckt, meist aber kürzer ist
Unterart – auf eine geographische Region beschränkte Population einer Art, die sich durch äußere Merkmale (Größe, Färbung) von anderen Populationen derselben Art unterscheiden lässt; auch Subspezies (ssp.) genannt
Varietät – gelegentlich vorkommende Abweichung innerhalb einer Art, die aber keine taxonomische Benennung erfordert
Variation – im Haupttext oft als einleitender Begriff für die Beschreibung der Unterarten benutzt
Wachshaut – unbefiederte, die Nasenlöcher umgebende, oft auffallend gefärbte Haut auf der Oberschnabelbasis, besonders bei Greifvögeln
Zügelstreif – zwischen Schnabel und Auge verlaufender, meist dunkler Streif

**Symbole**
♂ Männchen
♀ Weibchen

**Stimmenbeschreibung**
Aus Platzmangel, aber auch aus Gründen der Einfachheit und Klarheit und um besonders den Anfänger nicht zu verwirren, werden nur die häufigsten und typischen Lautäußerungen beschrieben. Viele feine Variationen der Kontakt- und Alarmrufe bleiben unberücksichtigt.

Obwohl die Wiedergabe von Vogelstimmen mit Buchstaben zwangsläufig ungenau und subjektiv ist, wurde hier versucht, die jeweils typischen Eigenheiten durch ein bestimmtes System von Buchstabenwahl und Schreibweise möglichst einheitlich und genau zu erfassen. Die Erfahrung lehrt, dass es sehr hilfreich sein kann, eine passende Beschreibung zu lesen, besonders nachdem man die Stimme gerade gehört hat (was im Widerspruch zur gelegentlich geäußerten Meinung steht, solche Beschreibungen seien aufgrund zu subjektiver Höreindrücke von geringem Nutzen).

Wann immer man eine unbekannte Vogelstimme hört, sollte man sofort niederschreiben, woran sie erinnert, sei es an eine andere Vogelart oder etwas völlig anderes. Es ist nämlich wahrscheinlich, dass man bei der nächsten Begegnung exakt denselben Vergleich zieht – und dann sofort weiß, welche Art es ist. Eigene Eindrücke sind also eine wichtige Ergänzung zu den Beschreibungen in diesem Buch.

Lautäußerungen sind immer in Anführungszeichen gesetzt. Silben in GROSSBUCHSTABEN sind stärker betont als die anderen. Sofern ein Laut sehr heftig oder explosiv wirkt, folgt ihm ein Ausrufungszeichen.

Die Wahl der Konsonanten deutet an, ob ein Laut hart oder weich ist; „tick" klingt insgesamt härter als „gipp", „kück" beginnt schärfer als „bjück", „z" meint einen spitzeren, mehr „elektrisch zischenden" Ton als „ts".

Die Vokale sollen einen ungefähren Hinweis auf die Tonhöhe geben. Von den tiefsten zu den höchsten Tönen lässt sich etwa folgende Reihe aufstellen: u, o, ö, a, ä, e, ü, i. Der Ruf „kui" steigt am Schluss an, während „wih-e" abfällt.

Verdoppelte Vokale bezeichnen einen längeren Ton, „wiit" klingt also länger gezogen als „wit". Wird ein Vokal am Silbenende von einem „h" gefolgt, z. B. „tüh", ist er zwar lang gezogen, endet aber absterbend oder ausatmend.

Die Abstände zwischen Buchstaben oder Silben geben an, wie schnell sie aufeinander folgen. „ki... ki... ki..." ist sehr langsam, „ki, ki, ki,..." gibt einen ruhigen Takt an, „ki ki ki..." hört sich etwas schneller an, während „ki-ki-ki-..." hämmernd und „kikiki..." sehr schnell klingt; noch schneller, rollend und vibrierend ist „kr'r'r'r'r'...". Gelegentlich musste eine strikte Anwendung dieser Regeln allerdings zugunsten der Lesbarkeit durchbrochen werden.

**Die Tafeln**

Besonders um dem Anfänger dabei zu helfen, die vielen Einzelabbildungen besser einordnen zu können, folgen die Tafeln einem bestimmten Aufbau: (1) gleicher Verkleinerungsmaßstab aller Hauptabbildungen einer Tafel, bei denen es sich nicht offensichtlich um „Hintergrundzeichnungen" handelt, (2) einheitliche Stellung und Position der einzelnen Kleider (♂ im Prachtkleid immer unten rechts, Vögel im Jugendkleid immer links außen), (3) zusätzliche Vignetten und kleine Zeichnungen, die den typischen Lebensraum, Verhalten, Stellungen oder das Erscheinungsbild aus größerer Entfernung und unter schlechten Beleuchtungsverhältnissen zeigen (also so, wie man den Vogel oft sieht!), (4) Hinweispfeile und Kurzlegenden, die auf im Haupttext ausführlicher geschilderte Merkmale hinweisen. Um die Zuordnung zu den einzelnen Arten zu erleichtern, sind feine Trennlinien eingezeichnet. Der Artname steht immer oben links über den dazugehörigen Zeichnungen.

Trotz des Bemühens, typische Kleider und Stellungen abzubilden, muss darauf hingewiesen werden, dass man im Freiland gelegentlich einzelnen Individuen begegnet, die ganz anders als auf den Farbtafeln aussehen. Manche haben ein stark abgenutztes oder verschmutztes Gefieder, andere präsentieren sich in abweichender Stellung, da sie sich in schlechtem Zustand befinden oder diese Position einfach nicht mehr auf die Tafel passte. Auch das Licht kann Farben matter wirken lassen oder die Kontraste von Mustern unterdrücken. Man sollte also immer davon ausgehen, dass auf den Tafeln das charakteristische Aussehen des „Durchschnittstyps", also der Mehrzahl der Vögel der betreffenden Art in einem bestimmten Kleid eingefangen ist, die Natur aber zahlreiche Variationen und Abweichungen bereithält.

**Mauser und Gefiederabnutzung**

Sobald eine Feder ausgewachsen ist, wird sie zum toten, durch den Vogel nicht mehr veränderbaren Körperanhängsel. Durch Sonneneinstrahlung und Abreibung verbleicht sie

Ein Kiebitz bietet in voller Sonne (l.), ungefähr so wie auch auf S. 151 gezeichnet, ein ganz anderes Erscheinungsbild als in geduckter Haltung bei schlechtem Wetter.

und nutzt sich weiter ab, bis sie ihre Funktionen, nämlich den Flug zu ermöglichen, vor Nässe und der Außentemperatur zu schützen, nicht mehr erfüllen kann. Anders als Haare oder Nägel wachsen Federn also nicht ständig nach, sondern müssen in einem normalerweise jährlich stattfindenden Prozess erneuert werden, den man Mauser nennt.

Ein weiterer Grund für die Mauser besonders der Kopf- und Körperfedern ist ihre für das Sozialleben vieler Vögel wichtige, durch Farben und Muster zum Ausdruck gebrachte Signalfunktion; während unterschiedlicher Lebensabschnitte sind oft auch verschiedene Signale erforderlich.

Während der Zugzeit heftig zu mausern wäre ein Nachteil, da das Flugvermögen dadurch beeinträchtigt würde. Für viele Arten scheidet auch die Brutzeit aus, da sowohl Brut wie Mauser viel Energie kosten. Somit ist die Mauser bei den meisten Arten auf die Zeit zwischen diesen Perioden konzentriert. Viele nutzen die Wochen zwischen Brut und Wegzug für eine komplette Mauser, aber besonders die ins tropische Afrika ziehenden Arten führen ihre jährliche Vollmauser im Winterquartier durch. Viele Arten mit spätsommerlicher Vollmauser durchlaufen im zeitigen Frühjahr eine auf Körperfedern und Flügeldecken (also ohne Schwungfedern) beschränkte Teilmauser. Die Langstreckenzieher mit Vollmauser im Winterquartier erneuern oft einige Körperfedern vor dem Weg- oder vor dem Heimzug.

Sehr große, von uneingeschränkter Flugfähigkeit abhängige und häufig segelnde Arten, z. B. große Greifvögel, Störche und Pelikane, erneuern ihre Schwungfedern langsam und kontinuierlich. Da eine neue Feder nur 5-10 mm pro Tag wächst, dauert es bis zu zwei Monate, bis sie ihre volle Länge erreicht hat (bei den längsten Handschwingen der großen Adler und Pelikane sogar zweieinhalb Monate). Mit 10-11 Handschwingen und 15-22 Armschwingen in jedem Flügel

Eine Silbermöwe im Herbst kurz vor Abschluss der Vollmauser. Nur die äußersten Handschwingen wachsen noch. (So wirkt die Flügelspitze hell, da dunkle Abzeichen teilweise noch verdeckt sind.)

benötigen diese Arten also 3-4 Jahre, um ihre Schwungfedern komplett zu erneuern und dabei nichts von ihrem Flugvermögen einzubüßen.

Enten und Gänse verlieren im Sommer, gegen Ende oder nach der Brutzeit, ihr Großgefieder gleichzeitig und sind dann für 3-7 Wochen flugunfähig (je größer die Art, desto länger), während derer sie sich in Ufervegetation verstecken oder weit auf dem offenen Meer in Sicherheit bringen. Viele Enten besitzen besondere und komplizierte Mauserstrategien. Die Männchen legen ihr Prachtkleid oft im Spätherbst an, da die Entenbalz normalerweise im Winter stattfindet. Im Sommer, wenn sich die Männchen der meisten anderen Vogelarten in ihrem hübschesten Gefieder zeigen, mausern Entenmännchen in ein weibchenähnliches Schlichtkleid, um besser getarnt zu sein, wenn sie durch Verlust aller Schwungfedern vorübergehend flugunfähig werden.

Unter den an Land lebenden Arten nimmt der Kranich eine Sonderstellung ein, indem er wie die Enten im Sommer alle Schwungfedern gleichzeitig verliert, allerdings wohl nur alle zwei Jahre oder in noch größeren Abständen. Er versteckt sich dann in ausgedehnten Sumpfwäldern oder im Schilf, bis er rechtzeitig zum Herbst wieder fliegen kann.

Wie die wenigen Beispiele zeigen, gibt es bei der Mauser viele Variationen, und fast jede Art hat ihre eigene Strategie. Sie alle zu verstehen, ist Sache von Spezialisten, doch die Grundlagen sind recht einfach zu lernen. Dies sollte man auch versuchen, denn sie ermöglichen es, eine Altersbestimmung vorzunehmen, sofern man den Vogel gut genug sieht, selbst bei Arten, deren verschiedene Kleider sich sehr ähneln. Eine korrekte Altersbestimmung unterstützt oft die Artbestimmung und ist manchmal sogar ihre Voraussetzung.

Noch häufiger erlaubt eine vorherige Altersbestimmung auch eine Aussage über das Geschlecht des Vogels. Bei vielen Arten ähneln sich alte Weibchen und junge Männchen im Gefieder (z. B. Ohrenlerche, einige Drosseln, Stare, viele Finken und Ammern), kennt man jedoch ihr Alter, lässt sich auch das Geschlecht unterscheiden.

Gerade flügge gewordene Jungvögel tragen frische Schwung- und Steuerfedern, während sie bei Altvögeln zu

Unterschiede in Abnutzungsgrad und Federform zwischen Alt- und Jungvögeln im Winter (Beispiel: Birkenzeisig). Beachte beim Altvogel die runderen Spitzen und frischeren Säume der Steuerfedern.

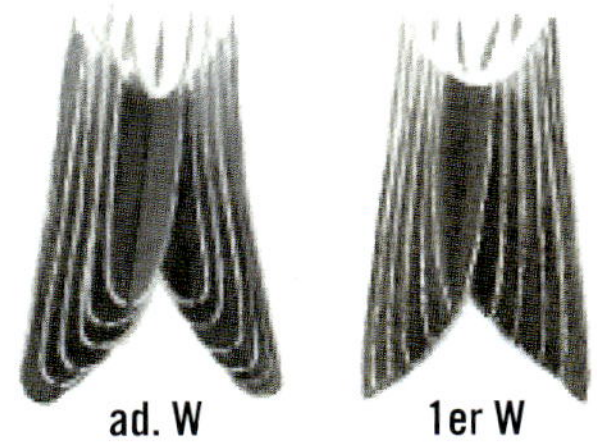


diesem Zeitpunkt stark abgenutzt, da schon ein halbes bis fast ein ganzes Jahr alt sind. Doch bald darauf setzt bei Altvögeln vieler Arten die Vollmauser mit einer Erneuerung des gesamten Großgefieders ein, wodurch sich das Blatt wendet: *Etwa ab Spätsommer tragen Altvögel frischere Schwung- und Steuerfedern als Jungvögel.* Da die Qualität des Jugendgefieders etwas schlechter als bei späteren Federgenerationen ist und es damit Ausbleichung und Abnutzung noch stärker ausgesetzt ist, wird der Unterschied während des Herbstes und Winters immer deutlicher. Bei vielen Arten besitzen auch die Körperfedern des Jugendkleids eine eher lockere Struktur und sind matter gefärbt. *Die Schwung- und Steuerfedern sowie einige Flügeldecken sind oft etwas blasser und weniger glänzend. Auch sind sie schmaler und stärker zugespitzt, während Altvögel etwas dunklere, glänzendere, breitere Federn mit runderen Spitzen tragen.*

Bei Arten mit einer langsamen Mauser des Großgefieders (z. B. großen Greifvögeln) lassen sich Vögel im Jugendkleid oft daran erkennen, dass *alle Schwung- und Steuerfedern gleich frisch bzw. gleichmäßig abgenutzt* sind, während sie sich bei älteren Vögeln *in Länge, Dunkelheit und Abnutzungsgrad unterscheiden*, da zwischen einzelnen Federn ein Altersunterschied von mehreren Jahren bestehen kann.

Nur wenige Arten durchlaufen schon als Jungvögel eine Vollmauser im Spätsommer oder Frühherbst, erneuern also Schwung- und Steuerfedern, obwohl diese erst wenige Monate alt sind. Dazu gehören z. B. Lerchen, Mariskenrohrsänger, Bartmeise, Schwanzmeise, Stare, Sperlinge und Grauammer. Nach dieser postjuvenilen Mauser kann man bei ihnen *Alt- und Jungvögel nicht mehr unterscheiden.*

Zwei Steinschmätzer-♂ im Frühjahr; das linke mit schwarzen Flügeln ohne helle Kanten ist mindestens im dritten Kalenderjahr, das rechte mit graubraunen Flügeln und Spuren heller Federränder (noch Federn des Jugendkleids) trägt das erste Sommerkleid.

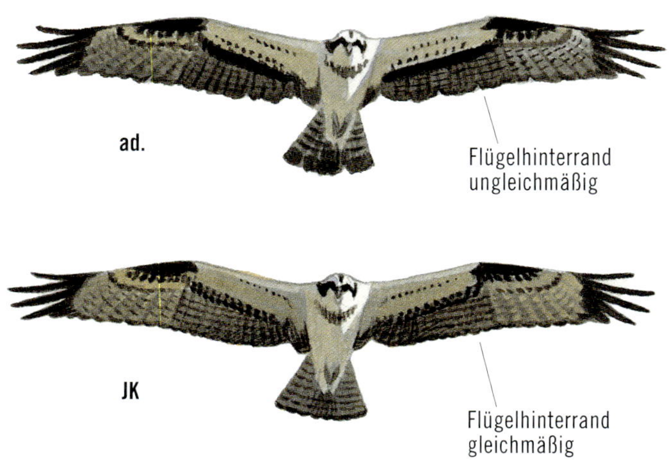


Zwei Fischadler im Herbst; Flügelhinterrand beim oberen Vogel etwas ausgefranst, Schwungfedern nicht gleichmäßig abgenutzt und gefärbt, daher ein Altvogel. Unten sind alle Schwungfedern einheitlich frisch und gleich lang, daher ist es ein Jungvogel.

## Grundzüge der Vogelbestimmung

Eine wichtige Triebfeder und ein großer Nervenkitzel bei der Vogelbeobachtung ist die Entdeckerfreude. Man möchte schließlich nicht alles auf einem silbernen Tablett serviert bekommen. Die den Anfänger verwirrenden Schwierigkeiten und Fehlbestimmungen mögen enttäuschend sein, spornen aber meist zu noch größeren Bemühungen an. Dennoch mögen ein paar grundsätzliche Ratschläge willkommen sein – die Vogelbestimmung ist schon schwierig genug.

Meint man, gerade einen Gleitaar über dem verschneiten Feld hinter dem Haus oder einen Zitronenzeisig im Garten entdeckt zu haben, muss die erste Frage lauten: *Ist das überhaupt wahrscheinlich?* Kommt die Art bei uns und zu dieser Jahreszeit vor? Wenn sowohl Verbreitungskarte wie Statusangabe gegen diese Seltenheiten sprechen, sollte man erst einmal nach einer wahrscheinlicheren Alternative suchen (im Beispiel vielleicht männliche Kornweihe und Grünfink).

*Befindet sich der Vogel im passenden Lebensraum?* Meist geben Text und Bild Hinweise. Wenn sie überhaupt nicht passen, ist es wahrscheinlich doch eine andere Art.

*Entspricht das Verhalten der Beschreibung?* Oft, aber nicht immer, finden sich Beschreibungen zu Flug und Bewegungsweise, Vertrautheit, Balzverhalten, Nahrungssuche usw. Entsprechen die beobachteten Verhaltensweisen den beschriebenen, kann dies die Bestimmung unterstützen.

Wenn so weit alle Angaben mit der ins Auge gefassten Art übereinstimmen, sollte ihr Aussehen etwas kritischer betrachtet werden. Erst einmal: *Wie groß ist der Vogel?* Ist diese Einschätzung korrekt, so spart man sich später viel Ärger. Daher wurde in diesem Buch viel Arbeit in verlässliche Größenangaben gesteckt.

Auch wenn die Größeneinschätzung einfach erscheinen mag, lehrt die Erfahrung, dass dabei häufig Fehler unterlaufen. Ist die Größe einmal falsch festgelegt, folgt man oft blind dem falschen Weg. „Er sah zwar genauso aus wie ein Neuntöter, aber er war bedeutend größer!" Ein Fehlurteil bei der Größeneinschätzung führt meist zu einer Fehlbestimmung. Hier helfen nur häufiges Üben und der Vergleich mit den hier angegebenen Werten.

Eine dem Vogelbeobachter häufig begegnende Fehlerquelle ist ein *„Größenillusion"* genannter optischer Effekt, der bei der Benutzung stark vergrößernder Fernrohre auftritt. Da hier das Sehfeld in seiner Tiefe stark zusammengeschoben wird, *erscheint* ein weiter hinten in einem Vogeltrupp stehender Vogel größer als sein in Wirklichkeit genau gleich großer Artgenosse im Vordergrund.

Grünschenkel bei Gegenlicht (l.) und Rückenlicht (r.). Bei Gegenlicht wirken Hals, Schnabel und Beine oft dünner (Ränder durch Licht überstrahlt) und lassen den ganzen Vogel schlanker erscheinen.

Der Kontrast zwischen Vogel und Hintergrund beeinflusst die Größenwahrnehmung. Vor heller, spiegelglatter See wirkt eine dunkle Schmarotzerraubmöwe größer als vor dunklem, aufgepeitschtem Wasser, bei der hellen Dreizehenmöwe ist es umgekehrt.

Auch der Kontrast zwischen Vogel und Hintergrund beeinflusst die Größenwahrnehmung. Grundsätzlich wirkt ein Vogel *bei starkem Kontrast größer, bei schwachem hingegen kleiner.* Ein dunkler Vogel vor dunklem Meer erscheint kleiner als ein gleich großer weißer Vogel vor demselben Hintergrund. Und ein heller Vogel wirkt vor hellem Hintergrund nicht so eindrucksvoll wie ein schwarzer.

Nach dem Versuch einer Größeneinschätzung folgen mehrere wichtige Fragen: *Ist der Schnabel klein oder groß, keilförmig oder dünn? Falls er lang und dünn ist, ist er auch länger als der Kopf? Welche Form hat der Körper? Sind Hals und Schwanz lang oder kurz? Sind die Beine auffallend lang oder nur „durchschnittlich"?* Solche Fragen sind zu klären, während man den Vogel noch vor sich hat, nicht erst zu Hause, wenn das Gedächtnis nachlässt und unklare Details nicht mehr überprüft werden können. Im Idealfall fertigt man vor Ort Notizen und eine Skizze an, die hilfreich sind, wenn man später in Büchern nachschlägt oder Freunde um Rat fragt.

Nun wendet man sich den Farben und Mustern mit ähnlichen Fragen zu. *Welche Farben dominieren auf Ober- und Unterseite? Gibt es auffallend leuchtende oder farbenfrohe Abzeichen? Welche Farbe haben Beine, Schnabel, Augen? Sind helle Flügelbinden oder ein Überaugenstreif vorhanden? Gibt es ein auffallendes Muster auf Kehle, Brust, Mantel oder Scheitel? Ist der Bürzel wie der Rücken gefärbt oder leuchtend weiß? Zeigen die Steuerfedern weiße Kanten oder ein anderes Muster?*

Bei der Betrachtung des Gefieders ist daran zu denken, *dass Wetter und Beleuchtung den Farbeindruck verändern können.* Selbstverständlich sieht die Oberseite in der Mittagssonne hell aus, aber feine Nuancen können überstrahlt sein, und die Unterseite liegt im tiefsten Schatten. Sehr helles Licht bei sonst bedecktem Himmel schwächt zwar Kontraste ab, macht aber feinere Schattierungen deutlicher. An finsteren Tagen sind die tatsächlichen Farben wie die Muster schwer einschätzbar.

Schließlich sind die Lautäußerungen wichtige Merkmale. Bei der Unterscheidung zwischen einander stark ähnelnden Arten z. B. innerhalb der Watvögel, Lerchen, Pieper und Laubsänger ist es hilfreich, das Gehörte sofort mit den Beschreibungen im Buch zu vergleichen. Man kann sich die Stimme auch merken oder besser noch notieren, um sie später mit Vogelstimmenaufnahmen zu vergleichen.

# SCHWÄNE *Cygnus*

Sehr groß, weiß, schwer, daher beim Auffliegen lange Anlaufstrecke nötig; Gang watschelnd. Grasen oder gründeln mit langem Hals im Flachwasser nach Pflanzen. Monogame Dauerehe häufig, Nest ein großer Bau aus Pflanzenmaterial am oder im Wasser. Im Winter in Trupps.

**STIMME** Sehr stimmfreudig, *laut und trompetend.* Im Vergleich zum Zwergschwan lauter, durchschnittlich etwas tiefer, *gerade* (ohne auffallenden Diphthong), *oft in Serien von drei oder vier Elementen* (statt ein oder zwei) ausgestoßen, erstes oft anders „kri-kluu-kluu". *Flügel erzeugen nur leichtes Zischen* (vgl. Höckerschwan).

## HÖCKERSCHWAN D: A/N4/JZW

Mute Swan *Cygnus olor*

L 140-160 cm (Körper ca. 80 cm), S 200-240 cm. Brütet an Gewässern aller Art, oft ausgesetzte Parkvögel. Meist nicht scheu, aber am Brutplatz gegenüber Menschen und anderen Schwänen aggressiv. Wintergäste auch in großen Trupps auf Feldern und Wiesen.

Kennzeichen *Sehr groß, weiß,* kleiner Kopf auf langem Hals, *Schnabel rotorange mit großem, schwarzem Stirnhöcker* (bei ♂ größer), Nasenlöcher, Schneidekanten und Spitze schwarz. *Hals* wird im Schwimmen oft *leicht s-förmig gebogen* (manchmal auch gerade gehalten wie beim Singschwan). Droht mit *segelartig aufgestellten Flügeln* und etwas *zurückgelegtem Hals.* Schwanz relativ lang und zugespitzt, auch beim Gründeln gutes Merkmal gegenüber Sing- und Zwergschwan.– JK: Gefieder graubraun *(dunkler und brauner als junger Singschwan),* Schnabel anfangs dunkel-, dann rosagrau, noch ohne Höcker, aber Zügel schwarz. Gefieder wird während des 2en KJ heller. Manche Vögel schon als Küken und im JK reinweiß („*immutabilis*-Mutante"), Beine dann rosa statt schwarz.

**STIMME** Ruft explosiv schnarchend „hjorr", droht schlangenartig fauchend; Kontakt suchende Einzelvögel können recht laut und möwenähnlich „gaoh" rufen, Küken betteln dünn piepsend „bü-wü-wü-wü…". *Laute, singende oder wummernde Flügelgeräusche* sind charakteristisch.

## SINGSCHWAN D: A/R1/JZW

Whooper Swan *Cygnus cygnus*

L 140-160 cm (Körper ca. 75 cm), S 205-235 cm. Brütet auf Tundra- und Waldseen, in Feuchtgebieten vorwiegend des Nordens, breitet sich aber derzeit südwestwärts aus und brütet inzwischen im Osten Deutschlands. Überwintert in Nordwest- und Mitteleuropa auf gewässernahem Grünland, Trupps rasten oft auf Stoppelfeldern.

**KENNZEICHEN** *Groß und weiß (Kopf und Hals aber durch Verschmutzung oft rostfarben,* was beim Höckerschwan selten vorkommt); langer Hals beim Schwimmen meist gerade gehalten; von Höcker- und Zwergschwan am besten durch *langen, keilförmigen Schnabel mit ausgedehntem, keilförmig bis über das Nasenloch hinaus zur schwarzen Schnabelspitze reichendem gelbem Bereich* zu unterscheiden.– JK: *Grau, heller und deutlich schwächer bräunlich getönt als junger Höckerschwan, Schnabelmuster der Altvögel angedeutet* (später schwarze Partien rosa, gelbe noch weißlich).

## ZWERGSCHWAN D: A/–/ZW

Tundra Swan *Cygnus columbianus*

L 115-127 cm (Körper ca. 60 cm), S 170-195 cm. Brütet in der russischen Tundra (Unterart *bewickii*), überwintert in Nordwesteuropa.

**KENNZEICHEN** Eine kleinere Version des Singschwans, aber immer noch sehr groß, *mit proportional etwas kürzerem Hals, größerem Kopf, kompakterem Körper und Schnabel,* daher etwas gänseähnlich, doch diese Unterschiede bei Einzelvögeln oft schwer wahrnehmbar; Schnabelmuster bestes Merkmal, *Ausdehnung der gelben Partie geringer als Schwarzanteil, gelbes Basisfeld rechteckig oder gerundet,* selten keilförmig (dann ähnlich Singschwan, aber nicht bis vor die Nasenlöcher reichend und schwarzer Fleck im Schnabelwinkel größer).– JK: Gefieder hellgrau (oft etwas heller als junger Singschwan), *späteres Schnabelmuster angedeutet.*– Vögel mit Merkmalen der nordamerikanischen Form *columbianus* („Pfeifschwan") mit ganz schwarzem Schnabel und nur winzigem gelbem Fleck vor dem Auge erscheinen ausnahmsweise in Westeuropa.

**STIMME** Stimmfreudig; Ruf ähnlich Singschwan, aber *weniger trompetend, mehr wie weiches Bellen oder Autohupe,* durchschnittlich heller und leicht gebogen (Diphthong), meist nur einmal wiederholt oder sogar einzeln geäußert.

## SCHNEEGANS D: E/L1E/JZ

Snow Goose *Anser caerulescens*

L 65-75 cm, S 133-156 cm. Brütet in Nordamerika und dem nordöstlichsten Sibirien (Wrangel), ausnahmsweise als Gast, häufig als Gefangenschaftsflüchtling in Europa und dann in den Trupps wilder Gänse. Trotz der weißen Färbung natürlich kein Schwan, sondern eine Gans (S. 16).

**KENNZEICHEN** Größe wie Blässgans, zwei Farbmorphen. Ad.: *Schnabel und Beine rosa;* Gefieder ganz *weiß* und dadurch einer Hausgans ähnlich, *aber Handschwingen schwarz;* bei der selteneren zu sehenden dunklen Morphe Gefieder variabel *grau,* am hellsten auf Schwanz- und Flügeldecken, und *nur Kopf, oberer Hals und Schwanzspitze weiß.*– JK: *Schnabel und Beine dunkelgrau,* Gefieder hellgrau mit weißlichem Oberschwanz und dunkleren Schwungfedern (weiße Morphe) oder recht einfarbig dunkelgrau (dunkle Morphe).– Vgl. auch die kleinere, kurzschnäbelige Zwergschneegans *A. rossii* (S. 446).

**STIMME** Typisches weiches, leicht ansteigendes Gackern, „koick", warnt tief gackernd „angk-ak-ak-ak".

Höckerschwan

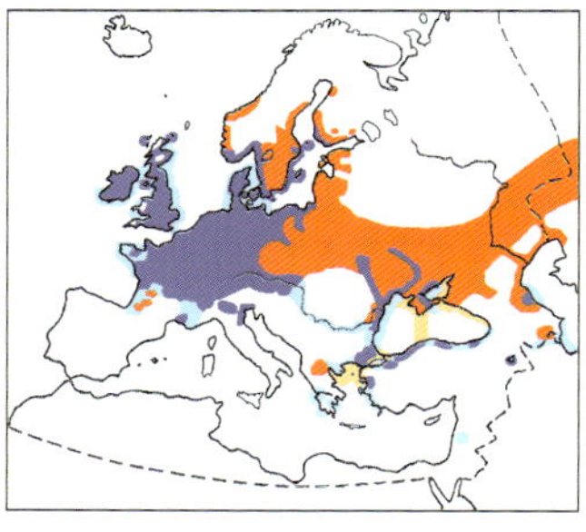

Singschwan

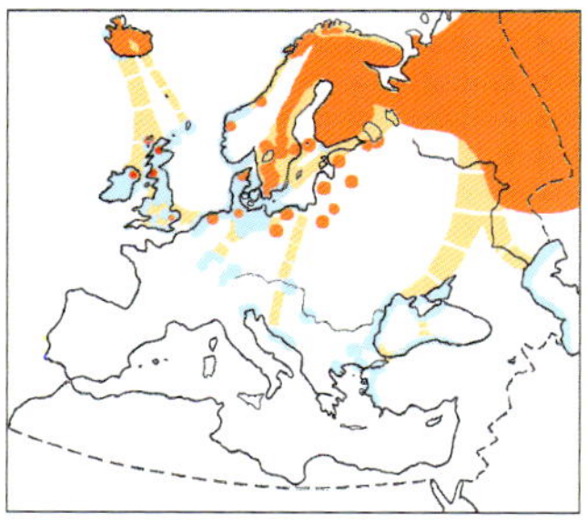

Zwergschwan

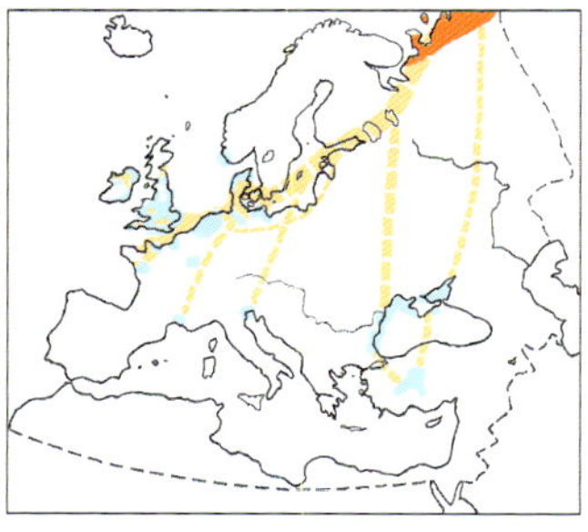

## HÖCKERSCHWAN

## SINGSCHWAN

## ZWERGSCHWAN

## SCHNEEGANS

KM

# GÄNSE *Anser, Branta*

Große, kräftig gebaute Wasservögel mit mittellangen Hälsen, die sich hauptsächlich an Land grasend ernähren und daher das Laufen erleichternde, recht lange, in der Körpermitte ansetzende Beine und kräftige, keilförmige Schnäbel mit Sägezähnchen an den Schneidekanten haben. Besonders zur Zugzeit und im Winter gesellig. Meist sehr aufmerksam und scheu, können aber in nicht durch Jäger gestörten Gebieten bemerkenswert zutraulich sein, besonders die Jungvögel arktischer Herkunft. Bodennest, mit Dunenfedern gepolstert. Brutpaare bleiben meist lebenslang zusammen, betreuen gemeinsam die Jungvögel und führen sie auf traditionellen Flugrouten ins Winterquartier. Altvögel mausern das Großgefieder synchron, meist während der Führungszeit der Küken, und sind dann 3-4 Wochen flugunfähig. Zug in Familienverbänden oder großen Trupps, meist in Keil- oder Linienformation. Zwei Gattungen, die eher im Binnenland anzutreffenden „grauen Gänse“ *(Anser)* und die Küsten bevorzugenden, schwarz-weißen Meergänse *(Branta)*.

BESTIMMUNG GRAUER GÄNSE

Obwohl theoretisch einfach, gestaltet sich die Bestimmung der fünf grauen Gänsearten *Anser* in der Praxis oft sehr schwierig. Durch Bejagung scheu geworden, lassen sie meist keine Annäherung zu. Einzelne Angehörige seltenerer Arten sind häufig mitten im dichten Trupp versteckt und nur teilweise sichtbar. Oft sind die Beine durch Gras verdeckt oder Beine und Schnabel durch Erde so verschmutzt, dass ihre Färbung nicht erkennbar ist. Auch legen sich die Vögel einfach zum Ruhen nieder oder fliegen mit dem ganzen Trupp davon, bevor sie wichtige Details gezeigt haben. Selbst aus mittlerer Entfernung oder unter bestimmten Lichtverhältnissen können Schnabel- und Beinfarbe schwer einschätzbar sein und z. B. bei der Saatgans statt orange blass tomatenrot oder sogar fleischfarben wirken.

Auch eine Bestimmung allein anhand der Größe kann zu Irrtümern führen, wenn man nicht bedenkt, dass Männchen größer als Weibchen und Altvögel größer als Jungvögel sind.

Das Trio *Saat-, Kurzschnabel- und juvenile Blässgans* bereitet die größten Probleme. Bei der Saatgans ist das Auftreten von zwei in Größe, Gestalt, Schnabelform und -färbung sehr unterschiedlichen Unterarten zu berücksichtigen. Junge und sogar manche adulte Kurzschnabelgänse sehen nicht immer ganz typisch aus, und neben Beleuchtungseffekten spielt hier die vorherige Erfahrung des Beobachters mit der Art eine große Rolle bei der sicheren Bestimmung. Schließlich ist die korrekte Altersbestimmung meist Basis für zuverlässige Artbestimmungen. Dabei sind die Furchung der Halsseiten, Breite, Form und weiße Spitzenfärbung bestimmter Federn sowie Nagelfarbe zu beachten (vgl. Abb.).

ALTERSBESTIMMUNG GRAUER GÄNSE

## BLÄSSGANS **D:** A/VE/ZW

Greater White-fronted Goose *Anser albifrons*

L 64-78 cm, S 130-160 cm. Brütet in der nordrussischen Tundra, überwintert in West-, Mittel- und Südosteuropa (Unterart *albifrons*); grönländische Brutvögel *(flavirostris)* ziehen nach Irland und Schottland.

**KENNZEICHEN** Mittelgroße, kompakte Gans mit orangefarbenen Beinen.– Ad.: Auffälliges *weißes Feld um die Schnabelbasis* bis auf die Stirn, *schwarze Bauchbänderung;* kann nur mit Zwerggans verwechselt werden, aber *größer* (geringe Überschneidung), *ohne gelben Lidring* (manchmal undeutlich vorhanden), mit *kräftigerem Schnabel* und normalerweise *nicht bis zum Scheitel reichendem weißem Feld* (in Seitenansicht senkrecht begrenzt, bei Zwerggans aber schräg zum Scheitel reichend).– JK/1er W: Ohne weiße Befiederung am Schnabelgrund (diese entsteht während des 1en W) und ohne Bauchbänderung, Schnabel mattrosa mit *dunklem Nagel* (selten auch First und Basis); aus der Entfernung mit Saat- und Kurzschnabelgans verwechselbar, aber anfangs *dunkelbraune Befiederung am Schnabelgrund* kontrastiert zu helleren Kopfseiten, *helle Federränder der Oberseite weniger deutlich*, *Schnabelbasis* (besonders Unterschnabel) *nicht ganz schwarz*.– Unterart *flavirostris* („Grönländische Blässgans“) ist etwas größer, dunkler (besonders Brust), langhalsiger und hat kräftigeren, orangegelben Schnabel (nur vor Spitze etwas rosa statt rosa mit etwas Gelb der an Basis), meist gröbere schwarze Bauchfleckung und eine schmalere weiße Schwanzendbinde.

**STIMME** Im Vergleich zu Saat- und Graugans höher, musikalischer oder lachender, nicht so nasal und rau, meist zwei-, manchmal dreisilbig „kjü-jü“ und „kjo-jo-jo“, manche Laute aber tiefer.

## ZWERGGANS **D:** A/–/ZW

Lesser White-fronted Goose *Anser erythropus*

L 56-66 cm, S 115-135 cm. Brütet in Sümpfen und Mooren der nördlichen Weiden- und Birkenzone, hat stark abgenommen. Skandinavisches Aussetzungsprogramm mit farbberingten Jungvögeln, die mit Weißwangengänsen als Zieheltern (statt wie früher im Südosten) im westlichen Mitteleuropa überwintern.

**KENNZEICHEN** Etwas kleiner als die ähnliche Blässgans (geringe Größenüberschneidung), immer am sichersten am auffallenden gelben Lidring zu erkennen, ferner Schnabel kleiner („niedlicher“) und immer rosa, Gefieder dunkler, Beine orangerot; Flügelspitzen überragen die Schwanzspitze weiter. Fliegt

Blässgans

Zwerggans

## BLÄSSGANS

## ZWERGGANS

agil mit raschen Schlägen der schmalen Flügel, bei Erfahrung kürzerer Hals und kleinerer Kopf als bei Blässgans auffallend.– Ad.: Weißes Stirnfeld reicht bis auf Scheitel (in Seitenansicht schräg bis über/hinter das Auge ragend), schwarze Bauchbänderung schwächer als bei Blässgans.– JK/1er W: Durchschnittlich kleiner und dunkler als junge Blässgans, Nagel meist hell, aber außer am gelben Lidring und typischen Habitus oft nicht unterscheidbar.

**STIMME** Ähnlich Blässgans, aber noch schriller, höher und mit kläffenderem Ton.

## SAATGANS (Waldsaatgans/Tundrasaatgans) D: A/–/ZW

Bean Goose *Anser fabalis/A. serrirostris*

L 69-88 cm, S 140-174 cm. Ein aus zwei oft als eigene Arten betrachteten Gruppen bestehender Artkomplex, der Waldsaatgans *A. fabalis*, Brutvogel in Mooren der Taiga, inzwischen selten geworden, und der Tundrasaatgans *A. serrirostris* aus der feuchten Tundra, häufiger Wintergast in Mitteleuropa.

**KENNZEICHEN** *Mittelgroße bis große*, recht *dunkle*, langflügelige Gans; Schirmfedern und Flügeldecken deutlich weiß gerandet, Kopf und Hals recht dunkel, von Grau- und Kurzschnabelgans auch an *orangefarbenen* statt rosa *Beinen* unterschieden. Im Flug *Oberflügel recht einfarbig dunkel* ohne Aufhellungen, *Unterflügel ganz dunkel* (vgl. Graugans). Besonders aus der Entfernung sowie wenn Schnabel und Beine undefinierbar rötlich aussehen, schwer von Kurzschnabelgans zu trennen, aber *identische dunkelbraune Farbe von Oberseite und hinteren Flanken* (Kurzschnabelgans oberseits heller) und schmale weiße Schwanzendbinde (statt breite) geben gute Hinweise. Viele Altvögel zeigen weiße Befiederung am Schnabelgrund, die im Extremfall an Blässgans erinnern kann.– Die auch ökologisch differenzierten Unterarten unterscheiden sich recht deutlich im Aussehen: *fabalis* fast so groß wie Graugans, *aber Hals dünner, Kopf kleiner, Schnabel und Körper schlanker, Schnabel* meist *lang*, Basis nicht auffallend hoch, meist mit ausgedehnter Orangefärbung, manchmal aber nur mit schmaler Binde; *serrirostris* dagegen *kleiner, kurzhalsiger, Hals und runderer Kopf dunkler*, etwas zum helleren Körper kontrastierend, Schnabel kurz, durch dickeren Unterschnabel an der Basis höher, daher insgesamt der Kurzschnabelgans ähnlicher, *Schnabelbinde* meist *schmal*, aber *orange*. Einzelne Vögel scheinen intermediäre Merkmale zwischen beiden Unterarten zu besitzen bzw. aus noch weiter östlich brütenden, asiatischen Populationen zu stammen.

**STIMME** Nicht sehr stimmfreudig; ruft tief, nasal, trompetend, zwei- bis dreisilbig stoßend „ang-ank" oder „tjö-jö-jött", im Trupp in leicht unterschiedlicher Höhe.

## KURZSCHNABELGANS D: A/VE/ZW

Pink-footed Goose *Anser brachyrhynchus*

L 64-76 cm, S 137-161 cm. Nah mit Saatgans verwandt. Brütet in arktischer Tundra und an Berghängen auf Island, Grönland und Spitzbergen am Boden, manchmal auf Felsen, überwintert in Nordwesteuropa; Brutvögel Spitzbergens ziehen im Oktober vom dänischen Zwischenrastplatz über die Deutsche Bucht ins niederländische Friesland; im mitteleuropäischen Binnenland Ausnahmeerscheinung.

**KENNZEICHEN** Kleiner und kompakter als Saatgans der Unterart *fabalis*, in Größe und Gestalt daher der Unterart *serrirostris* sehr ähnlich. *Rosa Beine* diagnostisch, aber bei schlechtem Licht und großer Entfernung erstaunlich schwer erkennbar, *Schnabel* recht *kurz und dreieckig*, überwiegend *schwarz mit rosa Binde vor der Spitze* (manchmal ausgedehnter), Kopf rundlich, *Hals relativ kurz, Kopf* und oberer Hals *dunkelbraun* und *zu hellerem unterem Hals und blass braungrauem, oft frostig blaugrau überhauchtem Körper* und schwach rosa getönter Brust *kontrastierend*. Einige Altvögel mit schmal weißer Befiederung am Schnabelgrund. *Hinterer Flankenbereich dunkelste Körperpartie, dunkler als Oberseite* (dieser deutliche Kontrast bei Saatgans nicht vorhanden, daher auch aus größerer Entfernung ein gutes Merkmal). *Im Flug Oberflügeldecken sowie Mantel und Rücken deutlich aufgehellt* (im Gegensatz zu Saat- und Blässgans; Graugans hat zwar noch hellere Vorderflügel, aber dunklen Mantel), Schwanz heller als bei Saatgans und mit *breit weißer Spitze*.– JK: Zur Altersbestimmung s. S. 16. Ähnlich ad., aber manche Individuen weniger typisch, insgesamt etwas dunkler und brauner mit weniger Kontrast zwischen Kopf und Körper und ohne blaugrau schimmernde Oberseite; Beinfarbe oft matter, weniger sauber rosa.

**STIMME** Ähnlich Saatgans, aber sehr stimmfreudig, ruft höher „uink-uink" und kurz trompetend „ank-ank-ank", jedoch tiefer und weniger lachend als Blässgans.

## GRAUGANS D: A/N4/JZW

Greylag Goose *Anser anser*

L 74-84 cm, S 149-168 cm. Brutvogel verschiedenartigster Feuchtgebiete, von Inseln oder Schilfgürteln großer Seen über Küstenlagunen bis zu Parkteichen. Einzige auch in Mittel- und Südeuropa brütende Art, vielerorts zudem ausgesetzte Populationen. Stammform der Hausgans.

**KENNZEICHEN** Wird in der Größe nur von Saatgans erreicht, ist aber *massiger* mit *dickerem Hals, größerem Kopf* und *kräftigerem, keilförmigem Schnabel;* Beine blassrosa, *Schnabel orange bis rosa. Gefieder* ziemlich *kontrastarm braungrau, Kopf und Hals recht hell.* Einzelne Altvögel mit schmal weißer Befiederung am Schnabelgrund und schwarzen Bauchflecken. Recht schwerer Flug auf breiten Flügeln, *Vorderflügel oberseits hellgrau leuchtend* und zum dunkleren Hinterrand und Mantel kontrastierend, hat als einzige europäische Gans *zweifarbigen Unterflügel mit hellen Kleinen Unterflügeldecken und Achselfedern;* von hinten betrachtet sind Größe sowie *hellgrauer*, vom Braun des Mantels und der Schirmfedern abstechender *Bürzel* und Rücken kennzeichnend.– Westliche Unterart *anser* (in weiten Teilen Europas) oben beschrieben, hat recht deutlich orangefarben getönten Schnabel, östliche Unterart *rubrirostris* (Russland, Asien) ist etwas größer, insgesamt blasser und hat rosa Schnabel; osteuropäische Vögel intermediär.

**STIMME** Der Hausgans sehr ähnliche, laute, nasale, gackernde, meist dreisilbige, auf der ersten, höheren, lang gezogenen Silbe betonte Rufe, etwa „kiJAA-ga-ga", auch tief und rau „ahnk-ang-ang" (etwas saatgansähnlich) und tiefe oder schrille Laute.

Saatgans

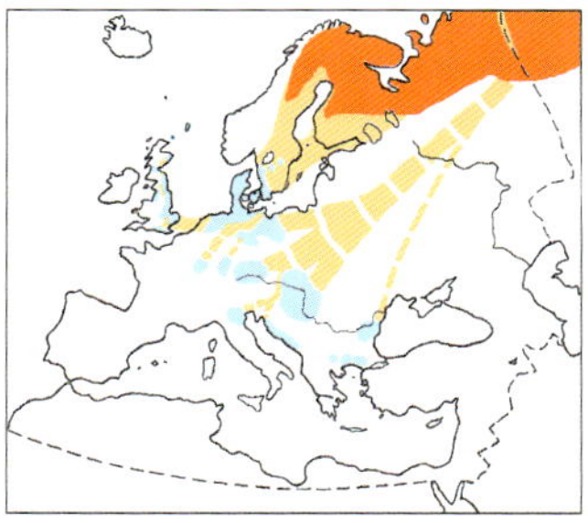

Kurzschnabelgans

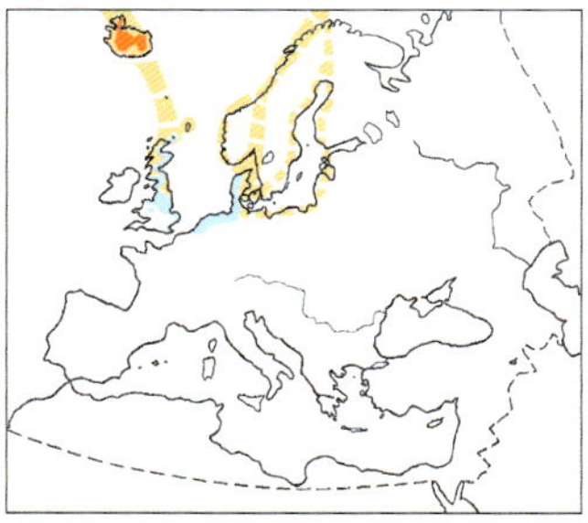

Graugans

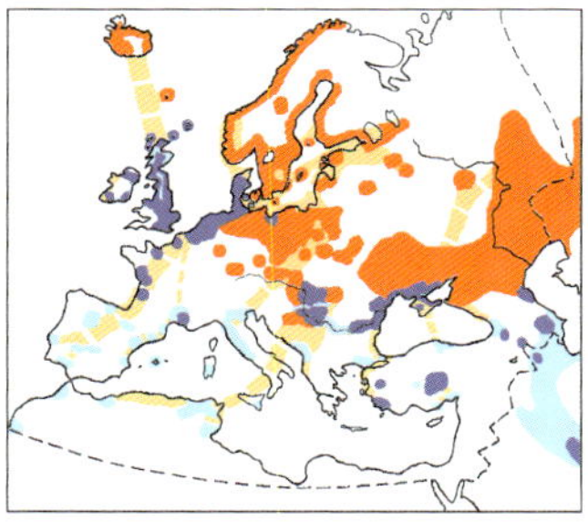

## SAATGANS

## KURZSCHNABELGANS

## GRAUGANS

KM

## KANADAGANS D: C1/N3/JW

Canada Goose *Branta canadensis*

L 80-105 cm, S 155-180 cm (gilt für ausgesetzte europäische Brutvögel, meist Unterart *canadensis*). Aus Nordamerika eingeführte Art, inzwischen vielerorts Brutvogel an allen Gewässertypen, oft zahm oder wenig scheu; nördliche Populationen ziehen. Gelegentlich andere, oft kleinere Unterarten, z. B. *parvipes*, als Ausnahmeerscheinungen.

**KENNZEICHEN** *Groß mit langem, schwarzem Hals und heller Brust*, durch *weißes Kopffeld* von anderen Gänsen außer Zwergkanadagans (s. u.) und kleinerer, kurzhalsigerer, schwarzbrüstiger Weißwangengans unterschieden, aber *Körper bräunlich*, unterseits heller (bei Weißwangengans schwarz, grau und weiß), *weißes Kopffeld eher ein bis hinter die Augen reichendes Kinnband* (bei Weißwangengans ausgedehnter, über Augen bis auf Stirn reichend). Lange Flügel, Flügelschlag eher langsam.– Ad.: Beige Federspitzen bilden auf Oberseite und Flanken saubere Bänder.– JK: Helle Bänderung von Oberseite und Flanken undeutlich und weniger gleichmäßig, Kopf und Hals stumpf bräunlich schwarz, helles Kopffeld blass bräunlich getönt.

**STIMME** Stimmfreudig, meist laut, zweisilbig, nasal „orLÜT", zweite Silbe höher, ferner tiefe, tutende, nasale, oft wiederholte Töne.

## ZWERGKANADAGANS D: E/–/S

Cackling Goose *Branta hutchinsii*

L 60-70 cm, S 125-140 cm. Neuerdings von der Kanadagans als eigene Art abgetrennt. Brütet in arktischer Tundra Kanadas und Alaskas. Ausnahmeerscheinung in Westeuropa, offenbar immer Unterart *hutchinsii* aus Zentralkanada, dann oft unter Weißwangen- oder Kurzschnabelgänsen.

**KENNZEICHEN** Nur *so groß wie Weißwangengans.* Im Vergleich zur Kanadagans viel kleiner, *kompakter, Hals und Beine kürzer, Kopf eher eckig mit steiler Stirn und kleinem Schnabel*, daher ähnlich „niedlicher" Eindruck wie Zwerggans. Oft angedeuteter weißer Ring zwischen schwarzem Hals und hellbrauner Brust. *Oberseite eher blass bräunlich grau*, heller als die meisten Kanadagänse. Altersbestimmung wie bei Kanadagans.

**STIMME** Ähnlich Kanadagans, aber etwas höher.

## WEISSWANGENGANS D: A/R2/ZW

Barnacle Goose *Branta leucopsis*

L 58-70 cm, S 120-142 cm. Arktischer Koloniebrüter auf Felsinseln oder Steilhängen in der Tundra, neuerdings auch an der Ostsee. Überwintert an Nordwesteuropas Küsten.

**KENNZEICHEN** Mittelgroß, kompakt, *mit dicklichem, kurzem Hals, gerundetem Kopf und kleinem, schwarzem Schnabel, Hals und Brust schwarz, Kopf bis auf schwarzen Zügel, Scheitel und Hinterkopf weiß,* Unterseite silbrigweiß, Oberseite grau mit schwarzer und weißer Bänderung. Weißer Kopf im Flug oft kaum erkennbar, daher *Kontrast zwischen schwarzer Brust und weißlichem Bauch sowie hellere Oberflügel* besser zur Unterscheidung von Ringelgans geeignet, ferner Flügel etwas länger und Schlagfrequenz etwas langsamer, etwa wie bei Blässgans. Fliegt oft in unregelmäßigen, u-förmigen Bändern (wie Ringelgans).– JK: Sehr ähnlich Alterskleid, aber *Flankenbänderung undeutlicher*, Hals und Brust nicht so tief schwarz, Oberseite durch eher beige Federspitzen und diffusere schwärzliche Bänderung verwaschener, weißliches „Gesicht" weniger gelblich getönt; schwarze Fleckung der Augenregion jedoch variabel und daher als Alterskriterium unzuverlässig.

**STIMME** Stimmfreudig, aber nur ein einziger, schriller, einsilbiger, bellender Ruf, im Chor in leicht unterschiedlicher Tonlage, etwa „ka" oder „kau"..

**ZWERGKANADAGANS**

Fast alle als Wildvögel anerkannten Nachweise betreffen allein oder zu zweit am äußersten Westrand Europas zusammen mit grönländischen Weißwangengänsen eingetroffene Vögel.

## RINGELGANS D: A/–/ZW

Brant Goose *Branta bernicla*

L 55-62 cm, S 105-117 cm. Brutvogel arktischer Küsten und Inseln, bevorzugt flache Tundra. Überwintert an nordwesteuropäischen Küsten. Verhalten entenähnlich, oft in dichten Trupps auf dem Meer, gründelt nach Seegras.

**KENNZEICHEN** Etwas kleiner als Weißwangengans, *schlanker*, Hals relativ länger, *Kopf kleiner, Flügel schmaler;* insgesamt *dunkel mit weiß leuchtendem „Heck"*, aus der Nähe *weißer Halsseitenfleck* sichtbar. Im Flug schlank und elegant, spitze Flügel leicht zurückgebogen, Flügelschläge langsamer als Eiderente, aber schneller als Weißwangengans, ziehende Trupps oft sehr groß (besonders im Frühjahr), entweder einzelne oder ineinandergeschobene u-förmige Bänder.– Drei Unterarten: *bernicla* („Dunkelbäuchige Ringelgans", brütet in Russland, überwintert hauptsächlich im deutsch-niederländischen Wattenmeer und in Südengland) hat *düster dunkelgrauen Bauch*, etwas hellere Flanken und dunkelgraue Oberseite; *hrota* („Hellbäuchige Ringelgans", Spitzbergen, Grönland, überwintert in Dänemark und auf den Britischen Inseln) ist *unterseits heller weißgrau mit klarem Kontrast zur schwarzen Brust* und oberseits beige überhaucht; *nigricans* („Pazifische Ringelgans", Ostsibirien, nordwestlichstes Nordamerika, Ausnahmeerscheinung in Europa) zeigt starken Kontrast zwischen weißlichen Flanken und schwärzlichem Bauch sowie große, am Vorderhals breiter werdende und oft sogar zusammentreffende weiße Halsseitenflecken.– Ad.: *Oberseite ungemustert einfarbig.– JK: Weißliche Spitzen der Oberflügeldecken* erzeugen leichte Bänderung, weißer Halsseitenfleck entsteht erst im Frühwinter; Flanken aller Unterarten anfangs dunkler (wie Bauch), daher subspezifische Zuordnung schwer bis unmöglich.– 1er W: Weißliche Oberseitenbänderung noch vorhanden, ab Oktober bei *hrota* erscheinende *helle Flanken* erleichtern Trennung von *bernicla.*

**STIMME** Ruft guttural gurgelnd „r'rot", im Trupp in leicht unterschiedlicher Tonhöhe.

## KANADAGANS

## WEISSWANGENGANS

## RINGELGANS

KM

Kanadagans

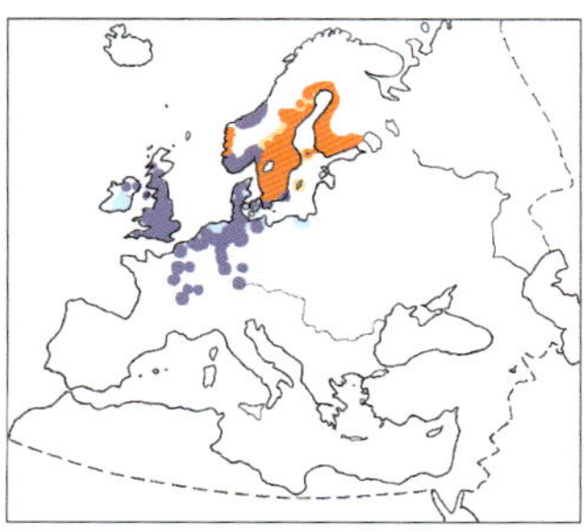

Weißwangengans

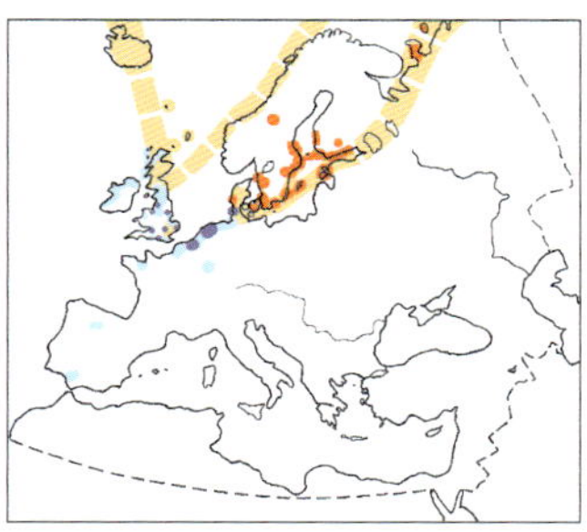

Ringelgans

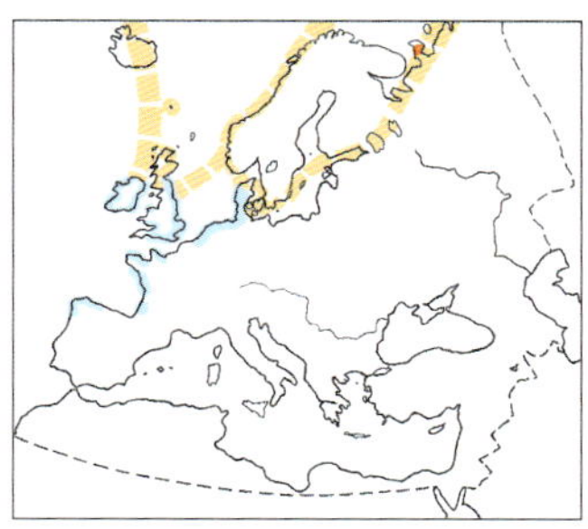

## ROTHALSGANS D: A/VE/ZW

Red-breasted Goose *Branta ruficollis*

L 54-60 cm, S 110-125 cm. Kleine Brutkolonien in der russischen Tundra an Flussufern oder -mündungen, oft zusammen mit Greifvögeln als Schutz vor Eisfüchsen. Überwintert hauptsächlich nördlich und westlich des Schwarzen Meeres; erscheint im Winter vereinzelt in Trupps anderer Gänse in Mitteleuropa.

**KENNZEICHEN** Klein mit *kurzem, dickem Hals,* rundem Kopf und *winzigem schwarzem Schnabel,* durch *rostrotes Färbungsmuster* unverwechselbar, wirkt aber aus der Ferne meist nur *insgesamt dunkel mit breit weißem Flankenstreif.* Im Flug klein und kurzhalsig mit *schwarzen Unter- und sehr dunklen Oberflügeln,* schwarzem Bauch und weißem Flankenstreif.– Ad.: Nur *zwei deutliche weiße Flügelbinden.*– JK: *4-5 undeutlichere weißliche Flügelbinden,* blasser roter *Wangenfleck anfangs klein mit breit weißem Rand.*

**STIMME** Ruft schrill und hoch „ki-kwi" oder „ki-jick".

## BRANDGANS D: A/R3/JZW

Common Shelduck *Tadorna tadorna*

L 55-65 cm, S 100-120 cm. Brütet hauptsächlich an Küsten, auch an größeren Seen und Flüssen, Nahrungssuche meist im Flachwasser. Viele europäische Brutvögel versammeln sich zur Mauser im Sommer im Wattenmeer. Nest meist in Erdhöhlen, unter dichtem Gebüsch oder Gebäuden.

**KENNZEICHEN** Mittelgroße, *langhalsige* Halbgans mit stark gemustertem Gefieder. Körper plump, Schnabel kräftig mit stark konkavem First, Beine recht lang. Flügel lang und spitz, nach hinten gewinkelt, bei Beschleunigung tief durchgeschlagen. Zieht in recht kleinen Trupps in Linienformation dicht über der Wasseroberfläche. *Gefieder überwiegend weiß mit dunkelgrünem Kopf, rotem Schnabel, kastanienbraunem Brustband;* Schwung- und Schulterfedern, Schwanzspitze und Bauchstreif schwarz. Beine blassrosa bei Alt- und grau bei Jungvögeln.– ♂: *Schnabel und kräftiger Schnabelhöcker leuchtend rot;* bedeutendere Körpergröße bei Paaren auffallend.– ♀: Etwas kleiner, *Schnabelhöcker unauffällig und -färbung blasser,* Muster der Unterseite schmaler und unschärfer.– JK: Kopf und Hals überwiegend weißlich, Scheitel und Hinterhals braungrau, Unterseite ungezeichnet.– 1er S: Wie ad., aber im Flug am *weißen Flügelhinterrand* erkennbar.

**STIMME** ♂ ruft bei der Balz im Frühjahr hoch zwitschernd und pfeifend in Serie „sliss-sliss-sliss-…", besonders bei Verfolgung des ♀ im Flug zusätzlich auch kurz und weich pfeifend „pju" oder wiederholt zweisilbig „pij-pu". ♀ ruft besonders im Flug nasal, tief und laut gackernd „gagagagaga…"; ferner gereizt nasal „ah-ang" und rauchig rollend „grrah grrah grrah…".

## ROSTGANS D: BC1/N2/JW

Ruddy Shelduck *Tadorna ferruginea*

L 58-70 cm, S 110-135 cm. Brütet in verschiedensten binnenländischen Lebensräumen: auf ausgedehnten Steppen an Seen und Salzmarschen, an Flüssen, Hügeln und sogar felsigen Berghängen, oft weit vom Wasser entfernt. Bruthöhlen in Felsen, Ruinen, Bäumen usw. Überwiegend Zugvogel, fliegt oft in großer Höhe. In Mittel- und Nordwesteuropa häufiger Gefangenschaftsflüchtling, der auch in Freiheit brütet, doch erscheinen auch gelegentliche Einflüge möglich.

**KENNZEICHEN** Kaum größer als Brandgans und ähnlich gebaut; *Gefieder leuchtend orangebraun,* Kopf blasser zimt- bis rahmfarben, Bürzel, Schwung- und Steuerfedern schwarz (teilweise grün glänzend), ober- und unterseits ausgedehnt *weißer Vorderflügel;* Schnabel schwarz.– ♂: Im PK dünner, *schwarzer Halsring,* Mantel und Brust intensiver rostfarben.– ♀: Kein Halsband, im „Gesicht" oft ausgedehnt weiße Partien.– JK: Wie ♀, aber Vorderflügel verwaschen weißlich grau.

**STIMME** Ruft kräftig nasal hupend, im Flug „ang" und „ahüng" (zweisilbiger Ruf an Kanadagans oder weit entfernten Esel erinnernd), außerdem hohl rollend „ahrrr".

## NILGANS D: C1/N3/J

Egyptian Goose *Alopochen aegyptiaca*

L 63-73 cm. Afrikanische Halbgans, aber wachsende verwilderte Parkpopulationen in vielen Teilen Europas an Gewässern aller Art, von den Niederlanden nach Deutschland eingewandert, inzwischen fast überall brütend.

**KENNZEICHEN** Etwas größer als Rostgans, mit der sie aus großer Entfernung verwechselt werden kann, besonders im Flug *(beide hellbraun mit weißem Vorderflügel),* aber weniger orange, unterseits eher schmutzig graubeige und oberseits düster braun, *Augenfleck dunkel, Schnabel matt rosarot* mit dunkler Umrandung, *lange Beine* blassrosa. Brust mit dunklem Schmutzfleck. Geschlechter fast gleich gefärbt, große individuelle Variation.– JK: Blasser, ohne braune Flecke auf Brust und um Auge, Scheitel bräunlich statt weißlich.

**STIMME** Ruf des ♂ heiser zischend, des ♀ tief, aber schrill „ang-hää-hää".

## STREIFENGANS D: C5/L1E/JW

Bar-headed Goose *Anser indicus*

L 68-78 cm. Gehört nicht zu den Halb-, sondern zu den grauen Gänsen. Im mittelasiatischen Hochland beheimatet, bei uns oft aus Gefangenschaft entweichend und dann auch im Freiland brütend.

**KENNZEICHEN** Größe wie Saatgans, aber *sehr hellgrau* (im Flug oft weißlich wirkend), aus der Nähe kennzeichnender *weißer Kopf mit zwei schwarzen Querstreifen* sichtbar, Hinterhals mit dunkelgrauem „Aalstrich", Handschwingen nur an den Spitzen dunkel. Relativ kleiner Schnabel und Beine gelb.

Rothalsgans

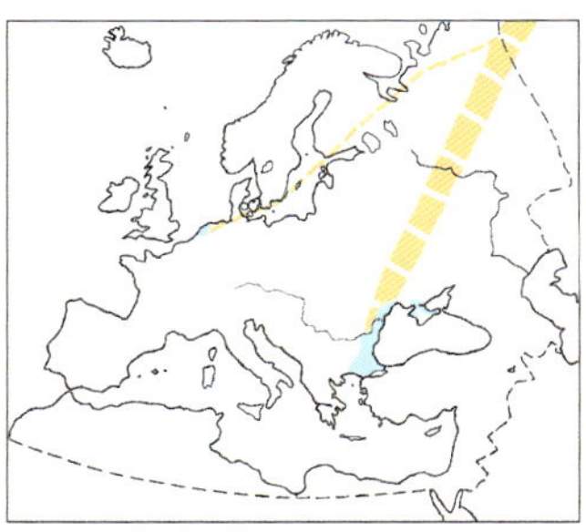

Brandgans

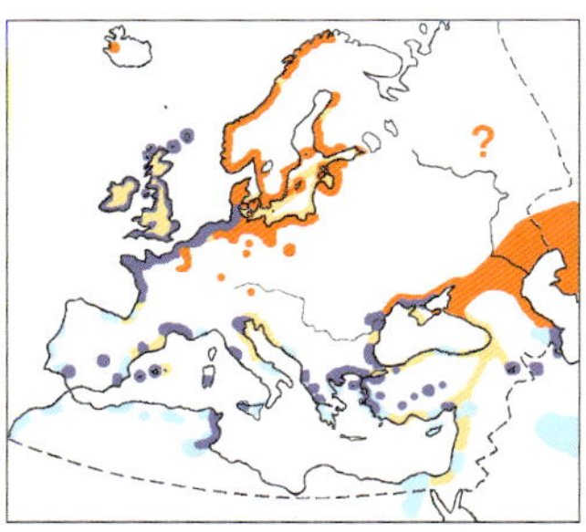

Rostgans

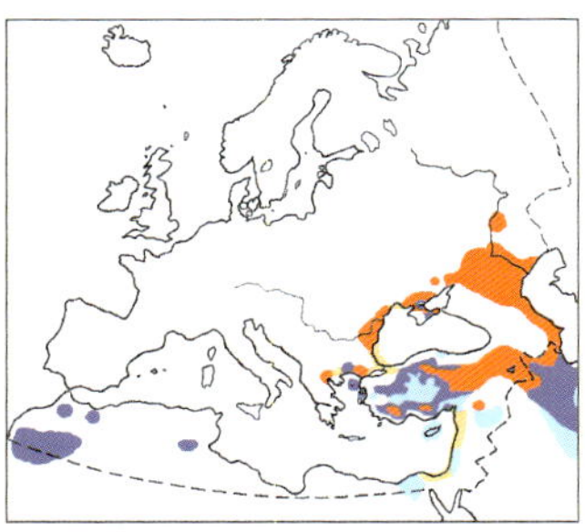

## ROTHALSGANS

## BRANDGANS

## ROSTGANS

## NILGANS

## STREIFENGANS

KM

# GRÜNDELENTEN *Anatini*

Kleine bis große Enten der Flüsse, Seen und Sumpfgebiete, die ihre überwiegend pflanzliche Nahrung von der Wasseroberfläche, gründelnd im Flachwasser oder an Land aufnehmen. Fliegen ohne Anlaufstrecke direkt auf. Geschlechter sehr verschieden gefärbt; im Sommer führt die Synchronmauser aller Schwungfedern für 3-4 Wochen zur Flugunfähigkeit, ♂ tragen dann ein weibchenfarbenes Schlichtkleid.

## STOCKENTE **D:** A/N5/JZW

Mallard *Anas platyrhynchos*

L 50-60 cm, S 81-95 cm. Bekannteste Ente und Stammform der Hausente, brütet an Gewässern fast aller Art, oft an Parkteichen, dort sehr vertraut, unter Büschen, in Baumhöhlen, sogar an Gebäuden. Überwiegend Jahresvogel, nordöstliche Populationen weichen im Winter vor dem Eis.

**KENNZEICHEN** Groß und kräftig, Kopf und Schnabel groß, Schwanz kurz. *Wirkt im Flug schwer,* Schläge der *recht stumpfen,* besonders an der Basis *breiten Flügel* mäßig schnell. Beine orange. Meist allein an Größe, Gestalt und *blauem, breit weiß eingefasstem Spiegel* erkennbar.– ♂ PK: *Kopf metallisch grün, schmaler weißer Halsring,* Brust braun, restlicher Körper überwiegend hellgrau, Heck schwarz, mittlere Steuerfedern ringelförmig aufwärts gebogen, *Schnabel einfarbig mattgelb.*– ♀: Braun, dunkelbraun gefleckt und gestrichelt, zwischen düster braunem Scheitel und Augenstreif ein hellerer Überaugenstreif; *Schnabel orange mit dunkler,* sich unregelmäßig auf die Seiten erstreckender *Firstfärbung* (vgl. Schnatterente); äußere Steuerfedern beige; beachte im Flug *bräunlichen Bauch* und weißliche Unterflügeldecken.– ♂ SK: Wie ♀, aber *Schnabel einfarbig gelb, Brust eher rostbraun* und weniger gestreift, Kopfmuster deutlicher.– JK: Wie ♀.

**STIMME** Sehr stimmfreudig, ♂ ruft weich, nasal und tief „rhäb“, vom aufgeregt schwimmenden Vogel oft wiederholt, balzt kurz pfeifend „piu“; ♀ ruft rau quakend, auf den ersten Silben betont und dann absterbend „KWÄH-KWÄH-kwakwah-kwah-kwa-kwa-…“ und warnt mit Serie kurzer, gleich hoher, härterer Quaklaute.

## SCHNATTERENTE **D:** A/N3/JZW

Gadwall *Mareca strepera*

L 46-56 cm, S 78-90 cm. Brütet spärlich an vegetationsreichen, oft eutrophen Feuchtgebieten mit Süß- oder Brackwasser, überwintert hauptsächlich in Westeuropa.

**KENNZEICHEN** Etwas kleiner, *schlanker und schmalflügeliger* als die oberflächlich ähnliche weibliche Stockente, zeigt im Flug *weißlichen Bauch* (statt bräunlichen) und *kleinen weißen Spiegel,* auffallend bei alten ♂ (wie Zuckerwürfel), aber fast fehlend bei jungen ♀.– ♂ PK: Kopf mittelbraun, *Steiß schwarz* (Schwanz jedoch braun), *Körper grau meliert,* besonders kräftig auf Brust, *lange Schulterfedern hell graubeige, Schnabel dunkelgrau;* im Flug *neben weißem Spiegel auch schwarze und kastanienbraune Flügelabzeichen.*– ♀: Unterscheidet sich vom größeren Stockenten-♀ durch *weißlichen Bauch, kleinen weißen Spiegel,* dunkler braungraue Steuerfedern und *gleichmäßig breites, orangefarbenes Band entlang der Schnabelseiten.*– ♂ SK: Ähnlich ♀, behält aber männliches Flügelmuster, Schnabelseiten etwas orange.– JK: Wie ♀, doch Körperfedern lebhafter beigebraun in stärkerem Kontrast zum graueren Kopf.

**STIMME** ♂ ruft tief, kurz, knarrend „ährp“ und balzt hoch pfeifend „pjii“, ♀ quakt etwas härter und mechanischer als Stockente.

## SPIESSENTE **D:** A/R1/JZW

Northern Pintail *Anas acuta*

L 51-62 cm (ohne ca. 10 cm verlängerte Steuerfedern des ♂), S 79-87 cm. Brütet an nahrungsreichen Flachseen, überwintert in Westeuropa und Afrika.

**KENNZEICHEN** Fast so groß wie Stockente, aber *schlanker und eleganter, Flügel und Schwanz lang, schmal und spitz,* besonders beim ♂, Hals lang und schlank, Kopf klein (der „Windhund“ unter den Enten); Flug schnell, Handflügel etwas zurückgebogen.– ♂ PK: Durch verlängerte Steuerfedern unverwechselbar, das *Weiß von Brust und Vorderhals zieht sich als Streif auf die Seiten des braunen Kopfes,* Spiegel grün mit weißem Hinter- und rostbraunem Vorderrand, Schnabel schwarz mit graublauen Seiten.– ♀: Ähnlich schlankem, langhalsigem Stockenten-♀, doch *schlanker Schnabel dunkelgrau, Kopf fast einfarbig hellbraun, vom graueren Körper abgesetzt,* Spiegel dunkelbraun, vorne schmal, *hinten sehr breit weiß begrenzt,* Bauch hell braunweiß.– ♂ SK: Ähnlich ♀, aber mit männlichem Flügel- und Schnabelmuster und längeren, graueren Schulterfedern.– JK: Wie ♀, aber Körper weniger sauber geschuppt, eher diffus gefleckt und gebändert; weißer Armflügel-Hinterrand schmaler, Spiegel matter braun, beim ♂ grünlich getönt.

**STIMME** ♂ pfeift kurz und klar „krrü“, tiefer als Krickente, aus der Nähe auch gleichzeitig ein zischendes „wiih-wij“ hörbar, ♀ ruft bei der Balz krähenartig rollend „kr'r'r'rah“, das Quaken liegt stimmlich zwischen Stock- und Krickente.

## DUNKELENTE **D:** E/–/S

American Black Duck *Anas rubripes*

L 53-61 cm. Nordamerikanische Art, gelegentliche Ausnahmeerscheinung und Gefangenschaftsflüchtling.

**KENNZEICHEN** Erinnert in Gestalt und Färbung an dunkles ♀ der nah verwandten Stockenten, Geschlechter einander sehr ähnlich gefärbt. Kopf hell graubraun, *Körper schwarzbraun,* kaum gemustert, *Schwanz dunkel,* Spiegel purpurblau bis türkis schillernd, *hinten schmal und undeutlich weißlich begrenzt; Schnabel gelblich,* beim ♀ dunkler First angedeutet.

Stockente

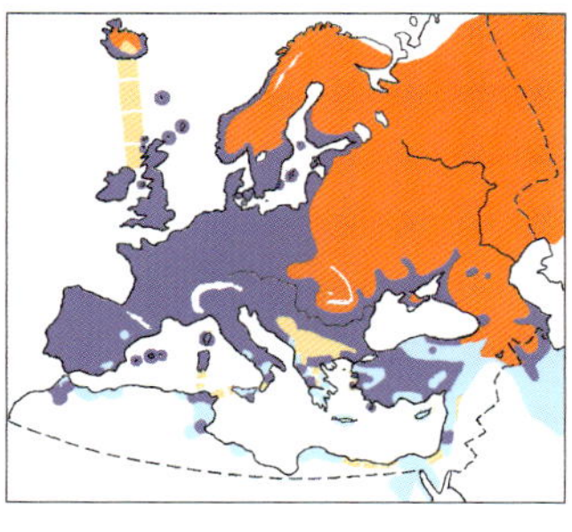

Schnatterente

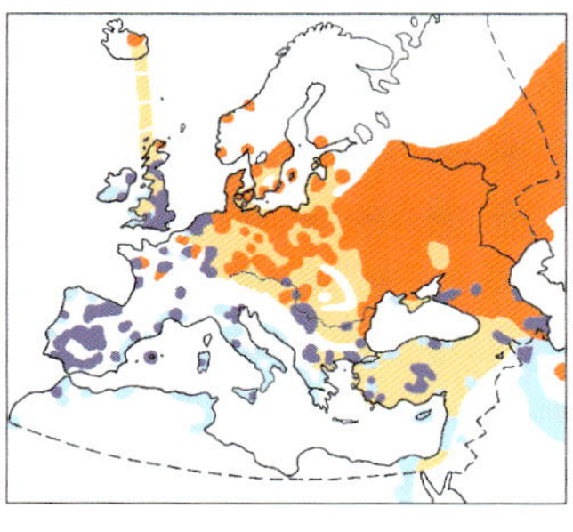

Spießente

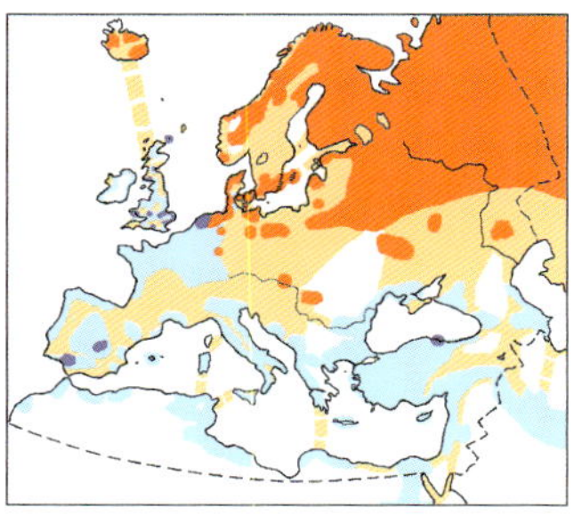

## STOCKENTE

## SCHNATTERENTE

## SPIESSENTE

## DUNKELENTE

KM

## LÖFFELENTE **D:** A/N3/JZW

Northern Shoveler *Spatula clypeata*

L 44-52 cm, S 73-82 cm. Brütet an flachen, nährstoffreichen Gewässern mit viel Vegetation und in Sumpfgebieten mit freien Wasserflächen. Überwintert von Westeuropa bis ins tropische Afrika, in Deutschland im Winter seltener; meist in Paaren oder kleineren Gruppen zu sehen. Durchseiht mit dem breiten Schnabel die Wasseroberfläche nach Nahrung.

**KENNZEICHEN** Mittelgroß mit kurzem Hals und *beeindruckend langem, breitem Schnabel,* dadurch schwimmend und fliegend *vorderlastig erscheinend.* Flügel von gleichmäßiger Breite, aber schmaler als bei Stockente wirkend, mattgrüner Spiegel vorne weiß begrenzt.– ♂ PK: Unverwechselbar, *Kopf grün* (aus Entfernung schwarz), *Brust weiß, Bauch und Flanken kastanienbraun;* Vorderflügel blaugrau; einzige Gründelente mit gelber Iris.– ♀: Erinnert an Stockenten-♀, kenntlich an *mächtigem Schnabel, dunkelbraunem, zu weißlichen Unterflügeln kontrastierendem Bauch, fehlendem weißem Armschwingen-Hinterrand* und gräulichen Armdecken.– ♂ SK: Durch rötlichere Flankentönung, bläuliche Armdecken und dunkleren Kopf mit gelber Iris vom ♀ unterschieden.– JK: Scheitel und Hinterhals etwas dunkler, Bauch etwas heller als beim ♀.

**STIMME** Auffliegendes ♂ ruft nasal klopfend „tok-tok… tok-tok…“ (manchmal einsilbig), ♀ ruft röchelnd und gedämpfter „kerr-äsch“, auch kurze, in Höhe und Stärke abfallende Quakreihe ähnlich heiserem Krickenten-♀.

## PFEIFENTE **D:** A/R1/JZW

Eurasian Wigeon *Mareca penelope*

L 42-50 cm, S 71-85 cm. Brütet im Norden an Waldseen, Tundratümpeln und auf Überschwemmungsflächen, überwintert hauptsächlich an Küsten und größeren Binnengewässern Mittel- und Westeuropas, meist in sehr großen, auch auf Wiesen und Feldern grasenden Trupps, ist im Verhalten also durchaus gänseähnlich.

**KENNZEICHEN** Mittelgroß und *kurzhalsig mit recht großem, rundem Kopf, kleinem Schnabel und spitzem Schwanz;* im schnellen Flug auch *schlanker Hals und spitze, nach hinten gebogene Flügel* und weißer Bauchfleck auffallend; Achseln grau.– ♂ PK: Durch *rotbraunen Kopf und Hals mit cremegelbem Feld auf Stirn und Vorderscheitel* unverwechselbar; Brust graurosa, Steiß schwarz und weiß, übriger Körper grau; im Flug *großes, weißes Armflügelfeld,* Spiegel grün.– ♀: Matt rötlich- bis graubraun mit diffuser Fleckung (insgesamt sehr variabel), *an Gestalt, dunklem Gefieder, kleinem, grauem Schnabel mit schwarzer Spitze, scharf abgegrenzt weißem Bauch* erkennbar; Spiegel dunkel, innerste Armschwingen oft mit hellen, einen weißen Fleck bildenden Rändern (ähnlich juvenilem Schnatterenten-♀).– ♂ SK: Gefieder rötlicher als ♀, *weißes Armschwingenfeld.*– JK: Unterseite im Gegensatz zum ad. ♀ oft nur schwach gemustert, Spiegel matter.– ♂ 2es KJ: Vom adulten ♂ am *noch graubraunen Armflügelfeld* unterscheidbar.

**STIMME** ♂ äußert ganzjährig und auch im Flug einen charakteristischen, lauten Glissandopfiff, oft durch tieferen, kurzen Ton eingeleitet (und mit unterdrücktem Triller beendet), etwa „wu, WII-u(rr)“, aus der Entfernung nur als „WII-u“ hörbar; ferner eher unterdrückt und plaudernd „wip…wii…wip-wü“, auch ähnlich Reiherenten-♂ und rau schnaubend „rrah“ und „ra-kaah“; ♀ ruft im Flug wiederholt knurrend „karr karr karr…“, im Tonfall an Haubentaucher erinnernd.

## KANADAPFEIFENTE **D:** A/–/S

American Wigeon *Mareca americana*

L 48-56 cm. Seltener nordamerikanischer Gast; schließt sich gern Trupps von Pfeifenten an.

**KENNZEICHEN** Größe und Gestalt wie Pfeifente, Kopf wirkt mit steilerer Stirn und vollerem Nacken etwas größer.– ♂ PK: *Stirn und Scheitel weißlich, breiter Streif vom Auge in den Nacken dunkelgrün* (aus der Entfernung schwarz), übriger Kopf schmutzig beige und braun gefleckt, Brust und Flanken braunrosa.– Alle anderen Kleider: Oft schwer von Pfeifente unterscheidbar, aber durchschnittlich *Kopf und Hals grauer mit deutlicherem Kontrast zur rötlich braunen Brust; Achselfedern und Mittlere Unterarmdecken weiß* (Achselfedern höchstens mit dunklerem Schaft und diffuser Subterminalbinde), bei Pfeifente dagegen hellgrau mit braungrauem Schaft und Muster (können aber bei heller Beleuchtung weißlich *wirken* und sind bei einigen Individuen *tatsächlich* heller); Stirn und Scheitel heller, daher Betonung der *dunkel gefleckten Augenregion* (bei Pfeifente manchmal angedeutet); weiße Basen der Großen Armdecken bilden bei ad. ♀ *helles Flügelband.*

## MARMELENTE **D:** BE/–/S

Marbled Duck *Marmaronetta angustirostris*

L 39-42 cm, S 63-70 cm. Brütet selten und lokal im Süden an vegetationsreichen Teichen im Flachland (abnehmend, z. B. in Spanien nur noch etwa 70 Paare). Lebensweise wie Gründelente, zeigt aber auch Gemeinsamkeiten mit Tauchenten.

**KENNZEICHEN** Recht klein und schlank, aber Flügel und Schwanz lang, schmaler *Schnabel dunkel* (etwas an kleines Spießenten-♀ erinnernd), Kopf groß und durch angedeuteten Schopf lang. *Gefieder blass sandbraun,* diffus weißlich gefleckt, *Augenumgebung dunkel;* im Flug *helle Flügel ohne auffallendes Muster,* kein Spiegel, *aber Armschwingen aufgehellt* und von vorne zwei helle Flecken am Flügelbug (wie man es vom Graureiher kennt). Alle Kleider sind einander sehr ähnlich, ♂ haben oft einen deutlicheren Schopf und tiefer schwarzen Schnabel, Jungvögel noch diffusere, gelblichere Flecke.

**STIMME** Meistens stumm, aber während der Balz hört man vom ♂ ein hoch pfeifendes „wii-wiih“.

Löffelente

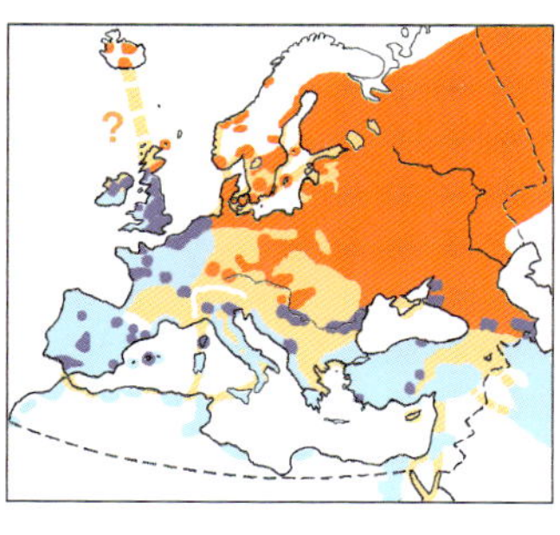

Pfeifente

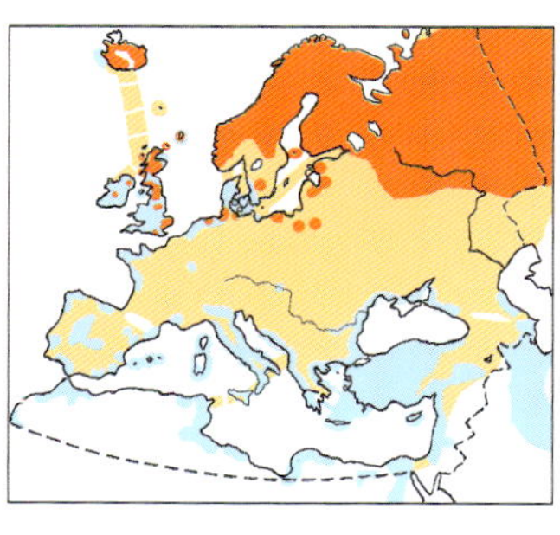

Marmelente

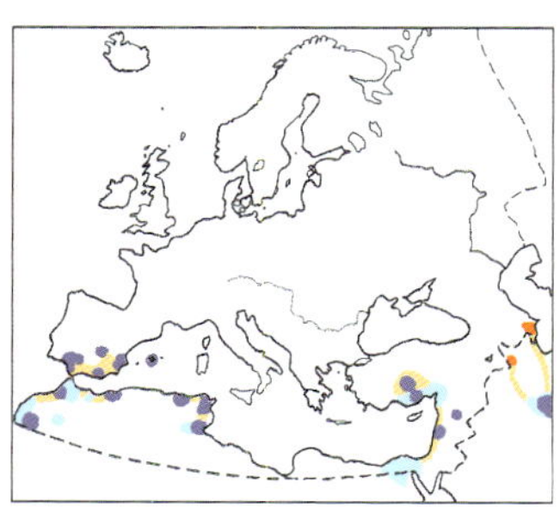

## LÖFFELENTE

## PFEIFENTE

## KANADAPFEIFENTE

## MARMELENTE

KM

## KRICKENTE **D: A/N3/JZW**

Eurasian Teal *Anas crecca*

L 34-38 cm, S 53-59 cm. Brutvogel der verschiedensten Gewässertypen, von Süß- bis Brackwasser, bevorzugt an Teichen (auch sehr kleinen) am oder im Wald, auch in Mooren, an Flüssen und stark bewachsenen Meeresufern. Außerhalb der Brutzeit in oft großen Trupps, besonders in Meeresbuchten und an flachen Seen, nordeuropäische Vögel weichen im Winter nach Süden aus.

**KENNZEICHEN** *Kleinste Ente mit schmalen, spitzen Flügeln, kurzem Hals, schnellem, agilem Flug in oft dichter Formation;* fliegt mühelos und steil von der Wasseroberfläche auf, führt oft plötzliche Schwenks aus. Wirkt aus der Entfernung im Flug *dunkel mit kurzem, weißem Band über der Mitte des Armflügels;* Spiegel glänzend grün.– ♂ PK: Kastanienbrauner Kopf mit grünen, schmal gelb eingefassten Seiten, auch aus der Entfernung leuchtender großer, *hellgelber Steißfleck schwarz begrenzt, waagerechte weiße Linie auf sonst grauem Körper.* Unterscheidet sich von der nordamerikanischen Carolinakrickente (S. 46) durch diese waagerechte weiße Linie (bei Carolinakrickente stattdessen senkrechtes weißes Band auf Brustseiten) und durch komplette gelbe Linien auf den Kopfseiten.– ♀: Braun, dunkler gestrichelt und gefleckt, schwimmend der weiblichen Knäkente ähnlich, aber *kleiner, Schnabel schlanker und an der Basis oft etwas orange,* Kopf durch nur mittelbraunen Augenstreif und *fehlenden Wangenstreif* eher einfarbig, weißer Fleck oder *Streif entlang der Schwanzbasis,* Kinn und Kehle nicht auffallend weißlich; im Flug neben kennzeichnendem Oberflügelmuster auch diffus hellere Bauchmitte und weißliches Längsband zwischen dunklem Vorder- und Hinterrand des Unterflügels typisch.– Vogel im JK und ♂ im SK ähneln ♀, doch ist das JK meist etwas dunkler (auch am Bauch) und zeigt stärker gestreifte (statt geschuppte) Flanken.

**STIMME** ♂ ruft häufig hell und klar klingelnd „krrik", höher als der ähnliche Ruf der Spießente; ♀ quakt schwach, hoch, nasal und abfallend „PEEHTt pät pät" und bei Verfolgung durch ♂ hart und schnell „krek-ekekek".

## KNÄKENTE **D: A/N3/Z**

Garganey *Spatula querquedula*

L 37-41 cm, S 59-67 cm. Brutvogel flacher, eutropher Gewässer in Flachland und Steppe, auch an Gräben in feuchtem Wiesengelände. Zieht im September nach Afrika, zurück im April. Selten in größeren Trupps.

**KENNZEICHEN** Etwas größer als Krickente mit längerem, geraderem Schnabel und etwas längerem Schwanz, im Flug besonders der *Handflügel heller; gründelt selten,* durchseiht lieber die Wasseroberfläche oder taucht lediglich den Kopf ein (Krickente gründelt oft).– ♂ PK: Brauner Kopf mit *halbmondförmig bis in den Nacken reichendem, weißem Überaugenstreif,* Brust dunkelbraun, Flanken hellgrau gemasert, zugespitzte Schulterfedern schwarz und weiß; im Flug *matt blaugraue Vorderflügel und scharfer Kontrast zwischen dunkler Brust und weißem Bauch.*– ♀: Etwas *größer* als Krickente, *Schnabel länger, gerader und ganz grau* (ohne Orange), Kopfseiten durch *dunklen Wangen- und Augenstreif* und hellen Zügelfleck *stärker gestreift,* kein heller Längsstrich an Schwanzbasis, ferner *Kinn und Kehle meist sauber rahmweiß;* im Flug *graubrauner Vorderflügel* ähnlich Krickente, aber Handflügel heller, kein breit weißes Band über dem Spiegel (nur schmal), aber *breit weißer Armflügel-Hinterrand* (ähnlich weiblicher Spießente).– ♂ SK: Wie ♀, aber mit *blaugrauem Vorderflügel* des PK.– JK: Vom ♀ am etwas dunkleren Bauch und schmaleren weißen Armflügel-Hinterrand unterschieden.

**STIMME** ♂ balzt typisch hölzern schnarrend, leicht an- und absteigend, wie über Kamm gestrichener Fingernagel „prrirrerrirr"; ♀ meist stumm, ruft manchmal nasal „ga, ga-ga, ga…" und quakt schwach, kurz und hoch.

Krickente

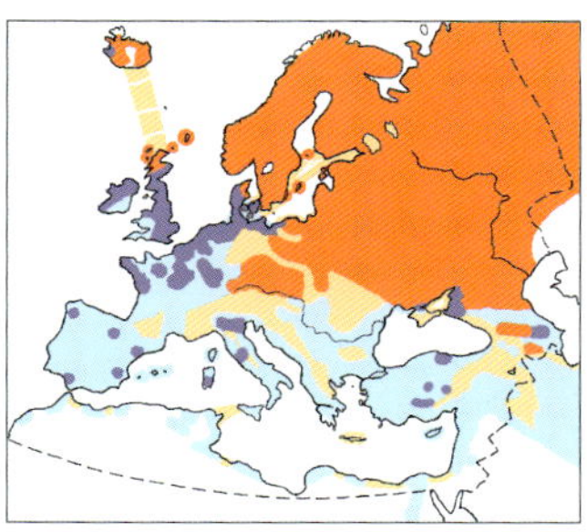

Knäkente

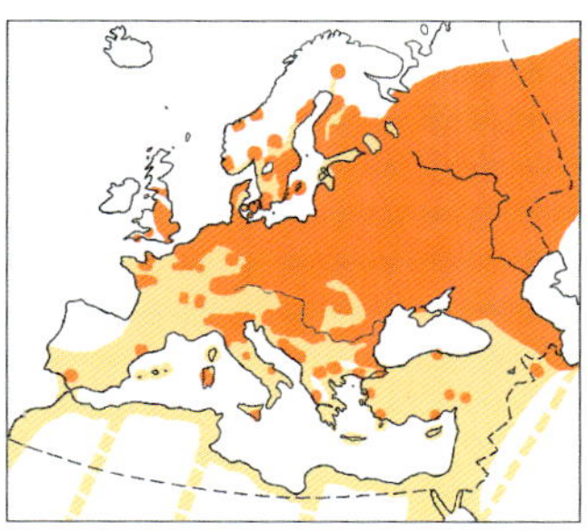

## BLAUFLÜGELENTE **D: A/–/S**

Blue-winged Teal *Spatula discors*

L 37-41 cm. Seltene Ausnahmeerscheinung aus Nordamerika, wird manchmal im Frühjahr zwischen heimziehenden Knäkenten beobachtet.

**KENNZEICHEN** ♂ im PK charakteristisch gefärbt (beachte aber, dass auch mausernde Löffelenten-♂ oft einen weißen Halbmond an der Schnabelbasis zeigen), ♀, SK und JK erinnern an Knäk-, Krick- und besonders Zimtente (amerikanische, oft in Gefangenschaft gehaltene Art; S. 447), beachte *auffallend hellen Zügelfleck* und dunklen Augenstreif, aber *Fehlen eines dunklen Streifs über die Wangen,* fein braune Maserung auf Kinn und Bauch (hell, aber nicht weiß), grünliche bis mattgelbe Beine, leuchtend *hellblaue Vorderflügel* (fast wie beim ♂), *Fehlen von weißem Armflügel-Hinterrand* und weißem Strich an der Schwanzbasis.

## GLUCKENTE **D: D/–/S**

Baikal Teal *Sibirionetta formosa*

L 39-43 cm. Ostsibirischer Brutvogel, im Bestand stark abnehmend, selten in Europa zu sehen und dann wohl meist aus Gefangenschaft stammend.

**KENNZEICHEN** Etwas *größer* und langschwänziger als Krickente, Nacken fülliger, Schnabel dünn und ganz grau, *Spiegel vorne rostbraun (statt weiß) und hinten sehr breit weiß begrenzt.* ♀ und Vögel im JK den drei oben behandelten Arten sehr ähnlich.– ♂ PK: Durch markantes Kopfmuster und weißes Längsband auf Brustseiten unverkennbar.– ♀: Kleiner, aber sehr *prominenter, durch dunkle Umgebung betonter, runder, weißer Zügelfleck, erst hinter dem Auge ansetzender dunkler Augenstreif,* manchmal vom weißlichen Kinn vor das Auge reichender *heller Keil und nierenförmiger, dunkler Fleck auf den oberen Wangen;* weißer Streif an Schwanzseite schwächer als bei Krickente.– ♂ SK: Gefieder rötlicher als beim ♀.– JK: Etwas matter graubraun als ♀, von sehr ähnlicher Krickente am *hellen Zügelfleck,* grauen Schnabel und fehlender oberer weißer Spiegelbegrenzung unterscheidbar, Brust rötlich braun.

## KRICKENTE

## KNÄKENTE

## BLAUFLÜGELENTE

## GLUCKENTE

KM

# TAUCHENTEN

## *Aythya, Somateria* u. a.

Eine Gruppe kleiner bis großer Enten, die sich hauptsächlich tauchend ernähren und nur selten gründeln. Vegetarier oder Allesfresser. Körper ziemlich schwer, Flügel kürzer (und manchmal stumpfer) als bei Gründelenten, daher beim Auffliegen meist längerer Anlauf über das Wasser nötig. Die *Aythya*-Arten halten sich hauptsächlich an flacheren, eutrophen Binnengewässern, viele andere (Eiderenten, *Melanitta*, Säger) auf dem Meer auf. Mit Daunen ausgelegtes Bodennest in Wassernähe, Weibchen betreut die Küken alleine. Mauser wie bei Gründelenten (S. 24). Bei allen Entenvögeln, besonders aber innerhalb der Gattung *Aythya*, treten manchmal verwirrend aussehende Hybriden auf (S. 34).

### TAFELENTE — D: A/N3/JZW

Common Pochard *Aythya ferina*

L 42-49 cm, S 67-75 cm. Brutvogel flacher, eutropher Seen, im Winter auf größeren Gewässern, besonders Stauseen. Meist in Trupps, in denen die ♂ überwiegen. Taucht nicht nur, sondern gründelt öfter auch im Flachwasser.

**KENNZEICHEN** Mittelgroß, kurzschwänzig (Hinterende fällt beim Schwimmen meist sanft ins Wasser ab), Hals relativ lang, *langer, leicht konkaver Schnabel* geht ohne Stufe in die *sanft ansteigende Stirn* über, daher kennzeichnendes Profil mit *weich zugespitztem Hinterscheitel;* in allen Kleidern *unsauber grauer Flügelstreif*.– ♂ PK: *Kopf kastanienbraun, Schnabel schwarz mit graublauer Binde vor Spitze,* Iris rot; *Brust schwarz* glänzend, *Flanken und Oberseite hellgrau* (bei starker Beleuchtung weißlich), *Steiß schwarz;* wirkt im Flug durch mittelgraue Oberflügeldecken und hellgrauen Flügelstreif etwas verwaschen und hell.– ♀: Insgesamt sehr unscheinbar graubraun, Flanken und Oberseite gräulich getönt, Brust, Hals und Scheitel dunkler bräunlich; diffuse helle und dunkle Kopfmarkierungen neben *Kopf-Schnabel-Profil* beste Merkmale: *diffus heller Zügelfleck*, nach hinten zu einem Streif ausgezogener Augenring, unter dem Auge bis zur unteren Schnabelbasis reichender Fleck unscharf dunkel, Schnabel mit schmalem hellem Band vor Spitze (Winter) oder ganz dunkel (Sommer), Iris haselnussbraun.– ♂ SK: Unterscheidet sich vom PK durch dunkelbraune Färbung von Brust und Steiß und mattbraunen Kopf.– JK: Einfarbiger als ♀, keine helle Linie hinter Auge, Iris gelboliv, nimmt nach zwei Monaten Farbe des jeweiligen Geschlechts an.

**STIMME** Eher schweigsam, ♂ balzt mit charakteristischem Pfeifen, abrupt durch einen kurzen, nasalen Ton abgebrochen wie eine abprallende Kugel, etwa „aaOOO-HAA(e)“, öfter auch mit 3-4 scharfen, stoßenden, kurzen Pfiffen „ki ki ki ki“; ♀ ruft besonders im Flug laut schnarrend, etwas abfallend und in langsamem Takt wiederholt „brre-ah“.

### KOLBENENTE — D: A/R3/JZW

Red-crested Pochard *Netta rufina*

L 53-57 cm, S 85-90 cm. Brütet lokal an großen, eutrophen, schilfumstandenen Gewässern, auch an Lagunen, gelegentlich an kleinen Teichen (oft entflogene Parkvögel), überwintert hauptsächlich am Mittelmeer. Ernährt sich hauptsächlich von Pflanzen, gründelt und taucht etwa gleich häufig.

**KENNZEICHEN** Recht *groß* mit langem, massigem Körper und *großem, rundem Kopf, breit weißer Flügelstreif* in allen Kleidern auffallend.– ♂ PK: Kopf rostorange, Scheitel etwas heller, *Schnabel korallenrot,* Brust, „Heck“ und Bauchmitte schwarz, *Flanken weiß,* Oberseite einfarbig braun mit *weißem Keil auf Mantelseiten;* im Flug an schwarzem Bauch, *weißem Flankenfleck,* rotem Schnabel und braunerer Oberseite sofort von Tafelente unterscheidbar.– ♀: Durch helle Kopfseiten, dunklen Scheitel und sonst braunes Gefieder etwas an Trauerenten-♀ erinnernd, ist aber größer, heller und trägt *Rosa vor der Spitze des dunkelgrauen Schnabels;* Iris braun.– ♂ SK: Vom ♀ an *ganz rotem Schnabel* und roter Iris unterschieden.– JK: Wie ♀, aber Schnabel dunkel.

**STIMME** Eher schweigsam, aber ♂ kann laut und wiederholt „bäht“ rufen und „unterdrückt niesen“, ♀ ruft bei Verfolgung an fernes Hundegebell erinnernd „wrah-wrah-wrah-…“ und auf dem Wasser „rärr-rärr“.

### MOORENTE — D: A/L1/JZW

Ferruginous Duck *Aythya nyroca*

L 38-42 cm, S 60-67 cm. Brütet selten und lokal an oft kleinen, vegetations- und nahrungsreichen Teichen hauptsächlich in Südosteuropa, überwintert im Mittelmeergebiet; im westlichen Mitteleuropa werden oft Gefangenschaftsflüchtlinge und Hybriden gesehen.

**KENNZEICHEN** Eher klein und mit kurzem Körper, aber *langem Schnabel,* der ohne auffälligen Knick in die lange Stirn übergeht (ähnlich Tafelente), *Hinterscheitel leicht zugespitzt; in allen Kleidern bis kurz vor die Flügelspitze reichender, sehr breiter, weiß leuchtender Flügelstreif* (bei Reiherente kürzer, schmaler, weniger kontrastreich) und (mit Ausnahme weniger Jungvögel) *weißer Steiß,* der deutlich vom sauber braun umrandeten, *weißen Bauch* getrennt ist (selten so klar bei Reiherenten-♀); nur Nagel, nicht aber Schnabelspitze schwarz.– ♂ PK: Gefieder *tief kastanienbraun,* Oberseite etwas dunkler, Flanken etwas heller, *Unterschwanzdecken und Steiß sowie Bauch reinweiß, Iris weiß;* schmales schwarzes Halsband selten sichtbar.– ♀: Etwas matter kastanienbraun als ♂ gefärbt, Iris dunkel; neben den weißen Unterschwanzdecken ist im Vergleich zur Reiherente das *Kopfprofil* zu beachten.– ♂ SK: Ähnlich ♀, aber *Iris weiß,* Gefieder etwas rötlicher.– JK: Noch stumpfer braun als ♀, Bauch und Steiß weniger sauber weiß, daher Reiherente am ähnlichsten.

**STIMME** Nur zur Brutzeit zu hören, das ♀ äußert im Flug ein trocken klingelndes, schnarrendes „kerrr kerrr kerrr…“, das ♂ balzt ähnlich einer Reiherente „WIH-wju“ und in hartem, nasalem Stakkato „tjk-tjk-tjk-…

Tafelente

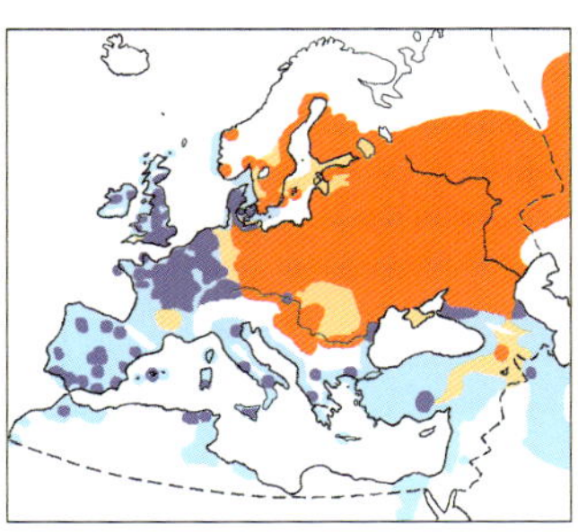

Kolbenente

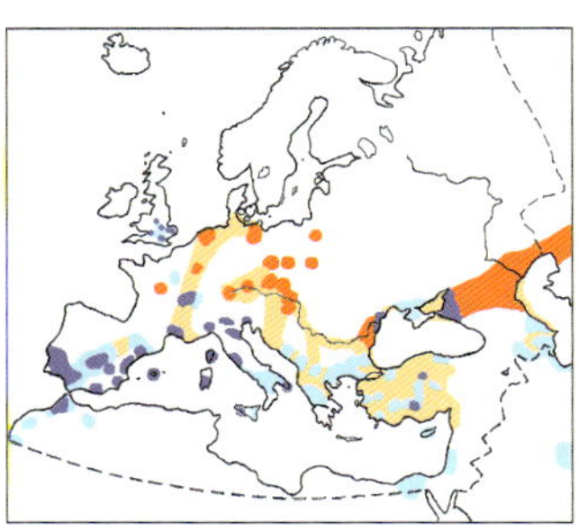

Moorente

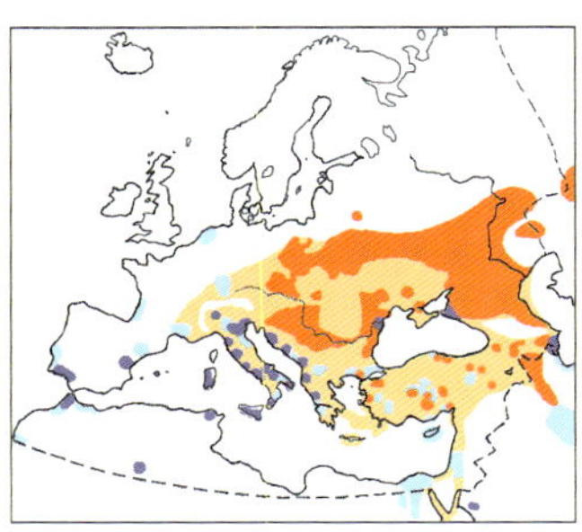

## TAFELENTE

## KOLBENENTE

## MOORENTE

KM

## BERGENTE D: A/L1/JZW

Greater Scaup *Aythya marila*

L 42-51 cm, S 71-80 cm. Brütet an Küsten an Salz- und Brackwasser, an Teichen in der nördlichen Birken- und Weidenzone und in der Tundra, überwintert in Trupps hauptsächlich auf dem Meer und taucht nach Mollusken.

**KENNZEICHEN** Mittelgroß mit recht großem, rundem Kopf und sanft ins Wasser abfallendem „Heck". Wird manchmal mit der Reiherente verwechselt, die eine ähnliche Farbgebung und *weißen Flügelstreif* hat, aber bei Bergente *kein angedeuteter Schopf am Hinterkopf, Kopfform länger und sanft gerundet,* Körper länger, *Schwarz an Schnabelspitze geht kaum über den Nagel hinaus* (bei Reiherente ganze Spitze schwarz). Beachte auch ähnliche Hybriden (S. 34) und gelegentlich auftauchende nordamerikanische Kanadabergente (S. 46).– ♂ PK: Schwarzer Kopf mit *grünem Glanz,* Brust und Heck schwarz, *Oberseite silbergrau* (Melierung nur aus der Nähe sichtbar), Flanken weiß; Schnabel hellgrau mit kleinem, fächerförmigem Nagelfleck, Iris gelb; im Flug helle Oberseite meist auffällig, ebenso durch Maserung mittelgrau wirkende Vorderflügel (bei Reiherente schwärzlich).– ♀: Mattbraun mit heller graubraunen Flanken und etwas dunklerer Oberseite (aus der Nähe graue Maserung erkennbar), *Schnabelbasis von breit weißem Ring umgeben* (bei Reiherente manchmal vorhanden, aber selten in dieser Breite); zur Brutzeit meist *heller Ohrdeckenfleck.*– ♂ SK: Kontrastärmer als im PK, mit Braunschimmer auf Kopf, Brust und Oberseite sowie manchmal etwas Weiß am Schnabelgrund.– JK: Ähnlich ♀, aber weniger Weiß am Schnabelgrund, etwas dunklerer Schnabel mit verdunkelter Spitze, hellere Flanken. Junge ♂ haben zum Winterende (Feb.-Apr.) das Alterskleid weitgehend, aber erst im 2en W vollständig angelegt.

**STIMME** Fast nur zur Brutzeit zu hören, ♂ balzt tief pfeifend „wü-wüp wüwu wüwuwüppwü", tiefer als Reiherente, und an Eiderente erinnernd abfallend „püoh"; ♀ knurrt tiefer, länger, härter und rauer als Reiherente „krrah krrah krrah…".

## REIHERENTE D: A/N4/JZW

Tufted Duck *Aythya fuligula*

L 40-47 cm, S 65-72 cm. In der Wahl des Brutplatzes wenig anspruchsvoll, von verschilften Gräben über eutrophe Teiche und nährstoffarme Seen bis zu Küsten, daher verbreitet und häufig, sogar zunehmend und westwärts expandierend; überwintert auf eisfreien Gewässern aller Art, gern auf Stauseen, oft in dichten Trupps.

**KENNZEICHEN** *Klein* mit gedrungenem Körper, schlankem Hals und *vergleichsweise großem Kopf mit Federschopf* am Hinterkopf (lang und herabhängend beim ♂ im PK, in anderen Kleidern kürzer, aber deutlich); Kopf ungleichmäßig gerundet *mit hoher, steiler Stirn und flachem Scheitel, kurzer Schnabel breit, hell blaugrau und mit wie in Farbe getauchter schwarzer Spitze;* im Flug *weißer Flügelstreif* hervorstechend.– ♂ PK: Schwimmend durch *schwarzes Gefieder mit rechteckigem weißem Flankenfeld und langem Schopf* unverkennbar; Iris gelb.– ♀: Recht einfarbig dunkelbraun mit helleren, meist etwas dunkel gefleckten Flanken, Federschopf kurz, aber deutlich, Iris dunkelgelb; manchmal durch weiße Federn am Schnabelgrund an Bergente erinnernd, aber *kleiner, andere Kopf- und Schnabelform, besonders oberseits dunkler braun, mehr Schwarz an Schnabelspitze;* andere erinnern durch gelegentlich weiße Unterschwanzdecken an Moorente, aber erneut durch andere Kopfform, schwarze Schnabelspitze und im Flug durch *kürzeren, weniger markanten weißen Flügelstreif* unterscheidbar.– ♂ SK: Schwarze Partien mit Braunstich, Flanken bräunlich, Schopf kurz.– JK: Wie ♀, Kopf jedoch etwas heller braun mit beiger Befiederung der Schnabelbasis, durch spitzes Scheitelende anfangs nur angedeuteter Schopf, braune Iris; ♂ bekommen von Dezember bis März das typische Muster, sind aber erst im 2en W voll ausgefärbt.

**STIMME** ♂ balzt mit schneller, nervöser, blubbernder oder kichernder Serie sich beschleunigender, leicht abfallender Töne auch nachts im Flug „wip WI-WIwüwüp" (hochstimmiger Truthahn); ♀ grollt in typischer Tauchentenmanier „krr krr krr…", etwas schneller und höher sowie mit kürzeren Elementen als Tafelente, höher als Bergente.

Bergente

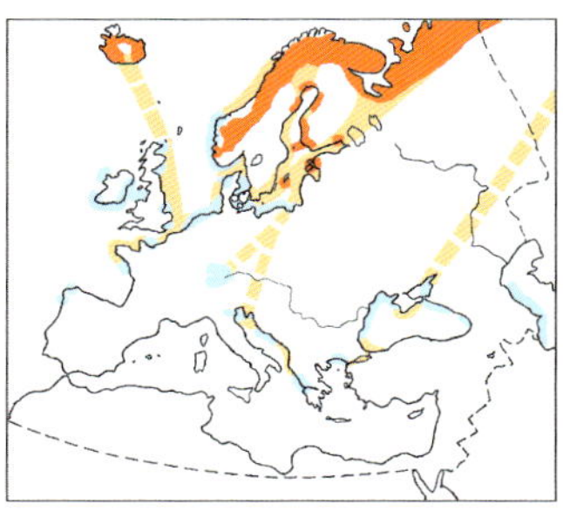

Reiherente

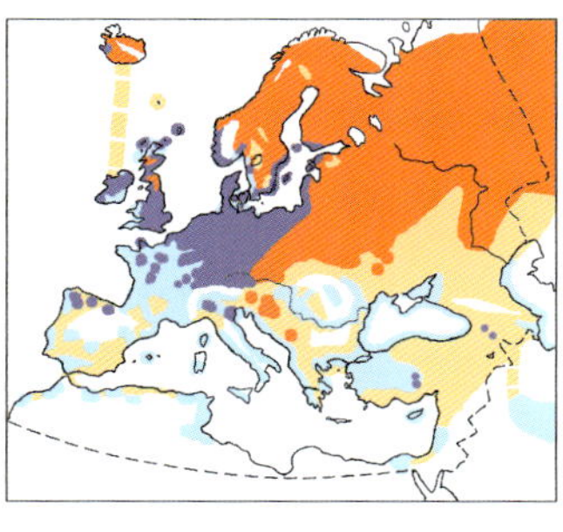

## RINGSCHNABELENTE D: A /–/S

Ring-necked Duck *Aythya collaris*

L 37-46 cm. Gelegentlich als Ausnahmeerscheinung aus Amerika sowie als Gefangenschaftsflüchtling zu sehende Tauchente, einzelne Vögel erscheinen manchmal über Jahre hinweg an derselben Stelle.

**KENNZEICHEN** Klein mit kurzem Körper und großem Kopf von charakteristischer Form: Stirn hoch, *Scheitel zum Hinterkopf hin zugespitzt* und mit Andeutung eines gerundeten, leicht überstehenden Schopfs, der eine *kleine Kerbe zwischen Hinterkopf und Nacken* entstehen lässt; Schnabel schiefergrau mit breit schwarzer Spitze und weißem Subterminalband, also *dreifarbig,* beim ♂ im PK zudem mit schmal weißer Begrenzung an der Basis und weißer Umrandung der Nasenlöcher; *Schwanz länger* als bei Reiherente und *oft auffallend gestelzt; Flügelstreif grau,* nicht weiß; beachte Verwechslungsgefahr mit Hybriden (S. 34) und mausernden Reiherenten-♂.– ♂ PK: Gefieder ähnlich Reiherente gemustert, aber *Flanken grau* (statt weiß) und *nur am Vorderrand mit senkrechtem weißem Keil, Flankenfeld am Oberrand deutlicher s-förmig begrenzt,* purpurbrauner Halsring selten erkennbar.– ♀: Am besten an Kopfform und Schnabelmuster erkennbar (letzteres weniger deutlich als beim ♂); Gefieder erinnert eher an Tafel- als an Reiherente durch *helle Färbung von Kehle, diffusen Fleck an der Schnabelbasis, Augenring und Lidstrich hinter dem dunklen Auge.*– ♂ SK: Wird insgesamt bräunlicher und erinnert dann an ♀, *aber Iris gelb* und außer an Schnabelbasis *keine weißlichen Kopfmarkierungen.*– JK: Dem ♀ sehr ähnlich, aber vielleicht am fast *ganz dunklen Schnabel* erkennbar; ♂ tragen am Ende des 1en W schon das PK.

## BERGENTE

## REIHERENTE

## RINGSCHNABELENTE

KM

# ENTENHYBRIDEN

Obwohl sich Vögel im Freiland normalerweise nur mit Artgenossen paaren, gibt es auch Ausnahmen. Kreuzungen zwischen meist nah verwandten Arten treten gelegentlich in Regionen auf, in denen eine der beiden Arten seltener als die andere ist. Die Isolationsbarrieren können fallen, wenn ein Vogel zur Brutzeit keinen Partner der eigenen, aber einer halbwegs ähnlichen Art findet.

Hybriden zwischen Entenvögeln (und Hühnervögeln) scheinen häufiger als innerhalb anderer Familien aufzutreten. Dies mag dadurch erleichtert werden, dass gerade die Entenvögel sehr nah miteinander verwandt sind, genetische Schranken also relativ leicht übersprungen werden können, und dass es öfter vorkommt, dass Küken innerhalb der ersten Lebenstage in den oft durcheinander schwimmenden Familien versehentlich der Entenmutter einer anderen Art folgen und damit falsch geprägt werden. Zudem sind zwischenartliche Vergewaltigungen häufig, bei denen das als Isolationsmechanismus dienende Balzverhalten übersprungen wird.

Entenvögel werden häufig in Gefangenschaft gehalten, teilweise mit beschnittenen Flügeln und in gemischter Zusammensetzung. Unter solch unnatürlichen Bedingungen entstehen besonders oft Hybriden, die dann teilweise entkommen. Die Häufigkeit von Entenhybriden kann aber auch scheinbar sein, denn einerseits werden Enten noch immer in großer Zahl von Jägern getötet, die dann gern über solche „Abnormitäten" berichten, andererseits fallen sie auch Vogelbeobachtern häufiger auf, da sie sich frei auf dem Wasser präsentieren. Die vielleicht genauso häufigen Hybriden zwischen den unscheinbar gefärbten und versteckt lebenden Laub- oder Rohrsängern sind viel schwerer zu entdecken.

Nachfolgend sind beispielhaft einige hauptsächlich männliche Hybriden zwischen Tauchenten abgebildet. Weibliche Hybriden sind sehr viel schwieriger zu bestimmen. In vielen Fällen lässt sich erkennen oder raten, wer die Elternarten waren (aber ihre Geschlechterrolle meist nicht).

Bei der Entdeckung einer seltenen Entenart sollte man zuerst überprüfen, ob es sich nicht vielleicht doch um einen Hybriden zwischen zwei häufigeren Arten handelt. Dabei ist grundsätzlich auf die folgenden Details besonders zu achten: Größe, Form und Färbungsmuster des Schnabels, vor allem Ausdehnung des Nagelflecks, Irisfarbe, Kopfprofil, Vorhandensein und Ausprägung einer Maserung auf Oberseite und Flanken, Größe und Gestalt des ganzen Vogels.

**Tafelente ♂ × Reiherente ♀**

Dieser Hybride ist einem Reiherenten-♂ im teilweisen oder vollständigen Schlichtkleid (also im Spätsommer) sehr ähnlich, unterscheidet sich aber durch die *dunklere Iris* (eine dunkle oder rote Iris deutet immer auf einen Tafelenteneinfluss

**Reiherente ♂ im SK**

hin), *sehr kurzen abstehenden Schopf* wie einige Reiherenten-♀, *nicht ganz schwarze, aus der Nähe oft als fein gemasert erkennbare Oberseite und zum Bauch hin dunkler werdende, oft gleichfalls gemaserte Flanken.*

**Reiherente × Ringschnabelente**

Ein Hybridtyp, der anscheinend aus verschiedenen Elternkombinationen entstehen kann. Der verkümmerte Schopf erzeugt ein an die Ringschnabelente erinnerndes Profil, beachte aber das Fehlen des weißen Längsbands an der Vorderflanke

**Ringschnabelente ♂**

(manchmal angedeutet), die schwächere s-Form des oberen Flankenrands, das (fast immer) fehlende Weiß an der Schnabelbasis und die Andeutung des Schopfs (also mehr als nur ein „spitzer Scheitel").

**Bergente × Reiherente**

Bei oberflächlicher Betrachtung ist dieser Hybride einer Bergente sehr ähnlich, zumal der Kopf oft einen Grünschimmer zeigt, weist aber einige feine Unterschiede auf: *Oberseite*

**Bergente ♂**

*einschließlich Schulterfedern dunkler grau, Maserung oft enger und diffuser, mehr Schwarz an der Schnabelspitze* (bei Bergente nur der Nagel); *oft mit rudimentärem Schopf* wie hier abgebildet (kommt nie bei der rundköpfigen Bergente vor), manchmal aber auch ohne und dann mit rundem Hinterkopf; *einige tragen einen kürzeren Schnabel mit breit schwarzer Spitze,* ganz wie die Reiherente.

**Reiherente ♂ × Tafelente ♀**

Eins der überraschenden Beispiele, bei denen der Hybride keiner der Elternarten, sondern einer dritten Art ähnlich sieht, der nordamerikanischen Kanadabergente (s. S. 46), für die er anfangs oft gehalten wurde. Hat wie diese violett glänzenden Kopf und spitzen Hinterkopf, unterscheidet sich aber durch eher *dunkelgraue Oberseite mit sehr enger, undeutlicher*

**Kanadabergente ♂**

*Maserung* (bei Kanadabergente gröber auf weißem Grund, auch aus der Entfernung noch erkennbar), *viel Schwarz an Schnabelspitze, Schnabelbasis oft düster grau* (bei Kanadabergente ganzer Schnabel hellgrau, nur Nagel schwarz), oft auch Unterschiede im Flügelstreif *(bei Kanadabergente nur auf Armschwingen weiß).*

**Tafelente × Moorente ?**

Dieser Hybride wird relativ selten gesehen und erinnert an die bei uns in Gefangenschaft gehaltene nordamerikanische Rotkopfente *Aythya americana* (S. 46), mit der er auch schon verwechselt wurde. Sicher ist die Tafelente eine der Elternarten, die andere ist jedoch unbekannt. Unterschiede zur Rot-

**Rotkopfente ♂**

kopfente sind: *Schnabelmuster der Tafelente* mit verdunkelter Basis und schräg auf die Seiten reichender schwarzer Spitze, *dunklere Oberseite* mit stärkerem Kontrast zu den helleren Flanken und rötliche Iris (bei Rotkopfente orangegelb; in Abbildung zu dunkel).

**Tafelente × Moorente**

Aus dieser Kreuzung entstehen Hybriden, die stärker an die seltene Moorente erinnern. Sie unterscheiden sich aber durch *rote oder orangefarbene Iris* (statt weiß), *stärkeren Kontrast zwischen dunklerer Brust und helleren Flanken* (bei Moorente kaum vor-

**Moorente ♂**

handen), nur aus der Nähe erkennbare *feine Maserung von Oberseite und Flanken* (bei Moorente nie vorhanden), oft *weniger sauberes und ausgedehntes Weiß auf Unterschwanzdecken* und *mehr Schwarz auf Schnabelspitze.*

KM

**Bergente × Reiherente**

Dieser weibliche Hybride ähnelt der weiblichen Bergente sehr, ist aber an folgenden Details erkennbar: viel Weiß am Schnabelgrund und kein Schopf (Hinweise auf Bergente), doch *breit schwarze Schnabelspitze* und *Kontrast zwischen dunklerer Oberseite und helleren Flanken* (Reiherenteneinfluss). Andere

**Bergente ♀**

weibliche Hybriden zwischen diesen beiden Arten können die Andeutung eines Reiherentenschopfs tragen, zeigen aber gleichzeitig die hellere Oberseite oder das reduzierte Schwarz an der Schnabelspitze wie die Bergente. Manche sind kaum von den Elternarten unterscheidbar.

## EIDERENTE D: A/R3/JZW

Common Eider *Somateria mollissima*

L 60-70 cm, S 95-105 cm. Typische und bekannteste Meeresente, brütet an Küsten, taucht in mittlerer Tiefe nach Krebsen und vorwiegend Muscheln. Das Nest wird mit den berühmten „Eiderdaunen" ausgelegt. Auch im Sommer Trupps (noch) nicht brütender Vögel an den Küsten; erscheint selten in geringer Zahl im tiefen Binnenland, in manchen Jahren aber gehäuft und kann dort sogar ausnahmsweise brüten.

**KENNZEICHEN** Große, dicke Ente, auf eher *kurzem Hals* ein großer Kopf, der *flachstirnig in den langen, keilförmigen Schnabel* übergeht. Wirkt im Flug auf *breiten, relativ kurzen, recht langsam geschlagenen Flügeln mit eher niedrig gehaltenem Kopf schwer* (entfernt an Gänse erinnernd), fliegt oft eher in unordentlichen, lockeren Gruppen oder unregelmäßigen, langen Ketten.– ♂ PK: *Überwiegend weiß, Bauch, Steiß, Flanken und Scheitel schwarz,* Halsseiten lindgrün.– ♀: Braun mit dunkler Bänderung, dunkler Spiegel weiß begrenzt, Befiederung reicht weit auf hellspitzigen Schnabel.– ♂ SK: Von Ende Juni bis September *sehr dunkel, ungebändert, Oberflügeldecken und lange, abwärts gebogene Schirmfedern aber weiß,* meist im August gemausert und dann fehlend.– JK: Vom ♀ durch *fehlende weiße Begrenzung des dunklen Spiegels,* schwächere Bänderung und kürzere, *kaum gebogene Schirmfedern* unterschieden; junges ♂ zeigt *dunklen Kopf mit hellem Überaugenstreif,* während des 1en W erscheinen weiße Federn auf Brust, Mantel und Rücken.– ♂ 2es KJ: Nach der Mauser im Sommer ähnlich ad. ♂, aber *Oberflügeldecken und Schirmfedern nicht reinweiß,* Letztere weniger gebogen.

**Stimme** Während der Gruppenbalz ruft das ♂ tief und weit tragend „a-OOH-e" (kann aus der Entfernung an Uhu erinnern), das ♀ wie ein entfernter Fischkutter tuckernd „gak-ak-ak-ak-…".

## PRACHTEIDERENTE D: A/–/S

King Eider *Somateria spectabilis*

L 55-63 cm, S 87-100 cm. Brütet in arktischer Tundra an Tümpeln, seltener an flachen Küsten, überwintert auf dem Meer, einzelne Individuen manchmal in Eiderententrupps versteckt.

**KENNZEICHEN** Etwas *kleiner und kompakter als Eiderente,* Schnabel kürzer.– ♂ PK: Durch *orangefarbenen Höcker des korallenroten Schnabels,* fülligen, graublauen Nacken, lachsrosa Brust und *kleine „Segel" auf schwarzen Schulterfedern* unverwechselbar; fliegend im Gegensatz zur Eiderente *Rücken schwarz,* Vorderflügel mit kleinerem weißem Feld.– ♀: Ähnlich Eiderente, aber etwas kleiner, *Schnabel kürzer und dunkelspitzig mit auf First weiter als auf Seiten herabreichender Befiederung* und hellerem Zügel, zu dem dunkle, leicht angehobene Schnabelwinkel kontrastieren, daher „lächelnder Gesichtsausdruck"; Gefieder wärmer rötlich braun, *dunkle Abzeichen des Körpergefieders offener u-förmig* mit zentralem dunklem Fleck besonders auf Mantel und Flanken (keine dichte Wellenzeichnung).– ♂ SK: Erinnert durch geschrumpften Höcker des nur noch blassroten Schnabels und insgesamt dunkles Gefieder an unausgefärbtes ♂, behält aber *weißes Flügelfeld* und oft weiße Spuren auf Brust.– JK: Ähnlich ♀, aber durch etwas kälter braunes Gefieder und weniger deutliche u-förmige Abzeichen der Eiderente ähnlicher, jedoch am Schnabelmuster erkennbar.– ♂ 1er S: Der Eiderente ähnlich, doch *kürzerer Schnabel rosa* (statt gelblich grau) und *nie Weiß auf Rücken* (nur auf Mantel).

**STIMME** Weniger stimmfreudig als Eiderente; ♂ ruft im Frühjahr tief, vibrierend, leicht abfallend „hroo, roo roo-e", im Trupp an balzende Birkhähne erinnernd, ♀ ruft ähnlich Eiderente.

## SCHECKENTE D: A/–/S

Steller's Eider *Polysticta stelleri*

L 42-48 cm, S 68-77 cm. Brütet in arktischer Tundra und überwintert dicht vor flachen nördlichen Küsten, dort oft zwischen Felsen und Seetang gründelnd, taucht aber auch, doch entfernt sich selten weit vom Ufer. In letzter Zeit im Winter in wachsender Zahl auf der Ostsee.

**KENNZEICHEN** Nur mittelgroße Meeresente, Körper gestreckt und Schwanz lang, flacher Schnabel unbefiedert, in Gestalt und Verhalten eher an Gründel- als Meeresenten erinnernd; *Kopfform mit deutlichem Winkel zwischen Stirn bzw. Hinterkopf und flachem Scheitel charakteristisch;* fliegt auf recht langen, schmalen Flügeln schnell und leicht, erhebt sich mühelos vom Meer.– ♂ PK: *Weiß mit orangefarbenen,* zum Bauch in Kastanienbraun übergehenden *Flanken,* Kinn, Augenregion, Halsband, Hinterhals, Mantel, Rücken und Steiß schwarz, *Schulter- und Schirmfedern schwarzweiß* gestreift, kleine Federbüschel am Hinterkopf und Zügelfleck grün, schwarzer Punkt auf Brustseiten knapp über Wasserlinie, Schnabel blaugrau; *im Flug ausgedehnt weißer Vorderflügel.*– ♀: Dunkelbraun wie Stockenten-♀, ebenfalls mit *breit weiß begrenztem blauem Spiegel,* aber langen, dunklen, gebogen herabhängenden Schirmfedern, diese fast immer *weißspitzig.*– ♂ SK: Fast wie ♀ gefärbt, aber Vorderflügel weiß.– JK/1er W: Vom ♀ unterscheidbar an *mattbraunem,* undeutlich weißlich begrenztem *Spiegel, braunen, kürzeren, kaum gebogenen Schirmfedern,* oft *auffälligem hellem Augenring und Lidstrich;* beim ♂ *Kinn, Stirn und Hinterkopffleck schwarzbraun,* ab Spätwinter erscheinen die ersten weißen Kopffedern.– ♂ 2er S: Vom ad. ♂ noch an einzelnen dunklen Federn auf Kopf und Oberflügeldecken unterscheidbar.

**STIMME** Wenig stimmfreudig, quakt rauchig „gah gaah geaah", Flügelgeräusch ein feines Pfeifen, etwas lauter als bei der Stockente.

Eiderente

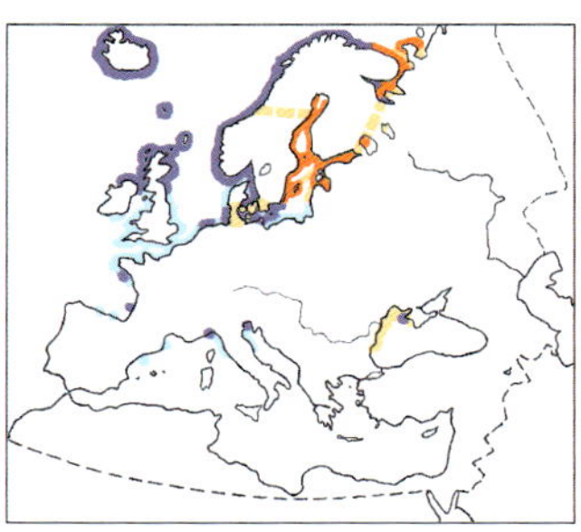

Prachteiderente

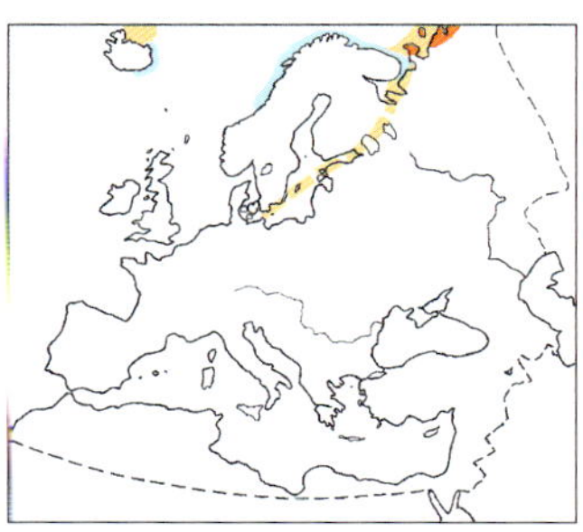

Scheckente

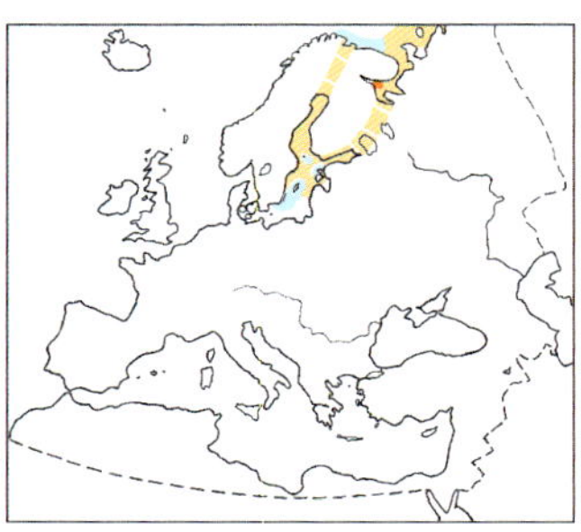

## EIDERENTE

## PRACHTEIDERENTE

## SCHECKENTE

KM

## TRAUERENTE **D:** A/–/ZW

Common Scoter *Melanitta nigra*

L 44-54 cm, S 70-84 cm. Brütet an Seen und Flüssen der nördlichen Waldzone, in Fjälls und in der Tundra, überwintert in oft gewaltigen Trupps auf dem Meer; Heimzug ins Brutgebiet hauptsächlich nachts in breiter Front über Land, Wegzug dagegen tagsüber entlang der Küsten; ♂ ziehen überwiegend schon im Spätsommer Richtung Süden und mausern vor Süddänemark.

**KENNZEICHEN** Mittelgroß mit plumpem Körper, recht langer Schwanz während des Schwimmens oft sichtbar, Schnabel eher klein, *beim ♂ mit Höcker;* Gefieder ganz dunkel, *ohne Weiß im Flügel;* taucht normalerweise mit kleinem Sprung, *Flügel dabei dicht an Körper gepresst* (Abb. S. 40), Flügelschlagen auf dem Wasser mit schnellem Kopfnicken abgeschlossen; rastet meist *in dichteren und größeren Trupps* als Samtente.– ♂ PK: Gefieder *komplett schwarz,* im Flug aber *Handschwingen heller, daher Flügel besonders bei starker Beleuchtung zweifarbig wirkend. Schnabelfirst gelb* mit von der Seite erkennbarem *kleinem schwarzem Höcker* (vgl. mit der seltenen Pazifiktrauerente, S. 46, die einen großen gelben Höcker trägt und kein Schwarz an der Schnabelbasis zeigt).– ♀: *Rußbraun mit helleren Kopfseiten* und dunkelbraunem Oberkopf, schwimmend daher mit der größeren, helleren Kolbenente verwechselbar, aber Schnabel ganz dunkel und Lebensraum gewöhnlich anders; manchmal ist die Wangenmitte braun gefleckt und kann dann an Brillenente erinnern, s. u.– JK: Wie ♀, aber *Bauch heller* bräunlich weiß statt braungrau, Gefieder mit stärkerem Braun- als Grauton (junge ♂ manchmal mit schwach zweigeteiltem Wangenfeld wie ad. ♀); ♂ werden im 1en W überwiegend schwarz, behalten aber hellen Bauch (kann im Flug überraschend weiß wirken!) und tragen im Frühjahr braun ausgeblichene Handschwingen.

**STIMME** ♂ ruft während der Balz und während des nächtlichen Heimzugs in Frühjahrsnächten (Ende Apr./Anf. Mai) sanft pfeifend etwa im Sekundenabstand „pju“, balzend auch lang gezogen „pju-ih“ und kürzere Rufe; ♀ ruft wie viele andere Enten „karrr“; im Flug ist vom ♂ ein fein pfeifendes Flügelgeräusch zu hören.

## SAMTENTE **D:** A/–/ZW

Velvet Scoter *Melanitta fusca*

L 51-58 cm, S 79-97 cm. Brütet im Norden an Küsten mit Salz- oder Brackwasser, auch an großen Waldseen, in Bergland und Tundra, oft einen Monat später als die Eiderente; überwintert hauptsächlich auf der Nord- und Ostsee.

**KENNZEICHEN** Mittelgroß und kräftig mit *dickem unterem Hals* (oberer Hals kann bei Streckung aber dünn aussehen) und recht kräftigem, *keilförmigem Schnabel;* durch *ganz dunkles Gefieder mit weißen Armschwingen* (diese auch im Schwimmen oft als weißer Fleck erkennbar) im Flug auch aus großer Entfernung unverwechselbar; rastende Trupps nicht so dicht gepackt wie bei Trauerente, taucht ohne vorangehenden Sprung *mit halb geöffneten Flügeln* (Abb. S. 40), Flügelschlagen auf dem Wasser mit leicht angehobenem Kopf und Schnabel, dabei weiße Armschwingen sichtbar.– ♂ PK: *Gefieder schwarz,* nur Armschwingen und kleiner Halbmond unter dem Auge weiß, *Schnabelseiten orangegelb.* Vgl. mit der seltenen Höckersamtente (S. 46), die einen größeren, am Ende aufwärts gebogenen weißen Augenfleck, einen schwarzen Schnabelhöcker und einen rötlicheren Schnabel besitzt.– ♀: Rußbraun mit weißen Armschwingen, Bauch nur etwas heller braungrau; Kopfmuster etwas variabel, zur Brutzeit meist *großer, diffuser heller Zügelfleck* und *kleiner, deutlicherer Ohrdeckenfleck,* manchmal aber insgesamt dunkler mit unauffälligen Flecken, während der Brutzeit können die gesamten Kopfseiten durch Ausbleichung heller werden.– JK: Ähnlich ♀, aber *Bauch viel heller* weißlich (besonders bei juv. ♀) und *helle Kopfflecken deutlicher,* junge ♂ bekommen während des Winters schwarze Federn.

**STIMME** Mit Ausnahme der morgendlichen Balzflüge im Frühjahr, bei denen das ♀ etwas rau vibrierend „braa-ah… braa-ah… braa-ah…“ ruft, sehr schweigsam; ♂ balzt selten gedämpft, tief und nasal „aah-ör“.

Trauerente

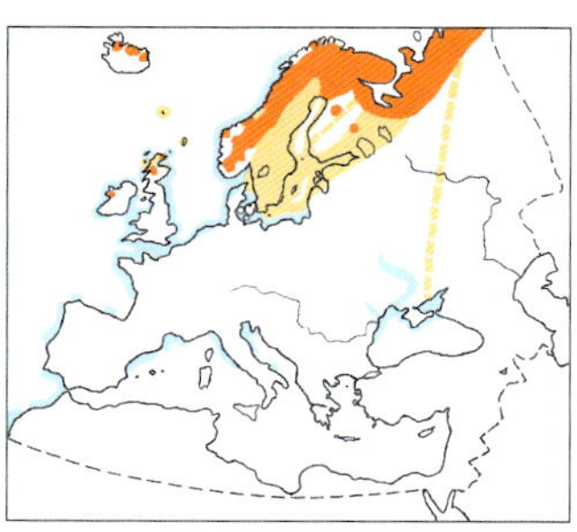

Samtente

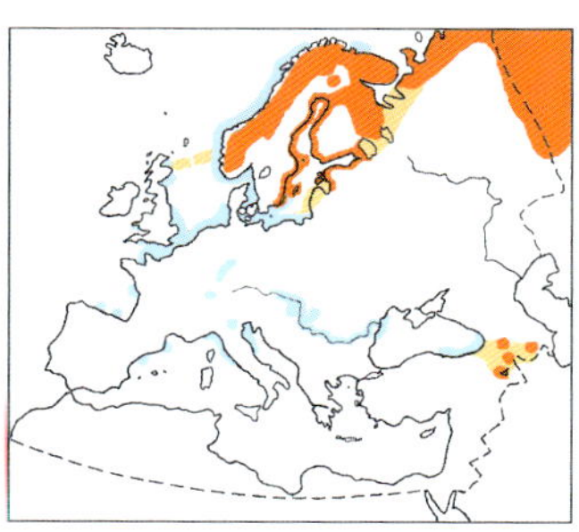

## BRILLENENTE **D:** A/–/S

Surf Scoter *Melanitta perspicillata*

L 45-56 cm. Aus Nordamerika stammende, seltene winterliche Ausnahmeerscheinung an westeuropäischen Küsten, meist ♂ (♀ vielleicht übersehen); versteckt sich fast immer in den großen, vor der Küste liegenden Trupps der Trauerenten und ist dort kaum zu entdecken.

**KENNZEICHEN** Nur unbedeutend größer als Trauerente, aber etwas kleiner als Samtente, wie diese beiden ganz dunkel; *kein Weiß im Flügel, großer, dreieckiger Schnabel* lässt Kopf groß wirken, Befiederung erstreckt sich etwas auf First (nicht bei Trauerente), *Scheitelprofil flacher* als bei Trauerente; *Schwanz im Schwimmen oft auffallend gestelzt,* taucht mit kleinem Sprung und *halb geöffneten Flügeln* ab (Abb. S. 40), hält den Hals beim Flügelschlagen senkrecht.– ♂ PK: Schwarz mit *großem, weißem Nackenfleck* (im Sommer/Frühherbst teilweise fehlend) und *kleinerem Stirnfleck,* an der Basis geschwollener *Schnabel leuchtet aus der Entfernung gelborange,* zeigt aus der Nähe weiße Basis mit rundem, schwarzem Fleck, *Iris weiß,* Beine rot (bei Trauerente schwärzlich), Schwungfedern im Flug nicht auffallend heller als Deckfedern (vgl. Trauerente).– ♀: Rußbraun, ähnlich Samtente mit *zwei hellen Kopfseitenflecken* (variabel, manchmal undeutlich oder fehlend), oft aber zusätzlichem *kleinem weißlichem Nackenfleck;* dreieckiger, kräftiger Schnabel hat geraden oder leicht konvexen (bei Samtente konkaven), an der Basis befiederten First; Iris meist dunkel, manchmal heller bräunlich weiß.– JK: Wie ♀, aber *Bauch weißlich* (statt hellbraun), Wangen und Kehle meist heller, immer ohne hellen Nackenfleck, Iris dunkel; junge ♂ entwickeln im 1en W das Muster des Alterskleids, weißer Stirnfleck sowie Schnabelform und -farbe sind erst im 2en W ausgebildet.

## TRAUERENTE

## SAMTENTE

## BRILLENENTE

KM

## EISENTE D: A/–/ZW

Long-tailed Duck *Clangula hyemalis*

L 39-47 cm (ohne 10-15 cm lange mittlere Steuerfedern des ♂), S 65-82 cm. Häufiger Brutvogel an Tümpeln der arktischen Tundra, auch an der Küste (lokal nördliche Ostsee) und an Bergseen. Sehr gesellig, überwintert auf dem Meer, in großer Zahl auf der Ostsee, oft in gewaltigen, dichten Trupps, aber kaum direkt an der Küste. Sehr agil, oft auffliegend, Verfolgungsflüge unter ständigen Richtungsänderungen dicht über der Wasseroberfläche ausführend, platschend wieder landend und rastlos nach Mollusken und anderen Kleintieren tauchend. Ende Mai spektakulärer Heimzug aus dem Bottnischen Meerbusen zurück in die Tundra, besonders abends bei Rückenwind mehr als 100.000 Individuen zählbar. Erscheint nur selten im mitteleuropäischen Binnenland. Mauser mit drei verschiedenen Kleidern pro Jahr sehr kompliziert: Die meisten Schulterfedern sowie Kopf- und Halsseiten werden dreimal, Brust, Mantel sowie das übrige Kopf- und Halsgefieder zweimal und das restliche Gefieder einmal jährlich gemausert.

**KENNZEICHEN** Recht kleine, braun, schwarz und weiß gefärbte Ente; Kopf rund, *Schnabel kurz* und stumpf, *mittlere Steuerfedern des ♂ stark verlängert* (kommt sonst nur noch bei Spießente vor); Flügel einfarbig dunkel, recht schmal und zugespitzt, *hauptsächlich unter der Horizontalen* schnell und *elastisch geschlagen und leicht zurückgebogen,* dadurch besonderer, etwas an Fledermaus erinnernder Eindruck.– ♂ Frühjahr/Sommer (ab Ende Apr.): Überwiegend *schwarzbraun mit weißlicher Unterseite und weißem Kopfseitenfleck,* schwärzliche Schulterfedern rostfarben gerandet; Mauser zum kompletten SK während des Sommers verändert Aussehen kaum, aber Schulterfedern kürzer und matter und Schnabel kann rosa Binde verlieren.– ♂ Herbst (ab Sept.): Zeigt viel Weiß, *Mantel, die meisten Schulterfedern, Hals und Kopf weiß,* am Übergang vom Kopf zum Hals graubrauner Seitenfleck, Schnabel wieder mit rosa Binde.– ♂ PK (ab Ende Okt.): Wie im Herbst, aber Kopfseiten hell graubraun und Halsseitenfleck schwarz mit kastanienbraunem unterem Rand.– ♀ Sommer (Mai-Aug.): Ähnlich ♂ im Sommer, doch *ohne verlängerte Steuerfedern, insgesamt matter gefärbt,* heller Kopfseitenfleck schmaler und *diffuser, helles Halsband,* Schnabel grau.– ♀ Herbst/Winter (Aug.-Feb.): Vom Sommergefieder hauptsächlich durch *weißlichen Kopf mit schwärzlichem Scheitel und Kopfseitenfleck* abweichend, ferner Schulterfedern länger und deutlicher rötlich braun (teilweise sogar weißlich) gerandet.– JK: Ähnlich ♀ im Herbst, aber Kopfseiten dunkler und Seitenfleck heller, also weniger Kontrast, Schirmfedern kürzer und stumpfer; ♂ im 1en W schon mit rosa Schnabelbinde.

**STIMME** Sehr stimmfreudig, ♂ balzt schon im Winter und während des Heimzugs weithin hörbar nasal jodelnd „ah AU-audeLI, AU-audeLI", im Chor zu angenehmer, an entfernte Dudelsäcke erinnernder Melodie verschmelzend, auch in gezogen klagender Kurzversion „a-GLEH-ah" mit Falsettton in der Mitte; beide Geschlechter rufen auch nasal und tief „gack", oft vom ziehenden Trupp zu hören.

## KRAGENENTE D: BD/–/S

Harlequin Duck *Histrionicus histrionicus*

L 38-45 cm, S 63-70 cm. Brütet an reißenden Flüssen der arktischen Tundra Nordamerikas und Nordostsibiriens, im Bearbeitungsgebiet nur auf Island eine Population von etwa 3.000 Paaren, die auch dort auf dem Meer überwintert; andere europäische Nachweise meist Gefangenschaftsflüchtlinge. Gesellig, aber meist nur in Kleingruppen. Schwimmt energisch auch gegen stärkste Strömung an, taucht von der Oberfläche, von Sitzwarte oder aus dem Flug.

**KENNZEICHEN** Kleine Ente mit *kleinem Schnabel, hoher Stirn, rundem Kopf, dickem Hals und keilförmig zugespitztem Schwanz;* Gefieder immer *dunkel mit auffälligen weißen Kopfmarkierungen;* liegt schwimmend hoch im Wasser, nickt oft mit dem

VERGLEICH DER WEIBCHEN UND DES TAUCHVERHALTENS DUNKLER MEERESENTEN
Ausführliche Behandlung S. 38-39.

TRAUERENTE
taucht mit kleinem Sprung und angelegten Flügeln

SAMTENTE
taucht ohne Sprung, aber mit leicht geöffneten Flügeln

BRILLENENTE
taucht mit angedeutetem Sprung und erst kurz vor dem Untertauchen abgespreizten Flügeln

KM

## EISENTE

## KRAGENENTE

KM

Kopf; schneller Flug auf *ganz dunklen Flügeln*.– ♂ PK: *Dunkel blaugrau* (aus der Entfernung fast schwarz wirkend) mit *kastanienbraunen Flanken*, schwarzem Bauch und Steiß und *attraktiven weißen Markierungen auf Kopf, Hals, Brustseiten und Schulterfedern*.– ♀: Kopf und Hals dunkelgrau, Körper mit Ausnahme des weißlich melierten Bauchs düster braun; großes *weißliches Feld vom Schnabel bis unter das Auge, kleiner weißlicher Fleck über dem Zügel und weißer Punkt auf den Ohrdecken* bilden charakteristisches Kopfmuster.– ♂ SK: Düster und dem ♀ ähnlich, aber einzelne Muster des PK angedeutet (Weiß auf Schulterfedern und Brustseiten sowie kastanienbraune Flanken in Resten vorhanden).– JK: Dem ♀ sehr ähnlich, nur etwas brauner, weniger gräulich, Armschwingen matter und ohne purpurbraunen Metallglanz.

**Stimme** Meist stumm, balzende ♂ pfeifen dünn und nasal „wii-ah wii-ah“ und „wih“

Eisente

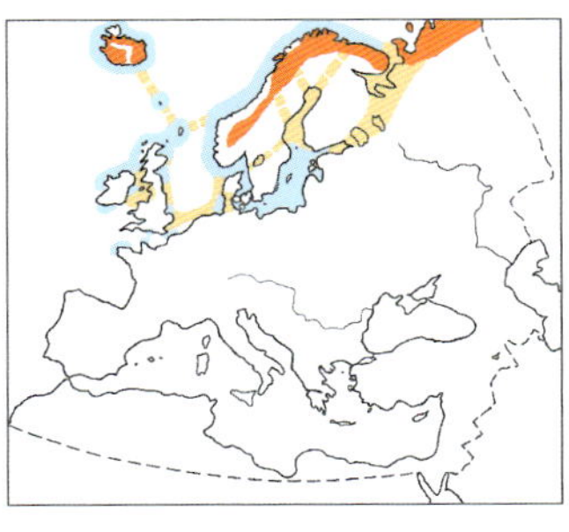

Kragenente

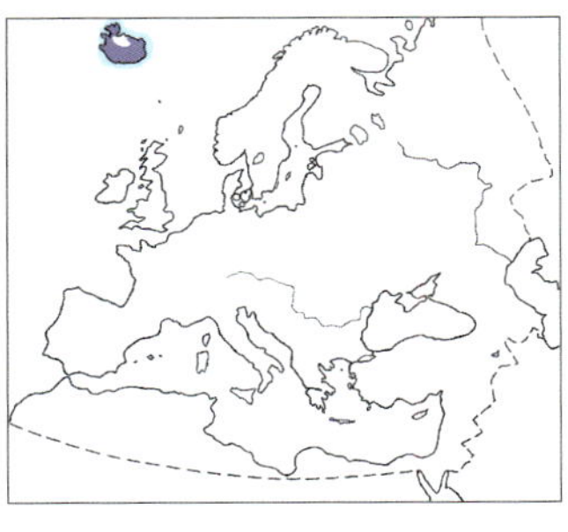

### SCHELLENTE D: A/R3/ZW

Common Goldeneye *Bucephala clangula*

L 40-48 cm, S 62-77 cm. Brütet bevorzugt an meist klaren, nährstoffarmen Waldseen, auch an trägen Flüssen, seltener an Küsten, sofern dort Baumhöhlen als Nistplätze vorhanden sind (alte Schwarzspechthöhlen, ausgefaulte Stämme, auch künstliche Nistkästen). Weicht im Winter an Küsten und auf eisfreie Binnengewässer aus, kehrt früh an die Brutplätze zurück. Scheu, meist nur in kleinen Gruppen. ♂ legt bei der Balz im Spätwinter den Kopf auf den Rücken und streckt dann den Hals mit aufwärts gerichtetem Schnabel, dabei manchmal mit den Füßen wassertretend.

**KENNZEICHEN** Mittelgroß, *kompakt,* mit *großem, rundem Kopf* wie ein Knauf auf recht kurzem Hals, *Scheitel etwas zugespitzt, daher Kopfform dreieckig,* Schnabel kurz und hoch; *innere Armschwingen weiß,* Unterflügel sonst schwärzlich, *Oberflügel bei ad. mit viel Weiß;* Flug mit raschen Flügelschlägen schnell, aber angestrengt wirkend; eigentlich nur auf Island mit der Spatelente verwechselbar, s. u.– ♂ PK: Schwarzer Kopf mit grünem Glanz, *großer, runder, weißer Zügelfleck,* gelbe Iris; *Brust und Flanken weiß leuchtend,* Heck und teilweise Oberseite schwarz, *Schulterfedern erzeugen schräges, schwarz-weißes Streifenmuster.*– ♀: *Kopf braun, Iris blassgelb, Halsring und Bauch weiß,* Brust und Flanken grau, dunkler Schnabel im PK mit gelbem Band vor Spitze, sonst oft fehlend.– ♂ SK: Vom ♀ an ausgedehntem Weiß auf Vorderflügel unterscheidbar.– JK: Ähnlich ♀, doch Kopf matter und grauer braun, kein Halsband; Flügelmuster des jungen ♂ ähnlich dem des alten ♀, junges ♀ zeigt weniger Weiß (schmale Binde auf Großen Armdecken, kein heller Fleck auf Mittleren Armdecken).

**STIMME** ♂ balzt mit einem niesenden doppelten Ton „bii-BIIITSCH“, oft von tiefem, trockenem Rattern „drrudrrir“ ähnlich Schnatterente begleitet; ♀ ruft etwas weicher und langsamer als Reiherente besonders im Flug „brra, brra,…“; am häufigsten ist im Flug das *laute, musikalische Flügelklingeln* zu hören, vor allem bei ♂ im PK (fast fehlend im JK).

### SPATELENTE BE/–/S

Barrow's Goldeneye *Bucephala islandica*

L 42-53 cm, S 67-82 cm. Brütet in Nordamerika, auf Grönland und Island, verlässt die isländischen Gewässer auch im Winter nicht; mitteleuropäische Nachweise daher meist Gefangenschaftsflüchtlinge oder Verwechslungen mit manchmal etwas ähnlich gefärbten Schellenten.

**KENNZEICHEN** Etwas *größer* als die extrem ähnliche Schellente, *Kopf wirkt etwas länger und weniger dreieckig, Stirn steiler, Scheitel flacher* (undeutliche Spitze weit vorne), Nacken fülliger.– ♂ PK: Purpurglanz am Kopf (kann auch bei Schellenten am Ende des 1en W so wirken), *auf dem Zügel weißer Halbmond,* der deutlich über die Augenhöhe reicht (nie bei Schellente am Ende des 1en W, die oft auch halbmondförmigen Fleck hat); Oberseite *ausgedehnter schwarz, auf Brustseiten als „Boa“ hinabreichend, Weiß der Schulterfedern fensterartig schwarz umrandet.*– ♀ und JK: Unter günstigen Umständen von Schellente an Kopfform und *zur Brutzeit mehr Gelb am Schnabel* unterscheidbar.

**STIMME** ♂ balzt mit schwacher, grunzender, kurzer Stakkatoreihe „wa wa-wa…“, ♀ ruft tiefer und rauer als Schellente „krrah krrah…“; Flügelklingeln des ♂ vielleicht tiefer als bei Schellente.

## SÄGER

Eher kleine bis große tauchende Entenvögel, die als Anpassung Schnäbel mit sägezahnartigen Lamellen an den Schneidekanten und mit Haken an der Spitze entwickelt haben, um damit Fische als ihre Hauptbeute besser festhalten zu können. Zwei einander ähnliche größere Arten (S. 44) mit lang gestrecktem Körper und längerem Hals und eine kleinere, eher kompakte Art. Häufig in Trupps auf Salz- wie Süßwasser, auch gemeinschaftlich jagend. Nester in Höhlen oder unter Vegetation versteckt.

### ZWERGSÄGER D: A/VE/ZW

Smew *Mergellus albellus*

L 38-44 cm, S 56-69 cm. Brütet spärlich in der Taigazone an klaren Seen und ruhigen Flüssen, überwintert an Meeresküsten, aber auch gern an Binnengewässern, wo er meist dicht am Ufer vor dem Schilfgürtel im Flachwasser taucht. Scheu und rastlos, fliegt im Winterquartier gern in kleinen Gruppen alle umliegenden Teiche und Flüsse ab. Brütet in Baumhöhlen (gern alte Schwarzspechthöhlen).

**KENNZEICHEN** Klein und ziemlich kompakt, von der Gestalt her weniger an die größeren Säger als an die *Schellente* erinnernd (mit der er auch oft gemeinsam vorkommt und gelegentlich erfolgreich hybridisiert; Küken ähneln einander sehr, was dazu führen kann, dass sie sich einem Kükentrupp der falschen Mutter anschließen und als Folge der so entstehenden Fehlprägung später die „Stiefart“ anbalzen).– ♂ PK: Charakteristisch *blendend weiß* mit schwarzer Maske und schwarzem Streif am Hinterkopf; im Flug dann überraschend *schwarz und weiß gemustert,* auch *großes, ovales, weißes Feld auf Vorderflügel* auffallend.– ♀: Stumpf braungrau mit *weißen Wangen und dunkel kastanienbraunem Oberkopf, Zügel schwärzlich,* zur Brutzeit mehr bräunlich; weißes Flügelfeld etwas kleiner als bei ♂.– ♂ SK: Von Juli bis Anfang November ähnlich ♀ mit bräunlichem Zügel, aber mehr Weiß im Flügel und schwärzlicherer Oberseite.– JK: Wie ♀, doch Bauch weniger weißlich, eher grau gefleckt und Zügelregion mindestens bis Herbst noch braun.

**STIMME** Meist stumm, ♂ ruft bei der Balz manchmal tief, sich beschleunigend, quakend und mit „Schluckauf“ endend „gur'r'rrr-TSCHICK“, ♀ ruft heiser „krrr“.

Schellente

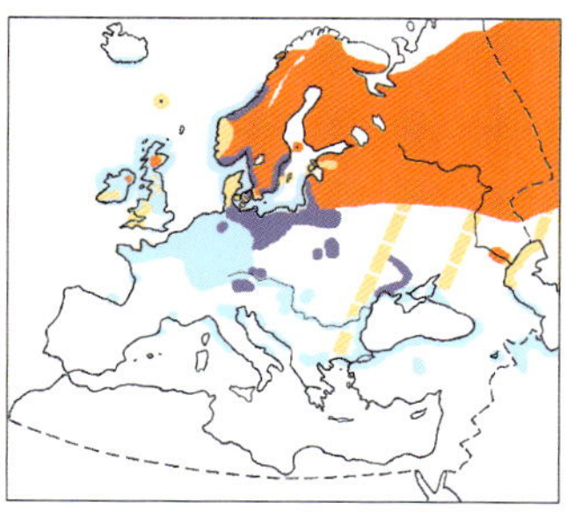

Spatelente

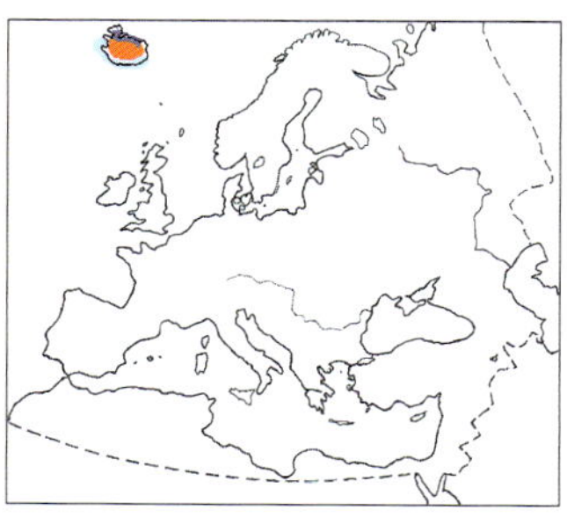

Zwergsäger

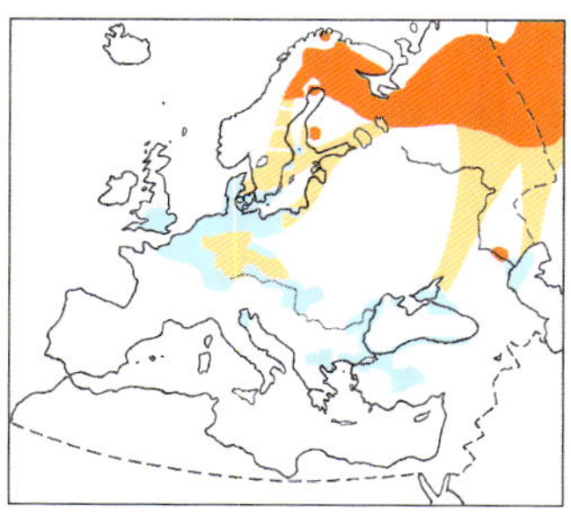

## SCHELLENTE

## SPATELENTE

## ZWERGSÄGER

## GÄNSESÄGER D: A/R3/ZW

Common Merganser *Mergus merganser*

L 58-68 cm, S 78-94 cm. Brütet an fischreichen Seen und Flüssen meist in bewaldetem Gelände in Baumhöhlen, kann auch Nistkästen, Häusernischen, Felslöcher usw. annehmen. Außerhalb der Brutzeit gesellig, in Skandinavien Trupps von mehreren 10.000 ♂ im Spätsommer mausernd.

**KENNZEICHEN** Groß mit *langem und stromlinienförmigem Körper und langem, schmalem, rotem Hakenschnabel;* Kopf wirkt durch *fülligen Schopf* am Hinterkopf lang, Hals zwar lang, beim Schwimmen aber oft eingezogen; Flugsilhouette mit langem, *gestrecktem Hals und flachen, schnellen Schlägen der schmalen Flügel* an Taucher erinnernd.– ♂ PK: Überwiegend *weiß*, von Winter bis Frühjahr lachsrosa überhaucht, mit *schwarzem, sonnenbeschienen grün schillerndem Kopf und Hals* und „pomadig gekämmter Mähne", die *Hinterkopf merkwürdig beulenförmig* erscheinen lässt; Oberseite überwiegend schwarz; im Flug *Armflügel überwiegend weiß.*– ♀: *Kopf dunkel rotbraun mit scharf abgegrenztem weißem Kehlfeld,* Schopf lockerer als beim ♂, eher „trocken gekämmt", oft in je ein Büschel an Hinterscheitel und Nacken getrennt; *scharfe Grenze zwischen braunem oberem und weißem unterem Vorderhals;* Körper gräulich; im Flug großes weißes Rechteck auf Armflügel, gebildet von weißen Armschwingen und Großen Armdecken (manchmal *undeutliche, dünne* dunkle Trennlinie entlang der Spitzen aller oder einiger äußerer Großer Armdecken); zur Unterscheidung vom Mittelsäger s. dort.– ♂ SK: Wie ♀, behält aber viel Weiß auf Vorderflügel.– JK: Wie ♀, jedoch Schnabel matter rot, Kehle nicht so sauber weiß, heller Zügelstreif, Iris hell; ♂ im 1en W zeigt mehr Weiß auf Flügel als ♀.

**STIMME** ♂ balzt mit angenehmem, tiefem, hartem, weit tragendem, etwas unterdrücktem Klingeln „krruu-krraa", ♀ ruft dabei hart „pra, pra-pra…"; im Flug lauter und wiederholt „prrah, prrah, prrah…" und plaudernd, schnell glucksend „TSCHACKerack-ack-ack".

## MITTELSÄGER D: A/R2/ZW

Red-breasted Merganser *Mergus serrator*

L 52-58 cm, S 67-82 cm. Brutvogel an Küsten und Binnengewässern in Taiga, Bergland und Tundra; Bodennest unter schützender Vegetation. Ganzjährig gesellig, auch zur Brutzeit, aber anders als Gänsesäger selten in großen Trupps.

**KENNZEICHEN** Mittelgroß, schlanker als der sonst ähnliche Gänsesäger, aber *Schnabel besonders an der Basis dünner,* Schopf mehr bürstenartig und schütter (beim ♂ fast „Punkfrisur"), daher Kopf kleiner wirkend, auch Hals dünner.– ♂ PK: Kopf schwarz mit Grünschimmer, *weißer Halsring über rötlich brauner, gestrichelter Brust, schwarze Brustseiten mit weißen Flecken;* Oberseite überwiegend schwarz, Flanken grau; im Flug zwar großes weißes Armflügelfeld, aber kleiner als bei Gänsesäger.– ♀: Dem weiblichen Gänsesäger sehr ähnlich, aber *keine scharfe Begrenzung zwischen braunem Kopf und weißlichem Hals, heller Kehlfleck nur diffus abgesetzt, Schnabel an der Basis dünn, Schopf kürzer und „stacheliger", Kopf eher zimt- als rotbraun, Gesicht gestreift* durch oben und unten dunkel begrenzten Zügelstreif, *Oberseite dunkler und mit Braunstich, Flanken schmutziger grau;* im Flug *Kopf und Hals dünner, weißes Rechteck auf Armflügel immer durch deutliche schwarze Linie zweigeteilt, Vorderflügel eher dunkler graubraun* als sauber grau.– ♂ SK: Bis auf ausgedehntere Weißzeichnung im Flügel wie ♀.– JK: Schnabel blasser rot und Schopf kürzer als beim ♀.– ♂ 1er S: Unterscheidet sich vom ad. ♂ durch *Braunton am Kopf, weitgehend fehlendes weißes Halsband* und weniger Weiß im Flügel.

**STIMME** Balzruf des ♂ bei merkwürdig gewinkelter Körperhaltung ein leiser, rhythmischer „Schluckauf" mit deutlich getrenntem „Niesen", etwa TSCHIka … piTSCHIH". ♀ wiederholt hart knarrend „prrak prrak prrak…".

## WEISSKOPF-RUDERENTE D: BD/–/S

White-headed Duck *Oxyura leucocephala*

L 43-48 cm (einschließlich 8-10 cm Schwanz). Brütet in flachen, eutrophen Seen mit reicher Vegetation. Lokal und selten im Mittelmeerraum, hauptsächlich Iberische Halbinsel, Tunesien und Türkei. Überwiegend Standvogel. Fliegt ungern auf, sucht lieber schwimmend Schutz in dichter Vegetation.

**KENNZEICHEN** Klein, aber etwas größer als Schwarzkopf-Ruderente (s. S. 446), mit proportional etwas größerem Kopf, der sofort durch den großen Schnabel mit *basal „geschwollenem" First* auffällt. In allen Kleidern *langer, spitzer, dunkler Schwanz,* beim Schwimmen flach auf der Wasseroberfläche gehalten oder schräg angehoben, vom balzenden ♂ auch senkrecht aufgestellt. Im Flug *Flügel ganz dunkel.*– ♂: *Im Frühjahr typisch mit großem, blassblauem Schnabel,* weitgehend *reinweißem Kopf* und *rötlich braunem Körper.* Schwarzes Scheitelband setzt sich am Nacken und Hinterhals fort, Auge von einem winzigen schwarzen Fleck umgeben (im Sommer meist isoliert auf weißer Kopfseite). *Unterschwanzdecken dunkel,* bei angehobenem Schwanz sichtbar (weiß bei Schwarzkopf-Ruderente). Schnabel im Winter gräulicher, dunkle Partien auf Scheitel und Hinterhals ausgedehnter.– ♀/JK: Stumpf braunes Gefieder wie ♀ der Schwarzkopf-Ruderente, aber größerer Schnabel mit angedeutetem Knubbel an der Basis, etwas größer, stärker ausgeprägter dunkler Wangenstreif.– Variation: Im östlichen Teil des Verbreitungsgebiets kommen selten ♂ mit fast vollständig dunklem Kopf vor, doch ist unklar, ob dies altersbedingt ist.

**STIMME** Meistens stumm. Balzendes ♂ stößt lang anhaltenden rasselnden Ton aus, fast wie Geigerzähler. Auch kurze, gerade, pfeifende Töne ähnlich Trauerente.

Gänsesäger

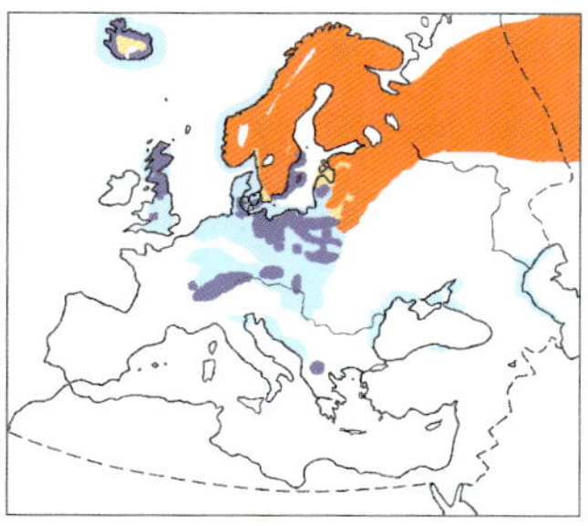

Mittelsäger

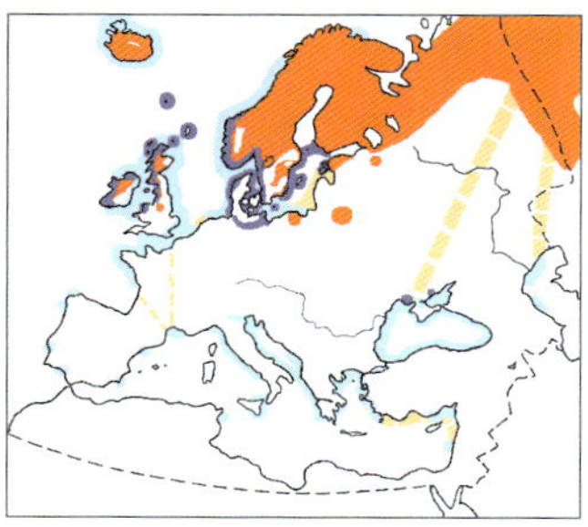

Weißkopf-Ruderente

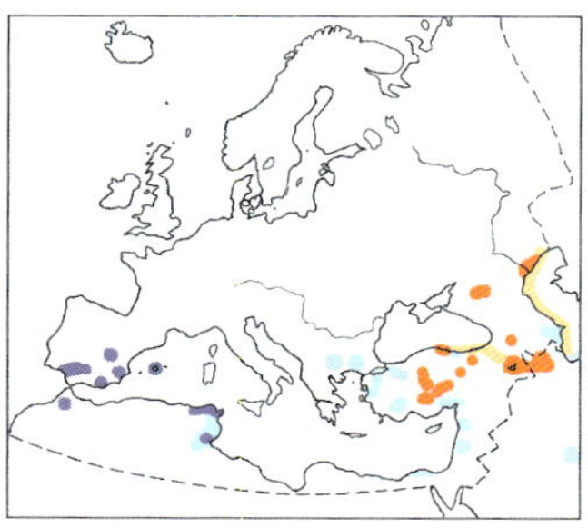

## GÄNSESÄGER

## MITTELSÄGER

## WEISSKOPF-RUDERENTE

DZ

# SELTENE ENTENVÖGEL

Alle folgenden Arten sind in Europa seltene bis extrem seltene Gäste, wenn nicht anders erwähnt aus Nordamerika.

### CAROLINAKRICKENTE — D: A/–/S

Green-winged Teal *Anas carolinensis*

L 34-38 cm. Eng mit der Krickente (S. 28) verwandt. In Westeuropa fast alljährlich, teilweise wohl ganzjährig.

**KENNZEICHEN** *Klein,* ♂ im PK mit *senkrechtem weißem Band auf der Brustseite* (keine waagerechte weiße Linie über der Flanke) und weitgehend fehlender schmaler gelber Einfassung des grünen Kopfseitenfelds. Brustmitte etwas leuchtender rosa überhaucht, im Flug *obere weiße Flügelbinde stärker rostfarben getönt.* Andere Kleider ähnlich Krickente, doch Scheitel und Augenstreif durchschnittlich dunkler und obere Flügelbinde deutlicher rostfarben.

### KANADABERGENTE Kleine Bergente — D: A/VE/S

Lesser Scaup *Aythya affinis*

L 38-45 cm. Seltener Gast oder Gefangenschaftsflüchtling.

**KENNZEICHEN** Ähnlich Bergente (S. 32), aber *kleiner* (kleiner als Reiherente), *Scheitel hinten spitz auslaufend* und fast einen Schopf wie bei Reiherenten-♀ andeutend (Bergente hat sanft gerundeten Scheitel), *Flügelstreif* nur auf den Armschwingen weiß, *auf den Handschwingen bräunlich grau* (bei Bergente durchgehend weiß; bei einzelnen Kanadabergenten Unterschied zwischen Braun und Weiß jedoch eher diffus), *Unterflügel nicht so sauber weiß* wie bei Berg- und Reiherente, sondern mit dunkleren Schwungfederbasen. ♂ im PK *oberseits gröber dunkel gemasert,* Kopf eher *purpurn* als grün glänzend. ♀ von Bergente durch geringere Größe, Kopfform und Flügelstreif unterschieden. Verglichen mit Reiherenten-♀ lässt der etwas blasser graubraune Körper den dunkleren Kopf stärker kontrastieren.

### PAZIFIKTRAUERENTE — D: A/–/S

Black Scoter *Melanitta americana*

L 44-54 cm. Brutvogel Ostsibiriens und Nordamerikas. Seltener Gast an europäischen Küsten, meist zwischen Trauerenten in ufernaher Brandung.

**KENNZEICHEN** Ähnlich Trauerente, doch ♂ im PK (auch im Flug) sofort durch *großen, flachen, leuchtend gelblich orangefarbenen Schnabelhöcker* ohne Schwarz an der Basis erkennbar, dieser meist oben gelb und unten orange. Im Flug Flügel ganz dunkel, aber wie bei Trauerente *Handschwingen heller,* besonders unterseits. ♀ schwer von Trauerente unterscheidbar, doch Nagel an Schnabelspitze etwas kräftiger, Nacken ausgedehnter dunkel, dunkler Schnabel manchmal mit blassgelben Bereichen (nie bei Trauerenten).

### HÖCKERSAMTENTE — D: A/–/S

White-winged Scoter *Melanitta deglandi*

L 50-57 cm. Brütet in O-Sibirien (Unterart *stejnegeri*) und N-Amerika *(deglandi),* oft als verschiedene Arten betrachtet. Ausnahmeerscheinung an Küsten von N- und W-Europa.

**KENNZEICHEN** Der eng verwandten Samtente ähnlich, jedoch bei ♂ im PK kleiner, aber *auffallender schwarzer Schnabelhöcker* (bei Samtente allenfalls leicht geschwollen), *Schnabelspitze rosa und orangerot* (bei Samtente leuchtend gelb), *großer weißer Augenfleck am Hinterende aufgebogen* (bei Samtente klein und waagerecht). In Ostsibirien Übergang zwischen Stirn und hinten spitzem Scheitel flacher, Höcker eckiger, Unterkante der orangeroten Schnabelspitze gelb, weniger Schwarz an Unterschnabelkante. Beim ♀ feine Unterschiede in Schnabel- und Kopfform sowie Schnabelbefiederung nur aus geringer Entfernung sichtbar.

### ROTKOPFENTE — D: E/–/S

Redhead *Aythya americana*

L 44-51 cm. Nachweise z. B. in Großbritannien, Island.

**KENNZEICHEN** Kaum größer als die ähnliche Tafelente (S. 30), ♂ ebenso mit *rotbraunem Kopf und schwarzer Brust,* aber *Kopf runder mit steilerer Stirn,* eher *gleichmäßig dicker* statt im Profil mehr dreieckiger Schnabel, dieser *hellgrau mit breit schwarzer Spitze* („in Tinte getaucht"), *Auge gelb* statt rot. ♀ an runderem Kopf, Schnabelform und ebenso dessen schwarzer Spitze erkennbar. Brust im Gegensatz zum ähnlichen Tafelenten-♀ etwas blasser, eher warm rotbraun, mit geringerem oder fehlendem Kontrast zu den Flanken. Brauner Kopf mit hellem Augenring und abwärts gebogenem hellem Hinteraugenstreif. *Schwanz wird beim Schwimmen öfter angehoben* als bei Tafelente.

### RIESENTAFELENTE — D: E/–/S

Canvasback *Aythya valisineria*

L 49-56 cm. Nachweise in Niederlanden, Großbritannien.

**KENNZEICHEN** Im Vergleich zur Tafelente ist das ♂ sofort an *bedeutenderer Größe und hellerem Körpergefieder* (seidenweiß statt hellgrau) erkennbar, doch ganz dunkler, *längerer Schnabel mit dünn auslaufender Spitze* ebenso auffallend. Rotbrauner Kopf von Schnabelbasis bis hinter Auge oft geschwärzt. ♀ am besten am ganz dunklen, langen zugespitzten Schnabel und eher *einfarbig graubraunen Kopf mit etwas dunklerer Zügelregion* vom Tafelenten-♀ unterscheidbar.

### BÜFFELKOPFENTE — D: E/–/S

Bufflehead *Bucephala albeola*

L 32-39 cm. Einzelne Funde auf Island und den Britischen Inseln können Wildvögel betreffen, übrige Nachweise gehen wahrscheinlich auf Gefangenschaftsflüchtlinge zurück.

**KENNZEICHEN** Kleinster Verwandter der Schellente mit typischem *großem Kopf.* ♂ im PK mit schwarzem Mantel und Kopf (aus der Nähe mit Grün- und Purpurglanz) und *großem weißem Feld auf Kopfseiten und Nacken.* Im Flug Schulterstreif und Flügelfeld weiß ähnlich Schellente. ♀ mit kleinem weißem Wangenfeld, sonst unscheinbar braun, Brust und Flanken heller. *Auge dunkel,* Schnabel hellgrau.

### KAPPENSÄGER — D: E/–/S

Hooded Merganser *Lophodytes cucullatus*

L 42-50 cm. Einzelne Nachweise auf Island und den Britischen Inseln wahrscheinlich Wildvögel, im übrigen Europa jedoch eher Gefangenschaftsflüchtlinge.

**KENNZEICHEN** ♂ hat schwarzen Kopf mit *schwarz eingerahmter weißer Nackenhaube,* meist zusammengelegt. *Flanken rotbraun, Brust schwarz-weiß gemustert.* Augen gelb. ♀ mit *kleinerer rostbrauner Haube,* sonst recht einheitlich graubraun mit hellerer Brust, *Unterschnabelkante gelb. Verlängerte schwarz-weiße Schirmfedern* bilden Streifenmuster, aber durch Mauser oder Abnutzung oft wenig auffällig.

## CAROLINAKRICKENTE

## KANADABERGENTE

## PAZIFIKTRAUERENTE

## HÖCKERSAMTENTE

## ROTKOPFENTE

## RIESENTAFELENTE

## BÜFFELKOPFENTE

## KAPPENSÄGER

# RAUFUSSHÜHNER Tetraoninae

Mittelgroße bis große, kräftige und untersetzte, nicht ziehende Bewohner von Berghängen und Wäldern. Verbringen viel Zeit am Boden. Gemeinsame Merkmale sind u. a. befiederte Nasenlöcher, kräftige, ganz oder teilweise befiederte Beine ohne Sporn, runde Flügel mit steifen, gebogenen Handschwingen und schnelle, laute Flügelschläge mit eingeschobenen Gleitstrecken. Hauptsächlich Vegetarier, fressen im Sommer auch Insekten. Bodenbrüter, Küken Nestflüchter, können nach 1-2 Wochen kurze Strecken fliegen und werden ausschließlich oder überwiegend vom ♀ betreut.

## MOORSCHNEEHUHN –

Willow Ptarmigan *Lagopus lagopus*

L 35-43 cm. Jahresvogel nördlicher Wälder, besonders Birke (auch Weiden und Koniferen) und Tundraflächen mit Weiden, Zwergbirken, Heide usw., im Winter oft in niedrigeren, geschützten Lagen mit Nadel- oder dichterem Birkenwald.

**KENNZEICHEN** Beide Schneehuhnarten ähneln einander sehr und lassen sich in Nordeuropa, wo sie nebeneinander vorkommen, am besten an Stimme, Habitatwahl, Schnabelgröße und feinen Gefiederdetails unterscheiden. Von allen anderen Raufußhühnern durch *ganzjährig überwiegend weiße Flügel* abzugrenzen (gilt aber nicht für „Schottisches Moorschneehuhn", s. u.). Runder Körper, kleiner Kopf, befiederte Zehen und kurzer Schwanz sind weitere Charakteristika. Im Winter fast völlig weiß, im Sommer rot- bis graubraun, ♂ mit drei, ♀ mit zwei Kleidern.– ♂ Frühjahr: Von März bis Anfang Juni *Kopf, Hals und obere Brust fast einfarbig und kaum gebändert tief kastanienbraun, Bauch* und teilweise Oberseite und Flanken *weiß;* weiße Partien werden schrittweise mit braunen Federn durchsetzt.– ♂ Sommer: Von Juni bis September erscheinen *auf Kopf, Hals und oberer Brust gebänderte, heller rot- bis ockerbraune Federn.*– ♀ Sommer: Von April bis September dem ♂ ähnlich, aber durchschnittlich eher gelblich braun, weniger rötlich, sowie kräftiger gelblich und schwarz gebändert.– Winter: Ab September legen beide Geschlechter schrittweise ein bis auf den schwarzen Schwanz *komplett weißes Gefieder* an, dann vom Alpenschneehuhn an *weißem Zügel,* etwas größerem Körper (besonders ♂), *kräftigerem Schnabel,* durchschnittlich helleren Zehen und Lebensraum unterscheidbar (Moorschneehuhn bevorzugt Deckung in Birken- und Nadelwald, meidet im Winter meist Weiden und alpine Zone).

**STIMME** ♂ balzt von niedriger Warte mit sich beschleunigender Serie lauter, nasaler, hüpfender, bellender, mit einem Triller endender Laute „kau, kau kau-ka-ka-kakarrrrrrr", alternativ im Flug „KE-u, KEkerrrrr-ke-kerr eHE eHE eHE", sich verlangsamend und oft gefolgt von (oder eingeleitet mit) wiederholtem „ko-WÄH"; ♀ ruft „njau".

*L. l. scotica* Moorschneehuhn

Alpenschneehuhn

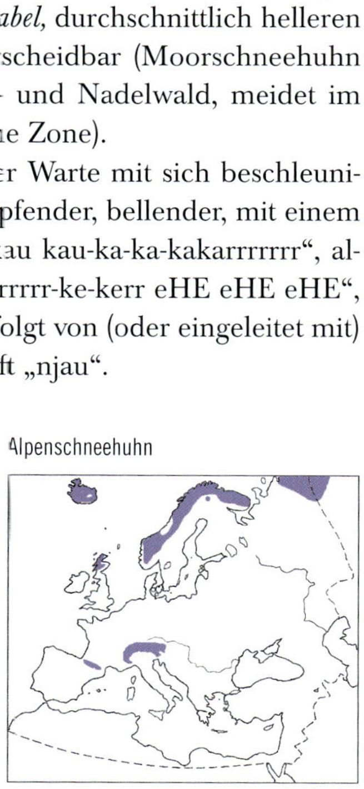

## „SCHOTTISCHES MOORSCHNEEHUHN" –

Red Grouse *Lagopus lagopus scotica*

L 33-38 cm. Lokale Unterart des Moorschneehuhns. Jahresvogel in Heidemooren und Hochländern im N und W der Britischen Inseln und Irlands, meidet meist Wälder.

**KENNZEICHEN** Wie Moorschneehuhn, unterscheidet sich im Sommer durch *dunkle Flügel ohne Weiß* und besonders im Winter durch das *komplette Fehlen eines weißen Kleids,* ist also in allen Kleidern *dunkel rostbraun.* ♂ dunkler und tiefer rötlich, ♀ heller mit eher ockerfarbenen Federrändern, Unterscheidung außer bei Paaren aber schwer.

**STIMME** Wie Moorschneehuhn.

## ALPENSCHNEEHUHN D: A/R2/J

Rock Ptarmigan *Lagopus muta*

L 31-35 cm. Bewohnt Gebirgshänge und Tundra, steiniges Gelände mit wenig Vegetation, zieht sich im Winter manchmal in Weidengebüsch oder offenen Birkenwald an der Baumgrenze zurück. Lebt bei uns nur in den Alpen.

**KENNZEICHEN** Ein Hühnervogel mit etwas rundlichem Körper, kleinem Kopf und befiederten Zehen. Im Winter fast *ganz weiß mit kurzem, schwarzem Schwanz,* im Sommer graubraun mit überwiegend weißen Flügeln; muss nur in Teilen Nordeuropas, wo beide Arten nebeneinander vorkommen, vom etwas größeren Moorschneehuhn unterschieden werden. Etwas *kleiner* als dieses (auf Spitzbergen aber deutlich größer).– ♂ Frühjahr: Von Mai bis Juli *Kopf, Hals und obere Brust sowie Teile von Flanken und Rücken dunkel graubraun und schwarz, fein schwarz gemasert* sowie beige und weiß gebändert, daher *dunkelgrauer Gesamteindruck* (Moorschneehuhn tief rotbraun und kaum gebändert); *Zügel schwärzlich, Bauch, Flügel und Teile der Flanke weiß.*– ♂ Sommer: Von Juli bis September (manchmal November) *heller grau* als im Frühjahr, *Oberseite mit einzelnen schwarzen Flecken,* weiß gesprenkelte Zügel braun; heller als Moorschneehuhn zur selben Zeit.– ♀ Frühjahr-Sommer: *Gefieder gröber gebändert und gelblicher getönt* als ♂, Zügel heller; verglichen mit Moorschneehuhn sind *Kehle und Kopfseiten etwas dunkler und grauer* (nicht beige bzw. ocker getönt).– Winter: Gesamtes *Gefieder weiß,* nur Schwanz schwarz; ♂ mit *schwarzem Zügelstreif,* bei manchen ♀ dünn angedeutet, aber meist fehlend, dann manchmal an *kleinerem Schnabel* und durchschnittlich dunkleren Zehen erkennbar; im Winter im Gegensatz zum Moorschneehuhn eher in größeren Trupps auf offenen Berghängen oder in Gestrüpp und Heide als im Wald.

**STIMME** Nicht ganz so stimmfreudig wie Moorschneehuhn, alle Rufe recht ähnlich, meist gedämpft bellend oder trocken knarrend, nur ein Ruf typisch: ein etwas an Schnatterente erinnerndes Knarren mit charakteristischem Rhythmus, „arr orr ka-KARRR" („here comes the bride", manchmal nur zwei- oder dreisilbig), offenbar mit Gesangsfunktion, meist im Frühjahr vom Boden aus, manchmal beim Auffliegen, aber gelegentlich auch vom ♀ hervorgebracht; ein kürzeres „urr-errr" wurde als Bodengesang beschrieben; im zeitigen Frühjahr beim auf steifen Schwingen abwärts gleitenden Balzflug eine aufstoßende, mit Gackern endende Tonfolge, etwa „ahrrrr…ka-ka-ka-ka-ka-ka". Warnt bei Alarm oder Aggression „kwa" in verschiedenen Varianten. ♀ ruft weicher „kii-a".

## MOORSCHNEEHUHN

## „SCHOTTISCHES MOORSCHNEEHUHN"

## ALPENSCHNEEHUHN

DZ

ein ♂ am Balzplatz mit seinem Harem von ♀

## AUERHUHN

D: A/R2/J

Western Capercaillie *Tetrao urogallus*

L ♂ 74-90 cm (Schwanz ca. 25 cm), ♀ 54-63 cm. Ganzjährig in alten Nadelwäldern, oft auf felsigem Grund mit vielen Beerensträuchern, Moos und einzelnen Laubbäumen, meidet offenen Boden. Spektakuläre Balz im Spätfrühjahr.

**KENNZEICHEN** *Sehr groß,* ♂ etwa ein Drittel größer als ♀; fliegt mit *sehr lautem Flügelgeräusch* auf, Streckenflug aber schnell und direkt, rasche Flügelschläge mit Gleitstrecken abwechselnd.– ♂: Allein aufgrund der Größe kaum verwechselbar; *dunkles Gefieder, sehr langer Schwanz* (bei Balz gestelzt und gespreizt), *langer Hals* (bei Balz mit gesträubten Federn gestreckt), kräftiger, stark gekrümmter, *strohgelber Schnabel, runder, weißer Fleck am Flügelbug;* Flugbild charakteristisch durch *zusammengelegten, langen, geraden Schwanz, langen, gestreckten Hals* und dadurch relativ schmal wirkende Flügel.– ♀: Zwar kleiner als ♂, aber deutlich größer als ähnliches Birkhuhn-♀, ferner von diesem unterschieden durch *ungemustert orangebraune Kehle bzw. obere Brust, zwei Klammern bildende, deutlichere weiße Spitzen der Schulterfedern,* durchschnittlich helleres, rötlicheres Gefieder, etwas längeren, stärker gerundeten, rötlichen Schwanz (kann auch bei Birkhuhn vorkommen), gröbere Bänderung auf Schwanz und Oberschwanzdecken.

**STIMME** Von abendlichen Versammlungen der ♂ ist ein aufstoßendes „ko-KRERK-korohr" in Variationen zu hören, ♀ ruft meist aus Baum langsam wiederholt gackernd „grak", oft während der Zeit des Balzhöhepunkts; ♂ singen im Morgengrauen erst von Bäumen aus, dann am Boden, meist in der Gruppe, mit sich zum Geräusch eines knallenden Sektkorkens beschleunigenden Doppelklicks, sofort gefolgt von dünnem, schleifendem Zischen, das bei der Bodenbalz manchmal durch geräuschhaftes Flügelflattern ersetzt wird; Dauer des nur 200-300 m weit hörbaren Gesangs 5-7 s.

## BIRKHUHN

D: A/R3/J

Black Grouse *Lyrurus tetrix*

L ♂ 49-58 cm (Schwanz ca. 15 cm), ♀ 40-45 cm. Bewohnt Moorränder, Heiden und Waldlichtungen bis zur Baumgrenze im Gebirge. Gemeinschaftsbalz am Boden im zeitigen Frühjahr in offenem Gelände (auch auf gefrorenen Seen), einzelne ♂ aber von Baumspitzen, selbst im Sommer. Frisst im Winter gern Birkenknospen, oft mehrere Vögel im selben Baum.

**KENNZEICHEN** Mittelgroß mit kleinem Kopf und Schnabel, Flugweise wie Auerhuhn, aber kompakter und mit mäßig lautem Geräusch beim Start.– ♂: Überwiegend schwarz mit Purpurglanz, *Unterschwanzdecken weiß* (werden bei Balz präsentiert), weiße Unterflügel und *weißer Flügelstreif;* leierförmiger Schwanz bei der Balz gestelzt und gefächert, im Flug zusammengelegt und nur lang wirkend.– ♀: Graubraun, schwarz quer gebändert, auch auf Kehle und Brust (vgl. Auerhuhn), Schwanz graubraun, manchmal rötlich getönt (dann schwächer als Auerhuhn), gerade oder leicht gegabelt; im Flug *schmaler weißer Flügelstreif.*

**STIMME** ♀ ruft schnell gackernd, endet oft mit nasal lang gezogenem Element, „kakakakakaKEH-ah"; ♂ balzen weit hörbar blubbernd und knurrend „rro-perre-OO-ohr rro-per-ROO…", dazwischen zischend „tjoo-üsch".

## HASELHUHN

D: A/R3/J

Hazel Grouse *Tetrastes bonasia*

L 34-39 cm. Jahresvogel in geschlossenen, gemischten Nadelwäldern (selten Laubwäldern), bevorzugt feuchte Gegenden mit dichtem Unterwuchs und alten Fichten; viel am Boden im Schatten, läuft aber auch auf Ästen und landet hoch in Bäumen; schwer zu beobachten, versteckt sich geschickt und fliegt früh auf.

**KENNZEICHEN** Recht *klein,* etwa dohlengroß, Körper plump, Kopf und Schnabel klein; kompliziertes Färbungsmuster mit gräulicher Oberseite, bräunlichen Flügeln und weißlicher, dunkelbraun und rötlich gefleckter Unterseite.– ♂: *Kurze, aufrichtbare Haube, schwarzer Kehlfleck weiß umrandet, grauer Schwanz mit breit schwarzer Endbinde.*– ♀: Haube kleiner, *braune Kehle weiß gesprenkelt.*

**STIMME** Angstruf des ♀ flüssig „piih-tititititit", bei Alarm wiederholt „plitt"; rhythmischer Gesang des ♂ eine Folge sehr hoher Töne (nur mit Gelbbrauen-Laubsänger, Wintergoldhähnchen oder Beutelmeise vergleichbar), etwa „tsiii-ü-IIH si, si-si-si-si", die letzten Töne, nach der Andeutung einer Pause, schnell und in der Höhe abfallend; aufgescheuchte Vögel erzeugen ein typisches Flügelgeräusch, „burr, burr, burr,…", sind aber im dichten Wald oft nicht zu sehen.

Auerhuhn

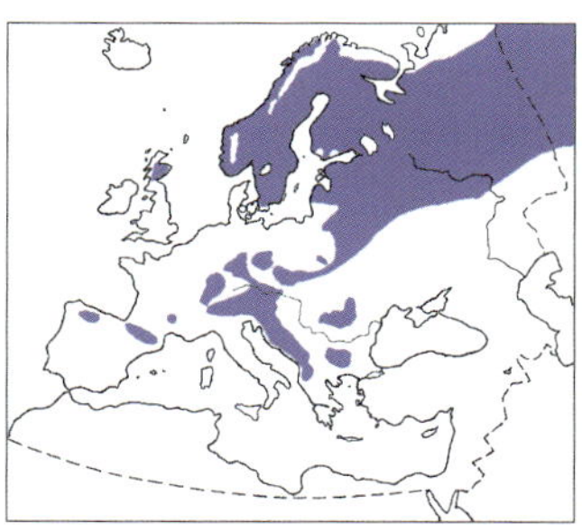

Birkhuhn

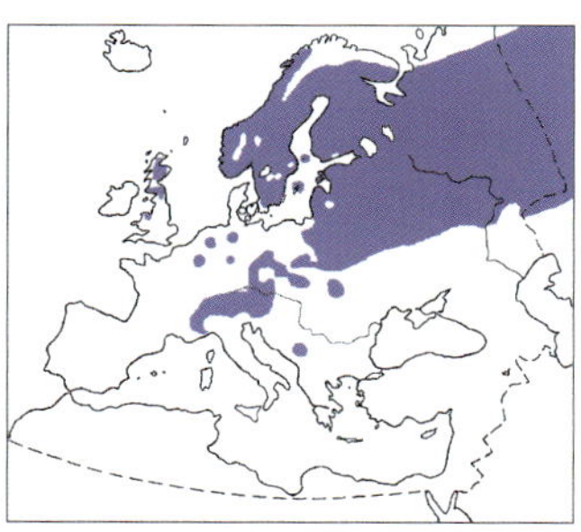

Haselhuhn

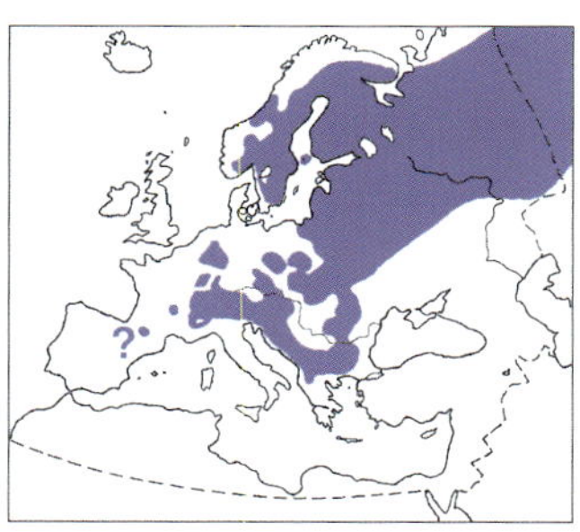

## AUERHUHN

## BIRKHUHN

## HASELHUHN

# GLATTFUSSHÜHNER
## Phasianidae

Eine recht inhomogene Gruppe von Hühnervögeln, die aber insgesamt offenes Gelände dem Waldland vorzieht. Zu ihr gehören Fasane wie Königshühner, aber auch kleine Hühnerarten. Sie bewohnen meist offeneres Gelände (bis zu Wüsten und Felshängen im Hochgebirge oberhalb der Baumgrenze), bewegen sich hauptsächlich am Boden, laufen bei Gefahr schnell und ausdauernd fort und fliegen nur im Notfall auf. Sie leben von Pflanzen und Insekten. Nasenlöcher und Füße unbefiedert, ♂ einiger Arten mit Sporen am Tarsus. Nester am Boden mit etwas Deckung durch niedrige Vegetation, Gelege oft groß.

### HALSBANDFRANKOLIN –

Black Francolin *Francolinus francolinus*

L 33-36 cm. Bewohnt trockene Ebenen in Wassernähe, gern Felder, hohes Gras, Brachflächen, Flussufer mit Tamarisken und anderen Büschen; reiner Bodenvogel, zieht nicht und lebt scheu und zurückgezogen, gibt seine Anwesenheit aber durch den lauten Gesang preis.

**KENNZEICHEN** Knapp rebhuhngroß, jedoch schlanker und *oft aufgerichtet,* wirkt dadurch größer.– ♂: *Kopf und Brust charakteristisch schwarz,* getrennt durch *breites, rostbraunes Halsband,* Wangenfleck weiß, Mantel und Brustseiten weiß gesprenkelt, schwarzer Bauch mit weißen, u- und v-förmigen Abzeichen.– ♀: Viel unscheinbarer gelbbraun mit kräftiger dunkler Bänderung und Fleckung, *Kopfseiten beige, Nacken rotbraun. Äußere Steuerfedern schwarz* (nicht rötlich wie bei *Alectoris*-Arten), oft bei aufgescheuchtem Vogel sichtbar.

**STIMME** Fällt meist durch seinen charakteristischen, besonders in der Morgendämmerung (manchmal tagsüber) zu hörenden, weit tragenden Gesang auf, eine konstant siebensilbig aufgereihte trompetende Strophe mit besonderem Rhythmus und mechanischem Klang, „kjock, KIIIK ki-KII-ko ki-KIIK“.

### DOPPELSPORNFRANKOLIN –

Double-spurred Francolin *Pternistis bicalcaratus*

L 30-33 cm. In Marokko lokaler und seltener Brutvogel (Hauptverbreitung in Westafrika südlich der Sahara) in offenen Laubwäldern, Gebüsch, Palmenhainen, an verbuschten Flussufern und in bewachsenen Wadis. Standvogel, Lebensweise wie Halsbandfrankolin. Scheu, schleicht sich meist unbemerkt davon.

**KENNZEICHEN** Etwa so groß wie Felsenhuhn (mit dem er in Marokko im selben Lebensraum vorkommt), unterscheidet sich aber durch *rotbraunen Scheitel und Nacken, einfarbig braunen Schwanz* ohne rotbraune äußere Steuerfedern, *auf beigem Grund kräftig schwarz gestreifte Unterseite* (statt quer gebänderter Flanken). Stirn schwarz, weißer Überaugenstreif schmal, Beine gelbgrau oder grünlich (nicht rötlich). Beim Weglaufen von hinten fallen der *dunkle Bürzel* (statt hellgrau) und der rötliche Hinterhals ohne die markanten weißen Streifen des Felsenhuhns auf. Geschlechter gleich gefärbt, aber ♂ mit doppelten Sporen.

**Stimme** Ruft unregelmäßig aufgereiht zweisilbig „i-TECK“, auch laut hackend und schnarrend „krrrr krrrr“.Singt besonders im Frühling von etwas erhöhter Warte (Baum, Stein, Pfahl) wiederholt und tief „koajrr koajrr“.

### ARABIENWÜSTENHUHN –

Sand Partridge *Ammoperdix heyi*

L 22-25 cm. Brutvogel von Bergwüsten, Felshängen, Wadis u. a. mit etwas schützender Vegetation und Zugang zu Wasser. Oft wenig scheu. Verhalten ähnlich den *Alectoris*-Arten. Oft in kleinen Familiengruppen, im Frühjahr und Sommer auch größere Trupps, die mit gestreckten Hälsen in Deckung flüchten.

**KENNZEICHEN** Wirkt wie ein *kleines, helles* Rebhuhn, wie dieses mit *rotbraunen Schwanzkanten.*– ♂: Sandbraun mit blaugrauem Kopf und *weißen Flecken auf Zügel und Ohrdecken,* Schnabel orangegelb, *Flankenbänderung wellenförmig* weiß, schwarz und braun. Beine gelb, Augen rotbraun.– ♀: Blasser und ohne weiße Abzeichen am Kopf, heller Überaugenstreif nur angedeutet, Schnabel mattgelb.

**STIMME** Beim zögerlichen Auffliegen oder bei Gefahr manchmal explosiv „wick-wick-wick“. Gesang schnell aufgereihte, kurze, scharf endende Elemente (1,5-2 pro Sekunde), „oETT oETT oETT…“, aus der Entfernung etwas weicher „woA woA woA…“ mit individueller Variation.

### PERSIENWÜSTENHUHN –

See-see Partridge *Ammoperdix griseogularis*

L 22-25 cm. Brütet meist in ähnlichem Gelände wie Arabienwüstenhuhn, meidet Felder und offene Ebenen.

**KENNZEICHEN** Ähnlich Arabienwüstenhuhn, besonders die ♀.– ♂ jedoch mit *schwarzem Stirnband, das über die weißen Ohrdecken schmal auf dem Hals ausläuft.* Graue *Halsseiten fein weiß gesprenkelt.*– ♀ blasser und einfarbiger als ♂, vom sehr ähnlichen ♀ des Arabienwüstenhuhns kaum zu unterscheiden.

**STIMME** Wie Arabienwüstenhuhn unwillig zu fliegen, äußert aber wenn aufgescheucht oder alarmiert eine Reihe unterdrückter Töne, „wieht-wieht-wieht-…“. Gesang wiederholte, leicht ansteigende Pfiffe, gut einer pro Sekunde, die auf Distanz (ausgerechnet mitten in karger Wüste!) an den Gesang des Tüpfelsumpfhuhns erinnern können, „hoITT, hoITT, hoITT, …“.

Halsbandfrankolin

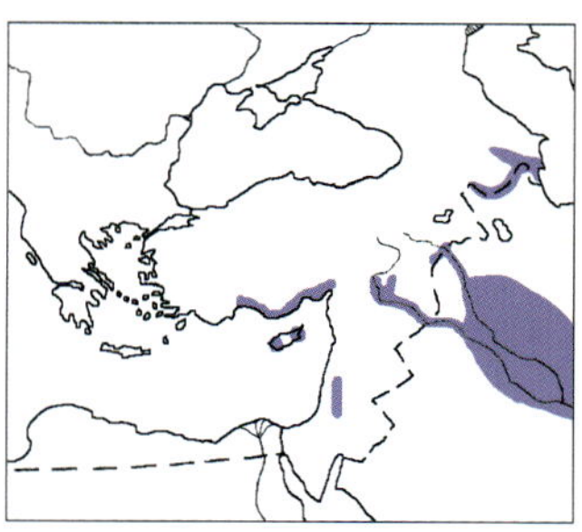

Doppelspornfrankolin

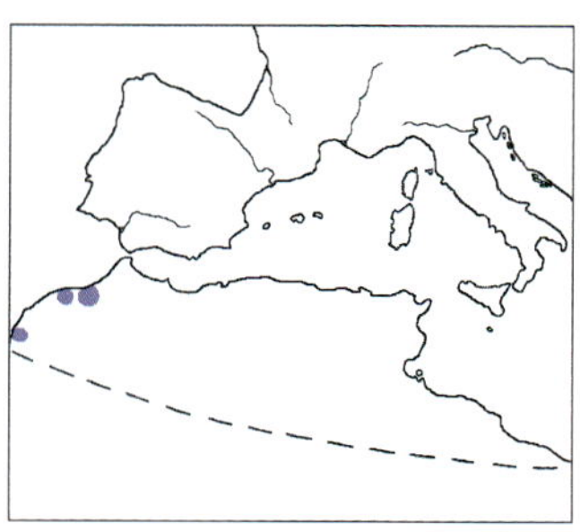

Arabienwüstenhuhn

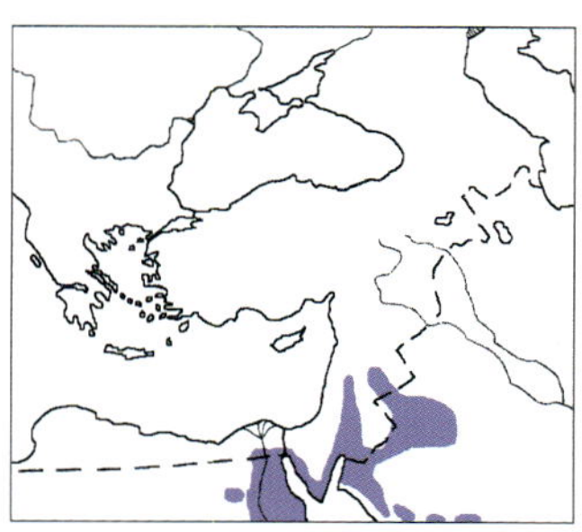

Persienwüstenhuhn

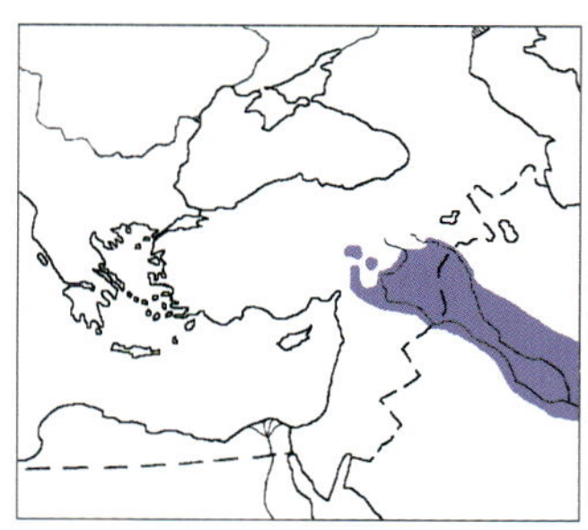

## HALSBANDFRANKOLIN

## DOPPELSPORNFRANKOLIN

## ARABIENWÜSTENHUHN

## PERSIENWÜSTENHUHN

DZ

## KAUKASUSKÖNIGSHUHN –

Caucasian Snowcock *Tetraogallus caucasicus*

L 50-60 cm. Kommt nur im Kaukasus in Höhen zwischen 2.000 und 4.000 m an steilen, felsigen Hängen mit wenig niedriger, als Nahrung dienender Vegetation vor, im Winter in etwas tieferen Lagen; außerhalb der Brutzeit gesellig, aber nur kleine Trupps; scheu und unnahbar, fliegt früh auf und fällt außer Sichtweite wie ein Stein hinter Felskante ein oder läuft schon auf mehrere 100 m Entfernung davon.

**KENNZEICHEN** *Groß und kräftig* mit großem Kopf, dickem Hals und langem Schwanz; Gefieder fein grau, braun, weiß und schwarz gezeichnet, aus der Entfernung aber *überwiegend dunkelgrau wirkend. Weißer Fleck auf Halsseiten und rostfarben getönter Nacken.* Flanken rostbraun mit kräftiger schwarzer Federmusterung, *Brust und Mantel fein schwarz meliert;* im Flug *große weiße Flügelfelder* (wie Trappe; Gemeinsamkeit aller Königshühner). ♀ etwas matter gefärbt mit schwächer rostbraunem Nacken, Jungvögel noch blasser, ohne Rostbraun auf Oberseite, Flanken kontrastlos. Unterscheidung vom Kaspikönigshuhn, s. dort. Geschickter Bergsteiger, hüpft und springt leichtfüßig an Felshängen, oft mit die *aufgeplusterten weißen Unterschwanzdecken* zeigendem, leicht angehobenem Schwanz; flüchtet mit langen Gleitstrecken und explosionsartig kurzen Flügelschlägen schwindelerregend steil hangabwärts.

**STIMME** Bei allen Königshühnern sehr ähnlich, s. Kaspikönigshuhn, von dem sich der Gesang durch in der Höhe abfallende Schlusselemente unterscheidet.

## KASPIKÖNIGSHUHN –

Caspian Snowcock *Tetraogallus caspius*

L 56-63 cm. Bewohnt in getrennten Populationen Gebirge der Osttürkei und die Kaukasusregion; Lebensweise und Habitat wie Kaukasuskönigshuhn, aber nicht so hochalpin, sondern meist in niedrigeren Lagen von 1.800-3.000 m.

**KENNZEICHEN** Wie Kaukasuskönigshuhn, kaum größer und ähnlich gefärbt, *Gesamteindruck aber etwas heller; Nacken hauptsächlich grau statt rostfarben, Brustfeld hellgrau* und in der Mitte fein dunkel gefleckt *(statt meliert), heller als Flanken, Mantel und Brustseiten einfarbig grau* ohne Bänderung, *Flanken eher grau-* als .rostbraun, *hinter dem Auge kleiner gelbbrauner Fleck;* ♀ kleiner, matter gefärbt.

**STIMME** Im Flug laut gackernde Serien „tschock-ock-ock-ock…“, am Boden plaudernd glucksend „bok-bok-bok-…“, bei Erregung in langen blubbernden Triller umschlagend, „bok-bok-bo-bobobrrrrrrrrrreüah“, beendet mit schwirrendem „knorr“. Der Gesang, bei dem der Kopf zurückgelegt und der Schnabel am Schluss weit geöffnet wird, besteht aus einsam klingenden, weithin hörbaren und oft vom Echo zurückgeworfenen, ansteigenden Pfeiflauten, „sooo-luuu-dlü-II-IH“, aus der Entfernung an Brachvogel erinnernd, meist bei Tagesanbruch und am frühen Morgen.

## KAUKASUSBIRKHUHN –

Caucasian Grouse *Lyrurus mlokosiewiczi*

L ♂ 50-55 cm (Schwanz ca. 18 cm), ♀ 37-42 cm. Brütet nur im Kaukasus und in der Nordosttürkei in 1.500-3.000 m Höhe an der Baumgrenze und an offenen, mit Rhododendron bestandenen Hängen; im Winter etwas tiefer.

**KENNZEICHEN** ♂ ähnlich Birkhuhn, doch *Schwanz länger und gegabelt,* nicht nach außen, sondern eher nach unten gebogen, *Unterschwanzdecken schwarz, kein Flügelstreif.*– ♀: *Grauer* als Birkhuhn, *langschwänziger,* kein Flügelstreif, Unterseite feiner und unregelmäßiger gebändert, Überaugenstreif heller, Ohrdecken dunkler, etwas weniger Weiß auf Unterschwanzdecken.

**STIMME** ♂ fast stumm, erzeugt aber bei der Balz während des Flattersprungs dünn pfeifendes Flügelgeräusch, etwa 150 m weit hörbar; ♀ gackert ähnlich Birkhuhn.

## JAGDFASAN C1/N5/J

Common Pheasant *Phasianus colchicus*

L ♂ 70-90 cm (davon 35-45 cm Schwanz), ♀ 55-70 cm (Schwanz 20-25 cm). Die Wildform brütet im Bearbeitungsgebiet nur im östlichen Kaukasus (Unterart *colchicus*), aber weit verbreitet in Asien (z. B. ssp. *torquatus* mit weißem Halsring). In weiten Teilen Europas als Zuchtmischung verschiedenster Unterarten von Jägern ausgesetzt. Siehe S. 448 für weitere ausgesetzte Fasanenarten. Bewohnt offene und halboffene Kulturlandschaft, fliegt meist erst kurz vor den Füßen des Beobachters mit polterndem Flügelschlag auf.

**KENNZEICHEN** Sehr *langer, brauner, quer gebänderter Schwanz,* brauner Körper mit dunkler Fleckung oder Schuppung.– ♂: Unverwechselbar, *Kopf purpurblau glänzend* mit nackten, warzigen, *roten Kopfseiten,* kein Halsband.– ♀: Beigebraun, oberseits und auf Flanken dunkel gefleckt, Schwanz lang (aber kürzer als bei ♂).– Variation: Die meisten in Europa ausgesetzten Vögel ähneln der chinesischen Unterart *torquatus* mit weißem Halsring, einige der ober- und unterseits grün schillernden Unterart *versicolor* (Japan), solche mit weißen Oberflügeldecken den mittelasiatischen *mongolicus-* und *principalis-*Formen.

**STIMME** Warnruf, oft beim Auffliegen, eine Folge schriller, heiserer, auf der ersten Silbe betonter, zweisilbiger Laute, „KU-tuk KU-tuk KU-tuk…“, in der Lautstärke oft abnehmend; Gesang des ♂ ein lauter, plötzlicher, krächzender, auf der ersten Silbe betonter Doppellaut, etwa wie kräftiges Räuspern, oft gefolgt von kurzem, durch Flügelschlagen erzeugtem Schwirren, „KOHRK-kok (burrrr)“, meist von etwas erhöhter Warte aus vorgetragen.

Kaukasuskönigshuhn

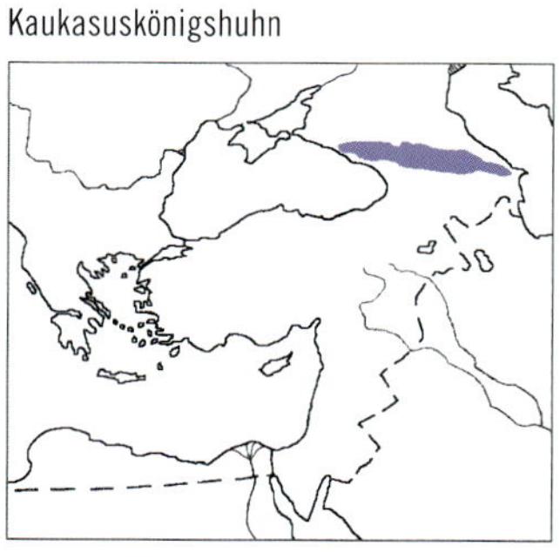

Kaspikönigshuhn

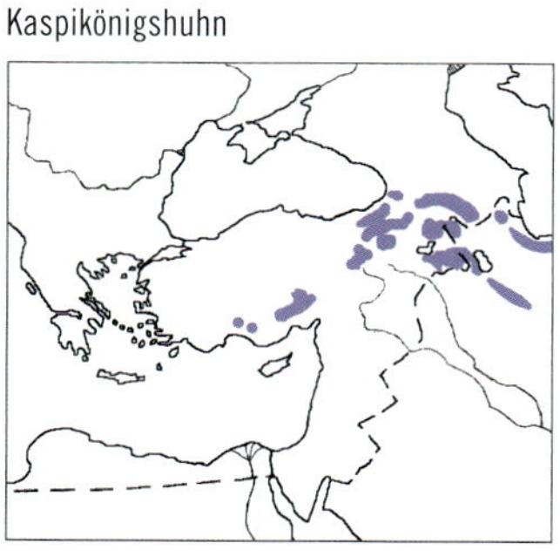

Kaukasusbirkhuhn

Jagdfasan

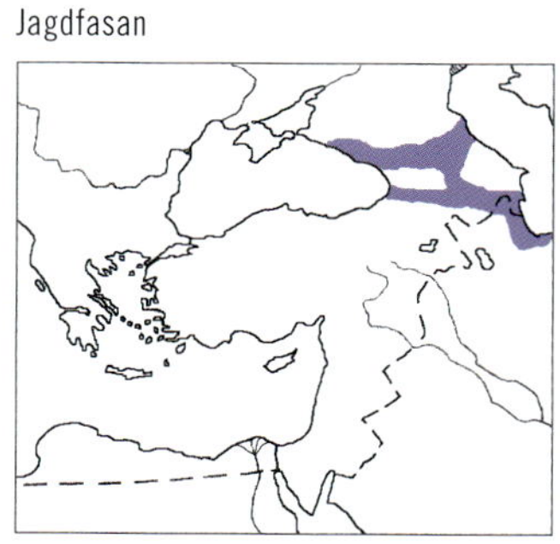

## KAUKASUSKÖNIGSHUHN

## KASPIKÖNIGSHUHN

## KAUKASUSBIRKHUHN

## JAGDFASAN

DZ

## ROTHUHN D: E/VE/S

Red-legged Partridge *Alectoris rufa*

L 32-35 cm. Bewohnt hauptsächlich Flachland, z. B. Brach- und Weideland, Heide, sandiges und steiniges Gelände mit niedrigen Pflanzen, Küsten, lokal auch Gebirge oberhalb der Baumgrenze; in Großbritannien eingebürgert. Meist in kleinen Gruppen, wachsam, läuft bei Störung rasch davon, fliegt nur im Notfall, dann niedrig mit schnellen Flügelschlägen und Gleitstrecken; fällt oft durch die Stimme auf. Nahrung Pflanzen und Insekten, Nest am Boden.

**KENNZEICHEN** Zwischen den vier ähnlichen *Alectoris*-Arten gibt es praktisch keine Überschneidungen der Verbreitungsgebiete, aber die Einführung von in Gefangenschaft gezüchteten Rot-, Stein- und Chukarhühnern zu Jagdzwecken in mehreren europäischen Ländern macht es sinnvoll, folgende Merkmale des Rothuhns zu beachten: *Kleiner weißer* (oder cremeweißer) *Latz* umrahmt von einem breiten schwarzen Rand, der zur Brust hin in eine *kräftige schwarze Strichelung* übergeht, *brauner Hinterhals* (grauer bei anderen Arten), *breiter weißer Überaugenstreif,* besonders hinter dem Auge, und *kein Schwarz auf der Stirn.* Hat wie andere *Alectoris*-Arten und das Rebhuhn rötlich braune Schwanzkanten (am besten beim Auffliegen sichtbar), aber Rücken, Bürzel und Schwanzmitte sind grau. Schnabel und Lidring rot, Beine rosarot.

**STIMME** Bei Alarm ein rhythmisches, wiederholtes, heiseres oder schroffes „tsche, tsche, tsche, tsche, ...". Revierruf, häufig morgens und abends zu hören, aber auch mittags, beginnt mit etwas Gackern, um dann in langsamen Galopp mit dreisilbigen Phrasen überzugehen, deren letzten beiden Töne heiser und lang gezogen sind: „tschu tschu tschu tschu ka-cheh-cheh, ka-TSCHEH-TSCHEH, ka-TSCHEH-TSCHEH, ka-TSCHEH-TSCHEH, ...". Die letzten Phrasen können auch vier oder fünf Silben haben, z. B. „ku-KAK ka-ka-TSCHEH, ku-KAK ka-ka-TSCHEH, ...".

## FELSENHUHN –

Barbary Partridge *Alectoris barbara*

L 32-35 cm. Brütet in einer Vielzahl von Lebensräumen und in verschiedenen Höhenlagen, von kahlen, felsigen Berghängen (bis zu 3.000 m) zwischen Felsbrocken und Sträuchern, über offene Wälder und Lichtungen in tieferen Lagen bis hin zu trockenem, offenem Gelände im Flachland. Neben dem natürlichen Vorkommen in NW-Afrika, auf Sardinien und den Kanarischen Inseln wurde es auf Madeira eingeführt. Eine kleine Population auch auf Gibraltar und in angrenzenden Teilen Spaniens. Standvogel. Gesellig, oft in kleinen Gruppen anzutreffen. Verhalten sonst wie Rothuhn.

**KENNZEICHEN** Unterscheidet sich von den anderen *Alectoris*-Arten durch Fehlen eines hellen, schwarz umrandeten Kehlflecks, hat stattdessen graue Kehle, die von einem breiten, dunkel rotbraunen, *mit weißen Flecken übersäten Halskragen* begrenzt wird. Ferner dunkel *rotbrauner Scheitelstreif, hellgrauer Überaugenstreif,* ein diffuses hellbraunes Feld hinter dem Auge und attraktiv in blassem Blaugrau und Rostbraun gemusterte Schultern.

**STIMME** Äußert ein ansteigendes, heiseres „tschuuih", das als Revierruf gilt, als Gesang. Charakteristische Rufe sind sonst eine Reihe kurzer, ruppiger Töne (manchmal Andeutung einer Doppelsilbe), die ab und zu von einem lang gezogenen, heiseren Ton unterbrochen werden, „tre tre tre tre tre tre TSCHÄH-tje tre tre tre tre tre..." (Trabschritt mit gelegentlichem „Stolpern"). Manchmal sehr ähnlich Rothuhn eine Folge von dreisilbigem „tra-TSCHE-TSCHE".

## STEINHUHN D: A/L1/J

Rock Partridge *Alectoris graeca*

L33-36 cm. Brütet an steinigen Berghängen meist oberhalb der Baumgrenze zwischen 1.000 und 2.000 m Höhe (meidet Nordlagen); hat stark abgenommen. Standvogel, gesellig.

**KENNZEICHEN** Unterscheidet sich vom Chukarhuhn durch *reinweißen, scharf schwarz begrenzten Kehllatz* (variabel, in Alpen breit, auf Sizilien schmal, teilweise unterbrochen), *schmalen, weißen, oft die schwarze Stirn begrenzenden Überaugenstreif* und etwas *Schwarz am Grund des Oberschnabels.*

**STIMME** Oft unrhythmische Reihe kurzer, abgehackter, etwas harter Töne, gelegentlich unterbrochen durch schnelle, kichernde Folge, „tschi tscheck pe-ti-TSCHEK tschi-tscheck tschick tschi-tscheck tschi-TSCHEEH-TSCHEEH-TSCHEEH-TSCHEEH, pe-TE-ti-ti-TSCHECK tschick te...", oft ohne Wiederholungsmuster der anderen Arten.

## CHUKARHUHN –

Chukar Partridge *Alectoris chukar*

L 32-35 cm. Bewohnt ähnliche Lebensräume wie Steinhuhn, aber auch tiefere Lagen und wüstenartiges Gelände; scheuer als Steinhuhn. Hat in SE-Europa abgenommen.

**KENNZEICHEN** Vom Steinhuhn unterschieden durch *gelbliche Tönung des Kehllatzes, manchmal mit einigen schwarzen Flecken am unteren Rand auf der Brustmitte, breiten, diffusen, hellen Überaugenstreif,* der nicht bis zur Stirn reicht, *Fehlen schwarzer Federn am Grund des Oberschnabels, braunen Fleck hinter dem Auge,* bräunlichere Oberseite.

**Stimme** Gesang variable, heisere, undeutliche, oft rhythmische Reihe im schnellen Galopp, eingeleitet von einigen kurzen, einsilbigen, gellenden Tönen, „ga ga ga ga ga gatscha-TSCHACKera-TSCHACKera-TSCHACKera-...", manchmal einfacher strukturiert „tschack tschack tschack tsche-tschack TRUK-ko TRUK-ko TRUK-ko TRUK-ko..."

Rothuhn

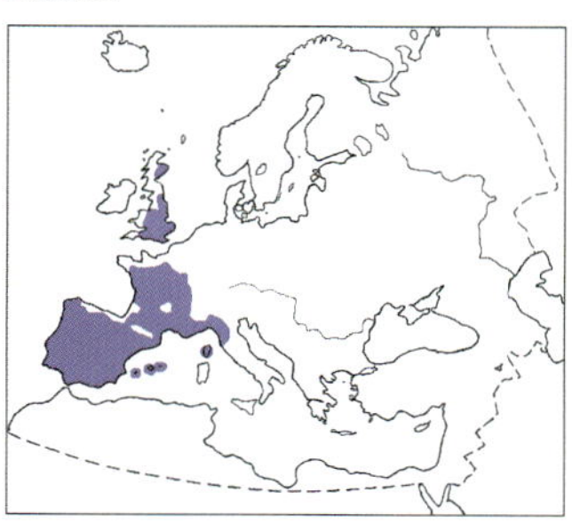

Felsenhuhn

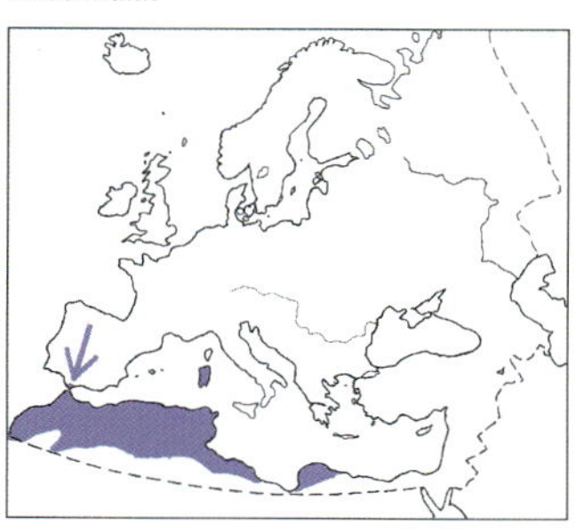

Steinhuhn

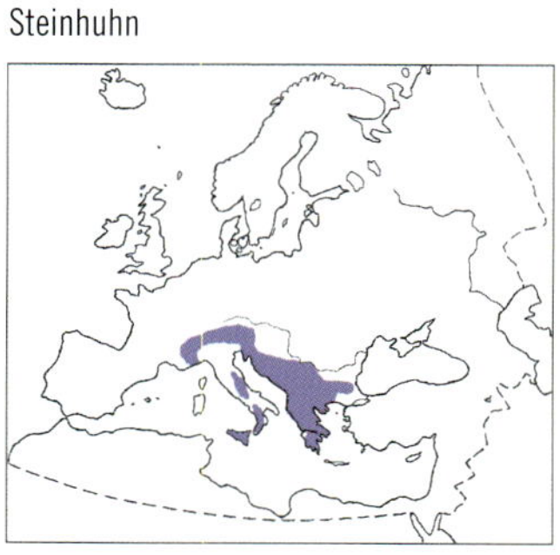

Chukarhuhn

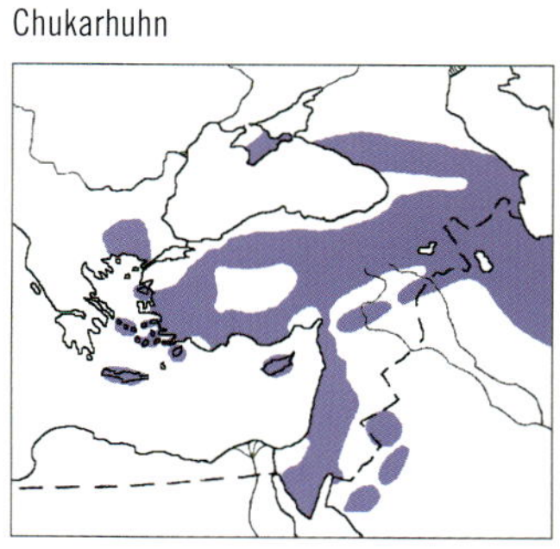

## ROTHUHN

## FELSENHUHN

## STEINHUHN

## CHUKARHUHN

DZ

## REBHUHN **D: A/N4/J**

Grey Partridge *Perdix perdix*

L 28-32 cm. Brütet in offenem Gelände, auf Feldern, Wiesen, Brachflächen mit schützendem Gebüsch und Heckenreihen, hat extrem abgenommen; außerhalb der Brutzeit meist in kleinen, engen Familienverbänden; nervös und wachsam, drückt sich bei Gefahr an den Boden oder läuft schnell fort.

**KENNZEICHEN** Kompakter, *kleiner Körper und Kopf rund;* meist sieht man Rebhühner als Gruppe dicht vor den Füßen gleichzeitig mit burrendem Flügelschlag und kurzen Gleitstrecken niedrig über den Boden auffliegen und bald wieder landen und erkennt dabei graubraune Vögel mit *Rostrot am Schwanz;* aus der Nähe sind *orangebraunes Gesicht und Kehle,* kastanienbraune Flankenbänderung, fein ziselierte, *aschgraue Brust* und ein *schwarzbrauner, hufeisenförmiger Bauchfleck* sichtbar; Geschlechter fast gleich gefärbt, ♂ etwas bunter und deutlicher gemustert, ♀ mit kleinerem Bauchfleck.– JK: Gelb- bis graubraun, Unterseitenzeichnung wird erst nach 2-3,5 Monaten angelegt, gestreifte Flanken, daher eher Fasanenküken oder groß gewachsener Wachtel ähnlich, aber größer und untersetzter als letztere.

**STIMME** Auffliegend scharf und kurz „prri prri prri…“ oder „rich-rick-rick…“; ♂ und ♀ singen besonders nachts und in der Dämmerung in lockerer Folge heiser, scharf abgeschnitten „kierr-IK“.

## WACHTEL **D: A/N4/Z**

Common Quail *Coturnix coturnix*

L 16-18 cm. Brütet in der offenen Agrarlandschaft, bevorzugt auf Getreide- und Kleefeldern in der Ebene und auf brachliegenden Wiesen, im Norden des Verbreitungsgebiets sehr selten geworden; Wärme liebend, einziger ziehender Hühnervogel des Gebiets, überwintert in Afrika.

**KENNZEICHEN** Öfter zu hören als zu sehen, fliegt tagsüber ungern auf und sucht zu Fuß Deckung in der Vegetation; *sehr klein,* etwa wie ein Fasanenküken, dem sie auch in der Färbung ähnelt: *beigebraun* mit dunkelbrauner Musterung auf Oberseite, Brust und Kopf sowie schmalen, weißlichen Längsstreifen auf Oberseite und Flanken. ♂ hat schwarze Kehle (variabler Ausdehnung, oft schmal), ♀ schmutzig weiße. Fliegend verglichen mit anderen Hühnervögeln *lang- und spitzflügelig, Flügelschlag schnell, Bahn niedrig und gerade,* Oberseite einfarbig gelbbraun wirkend, ohne rostbraune Partien.

**STIMME** Ruft auffliegend watvogelähnlich weich rollend „wrüü“; bekannteste Lautäußerung der Wachtelschlag, schnell, rhythmisch, dreisilbig, mehrfach wiederholt „PICK per-WICK“ oder „BÜTT büll-ÜTT“, aus der Nähe mit mechanisch schleifendem Beiton und manchmal gedämpft nasal brummend mit „mau-wau“ eingeleitet.

## LAUFHÜHNCHEN –

Common Buttonquail *Turnix sylvaticus*

L 15-17 cm. Eine wenig erforschte Art, inzwischen aus dem spanischen Brutgebiet wohl verschwunden und in Marokko sehr selten (aber südlich der Sahara weit verbreitet). Gehört zu den Wat-, Möwen- und Alkenvögeln, wegen der Ähnlichkeit zur Wachtel aber hier behandelt. Standvogel in trockenem Gelände mit Heide, niedrigen Zwergpalmen, Affodill u. a., auch in überwachsenen Kürbisfeldern. Geschlechterrollen vertauscht (wie bei Wassertretern), Nest am Boden, lange Brutzeit von Apr.-Sept.

**KENNZEICHEN** Schwer zu sehen und meist nur durch die Stimme auffallend, fliegt bei Störung ungern auf; *sehr klein,* kükenhaft kurzschwänzig, oberseits braun, unterseits weiß mit *orangefarbenem Brustfeld und grob schwarzer Brustseitenfleckung,* ♀ kräftiger gefärbt und größer als ♂. Fliegt mit *lautem Flügelgeräusch* auf, im Gegensatz zur Wachtel *kurz- und rundflügelig,* deutlicher *Kontrast zwischen hellen, gelbbraunen Armdecken und dunklen Schwungfedern,* manchmal gut erkennbar, da nach der Landung kurz mit gestreckten Flügeln aufrecht stehend.

**STIMME** Nur das ♀ balzt besonders in der Morgen- und Abenddämmerung mit tiefem, etwa 1 s dauerndem, mit 2-3 s Abstand wiederholtem Muhen „hoooo…hoooo…hoooo…“, jeder Ton anfangs an Stärke etwas zunehmend.

## WACHTELKÖNIG **D: A/N3/Z**

Corn Crake *Crex crex*

L 22-25 cm. Gehört zu den Rallen (S. 128-131), aber nicht so ans Wasser gebunden wie seine Verwandten. Bevorzugt feuchte Wiesen in Flussniederungen, auch auf Bergwiesen, Brachflächen und gelegentlich Getreidefeldern. Zieht im September nach Afrika, zurück im Mai, hat durch moderne Landwirtschaft extrem abgenommen, kommt im Osten aber häufiger vor.

**KENNZEICHEN** Ist nur ausnahmsweise zu sehen, sodass man sich mit akustischen Nachweisen begnügen sollte. Halb so groß wie Rebhuhn und bedeutend schlanker, Gestalt eher wie Wasserralle, aber *Schnabel kurz und derb; Gefieder gräulich gelbbraun, Überaugenstreif und Brustseiten blaugrau, Oberseite dunkel gefleckt;* wirkt im flatternden *Flug mit hängenden Beinen* unsicher, *rostbraunes Flügelfeld* dann auffällig; fliegt aber auch bei Störung nicht auf, sondern läuft unsichtbar im hohen Gras davon.

**Stimme** Balzt oft in aus mehreren ♂ bestehenden Rufgruppen besonders nachts, vereinzelt aber auch tagsüber mit im Sekundenabstand ununterbrochen aneinandergereihten, hölzern schnarrenden Doppellauten „rrrep-rrrep, rrrep-rrrep, rrrep-rrrep,…“ (oder „crex-crex“), manchmal stundenlang; sonst schweigsam.

Rebhuhn

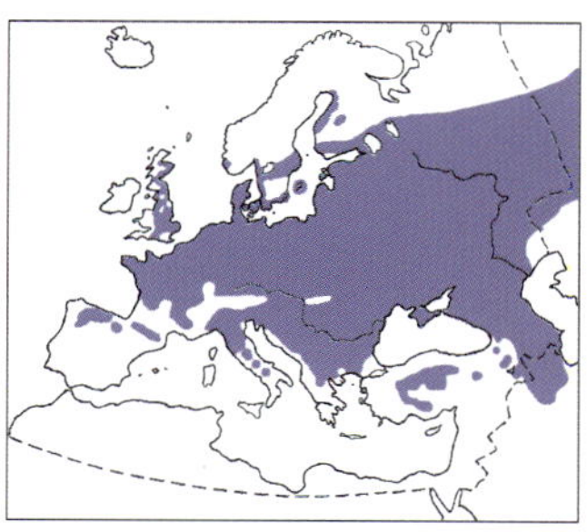

Wachtel

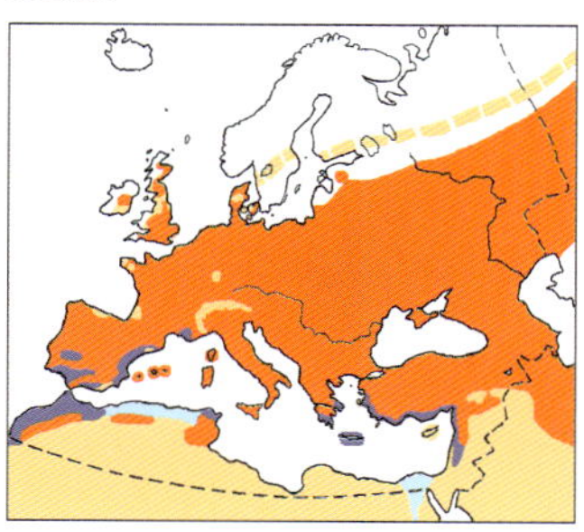

Laufhühnchen

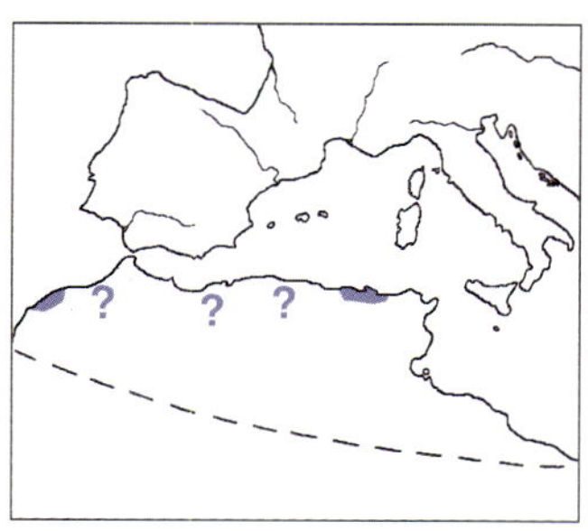

Wachtelkönig

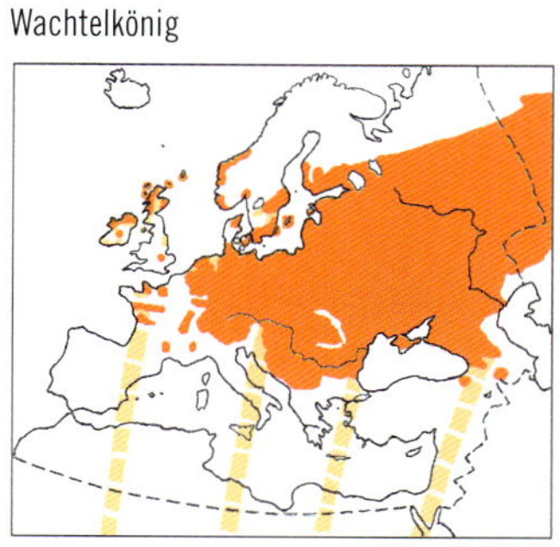

## REBHUHN

## WACHTEL

## LAUFHÜHNCHEN

## WACHTELKÖNIG

# SEETAUCHER Gaviiformes

Fünf Arten, alle recht groß. Schwimmen meist flach im Wasser (ähnlich Kormoranen), beim Ruhen und Putzen aber höher. Körper und Hals lang, durch weit hinten ansetzende Beine an Land sehr unbeholfen. Vom Kormoran an Silhouette, pfriem- bis dolchförmigem Schnabel und extrem kurzem Schwanz unterschieden, von Lappentauchern durch Größe und dickeren Hals, von Sägern durch Schnabelform und längeren Hals. Tauchen bei der Nahrungssuche, hauptsächlich nach Fischen, mit sanftem Bogen ab (ohne „Sprung" vieler Kormorane), bleiben oft für mehr als eine Minute unter Wasser und legen dabei manchmal große Entfernungen zurück. Blicken vor dem Tauchen oft mit eingetauchtem Kopf ins Wasser („Wasserlugen").

Flaches Nest direkt am Ufer von Seen mit stabilem Wasserstand im nordeuropäischen Waldland oder in der Tundra. Im Winter an Küsten, seltener auch auf größeren Binnengewässern, manchmal in großen, lockeren Trupps, doch öfter einzeln oder in kleinen Gruppen. Zug (März-Juni, Sept.-Nov.) hauptsächlich über dem Meer, einzeln oder in Kleingruppen, selten in großen Trupps, dann in lockerem Verband statt wie Kormorane oder Enten in dichter Formation, bei leichtem oder Rückenwind oft hoch, mit gleichmäßigem Schlag der schmalen Flügel und geradlinigem Kurs.

## EISTAUCHER — D: A/–/ZW

Common Loon *Gavia immer*

L 73-88 cm (dazu Füße ca. 13 cm), S 122-148 cm. Brutvogel großer, tiefer Seen und Buchten in Waldland und Tundra. Etwa 300 Paare auf Island, Hauptverbreitungsgebiet Nordamerika. Überwintert an westeuropäischen Küsten, vereinzelt im Binnenland, einige bleiben in Island.

**KENNZEICHEN** Groß und kräftig wie ein Kormoran (aber variabel, manche nur wie große Pracht-, andere wie Gelbschnabeltaucher). Beachte im Schwimmen den *schweren, waagerecht gehaltenen, dolchförmigen Schnabel,* großen Kopf und meist dicken Hals; *Stirn steil, manchmal durch zu einer „Beule" aufgerichtete Federn sogar konkav.* Beim hoch im Wasser liegenden Vogel helle, dunkel gefleckte Flankenlinie sichtbar (ähnlich Sterntaucher). Im Flug dicker Hals gerade ausgestreckt, *weit überragende, große Füße* mit oft gespreizten Zehen („Klumpfuß"), Flügelschläge relativ langsam, federnde Bewegung des Handflügels dabei charakteristisch (dennoch großwüchsigen Prachttauchern sehr ähnlich), *Wuchtigkeit und Schnabelgröße oft erkennbar.*– PK: *Kopf ganz schwarz, Oberseite weiß gewürfelt,* Halsseiten weiß gestreift.– SK: *Schnabel bläulich grauweiß, Spitze und First dunkel, waagerecht getragen* (höchstens leicht hochgehalten); deutlicher *heller Augenring, recht scharfe Trennlinie zwischen dunklem Hinter- und weißem Vorderhals, schwärzlicher Halbring auf unteren Halsseiten durch darüber liegende weiße Einbuchtung* betont; dunkler Hinterhals kontrastiert zu hellerer Körperoberseite. Vom Jugendkleid durch ungeschuppte Oberseite und aus der Nähe durch einzelne aus dem Prachtkleid stehen gebliebene, weiß gesprenkelte Armdecken unterschieden.– JK: Ähnlich SK, oberseits aber mit von den hellen Federspitzen gebildetem, *sauberem Wellenmuster* (daher aus der Entfernung insgesamt heller wirkend als juveniler Prachttaucher), Flügeldecken ohne weiße Sprenkel, Augenring schmutziger.– 1er S: Behält das (ausbleichende) JK.– 2er W: Unterscheidet sich vom SK durch oft etwas dunklere Oberseite, weniger schwarze Schnabelspitze und fehlende Sprenkelung der Kleinen Armdecken.

**STIMME** Angst- und Kontaktruf oft zu hören (besonders als Hintergrundstimmung in Filmen), wie wahnsinnig lachend, hoch, oft mit tieferem Ton beginnend wiederholt „ho-wüwüwüwüwüa". Klagender Gesang erinnert an Prachttaucher, „aaoooh... WÜH wü-a WÜH wü-a WÜH wü-a"; daneben einsilbige, klagende, lang gezogene Rufe.

Eistaucher

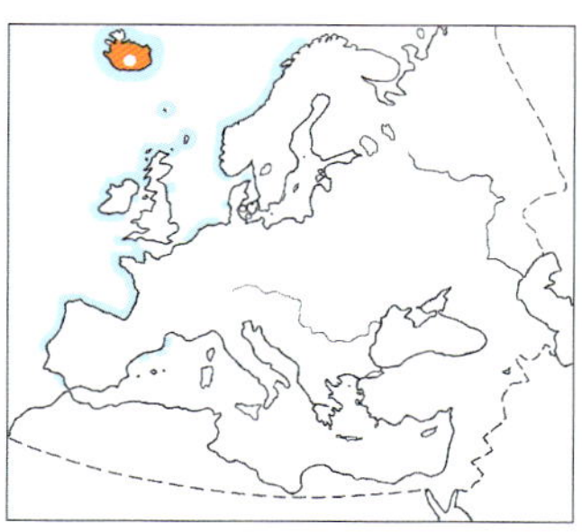

Gelbschnabeltaucher

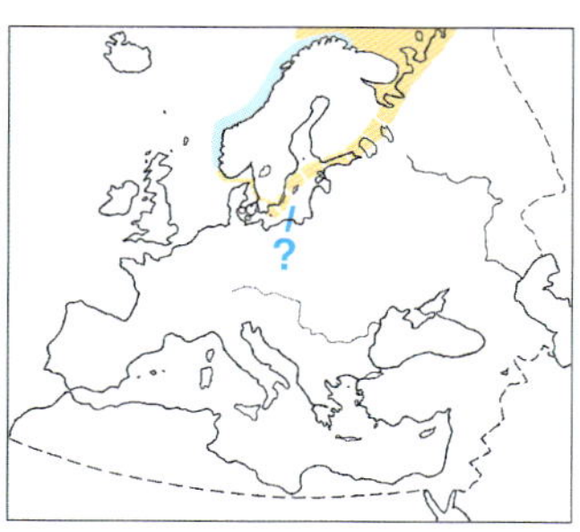

## GELBSCHNABELTAUCHER — D: A/–/S

Yellow-billed Loon *Gavia adamsii*

L 77-90 cm (dazu ca. 14 cm Füße), S 135-150 cm. Brütet entlang der russischen Tundraküste; überwintert in geringer Zahl an Nordnorwegens Küste, selten auf Ost- und Nordsee.

**KENNZEICHEN** Größter Seetaucher, durchschnittlich etwas größer als Eistaucher (und keine kleinwüchsigen Individuen bekannt). Schnabel wird meist deutlich aufwärts gerichtet getragen, First fast gerade und Gonyseck gewinkelt, daher *insgesamt aufgeworfen erscheinend; Schnabelspitze und äußerer First immer hell.* Hals so dick wie Kopf und nahtlos in diesen übergehend. Größe des hellen Schnabels vor dunklem Hintergrund auffällig, aus großer Entfernung oder vor hellem Hintergrund aber oft weniger massiv wirkend. Da in Größe und Gewicht den Eistaucher übertreffend, im Flug durch Wuchtigkeit und langsamere Flügelschläge noch deutlicher vom Prachttaucher verschieden.– PK: *Ganzer Schnabel gelblich bis elfenbeinweiß* (beim Eistaucher ganz schwarz, kann aber im Sonnenlicht hell blinken oder ausnahmsweise eine weiße Spitze besitzen). Weniger, aber größere weiße Abzeichen auf Hals und Oberseite als Eistaucher.– SK: Schnabel nicht so gelb und oft an der Basis dunkel schattiert (entlang des Firsts bis zu zwei Drittel der Länge). *Kopf und Hinterhals heller graubraun,* Kehle und Vorderhals bräunlicher als beim stärker grauschwarz und weiß kontrastierenden Eistaucher, *heller Bereich um das Auge größer, auch auf Halsseiten und hinter den Ohren heller.* (Im Spätwinter sind einzelne stark ausgeblichene Eistaucher fast genauso hell.) Meist bleiben mehr Flügeldecken aus dem PK stehen, deren größere weiße Flecken dann leichter sichtbar sind als beim Eistaucher.– JK: Oberseits mit *sauberem Wellenmuster,* insgesamt sehr fahl braun wirkend; Schnabel oft noch nicht voll ausgewachsen.– 1er S: Das JK bleibt komplett erhalten.– 2er W: Oberseite einförmig dunkel, keine weiß gesprenkelten Flügeldecken.– 2er S: Mischung juveniler und adulter Federn, einzelne weiße Flecke wie Zuckerwürfel auf der Oberseite, Kopf und Hals hauptsächlich rußgrau ohne die weißen Abzeichen des PK.

**STIMME** Ähnlich derjenigen des Eistauchers, Gesang jedoch langsamer und tiefer.

## EISTAUCHER

## GELBSCHNABELTAUCHER

KM

## STERNTAUCHER D: A/–/ZW

Red-throated Loon *Gavia stellata*

L 55-67 cm (dazu ca. 7 cm Füße), S 91-110 cm. Fast überall der häufigste Seetaucher. Brütet oft auf kleinen, fischfreien Tümpeln in der Tundra und in Taigamooren und fliegt dann zur Nahrungssuche auf größere Seen oder das Meer.

**KENNZEICHEN** Kleinster Seetaucher, doch nur etwas kleiner als Prachttaucher und am ehesten mit diesem zu verwechseln. Schnabel wirkt durch geraden First aufgeworfen und wird *meist schräg aufwärts gerichtet.* Stirn flach, Hinterkopf angedeutet kantig. Brust flach (bei Prachttaucher voller; Hinweis aus größerer Entfernung). *Dünnerer Hals im Flug leicht durchhängend* (aber Schnabel oft hochgehalten), daher bucklige Erscheinung; wegen der *den Schwanz kaum überragenden Füße* scheinbar hinter der Körpermitte ansetzende Flügel, ferner *etwas schnellere und tiefere Flügelschläge* als Prachttaucher (unter gleichen Bedingungen) und häufige *pendelnde auf-, ab- und seitwärts gerichtete Kopfbewegungen.*– PK: Braunroter Vorderhals kann aus Entfernung schwarz wirken, dann aber hellgraue Kehle und einfarbige Oberseite kennzeichnend.– SK: *Mehr als die Hälfte des Halses in Seitenansicht weiß,* auch im Flug und von hinten zu erkennen (beim Prachttaucher etwa die Hälfte, von hinten unsichtbar), auch Auge besonders vorne weiß umrandet; gesamte Oberseite fein weiß gestrichelt („gesternt"), gesamte Flankenlinie (wenn überhaupt) als weißes, dunkel geflecktes Band über der Wasserlinie sichtbar (statt eines weißen Felds an der Hinterflanke).– JK: Ähnlich SK, doch *weiße Bereiche von Kopf und Hals braungrau meliert* (oft ausgedehnt) und Oberseitenstrichel matter grau; oft bis Jahreswende und teilweise Frühjahr getragen.

**STIMME** Flugruf laut, monoton, etwas gänseähnlich „kah kah kah…". Weit tragender Gesang ein Duett zwischen lautem, schleifendem „o RROO-uh, o RROO-uh …" des ♂ und kräftigerem, gellenderem „ARRo-ARRo-Arro-…" des ♀. Auch klagend lang gezogen „eeaaooh". Manche Rufe erinnern an Fuchsbellen. Im Winter stumm.

## PRACHTTAUCHER D: A/–/ZW

Black-throated Loon *Gavia arctica*

L 63-75 cm (dazu ca. 10 cm Füße), S 100-122 (127) cm. Brütet anders als Sterntaucher auf klaren, fischreichen Süßgewässern oder Haffs, Nest ufernah oft auf flachen, winzigen Inseln. Im Winter oft gesellig.

**KENNZEICHEN** Etwas größer als Stockente, aber schlanker (einzelne großwüchsige Individuen erreichen Eistaucher). Dolchförmiger Schnabel mit leicht abwärts gebogenem First schmaler als bei Eistaucher und *meist waagerecht gehalten* (bei Sterntaucher aufwärts). Stirn oft steil, Hinterkopf sanft gerundet, *Hals dick,* daher unmerklicher Übergang zum Kopf, kräftig vorgewölbte Brust (Sterntaucher ist flachbrüstig). Im Flug im Vergleich zum Sterntaucher *Hals etwas dicker, wie der Schnabel mehr waagerecht gehalten,* große Füße den Schwanz immer *deutlich überragend,* daher Flügel scheinbar eher in der Mitte ansetzend, Flügelschläge flacher und langsamer.– PK: Oberkopf und Hinterhals samtartig hellgrau, Kinn, Kehle und Vorderhals schwarz, *Oberseite weiß gewürfelt.*– SK: Im Profil *mindestens die Hälfte des Halses dunkel,* auch im Flug sichtbar, und Grenze zwischen grauem Hinter- und weißem Vorderhals oft *durch schwärzlichen Rand akzentuiert.* Gewöhnlich kein Weiß ums Auge (aber auch bei einzelnen Sterntauchern im JK reduziert). Im Schwimmen meist *weißes Feld auf hinteren Flanken* auffallend. Oberseite einfarbig dunkelgrau, Schnabel (hell) grau mit schwarzer Spitze.– JK: Ähnlich SK, aber etwas hellere und bräunlichere Oberseite mit feinem, hellem Wellenmuster, Schnabelspitze weniger schwarz.– 1er S: PK unvollständig ausgebildet.

**STIMME** Am Brutplatz meist nachts hart knarrend „knarr-knorr" und möwenähnlich lang gezogen klagend „AAAH-oh". Gesang ein lautes, einsam klingendes, rhythmisches Flöten „klooII-ko-klooII-ko-klooII-ko-klooII", jedes „klooII" mit ansteigendem Glissando. Beim Balztauchen heftig, verschluckt endend „koIT". Im Flug (selten unterdrückt „karr-arr-arr") und Winter meist stumm.

Sterntaucher

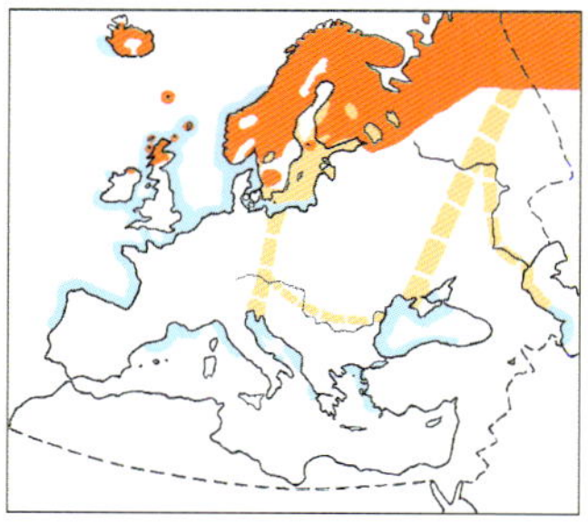

Prachttaucher

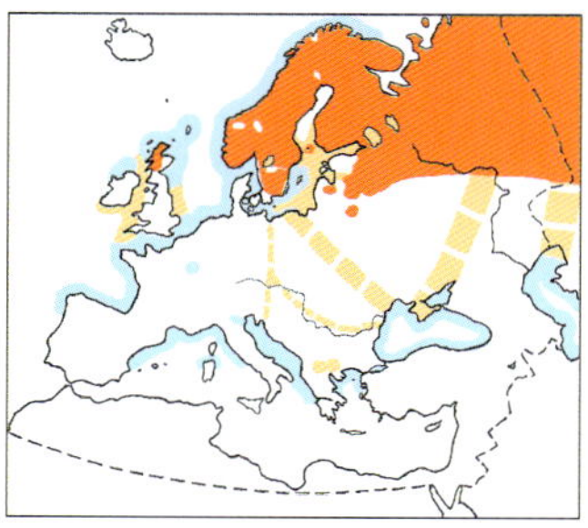

## PAZIFIKTAUCHER –

Pacific Loon *Gavia pacifica*

L 58-68 cm, WS 95-115 cm. Brütet in Alaska, Z- und W-Kanada und Nordostsibirien. In den letzten Jahren mehr Nachweise in Nord- und Westeuropa (Großbritannien, Irland, Skandinavien, Spanien; in den deutschsprachigen Ländern bisher einmal in der Schweiz), vielleicht früher übersehen, aber wahrscheinlich tatsächliche Zunahme.

**KENNZEICHEN** Eng verwandt mit sehr ähnlichem Prachttaucher. Wird oft zuerst wegen seines „niedlicheren Aussehens" bemerkt, hauptsächlich durch *geringfügig kleineren Schnabel* hervorgerufen. Etwas kleiner als der Prachttaucher, kann im Flug kompakter mit *kürzerem Hals* und *weniger überstehenden Füßen* wirken. In entspanntem Zustand erscheint *Kopf* im Durchschnitt *runder* mit mehr *„aufgeplustertem" Hinterhals,* dieser oft etwas oder deutlich *heller grau* als bei Prachttaucher. Eindruck der Schnabelgröße hängt von Aktivität ab: Fischende Vögel zeigen zwischen den Tauchgängen gewöhnlich schlankeren Kopf und Hals, wodurch der Schnabel größer erscheint. Vom Prachttaucher in allen Kleidern durch *Fehlen des weißen Flecks an der Hinterflanke* unterschieden (schmaler weißer Fleck nur sichtbar, wenn er hoch schwimmt) und im Winter durch dünnes dunkles Kinnband (meist im SK, aber oft auch im 1en W; einige Prachttaucher können Andeutung davon zeigen).– PK: Ähnlich Prachttaucher, aber ohne größeren weißen Fleck an den hinteren Flanken.– SK: Oft mit deutlichem dunklem Kinnband und ziemlich gleichmäßig dunklem Rücken.– 1er W: Wie SK, aber Kinnband undeutlich oder fehlend, Oberseite etwas blasser grau und deutlicher hell geschuppt.

**STIMME** Gesang ähnlich Prachttaucher, aber gellender, knarrende Rufe sehr ähnlich.

## STERNTAUCHER

## PRACHTTAUCHER

## PAZIFIKTAUCHER

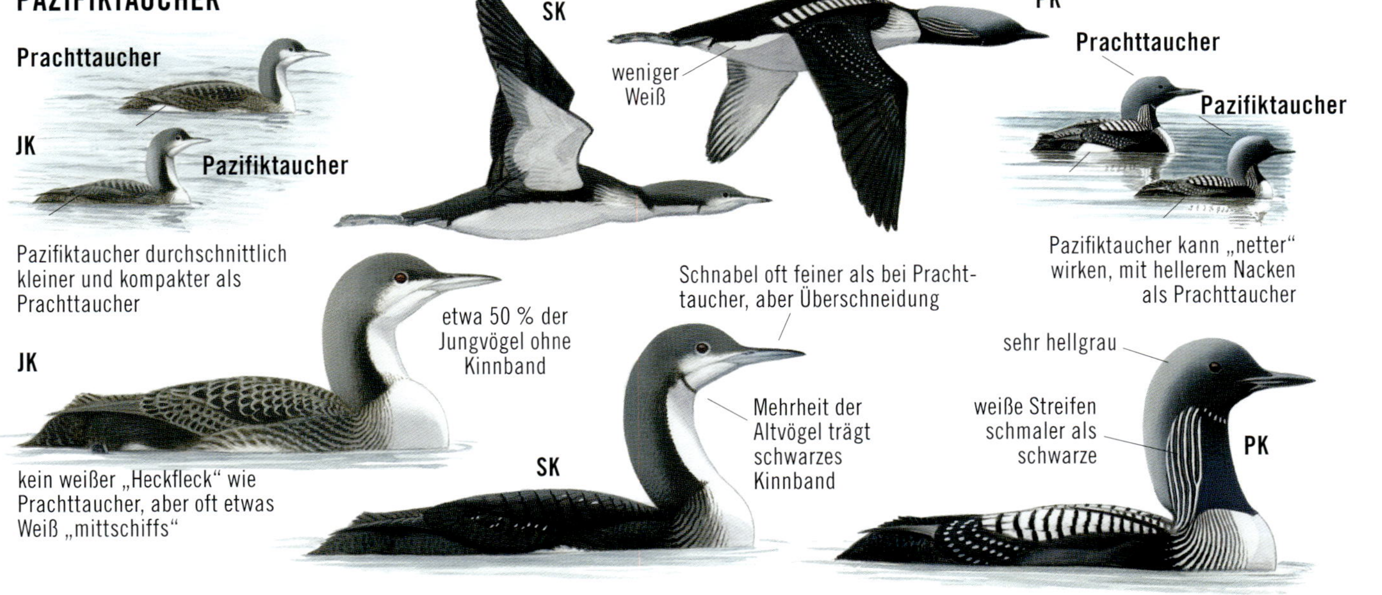


KM

# LAPPENTAUCHER

## Podicipediformes

Extrem an das Tauchen angepasste Wasservögel mit stromlinienförmigen Körpern und weit hinten ansetzenden Beinen, daher an Land unbeholfen; Zehen mit Schwimmlappen versehen. Fliegen auf schmalen Flügeln, etwas angestrengt wirkend, meist flach über das Wasser. Flugbilder auf S. 66. Bewohnen anders als Seetaucher flache, vegetationsreiche Binnengewässer und seichte Meeresbuchten, ernähren sich von Kleinfischen, Wasserinsekten, Pflanzenresten usw. und bauen schwimmendes Nest aus abgestorbenen Pflanzen. Fünf Brutvögel, eine Ausnahmeerscheinung.

### OHRENTAUCHER — D: A/0/ZW

Horned Grebe *Podiceps auritus*

L 31-38 cm, S 46-55 cm. Brutvogel flacher, vegetationsreicher Seen und kleinerer Teiche mit geringer offener, aber nicht austrocknender Wasserfläche, in N-Skandinavien auch auf vegetationsarmen Seen in größerer Höhe. Überwintert auf offenen Wasserflächen W-Europas, besonders an Küsten.

**KENNZEICHEN** Eher klein, etwa so groß wie Krickente. Hals mittellang, *flacher Scheitel zum Hinterkopf spitz auslaufend,* durch auch von vorne flache Stirn und recht langen Körper eher an kleinen Hauben- als an Zwergtaucher erinnernd, Heck kaum so aufgeplustert wie beim Schwarzhalstaucher. *Recht kurzer Schnabel gerade, oft weißspitzig.* Im etwas alkenähnlichen, unsteten Flug, ziehend oft mit kurz oder länger angehobenem Kopf (manchmal auch Füßen), *kleiner, weißer Schulterfleck und auf Armschwingen beschränktes Weiß* sichtbar.– PK: Unverkennbar; goldgelbe Ohrbüschel aufgerichtet; mausernd jedoch mit an Schwarzhalstaucher im SK erinnernden dunklen Ohrdecken; rostbrauner Vorderhals kann aus der Entfernung schwarz wirken.– SK: Kopfmuster kontrastreich, *schwarze Kappe durch fast gerade, vom Schnabel durch das Auge verlaufende scharfe Linie von den weißen Wangen getrennt* (ohne verwaschen dunklen Bereich auf Ohrdecken mit anschließendem deutlichem weißem Nackenhaken); *nur schmale dunkle Trennlinie* zwischen dem weit auf Hinterkopf und Nacken reichenden Weiß; verwaschenes Band über Vorderhals manchmal ausgedehnt (ähnlich Schwarzhalstaucher); aus der Nähe *weißlicher Zügelfleck.*– JK: Ähnlich SK, aber mit rußgrauem Wangenstreif, bräunlicherer Oberseite und hellerer Schnabelbasis. Vorsicht: Manchmal weniger typisch gezeichnet, Schwarzhalstaucher in hellem Licht oder aus großer Entfernung manchmal kontrastreicher wirkend.

**STIMME** Häufigster Ruf schwach, aber weit tragend, zittrig oder trillernd, abfallend „hü-arrr“. Balzt mit quäkendem, *pulsierendem Triller,* jede Welle schnell kichernder Laute in abfallendes, mit lang gezogen nasalem Ton endendes Wimmern übergehend. Im Winter meist stumm.

### SCHWARZHALSTAUCHER — D: A/N3/JZW

Black-necked Grebe *Podiceps nigricollis*

L 28-34 cm. Brütet oft in kleinen Kolonien neben Lachmöwen oder Trauerseeschwalben auf flachen, vegetationsreichen Binnengewässern, überwintert an Küsten und auf Binnengewässern W- und S-Europas.

**KENNZEICHEN** Etwas kleiner, *dünnhalsiger* und eleganter als Ohrentaucher. Gestauchter Körper und „Puderquaste“ am Heck erinnern an Zwergtaucher; *steile Stirn mit gerundetem oder über dem Auge spitz zulaufendem Scheitel, schlanker, in aufgeworfener Spitze endender Schnabel* (nur aus der Nähe erkennbar). Im Flug *ohne weißen Schulterfleck, weißes Flügelfeld schließt neben Arm- auch innere Handschwingen ein.*– PK: Unverwechselbar; beachte *herabhängende, hellgelbe Ohrbüschel.*– SK: Kopfmuster *durch schwärzliche Ausdehnung vom Scheitel auf die Ohrdecken und weißen Halbmond auf Nackenseiten weniger kontrastreich* als beim Ohrentaucher.– JK: Insgesamt brauner als SK, juvenilem Zwergtaucher ähnlicher (dieser noch stärker braun und beige, Schnabel kurz und kräftig).

**STIMME** Im Brutrevier ansteigend, etwas gepresst, wiederholt „pü-III(ch)“. Ferner unauffällig kurz pfeifend „wit“, bei Balz und Revierkämpfen ein schneller, vibrierender, recht tiefer, harter Triller. Im Winter stumm.

### ZWERGTAUCHER — D: A/N4/JZW

Little Grebe *Tachybaptus ruficollis*

L 23-29 cm. Brütet an bewachsenen Ufern oft kleinster Binnengewässer. Scheu, versteckt sich gern lange in Ufervegetation. Im Winter auch auf offeneren Gewässern.

**KENNZEICHEN** *Kleinster Taucher* (kann für Entenküken gehalten werden!) mit kurzem Hals und gestutztem, bei gesträubten Federn *in „Puderquaste“ endendem Körper* und kleinem, geradem Schnabel. *Flügel meist einfarbig dunkel,* manchmal aber mit hellem Armschwingen-Hinterrand.– PK: *Kopfseiten und Vorderhals kastanienbraun, auffallend grünlich gelbe Schnabelwinkel.*– SK: *Dunkelbraun und beige,* ohne schwarz-weiße Kontraste, Hals und Wangen sandbraun.– JK: Vom SK durch kurze, dunkle Streifen unter und hinter dem Auge und gelblich rosa Schnabelbasis unterschieden; im 1en W stark verblichen.

**STIMME** Ein weit hörbarer, hoch bibbernder Triller „bibibibibibi…“, oft lang gezogen und im Chor, etwas an Kuckucks-♀ erinnernd; im Winter stumm.

### BINDENTAUCHER — D: A/–/S

Pied-billed Grebe *Podilymbus podiceps*

L 31-38 cm. Sehr seltener amerikanischer Gast.

**KENNZEICHEN** Kann ohne Größenvergleich für einen großen, kräftig gebauten Zwergtaucher im SK gehalten werden, aber *Schnabel dick und kräftig.*– PK: Dicker weißlicher Schnabel mit *breit schwarzer Querbinde,* schmaler, weißer Augenring, *schwarzes Kinn.*– SK: Schnabel elfenbeinweiß, Binde allenfalls angedeutet, Kinn hell.

**STIMME** Im Winter stumm.

Ohrentaucher

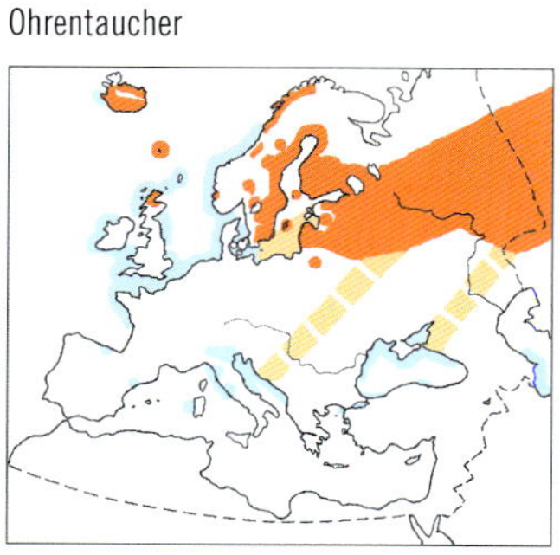

Schwarzhalstaucher

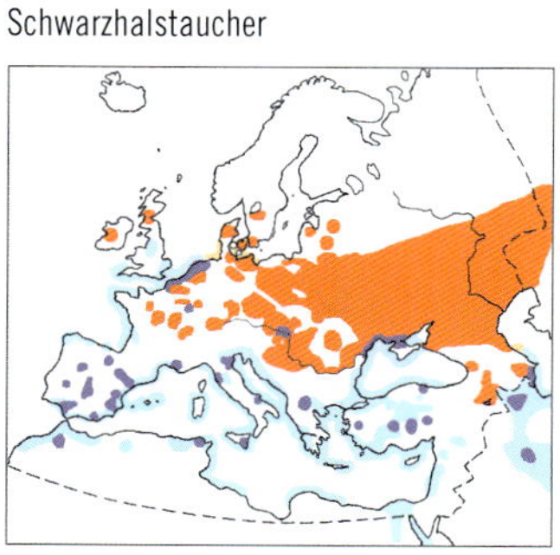

Zwergtaucher

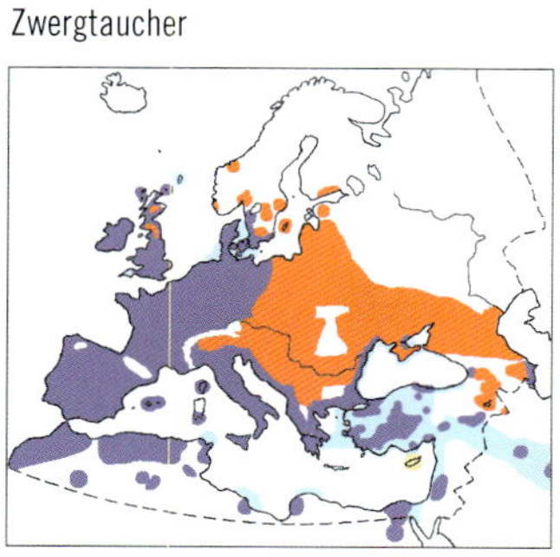

## OHRENTAUCHER

## SCHWARZHALSTAUCHER

## ZWERGTAUCHER

## BINDENTAUCHER

KM

## HAUBENTAUCHER D: A/N4/JZW

Great Crested Grebe *Podiceps cristatus*

L 46-51 cm, S 59-73 cm. Häufiger Brutvogel schilfumstandener Gewässer, im Winter auf eisfreien Seen und dem Meer. Wenig scheu, oft frei auf der Wasserfläche schwimmend. Nest ein auf dem Wasser schwimmender Haufen von Pflanzenteilen.

**KENNZEICHEN** *Größter* und bekanntester Lappentaucher mit schlankem Körper und *langem, dünnem Hals,* entweder aufgerichtet oder bei Inaktivität mit auf dem Rücken ruhendem Kopf eingezogen; *Schnabel* lang, schlank, gerade und *ausgedehnter hell* als bei den Verwandten. Im Flug ungewöhnlich *lang gestreckt* und dürr, leicht vorderlastig, schwärzliche Füße angewinkelt überstehend, schwirrender Flügelschlag, *großes Schulterfeld und Armschwingen weiß.*– PK: Unverwechselbar; *Haube* bei Gefahr angelegt, besonders bei der Brust an Brust mit fast ganz aus dem Wasser aufgerichteten Körpern in einem „Pinguintanz" gipfelnden Balz gesträubt und kräftig geschüttelt. Schnabel dunkelrosa.– SK: Kopf und Hals ausgedehnter weiß als bei anderen Lappentauchern, *schwarzer Zügel und weißer Überaugenstreif.*– JK: Wangen gestreift, Schnabel blassgelb.– 1er S: Haube unvollständig oder fehlend.

**STIMME** Ruffreudig, *Stimme laut und weit tragend.* Balzend (auch in Frühjahrsnächten) kräftig *rollend* „krrra-ahrr", langsam wiederholt, ferner „wreck-wreck-wreck-…"; auch harte, jammernde, nasale Töne und kurz „krro". Küken betteln ähnlich entferntem Austernfischer ausdauernd hell pfeifend „pli(e), pli(e), pli(e),…".

## ROTHALSTAUCHER D: A/R3/JZW

Red-necked Grebe *Podiceps grisegena*

L 40-46 cm. Brütet meist an kleineren, stärker bewachsenen Seen als Haubentaucher, zeigt sich ungern frei, überwintert an westeuropäischen Küsten und auf größeren Binnenseen.

**KENNZEICHEN** Etwas kleiner als Haubentaucher, *Hals kürzer, dicker, Heck oft weniger fließend* (Gestalt also zwischen Hauben- und Ohrentaucher), eher keilförmiger Schnabel etwas kürzer und meist leicht abwärts gehalten, daher oft etwas *„tropfend" wirkend.* Im Flug mit kürzerem, dunklerem Hals kompakter als Haubentaucher, kleineres weißes Schulterfeld erreicht Flügelhinterrand nicht. *Taucht* anders als Haubentaucher (aber wie die kleineren Arten) *oft mit einem einleitenden Sprung.*– PK: Unverwechselbar; *Schnabelbasis gelb.* Balz ähnlich Haubentaucher.– SK: Kopf *ohne die scharfen Schwarzweißkontraste* von Ohren- und Haubentaucher, schmutzig weiße Kehle und weißlicher Halbmond hinter den *grauen Ohrdecken* nur diffus gegen das *Grau des oberen Vorderhalses* abgesetzt; Brust oft hellste Partie; kein Überaugenstreif, *gelber Fleck an Schnabelbasis.*– JK: Wie SK, aber weißliche Kopfseiten dunkel gestreift, *Vorderhals ähnlich PK rötlich braun, Gelb der Schnabelbasis ausgedehnter* und nicht wie beim Altvogel scharf abgegrenzt.

**STIMME** Zur Brutzeit lärmend, balzt u.a. laut wiederholt grob „gahrk, gahrk, gahrk,…" und lang gezogen wiehernd „aaoouuh", das in schweineartiges Quieken übergehen kann (lauter, länger und unheilvoller klingend als Wasserralle). Im Winter stumm

Haubentaucher

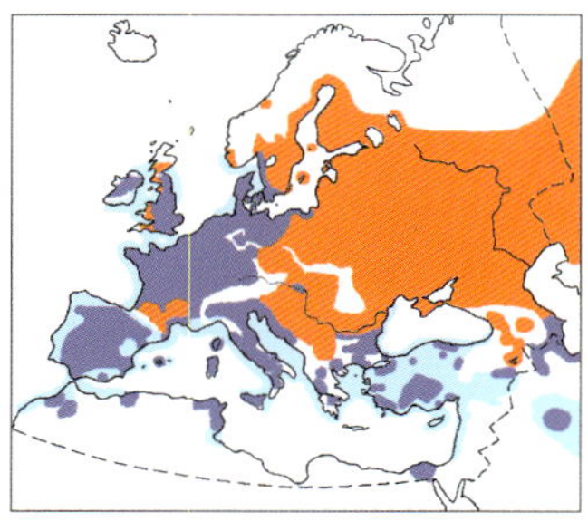

Rothalstaucher

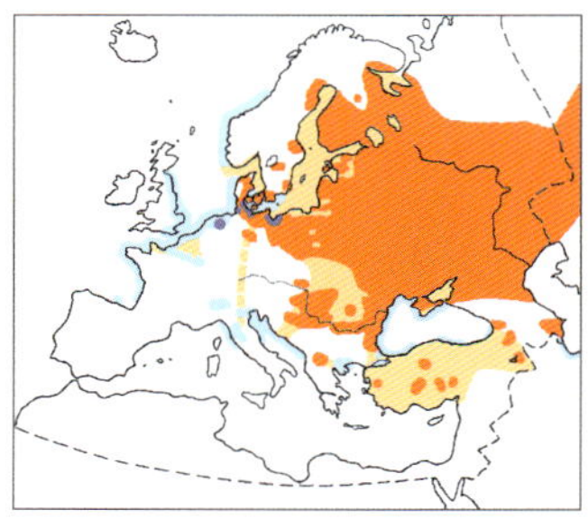

## HAUBENTAUCHER

## ROTHALSTAUCHER

### SEEVOGELBEOBACHTUNG

Fährverbindungen bieten oft beste Beobachtungsmöglichkeiten für Seevögel. Mancherorts werden für Vogelbeobachter auf das Meer hinausführende, spezielle „Pelagen-Trips“ angeboten, die eine Beobachtung der Vögel in ihrem natürlichen Lebensraum erlauben. Viele Arten suchen ihre Brutplätze nur bei Dunkelheit auf, können dann also allenfalls gehört werden. Besonders im Herbst werden sie aber durch starke Stürme oft in Küstennähe geblasen.

Für die meisten Vogelbeobachter ist das ausdauernde Überblicken des Meeres von der Küste oder einer Insel der übliche Weg, Seevögel zu sehen. Allerdings ist das „Seawatching“ etwas gewöhnungsbedürftig, da die Vögel meist weit entfernte Punkte am Horizont sind, oft nur mit viel Erfahrung an Silhouette und Flugweise bestimmbar. Für den Beginner kann es daher durchaus eine entmutigende Erfahrung sein.

Verschiedene Lichtverhältnisse beeinflussen das Erscheinungsbild erheblich, wie hier beim Atlantiksturmtaucher.

Die möglichst genaue Ortsangabe vorbeifliegender Seevögel ist für die Mitbeobachter absolut unerlässlich. Dafür sollte man vorher bestimmte Fixpunkte definieren (Bojen, ankernde Schiffe, Felsen). Die Festlegung der Richtungen erfolgt am einfachsten, wenn man sich die Beobachtergruppe als Mittelpunkt eines imaginären Zifferblatts vorstellt, wobei meist ein lotrecht zum Küstenverlauf liegender Punkt am Horizont als „Geradeaus“ und damit als „12 Uhr“ bezeichnet wird. Daneben sind die Angabe der Flugrichtung, der Position über oder unter dem Horizont, der ungefähren Entfernung oder der Nähe zu definierten Fixpunkten wichtig. „Skua auf 2 Uhr nach links, knapp unter Horizont, mittlere Entfernung … nähert sich roter Boje und passiert sie 3…2…1…jetzt!“ ist sicher eine bessere Beschreibung als das meist zu hörende „Da, da, da!“. Das Sehfeld eines Fernglases, obwohl je nach Modell etwas unterschiedlich, kann gleichfalls als Maßeinheit für Entfernungen benutzt werden, z. B. „Ein halbes Feld über dem Horizont“ oder „Zwei Felder links vom Tanker“. Hat man die Grundlagen des „Seawatching“ begriffen, kann es sich dabei um aufregende Vogelbeobachtung mit der Möglichkeit handeln, von entfernten Meeren verdriftete Seevögel zu entdecken.

# RÖHRENNASEN

## Procellariiformes

Eine Ordnung ausgeprägter Hochseevögel, bestehend aus Albatrossen (Diomedeidae, S. 76), Sturmvögeln und Sturmtauchern (Procellariidae), Sturmschwalben (Oceanitidae) und Wellenläufern (Hydrobatidae). Große Arten können stundenlang über dem Meer segeln, ohne mit den langen, schmalen Flügeln zu schlagen. Sturmschwalben als die kleinsten Arten schlagen ihre kürzeren Flügel schnell und flatternd. Kurze Schnäbel mit Hakenspitzen und röhrenförmigen Nasenöffnungen, durch die Salzwasser ausgeschieden wird. Ernähren sich von Fischen, Mollusken, Krebstieren, Plankton. Besuchen Brutplätze in Erdlöchern oder Felsspalten auf Felsinseln oder an Steilküsten meist nachts.

### EISSTURMVOGEL — D: A/L1/JZW

Northern Fulmar *Fulmarus glacialis*

L 43-52 cm, S 101-117 cm. Brütet in Nordeuropa in lockeren Kolonien auf Felsbändern steiler Meeresklippen, in Erdhöhlen unzugänglicher Böschungen, lokal auch offen an Gebäuden. Anders als die Verwandten am Brutplatz tagaktiv. Jungvögel speien Eindringlingen öligen Magensaft entgegen. Bei Nahrungssuche (auch Fischereiabfälle und Walkot) agil, große Ansammlungen oft weitab von Kolonien.

**KENNZEICHEN** Erinnert an kleine, kompakte Silbermöwe, aber schon aus der Entfernung ohne Gefiederdetails an Gestalt und Flugweise unterscheidbar, aus der Nähe am Fehlen von schwarzer Flügelspitze und weißem Flügelhinterrand. *Gleitet auf steifen, ausgestreckten Flügeln* durch Wellentäler oder hoch vor dem Brutfelsen, gelegentlich durch Serie *steifer, flacher, rascher Flügelschläge* unterbrochen. Schwimmt hoch im Wasser und nimmt zum Auffliegen hüpfend Anlauf. *Hals kurz und dick, Kopf kräftig,* Schnabel kurz und dick, hell blaugrau bis gelblich. Flügelspitze stumpfer als bei Möwen. Gefieder *oberseits meist hell mittelgrau (diffus weißliches Feld auf Handflügelbasis), unterseits weiß,* Kopf weiß mit dunklem Fleck vor Auge. Daneben weitere Farbmorphen, ohne scharfe Abgrenzung, von oberseits hellgrau mit weißer Unterseite bis (besonders im hohen Norden) auf der Oberseite dunkelgrau und unterseits kaum heller.

**STIMME** Guttural glucksende und gackernde Tiraden, oft in zunehmender Stärke und Geschwindigkeit im Duett zwischen Brutpaaren, meist in Kolonien zu hören.

### CORYSTURMTAUCHER — D: A/–/S

Cory's Shearwater *Calonectris (diomedea) borealis*

L 50-56 cm, S 118-126 cm. Hauptsächlich im Atlantik vorkommender „Gelbschnabel-Sturmtaucher", bisher als Unterart vom Sepiasturmtaucher betrachtet. Koloniebrüter in Höhlungen von Klippen und Steilküsten im Ostatlantik südlich von 40° N, lokal in geringer Zahl an der Iberischen Mittelmeerküste (z. B. bei Almería), überwintert im Südatlantik, hauptsächlich vor Südamerika, erscheint besonders im Aug./Sept. auch im Nordatlantik, ausnahmsweise in der Nordsee. Schwimmende Trupps oft von Land aus sichtbar.

**KENNZEICHEN** Knapp heringsmöwengroß mit *langen, flexiblen,* immer leicht oder deutlich *gewölbt gehaltenen Flügeln. Lange Gleitstrecken* dicht über dem Wasser (auch bei Windstille!), beendet mit 3-4 (selten bis zu 6-7) gelassenen Flügelschlägen. Flügelspitze wirkt etwas stumpf, *Handflügel* wird *zurückgewinkelt.* Oberseits braungrau (Handflügel etwas dunkler) mit (nur von Nahem sichtbaren) diffus helleren Oberschwanzdecken, unterseits weißlich (Flügelbug und Achseln ohne dunkle Abzeichen) mit typisch schmutzig *grauen Seiten von Brust, Hals und Kopf. Schnabel blass gelblich* mit dunkler Spitze, bei gutem Licht auch aus der Entfernung als hell erkennbar.

**STIMME** In den Kolonien in der Abenddämmerung lärmende, raue, krähenartige Laute und Serie von drei gepressten, nasalen Tönen (ähnlich Dreizehenmöwe) mit gedehntem Schluss, etwa „gaOOha gaOOha-gaOOha-wääh".

### SEPIASTURMTAUCHER — D: B/–/S

Scopoli's Shearwater *Calonectris (diomedea) diomedea*

L 42-52 cm, S 112-122 cm. Hauptsächlich mediterrane Form des „Gelbschnabel-Sturmtauchers". Koloniebrüter in Höhlungen auf Felsinseln und an Steilküsten hauptsächlich am Mittelmeer, aber lokal und selten auch an der Iberischen Atlantikküste (Biskaya). Überwintert wohl hauptsächlich im Südatlantik vor Südafrika, doch bleiben zumindest einige im zentralen Mittelmeer (z. B. südlich Sizilien). Extreme Ausnahmeerscheinung in der Nordsee.

**KENNZEICHEN** Schwer vom Corysturmtaucher unterscheidbar, da individuelle Variation groß und Beobachtungsbedingungen oft schlecht (Entfernung, Beleuchtung). Auf Fotos oder unter idealen Bedingungen (weiches Licht) jedoch folgende Unterschiede: *Innenfahnen der Handschwingen unterseits ausgedehnt weißlich,* daher weniger Schwarz an Spitze und Hinterrand des Handflügels (statt überwiegend dunkel), aber Fehleinschätzung durch Überschneidung und Lichteinflüsse möglich, *Gesamtgröße etwas geringer* und *Schnabel weniger kräftig,* dieser zudem *durchschnittlich blasser,* weniger lebhaft gelb, Oberseite bei großer Überschneidung heller braungrau.

**STIMME** Weniger rau und guttural als Corysturmtaucher.

### KAPPENSTURMTAUCHER (Großer Sturmtaucher) — D: A/–/S

Great Shearwater *Ardenna gravis*

L 43-51 cm, S 105-122 cm. Südatlantischer Brutvogel, überwintert (während des Nordsommers) vor amerikanischer Ostküste, zieht weiter östlich von Aug. bis Okt. durch W-Atlantik zurück. Oft bei Schiffen und Fischerbooten.

**KENNZEICHEN** Trotz des alten Namens etwas kleiner als der Sepiasturmtaucher, diesem durch *weiße Oberschwanzdecken* ähnlich, aber steiferer und schnellerer Flügelschlag (eher wie Eissturmvogel oder Atlantiksturmtaucher) und etwas spitzere Flügel. *Ferner scharf abgesetzte rußbraune Kappe mit weißlichem Nackenband, deutlicher dunkler Brustseitenfleck, dunkle Achsel- und Armflügelabzeichen,* diffus *dunkler Bauchfleck* (wie Ölfleck, oft kaum sichtbar), graubraune (statt weiße) Unterschwanzdecken, schwarzer Schnabel.

Eissturmvogel

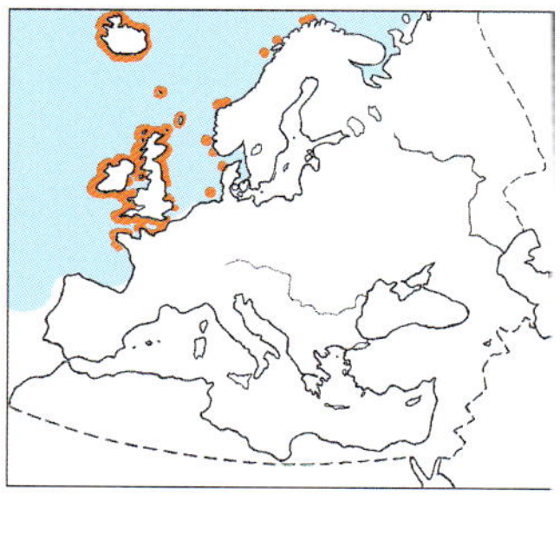

Sepiasturmtaucher *diomedea*

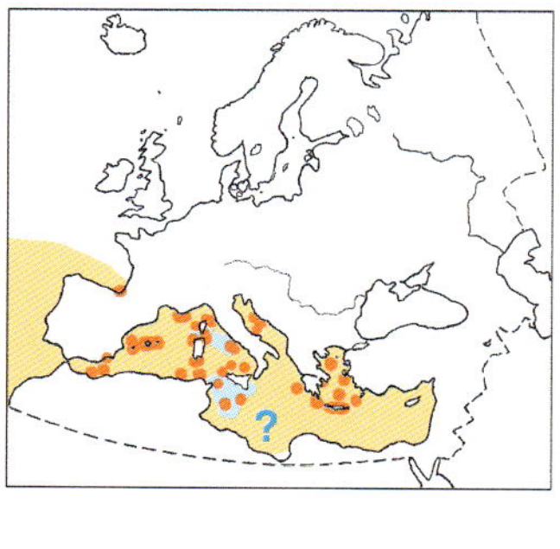

## EISSTURMVOGEL

## CORYSTURMTAUCHER

## SEPIASTURMTAUCHER

## KAPPENSTURMTAUCHER

## BAROLOSTURMTAUCHER **D:** A/–/S

Macaronesian Shearwater *Puffinus baroli*

L 25-30 cm, S 58-67 cm. Brütet in kleinen Kolonien im Frühjahr auf nordatlantischen Inseln (z. B. Azoren, Madeira, Kanaren); erscheint nur ausnahmsweise weiter nördlich.

**KENNZEICHEN** Wie eine kleine Ausgabe des Atlantiksturmtauchers, ebenfalls oben sehr dunkel und unten weiß, aber unterschieden durch *kürzere, breitere, stumpfere Flügel,* unterseits schmaleren schwarzen Flügelhinterrand (doch offenbar variabel, da manchmal Schwungfedern ganz dunkel), relativ *schlankeren Schnabel* und *runderen,* im Flug oft *hochgehaltenen* und sogar aufgerichteten *Kopf.* Oberflügel angedeutet zweifarbig mit *diffus hellerem Armflügelfeld* (und oft weißlichem Band auf Großen Armdecken); *weiße Kopfseiten umschließen und betonen schwarzes Auge und dunkle Halsseiten.* Fliegt unter vergleichbaren Bedingungen weniger geradlinig, mit *schnelleren Flügelschlägen in längerer Folge* als Atlantiksturmtaucher. Kann sogar mit erhobenen Flügeln und hängenden Füßen im Wind über dem Wasser stehend Nahrung aufnehmen.

**STIMME** In mondlosen Nächten nach Sonnenuntergang in den Kolonien hellstimmig lachende, rhythmische, auf der zweiten Silbe betonte Reihen, „ka KI-kükükür-kaa".

## ATLANTIKSTURMTAUCHER **D:** A/–/S

Manx Shearwater *Puffinus puffinus*

L 30-35 cm, S 71-83 cm. Koloniebrüter in Erdhöhlen über Steilküsten auf nordatlantischen Inseln, zahlreich auf Britischen Inseln. Gesellig, besucht die Nisthöhlen nachts. Normalerweise kein Schiffsfolger.

**KENNZEICHEN** Mittelgroßer Sturmtaucher, *oberseits einfarbig rußschwarz, unterseits weiß.* Dunkle Färbung des Oberkopfs bis unter Auge und des Hinterhalses bis auf Brustseiten reichend, dazwischen oft *angedeutetes halbes Halsband. Unterflügel mit Schwarz-Weiß-Kontrast, Unterschwanzdecken immer weiß,* Zehen nicht (oder kaum) über Schwanz ragend. Bei starkem Sonnenlicht können ausgeblichene Vögel im Sommer oberseits sehr bräunlich wirken. Altersstufen und Geschlechter einander sehr ähnlich. Typischer Sturmtaucherflug, bei ruhigem Wetter niedrig über dem Wasser mit Serie schneller, flacher Schläge der *steifen, gerade ausgestreckten Flügel,* gefolgt von langer *Gleitstrecke auf leicht abwärts gebogenen, steifen Schwingen,* bei Sturm fast nur Gleitflug, eine Strecke niedrig durch die Wellentäler, dann (manchmal mehrere Meter) ansteigend und wieder nach unten kenternd. Vgl. Mittelmeer- und Balearensturmtaucher.

**STIMME** In den Brutkolonien in dunklen Nächten heisere, hustende, viersilbige Rufe, etwa „ak-ka-TJICH-ach" und ähnlich, die letzten Töne rauer, länger gezogen und tiefer.

## MITTELMEER-STURMTAUCHER –

Yelkouan Shearwater *Puffinus yelkouan*

L 30-35 cm, S 70-84 cm. Brütet in Höhlen über Steilküsten und auf Inseln im zentralen und östlichen Mittelmeer. Lokal häufig, fliegt auch regelmäßig durch Bosporus, wahrscheinlich zwischen Nahrungsgewässern im Schwarzen und Brut- bzw. Rastplätzen im Mittelmeer. Wahrscheinlich bleibt die gesamte Population auch im Winter im Mittelmeerraum.

**KENNZEICHEN** Größe und Gestalt ähnlich Atlantiksturmtaucher, Gefieder mit dunkler Ober- und weißlicher Unterseite ebenso, beide daher außerhalb ihrer regulären Verbreitungsgebiete normalerweise nicht unterscheidbar. Unter Idealbedingungen oder auf Fotos folgende Unterschiede: *Oberseite braungrau,* nicht so schwärzlich wie bei Atlantiksturmtaucher (kann bei bedecktem Himmel aber so wirken), Unterflügel weniger kontrastreich, *Schwungfedern* eher *grau* als schwärzlich, *Zehen weiter überstehend* (statt kaum oder gar nicht), kein heller Halbring am Hals, *Begrenzung* zwischen hellen und dunklen Kopf- und Halspartien *eher gerade* verlaufend, manchmal *heller Augenring* angedeutet. Im Gegensatz zum Atlantiksturmtaucher Unterschwanzdecken manchmal verdunkelt, oft aber hell wie bei diesem.

**STIMME** Ähnlich Atlantik- und Balearensturmtaucher, vielleicht etwas höher„a-ah GA-IIH-ah".

## BALEARENSTURMTAUCHER **D:** A/–/S

Balearic Shearwater *Puffinus mauretanicus*

L 34-39 cm, S 78-90 cm. Koloniebrüter in Höhlen von Küstenfelsen der Balearen (besonders Formentera). Überwintert auf dem westlichen Mittelmeer, mausert zuvor aber Schwungfedern in der Biskaya, erscheint dabei im Sommer/Herbst regelmäßig bis in die Nordsee. Bestand hat in jüngster Zeit auf unter 2.000 Paare abgenommen.

**KENNZEICHEN** Geringfügig größer als Atlantik- und Balearensturmtaucher, wirkt oft hängebäuchig und schwer, *Zehen überragen kurzen Schwanz etwas. Oberseits gräulich braun, unterseits variabel schmutzig bräunlich weiß ohne Kontrast zwischen hellen und dunklen Bereichen* auf Hals und Brust. Auch Unterflügel kontrastarm, *Unterflügeldecken mit dunklen Abzeichen,* nie reinweiß. *Unterschwanzdecken, Steißseiten und Achseln immer dunkel.* Dunkelste Individuen können mit Dunkelsturmtaucher verwechselt werden, sind aber kleiner, haben etwas breitere, kürzere und stumpfere Flügel und sind *dickbäuchig,* Dunkelsturmtaucher dagegen athletischer gebaut, schneller und schneidiger fliegend und auf der Körperunterseite nie hell.

**STIMME** Nachts in den Kolonien wiederholte gedehnte Rufe mit langer betonter Falsettnote „ah-IIIh-ah-eech", rauer und tiefer als Atlantik- und Balearensturmtaucher.

Barolosturmtaucher

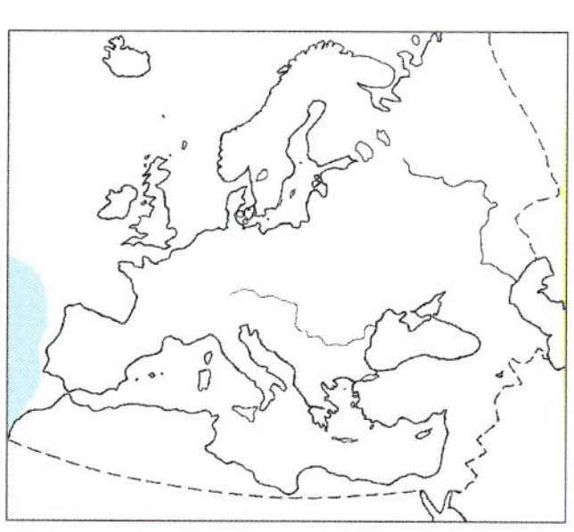

Atlantiksturmtaucher

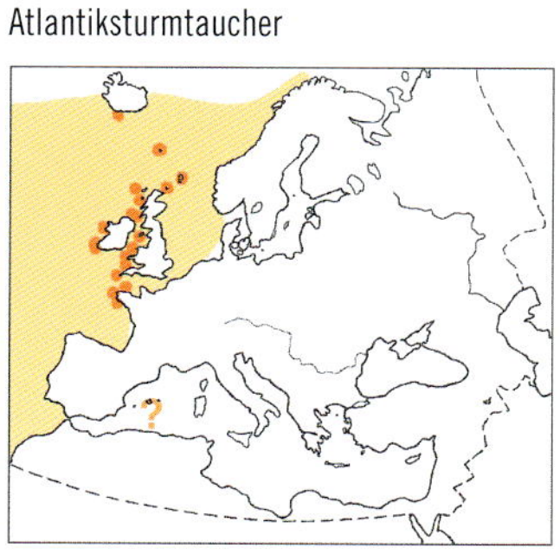

Mittelmeer-Sturmtaucher

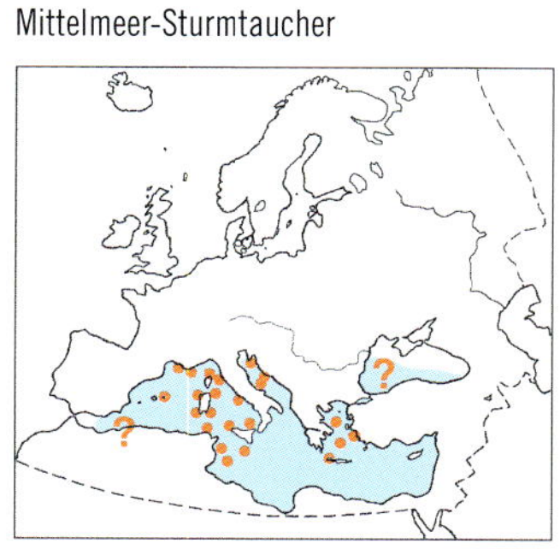

Balearensturmtaucher

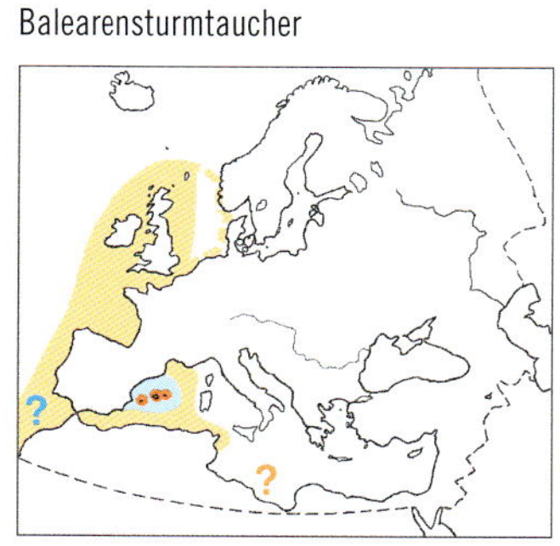

## BAROLOSTURMTAUCHER

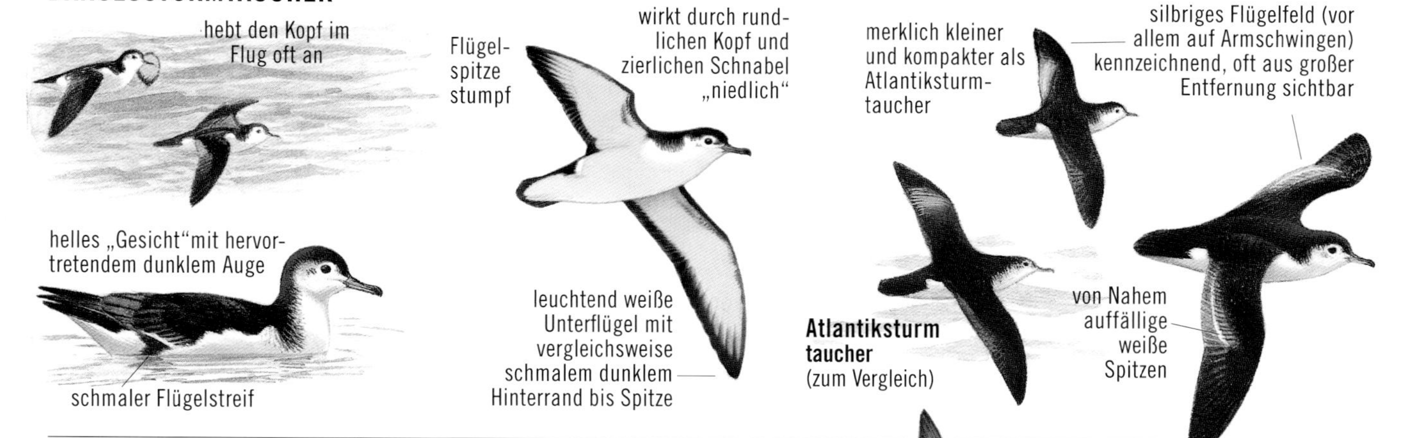


## ATLANTIKSTURMTAUCHER

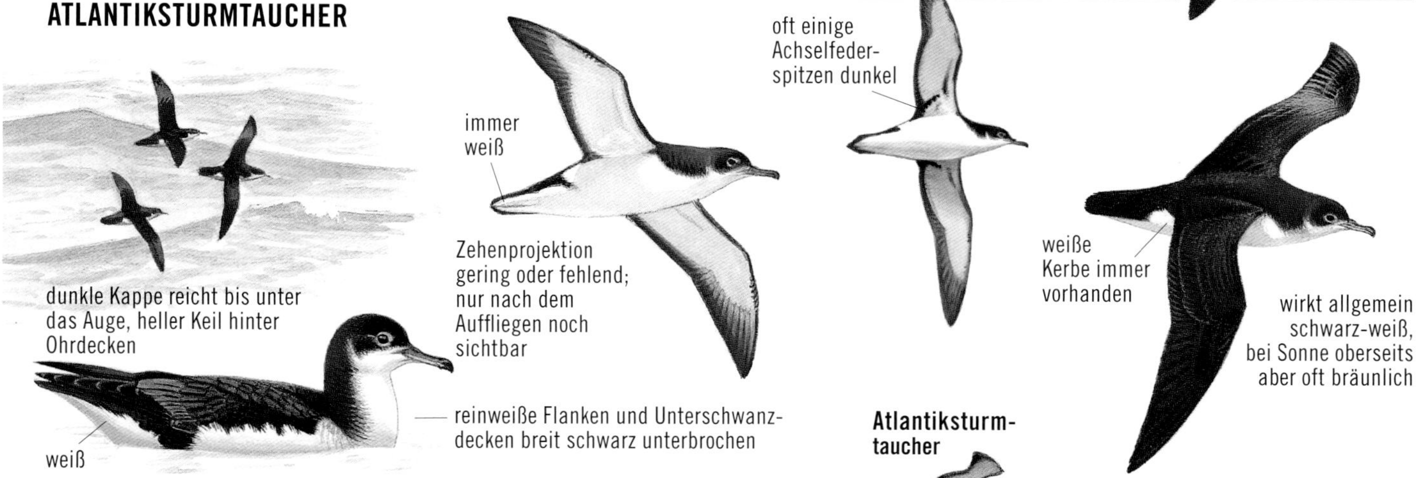


## MITTELMEER-STURMTAUCHER

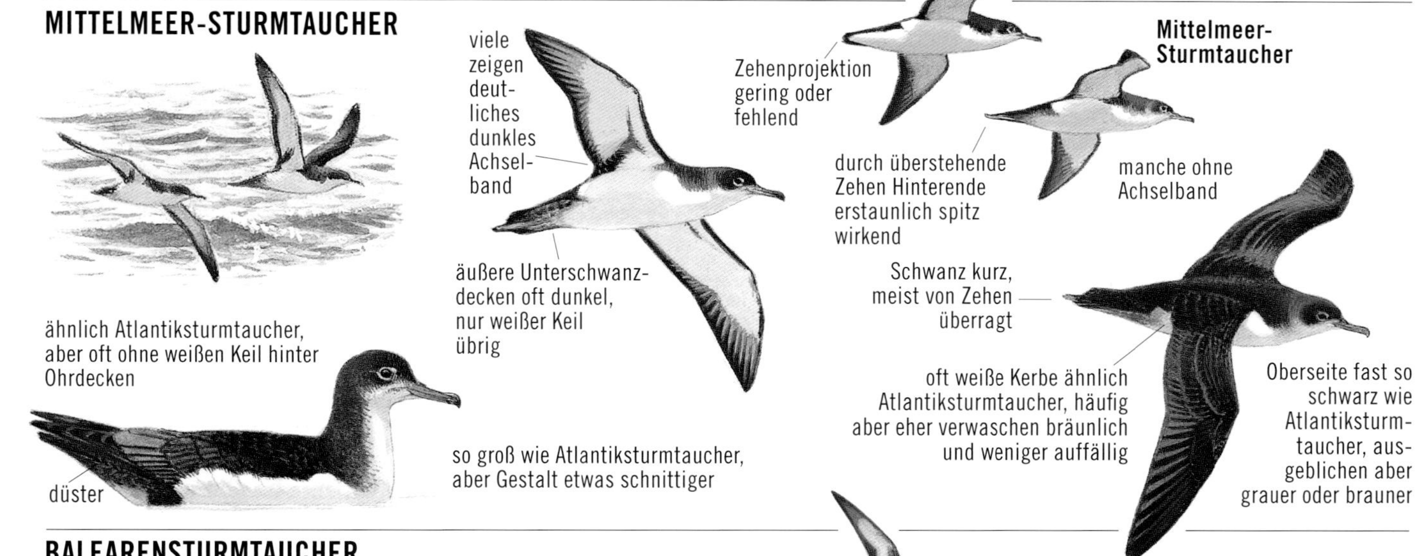


## BALEARENSTURMTAUCHER

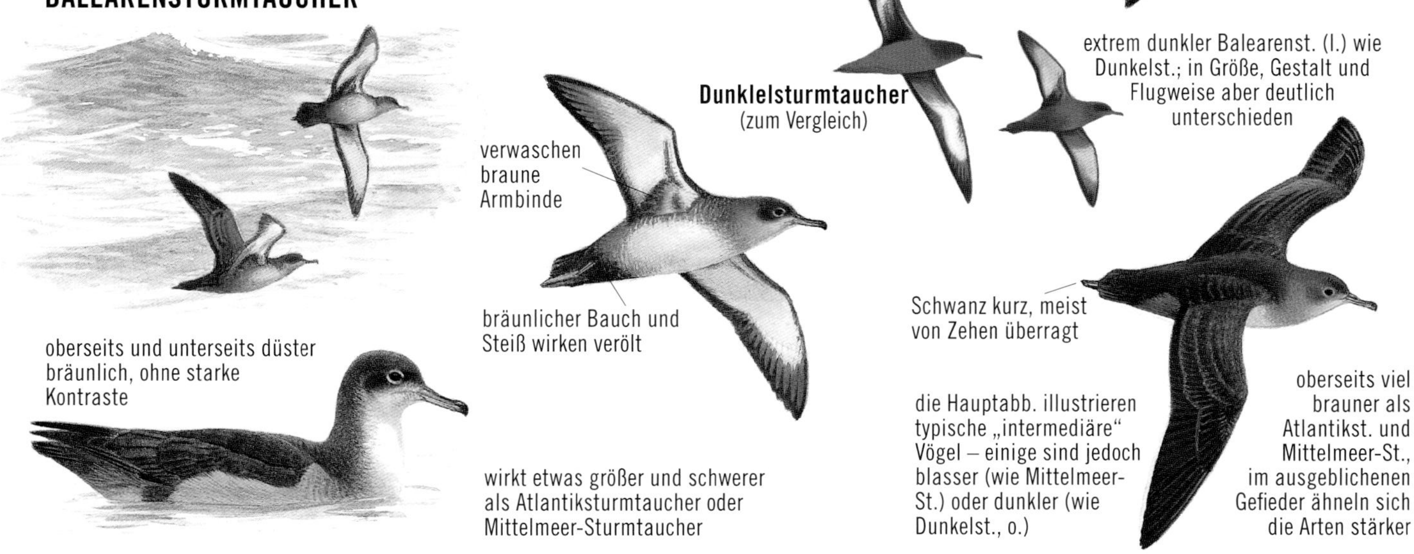


KM

## DUNKELSTURMTAUCHER (Dunkler Sturmtaucher) D: A/–/Z

Sooty Shearwater *Ardenna grisea*

L 40-50 cm, S 93-106 cm. Brütet auf der Südhalbkugel (hauptsächlich Neuseeland, Westaustralien, südlichstes Südamerika) und verbringt den dortigen Winter im Norden; während des Heimzugs von August bis Oktober durch den Ostatlantik besonders bei Stürmen auch in der Nordsee. Nimmt Nahrung (hauptsächlich Tintenschnecken, Krebse, Kleinfische) von der Oberfläche auf oder taucht danach bis in 60 m Tiefe, manchmal in Gruppen.

**KENNZEICHEN** Mittelgroßer, dunkler, lang- und spitzflügeliger Sturmtaucher, im schnellen, kraftvollen, fördernden Flug die *schmalen Flügel leicht gewölbt* und bei stärkerem Wind *etwas nach hinten gewinkelt.* Fliegt bei ausreichendem Wind schneller als andere Seevögel, wird daher leicht aus dem Blickfeld des Fernrohrs verloren und dann viel weiter entfernt wiedergefunden als erwartet. Wirkt bei schlechtem Licht *ganz dunkel,* selbst auf den Unterflügeln, zeigt sonnenbeschienen aber braunes Gefieder mit diffus *gräulich weißem Längsband* (unterschiedlicher Deutlichkeit) *auf Unterflügeln.* Wegen des dunklen Bauchs bei uns nur mit den dunkelsten Individuen des gleichwohl kleineren, kurzflügeligeren, hängebäuchigeren, kraftloser und langsamer fliegenden Balearensturmtauchers verwechselbar. Auch dunkle Morphen der Raubmöwen und juvenile Basstölpel in sturmtaucherartigem Flug bieten auf große Entfernungen ein Verwechslungsrisiko (s. Tafel), im äußersten Südwesten auch der Bulwersturmvogel.

**STIMME** Über dem Meer und beim abendlichen Eintreffen am Brutplatz stumm, nachts dort dumpf, heiser bellend „hroo hroo hroo…“ (ähnlich entfernter langsamer Dampflok).

## BULWERSTURMVOGEL D: A/–/S

Bulwer's Petrel *Bulweria bulwerii*

L 25-29 cm, S 67-73 cm. Koloniebrüter von Juni bis Oktober in Geröll und Felsspalten meist in Wassernähe auf Inseln des Südatlantik, nordwärts bis Madeira und Kanaren (z.B. Lanzarote). Nahrungssuche einzeln, nicht im Trupp, aber manchmal in lockeren Gruppen.

**KENNZEICHEN** Eine mittelgroße, sehr dunkle, grazile Art mit *langen, schmalen Flügeln und langem Schwanz.* Einziges Merkmal im sonst *einheitlich graubraunen Gefieder* ist ein *aufgehelltes Diagonalband auf den Armdecken.* In Färbung und Flugweise ohne Größenvergleich dem Dunkelsturmtaucher ähnlich, aber kleiner, langschwänziger, *Unterflügel ganz dunkel,* Flügelschläge tiefer und gelassener, Flügel im Gleitflug oft leicht abwärts gehalten und gebogen. Langer, zugespitzter Schwanz vor dunklem Hintergrund des Meeres meist nicht erkennbar (fliegt zudem meist dicht über dem Wasser). Oft nützlicher sind vergleichsweise *schlanker Körper mit kurzem Hals und kleinem Kopf in Relation zu schmalen langen Flügeln.* Schnabel recht kräftig.

## KAPVERDEN-STURMVOGEL –

Fea's Petrel *Pterodroma feae*

L 33-36 cm, S 86-94 cm. Kleine Brutkolonien im *Spätsommer/Herbst* in Erdhöhlen auf Madeira (Bugio, Desertas) und den Kapverden, vielleicht auch den Azoren. Gefährdet, wohl nur 1.250 Paare. Nachts am Brutplatz, tagsüber auf dem Meer. Inzwischen ist durch einige Nachweise belegt, dass wohl diese und nicht die folgende Art ausnahmsweise vor Westeuropas Küsten erscheint.

**KENNZEICHEN** Erster Eindruck kann der eines „kleinen Sepia- oder Kappenturmtauchers“ sein, aber *Unterflügel fast ganz schwärzlich* mit nur *kleinem weißem Dreieck am vorderen Flügelansatz,* auch Handschwingenbasen können bei bestimmtem Licht kleinen weißen Fleck zeigen. *Oberseite grau mit dunklem W-Muster* (Sichtbarkeit von Entfernung und Beleuchtung abhängig), *Oberschwanz einfarbig hellgrau,* Brustseiten verwaschen grau (ohne Brustband des ausnahmsweise erscheinenden Weichfeder-Sturmvogels, S. 440). Eiliger Flug, bei starkem Wind mit gewinkelten Flügeln hoch aufsteigend. Kapverden- und Madeirasturmvogel im Freiland ohne direkten Vergleich meist nicht unterscheidbar; Kapverdensturmvogel ist *größer mit etwas kräftigerem, knolligerem Schnabel.*

**STIMME** Nachts in der Kolonie klagende und tief heulende Laute „aaoooooh“, manchmal mit hicksendem Ton beendet, ideal als Hintergrund für Horrorfilme.

## MADEIRASTURMVOGEL –

Zino's Petrel *Pterodroma madeira*

L 32-34 cm, S 80-86 cm. Stark bedroht, brütet im *Spätfrühjahr/Sommer* in lediglich etwa 50 Paaren in 1.650 m Höhe in unzugänglichen Felsspalten im Gebirge der Hauptinsel Madeiras. Nachts am Brutplatz, tagsüber zur Nahrungssuche über dem Meer.

**KENNZEICHEN** Sehr ähnlich Kapverden-Sturmvogel (s.o.). Unterscheidet sich durch *geringere Größe* und *kleineren Schnabel.* Weitere tendenzielle Unterschiede vielleicht eher gerundete Flügelspitze, etwas kürzerer Handflügel, Fehlen eines angedeuteten hellen Überaugenstreifs, oberseits schwächeres W-Muster und unterseits deutlicheres weißes Feld auf Handschwingenbasen.

**STIMME** Rufe erinnern an Kapverden-Sturmvogel, aber etwas höher und schwächer, wie bei einem kleineren Vogel auch zu erwarten, lang gezogen und klagend, wegen des leichten Tremolos an entfernten Waldkauz erinnernd, etwa „oooeeh… oh-ho-o-o-ooeh“ in Variationen.

Dunkelsturmtaucher

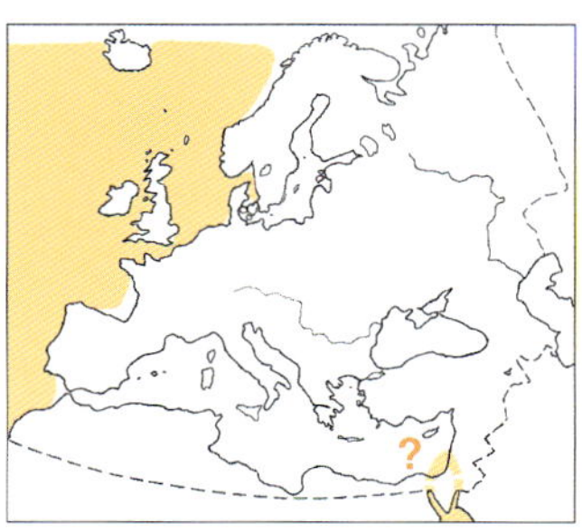


Bulwersturmvogel

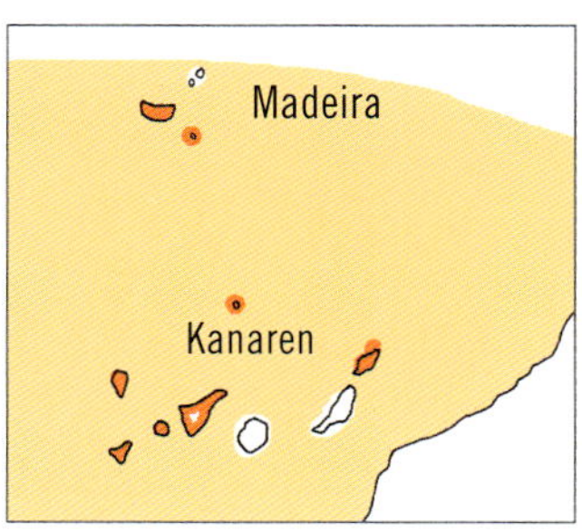


Kapverdensturmvogel

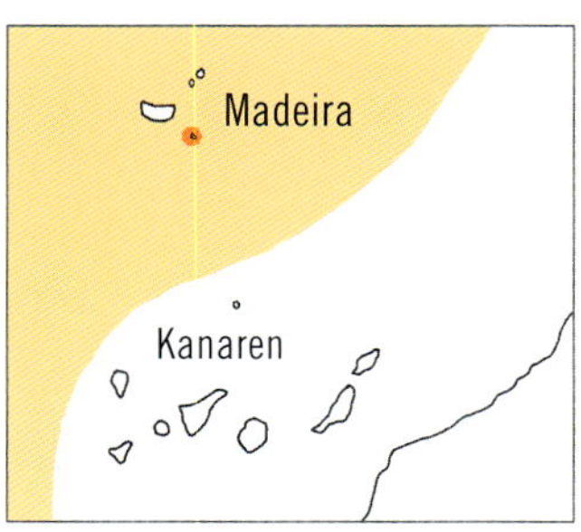


Madeirasturmvogel

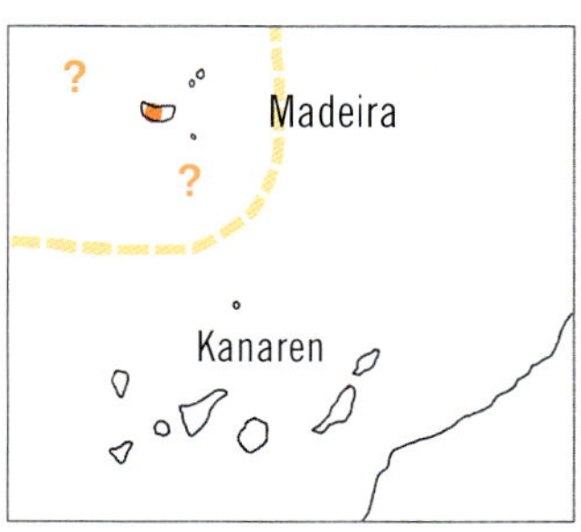

## DUNKELSTURMTAUCHER

wirkt von Weitem schwarz (mit silbrigem Glanz auf Unterflügel), von Nahem aber eher schokoladenbraun

leichte Wellung der Oberseite (fehlt dem Balearensturmtaucher)

Schmarotzerraubmöwe (r.) fliegt im Sturm ebenfalls seitlich abkippend; dunkle Vögel werden daher leicht für Dunkelsturmtaucher gehalten

Flügel lang, schmal und spitz

Flügel werden bei Sturm nach hinten abgewinkelt

Unterflügeldecken weißlich, bei Sonne fast silbrig schimmernd

Basstölpel im JK (r.) wird zuweilen für Dunkelst. gehalten, ist aber doppelt so groß!

**Basstölpel** JK

heller Fleck

äußere Armschwingen können durch Lichtreflektion fast weiß wirken

kräftige Flugweise und athletische Gestalt sind Unterschiede zu sehr dunklen Balearensturmtauchern (s. S. 70)

## BULWERSTURMVOGEL

Rückkehr zur Insel Selvagem Grande

auf dem Wasser liegend lange, flache und fast einfarbig dunkelbraune Gestalt

Schwanz lang

Schnabel kräftig, besonders bei ♂

Unterflügel einfarbig

recht kräftig

Schwanz selten gespreizt, aber nur dann Keilform erkennbar

Schwanz lang und spitz, meist eng zusammengelegt; manchmal schwer zu sehen

klar abgesetztes, aber meist nicht auffälliges Flügelfeld

Flügel ungewöhnlich lang; Vogel wirkt daher viel größer, als er tatsächlich ist

wirkt oft etwas langhalsiger und kleinköpfiger als alle anderen Sturmvögel

## KAPVERDEN-STURMVOGEL

schnelle, effiziente Flugweise typisch für diese Gattung

spitz

schwarze Unterflügel kontrastieren zu weißer Körperunterseite

schwaches „W"-Muster bei gutem Licht erkennbar

auffällig hellgrau, aber je nach Licht nicht immer so gut sichtbar

oberseits grauer als Corysturmtaucher, Oberflügel dunkler

weißes Gesicht mit „Maske"; Schnabel kurz und dunkel

Schnabel kräftiger als bei Madeirasturmvogel, aber bei manchen (wohl ♀)nicht so ausgeprägt; auf See ohne Fotos extrem schwer zu bestimmen

## MADEIRASTURMVOGEL

brütet in Felsklippen über „Wolkenmeer"

**Madeirasturmvogel**

Madeirast. ähnlich groß wie Atlantikst., Kapverden-St. etwas größer

**Kapverden-Sturmvogel**

**Atlantiksturmtaucher**

Madeira- und Kapverden-Sturmvogel werden trotz Nähe der Brutplätze selten nebeneinander gesehen

schwächerer Schnabel (besonders bei ♀) und leichterer Bau als bei Kapverden-Sturmvogel liefern auf See zuverlässige Bestimmungshinweise unter sehr guten Beobachtungsbedingungen

KM

## STURMWELLENLÄUFER (Sturmschwalbe) D: A/–/S

European Storm Petrel *Hydrobates pelagicus*

L 15-16 cm, S 37-41 cm. Brutvogel in Felsspalten und Erdhöhlen steiniger Küsten und Inseln von Nordatlantik und Mittelmeer, besonders Britische Inseln und Färöer; im Herbst nach Stürmen selten in südlicher Nordsee, Schiffsfolger.

**KENNZEICHEN** *Kleinste* europäische Röhrennase, kaum größer als die oberseits ähnlich gefärbte Mehlschwalbe, *Flug flatternder* und „eifriger“ als bei Verwandten. Häufigste Verwechslungsart ist der größere Wellenläufer, aber Sturmwellenläufer gekennzeichnet durch *fehlendes helles Band über Armflügel* (nur im JK dünn weiße Binde), dafür *breit weißes Unterflügelband* kennzeichnend, *reinweißes, breites Bürzelfeld reicht bis auf Steißseiten, Schwanz gerade* abgeschnitten.

**STIMME** Nachts aus den Bruthöhlen ein surrender Laut mit regelmäßig eingeflochtenem, magenknurrendem Grunzen.

## BUNTFUSS-STURMSCHWALBE D: A/–/S

Wilson's Storm Petrel *Oceanites oceanicus*

L 16-18,5 cm, S 38-42 cm. Bewohnt Meere der Südhalbkugel, von Juni bis Oktober (Nov.) nordwärts bis Biskaya, selten weiter. Kaum in Küstennähe, Schiffsfolger.

**KENNZEICHEN** Unterscheidet sich vom etwas kleineren Sturmwellenläufer durch deutliches *helles Band auf Armdecken, einfarbig dunkle Unterflügel, längere, den Schwanz etwas überragende Beine* (allerdings sind die namengebenden *gelben Schwimmhäute* im Freiland nur selten sichtbar), *breitere, öfter ausgestreckte* und selten stärker gewinkelte *Flügel,* diese bei oft lang anhaltenden Gleitstrecken fast waagerecht gehalten; trippelt bei Nahrungssuche mit erhobenen Flügeln über die Wasseroberfläche.

## WELLENLÄUFER D: A/–/Z

Leach's Storm Petrel *Hydrobates leucorhous*

L 18-21 cm, S 43-48 cm. Brütet in Höhlungen nordatlantischer Felsküsten, überwintert im Südatlantik, besonders nach Stürmen regelmäßig in der Nordsee; kein Schiffsfolger.

**KENNZEICHEN** Größer als Sturmwellenläufer, *Flügel länger und spitzer.* Beachte eher *schmalen, u-förmig weißen Bürzel mit grauem* (oft schwarz wirkendem) *Mittelstreif, deutliches helles Armdeckenband* (oft eher erkennbar als Bürzelfeld) und *dunkle Unterflügel.* Schwanzgabelung nicht immer sichtbar, doch oft hochgedrückte äußere Steuerfedern lassen Schwanzspitze im Profil gefranst erscheinen. Flug bei starkem Wind kraftvoll, gleitet *auf leicht gebogenen, gewinkelten Flügeln* (Flügelbug oft bis vor die Höhe des Kopfes geschoben und diesen verdeckend), macht einige Flügelschläge, kippt ab, gleitet hoch, rüttelt usw.; bei Windstille flatternder Flug.

**STIMME** Aus den Bruthöhlen schallt nachts ein knatterndes Gurren, unterbrochen durch „wuii-tja“ mit Fistelstimme, schneidig beendet mit „tjo-tjatteRItja tjo-tjitteRI“.

## MADEIRAWELLENLÄUFER –

Band-rumped Storm Petrel *Hydrobates castro*

L 19-21 cm, S 43-46 cm. Brütet in meist kleinen Kolonien von Sommer bis Winter in Boden- und Felshöhlen in Küstenklippen Portugals, Madeiras und der Kanaren. Schwer zu beobachten, tagsüber auf Hochsee, keine Truppbildung, kein Schiffsfolger.

**KENNZEICHEN** *Dunkel mit weißem Bürzel,* daher schwer von Verwandten und besonders vom Wellenläufer unterscheidbar, *aber Armflügelband oberseits weniger deutlich, Schwanz schwächer gegabelt, weißer Bürzelfleck wirkt breiter als lang* (bei Wellenläufer meist umgekehrt) und reicht weiter auf Steißseiten; von Nahem *Schnabel kräftiger.* Bei großer Erfahrung geben auch weniger deutlicher Winkel am Flügelbug (Armflügel länger als bei Buntfuß-Sturmschwalbe) und an Sturmtaucher erinnernder Flug mit vielen Gleitstrecken auf steifen Flügeln gute Hinweise.

**STIMME** Ruft nachts aus den Höhlen gurrend „kr'r'r'r'r“ und quietschend „tjiWIH“ (wie Fingerreiben auf Fensterscheibe).

## SWINHOEWELLENLÄUFER –

Swinhoe's Storm Petrel *Hydrobates monorhis*

L 18-21 cm, S 45-48 cm. Brütet auf Inseln im Stillen Ozean vor der ostasiatischen Küste, hat sich aber ausnahmsweise schon in den Nordatlantik verflogen (z. B. Großbritannien, Frankreich, Spanien, Italien, Madeira). Durch nächtliche Lebensweise und Ähnlichkeit zum Wellenläufer sicher auch übersehen. Von diesem nur durch *dunklen Bürzel* und *helle Basen der Handschwingenschäfte* unterschieden.

## WEISSGESICHT-STURMSCHWALBE –

White-faced Storm Petrel *Pelagodroma marina*

L 19-21 cm, S 41-44 cm. Brütet in nachts aufgesuchten Erdhöhlen auf Madeira und den Selvagen. Selten über dem Meer zu sehen, folgt Walschulen.

**KENNZEICHEN** Im Bearbeitungsgebiet einzige Sturmschwalbe mit *überwiegend weißer Unterseite.* Gestalt ähnlich Buntfuß-Sturmschwalbe, aber größer, Schnabel und Beine länger, große *„Schmetterlingsflügel“.* Schwärzliche Schwung- und Steuerfedern kontrastieren oberseits *zu grauweißem Bürzel, grauem Mantel und hellgrauen Armdecken;* Kopfseiten weiß mit *dunkler Augenmaske,* graue Brustseitenflecke. Gleitet mit steif ausgestreckten Flügeln flach über Wasseroberfläche (wie Fliegender Fisch), benutzt seine langen Beine, als wolle er sich abstoßen. Entfernt mit Wassertreter im SK verwechselbar.

**STIMME** Aus den Bruthöhlen dringt dumpfes, hohles, gereihtes „koo, koo, koo,…“ mit eingeschobenem, kreischendem „kji“.

Sturmschwalbe

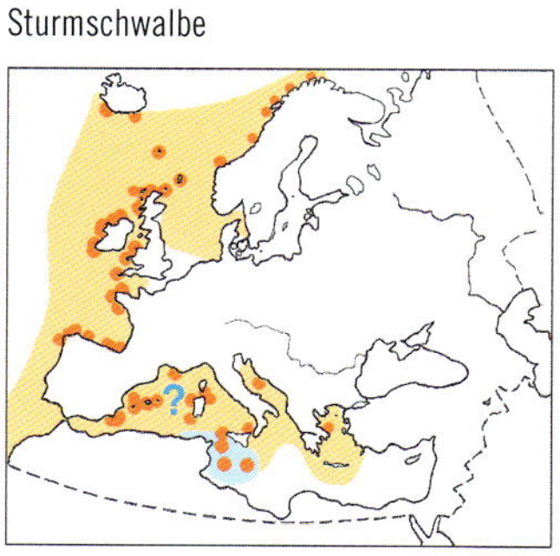


Wellenläufer

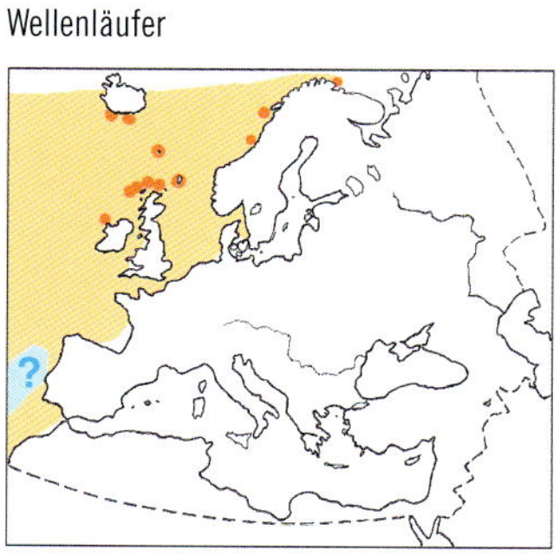


Madeirawellenläufer

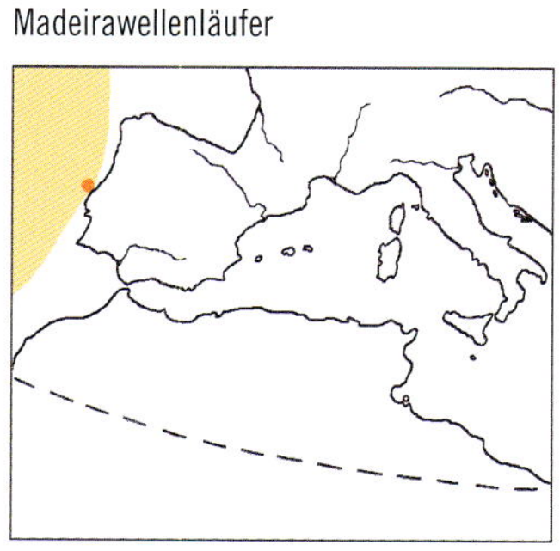

## STURMWELLENLÄUFER

## BUNTFUSS-STURMSCHWALBE

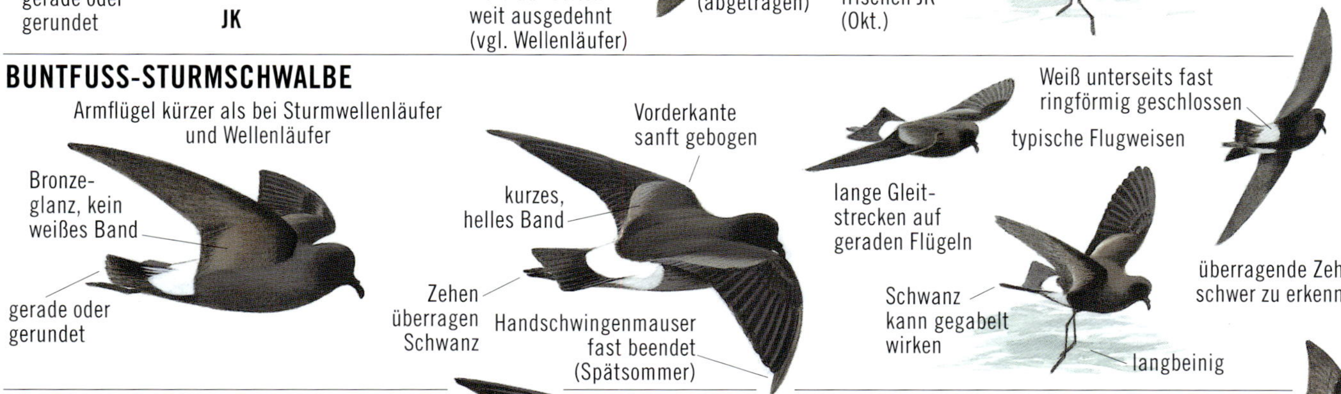


## WELLENLÄUFER

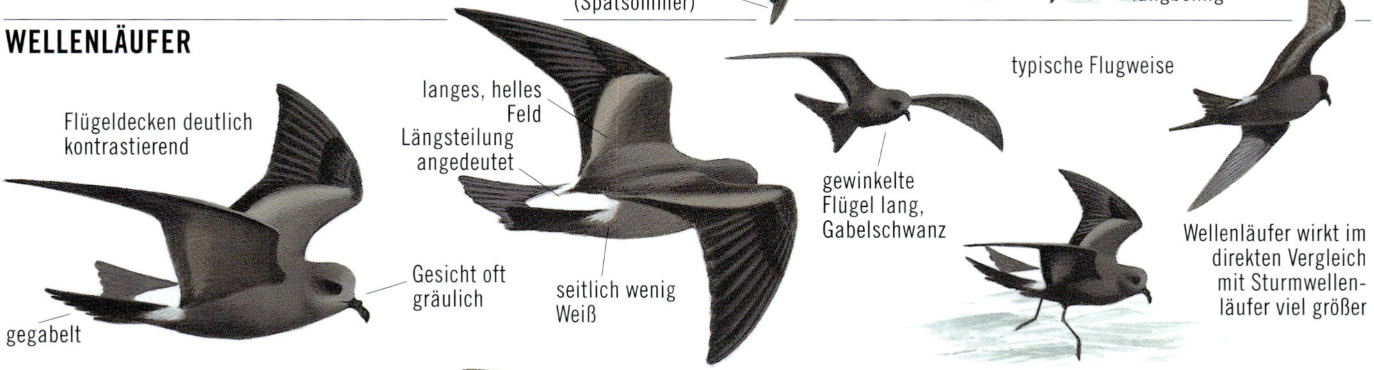


## MADEIRAWELLENLÄUFER

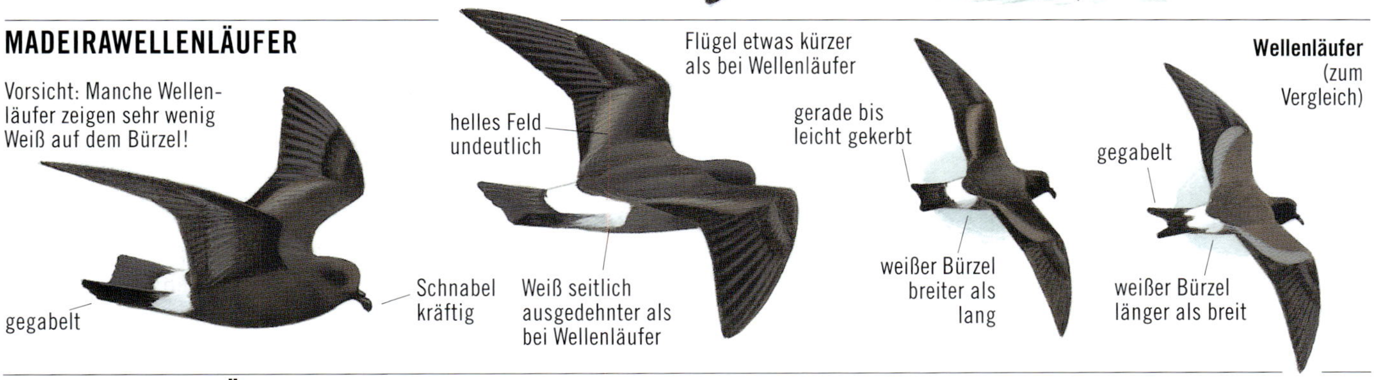


## SWINHOEWELLENLÄUFER

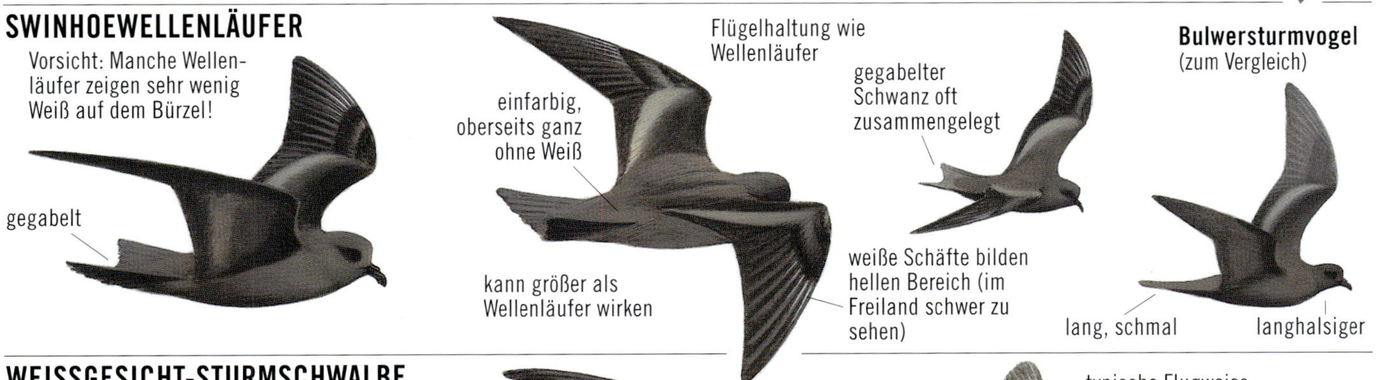


## WEISSGESICHT-STURMSCHWALBE

KM

# TÖLPEL Sulidae

Große Meeresvögel, lang- und spitzflügelig, langer, spitzer Schnabel. Tauchen zum Fischfang aus großer Höhe ins Wasser. Geschlechter gleich gefärbt. Zwei Arten.

### BASSTÖLPEL **D:** A/L2/JZW

Northern Gannet *Morus bassanus*

L 85-97 cm, S 170-192 cm. Koloniebrüter, Nester aus Tang an oder auf nordatlantischen Meeresklippen, auch auf Helgoland; außerhalb der Brutzeit teilweise dort bleibend, aber auch bis ins Mittelmeer und vor Westafrika ziehend.

**KENNZEICHEN** An *bedeutender Größe* (Spannweite übertrifft Mantelmöwe weit) und *typischem Flugstil mit raschen, flachen, gleichmäßigen Schlägen der langen, schmalen Flügel mit kurzen Gleitstrecken* oft schon aus großer Entfernung bestimmbar. Bei starkem Wind ausgiebig gleitende, noch dunkle Jungvögel können an Sturmtaucher erinnern, sind aber viel größer, haben *längeren, keilförmigen Schwanz* und lange Kopf-Hals-Partie. Taucht aus 10-40 m Höhe nach Fisch, stürzt sich schräg hinab und legt die Flügel beim Eintauchen an.– Ad.: *Weiß* mit gelblichem Kopf (im SK blasser) und *schwarzen Flügelspitzen.*– JK: Gesamtes Gefieder graubraun, nur Oberschwanzdecken weißlich; aus der Nähe überall fein weiß gesprenkelt.– 2er W: Unterseite und Kopf, Oberschwanzdecken und oft einige Armdecken überwiegend weiß; Scheitel oft teilweise dunkel und helles Halsband angedeutet (an Kappensturmtaucher erinnernd).– 3er W: Die meisten Steuerfedern und Armschwingen noch schwarz, einzelne weiß, Kopf und Körper meist schon wie ad.– 4er W: Wie ad., aber mittlere Steuerfedern und einzelne Armschwingen oft schwarz.– Achtung, individuelle Variation führt zu Abweichungen von normaler Kleiderfolge.

**STIMME** In Kolonien lautes, raues Schnauben.

### WEISSBAUCHTÖLPEL **D:** A/–/S

Brown Booby *Sula leucogaster*

L 65-75 cm, S 135-150 cm. Brutvogel tropischer Küsten, besucht vom Roten Meer aus regelmäßig den Golf von Akaba und zunehmend Westeuropa. *Kleiner* als Basstölpel, *Schwanz eher abgerundet, gesamte Oberseite dunkelbraun,* unterseits *Flügelband und scharf abgegrenzter Bauchfleck weiß* (im JK verwaschen braungrau); *Schnabel und Gesichtshaut hell* zum dunklen Kopf kontrastierend (Schnabelbasis im PK bläulich). Kann steil, aber auch aus flachem Flug (wie im Vorbeigehen) ins Wasser tauchen, rastet gern auf Bojen.

### SCHWARZBRAUENALBATROS **D:** A/–/S

Black-browed Albatross *Thalassarche melanophris*

L 80-95 cm, S 200-235 cm. Bewohnt wie alle Albatrosse die Südhalbkugel, gelangt als einzige Art mit gewisser Regelmäßigkeit im Sommer und Herbst ausnahmsweise in den Nordatlantik, einzelne haben in Basstölpelkolonien übersommert. *Gewaltige Spannweite* wie Höckerschwan, *weißer Unterflügel schwarz eingerahmt, kurzer, schwarzer Überaugenstreif, Schnabel gelb,* Spitze orange (einzige Verwechslungsart: Mantelmöwe). Unausgefärbt mit *grauem Schnabel und schmalem Halsband,* Unterflügelband schmutzig.

# PELIKANE Pelecanidae

Gewaltige Wasservögel, deren enorme Schnäbel mit einem Hautsack am Unterschnabel versehen sind, in dem gefangene Fische gesammelt werden. Geschickte Segelflieger, die im Gegensatz zu Störchen und großen Greifvögeln in geordneten Formationen kreisen und ziehen. Nester aus aufgehäuften Pflanzenteilen an flachen, fischreichen Gewässern. Zwei Arten, beide abnehmend und stark gefährdet.

### ROSAPELIKAN **D:** BD/–/S

Great White Pelican *Pelecanus onocrotalus*

L 140-175 cm (Hals gestreckt), S 245-295 cm. Brütet lokal in Südosteuropa und Kleinasien, überwintert in Afrika. Oft in Tierhaltungen und aus diesen entfliegend.

**KENNZEICHEN** Gefieder der Altvögel *weiß, im PK gelblich bis rosa überhaucht, Kehlsack graugelb* (PK lebhaft gelb), *Füße gelblich rosa* (PK rötlicher), *dunkelrote Iris* von großer, unbefiederter, *rosa* (im PK orangefarbener) *Hautpartie* umgeben. Im Flug von unten *schwarze Schwungfedern scharf zu weißen Unterflügeldecken kontrastierend* (ähnliches Muster wie Weißstorch, aber anderes Flugverhalten; s. o.).– JK: *Oberseite,* Kopf und Hals recht *dunkel graubraun,* Unterseite schmutzig weiß, Kehlsack gelblich, *Beine und Gesichtshaut fleischfarben;* im Flug vom Krauskopfpelikan an unterseits *viel dunkleren Schwungfedern mit stärkerem Kontrast zum helleren Längsband* unterscheidbar.

**STIMME** In Kolonien dumpfes Gemurmel und unartikuliertes Grunzen.

### KRAUSKOPFPELIKAN **D:** A/–/S

Dalmatian Pelican *Pelecanus crispus*

L 160-180 cm (bei gestrecktem Hals), S 270-320 cm. Brütet lokal an Küstenlagunen und (auch kleineren) Binnenseen Südosteuropas und Kleinasiens; eher Kurzstreckenzieher.

**KENNZEICHEN** Durchschnittlich etwas *größer* als Rosapelikan, Altvögel mit *krausen Nackenfedern* (im PK), *grauen Beinen, grau getöntem Gefieder* (aber wie Rosapelikan gelber Brustfleck), nur von *schmalem, hellem Lidring* umgebener hell *weißlich gelber Iris* und im PK *rötlicherem* (im SK aber rosagelbem) *Kehlsack. Unterflügel* insgesamt *hell* gräulich mit weißlichem Längsband, *nur Spitze dunkel.*– JK: Oberseits hell braungrau, unterseits schmutzig weißlich, insgesamt etwas *heller und grauer* als junger Rosapelikan, doch am einfachsten an verlängerten Nackenfedern erkennbar. Außerdem *graue Beine* und nur *gräulicher Lidring statt ausgedehnter Hautpartie.*

**STIMME** Ähnlich Rosapelikan, etwas höher.

Basstölpel

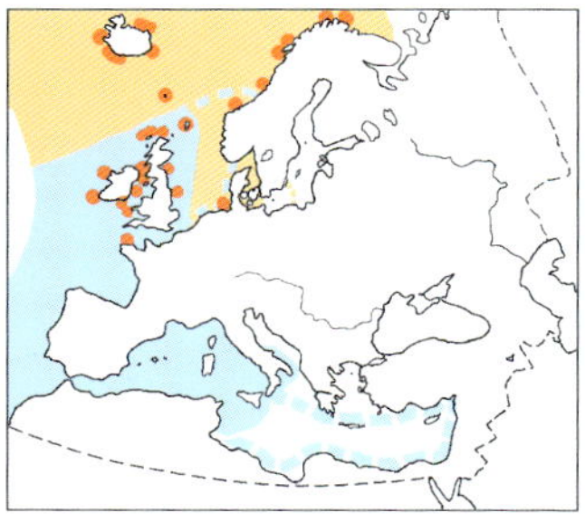

Rosapelikan

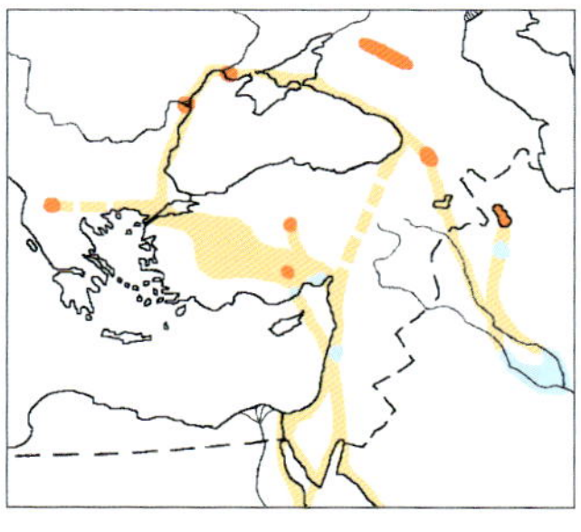

Krauskopfpelikan

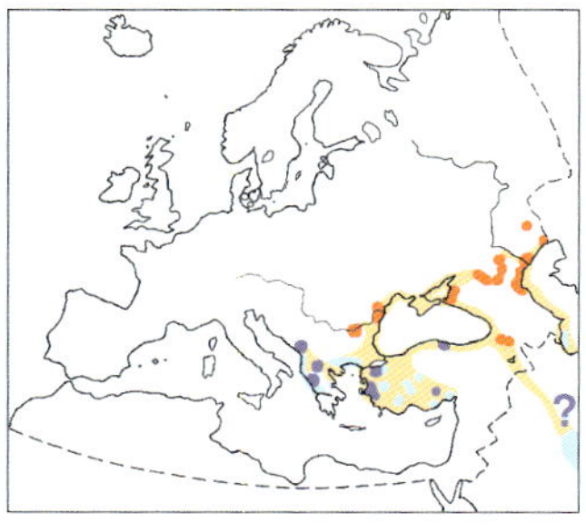

## BASSTÖLPEL

## WEISSBAUCHTÖLPEL

## SCHWARZBRAU-ENALBATROS

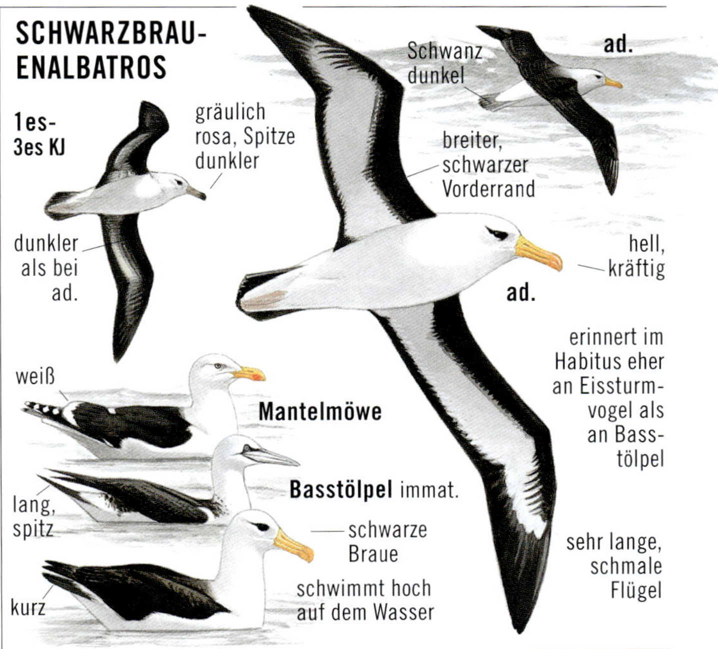


## ROSAPELIKAN

## KRAUSKOPFPELIKAN

KM

# KORMORANE

## Phalacrocoracidae

Mittelgroße bis große Wasservögel, überwiegend dunkel mit schlankem Körper, langem Hals und langem, gerundetem Schwanz. Gerader Schnabel mit Hakenspitze. Liegen schwimmend tief im Wasser, Schnabel angehoben, tauchen oft mit kleinem Sprung ins Wasser ab. Oft weite Flüge zwischen Brutkolonien bzw. Rastplätzen und Nahrungsgewässern. Stehen oft mit gespreizten Flügeln auf erhöhten Punkten.

### KORMORAN — D: A/N4/JZW

Great Cormorant *Phalacrocorax carbo*

L 77-94 cm, S 121-149 cm. Brütet auf Felsklippen am Meer (Unterarten *carbo* am Atlantik und *maroccanus* in Marokko) oder auf Bäumen an Seen und Küsten, lokal im Schilf oder am Boden (Unterart *sinensis* an Ostsee, in Mittel- und Osteuropa); besonders nordöstliche Populationen ziehen nach Mitteleuropa. Rastet in oft großen Trupps auf Sandbänken, Felsen, Pfählen und Bäumen. Nest aus Zweigen, Schilf oder Seetang, Baumbrüter lassen Nistbäume durch scharfen Kot verkahlen. Bestand hat sich nach exzessiver Verfolgung langsam wieder erholt.

**KENNZEICHEN** Groß mit langem, kräftigem Hals, *Kopfprofil etwas keilförmig und eckig,* Schnabel kräftig (bei einigen Jungvögeln aber verwirrend schlank). Im Flug an Gänse erinnernd, da Größe, Flügelschlagfrequenz, ausgestreckter Hals, Formationsflug teilweise hoch über Land sehr ähnlich, aber an *eingeschobenen, kurzen Gleitstrecken,* etwas flacheren Flügelschlägen, *längerem Schwanz, leichtem Halsknick,* etwas angehobenem Kopf und Schwanz und oft weniger ordentlicher Formation erkennbar. Körper liegt schwimmend tief im Wasser, Schnabel leicht aufwärts gehalten, daher Verwechslung mit großem Seetaucher möglich, doch u.a. Hinterkopf eckiger, Hals gestreckter, oft kurzer Sprung vor dem Eintauchen ohne vorangehendes „Schnorcheln".– Ad.: Überwiegend *schwarz,* sonnenbeschienen mit bläulichem (besonders *carbo*) und grünlichem (eher *sinensis*), auf den durch schwarze Federränder geschuppten Flügeln bronzefarbenem *Metallglanz,* nackte Hautpartie (bei *carbo* kleiner) am Schnabelgrund gelb, weiß umrandet. *Im PK weißer Schenkelfleck, Scheitel und Nacken mit weißen Federn durchsetzt,* bei sehr alten Vögeln und Unterart *sinensis* besonders ausgedehnt. Gefieder im SK weniger glänzend, Weiß auf Kehle und Kopfseiten verwaschener.– JK: Oberseite dunkelbraun, Unterseite variabel hell, besonders auf Kehlmitte, Brust und Bauch, manchmal ganze Unterseite ausgedehnt weiß, manchmal Brust dunkel gefleckt und Bauch scharf dunkel gestrichelt.– 2es-3es KJ: Gefieder wird zunehmend dunkler und glänzender.– Bei marokkanischen Vögeln (*maroccanus,* evtl. *lucidus*) sind Vorderhals und Brust ausgedehnt weiß.

**STIMME** Besonders in der Kolonie tiefe, gutturale Laute.

### KRÄHENSCHARBE — D: A/–/J

European Shag *Gulosus aristotelis*

L 68-78 cm, S 95-110 cm. Brütet in lockeren Kolonien an Steilküsten in Spalten und unter Felsblöcken.

**KENNZEICHEN** Etwas kleiner und schlanker als Kormoran, mit dem sie oft verwechselt wird, hat aber *dünneren Hals, kleineren, runderen Kopf* (Stirn steil, Scheitel gerundet) und *schlankeren Schnabel* mit fast parallel verlaufender Ober- und Unterkante (statt Keilform). Fliegt mit *gerade ausgestrecktem Hals auf etwas stumpferen, scheinbar erst hinter der Körpermitte ansetzenden, schneller bewegten, elastischeren Flügeln* ohne eingeschobene Gleitstrecken meist niedriger über das Wasser als Kormoran; taucht mit deutlicherem Sprung ins Wasser ein.– PK: Schwarz mit grünlichem, auf den Flügeln purpurnem Glanz, leuchtend *gelber Schnabelwinkel* von dunkler Umgebung (einschließlich Schnabel) abstechend (bei der am Mittelmeer lebenden Unterart *desmarestii* mit insgesamt hellerem, gelblichem Schnabel ist der Kontrast schwächer). Nur zu Beginn der Brutzeit aufgerichtete, schwarze *Stirntolle.*– SK: Etwas blasser, weniger glänzend, Kinn hell, *Schnabel gelblich.*– JK: Oberseite dunkelbraun, Unterseite blassbraun, Kinn weißlich (*desmarestii* unterseits meist ausgedehnt oder komplett weißlich). Unausgefärbte, helle, kleine, schlankschnäbelige Kormorane sind sehr ähnlich, haben aber meist nicht so *gleichmäßig hellbraune,* sondern hell und dunkel gefleckte Brust, hornfarbenen Schnabel mit deutlichem gelbem Hautfeld an der Basis statt *ganz hell ohne Gelb,* dunkle Füße (statt hell mit rosa Schwimmhäuten), eckigere Kopfform und anderen Gesichtsausdruck. Helle Spitzen der Flügeldecken bilden auch im Flug sichtbares *helles Flügelfeld* (bei Kormoran höchstens angedeutet, meist einfarbig dunkel).– 2es-3es KJ: Wird wie Kormoran schrittweise dunkler und glänzender.

**STIMME** In Kolonien klickende und grunzende Laute.

### ZWERGSCHARBE — D: A/V/J

Pygmy Cormorant *Microcarbo pygmaeus*

L 45-55 cm, S 75-90 cm. Aus Zweigen gebaute Nester in Kolonien in niedrigeren, dichten Bäumen oder im Schilf an vegetationsreichen Binnengewässern und in Flussdeltas. Jagt gern in dichten Trupps.

**KENNZEICHEN** Recht *klein,* etwa wie Blässhuhn, *Schwanz sehr lang, Schnabel eher kurz und dick* („Baby-face"), Hals kurz, schwimmend aber oft hochgereckt, Gefieder schwärzlich mit braunem und grünem Glanz.– PK: Feine weiße Strichel besonders auf braunem Kopf und Hals sowie Unterseite.– SK: Ohne weiße Kopfstrichel, Kinn weißlich, Unterseite braun.– JK: Matter braun, Unterseite hell bräunlich, schwache Kopf- und Bruststrichelung.

**STIMME** Äußert nur in den Kolonien krächzende, grunzende und quakende Laute.

Kormoran

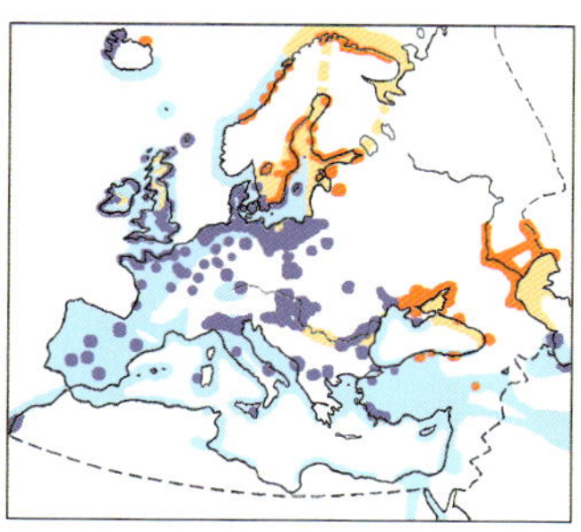

Krähenscharbe

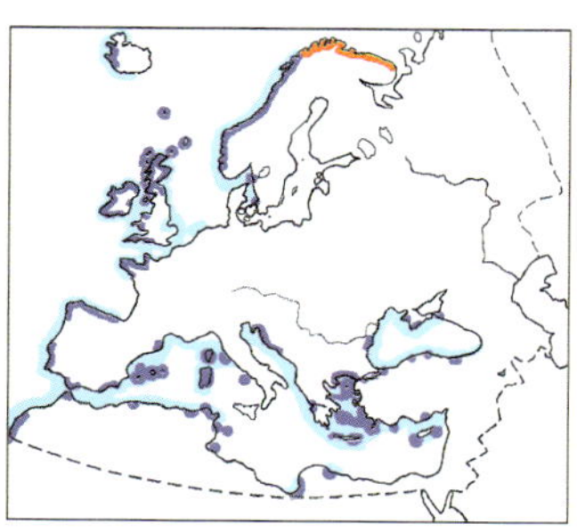

Zwergscharbe

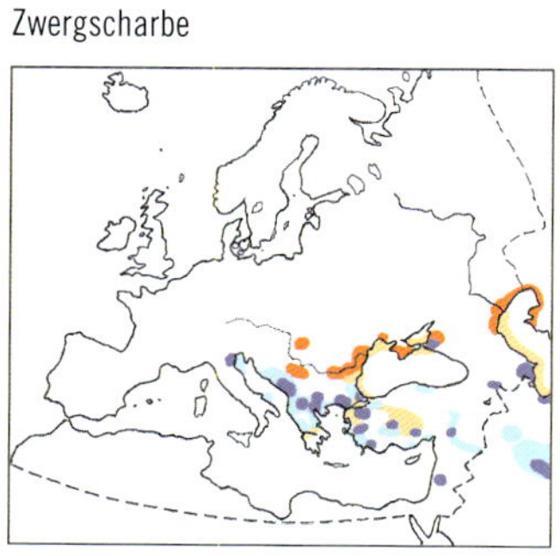

## KORMORAN

## KRÄHENSCHARBE

## ZWERGSCHARBE

KM

# SCHREITVÖGEL

Eine Gruppe sehr großer oder mittelgroßer Vögel mit langen Beinen, Hälsen und Schnäbeln und ohne Schwimmhäute zwischen den langen Zehen, mit drei Familien: die eine eigene Ordnung bildenden Störche (Ciconiiformes), die oft hoch in der Thermik kreisen und bei denen der Hals im Flug weit ausgestreckt wird, sowie die zur Ordnung der Pelikanvögel (Pelecaniformes) gehörenden Ibisse (Threskiornithidae), die gleichfalls mit ausgestrecktem Hals fliegen, bei denen die Schnäbel aber nicht wie bei den anderen Arten gerade und meist dolchförmig, sondern abwärts gebogen oder spatelförmig verbreitert sind und die im Flug sofort am charakteristisch eingezogenen Hals erkennbaren Reiher (Ardeidae).

## ROHRDOMMEL — D: A/R2/JZW

Eurasian Bittern *Botaurus stellaris*

L 69-81 cm, S 100-130 cm. Brütet auf aus Altschilf knapp über dem Wasserspiegel errichtetem Nest in ausgedehnten Schilfbeständen; polygam. Ernährt sich von Fischen, Fröschen, Wasserinsekten, weicht bei Frost nach Süden aus.

**KENNZEICHEN** *Großer, gelbbrauner Reiher,* etwas kleiner als Graureiher, aber viel *kompakter und untersetzter,* Hals dicker (meist zwischen Schultern gezogen), Beine kürzer, Halsbefiederung locker herabhängend. Selten fliegend zu sehen (meist Frühjahr und Frühherbst), dann breite Flügel, Flügelschlag schneller als Graureiher, „dickes“ Vorderende, hervorstehende Zehen, aus der Entfernung *ingwerbraunes Gefieder* (somit etwas an Eule oder Bussard erinnernd). Nimmt bei Gefahr eine aufrechte „Pfahlstellung“ ein, lebt aber meist im Schilf versteckt und ist daher kaum einmal sichtbar, sondern öfter zu hören.– JK: Scheitel und kürzerer Bartstreif brauner (bei Altvögeln schwarz).

**STIMME** Im Flug einzeln oder gereiht tief und rau „gräoh“, ähnlich Großmöwe oder Fuchsbellen. Männchen balzt bis zu 5 km hörbar sehr tief, ausatmend, bellend, wie Nebelhorn „whuump“, 3-8-mal mit 2,5 s Abstand wiederholt; aus der Nähe auch einatmender Anfangston „uh-WHUMP“ und einleitendes, leises Gurgeln und Schnabelklappern.

## BARTROHRDOMMEL (Amerikanische Rohrdommel) —

American Bittern *Botaurus lentiginosus*

L 59-70 cm, S 95-115 cm. Nordamerikanischer Brutvogel, sehr seltene Ausnahmeerscheinung in Westeuropa und Großbritannien, meist im Spätherbst. Kleiner als Rohrdommel, und Schnabel dünner, *ungebänderte Schwungfedern einfarbig schwarzbraun, zu hellbraunen Armdecken kontrastierend, Scheitel braun* (statt schwärzlich), *schwarzer Bartstreif dicker* (aber im JK schmal und weniger schwarz), *Vorderhals stärker braun gestreift;* Gestalt und Flugweise mehr an Nachtreiher erinnernd. Nicht so heimlich wie Rohrdommel, öfter auch tagsüber offen umherlaufend.

## ZWERGDOMMEL — D: A/R2/Z

Little Bittern *Ixobrychus minutus*

L 33-38 cm, S 49-58 cm. Bewohnt auch kleine Schilfflächen, vegetationsreiche Teiche und Gräben, überwintert von Okt.-Apr. in Afrika. Nest Plattform über Wasserspiegel in Schilf oder Gebüsch, Nahrung Fische, Amphibien, Insekten.

**KENNZEICHEN** *Kleinster Reiher,* kleiner als Teichhuhn. Zwar heimlich, bei Nahrungssuche aber auch am Vegetationsrand, flüchtet eher wie Ralle laufend und kletternd; im Flug schneller, flatternder Flügelschlag und bei Altvögeln markantes, im JK weniger deutliches *helles Armdeckenfeld* kennzeichnend.– Ad. ♂: Scheitel und Oberseite schwarz, cremefarbenes Flügelfeld.– Ad. ♀: Schwarze Partien des ♂ schwarzbraun, Flügelfeld lehmbraun.– JK: Wie blasses ♀, zudem Hals, Oberseite und Flügelfeld dunkel gestrichelt.

**STIMME** Im Flug kräftig und nasal „kwekwekwe“ und kürzer „kuer“. Gesang eine Tag und Nacht im Abstand von gut 2 s ausdauernd vorgetragene Serie monotoner, gedämpfter, froschartiger Laute, etwa „wru, wru, wru,…“.

## NACHTREIHER — D: A/L1/Z

Black-crowned Night Heron *Nycticorax nycticorax*

L 58-65 cm, S 90-100 cm. Nester aus Zweigen in kleinen Kolonien in Bäumen, selten im Schilf, in Sümpfen, Flussauen und an Teichen. Von Apr.-Okt. in Europa, überwintert in Afrika. Rastet tagsüber gesellig in Bäumen, sucht hauptsächlich nachts nach Fischen, Amphibien und Insekten.

**KENNZEICHEN** Kurzschnäbeliger, *untersetzter,* mittelgroßer Reiher, *kompakte, stumpf endende Flugsilhouette, Körperfirst leicht ansteigend, Schnabel leicht abwärts gehalten,* Flügelschläge steif. Fliegt besonders in der Dämmerung, fällt dann meist durch Ruf auf.– Ad.: Unverwechselbar, wirkt im Flug aber oft ganz grau; Beine gelblich, im PK rötlich.– JK/1er W: Dunkelbraun und gelblich mit *dicken, weißen Tropfen* (vgl. mit der ähnlichen Rohrdommel).– 1er S: Oberseite und Flügel ungemustert braungrau.– 2er S: Wie Altvogel, aber Scheitel und Mantel noch braunstichig.

**STIMME** Häufig zu hörender Flugruf bauchrednerisch, nasal, weich „kwak“ oder froschartiger „koARK“.

## MANGROVEREIHER —

Striated Heron *Butorides striata*

L 40-47 cm, S 60-73 cm. Einziger Brutplatz im Bearbeitungsgebiet sind Mangroven der Sinaiküste. Die wenigen Nachweise auf Britischen und atlantischen Inseln betreffen den verwandten nordamerikanischen Grünreiher (S. 425).

**KENNZEICHEN** Klein, dunkel, *langschnäbelig,* aufmerksam mit langem Hals, entspannt aber *untersetzt.*– Ad.: *Dunkel schiefergrau,* Oberseite silber- oder braungrau (wirkt aus der Entfernung einfach dunkel), *Flügeldecken beige oder rostig gerandet; Kopfseiten, Hals und Brust variabel beigegrau bis rostbraun.*– JK: Bräunlich, Flügel fein weißlich gefleckt, Hals grob gestreift (Nachtreiher im JK ist größer und kurzschnäbelig).

**STIMME** Auffliegend kennzeichnend scharf „skijäk“.

Rohrdommel

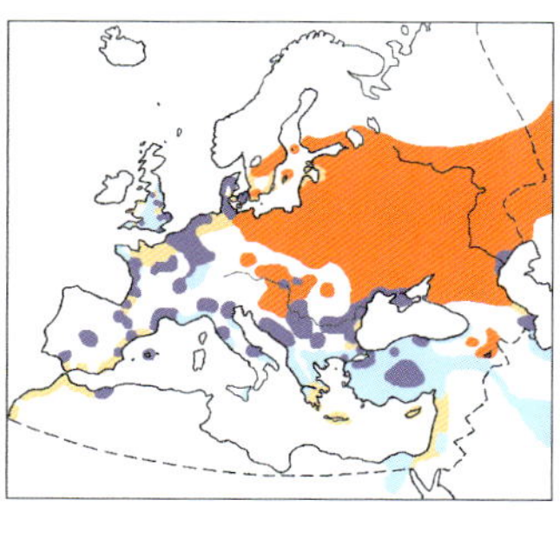

Zwergdommel

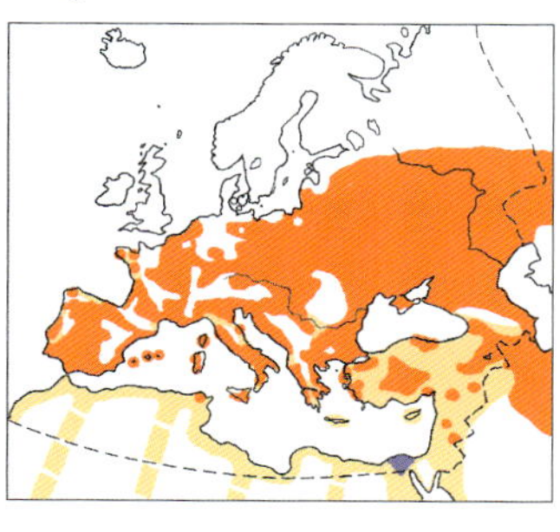

Nachtreiher

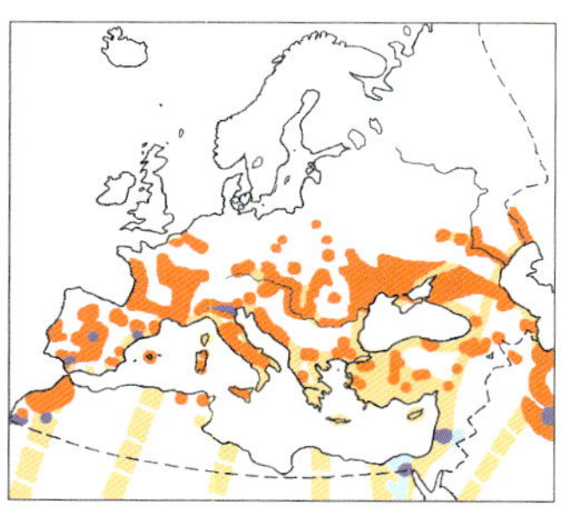

## ROHRDOMMEL

## BARTROHRDOMMEL

## ZWERGDOMMEL

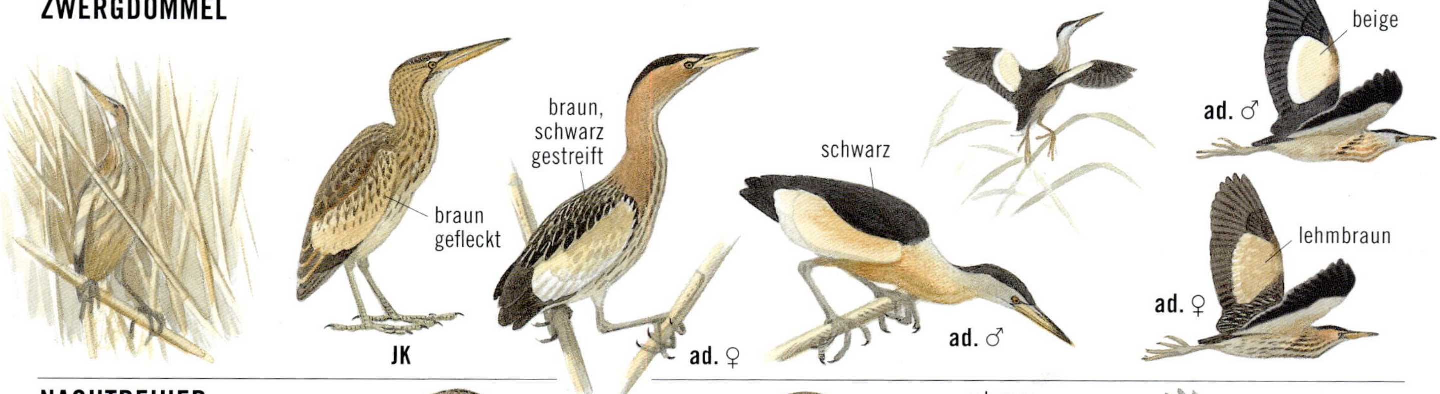


## NACHTREIHER

## MANGROVEREIHER

DZ

## KUHREIHER D: A/L1E/J

Cattle Egret *Bubulcus ibis*

L 45-52 cm, S 80-90 cm. Brutkolonien an See- und Flussufern in Bäumen oder Büschen, Nahrungssuche, besonders Heuschrecken und kleine Tiere, gern in Gruppen *in trockenem Gelände,* auf Wiesen, oft zwischen Weidevieh. Kurzstreckenzieher, derzeit in Ausbreitung begriffen, aber auch viele freifliegende Kolonien in mitteleuropäischen Zoos.

**KENNZEICHEN** Recht *kleiner weißer Reiher* mit untersetztem Körper, *kurzem Schnabel* und eher kurzem, oft eingezogenem Hals. Kopf rund, *Kinnbefiederung* reicht weit auf Unterschnabel; Schnabel gelb, Beine gräulich, im PK aber beide rötlich und dann das sonst weiße Gefieder *auf Scheitel, Brust und Mantel orange.* Flug in kleinen, ungeordneten Trupps oder Linie mit raschem Flügelschlag.

**STIMME** Im Flug manchmal einsilbig leise krächzend „kre" oder „ähg", in Kolonien barsch „RICK-räck".

## RALLENREIHER D: A/–/S

Squacco Heron *Ardeola ralloides*

L 40-49 cm, S 71-80 cm. Kleine Kolonien, oft mit anderen Reihern, an baum- und buschbestandenen Gewässern. Außerhalb der Brutzeit meist einzeln oder in Kleingruppen, sucht gern an bewachsenen Gräben nach Kleinfischen, Amphibien und Insekten. Überwintert in Afrika.

**KENNZEICHEN** Recht *kleiner, im Stehen unscheinbar beigebrauner, auffliegend durch reinweiße Flügel plötzlich weiß* leuchtender Reiher.– PK: *Kopf- und Halsseiten fast ungestreift semmelgelb,* Mantel ockerbraun mit leichtem Violettschimmer, verlängerte Nackenfedern, bläulicher Schnabel mit schwarzer Spitze, Beine gelblich rosa (bei Balz kurzzeitig korallenrot).– SK: *Kopf- und Halsseiten deutlicher grau gestreift,* Mantel matt ockerbraun, Nackenfedern kürzer, Schnabel und Beine gelbgrün, Schnabelspitze dunkel.– JK/1er W: Kopf- und Halsseiten stärker als im SK gestreift, Mantel stumpfer und dunkler graubraun.

**STIMME** Oft ähnlich weiblicher Stockente rau quäkend „kaahk"; in Kolonien nasal hämmernd „kak kak kak…" und unterdrückt „ah ah ah…".

## SEIDENREIHER D: A/V/Z

Little Egret *Egretta garzetta*

L 55-65 cm, S 88-106 cm. Brutkolonien mit Reisignestern in Büschen und Bäumen an flachen Seen und Lagunen, Nahrungssuche oft in Gruppen im Flachwasser. Überwintert hauptsächlich in Afrika, teilweise in Südeuropa.

**KENNZEICHEN** Ganz *weiß, mittelgroß* (zwischen Kuh- und Silberreiher), *sehr schlank und elegant;* durch *gelbe Zehen* im Kontrast zu *schwarzen Beinen* von den anderen europäischen Arten unterschieden (vgl. aber Küstenreiher und Schmuckreiher, S. 425); *Schnabel schwarz,* Zügel blaugrau, nur zur Paarungszeit rötlich, im PK zwei verlängerte, flatternde *Schmuckfedern im Nacken.* Beine im Flug deutlich, aber nicht so weit wie bei Silberreiher überstehend, Flügel daher eher in der Mitte als zum Bug hin angesetzt wirkend.

**STIMME** Außerhalb der Kolonien meist stumm, auffliegend manchmal krähenartig schroff „aaah", Begrüßungslaut „dawah", in Kolonien raue und harte Laute und typisch gurgelnd „gulla-gulla-gulla-…".

## KÜSTENREIHER D: E/–/S

Western Reef Heron *Egretta gularis*

L 55-68 cm, S 88-112 cm. Brütet im behandelten Raum nur im Südsinai (Unterart *schistacea*), in Marokko erscheinen Brutvögel Mauretaniens (Unterart *gularis*). Küstengebunden, frisst Fische.

**KENNZEICHEN** Kommt in einer weißen und einer unverwechselbaren, bis auf die weiße Kehle schiefergrauen Morphe vor; weiße Vögel dem nahe verwandten Seidenreiher (der extrem selten auch eine schwarze Morphe ausbildet) sehr ähnlich, aber *Schnabel etwas länger, an der Basis etwas höher und First auf ganzer Länge schwach gebogen* (angedeutete Säbelform), nie ganz schwarz, eher dunkel *hornbraun,* besonders Schneidekanten und Spitze oft gelblich, *Beine* mindestens bis auf halbe Tarsuslänge hinab *dunkel grüngrau, unterer Tarsus und Zehen mattgelb,* manchmal Beine auch insgesamt weitgehend graugelb. Weiße Morphe im JK oft mit eingesprengten dunklen Flügelfedern.

## SILBERREIHER D: A/L1/JZW

Great Egret *Ardea alba*

L 85-100 cm, S 143-169 cm. Koloniebrüter in ausgedehnten Schilfflächen größerer Seen. In Nordeuropa Zunahme in den letzten Jahren, ganzjährig in Deutschland, zieht aber teilweise ans Mittelmeer und nach Afrika. Nahrungssuche im Schilf, am Wasserrand, auch frei auf Wiesen und Feldern.

**KENNZEICHEN** Sehr *großer, ganz weißer Reiher,* ähnlich Graureiher, doch eleganter, Beine und Hals länger. Vom Kuhreiher an Größe, Gestalt, Schnabellänge und fehlender Ockertönung, vom weißen Küstenreiher u. a. an Größe, langen Beinen und geradem, dolchförmigem Schnabel unterschieden. Seidenreiher bildet größte Verwechslungsgefahr, doch Silberreiher ist größer, hat hellen Unterschenkel (und teilweise Tarsus; im PK und sehr selten ganzjährig sogar rot), *gelben, kräftigeren Schnabel* (nur zur Brutzeit schwarz), keine Schmuckfedern im Nacken und proportional *längere Beine, die im Flug mit langsamerem, majestätischem Flügelschlag noch weiter über den Schwanz ragen.*

**STIMME** Fast nur in Kolonien oder bei Streit am Schlafplatz zu hören, z. B. trocken rollend „kr'r'r'ooh".

Kuhreiher

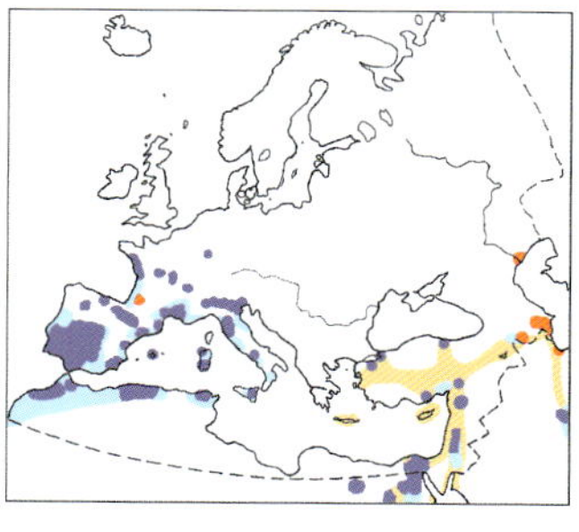

Rallenreiher

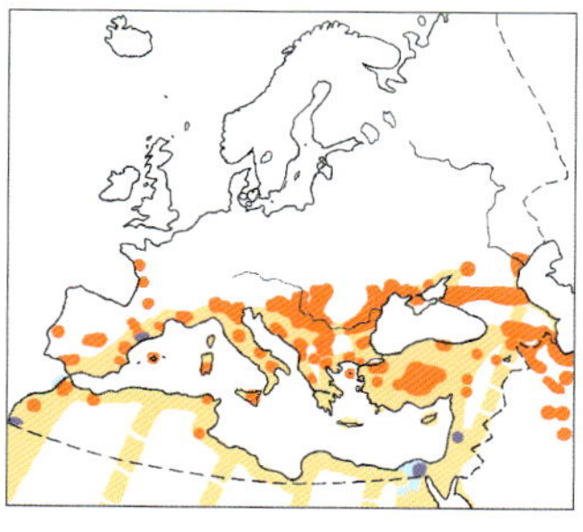

Seidenreiher

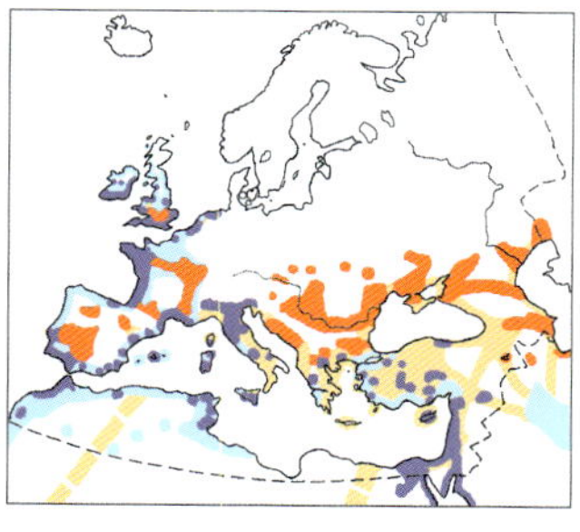

Silberreiher

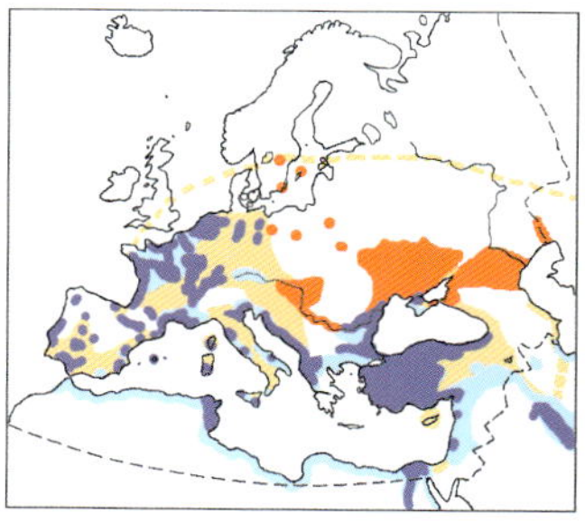

## KUHREIHER

## RALLENREIHER

## SEIDENREIHER

## KÜSTENREIHER

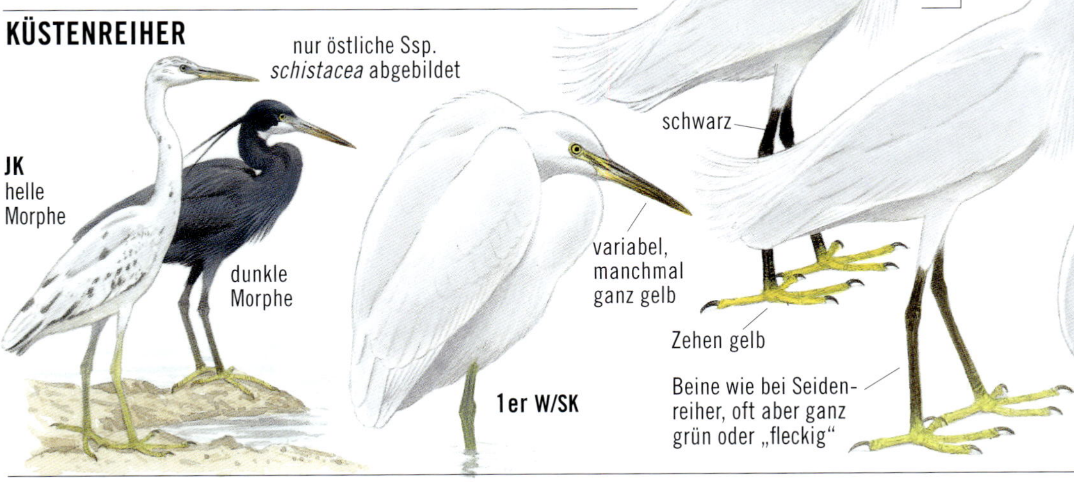


## SILBERREIHER

KM

## GRAUREIHER D: A/N4/JZW

Grey Heron *Ardea cinerea*

L 84-102 cm (mit gestrecktem Hals), S 155-175 cm. Häufigster Reiher, Zweignester in Kolonien auf alten Bäumen, lokal auch im Schilf und auf Klippen, gelegentlich einzeln brütende Paare. Lauert oft lange ruhig stehend auf Beute, Fische und Amphibien an Gewässern, Mäuse auf Feldern und Wiesen.

**KENNZEICHEN** Sehr *groß,* kräftig gebaut, oberseits überwiegend *mittelgrau,* unterseits hauptsächlich grauweiß. Von Kranichen sofort am im Flug immer und stehend oft *eingezogenen Hals* unterscheidbar. Kräftiger, gerader Schnabel graugelb bis grünlich (zur Paarungszeit orange), Beine graugelb bis grünlich grau. Fliegt mit gemessenen, oft etwas ungleichmäßigen Schlägen der stark *durchgebogenen Flügel,* oft sehr hoch. Flügeloberseite zweifarbig, grau mit schwarzen Schwungfedern und Handdecken; zwei von vorne auffallende *weiße Flecken neben Flügelbug.*– Ad.: *Stirn, Scheitelmitte und Kopfseiten weiß,* Scheitelseiten und Nacken schwarz, schmale, schwarze Schmuckfedern im Nacken (oft kaum hervortretend), Halsseiten gräulich weiß, Vorderhals weiß und seitlich schwarz gestrichelt.– JK/1er W: *Stirn und Scheitel grau,* Nacken grauschwarz mit kaum hervortretenden Schmuckfedern, *Kopf- und Halsseiten mittelgrau* wie Mantel, Vorderhals beige.

**STIMME** Ruft im Flug heiser krächzend, laut und durchdringend „kräich" und „kah-ÄHRK". In Kolonien auch keckernde und krächzende Laute und Serien.

## PURPURREIHER D: A/L1/Z

Purple Heron *Ardea purpurea*

L 70-90 cm (bei gestrecktem Hals), S 120-138 cm. Koloniebrüter in ausgedehnten Schilfgebieten, lokal auch in Büschen, Nahrungssuche (Fische, Amphibien) überwiegend im Röhricht. Überwintert im tropischen Afrika.

**KENNZEICHEN** Großer, *schlaksig gebauter* Reiher, der oft einen dunklen Eindruck macht. Vom Graureiher an vielen Merkmalen unterscheidbar: *Gleichmäßig schmaler Schnabel länger* (eher Bajonett als Dolch), *Kopf kleiner* (eher flachstirnig in Schnabel übergehend), im Flug von vorne betrachtet Flügel am Bug etwas gebogen, Flügelschlag etwas ruckartiger, *dünnerer Hals,* der eingezogen im Flug einen *tiefer herabhängenden Knick* bildet, *längere Zehen,* die im Flug auch stärker gespreizt werden (Hinterzehe oft abstehend), geringere Größe.– Ad.: Kopf- und *Halsseiten rotbraun,* Hals mit markanten, schmal schwarzen Streifen, *Mantel dunkelgrau,* Flügeldecken einfarbig dunkelgrau mit *braunviolettem Ton* (besonders beim ♂).– JK/1er W: *Gesamte Oberseite* einschließlich Flügeldecken, Kopf- und Halsseiten *ockerbraun,* Oberseite durch dunkle Federzentren scheckig, dunkle Streifen der Halsseiten undeutlich.– 1er S: Hals und Mantel ähnlich Altvogel, aber *Flügel* durch juvenile Federn noch *braun gescheckt.*

**STIMME** Wenig ruffreudig, im Flug rau „krrek", höher, kürzer, weniger durchdringend und eher einsilbig als Graureiher. In Kolonien laute, krächzende und grunzende Laute.

## WEISSSTORCH D: A/N3/ZJ

White Stork *Ciconia ciconia*

L 95-110 cm, S 180-218 cm. Brütet in offener Kulturlandschaft mit Feuchtwiesen, Sumpfgebieten oder flachen Gewässerufern, manchmal in kleinen Kolonien, auf Schornsteinen, Dächern, Kirchtürmen, Masten, seltener auf Bäumen. Nest aus Zweigen meist auf angebotenen Plattformen oder Wagenrädern. *Nicht scheu,* frisst Amphibien, Insekten, Kleinsäuger, Regenwürmer usw. Zieht Ende Aug. ins tropische Afrika, zurück im Apr., umfliegt das Mittelmeer, daher große Konzentrationen über Bosporus und Gibraltar.

**KENNZEICHEN** *Sehr groß, schwarz-weiß, mit langem Hals und langen, roten Beinen und rotem Schnabel* (dieser im JK blasser mit verdunkelter Spitze). Unverwechselbar, schreitet mit würdigen, *gemessenen Schritten.* Im Flug durch *ausgestreckten Hals, den Schwanz überragende Beine und Segeln in ungeordneten Trupps* gekennzeichnet (alles Merkmale, die ähnlich schwarz-weiß gemusterte, fliegende Rosapelikane nicht zeigen; Verwechslung sonst nur mit Kranich möglich, bei dem Hals und Beine noch länger sind).

**STIMME** Kompensiert seine Stummheit durch lautes Schnabelklappern, besonders am Nest.

## SCHWARZSTORCH D: A/N2/Z

Black Stork *Ciconia nigra*

L 90-105 cm, S 173-205 cm. Brütet zurückgezogen besonders in ausgedehnten, alten, ruhigen Wäldern mit Feuchtgebieten, Mooren, Teichen, Bächen, bevorzugt im Bergland. Am aus Ästen hoch in einer Baumkrone errichteten Nest *sehr scheu* und empfindlich. Nahrungssuche oft am und im Wasser, besonders Fische und Amphibien. Zieht im Sept. später nach Afrika als Weißstorch, zurück im April.

**KENNZEICHEN** Gestalt wie Weißstorch, nur unbedeutend kleiner. *Kopf, Hals, Brust und gesamte Oberseite schwarz* mit grünlichem bis violettem Metallglanz. Unterscheidung im Flug aus großer Entfernung und bei kräftigem Sonnenlicht manchmal schwierig, beachte aber, dass auf den Unterflügeln *nur die Achselfedern weiß* sind.– Ad.: *Schnabel und Beine rot.*– JK: Schnabel und Beine graugrün, Gefieder matter.

**STIMME** Wegen seiner heimlichen Lebensweise selten zu hören. Ruft am Nest schrill und etwas heiser „üh-liih üh-liih …", die zweite Silbe etwas höher. Daneben krächzende Laute. Klappert leise und fast nie.

Graureiher

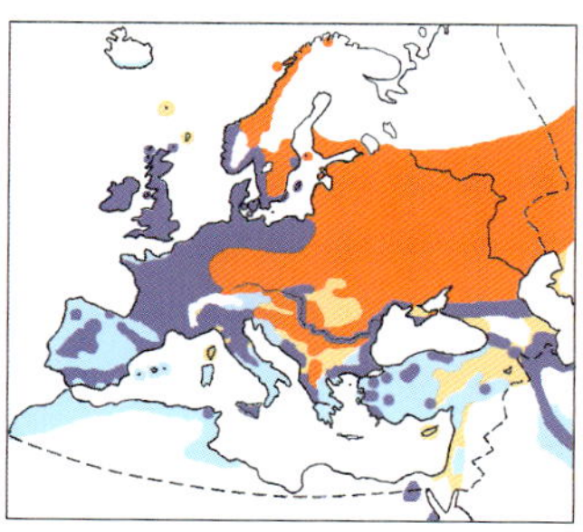

Purpurreiher

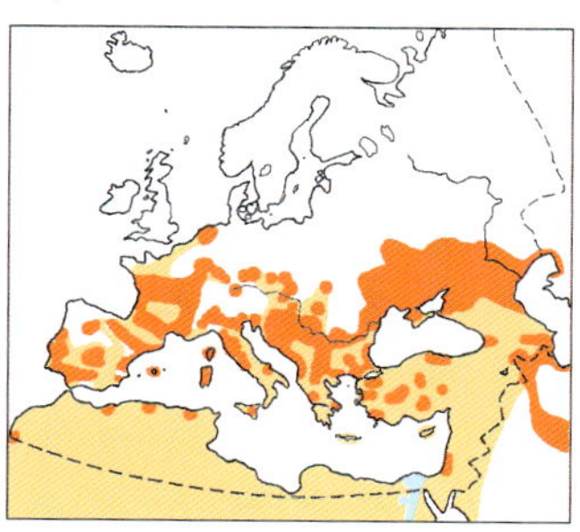

Weißstorch

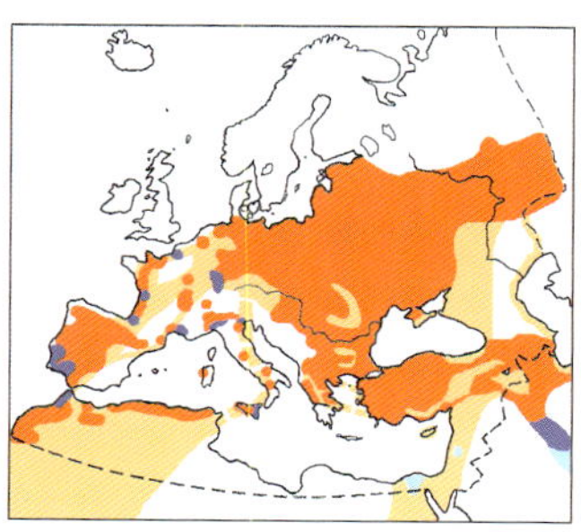

Schwarzstorch

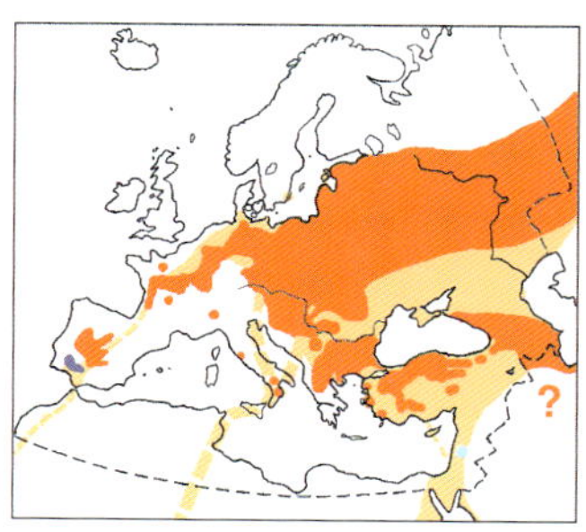

## GRAUREIHER

## PURPURREIHER

## WEISSSTORCH

## SCHWARZSTORCH

## SICHLER A/–/S

Glossy Ibis *Plegadis falcinellus*

L 55-65 cm, S 88-105 cm. Brütet im Schilf oder auf Büschen an vegetationsreichen Gewässern, oft in Reiherkolonien. Gesellig. Die Mehrzahl überwintert in Afrika, zurück im April. Bestandszunahme in SW-Europa.

**KENNZEICHEN** *Dunkel, mittelgroß, Beine und Hals lang, Schnabel* brachvogelartig *abwärts gebogen, Gefieder dunkel purpurbraun* mit grünlichem Metallglanz auf den Flügeln. Im Unterschied zum Waldrapp im Flug *überstehende Zehen, langer, dünnerer Hals* und *brachvogelartige, eher mechanische Flügelschläge mit kurzen Gleitstrecken.* Fliegt oft in Linienformation in sich leicht auf- und abwärts wiegender Bahn.– PK: Kopf und Hals dunkel, bläuliche Zügelhaut schmal weiß eingefasst.– SK: Kopf und Hals etwas matter braun und weiß gesprenkelt, Zügel ganz dunkel.– JK/1er W: Wie SK, aber überwiegend *matt grünlich* ohne Purpur- und Brauntöne.

**STIMME** Ruft selten heiser knurrend „grru", äußert in der Kolonie aber grunzende und quakende Laute.

## WALDRAPP E/L1E/S

Northern Bald Ibis *Geronticus eremita*

L 70-80 cm, S 120-135 cm. Einer der bedrohtesten Vögel, im 16. Jahrhundert noch Brutvogel in Deutschland und Österreich, 1989 in der Türkei ausgestorben, aktuell Aussetzungsexperimente in den Alpen. Nur noch wenige Paare in Marokko und Syrien. Koloniebrüter in felsigen Halbwüsten.

**KENNZEICHEN** *Groß, schwarz* mit grünem und purpurbraunem Metallglanz, *eher kurzbeinig, aber Flügel und Schwanz lang, roter Schnabel abwärts gebogen. Kopf unbefiedert, nackte Haut rot, verlängerte, herabhängende Nackenfedern.* Flügel mit kurzem Arm- und *langem, schmalem Handflügel, Füße überragen Schwanz nicht, Flügelschlag flach,* aber auffallend fördernd und geschmeidig, nicht durch regelmäßige Gleitstrecken unterbrochen.– JK: Kopf noch dunkel befiedert.

## LÖFFLER A/R2/Z

Eurasian Spoonbill *Platalea leucorodia*

L 80-93 cm, S 120-135 cm. Brütet lokal in Schilfgebieten, auch auf Büschen, in meist artreinen Kolonien.

**KENNZEICHEN** *Groß, weiß,* aus der Nähe durch *langen, an der Spitze löffelförmig verbreiterten Schnabel* unverkennbar; aus großer Entfernung mit weißen Reihern zu verwechseln, aber Bewegungsweise bei der Nahrungssuche charakteristisch: beim Waten ausholende Pendelbewegungen von Kopf und ins Wasser gesenktem Schnabel. *Fliegt mit gestrecktem Hals mit schnellen, flachen Flügelschlägen und Gleitstrecken.*– PK: Dicker, kurz herabhängender *Nackenschopf* (besonders ♂), orangegelber Brustlatz, Handschwingen reinweiß, Schnabel schwarz mit gelber Spitze.– SK: Wie PK, doch ohne Schopf und Brustlatz.– JK bis 2es KJ: Wie SK, aber *Spitzen der äußeren Handschwingen schwarz,* Schnabel und Beine anfangs fleischfarben, dann dunkler.

# FLAMINGOS

## Phoenicopteriformes

Große, extrem langbeinige und langhalsige Bewohner flachen Salz- oder Brackwassers mit kräftigen, hohen, gewinkelten Schnäbeln. Brüten in großen Kolonien, aber nicht alljährlich; Nest ein stumpfer Schlammkegel. Filtern mit Lamellenschnabel Krebstiere und Plankton aus dem Wasser.

## ROSAFLAMINGO A/L1E/Z

Greater Flamingo *Phoenicopterus ruber*

L 120-145 cm (ohne 40-50 cm überstehende Beine), S 140-170 cm. Brütet in wenigen, aber großen Kolonien auf Inseln in flachen Salzseen, Lagunen und Salinen, störungsempfindlich. Etwa 50.000 Paare brüten in Europa.

**KENNZEICHEN** Unverwechselbar, weißlich mit rosa Ton, roten Flügeldecken und schwarzen Schwungfedern. *Schnabel rosa, nur Spitze schwarz, Beine insgesamt rosa,* Gefieder nur *blassrosa.* Oft in großen, dichten Trupps (wie rosa Band am Horizont). *Flügeldecken im Flug rot aufleuchtend,* Beine und an der Basis leicht durchgebogener Hals weit ausgestreckt, Flügelschlag stetig und recht schnell.– ♂ durchschnittlich größer und intensiver rosarot.– JK: Graubraun, Bauch weiß.– 2es KJ: Bräunliches JK bleicht schnell aus, neue Federn fast weiß mit dunklen Schaftstrichen und dunkelspitzigen Flügeldecken, Schnabel blassgrau, Auge dunkel. Rosa im Flügel erscheint nach einem Jahr.

**STIMME** Lautes Gackern, an Grau- und Saatgans erinnernd. Von großen Trupps ständiges grunzendes Murmeln.

## ZWERGFLAMINGO D: E/–/S

Lesser Flamingo *Phoeniconaias minor*

L 80-95 cm, S 90-110 cm. Brütet in Afrika südlich der Sahara, in den letzten Jahren zunehmende Nachweise in Nordafrika und Südeuropa, hat in Spanien, Italien und Frankreich gebrütet (oft in Kolonien des Rosaflamingos).

**KENNZEICHEN** Für einen Flamingo klein, aber fast so groß wie Graureiher. *Gesamtes Gefieder rosa,* Schulterfedern eine Mischung von dunkelrosa und hellrosa. Schwungfedern schwarz. *Beine rot, Schnabel dunkelrot mit winziger schwarzer Spitze* (kann aber aus der Entfernung ganz dunkel aussehen).– Geschlechter gleich gefärbt, aber ♂ größer.– Ad.: Gefieder weitgehend rosarot. Nichtbrüter können blasser sein.– JK: Braungrau, ohne Rosa.

**STIMME** Quietschend „tschiwick" ähnlich Blässgans und guttural „ahrg" bei der Nahrungsaufnahme.

Sichler

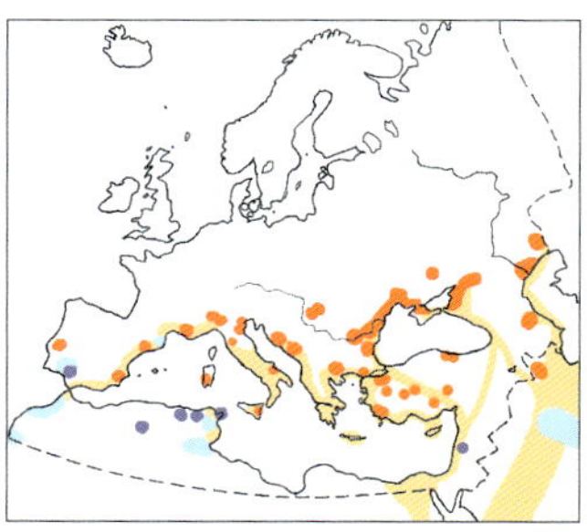

Waldrapp

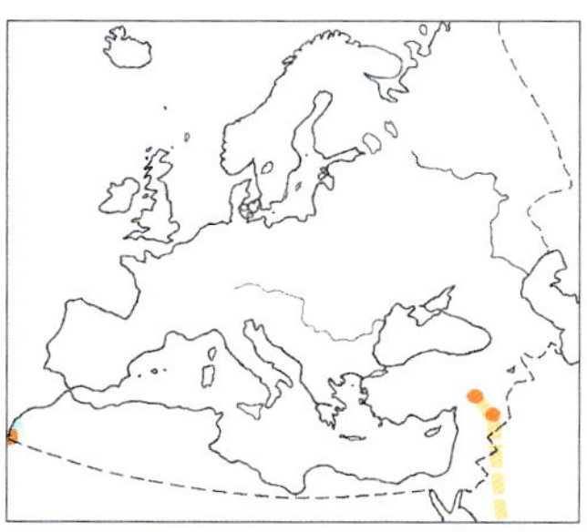

Löffler

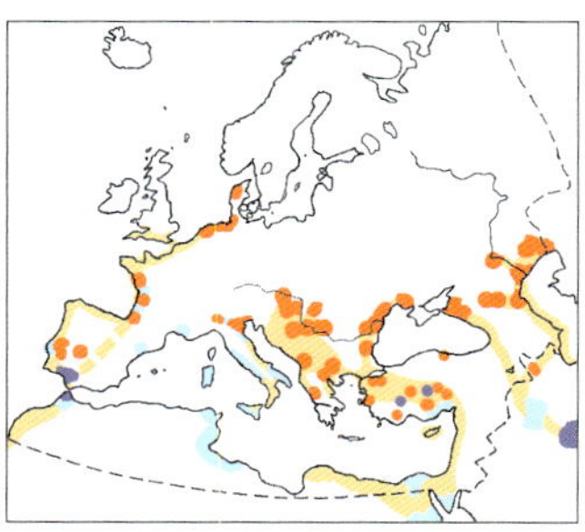

Rosaflamingo

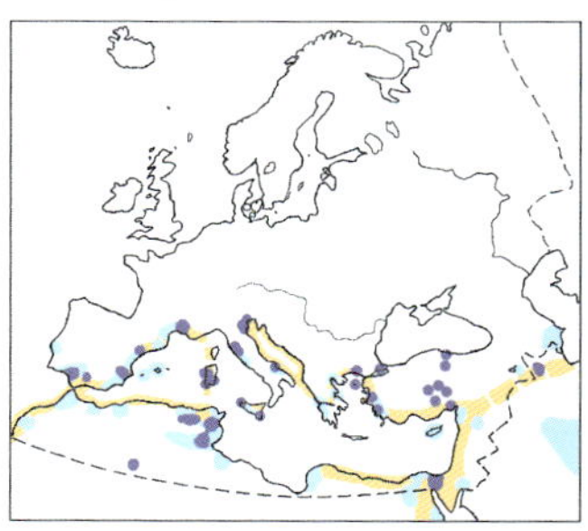

## SICHLER

## WALDRAPP

## LÖFFLER

## ROSAFLAMINGO

## ZWERGFLAMINGO

DZ

# GREIFVÖGEL Accipitriformes

Diese Gruppe enthält 49 tagaktive, hier auf drei Familien verteilte Arten unterschiedlicher Größe und Gestalt. Alle vorwiegend Fleischfresser mit Hakenschnabel und kräftigen Füßen, die, mit Ausnahme der Geier, ihre Beute meist selbst jagen und erlegen. Die hier traditionell anschließend behandelten Falken sind mit Greifvögeln nicht näher verwandt und bilden die eigene Ordnung Falconiformes.

Accipitridae: Habichte, Bussarde, Adler, Milane, Geier und Weihen. Mit 36 Arten größte Familie. Breite, „gefingerte", zum Segeln und Gleiten ausgebildete Flügel.

Pandionidae: Fischadler einzige Art. Spezialisiert auf die Jagd nach Fischen, die im Rüttelflug erspäht und sturztauchend erbeutet werden. Füße und Krallen sehr kräftig.

Falconidae: Falken. Zwölf auf rasanten Jagdflug spezialisierte, spitzflügelige Arten, die teilweise auch „rüttelnd" aus der Luft nach Beute spähen und diese oft nach langer Verfolgung und im Sturzflug meist in der Luft schlagen.

SCHREIADLER

Weiße Wolken überstrahlen Färbung und Details, die erkennbar werden, wenn der Vogel vor dunklen Wolken oder blauem Himmel fliegt.

## GREIFVOGELBESTIMMUNG

Greifvögel sind aufgrund der meist großen Entfernungen, der oft kurzen Beobachtungszeit, der großen Gefiedervariation, der ähnlichen Silhouette nah miteinander verwandter Arten, der geringen Ruffreudigkeit und der seltenen Gelegenheit, so manche Art überhaupt einmal zu beobachten, im Freiland schwer zu bestimmen. Alle Arten sofort unterscheiden zu können, wäre zu viel erwartet, aber mit entsprechender Übung kann man schon ein Stück weit kommen.

Am besten reist man zu den *Knotenpunkten des Greifvogelzugs* (z. B. Falsterbo, Gibraltar, Bosporus, Batumi, Eilat) und schließt sich Experten an. Wichtig ist, sich das Erscheinungsbild der *Schlüsselarten* (z. B. Mäusebussard, Sperber, Rohrweihe und Schwarzmilan) aus verschiedenen Winkeln und bei unterschiedlichem Licht einzuprägen.

Auf Artniveau bereits bestimmte, sich nähernde Vögel sollte man *im Spektiv weiter beobachten, bis sie außer Sichtweite sind,* und sich dabei alle Details einprägen. So gewinnt man am besten einen eigenen Eindruck davon, wie die Arten aus großer Entfernung und unter ungünstigen Bedingungen – die leider den Regelfall darstellen – aussehen.

Das Spektiv ist dabei ein unerlässliches Hilfsmittel. Ebenso wichtig ist ein *stabiles Stativ* (leichte Fotostative wackeln im Wind bzw. bei Bedienung des Spektivs) mit einem leichtgängigen *Videoneiger* (ein Kugelkopf ist weniger geeignet). Für das Beobachten fliegender Greifvögel, also in 95 % aller Fälle, ist ein Spektiv mit Schrägeinblick bequemer zu handhaben als mit Geradeinblick, doch das ist Geschmackssache.

Optische Täuschung und *Größenillusion* spielen bei der Greifvogelbeobachtung aus großer Entfernung oft eine Rolle. Die Größe eines kreisenden Adlers wird überschätzt, da der langsame Flügelschlag und die dunkle Färbung vor hellem Himmel ihn größer erscheinen lassen, als er wirklich ist. Erfahrungsgemäß tritt diese Fehleinschätzung selbst bei direktem Vergleich mit anderen gleichzeitig anwesenden Arten auf. Zudem berücksichtigen viele Beobachter die ganz normale *Größenvariation* innerhalb einer Art nicht. Die in diesem Buch angegebenen Flügelspannweiten wurden anhand von Bälgen, Fotos und lebenden Vögeln sorgfältig kalkuliert und zeigen den großen Überschneidungsbereich zwischen den Arten. Dennoch bieten sie einen Anhaltspunkt für die nicht außer Acht zu lassende relative Größe einer Art.

Die *Flugweise* bietet bereits einen Hinweis für die Bestimmung, doch variiert sie innerhalb einer Art je nach Größe des Individuums, da die größten langsamer mit den Flügeln schlagen als die kleinsten. Auch die *Gefiedervariation* ist vor allem bei Bussarden und einigen Adlern groß. Dennoch lohnt es, sich die ganze Variationsbreite einzuprägen. Im Gegensatz zu Größe und Proportionen unterliegt ein klar erkanntes Gefiederdetail weit weniger dem Einfluss der Täuschung oder der eigenen subjektiven Wahrnehmung.

Vor weißen Wolken fliegende Vögel lassen ihre Färbung kaum erkennen. Deshalb sollte man sie weiter im Auge behalten, bis sie vor blauem Himmel oder vor einer dunkleren Wolke erscheinen und mehr Färbungsdetails zeigen.

Schließlich ist die *Kenntnis der Mauser* für eine korrekte Art- und Altersbestimmung unerlässlich, siehe hierzu auch die allgemeinen Hinweise auf S. 11-12.

Schelladler

Bei vielen Greifvögeln gibt es zwischen Jung- und Altvögeln einen Unterschied in der Silhouette. Altvögel besitzen eher gleichmäßig breite Flügel, vollere Handflügel und kürzeren Schwanz, während Jungvögel einen eher s-förmig geschwungenen Flügelhinterrand, schmaleren und spitzeren Handflügel und etwas längeren Schwanz zeigen.

SEEADLER

Die Mauser der Handschwingen gibt einen Hinweis auf das Alter eines Greifvogels (und erleichtert damit in vielen Fällen auch die Artbestimmung). Dieser Seeadler im Sommer wirkt juvenil, aber die aktive Mauser mit zwei Mauserzentren im Handflügel zeigt, dass er sich mindestens im 3en Kalenderjahr befindet.

**FISCHADLER**

# FISCHADLER Pandionidae

Der Fischadler, der ein großes Verbreitungsgebiet in der nördlichen Hemisphäre besitzt und auch in Australien und anderenorts auf der Südhalbkugel brütet, ist der einzige Angehörige seiner Familie. Er ist völlig darauf spezialisiert, Fische zu fangen, nachdem er die Wasseroberfläche abgesucht und sich mit den Füßen voran fast senkrecht ins Wasser gestürzt hat. Hat starke, gebogene Krallen und einzigartig rau geschuppte Zehen, um glitschige Fische festhalten zu können. Kann beim Tauchen die Nasenlöcher schließen.

## FISCHADLER **D:** A/R2/Z

Osprey *Pandion haliaetus*

L 52-60 cm, S 152-167 cm. Sommervogel, (März) Apr.-Sep., überwintert im tropischen Afrika. Brutvogel klarer Süßwasserseen, küstennaher Brackgewässer und der Mittelmeerküsten. Nahrung Fische, die im steilen Sturzflug erbeutet werden. Rüttelt erst mit kräftigen Flügelschlägen über dem Wasser, verschwindet beim Eintauchen manchmal komplett unter der Oberfläche. Standort des großen, oft über Jahre benutzten Nests variabel, oft auf Baumspitzen.

Fischadler

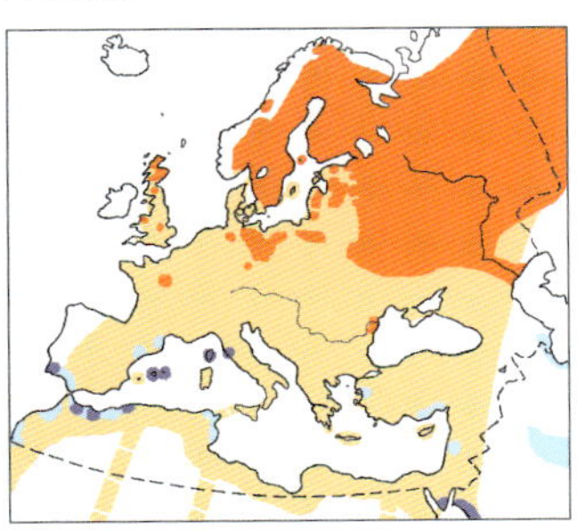

**KENNZEICHEN** Recht großer, langflügeliger, unterseits heller Greifvogel mit typischer Flugsilhouette: *Flügel schmal, lange „Hand" mit nur vier „Fingern", Schwanz kurz* und *gerade abgeschnitten,* Flügel angewinkelt, Gelenk im Gleitflug vorgeschoben; Silhouette von vorne mit abwärts gebogenen Flügeln an eine Großmöwe erinnernd. Oberseite graubraun, *Unterseite weiß, Unterflügel mit schwärzlichen Markierungen auf den Handdecken und Großen Armdecken.* Armschwingen ziemlich dunkel, dicht quer gebändert, Flügelspitze dunkel. Locker abstehende Nackenfedern deuten einen Schopf an. Kräftige Füße blaugrau.– Ad.: Oberseite einfarbig graubraun ohne weiße Federspitzen, Scheitel überwiegend weiß, Große Unterflügeldecken ganz schwarz, Armschwingen dunkel mit meist undeutlicher Bänderung; Iris gelb; braunes Brustband beim ♂ weniger ausgeprägt als beim ♀.– JK: Flügel etwas schmaler, frische Schwungfedern bilden gleichmäßigen Flügelhinterrand. Federn der Oberseite mit weißen Spitzen, Scheitel weiß, dunkel gestrichelt. Große Unterflügeldecken und Armschwingen weiß mit dunkler Querbänderung; Iris orange.

**STIMME** Kontaktruf kurz, laut und explosiv pfeifend „pjüpp!". Warnruf, oft im Flug in Nestnähe geäußert, ein raues, aber scharfes „kju-kju-kju-…". ♂ pfeift bei der Flugbalz (in großer Höhe im Wellenflug mit baumelnden Füßen, darin manchmal einen Fisch haltend) klagend „ü-ILP ü-ILP ü-ILP…".

alle kreisenden Greifvögel zeigen „gefingerte" Flügelspitzen, aber Geier haben die längsten „Finger"

Vergleich der Größe und Gestalt einiger großer und mittelgroßer Greifvögel

# GEIER *Gypaetus, Neophron, Gyps* u. a.

Sechs Arten. Meist sehr große, breitflügelige Vögel, die segelnd und gleitend nach Aas oder Beuteresten Ausschau halten. Flügelmuskulatur im Verhältnis zu Körpergewicht und Flügeloberfläche schwach ausgebildet, daher auf Thermik angewiesen und meist nicht früh morgens aktiv. Oft in Trupps. Kopf der meisten Arten unbefiedert, einige mit langem, im Flug nach Reiherart eingezogenem Hals. Krallen recht kurz.

## BARTGEIER D: BE/–/J

Bearded Vulture *Gypaetus barbatus*

L 105-125 cm, S 235-285 cm. Sehr seltener, lokaler Bewohner hoher Bergregionen, meist an unzugänglichen, steilen Felswänden; im behandelten Verbreitungsgebiet nur noch ca. 800 Paare. Nahrung frisches Fleisch und Aas, auch Knochenmark. Lässt Knochen aus großer Höhe auf Felsen fallen, um sie in Stücken zu verschlingen, ebenso mit den Zehen gegriffene Schildkröten, deren Panzer beim Aufprall zerbrechen. Lebenslange Paarbindung; riesiges Nest in Felshöhle oder -spalte. In den Alpen finden seit mehreren Jahren Aussetzungen mit erfolgreichen Bruten statt.

**KENNZEICHEN** Groß und *langflügelig*, Flugsilhouette durch *schmale, spitze Flügel* und *langen, keilförmigen Schwanz* (deutlich länger als Flügelbreite) unverkennbar (Silhouette nur mit Schmutzgeier vergleichbar, doch dieser nur halb so groß, kurzschwänziger und stumpfflügeliger); segelt und gleitet auf meist flachen, kaum gewölbten Flügeln, Handflügel beim Gleiten aber zeitweise stärker abwärts gehalten, patrouilliert zeitlupenartig (durch seine Größe und die Weite des Lebensraums verstärkt) endlos segelnd ohne Flügelschlag an Felshängen entlang; wenn grelles Licht die Oberseite aufhellt und damit den gesamten Vogel vor dem Felshintergrund verschwinden lässt, am besten am wandernden Schatten zu entdecken.– Ad.: Unterseite weißlich bis hell gelblich oder (durch Baden) oft rostorange, zu dunklem Unterflügel kontrastierend; schwarze Kleine und Mittlere Unterflügeldecken bei gutem Licht erkennbar; Oberseite bleigrau mit hellen Federschäften.– JK: Körper mattgrau, Kopf, Hals und Vorderbrust dunkelgrau abgesetzt („Nebelkrähen-Muster"); oberseits nicht so einfarbig wie Altvögel, Mantel, Bürzel und einige Flügeldecken hell; *Silhouette durch kürzeren Schwanz, breitere Flügel und stumpfere Flügelspitze* von Altvögeln unterschieden.– Immat.: Kopf noch recht lange dunkel; das Alterskleid wird erst ca. im 5en Kalenderjahr angelegt.

Bartgeier

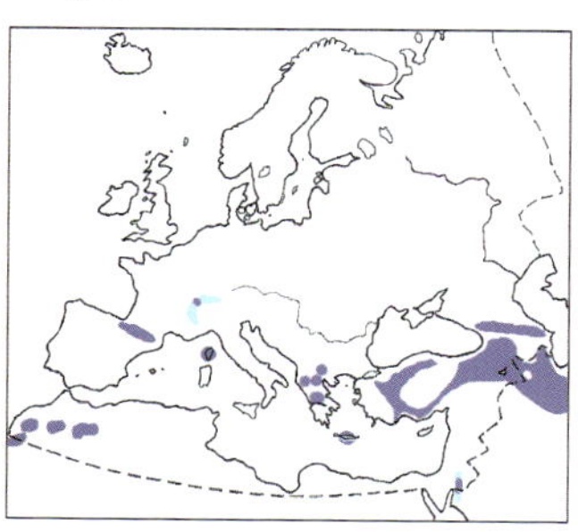

**STIMME** Meist stumm, bei Flugbalz schrille, laut pfeifende Töne oder Triller.

## OHRENGEIER –

Lappet-faced Vulture *Torgos tracheliotos*

L 98-112 cm, S 250-280 cm. Sehr seltener Jahresvogel in Arabien und Südägypten, vielleicht noch Südjordanien. Brütet in Berg- und Wüstenregionen; Nahrung vorwiegend Aas; riesiges Zweignest auf Bäumen, seltener auf Klippen.

**KENNZEICHEN** Gewaltig. Flugsilhouette ähnlich Mönchsgeier mit *gesägtem Flügelhinterrand, Armflügel* aber wie bei Gänsegeier etwas *„ausgebuchtet", Schwanz proportional kürzer* als bei Gänse- und Mönchsgeier. *Kopf hell, Krause dunkel, dunkle Brust* bei Altvögeln *weißlich gestrichelt und gefleckt,* etwas Weiß an Flanken, Oberflügeldecken und Mantel bräunlich, von dunkleren Schwung- und Steuerfedern leicht abgesetzt.– Ad.: Körper unterseits dunkel und hell gestreift, *Unterflügeldecken schwarz mit hellem Band am Vorderrand,* „Hosen" hell.– JK: Körper-, Flügelunterseite und „Hosen" recht einfarbig schwarz.– Immat.: Alterskleid etwa im 6en bis 7en KJ komplett. Alter von Vögeln in Zwischenstadien im Freiland kaum unterscheidbar.

## BARTGEIER

## OHRENGEIER

Ansammlung von Gänsegeiern, einem Mönchsgeier und einer erwartungsvollen Elster am Kadaver. Der Mönchsgeier steht in der Rangordnung am höchsten und frisst zuerst. Ein junger Gänsegeier verstößt gegen die Etikette – jugendlicher Leichtsinn!

## GÄNSEGEIER — D: A/–/S

Griffon Vulture *Gyps fulvus*

L 95-110 cm, S 230-265 cm. Standvogel in Bergregionen des Mittelmeerraums, in N-Europa Ausnahmeerscheinung; im behandelten Gebiet nur ca. 20.000 Paare, davon 90 % in Spanien. Segelt und gleitet vor Steilhängen und Klippen, oft in lockeren Trupps; Nest auf Felskante oder in -höhlen steiler Hänge, oft in lockeren Kolonien von 10-20 Paaren.

**KENNZEICHEN** Gewaltige Größe von Weitem am *zeitlupenartig langsamen Flügelschlag* erkennbar, *Flügel breit* mit *sehr langen „Fingern"; Armschwingen* oft *länger als innere Handschwingen* (beim Mönchsgeier meist gleich lang), dadurch geschwungener Hinterrand, Schwanz kurz, gerundet (auch leicht keilförmig); heller Kopf im Flug wenig auffallend. *Spitzen der Armschwingen abgerundet,* Flügelhinterrand daher nicht ausgefranst wirkend; Flug schwerfällig, mit einigen langsamen, tiefen Schlägen, von Gleitstrecken abgelöst. Flugprofil *beim Segeln* charakteristisch flach *v-förmig* ähnlich Steinadler, Gleitflug ab und zu von einem einzigen, für große Geier typischen, tief ausholenden Flügelschlag unterbrochen. *Kontrastreiche zweifarbige Grundfärbung* meist auffällig, kann aber gegen grellen Himmel dunkel wirken.– Ad.: Am leichtesten an breiten, *hell gelblichen Spitzen* der *Oberflügeldecken* zu erkennen; recht dunkel, *mittelbraune Kleine Unterflügeldecken* von *ein bis zwei schmalen, hellen Bändern* durchbrochen, Körper unterseits mittelbraun. Weiße (nicht hellbraune) Halskrause; Schnabel gelblich.– JK: *Große Oberflügeldecken ohne helle Spitzen, Unterflügeldecken heller* braun als bei ad. und *einfarbiger,* Körper unterseits heller als bei ad.; Krause gelbbraun; Schnabel grau, „Gesicht" oft hell.– Immat.: Das Alterskleid wird innerhalb von 5-6 Jahren angelegt.

**STIMME** Verschiedene zischende und rau grunzende Töne, die meist in Trupps am Aas oder rastend geäußert werden.

Gänsegeier

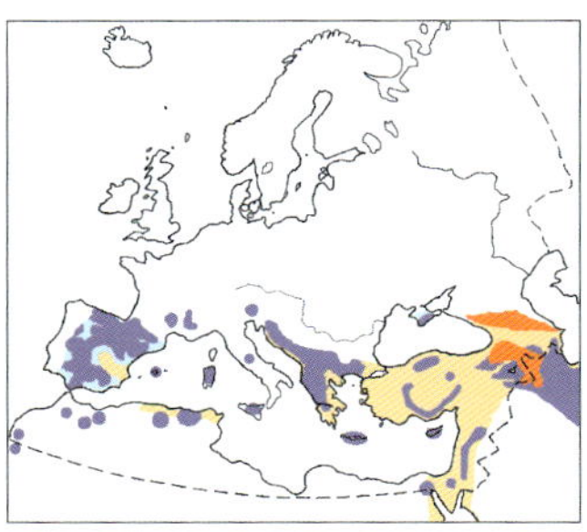

Mönchsgeier

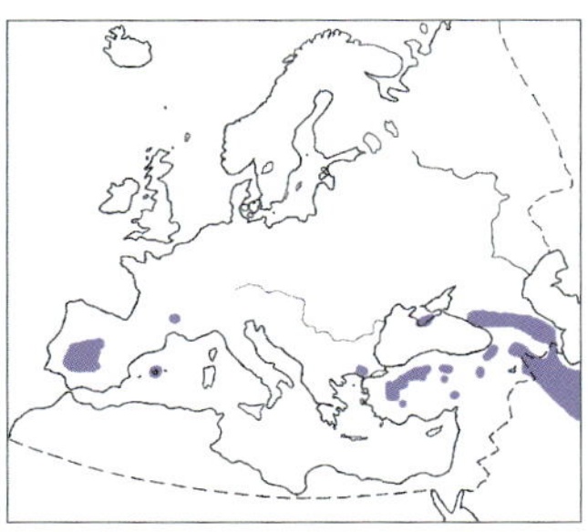

## SPERBERGEIER — –

Rüppell's Vulture *Gyps rueppelli*

L 90-105 cm, S 220-255 cm. Brutvogel Afrikas südlich der Sahara, besucht selten Nordägypten und Spanien, dort einzelne seit den 1990er-Jahren in Gänsegeier-Kolonien.

**KENNZEICHEN** Im direkten Vergleich etwa 10 % kleiner als Gänsegeier. *Ad. dunkel mit dichter heller Fleckung,* immat. (meist in Europa) *insgesamt recht dunkel mit breit weißem Band auf Unterarmdecken.* Mit zunehmendem Alter mehr und schmalere weiße Binden auf Unterarmdecken.

## MÖNCHSGEIER — D: BE/–/S

Cinereous Vulture *Aegypius monachus*

L 100-115 cm, S 250-285 cm. Sehr selten, bis heute starker Rückgang (in Europa ca. 1.800 Paare, vor allem in Spanien); bewohnt sehr trockenes, raues Bergland sowie ausgedehnte, bewaldete Täler mit Hügeln und herausragenden Felsblöcken; Nahrung vorwiegend Aas; riesiges, aus Ästen und Zweigen gebautes Nest fast ausschließlich auf Bäumen.

**KENNZEICHEN** Gewaltig, *Flügel breit mit sehr langen „Fingern",* Flugsilhouette durch *gleichmäßig breite Flügel* etwas adlerähnlicher als beim Gänsegeier, Kopf auffälliger, *Gefieder komplett dunkel,* spitz geformte Armschwingen lassen *sägezahnartigen Hinterrand* entstehen; Verwechslung mit Adler auszuschließen durch im Verhältnis zu großen Flügeln kleineren Kopf, tiefer „gefingerte" Flügel und stärker als beim Adler abstehende zwei äußere Handschwingen. Schwanz wie bei Gänsegeier kurz. Flugsilhouette von vorne beim Segeln vom Gänsegeier deutlich unterschieden durch *geraden Armflügel* und leicht *abwärts gehaltenen Handflügel;* gleitet zum Landen im Gegensatz zu anderen großen, breitflügeligen Geiern *nicht mit baumelnden Beinen* herab, sondern richtet dabei oft den Schwanz auf; Färbung der Füße variabel bläulich grauweiß, hellrosa bis hell gelblich.– Ad.: *Unterflügel nicht einfarbig dunkel,* sondern auf Kleinen und Mittleren Flügeldecken etwas heller graubraun (meist ein bis zwei diffuse Bänder andeutend), *Krause und Kopf hellbraun,* nicht schwärzlich wie im JK.– JK: *Unterflügeldecken einfarbig schwarz,* dunkler als Schwungfedern, Kopf und Krause schwärzlich; Alterskleid etwa ab 6em Kalenderjahr.

## GÄNSEGEIER

## SPERBERGEIER

## MÖNCHSGEIER

DZ

## SCHMUTZGEIER D: A/–/S

Egyptian Vulture *Neophron percnopterus*

L 55-65 cm, S 155-170 cm. Seltener Brutvogel vor allem in Bergregionen des Mittelmeerraumes, häufiger nur in Spanien, NW-Afrika und Türkei, überwintert in Afrika; Bestand abnehmend; Nahrung Aas, Fleischabfälle; Nest an Klippen.

**KENNZEICHEN** Mittelgroß, Flugsilhouette charakteristisch durch *keilförmigen Schwanz* (etwas kürzer als Flügelbreite) und *kleinen Kopf mit schmalem, langem Schnabel,* Flügel relativ breit und „gefingert“, Flugsilhouette von vorne beim Segeln sehr gerade, beim Gleiten mit hängendem Handflügel, Flug mit recht langsamen und tiefen Flügelschlägen; einzige Art mit oberseits weißen Zentren der Schwungfedern.– Ad.: Körper, Kopf, Schwanz, Kleine und Mittlere Flügeldecken weiß; Kopf, Hals, Brust und Mantel variabel gelblich bis graubräunlich überhaucht, unterseits starker Kontrast zwischen weißen Partien und schwarzen Schwungfedern; gelbe Wachs- und Gesichtshaut schon von Weitem auffällig.– JK: Dunkelbraun mit stark kontrastierenden ockergelblichen (weißlich ausbleichenden) breiten Spitzen der Steuerfedern, Oberflügeldecken, Mantel-, Bürzel-, Schulter- und hinteren Bauchfedern; abgetragenes Gefieder matter braun mit schwächerem Kontrast, aber einige Vögel im JK durch schwächere helle Spitzen einfarbiger braun.– Immat.: Gefieder weniger kontrastreich, matter braun; erste helle oder weißliche Federn erscheinen auf Mantel, Rücken, Bürzel, Bauch und Flügeldecken im 2en Sommer. Alterskleid etwa im 5en Kalenderjahr vollständig.

**STIMME** Meist stumm.

## SEEADLER D: A/R2/JW

White-tailed Eagle *Haliaeetus albicilla*

L 76-94 cm, S 190-240 cm. Brütet an Meeresküsten und in Waldgebieten in der Nähe größerer Seen, Flüsse und auf Schären. Selten, aber die Population hat sich in letzter Zeit erholt und in Mitteleuropa ausgebreitet. In der Regel sind erwachsene Vögel sesshaft, während Jungvögel eher auf Wanderschaft gehen. Nahrung Fische, Enten, Aas, Abfälle und Jungvögel, z.B. von Kormoranen und Möwen. Nest riesig, wird wiederverwendet, repariert und erweitert, wenn es ungestört ist, kann ziemlich schwer werden (bis zu 1.000 kg!), besonders wenn es vom Regen durchnässt oder eingeschneit ist, erfordert daher gesunde alte Bäume mit starken Ästen, oft Kiefern. Hoch oben platziert, aber nicht wie beim Fischadler ganz oben, sondern etwas tiefer – die Adler bevorzugen Schutz vor der Sonne und freie Sicht. An Küsten befindet sich das Nest oft auf einem Felsvorsprung. Beginnen im Alter von fünf Jahren zu brüten, Paare bleiben lebenslang zusammen.

**KENNZEICHEN** Sehr groß mit *langen, breiten Flügeln,* Flügelspitze stark „gefingert“; recht *kurzer, stumpf keilförmiger Schwanz, langer Hals* und *kräftiger Schnabel* erzeugen charakteristisches Flugbild, Flugsilhouette von vorne gerade bis leicht gewölbt (Armflügel angehoben, Handflügel herabhängend); aktiver Flug mit langen Serien entspannter, recht flacher Flügelschläge, ab und zu unterbrochen durch kurzes Gleiten (vgl. Steinadler); plötzliches leichtes Heben oder Senken der Flugbahn typisch; kann lange in großer Höhe segeln.– Ad.: Braun mit hellerem, gelblichbraunem Kopf und Hals, durch einige unregelmäßig hell gelblich gespitzte Oberflügeldecken, Mantel- und Schulterfedern etwas „unsauber“ geschuppt wirkend; *Schnabel gelb, Schwanz reinweiß* oder weiß mit brauner Fleckung an Basis und Spitze.– JK: Gefieder frisch bzw. gleichmäßig abgetragen; im Vergleich zu Altvögeln äußere Armschwingen länger (dadurch ausgebuchteter Armflügel-Hinterrand), Schwanz länger und weniger gestuft; Kopf, Hals und Körper dunkelbraun, Brust, Bauch, Rücken und Oberflügel rötlich braun mit ausgedehnt schwarzen Spitzen, Kleine Flügeldecken am dunkelsten (dunkler Ton variabel, einige schwärzlich, andere recht hellbraun), Unterflügel dunkel mit *diffus hellem Achselfleck* und schmalem hellem Band auf Mittleren Unterflügeldecken, Steuerfedern weitgehend dunkel mit hellen Zentren, dadurch zusammengelegter Schwanz (auch im Flug!) oft ganz dunkel, gespreizt bei gutem Licht recht hell wirkend; Schnabel dunkel, *Zügel weißlich,* recht auffälligen, hellen Fleck bildend.– 1er S-2er S: Gefieder (aufgrund verzögerter Mauser) ungleichmäßig alt, rötlich braune Färbung ausgeblichen, einige Brust- und Mantelfedern mit weißen Basen, „Hosen“ ganz dunkel; Schnabel etwas heller grau.– 2er S-3er S: Variabel, aber gleichmäßiger dunkel; Brust, Mantel und Flügel brauner, einige an Rücken und Brust noch weiß gefleckt. Schnabel graugelblich.– 3er S-5er S: Altvögeln bereits viel ähnlicher als jüngere Altersstufen, Gefieder aber immer noch mit einzelnen weißlichen Federn durchsetzt, Kopf und Hals noch recht graubraun; Schnabel gelb, Iris hellbraun.

**STIMME** Außerhalb der Brutzeit meist stumm; besonders am Nest laut, gereiht, schrill gackernd „klii klii klii…“ (an Ruf des Schwarzspechts erinnernd), ♂ höher als ♀; Warnruf tiefer, hart pochend, langsam wiederholt „kleck“.

Schmutzgeier

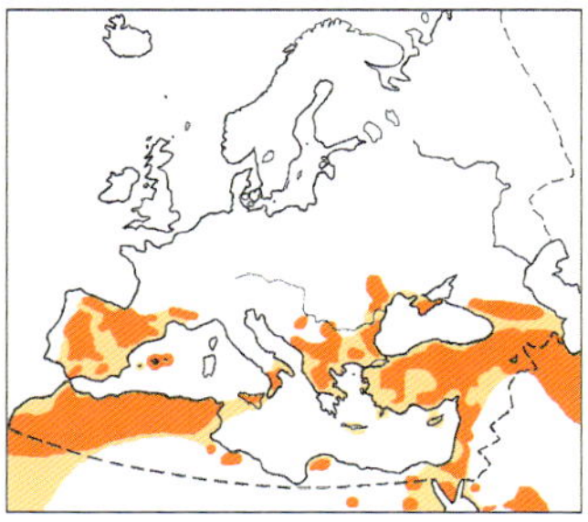

Seeadler

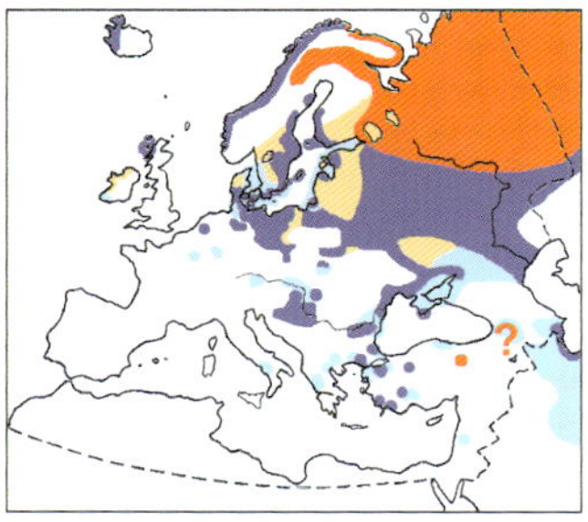

## SCHMUTZGEIER

## SEEADLER

# ADLER *Aquila, Clanga, Hieraaetus, Circaetus*

Gruppe unterschiedlich großer, breitflügeliger, kräftiger Greifvögel mit mächtigem Schnabel; einige Arten nicht nah miteinander verwandt; Geschlechter gleich gefärbt, Weibchen aber meist größer; Alterskleid wird erst nach einigen Jahren angelegt.

## STEINADLER **D:** A/R1/J

Golden Eagle *Aquila chrysaetos*

L 80-93 cm, S 190-225 cm. Bewohnt Bergregionen und weite Hochlandwälder, gelegentlich auch Waldgebiete der Niederungen, im südlichen Verbreitungsgebiet Standvogel, im Norden Wanderungen, vor allem der Jungvögel; Nahrung Säugetiere (Hasen, Kaninchen, Eichhörnchen, auch Jungfüchse), Hühnervögel, Aas; versierter Jäger, der hoch kreisend nach Beute späht oder im niedrigen Flug nach Habichtart Überraschungsangriffe unternimmt; hält auch lange von hohen Bäumen Ausschau. Großes Nest in alten Bäumen oder an Felswänden, wird oft erneut benutzt.

**KENNZEICHEN** Sehr großer, langflügeliger Adler mit typischem *langem Schwanz* (Länge etwa Breite der Flügel), Flügel an Hand- und Armbasis schmaler, dadurch s-förmig geschwungener Hinterrand, besonders deutlich bei Jungvögeln; Flug kräftig, oft mit Serien von 6-7 recht tiefen, langsamen Flügelschlägen, jeweils unterbrochen von 1-2 s Gleitflug, Flugbahn meist gerade; Flugsilhouette von vorne beim Segeln, wie auch oft beim Gleiten, *mit v-förmig angehobenen Flügeln,* Flügel beim Gleiten zuweilen auch flacher oder etwas gewölbt gehalten; in allen Kleidern recht dunkelbraun mit (altersunabhängig) variablem gelblich oder hell rötlich braunem Nacken.– Ad.: Schwung- und Steuerfedern grau mit 3-5 breiten, dunklen Querbändern und breit schwarzen Spitzen; abgetragene, ausgeblichene Mittlere und innere Große Oberflügeldecken lassen (mehr oder weniger deutliches) unregelmäßiges, helles Feld entstehen; Brustfleck und Mittlere Unterflügeldecken oft hell rötlich.– JK: *Großes weißes Flügelfeld* (durch weiße Basen der Handschwingen und äußeren Armschwingen), *ausgedehnt weiße Schwanzbasis;* helles Flügelfeld selten zu kleinem Fleck reduziert (aber kein Alterskriterium), Oberflügeldecken einfarbig dunkelbraun, *ohne helles Band,* Flügelhinterrand s-förmig geschwungen, alle Federn frisch bzw. gleichmäßig abgetragen.– 1er S-2er S: Ähnlich JK, aber mit hellem Band auf Oberflügeln, Federn unterschiedlich abgenutzt.– 3er S-5er S: Ähnlich 1er S-2er S, aber einige Schwungfedern bereits wie bei Altvögeln grau und gebändert; Weiß der Schwanzbasis oft noch lange vorhanden, wenn Flügel bereits dem Alterskleid entsprechen.

**STIMME** Wenig ruffreudig, im Flug ein dünnes Pfeifen, „klüh"; Nestlinge und ♀ betteln zweisilbig „pii-tschulp".

## KAISERADLER **D:** A/–/S

Eastern Imperial Eagle *Aquila heliaca*

L 70-83 cm, S 175-205 cm. Seltener Brutvogel in Wäldern, Steppen oder weiten Ebenen SO-Europas, auch in Bergwäldern; Nahrung Säugetiere, Vögel; nistet in Bäumen.

**KENNZEICHEN** Sehr groß, dem Steinadler am ähnlichsten, aber Schwanz kürzer ($\frac{3}{4}$ bis $\frac{4}{5}$ der Flügelbreite) und Flügel in der Regel gleichmäßiger breit; in Frontansicht vom Steinadler oft durch *eher gerade gehaltene Flügel* unterschieden (zuweilen aber auch leicht angehoben), segelt oft mit zusammengelegtem Schwanz; *Schwanzspitze gerader und eckiger* abgeschnitten als beim Steppenadler.– Ad.: Sehr dunkel braun-schwarz, mit hellem, goldgelbem Nacken, heller als bei Steinadler, *helles Band auf Oberflügeldecken* meist *fehlend,* nur gelegentlich angedeutet, Schwungfedern grau, verwaschen gebändert, *Unterflügeldecken kontrastierend schwarz,* Schwanzbasis heller und enger gebändert als bei Steinadler, *Schwanzendbinde breit schwarz* (zweifarbiger Schwanz kann von Weitem an jungen Steinadler erinnern); weiße Schulterflecke (manchmal klein und schwer zu erkennen).– JK: Körper und Flügeldecken sandfarben, Brust, Mantel und Flügeldecken grob graubraun gestrichelt; meist *Kontrast zwischen gestrichelter* (von Weitem dunkler) *Brust und gestricheltem Mantel* und *ungezeichnet hellem Bauch und Rücken.* Schwung- und Steuerfedern und Große Oberflügeldecken schwärzlich mit breit weißen Spitzen; *innere drei Handschwingen* ober- wie unterseits *heller abgesetzt;* Oberflügel durch *nur undeutlichen hellen Handflügelfleck* vom immaturen Steppenadler oder Schrei- und Schelladler unterschieden (zeigt selten angedeutetes, an jungen Steppenadler erinnerndes helles Unterflügelband, aber andere Merkmale eindeutig).– 1er S-2er S: Ähnlich JK, doch Federn durch Mauser ungleich abgenutzt mit 1 bzw. 2 Mauserzentren. Heller Flügelhinterrand und helle Schwanzspitze undeutlicher.– 3er S-4er S: Gefieder allmählich mit dunklen Federn durchsetzt, beginnend an Kehle, Oberkörper und Kleinen Flügeldecken; kann zuweilen recht *scheckig* aussehen; Alterskleid ab 6em Kalenderjahr.

**STIMME** Recht ruffreudig, ruft tiefer als Steinadler, meist schnell gereiht, rau bellend „auk-auk-auk-…", oft während der Flugbalz; warnt lang gezogen tutend „öht".

## IBERIENADLER (Spanischer Kaiseradler) –

Spanish Imperial Eagle *Aquila adalberti*

L 72-85 cm, S 180-210 cm. Naher Verwandter des Kaiseradlers; sehr seltener Brutvogel Mittel- und SW-Spaniens (<500 Paare); Nest auf Bäumen.

**KENNZEICHEN** Fast wie Kaiseradler, aber *ober- und unterseits reinweiße Flügelvorderkante* und größerer, wie dessen Verlängerung wirkender weißer Schulterfleck; *Schwungfedern* durchschnittlich *dunkler, weniger gebändert, Schwanzbasis heller* grau, wirkt ungebändert.– JK: Eher *rötlich braun* (als sandbraun) und *ungestrichelt* (manchmal dünne Bruststrichel), Schnabel etwas kräftiger.

**STIMME** Wie Kaiseradler.

Steinadler

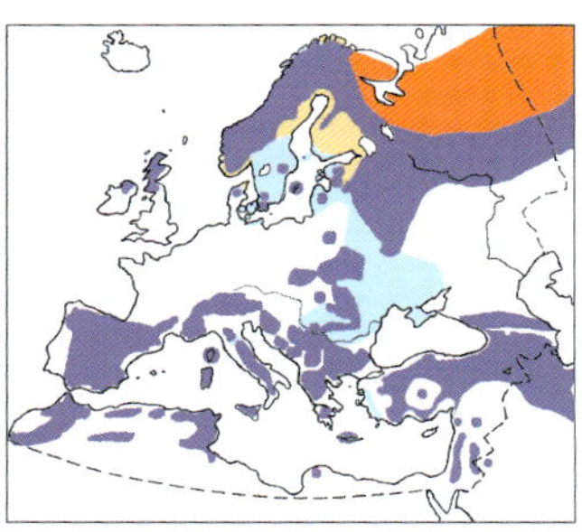

Kaiseradler

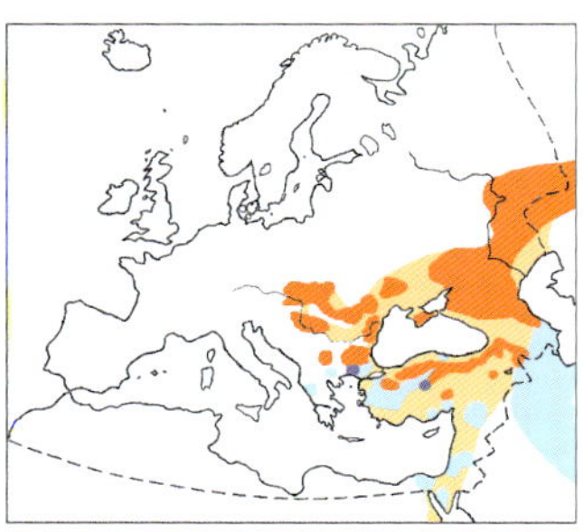

Iberienadler

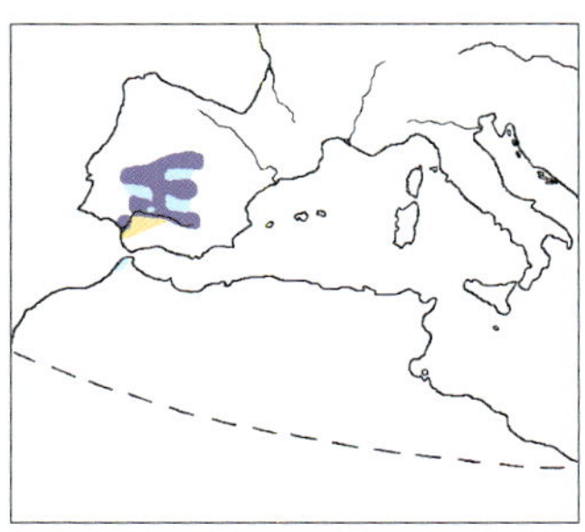

## STEINADLER

## KAISERADLER

## IBERIENADLER

DZ

## SCHREIADLER D: A/R1/Z

Lesser Spotted Eagle *Clanga pomarina*

L 55-65 cm, S 143-168 cm. Lokaler Brutvogel im östlichen Mitteleuropa in bewaldeten, weiten Ebenen; zieht im Winter nach Afrika, dann als Durchzügler häufig in der Türkei und im Nahen Osten (Apr., Sept.); Nahrung Kleinsäuger, Amphibien, gelegentlich Vögel, Insekten; Nest in Bäumen.

**KENNZEICHEN** Mittelgroßer, dunkler Adler von kompakter Gestalt mit gleichmäßig breiten, deutlicher als bei Bussarden, aber nicht so stark wie bei anderen großen *Aquila*-Adlern „gefingerten" Flügeln; Handflügel etwas schmaler, siebte Handschwinge von außen sehr kurz (JK) bis kurz (ad.), Schwanz gerundet, Länge etwa ⅔ bis ¾ der Flügelbreite. Flugsilhouette von vorne vor allem beim Gleiten, weniger ausgeprägt auch beim Segeln, mit *leicht angewinkeltem Bug und hängendem Handflügel* (hängende Hand im Gleitflug auch z. B. bei Schell- und Steppenadler); recht schneller Flügelschlag; Kopf und Hals bussardähnlich, Schnabel für einen Adler klein, Nasenlöcher rund (typisch für Schrei-/Schelladler). Am besten an Färbung zu bestimmen: *dunkelbraun mit heller abgesetzten Kopf-/Halspartien und Oberflügeldecken, kleiner weißlicher Handbasisfleck* oberseits typisch, meist etwas Weiß auf Oberschwanzdecken; typischer Unterflügel zeigt *Kontrast zwischen helleren Flügeldecken und dunkleren Schwungfedern* (milchschokoladenbraun gegen dunkelgrau); Schwungfedern bis zur Spitze meist eng dunkel gebändert, dunkle Bänder mindestens so breit wie helle, bei einigen Individuen völlig ungebändert.– Ad.: Kleine und Mittlere Oberflügeldecken bilden hell *gelblich braunes Vorderflügelfeld;* Kopf oberseits hell, Mantel meist dunkel (je nach Mauser und Abnutzung etwas heller), weißer Handflügelfleck klein und abgesetzt, Große Flügeldecken, Armschwingen und Steuerfedern ohne weiße Spitzen. Iris gelbbraun (bei Schelladler dunkel).– JK: Kleine und Mittlere Flügeldecken ober- und unterseits dunkler als bei ad., aber meist etwas heller als Große Decken und Schwungfedern (einige mit dunklen Unterhanddecken), Kopf braun mit *rötlich gelbem* (ausgeblichen weißem) *Nackenfleck,* weißer Handflügelfleck groß, oft auf Handschwingenbasen ausgedehnt, Große Flügeldecken (ober- und unterseits), Flügelhinterrand und Schwanz mit schmal weißen Spitzen; Armschwingen-Hinterrand oft leicht geschwungen (nicht bei ad.).– Immat.: Alterskleid ca. im 5en Kalenderjahr komplett, doch Altersstufen außer JK und ad. im Freiland schwer zu unterscheiden; Schwungfedermauser kann Hinweis geben – im 1en S werden nur innere Handschwingen gemausert, in den folgenden Sommern jeweils einige innere und äußere.

**STIMME** Am Nest stimmfreudig, hoch „k-jiip", wie jaulender junger Hund, im Balzflug lang pfeifend „wiiik".

Schreiadler

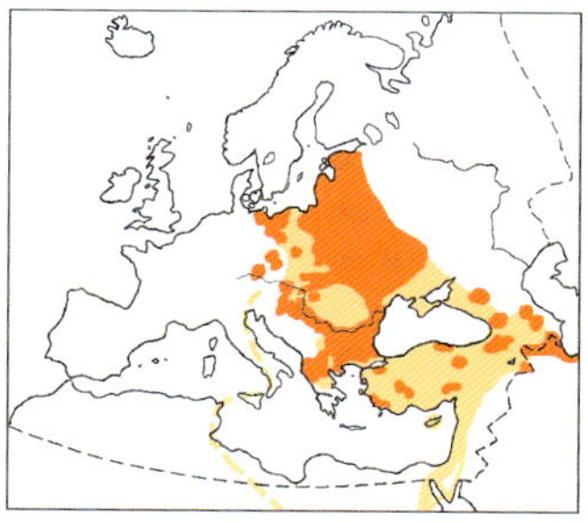

Schelladler

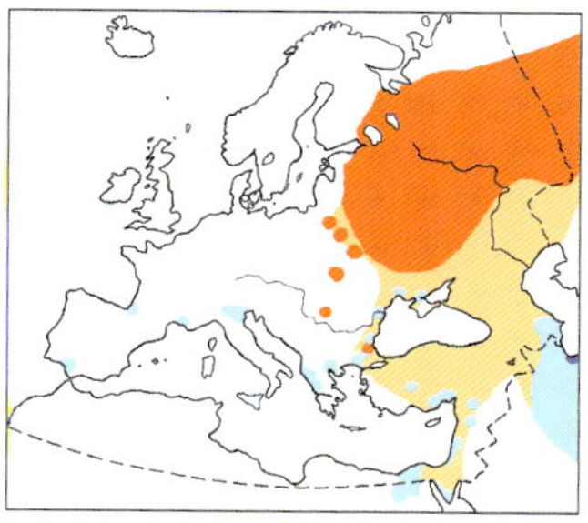

## SCHELLADLER D: A/V/S

Greater Spotted Eagle *Clanga clanga*

L 59-69 cm, S 153-177 cm. Seltener Brutvogel oft feuchter Wälder und Auen Osteuropas. Kurzstreckenzieher, überwintert im Süden des Verbreitungsgebiets und im Nahen Osten; Nahrung Kleinsäuger, Aas; Nest in Bäumen.

**KENNZEICHEN** Großer, dunkler Adler mit kompakter Gestalt, Flugsilhouette sehr ähnlich Schreiadler (s. dort), nur geringfügig durch volleren Handflügel und längere „Finger" unterschieden; Schnabel mittelgroß, Nasenlöcher rund. Gefieder bietet beste Merkmale: dunkelbraun, *Unterflügeldecken in der Regel dunkler als Schwungfedern* (beim Schreiadler umgekehrt), *oberseits keine hell abgesetzten Flügeldecken, weißer Handflügelfleck auf Oberflügel undeutlicher* (vor allem durch Handschwingenschäfte gebildet) und ausgedehnter, *fast die Flügelvorderkante erreichend;* Schwungfedern unterseits dicht dunkel gebändert, dunkle Bänder zur Spitze hin undeutlicher, bei einigen Individuen ungebändert.– Ad., typisch: *Dunkelbraun,* Kopf, Mantel und Oberfügeldecken etwas heller; diffus weißliche Handschwingenflecke und bei vielen Individuen etwas Weiß auf Oberschwanzdecken bilden einzige Aufhellungen im dunklen Gefieder; Vorderflügel unterseits oft dunkler als Große Decken und Schwungfedern, aber bei vielen einfarbig dunkel erscheinend; *leuchtend weißer Halbmond oder Fleck unterseits an den Basen der äußeren Handschwingen* gutes Kennzeichen, bei einigen aber zweiter matterer Halbmond auf den Handflügeldecken wie bei Schreiadler.– Ad., hell: Bei einigen Individuen Kopf und Flügeldecken etwas heller braun, ähnlich Schreiadler, aber oberseits ohne dunklen Rücken und scharfen Kontrast zwischen hellem Flügeldeckenfeld und restlichem dunklem Flügel.– JK, typisch: *Braunschwarz,* purpurn überhaucht, mit unterschiedlich starker weißer Fleckung, *auf allen Deckfedern aufgereihte große, weiße Tropfen* typisch, einige mit kleineren Flecken sehr ähnlich Schreiadler; helle Flecke am Kopf bilden ausnahmsweise hellen Nackenfleck, ähnlich Schreiadler; *Kopf sehr dunkel mit leuchtend abgesetztem, gelbem Schnabelwinkel;* Vorderflügel unterseits braunschwarz, deutlich dunkler als mittelgraue Große Decken und Schwungfedern; Armschwingen-Hinterrand im Flug „ausgebuchtet", Gefieder frisch bzw. gleichmäßig abgenutzt.– JK, hell: Variable, nicht so dunkle Grundfärbung, partiell oder ausgedehnt rötlich braun, oft stark gelblich gepunktet oder gestrichelt; von Weitem mit Schreiadler zu verwechseln, aber durch Dunkelbraun an Kopf, Hals und Kleinen Ober- und Unterflügeldecken unterschieden, dadurch weniger einförmig braun. Oberseits verwaschener Handflügelfleck weiteres Merkmal.– Hellste Variante (var. *fulvescens,* sehr selten): Hell goldfarbenes Körpergefieder (im 1en S weißlich ausgeblichen) und helle Spitzen erinnern eher an helle Morphe des Savannenadlers oder ausgeblichenen juv. Kaiseradler, von diesen aber (schwer) durch Größe, Proportionen, Schnabelgröße und manchmal Flugsilhouette von vorne und Gefiederdetails unterschieden; hellste Variante wohl auch bei immat.– Immat.: Weiße Flecke wie im JK (nur etwas kleiner und undeutlicher) zumindest ein weiteres Jahr vorhanden; Alterskleid erst im 5en bis 6en Kalenderjahr.

**STIMME** Ähnlich Schreiadler, aber tiefer, meist bellend, einzeln oder gereiht „kjak".

## SCHREIADLER

Bewohner offener Landschaften, oft im Grasland Nahrung suchend

fast ad. Steppenadler und Schreiadler ähneln einander, unterscheiden sich aber u. a. durch Größe, Flügellänge (Steppenadler langflügelig) und Gefiederdetails

## SCHELLADLER

ad. Steppenadler und Schelladler ähnlich, aber Steppenadler hat längere Flügel und dunkles Band am Flügelhinterrand

im JK variabel, typisch (o.) aber dunkel und kräftig weiß gefleckt, manchmal heller und schwach gefleckt (l.)

## STEPPENADLER D: A/–/S

Steppe Eagle *Aquila nipalensis*

L 62-74 cm, S 165-190 cm. Naher Verwandter des Savannenadlers. Brutvogel offener, trockener Ebenen und unterer Hanglagen, in Europa von März bis Okt./Nov. in den Steppen nördlich des Kaspischen Meeres. Überwintert in Afrika. Nahrung Kleinsäuger, Insekten (im Winter vor allem Termiten), Aas usw. Nest in Bäumen oder auf Erdhügeln.

**KENNZEICHEN** *Groß* bis sehr groß, Flügel lang, breit und stark „gefingert“, *Kopf und Hals etwas stärker hervortretend* als bei Schrei-/Schelladler, *Armflügel proportional länger;* kräftiger *Schnabel mit langem, auffälligem, gelbem Schnabelwinkel* bis unter den Hinterrand des Auges. Mit Erfahrung kann breitere Hand mit längeren Fingern und langer 7. Handschwinge zur Unterscheidung vom Schreiadler dienen; Größe nur bei größten Individuen und in direktem Vergleich hilfreich; Nasenlöcher oval (bei Schrei-/Schelladler rund). Nützliche Gefiederdetails: *Schwung- und Steuerfedern breit dunkel gebändert* (auch Handschwingenbasen, Schrei-/Schelladler dort ungebändert), *Bänder in deutlichem Abstand* und von Nahem immer *gut sichtbar,* von Weitem zumindest am äußeren Rand der inneren Handschwingen; *dunkler Armschwingen-Hinterrand bei ad. breiter,* meist auf mittlere Entfernung sichtbar, Kinn und Kehle in allen Kleidern hell; nur Handschwingenspitzen unterseits schwarz, Handschwingenbasen heller grau; beim stehenden Vogel „Hosen“ breiter und auffälliger als beim Schreiadler; oft kleiner, weißer Rückenfleck (aber auch bei Schrei-/Schelladler möglich).– Ad.: Dunkel- bis mittelbraun, Schwung- und Steuerfedern grob gebändert, dunkler Flügelhinterrand geschlossen, Nacken oft etwas heller braun; dunkle Vögel erinnern an Schelladler, haben aber *dunklen Flügelhinterrand und dunkle Schwanzendbinde* und etwas längere Flügel, helle Vögel erinnern an Schreiadler, zeigen aber neben strukturellen Unterschieden oft (viele Ausnahmen!) einfarbig hellbraune Färbung von Mantel und Oberflügeldecken (beim Schreiadler Mantel immer dunkler als Flügeldecken); Körper unterseits dunkler als Unterflügel, dieser mit recht deutlichem dunklem Bugfleck.– JK: Mittelbraun, Unterflügel mit charakteristischem, *mittig verlaufendem, breitem, weißem Band* (ausnahmsweise schwach ausgebildet) *und breit weißem Flügelhinterrand und weißer Schwanzendbinde;* bei einigen Individuen Flügelband zu großem, cremeweißem Bugfleck ausgedehnt. Große Oberflügeldecken mit breit weißen Spitzen, mit meist auffälligem, weißem Handschwingenfeld verbunden, viel Weiß auf Oberschwanzdecken.– Immat.: Variabel, aber weißes Flügelband komplett oder partiell vorhanden, ebenso Spuren von weißem Flügelhinterrand (vor allem an inneren Handschwingen) und weißer Schwanzendbinde.– Fast ad.: Ähnlich ad., aber einige Schwungfedern noch ohne dunkle Spitzen und meist Reste der weißen Flügelbinde sichtbar (am längsten auf inneren Handschwingendecken vorhanden).

**STIMME** Recht stumm; ruft ähnlich Schrei- und Schelladler, aber etwas tiefer.

Steppenadler

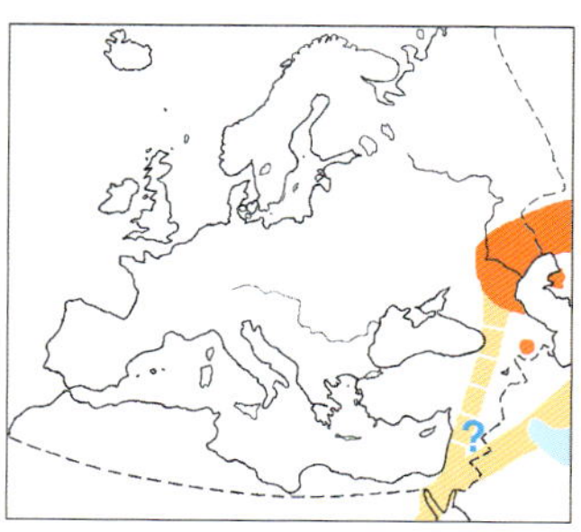

Savannenadler

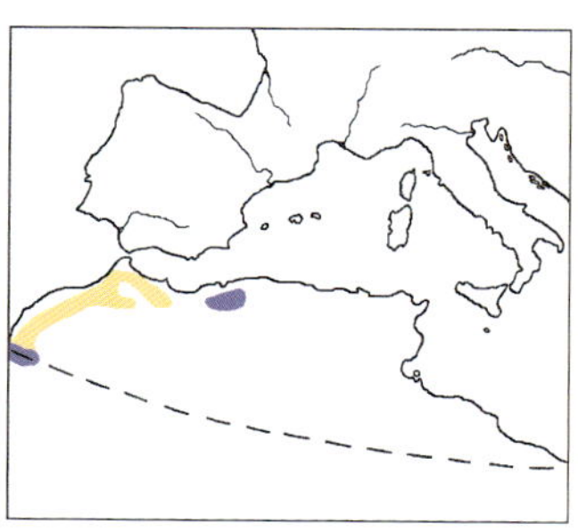

## SAVANNENADLER –

Tawny Eagle *Aquila rapax*

L 62-72 cm, S 165-185 cm. Naher Verwandter des Steppenadlers, seltene nordafrikanische Unterart *belisarius* bewohnt Berg- und Waldregionen; Nahrung wie Steppenadler, schmarotzt oft; Nest in Bäumen.

**KENNZEICHEN** Im Vergleich zum Steppenadler kleiner, etwas untersetzter, nur geringfügig größer als Schelladler; Gefieder verglichen mit Steppenadler variabler, *oft recht hell, Schwung- und Steuerfedern dicht, aber unauffällig gebändert* oder ungebändert, einige ad. mit diffus dunklem Flügelhinterrand; *Rücken bis Oberschwanzdecken fast immer sehr hell* (auch typisch für jungen Kaiser-, selten beim Steppenadler); bei hellen Individuen *drei innerste Handschwingen* (und manchmal restliche Handschwingenbasen unterseits) meist *auffallend hell,* ähnlich jungem Kaiseradler; auffälliger gelber Schnabelwinkel reicht nur bis unter Augenmitte (bei Steppenadler bis Augenhinterrand), *Kehle von übriger Körperunterseite nicht hell abgesetzt* (bei Steppenadler Kehle hell); *Jungvögel unterseits ohne typisches weißes Flügelband junger Steppenadler.*– Ad.: Sehr variabel dunkel-, hell-, mittel- oder rötlich braun mit dunkleren Schwung- und Steuerfedern, Oberflügeldecken und viele Körperfedern mit dunklen Zentren, dadurch Gefieder gestreift und nach gradueller Mauser oft ungleichmäßig und etwas schäbig (mit Ausnahme seltener dunkelster Individuen); heller Handflügelfleck undeutlich, Iris hell (bei Steppenadler dunkel).– JK: Meist hell rötlich braun, zu Weißlich ausbleichend, einige Individuen mittelbraun; Unterflügeldecken hell, Große Decken dunkel zentriert. Gefieder frisch oder gleichmäßig abgenutzt.

## KLIPPENADLER –

Verreaux's Eagle *Aquila verreauxii*

L 78-88 cm, S 190-210 cm. Sehr seltener Brutvogel der Gebirgswüsten im Sinai; Nahrung vor allem Klippschliefer.

**KENNZEICHEN** Größe fast wie Steinadler (kann durch dunkles Gefieder größer wirken), Altvögel *auffällig schwarz mit ober- und unterseits großen weißlichen „Handflügelfenstern“, weißem Mantel-V (im Flug u-förmig) und Weiß auf Bürzel und Oberschwanzdecken;* kann von Weitem für dunkle Morphe des Adlerbussards gehalten werden. Flugsilhouette durch *stark „ausgebeulten“ Armschwingen-Hinterrand, schmale Flügelbasis und schmalen inneren Handflügel* sehr charakteristisch, Flügel wirken von Weitem oft recht zugespitzt; *segelt mit v-förmig gehaltenen Flügeln.*– JK: Recht dunkel mit hell rötlich goldenem Nackenfleck, ein wenig an ad. Steinadler erinnernd, aber unterschieden durch *auffällig helle Handschwingenbasis, andere Flügelform, weißliche Oberschwanzdecken,* etwas kürzeren Schwanz, proportional kleineren Kopf, längeren, schlankeren, schwarzen Hals, längere Beine und größere Füße; Kopf- und Kehlseiten schwarz, dunkle Oberflügeldecken mit hellbeigen Spitzen erzeugen Schuppenmuster.

## STEPPENADLER

## SAVANNENADLER

## KLIPPENADLER

## SCHLANGENADLER **D:** A/0 (B)/Z

Short-toed Snake Eagle *Circaetus gallicus*

L 62-69 cm, S 162-178 cm. Bewohnt im Süden offenes Gelände mit Bergen und Wald, im Osten auch Flusstäler, Wälder, überwintert in Afrika; selten, etwa 10.000 Paare im Bearbeitungsgebiet; Nahrung Reptilien; Nest in Bäumen.

**KENNZEICHEN** Groß, hell, *Flügel lang und breit, Schwanz* etwa ⅘ so lang wie Flügel breit, schmal *an der Basis, wenn gefaltet gerade abgeschnitten und eckig; Hals kurz, Kopf breit, beim stehenden Vogel eulenartig;* Flugsilhouette von vorne im Gleiten mit *charakteristisch vorgestrecktem Bug und abwärts gebogenen Flügeln,* äußere Arm- und innere Handschwingen lang, *bei vorgestrecktem Bug recht geraden Flügelhinterrand* formend; Flügel beim Segeln gerade gehalten; *rüttelt* oder hängt mit geringen Flügelbewegungen im Wind; *Unterseite silbrig weiß* mit typischem *Kontrast zum Dunkelgrau von Kopf und Brust* und dunklen Tropfenreihen an Bauch, Flügeldecken und locker gebänderten Schwung- und Steuerfedern, *Schwanz mit drei gleich breiten,* ober- und unterseits sichtbaren *dunklen Binden,* bei einigen Individuen angedeutete vierte Binde. Von Fischadler und hellen Bussarden unterschieden durch *Fehlen des dunklen Bugflecks* und Schwanzmuster; einige dunkler, andere sehr hell gefärbt, mit nur rudimentärer Bänderung von Flügeln und Schwanz, Spitzen der äußeren Handschwingen grauer, an den Kanten am dunkelsten (bei Bussarden Spitzen einfarbig schwarz).– Ad./JK: Altersbestimmung schwierig. Im JK geschwungener Flügelhinterrand durch längere Armschwingen und schmalere „Hand“, alle Schwungfedern frisch mit kleinen weißen Spitzen bzw. gleichmäßig abgenutzt.

**STIMME** Zur Brutzeit recht stimmfreudig; ähnlich Pirol, einzeln oder gereiht„küo“, auch klagend „mii-ok“.

## ZWERGADLER **D:** A/V/S

Booted Eagle *Hieraaetus pennatus*

L 42-51 cm, S 110-135 cm. Bewohnt Wälder mit angrenzenden offenen Flächen, Hügel- und Bergland, überwintert in Afrika (wenige in SW-Spanien); Nahrung Kleinsäuger, Reptilien, Vögel, die im spektakulären, mit angelegten Flügeln ausgeführten Sturzflug in Bodennähe erbeutet werden; nistet auf Bäumen oder (selten) Felsen.

**KENNZEICHEN** Kleiner Adler von der Größe und Gestalt eines Bussards, Handflügel aber durch 6 „Finger“ (anstatt 5) gleichmäßiger und breiter als bei jenem, Flugweise adlerartig, mit geraderem Kurs, oft größerer Geschwindigkeit und längeren Gleitstrecken. Schwanz ⅘ so lang wie Flügelbreite oder gleich breit, *gerade abgeschnitten, Außenkanten gerade* (oder sogar an der Spitze leicht konkav verlaufend). Zwei Farbmorphen: helle Morphe mit *weißer Unterseite* (an Brust und Augenpartie etwas bräunlich oder düster) *und weißen Unterflügeln* (locker schwarz gepunktet), *mit stark abgesetzten, schwarzen Schwungfedern (innere drei Handschwingen meist heller und gebändert);* dunkle Morphe mit dunkelbrauner Unterseite (rötlich überhaucht, gestrichelt) und dunkelbraunen Unterflügeln (oft zur Vorderkante aufgehellt), Schwungfedern wie helle Morphe, aber meist nicht schwarz, eher braun und gebändert; *innere drei helle Handschwingen* am auffälligsten. Schwanz unterseits in beiden Morphen grau, *innen und an der Spitze dunkler.* (Bei beiden Morphen Variationen, helle Morphe mit rötlichem Anflug an Körperunterseite und, häufiger, dunkle Morphe von mittelbrauner Färbung mit heller rostbrauner Vorderkante des Unterflügels). 75 % aller Individuen zeigen *charakteristischen kleinen, reinweißen Fleck an der Basis des Vorderflügels* („Positionslichter“), ähnlicher Fleck ausnahmsweise beim Wespenbussard (aber nicht so reinweiß und abgesetzt). Oberseits zeigen beide Morphen ein *hell ockerfarbenes, über den Armflügel verlaufendes Band, weißliche Oberschwanzdecken* und einige helle Schulterfedern.

**STIMME** Zur Brutzeit stimmfreudig, schrill „kli kli kli…“, auch bussardähnlich „hijääh“ und in Serien „gü“.

## HABICHTSADLER **D:** A/–/S

Bonelli's Eagle *Aquila fasciata*

L 55-65 cm, S 145-165 cm. Brutvogel in Bergregionen, selten, ca.2.500 Paare überwiegend im Südwesten; Nahrung mittelgroße Säugetiere oder Vögel; Nest an Felsen.

**KENNZEICHEN** Mittelgroßer, kräftiger Adler mit breiten Flügeln und *geradem, recht breitem, gerade abgeschnittenem Schwanz,* Schwanzlänge etwa wie Flügelbreite oder etwas kürzer, Flügelspitze nur *mäßig „gefingert“;* Flugbild mit beim Gleiten *nach vorne gepresstem Bug, recht kleiner Kopf* sowie Schwanzlänge erinnern an Wespenbussard, segelt und gleitet auf geraden Flügeln, Handschwingen zuweilen leicht abgesenkt.– Ad.: Typisches Flugbild von Weitem mit *weißlichem Körper und dunkler Färbung von Flügeln und Schwanz,* aus kürzerer Distanz unterseits mit weißer Flügelvorderkante (variabel auf Kleine und manchmal Mittlere Decken ausgedehnt), diffus grauen Basen der äußeren Handschwingen und schwärzlichen Großen Flügeldecken; Schwanz hellgrau mit breiter dunkler Endbinde, weiße Partien eng dunkel gebändert; Oberseite dunkelgrau mit typischem *weißem Mantelfleck* (unterschiedlich groß; kann fehlen).– JK: Unterseits Körper und Flügeldecken hell rötlich beige (fein dunkel gestrichelt), Flügelspitzen schwärzlich, Schwung- und Steuerfedern hellgrau, schmal dunkel gebändert, ohne breite Endbinde; Große Flügeldecken können rein rötlich beige sein oder durch dunkle Basen ein undeutliches Band erzeugen, das bis auf die Handdecken reicht.– Immat.: Körper unterseits hellbraun, kräftig dunkel gestreift, später Große Flügeldecken dunkler, Körper weißer; breit dunkle Schwanzendbinde entsteht während des 3en W, Alterskleid gewöhnlich im 5en W.

**STIMME** Nur am Nest sind verschiedene bellende und schrille Töne zu hören.

Schlangenadler

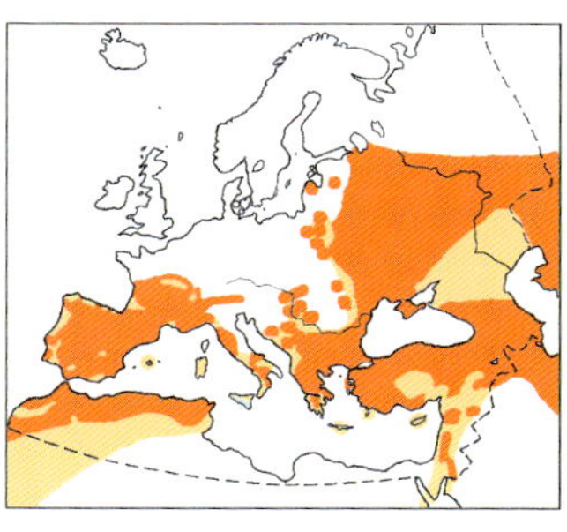

Zwergadler

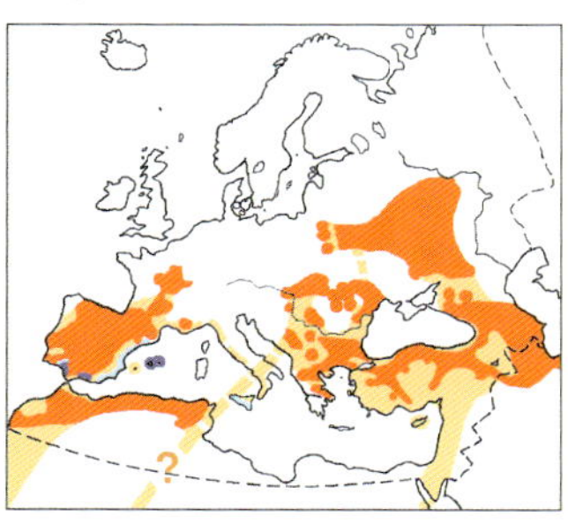

Habichtsadler

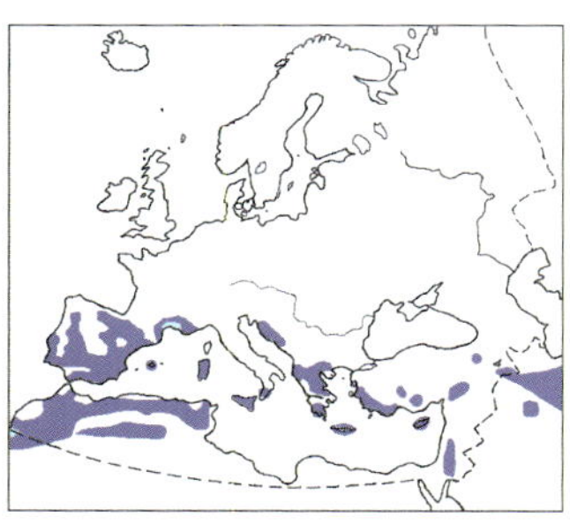

## SCHLANGENADLER

## ZWERGADLER

## HABICHTSADLER

# MILANE *Milvus*

Große, langflügelige Greifvögel mit langen, gegabelten Schwänzen, die während des Segelns und Gleitens oft gedreht werden. Nahrung Kleintiere, oft Aas, besuchen auch Mülldeponien und patrouillieren an Gewässerufern nach toten Fischen, stehlen auch Beute von Krähen und anderen Greifvögeln. Bauen Reisignester hoch in alten Bäumen.

## ROTMILAN — D: A/N4/JZW

Red Kite *Milvus milvus*

L 61-72 cm, S 140-165 cm. Brutvogel bewaldeter Regionen mit Seen und Feldern, vor allem im Norden Zugvogel. Nahrung oft Aas, Abfälle, auch Fische und Insekten. Bildet außerhalb der Brutzeit Schlafgemeinschaften.

**KENNZEICHEN** Mittelgroß, langflügelig, mit *charakteristischem langem, tief gegabeltem Schwanz,* recht schmale *Flügel gleichmäßig breit, am Bug gebeugt und gewinkelt, lange „Hand" von vorne betrachtet herabhängend; im Flug mit hängendem Schwanz und Kopf bucklig wirkend;* Flugweise lebhaft und lässig, fast krähenartig, von *ständigem Schwanzdrehen* begleitet; *unterseits weiße „Fenster" des inneren Handflügels typisch, Schwanz oberseits rostfarben,* unterseits heller, *oberseits helles, gelbbraunes Flügelband diagonal über dunklen Armflügel* verlaufend, heller und markanter als beim Schwarzmilan, von vorne als heller Flügelbug sichtbar; Kopf hell.– Ad.: Große Oberflügeldecken ohne helle Spitzen, Brust und Bauch tief rotbraun, dünn schwarz gestrichelt, Unterschwanzdecken recht dunkel.– JK: Große Fügeldecken mit schmal weißen Spitzen, Brust und Bauch rotbraun, durch gelbbeige Schaftstriche heller als dunkler Unterflügel, Unterschwanzdecken hell.

**STIMME** Klagendes dünnes Pfeifen, bussardähnliches Miauen, gefolgt von lang gezogenem, auf- und absteigendem „wiiiuuh, ii uu ii uu", auch wiederholt „wii-uh".

## SCHWARZMILAN — D: A/N3/Z

Black Kite *Milvus migrans*

L 48-58 cm, S 130-155 cm. Bewohnt Waldgebiete mit Seen, Flüssen oder Feuchtgebieten, überwintert in Afrika; Nahrung Fische, Fleisch- und andere Abfälle; gesellig, oft in recht großen Trupps, bildet Schlafgemeinschaften.

**KENNZEICHEN** Mittelgroß, mit leicht gegabeltem Schwanz; vom Rotmilan unterschieden durch dunkles Gefieder, etwas geringere Größe, Flügel und Schwanz proportional kürzer, *Flügelspitze breiter, Schwanz schwächer gegabelt, graubraun (niemals rostfarben);* Gefieder dunkelbraun, Handschwingenbasen unterseits heller; helles „Fenster" bei europäischen Altvögeln schwach ausgebildet, im JK und bei vielen östlichen Durchzüglern im Nahen Osten viel weißer, ähnlich Rotmilan. Oberseite dunkelbraun mit hellem, *mittelbraunem Diagonalband über Armflügel* (wie bei Rotmilan, aber dunkler und matter); wenn Schwanzkerbe nicht sichtbar, Verwechslung mit Zwergadler der dunklen Morphe möglich, Letzterer zeigt aber helle Oberschwanzdecken, meist weiße „Positionslichter"; dunkle Rohrweihe hat weit weniger „gefingerte" Flügelspitzen, unterseits keine hellen Handschwingenbasen, von vorne betrachtet angehobenen Arm- und geraderen Handflügel, also keine angewinkelten Flügel mit hängender „Hand".– Ad./JK: Altersbestimmung wie beim Rotmilan.

**STIMME** Ähnlich Rotmilan, aber schneller wiehernd „pii-i-i-i", auch bussardähnlich maunzende Rufe.

## SCHMAROTZERMILAN — –

Yelllow-billed Kite *Milvus aegyptius*

L 45-55 cm, WS 125-145 cm. Brütet lokal in Ägypten entlang des Nils, häufiger in Ostafrika. Hauptsächlich Standvogel. Früher als Unterart des Schwarzmilans betrachtet.

**KENNZEICHEN** Etwas kleiner, blasser und gleichmäßiger braun als Schwarzmilan, aber *gesamter Schnabel gelb,* nicht nur die Wachshaut (doch können Jungvögel dunkleren Schnabel zeigen). Schwanzgabelung etwas tiefer, Schwungfedern mit feinerer Bänderung, Schwanz durchschnittlich etwas deutlicher quer gestreift. *Auge dunkel* (beim Schwarzmilan Iris gelblich ocker). Von unten gesehen sind Bauch und „Hosen" etwas wärmer rötlich als beim Schwarzmilan.

**STIMME** Ähnlich Schwarzmilan. Trug wegen seiner Stimme schon im Alten Ägypten die Bezeichnung „Klageweib".

## GLEITAAR — D: A/–/S

Black-winged Kite *Elanus caeruleus*

L 31-36 cm, S 76-88 cm. Bewohnt Savannen, offene Ebenen, Waldränder an Flüssen und Dickichte in offener Agrarlandschaft. Hat sich rezent von Nordafrika bis Südwest-Europa ausgebreitet, doch nur lokal und selten. Jagt von exponierter Warte oder im Flug rüttelnd Insekten, Eidechsen und Kleinsäuger. Nest in Bäumen wird jedes Jahr neu errichtet.

**KENNZEICHEN** Unverwechselbar. *Etwas kleiner als Lachmöwe, aber kompakter, mit kräftigerem Körper,* großem Kopf auf kurzem Hals, *spitzen, aber breiten Flügeln und kurzem, gerade abgeschnittenem Schwanz. Oberseite hell blaugrau mit schwarzen Vorderflügeln,* unterseits weiß, Handschwingen schwärzlich. Kopf weiß mit *schwarzer Maske, große Augen bernsteinrot,* kurze Beine gelb. *Rüttelt* wie Turmfalke, *segelt und gleitet mit weihenähnlich angehobenen Flügeln;* erinnert im aktiven Flug durch langsame, tiefe Flügelschläge an Eule.– JK: Mantel, Schultern und Große Armdecken dunkelgrau mit weißen Federspitzen; Scheitel bräunlich, Brust rostrot überhaucht.– Im Nahen Osten neu eingewanderte Unterart *vociferus* hat schwärzlich graue Armschwingen.

**STIMME** Ruft überraschend hoch ansteigend pfeifend „sui" (entfernt ähnlich Zilpzalp), langsam mehrfach wiederholt. Bei Alarm rau kratzend „keeesch", 2-3 s lang.

Rotmilan

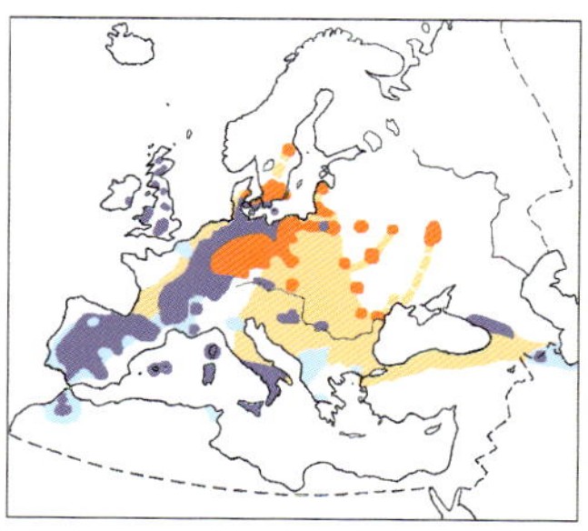

Schwarzmilan

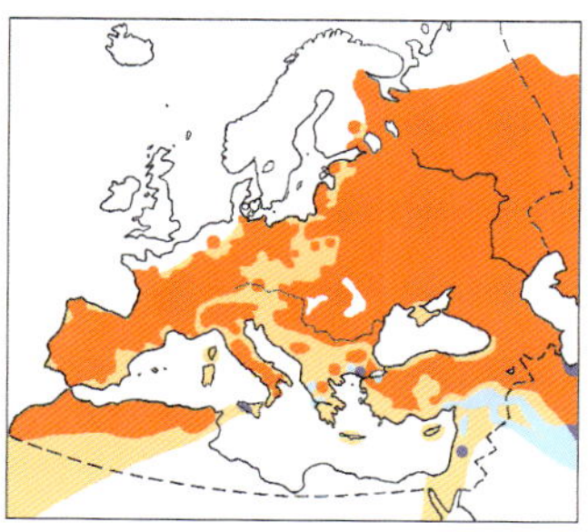

Gleitaar

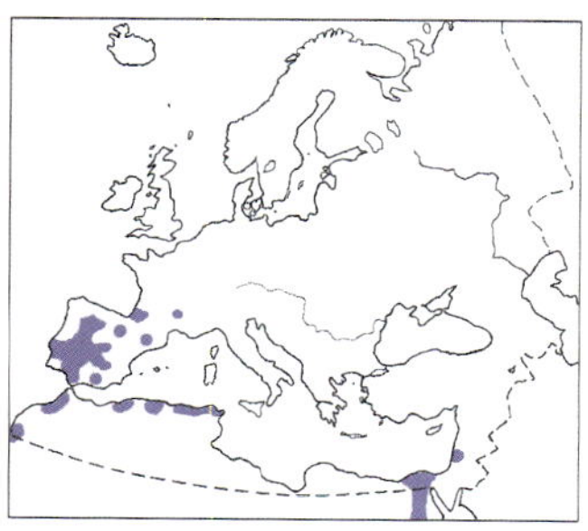

## ROTMILAN

## SCHWARZMILAN

## SCHMAROTZERMILAN

## GLEITAAR

# WEIHEN *Circus*

Weihen sind mittelgroße, langflügelige und langschwänzige Greifvögel. Oft sieht man sie in mühelosem Flug mit wenigen Flügelschlägen, gefolgt von Gleitstrecken auf leicht angehobenen Flügeln, auf der Suche nach Nahrung niedrig über Röhrichte, Sümpfe, Wiesen, Heiden, Felder, Steppen und sogar Wüsten patrouillieren, gerne auch entlang von Hecken, Dämmen und Deichen. Sie ernähren sich vorwiegend von Kleinvögeln und kleinen Säugetieren, verschmähen aber auch Insekten, Amphibien, Schlangen, größere Vögel und deren Küken nicht. Das Bodennest wird aus Schilf, Stroh oder Gras errichtet, im Schutz von kleinen Büschen, Röhricht oder anderer niedriger Vegetation.

## ROHRWEIHE D: A/N3/Z

Western Marsh Harrier *Circus aeruginosus*

L 43-53 cm, S 115-139 cm. Brütet im Schilf von flachen Süßgewässern, Buchten oder langsam fließenden Flüssen. Sommervogel (März-Sept.), überwintert im Mittelmeerraum und im tropischen Afrika. Oft niedrig über Schilfgebieten fliegend bei der Jagd nach Kleinsäugern, Vögeln und Jungvögeln der dort brütenden Arten, Amphibien und Insekten zu sehen. Das Nest aus einem Haufen Schilf wird in hohem Röhricht versteckt.

**KENNZEICHEN** Etwas größer als Mäusebussard, aber mit schlankerem Körper, schmaleren Flügeln und längerem Schwanz; *segelt mit flach v-förmig angehobenen Flügeln, gleitet mit leicht angehobenem Arm- und geraderem Handflügel.* Kann aus der Entfernung mit Schwarzmilan und Zwergadler der dunklen Morphe verwechselt werden, unterscheidet sich jedoch durch *weniger „gefingerte" Flügelspitze, etwas stärker gerundeten Schwanz* und von vorne andere Silhouette. Auch sind die Flügelschläge nicht so tief und federnd wie beim Milan und der schlankere Körper ist nicht so kompakt und kraftvoll wie beim Zwergadler.– Ad. ♂: *Scharf abgesetzte schwarze Flügelspitzen, einfarbig blaugrauer Schwanz und Hinterflügel,* Kopf und Brust hell cremeweiß, Oberflügel drei- bis vierfarbig. Einige Individuen (wahrscheinlich ältere) sehr hell, von Weitem ähnlich Kornweihen-♂, aber *Bauch und Oberflügeldecken kastanienbraun.*– Ad. ♀: Gefieder dunkelbraun, Scheitel, Kehle und (teilweise) Vorderflügel cremeweiß. Oft angedeuteter heller Brustfleck ähnlich Mäusebussard. Seltene (wohl ältere) helle Individuen ähneln ♂, aber ohne schwarze Flügelspitzen und mit bräunlich getöntem statt blaugrauem Schwanz.– JK: Schwärzlich braun, Scheitel und Kehle (manchmal auch Vorderflügel) goldgelb. Selten eine ganz dunkle Morphe, von ad. ♀ unterschieden durch *goldene Spitzen der Großen Armdecken,* sehr *dunkle Unterflügeldecken,* dunkleren Schwanz, schmaleren Hand- und ausgebuchteten Armflügel.

**STIMME** ♀ pfeift dünn, mehrfach wiederholt „psii-i", wenn ♂ Futter bringt. Alarmruf schnelles „quek-ek-ek-ek". Während des achterbahnartigen Balzflugs in großer Höhe ruft das ♂ wimmernd, nasal „wä-I", zweimal wiederholt mit 2 s Pause, im Ton ähnlich Alarmruf des Kiebitz.

Rohrweihe

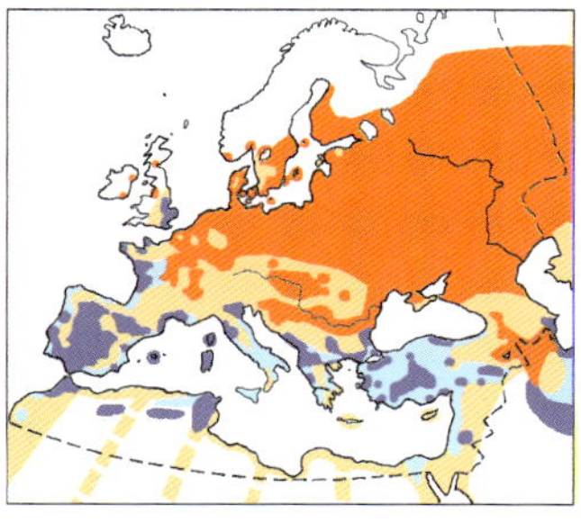

Kornweihe

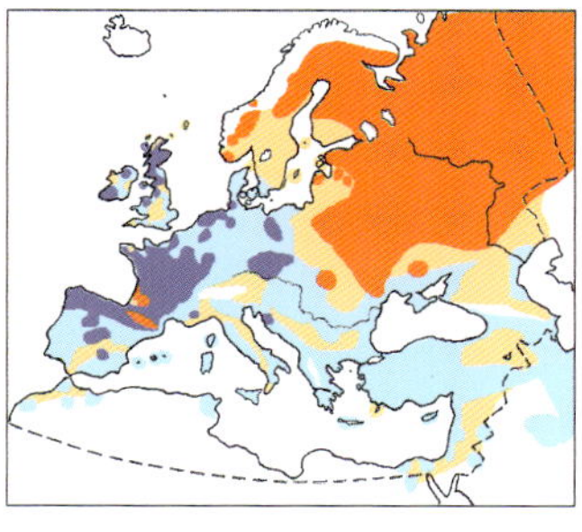

## KORNWEIHE D: A/R1/JZW

Northern Harrier *Circus cyaneus*

L 42-50 cm, S 102-121 cm. Bewohnt Feuchtflächen in offener Landschaft, offene Taigamoore, Sümpfe oder Schilfgürtel, auch Moore und Heide der Niederungen. Nahrung Kleinsäuger, Vögel, im niedrigen, gaukelnden Suchflug erbeutet. Standvogel oder Kurzstreckenzieher, in Mitteleuropa auch Wintergäste aus dem Nordosten. Nest am Boden im Schutz niedriger Büsche oder anderer Vegetation.

**KENNZEICHEN** Als Weihe erkennbar an *langen Flügeln und langem Schwanz, niedrigem Gleitflug mit flach v-förmig gehaltenen Flügeln;* von Rohrweihe unterschieden durch Färbung, leichteren Bau und Flugweise, von Wiesen- und Steppenweihe durch *kürzeren und breiteren Handflügel mit langer fünfter Handschwinge und breiterem Armflügel.*– Ad. ♂: Flügelspitzen schwarz (sieben äußere Handschwingen so gefärbt, die Hälfte des Handflügels umfassend), *Unterseite weiß, Kopf und Brust scharf abgesetzt blaugrau,* Unterflügel mit breitem, dunklem Hinterrand. Selten zeigen die Flanken schwach rotbraune Flecke (vgl. Hudsonweihe, S. 427). Oberseite blaugrau *mit leuchtend weißen Oberschwanzdecken.*– Ad. ♀: Oberseite *braun mit kontrastierenden weißen Oberschwanzdecken* und bei Spreizung erkennbarer schwacher Schwanzbänderung. Oberflügel mit gelblichem Feld variabler Größe und Auffälligkeit. Unterseite gelblich weiß, dunkelbraun gestrichelt.– JK: Wie ad. ♀, aber *rötlich gelbe, schwächer gestrichelte Unterseite,* oberseits auffallenderes, ausgedehnteres, helleres, *eher rostfarbenes als gelbes Flügelfeld, nicht so diffus und gräulich gelb wie beim ad. ♀.*

**STIMME** ♀ pfeift dünn „piih-e", wenn ♂ Futter bringt; Warnruf des ♀ zwitschernd „tschit-it-it-it-et-it-et-it…", in variabler Tonhöhe endend. ♂ warnt „tschek-ek-ek-ek" und ruft während des ondulierenden Balzflugs schnell schlagend gereiht „tschuk-uk-uk-uk-uk", ähnlich warnender Zwergmöwe.

## ROHRWEIHE

## KORNWEIHE

DZ

## WIESENWEIHE **D:** A/N2/Z

Montagu's Harrier *Circus pygargus*

L 38-45 cm, S 102-116 cm. Bewohnt offene Flächen, Moore, Brachland, Heide mit niedrigem Buschwerk, auch Getreidefelder. Sommervogel (Apr.-Sept.), überwintert in Afrika südlich der Sahara. Nahrung kleine Säugetiere, meist Mäuse, Kleinvögel, auch Eidechsen und Insekten. Nest am Boden, gedeckt durch niedrigen Busch oder andere Vegetation, auch in dichtem Schilf, Getreide oder Binsen.

**KENNZEICHEN** Flügel sehr lang und schmal (5. Handschwinge im Gegensatz zur breitflügeligeren Kornweihe kurz), *Körper schlank,* Schwanz schmal und lang; *Flugweise* vor allem beim ♂ *seeschwalbenartig leicht.* ♀ oberseits dunkelbraun, unterseits gelbbraun mit dunkelbraunen Stricheln, sehr ähnlich Steppenweihen-♀.– Ad. ♂: Ähnlich Kornweihen-♂, unterschieden durch Gestalt, Flugweise und *schwarze Bänder auf Armschwingen* (zwei unter-, eins oberseits), mehr Schwarz auf Flügelspitzen, *Mantel und Armdecken dunkler grau, Oberseite wirkt dreifarbig,* mit heller grauweißem Bereich vor schwarzer Spitze (ähnlich adulter Dreizehenmöwe). Weißes Feld auf den Oberschwanzdecken nur angedeutet. Kastanienbraune Strichel am Bauch von Nahem sichtbar (sehr alte ♂ an Brust/Vorderbauch ausgedehnt blaugrau, mit wenigen oder ohne braune Strichel).– Ad. ♀: Von Kornweihe am besten an Gestalt unterscheidbar, von Steppenweihe durch etwas schmalere Flügelbasis, *oberseits deutliches, an Flügeldecken anschließendes dunkles Band auf braunen Armschwingen;* unterseits in breitem Abstand dunkle Bänder auf hell gelblichen Armschwingen, *helle Färbung zum Körper hin nicht dunkler werdend* wie bei Steppenweihe; *unterseits dunkler Armflügelhinterrand,* Mittlere und Große Unterflügeldecken und *Achselfedern deutlich gebändert.*– JK: Dunkler und stärker rostbraun als ad. ♀, *unterseits einfarbig rotbraun,* nur an Brustseiten dunkle Strichel (sehr selten bei Steppenweihe); *Armschwingen* oberseits einfarbig dunkel, *unterseits fast ungebändert dunkelgrau;* schmale, helle Binde auf Großen Flügeldecken; von juv. Steppenweihe unterschieden durch *Fehlen des deutlichen, ungestrichelten, gelblich weißen Kragens* oder einfarbig dunkler Halsseiten, also *Fehlen der dunklen „Boa";* Handschwingen der jungen ♂ unterseits unregelmäßiger gebändert.– ♂ 1er S: Kopf, Hals und Vorderbrust mit unterschiedlich vielen dunkelgrauen Federn, oft ein (irreführendes) helles Halsband bildend; mittlere Steuerfedern ab Apr. oft durch graue ersetzt, Schwungfedern des JK noch ungemausert (braun, gebändert).– Variation: In Westeuropa treten selten melanistische, fast komplett dunkle Individuen auf.

**STIMME** ♀ und flügge Jungvögel betteln dünn pfeifend (nicht abfallend) „pii-ii", wenn ♂ Futter bringt; Warnruf beider Geschlechter gleich, schnell schlagend „tschit-er tschit-er tschit-it-it-it-it", etwas an Steinwälzer erinnernd; beim Balzflug ruft das ♂ nasal dohlenähnlich „kjäh kjäh-kjäh".

Wiesenweihe

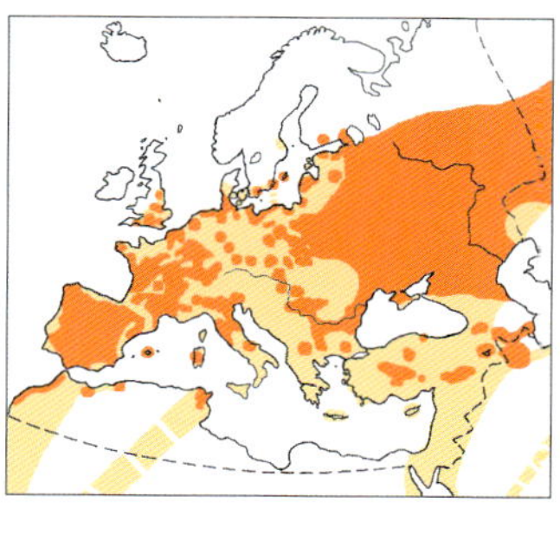

Steppenweihe

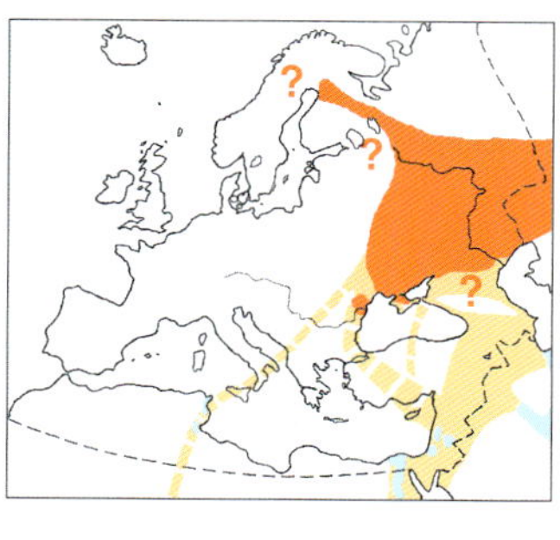

## STEPPENWEIHE **D:** A/V/Z

Pallid Harrier *Circus macrourus*

L 40-50 cm, S 97-118 cm. Lebt in weiten, grasbewachsenen Ebenen und Feuchtgebieten. Sommervogel, März-Sept., in Mitteleuropa zunehmender Durchzügler, überwintert in Afrika. Lebensräume, Nahrung und Nest ähnlich Wiesenweihe.

**KENNZEICHEN** Gestalt ähnlich Wiesenweihe, aber ad. ♀ durch *etwas breitere Flügelbasis* und kürzeren und breiteren Handflügel *geringfügig kompakter* und bussardähnlich; Handflügel auch beim ♂ kürzer. Flugweise am Brutplatz oft mit schnellen, turmfalkenähnlichen Flügelschlägen, anders als Wiesenweihe, dennoch sind zur sicheren Bestimmung Gefiedermerkmale erforderlich und Durchzügler beider Arten zeigen ähnliche Flugweise.– Ad. ♂: Sehr hell; *oberseits perlgrau (ohne leuchtend weiße Oberschwanzdecken des ad. Kornweihen-♂),* unterseits weiß, *nur an Kopf und Vorderbrust dunkler überhaucht, in der Flügelspitze nur ein schmaler schwarzer Keil.*– Ad. ♀: Sehr ähnlich Wiesenweihen-♀, aber *oberseits fast einfarbig dunkelbraune Armschwingen* ohne schwärzliche Binde (kann aber angedeutet sein), *unterseits dunklere Armschwingen mit dichterer dunkler Bänderung und hellen, zum Körper hin dunkler werdenden Bändern, Hinterrand des Handflügels heller,* Handschwingenbänderung außen schwächer; *Große Unterarmdecken und Achselfedern dunkel,* Achseln manchmal diffus rötlich gebändert; vom sehr ähnlich gefärbten Kornweihen-♀ durch Flügelform unterschieden.– JK: Sehr ähnlich juv. Wiesenweihe, aber *deutlicher, ungefleckter, gelblich weißer Kragen,* der durch einfarbig *dunkle Halsseiten* betont wird („Boa"); Handschwingenbasen unterseits oft ungebändert, dann *heller „Halbmond" vor dunklen Flügeldeckenspitzen.*– 1er S: Meist wie JK (aber heller und abgetragen); manche mausern früh und zeigen ab März hellen Bauch, wenige dünne, rostfarbene Bruststrichel und graue mittlere Steuerfedern.

**STIMME** ♀ bettelt dünn, wimmernd, einsilbig pfeifend „pii-ih"; Warnruf ähnlich Wiesenweihe „trirrr-trr-trr-trr". ♂ ruft während des Balzflugs hoch trillernd „dir'r'r'r'r".

## WIESENWEIHE

# BUSSARDE *Buteo*

Mittelgroße, breitflügelige Greifvögel, segeln hoch in Thermik, spähen bewegungslos auf Masten stehend oder rüttelnd nach Beute, die am Boden geschlagen wird, hauptsächlich Kleinnager, auch Insekten, Eidechsen und Regenwürmer. Gattung *Buteo* mit den Wespenbussarden *Pernis* (S. 114) nicht verwandt, aber besonders im Flug sehr ähnlich.

## MÄUSEBUSSARD D: A/N4/JZW

Common Buzzard *Buteo buteo*

L 48-56 cm, S 110-130 cm. Häufigster europäischer Greifvogel (neben Sperber). Bewohnt Waldgebiete mit anrainenden offenen Flächen, Wiesen oder Feuchtgebiete; Nahrung vor allem Mäuse, auch Reptilien, Amphibien, Insekten, Würmer; nistet in Bäumen. Überwiegend Standvogel, verlässt Fennoskandien aber im Sept./Okt. Im Nordosten durch Unterart *vulpinus* vertreten („Falkenbussard", S. 112).

**KENNZEICHEN** Mittelgroßer, *breitflügeliger,* recht kompakter Greifvogel mit *breitem, kurzem Hals* und mittellangem Schwanz; hält oft auf Zaunpfählen oder Telegrafenmasten stehend nach Beute Ausschau; im Segelflug (in mittlerer Höhe) *fächerförmig gespreizter Schwanz,* Flügel *flach v-förmig* angehoben, im Gleitflug Flügel flacher. Armflügel meist leicht angehoben und Handflügel leicht herabhängend, dadurch *Bugknick stärker als bei Wespenbussard.* Wie bei allen *Buteo*-Bussarden *Schwanz etwas kürzer als Flügelbreite, mit geraden Seiten und eckigen Kanten* (beim Wespenbussard Schwanz etwas länger, etwa wie Flügelbreite, mit leicht konvexen Seiten und rundlichen Kanten). *Aktiver Flug mit recht schnellem, steifem Flügelschlag,* mit Erfahrung kann schnellerer Abschlag als bei Wespen- und Raufußbussard erkannt werden; Gefieder variabel sehr dunkel bis sehr hell, dennoch einige Merkmale nützlich: weißlicher *Schwanz eng grau gebändert,* bei allen Farbmorphen trennt *helles Brustband* dunkle Vorderbrust von dunklem Bauch oder Bauchseiten. Unterseits Flügelhinterkante einschließlich aller „Finger" schwarz, restliche Schwungfedern weißlich, dunkel gebändert (5-7 Binden; äußere Handschwingen nur schwach gebändert). *Helle Morphe* von Zwergadler der hellen Morphe unterschieden durch unterseits ausgedehnt weiße Handschwingenbasen und *dunklen,* oft kommaförmigen *Bugfleck,* oberseits häufig *reinweiße Bereiche auf Vorderflügel* (Kleine und Mittlere Decken) und Schwanzwurzel. Unterscheidung vom Adlerbussard s. S. 112.– Ad.: *Schwanzendbinde breit schwarz, breiter als innere Binden,* helle Federn an Brust, Hinterbauch/Hosen und Großen Unterflügeldecken dünn gebändert, nicht gefleckt oder gestrichelt, Flügel recht gleichmäßig breit, „Hand" etwas breiter, Schwanz (vor allem bei ♂) etwas kürzer als im JK.– JK: *Ohne deutliche breite Schwanzendbinde,* unterseits vor allem an Brust grob *gestrichelt;* einige Federn gefleckt oder angedeutet gebändert, aber Strichel dominieren; Handflügel schmal, Schwanz oft etwas länger als bei ad., Iris heller.– Variation: Zwei distinkte Unterarten werden auf der folgenden Doppelseite behandelt.

**STIMME** Für einen Greifvogel sehr stimmfreudig, ruft laut, miauend, abfallend, meist im Flug „piijäh" (von Eichelhäher prächtig imitiert!); Bettelrufe der Jungvögel ähnlich, aber länger gezogen, zitternd und wimmernder.

Mäusebussard

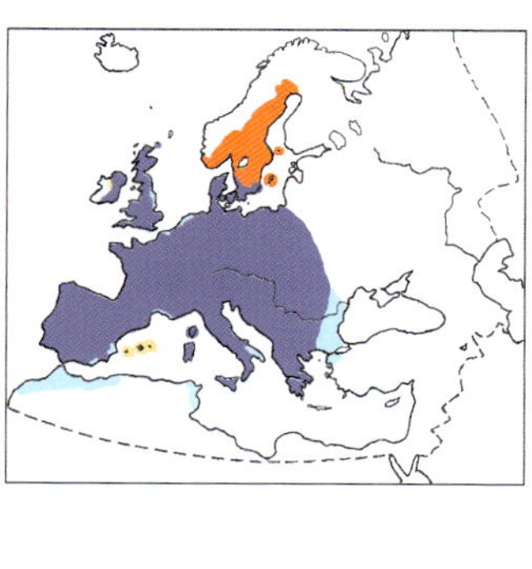

Raufußbussard

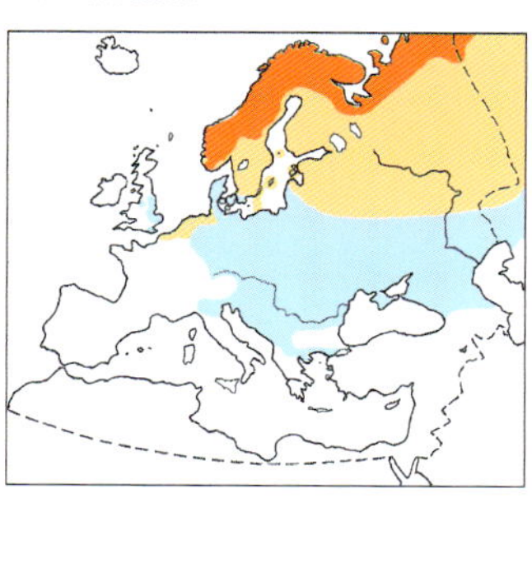

## RAUFUSSBUSSARD D: A/V/W

Rough-legged Buzzard *Buteo lagopus*

L 49-59 cm, S 125-148 cm. Brütet in Mooren, Bergtälern oder Bergtundren, gelegentlich in Wäldern tieferer Lagen mit Felserhebungen; Nahrung Kleinsäuger; nistet an Felsklippen oder an steilen Hängen, auch in Bäumen. Kurzstreckenzieher, überwintert bis ins nördliche Mitteleuropa.

**KENNZEICHEN** Im Vergleich zum Mäusebussard größer und *langflügeliger;* im Gleitflug *deutlicher Bugknick* (stärker als beim Mäusebussard), mit angehobenem Armflügel und geradem Handflügel, aktiver Flug mit langsamerem Flügelschlag als Mäusebussard, *rüttelt viel häufiger* als Mäusebussard. Beste Merkmale sind *ober- und unterseits weiße Schwanzbasis* (heller Mäusebussard kann weißliche Schwanzbasis zeigen, aber ohne starken Kontrast zur schwarzen Schwanzspitze). Unterseite weiß, immer kontrastreich gezeichnet mit *schwarzem Bugfleck* und *schwarzem Bauch;* Färbungsunterschiede weitgehend Alters- und Geschlechtskennzeichen.– Ad. ♂: Handflügel voll, Flügel gleichmäßig breit, Schwanz recht kurz; Flügelhinterrand durch Mauser und Abnutzung oft etwas ausgefranst, Schwanz oberseits mit *2-4 schwarzen Binden vor breit schwarzer Endbinde,* davon 1-3 unterseits sichtbar; Schwungfedern schmal, aber deutlich gebändert; *Kopf und Brust typischerweise dunkler als Bauch,* der durch starke helle Bänderung aufgehellt wird; „Hosen" gebändert; *Unterflügeldecken dunkel* (nicht bei ♀), oft an Mäusebussard erinnernd; Oberseite meist ganz dunkel mit kleinem, diffusem, hellerem Fleck an Basis der äußersten Handschwingen, Vorderrand des Armflügels etwas heller.– Ad. ♀: Von ad. ♂ unterschieden durch *nur eine (sehr selten zwei) ober- und unterseits sichtbare schwarze Binde vor schwarzer Schwanzendbinde; dunkler Bauchfleck meist ausgeprägt und immer dunkler als Kopf und Brust,* Unterflügel variabel, aber nie so dunkel wie dunkelstes ♂.– JK: *Handflügel schmaler und Armschwingen leicht ausgebuchtet,* alle Schwungfedern frisch bzw. gleichmäßig abgenutzt. Grundfärbung gelblich weiß, *Brust und Unterflügeldecken typisch locker gestreift, Bauch ganz schwarz ohne helle Bänderung, Schwanz mit verwaschen dunkelgrauer Endbinde, unterseits oft recht hell,* bei ♂ oft mit angedeuteten Bändern durchsetzt; Schwungfedern nur diffus gebändert, dunkler Hinterrand verwaschen; *typischer Oberflügel mit großem, hellem Handschwingenfeld.*– ♂ fast ad.: Färbung oft zwischen ad. ♂ und ad. ♀, daher Geschlechter schwer und nur in Extremformen erkennbar.

**STIMME** Zur Brutzeit stimmfreudig; Ruf ein klagendes Maunzen, ähnlich Mäusebussard, aber vielleicht etwas stärker abfallend, oft wimmernder und schärfer, auch als Alarmruf benutzt, gelegentlich vibrierend.

## MÄUSEBUSSARD

## RAUFUSSBUSSARD

## ADLERBUSSARD D: A/–/S

Long-legged Buzzard *Buteo rufinus*

L 50-58 cm, S 130-155 cm. Brütet in SE-Europa und Asien in trockenen Steppen, Halbwüsten, auch Bergregionen. Nahrung Kleinsäuger, Reptilien, Insekten. Brütet oft an Felswänden, auch auf Bäumen oder am Boden.

**KENNZEICHEN** *Großer, langflügeliger* Bussard, Gestalt ähnlich Raufußbussard, *Silhouette und Flugweise* wie dieser (inkl. Rütteln), gleitet und segelt aber oft mit stärker angehobenen Flügeln. Gefieder bestes Bestimmungsmerkmal, aber Größe und Flugbild unverzichtbar, da einige „Falkenbussarde" und „Berberbussarde" (s. u.) ähnlich gefärbt sind. Drei Farbmorphen: häufigste helle, rote und dunkle Morphe, aber Übergänge zwischen Letzteren fließend; alle zeigen *ausgedehnten dunklen Bugfleck (*auch oberseits angedeutet, bei „Falken-" und „Berberbussard" selten), *dunkle Flügelhinterkante,* unterseits *weiße Handschwingenbasen* und als ad. *ungebänderten, hell rostroten Schwanz* (angedeutete dunkle Endbinde möglich); in grellem Licht und von Weitem kann Schwanz bei ad. weißlich wirken, besonders wenn ausgeblichen. Alle hellen und viele rötliche Morphen zeigen *helle Färbung von Kopf und Brust und nach hinten dunkler werdenden Bauch.* Unterflügeldecken einfarbig oder gestrichelt, nicht gebändert. Oberflügel mit hell grauweißen Handschwingenbasen (von Nahem oft Bänderung erkennbar) und oft hell *rötlichen oder gelbbraunen Flügeldecken, deutlich heller als dunkle Schwungfedern.*– Ad.: Schwanz oberseits ungebändert hell rostrot, unterseits etwas heller und grauer, manchmal mit Andeutung einer dunklen Endbinde; breiter, schwarzer Flügelhinterrand.– JK: Schwanz graugelblich, dünn dunkler gebändert; Flügelhinterrand verwaschen dunkel.– Leicht mit rötlichem „Falkenbussard" zu verwechseln, am besten zu unterscheiden durch Größe, proportional längere Flügel, langsamere Flügelschläge und geruhsameres Segeln in weiteren Kreisen, *helle Morphe* durch dunklen Bauch und helleren Kopf und meist hellere Oberflügeldecken. Schwanz im JK graugelblich und dünn gebändert, sehr ähnlich einigen „Falkenbussarden". *Dunkle Morphe* (östlichste Verbreitung) mit schwärzlicher Färbung von Körper und Flügeldecken, Schwanz und Schwungfedern weiß mit deutlicher Bänderung; sehr ähnlich dunkler Morphe des Raufußbussards (aber kaum im selben Gebiet auftretend) und dunkler Morphe des „Falkenbussards", aber größer und langflügeliger.

**STIMME** Rufe erinnern an Raufußbussard, aber kürzer.

## „FALKENBUSSARD" D: A/–/S

„Steppe Buzzard" *Buteo buteo vulpinus*

L 40-48 cm, S 100-125 cm. Nordöstliche Unterart des Mäusebussards (S. 110), hier wegen des leicht abweichenden Erscheinungsbilds, Zugverhaltens und der großen Ähnlichkeit zu Adlerbussard und „Berberbussard" separat behandelt. Brütet von Finnland ostwärts in Sibirien, zieht östlich des Mittelmeers (einige auch weiter im W darüber hinweg) nach Afrika. Lebensweise sonst wie Nominatform.

**KENNZEICHEN** Gestalt ähnlich Mäusebussard, doch durchschnittlich etwas *schmalere, spitzere Flügel,* etwas *geringere Größe* und daher *schnellere Flügelschläge* geben bei Erfahrung Hinweise. Gefieder oft insgesamt wärmer mit *rostfarbenem Ton auf Unterseite und Oberschwanz* (doch wie bei anderen Bussarden alle Färbungsvarianten mit Ausnahme der weißen vorhanden), *unterseits weißlicheren Schwungfedern* mit feinerer, aber deutlicherer Bänderung, bei Altvögeln auch *schwarze Flügelspitze und -hinterrand schärfer schwarz abgesetzt. Oberseits* fast immer *kleines helles Feld auf Basen der äußersten Handschwingen* (doch kleiner und weniger weißlich als Adlerbussard) und *zur Basis heller werdender rötlicher Schwanz. Rötliche und dunkle* Färbungstypen ohne das für mitteleuropäische Mäusebussarde typische helle Brustband, Körperunterseite *einfarbig dunkel.* Unterscheidet sich vom Adlerbussard durch geringere Größe, agilere Bewegungen, beim Segeln eher *waagerecht gehaltene statt angehobene Flügel* (im Gleitflug leicht abgesenkt statt beim Adlerbussard gerade). *Oberflügeldecken* nur selten kontrastierend heller wie beim Adlerbussard, sondern eher *einfarbig dunkel.* Auch bei ad. *Schwanz dunkel gebändert,* wenngleich manchmal schwach. An Adlerbussarde erinnernde „Falkenbussarde" können von manchen „Berberbussarden" kaum unterscheidbar sein, außer am Verbreitungsgebiet.

**STIMME** Wie Mäusebussard.

## „BERBERBUSSARD" –

„North African Buzzard" *Buteo buteo cirtensis*

L 45–53 cm, S 110–135 cm. Eine besondere südliche Unterart des Mäusebussards (S. 110) mit einem auf Nordafrika beschränkten Verbreitungsgebiet, die dem Adlerbussard am ähnlichsten ist (als dessen Unterart sie ebenfalls oft galt). Nördliche Brutvögel ähneln dem Mäusebussard, während die dem Adlerbussard ähnlichsten im Süden vorkommen. Standvogel. Brütet in Gebirgen und wüstenähnlichen Lebensräumen, nistet auf Felsvorsprüngen.

**KENNZEICHEN** Größe und Proportionen wie Mäusebussard, aber das Gefieder ist dem des Adlerbussards am ähnlichsten. So hat er einen *hellen, meist rötlich gefärbten Schwanz,* auf den Unterflügeln oft einen *dunklen Bugfleck* und einen *rötlichen Bauch* (jedoch durchschnittlich heller als Adlerbussard). Vom Adlerbussard hauptsächlich durch *geringere Größe* und *kompaktere Gestalt* mit *kürzeren Flügeln* unterschieden, ferner durch meist dunkleren Kopf und auch bei Altvögeln *schwach gebänderten Schwanz.* Keine dunkle Morphe.– JK: Wachshaut und Füße oft blass bräunlich graublau statt gelb.

**STIMME** Ähnlich Mäusebussard.

Adlerbussard

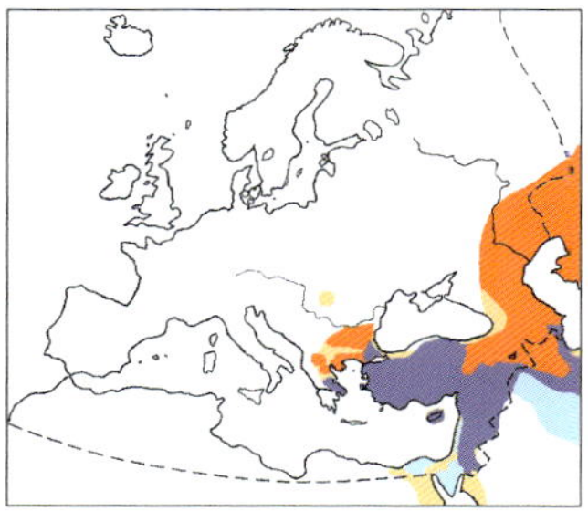

„Falkenbussard"

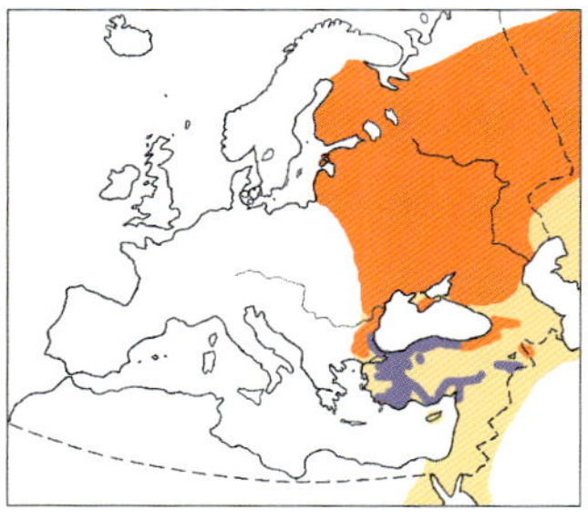

„Berberbussard"

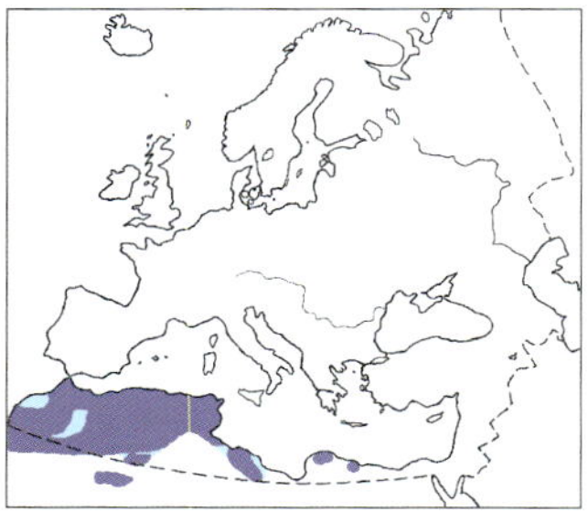

## ADLERBUSSARD

## „BERBERBUSSARD“

***B. b. cirtensis*** (Nordafrika, Sinai)

## „FALKENBUSSARD“

***B. b. vulpinus***

# WESPENBUSSARDE *Pernis*

Mittelgroße, breitflügelige Greifvögel, mit den eigentlichen Bussarden *Buteo* (S. 110-113) nicht näher verwandt, diesen besonders im Flug sehr ähnlich, da beide als Thermiksegler eine ähnliche Flügelform entwickelt haben. Wespenbussarde sind durch längere, dünnere Hälse und kleinere Köpfe ausgezeichnet. Den Jungvögeln werden als Nahrung vorwiegend Wespennester gebracht, die durch Beobachten der Flugwege adulter Wespen gefunden und dann mit den Füßen ausgescharrt werden. Schuppenartige Federn um Schnabel und Auge schützen vor Stichen. Langstreckenzieher, Winterquartiere im tropischen Afrika oder in Südasien.

WESPENBUSSARD

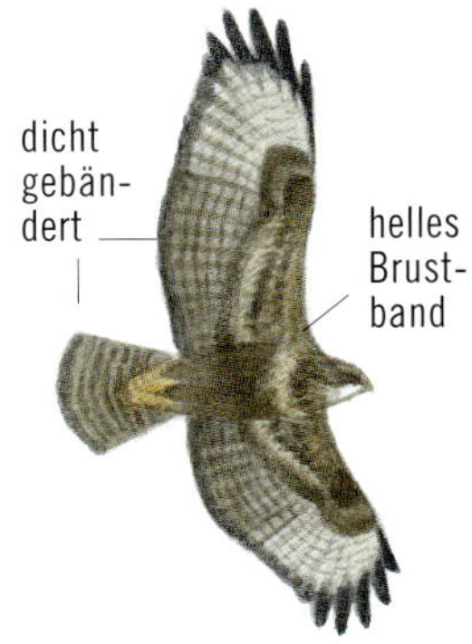

MÄUSEBUSSARD

## WESPENBUSSARD D: A/N3/Z

European Honey Buzzard *Pernis apivorus*

L 52-59 cm, S 113-135 cm. Bewohnt Wälder mit Lichtungen und Schneisen nahe offenem Gelände, zieht im Sept. in Trupps ins tropische Afrika, zurück im Mai. Vögel im 2en KJ übersommern in Afrika und kehren erst im 3en KJ zum Brüten zurück. Nahrung vorwiegend Wespennester und Larven, die aus dem Boden gegraben werden, auch Reptilien, Amphibien, Nestlinge von Kleinvögeln, Würmer usw. Nest in hohem Baum, mit grünen Blättern ausgelegt.

**KENNZEICHEN** Etwas größer und *langflügeliger* als Mäusebussard, von Weitem mit diesem leicht zu verwechseln, aus kürzerer Distanz aber feinere Merkmale sichtbar: Im Flug *Hals schlank* und *Kopf vorgestreckt* wie beim Kuckuck; *Schwanz* recht lang, *etwa so lang wie Flügelbreite, Seiten leicht konvex und Ecken gerundet,* Silhouette von vorne im Gleitflug im Gegensatz zu Mäusebussard mit *weich abwärts gebogenen Flügeln* und ohne erkennbaren Bugknick; segelt mit geraden Flügeln; aktiver Flug mit langsameren, elastischeren Flügelschlägen. Gefieder variabel, dunkle, mitteldunkle, helle und rötliche Morphen bei ad. und im JK. Ad. meist eindeutig, doch im JK dem Mäusebussard viel ähnlicher. Beide Altersklassen zeigen rechteckigen oder ovalen dunklen Bugfleck.– Ad. ♂: Handflügel breit, Schwanz recht lang, *nur Spitzen der längsten Handschwingen scharf abgesetzt schwarz,* deutlicher schwarzer Flügelhinterrand; *großer Abstand zwischen dunklen Bändern auf hellgrauen Schwungfedern* und Steuerfedern, *Schwanz mit deutlicher dunkler Endbinde und in großem Abstand einer oder zwei schmaleren dunklen Binden an Schwanzbasis;* Kopf vorwiegend blaugrau; *Oberseite braungrau, schwarze Bänderung der Unterseite auch oberseits sichtbar,* Wachshaut grau, Iris gelb.– Ad. ♀: Vom ♂ unterschieden durch zwar *ausgedehnter schwarze, aber verwaschenere Handschwingenspitzen, kürzeren Abstand zwischen mehr Bändern auf Schwung- und Steuerfedern* (meist 2 an Basis, selten dritte angedeutet), oft verwaschen graue Armschwingen; Blaugrau am Kopf reduziert oder fehlend; Oberseite dunkelbraun, kaum gebändert.– JK: Durch etwas kürzere innere Handschwingen und manchmal kürzeren Schwanz ist das *Flugbild dem des Mäusebussards ähnlicher,* die *Flügelspitzen* sind *ausgedehnter schwarz* (wie beim Mäusebussard); *Schwungfedern dichter gebändert als bei ad.* (4-5 Bänder statt 2-3), an juv. Mäusebussard erinnernd (Letzterer zeigt aber 6 Bänder); *Armschwingen und Schwanz oft dunkel, mit 4 oder 5 Bändern gleichen Abstands;* Wachshaut gelb, Iris dunkel. Dunkle Morphe (recht häufig) mit einfarbig dunkelbrauner Körperunterseite *ohne helles Brustband* der meisten Mäusebussarde der Nominatform; Große Armdecken bilden unterseits hellste Stelle des Innenflügels (bei Mäusebussard Basen der Armschwingen); helle und mitteldunkle Morphen oft an Brust und Bauch *grob gestreift,* nicht gebändert wie die meisten Altvögel.

Wespenbussard

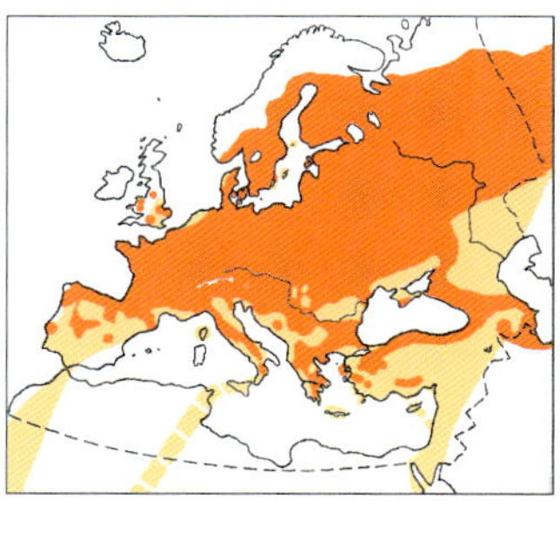

**STIMME** Außerhalb der Brutzeit stumm; ruft voll pfeifend „PIII-lu" oder „glü-I-jüh", in Struktur gelegentlich an Kiebitzregenpfeifer erinnernd; in Nestnähe mechanische, schnell tickende Rufe, wie entfernte Mähmaschine.

## SCHOPFWESPENBUSSARD –

Crested Honey Buzzard *Pernis ptilorhynchus*

L 55-65 cm, S 130-155 cm. Brütet in sibirischer Taiga (ssp. *orientalis*), gern in der Nähe von Sümpfen, Flüssen und Lichtungen. Überwintert im tropischen Asien von Arabien (spärlich) bis Südostasien, neuerdings gelegentlicher Durchzügler in Südisrael. Neststand hoch in einem Baum.

**KENNZEICHEN** Etwas größer, adlerähnlicher und *breitflügeliger* als Wespenbussard mit *„vollerer" Flügelspitze* (da 6. Handschwinge von außen länger und somit einen weiteren „Finger" bildend), wirkt im Flug durch kleinen Kopf schwer. Kleiner Schopf am Hinterkopf, aber selten aufgerichtet und sichtbar. Fällt durch Größe und Gestalt auf, Bestimmung muss dann aber über Gefiedermerkmale erfolgen.– Ad. ♂: Sofort erkennbar am *charakteristischen Schwanzmuster mit nur zwei sehr breiten schwarzen Binden, je eine an Spitze und Basis* (Wespenbussard-♂ zeigt zwei schmale an der Basis, eine breitere an der Spitze).– Ad. ♀: Dem Wespenbussard-♀ ähnlicher, ebenfalls mit zwei schmalen Binden an Schwanzbasis, doch folgende Unterschiede: *kein dunkler Bugfleck, schmalerer und schwächer abgesetzter Flügelhinterrand, dichtere und unregelmäßigere Handschwingenbänderung,* oft auffallende *dunkelbraune oder schwarze Zeichnung der Halsseiten mit Kropfband.*– JK: Gefieder variabel, den entsprechenden Färbungstypen des Wespenbussards im JK ähnlich, aber immer *ohne dunklen Bugfleck auf Unterflügel* (fehlt Wespenbussard nur ausnahmsweise). *Armschwingen* oft *nicht so dunkel* wie bei jungen Wespenbussarden, dadurch *dichtere Bänderung* stärker hervortretend (meist 5-6 sichtbare Binden statt eher 4 beim Wespenbussard).

## WESPENBUSSARD

## SCHOPFWESPENBUSSARD

# HABICHTE *Accipiter*

Kleine bis mittelgroße, langschwänzige Greifvögel. Jagen mit Überraschungsangriffen oder kurzen Verfolgungsflügen nach Ansitz auf versteckter Warte oder aus manchmal hohem Kreisflug heraus. Runde Flügel erlauben auch im dichten Wald schnelles Manövrieren. Nahrung hauptsächlich Vögel, doch auch kleine Säugetiere. Vögel werden am Boden oder in der Luft erbeutet und dann am Boden unter schützender Vegetation gerupft und verspeist. Nest aus Zweigen hoch in dichten Bäumen, oft Koniferen.

## SPERBER D: A/N4/JZW

Eurasian Sparrowhawk *Accipiter nisus*

L ♂ 29-34 cm, ♀ 35-41 cm, S ♂ 58-65 cm, ♀ 67-80 cm. Brütet in Wäldern, auch nahe Siedlungen, manchmal in Parks oder Gärten. Neben dem Mäusebussard häufigster Greifvogel Europas. Nahrung Kleinvögel, die bei Überraschungsangriffen im rasanten Flug zwischen Bäumen, Büschen oder Gebäuden erbeutet werden, verfolgt Kleinvögel sogar zu Fuß bis in Büsche hinein. Nest häufig in Koniferen, oft in 6-12 m Höhe, wird jährlich neu gebaut; am Brutplatz heimlich. In weiten Teilen Europas Jahresvogel, doch ziehen fennoskandische Brutvögel im Winter nach Kontinentaleuropa, junge ♂ am weitesten und alte ♀ kürzere Strecken.

**KENNZEICHEN** Kleiner Greifvogel mit recht kurzen, breiten, stumpfen Flügeln und langem Schwanz; *Schwanz immer länger als Flügelbreite und mit 4-5 Bändern auch auf mittleren Steuerfedern* (bei ad. ♂ aber oft undeutlich); Flugweise charakteristisch mit wenigen schnellen, durch kurzes Gleiten unterbrochenen Flügelschlägen, gewinnt durch *taubenartig schnelle Flügelschläge* an Höhe und sinkt beim kurzen Gleiten leicht ab, dadurch *etwas wellenförmige Flugbahn* und weniger geradlinig als beim Habicht. ♀ mit Habicht-♂ zu verwechseln (Größenunterschied nicht immer erkennbar), aber neben schnelleren Flügelschlägen und leichterem, wellenförmigem Flug unterschieden durch *schmalere Schwanzbasis, eckigere Schwanzkanten, proportional kürzeren Armflügel und größeren Kopf, kürzeren Hals und schlankeren Körper.* Fliegt zum Überraschungsangriff oft niedrig über den Boden; meidet (im Gegensatz zu vielen Habichten) Siedlungen und Gärten nicht. Aufrecht stehend zu bestimmen an *vergleichsweise kleinem Schnabel, dünnen Beinen* (Daumenregel: Lauf dünner als Augendurchmesser – beim Habicht umgekehrt) und *schlankem Hinterkörper.* Mantel- und Schulterfedern mit weißen Zentren, die bei locker getragenem Gefieder auffallende Fleckenreihen bilden.– Ad. ♂: Klein; Oberseite schiefergrau, oft bläulich überhaucht; Wangen rostrot, Brust und Bauch rostrot gebändert (selten braungrau wie ♀).– Ad. ♀: Größer als ♂, mit stetigerem Flug und gelasseneren Flügelschlägen (dennoch wahrnehmbar schneller als Habicht); oberseits schiefergrau, unterseits braungrau gebändert (selten rostrot überhaucht, dann ähnlich schwach gefärbtem ♂).– JK: *Oberseits dunkelbraun,* Flügelranddecken von Nahem sichtbar rostrot gerandet, Unterseitenbänderung oft grob, an Brust unterbrochen und unregelmäßig, besonders bei ♂.

**STIMME** Außerhalb der Brutzeit meist stumm, selbst am Nest oft ruhig. Ruft schnell gackernd „kjukjukjukjukjukjukjukju…“ oder „kikikikikiki“, mit geringen Variationen auch als Kontakt-, Balz- und Alarmruf benutzt; Bettelruf des ♀ dünn wimmernd „PII-ih“.

Sperber

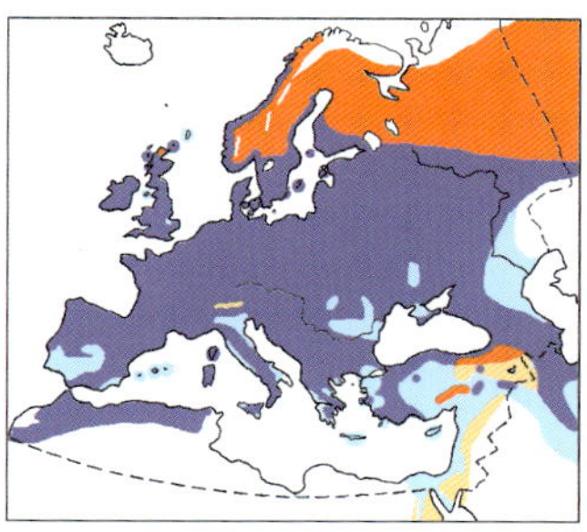

Habicht

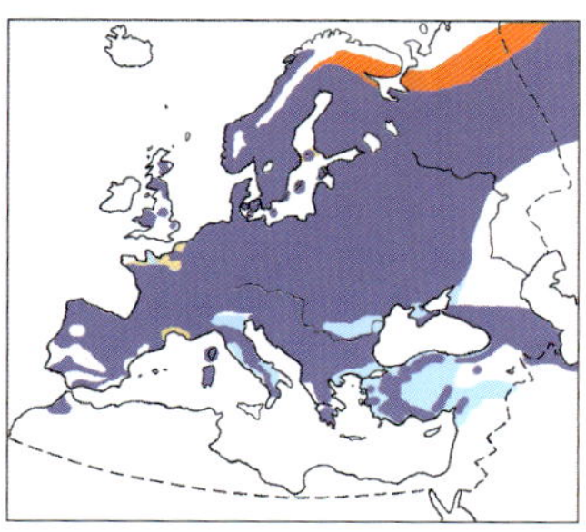

## HABICHT D: A/N4/JZW

Northern Goshawk *Accipiter gentilis*

L ♂ 49-56 cm, ♀ 58-64 cm, S ♂ 90-105 cm, ♀ 108-120 cm. Brütet in Wäldern, oft in alten Nadelbeständen, auch in jüngeren Forsten mit dichteren, höheren Bereichen. In vielen Regionen eher scheu, in anderen inzwischen auch in Siedlungen jagend. Nahrung Vögel und Kleinsäuger bis zur Größe eines Fasans und Hasen. Jagdtechnik ähnlich Sperber, späht aber auch in größerer Höhe kreisend nach Beute. Ausladendes Nest in Bäumen in etwa 10-16 m Höhe, oft wiederholt benutzt, während der Bebrütung mit grünblättrigen Zweigen ausgelegt. Überwiegend Standvogel, aber Jungvögel und nordosteuropäische Populationen Kurzstreckenzieher.

**KENNZEICHEN** Mittelgroßer, kräftiger Greifvogel mit breiten Flügeln und langem Schwanz, insgesamt ähnlich Sperber, doch eine Größenklasse höher. Starker Größenunterschied zwischen ♂ und ♀, Spannweite bei ♂ ähnlich Krähe, bei ♀ ähnlich Mäusebussard. Fliegt meist in Baumkronenhöhe oder knapp darüber mit wenigen, *entspannten Flügelschlägen* (langsamer als Dohle), unterbrochen von kurzen, geraden Gleitstrecken (beim Gleiten nicht absinkend wie Sperber), segelt oft oder steht häufig aufrecht auf Warte, mit *kräftigem Hinterkörper* („hinterlastig“), häufig locker *abstehenden Unterschwanzdecken* und *kräftigen Beinen/Zehen,* wobei der Lauf etwa die dreifache Dicke der „Stricknadeln“ des Sperbers besitzt. Ad. ♂ trotz größerer Ausmaße mit Sperber-♀ zu verwechseln; beachte etwas langsamere Flügelschläge und kraftvolleren Flug, *proportional längere und spitzere Flügel, gerundete Schwanzkanten, breitere Schwanzbasis* und durch etwas längeren Hals *weiter hervorstehenden Kopf.*– Ad.: Oberseits bläulich grau (♂) oder schiefergrau (♀), unterseits weißlich, fein grau gebändert, weißer Überaugenstreif kontrastiert zu schwärzlichen Kopfseiten und Scheitel.– JK: Oberseits braun, *unterseits rötlich weiß, grob braun gefleckt* (auf Achseln gröber; kann im Flug unterseits „gescheckt“ wirken).– Variation: Russische und westsibirische Brutvögel der Unterart *buteoides,* die ausnahmsweise im Winter weiter westlich erscheinen können, sind größer, heller, Altvögel wegen feinerer Bänderung unterseits weißlich, Jungvögel dort cremefarben mit dünnerer brauner Strichelung und oberseits auf Flügeldecken und Schwanzbasis oft teilweise weiß gefleckt.

**STIMME** Außerhalb der Brutzeit meist stumm; ruft gern in der Morgendämmerung ähnlich Sperber, aber deutlich lauter, tiefer und schärfer, langsamer gackernd „kja-kja-kja-kja…“, Bettelruf des ♀ und der Jungvögel wild, traurig „PIII-lih“. Beide Rufe werden vom Eichelhäher imitiert.

## SPERBER

## HABICHT

DZ

## KURZFANGSPERBER –

Levant Sparrowhawk *Accipiter brevipes*

L 30-37 cm, S 63-76 cm. Brütet in Südosteuropa (bis Ostungarn), zieht von September bis April nach Afrika. Während des Zugs gesellig, dieser kulminiert an wenigen Tagen (manchmal Zehntausende an einem Tag über dem Bosporus und Israel, oft um den 25. Apr. und 20. Sept.). Brütet in Wäldern hauptsächlich in niedrigen Lagen, auch in Ebenen mit ungestörtem Dickicht, in Galeriewäldern und Plantagen; mit grünen Blättern ausgelegtes Baumnest oft in 5-10 m Höhe. Nahrung Eidechsen, Großinsekten, Kleinvögel und Kleinsäuger, Jagdtechnik ähnlich Sperber.

**KENNZEICHEN** Ähnlich Sperber, Geschlechter aber gleich groß, *Flügel schmaler und spitzer, Schwanz etwas kürzer,* im Gleitflug fast falkenartige Silhouette, im aktiven Flug aber wie Sperber. *Ober- und unterseits dunkle Flügelspitzen* (vor allem bei ♂, intermediär beim ♀, weniger ausgeprägt im JK) *und ungebänderte mittlere Steuerfedern charakteristisch* (Sperber zeigt immer gebänderte mittlere Steuerfedern, wenngleich bei manchen ad. ♂ schwach), zudem *mehr und dünnere Schwanzbinden* (6-8, bei Sperber gewöhnlich 4-5). Ad. ♀ und JK mit kennzeichnendem *dünnem, dunklem Strich in Kehlmitte* (Gularstreif); von Nahem *dunkle Iris* und bei ad. *graue Kopfseiten* ohne Überaugenstreif kennzeichnend, ferner im Vergleich zum Sperber leuchtender gelbe Wachshaut und kräftigere Beine mit kürzeren Zehen. Unterflügel wirkt bei ad. weißlich (ist aber dünn rostrot gebändert). *Zieht im Gegensatz zum Sperber in dichten, zuweilen großen Trupps* (oft 100 und mehr, doch schon zehn dicht zusammen kreisende Sperber sollten Aufmerksamkeit erregen).– Ad. ♂: Oberseits blaugrau mit deutlichen schwärzlichen Flügelspitzen.– Ad. ♀: Oberseits schiefergrau mit etwas dunkleren Flügelspitzen; geringfügig größer als ♂; zeigt oft dünnen Kehlstrich.– JK: Oberseits dunkelbraun mit etwas dunkleren Flügelspitzen, unterseits Brust dunkel gestreift oder gepunktet, Flanken und Unterflügel gefleckt oder gebändert und damit an juvenilen Habicht erinnernd, Kehlstrich deutlich.

**STIMME** Charakteristisches, schrilles, klares „kiiwick", oft mehrfach wiederholt „kiwick-kiwick-kiwick", dann überraschend an Steinwälzer oder Rotflügel-Brachschwalbe erinnernd.

## SCHIKRASPERBER –

Shikra *Accipiter badius*

L 30-36 cm, S 60-70 cm. Brütet vom östlichsten Kaukasus ostwärts durch den N-Iran bis Mittelasien. Zieht nach Südasien. Von fünf Unterarten ist die mittelasiatische *cenchroides* die hellste. Hat in Armenien gebrütet und wurde als Ausnahmegast in Israel und der Türkei gefunden.

**KENNZEICHEN** Ähnelt am meisten dem Kurzfangsperber, unterscheidet sich aber durch seine kompaktere Gestalt (kürzerer Schwanz, breitere und rundere Flügel, 5. Handschwinge lang). *Dunkle Mittellinie auf der Kehle* in allen Kleidern, ähnlich Kurzfangsperber (kann jedoch bei ad. ♂ beider Arten sehr schwach sein). Oberseite und besonders *Kopf heller* als beim Kurzfangsperber, *Augen nicht so dunkel.*– Ad. ♂: Ähnlich Kurzfangsperber, oberseits bleigrau und unterseits fein gebändert, jedoch feinere oder fast einfarbige Zeichnung der Unterflügeldecken, weiße „Hose", wodurch die rötliche Färbung des Unterkörpers weiter oben endet (erreicht beim Kurzfangsperber den unteren Flügelrand), und *hellerer grauer Kopf.* Augenfarbe variiert von leuchtend Orangerot bis Bernsteingelb.– Ad. ♀: Ähnelt dem ad. ♂, ist aber etwas größer, oberseits stumpf braungrau und hat eine gelbe Iris.– JK: Unterscheidet sich vom jungen Kurzfangsperber hauptsächlich in der Gestalt (s. o.) und durch durchschnittlich hellere Iris (gelblich weiß oder hellgrau) und durchschnittlich etwas blasseren Unterkörper mit etwas spärlicheren Flecken und Streifen und weniger Querbändern, manchmal an jungen Habicht erinnernd.

**STIMME** Ruf ein wiederholtes, hohes, zweisilbiges „ki-ja". Bettelruf ein schrilles, jammerndes „KIIah", langsam wiederholt, ein wenig an Kleibergesang erinnernd.

## GRAUBÜRZEL-SINGHABICHT –

Dark Chanting Goshawk *Melierax metabates*

L 39-47 cm, S 85-105 cm. Lokaler Brutvogel im Sous-Tal im Süden Marokkos, abnehmend oder sogar schon verschwunden (Hauptverbreitung südlich der Sahara) in offenen Halbwüsten und Buschlandschaften; Nest in Kronen dichter Bäume.

**KENNZEICHEN** Wie Mischung aus Habicht-♂ und Kornweihen-♂, mit breiten Flügeln und recht langem Schwanz, *blaugrauem Gefieder* (Bauch und Unterflügel dünn weiß gebändert); *Iris dunkel, Füße und Wachshaut rot, Flügelspitzen und mittlere Steuerfedern schwarz.* Trotz der an Kornweihen-♂ erinnernden Färbung mit silbergrauen Flügeln mit ausgedehnt schwarzer Spitze, dunklerem Grau von Körper und Flügelvorderrand und weißen Oberschwanzdecken deutliche Unterschiede durch dunkleren Oberschwanz, breitere Flügel und andere Flugweise. Jagdflug ähnlich Habicht oft niedrig und schnell, abwechselnd eine Serie von Flügelschlägen und kurzen Gleitstrecken. Kreist auch mit *leicht angehobenen Flügeln* in größerer Höhe. Steht gern aufrecht und exponiert auf Zweigen, dabei die langen roten Beine zeigend.– Ad.: Geschlechter gleich gefärbt, Oberseite bleigrau, Bauch fein grau und weiß meliert, Wachshaut und Beine tief rot.– JK: Oberseits braun, Brust dunkel gestreift und Bauch grob dunkel gebändert; im Flug *heller Bürzel* sichtbar; Iris, Füße und Wachshaut gelb.

**STIMME** Zur Brutzeit stimmfreudig, Serie lauter, klarer Pfiffe „pi-pi-pi-pi-..." oder langsamer und am Ende abfallend „pii-a pii-a pii-a...", Warnruf schnell gackernd „klü-klü-klü-..."

Kurzfangsperber

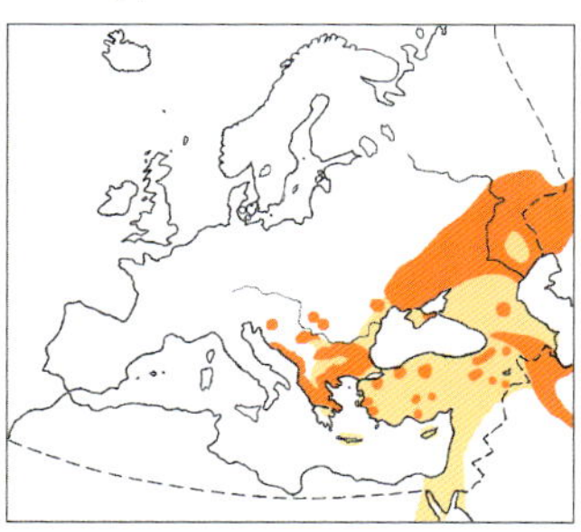

Schikrasperber

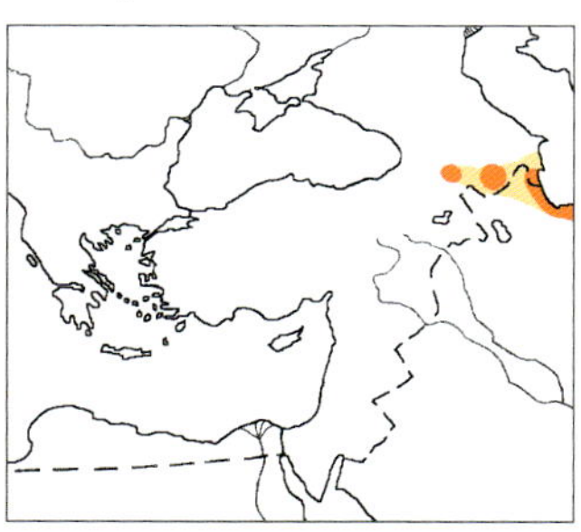

Graubürzel-Singhabicht

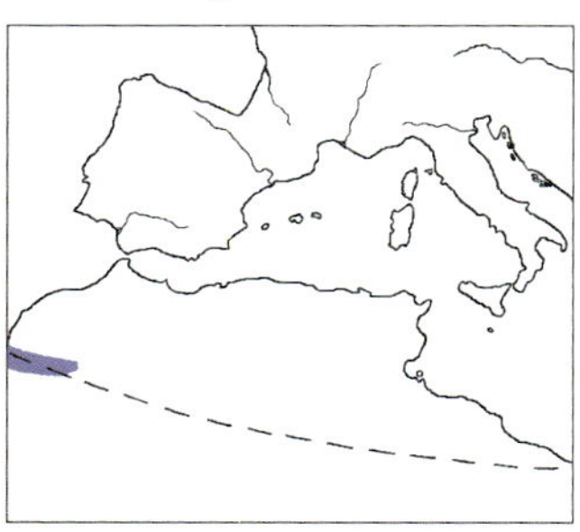

## KURZFANGSPERBER

## SCHIKRASPERBER

## GRAUBÜRZEL-SINGHABICHT

# FALKEN Falconiformes

Kleine bis mittelgroße Beutegreifer mit ziemlich spitzen Flügeln; Flugweise schnell und agil, Beute wird meist in der Luft geschlagen; Schnäbel mit Ausbuchtung an der Schneidekante des Oberschnabels („Falkenzahn").

## TURMFALKE D: A/N4/JZW

Common Kestrel *Falco tinnunculus*

L 31-37 cm, S 68-78 cm. Bewohnt offene Landschaften, Industrie- und Kulturland mit Bäumen und Büschen und Gebirge; Nahrung Mäuse und Insekten; brütet in alten Krähennestern, an Gebäuden oder in Felsnischen.

**KENNZEICHEN** Mittelgroß, mit *langen Flügeln und langem Schwanz;* Flügelbasis recht schmal, gespreizte Flügelspitze eher stumpf, *rüttelt häufig* mit hängendem, gefächertem Schwanz; aktiver Flug mit *eher lockeren* (entspannten, mechanischen) *Flügelschlägen* als andere Falken; Gesamteindruck manchmal an Sperber erinnernd, doch unterschieden durch *stetigere Flugweise mit viel weniger Gleitstrecken,* schmalere und gerader gehaltene Flügel (bei Sperber mit leicht vorgeschobenem Bug) und Gefiederfärbung: *Mantel, Rücken und Oberflügeldecken rötlich braun, zu dunkleren Schwungfedern kontrastierend.*– Ad. ♂: Bürzel und Oberschwanz *ungebändert blaugrau,* breite, dunkle Schwanzendbinde; Kopf grau, dünn gestrichelt; *Mantel, Rücken und Oberflügeldecken tief rotbraun, fein schwarz gepunktet.*– ♂ 1er S: Einige an deutlicher dunkler Bänderung von Bürzel und Oberschwanz zu erkennen.– Ad. ♀: Bürzel und Oberschwanz *braun, schmal dunkel gebändert;* Schwanzendbinde etwas breiter; Kopf bräunlich, deutlich gestrichelt; Oberseite warm braun, weniger rötlich als ♂, eher dunkel gebändert als gepunktet (selten Kopf, Bürzel und Schwanzbasis grau, aber *Schwanz immer gebändert).*– JK: Wie ad. ♀, aber oberseits gelblicher rotbraun, Brust gröber und diffuser gestrichelt; *angedeutetes helles Band auf oberen Handflügeldecken* oft sichtbar; bei einigen jungen ♂ Bürzel und Oberschwanzdecken blaugrau (gebändert).

**STIMME** Ruf schnelle Serie kurzer, scharfer Töne „ki-ki-ki-ki-...", eher kürzer als bei Baumfalke und Merlin. Bettelrufe der Jungvögel und ♀ wimmernder, vibrierender, mehrfach wiederholter Triller „kir'r'rl...".

## RÖTELFALKE D: A/–/S

Lesser Kestrel *Falco naumanni*

L 27-33 cm, S 63-72 cm. Koloniebrüter in Städten, an steilen Felshängen, Ruinen usw., meist in niedriger Höhe, auch während des Zuges gesellig; Nahrung Insekten, die am Boden (jagt wie Rotfußfalke zuweilen auch zu Fuß) oder in der Luft erbeutet werden; brütet an Gebäuden in Nischen oder Höhlen oder am Boden und auf Felsbändern.

**KENNZEICHEN** Kleiner, eleganter Falke; sehr ähnlich Turmfalke, aber unterschieden durch *kennzeichnenden Ruf* (s.u.), Flügel und Schwanz etwas kürzer, gespreizt etwas breiter; bei vielen Individuen mittlere Steuerfedern verlängert (bei Turmfalke nur ausnahmsweise); *Krallen hell* (bei Turmfalke dunkel).– Ad. ♂: Ähnlich Turmfalke, unterschieden durch *oberseits fehlende dunkle Fleckung, bläuliches Flügelfeld* zwischen kastanienbraunem Vorderflügel und dunklen Schwungfedern, blauen Kopf ohne dunklen Kinnstreif; *Unterflügel weißlicher* als bei Turmfalke, oft fast ungemustert (aber einige kräftiger gemustert); Flecken unterseits kleiner und runder als bei Turmfalke, Brust oft dunkler rostgelblich.– ♂ 1er S: Sehr ähnlich Turmfalke, da *blaugraues Flügelband oberseits fehlt und kastanienbraune Flügeldecken und Schirmfedern noch dunkel gepunktet;* oft nur mittlere Steuerfedern wie bei ad., restliche gebändert; kein Kinnstreif.– Ad. ♀/JK: Ähnlich Turmfalke, oft Gefiedermerkmale zur Bestimmung nicht ausreichend. Durchschnittlich Flügel- und Körperunterseite heller, feiner gestrichelt, Kinnstreif dünner, kein dunkler Streif hinter Auge, Wangenfleck etwas heller, dadurch „freundlicherer" Gesichtsausdruck.

**STIMME** Kennzeichnender Kontaktruf dreisilbig, recht hoch und raspelnd „tsche-tsche-tsche" (im Ton ähnlich Rebhuhn), in Kolonien oft im Chor; auch turmfalkenähnliche, gereihte, kurze Töne, aber schneller und plaudernder; Bettelruf sehr ähnlich Turmfalke, vibrierend „kiirrrl...".

## ROTFUSSFALKE D: A/V/Z

Red-footed Falcon *Falco vespertinus*

L 28-34 cm, S 65-76 cm. Brütet in Kolonien, selten allein, in offenen Landschaften mit kleinen Wäldchen, in der Steppe, in offenen Flusstälern; Nahrung vorwiegend Insekten; brütet in alten Krähennestern, auch in Saatkrähenkolonien.

**KENNZEICHEN** Mittelgroß, *Silhouette ähnlich Turmfalke und Baumfalke,* je nachdem, wie Schwanzlänge wahrgenommen wird; *aktiver Flug* oft turmfalkenähnlich, *mit recht lockeren Flügelschlägen, aber Insektenjagd im Flug* sehr ähnlich Baumfalke, *rüttelt oft, landet am Boden, läuft, rüttelt wieder usw.*– Ad. ♂: Einzigartige Färbung durch *dunkles Blaugrau von Körper und Flügeldecken, mattrote „Hosen" und Unterschwanzdecken und hell silbergraue Schwungfedern;* Wachshaut und Füße tief orange.– ♂ 1er S: Gefieder mit unterschiedlich vielen blaugrauen Federn, aber *Unterflügel wie im JK gebändert, Körperunterseite zumindest teilweise rostrot.*– Ad. ♀: *Unterseits ungestreift hell rostbeige, Rücken schiefergrau, dunkel gebändert;* Kopf gelblich weiß, Füße und Wachshaut orange.– JK: Unterseits beige, *dunkel gestreift;* kurzer, dunkler Bartstreif, dunkle Maske über hellen Kopfseiten; *deutlich dunkler Unterflügel-Hinterrand,* Wachshaut und Füße gelb.

**STIMME** Zur Brutzeit und am Schlafplatz stimmfreudig. Ruft schnatternd „kekekeke...", ♂ meist schneller und höher als ♀. Flugruf des ♂ ähnlich demjenigen des Baumfalken, wimmernd „kju kju kju kju...".

Turmfalke

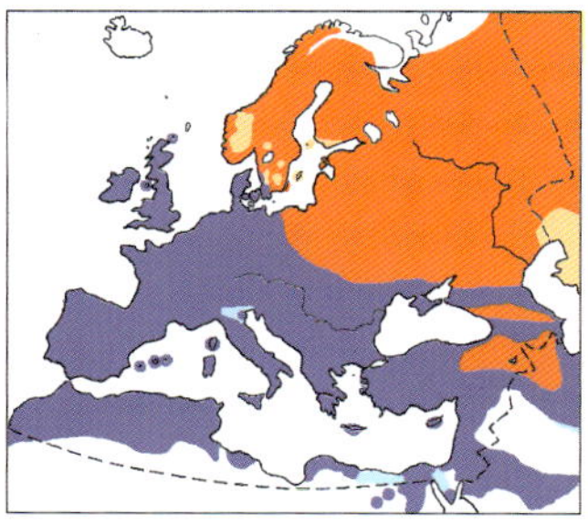

Rötelfalke

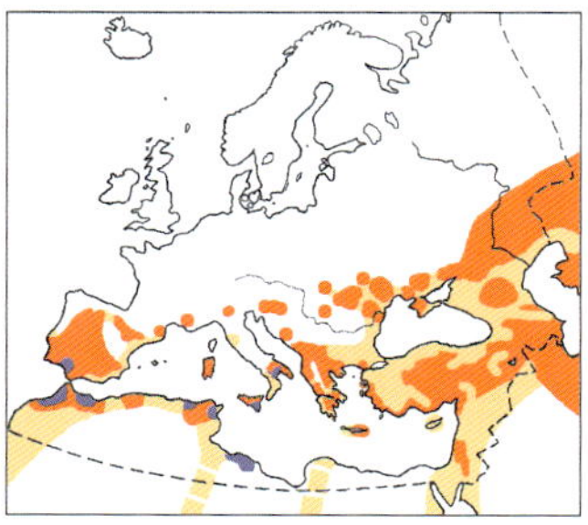

Rotfußfalke

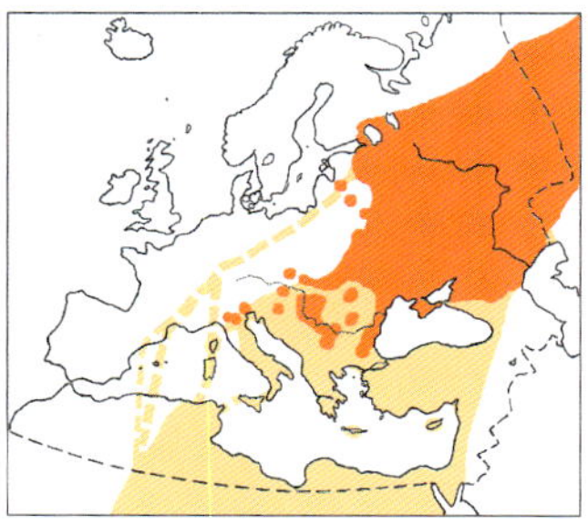

## TURMFALKE

## RÖTELFALKE

## ROTFUSSFALKE

DZ

## BAUMFALKE D: A/N3/Z

Eurasian Hobby *Falco subbuteo*

L 29-35 cm, S 70-84 cm. Brutvogel verschiedenster Lebensräume wie Kulturland mit Seen und Wäldern, Flussniederungen, Bergwälder, oft in verlassenen Krähennestern; überwintert von Okt.-Apr. in Afrika; Nahrung im wendigen Jagd- oder Sturzflug erbeutete Insekten und Vögel.

**KENNZEICHEN** Mittelgroßer, eleganter Falke mit *langen, spitzen Flügeln und mittellangem, gerade abgeschnittenem Schwanz; fliegt rasend schnell,* kann Vögel in der Luft erbeuten (auch Rauchschwalben und sogar Mauersegler) und löst bei Erscheinen meist Alarm bei Vögeln aus; fliegt oft niedrig und schnell über Schilf- und Feuchtflächen, *mit kräftigen, leicht verzögert folgenden, schnittigen Flügelschlägen,* Flugweise bei Libellenjagd entspannter, mit kurzen Beschleunigungen und Wendungen; frisst Insekten im kurzen Gleitflug; typische Flugsilhouette mit *langen, angewinkelten Handschwingen* oft spitzflügelig, gelegentlich aber auch stumpfflügeliger wirkend ähnlich Rotfußfalke (der nur geringfügig längeren Schwanz und kürzere Flügel hat und daher von Weitem für einen Baumfalken gehalten werden kann). Wirkt aus normaler Entfernung *oberseits dunkelgrau und unterseits dunkel mit weißer Kehle,* von Nahem aber *„Hosen" und Steißregion rostrot,* kräftige Streifen auf Brust und Bauch und schwarzer Kinnstreif sichtbar. Im Mittelmeergebiet auch Verwechslung mit Eleonorenfalke möglich, dieser aber etwas größer und mit proportional etwas längerem Schwanz, Baumfalke an Flügel- und Schwanzunterseite auch einfarbiger.– JK: Von ad. unterschieden durch Fehlen von Rot an „Hosen" und Steiß (auch im 1en S fehlend), oberseits hellspitzige Hand- und Große Armdecken, hellere Stirn, braun überhauchte Oberseite und gelblich weiße (statt weißliche) Unterseite.

**STIMME** Ruft keifend „kju-kju-kju-kju-…", nicht unähnlich Gesang des Wendehalses, aber mit weniger weinerlichem, flehendem Klang, im Tempo sehr unterschiedlich; im Flug auch wiederholt scharf „ki-tschik"; einzeln scharf „kitt"; Bettelruf lang gezogen, fordernd „PII-eh", ähnlich Merlin (aber anders als vibrierender Triller des Turmfalken).

## ELEONORENFALKE D: A/–/S

Eleonora's Falcon *Falco eleonorae*

L 36-42 cm, S 87-104 cm. Koloniebrüter, vor allem auf Mittelmeerinseln an Küstenfelsen in Nischen, überwintert bis April in Afrika; ausgeprägter Vogeljäger, Brutzeit beginnt erst im Spätsommer, wenn der die Ernährungsgrundlage für die Jungvögel liefernde Kleinvogelzug einsetzt.

**KENNZEICHEN** Mittelgroßer Falke mit *langen, vergleichsweise schmalen Flügeln, langem Schwanz und recht schlankem Körper;* ähnlich größerem Baumfalken oder schlankem Wanderfalken-♂, aber von beiden unterschieden durch längeren Schwanz und von Letzterem durch proportional längere und schmalere Flügel, andere Silhouette aber nicht immer schnell und eindeutig erkennbar. *Flugweise entspannt, mit weichen, aber kräftigen* (etwas an Raubmöwe erinnernden), im Verfolgungsflug jedoch schnellen *Flügelschlägen;* gleitet oft auf gerade gehaltenen Flügeln nach Vögeln spähend lange Zeit über dem Meer.– Ad., helle Morphe: Ähnlich jungem Baumfalken, unterschieden durch *Kontrast zwischen sehr dunklen Unterflügeldecken und heller grauen Schwungfederbasen sowie tief rostgelblicher oder rostbrauner (nicht gelblich weißer) Körperunterseite.*– Ad., dunkle Morphe: Insgesamt einfarbig dunkel braunschwarz, aber wie helle Morphe mit Kontrast zwischen schwärzlichen Unterflügeldecken und helleren Schwungfederbasen.– JK: Ähnlich Baumfalke im JK, unterschieden durch Silhouette, Größe und *unterseits hellere, gebänderte Schwungfederbasen, die zu dunklen Flügelspitzen und -decken kontrastieren;* unterseits gelblich beige, schmal dunkel gestrichelt, Kehle gelblich, nicht so weiß wie bei Baumfalken.

**STIMME** Ruft nasal, etwas kratzend „kjeh kjeh, kjeh, kjeh"; verschiedene scharfe Warntöne in Nestnähe, z. B. „kak kak" und „kekekeke…".

## SCHIEFERFALKE –

Sooty Falcon *Falco concolor*

L 32-37 cm, S 78-90 cm. Brütet in flachem Bergland oder an Felsen in Wüsten, auf Koralleninseln und an Felsküsten, überwintert von Dez.-Apr. hauptsächlich auf Madagaskar; Nahrung Kleinvögel, im Winter auch Insekten; brütet wie Eleonorenfalke erst spät, um über die Wüste ziehende Kleinvögel zum Füttern der Jungvögel nutzen zu können.

**KENNZEICHEN** Mittelgroß, *etwas größer als Baumfalke,* in der Silhouette diesem ähnlich, etwas kleiner als Eleonorenfalke, im Vergleich zu diesem *Kopf proportional größer und Schwanz kürzer,* gelbe Wachshaut meist deutlicher.– Ad.: *Gefieder kennzeichnend einfarbig schiefergrau* (dunkle Morphe des Eleonorenfalken mit Kontrast zwischen schwärzlichen Unterflügeldecken und helleren Schwungfederbasen; ad. Rotfußfalken-♂ hat silbergraue Handschwingen, helleren, blaugrauen Körper und Rot an „Hosen" und Steiß); dunkles Gefieder bei ad. variiert von recht hellem Blaugrau (heller als bei jedem Eleonorenfalken) bis schwärzlich blaugrau, helles Gefieder wohl öfter bei ♂.– JK: Ähnlich Baum- und Eleonorenfalken im JK (s. a. Rotfußfalke im JK, S. 120); neben Größe und Silhouette unterschieden durch unterseits breite, *dunkle Flügelhinterkante und Schwanzendbinde* (nicht bei Baumfalke) und Fehlen der kontrastierenden Unterflügeldecken (bei Eleonorenfalke vorhanden); *mittlere Steuerfedern dunkel und ungebändert* (auch unterseits sichtbar) und etwas verlängert, einen *leicht keilförmigen Schwanz* formend; dunkles Brustband angedeutet.

**STIMME** Wenig bekannt. Einige Rufe erinnern an Turmfalken, klingen aber langsamer und eine Spur rauer.

Baumfalke

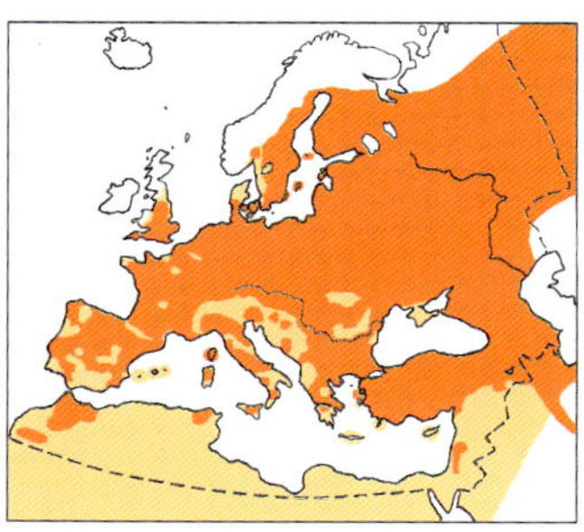

Eleonorenfalke

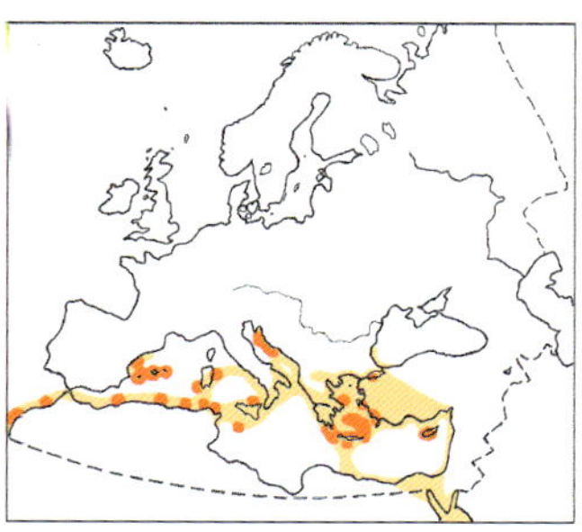

Schieferfalke

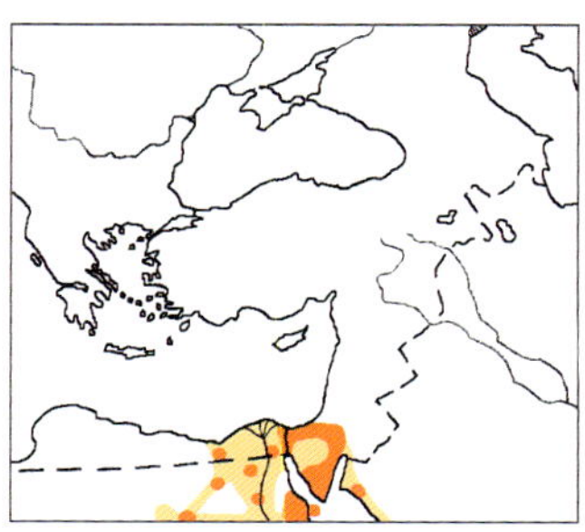

## BAUMFALKE

## ELEONORENFALKE

## SCHIEFERFALKE

DZ

## WANDERFALKE D: A/N3/JZW

Peregrine Falcon *Falco peregrinus*

L ♂ 38-45 cm, ♀ 46-51 cm, S ♂ 89-100 cm, ♀ 104-113 cm. Zirkumpolar, aber drastischer Bestandsrückgang in 1950er- und 60er-Jahren durch DDT und Jagd, seitdem wieder zunehmend; brütet an steilen Felsküsten, in Gebirgen, auch im Flachland an Felsen, Gebäuden, in Taigamooren am Boden, selten in Bäumen. Im Norden und Osten Zugvogel. Erbeutet kleine bis mittelgroße Vögel im horizontalen Verfolgungs- oder spektakulären Sturzflug mit angelegten Flügeln.

**KENNZEICHEN** Mittelgroß bis groß; ♀ deutlich größer als ♂; in Relation zur Größe stärkster Falke mit *kräftigem Körper, „brustlastig", Flügel spitz, Armflügel recht breit, Schwanz mittellang;* Flügel meist leicht gewinkelt, Bugwinkel deutlich, aktiver Flug mit recht schnellen, eher flachen Flügelschlägen und mittlerer Geschwindigkeit, bei erspähter Beute mit festeren Flügelschlägen und abrupt erhöhter Geschwindigkeit.– Ad.: *Oberseite schiefergrau, Rücken, Bürzel und Oberschwanzdecken heller blaugrau,* Unterseite weiß, Brust und Bauch dünn gebändert, Wangen, Kehle, Vorderbrust weiß (größter Weißanteil bei ♂), zu *schwarzer Kappe und breitem, schwarzem Kinnstreif* scharf kontrastierend.– JK: Am besten zu erkennen an kräftiger *Streifung* (nicht Bänderung) *von Brust und Bauch, bräunlicher Oberseite* mit hell gerandeten Handschwingen- und Großen Flügeldeckenspitzen; Wachshaut und Füße matt gelblich grün; Verwechslung mit dunklem juv. Gerfalken möglich, aber neben der Silhouette (und beim ♂ geringeren Größe) fällt der *breit schwarze Kinnstreif mehr auf, der nicht in gestreifte Wangen übergeht; Unterflügel einfarbig grau* (statt mit kontrastierenden dunklen Flügeldecken); Unterschwanzdecken gebändert oder mit Winkelflecken gezeichnet (bei Gerfalken gestrichelt); Wachshaut und Füße bei Gerfalken im 1en W meist reiner blau.– Variation: Mediterrane Unterart *brookei* etwas kleiner, oberseits dunkler, unterseits rötlich überhaucht, rötlicher Nackenbereich (vgl. Wüstenfalke). Unterart *calidus* in N-Russland sehr hell.

**STIMME** Außerhalb des Nestbereichs meist stumm. Warn- und Kontaktruf ein raues Gackern mittleren Tempos, beharrlich zeternd, manchmal lange wiederholt „rähk rähk rähk rähk…", bei der Balz zweisilbig schneidend „IH-tschipp"; Bettelruf vibrierend „kji'i'ih".

## WÜSTENFALKE –

Barbary Falcon *Falco pelegrinoides*

L ♂ 33-37 cm, ♀ 36-39 cm, S ♂ 76-86 cm, ♀ 89-98 cm. Naher Verwandter des Wanderfalken (meist als dessen Unterart betrachtet); brütet in Halbwüsten mit Felsen und Anhöhen, weiter östlich auch in Vorgebirge und Bergen; Nahrung wie Wanderfalke; Brutplatz an Felsen.

**KENNZEICHEN** Kleinere Version des Wanderfalken; ♂ nur wenig größer als Baumfalke (aber schwer und „brustlastig" wie Wanderfalke), Flugsilhouette mit etwas schmalerem Armflügel als bei Wanderfalke, aufgrund der Größe Flügelschläge in vergleichbarer Situation etwas schneller.– Ad.: Im Vergleich zum Wanderfalken *Oberseite heller blaugrau, Schwungfedern unterseits heller mit dunkleren Flügelspitzen und dunklerem Hinterrand, Körper und Flügeldecken unterseits rötlich (frisch) oder cremefarben (ausgeblichen) getönt* (auch Wanderfalke der Unterart *brookei zeigt* rötliche Tönung). Ferner *schwächere Bänderung der Unterseite* (am schwächsten bei ♂), unterseits oft angedeutete *dunkle Schwanzendbinde und schwaches, dunkles „Komma" auf Spitzen der Handdecken; Kinnstreif schmaler, Nacken rostrot* (nur von Nahem sichtbar; beachte roten Nacken auch bei *brookei*-Wanderfalken).– JK: *Wie Wanderfalke im JK, aber Kopf heller,* Stirn, Nacken und Überaugenstreif rötlich gelb; *Kinnstreif schmaler;* unterseits oft schwache *dunkle Schwanzendbinde, Streifung der Körperunterseite schmal* und auf Bauchmitte konzentriert, *Kehle/Vorderbrust und „Hosen"/hinterer Bauch fast ungemustert beige.*

**STIMME** Wie bei Wanderfalke, aber etwas höher.

## MERLIN D: A/–/ZW

Merlin *Falco columbarius*

L 26-33 cm, S 55-69 cm. Bewohnt bevorzugt Birken- und Weidenzonen im Fjäll, auch Taigamoore, offene Küstenlandschaften und Heide im Norden; Nahrung vorwiegend Kleinvögel, die im rasanten, waagerechten Verfolgungsflug bodennah erbeutet werden; brütet in Bäumen (verlassenes Krähen- oder Greifvogelnest), Büschen oder am Boden.

**KENNZEICHEN** Kleinster Falke, Flugsilhouette ähnlich Wanderfalke, recht *„brustlastig", mit spitzem Hand- und recht breitem Armflügel und mittellangem Schwanz,* daher Verwechslung möglich, wenn Größe nicht einschätzbar, fliegt jedoch mit *viel schnellerem Flügelschlag.* Jagt niedrig, gelegentlich wie zur Tarnung *drosselartig* (in weichem Auf und Ab, dabei kurze Pause zwischen mehreren Flügelschlägen), oder in schnellem Verfolgungsflug; sehr wendig.– Ad. ♂: *Oberseite blaugrau, Schwanz mit breiter, schwarzer Endbinde,* Handschwingen dunkel, Brust rötlich gelb, dünn gestrichelt, Kinnstreif schmal und unauffällig, Kehle weiß.– Ad. ♀: *Oberseite braungrau, Schwanz kräftig dunkel gebändert* (ca. 5 breite Binden, Endbinde nur wenig breiter), *Brust gelblich weiß, kräftig dunkel gestreift,* Kinnstreif schmal, weniger auffällig.– JK: Ähnlich ad. ♀, im Freiland kaum unterscheidbar, aber durchschnittlich oberseits brauner, ohne für viele ♀ typische graue Tönung von Rücken und Schwanz, Handdecken hell rötlich gebändert (statt einfarbiger).– Variation: Mittelasiatische Unterart *pallidus* oberseits heller grau, unterseits schwächer gestrichelt.

**STIMME** Ruft bei Alarm schnell, ansteigend, scharf „ki-ki-kiki-kikiki…", ♂ heller und schneller als ♀; Bettelruf ähnlich Baumfalke (oder Brachvogel), voll klingend und klagend „pII-eh".

Wanderfalke

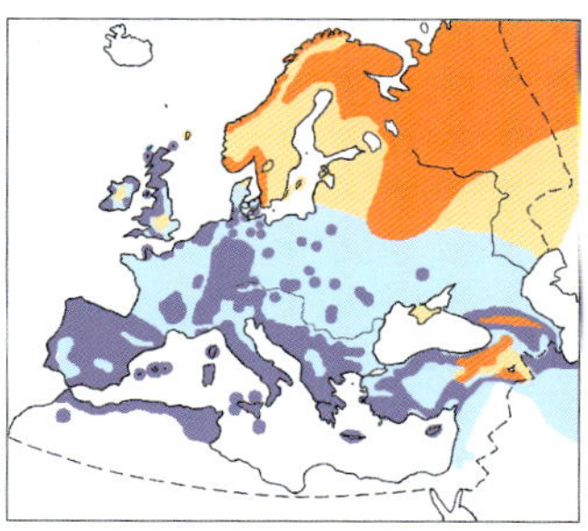

Wüstenfalke

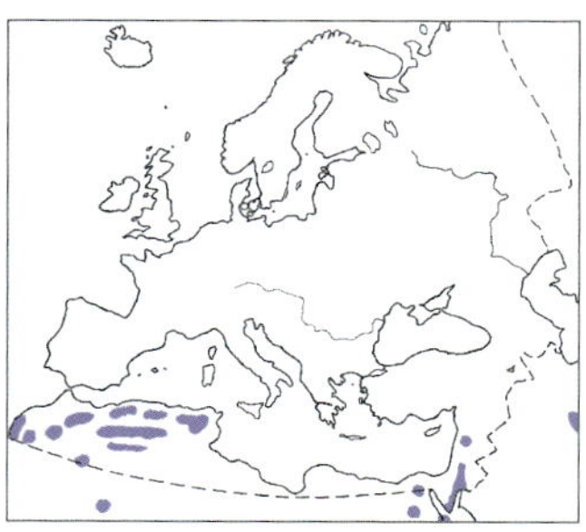

Merlin

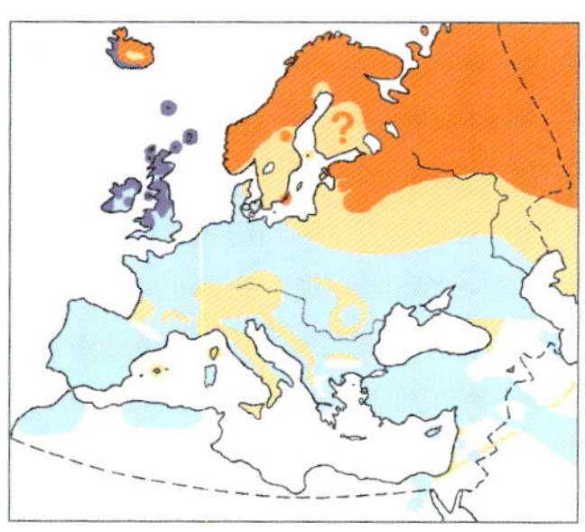

## WANDERFALKE

## WÜSTENFALKE

## MERLIN

## GERFALKE — D: A/–/S

Gyrfalcon *Falco rusticolus*

L 53-63 cm, S 109-134 cm. Brütet auf Felsbändern in Bergland und Tundra, bevorzugt Flusstäler; überwiegend Standvogel, besonders Jungvögel weichen im Winter etwas nach Süden aus; Nahrung am Boden oder in der Luft erbeutete Vögel (vor allem Schneehühner) und Lemminge.

**KENNZEICHEN** Größter Falke mit der *Flügelspanne des Mäusebussards; Flügel breit, Flügelspitzen für einen Falken recht gerundet, Schwanz etwas länger als bei Wanderfalke;* Körper ebenso schwer, aber länger, *Schwanzbasis breiter* („Hüfte" wie bei Habicht dick), Flugweise ähnlich Wanderfalke, aber durch bedeutendere Größe und *etwas längeren Armflügel stetiger, mit etwas langsameren, flacheren, elastischen Flügelschlägen;* jagt meist in horizontalem Verfolgungsflug, oft niedrig über dem Boden; nur selten Sturzflug aus großer Höhe. Gefiedervariationen vor allem geografisch bedingt, aber Überschneidungen und Variationen bedeutend; weiße Morphe (vorwiegend Grönland, aber auch Sibirien) mit *weißem, dunkel geflecktem Gefieder und dunklen Flügelspitzen;* hellgraue Morphe (Island) mit hellgrauem, weißlich gebändertem Gefieder; dunkelgraue Morphe (Fennoskandien, Russland) mittelgrau, hellgrau gebändert; zwei letztgenannte Morphen zeigen *schmalen, undeutlichen Kinnstreif, hellen Überaugenstreif und dünn gestrichelte oder dunkel schattierte Wangen.*– Ad. graue Morphen: Wachshaut und Füße gelb; Oberseite grau (oder graubraun), hell aschgrau gebändert oder gefleckt; Unterseite fein dunkel gepunktet und gestreift, meist an Flanken und „Hosen" leicht gebändert.– JK: *Wachshaut und Füße bläulich;* oberseits dunkel braungrau, bis auf Schwanz nur wenig oder gar nicht hell gebändert oder gefleckt; *unterseits kräftig dunkel gestreift, keine Bänderung.*

**STIMME** Laut, rau, raspelnd oder hart gackernd „wrä(eh) wrä(eh) wrä(eh)…", langsamer, schroffer und deutlicher zweisilbig als bei Wanderfalke.

## WÜRGFALKE — D: A/0/S

Saker Falcon *Falco cherrug*

L 47-55 cm, S 105-129 cm. Bewohnt Steppen, hügeliges Grasland oder Wälder in offener Landschaft; teilweise Zugvogel; Nahrung Vögel und Nagetiere; brütet an Felsen, auf Strommasten, in Zweignestern in Bäumen, oft in Reiherkolonien; selten (ca. 450 Paare in Europa), doch sieht man öfter Falknern entkommene Flüchtlinge und Hybriden.

**KENNZEICHEN** *Groß,* fast so groß wie Gerfalke, dem er im Flugbild mit *recht breiten Flügeln mit stumpfer Spitze* ähnelt; von diesem mit Erfahrung unterschieden durch etwas schmalere Flügel, schlankere Schwanzbasis und „Hüfte", aber Gefiedermerkmale unerlässlich.– Ad. normal: Vom ähnlichen Lannerfalken meist unterschieden durch *gelbbraune Färbung von Mantel, Rücken und Innenflügel, die zu dunkleren, grauen Schwungfedern kontrastieren,* fast wie bei Turmfalken-♀ (Lannerfalke meist schiefergrau mit dunkleren Schwungfedern, wie Rotfußfalken-♀), *Kopf meist recht hellbraun mit weißlichem Überaugenstreif* (bei Lannerfalke fehlend oder undeutlich rötlich gelb), *dünn gestreiftem Scheitel* (ohne dunkle Stirn und rötlichen Nacken des Lannerfalken) *und schmalem, mehr oder weniger deutlichem Kinnstreif; einige wirken von Weitem fast weißköpfig* (Vorsicht: junge Lannerfalken in Nordafrika und Nahem Osten oberseits zimtbraun, oft sehr hellköpfig und am Unterschwanz ungebändert!); *unterseits von Kehle an abwärts und an Flanken oft kräftig gestreift, „Hosen" häufig ganz dunkel* (bei Lannerfalke Brust dünner gefleckt, an Flanken und „Hosen" gebändert); Unterflügel ähnlich Lannerfalke mit mehr oder weniger kontrastierenden dunklen Unterflügeldecken (im Gegensatz zu Wander- und Wüstenfalke).– Ad. graue Morphe (*„saceroides";* in Europa sehr selten): Oberseite grau und gebändert, sehr ähnlich Lannerfalke, durch Größe, Gestalt und Kopfmuster möglicherweise zu unterscheiden.– JK: Sehr ähnlich ad.; *Oberseite hellbraun, Unterseite kräftig gestreift,* Kopf meist dunkler als bei ad., aber mit deutlicherem, weißem Überaugenstreif; am Gefieder sehr schwer von Lannerfalke im JK zu unterscheiden, aber *„Hosen" oft ganz dunkel* (fast wie bei Raufußbussard) und *Oberseite etwas heller, hellbraun überhaucht* (vgl. mit europäischem juv. Lannerfalken); Wachshaut und Füße matt graugrün oder grau, blaugrün überhaucht.

**STIMME** Recht ähnlich Wanderfalke, aber etwas langsamer und wimmernder, nicht so heiser.

## LANNERFALKE —

Lanner Falcon *Falco biarmicus*

L 43-50 cm, S 95-105 cm. Bewohnt Wüsten, Steppen, niedrige Gebirgszonen, in Europa nur ca. 600 Paare. ♂ und ♀ jagen oft gemeinsam vorwiegend kleine bis mittelgroße Vögel in schnellem Sturz- oder Verfolgungsflug. Brütet auf Felsbändern, selten in alten Baumnestern.

**KENNZEICHEN** Etwas kleiner als Würgfalke, *Flügel und Schwanz etwas schmaler* (Silhouette wie kurzschwänziger Turmfalke).– Ad.: *Oberseite schiefergrau oder braungrau und dunkel gebändert* (europäische Unterart *feldeggii*) oder heller bläulich grau (nordafrikanische Unterart *erlangeri*), nicht zimtbraun wie die meisten Würgfalken; *Unterseite weniger gestreift als Würgfalke, eher fein gepunktet, an Flanken und „Hosen" gebändert, oft angedeutetes, dunkles Stirnband; Nacken und Überaugenstreif* (wenn vorhanden) *hell kastanienbraun,* schwarzer Kinnstreif schmal (weitere Unterscheidungsmerkmale siehe Würgfalke).– JK: Sehr ähnlich ad. und juv. Würgfalke, *aber „Hosen" gestreift, nie ganz dunkel, oberseits Mantel entweder sehr dunkel* (Europa) oder würgfalkenähnlich heller und wärmer braun (Nordafrika, Naher Osten).

**STIMME** Ähnlich Würgfalke, aber leiser.

Gerfalke

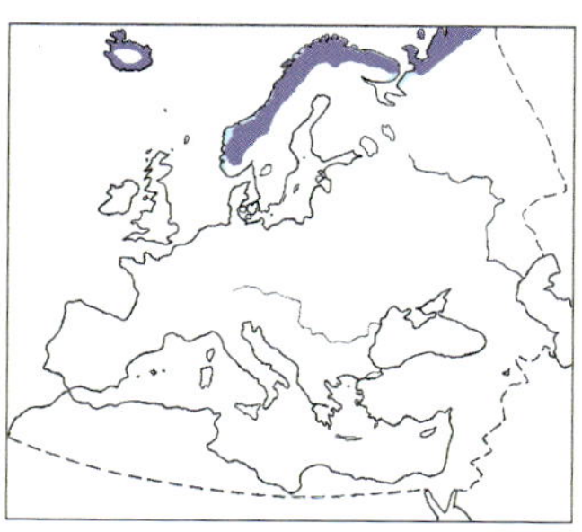

Würgfalke

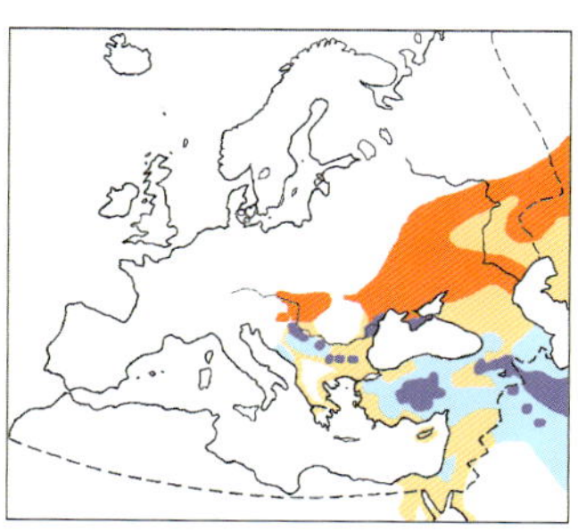

Lannerfalke

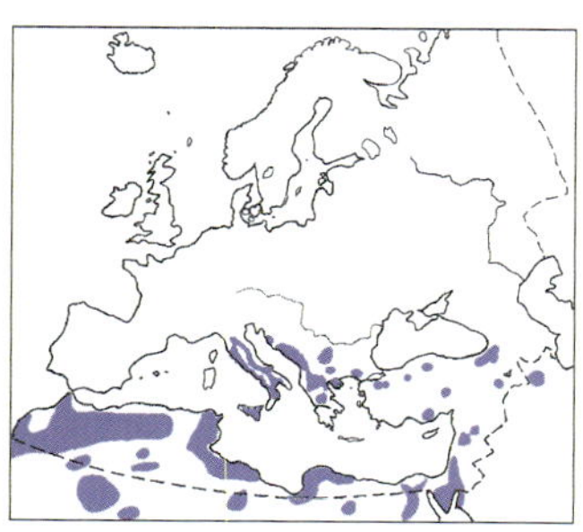

## GERFALKE

## WÜRGFALKE

## LANNERFALKE

DZ

# RALLEN Rallidae

Klein bis mittelgroß, oft in dichter Vegetation versteckt in Sümpfen und am Wasser lebend. Öfter zu hören als zu sehen. Nachtzieher, Nahrung Kleintiere und Pflanzenmaterial. (Auch der Wachtelkönig, S. 56, gehört zu den Rallen.)

### WASSERRALLE D: A/N4/JZW

Water Rail *Rallus aquaticus*

L 23-26 cm (inkl. Schnabel 3-4,5 cm). Bewohnt selbst kleinste Feuchtgebiete mit dichter Vegetation.

**KENNZEICHEN** Recht klein, durch rundes Hinterende, flache Brust und langen Hals fast birnenförmig, *Schnabel lang, dünn, leicht abwärts gebogen; wirkt* aus der Entfernung *dunkel,* nur *Unterschwanzdecken leuchten hell;* fliegt mit schnellem Flügelschlag und hängenden Beinen in Deckung.– Ad.: Oberseite olivbraun, schwarz gefleckt, „Gesicht“ und Brust dunkel blaugrau, Flanken und Bauch schwarz-weiß quergebändert, *Schnabel rot,* First und Spitze dunkler, Beine mattrot.– JK: *Kehle und Brustmitte schmutzig weiß, bräunliche Brustseiten und Flanken* diffus quer gebändert, *heller Überaugenstreif* und *dunklere Augenmaske* angedeutet, weniger Rot am Schnabel.

**Stimme** Vielfältiges Repertoire, missmutig griesgrämig absterbend (ähnlich Rothalstaucher) „grrüIIT grroIT grui gru“, erschöpft und halb erstickt stöhnend „oouuuh“, bei Störung kurz „kipp“; ♂ singt nachts hartnäckig hämmernd „küpp küpp küpp küpp…“, unverpaartes ♀ hell, charakteristisch „püpp püpp pü-ERRRRR“ (aufgebaut wie beim ♀ vom Kleinen Sumpfhuhn, aber höher mit typischer Wasserrallenstimme), abschließender Triller „pü-errrr“ auch von in Frühjahrsnächten fliegenden ♀.

### TÜPFELSUMPFHUHN D: A/N3/Z

Spotted Crake *Porzana porzana*

L 19-22,5 cm. Brütet besonders in Seggenflächen und überschwemmten Wiesen, meidet Schilfgebiete; schwer zu sehen, schleicht unbemerkt selbst durch niedrigste Vegetation.

**KENNZEICHEN** Etwas kleiner als Wasserralle, unterschieden durch *kurzen, geraden Schnabel,* meist beige Unterschwanzdecken (selten gefleckt oder gebändert), *grüne Beine* und im flatternden Flug *weißen Flügelvorderrand; weiße Flecken auf Hals, Brust und Oberseite, gelbgrauer Schnabel* mit etwas Rot an Basis.– JK: Ohne graublaue Färbung von Überaugenstreif, Kehle und Brust, Kehle oft weißlich.

**Stimme** Gesang ein helles, weich ansteigendes, peitschendes Pfeifen, nachts taktfest gut einmal pro Sekunde aufgereiht. „huITT, huITT, huITT,…“, in stillen Nächten 1-2 km weit zu hören, aus der Entfernung etwas an Wassertropfen erinnernd, aus der Nähe mit unrein grunzendem Beiton (wie bei Wachtel).

### CAROLINASUMPFHUHN –

Sora *Porzana carolina*

L 18-21 cm. Nordamerikanische Ausnahmeerscheinung, in Aussehen und Biotopwahl ähnlich Tüpfelsumpfhuhn, aber *einfarbig dunkler Scheitelstreif* (ohne Längsstrichelung), *keine weißen Flecke auf Kopf, Hals und Brust, dunkle Schirmfedern mit hellen Rändern* (statt wellenförmiger Querbänderung), gelber Schnabel ohne Rot; im JK ungezeichnet hellbraune Brust. Stimme u. a. ein an Zwergtaucher erinnernder Triller, in Höhe und Geschwindigkeit rasch abfallend; Gesang ein in ruhigem Takt aufgereihtes, tiefes, schleppendes Pfeifen mit ansteigendem Schluss, „ku-wü“ (wie Auftakt der Pfuhlschnepfenbalz).

### KLEINSUMPFHUHN (Kleines Sumpfhuhn) D: A/R2/Z

Little Crake *Zapernia parva*

L 17-19 cm. Bewohnt Schilfgürtel in tieferem Wasser, hauptsächlich im Südosten Europas, in Deutschland selten.

**KENNZEICHEN** *Klein,* dem Zwergsumpfhuhn ähnlich, aber unterschieden durch *große Handschwingenprojektion, längeren, spitzeren Schwanz,* bei Altvögeln etwas *Rot am Schnabel, Oberseite mattbraun mit helleren Längsstreifen, bei jüngeren Vögeln teilweise weiße Längsstrichel oder Flecke* (keine Ringe und Schnörkel) und begrenzte Querbänderung an hinteren Flanken; ♂ unterseits blaugrau, ♀ beige mit schwach blaugrauem Ton am Kopf. JK ähnlich ♀, aber *unterseits weißer* und mit *reichlicherer Flankenbänderung,* vom Zwergsumpfhuhn im JK hauptsächlich an größerer Handschwingenprojektion unterscheidbar.

**Stimme** Nachts bis zu 1-2 km weit hörbarer Gesang des ♂ ein nasal bellendes „koA“, erst langsam, dann schneller aufgereiht und zum Schluss mit sinkender Tonhöhe in eine stammelnde Reihe übergehend; ♀ hat eine kurze Strophe in derselben nasalen, lauten Stimme, „koA-koA-kwarrrr“.

### ZWERGSUMPFHUHN D: A/L1/S

Baillon's Crake *Zapernia pusilla*

L 16-18 cm. Brütet in nassen Seggenwiesen mit höchstens knietiefem Wasser und in überschwemmten Wiesen.

**KENNZEICHEN** *Klein,* ähnlich Kleinsumpfhuhn, unterscheidet sich durch *geringe Handschwingenprojektion* (Handschwingen überragen Schirmfedern kaum), *nie Rot am Schnabel, weiße Ringel und Kritzel auf der rotbraunen Oberseite, deutlichere, ausgedehntere schwarz-weiße Flankenbänderung.* Im JK unterseits schmutzig braun, Brust deutlicher quer gebändert als Kleinsumpfhuhn.

**STIMME** Gesang leise, trocken knarrend, in wechselnder Lautstärke, erinnert stark an Wasserfrosch (und Knäkente), 2-3 s lang, höchstens 300 m weit hörbar (oft nur 75 m!), hölzern „errrrr errrrrr örrrrrr …“. ♀ ruft leise „schrrrr“..

Wasserralle

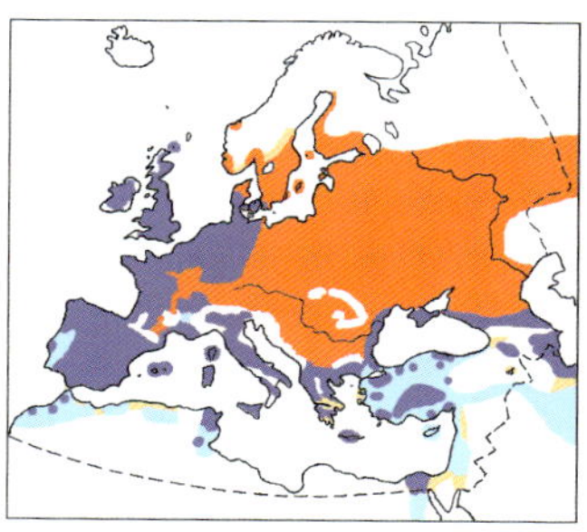

Tüpfelsumpfhuhn

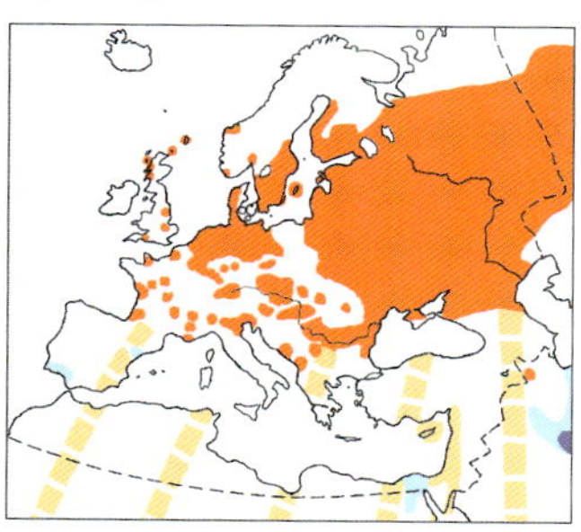

Kleinsumpfhuhn

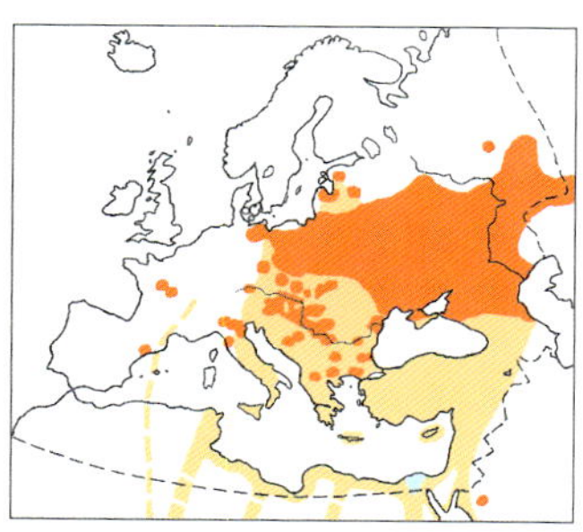

Zwergsumpfhuhn

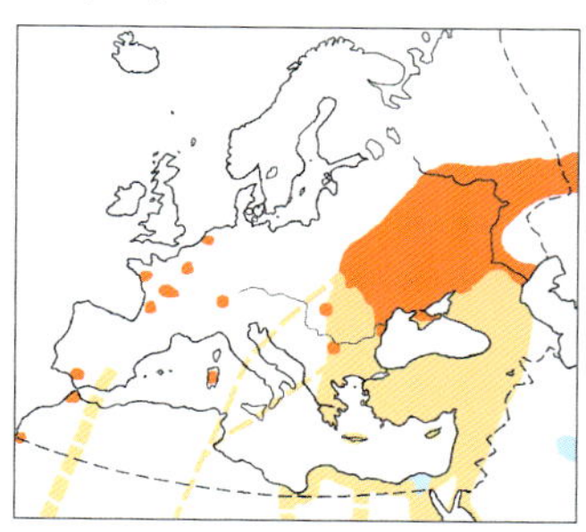

## WASSERRALLE

## TÜPFELSUMPFHUHN

## CAROLINASUMPFHUHN

## KLEINSUMPFHUHN

beachte im Vergleich zum Zwergsumpfhuhn gestrecktere Gestalt, besonders Schwanz und Flügel

## ZWERGSUMPFHUHN

Geschlechter kaum unterscheidbar, Kehle beim ♀ oft hell, ♂ und ♀ zeigen manchmal braunen Ohrfleck

KM

## TEICHHUHN D: A/N4/JZW

Common Moorhen *Gallinula chloropus*

L 27-31 cm. Verbreiteter Brutvogel an Seen, Teichen, Flüssen, Sümpfen, sofern genug schützende Vegetation vorhanden ist, schwimmt auch frei auf der Wasserfläche und läuft auf deckungsfreiem Gelände, ist zwar oft heimlich, aber an Parkgewässern sehr vertraut. Korbförmiges, oft gedecktes Nest aus Wasserpflanzen im Uferbewuchs versteckt.

**KENNZEICHEN** Taubengroß und *dunkel* mit recht langem Schwanz, *langen, grünen Beinen und langen Zehen; großes, rotes Stirnschild, Schnabel rot mit gelber Spitze;* Gefieder schieferschwarz (oberseits braun getönt) mit *weißer Flankenlinie* und *weißen äußeren Unterschwanzdecken* (von hinten weißen Winkel bildend); stelzt *Schwanz* und *zuckt* im Laufen auffallend damit, *nickt schwimmend mit dem Kopf.*– JK: Graubraun, Kinn und Kehle schmutzig weiß. Küken wie beim Blässhuhn schwarz mit rotem Schnabel, aber *ohne gelbbraunen Kragen.*

**Stimme** Reiches Repertoire, öfter zu hören als zu sehen; typisch ein heftiger, kurzer, blubbernder oder gutturaler Laut, „kjürrrk!“; ferner bei Beunruhigung ein scharfes „ki-keck“ und, oft lange wiederholt und auch nachts im Flug geäußert, ein schnelles, dreisilbiges „kreck-kreck-kreck“.

## BLÄSSHUHN D: A/N4/JZW

Eurasian Coot *Fulica atra*

L 36-42 cm. Brütet bevorzugt an nährstoffreichen Gewässern mit offenem Wasser und schützender Ufervegetation, im Winter auf allen eisfreien Gewässern und in Trupps in Ufernähe an Land. Nest oft frei sichtbar im Wasser.

**KENNZEICHEN** *Runder,* breiter Körper mit kurzem Schwanz und kleinem Kopf; Gefieder *rußgrau mit schwarzem Kopf, weißem Stirnschild und Schnabel;* im Flug schmaler, *weißer Armflügel-Hinterrand;* Beine kräftig, Zehen lang und mit Schwimmlappen versehen (wie Lappentaucher; keine Schwimmhäute wie Enten); schwimmt mit leicht *nickenden Kopfbewegungen,* taucht mit kleinem Sprung, kommt schnell wieder hoch, schwimmt wie ein Korken, muss zum Auffliegen mit den Füßen über das Wasser platschend Anlauf nehmen.– JK: Halsseiten, Vorderhals und Brust grauweiß, übriges Gefieder braunschwarz, Unterschwanzdecken dunkel (vgl. Teichhuhn), Stirnschild entwickelt sich erst; Küken schwarz mit *rotem und bläulichem Kopf* und *gelbbraunem Kragen.*

**Stimme** Vielseitig, am lautesten ein platzendes, einsilbiges „köck“ oder „kröck“, oft gereiht, und ein explosives, spitzes „pix!“; in Frühjahrsnächten äußern fliegende Vögel ein verschnupftes, etwas stoßendes Trompeten „pä pä-ÄU“; Jungvögel betteln mit lispelnder Stimme kläglich wimmernd „ÜH-lif“.

## KAMMBLÄSSHUHN –

Red-knobbed Coot *Fulica cristata*

L 39-44 cm. Brütet lokal und selten in SW-Spanien und Marokko im selben Lebensraum wie Blässhuhn und teilweise mit diesem zusammen, ist etwas scheuer, hält sich mehr in der Vegetation auf; zieht nicht.

**KENNZEICHEN** Dem Blässhuhn sehr ähnlich, aber zur Brutzeit zwei kleine *dunkelrote Höcker* über dem weißen Stirnschild, die sich bald zurückbilden und ohnehin schwer zu sehen sind oder einfach nur dunkel wirken; sicherste Merkmale sind in *weicher Rundung zwischen Schnabel und Stirnschild auslaufende Befiederung* (statt in spitzem Keil), schwach *blaugraue Tönung* des weißen Schnabels, weiter auf den Scheitel reichendes, oben eher *gerade abgeschnittenes Stirnschild* (statt gerundet), *dünnerer Hals* und *Fehlen des weißen Armflügel-Hinterrands;* Silhouette im Schwimmen oft mit flacherem Rücken und hochstehendem „Heck“, etwas spitzerem Kopf und bei der Nahrungsaufnahme von der Wasseroberfläche in der Mitte gekrümmtem Hals (Blässhuhn beugt dabei den ganzen Hals).

**Stimme** Ruft anders als Blässhuhn oft zweisilbig, eher kurz, nasal gellend „kerRE“ (an Kleines Sumpfhuhn erinnernd), auch dumpf nasal und etwas heiser „ka-hah“ und in langen, rauen Reihen „krre“.

## PURPURHUHN D: BD/–/S

Purple Swamphen *Porphyrio porphyrio*

L 45-50 cm. Brütet an Seen und Sümpfen mit üppigem, aber eher niedrigem Bewuchs von Schilf, Binsen, Seggen und viel umgebrochenem Pflanzenmaterial zum Klettern, steigt ungleich anderen Rallen auch hoch in Schilfbüscheln hinauf.

**KENNZEICHEN** Fast birkhuhngroße Ralle mit *elegant dunkelblau oder violett schimmerndem Gefieder, weißen Unterschwanzdecken, großem, rotem Schnabel* mit ebensolchem *Stirnschild* (im Winter etwas blasser) und kräftigen, krebsroten Beinen mit langen Zehen; jüngere Vögel zeigen etwas matteres Gefieder mit grauerem Kopf, einzelnen grauweißen Federn auf der Bauchmitte und anfangs mehr graurosa Schnabel und Beine; im Flug schneller Flügelschlag und hängende Beine; schwimmt auch, wenn erforderlich.– Variation: Ägyptische Form *madagascariensis* auf Mantel, Schultern und Schirmfedern mit Grünton, türkische und kaspische Vögel *(seistanicus)* haben helleren, gräulichen Kopf; beide auch als eigene Arten betrachtet.

**Stimme** Sehr laut und aufsehenerregend mit großem Repertoire, besonders nachts oft lang gezogenes Trompeten mit nasaler, klagender Stimme und in wiegender Tonhöhe, oft in langer Folge; auch härter, gerader und mechanischer „prrrih prrrih prrrih…“ in wechselnder Stärke, manchmal schrill und entrüstet; Kontaktlaut schmatzend „tschuck“.

Teichhuhn

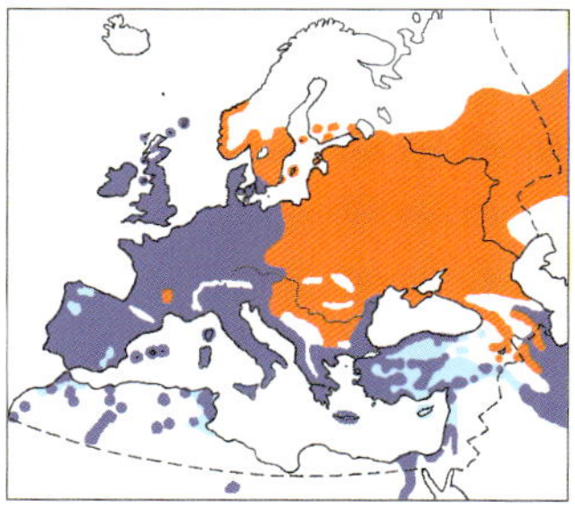

Blässhuhn

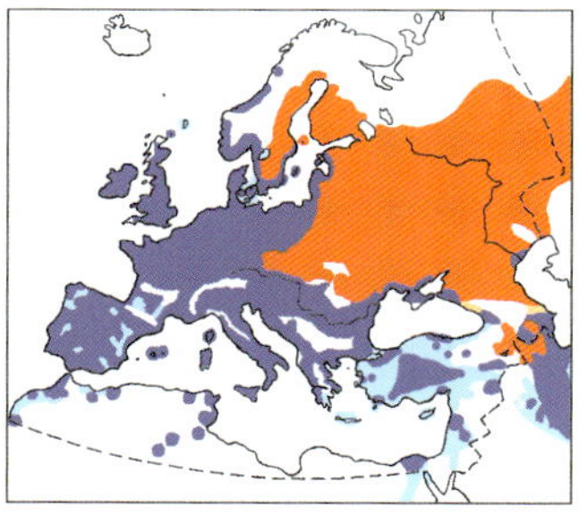

Kammblässhuhn

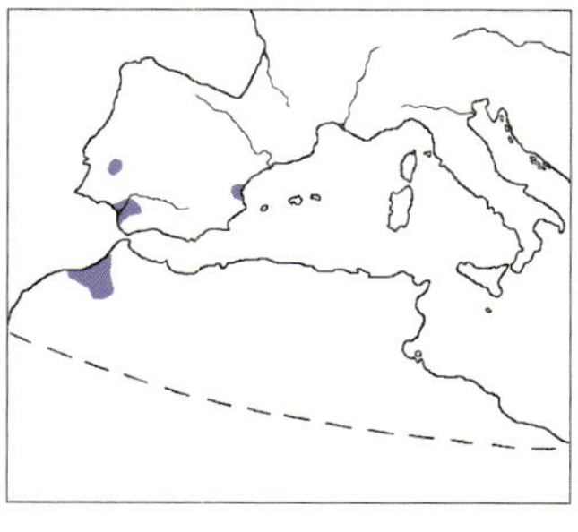

Purpurhuhn

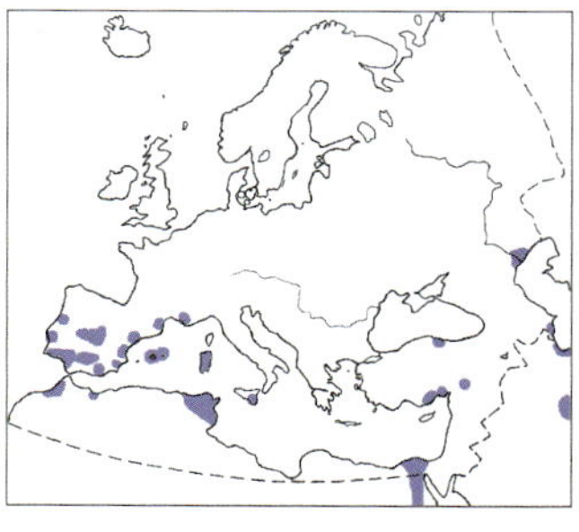

## TEICHHUHN

## BLÄSSHUHN

## KAMMBLÄSSHUHN

## PURPURHUHN

KM

# KRANICHE Gruidae

Sehr große, schlanke Vögel mit langen Beinen und Hälsen, geraden, mittellangen und dolchförmigen Schnäbeln; Schirmfedern stark verlängert und überstehend, scheinbar den (kurzen, darunter verborgenen) Schwanz bildend. Hervorragende Segelflieger, Hals dabei wie bei Störchen ausgestreckt, Zug in Keil- oder Linienformation, von den ähnlich ziehenden Gänsen aber sofort an überstehenden Beinen, langsamerem Flug mit vielen Gleitstrecken und ausgiebigem Kreisen in warmen Aufwinden unterschieden. Wirkt bei der Nahrungssuche durch stocherndes Prüfen und blitzschnelles Aufnehmen „kurzsichtig".

## KRANICH D: A/N3/JZW

Common Crane *Grus grus*

L 96-119 cm (Körper 55-65 cm), S 180-222 cm. Brütet spärlich in Waldmooren, Sumpfgebieten und Bruchwäldern, in Deutschland besonders im Nordosten, überwintert von November bis Februar im Mittelmeerraum; im Frühjahr spektakuläre Balztänze ganzer Trupps (meist immaturer Vögel). Nahrung Pflanzenmaterial, Getreide, alte Kartoffeln und Insekten. Nest aus aufgehäuften Pflanzen am Boden.

**KENNZEICHEN** *Sehr groß, Beine und schlanker Hals lang, Gefieder hauptsächlich hell blaugrau,* Oberseite wird während der Brutzeit aber oft rostbraun (durch Einreiben mit Schlamm und eisenhaltigem Moorwasser); *Kopf und oberer Hals schwarz,* aber *Kopfseiten mit weißem Band,* sich *zum Hinterhals* hinabziehend und dort zusammenlaufend, nackte Hautpartie auf *Scheitel* mehr oder weniger ausgedehnt *rot; verlängerte Schirmfedern* bilden unordentlich buschig hoch stehendes, straußenähnliches Hinterende. Geschlechter gleich gefärbt, ♂ etwas größer und beim Duettgesang (Hals mit aufwärts gerichtetem Schnabel hochgereckt, Schirm- und Brustfedern gesträubt) mit halb geöffneten, ♀ mit angelegten Flügeln. *Flügel lang und rechteckig,* Schwungfedern grauschwarz zu übrigem Gefieder kontrastierend, Spitzen tief gefingert, Flug majestätisch mit langsamem Flügelschlag auf flachen Schwingen, Aufschlag schneller als Abschlag, dabei Hals und Beine ausgestreckt wie bei einem Storch (bei dem sie aber kürzer sind; Reiher fliegen mit eingezogenem Hals auf stark gebogenen Flügeln). Zieht in Keilformation, oft mehrere Keile oder Bögen ineinander verwoben, bei gutem Wetter in großer Höhe, kündigt sich durch trompetende Rufe an.– JK: Am hell rotbraunen Kopf und Hals erkennbar, auch im 2en KJ noch ohne das markante Kopfmuster der Altvögel.

**Stimme** Stimmfreudig, Rufe laut und weit reichend; Kontaktruf (auch der ziehenden Trupps) tief und etwas schnarrend trompetend „krru" und „karr", im Herbst dazwischen die „tschirp" piepsenden Jungvögel herauszuhören; morgens (im Norden auch in hellen Nächten) stimmen Paare am Brutplatz ein Duett an, das ♂ laut trompetend „krro-IH-kroo", das ♀ sofort antwortend tiefer, hart klopfend „ka-ka-ka", andere Duette können wie „krruu-IH krroh, KRRU-krroh,..." klingen.

Kranich

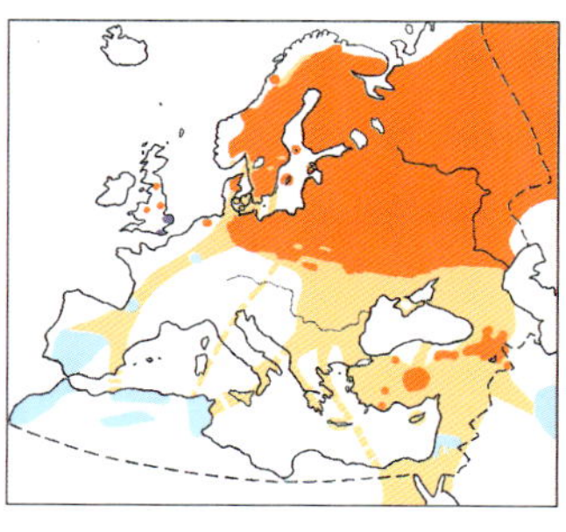

Jungfernkranich

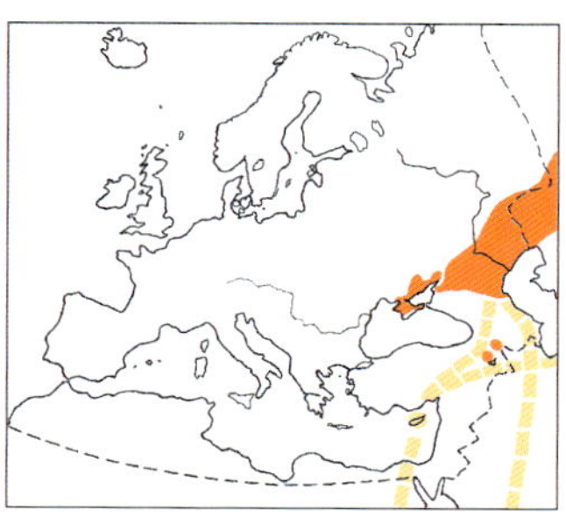

## JUNGFERNKRANICH D: BD/–/S

Demoiselle Crane *Grus virgo*

L 85-100 cm (Körper 47-55 cm), S 155-180 cm. Brütet in trockenen Steppen Südosteuropas, manchmal in großer Höhe. Langstreckenzieher, westliche Populationen überwintern in Afrika, ziehen eher als die Kranich ab (Durchzügler schon im August auf Zypern) und kehren im April zurück. Bestand abnehmend. Bildet oft größere Trupps als Kranich. Einzelne Vögel in Mitteleuropa sind wohl meist Gefangenschaftsflüchtlinge.

**KENNZEICHEN** *Sehr groß* und dem Kranich so ähnlich, dass Färbungsunterschiede aus der Entfernung und im Flug kaum auffallen, auch nicht die um 20 % geringere Größe; Hinweise beim entfernt stehenden Vogel liefern auch zur Brutzeit *hellgraue Oberseite* und nicht buschig hoch stehende, sondern lange, spitze, ordentlich zusammengelegt die Rückenlinie in einem Bogen zum Boden fortführende Schirmfedern; aus der Nähe *Kopf- und Halsmuster* mit locker *bis auf die Brust herabhängenden schwarzen Federn,* elegant geschwungenen, langen *weißen Ohrbüscheln* und schmal grauem Scheitelstreif ohne Rot kennzeichnend. Im Flug vom ähnlichen Kranich an *schwarzer Brust* und *graueren Handdecken mit geringerem Kontrast zu den Handschwingen* unterscheidbar, ferner Kopf etwas größer und runder wirkend. *Mauserlücken* im Flügel (Juni-Okt.) liefern wichtigen Hinweis (Kranich mausert Schwungfedern synchron im Sommer, wie viele Entenvögel).– JK: Blasser als Altvogel, *bräunlicher Anflug an sehr hellem Kopf,* aus Entfernung weißlich, und nur mit angedeuteten Ohrbüscheln, Vorderhals und kaum verlängerte Brustfedern in der Mitte schiefergrau statt schwarz.

**Stimme** Ähnlich Kranich, aber etwas höher und trockener „grru", bei der Balz gutturaler und rauer. Zugruf von Trupps „grro", klingt etwas hölzerner als Kranich.

## SCHNEEKRANICH –

Siberian Crane *Leucogeranus leucogeranus*

L 105-145 cm, S 205-245 cm. Sehr seltener Brutvogel in Westsibirien (im Ob-Becken, wahrscheinlich nur noch eine Handvoll Vögel), überwintert im Nordiran und konnte früher bei der Zwischenrast im Wolgadelta beobachtet werden, dort jetzt aber kaum noch Feststellungen. Eine größere Population brütet in Taigamooren in Ostsibirien (Jakutien, vielleicht ca. 1.500 Paare) und überwintert in Ostchina. Bevorzugt feuchte Lebensräume.

**KENNZEICHEN** Etwas größer als Kranich, langhalsiger und unverwechselbar; Gefieder *reinweiß,* nur *Handflügel schwarz, Beine, Schnabel* und ausgedehnt nackte *Gesichtshaut rot.* ♂ etwas größer und langschnäbeliger als ♀. JK: Etwas kleiner, helles Gefieder rot- bis *zimtbraun getönt,* Kopf ganz befiedert, ohne rotes „Gesicht".

**Stimme** Ruft trockener als Kranich, Duett bei der Balz dagegen mit klarerem Hornklang und längeren Lauten.

## KRANICH

## JUNGFERNKRANICH

## SCHNEEKRANICH

DZ

# TRAPPEN Otididae

Große, schwer gebaute Bodenvögel mit langen, kräftigen Beinen, langen Hälsen und kurzen, derben Schnäbeln, Flügel lang und breit mit gefingerten Spitzen und auffälligen weißen Mustern. Bewohnen offenes Gelände von Wiesen bis Wüsten. Gang langsam und bedächtig, bei ungestörter Nahrungssuche an Kranich erinnernd. Scheu, bei Gefahr oft davonlaufend, um in Vegetation Deckung zu finden.

## GROSSTRAPPE D: A/L1/J

Great Bustard *Otis tarda*

L ♂ 90-105 cm, ♀ 75-85 cm, S ♂ 210-240 cm, ♀ 170-190 cm, Gewicht ♂ 8-16 kg, ♀ 3,5-5 kg. Brütet in trockenen, offenen Ebenen und extensiv bewirtschafteten Flächen, hat extrem abgenommen. Gesellig, im Frühjahr spektakuläre Gruppenbalz, bei der die ♂ einen Großteil des Gefieders „von innen nach außen krempeln“, dabei überall weiße Federn zeigen und schütteln („wie im Schaumbad“), während Kopf und Hals auf dem Rücken liegend verborgen sind.

**KENNZEICHEN** *Gewaltig,* größte ♂ sind die schwersten Vögel der Region, viel größer als ♀. Kräftig gebaut mit *markanter Brustpartie;* stehend an *rötlich getönter Brust* und *einfarbig grauem Kopf* erkennbar; Flügel lang und tief gefingert, Flugweise majestätisch, *breit weißes Feld auf Flügeldecken* kontrastiert zu schwarzen Armschwingen und ockerbraunem Vorderflügel, Weiß erstreckt sich *verwaschen* bis auf *Handflügel.*– Ad. ♂: *Brust und untere Halsseiten rötlich braun* (außerhalb der Brutzeit schwächer), *Kopf und oberer Hals blaugrau, Hals* auch im Ruhezustand *sehr dick;* lange, *borstenartige Federn an den Kinnseiten* (bei Balz aufgerichtet, außerhalb der Brutzeit fehlend), auch im zusammengelegten Flügel oft etwas Weiß sichtbar.– ♀: Kleiner als ♂, *Kopf weniger blau* getönt, eher aschgrau mit Gelbton, oft *ohne Rotbraun an Unterhals* (eher hell blaugrau) *und Brust* (eher hell gelbbraun), weniger *Weiß auf Oberflügel, nur selten am zusammengelegten Flügel sichtbar.*

**Stimme** Meist stumm; bei Alarm kurz und nasal bellend „ongh“, Jungvögel pfeifen klagend „tschiioh“.

## SAHARAKRAGENTRAPPE –

Houbara Bustard *Chlamydotis undulata*

L 45-65 cm, S 115-150 cm. Brütet in Wüsten und Halbwüsten mit Deckung bietendem Gestrüpp und Büschen. Störungsempfindlich, Bestand hat abgenommen.

**KENNZEICHEN** *Groß* mit langem, schlankem Hals, ziemlich *gestrecktem Körper und langem Schwanz;* Flügel lang und gleichmäßig breit, Spitze gefingert, Flugweise eindrucksvoll wie Adler, aber Flügelschläge tiefer und Aufschlag ruckartig wie bei *Asio*-Eulen. Wichtigstes Kennzeichen ist *schwarzer Streif entlang der Halsseiten,* Oberseite hell sandbraun mit dunkler Querwellung und Kreuzbinden; im Flug oberseits *weißes Feld auf Handschwingenbasen zum Schwarz von Flügelspitze und Armschwingen kontrastierend.* Geschlechter ähnlich, aber ♀ kleiner, oberseits grauer, Stirn nicht so hell, schwarzer Halsstreif undeutlicher abgesetzt. Ähnlich Steppenkragentrappe, aber *Scheitel ganz weiß,* bei der Balz zu *kurzer Haube* aufgerichtet, hängende *Halsseitenfedern ganz schwarz, Oberseite durchschnittlich kräftiger gebändert* (aber große Überschneidung).– Variation: Auf Fuerteventura und Lanzarote selten die kleinere, oberseits dunklere, kräftig gebänderte und oft gescheckt wirkende Unterart *fuertaventurae.*

**STIMME** Balzend 3-5 tief brummende Töne wie entfernte Fabrikgeräusche, alle 2 s einer, kaum über 50 m hörbar.

## STEPPENKRAGENTRAPPE D: A/–/S

Macqueen's Bustard *Chlamydotis macqueenii*

L 55-65 cm, S 130-150 cm. Brütet in Halbwüsten, trockenen Steppen und Wadis mit Büschen. Störungsempfindlich, hat durch Kultivierung und Falknerei stark abgenommen.

**KENNZEICHEN** Sehr ähnlich Saharakragentrappe, einige Unterschiede erst bei Vollbalz erkennbar, wenn die *schwarzspitzigen weißen Scheitelfedern über den Schnabel fallen (bleiben bei Saharakragentrappe stehen). Oberseits durchschnittlich etwas weniger kräftig oder dicht gebändert,* Bänder wirken etwas unregelmäßig (aber große Überschneidung).

**Stimme** Selten zu hören, balzend eine nur aus geringer Entfernung wahrnehmbare Serie von 25-40 maschinenartig tief klopfenden Tönen innerhalb von 12-18 s.

## ZWERGTRAPPE D: A/0 (B)/S

Little Bustard *Tetrax tetrax*

L 40-45 cm, S 83-91 cm. Brutvogel offenen Geländes mit Deckung bietender Vegetation. Zur Balz gehören neben der Stimme auch Fußtrampeln und manchmal Flügelzeigen mit kurzen Luftsprüngen; monogam oder ein ♂ mit 2-3 ♀.

**KENNZEICHEN** Kleinste Trappe, etwa so groß wie Fasanen-♀, Flugweise eher *hühnerartig* mit burrendem Auffliegen, schnellen, flachen Flügelschlägen mit kurzen Gleitstrecken auf mittellangen, gerundeten Flügeln mit etwas gebogenen Handschwingen und *viel Weiß auf Flügeloberseite* einschließlich der Armschwingen, zum *Schwarz der Spitzen von Handschwingen und -decken* kontrastierend.– ♂ PK: *Hals schwarz mit zwei weißen Halsringen,* Halsfedern ferner bei Balz wie aufgeblasen gesträubt (auch im Flug!), *Kopf und Kehle bleigrau;* Körperoberseite sandbraun mit dunklen Abzeichen, Unterseite weiß; vierte Handschwinge verkürzt und eigentümlich verengt, erzeugt im Flug hohen Pfeifton.– ♀ und ♂ SK: Ohne Kopf- und Halsmarkierungen, stattdessen sandbraun mit dunklen Stricheln.

**Stimme** Gesang ein langsam (etwa alle 10 s) aufgereihtes, kurzes und trockenes Schnarren, weich, aber auf 500 m noch hörbar, etwa „prrt“; ♀ kann aufgescheucht laut hackend gackern; Jungvögel rufen dünn und klagend „tschiioh“, ähnlich Großtrappe.

Großtrappe

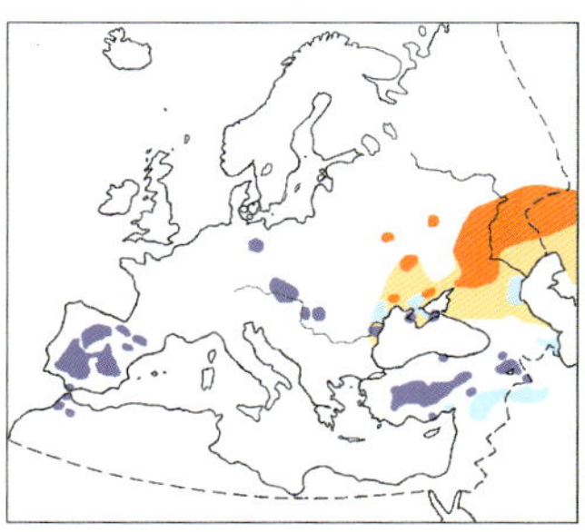

Sahara-/ Steppenkragentrappe

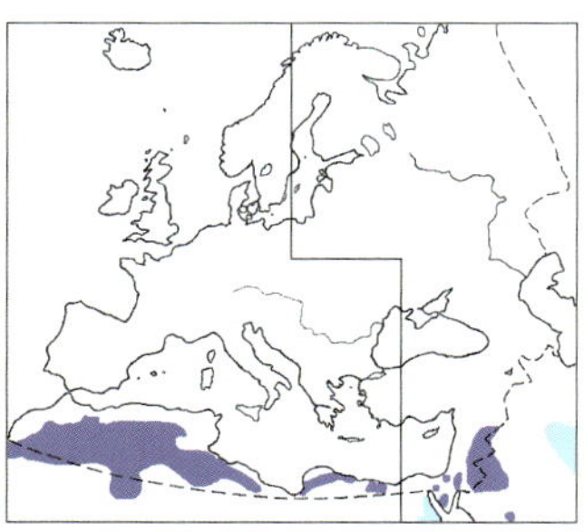

Zwergtrappe

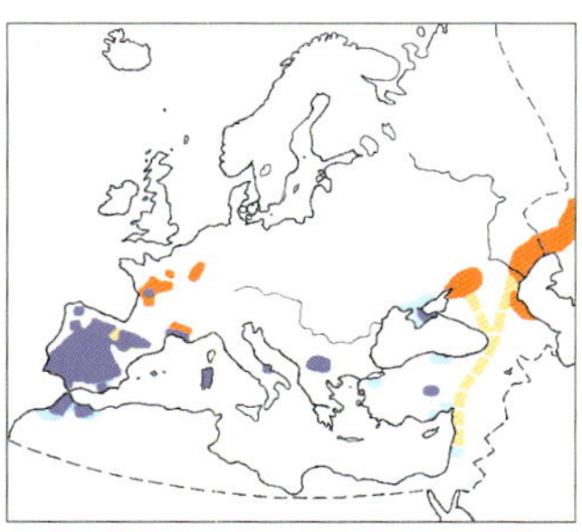

## GROSSTRAPPE

## SAHARAKRAGENTRAPPE

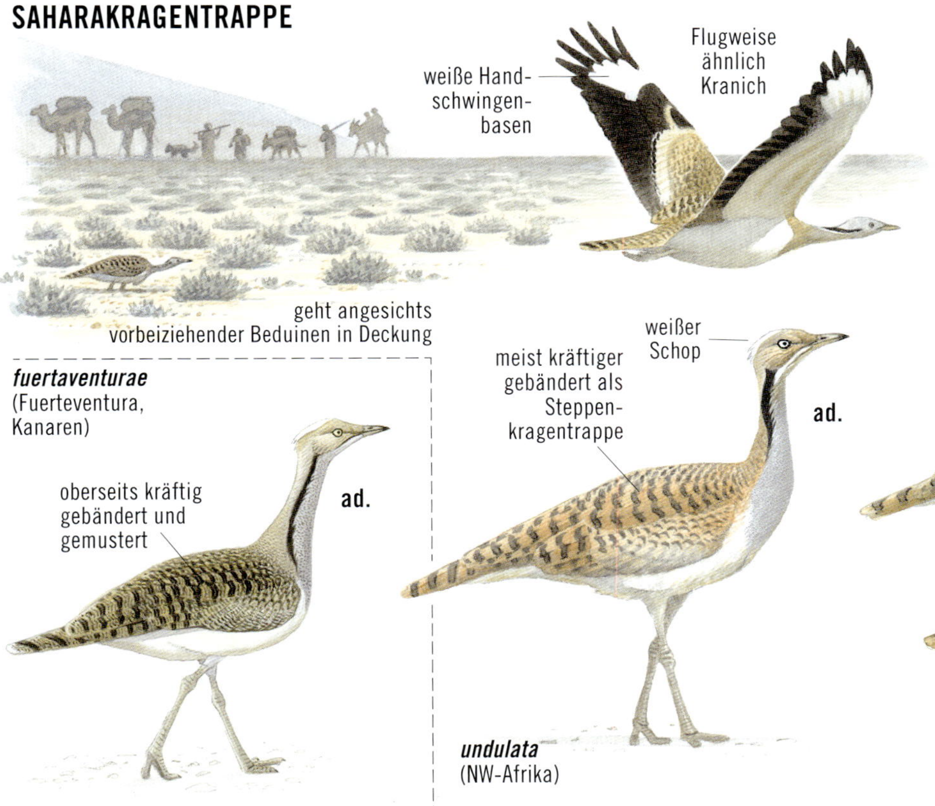


## STEPPENKRAGENTRAPPE

## ZWERGTRAPPE

# WATVÖGEL Charadriiformes

Die Ordnung der Regenpfeifervögel Charadriiformes ist sehr groß und vielgestaltig mit mehreren Familien, zu der neben den Familien der eigentlichen Watvögel (s. u.) die zwar recht anders aussehenden, aber nah verwandten Familien der Brachschwalbenverwandten (S. 140), Laufhühnchen (S. 58), Raubmöwen (S. 178), Möwen (S. 182), Seeschwalben (S. 202) und Alke (S. 216) gehören.

Unter dem Oberbegriff Watvögel oder Limikolen werden neben den kleineren Familien der Austernfischer, Säbelschnäblerverwandten und Triele auch die großen Familien Regenpfeiferverwandte sowie Schnepfenverwandte zusammengefasst. Fast alle sind mehr oder weniger langbeinige Vögel, die an Küsten, Ufern und in Feuchtgebieten der verschiedensten Art leben, nur wenige sind an trockenere Lebensräume angepasst. Zur Zugzeit und im Winter sind sie in oft dichten Trupps auf Wattflächen, an Küsten und in binnenländischen Feuchtgebieten anzutreffen, wo sie nach Würmern, Mollusken, Insekten und deren Larven, Krebstieren, Kleinfischen und teilweise auch Pflanzen suchen.

Als Nistplatz dient meist eine einfache Bodenmulde, in die von den meisten Arten vier durch Sprenkelung gut getarnte Eier gelegt werden. Die im Dunenkleid schlüpfenden Küken verlassen das Nest sofort, suchen bei fast allen Arten selbstständig nach Nahrung und werden von den Eltern lediglich beaufsichtigt und gewärmt, meist von beiden Elternteilen (wobei die Weibchen die Familie häufig verlassen, bevor die Jungvögel flügge sind), bei manchen nur vom Weibchen (z. B. Kampfläufer, Zwerg-, Doppel- und Waldschnepfe) oder allein vom Männchen (z. B. Mornellregenpfeifer, Meerstrandläufer, Dunkelwasserläufer und Bruchwasserläufer, Wassertreter, Goldschnepfe).

Limikolen gehören zu den interessantesten Vögeln. Ihre beeindruckende Zugleistung, die Anpassungen an die Ernährungsweise und ihr oft hübsches Gefieder tragen zu ihrer Besonderheit bei. Für den erfahreneren Beobachter bildet auch die Bestimmungsproblematik einen zusätzlichen Reiz.

Innerhalb der Limikolen bilden die eher kompakten, rundlichen, kurzschnäbeligen und kurzhalsigen Regenpfeiferverwandten (S. 142-149) eine gut gekennzeichnete Familie. Die größte Familie stellen jedoch die Schnepfenverwandten (S. 142-177), zu der 51 Arten des Bearbeitungsgebiets gehören, darunter die Gattungen Strand- und Wasserläufer, Schnepfen, Brachvögel und Wassertreter. Viele brüten in Nordeuropa und Sibirien in offenem Gelände und arktischer Tundra und sind im übrigen Europa nur zu den Zugzeiten und im Winter in oft großen Trupps an Küsten und in Sümpfen zu sehen, wo sie mit ihren meist langen und schlanken Schnäbeln rastlos im Schlamm stochern.

Der Sandregenpfeifer hat den für Regenpfeifer typischen, zum Picken geeigneten kurzen Schnabel.

Ein Alpenstrandläufer mit dem für Schnepfenvögel kennzeichnenden langen Stocherschnabel.

### LIMIKOLENBESTIMMUNG

Anfangs bereitet die Bestimmung von Watvögeln oft Schwierigkeiten, da sie im Jugend-, Schlicht- und Prachtkleid sehr verschieden aussehen, zudem gelegentlich den europäischen Arten sehr ähnliche Ausnahmeerscheinungen auftreten und sie ferner ohnehin oft nur aus einer Distanz zu sehen sind, die das Erkennen von Details unmöglich macht.

### DIE ERSTEN SCHRITTE

Die folgenden Vorschläge sollen helfen, die anfängliche Verwirrung bei der Limikolenbestimmung etwas zu verringern. Die meisten der bei uns zu sehenden Kleider sind abgebildet und beschrieben. Sie werden natürlich nicht alle zur selben Jahreszeit getragen, wodurch die Situation weniger schwierig ist, als ein erster Blick auf die Tafeln vermuten lässt. *Nur die zur entsprechenden Zeit tatsächlich getragenen Kleider müssen bei der Bestimmung auch berücksichtigt werden.*

Entdeckt man in einer Gruppe einen „anders aussehenden“ Vogel, handelt es sich wahrscheinlich eher um eine weitere, aber gleichfalls häufige Art oder sogar um dieselbe Art in einem anderen Kleid, als um eine „Seltenheit“. Die allgemeine Gestalt liefert den ersten und wichtigsten Anhaltspunkt zur Einordnung in eine der Gattungen, und man sollte dazu Bein- und Halslänge sowie Länge und Form des Schnabels beachten. Innerhalb der Gattungen zeigen die meisten Arten ähnliche Proportionen. Aus diesem Grund werden auf den folgenden Seiten Gattungen so weit wie möglich zusammen gehalten.

Auch wenn man schnell lernt, typische Arten wie Rotschenkel oder Alpenstrandläufer im Prachtkleid auch aus der Entfernung zu erkennen, muss man die meisten Limikolen doch aus der Nähe sehen. Der Idealfall ist ein gemischter Trupp vor einem Beobachtungsstand, am besten durch ein Fernrohr betrachtet, das für eine ernsthafte Beschäftigung mit Watvögeln ohnehin Voraussetzung ist.

Watvögel werden am einfachsten an einer Kombination von Merkmalen bestimmt, besonders *Größe* (vgl. aber Fehleinschätzungen, S. 13), *Schnabelform und -länge, Gefiederfarbe und -musterung, Stimme* und *Verhalten.* Die Gestalt kann sich verändern, da ein ruhender Vogel den bei der Nahrungssuche gestreckten Hals zwischen die Schultern zieht oder bei kaltem Wetter aufgeplustertes Gefieder den Vogel dicker und kurzbeiniger erscheinen lässt. Mit wachsender Erfahrung lassen sich Limikolen aus größerer Entfernung an Silhouette, Verhalten und besonders ihren typischen Flugrufen unterscheiden.

### FORTGESCHRITTENENTECHNIK

Man kann die Limikolenbestimmung noch viel weiter treiben. Oft ist es möglich, das Geschlecht oder die Unterart zu erkennen, bei den verschiedenen Kleidern auch noch die selten abgebildeten ersten Winter- und ersten Sommerkleider zu identifizieren – und sich damit oft sogar die Artbestimmung zu erleichtern. Um Ausnahmeerscheinungen zu entdecken, muss man zuerst die häufigeren Arten in allen Kleidern kennen, was nur gelingt, wenn man sich genügend Wissen über die Topografie und Mauser erworben hat. Der Spätsommer ist die beste Zeit zum Limikolenstudium, da man Alt- und Jungvögel sowie verschiedene Mauserstadien nebeneinander sehen kann.

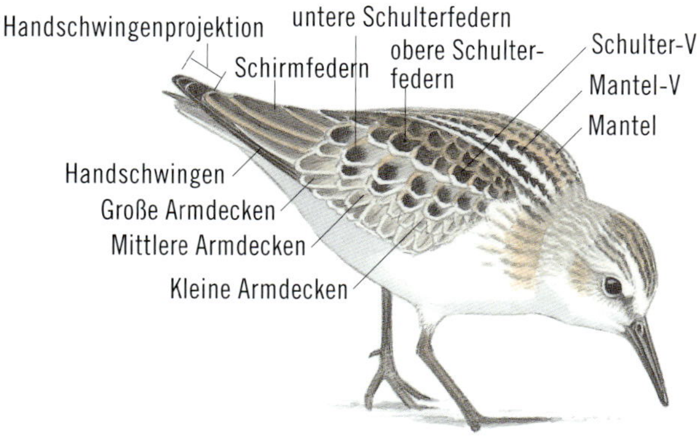


Ein Zwergstrandläufer im Jugendkleid

**Topografie** Zum Erlernen der exakten Lage der in dieser Zeichnung dargestellten Federpartien sollte man versuchen, sie auf den Farbtafeln, auf Fotos in Büchern und Zeitschriften sowie am lebenden Vogel zu erkennen.

**Mauser** *Altvögel* mausern zweimal pro Jahr, vor der Brutzeit (oft zwischen Jan. und April, auf Kopf, Körper und einen variablen Anteil innerer Flügeldecken beschränkt) ins Prachtkleid und danach (meist von Aug. bis Nov. durch Vollmauser, also unter Einschluss des Großgefieders) ins Schlichtkleid.

Dagegen führen *Jungvögel* im Herbst (hauptsächlich zwischen Sept. und Nov.) nur eine Teilmauser durch, die sogenannte Jugendmauser, um ihr erstes Winterkleid anzulegen. Ab dem zweiten Kalenderjahr entspricht ihr Mauserzyklus dann demjenigen der Altvögel. Bei den meisten Arten findet

Typischer Mauserzyklus eines Watvogels

die Mauser im Winterquartier oder in dessen Nähe statt, wobei die Jugendmauser bald nach der Ankunft beginnt und die Mauser ins Pracht- oder erste Sommerkleid vor Antritt des Heimzugs abgeschlossen wird.

**Altersbestimmung** Die Jugend-, Schlicht- und Prachtkleider sowie Geschlechtsunterschiede sind beschrieben und illustriert. Dazu sowie zu den Zeiträumen, in denen sie getragen werden, sind folgende Anmerkungen hilfreich:

*Jugendkleid,* Juli-Okt. (Nov.): Die Jungvögel der meisten nördlichen Arten erscheinen ab Mitte Aug. in Mitteleuropa, übertreffen aber schon kurz darauf die Zahl der Altvögel. Ihr Gefieder ist insgesamt frisch und sauber gemustert, anders als das um diese Zeit abgenutzte und ungleichmäßig gemusterte oder einfarbigere Gefieder der Altvögel.

*Prachtkleid,* (März) Apr.-Sept. (Okt.): Noch während des Heimzugs besitzen die Federn des frischen Prachtkleids bei Strandläufern und einigen anderen Arten weißliche Ränder, die manchmal einen „überfrorenen“ Eindruck erzeugen. Die Ränder nutzen sich rasch ab und geben das Prachtkleid frei. Im Spätsommer ist meist das gesamte Gefieder abgetragen und besonders oberseits dunkler. Mauserlücken im Flügel während des Wegzugs deuten auf Altvögel.

*Schlichtkleid,* (Sept.) Okt.-März: Bei den meisten Arten ist das Schlichtkleid einfarbiger, weniger bunt und oft grau, also deutlich vom Jugend- und Prachtkleid verschieden.

Die folgenden Kleider sind meist nicht beschrieben:

*Erstes Winterkleid,* (Sept.) Okt.-März: Da die Flügelfedern während der Jugendmauser meist nicht gewechselt werden, lässt sich das erste Winterkleid bei den meisten Arten anhand des Musters und der Färbung dieser juvenilen Federn vom Schlichtkleid unterscheiden, am deutlichsten an den Schirmfedern und Großen Armdecken. Sie sind im Schlichtkleid oft einfarbig grau und schwächer gemustert. Durch Ausbleichung und Abnutzung verringern sich die Unterschiede und sind nach der Jahreswende oft schwer erkennbar.

*Erstes Sommerkleid,* Mai-Juli: Bei einigen Arten verbringen die Vögel im zweiten Kalenderjahr den Sommer im Winterquartier. Meist führt die erste Frühjahrsmauser nur in ein unvollständiges Prachtkleid oder in ein kaum vom ersten Winterkleid verschiedenes Kleid. Zu beachten ist, dass bei manchen Arten auch das Prachtkleid der adulten Weibchen weniger bunt als bei Männchen ist, sodass nur bei extrem schwach gefärbten Vögeln eine Zuordnung zum ersten Sommerkleid erfolgen sollte. Allerdings setzt die sommerliche Vollmauser im zweiten Kalenderjahr früher ein, was es wahrscheinlich macht, dass ein bereits im Juli oder Aug. im kompletten Schlichtkleid angetroffenes Individuum vorjährig ist. Vor Mai und nach Juli lässt sich jedoch nicht sicher zwischen Vögeln im zweiten Kalenderjahr und spät bzw. früh mausernden Altvögeln unterscheiden.

*Zwischenkleider:* Mausernde Vögel zeigen Übergänge zwischen Kleidern und werden z. B. als „vom Schlicht- ins Prachtkleid“ oder „vom Jugend- ins erste Winterkleid mausernd“ beschrieben. Sie fallen im Herbst besonders auf, da die einfarbigeren, helleren neuen Federn mit den dunkleren und gemusterten Federn ein fleckiges Muster bilden.

VERSCHIEDENE MAUSERSTADIEN DES ALPENSTRANDLÄUFERS

Vom Jugend- ins erste Winterkleid mausernd

Im ersten Winterkleid. Beachte juvenile Flügelfedern, vgl. mit SK

Schlichtkleid. Beachte einfarbige Flügelfedern, vgl. mit 1em W

Vom Pracht- ins Schlichtkleid mausernder Altvogel

## AUSTERNFISCHER D: A/R4/JZW

Eurasian Oystercatcher *Haematopus ostralegus*

L 39-44 cm (einschließlich 6,5-9 cm Schnabel), S 72-83 cm. Brütet an Küsten und auf Feuchtwiesen, lokal tiefer im Binnenland; im Winter große Rastgesellschaften; Schnabel durch Länge an Stochern nach Würmern, durch messerartig zusammengedrückte Spitze an Öffnen von Muscheln angepasst. Legt drei Eier in eine Bodenmulde, gern zwischen Kies, oft ufernah und sogar auf Flachdächern, füttert die Jungvögel über mehrere Wochen.

**KENNZEICHEN** Groß, kompakt, mit breiter Brust, durch *schwarz-weißes Gefieder* und *Rotfärbung von geradem, langem Schnabel* und Beinen markant gefärbt; im direkten Flug mit schnellen, entenartigen Flügelschlägen *breit weißer Flügelstreif* kennzeichnend.– PK: Lidring orangerot, Iris dunkelrot, Beine rosa; Schnabel beim ♂ durchschnittlich kürzer, dicker, mit mehr Rot an Basis, aber Geschlechtsbestimmung bei Einzelvögeln meist unmöglich.– SK: Wie PK, doch mit weißem Kehlband.– JK: Oberseite matt bräunlich schwarz statt schwarz, ausgedehnt schwarze Spitze des blass orangefarbenen Schnabels, gräuliche Beine.– 1er W/1er S: Ähnlich ad., aber an Kombination folgender Merkmale erkennbar: schwarze Schwanzendbinde schmaler, Schnabelspitze ausgedehnter dunkel (kommt auch bei älteren Vögeln vor), Oberseite bräunlich, Beine matt fleischfarben, weißes Kehlband meist bis zum 1en S vorhanden, Flügel ausgeblichen, im Frühjahr bräunlich, Lidring matt gelborange, Iris braunrot.

**STIMME** Lärmend, häufigster Ruf ein weit tragendes, schrilles „biik!" oder „k'biik!", ähnlich auch bei manchmal in dichten, kleinen Gruppen ausgeführter Balz am Boden mit geöffneten, nach unten weisenden Schnäbeln gereiht „kip kip kip-kip-kip-…", dann zu „klikliklikli…" und einem blubbernden Triller „prrrrrrr…" umschlagend; bei Flugbalz des ♂ oder Paares in weiten Kreisen auch langsamer im Takt mit zeitlupenartigen Flügelschlägen „plii-ah plii-ah plii-ah…".

## SÄBELSCHNÄBLER D: A/R3/JZW

Pied Avocet *Recurvirostra avosetta*

L 42-46 cm (einschließlich 8 cm Schnabel, ohne 10 cm Beinüberstand), S 67-77 cm. Brütet an flachen, offenen Meeresküsten, salzigen oder brackigen Lagunen und im Binnenland an Steppenseen, überwintert an schlammigen Küsten Westeuropas und am Mittelmeer, seltener im Wattenmeer; außerhalb der Brutzeit in kleinen bis sehr großen Trupps. Kleine Krebstiere und Insektenlarven werden erbeutet, indem der leicht geöffnete Schnabel mit pendelnden Bewegungen durch Flachwasser oder dünnen Schlick bewegt wird; daneben aber auch pickender Nahrungserwerb und aus dem gelegentlich gezeigten Schwimmen heraus entenartiges Gründeln. Nest eine flache Bodenmulde oder ein etwas höher aufgetürmter Kegel im Flachwasser. Wachsam, umkreist Eindringlinge zur Brutzeit heftig warnend.

**KENNZEICHEN** Kann durch das insgesamt weiße Erscheinungsbild bei oberflächlicher Betrachtung aus der Ferne leicht für eine Möwe gehalten werden, sonst aber durch *schwarz--weiße Färbung, dünnen, aufwärts gebogenen Schnabel und lange, graublaue Beine* unverkennbar; im Flug durch schwarz-weißes Färbungsmuster aus großer Entfernung allenfalls mit Brandgans oder Gänsesäger-♂ verwechselbar.– Ad.: Beim ♂ Schnabel länger und weniger scharf aufwärts gebogen als beim ♀, dessen schwarzes Band über Kopfplatte und Hinterhals oft braunstichig und weniger scharf begrenzt ist.– JK: Schwarze Partien mattbraun, weiße teilweise bräunlich meliert, Beine gräulich.– 1er W/1er S: Von ad. unterscheidbar, solange einzelne juvenile Federn stehen bleiben; Handschwingen sind im 1en S bräunlich ausgeblichen.

**STIMME** Lock- und Warnruf laut flötend in niedriger Tonlage mit typischem Klang „plütt plütt plütt…".

## STELZENLÄUFER D: A/N1/Z

Black-winged Stilt *Himantopus himantopus*

L 33-36 cm (davon 6 cm Schnabel, ohne 14-17 cm Beinprojektion). Bewohnt süße, brackige und salzige Flachwasserzonen, z. B. Lagunen, Salinen und Steppenseen hauptsächlich im Süden, gelegentlich Brutvorstöße nach Norden; überwintert in Afrika; lange Beine erlauben Nahrungssuche in tiefem Wasser. Nest eine Bodenmulde auf flacher Insel im oder nahe am Wasser, manchmal aus höher aufgetürmtem Pflanzenmaterial.

**KENNZEICHEN** Eleganter und graziler Watvogel, durch *schwarz-weißes Gefieder, extrem lange, rote Beine und nadelfeinen, langen, geraden Schnabel* unverwechselbar; im Flug mit lang ausgestrecktem Hals, *weit überstehenden Beinen,* ganz *schwarzen Ober- und Unterflügeln* und zuckenden Schlägen der *spitzen Flügel.*– Ad.: Schwarze Oberseite beim ♂ mit grünem Glanz, beim ♀ Mantel und Schulterfedern bräunlich glänzend und als „Sattel" zu schwarzen Flügeln kontrastierend; beim ♂ oft mehr Schwarz am Kopf, aber große Überschneidung und als Geschlechtskennzeichen unzuverlässig.– JK: Oberseite matt schwärzlich braun mit von hellen Federrändern gebildetem, feinem Schuppenmuster, Armschwingen und innere Handschwingen mit weißen Spitzen, Beine fleischfarben.– 1er W/1er S: Erkennbar, solange die Beine matt gefärbt und die hellspitzigen, juvenilen Schwungfedern ungemausert sind.

**STIMME** Zur Brutzeit sehr laut, sonst eher schweigsam; häufigster Ruf schrill, etwas quäkend, schnell aufgereiht „kjück kjück kjück…" (ähnlich Säbelschnäbler, aber höher, härter, weniger flüssig); bei Alarm laut und rau „krit krit krit…" (ähnlich Spornkiebitz), rollend „krre" ähnlich Lachmöwe; Jungvögel rufen noch bis zum Frühjahr an Bruchwasserläufer erinnernd „gipp!".

Austernfischer

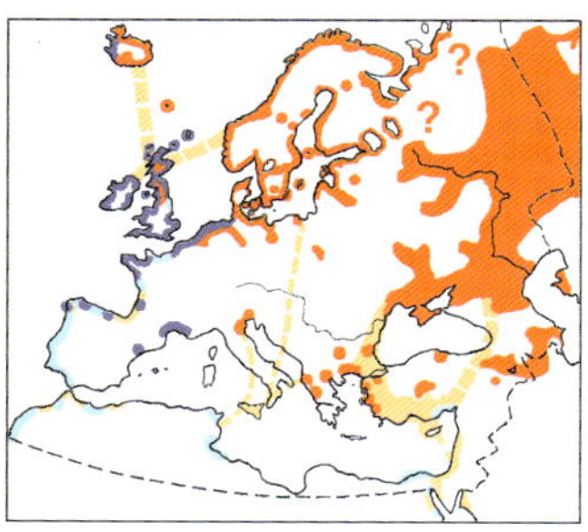



Säbelschnäbler

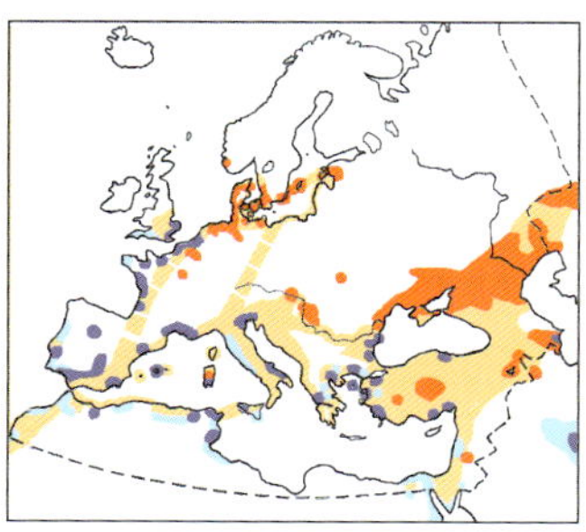

Stelzenläufer

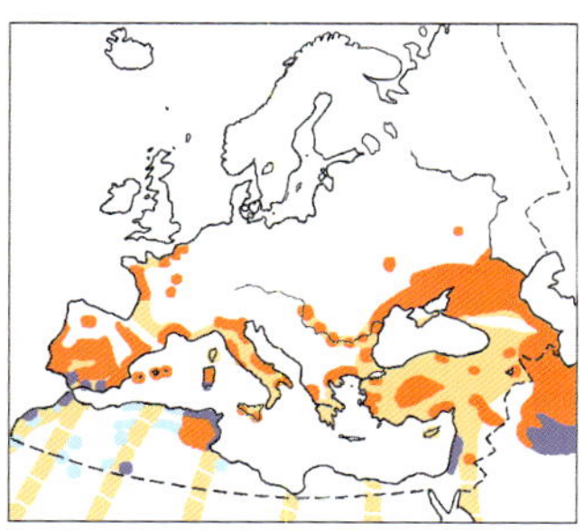

## AUSTERNFISCHER

## SÄBELSCHNÄBLER

kann zwischen Möwen erstaunlich schwer zu entdecken sein

## STELZENLÄUFER

KM

## TRIEL D: A/L1/Z

Eurasian Stone-curlew *Burhinus oedicnemus*

L 38-45 cm, S 76-88 cm. Brutvogel offener, spärlich bewachsener Flächen (z.B. Heide, Steppe, Halbwüste, trockene Schlammflächen); überwintert in Südeuropa und Afrika. Hauptsächlich in der Dämmerung und nachts aktiv. Nahrung überwiegend Insekten, brütet in flacher Bodenmulde.

**KENNZEICHEN** Gestalt und Bewegung erinnern an übergroßen Regenpfeifer, schleicht geduckt oder rennt mit waagerecht gehaltenem, langem Körper mit eingezogenem Hals davon; stehend und liegend (drückt sich bei Gefahr an den Boden) gut getarnt, oft nur durch *großes, gelbes Auge* und *schwarzspitzigen gelben Schnabel* auffallend; im Flug durch *schwarz-weißes Flügelmuster, buckliges Profil* und *flache Schläge der langen, steif gebogenen Flügel* gekennzeichnet.– Ad.: Bei Paaren ♂ meist an deutlicher schwarz begrenzter weißer Flügelbinde erkennbar.– JK: Ohne weißlichen Überaugenstreif der ad., Flügelbinde undeutlich, Große Armdecken breit weißspitzig.

**STIMME** Zur Brutzeit besonders nachts zu hören, teilweise an Brachvogel erinnernd, z.B. ansteigend flötend „küü-LI-Ie" oder „kur-li-LII" und bei Alarm schnell „kü-wü-WÜ" in langen Folgen; ruft auch dünn pfeifend „kiiiie"; balzt laut klagend mit rau trillernder erster und klarer zweiter Silbe „klii-ürr-LII, klürrr-LII, klürr-LIII, klürr-LIII, klürr-LIII…".

## SENEGALTRIEL –

Senegal Thick-knee *Burhinus senegalensis*

L 35-39 cm. Ganzjährig in Ägypten, besonders im Nildelta und bei Kairo, in offenem Gelände wie der Triel, bevorzugt aber Wassernähe.

**KENNZEICHEN** Ähnlich Triel, *Schnabel länger, kräftiger, weniger Gelb an Basis; breites, einfarbig hellgraues Flügelfeld* (statt markant schwarz-weiße Binde), Beine graugelb (statt leuchtend gelb), weißes Feld vor Flügelspitze größer, Schwanz eher einfarbig (statt kräftiger gebändert).

**STIMME** Lange Serie klagender, klingelnder, erst ansteigender und sich beschleunigender, dann abfallender und schwächer werdender Pfiffe, entfernt an Austernfischer erinnernd „pü pi pi-pi-pi-PII-PII-PII-pii-pi pi…".

## RENNVOGEL D: A/–/S

Cream-coloured Courser *Cursorius cursor*

L 24-27 cm. Bewohnt flache, sandige Halbwüsten des südlichen Mittelmeerraums, wo er am Boden rennend nach Insekten sucht, manchmal in kleinen Gruppen.

**KENNZEICHEN** Durch *sandfarbenes Gefieder, lange, helle Beine* und *abwärts gebogenen Schnabel* unverkennbar, grauer Hinterscheitel von weißem Überaugenstreif eingerahmt; rennt mit erhobenem Kopf auf der Suche nach Insekten; fliegt mit ruckartigen, taubenähnlichen Flügelschlägen, unterbrochen durch kurze Gleitstrecken, dabei das *Schwarz von Handflügel und Unterflügel* kennzeichnend.– JK: Oberseite fein geschuppt, Kopfmuster schwächer.

**STIMME** Ruft im Flug gedämpft bauchrednerisch „wett", auch beim Balzflug in größerer Höhe, dann gelegentlich durch tieferes „tschiah" unterbrochen.

## ROTFLÜGEL-BRACHSCHWALBE D: A/–/S

Collared Pratincole *Glareola pratincola*

L 24-28 cm, S 60-70 cm. Brütet in lockeren Kolonien auf ausgedehnten Ebenen mit niedriger Vegetation in Wassernähe, z.B. in Steppen, Salinen, Flussdeltas, überwintert in Afrika; fängt in weit ausgedehnten Nahrungsflügen wie eine Trauerseeschwalbe in wendigen Manövern Insekten.

**KENNZEICHEN** Erscheinungsbild durch lange Flügel und gegabelten Schwanz etwas *seeschwalbenartig,* aber Beine länger und Schnabel kürzer; aus der Entfernung durch *agile Flugmanöver, rechteckigen, weißen Bürzel und weißen Bauch in Kontrast zum sonst dunklen Gefieder* gekennzeichnet, aus der Nähe *rostbraune Unterflügeldecken* (oft schwarz wirkend!) und *weißer Armflügel-Hinterrand* typisch; beim ♂ im PK Kopfmuster oft klarer als beim ♀ und Zügel schwarz (statt braun); schwarze Umrandung des rahmgelben Kehlfelds fehlt im SK; vgl. auch Schwarzflügel- (s.u.) und Orientbrachschwalbe (S. 430).– JK: Von dunklen Flecken gebildetes, breites Brustband, Oberseite schuppig, Kopf kontrastarm, Schnabel ganz dunkel.

**STIMME** Ruft nasal, aber durchdringend hoch und kurz „kitt" oder „kittick", ähnlich Zwergseeschwalbe; Trupps im Frühjahr singen erregt, rhythmisch, fünfsilbig „KÜRre-kek kitTICK".

## SCHWARZFLÜGEL-BRACHSCHWALBE D: A/V/S

Black-winged Pratincole *Glareola nordmanni*

L 24-28 cm. Brütet in Südosteuropa in Steppen und Feuchtwiesen, überwintert in Südafrika.

**KENNZEICHEN** Oft schwer von Rotflügel-Brachschwalbe unterscheidbar, aber im Flug *Fehlen des weißen Armflügel-Hinterrands, schwarze Unterflügeldecken,* geringerer Kontrast zwischen Oberflügeldecken und Schwungfedern kennzeichnend, im Stehen *die Flügelspitzen nie erreichende (statt sie meist überragende) Schwanzspitze, längere Beine,* dunkelbrauner (statt mittelbrauner) Mantel, weniger Rot an Schnabelbasis, dafür oft mehr Schwarz auf Zügel und Stirn; im JK und SK nur im Flug unterscheidbar.

**STIMME** Etwas tiefer, härter, trockener („klopfender") als Rotflügel-Brachschwalbe „ketteck", „ke-ti-tick" oder „kett", warnt hart und trocken rollend „tr'r'rt".

Triel

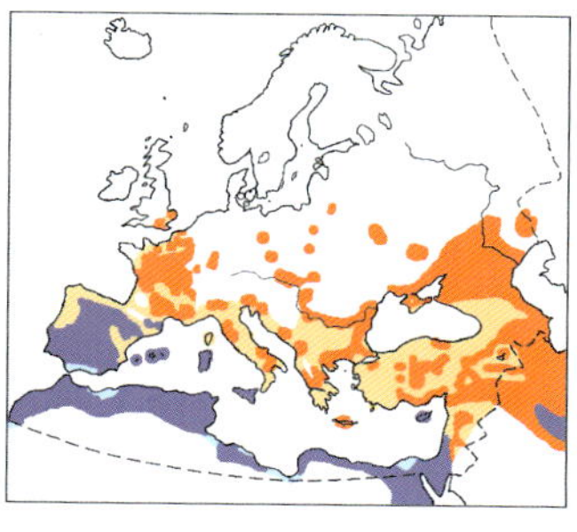

Rennvogel

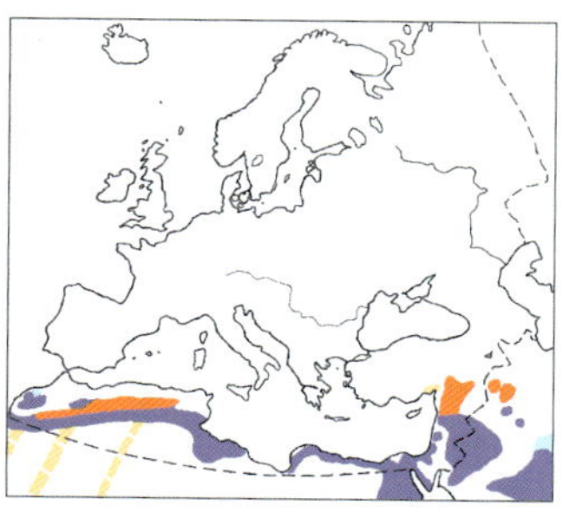

Rotflügel-Brachschwalbe

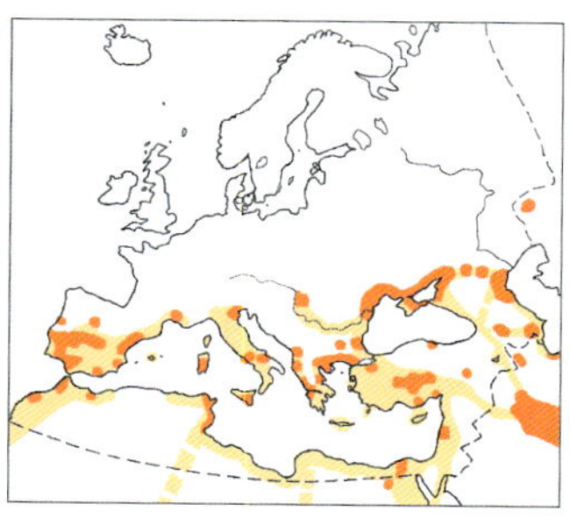

Schwarzflügel-Brachschwalbe

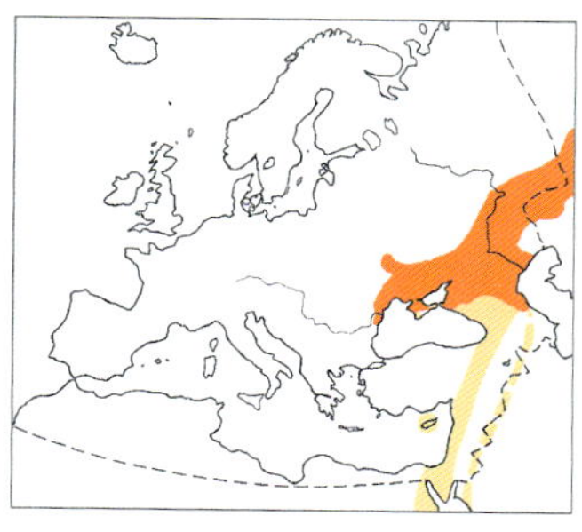

## TRIEL

## SENEGALTRIEL

## RENNVOGEL

## ROTFLÜGEL-BRACHSCHWALBE

## SCHWARZFLÜGEL-BRACHSCHWALBE

KM

## FLUSSREGENPFEIFER D: A/N3/Z

Little Ringed Plover *Charadrius dubius*

L 15,5-18 cm, S 32-35 cm. Brütet auf vegetationsarmen Schlamm-, Sand- und besonders Kiesflächen an binnenländischen Gewässern, oft in Kiesgruben; Sommervogel (Apr.-Sept.), überwintert in Afrika; Eier in Nistmulde am Boden so gut getarnt, dass man sie eher zertritt als findet.

**KENNZEICHEN** Etwas kleiner als Sandregenpfeifer, Schnabel schlanker und länger, Hinterende länger ausgezogen, durch schlankeres Brust- und Bauchprofil oft *hochbeiniger; kein weißer Flügelstreif* (nur schmale, weißliche Binde), dunkle *Maske* am unteren Hinterrand oft *zugespitzt* statt gerundet, sehr geringe Handschwingenprojektion (bei Sandregenpfeifer größer).– Ad.: Durch Kombination von auffallendem *gelbem Lidring, ganz dunklem Schnabel* und hellbraunen bis graurosa Beinen (nicht orange) gekennzeichnet; schwarze Abzeichen bei ♀ (und ♂ im 1en S) mit bräunlichen Federn durchsetzt, im SK ohnehin braun werdend, Stirn und Überaugenstreif dann beige, aber Lidring meist noch sichtbar.– JK: Vom juv. Sandregenpfeifer an *kleinerem, diffuserem, gelblichem Stirnfleck*, der nicht in einen deutlichen Überaugenstreif übergeht (nur beige über Zügel und Auge) und aus der Nähe am *hellgelben Lidring* unterschieden.

**STIMME** Häufigster Ruf leicht abfallend pfeifend „PIu", Warnruf etwas härter „prii", im Brutrevier auch uferschwalbenähnlich „rerererе…"; balzt entweder tagsüber im fledermausartigen Flug große Kreise ziehend oder nachts schnell und hart „pri-pri-pri-…" und recht langsam, rhythmisch und rauer „KRRI-a, KRRI-a, KRRI-a".

## SANDREGENPFEIFER D: A/R3/Z

Common Ringed Plover *Charadrius hiaticula*

L 17-19,5 cm, S 35-41 cm. Brütet an offenen, flachen Küsten und Seeufern mit kurzrasigen Flächen, Sand, Kies und Muschelschalen, aber auch in der Tundra; Sommervogel (März-Okt.), überwintert in Westeuropa und Nordwestafrika, während des Zugs auch in Trupps auf binnenländischen Schlammflächen.

**KENNZEICHEN** Im Vergleich zum Flussregenpfeifer kompakter, vollbrüstiger, kurzbeiniger wirkend und mit größerer Handschwingenprojektion; Flug schnell, mit lockeren, schneidigen Flügelschlägen, verglichen mit z. B. Alpenstrandläufer langflügeliger, aber mit weniger hervorstehendem Kopf/Hals, *breit weißer Flügelstreif* auffallend.– Ad.: *Beine und Basis des schwarzspitzigen Schnabels orange;* beim ♀ oft viel Braun in schwarzen Kopfmarkierungen und im Brustband; Beine im SK oft matter orange und Schnabel ganz dunkel.– JK: *Dunkle Zeichnung auf Kopf und Brust braun* statt schwarz, *breit weißer Überaugenstreif, Brustband schmaler, oft nicht geschlossen,* Oberseite fein geschuppt, Schnabel ganz dunkel oder nur an Basis etwas gelblich, *Beine mattorange* bis gelblich; Brustband und Kopfmarkierungen meist ab Dez./Jan. schwarz, dann von ad. kaum unterscheidbar.– Arktische Unterart *tundrae* kleiner und schlanker als Nominatform, oberseits dunkler, mausert Schwungfedern erst im Winterquartier.

**STIMME** Ruft sehr charakteristisch weich flötend, deutlich zweisilbig, ansteigend „TU-ip", warnt einsilbig pfeifend „tihp"; Gesang wechselt zwischen schnellem, rhythmischem, weichem „ti-TOO-e ti-TOO-e ti-TOO-e…" und eiligem, etwas einfacherem „t'WIIa-t'WIIa-t'WIIa-…", meist in langsamen, fledermausartigen Kreisflügen dicht über dem Boden.

Flussregenpfeifer

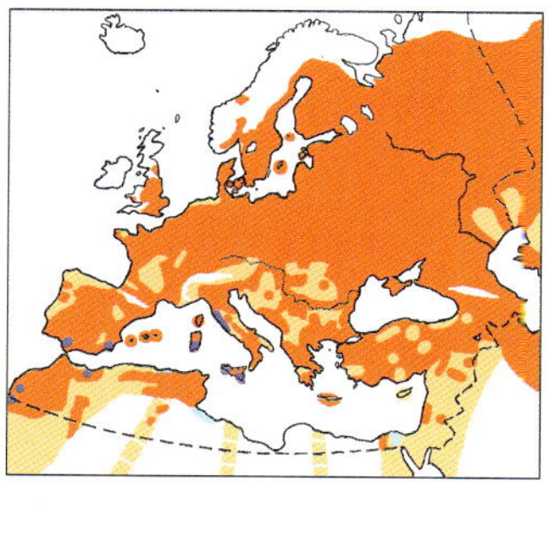

Sandregenpfeifer

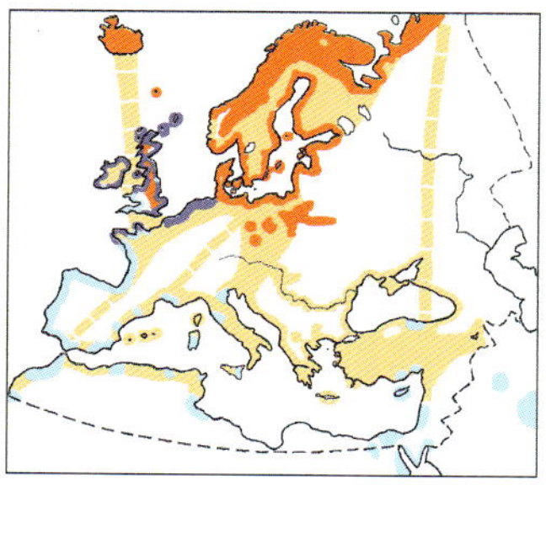

## ESKIMOREGENPFEIFER –
### (Amerikanischer Sandregenpfeifer)

Semipalmated Plover *Charadrius semipalmatus*

L 16-17,5 cm. Sehr seltene nordamerikanische Ausnahmeerscheinung, nachgewiesen z. B. in Großbritannien, Irland, Spanien, Norwegen und auf den Kanaren, aber vielleicht übersehen.

**KENNZEICHEN** Dem Sandregenpfeifer extrem ähnlich, aber etwas kleiner, mit *durch kleine Spannhäute verbundenen Zehen* (Sandregenpfeifer hat nur zwischen Mittel- und Außenzehe winzige Spannhaut), etwas *kürzerem, an der Basis dickerem Schnabel* (aber manchmal identisch), schlankerem, etwas an Flussregenpfeifer (und *tundrae*-Sandregenpfeifer!) erinnerndem Körper und *schmalem, hellem Lidring* (beim Sandregenpfeifer nur bei manchen ad. ♂, im JK aber oft angedeuteter heller Augenring oder Halbmond vor oder unter Auge).– Ad.: Dunkles *Brustband* durchschnittlich schmaler, seitlich meist nicht deutlich ausgebeult, *oft auffallend gleichmäßig dünn;* beim ♂ meist *kein weißer Überaugenstreif* hinter dem Auge (beim Sandregenpfeifer fast immer vorhanden).– JK: *Weiße Kehlseiten erstrecken sich keilförmig bis über den Schnabelwinkel* (beim Sandregenpfeifer im JK reicht dunkler Zügelstreif fast immer bis zum Schnabelwinkel hinab), ferner Flügeldecken häufig mit kontrastreicher abgesetzten hellen Rändern und Brustband in der Mitte selten oder nie unterbrochen.

**STIMME** Ruft deutlich anders als Sandregenpfeifer entweder kurz, rau und ansteigend pfeifend „tschüWI", nicht so deutlich zweisilbig und hinten betont (etwas an einen entfernten Dunkelwasserläufer erinnernd) oder länger ausgezogen „tschü-WIIH".

## KEILSCHWANZ-REGENPFEIFER –

Killdeer *Charadrius vociferus*

L 23,5-26 cm. Nordamerikanische Ausnahmeerscheinung, meist im Winter besonders auf den Britischen Inseln, gern auf kurzrasigen Wiesen, aber auch an flachen Sandstränden.

**KENNZEICHEN** Deutlich größer und langhalsiger als Sandregenpfeifer, Schnabel lang und ganz dunkel, Körper durch *langen Schwanz* gestreckt wirkend, *doppeltes Brustband;* im Flug *orangebrauner Bürzel* und breit weißer Flügelstreif kennzeichnend.– JK: Durch helle Federränder oberseits geschuppt.

**STIMME** Ruft laut, dünn, hoch und ansteigend „klüii", manchmal in schnell wieherndes „klüii'i'i…" umschlagend.

## FLUSSREGENPFEIFER

## SANDREGENPFEIFER

## ESKIMOREGENPFEIFER

## KEILSCHWANZ-REGENPFEIFER

### SEEREGENPFEIFER — D: A/R2/Z

Kentish Plover *Charadrius alexandrinus*

L 15-17 cm. Brütet auf schlammigen oder spärlich bewachsenen Flächen in Küstennähe. Sommervogel (Apr.-Okt.); im nördlichen Verbreitungsgebiet stark abnehmend; brütet in flacher Bodenmulde. Nahrung Insekten, Krebse, Würmer.

**KENNZEICHEN** Etwas kleiner, hochbeiniger und *dünnschnäbeliger als Sandregenpfeifer, Hinterende kürzer, Kopf groß, breit und flachstirnig; Gefieder heller,* in allen Kleidern nur *kleine, dunkle Brustseitenflecke* statt eines kompletten oder in der Mitte unterbrochenen Brustbands, Schnabel schwarz, *Beine schwärzlich* (manchmal blasser graubraun); im Flug deutlicher weißer Flügelstreif und *weiße Schwanzseiten.*– Ad.: Beim ♂ im PK Abzeichen auf Brustseiten und Kopf sauber schwarz, *Scheitel und Nacken rostbraun,* im SK weniger deutlich; ♀ hat graubraune Abzeichen (selten sogar geschlossen braunes Brustband) und kein oder wenig Rostbraun auf Scheitel. Beachte im SK *komplettes weißes Nackenband.*– JK: Ähnlich ♀, aber Abzeichen an Kopf und Brustseiten blasser, oberseits schmale, helle Federränder.– 1er S: Schwarze Abzeichen und rostbrauner Scheitel beim ♂ noch nicht voll ausgebildet.

**STIMME** Ruft leise rollend „dr'r'rp" und weich flötend ansteigend „djuitt" (ähnlich Tüpfelsumpfhuhn), im Flug kurz „bip" oder „bipip". Gesang eine Mischung aus rhythmischem „TSCHE-ke TSCHE-ke..." und an Alpenstrandläufer erinnerndem, hart rollendem, gutturalem „drruuRRI-RRE-RRE" in schmetterlingsartigem Balzflug.

### HIRTENREGENPFEIFER — –

Kittlitz's Plover *Charadrius pecuarius*

L 14-16 cm. Lokal häufiger Brutvogel an flachen Küsten und auf Schlammflächen an Teichen in Ägypten. Zieht kaum; Ausnahmeerscheinung in Israel.

**KENNZEICHEN** Im PK durch *Kopfmuster* und *orange getönte Brust* unverwechselbar; im SK und JK an Seeregenpfeifer erinnernd, aber etwas kleiner (Körper wirkt kürzer), *langschnäbeliger, hochbeiniger* und oberseits (am stärksten im PK) durch diffus helle Federränder *verwaschen gemustert* (statt einfarbig), dunkle Randdecken oft als „Bugfleck" sichtbar, auffallende *orangebeige Tönung von Überaugenstreif, Nackenband, Brustseitenflecken und Brust* (statt weiß); Beine grau, manchmal mit schwacher Grün- oder Brauntönung; im Flug deutlich *überstehende Zehen.*

**STIMME** Im Flug kurz „tschick" und trocken „drrr".

### MONGOLENREGENPFEIFER — D: A/–/S

Lesser Sand Plover *Charadrius mongolus*

L 17-19 cm. Brutvogel Mittel- und Ostasiens, überwintert in Ostafrika und Südasien, meist an Küsten.

**KENNZEICHEN** Nur geringfügig größer als Sandregenpfeifer, aber etwas hochbeiniger und langschnäbeliger. In sämtlichen Kleidern dem Wüstenregenpfeifer sehr ähnlich, daher Größe und Struktur wichtig: *etwas kleiner* (durch relativ großen Kopf und ähnliche Beinlänge ohne auffallend langen Unterschenkel an Seeregenpfeifer erinnernd), *Schnabel kurz, maximal der Entfernung zwischen Schnabelbasis und Augenhinterrand entsprechend,* und mit *stumpfer Spitze* (Wüstenregenpfeifer hat oft auffallend *lange Unterschenkel, kräftigeren, aber stärker zugespitzten Schnabel,* dessen Länge meist den Abstand von der Basis zum Augenhinterrand übertrifft), *Beine dunkel* graugrün (bei Wüstenregenpfeifer oft etwas heller), *Flügelstreif gleichmäßig breit* (statt schmal auf Arm- und breiter auf Handflügel).– PK: ♂ hat durchschnittlich breiteres rostbraunes Brustband und mehr Schwarz am Kopf als blasseres ♀, Geschlechter aber manchmal sehr ähnlich; PK im 1en S unvollständig.– 1er W und SK: Ähnlich Seeregenpfeifer, größer, kein Weiß auf Nacken und Schwanzseiten.– In Mittelasien (Unterart *pamirensis* aus *atrifrons*-Gruppe, „Tibetregenpfeifer") Beine und Schnabel etwas länger, Flügel kürzer, Stirn des ♂ im PK schwarz mit nur winzigen weißen Flecken, Brustband ohne schwarzen Oberrand, in Ostasien (*mongolus*-Gruppe, „Kolymaregenpfeifer") Beine und Schnabel kürzer, Flügel länger, Stirn des ♂ im PK mit großem weißem Fleck, Brustband oben schmal schwarz begrenzt; beide oft als eigene Arten betrachtet.

**STIMME** Ruft kurz und hart „trik" oder „tirrik", auch weich und rollender ähnlich Wüstenregenpfeifer „trrrp".

### WÜSTENREGENPFEIFER — D: A/–/S

Greater Sand Plover *Charadrius leschenaultii*

L 19-22 cm. Brutvogel von der Zentraltürkei bis Mittelasien in offenen Steppen. Ausnahmeerscheinung in Europa.

**KENNZEICHEN** Gestalt erinnert mehr an Kiebitz- als an Seeregenpfeifer, aber kleiner und schlanker, Beine (besonders Tibia) und Schnabel proportional länger; Gefieder in allen Kleidern ähnlich Mongolenregenpfeifer (s. o.), ist aber etwas *größer,* hat *längere Beine* und *längeren, oft unproportioniert groß wirkenden Schnabel* mit kräftigerer Basis und *schärferer Spitze,* längeren Körper und Hals, *Beine* durchschnittlich *heller* grünlich oder gelblich grau, hellere *Oberseite* zeigt im PK oft *Rosttönung* auf Schulterfedern.– PK: ♀ viel matter und grauer gefärbt als buntes ♂.– Brutvögel Kleinasiens (Unterart *columbinus*) haben etwas kürzere Schnäbel, ♂ im PK ausgedehnt rostbraune Färbung auf Brust, oft auch Flanken und Mantel; östlich des Kaspischen Meeres *(crassirostris)* Schnabel länger und kräftiger; ostasiatische Nominatform mit schmalem Brustband.

**STIMME** Ruf ein trillerndes „trrr", oft schnell aneinandergereiht, im Ton an Sichelstrandläufer oder Steinwälzer erinnernd, und ansteigend flötend „dwui". Bei Flugbalz mit langsamem Flügelschlag trocken surrend ähnlich Sumpfläufer in zwei Tonlagen „drrru-rrüh", dazwischen schmatzend „tschak-tschak".

Seeregenpfeifer

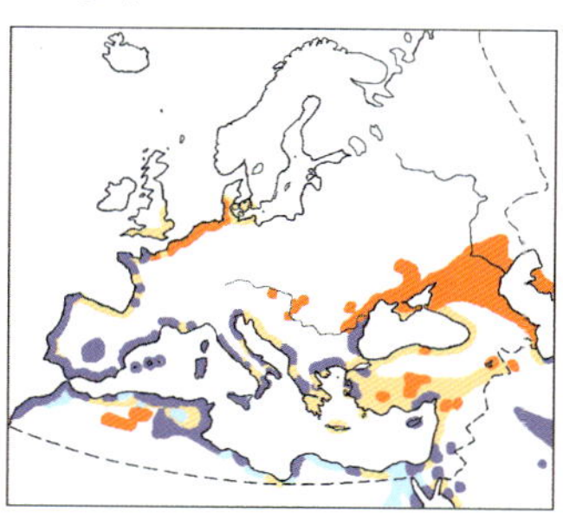

Hirtenregenpfeifer

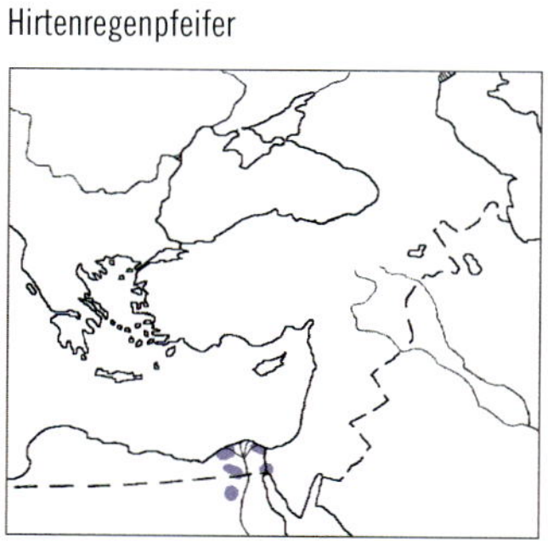

Wüstenregenpfeifer

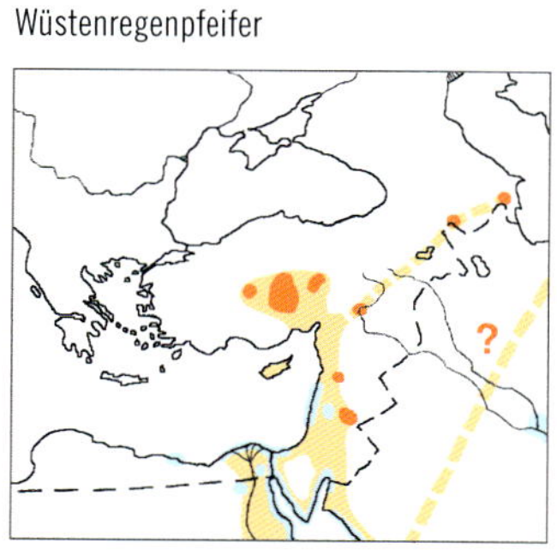

## SEEREGENPFEIFER

## HIRTENREGENPFEIFER

## MONGOLENREGENPFEIFER

## WÜSTENREGENPFEIFER

KM

## KIEBITZREGENPFEIFER D: A/–/Z

Grey Plover *Pluvialis squatarola*

L 26-29 cm, S 56-63 cm. Brutvogel der hocharktischen Tundra, wo die Altvögel den Juni und Juli verbringen, bevor sie an Westeuropas Küsten ziehen, dort teilweise mausern und sogar überwintern (meist ♂), mehrheitlich aber nach Westafrika weiterziehen (meist ♀ bis in die Tropen); Jungvögel ziehen später (Ende Aug.-Sept.); Heimzug meist sehr rasch ohne längere Rast im Mai.

**KENNZEICHEN** Ein großer Regenpfeifer mit *massigem Körper, großem Kopf* und *kräftigem Schnabel,* Haltung oft etwas buckliger und Nahrungssuche bedächtiger als bei den kleineren Arten; im Flug *schwarze Achselfedern, breit weißer Flügelstreif* und *weißer Bürzel* kennzeichnend.– PK: Oberseite schön schwarzweiß gemustert, aus der Entfernung in der Sonne silbergrau leuchtend, Unterseite beim ♂ rein schwarz, beim ♀ mit weißen Federn durchsetzt.– SK: Unterseite weißlich, graue Federn der Oberseite diffus weißlich gesäumt oder quer gebändert.– JK: Federn der Oberseite mit grauschwarzen Zentren und *gelblichen Rändern und Zacken,* Unterseite beige mit feiner, grauer Strichelung; manche Individuen intensiv goldgelb und an juvenilen Goldregenpfeifer erinnernd, andere durch deutlichen Überaugenstreif und Andeutung eines dunklen Ohrflecks sogar an Prärie-Goldregenpfeifer (S. 148).– 1er S: Wie SK oder mit wenig Schwarz auf Unterseite; viele übersommern in Westeuropa und Westafrika.

**STIMME** Stimmfreudig, meist ein trauriges, dreisilbiges, auf der tieferen mittleren Silbe betontes Flöten, „püü-AA-ü", besonders bei Jungvögeln manchmal schrill und rau klingend; während des oft mit langsamen Flügelschlägen ausgeführten Balzflugs aber erste und letzte Silbe tiefer und betont, „PLU-ü-U"; ferner am Brutplatz, meist bei Gefahr, „plüüh" und brachvogelähnlich „pluu-i".

## MORNELLREGENPFEIFER D: A/V (B)/Z

Eurasian Dotterel *Charadrius morinellus*

L 20,5-24 cm. Brütet in Bergland oberhalb der Baumgrenze auf niedrig und spärlich bewachsenen, oft steinübersäten Flächen und in offener Tundra, in Mitteleuropa lokal in den Alpen; überwintert hauptsächlich in Nordafrika, zieht vorwiegend im Mai und Aug./Sept. durch Mitteleuropa, rastet aber nur an wenigen Stellen, oft auf abgeernteten Feldern, kurzrasigen Wiesen und in der ungarischen Puszta; oft wenig scheu. ♂ übernimmt Brut und Aufzucht oft allein, wirkt dabei zwar häufig sehr vertraut, sollte aber dennoch nicht am Nest aufgesucht werden.

**KENNZEICHEN** Etwas kleiner und kompakter als Goldregenpfeifer, Hals und Flügel kürzer, Kopf proportional größer, Schnabel kleiner; in allen Kleidern durch *lange, im Nacken zusammenlaufende, weiße oder beige Überaugenstreifen* gekennzeichnet, ferner weißliches Brustband, *einfarbige Oberflügel* mit weißem Schaft der äußeren Handschwinge, gelbliche bis graugrünliche Beine.– PK: Durch Kombination von *rostroter Brust, schwarzem Bauch, schmalem, weißem,* oben dünn schwarz begrenztem *Brustband* und den dunklen Scheitel einfassende weiße Überaugenstreifen unverwechselbar; ♀ bunter und sauberer gefärbt als ♂.– SK: Brust und Flanken gräulich mit gelblichem Ton, schmales, weißliches Brustband, Federn der Oberseite schiefergrau mit schmalen, rostgelblichen Rändern.– JK: Dem SK ähnlich, aber Federn der Oberseite schwarzbraun mit kontrastierenden *beigen Rändern,* die an den *Spitzen durch einen schwarzen Schaftstrich unterbrochen* sind.– 1er W: An den aus dem JK stehen gebliebenen Armdecken erkennbar.

**STIMME** Ruft während des Zugs, oft beim Auffliegen, weich rollend und etwas abfallend „pjürr", Kontaktruf ein auch wiederholtes gesangsähnliches „bütt"; ♀ balzt mit flachen, zitternden Flügelschlägen über dem Revier kreisend „bütt bütt bütt…", etwa zwei Rufe pro Sekunde.

## WERMUTREGENPFEIFER D: B/–/S

Caspian Plover *Charadrius asiaticus*

L 19-21 cm. Brütet vom Nordrand des Kaspischen Meeres bis Mittelasien in Steppen und Halbwüsten, meist in Wassernähe, oft in lockeren Kolonien mit ca. 50 m voneinander entfernten Nestern; überwintert in Afrika; seltener Durchzügler im Nahen Osten.

**KENNZEICHEN** Erinnert etwas an Wüsten- und Mongolenregenpfeifer, aber *Gestalt und Haltung viel eleganter,* Hinterende durch den Schwanz extrem weit überragende Flügelspitzen schlanker und gestreckter, Schnabel länger und dünner als beim Mongolen-, *Beine lang* wie beim Wüstenregenpfeifer; nur etwas größer als Sand-, etwa so groß wie Mongolenregenpfeifer, aber durch schlanke Gestalt größer wirkend; *Überaugenstreif hinter dem Auge* in sämtlichen Kleidern viel deutlicher als bei Verwandten, ohne hervortretendes Weiß an den Schwanzseiten (nur an Schwanzspitze), *weißer Flügelstreif kurz, Beine graugrün, Zehen im Flug die Schwanzspitze überragend.*– ♂ PK: *Stirn, Zügel und Wangen reinweiß,* Ohrdecken dunkel, *rotbraunes Brustband breit* und *unten* schmal und scharf *schwarz begrenzt;* im 1en S manchmal weniger kontrastreich gezeichnet.– ♀ PK: Überaugenstreif und Wangen *schmutzig weiß,* Ohrdecken *hellbraun,* Brustband graubraun, schwach rotbraun getönt, ohne schwarzen unteren Rand und nur diffus zur schmutzig weißen Kehle begrenzt.– SK: Ähnlich Wüsten- und Mongolenregenpfeifer (S. 144), aber mit *breitem, ununterbrochenem, graubraunem Brustband* statt gut abgegrenzter Brustseitenflecke und dunkleren, *graueren Unterflügeln.*– JK: Ähnlich SK, Federn der Oberseite jedoch mit deutlicheren hellen Rändern.

**STIMME** Ruft am Boden kurz „tschüpp", oft schnell verdoppelt, im Flug aber einzeln; singt mit aneinandergereihten, dreisilbigen, klingelnden Lauten.

Kiebitzregenpfeifer

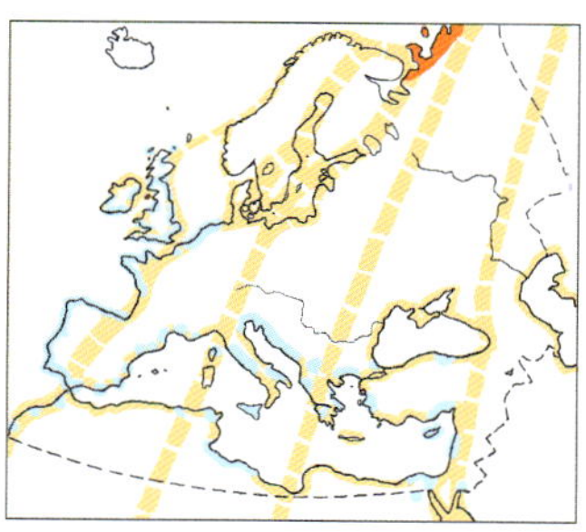

Mornellregenpfeifer

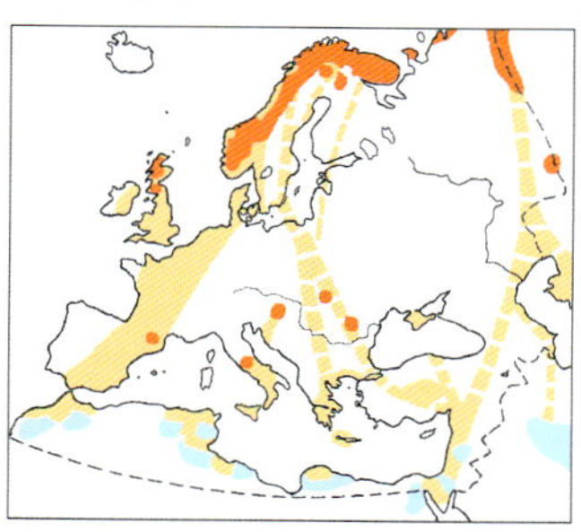

Wermutregenpfeifer

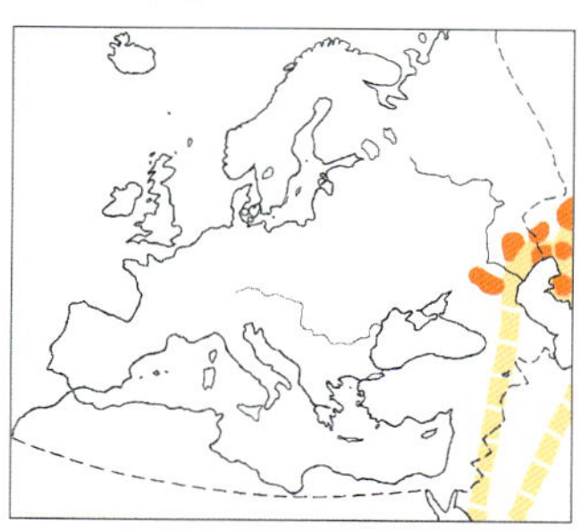

## KIEBITZREGENPFEIFER

## MORNELLREGENPFEIFER

## WERMUTREGENPFEIFER

KM

## GOLDREGENPFEIFER **D:** A/L1/Z

European Golden Plover *Pluvialis apricaria*

L 25-28 cm, S 53-59 cm. Brütet in Nordeuropa in Mooren, auf kurzrasigen Bergwiesen, Heiden und in der Tundra; überwintert hauptsächlich in Südwest- und Südeuropa auf Wiesen, Weiden und Feldern, watet selten in Schlamm und Wasser; Heimzug durch Mitteleuropa schon ab März, im Herbst Aug.-Okt., oft auch im Binnenland in dichten Trupps in offenem Gelände, häufig zusammen mit Kiebitzen.

**KENNZEICHEN** Etwas kleiner und zarter als Kiebitzregenpfeifer mit etwas *schlankeren, spitzeren Flügeln* und schnelleren Flügelschlägen; wirkt aus der Entfernung oberseits braun, zeigt aus der Nähe aber dunkelgraue Oberseite mit dicht grünlich- oder ockergelb und weiß gezackten Federrändern; im Flug *diffuser, recht schmaler weißlicher Flügelstreif,* dunkler Bürzel und *leuchtend weiße Achselfedern und innere Armdecken;* zur Unterscheidung von Tundra- und Prärie-Goldregenpfeifer s. u.– PK: ♂ zeigt auf der *Unterseite* mehr *Schwarz* als ♀, wegen großer individueller Variation Geschlechtsbestimmung nur bei sehr dunklen ad. ♂ in Nordeuropa oder bei Brutpartnern möglich.– SK: Unterseite hell statt schwarz.– JK: Ähnlich SK, aber Gefieder frischer, sauberer gemustert, *Bauch und Flanken größtenteils fein graubraun gebändert.*– 1er S: Oft ähnlich SK oder mit wenig Schwarz am Bauch.– Im Süden brütende Vögel („*apricaria*"-Typ) tragen ein weniger vollständiges PK als die durchschnittlich unterseits ausgedehnter schwarzen nördlichen Vögel („*altifrons*"-Typ), aber große Variation.

**STIMME** Ruft im Flug oder ständig wiederholt bei Gefahr am Brutplatz nur leicht abfallend, melancholisch flötend „püh" oder „tüü(u)"; singt im hohen, schmetterlingsartigen Balzflug klagend und rhythmisch „pü-PII-u, pü-PII-u…", beim Landen oder am Boden oft gefolgt von schnellerem, gedämpfterem „prePURRlja-prePURRlja-prePURRlja…", auch außerhalb der Brutzeit zu hören.

## TUNDRA-GOLDREGENPFEIFER **D:** A/–/S

Pacific Golden Plover *Pluvialis fulva*

L 21-25 cm. Nah mit Prärie-Goldregenpfeifer verwandt. Brütet in Nordsibirien und Westalaska, in Mitteleuropa Ausnahmeerscheinung im Spätsommer (ad.) und Herbst (juv.); eher auf Schlammflächen als auf Wiesen und Feldern.

**KENNZEICHEN** Sehr ähnlich Goldregenpfeifer, doch folgende Unterschiede in Größe und Struktur: etwas *kleiner* und *schlanker* mit proportional etwas *größerem Kopf* und längerem Hals, *Beine länger,* fliegend *Flügel schmaler* und *Zehen etwas über die Schwanzspitze ragend,* Schnabel durchschnittlich etwas länger und von gleichmäßigerer Dicke (Goldregenpfeifer hat etwas kürzeren Schnabel mit feinerer Spitze und kräftigerer Basis, doch Unterschiede gering und Überschneidung groß); in allen Kleidern *Achselfedern graubraun* und *innere Unterflügel grauweiß* (wie beim Prärie-Goldregenpfeifer, aber im Unterschied zum Goldregenpfeifer, bei dem sie weiß sind). Vom Prärie-Goldregenpfeifer noch schwieriger zu unterscheiden, aber eine Ahnung *kleiner, Flügel kürzer,* aber *Schirmfedern länger,* daher nur mäßige Handschwingenprojektion mit *3 die Schirmfedern überragenden Handschwingen* (beachte, dass die beiden längsten Handschwingen dicht beieinander liegen) statt 4 (oder sogar 5) beim Prärie-Goldregenpfeifer; Schirmfedern bei manchen juv. kürzer, dann 4 Handschwingen sichtbar, dieses Merkmal aber durch Mauser und Abnutzung veränderlich; ferner *Beine* beim Tundra- *etwas länger* als beim Prärie-Goldregenpfeifer.– PK: Ähnlich Goldregenpfeifer, doch *mehr Weiß auf Stirn, Halsseiten und oberen Brustseiten* (dort oft eine Ausbuchtung bildend), dafür *weniger auf den Flanken* und dort oft schwarz gefleckt oder fast fehlend, *Unterschwanzdecken schwarz gemustert* oder überwiegend schwarz (selten ganz schwarz wirkend), *Oberseite gröber gemustert, besonders Schirmfedern* mit weniger und größeren hellen Zacken.– JK: Sehr ähnlich juv. Goldregenpfeifer, an Größe, Struktur, Unterflügelfarbe und Stimme erkennbar, ferner durchschnittlich *etwas gelblichere Tönung von Kopf, Hals und Brust* mit deutlicherer, feinerer Fleckung; vgl. auch Prärie-Goldregenpfeifer.

Goldregenpfeifer

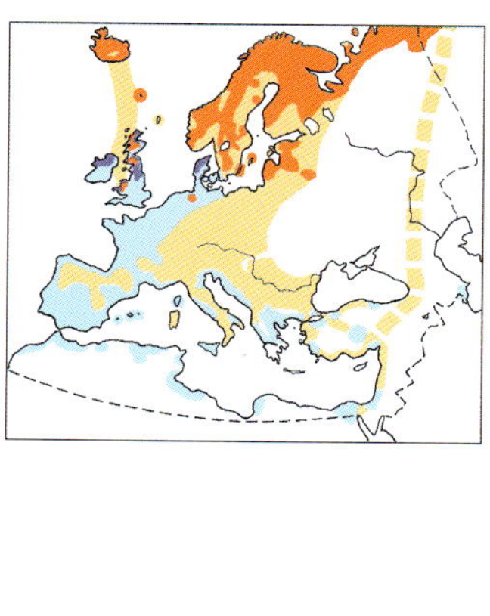

**STIMME** Ruft im Flug zweisilbig flötend „tschu-itt!", dem Dunkelwasserläufer bemerkenswert ähnlich. Ferner „püü" ähnlich Goldregenpfeifer, abfallend „plüü-i" oder dreisilbig „tü-i-ü" während des Zugs.

## PRÄRIE-GOLDREGENPFEIFER **D:** A/–/S

American Golden Plover *Pluvialis dominica*

L 24-27 cm. Nah mit Tundra-Goldregenpfeifer verwandt, Ausnahmeerscheinung in Europa, brütet in Nordamerika.

**KENNZEICHEN** Dem Tundra-Goldregenpfeifer sehr ähnlich und wie dieser mit *graubraunen Achselfedern und hellgrauem innerem Unterflügel* (beim Goldregenpfeifer weiß), aber durchschnittlich *etwas größer,* mit *schlankerem Körper, längeren Flügeln* und *kürzeren Beinen* (*Zehen* im Flug meist *nicht über Schwanzspitze* ragend); beim stehenden Vogel große Handschwingenprojektion mit *4* (manchmal sogar 5) *über die Schirmfedern hinausragenden Handschwingenspitzen* und gewöhnlich *über die Schwanzspitze hinausragenden Flügelspitzen* (bei den meisten Tundra-Goldregenpfeifern so lang wie Schwanz oder nur wenig länger). Vom Goldregenpfeifer durch Unterflügelfärbung, etwas *geringere Größe, schlankere Gestalt* und im Flug *länger und schmaler wirkende Flügel* unterschieden.– ♂ PK: *Unterseite* einschließlich Unterschwanzdecken *ganz schwarz,* in deutlichem, *weißem Brustseitenfleck* endender, *scharf abgegrenzter, weißer „Schal"* entlang der Halsseiten, *keine weiße Flankenlinie.*– ♀ PK und 1er S: Gefieder sehr ähnlich Tundra-Goldregenpfeifer, am sichersten an Struktur und Proportionen erkennbar.– JK: Verglichen mit Gold- und besonders Tundra-Goldregenpfeifer *graueres Gefieder* ohne gelbliche Tönung von Kopf, Hals und Brust; *Überaugenstreif* durchschnittlich *weißlicher und deutlicher,* auch *Zügel- und Ohrdeckenfleck dunkler; Scheitel und Mantel dunkel,* Nacken jedoch hellgrau abgesetzt, *Oberseitensprenkelung* oft *nur auf vorderem Mantel, oberen Schulterfedern und Schirmfedern gelb getönt,* sonst weiß oder beige (bei Gold- und Tundra-Goldregenpfeifer gleichmäßig gelb gefleckt).

**STIMME** Ruft „KLU-i" mit betonter erster, manchmal kaum hörbarer zweiter Silbe „klüü(i)"; daneben dreisilbig mit höherer und zitternder zweiter Silbe „DLU-i'i-uh".

## GOLDREGENPFEIFER

## TUNDRA-GOLDREGENPFEIFER

## PRÄRIE-GOLDREGENPFEIFER

KM

## KIEBITZ **D:** A/N4/Z

Northern Lapwing *Vanellus vanellus*

L 28-31 cm, S 67-72 cm. Weit verbreiteter Brutvogel in Feuchtwiesen, Sümpfen, an Gewässerrändern und auf Feldern. Außerhalb der Brutzeit in oft großen Trupps auf Wiesen und abgeernteten Feldern.

**KENNZEICHEN** Unverwechselbarer, *schwarz-weiß* gefärbter, taubengroßer, kräftiger Regenpfeifer mit einzigartiger *langer, dünner Federholle* und aus der Nähe *grünem und violettem Metallglanz* der dunklen Gefiederpartien; im gemächlichen Flug mit lockeren Flügelschlägen sind die *breit gerundeten Flügelspitzen* („wie Bratpfannen") auffallend, durch schwarze Ober- und weiße Unterseite auch von Weitem blinkender Effekt bei meist dicht fliegenden Trupps.– PK: ♂ hat längere Holle, reinere Schwarzfärbung von Gesicht und Vorderhals und breiteren, runderen Handflügel.– SK: Kinn und Vorderhals weiß, beige Federspitzen erzeugen feines Wellenmuster auf Oberseite.– JK: Holle kurz, an SK erinnernd, aber rundum (nicht nur an den Spitzen) hell gerandete oder gefleckte Federn der Oberseite bilden deutlicheres Schuppenmuster.– 1er W: Am Schuppenmuster auf den stehen gebliebenen juvenilen Armdecken und Schirmfedern erkennbar, aber Unterschied zum SK durch Abnutzung der Ränder schnell schwächer werdend.

**STIMME** Sehr stimmfreudig, selbst nachts zu hören; ruft im Flug bei Alarm klagend, schrill, etwas rau „kschää-ech" oder „kiju-wit"; im akrobatischen Balzflug im Frühjahr steigt das ♂ auf und ab, wirft sich von einer Seite auf die andere und jodelt dabei heiser, während die Flügel gleichzeitig ein wummerndes Geräusch erzeugen, „kschääh-widdleWIPP, i-WIPP i-WIPP...kschee-o-WIPP".

## SPORNKIEBITZ **D:** E/–/S

Spur-winged Lapwing *Vanellus spinosus*

L 25-28 cm. Brütet nur selten in Südostgriechenland, aber lokal häufig in Kleinasien und im Nahen Osten auf vegetationsarmen Flächen in Gewässernähe.

**KENNZEICHEN** Etwas kleiner, schlanker und *hochbeiniger* als Kiebitz, immer an ausgedehnt *weißen Seiten* des sonst schwarzen Kopfes erkennbar, ferner *Brust, Flanken, Schwanz und Schnabel schwarz,* Beine dunkelgrau; fliegend aus der Entfernung am besten an *schwarzen Armschwingen* vom Steppenkiebitz unterscheidbar; am Flügelbug kleiner, selten sichtbarer Sporn.– Ad.: Oberseite einfarbig hellbraun.– JK: Ähnlich ad., aber oberseits einige Federn mit hellen Rändern (z. B. Stirn) und schwarze Partien mit braungrauem Ton.

**STIMME** Stimmfreudig und lärmend; ruft scharf einzeln oder schnell aufgereiht „p(w)ick", etwas ähnlich Stelzenläufer, und singt rasch wiederholt „TITti-TERrit".

## ROTLAPPENKIEBITZ **D:** E/–/S

Red-wattled Lapwing *Vanellus indicus*

L 32-35 cm. Häufiger Brutvogel Südasiens, im Bearbeitungsgebiet nur am Tigris bei Cizre in der Südosttürkei.

**KENNZEICHEN** Erinnert an Spornkiebitz, ist aber etwas größer; kennzeichnende Kombination von *langen, gelblichen Beinen, schwarzer Kehle und Brustmitte, weißen Flanken,* aus der Nähe erkennbarer *Rotfärbung von Schnabelbasis, Zügel und Lidring* sowie im Flug *weißem Schwanz* mit recht schmaler, *schwarzer Querbinde* von gleichmäßiger Breite.– JK: Stirn und Kinn weiß, Kehlfeld weiß gefleckt.

**STIMME** Ruft schleifend und kreischend „kri" und „krik", auch in ein seeschwalbenartiges Zwitschern übergehend „krikrik kri-ki-koo-it kri-kri-kuu-it...".

## STEPPENKIEBITZ **D:** A/–/S

Sociable Lapwing *Vanellus gregarius*

L 27-30 cm. Brütet in trockenen Steppen von der Wolga bis Südwestsibirien, oft weit vom Wasser entfernt; überwintert von Nordostafrika bis Indien; in Europa sonst Ausnahmeerscheinung, gelegentlich in Kiebitztrupps.

**KENNZEICHEN** Verhalten und Gestalt ähnlich Kiebitz, aber etwas kleiner und *hochbeiniger,* durch Kombination von kräftigem, *weißem Überaugenstreif, schwärzlichen Beinen* und *dreifarbigem Oberflügelmuster* (ähnlich Schwalbenmöwe; beachte aber Verwechslungsgefahr mit leukistischen und teilalbinotischen Kiebitzen) unverwechselbar; nicht so schlank und langbeinig wie Weißschwanzkiebitz, *Schwanz mit schwarzem Feld* vor der Spitze.– PK: Scheitel und Augenstreif schwarz, Brust rosa graubeige, *Bauch schwarz,* zum Steiß hin dunkel rotbraun.– SK: Brust heller, *Bauch weiß.*– JK: Brust diffus gestrichelt, Oberseite deutlich geschuppt.– 1er W: An stehen gebliebenen juvenilen Flügeldecken und Schirmfedern erkennbar.

**STIMME** Ruft rau „kri", „krik" oder im Flug aufgereiht, seeschwalbenartig heiser „kri-ki-koo-it kri-ki-koo-it...".

## WEISSSCHWANZKIEBITZ **D:** A/–/S

White-tailed Lapwing *Vanellus leucurus*

L 26-29 cm. Brütet von der Unteren Wolga und dem Irak bis Mittelasien an flachen Ufern von Steppenseen; überwintert von Nordostafrika bis Indien gern an bewachsenen Gewässerrändern, versteckt sich oft in Vegetation.

**KENNZEICHEN** Etwas kleiner als Spornkiebitz, von eleganterer Gestalt und mit *sehr langen Beinen;* in sämtlichen Kleidern *Kopf und Körper recht einfarbig hell graubraun* ohne hervortretenden Überaugenstreif, *sehr lange, gelbe Beine* schon kennzeichnend, bevor im Flug der *reinweiße Schwanz* sichtbar wird.– JK: Oberseite kräftig geschuppt.

**STIMME** Abseits des Brutplatzes gewöhnlich stumm.

Kiebitz

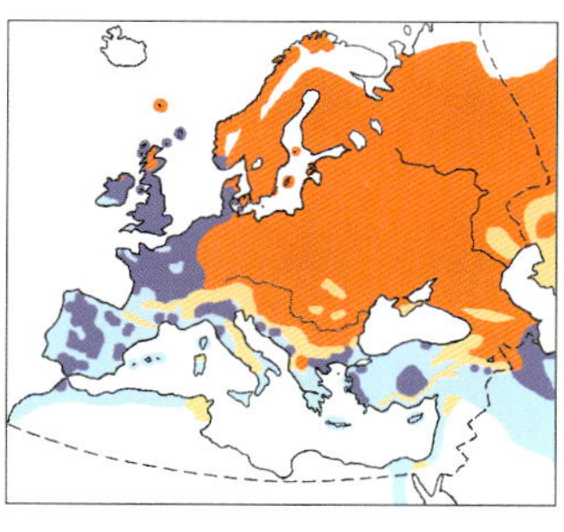

Spornkiebitz

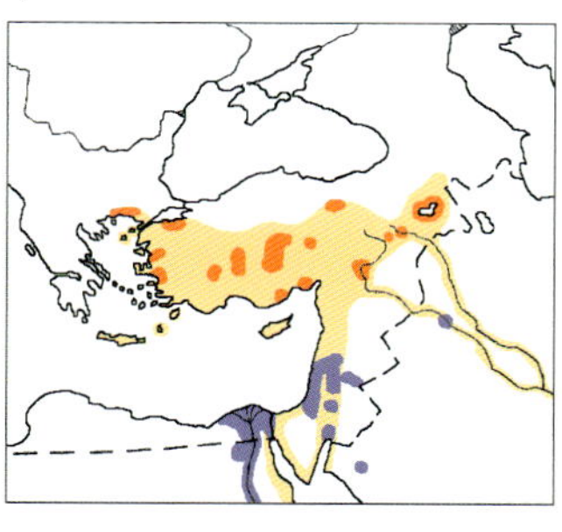

Rotlappenkiebitz

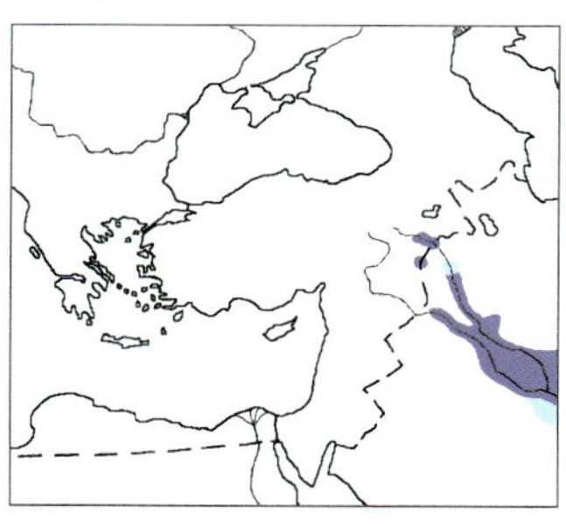

Steppenkiebitz

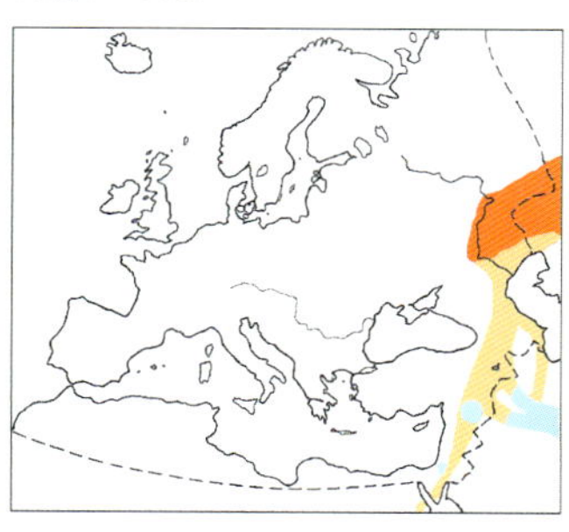

## KIEBITZ

## SPORNKIEBITZ

## ROTLAPPENKIEBITZ

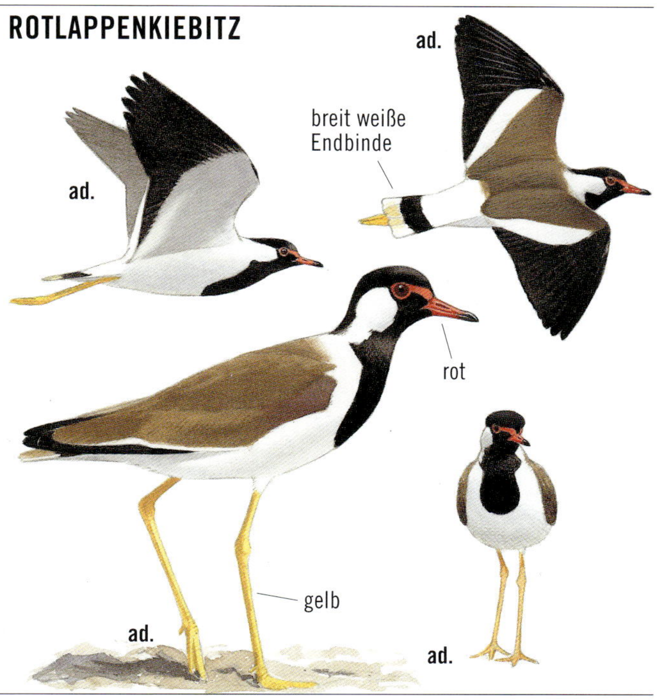


## STEPPENKIEBITZ

## WEISSSCHWANZKIEBITZ

KM

## KNUTT D: A/–/ZW

Red Knot *Calidris canutus*

L 23-26 cm, S 47-53 cm. Brütet in arktischer Küstentundra; im Winter große Trupps an Küsten, nur selten im Binnenland; Wegzug ab Aug., Heimzug im Mai/Juni.

**KENNZEICHEN** Ein recht *kurzbeiniger* und *plumper* Watvogel, größer und kompakter als Alpenstrandläufer, *Schnabel recht dick und kurz* (etwa kopflang), nur *ganz schwach abwärts gebogen* (manchmal länger und etwas stärker gebogen); im Flug langflügelig, Körper recht kurz, weißer Flügelstreif schmal, *Bürzel hellgrau,* fein quer gebändert; im SK und JK am besten an *Gestalt, grauem Gesamteindruck, deutlichem hellem Überaugenstreif* und *kurzen, graugrünen Beinen* erkennbar.– PK: ♂ unterseits durchschnittlich einheitlicher und satter rostbraun als ♀.– SK: Oberseits einheitlich grau mit nur dünnen weißen Federrändern, weißem Überaugenstreif, grau gefleckter Brust, grauen Stricheln und Pfeilspitzen auf Unterschwanzdecken und Flanken.– JK: Ähnlich SK, aber anfangs mit *orangebeiger Tönung der Unterseite* (manchmal in Intensität an PK erinnernd) und feineren grauen Markierungen auf Brust und Flanken, Oberseite aus der Nähe durch *helle Federränder mit dunklen Subterminalsäumen* deutlich geschuppt.

**STIMME** Flugruf kurz, nasal und weich „uÄTT-uÄTT“.

## SANDERLING D: A/–/ZW

Sanderling *Calidris alba*

L 18-21 cm. Hocharktischer Brutvogel; zur Zugzeit und im Winter manchmal große Trupps bevorzugt an Sandstränden, auch im Watt, selten im Binnenland.

**KENNZEICHEN** Größe ähnlich Alpenstrandläufer, aber kompakter; bei der *Nahrungssuche typisches Vor- und Zurückrennen vor auflaufenden Wellen,* an ruhigen Ufern aber methodisches Picken; Einzelvögel in untypischem Lebensraum können mit kleineren Strandläufern verwechselt werden, beachte neben *Größe* aber *kräftigeren Schnabel, breit weißen,* dunkel eingefassten *Flügelstreif* und diagnostisches Fehlen einer Hinterzehe an den *schwarzen Beinen.* Leuchtet im Winter *auffallend hell* und zeigt typischen *schwärzlichen Flügelbug.*– PK: Im Frühjahr Kopf und *scharf begrenztes Brustband grau und rotbraun,* oberseits schwärzlich und rotbraun mit weißen Rändern; im Sommer werden Kopf, Brust und Oberseite kräftig rostfarben.– SK: Insgesamt einfarbig, oberseits sehr hellgrau, Armdecken und Schirmfedern diffus weiß gerandet.– JK: Gesamtes Gefieder kontrastreich schwarz und weiß, *Mantel- und Schulterfedern weiß gefleckt* statt gerandet (daher kein Schuppenmuster) und keine V-Zeichnung bildend.

**STIMME** Flugruf tiefer und voller als Zwergstrandläufer, angedeutet ansteigend „k(o)witt“.

## MEERSTRANDLÄUFER D: A/–/ZW

Purple Sandpiper *Calidris maritima*

L 19-22 cm, S 37-42 cm. Brütet an Küsten, in felsiger Tundra; überwintert an Felsküsten, meist in Trupps zusammen mit Steinwälzern; erscheint fast nie im Binnenland.

**KENNZEICHEN** Kaum größer als Alpenstrandläufer, mit ähnlicher Schnabelform, aber durch *dickeren Körper* und *kürzere Beine pummelig wirkend;* Schwanz überragt Flügelspitze; im Winter an typischem Lebensraum und Kombination von Gestalt, *einfarbig braungrauer Färbung von Kopf* (kein Überaugenstreif), *Oberseite und Brust, senfgelben Beinen* (manchmal hell rötlich braun) und *gelber Schnabelbasis* erkennbar; dunkle Grundfärbung kontrastiert zum Weiß von Bauch, Achselfedern und Bürzelseiten, *Flügelstreif schmal und undeutlich;* in untypischem Umfeld stochernde Einzelvögel können besonders im JK sehr verwirrend wirken.– PK: Brust und Flanken schwarzbraun gefleckt, *Mantel- und Schulterfedern weiß und rostgelb gemustert.*– SK: Kopf, Brust und Oberseite sehr einfarbig düster grau.– JK: Durch helle Ränder der Armdecken und Schulterfedern erzeugtes *sauberes Schuppenmuster,* schwacher Rostton auf Scheitel und Mantel; vom ähnlichen juv. Alpenstrandläufer am *Gelb* von *Beinen und Schnabelwurzel,* sauber gestrichelten Flanken und *längerem Schwanz* unterschieden.

**STIMME** Flugruf scharf „kwit“ oder „kwit-it“; warnt laut, schnell lachend „pihihihihi…“; Fluggesang ähnlich Alpenstrandläufer summend „prrüih-prrüih-prrüih-…“, hart zwitschernd „kewick-kewick-wick-wick-wick…“.

## STEINWÄLZER D: A/0/ZW

Ruddy Turnstone *Arenaria interpres*

L 21-24 cm, S 43-49 cm. Brütet an steinigen Küsten, die auch im Winter bevorzugt werden, dann aber auch im Watt und auf Schlammflächen, selten im Binnenland; wendet zur Nahrungssuche mit dem Schnabel Steine und Seetang.

**KENNZEICHEN** Mittelgroße, *kräftige* Limikole mit *kurzem, derbem Schnabel, kurzen, orangefarbenen Beinen* und *markantem Flugmuster.*– PK: ♂ auf Schultern und Flügeln ausgedehnt orangebraun, prägnant schwarz-weißes Kopfmuster; ♀ (und ♂ im 1en S) matter rostfarben, Kopfmuster unscharf.– SK: Dunkle Brustseitenflecke mit hellen Zentren, Oberseite recht dunkel, Schulterfedern oft gedämpft rostfarben, Flügeldecken und Schirmfedern *einfarbig* graubraun oder mit *diffus* hellen Rändern.– JK: Im Gegensatz zum SK durch gelbbraune oder weißliche Federränder *sauber geschuppte* Oberseite.

**STIMME** Flugruf glucksend „tuck-a-tuck-tuck“ und kurz „k(l) ju“; Warnruf und Gesang eine ähnliche, heftige, beschleunigende Serie, „KJÄwi-KJÄwi-wittwittwittwittwittwitt!“.

Knutt

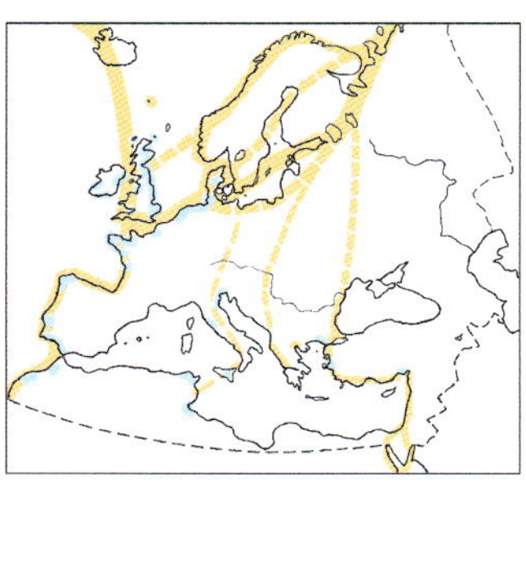

Sanderling

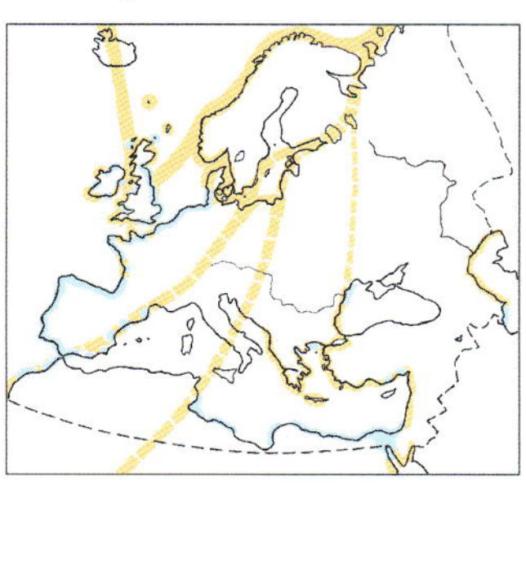

Meerstrandläufer

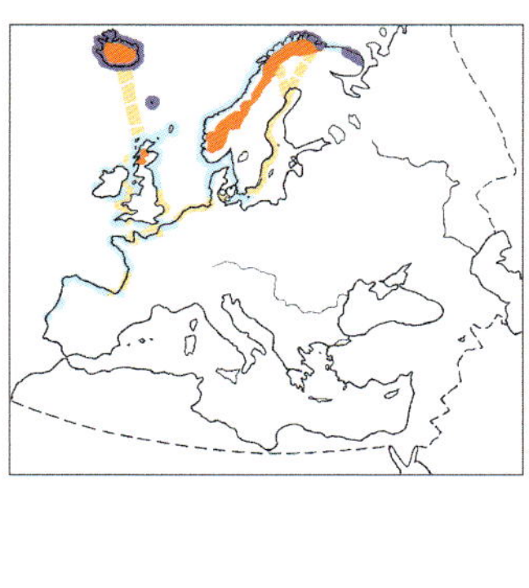

Steinwälzer

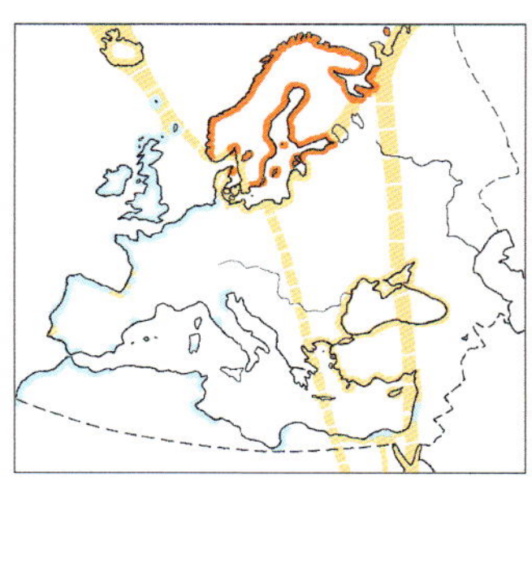

## KNUTT

## SANDERLING

## MEERSTRANDLÄUFER

## STEINWÄLZER

KM

## ALPENSTRANDLÄUFER D: A/R1/ZW

Dunlin *Calidris alpina*

L 17-21 cm, S 32-36 cm. Brütet vom Flachland bis in höhere Lagen in Feuchtwiesen und Tundra; zur Zugzeit und im Winter eine der häufigsten Limikolen in den verschiedensten Feuchtgebieten, besonders im Wattenmeer in gewaltigen Trupps am Spülsaum und auf Schlammflächen.

**KENNZEICHEN** Häufigster Strandläufer, dessen Kenntnis in allen Kleidern und Variationen Voraussetzung für den Vergleich mit anderen ist. Knapp starengroß mit variabler Schnabellänge (s. u.), das kürzeste und geradeste Extrem ähnlich kleineren Strandläufern, das längste und am stärksten gebogene wie Sichelstrandläufer.– PK: *Schwarzer Bauchfleck* kennzeichnend, *Oberseite* variabel *rostbraun,* durch Abnutzung zunehmend; ♂ bunter als ♀, Hinterhals hellgrau kontrastierend (bei ♀ bräunlich).– SK: Einfarbig und unscheinbar, oberseits einheitlich braungrau (besonders auf den Flügeldecken schmale, weißliche Säume), deutlich hellgrau gestricheltes Brustband kontrastiert zur sonst ganz weißen oder mit feiner Flankenstrichelung versehenen Unterseite. *Einfarbiger Kopf* mit undeutlichem, kurzem Überaugenstreif und mittellangem, abwärts gebogenem, schwarzem Schnabel (Vorsicht bei extrem lang- oder kurzschnäbeligen Individuen).– JK: Oberseits dunkelbraun mit schmutzig weißen und rostbraunen Federkanten und oft weißem Mantel- und Schulter-V, Unterseite typisch mit diffus dunkel gestricheltem Brustband und großen, *dunklen Flecken auf den Bauchseiten,* aber meist *ungefleckten Flanken; gelbbrauner Farbton auf Kopf, Hals und oberer Brust,* nur undeutlicher Überaugenstreif. Auch von Weitem an Kombination von eher einfarbig gelbbraunem Kopf, gefleckten Bauchseiten und weißlichen Flanken erkennbar; Bauchfleckung kann dicht und kräftig sein (an mausernden ad. erinnernd) oder ausnahmsweise ganz fehlen.– Bei uns drei Unterarten, an durchschnittlicher Schnabellänge und Anteil rostbrauner Oberseitenfedern unterscheidbar; *arctica* (Grönland, überwintert vorwiegend in Westafrika) mit kürzestem Schnabel und geringster Rostfärbung, *schinzii* (Island, Westeuropa, Südskandinavien, im Winter Südwest- und Westafrika) intermediär, *alpina* (Nordeuropa, Arktis, überwintert schon in West- und Südwesteuropa) hat längsten Schnabel und am meisten Rostbraun; Unterart nur in Extremfällen bestimmbar. ♀ haben längere Schnäbel als ♂, kurzschnäbelige Individuen sind oft ♂ von *arctica* oder *schinzii,* langschnäbelige meist ♀ von *alpina.*

**STIMME** Ruft surrend oder rau rollend „krrrrü“, im Trupp kurz, hell zwitschernd „plipp-ipp-ipp“; singt im Flug ansteigend, gepresst „RRÜi-RRÜi-RRÜi-RRÜi-…“, in fallenden, etwas stockenden, harten Triller übergehend, „rüRRÜÜrürürürü-rü-ru-ru ru ru ru“.

## SICHELSTRANDLÄUFER D: A/–/Z

Curlew Sandpiper *Calidris ferruginea*

L 19-21,5 cm. Brütet im arktischen Sibirien, überwintert vorwiegend in Afrika; als Durchzügler meist spärlich, Jungvögel in manchen Jahren aber häufig an schlammigen Küsten und Binnengewässern, oft mit Alpenstrandläufern.

**KENNZEICHEN** Etwas größer als Alpenstrandläufer, *Schnabel länger, gleichmäßiger abwärts gebogen, mit dünnerer Spitze,* Hals und Beine (besonders Tibia) länger, daher *elegantere Silhouette; Oberschwanzdecken im Flug weiß.*– PK: ♂ durchschnittlich leuchtender und gleichmäßiger *ziegelrot* (weniger weiß gefleckt) als ♀.– SK: Bei uns kaum zu sehen; ähnlich Alpenstrandläufer (besonders der langschnäbeligen Unterart *alpina*), aber elegantere Gestalt, Oberseite heller grau, *Überaugenstreif vorne deutlicher,* Oberschwanzdecken weiß.– JK: Grauer als Alpenstrandläufer, *Oberseite gleichmäßig geschuppt* (ohne V-Muster), *deutlicherer weißlicher Überaugenstreif,* feine Strichelung auf Brustseiten konzentriert und meist *orangebeige Brusttönung.*

**STIMME** Flugruf kurz zwitschernd „tirripp“ oder „kürüripp“, ähnlich Temminckstrandläufer, aber tiefer und rauer, deutlich anders als das Surren des Alpenstrandläufers.

## SUMPFLÄUFER D: A/–/Z

Broad-billed Sandpiper *Calidris falcinellus*

L 15-18 cm. Brütet in skandinavischen Mooren und Seggensümpfen, Nest in Bülte getarnt; überwintert in Ostafrika und Südasien, meist an Küsten; sonst in Europa seltener Durchzügler besonders im Osten, oft zwischen Alpenstrandläufern an Küsten, auch an schlammigen Binnengewässern.

**KENNZEICHEN** Leicht mit jungem Alpenstrandläufer zu verwechseln, aber *etwas kleiner, kurzbeiniger* und bei der Nahrungssuche langsamer, daher oft träger und untersetzter wirkend, *Schnabel* ähnlich lang, aber im Profil gerader und erst an der äußersten *Spitze abgeknickt;* Jungvögel selbst von Weitem durch geringere Größe, langsamere Bewegungen, *dunklere Oberseite* und *weißen Bauch* auffallend; *kräftige Längsstreifung am Kopf* (breiter dunkler Augen-, deutlicher heller Überaugen- und schmaler *heller Scheitelseitenstreif im dunklen Scheitel*).– PK: Typische Kombination von kräftiger Flankenfleckung (oft pfeilförmig), *gefleckter Brust* und *dunkler Oberseite* mit schmalem Mantel- und Schulter-V; frisches Gefieder durch weißliche Federränder heller, abgetragen aber Oberseite dunkel, V-Zeichnung reduziert bis fehlend und Brust dunkler.– SK: Ähnlich Alpenstrandläufer, doch charakteristisches *Kopfmuster* angedeutet.– JK: Oberseits ähnlich jungem Alpenstrandläufer, doch V-Zeichnung markanter, unterseits mit kräftiger Fleckung auf bräunlicher Brust im Kontrast zum *Weiß* von *Bauch* und *Flanken, Überaugenstreif gegabelt.*

**STIMME** Flugruf ein trockener, aber hell klingelnder, fast fräsender Triller, am Schluss oft leicht ansteigend „brrreit“ (ähnlich Uferschwalbe), auch kurz „tjepp“; Fluggesang rhythmisch surrend „brre, brre, brreBERreBERrebrebrebrebrebre…“.

Alpenstrandläufer

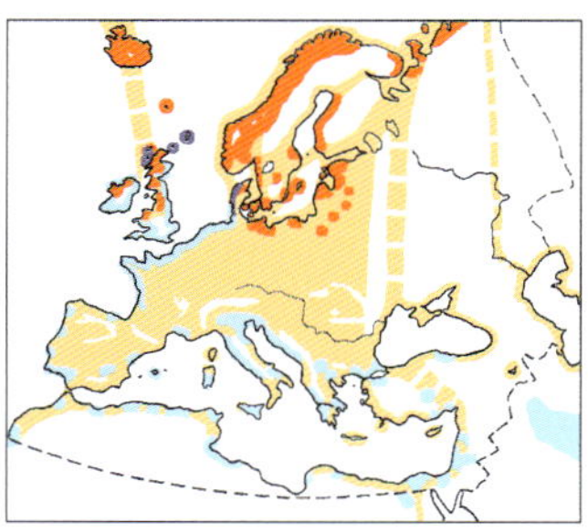

Sichelstrandläufer

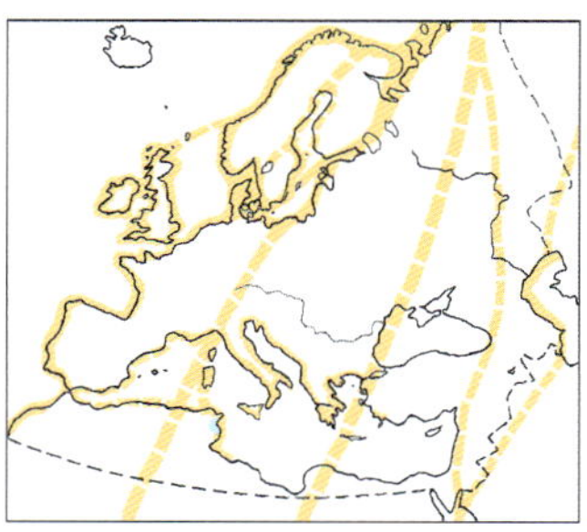

Sumpfläufer

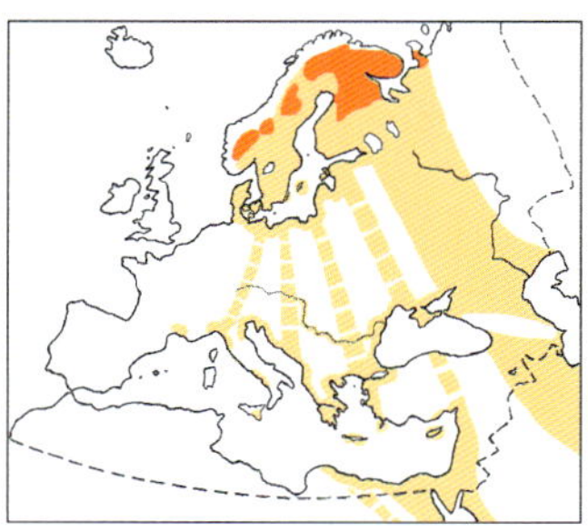

## ALPENSTRANDLÄUFER

## SICHELSTRANDLÄUFER

## SUMPFLÄUFER

KM

## TEMMINCKSTRANDLÄUFER D: A/–/Z

Temminck's Stint *Calidris temminckii*

L 13,5-15 cm. Brütet in Mooren, Sümpfen und Flussdeltas vom Bergland bis in die Küstentundra, überwintert hauptsächlich in Afrika; während des Zugs (Mitte Mai und Aug.) hauptsächlich im Binnenland.

**KENNZEICHEN** Ähnlich klein wie Zwergstrandläufer, jedoch etwas *länger* (Schwanz überragt die Flügel etwas) und *kurzbeiniger* mit dünnerem, *etwas abwärts gebogenem Schnabel;* unauffällig, im Gegensatz zum Zwergstrandläufer gern auf leicht bewachsenen Schlammflächen, bei der Nahrungssuche auf eingeknickten Beinen eher *„kriechend"* und mit geringerer Pickrate; aufgescheucht, „himmelt" er wie eine Bekassine, dabei ständig trillernd. Äußere Steuerfedern weiß (grau beim Zwergstrandläufer), *Beine hell* (gelblich, grünlich oder bräunlich); Färbung im SK und JK an kleinwüchsigen Flussuferläufer erinnernd. Oft mit Zwergstrandläufern im SK verwechselt, die bei angelegtem Gefieder schlank wirken, durch angetrockneten Schlamm helle Beine und im Sonnenlicht weiß erscheinende äußere Steuerfedern zeigen, doch zeigt Temminckstrandläufer *bräunliche Oberseite* (statt hellgrau mit dunklen Federzentren), recht *einfarbig braunen Kopf* (beim Zwergstrandläufer weißliches „Gesicht" und deutlicher Überaugenstreif), *scharf abgesetzte, bräunliche Brust* (statt hellgrau) und *kürzere Beine.*– PK: Variabler Anteil von Mantel- und Schulterfedern mit schwarzen Zentren und rostbeigen Rändern erzeugt aus der Entfernung einen typischen scheckigen Eindruck.– SK: Einfarbige, matt graubraune Oberseite und Brust kontrastieren zur reinweißen Unterseite.– JK: Aus der Nähe sind auf der Oberseite *gelbbraune Federränder mit dunkleren Subterminalrändern* erkennbar.

**STIMME** Flugruf ein typischer, lauter, trockener Triller, meist wiederholt, „tirrr-tirrr-tirrr…"; während der Flugbalz steht das ♂ rüttelnd in der Luft und äußert ein ununterbrochenes, heuschreckenähnliches „tititititi…".

## ZWERGSTRANDLÄUFER D: A/–/Z

Little Stint *Calidris minuta*

L 14-15,5 cm, S 27-30 cm. Brutvogel küstennaher Tundra; während des Zugs nach Afrika an Küsten und auf Schlammflächen im Binnenland, seltener im Mai (östlichere Heimzugroute), häufiger und in Jahren mit gutem Bruterfolg in großen Trupps von Aug. bis Okt.

**KENNZEICHEN** Sehr kleine Limikole von etwa zwei Dritteln der Länge des Alpenstrandläufers und häufigster der kleinen Strandläufer, mit dem man in allen Variationen vertraut sein sollte. *Geringe Größe* auffallend, nicht nur im direkten Vergleich mit anderen Limikolen, sondern durch die *schnellen Bewegungen* und die *hohe Pickfrequenz* auch bei einzelnen Individuen; *Schnabel kurz, gerade* und mit feiner Spitze, viel *Weiß an Kopf und Brust* erzeugt hellere Frontpartie als bei anderen kleinen Limikolen (außer Sanderling); *Beine schwarz.*– PK: Rostbraune Tönung von Kopf, Brust und Oberseite variabel (am kräftigsten bei ♂), durch Abnutzung der bei frischen Federn hellen Ränder im Sommer stärker werdend, *gegabelter Überaugenstreif* und *gelbliches Mantel-V* oft deutlich.– SK: Graue Oberseite durch dunkle Federzentren gefleckt, Brustseiten grau (manchmal graues Brustband, dann ähnlich Temminckstrandläufer).– JK: Oberseits *mit dunklen Federzentren,* wie die Flügeldecken mit sauberen *weißlichen oder lebhaft rotbraunen Rändern,* meist deutliches *weißes Mantel- und Schulter-V;* Unterseite mit Ausnahme einiger feiner Flecke auf den rostgetönten Brustseiten weiß; weißer, *gegabelter Überaugenstreif* deutlich und *Scheitelmitte dunkel.*

**STIMME** Ruft scharf und hoch „titt", singt im Flug oder am Boden dünn „svi-svi-svi-svi…", gelegentlich mit silberhellem „swirr'r'r'r" durchsetzt.

Temminckstrandläufer

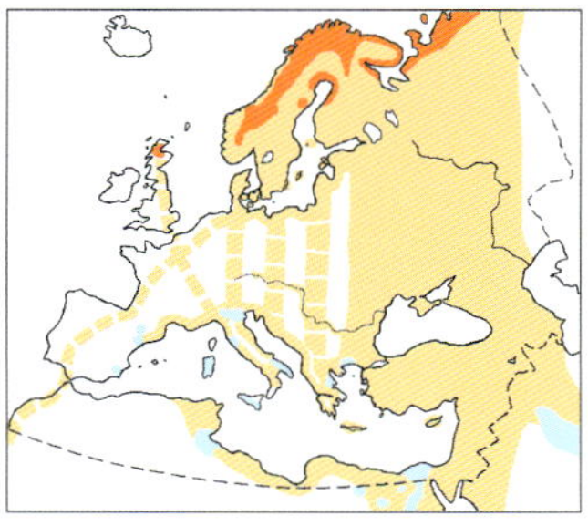

Zwergstrandläufer

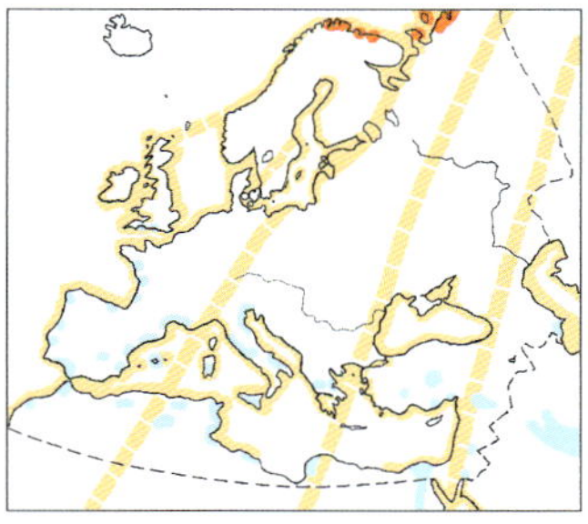

## LANGZEHEN-STRANDLÄUFER D: A/–/S

Long-toed Stint *Calidris subminuta*

L 14-15,5 cm. Sibirischer Ausnahmegast.

**KENNZEICHEN** Durch *helle Beine und fehlende Handschwingenprojektion* ähnlich Wiesenstrandläufer (s. u.), aber *etwas größer, Unterschnabelbasis meist hell, Gestalt* erinnert durch *längere Beine* (besonders Unterschenkel) und *längeren Hals* oft eher an *winzigen Bruchwasserläufer* als an Strandläufer; *Zehen auffallend lang,* Mittelzehe geringfügig länger als Tarsus (beim Wiesenstrandläufer kürzer), im Flug etwas über die Schwanzspitze ragend; *Stirn* oft bis auf den Schnabel hinab *dunkel* (statt durch zusammentreffende Überaugenstreifen hell), *Überaugenstreif weißer und breiter,* über dem Auge oft *deutlich gegabelt, Zügel recht hell* (statt dunkel), Scheitel oft rotbraun.– PK: *Breit rotbraune Mantel-, Schulter- und Schirmfederränder.*– SK: Recht dunkle Zentren der graubraunen Schulterfedern.– JK: Zumindest *Mittlere und Kleine Armdecken weiß gerandet* und zu den rotbraun gerandeten Schulter- und Schirmfedern kontrastierend (beim Wiesenstrandläufer auch Flügeldecken rotbraun gerandet, daher kein Kontrast).

**STIMME** Ruft tief trillernd „tschirp".

## WIESENSTRANDLÄUFER D: A/–/S

Least Sandpiper *Calidris minutilla*

L 13-14,5 cm. Amerikanische Ausnahmeerscheinung.

**KENNZEICHEN** Ähnlich Langzehen-Strandläufer (Unterschiede s. o.); von anderen kleinen Strandläufern an *hellen, oft gelblichen oder grünlichen Beinen* und sehr *kurzer bis fehlender Handschwingenprojektion* unterschieden; *dichte Bruststrichelung* (oft geschlossenes Brustband), *verwaschenes Kopfmuster* und *braunere Grundtönung* erzeugen *dunkleren, schäbigeren Gesamteindruck.*– PK: Rotbraune Federränder der Oberseite *schmal,* durch Abnutzung oft ganz verschwindend.– SK: *Diffus* dunkle Federzentren der mausgrauen Oberseite erzeugen aus der Entfernung schwaches Schuppenmuster.– JK: Oberseite einschließlich Flügel oft mit auffallend rotbraunen Federrändern, weißes Mantel- und Schulter-V schmal.

**STIMME** Ruft hell, weich klingelnd, ansteigend „trrü-ip".

## TEMMINCKSTRANDLÄUFER

## ZWERGSTRANDLÄUFER

## LANGZEHEN-STRANDLÄUFER

## WIESENSTRANDLÄUFER

## BAIRDSTRANDLÄUFER D: A/–/S

Baird's Sandpiper *Calidris bairdii*

L 14-17 cm. Brutvogel Nordamerikas und des nordöstlichsten Sibiriens, besucht ausnahmsweise Europa.

**KENNZEICHEN** Etwas kleiner und schlanker als Alpenstrandläufer, Körper hat von vorne oder hinten betrachtet die Form eines plattgedrückten Ovals; *Flügelspitzen überragen Schwanzspitze weit,* daher kurzbeinige, *lang gestreckte Erscheinung* noch ausgeprägter als beim Weißbürzel-Strandläufer, zu dem es in allen Kleidern folgende Unterschiede gibt: *Oberschwanzdecken schwarz geteilt,* Überaugenstreif schwächer, *Schnabel mit feinerer Basis, geraderem First* und ganz schwarz.– PK: Oberseite graubeige mit variablem Anteil dunkler Federzentren, *beige getönte Brust auf den Seiten braun gestrichelt* (mausernder Sanderling oft ähnlich, aber Körper kräftiger, Beine länger, Schnabel dicker).– SK: Oberseits einfarbiger graubraun mit hellen Federrändern.– JK: Grundfärbung von Kopf und Brust meist *auffallend beige,* Oberseite etwas grauer mit *gleichmäßigem Schuppenmuster,* also ohne deutliche weiße V-Zeichnung oder rotbraune Töne; Kehle und schwacher Überaugenstreif hellbeige, meist *komplettes, braun gestricheltes Brustband* im Kontrast zur sonst weißen Unterseite.

**STIMME** Flugruf ein kurzer, surrender Triller, „prrrit".

## WEISSBÜRZEL-STRANDLÄUFER D: A/–/S

White-rumped Sandpiper *Calidris fuscicollis*

L 16-18 cm. Nordamerikanische Ausnahmeerscheinung.

**KENNZEICHEN** Etwas kleiner als Alpenstrandläufer mit die *Schwanzspitze weit überragenden Flügeln,* teilt mit dem Bairdstrandläufer die *lang gestreckte, kurzbeinige Silhouette;* in sämtlichen Kleidern bilden die *weißen Oberschwanzdecken* ein kennzeichnendes, halbkreisförmiges Feld; ferner deutlicher, *weißlicher Überaugenstreif,* mittellanger Schnabel mit recht hoher Basis und *schwach abwärts gebogener Spitze, bräunliche Unterschnabelbasis.*– PK: Federn der Oberseite im frischen Gefieder mit deutlichen braunschwarzen Zentren und rostbraunen bzw. gelblich beigen Säumen, Brust und *Flanken markant schwarz gestrichelt und getropft, Mantel schmal weiß gestreift,* im abgetragenen Gefieder *auffallend helle Basen der zweituntersten Schulterfederreihe.*– SK: Ähnlich kleinem Alpenstrandläufer, aber an Struktur und weißen Oberschwanzdecken unterschieden.– JK: Vom Alpenstrandläufer an Struktur, *weißerer Unterseite* und *deutlichem hellem Überaugenstreif* zu unterscheiden; Oberseitenfärbung meist mit deutlich *rotbraunen Kanten der Mantel-, oberen Schulter- und Schirmfedern,* ferner zwergstrandläuferartigem *Mantel- und Schulter-V,* rotbraun getöntem Scheitel und feiner, grauer Flankenstrichelung.

**STIMME** Hoch und dünn, mäuseartig quietschend „tsiit".

## SANDSTRANDLÄUFER D: A/–/S

Semipalmated Sandpiper *Calidris pusilla*

L 13-15 cm. Nordamerikanische Ausnahmeerscheinung.

**KENNZEICHEN** Vgl. mit Zwerg- (S. 156) und Bergstrandläufer; oft etwas untersetzter als Zwergstrandläufer, *Schnabel kurz, gerade, mit etwas dickerer Spitze* (bei manchen aber etwas länger und mit leicht abwärts gebogener Spitze); zwischen den Zehen kleine *Spannhäute* (sonst nur beim Bergstrandläufer).– PK: *Oberseits kein Rotbraun und kein V,* daher recht einheitlich *graubraun mit schwarzen Zentren der Schulterfedern; deutliche Bruststrichel* bis auf die Vorderflanken reichend.– SK: Am sichersten an Spannhäuten und Stimme erkennbar; vom Bergstrandläufer an *diffuserer Bruststrichelung* und *etwas größerer Handschwingenprojektion* unterscheidbar.– JK: Verglichen mit Zwergstrandläufer oft *gleichmäßiger gemustert* und weniger bunt gefärbt, manchmal mit schwachem Mantel-V (von Weitem oft deutlicher) und etwas dunkleren oberen Schulterfedern, aber oft *ohne kontrastierend rotbraune Partien und deutliche V-Muster; Ohrdecken und Zügel meist etwas dunkler, Scheitel etwas gleichmäßiger gestrichelt* und zum recht deutlichen hellen Überaugenstreif kontrastierend, Brustseiten diffuser gestrichelt und *Handschwingenprojektion geringer.*

**STIMME** Typischer Flugruf kurz schwirrend „tschrrüp", aber auch zwergstrandläuferähnlich kurz „tüpp".

## BERGSTRANDLÄUFER –

Western Sandpiper *Calidris mauri*

L 14-17 cm. Nordamerikanische Ausnahmeerscheinung.

**KENNZEICHEN** Vgl. mit Zwerg- (S. 156) und Sandstrandläufer; *Schnabel recht lang* mit *dünner, leicht abwärts gebogener Spitze;* Scheitelseiten und Ohrdecken auffallend blass, weißer Überaugenstreif vor dem Auge deutlich; *Spannhäute* schließen alle *Calidris*-Arten außer Sandstrandläufer aus.– PK: *Schwarzfleckige Schulterfedern mit ausgedehnt rostbrauner Färbung kontrastieren zu recht einfarbig grauen Flügeldecken,* meist auch *Rostbraun auf Scheitelseiten und Ohrdecken,* Bruststrichelung geht auf den *Flanken* in *dreieckige Markierungen* über.– SK: Kaum vom Sandstrandläufer unterscheidbar, aber oft feine, scharfe *Strichelung über gesamte Brust.*– JK: Auffällig *rotbraune Säume der oberen Schulterfedern* kontrastieren zu überwiegend *grauen unteren Schulterfedern und Armdecken,* untere Schulterfedern zeigen oft *keilförmig* schwarze Zentren und Spitzen (beim Sandstrandläufer breiter und eher ankerförmig); Mantel- und Schulter-V undeutlich, Brustseiten fein gestrichelt.

**STIMME** Flugruf hoch und vibrierend „tjit".

## ROTKEHL-STRANDLÄUFER D: A/–/S

Red-necked Stint *Calidris ruficollis*

L 13-16 cm. Seltene nordsibirische Ausnahmeerscheinung.

**KENNZEICHEN** Vgl. mit Sanderling (S. 152), Zwerg- (S. 156) und Sandstrandläufer; etwas kurzbeiniger und länger als Zwergstrandläufer.– PK: Kehle und obere Brust *ungestreift orange, unten durch schwarze Strichel und Pfeilspitzenflecke begrenzt,* Orange auf Überaugenstreif und Hals ausgedehnt; Schulterfedern mit schwarzen Zentren und rotbraunen Säumen kontrastieren zu einfarbigen oder im Zentrum dunklen *grauen Flügeldecken und Schirmfedern;* manchmal *weißliches Mantel-V;* Orange- und Rosttönung im frischen Gefieder durch weißliche Federsäume verdeckt.– SK: Vom Sandstrandläufer durch Gestalt und *Fehlen der Spannhäute* unterschieden; vom Zwergstrandläufer allenfalls an Gestalt und Stimme unterscheidbar.– JK: Fast wie Zwergstrandläufer, jedoch *Kontrast* zwischen graueren unteren Schulterfedern und Flügeldecken und rotbraun gesäumten oberen Schulter- und Mantelfedern mit schwarzen Zentren; Mantel-V und Überaugenstreif schwächer.

**STIMME** Flugruf hoch und etwas rau „tschriit".

## BAIRDSTRANDLÄUFER

## WEISSBÜRZEL-STRANDLÄUFER

## SANDSTRANDLÄUFER

## BERGSTRANDLÄUFER

## ROTKEHL-STRANDLÄUFER

DZ

## KAMPFLÄUFER **D:** A/R1/Z

Ruff *Calidris pugnax*

♂ L 29-32 cm, S 54-60 cm, ♀ L 22-26 cm, S 46-49 cm. Brütet in nordeuropäischen Feuchtwiesen, Sümpfen, Taigamooren und in der Tundra; überwintert hauptsächlich in Afrika; während des Zugs meist in manchmal großen Trupps auf Schlammflächen, Feuchtwiesen und an Gewässerrändern, rastet im Binnenland auch auf Feldern. Stumme Gruppenbalz von ♂ auf traditionell besuchten, spärlich bewachsenen Grasflächen, dabei Flügelflattern, kurze Sprünge, hockendes Verharren mit gespreiztem Kragen und kurze Angriffe auf Rivalen mit Schnabel, Beinen und Flügeln. ♀ besuchen die Balzarenen nur kurz zur Paarung.

**KENNZEICHEN** Deutlicher Größenunterschied zwischen den Geschlechtern, ♂ deutlich größer als ♀, oft größer und dicker als Rotschenkel, kleinste ♀ kaum größer als Alpenstrandläufer (aber Hals und Beine länger); typischer *Gesamteindruck* mit *kleinem Kopf, kräftigem Körper, recht langem Hals* (aber oft eingezogen) und *mittellangem,* im Gegensatz zu einigen ähnlichen Arten *leicht abwärts gebogenem Schnabel,* besonders bei der Bestimmung im JK und SK hilfreich, da Gefieder, Beinfarbe (altersabhängig von grünlich über gelblich bis rötlich) und Größe sehr variabel sind; *Mantelfedern locker,* bei der Nahrungssuche oder im Wind *oft kammartig hochstehend* (kommt sonst nur bei Uferschnepfe vor). Flügelschläge etwas tiefer und lockerer als bei anderen kleinen bis mittelgroßen Limikolen, daher *träge wirkende Flugweise,* vor dem Landen oft lange Gleitstrecken; Flügelstreif dünn und undeutlich, aber *zwei langovale, weiße Felder auf Oberschwanzdecken* typisch; Schnabel- und Beinfarbe variabel, bei manchen ♂ im SK leuchtend orange und ähnlich Rotschenkel (S. 164), aber Gestalt anders, *Oberseite überwiegend geschuppt* (hinten mit einigen groben Binden versehen) statt größtenteils einfarbig (mit nur feiner Bänderung oder Fleckung).– ♂ PK: *Aufrichtbare Federn bilden Haube und Kragen* unterschiedlichster Ausprägung, einfarbig oder gebändert *schwarz, rostbraun, orange oder* bei Satelliten-♂ *weiß,* meist nur im Mai/Juni in der Nähe der Brutplätze zu sehen; Schnabel, warzige Gesichtshaut und Beine meist orange.– ♀ PK: Variabler Anteil *schwarzer Flecken und Bänder* auf brauner Ober- und weißlicher Unterseite, Schnabel ganz dunkel, Beine orange bis mattrot, auch bräunlich bis gelblichgrün.– SK: Geschlechter hauptsächlich an Größe unterscheidbar; unbefiederte Körperteile meist matter und dunkler gefärbt, ♂ ohne Kragen und nackte Gesichtshaut (aber meist *heller Befiederung am Schnabelgrund); insgesamt recht einfarbig hell graubraun,* manchmal an Kopf und Hals weißlich, Schirmfedern und längste Schulterfedern mit diffus hellen Rändern oder *dunkler Querbänderung.*– JK: Ähnlich SK, *aber Unterseite kräftig beige* bis gelblich und *Oberseite mit deutlichem, sauberem Schuppenmuster* und dunklen Federzentren.

**STIMME** Meist stumm, äußert nur selten tief grunzende Töne, z. B. bauchrednerisch „wäch“.

Kampfläufer

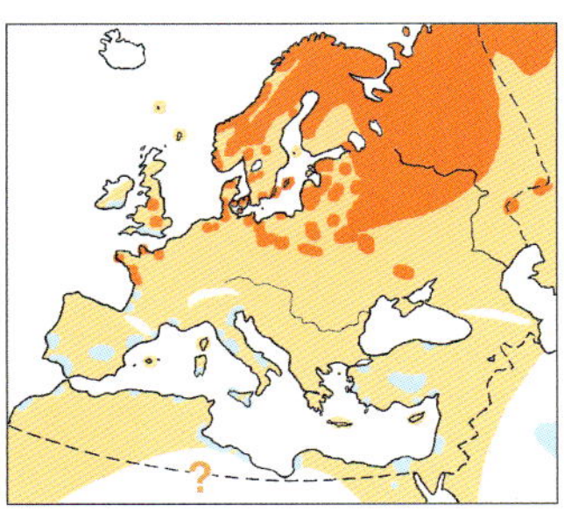

## GRASLÄUFER **D:** A/–/S

Buff-breasted Sandpiper *Calidris subruficollis*

L 18-20 cm. Nordamerikanische Ausnahmeerscheinung, meist auf kurzrasigen Wiesen, auch Schlammflächen.

**KENNZEICHEN** Etwa so groß wie Alpenstrandläufer und ähnlich Kampfläufer im JK gefärbt, aber *Schnabel kürzer, dünner, gerader und ganz schwarz* (bei Kampfläufer im JK Basis meist hell), Kopf und Unterseite gleichmäßiger ockergelb mit *sauber dunkel gestricheltem Scheitel* und aus den hellen Kopfseiten hervorstechendem *dunklem Auge, Brustseiten fein gepunktet, Beine gelb;* erinnert fliegend an Goldregenpfeifer, *oberseits kein Weiß,* aber *Unterflügel weiß mit dunklem Halbmond* auf Großen Unterhanddecken.– Ad.: Schulterfedern mit breit hellen Rändern, Flügeldecken eher einfarbig.– JK: Oberseite mit *gleichmäßiger Schuppenzeichnung,* Flügeldecken kontrastreich gemustert.

**STIMME** Oft stumm, ruft manchmal halb erstickt „gerf“.

## GRAUBRUST-STRANDLÄUFER **D:** A/–/Z

Pectoral Sandpiper *Calidris melanotos*

L 19-23 cm, S 38-44 cm. Brütet in Nordsibirien und Nordamerika, erscheint alljährlich in geringer Zahl im Sept./Okt. und Mai in Europa.

**KENNZEICHEN** Etwas größer als Alpenstrandläufer mit recht kurzem, schwach abwärts gebogenem *Schnabel mit heller Basis;* Gestalt und Färbung (auch im Flug) erinnern an kleinen Kampfläufer, besonders bei *aufrechter Körperhaltung* mit gestrecktem Hals; in allen Kleidern *dicht gestrichelte Brust, scharf vom weißen Bauch abgesetzt* und in der Brustmitte in Spitze endend, *helle Beine meist gelblich getönt* (manchmal eher graugrün).– PK: Wie JK, aber rotbraune Federränder und weiße V-Zeichnungen weniger deutlich oder fehlend, weniger gleichmäßiges Schuppenmuster besonders auf abgenutzten Flügeldecken, schwächerer Überaugenstreif; Brust des ♂ grob gefleckt statt fein gestrichelt.– SK: Oberseits graubraun mit diffuser dunklen Zentren als im JK; in Europa kaum zu sehen.– JK: Oberseits mit markant schwärzlichen Zentren und rotbraunen Säumen sauber geschuppt, oft deutliches, weißes Mantel- und Schulter-V, beiger Überaugenstreif fein gestrichelt.

**STIMME** Flugruf kurz und etwas unsauber trillernd „krrrt“, ähnlich Sichel- und Bairdstrandläufer, aber tiefer.

## SPITZSCHWANZ-STRANDLÄUFER **D:** A/–/S

Sharp-tailed Sandpiper *Calidris acuminata*

L 17-21 cm. Extrem seltener Gast aus Ostsibirien.

**KENNZEICHEN** Ähnelt Graubrust-Strandläufer, aber immer *ohne dessen typisches Brustmuster,* mit *weißlicherem Überaugenstreif* (besonders hinter Auge), klar abgesetzter, *rotbrauner Kappe* und deutlicherem weißem Augenring.– PK: Obere Brust gestrichelt, *Brustseiten, Flanken und Unterschwanzdecken mit oft großem Anteil dunkler Winkel- und Pfeilspitzenflecken.*– SK: Strichelung von Brust, Flanken und Unterschwanzdecken etwa wie im PK.– JK: *Brust gewöhnlich kräftig orangebeige, Strichelung auf schmales Band über die obere Brust beschränkt, Kappe viel lebhafter rotbraun* als beim Graubrust-Strandläufer, *Überaugenstreif reinweiß* und sehr markant, besonders hinter dem Auge.

**STIMME** Typischer Flugruf weich, klagend, gedämpft „uipp“ oder „pliip“, oft verdoppelt oder aufgereiht.

## KAMPFLÄUFER

## GRASLÄUFER

## GRAUBRUST-STRANDLÄUFER

## SPITZSCHWANZ-STRANDLÄUFER

KM

## BRUCHWASSERLÄUFER **D:** A/L1/Z

Wood Sandpiper *Tringa glareola*

L 18,5-21 cm, S 35-39 cm. Brütet in Mooren und Sümpfen der Taiga; rastet während des Zugs nach Afrika oft in Gruppen an Küsten und in binnenländischen Feuchtgebieten.

**KENNZEICHEN** Von rotschenkelähnlicher Gestalt, jedoch erheblich kleiner und kurzschnäbeliger, mehr dem Waldwasserläufer ähnelnd, aber *heller braun,* oberseits mit *größeren hellen Flecken, Beine länger, Schwanz fein gebändert,* Brust und Flanken so spärlich gestrichelt und gebändert, dass *kein scharf abgegrenztes Brustband* entsteht, weißlicher *Überaugenstreif reicht bis hinter das Auge, Beine gelbgrün;* wippt wie Flussuferläufer bei Erregung mit dem Hinterkörper; im Flug *Unterflügel hell* (beim Waldwasserläufer dunkel), *Zehen überragen Schwanzspitze* komplett, Gesamteindruck weniger kontrastreich.– PK: Oberseite grob und unregelmäßig weißlich und beige gefleckt.– SK: Gefieder *grauer* und *Brust einfarbiger* als im PK.– JK: Oberseite *dicht,* sauber und *deutlich beigeweiß gefleckt, Brust fein gestrichelt* statt einfarbig.

**STIMME** Flugruf auf gleicher Tönhöhe schnell pfeifend „jiff-iff-iff"; warnt scharf hämmernd „gipp gipp gipp…"; Fluggesang schnell jodelnd „tü-LÜLLtiLÜLLtiLÜLLtiLÜLLti…".

## WALDWASSERLÄUFER **D:** A/R3/ZW

Green Sandpiper *Tringa ochropus*

L 20-24 cm, S 39-44 cm. Brutvogel feuchter Wälder, baumbestandener Ufer und Moorränder; überwintert teilweise schon in Mittel-, häufiger in Südeuropa und Afrika; rastet gern an Gräben und kleinen Tümpeln, seltener auf offenen Schlammflächen, oft einzeln und kaum in größeren Gruppen. Brütet in Bäumen, meist in alten Drosselnestern.

**KENNZEICHEN** Ähnlich Bruchwasserläufer, etwas *kräftiger* und kurzbeiniger; wird meist unerwartet aus Graben oder Tümpel auffliegend gesehen, dann typischer Ruf, *schwärzliche Flügel* (auch unterseits) und *weißer Bürzel* auffallend; *Schwanz nur mit wenigen breit schwarzen Binden* insgesamt dunkel wirkend, *von den Zehen kaum überragt.* Stehend vom Bruchwasserläufer durch *dunklere, schwächer hell gefleckte Oberseite, von der sonst weißen Unterseite scharf getrennte dunkle Brust,* weißen Augenring, *nicht hinter das Auge reichenden weißen Überaugenstreif* und *grüngraue Beine* unterschieden.– SK: Brust und Oberseite fast einfarbig dunkel.– JK: Oberseite *fein beigeweiß gesprenkelt.*

**STIMME** Flugruf klar flötend „PLÜit-witt-witt", erster Ton ansteigend, die beiden folgenden höher; warnt schneidend „tlipp-tlipp-tlipp-…". Beim Fluggesang folgt auf Erregungsrufe schnelle, rhythmische Serie, „TLUUi-TÜi TLUUi-TÜi TLUUi-TÜi…".

## FLUSSUFERLÄUFER **D:** A/N2/Z

Common Sandpiper *Actitis hypoleucos*

L 18-20,5 cm, S 32-35 cm. Brütet bevorzugt an steinigen Flüssen und Bächen, gerne in Wäldern, auch an Seen und Küsten; überwintert von Südeuropa bis Afrika; zieht einzeln oder in kleinen Gruppen, dann oft nachts zu hören.

**KENNZEICHEN** Oft an Verhalten und Gestalt bestimmbar, bevor Gefiederdetails zu erkennen sind: Mittelgroße Limikole mit horizontaler, leicht kauernder Körperhaltung, kurzem Hals, aber *langem Schwanz,* eher kurzen Beinen und ständig *wippendem Hinterkörper,* besonders nach schnellen Bewegungen oder Landung (auch bei anderen Wasserläufern, aber nicht so ausgeprägt); *niedrig über die Wasseroberfläche führende Flugweise charakteristisch, mit schnellen Schlägen, unterbrochen von kurzen Gleitstrecken auf steif nach unten durchgebogenen Flügeln, Flügelstreif breit weiß; Oberseite braun* mit deutlichem *weißem Keil zwischen Flügelbug und braunen, scharf begrenzten Brustseiten,* Beine braungrau mit grünlichem oder mattgelbem Ton.– Ad.: Oberseits einfarbiger als Jungvögel, besonders im SK.– JK: Oberseits deutlicher gebändert, Flügeldecken und Schirmfedern mit schmalen hellbeigen Spitzen und Rändern.

**STIMME** Ruffreudig, im Flug klare, hohe, leicht abfallende Pfeiftöne, „hii-dii-dii-dii-dii", auch nachts von Durchzüglern zu hören; warnt gedehnt, hoch und durchdringend pfeifend „hiiip". Gesang (oft im Flug dicht über dem Wasser) rhythmisch wiederholt, hoch, etwas zittrig „swidiDIH-dide-swidiDIH-dide-swidiDIH-dide-…".

## TEREKWASSERLÄUFER **D:** A/–/S

Terek Sandpiper *Xenus cinereus*

L 22-25 cm. Brütet in der Taiga in Niederungen an Flüssen und an nährstoffarmen Seen; überwintert in Afrika, Arabien und Asien; zur Zugzeit auf Schlammbänken an Küsten und Seen, selten in Mitteleuropa.

**KENNZEICHEN** Ähnlich großem Flussuferläufer, aber mit *sehr langem, aufwärts gebogenem Schnabel;* wippt gelegentlich mit dem Hinterkörper und pickt mit schnellen Bewegungen Insekten von der Oberfläche; *breit weißer Flügelhinterrand* erinnert im Flug an Rotschenkel; *Oberseite einschließlich Bürzel und Schwanz hellgrau, ebenso Brust, Flügelbug dunkel* und (nur im PK) lange, *schwarze Längsstreifen auf den Schulterfedern;* Schnabel im PK schwarz oder mit gelber oder orangefarbener Basis, kurze Beine schmutzig gelb, leuchtend gelb oder bei ad. oft orange.

**STIMME** Im Flug eine schnelle Serie von 2-5 kurzen, hohen Flötentönen, etwas an Regenbrachvogel erinnernd, aber weicher „wüwüwü"; Gesang eine oft dreisilbige Phrase mit rollendem Ton, mehrmals langsam aufgereiht, z. B. „ka klü-RRII, ka klü-RRII, ka klü-RRII…".

Bruchwasserläufer

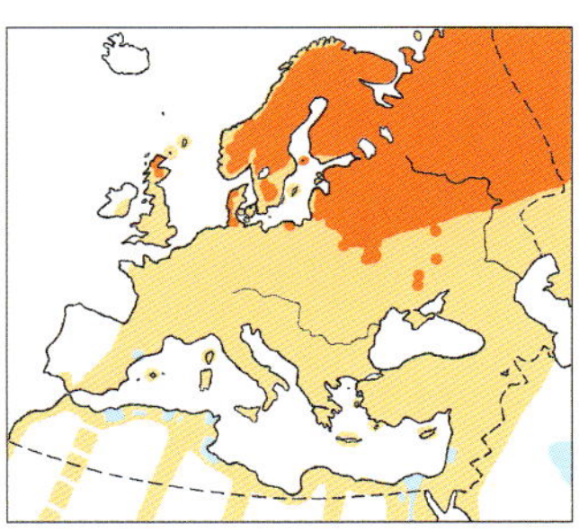

Waldwasserläufer

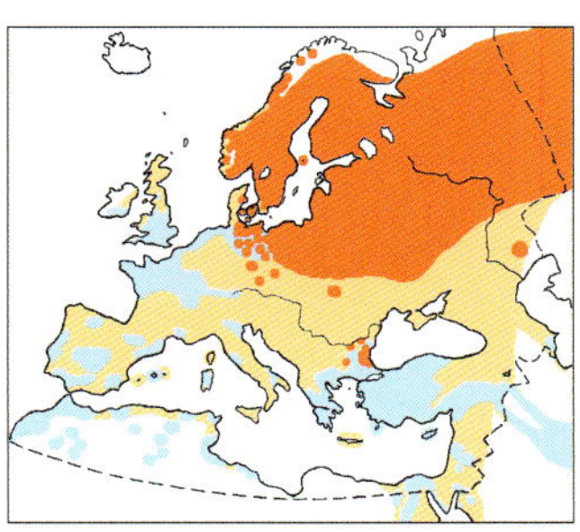

Flussuferläufer

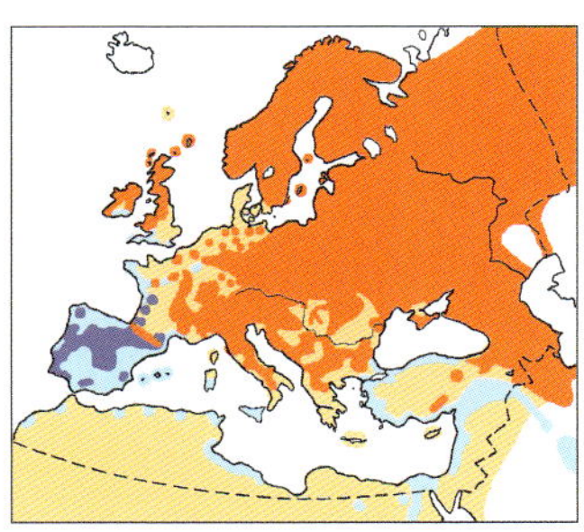

Terekwasserläufer

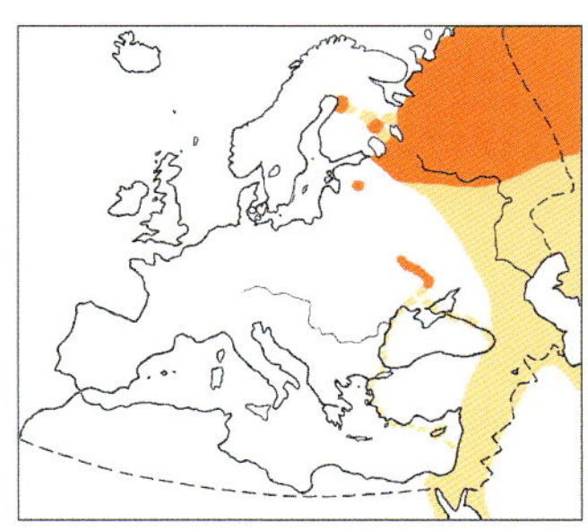

## BRUCHWASSERLÄUFER

## WALDWASSERLÄUFER

## FLUSSUFERLÄUFER

## TEREKWASSERLÄUFER

KM

## ROTSCHENKEL D: A/R3/JZW

Common Redshank *Tringa totanus*

L 24-27 cm, S 47-53 cm. Brütet in Feuchtwiesen, Marschen und Sumpfgebieten, in Deutschland besonders an den Küsten; rastet auf Watt- und Schlammflächen.

**KENNZEICHEN** Eine der häufigsten mittelgroßen Limikolen, gekennzeichnet durch *rote Beine* und *rote Schnabelbasis* (sonst nur beim Dunkelwasserläufer und einzelnen Kampfläufern); in allen Kleidern Oberseite bräunlich, Brust und Flanken gestrichelt, Augenring und Überaugenstreif vor dem Auge weißlich; im Flug spitzer weißer Rückenkeil und *breit weißer Flügelhinterrand*.– PK: Ober- und Unterseite mit grober, etwas unregelmäßiger dunkler Fleckung und Bänderung, heller Augenring oft einziges auffallendes Merkmal am Kopf.– SK: *Oberseite und Brust recht einfarbig braungrau*, Flanken und Unterschwanzdecken *spärlich gestrichelt und gebändert*.– JK: Federränder *der Oberseite mit beigen Randflecken*, Hals und Brust deutlich gestrichelt, *Flanken fein und gleichmäßig gefleckt, Beine gelborange.*

**STIMME** Ruft kräftig flötend „tjuu", auch mehrsilbig „TJUU-hu" oder „TJUU-huhu"; warnt ausdauernd „gipp-gipp-gipp…"; Gesang (oft im Flug) laut und klangvoll „tüll-tüll-tüll-tüll-teLIIa-teLIIa-teLIIa-…".

## DUNKELWASSERLÄUFER (Dunkler Wasserläufer) D: A/–/Z

Spotted Redshank *Tringa erythropus*

L 29-33 cm. Brutvogel nordeuropäischer Feuchtgebiete; überwintert in Südeuropa und Afrika; während des Zugs oft in kleinen Gruppen an Küsten und binnenländischen Schlammflächen; ♀ ziehen schon im Juni südwärts.

**KENNZEICHEN** Im Vergleich zum Rotschenkel *schlanker, eleganter, langbeiniger* und mit *längerem, schmalerem, an der Spitze leicht abwärts gebogenem Schnabel (nur Unterschnabelbasis rot,* beim Rotschenkel auch Oberschnabel); im SK und JK *weißer Überaugenstreif* schärfer begrenzt; läuft bei der Nahrungssuche in tieferes Wasser als Rotschenkel, schwimmt und gründelt auch; im rasanten, direkten Flug fallen einfarbig dunkle Oberflügel und *ovales, weißes Feld auf Bürzel und Rücken* auf.– PK: ♂ fast *ganz schwarz* (nur oberseits schwach weiß gesprenkelt), Beine schwärzlich; ♀ auf Bauch und Unterschwanzdecken ausgedehnt weiß gefleckt.– SK: Oberseits hellgrau, *unterseits reinweiß*, Kopfseiten und Vorderhals schmutzig weißlich (Rotschenkel oberseits und auf Brust viel brauner), Beine rot.– JK: *Unterseite recht gleichmäßig gebändert* (beim Rotschenkel Brust gestrichelt, Bauch weiß); Ränder der Armdecken und Schirmfedern mit feinerer Fleckung als im SK; Beine rot.

**STIMME** Ruf ein typisches, schnelles, betontes, zweisilbiges, ansteigend flötendes „tju-itt!"; singt im Flug rhythmisch leiernd „trrruuIIE trrruuIIE trrruuIIE…".

## GRÜNSCHENKEL D: A/V/Z

Common Greenshank *Tringa nebularia*

L 30-34 cm, S 55-62 cm. Brütet auf trockenem Untergrund in alten Nadelwäldern des Nordens in der Nähe von Mooren oder Wasser; rastet während des Zugs nach Afrika im Flachwasser, wo er auch schnell rennend Kleinfische erbeutet.

**KENNZEICHEN** Etwas größer und kräftiger als Rotschenkel, *Schnabel länger, kräftiger und schwach bis deutlich aufwärts gebogen,* Schnabelbasis und *Beine grau bis grüngrau;* wirkt im SK und JK von Weitem oberseits grau mit weißlichem Kopf und Hals; im schnellen und kraftvollen Flug einfarbig dunkle Flügel, sehr *heller Schwanz* und *auf den Rücken reichender weißer Keil* kennzeichnend.– PK: Variable Anzahl von Schulterfedern mit schwarzen Zentren kontrastiert zur sonst braungrauen Oberseite; Kopf, Brust und Flanken kräftig dunkel markiert.– SK: *Oberseite hellgrau* mit feinem, hellem Schuppenmuster, *Vorderhals und Brustmitte weiß*.– JK: *Oberseite recht dunkel graubraun* mit deutlichen hellen, ein *Streifenmuster* bildenden Federrändern, *Brust sauber und gleichmäßig gestrichelt.*

**STIMME** Stimmfreudig, Ruf kräftig, dreisilbig, auf einer Tonhöhe flötend „tju-tju-tju" (bei Jungvögeln oft etwas schrill); warnt hart „kju!"; singt im hohen Balzflug anhaltend leiernd „klu-wü klu-wü klu-wü…".

## TEICHWASSERLÄUFER D: A/V/Z

Marsh Sandpiper *Tringa stagnatilis*

L 22-25 cm. Brütet in nassen Niederungswiesen und Sümpfen in Steppe und Taiga; rastet während des Zugs nach Afrika in binnenländischen Flachwasserzonen.

**KENNZEICHEN** Größe zwischen Bruchwasserläufer und Rotschenkel, aber mit *langem, geradem* (selten kaum aufgeworfenem), *nadelfeinem Schnabel,* schlankem Körper und Hals und *sehr langen, dürren Beinen,* wirkt feingliedrig; im Flug dunkle Flügel, *sehr langer weißer Rückenkeil* und *weit überstehende Beine;* in allen Kleidern diffus weißer Überaugenstreif und weiße Befiederung am Schnabelansatz, Beine mattgelb (im PK selten auch orange) oder grüngrau.– PK: Oberseite *braungrau*, markant *schwarz gefleckt*.– SK: Oberseite grau, Unterseite weiß, Kopf und Hals weißlich, wirkt daher wie kleiner Grünschenkel.– JK: Oberseite dunkel mit schmal hellen Federrändern und feinen Randflecken auf Großen Armdecken und Schirmfedern, ähnlich jungem Grünschenkel, aber Brustmitte weißer.

**STIMME** Flugruf „kiu" oder „tiu-tiu-tiu", ähnlich Grünschenkel, aber schneller und höher. Gesang melodisch und rhythmisch „te-LÜÜ-e te-LÜÜ-e…", ähnlich Rotschenkel, doch schleppender und mit trübseligerem Ton, sowie mit schnell zwitschernder Serie „tschipp!-tschipp! tschip-tschitjetjetjetjetje…".

Rotschenkel

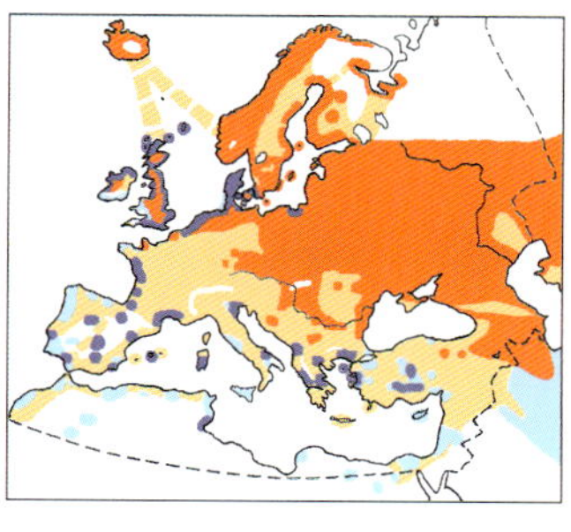

Dunkelwasserläufer

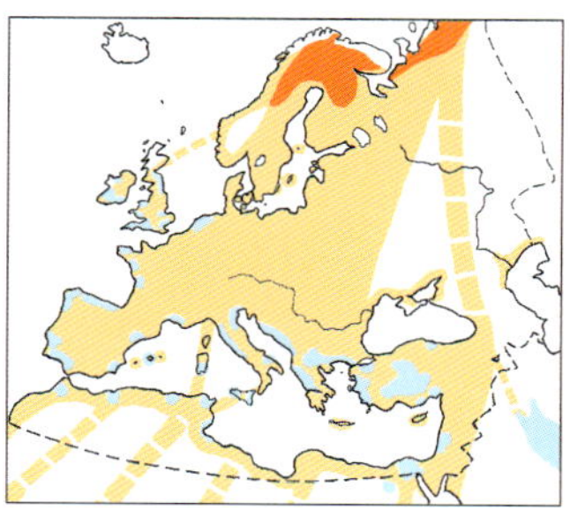

Grünschenkel

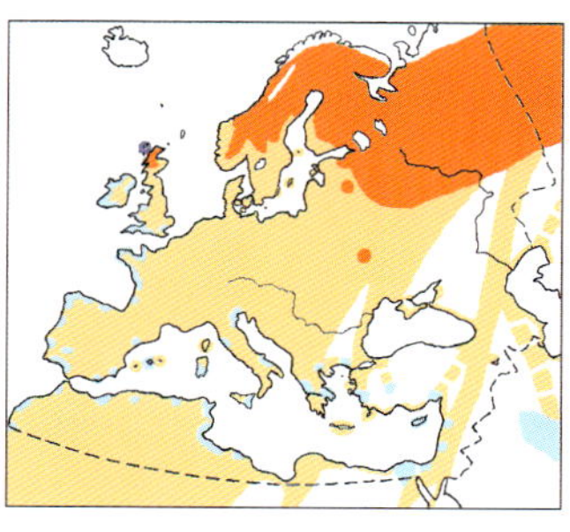

Teichwasserläufer

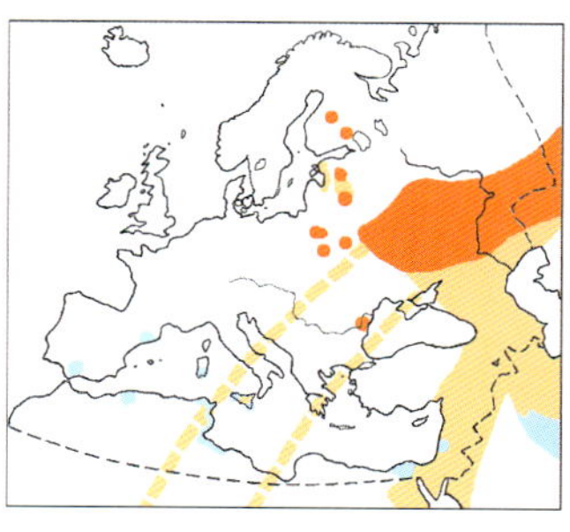

## ROTSCHENKEL

## DUNKELWASSERLÄUFER

## GRÜNSCHENKEL

## TEICHWASSERLÄUFER

KM

## GELBSCHENKEL (Kleiner Gelbschenkel) D: A/–/S

Lesser Yellowlegs *Tringa flavipes*

L 23-25 cm. Nordamerikanischer Brutvogel, erscheint besonders im Spätsommer und Herbst ausnahmsweise in Europa an flachen Gewässern und auf Schlammflächen.

**KENNZEICHEN** Einem Rotschenkel ähnlich, aber kleiner (etwa wie Teichwasserläufer) und mit *langem, dünnem Hals, langen Flügeln und Beinen* eleganter gebaut; ungewöhnliche Gestalt und Proportionen erregen die Aufmerksamkeit ebenso wie Gefiederdetails und Beinfarbe; *Schnabel* meist ganz *gerade, dünn* und *fast ganz dunkel, lange Beine* immer *leuchtend gelb.* Von Teichwasserläufer und Grünschenkel im Flug am *rechteckigen weißen Bürzelfeld* (nicht keilförmig auf Rücken reichend) unterschieden, vom Bruchwasserläufer (mit ähnlichem weißem Bürzelfeld und manchmal mattgelben statt grünlichen Beinen) neben strukturellen Unterschieden (beachte besonders *größere Handschwingenprojektion* und den *Schwanz weit überragende Flügel* des Gelbschenkels) an *kürzerem Überaugenstreif* (nicht bis hinter das Auge ausgedehnt), Fehlen der deutlichen dunklen Kappe und des zweifarbigen Schnabels, im Flug zudem an eher schlaksiger Erscheinung (Bruchwasserläufer ist kompakter). Kann ohne Größenvergleich auch mit Tüpfelgelbschenkel verwechselt werden, ist aber *schlanker,* hat etwas *kürzeren,* gut kopflangen, *geraderen* oder nur leicht aufgebogenen, *dunkleren,* allenfalls mit angedeutet gelbbrauner Basis versehenen *Schnabel* (statt deutlich länger als Kopf, stark aufgeworfen, im SK und JK mit auffallend heller Basis), ferner einfarbig dunkle Schwungfedern (Arm- und innere Handschwingen beim Tüpfelgelbschenkel zumindest teilweise fein hell gepunktet).– PK: *Flanken nur spärlich gebändert oder ganz ungefleckt* (beim Tüpfelgelbschenkel quergebändert).– SK: Färbung wie beim Tüpfelgelbschenkel.– JK: Unterscheidet sich vom SK durch dunklere Mantel-, Flügeldeck- und Schirmfedern mit stärker kontrastierenden hellen Flecken; vom JK des Tüpfelgelbschenkels an *dünnerer, verwaschenerer Bruststrichelung* unterschieden.

**STIMME** Ruft im Flug sehr hell und klar „tju", oft einzeln, manchmal 2-4 Rufe in rascher Folge und derselben Tonlage, wie Mischung aus Rotschenkel und Teichwasserläufer.

## TÜPFELGELBSCHENKEL (Großer Gelbschenkel) –

Greater Yellowlegs *Tringa melanoleuca*

L 29-33 cm. Extrem seltener Gast aus Nordamerika, viel seltener als Gelbschenkel.

**KENNZEICHEN** Zwar grünschenkelähnlich, aber in allen Kleidern *leuchtend gelbe Beine* (manchmal fast orangegelb), meist *brauneres Gefieder* (weniger grau), oberseits deutlicher weiß gepunktete Federränder und sich *nicht keilförmig auf den Rücken erstreckendes, weißes Bürzelfeld*; kann auch mit dem Gelbschenkel verwechselt werden (ausführlicher Vergleich s. o.), hat aber *Größe und Gestalt eines Grünschenkels, kräftigeren, deutlich aufgeworfenen, etwas längeren* (deutlich länger als Kopf) *Schnabel mit heller, grauer Basis.* Beachte, dass manche Grünschenkel graugelbe und junge Rotschenkel orangefarbene Beine haben.– PK: *Querbänderung der Flanken ausgedehnter und gröber* als beim Gelbschenkel, manchmal *bis auf Bauch* reichend.– SK: Oberseits überwiegend grau, unterseits weiß; heller, grauer und oberseits schwächer gemustert als juv.– JK: Dunkelbraune Oberseitenfedern mit sauberem Muster von hellen Rand- und Spitzenflecken, *Brust kräftiger gestreift* als beim Gelbschenkel.

**STIMME** Flugruf dreisilbig flötend, ähnlich Grünschenkel, aber etwas lebhafter, geringfügig höher, heller und fast immer mit leicht fallender letzter Silbe „klü-klü-klu"; normalerweise etwas lauter und klarer als Gelbschenkel (manche Laute aber ähnlich), Dreisilbigkeit oft guter Hinweis.

## EINSIEDELWASSERLÄUFER (Einsamer Wasserläufer) –

Solitary Sandpiper *Tringa solitaria*

L 18-21 cm. Extrem seltener Gast aus Nordamerika.

**KENNZEICHEN** Ähnlich Waldwasserläufer, hat aber *keinen weißen Bürzel* (Bürzel dunkel, Schwanzseiten quer gebändert), dafür weiße Fleckung oberseits deutlicher (aber schwächer als Bruchwasserläufer); *ziemlich dunkle Unterflügel* erinnern auch im Flug an Waldwasserläufer, aber Körper schlanker und Flügel schmaler und länger; am Boden *Schnabel und Beine durchschnittlich etwas länger, Schnabel* anders als bei Wald- und Bruchwasserläufer *leicht abwärts gebogen, weißer Augenring* meist prominenter als bei Waldwasserläufer.– PK: Kopf, Hals und Brust markanter weiß gestreift als bei Waldwasserläufer, meist kräftige weiße Sprenkelung von Mantel- und Schulterfedern im Kontrast zu dunkleren Flügeldecken.– JK: Im Vergleich zum jungen Waldwasserläufer oberseits etwas heller braun, Handschwingen- und Flügelprojektion größer; zwar zeigen beide kurzen Überaugenstreif und weißen Augenring, Letzterer aber beim Einsiedelwasserläufer oft etwas auffälliger.

**STIMME** Ruft fast wie Waldwasserläufer, aber etwas weicher „tüwitt-witt".

## DROSSELUFERLÄUFER D: A/–/S

Spotted Sandpiper *Actitis macularius*

L 18-20 cm. Nordamerikanisches Gegenstück zum Flussuferläufer, erscheint alljährlich in geringer Zahl in Europa.

**KENNZEICHEN** Dem Flussuferläufer sehr ähnlich, aber in allen Kleidern *oberseits grauer* (weniger braun), *Schwanzprojektion kürzer, Flügelstreif kürzer,* auf dem Armflügel nicht bis zum Körper reichend.– PK: *Schwarze Fleckung der Unterseite* diagnostisch, aber manchmal spärlich und schwer erkennbar.– SK: Oberseits einfarbig braungrau, unterseits ungefleckt, aus der Nähe Schirmfederränder unmarkiert (beim Flussuferläufer feines Sägemuster), aber Bestimmung nur über Schwanzlänge, Ausdehnung des Flügelstreifs und Stimme abzusichern.– JK: *Schirmfedern und Große Armdecken weitgehend einfarbig mit auf die Spitzen beschränkter Bänderung,* sehr *kräftig gebänderte* Partie daher auf *Mittlere und Kleine Armdecken* beschränkt (Schirmfederränder und alle Flügeldecken beim Flussuferläufer komplett gebändert); *Beine hell gelblich* (beim Flussuferläufer matt bräunlich oder graugrün), Brustseitenflecke einfarbiger und grauer, Schnabel meist hell graurosa mit dunkler Spitze, oft leicht abwärts gebogen statt gerade; im Flug weniger Weiß auf äußeren Steuerfedern (die wohl auch weniger gern gespreizt werden).

**STIMME** Vielfältige Rufe, aber Einzelvögel oft enttäuschend schweigsam; ruft manchmal ähnlich Flussuferläufer, aber öfter kurz, hart und einsilbig pfeifend „kitt!" oder im Ton an Waldwasserläufer erinnernd doppelt „piit-wiit".

## GELBSCHENKEL

## TÜPFELGELBSCHENKEL

## EINSIEDELWASSERLÄUFER

## DROSSELUFERLÄUFER

KM

## UFERSCHNEPFE D: A/R3/Z

Black-tailed Godwit *Limosa limosa*

L 37-42 cm (davon Schnabel 8-12 cm), S 63-74 cm. Brütet in Feuchtwiesen und Niedermooren; zur Zugzeit in ähnlichen Gebieten, an Küsten und an flachen Binnengewässern.

**KENNZEICHEN** *Groß mit langen Beinen, langem, geradem Schnabel und langem Hals;* nur mit Pfuhlschnepfe verwechselbar, aber *Unterschenkel länger, Schnabel etwas länger und gerader* (allenfalls schwach aufgeworfen); im Flug *durch breit weißen Flügelstreif, schwarze Schwanzbinde, weißen Bürzel* und *lang gestreckte Erscheinung* mit gleichweitem Überstand von Schnabel/Kopf und Beinen/Schwanz unverwechselbar; Schnabelbasis im Sommer ausgedehnt gelb oder orange, im Winter rosa.– PK: ♂ legt mehr rostbraune Federn an als ♀; *Bauch und Unterschwanzdecken weißlich, Flanken gebändert.*– SK: Brust und Oberseite *einfarbig* hell braungrau.– JK: Hals und Brust orangebeige getönt (unterschiedlich intensiv), *Flügeldecken hell gerandet* und mit *rundem, dunklem Spitzenfleck* (Pfuhlschnepfe stärker gestreift).– Bei isländischer Unterart *islandica* Schnabel und Beine kürzer, im PK satter rostbraune Färbung auf Brust und Flanken weiter nach unten reichend.

**STIMME** Flugruf schnell und nasal „wi-wi-wü" und kiebitzähnlich „wääh-i"; am Brutplatz sehr stimmfreudig, singt auch im Flug schleppend nasal „kääIH-e-ITT kääIH-e-ITT kääIH-e-ITT…", in schnelles, rhythmisches „wäddü-WÛTTo wäddü-WÛTTo…" umschlagend.

## PFUHLSCHNEPFE D: A/–/Z

Bar-tailed Godwit *Limosa lapponica*

L 33-41 cm (davon 7-11 cm Schnabel), S 62-72 cm. Brütet in offener Tundra und Taigamooren; Küstenzieher im Mai und Aug./Sept. nach Westeuropa und Westafrika.

**KENNZEICHEN** Etwa so groß wie Uferschnepfe, aber *Beine kürzer* (besonders Unterschenkel), *Schnabel* etwas kürzer, aber meist *deutlich aufwärts gebogen* (beim ♀ länger und damit der Uferschnepfe ähnlicher); am sichersten im Flug unterscheidbar: *Schwanz gebändert, weißer Bürzel keilförmig bis auf den Rücken reichend,* einfarbige Flügel *ohne Flügelstreif,* Zehen überragen Schwanzspitze kaum.– PK: *Gesamte Unterseite beim ♂ ziegelrot* (dunkler als Uferschnepfe), beim ♀ aber viel heller (schmutzig weiß mit Orangeton), *meist ganz ohne Rotbraun* und mit gestrichelter Brust; Schnabel schwarz, Basis leicht aufgehellt.– SK: Oberseite recht hell graubraun mit durch schwarze Federzentren hervorgerufener *Strichelung* (Uferschnepfe einfarbig), Unterseite weißlich ohne Beigetönung, nur Brustseiten schwach gestrichelt; Schnabel rosa mit dunkler Spitze.– JK: Ähnlich SK, aber oberseits dunkler mit fein beige gefleckten Rändern der Schulter- und besonders Schirmfedern, gesamte Brust gestrichelt, Vorderhals und Brust beige (vgl. ad. ♀).

**STIMME** Ruft nasal „kuwi-kiwi" (schärfer als Knutt); singt im Flug hartnäckig nasal „kuWÄ-kuWÄ-kuWÄ-…", oft eingeleitet mit schnellem „wittwittwett".

## BRACHVOGEL (Großer Brachvogel) D: A/R3/Z

Eurasian Curlew *Numenius arquata*

L 48-57 cm (davon 9-15 cm Schnabel), S 89-106 cm. Brütet in Mooren, Feuchtwiesen, offenen Flussniederungen, lokal auf Feldern; rastet während des Zugs im März/Apr. und von Juni bis Okt. an Küsten und auf Wiesen.

**KENNZEICHEN** *Größte Limikole,* durch *kennzeichnenden langen, gleichmäßig abwärts gebogenen Schnabel* unverkennbar (beim ♀ länger als bei ♂ und juv.); kann lediglich mit dem selteneren Regenbrachvogel verwechselt werden (s. u.); recht gleichmäßig gestreiftes und gebändertes graubraunes Gefieder ohne besondere Merkmale; im recht langsamen, möwenähnlichen Flug sind der weiße Rückenkeil und die dunklen äußeren Handschwingen auffallend.

**STIMME** Ruft laut, weit tragend, etwas wehmütig flötend „kuu-LI", im Flug auch oft „kuui-kui-KUH"; warnt heftig „wi-wi-wü"; singt (im Flug mit flatternden Flügelschlägen und anschließender, abwärts führender Gleitstrecke) mit schleppenden, traurigen Tönen eingeleitet und in einen rhythmisch pulsierenden Triller übergehend „oOT oOT oÜT trru-I trrru-IL trrrru-IL trrru-ÜHL".

## REGENBRACHVOGEL D: A/–/Z

Whimbrel *Numenius phaeopus*

L 37-45 cm (davon 6-9 cm Schnabel), S 78-88 cm. Brütet in Taigamooren, an Berghängen oberhalb der Baumgrenze und in der Tundra; während des Zugs, hauptsächlich im Mai und Juli/Aug., meist einzeln oder in Kleingruppen an Küsten und auf Wiesen; überwintert an afrikanischen Küsten.

**KENNZEICHEN** Etwas *kleiner* als Brachvogel, mit *kürzerem Schnabel* (beachte aber Kurzschnäbeligkeit junger ♂ des Brachvogels), durch *dunklen Scheitelseitenstreif* und *dunklen Zügelstreif* betonten, deutlicheren *hellen Überaugenstreif* und von vorne sichtbaren, schmalen, *hellen Scheitelstreif;* Flügelschläge etwas rascher, Unterflügel ein wenig dunkler als beim Brachvogel (durchschnittlich stärker gefleckte Unterflügeldecken).– Weißer Bürzel fehlt der selten in Westeuropa nachgewiesenen amerikanischen Unterart *hudsonicus* (evtl. eigene Art).

**STIMME** Ruft auf einer Tonhöhe flötend laut und schnell trillernd „pühühühühühüh", an Kuckucks-♀ oder Zwergtaucher erinnernd; warnt ähnlich, aber länger und ungleichmäßiger; Gesang beginnt wie beim Brachvogel, schlägt aber in blubbernden, geraden Triller ohne pulsierenden Rhythmus um und klingt trauriger.

Uferschnepfe

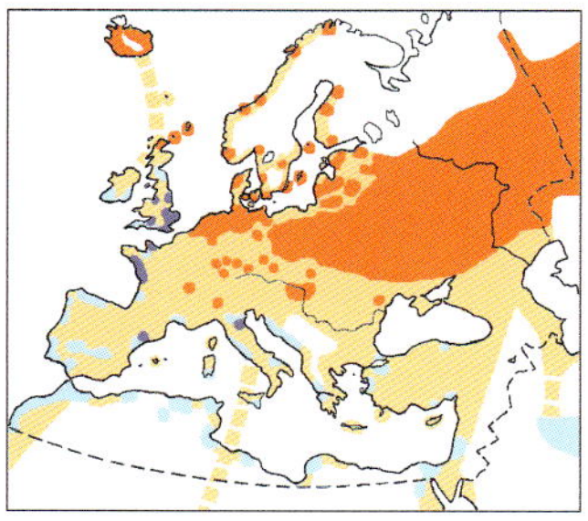

Pfuhlschnepfe

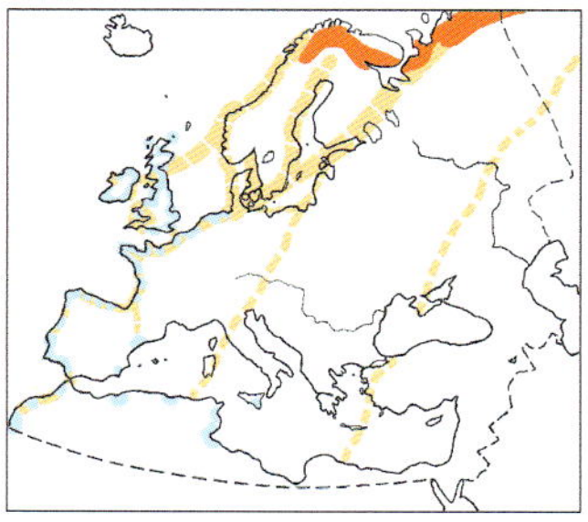

Brachvogel

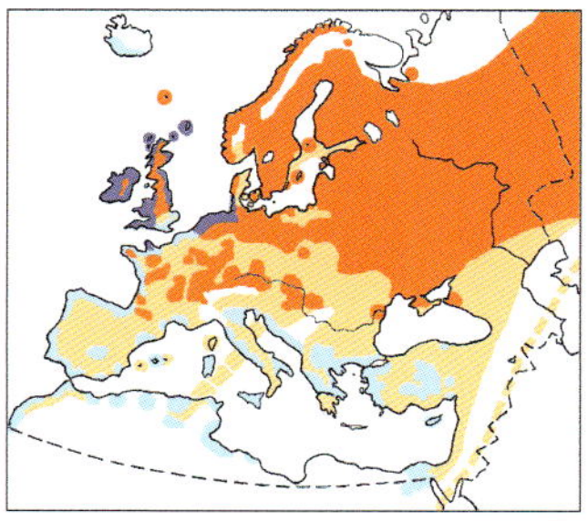

Regenbrachvogel

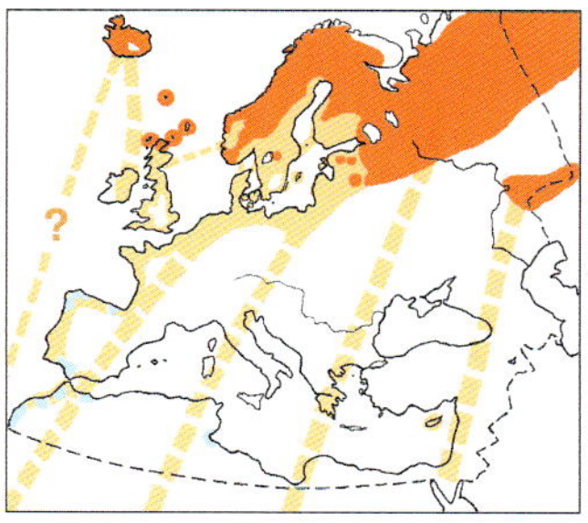

## UFERSCHNEPFE

## PFUHLSCHNEPFE

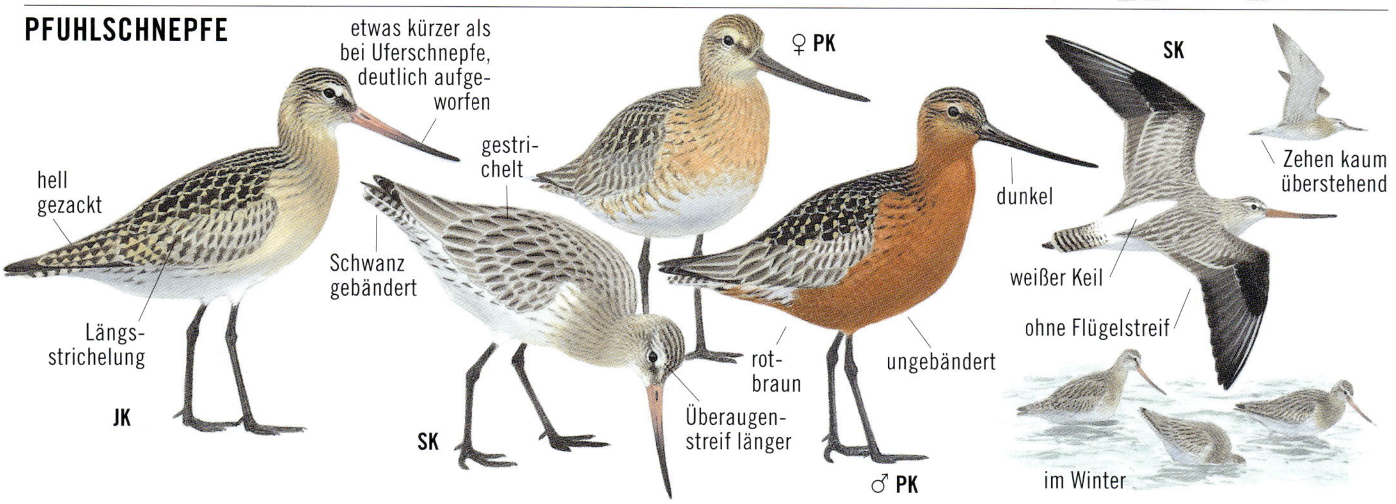


## BRACHVOGEL

## REGENBRACHVOGEL

KM

## DÜNNSCHNABEL-BRACHVOGEL D: B/–/S

Slender-billed Curlew *Numenius tenuirostris*

L 36-41 cm (davon etwa 8 cm Schnabel), S 77-88 cm. Extrem selten, wahrscheinlich bereits ausgestorben, da seit Ende der 1990er-Jahre nicht mehr nachgewiesen. Brütete in westsibirischen Taigasümpfen, vielleicht auch an mittelasiatischen Seen und überwinterte auf Salzsteppen im Mittelmeerraum.

**KENNZEICHEN** Etwa so groß wie der Regenbrachvogel (S. 168), aber etwas schlanker, *Schnabel dünner und zur Spitze schmaler werdend* (wirkt daher manchmal länger); Grundfärbung von *Kopfseiten, Kehle und Brust weißer,* daher schwarze Strichelung stärker als bei Regenbrachvogel und Brachvogel kontrastierend, Strichel auf unterer Brust und Flanken langsam in sich deutlich vom weißen Untergrund abhebende, *runde oder tropfenförmige Flecke* übergehend; Kopfmuster zwischen Regenbrachvogel und Brachvogel, *recht dunkler Zügelstreif und dunkle Scheitelseiten* verstärken den Eindruck eines *hellen Überaugenstreifs* (dieser keinesfalls so deutlich wie beim Regenbrachvogel, auch fehlt dessen markanter Scheitelstreif); *Unterflügeldecken ganz weiß,* Bürzel weiß und *Schwanz sehr hell* (wirkt weißlich, heller als bei den beiden häufigen Arten), Arm- und innere Handschwingen markant weiß gemustert und zu dunklen äußeren Handschwingen kontrastierend (aber nur im direkten Vergleich ein brauchbares Merkmal).– JK: Flanken noch gestrichelt, erste Tropfenflecke erscheinen im 1en W.– Vorsicht, Brachvögel können proportional ähnlich kurzen Schnabel, weiße Unterflügel und kontrastreiche Flankenmarkierung zeigen, sodass bei der Bestimmung geringe Größe, andere Schnabelform sowie die Form der Flankenflecken unbedingt zu beachten sind.

**STIMME** Ruft ähnlich Brachvogel „kur-lii", weicher, heller und rascher wiederholt, manchmal in kichernden Triller umschlagend; warnt härter und kürzer „ku-i".

## PRÄRIELÄUFER D: B/–/S

Upland Sandpiper *Bartramia longicauda*

L 28-32 cm, S 50-55 cm. Nordamerikanische Ausnahmeerscheinung; gern auf kurzrasigen Flächen.

**KENNZEICHEN** Rotschenkelgroß mit kleinem Kopf und der Gestalt eines kleinwüchsigen Brachvogels, also dem Zwergbrachvogel nicht unähnlich, jedoch mit *kurzem, fast geradem Schnabel* (Unterschnabel hell gelbbraun), *sehr langem, die Flügelspitzen deutlich überragendem Schwanz* und bei Aufmerksamkeit *lang gestrecktem, sehr dünnem Hals;* zeigt *im Flug oberseits kein Weiß.* In allen Kleidern *dunkler Scheitel mit dünnem, hellem Scheitelstreif, aus dem hellen Gesicht hervorstechendes dunkles Auge,* pfeilspitzenförmige dunkle Abzeichen auf Brust und Flanken, schmutzig gelbe Beine und kräftig quer gebänderte Flügeldecken. Läuft viel umher und wippt beim Stoppen mit Hinterkörper.– Ad.: Schulter-, Schirmfedern und Armdecken dunkel gebändert.– JK: Helle Federsäume und Sägemuster der Schirmfederränder erzeugen deutliches Schuppenmuster.

**STIMME** Flugruf ein klar pfeifender Triller, „kip-ip-ip-ip-ip-ip", sehr an Kuckucks-♀ oder Zwergtaucher erinnernd.

## ZWERGBRACHVOGEL –

Little Curlew *Numenius minutus*

L 29-32 cm (davon etwa 4 cm Schnabel), S 57-63 cm. Brütet in Nordostsibirien, überwintert in Nordaustralien; erscheint extrem selten in Europa.

**KENNZEICHEN** Ein winziger Brachvogel (etwas kleiner als Goldregenpfeifer) mit *kleinem Kopf,* eher *kurzem Hals* und proportional viel *kürzerem, schwächer abwärts gebogenem Schnabel* als die Verwandten; *Kopfmuster* in allen Kleidern *ähnlich Regenbrachvogel* (dunkler Scheitel mit schmalem, hellem Scheitelstreif), alle *Unterflügeldecken graubraun, beige Unterseite* ziemlich fein gemustert, *Bürzel und Oberschwanz nicht weiß* (Achtung: trifft auch auf Regenbrachvogel der Unterart *hudsonicus* (S. 168) und auf Prärieläufer zu); Stirn und Zügel oft hell, dadurch zusammen mit hellbeigem Überaugenstreif *heller Gesichtsausdruck;* Hand- und Armschwingen einfarbig dunkel, im Kontrast dazu *helles Armdeckenfeld;* Unterschnabelbasis rosa. Kann durch kurzen Schnabel, gelbliche Färbung und Gestalt von Weitem mehr an Kampfläufer als an Brachvogel erinnern. Gäste in Westeuropa manchmal mit Goldregenpfeifern auf Stoppelfeldern, dann durch stetige und methodische Bewegung bei Nahrungssuche auffallend (Goldregenpfeifer steht still, rennt ein Stück, stoppt wieder usw.).– Sehr ähnlich ist der extrem seltene, wohl ausgestorbene nordamerikanische Eskimobrachvogel *Numenius borealis* (S. 442), hat aber kürzere Beine, etwas längeren, stärker gebogenen Schnabel, längere Flügel (überragen Schwanzspitze) und dunkler gefleckte Unterseite.

**STIMME** Flugruf schnell lachend „kui-kui-kui-kui-...", deutlich höher und weicher als Regenbrachvogel; Warnruf etwas schärfer „kuitt-kuitt".

## BINDENSTRANDLÄUFER D: A/–/S

Stilt Sandpiper *Calidris himantopus*

L 18-23 cm, S 37-42 cm. Nordamerikanische Ausnahmeerscheinung, gerne auf Schlammflächen mit Strandläufern vergesellschaftet, stochert aber auch im für diese zu tiefen Flachwasser mit Wasserläufern und Kampfläufern.

**KENNZEICHEN** Etwas größer als Alpenstrandläufer, aber Flügel, *Hals und Beine länger;* gebogener Schnabel, Gestalt und *weißer Bürzel* erinnern an Sichelstrandläufer, aber *Beine auffallend länger* (überragen im Flug die Schwanzspitze weit), *gelblich bis mattgrün* (nicht schwarz), und *Schnabel von gleichmäßiger Dicke, weniger feinspitzig;* markante Körperform, im Profil seltsam *eckig,* von vorne oder hinten merkwürdig *seitlich zusammengedrückt* (nicht so rund wie z. B. Rotschenkel); Flügeloberseite ziemlich einfarbig dunkel, *ohne deutliche Flügelbinde,* aber mit recht hellem Hinterrand.– PK: *Unterseite teilweise oder komplett gebändert, rostfarbene Ohrdecken* zum weißen Überaugenstreif kontrastierend, kurzer, heller Längsstreif auf Hinterscheitel; wirkt aus der Entfernung ziemlich einfarbig dunkel und lässt an Schlammläufer oder juv. Dunkelwasserläufer denken.– SK: Oberseite einfarbig braungrau, Bruststrichelung ausgedehnter als beim Sichelstrandläufer und über Flanken bis Unterschwanzdecken reichend.– JK: Oberseite durch schwärzliche Federzentren und weißliche Ränder weniger grau und stärker geschuppt als Sichelstrandläufer; deutlicher heller Überaugenstreif kontrastiert zu dunklem Scheitel und dunkler Maske auf den Ohrdecken.

**STIMME** Ruft im Flug dem Sichelstrandläufer sehr ähnlich weich rollend „trrrp".

## DÜNNSCHNABEL-BRACHVOGEL

## PRÄRIELÄUFER

## ZWERGBRACHVOGEL

## BINDENSTRANDLÄUFER (größerer Maßstab als übrige Tafel)

DZ

## WALDSCHNEPFE D: A/N4/JZW

Eurasian Woodcock *Scolopax rusticola*

L 33-38 cm (davon 6-8 cm Schnabel), S 55-65 cm. Brütet in feuchten Laub- und Mischwäldern mit Lichtungen, Schneisen, nassem Boden; zur Zugzeit auch in trockenerem Gebüsch, meist einzeln; Lebensweise heimlich, tagsüber meist nur bei versehentlichem Aufscheuchen sichtbar, beste Beobachtungsmöglichkeit im Apr./Mai, wenn die ♂ in der Abenddämmerung an Waldrändern und Lichtungen über den Baumwipfeln in geradem, waagerechtem Flug balzen.

**KENNZEICHEN** *Taubengroße, dicke Limikole* der Wälder, verschwindet aufgescheucht mit schnellem, *burrendem Flügelschlag* zwischen den Stämmen und zeigt dabei *rostfarbenen Schwanz und Bürzel;* beim Balzflug *runder Bauch, langer, gerader, abwärts gehaltener Schnabel,* schwanzlastiger Eindruck, *breite, runde,* langsam und etwas steif und *mechanisch* unter der Horizontalen *geschlagene Flügel* (schneller Doppelschlag) kennzeichnend; Kleider ähnlich.

**STIMME** Das balzende ♂ äußert 3-4 gedämpft grunzende Töne, gefolgt von einem hohen, kurzen, explosiven Laut, „oart oart-oart-oart PISSP!", etwa 300 m weit hörbar; beim Zusammentreffen mit Rivalen in der Luft oft Verfolgungsflug mit frenetischem „plip-plip-pissp psi-plip…".

## DOPPELSCHNEPFE D: A/0 (B)/S

Great Snipe *Gallinago media*

L 26-30 cm (davon 6-7 cm Schnabel), S 43-50 cm. Brütet in offenen, nassen Wiesen im Flachland oder in Skandinavien an Berghängen, wo sich die ♂ an traditionellen Gruppenbalzplätzen treffen; überwintert in Afrika; rastet zur Zugzeit auf Feuchtwiesen, Weiden und trockeneren Feldern.

**KENNZEICHEN** Etwas *größer, untersetzter* und kurzschnäbeliger als Bekassine, fliegt aufgescheucht flacher, gerader und nicht so weit; fliegt auf etwa 5 m Entfernung mit *burrendem Flügelgeräusch* auf, dann *dunkles Armdeckenfeld* auffallend, das durch *zwei weiße Flügelbinden* begrenzt wird, während der *breit weiße Armflügel-Hinterrand* der Bekassine *fehlt; Unterseite einschließlich Unterflügel grob gebändert* (Bauch nicht ausgedehnt weiß, Unterflügel ohne weiße Längsstreifen), *viel Weiß auf äußeren Steuerfedern* (beim Auffliegen und Landen, aber nicht im Streckenflug sichtbar); auch am Boden zwei weiße Flügelbinden und die nahezu komplett gebänderte Unterseite kennzeichnend; Kleider ähnlich, im JK aber weniger reines Weiß am Schwanz.

**STIMME** Stumm, beim Auffliegen selten gedämpft niesend; Gesang während der abendlichen Arenabalz aus drei ineinander übergehenden, etwa 4-6 s dauernden Teilen: schnelles, ansteigendes und fallendes Zwitschern, sich beschleunigendes Klicken (wie hüpfender Tischtennisball) und ein abschließender wimmernder Laut, etwa 300 m weit hörbar.

## BEKASSINE D: A/N3/ZW

Common Snipe *Gallinago gallinago*

L 23-28 cm (davon ca. 7 cm Schnabel), S 39-45 cm. Brutvogel in Feuchtwiesen, Mooren, Sümpfen mit dichter, niedriger Vegetation; zur Zugzeit auch auf Schlammflächen, an Gewässerrändern, Küsten und Gräben.

**KENNZEICHEN** Mittelgroß, meist in Deckung, aber frei stehend an überproportional *langem, geradem Schnabel, kurzen Beinen, untersetztem Körper,* oft *geduckter Haltung* und *heller Streifung von Kopf und Oberseite* leicht erkennbar; fliegt auf etwa 10-15 m typisch rufend im charakteristischen *Zickzackflug* auf und steigt dann meist hoch in die Luft („himmelt"), dabei *weißer Flügelhinterrand* deutlich sichtbar; Gefieder braun mit markant gelblich beigen Streifen auf Kopf und Oberseite, Flanken gebändert, aber *Bauch weiß* (manchmal schwer erkennbar); Kleider ähnlich.

**STIMME** Ruft auffliegend heiser und explosiv „kätsch!" (wie aus dem Schlamm gezogener Gummistiefel), manchmal tendenziell zweisilbig „kä-ätsch!" (wie unterdrücktes Niesen); singt von einer Warte ausdauernd „tick-a tick-a tick-a…", Gesangsfunktion hat auch das typische „Meckern", im Flug bei Sturzflügen erzeugt, wenn die Luft die äußeren, gespreizten Steuerfedern zur Vibration bringt, meist in der Dämmerung und nachts zu hören und wie „huhuhuhuhuhuhuhu…" klingend.

## ZWERGSCHNEPFE D: A/V (B)/ZW

Jack Snipe *Lymnocryptes minimus*

L 18-20 cm (davon 4 cm Schnabel), S 33-36 cm. Brütet spärlich in Mooren und Sümpfen der Taiga; zur Zugzeit und im Winter oft an Tümpeln, Grabenrändern und in nassen Wiesen; wegen der heimlichen Lebensweise oft übersehen.

**KENNZEICHEN** Knapp zwei Drittel so groß wie Bekassine, *Schnabel* an der Basis relativ höher und *viel kürzer* (etwa 1,5-fache statt mindestens doppelte Kopflänge); *fliegt erst auf, wenn man fast darauftritt,* bleibt meist *stumm,* zeigt *rundere Flügelspitzen, spitzeren Schwanz,* geraderen Flug und *landet* meist in der Nähe; am Boden kennzeichnendes Kopfmuster *mit gegabeltem Überaugenstreif, dunklem Halbmond unter dem Auge,* dunklem Zügelfleck, aber *fehlendem hellem Scheitelstreif; Brust und Flanken kräftig gestrichelt* (nicht gebändert), *Oberseite* mit *markanten gelblichen Längsstreifen* und grünem Metallglanz auf Mantel und Schultern; *wippende Körperbewegungen* bei Nahrungssuche.

**STIMME** Ruft auffliegend ausnahmsweise gedämpft heiser „gatsch"; bei schnellen, langen, flachen Sturzflügen während der Balz typisches, schwer lokalisierbares, hohles „ogogOCK-ogogOCK-ogogOCK-…", wie ein entfernt galoppierendes Pferd, etwa 8 s dauernd und von einer Serie wispernder Töne gefolgt.

Waldschnepfe

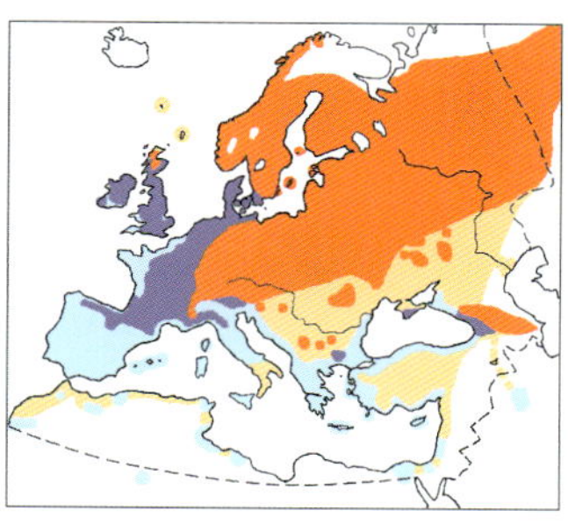

Doppelschnepfe

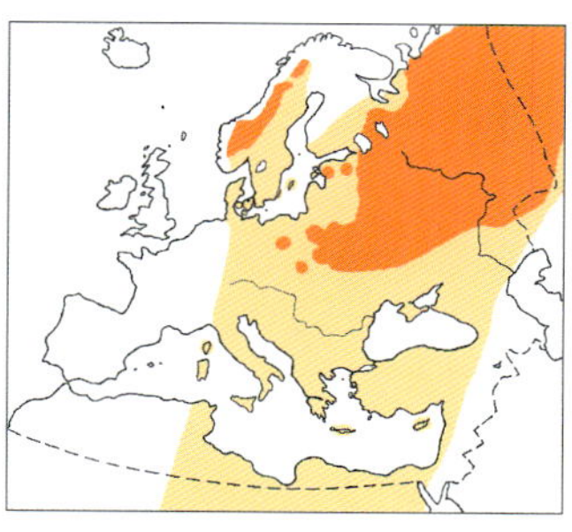

Bekassine

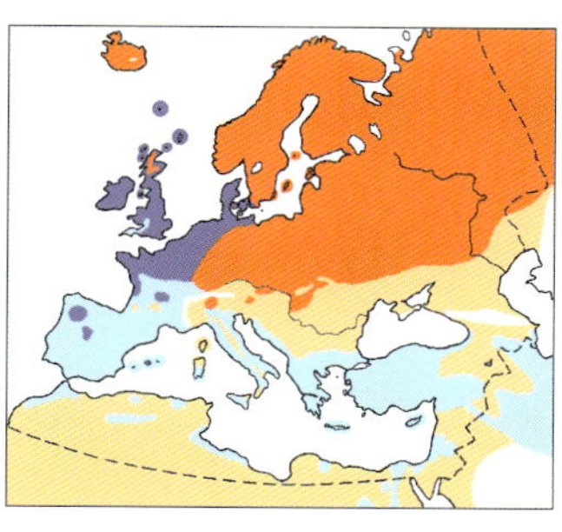

Zwergschnepfe

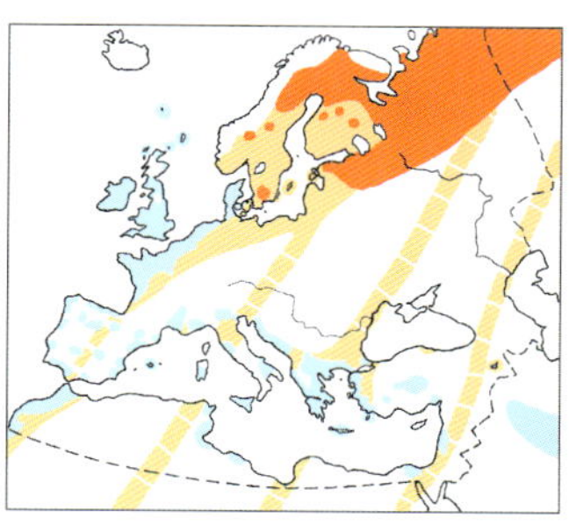

## WALDSCHNEPFE

## DOPPELSCHNEPFE

## BEKASSINE

## ZWERGSCHNEPFE

DZ

## TUNDRASCHLAMMLÄUFER (Großer Schlammläufer) D: A/–/S

Long-billed Dowitcher *Limnodromus scolopaceus*

L 27-30 cm (davon Schnabel 5,5-7,5 cm), S 42-49 cm. Brütet in Nordamerika und Nordostsibirien, seltener Gast.

**KENNZEICHEN** Schlammläufer sind bekassinengroß, Gestalt, Bewegungsweise und Gefieder stellen eine Mischung aus Bekassine und Pfuhlschnepfe dar; *Schnabel sehr lang,* Überaugenstreif deutlich, *Beine mittellang und grünlich,* im Flug schmal *weißer Rückenkeil* und deutlich *weißlicher Flügelhinterrand, Schnabelspitze verdickt und angedeutet abwärts gebogen.* Unterscheidung der zwei Arten schwer, unter guten Bedingungen bei Jungvögeln möglich, im PK und SK aber oft nur anhand der *diagnostischen Stimme; Schnabellängen* überschneiden sich so sehr, dass nur Extremfälle eindeutig sind: mindestens *doppelte Kopflänge deutet auf Tundra-, 1,5-fache auf Moorschlammläufer. Schwarze Schwanzbinden beim Tundra- breiter, beim Moorschlammläufer schmaler als die weißen* (gleichbreite Binden kommen bei beiden vor).– PK: Unterseite *einschließlich Bauch* (oft aber ohne Unterschwanzdecken) rostbraun, *Vorderhals und obere Brust dicht gepunktet, Brustseiten, Flanken und Unterschwanzdecken kräftig gebändert oder quer gefleckt.*– SK: Brust *einfarbig grau* und Flanken verwaschen grau, recht *scharf vom weißen Bauch abgesetzt.*– JK: Schirmfedern, Große Armdecken und Schulterfedern mit *massiv dunklen Zentren* und sauberen, weißlichen bis rotbraunen Säumen (manchmal kleine helle Flecke nahe den Spitzen).

**STIMME** Schrille, kurze, scharfe Einzelrufe, „kjipp“, Ton an Bruchwasserläufer oder leisen Austernfischer erinnernd, im Flug oft im Abstand von 2-3 s, besonders bei Alarm schnell doppelt oder dreifach „kjip-ip“ oder „kjipipip“.

## MOORSCHLAMMLÄUFER (Kleiner Schlammläufer) D:A/–/S

Short-billed Dowitcher *Limnodromus griseus*

L 25-29 cm (davon 5-6,5 cm Schnabel). Nordamerikanische Ausnahmeerscheinung, seltener als Tundraschlammläufer.

**KENNZEICHEN** Zu allgemeinen Kennzeichen s. Tundraschlammläufer.– PK: Grundfarbe der Unterseite gewöhnlich verwaschen orange (heller als bei Tundraschlammläufer), entweder mit *fein gefleckter Brust* (aus der Entfernung einfarbig orange), *spärlich* gebänderten Flanken und *gepunkteten* Unterschwanzdecken (Unterart *hendersoni*) oder mit *weißem Bauch* und manchmal ähnlich kräftiger Unterseitenzeichnung wie der Tundraschlammläufer (Nominatform), Brustseitenflecke aber meist eher gerundet als quer liegend.– SK: Fast identisch mit der größeren Art; Flankenbänderung und obere Brust grau, in diffuse, *feine Fleckung auf der unteren Brust* und schließlich in weißen Bauch übergehend.– JK: Brust und Oberseite oft deutlicher rotbraun getönt als beim Tundraschlammläufer, Schirmfedern, Große Armdecken und Schulterfedern zeigen *auffallende rotbraune Querbänder, Streifen und Flecke.*

Spießbekassine

Goldschnepfe

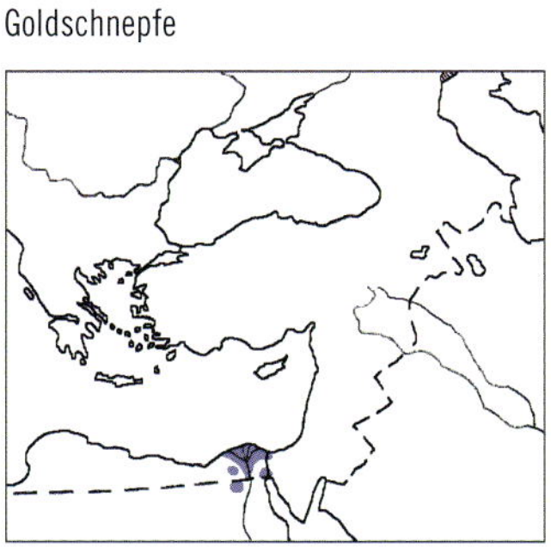

**STIMME** Flugruf ein kurzer, klarer, zwei- oder dreisilbiger Laut, „tüdü“ oder „tüdlü“, Tonlage wie Steinwälzer.

## SPIESSBEKASSINE –

Pin-tailed Snipe *Gallinago stenura*

L 25-27 cm (davon etwa 6 cm Schnabel). Brütet vom Nordural durch Nordsibirien in offener Tundra und Flusstälern, überwintert in Südasien, Ausnahmeerscheinung.

**KENNZEICHEN** Der Bekassine (S. 172) sehr ähnlich, aber *Flügelhinterrand nur schmal und unscharf weiß* (statt markant), Mittlere und Kleine Armdecken bilden *helleres Flügelfeld, Schnabel etwas kürzer* und an der Basis kräftiger, *Schwanz kürzer, Flügel stumpfer,* Handschwingen brauner (bei Bekassine dunkler), *Spitzen der Großen Handdecken schmal weiß, Flügelunterseite dunkler und gleichmäßig gebändert* (ohne weiße Streifen der Bekassine) und *Stimme abweichend.* Am Boden oberseits *braune Grundfärbung mit reichlicher Bänderung und Fleckung* (nicht so einfarbig braunschwarz), Mittlere und Kleine Armdecken meist braun *quer gebändert* (statt überwiegend gefleckt und gestreift), bei unteren Schulterfedern *weißer Rand um Spitzen* herum (statt Außenkanten breit weiß, Innenkanten gelbbraun); *nadeldünne äußere Steuerfedern* einzigartig, aber kaum erkennbar.

**STIMME** Ruft aufgescheucht kurz, scharf und heiser einsilbig „kjiärr!“, etwas tiefer und heiserer als Bekassine. Flugbalz im Kreisflug während der Abenddämmerung ähnlich Waldbekassine (S. 431), aber daran zu erkennen, dass die Töne vor und nach den wimmernden Lauten einsilbig, heiser wie „kschä“ klingen (Waldbekassine: erst krächzendes „krrech“, dann ein schwungvolles Wimmern, gefolgt von einem wiederholten *viersilbigen* „TRE tretti-TRE“).

## GOLDSCHNEPFE –

Greater Painted Snipe *Rostratula benghalensis*

L 23-26 cm. Brütet in Ägypten in vegetationsreichen Gewässern, Ausnahmeerscheinung in Israel; sehr heimlich; Geschlechterrollen wie bei Wassertretern vertauscht.

**KENNZEICHEN** Etwa so groß wie Bekassine, im Flug schwerer und träger, mit *breiten, stumpfen Flügeln* und langen, den *Schwanz weit überragenden Beinen; Schnabel* recht kurz, *dick, leicht abwärts gebogen und hell; breiter, heller Augenring als Linie über Ohrdecken verlängert,* beiger Scheitelstreif schmal, auffallende *gelblich beige Brustseiten- und Schulterbänder* treffen auf dem *Mantel v-förmig* zusammen; weiße Unterflügel breit dunkel eingefasst.– ♂ PK: *Kehle, Hals und obere Brust matt graubraun,* braunschwarzes Brustband schmal, beiger Augenstreif undeutlich; Flügeloberseite und Schultern braungrün, *Flügeldecken breit beige quer gefleckt.*– ♀ PK: Bunter als ♂, *Kehle, Hals und obere Brust rotbraun,* durch *breit schwarzes Brustband* begrenzt; markant weißer Augenstreif schwarz eingefasst, *Oberflügel und Schultern überwiegend einfarbig grünlich* mit feiner, dunkler Wellenzeichnung.– JK: Ähnlich ♂, Brust jedoch diffuser gefleckt und zum Bauch nicht deutlich schwarz begrenzt sowie Oberseite üppiger beige gebändert.

**STIMME** ♀ äußert im waldschnepfenartigen Balzflug ein tiefes, dumpfes „kuut“; sonst meist stumm.

## TUNDRASCHLAMMLÄUFER

## MOORSCHLAMMLÄUFER

## SPIESSBEKASSINE

## GOLDSCHNEPFE

## THORSHÜHNCHEN D: A/–/Z

Red Phalarope *Phalaropus fulicarius*

L 20-22 cm, S 36-41 cm. Brütet in küstennaher arktischer Tundra, in trockeneren Gebieten immer in der Nähe von Süß- oder Brackwasser; überwintert weit vor den Küsten West- und Südafrikas; erscheint während des Zugs über dem Nordatlantik besonders bei Stürmen auch an der Nordseeküste und selten im Binnenland; Geschlechterrollen vertauscht, die bunter gefärbten ♀ werben in Trupps um die ♂, die sich alleine um Brut und Aufzucht kümmern.

**KENNZEICHEN** Meist wenig scheue Limikole von der Größe eines Alpenstrandläufers, abseits des Brutgebiets meist im hellgrauen, weißen und schwarzen Gefieder auf dem Wasser schwimmend (dann an kleine Zwergmöwe erinnernd) oder niedrig über das Meer fliegend zu sehen (dann mit Sanderling verwechselbar, aber Flugweise flatteriger, *weißer Flügelstreif nur auf dem Armflügel markant* und auf dem Handflügel schmal, schwarze Maske oft erkennbar, *Bauch dicker;* fliegt einzeln oder in lockeren Gruppen, nicht in dichten Trupps), bis sie plötzlich auf dem Wasser landet und aus dem *kreiselnden Schwimmen* heraus Nahrung von der Oberfläche pickt. Unterscheidet sich in allen Kleidern vom Odinshühnchen aus der Nähe durch *etwas dickeren, in Aufsicht platteren Schnabel,* Bestimmung entfernter Vögel aber schwer, besonders während der Mauser.– PK: Unverwechselbar; ♂ unterseits oft weiß gefleckt und weniger intensiv gefärbt, Kopfmuster etwas unschärfer; Schnabel gelb mit schwarzer Spitze; im Flug *Kontrast zwischen dunklem Bauch und weißen Unterflügeldecken.*– SK: *Oberseite einschließlich Flügel hell blaugrau* (Odinshühnchen hat weißes Mantel-V und weiße Schulterfederränder), *weißer Scheitel dunkel begrenzt* (beim Odinshühnchen im SK weiß, im JK ganz schwarz), dunkler Schnabel meist mit angedeutet *gelbbrauner Basis.*– JK: Dem juvenilen Odinshühnchen extrem ähnlich, aber ockergelbes *Mantel-V schmaler* und *Schulter-V meist fehlend;* mausert schneller ins erste Winterkleid als Odinshühnchen, mit den grauen Schulterfedern beginnend; *Rostton* auf Hals und Brustseiten nur *schwach angedeutet* (Odinshühnchen anfangs kräftig rotbraun).– 1er W: An schwärzlichen statt grauen Schirmfedern vom SK unterschieden.

**STIMME** Flugruf hell, hart, metallisch „pit" (kann an Blässhuhn erinnern). ♀ singt im kreisförmigen Balzflug mit langsamem Flügelschlag ähnlich Sumpfläufer hell surrend „brrrip"; Erregungsruf im Schwimmen „bipp bipp…".

## ODINSHÜHNCHEN D: A/–/Z

Red-necked Phalarope *Phalaropus lobatus*

L 17-19 cm, S 30-34 cm. Brütet in feuchten Sümpfen und Tümpeln und Weidendeltas an Berghängen oberhalb der Baumgrenze oder in der Tundra, geht weiter landeinwärts und in größere Höhen als das Thorshühnchen. Zieht im späten Juli, Aug. und frühen Sept. (also früher im Herbst als das Thorshühnchen) hauptsächlich nach Südosten oft nonstop über Europa, um im Arabischen Meer oft weit vor der Küste zu überwintern. In Mitteleuropa nur selten während des Wegzugs, oft nur einzeln oder kleine Trupps an der Küste oder im Binnenland. Geschlechterrollen wie beim Thorshühnchen vertauscht. Nahrung Insekten, Larven und andere Wirbellose, die von der Wasseroberfläche aufgepickt werden. Nest in dichter Vegetation in Gewässernähe.

**KENNZEICHEN** Sehr ähnlich Thorshühnchen, aber etwas *kleiner und zierlicher* mit *kürzerem Körper* (schwimmend nicht so möwenähnlich), *kleinerem Kopf, schlankerem Hals* und *sehr dünnem, ganzjährig schwarzem Schnabel* (nicht zusammengedrückt). Wird meist schwimmend mit nach vorne geneigtem Hals und nach unten gerichtetem Schnabel gesehen, wirbelt im Kreis herum, um potenzielle Beute im Wasser aufzurühren, und pickt diese schnell auf; kann sich auch wie eine Schwimmente aufrichten.– PK: Scheitel, Kopfseiten, Hinterhals, Brustseiten und Mantel bleigrau, *Kehle und kleiner Fleck über dem Auge weiß;* Anteil *rötlicher oder orangebrauner Federn auf den Halsseiten* variabel, sauberer und satter beim ♀, matter und unscharf begrenzt beim ♂.– SK: Oberseite hell bleigrau mit deutlichem *weißem Mantel-V* und *weißlichen Schirmfederrändern* (Thorshühnchen heller perlgrau und fast einfarbig); in diesem Kleid kaum in Europa zu sehen.– JK: Hat im Unterschied zum Thorshühnchen *deutliches ockergelbliches* (ausgeblichen weißlich werdendes) *Mantel- und Schulter-V,* einfarbig *dunklen Scheitel* und eine schwache *rosa graue Tönung von Hals und Brustseiten* (verbleicht schnell zu Weiß).

**STIMME** Ruft kurz, nasal und etwas unrein „tschepp" oder länger, fast zweisilbig „tscherre"; unreiner Ruf und schärfere „tschick"-Varianten bei Balz im Chor geäußert.

Thorshühnchen

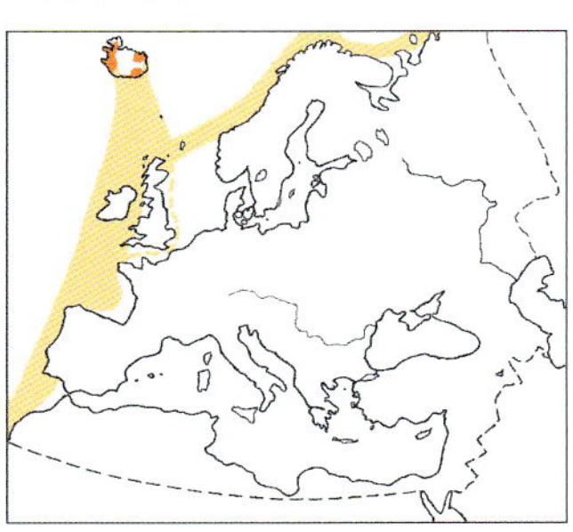

Odinshühnchen

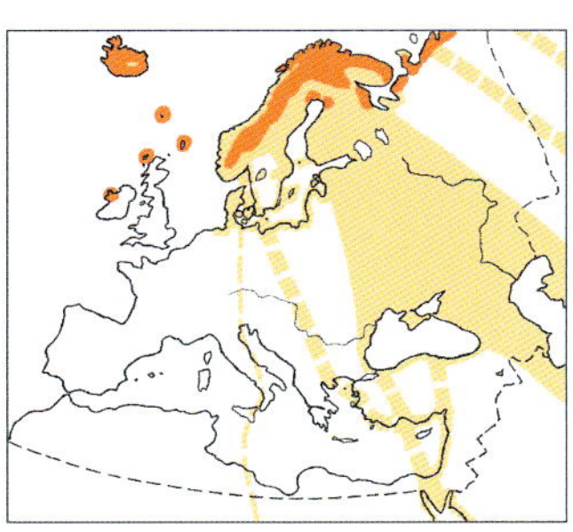

## WILSONWASSERTRETER D: A/–/S

Wilson's Phalarope *Phalaropus tricolor*

L 22-24 cm. Nordamerikanischer Brutvogel, der sich selten – meist als Jungvogel – im Herbst über den Atlantik nach Westeuropa verfliegt.

**KENNZEICHEN** Etwas größer als die beiden anderen Wassertreter und durch *längeren Hals, längeren, nadelfeinen Schnabel* und *längere Beine* ungewöhnlich proportioniert; schwimmt zwar auch, *läuft* aber viel im Flachwasser und an Schlammufern, wo er sich *geduckt, mit hochstehendem Hinterteil und fast den Boden berührender Brust* an Insekten anschleicht oder diese mit an ein *Schaukelpferd* erinnernden Bewegungen des ganzen Körpers aufpickt; *Beine* nur im PK schwarz, sonst *gelb;* im Flug *einfarbige Flügel* und rechteckiger *weißer Bürzel* kennzeichnend, Zehen überragen Schwanz.– PK: Unverwechselbar, auch hier ♀ bunter als ♂.– SK: Gesamte Oberseite einfarbig *sehr hellgrau,* Unterseite weiß, daher aus der Entfernung *ungewöhnlich hell wirkend;* langer, weißer Überaugenstreif, diffus grauer Halsseitenstreif, keine dunklen Kopfabzeichen.– JK/1er W: Das in Europa am häufigsten zu sehende Kleid, dem SK ähnlich, aber mit braunen, hell gerandeten Flügeldecken, Schirmfedern und oft auch einzelnen Schulterfedern.

**STIMME** Flugruf kurz und nasal „wit".

## THORSHÜHNCHEN

## ODINSHÜHNCHEN

## WILSONWASSERTRETER

KM

# RAUBMÖWEN Stercorariidae

Mittelgroße, vorwiegend auf dem Meer lebende, möwenähnliche Vögel, die in Nordeuropa in Tundren, küstennahen Mooren, auf entlegenen Inseln usw. brüten. Ziehen entlang der Küsten, über dem Meer und weniger ausgeprägt auch über Land in ihre im nördlichen Indischen Ozean und vor den Küsten Westafrikas, Südamerikas und des südlichen Nordamerikas gelegenen Winterquartiere. Nahrung während der Brutzeit Lemminge, Eier, Jungvögel, Fische, Insekten und Beeren, sonst Kleintiere, Aas und Abfälle und vor allem Fische, die meist anderen Vögeln abgejagt werden.

Hakenschnabel und scharfe, gebogene Krallen an Jagdverhalten angepasst. Führen bei der Verfolgungsjagd eindrucksvolle, schnelle, akrobatische Flugmanöver vor. Verfolgen meist Möwen oder Seeschwalben in engem, eine schnelle Reaktion erforderndem Kontakt so lange, bis das Opfer den Kropf- oder Mageninhalt auswürgt, der dann im Flug aufgefangen wird. Auch Alke und andere fischfressende Vögel werden angegriffen. Möwen und Seeschwalben fliegen bei Erscheinen einer Raubmöwe in der Regel auf.

Raubmöwen sind vorwiegend graubraun und weißlich gefärbt und zeigen an den Handschwingenbasen helle Partien. Bei einigen Arten kommen dunkle, helle und intermediäre Morphen vor. Geschlechter gleich gefärbt. Altvögel der kleineren Arten haben kennzeichnend geformte Schwanzspieße. Sie rasten oft auf dem Meer, lassen sich aber nach langem Gleiten und kurzem Rütteln nur „zögernd“ nieder.

Eine Schmarotzerraubmöwe verfolgt eine Seeschwalbe, um sie zum Auswürgen erbeuteter Fische zu zwingen.

## BESTIMMUNG VON RAUBMÖWEN IM FREILAND

Die sichere Bestimmung von Raubmöwen erfordert viel Übung, daher einige Hinweise für Beginner. Die meisten Raubmöwen, auch juvenile und Vögel der hellen Morphen, wirken im Freiland noch *dunkler als juvenile Möwen,* die von Weitem (über 1 km) oder aus bestimmtem Blickwinkel häufig zu Verwechslungen führen. Grundsätzlich sind juvenile Möwen auch auf Entfernung am helleren Kopf und Mantel, dem auffälligeren hellen Bürzel und den meist helleren inneren Handschwingen zu erkennen. Abgesehen vom Gefieder zeigen Raubmöwen *spitzere Handflügel* (außer breitflügelige Skua), *schnellere, elegantere Flugweise,* in entspanntem Flug *flachere, gleichmäßigere und kräftigere Flügelschläge,* also eine „entschlossenere“ Flugweise verglichen mit dem eher bedächtigen, fast trägen und im entspannten Flug tiefer ausholenden Flügelschlag von Möwen.

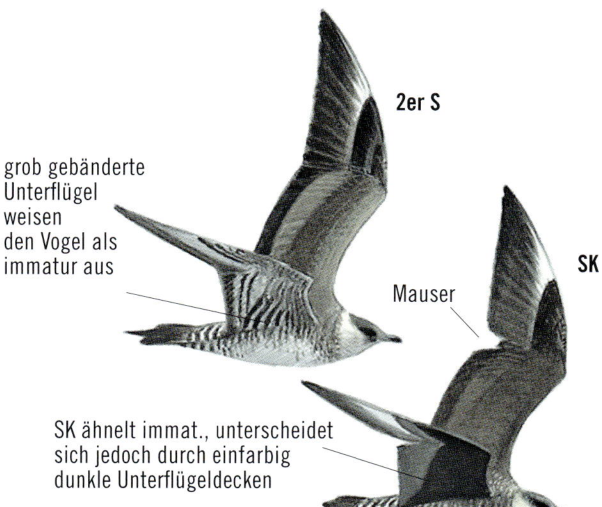


Unterflügelzeichnung und Mauser erleichtern die Bestimmung von Raubmöwen (hier Schmarotzerraubmöwen) im Herbst und Winter.

Eine seltenere Verwechslungsgefahr stellen Sturmtaucher auf große Entfernung dar. Bei stürmischem Wetter zeigen auch Raubmöwen eine sturmtaucherähnliche Flugweise, wobei sie vor dem Wind entlang der Wellen schnell gleiten, in starker Seitenlage steil in den Wind kurven, erneut niedrig vor dem Wind gleiten usw. Sobald sie aber mit den Flügeln schlagen (meist direkt vor dem Steilflug), wird das geübte Auge sie als Raubmöwe erkennen: Raubmöwen fliegen falkenähnlich lebhaft und „athletisch“ mit recht langsamen, flachen Flügelschlägen, während *Sturmtaucher mit* ihren schmaleren und *geraderen Flügeln schnelle* (wenn auch bei größeren Arten etwas langsamere) *Flügelschläge* vollziehen.

Der schwierigste Teil der Raubmöwenbestimmung ist die Unterscheidung immaturer Schmarotzer-, Spatel- und Falkenraubmöwen. Die entscheidenden Kennzeichen werden in den Artbehandlungen dargestellt. Hier einige allgemeine Hinweise: Beobachtet man einen Vogel weit draußen auf dem Meer durch ein Spektiv, ist die *Größe* immer schwer einzuschätzen. Zu beachten ist dabei, dass das dunkle Gefieder einer Raubmöwe im Vergleich zu hellen Möwen täuschen kann; vor hellem Himmel wirken dunkle Vögel größer als weiße und umgekehrt erscheinen dunkle Vögel vor dunkler See oft kleiner als sehr helle, besonders bei grellem Licht.

Besondere Aufmerksamkeit sollte Gestalt und Proportionen (wie z. B. Breite des Armflügels) und der Flugweise gelten. Das Vorhandensein von langen Schwanzspießen und hellen Gefiederpartien ist zu beachten. Bei Annäherung des Vogels liefern Ausprägung heller Handschwingenbasen, Schnabelgröße und -färbung und Form der Schwanzspieße (sofern vorhanden) wichtige Hinweise. Natürlich sollte man nicht erwarten, von Anfang an alle fliegenden Raubmöwen bestimmen zu können. Es erfordert viel Übung, schwierigere Individuen zu bestimmen, und auch (vernünftige) Experten lassen so manchen Vogel unbestimmt weiterziehen.

Skua

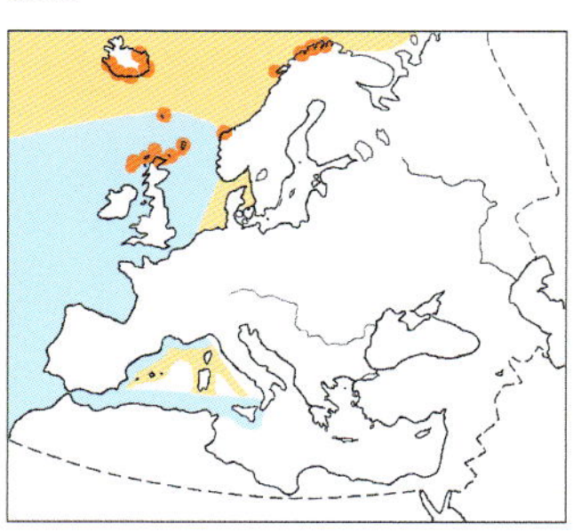

Spatelraubmöwe

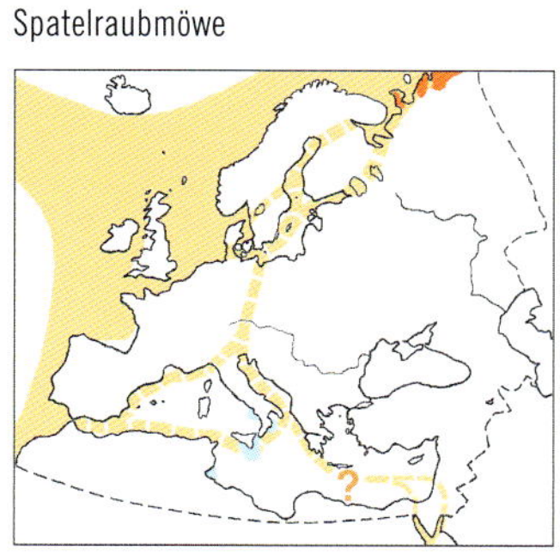

## SKUA **D:** A/–/Z

Great Skua *Stercorarius skua*

L 50-58 cm, S 125-140 cm. Brütet auf Felsinseln und Küstenmooren, meist in lockeren Kolonien; überwintert im Nord- und Südatlantik. Nahrung vor allem Fische, die von der Wasseroberfläche oder hinter Booten aufgelesen oder anderen Vögeln abgejagt werden; Nest in flacher Bodenmulde wird mit wütenden Flugattacken verteidigt.

**KENNZEICHEN** Etwa silbermöwengroße, *schwere* Raubmöwe; im Flug *dunkel mit ober- und unterseits großen weißen Handwurzelflecken;* Schnabel kräftig, *Kopf und Hals massig,* mittlere Steuerfedern breit mit runden Spitzen, den Schwanz wenig oder nicht überragend; segelt häufiger als Verwandte. Schwimmt hoch auf dem Wasser liegend.– PK: Oberseits, an Hinterkopf und Hals grob und bei ♀ meist ausgeprägter gelbbraun gestrichelt.– JK/1er W: Einfarbiger braun als ad. und vor allem unterseits *rötlich braun getönt;* weißer Handwurzelfleck oberseits weniger ausgedehnt und auffallend als bei ad.– Verwechslungsgefahr stellen vor allem junge (besonders verölte) Großmöwen oder juvenile sowie von Weitem adulte Spatelraubmöwe der dunklen Morphe dar; von junger Großmöwe unterschieden durch *geschmeidigere Flügelschläge* (Schlagfrequenz etwas schneller, krähenähnlich), proportional *schwereren Körper* („fliegende Tonne“), *breitere Flügelbasen,* aber oft spitzeren Handflügel und *weißen Handwurzelfleck* (s. o.). Von juv. Spatelraubmöwe zu unterscheiden durch *plumperen Körper und schwerfälligere Flugweise, Fehlen weißer Bänderung* (zeigt also nie kontrastierend helle Partien an Bürzel, Bauch oder Unterflügeldecken); *Kopf oft etwas dunkler als restlicher Körper* (bei Spatelraubmöwe Gefieder meist einfarbig dunkel oder Kopf etwas heller als Brust); Flügel breiter und proportional etwas kürzer; Handwurzelfleck meist deutlich größer, reiner weiß, bis in Armflügel reichend (bei einigen juv. Skuas Handwurzelfleck oberseits reduziert); von ad. Spatelraubmöwe der dunklen Morphe unterschieden an Gestalt, Flugweise und Fehlen breiter Schwanzspieße (können jedoch durch Mauser fehlen).

**STIMME** Im Brutgebiet einzeln oder gereiht, kurz, etwas nasal „gok“; bei der Balz gepresst rollend „tchirr“.

## SPATELRAUBMÖWE **D:** A/–/Z

Pomarine Jaeger *Stercorarius pomarinus*

L 42-50 cm (ohne 5,5-11 cm Schwanzspieße im PK), S 115-125 cm. Brütet in arktischer Tundra, zieht über Nord- und Westeuropa vor allem im Okt./Nov. in Winterquartiere vor westafrikanischer Küste, Heimzug im Mai; seltener, aber regelmäßiger Durchzügler an der Nordseeküste, meist einzeln oder in kleinen Gruppen.

**KENNZEICHEN** Wirkt im Flug deutlich größer als Sturmmöwe und *etwas kleiner als Silbermöwe,* am Boden aber überraschend klein; kleinste Individuen erscheinen dreizehenmöwengroß, aber immer vollbrüstig; langflügelig mit recht breitem Armflügel (etwas breiter als Distanz von Flügelhinterrand bis Schwanzspitze) und spitzem Handflügel ähnlich Schmarotzerraubmöwe; *Flugweise entspannt, gleichmäßig* und gerade mit gemäßigten Flügelschlägen, nicht leicht und ruckartig mit energischen Flügelschlägen wie gelegentlich bei Schmarotzerraubmöwe. In allen Kleidern *heller Handwurzelfleck ober- und unterseits* ähnlich Schmarotzerraubmöwe, aber deutlich kleiner als bei Skua.– PK: *Lange und löffelförmig verbreiterte Schwanzspieße,* um 90° gedreht und von der Seite stumpfspitzig wirkend, zweimal jährlich (Nov.-Dez., März-Apr.) gemausert (abgebrochene Spieße sehr selten). Zwei Morphen: helle (häufigste) Morphe mit dunkler Kappe (unter Schnabelwin-

## SPATELRAUBMÖWE

kel reichend), dunkelfleckigem Brustband (bei ♂ recht oft in Brustmitte unterbrochen, kann auch fehlen), schwach bis kräftig gebänderten Flanken, ausgedehnt dunklem, deutlich abgesetztem Steiß (oft hell gebändert); dunkle Morphe bis auf Handwurzelflecke ganz dunkel.– JK: Variabel mittelbraun mit gelblich brauner Bänderung vor allem an Bürzel und Steiß bis einfarbig dunkel schwärzlich braun, *im Freiland aber fast immer dunkel erscheinend;* von juv. Schmarotzerraubmöwe unterschieden durch *ruhigere, stetigere Flugweise, breiteren Armflügel, volleren Bauch,* kräftigeren Schnabel mit deutlicher *hell blaugrauer Basis* (auf 300 m gut erkennbar); helle Morphe mit doppeltem Handwurzelfleck *(Handschwingenbasen und meist Handdecken hell)* (jenseits 300 m schwer einschätzbar); *breite, stumpfe mittlere Steuerfedern kaum oder nicht überstehend;* bei juv. Kopf oder Bauch nie hell kontrastierend (vgl. Schmarotzer- und Falkenraubmöwe); dunkelste Vögel der dunklen Morphe ungebändert wie dunkle ad.– 2es KJ, helle Morphe: Hals und Bauch heller, mittlere Steuerfedern länger bis halblang und nicht gedreht.– 3es KJ, helle Morphe: Hals und Bauch hell, dunkle Kappe angedeutet, aber Unterflügeldecken noch *gebändert.*– SK, helle Morphe: Ähnlich 3es KJ, Schwanzspieße halblang, aber an ganz *dunklen, ungebänderten Unterflügeldecken* zu erkennen.

## SCHMAROTZERRAUBMÖWE D: A/–/Z

Parasitic Jaeger *Stercorarius parasiticus*

L 37-44 cm (ohne 5-8,5 cm Schwanzspieße im PK), S 100-115 cm. Brütet in Tundren und küstennahen Mooren, lokal in lockeren Kolonien; überwintert südlich des Äquators.

**KENNZEICHEN** Wie *dunkle* Möwe, mit spitzen Flügeln und *schneller, fast falkenartiger Flugweise;* von Nahem *heller Handwurzelfleck* und bei ad. *halblange, spitze Schwanzspieße* erkennbar, wirkt im Flug *dreizehenmöwengroß;* Flügel lang und recht schmal, Handflügel spitz, Breite des Armflügels maximal Distanz von Flügelhinterrand bis Schwanzspitze (ohne Spieße) oder geringer. Fliegt leichter als Spatelraubmöwe; erinnert bei Sturm durch leichte Flugweise, schnelle Flügelschläge und plötzliche Wendungen an Dreizehenmöwe, Spatelraubmöwe dagegen schwerer und wie Großmöwe gleichmäßiger fliegend; *Schnabel etwas schwächer* als bei Spatelraubmöwe, Gefieder ähnlich Spatelraubmöwe mit großer Variation, aber dunkle Kappe bei ad. nicht tiefschwarz und *über der Schnabelbasis immer etwas Weiß;* Brustband, sofern vorhanden, verwaschen dunkel, nicht grobfleckig; hellste juv. Individuen heller als Spatelraubmöwe und mit *kontrastierend hellem Kopf, Hals* (von Nahem dünn gestrichelt) *und oft Bauch,* dunkelste Individuen von dunkler Spatelraubmöwe am besten an Schnabelgröße, Schwanzform und Proportionen zu unterscheiden; spitze mittlere Steuerfedern stehen 1-3 cm über; Handdecken unterseits ohne helle Basen (Ausnahme 1 von 20 Individuen), *Schnabel meist dunkel wirkend* ohne auffallend helle Basis (leicht aufgehellte Basis jenseits 150 m kaum erkennbar).

**STIMME** Häufigster Ruf nasal miauend, bei der Balz mehrfach wiederholt „äh-glou“; Warnruf kurz „pjiu!“.

## FALKENRAUBMÖWE D: A/–/Z

Long-tailed Jaeger *Stercorarius longicaudus*

L 35-41 cm (ohne 12-24 cm Schwanzspieße im PK), S 88-105 cm. Brütet in Heiden oberhalb der Baumgrenze und trockenen Tundren, überwintert vor allem im Südatlantik; Nahrung im Sommer vorwiegend Lemminge, von denen Bruterfolg abhängt; während des Zugs im Mai und Aug./Sept. (selten später) selten in Westeuropa.

## SCHMAROTZERRAUBMÖWE

## FALKENRAUBMÖWE

KM

**KENNZEICHEN** *Klein und schlank,* Körper wie Lachmöwe, aber durch *lange, schmale Flügel* im Flug größer wirkend, *Flugweise fast seeschwalbenartig leicht.*– PK: Deutliche schwarze Kappe, *oberseits Kontrast zwischen dunklen Schwungfedern und helleren Flügeldecken, unterseits ohne hellen Handwurzelfleck; Schwanzspieße sehr lang und spitz; im PK keine dunkle Morphe!*– JK: Ausgeprägte Variation wie bei Schmarotzerraubmöwe, aber unterschieden durch Gestalt (schlanker Körper, schmale Flügel, länger wirkendes Hinterende) und Flugweise; helle und intermediäre Morphe mit *grauerer Grundtönung* (dunkle Morphe aber ähnlich Schmarotzerraubmöwe), zwar ähnlich weit (1-3 cm) überstehenden, aber *runden mittleren Steuerfedern* und *kurzem Schnabel mit heller Basis.*

**STIMME** Höher als bei Verwandten, wiederholt „kju" und „kriIP", auch zänkisch „kri-krip"; bei der Balz klagend „GLIIäh", ähnlich Sturmmöwe.

Schmarotzerraubmöwe

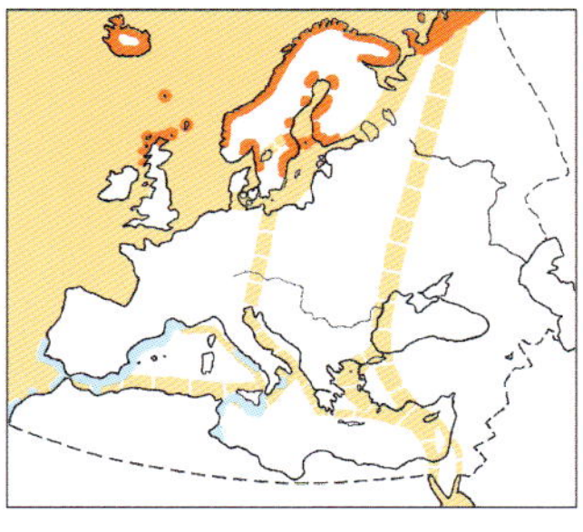

Falkenraubmöwe

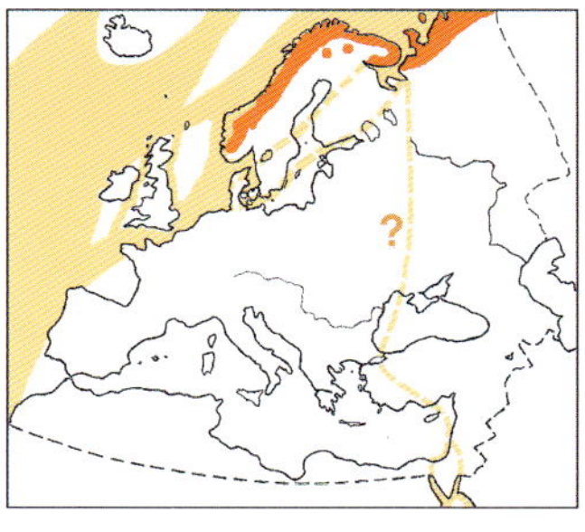

# MÖWEN Laridae

Einige der im Bearbeitungsgebiet brütenden 17 Arten sind sehr häufig und suchen sogar die Nähe des Menschen. Sie brüten an Küsten, Feuchtgebieten oder Binnengewässern und oft in großen Kolonien. Das Nest wird aus Zweigen und Pflanzenmaterial am kahlen Boden oder in niedriger Vegetation gebaut.

Besonders außerhalb der Brutzeit halten sich einige Arten häufig im Binnenland auf, wo sie große, artenübergreifende Schlafgemeinschaften bilden. Zwischen Nahrungs- und Schlafplatz legen sie bis zu 100 km zurück. Möwentrupps ziehen morgens und abends häufig in linien- oder V-förmiger Formation und oft in großer Höhe. Kleinere Arten sind in der Auswahl der Nahrung recht wählerisch. Sie picken von der Wasseroberfläche, tauchen gelegentlich nach Fischen usw. ins Wasser und jagen im Sommer oft in großen Trupps hoch fliegende Ameisen. Größere Arten sind Aas- oder Fischfresser und rauben oft Eier und junge Seevögel. Möwen werden von Fischereihäfen, Fischerbooten, Mülldeponien und Abwassereinleitungen angezogen, und einige Arten finden sich in großen Trupps auf frisch gepflügten Feldern oder auf Wiesen ein, wo sie vor allem nach Würmern suchen.

## BESTIMMUNG VON MÖWEN

Adulte Möwen sind in der Regel recht einfach zu bestimmen, da jede Art eine kennzeichnende Kombination von Größe, Oberseitenfärbung, Flügelmuster sowie Schnabel- und Beinfarbe besitzt. Immature Vögel sind schwerer zu erkennen, da ihr Gefieder vergleichsweise eintönig braun oder braunfleckig ist und Schnabel und Beine noch nicht die endgültige Färbung zeigen. Die große Variation immaturer Kleider mag anfänglich kompliziert und entmutigend wirken, doch wird das aufmerksame Lesen der folgenden Basisinformationen zu mehr Verständnis führen.

**Möwentopografie:**
Einige zusätzliche, für die Beschreibung nützliche Begriffe. Beachte, dass die Handschwingen bei Möwen traditionell von innen nach außen nummeriert werden.

### (1) Dauer der Umfärbung

Jede Art gehört einer der folgenden drei Kategorien an:

*Zweijahres-Möwen* Zu dieser Kategorie gehören die meisten kleinen Arten, darunter z. B. die Lachmöwe. Sie werden bereits im zweiten Kalenderjahr adult, wenn sie also gerade etwas mehr als ein Jahr alt sind. Die meiste Zeit des Jahres über sind also nur zwei Altersstufen zu unterscheiden: Einjährige (JK, 1er W oder 1er S) und ad. (PK oder SK). Beachte aber, dass von Juli bis Anfang Sept. vier Kleider unterschieden werden können: JK (kürzlich flügge geworden), 1er S (etwas über ein Jahr alt) und noch PK bzw. schon SK (zweijährig oder älter).

*Dreijahres-Möwen* Zu dieser Kategorie gehören mittelgroße Arten wie z. B. die Sturmmöwe, aber auch die kleine Zwergmöwe, die im dritten Kalenderjahr adult werden (wenn sie also etwas über zwei Jahre alt sind). Die meiste Zeit des Jahres über treten drei Altersstufen auf: Einjährige (JK, 1er W, 1er S), zweijährige (2er W, 2er S) und ad. (PK oder SK). Von Juli bis Aug. können vier Kleider unterschieden werden: JK (kürzlich flügge geworden), 1er S (im Vorjahr geschlüpft; vorjährig), 2er S (zweijährig) und PK (dreijährig oder älter).

*Vierjahres-Möwen* Alle Großmöwen gehören in diese Kategorie, darunter die Silbermöwe. Sie werden im vierten Kalenderjahr adult, wenn sie also etwas mehr als drei Jahre alt sind. Die meiste Zeit des Jahres treten vier Altersstufen auf: Einjährige (JK, 1er W, 1er S), zweijährige (2er W, 2er S), dreijährige (3er W, 3er S) und ad. (PK oder SK). Von Juli bis August sind fünf Kleider zu unterscheiden: JK (kürzlich flügge geworden), 1er S (vorjährig), 2er S (zweijährig), 3er S (dreijährig) und PK (vierjährig oder älter).

### (2) Mauser

Bei Möwen findet die erste Mauser kurze Zeit nach Anlegen des Jugendkleids, in dem der Vogel erstmals fliegen kann, statt. Es ist eine Teilmauser, bei der nur Kopf- und Körperfedern erneuert werden und die ins erste Winterkleid führt. Danach durchläuft jede Möwe im Frühjahr eine nur Kopf- und Körpergefieder erneuernde Teilmauser (wobei vorjährige das erste Sommerkleid und Altvögel das Prachtkleid anlegen) und im Herbst eine Vollmauser, in der das ganze Gefieder ersetzt wird.

Bei der Mauser werden immer mehrere Federn gleichzeitig ersetzt. Die Teilmauser dauert etwa 1-2 Monate, eine Vollmauser 3-4 Monate. Eine immature Möwe wird mit jeder Mauser dem Altvogel ähnlicher. Adulte Möwen erhalten das Prachtkleid durch Teilmauser im Frühjahr und das Schlichtkleid durch Vollmauser im Herbst. Das Diagramm auf der gegenüberliegenden Seite stellt alle Mauserzyklen von Möwen der verschiedenen Alterskategorien und das jeweilige Erscheinungsbild vom Jugendkleid bis zum Altvogel vergleichend dar. Beachte, dass Schwung- und Steuerfedern nur einmal im Jahr gemausert werden und daher im Sommer sehr abgenutzt und ausgeblichen sein können und dann das ursprüngliche Muster nur noch andeutungsweise erkennen lassen. Dies gilt besonders für Vögel im 1en S.

Wie das Gefieder verändern sich auch Schnabel-, Bein- und Irisfarbe immaturer Möwen allmählich, bis sie die Färbung der Altvögel zeigen, und liefern daher weitere wichtige Hinweise auf das Alter des Vogels.

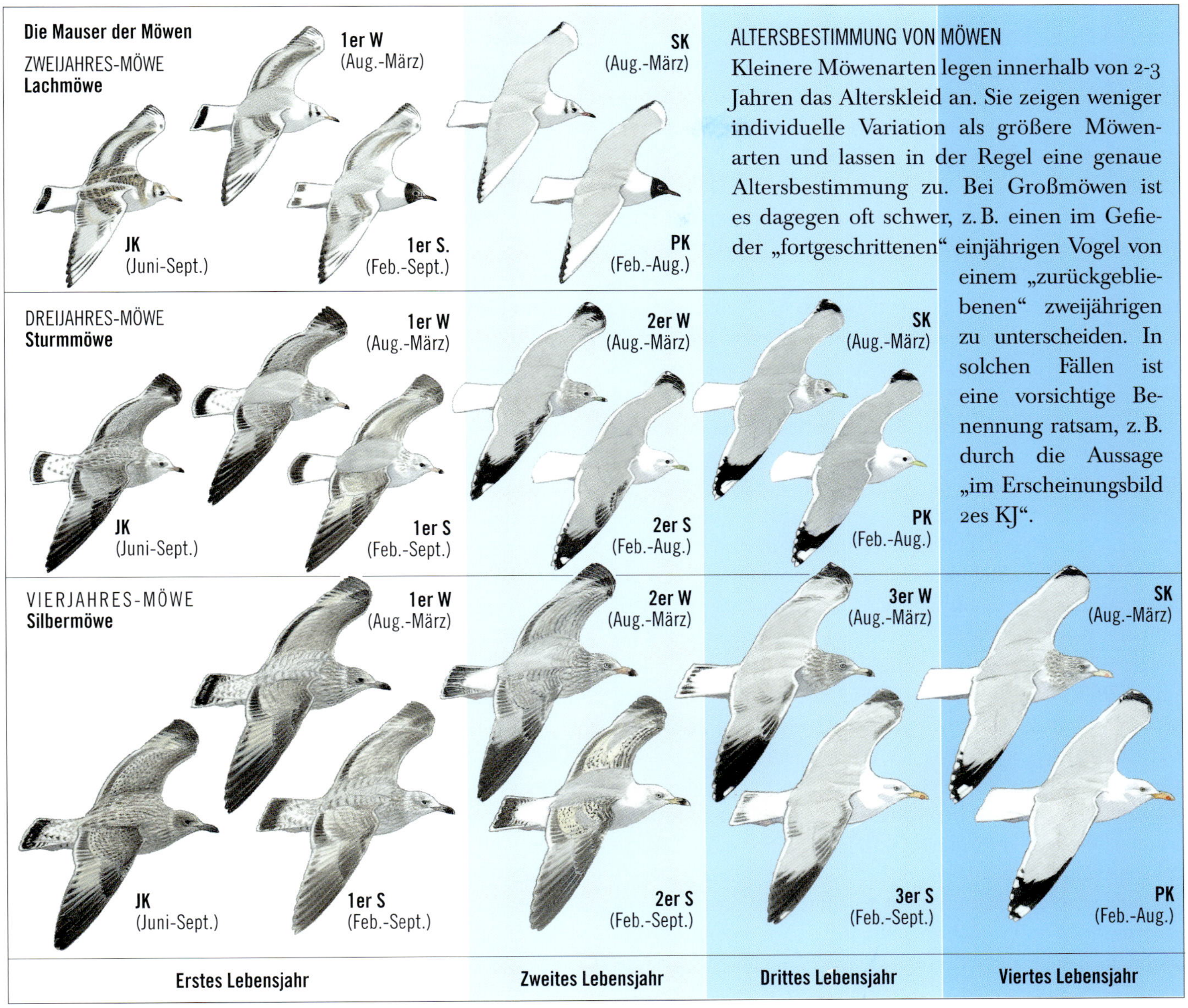


ALTERSBESTIMMUNG VON MÖWEN

Kleinere Möwenarten legen innerhalb von 2-3 Jahren das Alterskleid an. Sie zeigen weniger individuelle Variation als größere Möwenarten und lassen in der Regel eine genaue Altersbestimmung zu. Bei Großmöwen ist es dagegen oft schwer, z. B. einen im Gefieder „fortgeschrittenen" einjährigen Vogel von einem „zurückgebliebenen" zweijährigen zu unterscheiden. In solchen Fällen ist eine vorsichtige Benennung ratsam, z. B. durch die Aussage „im Erscheinungsbild 2es KJ".

MÖWENBEOBACHTUNG

Der Winter ist die beste Jahreszeit, um sich mit den Kleidern der Möwen zu beschäftigen, da ihr Gefieder dann, nach der Vollmauser im Herbst, noch relativ frisch ist. Am besten sucht man einen Möwentrupp und beginnt, die verschiedenen Altersstufen und Kleider einer Lachmöwe im 1en W und SK, einer Sturmmöwe im 1en W, 2en W und SK und einer Silbermöwe im 1en W, 2en W, 3en W und SK herauszufinden. Im Frühjahr sollte man auf die Auswirkungen der Teilmauser bei Altvögeln achten (z. B. entstehende braune Kapuze bei Lachmöwe; verschwindende Kopfstrichelung und entstehender weißer Kopf bei Silbermöwe). Von Sommer bis Herbst kann man mitverfolgen, wie sich das Flügelmuster immaturer Vögel durch Abnutzung und Ausbleichung zum Teil erheblich verändert und auch fliegende Möwen durch stark abgetragene Schwung- und Steuerfedern, die erst ab Herbst erneuert werden, recht ausgefranst wirken. Durch solche Beobachtungen lernt man am besten, Möwen nach Art und Alter zu bestimmen und erhöht seine Chancen, unter ihnen auch einmal eine seltenere Art zu finden.

Möwen eignen sich hervorragend dazu, Mauser und Entwicklungsstadien immaturer Vögel zu studieren, da sie häufig, recht groß und in der Regel wenig scheu sind. Dieses Wissen lässt sich auch auf viele andere Vogelfamilien übertragen, weshalb die für Möwenstudien verwendete Zeit einen wertvollen Lernprozess für die Vogelbestimmung darstellt

Zwei Heringsmöwen *Larus fuscus graellsii.* Beachte beim Vergleich von Grautönen der Oberseite, dass diese abhängig vom Blickwinkel oder Lichteinfall verschieden wirken können.

Das Beispiel dieser Dreizehenmöwe zeigt, wie die im frischen JK (l.) kräftigen Muster von Schwanz und Flügeln auf den ungemausert stehen bleibenden Federn nach einem Jahr im 1en S ausgeblichen sind.

## LACHMÖWE **D: A/N5/JZW**

Black-headed Gull *Chroicocephalus ridibundus*

L 35-39 cm, S 86-99 cm. Häufige, in Kolonien auf Seen, in großen Schilfzonen, Sumpfgebieten oder auf küstennahen Gewässern brütende Möwe; im Norden Zugvogel, häufig auf frisch gepflügten Feldern und an Parkteichen.

**KENNZEICHEN** Zweijahres-Möwe (s. S. 182). Im Flug von anderen häufigen Möwen unterschieden durch *weißen Vorderflügelkeil (bestes Kennzeichen, oft aus großer Entfernung erkennbar;* ähnliches Flügelmuster nur bei Dünnschnabelmöwe und der amerikanischen Bonapartemöwe; s. a. Graukopfmöwe, S. 432); *beachte auch unterseits an weißen Flügelkeil angrenzendes schwärzliches Flügelfeld, spitze Flügel,* proportional *kleineren Kopf, längeren Hals und kürzeren Schwanz,* die in der Kombination von anderen häufigen Arten abweichendes Bild ergeben; am stehenden Vogel geringe Größe, *Kopfmuster* (Kapuze oder dunkler Ohrfleck) und (bei ad.) *rötliche Färbung von Schnabel und Beinen* kennzeichnend.– PK: Kapuze dunkelbraun (oft schwarz wirkend), Schnabel und Beine matt dunkelrot.– SK: Breiter, dunkler Ohrfleck, Schnabel und Beine rot oder braunrot, Schnabelspitze dunkel.– JK (Juni-Sept.): Oberseite und Kopfmuster auffällig ingwerbraun, Flügel braun gemustert, schwarze Schwanzendbinde, Schnabel (mit dunkler Spitze) und Beine gelblich bis fleischfarben.– 1er W: Flügel, Schwanz, Schnabel- und Beinfarbe wie JK, aber Kopf und Körper wie SK.– 1er S: Wie 1er W, aber häufig mit partieller Kappe (manchmal komplette Kapuze wie PK), braune Flügelpartien oft ausgeblichen und reduziert (Schirmfedern mit braunen Zentren kennzeichnend), Schnabelbasis und Beine intensiver orangerot.

**STIMME** Am Brutplatz und in Nahrung suchenden Trupps stimmfreudig; im Frühjahr können Brutkolonien ohrenbetäubend laut sein; häufigster Ruf schneidend, abfallend, einzeln oder gereiht und in vielen Variationen „krriiärr“, auch kurz, scharf „kik“ oder „kikikik“.

## DÜNNSCHNABELMÖWE **D: A/–/S**

Slender-billed Gull *Chroicocephalus genei*

L 37-42, S 90-102 cm. Lebensraum und Verhalten wie Lachmöwe, außerhalb der Brutzeit aber stärker küstengebunden; auch am Mittelmeer seltener als Lachmöwe.

**KENNZEICHEN** Zweijahres-Möwe (s. S. 182); etwas größer als Lachmöwe und mit sehr ähnlichem Flügelmuster und Gesamteindruck, aber unterschieden durch *weißen Kopf* im PK und nur *schwachen Ohrfleck* im SK; *Iris* meist auffallend *gelblich oder weißlich* (bei Lachmöwe immer dunkel); typisches *Kopfprofil* gekennzeichnet durch *längeren* (aber nicht wirklich dünnen) *Schnabel, flacher ansteigende Stirn* und in gestreckter Haltung sehr langen Hals. Beine relativ lang.– PK: Unterscheidet sich von Lachmöwe außer durch *ganz weißen Kopf* durch meist

Lachmöwe

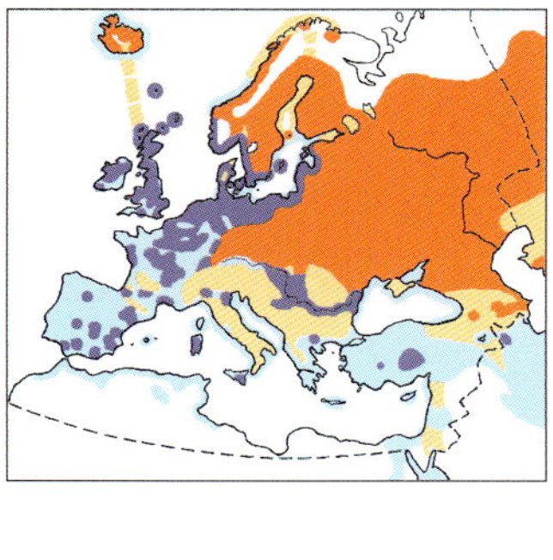

Dünnschnabelmöwe

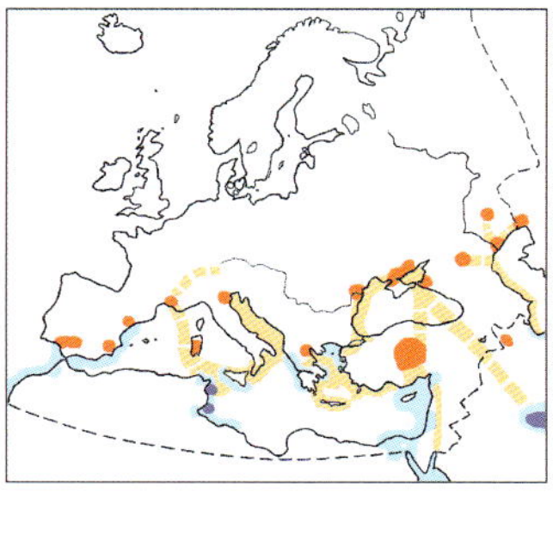

Dünnschnabelmöwe zeigt längeren Schnabel, flachere Stirn und bei Beunruhigung längeren Hals als Lachmöwe.

*stark rosa überhauchte Unterseite* und dunkler rote (oft schwärzlich wirkende) Färbung von Schnabel und Beinen.– SK: Rosa Unterseitentönung schwächer oder fehlend, Ohrfleck hellgrau (oder fehlend), Schnabel und Beine *heller gelblich braun oder orange-fleischfarben, dunkle Schnabelspitze deutlich kleiner oder fehlend.*– Einige Vögel im 2en W oder 2en S noch an dunklen Zentren auf einzelnen Schirmfedern erkennbar.

**STIMME** Entfernt an Lachmöwe erinnernd, aber rollender Ruf tiefer, trockener und härter „krirrr“ mit etwas heiserer Stimme; am Brutplatz tiefe, schroffe, nasale Rufe.

## BONAPARTEMÖWE **D: A/–/S**

Bonaparte's Gull *Chroicocephalus philadelphia*

L 31-34, S 79-84 cm. Seltener Gast aus Nordamerika; Nahrungssuche trauerseeschwalbenartig pickend.

**KENNZEICHEN** Zweijahres-Möwe (s. S. 182); ähnlich Lachmöwe mit vergleichbarem Flügelmuster und Gesamteindruck, aber kleiner; kann durch geringere Größe und schnellere Flügelschläge auch an Zwergmöwe erinnern; Handflügel ohne an weißen Flügelkeil angrenzenden dunklen Bereich der Lachmöwe, daher *Handschwingen von unten durchscheinend weiß* oder hellgrau, aber mit *deutlichem schwarzem Hinterrand.* Vorsicht bei Lachmöwen im 1en S (oft etwas kleiner als ad.) mit ausgeblichenen, transparenten Handschwingen! Von Lachmöwe in allen Kleidern ferner unterschieden durch *proportional kleineren, schwarzen oder vorwiegend schwarzen Schnabel,* relativ *kürzere Beine* und etwas dunklere Grautönung der Oberseite, die den weißen Handflügelkeil oberseits betont.– PK: Mit *schwärzlicher* (nicht brauner) *Kapuze,* meist rosa überhauchter Unterseite (bei Lachmöwe im PK selten) und eher *orangeroten oder rosaroten Beinen.*– SK: Mit meist größerem Ohrfleck, weiter auf Hinterkopf ausgedehntem Grau und hell fleisch- bis rosafarbenen (nicht roten) Beinen.– 1er W: Von Lachmöwe unterschieden durch schwärzeres (weniger braunes) Flügelmuster, weiße innere und dunkel markierte äußere *Große Handdecken* (bei Lachmöwe im 1en W innere Große Handdecken recht dunkel, mittlere weiß und ein bis zwei äußere dunkel markiert), größeren Ohrfleck und oft auf Hinterkopf und Brustseiten ausgedehntes Grau (etwas an Dreizehenmöwe im SK erinnernd).

**STIMME** Häufiger Ruf hoch, nasal, seeschwalbenartig „tschirp“, deutlich von Lachmöwe verschieden.

## LACHMÖWE

## DÜNNSCHNABELMÖWE

zwei Dünnschnabelmöwen im 1en W (M.) zwischen zwei Lachmöwen; beachte längere, blass orangefarbene Beine der Dünnschnabelmöwen

## BONAPARTEMÖWE

KM

## STURMMÖWE **D:** A/R4/JZW

Mew Gull *Larus canus*

L 40-46 cm, S 100-115 cm. Brütet einzeln oder in Kolonien an Küsten, auf Inseln, in Sümpfen, an Flüssen oder an Binnenseen; Nest bevorzugt leicht erhöht angelegt.

**KENNZEICHEN** Dreijahres-Möwe (s. S. 182); etwas größer als Lachmöwe; von häufigen Arten nur mit *viel größerer Silbermöwe* (S. 184) zu vergleichen; wenn Größe schwer einschätzbar, beachte *kleineren, schlankeren Schnabel, runderen Kopf,* zierlichere Gestalt, leichtere, aktivere Flugweise mit oft *tieferen, energischeren Flügelschlägen* und *schmalere Flügel;* bei ad. *weiße Schirmfederspitzen oft auffälliger, weißer Spiegel in Flügelspitze größer;* im 1en W *mittleres Flügelband einfarbig* (nicht gebändert) und dadurch Flügel sauberer wirkend, *breite, scharf abgesetzte, schwarze Schwanzendbinde,* Unterflügel *sauberer gemustert* als bei immat. Silbermöwe. Stehender Vogel im PK auch an Dreizehenmöwe erinnernd, aber *Beine lang und hell* (nicht kurz und schwarz), *Stirn weniger steil gerundet, Handschwingen* ausgedehnter schwarz *mit weißen Spitzen.*– Ad.: Kopf weiß (im SK grau gestrichelt), *Schnabel und Beine* grünlich gelb (Schnabel im SK matter, mit schmalem dunklem Ring vor Spitze).– JK: Kopf und Brust graubraun, Oberseite braun geschuppt.– 1er W: Kopf und Körper wie SK, aber Flügel- und Steuerfedern wie JK; Schnabel gräulich mit klar abgesetzter schwarzer Spitze.– 1er S: Wie 1er W, aber Flügel- und Steuerfedern stark ausgeblichen, Schnabelbasis gelblich oder rosa.– 2er W/2er S: Wie ad., aber Handschwingen ausgedehnter schwarz ohne deutliche weiße Spitzen, weißer Spiegel kleiner, Beine und Schnabel (mit schwarzer Spitze oder Binde) oft bläulich grüngrau.

**STIMME** Alle Rufe viel höher als bei Silbermöwe, auch „jauchzendes" „ke ke le KLIIIH-ä… KLIIIH-ä… kej-a kej-a kej-a kej-a ke ke"; ruft kennzeichnend, dünn kläffend, oft wiederholt „kiia"; warnt pausenlos „klii-U klii-U…"

## RINGSCHNABELMÖWE **D:** A/–/S

Ring-billed Gull *Larus delawarensis*

L 41-49 cm, S 112-124 cm. Gast aus Nordamerika, alljährlich zahlreiche Nachweise in Westeuropa.

**KENNZEICHEN** Dreijahres-Möwe (s. S. 182); ähnlich Sturmmöwe, aber etwas größer, kräftiger und mit *dickerem Schnabel.*– Ad.: *Klar abgesetzte, breit schwarze Schnabelbinde* (bei Sturmmöwe manchmal deutliche Binde im SK oder 2en W), *Iris gelb* (bei Sturmmöwe braun), *Oberseite heller grau* (ähnlich Lachmöwe), *schmale weiße Schirmfederspitzen* (bei Sturmmöwe breit und auffällig), *weißer Spiegel kleiner.*– 1er W: Im Vergleich zu Sturmmöwe *Oberseite und mittleres Flügelband heller grau,* oft *einzelne Schulterfedern mit dunklen Pfeilflecken* (bei Sturmmöwe einfarbig oder mit schwachen Schaftstrichen), *schmalere helle Schirmfederspitzen, Schwanz stärker gemustert* (bei Sturmmöwe weiß mit breiter dunkler Endbinde).– 2er W: Wie SK, aber Handflügel ausgedehnter schwarz, Handschwingenspitzen und Spiegel klein oder fehlend, Schnabelbasis und Beine grünlich gelb oder gräulich; *dunkle Schwanzendbinde variabel* (bei Sturmmöwe meist fehlend).– Beachte: Silbermöwe im 2en W ähnlich Ringschnabelmöwe im 1en W, aber Schirmfedern und Flügeldecken stärker gefleckt oder gebändert (bei Ringschnabelmöwe recht sauber dunkel zentriert), Unterflügel recht einförmig düster (bei Ringschnabelmöwe sauber dunkel gefleckt, Armschwingenfeld durchscheinend), Schwanz ausgedehnter dunkel; Silbermöwe im 3en W ähnlich Ringschnabelmöwe im 2en W, aber Flügel und Schwanz unsauberer gemustert und Beine rosa.

**STIMME** Wie Silbermöwe, aber höher und nasaler.

Die Form der Kapuze verändert sich bei Möwen je nach Kopfhaltung.

Schwarzkopfmöwe, PK

## SCHWARZKOPFMÖWE **D:** A/N2/ZW

Mediterranean Gull *Ichthyaetus melanocephalus*

L 37-40 cm, S 94-102 cm. Brütet in West- und Südeuropa in kleinen Kolonien, meist zwischen Lachmöwen, zunehmend auch in Deutschland.

**KENNZEICHEN** Dreijahres-Möwe (s. S. 182); wenig größer als Lachmöwe mit *kürzerem, dickerem, stumpferem Schnabel, breiteren, etwas kürzeren, weniger spitzen Flügeln und längeren Beinen;* fliegt mit *schnelleren und steiferen Flügelschlägen* als Sturmmöwe.– Ad.: Unverwechselbar mit *ganz weißen Schwungfedern,* sehr *heller, grauer* (von weitem silbrig weiß wirkender) *Oberseite, scharlachroter Färbung von Schnabel und Beinen* (im Winter matter gefärbt) und *ausgedehnt schwarzer Kapuze (im Winter schwarzer „Maske").*– JK/1er W: *Ähnlich Sturmmöwe, aber Unterflügeldecken ganz weiß, mittleres Flügelfeld heller grau,* Schwanzendbinde etwas schmaler, *Schnabel dunkel mit roter Basis oder ganz schwarz,* ab Sept. *Oberseite heller grau, dunkle „Maske", Unterseite weiß.*– 1er S: wie 1er W, aber oft partielle Kapuze.– 2er W/2er S: Wie ad., aber mit variabel ausgedehntem Schwarz in Flügelspitze.

**STIMME** Kennzeichnender Ruf ansteigend und am Ende abfallend, nasal, etwas jammernd „jiäh".

Sturmmöwe

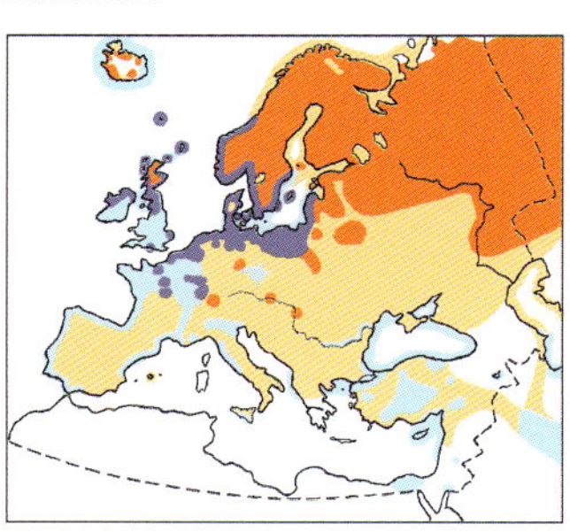

Schwarzkopfmöwe

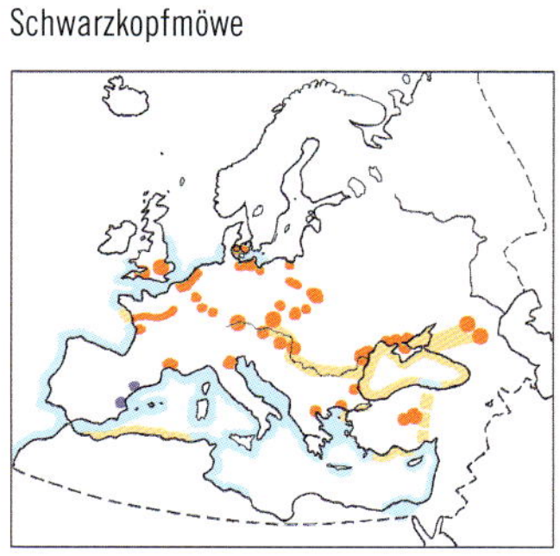

Beachte Ähnlichkeit zwischen unausgefärbten Silbermöwen und Ringschnabelmöwen (s. Text).

## STURMMÖWE

## RINGSCHNABELMÖWE

## SCHWARZKOPFMÖWE

KM

# GROSSE WEISSKÖPFIGE MÖWEN

In den letzten 20 Jahren sind die Großmöwen aus der Verwandtschaft von Silber- und Heringsmöwe molekulargenetisch sowie hinsichtlich ihrer Kennzeichen genauer untersucht worden. Dies hat zur Trennung in mehrere Arten geführt, die einander teilweise jedoch sehr ähnlich sind, da sie sich erst in jüngerer Zeit aufgespalten haben. Ihre Unterscheidung ist in einigen Fällen deprimierend schwierig und nur für Spezialisten mit großer Erfahrung möglich, die sich oft stundenlang dem Studium von Großmöwentrupps auf Mülldeponien und Hafenmauern widmen und dabei seltene Arten entdecken. Auf den nächsten Seiten werden einige erste Bestimmungshinweise gegeben, die jedoch die Fachliteratur nicht ersetzen können.

## SILBERMÖWE — D: A/R4/JZW

European Herring Gull *Larus argentatus*

L 54-60 cm, S 123-148 cm. Im nördlichen Europa weit verbreitete und häufige Art, zahlreich an Küsten, auch im Binnenland auf Feldern, an Mülldeponien usw.; rastet auf Hafenmolen oder entlegenen Inseln, zu denen sie in großer Höhe, oft in Formation fliegt, segelt bei Hochdruckwetter häufig in großer Höhe, brütet oft kolonieweise auf küstennahen Inseln, Klippen oder an Seen, manchmal aber auch in Einzelpaaren. Ernährung vielseitig, von Fisch über Krebstiere, Regenwürmer, Abfall, Verkehrsopfer bis zu Eiern und Küken anderer Vögel.

**KENNZEICHEN** Vierjahres-Möwe (s. S. 182); von allen anderen häufigen Arten unterschieden durch *bedeutendere Größe* und *hellgraue Oberseite* (vgl. kleinere Sturmmöwe), jedoch mit Ausnahme von Mittelmeer- und Steppenmöwe (Unterschiede s. dort), im Vergleich zu diesen Flügel aber nicht so lang und spitz mit bei stehenden Vögeln geringerer Handschwingenprojektion und eher kompakt wirkend. Da die Silbermöwe die wichtigste Referenzart für den Vergleich mit anderen Großmöwen darstellt, lohnt es sich, sie in ihrer gesamten Variationsbreite zu studieren. Zur Gefiederentwicklung und Altersbestimmung s. Tafel, beachte aber individuelle Variation. Graue Federn der Oberseite erscheinen erst ab 2em W, daher im 1en W und 1en S schwerer von Herings- und Mantelmöwe (S. 194) unterscheidbar; *Kopf* im PK weiß, *ab Herbst* (Sept.-Jan.) *kräftig graubraun gestrichelt,* Schnabel im JK/1en W zunächst dunkel mit variabel heller Basis und allmählich heller werdend, bei ad. gelb mit orangerotem Fleck; Iris im JK dunkelbraun, allmählich heller werdend, bei ad. hellgelb (mit gelbem oder orangefarbenem Lidring), *Beine in allen Kleidern rosa* (aber s. u.).– Vögel Westeuropas und Islands (Unterart *argenteus*) relativ klein, rundköpfiger und mit heller grauem Mantel sowie mehr Schwarz und weniger Weiß in der Flügelspitze; Vögel Skandinaviens sowie der Nord- und Ostsee *(argentatus),* die teilweise in Westeuropa überwintern, etwas größer, mit etwas dunklerem Mantel, bei Extremformen Flügelspitze wenig Schwarz und viel Weiß zeigend; Vögel des östlichen Baltikums wie *argentatus,* aber lokal mit gelblicheren oder gelben Beinen (var. *„omissus“*) und damit zur Verwechslung mit Steppen- und Mittelmeermöwe einladend, aber an kompakter Gestalt, hellem Auge, viel Weiß in Flügelspitze sowie im SK gestricheltem Kopf unterscheidbar.

Silbermöwe

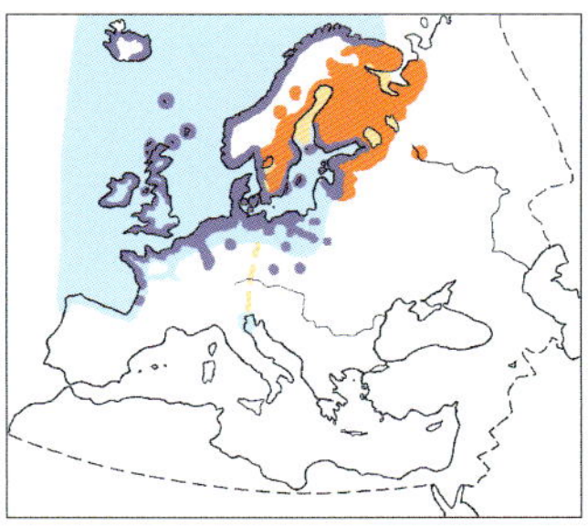

**STIMME** Warnruf durchdringend, wiederholt „kiou“, beunruhigt kennzeichnend „gag-ag-ag“; „jauchzender“ Balzruf laut, tief und schallend „aau… kjA-kjA-kjA-kjA-kjA-kjA… kjAU“.

## KANADAMÖWE — D: A/–/S

American Herring Gull *Larus smithsonianus*

L 52-58 cm, S 120-144 cm. Früher als nordamerikanische Unterart der Silbermöwe betrachtet, aber wegen deutlich verschiedenem Jugend- und ersten Winterkleid und genetischer Unterschiede nun als eigene Art geführt. Ausnahmeerscheinung in Westeuropa.

**KENNZEICHEN** Vierjahres-Möwe (s. S. 182); der Silbermöwe extrem ähnlich und Altvögel oft ununterscheidbar.– JK: Durchschnittlich *dunkler* als juvenile Silbermöwe, *Schwanz fast komplett schwarz* (feine helle Bänderung allenfalls auf Seiten und Basis), *Bürzel und Ober- wie Unterschwanzdecken dicht dunkel gebändert,* kaum zum schwarzen Schwanz kontrastierend, *Kopf und Unterseite* nicht wie bei Silbermöwe gestrichelt bis gefleckt, sondern *fast einfarbig dunkelbraun.*– 1er W: Typische Vögel mit deutlichem *Kontrast zwischen weißlichem Kopf und weiterhin einfarbig brauner Unterseite,* Schnabelmuster ähnlich Eismöwe mit *rosa Basis und dunkler Spitze,* manche aber ähnlich Silbermöwe. Mit zunehmendem Alter der Silbermöwe immer ähnlicher, einzelne Vögel oft nur von Spezialisten oder überhaupt nicht unterscheidbar.

**STIMME** Sehr ähnlich Silbermöwe, aber das „Jauchzen“ klingt vielleicht etwas schneller und höher.

Vergleich zwischen typischer juveniler Kanada- und Silbermöwe sowie sehr dunkler juveniler Heringsmöwe

## SILBERMÖWE

## KANADAMÖWE

## MITTELMEERMÖWE D: A/R2/ZW

Yellow-legged Gull *Larus michahellis*

L 52-58 cm, S 120-140 cm. Lebensweise ähnlich Silbermöwe. Jahresvogel, vielerorts zunehmend, auch in Deutschland, hat sich entlang der französischen Atlantikküste und vom nördlichen Mittelmeer ausgehend im mitteleuropäischen Binnenland nach Norden ausgebreitet; erscheint ab Juli weit nördlich des Brutgebiets.

**KENNZEICHEN** Vierjahres-Möwe (s. S. 182), adulte und fast adulte sehr ähnlich Silber- und Steppenmöwe, jüngere unausgefärbte mehr wie Heringsmöwe (und Steppenmöwe). Adulte zeigen im Vergleich zur Silbermöwe *im SK einen weißeren* Kopf (Strichelung auf Nacken und Augenumgebung konzentriert, aber variabel und hellste Vögel in Osteuropa), *ganzjährig gelbe Beine* und oft alle oder einige der folgenden Kennzeichen: im Flug *etwas längere Flügel,* kräftigerer Schnabel mit stark gebogener Spitze und meist deutlichem Gonyseck, *Handschwingenspitzen ausgedehnter schwarz mit weniger Weiß,* oft auf Oberschnabel reichender *größerer roter Gonysfleck, etwas dunkler grauer, weniger bläulicher Mantel, nasalere Rufe.* Im JK und 1en W abweichend von gleich alter Silbermöwe *Kopf heller mit angedeuteter dunkler Maske, kräftiger Schnabel ganz dunkel, heller Bürzel, saubere schwarze Schwanzbinde, hellere Unterseite, fehlendes oder nur schwach angedeutetes helles Fenster auf inneren Handschwingen, recht dunkle Unterflügeldecken* und *lange Flügel.* Vgl. Steppenmöwe.– Variation: Vögel der Atlantischen Inseln (Unterart *atlantis*), besonders ausgeprägt auf den Azoren, haben noch *dunkleren Mantel,* fast so dunkel wie Heringsmöwen der Unterart *graellsii*, im SK durch dichte dunkle Kopfstrichel hervorgerufene angedeutete Kapuze, sind etwas kleiner und kurzflügeliger; im JK und unausgefärbt recht dunkel, ähnlich Herings- und Kanadamöwe. Westiberische Vögel *(„lusitanius")* tendenziell kleiner und mit weniger Schwarz in Flügelspitze.

**STIMME** Alle Rufe nasal, tief, eher an Herings- als an Silbermöwe erinnernd.

## ARMENIENMÖWE –

Armenian Gull *Larus armenicus*

L 50-56 cm, S 115-135 cm. Genetisch eng mit der Mittelmeermöwe verwandt. Brütet an Bergseen von der Türkei bis in den nordwestlichen Iran, überwintert hauptsächlich von Nordisrael bis zur Sinaiküste, aber auch an der Golfküste und selten im übrigen Arabien.

**KENNZEICHEN** Vierjahres-Möwe (s. S. 182); etwas kleiner als Mittelmeermöwe mit *kürzerem Schnabel* und etwas längeren Beinen, *Kopf mehr gerundet* statt mit flacherem Scheitel und eckigem Hinterkopf. Auch im PK oft schwarze Binde vor Schnabelspitze (aber nicht immer), diese im SK meist deutlicher ausgebildet als bei Mittelmeermöwe. *Iris durchschnittlich dunkler,* Mantel etwas dunkler grau, Schwarz auf der Flügelspitze ausgedehnter mit weißem Fleck vor der Federspitze gewöhnlich nur auf der äußeren Handschwinge. Unausgefärbte Vögel sind Mittelmeermöwen so ähnlich, dass sie nur an Größe und Struktur unterscheidbar sind (kleiner, rundköpfig, kurzschnäbelig, hochbeiniger).

**STIMME** Ähnlich Mittelmeer- und teilweise Heringsmöwe, zwar recht nasal und tief, doch etwas höher und schneller, manchmal vage an Sturmmöwe erinnernd.

## KORALLENMÖWE D: A/–/S

Audouin's Gull *Ichthyaetus audouinii*

L 44-52 cm, S 117-128 cm. Weiterhin vergleichsweise seltene Möwe, Bestand im westlichen Mittelmeerraum seit einigen Jahren aber wieder stark zunehmend (im Ebro-Delta etwa 15.000 Paare); brütet einzeln oder in Kolonien auf kleinen Felsinseln; stark küsten- bzw. meeresgebunden, gern an Felsküsten oder Sandstränden mit starker Brandung. Nahrung fast ausschließlich Fische, die im Flug knapp unter der Wasseroberfläche erbeutet werden, ernährt sich zunehmend vom Beifang der Fischerboote.

**KENNZEICHEN** Vierjahres-Möwe (s. S. 182); etwas kleiner und von grazilerer Gestalt als Silbermöwe; *Schnabel kürzer und stumpfer* mit bis zu den Nasenlöchern reichender Befiederung, *Stirn flacher ansteigend, Hals* bei Beunruhigung *länger;* fliegt auf *längeren, schmaleren Flügeln* eleganter und mit häufigeren Gleitstrecken; Schnabel beim stehenden Vogel oft leicht abwärts gerichtet. Im Brutgebiet nur mit ad. Mittelmeermöwe zu verwechseln, von dieser unterschieden durch *dunkelroten* (von Weitem schwarz wirkenden) *Schnabel, sehr dunkle Iris, dunkelgraue oder grünliche Beine* (oft auch im Flug sichtbar), *deutlich heller grauen* und etwas zweifarbig wirkenden *Oberflügel mit nur sehr schmalem weißem Flügelhinterrand, kleinen weißen* (wie Perlen aufgereihten) *Handschwingenspitzen* und *sehr kleinem weißem Fleck vor Flügelspitze.*– JK-1er S: JK ähnlich Mittelmeer- und Heringsmöwe, aber Unterflügel mit *dunkel gebänderten Flügeldecken, dunklen Schwungfedern* und *hellem mittlerem Flügelfeld* kontrastreicher gemustert, *Bürzel dunkel, weiße Oberschwanzdecken auffälliges „U" bildend; Steuerfedern schwarz mit breit weißen Spitzen,* hintere Flanken dunkel; *Beine dunkelgrau; zwei Drittel des Schnabels grau, Spitze schwarz und höher als Schnabelbasis;* hellgraue Mantel- und Schulterfedern erscheinen bereits Feb.-Mai.– 2er W/2er S: Erkennbar an *hellgrauer Oberseite,* „sauberem" Flügelmuster mit *dunklem, klar abgesetztem Armschwingenfeld, schmaler schwarzer Schwanzendbinde* und *dunklen Beinen.*– 3er W/3er S: Wie ad., aber etwas Schwarz auf Handdecken, vor Flügelspitze kein weißer Fleck, Schwanzendbinde manchmal angedeutet.

**STIMME** Ruft zur Brutzeit nasal „gleh-i-eh", tief warnend „ug-ug-uk" und rau endlos wiederholt „arch".

Mittelmeermöwe

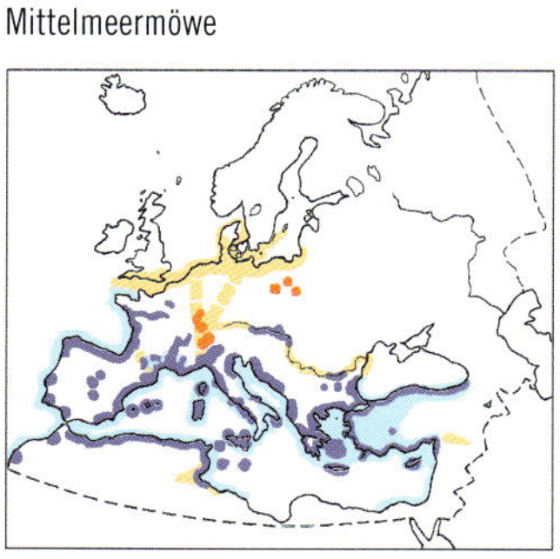

Armenienmöwe

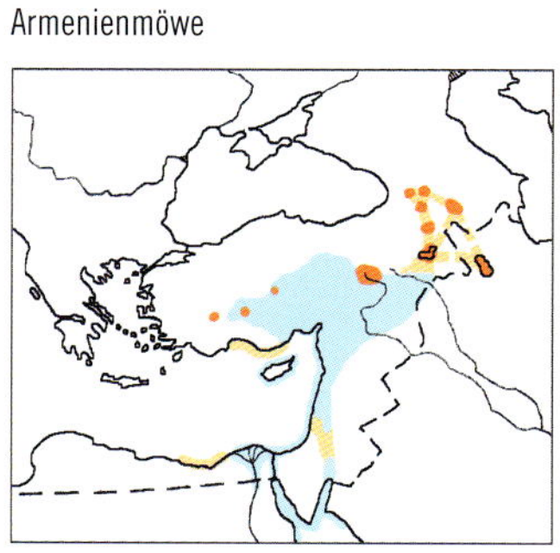

Korallenmöwe

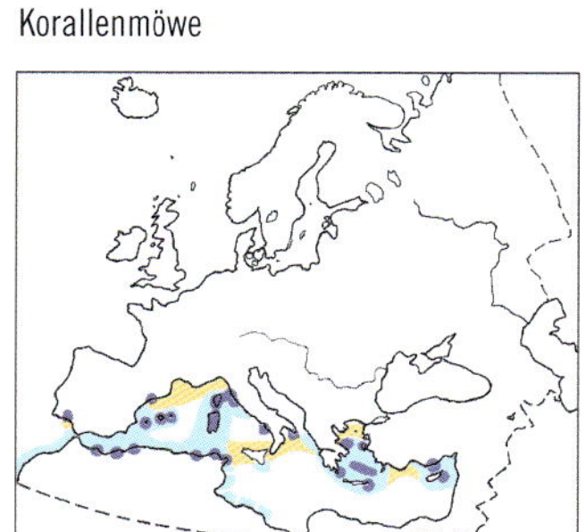

## MITTELMEERMÖWE

## ARMENIENMÖWE

## KORALLENMÖWE

## STEPPENMÖWE D: A/R1/ZW

Caspian Gull *Larus cachinnans*

L 55-60 cm, S 138-147 cm. Nah verwandt mit Mittelmeer- und Silbermöwe, inzwischen jedoch als selbstständige Art betrachtet. Brütete ursprünglich von den Küsten und Zuflüssen des Schwarzen und Kaspischen Meeres ostwärts bis zu den mittelasiatischen Steppenseen, hat sich in letzter Zeit mit lokalen Brutvorkommen westwärts bis Mitteleuropa ausgebreitet und erscheint hier auch zunehmend nach der Brutzeit. Hybridisiert gelegentlich mit Silber- und Mittelmeermöwe (Bruterfolg wenig untersucht). Koloniebrüter, bevorzugt kleine Inseln und flache Ufer, während Mittelmeermöwen eher an Klippen und auf Gebäuden brüten (aber z.B. in der Camargue auch auf flachen Inseln).

**KENNZEICHEN** Vierjahres-Möwe (s. S. 182). Etwa so groß wie Mittelmeer- oder Silbermöwe, doch im Vergleich zur Silbermöwe etwas *schlanker, kleinköpfiger, hochbeiniger* und *langflügeliger* mit *flacherer Stirn* und recht *eckigem Hinterkopf.* Steht oft aufrechter als andere Möwen, entweder mit gestrecktem Hals oder *vorgereckter Brust* und ziemlich *niedrig gehaltenen* Flügeln. Schnabel lang, gleichmäßig schlank mit dünner Spitze, *ohne auffälliges Gonyseck.* Außerhalb der Brutzeit *Schnabel* bei ad. ziemlich *blass gelbgrün, Beine* blass gelblich rosa, *blasser als bei Silbermöwe.* Roter Gonysfleck auf Unterschnabel beschränkt (vgl. Mittelmeermöwe), *Auge oft dunkel* (bei 75% der Individuen deutlich dunkler als bei Mittelmeer- und Silbermöwe). Verglichen mit Mittelmeer- und Armenienmöwe *Mantel heller grau,* etwa wie bei Silbermöwe der Nominatform; *Flügelspitze weniger ausgedehnt schwarz, mehr weiße Flecke vor der Federspitze und längere weiße „Zungen“* auf den Fahnen. Im SK oft durch *fast ganz weißen Kopf* (feine Strichelung um Auge und auf Scheitel nur aus der Nähe erkennbar), dunkles Auge und oben beschriebene strukturelle Unterschiede auffallend.– JK: *Weißlicher Kopf* mit dunkler, *graubrauner „Boa“* um unteren Hinterhals, *ganz schwarzer Schnabel, weißlicher Bürzel* und *saubere schwarze Schwanzbinde;* Körper unterseits hell graubraun und *Unterflügeldecken durchschnittlich heller* als bei gleichaltriger Mittelmeermöwe (doch manchmal ähnlich), innere Handschwingen etwas blasser braun als äußere, ein undeutliches helles Fenster bildend, aber weniger auffällig als bei Silbermöwe; Schirmfedern variabel, von eher einfarbig dunkel mit breit weißen Spitzen bis dunkel mit schmaleren weißen Spitzen, manchmal mit dünner Musterung vor den Spitzen; Große Armdecken gewöhnlich fein gemustert, manchmal mit wie bei der Mittelmeermöwe ein dunkles Feld bildenden Basen oder die Andeutung von hellen Flügelbinden betonend.– 1er W: Mausert wie Mittelmeermöwe recht früh (ab Okt.) und legt zunehmend graue Federn mit dunklen Flecken oder Ankerzeichnung auf Mantel und Schulterfedern an, wobei Körper, Kopf und Hals weißlicher werden; Schnabel wird angedeutet zweifarbig mit meist etwas hellerer Basis.– 2er W: Ähnlich 1er W, *Schnabel deutlicher zweifarbig,* die inneren zwei Drittel blass rosabraun; zum Winterende erste dem Alterskleid ähnliche Federn des zweiten Sommerkleids: auf *Oberseite grau ohne oder mit wenigen dunklen Abzeichen, Schirmfedern hellgrau mit weißen Spitzen* und variablem Anteil weniger dunkler Flecke.– 3er W: Flügelzeichnung wie ad., doch dunkle Schnabelbinde vor Spitze, einzelne dunkle Abzeichen auf Handdecken, Schwanz und Schirmfedern.

**STIMME** Jauchzt mit angehobenen Flügeln, Klang höher, mit „kindlicher“ Stimme und schneller als Mittelmeermöwe, manchmal verglichen mit Stakkatofolge von Seelöwe oder Esel.

Steppenmöwe

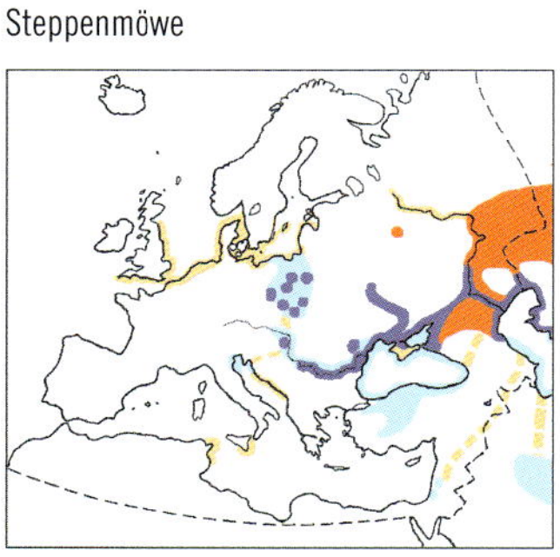

Fischmöwe

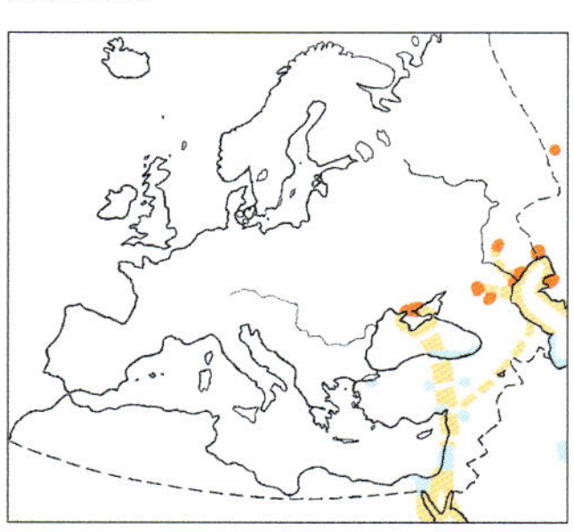

## FISCHMÖWE D: A/–/S

Pallas's Gull *Ichthyaetus ichthyaetus*

L 58-67 cm, S 146-162 cm. Ganz offensichtlich keine weißköpfige Möwe, aber an dieser Stelle behandelt, da sie sehr groß ist und unausgefärbte Vögel überwiegend weißliche Köpfe besitzen. Brütet in Kolonien in Feuchtgebieten, auf Inseln usw. vom Schwarzen Meer bis Mittelasien; seltener, aber regelmäßiger Wintergast im Nahen Osten, in Mitteleuropa selten; Nahrung vorwiegend Fische, Krebstiere, Muscheln, Insekten (auch schwärmend im Flug erbeutet), Kleinsäuger usw.

**KENNZEICHEN** Eigentlich eine Vierjahres-Möwe (s. S. 182), aber Gefiederentwicklung anfangs schnell wie bei einer Dreijahres-Möwe. So groß wie Silbermöwe oder größer, aber etwas schlanker und *langflügeliger* mit *langer, flach ansteigender Stirn,* die *langen und schweren Schnabel* betont; im Flug etwas schmalflügeliger als andere Großmöwen mit stärker gewinkelten Flügel und mit voller Brust, langem Kopf und großem Schnabel vorderlastig wirkend; im PK durch *beträchtliche Größe* und *schwarze Kapuze* unverkennbar, stehende Vögel in anderen Kleidern leicht für Steppenmöwen zu halten, doch *schwarze Maske und weiße Augenklammern* auffällig; beachte, dass auch andere Großmöwen durch Ölverschmutzung dunkle Kopfpartien zeigen können und daher immer weitere Merkmale (s.u.), vor allem Flügel- und Schwanzmuster, überprüft werden müssen.– Ad.: *Handflügel weiß mit schwarzem Querband vor Flügelspitze,* Schnabel gelb (im Sommer zur Spitze hin rot) mit schwarzer Binde, Beine gelblich.– JK: Oberseits braun geschuppt, braune Brust oder Brustseiten zu sonst *weißer Unterseite* kontrastierend, auffällig *hellgraues Flügelfeld auf Großen Armdecken, Unterflügeldecken weiß, klar abgesetzte, breit schwarze Schwanzendbinde,* Schnabel hell mit dunkler Spitze, Beine gräulich oder bräunlich fleischfarben.– 1er W/1er S: Wie JK, aber *Oberseite ähnlich ad. hellgrau, Hinterhals dunkel,* Schnabel und Beine im 1en S oft etwas gelblich (insgesamt riesiger Schwarzkopfmöwe im 1en W ähnlich).– 2er W/2er S: Wie ad., aber Handflügel ausgedehnter schwarz, schmale schwarze Schwanzendbinde.– 3er W/3er S: Wie ad., aber etwas mehr Schwarz in Flügelspitze, manchmal Spuren der Schwanzendbinde.

**STIMME** In Brutkolonien stimmfreudig; ruft tief, recht nasal „aagh“, ähnlich Heringsmöwe; außerhalb der Brutzeit meist stumm.

## STEPPENMÖWE

## FISCHMÖWE

KM

## MANTELMÖWE D: A/R1/JZW

Great Black-backed Gull *Larus marinus*

L 61-74 cm, S 144-166 cm. Brütet an Küsten einzeln oder in kleinen Kolonien, oft in großer Höhe auf Felsinseln, lokal auch an größeren Seen; überwiegend Standvogel; Nahrung Fische, Abfälle, Vögel, raubt Meeresvögeln oft die Nahrung.

**KENNZEICHEN** Vierjahres-Möwe (s. S. 182); *größte Möwe* mit schwerem Körper, dickem Hals, *sehr mächtigem Schnabel* und *majestätischem Flug mit langsamen Flügelschlägen. Schwärzliche Oberseite* (ab Frühjahr des 3en KJ) und *Größe* weisen sofort auf diese Art (oder Heringsmöwe, s. dort). Bis zum 2en W ohne schwarze Mantelfedern, dann schwer von Silbermöwe zu unterscheiden. Aufhellung der Schnabelfarbe von schwarz im JK/1en W bis gelb mit orangefarbenem Schnabelfleck bei ad., der Iris von braun im JK bis gelblich grau bei ad. mit rotem Lidring; *Beine in allen Kleidern fleischfarben.* Bei ausreichenden Beobachtungsbedingungen Altersbestimmung der immat. Vögel anhand des Flügel- und Schwanzmusters möglich.– JK: Gefieder sauber gemustert, Schulterfedern und Schirmfedern mit schwarzen Zentren, Kopf gefleckt.– 1er W: Ähnlich JK, aber Schulterfedern eher gebändert, Kopf etwas heller.– 2er W: Ähnlich 1er W, aber Flügeldecken schwächer gefleckt, Große Armdecken recht einfarbig oder fein gemustert, Schnabelbasis meist aufgehellt; schwarze Schulter- und teilweise Mantelfedern erscheinen durch Frühjahrsmauser im 3en KJ (2er S).– 3er W: Flügeldecken größtenteils schwarz, wenige noch gebändert.– 4er W: Viele wie ad., einige mit immat. Spuren auf Flügeldecken, Schwanz und Schnabelspitze.

**STIMME** Wie Heringsmöwe und Silbermöwe, aber *viel tiefer* und immer typisch *rau kratzend;* „lachender" Balzruf langsamer und kürzer.

## HERINGSMÖWE D: A/R4/ZW

Lesser Black-backed Gull *Larus fuscus*

L 48-56 cm, S 117-134 cm. Koloniebrüter an Küsten und Seen; zieht aus Nord- und Osteuropa entlang großer Flüsse nach Afrika, in Westeuropa Stand- und überwiegend Zugvogel, nur wenige überwintern auf der Nordsee.

**KENNZEICHEN** Vierjahres-Möwe (s. S. 182), aber baltische Vögel oft früher ausgefärbt. *Schwärzliche Oberseite* ab 2em W erscheinend und dann nur noch mit Mantelmöwe zu verwechseln, aber unterschieden durch *geringere Größe* (wie Silbermöwe oder etwas kleiner), *schlankeren Körper, längere und spitzere Flügel* und *schlankeren,* schwächeren *Schnabel;* ad. erkennbar an *gelben* (nicht rosa) *Beinen, viel weniger Weiß* vor Flügelspitze und kleineren weißen Handschwingenspitzen, also *ohne durchgehend weißen Hinterrand des Handflügels,* in Westeuropa deutlich graue Kopffleckung im SK (bei Mantelmöwe Kopf weiß oder schwach gestrichelt). Im 1en W schwerer von Mantel- und vor allem Mittelmeer-, Steppen- und Silbermöwe unterscheidbar. Allmähliche Aufhellung des Schnabels von schwarz im JK bis gelb mit rotem Fleck bei ad., der Iris von braun im JK bis gelb bei ad. (mit rotem Lidring) und der Beine von rosa im JK bis gelb bei ad.; zur Altersbestimmung von Großmöwen s. Mantelmöwe.– Vögel im 1en S verweilen meist im Winterquartier, daher im Brutgebiet selten zu sehen.– Variation: Vögel Westeuropas und Islands (ssp. *graellsii*) mit schiefergrauem, zu schwärzeren Flügelspitzen kontrastierendem Mantel, recht kompakt ähnlich Silbermöwe gebaut, Standvögel oder ziehen bis Westafrika.– Vögel Südwestskandinaviens (ssp. *intermedius*) mit dunkel schwärzlich grauem Mantel, oft mit schwachem Kontrast zur ganz schwarzen Flügelspitze, überwintern häufig in Westeuropa und südwärts bis Westafrika. Baltische Vögel (ssp. *fuscus*) überwintern im Nahen Osten und vor Ostafrika, zeigen bräunlich schwarzen, sich kaum von Flügelspitzen abhebenden Mantel, im SK viel schwächere Kopfstrichelung und wirken durchschnittlich eleganter, langflügeliger, mit größerer Handschwingenprojektion (aber variabel, manche ♂ in der Gestalt ähnlich *intermedius* oder gar Silbermöwen-♀).– Nordrussische Vögel (*heuglini,* „Tundramöwe") sind oberseits schiefergrau ähnlich *graellsii,* aber etwas langflügeliger, sowie im Unterschied zu *fuscus* etwas größer, massiger und hochbeiniger, beginnen aber wie diese spät mit der Herbstmauser.

**STIMME** Alle Rufe wie Silbermöwe, aber merklich *tiefer und nasaler,* an Mittelmeermöwe erinnernd.

## MANTELMÖWE

## HERINGSMÖWE

Mantelmöwe

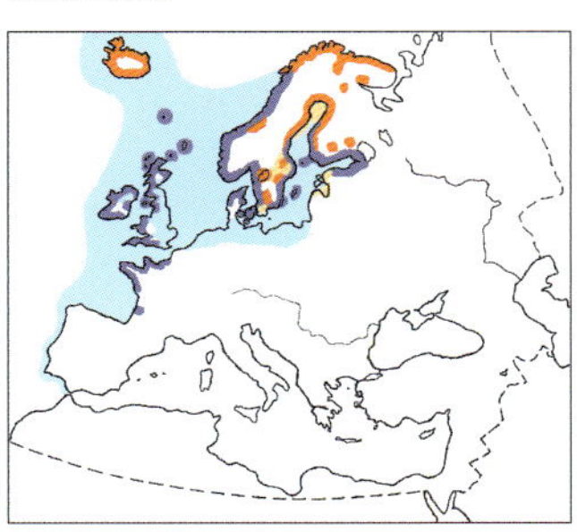

Heringsmöwe

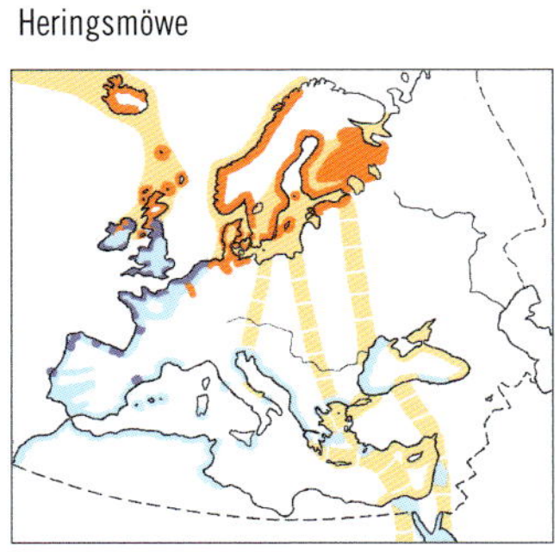

„Tundramöwe“

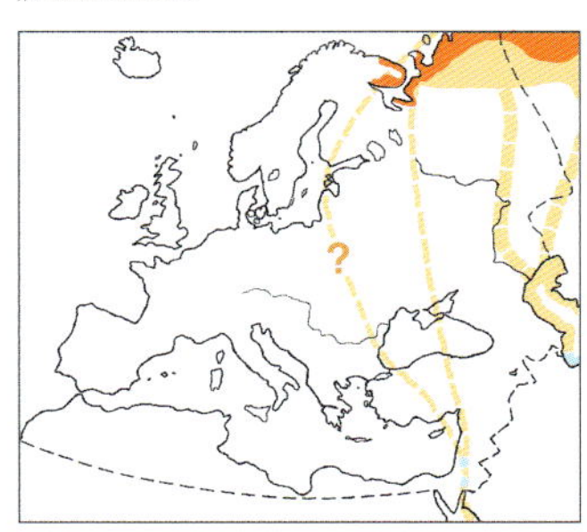

## ROSENMÖWE **D:** A/–/S

Ross's Gull *Rhodostethia rosea*

L 29-32 cm, S 73-80 cm. Hocharktischer Brutvogel Nordsibiriens und Nordamerikas; in Europa sehr seltener Gast.

**KENNZEICHEN** Zweijahres-Möwe (s. S. 182). Etwas größer als Zwergmöwe, mit *längeren, spitzeren Flügeln und langem, keilförmigem Schwanz*.– PK: Dünner *schwarzer Halsring,* Unterseite rosa überhaucht, weißer Flügelhinterrand *breiter als bei Zwergmöwe* und *vor Flügelspitze endend*.– SK: Wie PK, aber statt Halsring kleiner dunkler Fleck auf Ohrdecken und vor Auge, Scheitel, Hals und Brustseiten hellgrau, Unterseite oft weiß.– 1er W: Oberflügel mit dunklem Zickzackband wie Zwergmöwe, aber weniger Schwarz auf Handschwingen, ohne dunkle Armschwingen, dadurch *großer weißer Flügelkeil,* der unterseits zu *aschgrauen Unterflügeldecken* kontrastiert; ohne Schwanzendbinde und schwarzen Scheitelfleck; manchmal Halsring im 1en S.

**STIMME** Als Gast meist stumm.

## ZWERGMÖWE **D:** A/L1/Z

Little Gull *Hydrocoloeus minutus*

L 24-28 cm, S 62-69 cm. Brütet in meist kleinen Kolonien an Süßwasserseen, überwintert in Westeuropa und im Mittelmeerraum; zieht im April/Mai und von Aug. bis Okt. entlang Küsten oder großer Flüsse; pickt seeschwalbenartig Nahrung von der Wasseroberfläche und jagt Insekten im Flug; Nest meist in Vegetation im Flachwasser.

**KENNZEICHEN** Dreijahres-Möwe (s. S. 182); sehr klein und grazil (Größe ca. zwei Drittel der Lachmöwe), mit schnellen Flügelschlägen und erratischerer Flugweise; bei ad. *schwärzliche Unterflügel* und kontrastierende hellgraue Oberflügel auffallend; *weißer, ganze Flügelspitze einrahmender Flügelhinterrand* lässt *Flügelspitze rund* erscheinen.– PK: *Schwarze Kapuze,* Schnabel rötlich braun (wirkt schwarz), Beine karminrot, Unterseite rosa überhaucht.– SK: Schwarzer Ohrfleck, Scheitel schwärzlich, Unterseite weiß, Schnabel schwarz, Beine mattrot.– JK: Kopf, Mantel und Rücken ausgedehnt schwärzlich braun gemustert, Oberflügel mit *dunklem Zickzackband* und diffus dunklem Armschwingenfeld, dunkle Schwanzendbinde, Unterflügel weiß (mit nur kleinem dunklem Fleck am inneren Armflügel-Hinterrand), Schnabel schwarz, Beine rosa.– 1er W: Kopf und Körper wie SK, restliche Partien wie JK.– 1er S: Wie 1er W oder mit partieller oder kompletter Kapuze; Flügel oft stark abgenutzt und Zickzackband ausgeblichen hellbraun, Schwanzendbinde oft in der Mitte unterbrochen.– 2er W/2er S: Wie ad., aber *Oberflügelspitze noch variabel schwarz markiert, Unterflügeldecken heller.*

**STIMME** Ruft kurz, hart, nasal, auch schnell wiederholt „keck"; balzt rhythmisch „KJÄ-ki-KJÄ-ki-KJÄ-ki-…".

## DREIZEHENMÖWE **D:** A/L3/JZW

Black-legged Kittiwake *Rissa tridactyla*

L 37-42 cm, S 93-105 cm. Koloniebrüter, mancherorts mehrere Zehntausend Paare an Steilklippen (z. B. Helgoland); häufig nahe Fischereihäfen, auf dem Meer hinter Fischerbooten; Nahrung Wirbellose und Fische, auch Fischabfälle.

**KENNZEICHEN** Dreijahres-Möwe (s. S. 182), wenig größer als Lachmöwe mit leicht eingekerbtem Schwanz und kurzen Beinen; Flugweise mit steifen, schnellen Flügelschlägen und schmalem Handflügel.– Ad.: *Flügelspitze einfarbig schwarz,* Oberseite dunkelgrau, *zur schwarzen Flügelspitze hin aufgehellt weiß,* dadurch Flügel dreifarbig wirkend; Schnabel gelblich, Beine dunkelbraun oder schwärzlich (selten rot, orange oder fleischfarben), Kopf im PK weiß, im SK Hinterkopf grau und halbmondförmiger Ohrfleck schwärzlich.– JK-1er S: *Oberflügel mit dunklem Zickzackband,* schwarze Schwanzendbinde; im JK und einige im 1en W mit weißem Kopf, schwarzem Ohrfleck und *Nackenband,* sonst Kopf wie SK; im 1en S Zickzackband oft ausgeblichen, Schnabel matt gelblich mit dunkler Spitze. JK und 1er W ähnlich gleichaltriger Zwergmöwe, aber an Gestalt und Flugweise zu erkennen; Dreizehenmöwe oberseits dunkler grau mit *klarer abgesetztem, großem weißem Flügelkeil*.– 2er W/2er S: Wie ad., aber von Nahem z. B. an schwarzen Kanten der äußersten Handschwingen und Schwarz am Schnabel, im 2en S manchmal am Kopfmuster des SK zu unterscheiden.

**STIMME** In Kolonien stimmfreudig; häufigster Ruf wiederholt, schnell, nasal „kitt-i-WÄÄik", im Flug kurz, nasal „kja!"; Warnruf kurz, pochend „kt kt kt…".

## SCHWALBENMÖWE **D:** A/–/Z

Sabine's Gull *Xema sabini*

L 30-36 cm, S 80-87 cm. Hocharktischer Brutvogel Nordsibiriens und Nordamerikas; jährlich Sturmgast im Sept./Okt. in der Nordsee, wenn nordamerikanische Vögel (vor Südwestküste Afrikas überwinternd) südwärts über den Atlantik ziehen und durch Nordweststürme verdriftet werden.

**KENNZEICHEN** Zweijahres-Möwe (s. S. 182); Größe zwischen Zwerg- und Lachmöwe; Gestalt schlank mit langen Flügeln, Schwanz gekerbt; *sehr kontrastreiches Oberflügelmuster* in allen Kleidern kennzeichnend, doch beachte, dass Dreizehenmöwen im 1en W auch aus kürzerer Entfernung ähnlich Schwalbenmöwen erscheinen können und daher weitere Kennzeichen zu überprüfen sind: Im PK mit dunkelgrauer Kapuze, die bis Herbst länger erhalten bleibt als bei anderen schwarzköpfigen Möwen; im SK und 2en W Hinterkopf und Nacken variabel ausgedehnt schwärzlich; im JK (bis Dezember) *Oberseite braungrau und hell geschuppt,* Kopf und Brustseiten ausgedehnt grau *(Kopf wirkt von Weitem dunkel,* bei Dreizehenmöwe dagegen weiß), *Flugweise* etwas *leichter* als bei Dreizehenmöwe.– 1er S (kaum in Europa zu sehen): Wie ad., aber Kopf wie im SK oder mit partieller Kapuze.

**STIMME** Ruft ähnlich Seeschwalben pfeifend „prrih".

Zwergmöwe

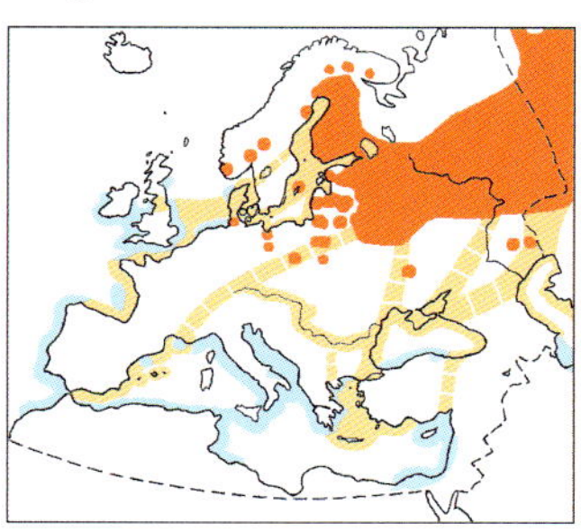

Dreizehenmöwe

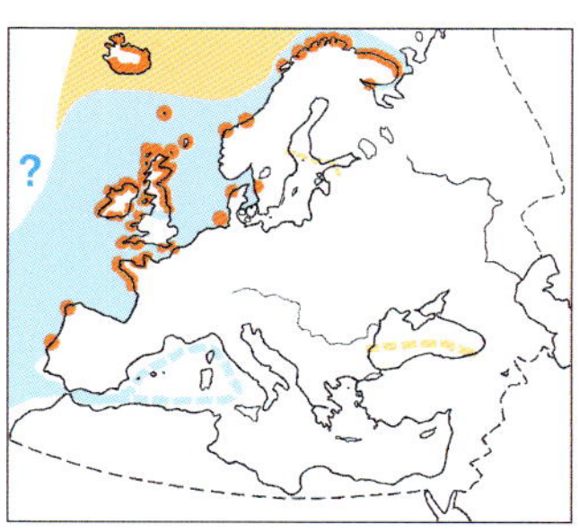

Schwalbenmöwe

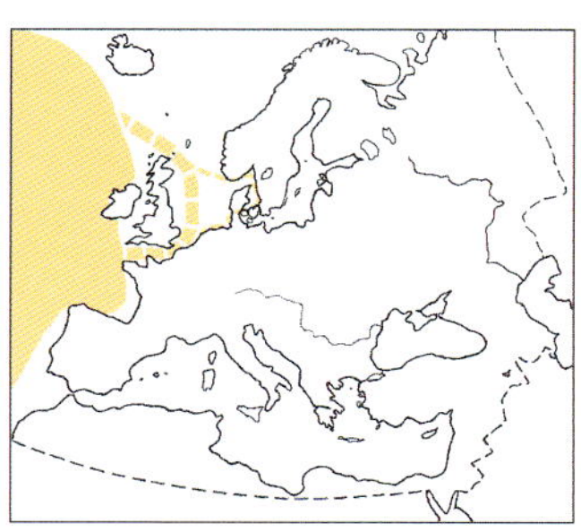

## ROSENMÖWE

## ZWERGMÖWE

## DREIZEHENMÖWE

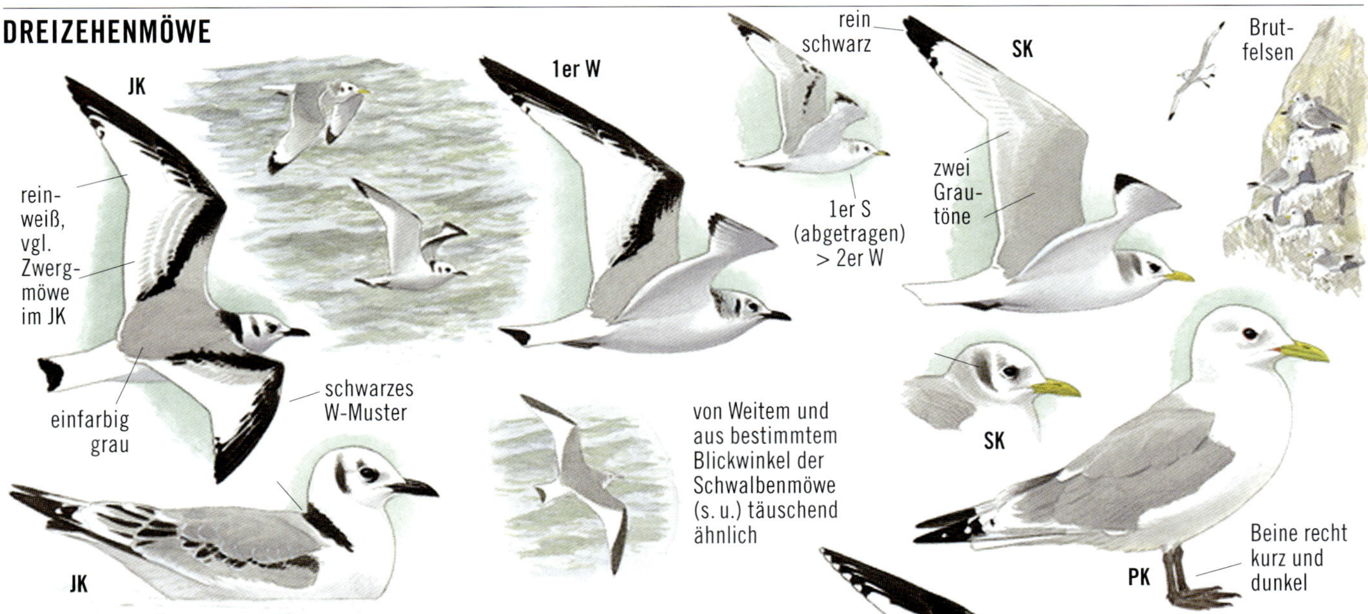


## SCHWALBENMÖWE

## EISMÖWE D: A/–/W

Glaucous Gull *Larus hyperboreus*

L 63-68 cm, S 138-158 cm. Brütet einzeln oder in lockeren Kolonien an Klippen und auf offenen Flächen in Küstennähe; im Winter selten südlich der Brutgebiete. Nahrung im Sommer vorwiegend Fische, Eier und Jungvögel, im Winter Fischreste in Häfen und Abfälle.

**KENNZEICHEN** Vierjahres-Möwe (s. S. 182); von allen *Großmöwen* haben nur Eis- und Polarmöwen *reinweiße Handschwingen;* ad. oberseits heller grau als Silbermöwe, im 1en W und 2en W frisches Gefieder recht *einfarbig hell ockerbraun* oder milchkaffeefarben mit diffuserer und dünnerer Bänderung der Oberseite als bei anderen Großmöwen; in allen Kleidern *unmarkiert* helle oder weiße Handschwingen kennzeichnend, vor allem unterseits auffällig und durchscheinend wirkend (Vorsicht bei mausernden Silbermöwen im Herbst); Eis- und Polarmöwe aufgrund ähnlicher Gefiederfärbung in allen Kleidern nur an Größe, Struktur, Schnabelmuster (1er W) und -färbung (3er W und einige ad.) unterscheidbar, bei guten Beobachtungsbedingungen Bestimmung meist einfach: Eismöwe *etwas oder deutlich größer, langbeiniger und schwerer als Silbermöwe,* mit großem Schnabel, kleinem Auge, flach ansteigender Stirn und oft eckigem Hinterkopf eher „grimmigen" Gesichtsausdruck vermittelnd; *Schnabellänge entspricht etwa Länge der (kurzen) Flügelprojektion oder ist etwas länger;* im Vergleich zur Polarmöwe Flügel proportional breiter, Hals länger, Kopf größer und Flugweise schwerfälliger; Unterscheidung im 1en W anhand des kennzeichnenden Schnabelmusters einfacher: Schnabel zu *zwei Dritteln rosa mit scharf abgesetzter schwarzer Spitze* (bei Polarmöwe Spitze ausgedehnter schwarz und weicher in oft nur etwas hellere Basis übergehend). Lidring bei ad. gelb (bei Polarmöwe rötlich). Gelegentlich auftretende kleine oder klein wirkende Eismöwe bzw. groß wirkende Polarmöwe am besten an Schnabelmuster (im 1en W) und Schnabellänge im Verhältnis zur Flügelprojektion zu unterscheiden.– Vorsicht bei ganz weißen, albinotischen Möwen anderer Arten, leukistischen immat. Silber- und Mittelmeermöwen und Hybriden zwischen Eis- und Silbermöwen; albinotische Möwen sind jedoch selten ganz weiß, Eis- und Polarmöwen dagegen nie reinweiß (können aber im 1en S oder 2en S ausgeblichen sein und von Weitem sehr weiß wirken); bei leukistischen immat. Möwen und Hybriden sind äußere Handschwingen, Armschwingenfeld oder Schwanzendbinde zumindest etwas dunkler gefärbt als restliches Gefieder; ad. Hybriden zeigen immer dunkle Markierung auf der Flügelspitze, die bei Eismöwe und Nominatform der Polarmöwe nie vorhanden sind.

**STIMME** Ähnlich Silbermöwe, aber etwas rauer.

## POLARMÖWE D: A/–/W

Iceland Gull *Larus glaucoides*

L 52-60 cm, S 123-139 cm. Brütet auf Grönland und in Nordkanada; in Nordwesteuropa im Winter seltener als Eismöwe; Verhalten und Nahrung ähnlich Eismöwe.

**KENNZEICHEN** Vierjahres-Möwe (s. S. 182); mit *ganz weißen Handschwingen,* in sämtlichen Kleidern sehr ähnlich Eismöwe; ad. mit hellgrauem Mantel und gelbem Schnabel mit rotem Fleck; bei immat. Gefieder fein braun gebändert; *etwas* oder deutlich *kleiner, kurzbeiniger* und leichter *als Silbermöwe,* mit „mittelgroßem" Schnabel, proportional größerem Auge und recht rundlichem Kopf „freundlich" wirkend, im Flug oft kurzhalsig und kleinköpfig erscheinend; *Flügel überragen Schwanz viel weiter als bei Eismöwe, Schnabel deutlich kürzer als Länge der Flügelprojektion;* im 1en W Schnabelmuster kennzeichnend: *schwarze Spitze* über Hälfte des Schnabels *ausgedehnt* und ohne scharfe Grenze *in nur wenig hellere* (matt fleischfarbene oder graue) *Schnabelbasis übergehend;* kennzeichnende Schnabelfärbung bei einigen Vögeln noch im 2en W vorhanden, sonst aber ähnlich Eismöwe gemustert; bei einigen ad. und im 3en W *Schnabel leicht grünlich gelb* getönt (bei Eismöwe immer gelblich ohne Grünton); Lidring bei ad. rötlich.– Variation: Brutvögel im nordöstlichen Kanada (ssp. *kumlieni,* „Kumlienmöwe"; in Nordwesteuropa sehr selten) wie Nominatform, aber oft etwas größer, Schnabel kräftiger, Flügelspitze bei ad. im frischen Gefieder kennzeichnend eisgrau, im ausgeblichenen Gefieder graubraun, Iris oft dunkel; im 2en W und 3en W Außenfahnen der äußeren 3-4 Handschwingen dunkel markiert (wie bei ad.), oft dunklere Schwanzendbinde; im 1en W nicht von Nominatform unterscheidbar. Brutvögel im nordwestlichen Kanada (ssp. *thayeri,* „Thayermöwe"; wenige Meldungen aus Europa) insgesamt dunkler mit ausgedehnter dunkleren Markierungen der Flügelspitze, sehr ähnlich heller Silbermöwe; nach aktuellem Kenntnisstand sichere Bestimmung sehr schwer.

**STIMME** Wie Silbermöwe, aber etwas höher.

## ELFENBEINMÖWE D: A/–/S

Ivory Gull *Pagophila eburnea*

L 41-47 cm, S 100-113 cm. Hocharktischer Vogel, kaum südlich der Packeisgrenze anzutreffen; ernährt sich überwiegend von Aas und Exkrementen; in Europa extrem seltener Gast, meist in Fischereihäfen oder an Stränden mit Aas wie toten Seehunden oder Walen.

**KENNZEICHEN** Zweijahres-Möwe (s. S. 182); so groß wie Sturmmöwe, aber mit breiteren Flügeln, kürzerem Hals, plumperem Körper, längerem Schwanz und *kürzeren Beinen;* Flugweise leicht mit recht schnellen Flügelschlägen.– Ad.: *Gefieder ganz weiß,* aber beachte typische Gestalt, *dunklen Schnabel mit gelber Spitze* und schwarze Beine, um andere weiße albinotische Möwen auszuschließen.– 1er W: *Gefieder weiß mit schwarzen Tupfen,* Gesicht schmutzig schwärzlich gefleckt.

**STIMME** Seeschwalbenartig „krriä".

Eismöwe

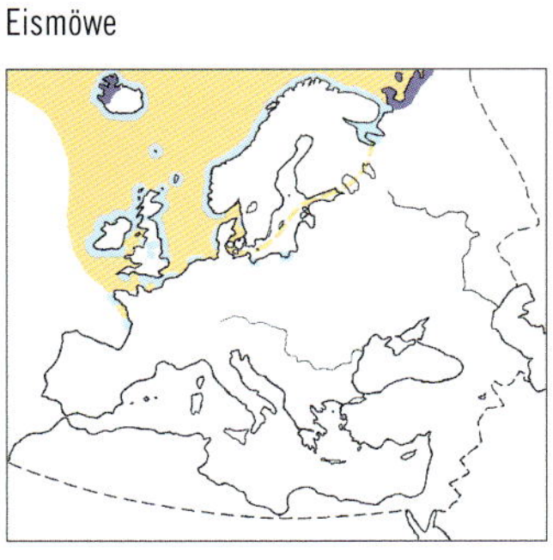

Polarmöwe

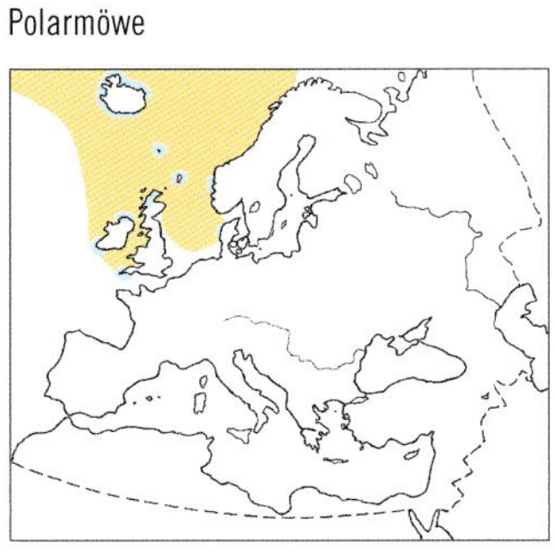

Elfenbeinmöwe

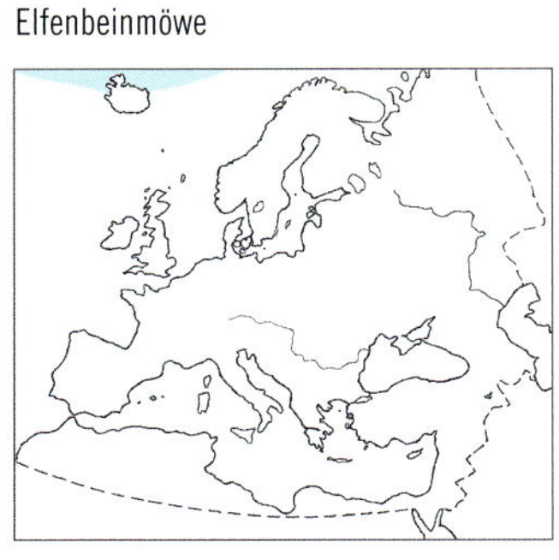

## EISMÖWE

## POLARMÖWE

## ELFENBEINMÖWE

KM

## HEMPRICHMÖWE –

Sooty Gull *Ichthyaetus hemprichii*

L 42-45 cm, S 105-113 cm. Brütet im Herbst vom südlichen Roten Meer bis Persischen Golf; sonst Gast nördlich bis Suez und Akaba; strikt an Küsten gebunden; Allesfresser.

**KENNZEICHEN** Dreijahres-Möwe (s. S. 182); so groß wie Sturmmöwe, kann aber durch *dunkles Gefieder und lange Flügel* von Weitem größer wirken und vor allem durch dunkle Unterflügel an Raubmöwe erinnern; Kombination von dunklem Gefieder, langen Flügeln und *außergewöhnlich langem Schnabel* auch für Weißaugenmöwe typisch, von dieser aber in allen Kleidern unterschieden durch *dickeren, zweifarbigen Schnabel mit scharf abgesetzter schwarzer Spitze* (bei Weißaugenmöwe gleich lang, aber dünner und ganz dunkel) und kräftigere Gestalt.– PK: Verglichen mit Weißaugenmöwe *Kapuze dunkelbraun* (statt schwarz), *weißer Halbmond* meist nur *über dem Auge* (statt Auge umrahmend), *Brust und Oberseite rußbraun* (statt grauer und heller), *Schnabel grünlich mit dunkler Binde* und roter Spitze (statt dunkelrot mit schwarzer Spitze).– SK: Kapuze und weißer Nackenschal undeutlicher (gilt für beide Arten).– JK: *Kopf und Hals einfarbig hell graubraun* (statt dunkler braun), Halbmond über dem Auge diffuser (statt wie ad.), Schnabel *scharf abgesetzt zweifarbig* (statt ganz dunkel).– 2er W: Wie SK, aber mit undeutlicherem Kopfmuster und variabel ausgeprägter schwarzer Schwanzendbinde.

**STIMME** Ähnlich Dreizehenmöwe, vor allem falsettartig lachender Balzruf „waaÄÄH wa wa, waaÄÄH…“; einige Rufe schriller und rauer als bei Weißaugenmöwe.

## WEISSAUGENMÖWE –

White-eyed Gull *Ichthyaetus leucophthalmus*

L 39-43 cm, S 100-109 cm. Brütet im Roten Meer und Golf von Aden; einzelne Vögel regelmäßig nördlich bis Akaba; küstengebunden; Nahrung hauptsächlich Fische.

**KENNZEICHEN** Dreijahres-Möwe (s. S. 182); nur mit Hemprichmöwe zu verwechseln, mit der sie Kombination von *dunklem Gefieder, dunklen Unterflügeln,* schlanker Gestalt und *langem Schnabel* teilt; in allen Kleidern von dieser unterschieden durch etwas *geringere Größe,* leichteren Körper und *dünneren, von Weitem ganz dunkel wirkenden Schnabel.*– Ad.: *Kapuze schwarz, Auge von breiten, weißen Halbmonden eingerahmt, Brust und Oberseite etwas heller und reiner grau,* Schnabel von Nahem *dunkelrot mit schwarzer Spitze* (ohne Grünton der Hemprichmöwe).– JK: *Insgesamt dunkler* als Hemprichmöwe mit weniger kontrastreichen hellen Rändern der Flügeldecken, *Kopf und Hals dunkler und brauner, Auge von weißen Halbmonden eingerahmt, Schnabel ganz dunkel.*– 2er W: Wie SK, aber mit schwarzer Kappe statt Kapuze, variabel ausgeprägter schwarzer Schwanzendbinde und ganz dunklem Schnabel.

**STIMME** Wie Hemprichmöwe, aber tiefer und weicher.

Hemprichmöwe

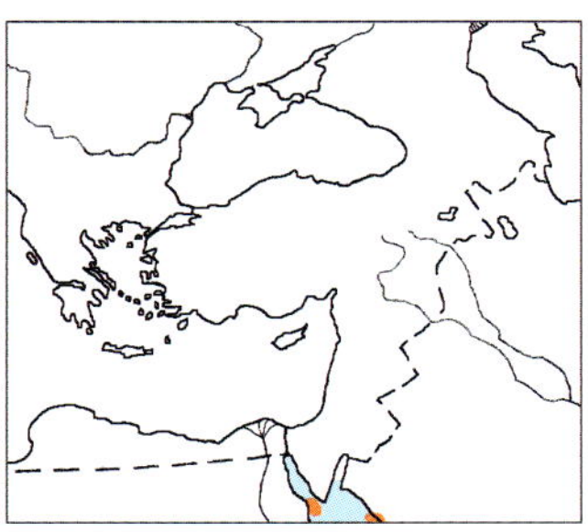

Weißaugenmöwe

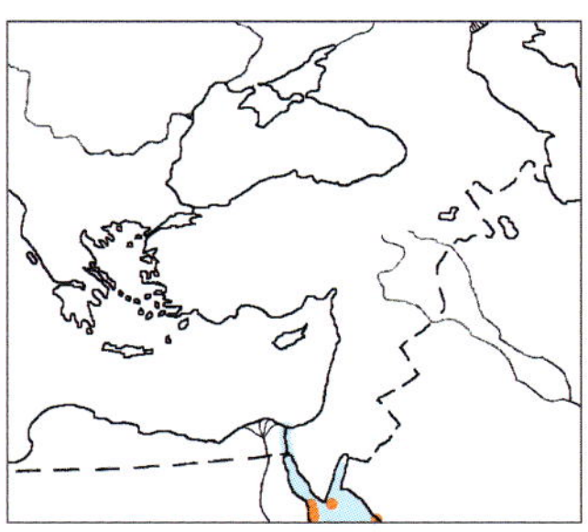

## AZTEKENMÖWE D: A/–/S

Laughing Gull *Leucophaeus atricilla*

L 36-41 cm, S 98-110 cm. Nordamerikanischer Brutvogel, in Europa seltener Gast mit jährlich wenigen Nachweisen.

**KENNZEICHEN** Dreijahres-Möwe (s. S. 182); Größe zwischen Lach- und Sturmmöwe, am ehesten mit Präriemöwe zu verwechseln, aber Vorsicht auch bei Heringsmöwen im 2en W und 3en W, die ähnlich wirken können, wenn bedeutendere Größe nicht einschätzbar; Azteken- und Präriemöwe *oberseits viel dunkler grau* als andere kleine europäische Möwenarten (fast so dunkel wie Heringsmöwen *graellsii*); Aztekenmöwe etwas größer als Präriemöwe, *mit längerem Schnabel,* längeren Beinen und Flügeln, die am stehenden Vogel *längeres Hinterende* entstehen lassen (Präriemöwe kompakter, ähnlich Zwergmöwe); ad. und Vögel im 2en S von Präriemöwe im 1en S und späteren Kleidern ferner unterschieden durch *ganz schwarze Flügelspitze,* die *keine oder nur kleine weiße Handschwingenspitzen* zeigt (statt Flügelspitze breit schwarz-weiß gemustert), ganz weißen Schwanz (statt Schwanzmitte grau), *schmale weiße Halbmonde* über und unter dem Auge (statt Halbmonde dicker und hinter dem Auge zusammentreffend); im SK *weniger Schwarz am Kopf* (statt im SK und 1en S kennzeichnende Kappe), im PK Schnabel und Beine *dunkelrot* (statt im PK leuchtend rot).– 1er W: *Brust, Flanken und Unterflügeldecken grau* (statt Letztere weiß), am Kopf weniger Grau (statt dunkle Kappe), alle Handschwingen gleichmäßig dunkel (statt helles „Fenster“), *Schwanz grau mit breiter schwarzer Endbinde* (statt weiß mit schmalerer Endbinde).– 1er S: Wie 1er W, aber Oberflügeldecken oft ausgeblichen hellbraun (statt wie ad.).– 2er W: Wie ad., aber Schwarz von Flügelspitze variabel ausgeprägt bis auf Handdecken reichend, (meist) Spuren der schwarzen Schwanzendbinde vorhanden.

**STIMME** Im Flug ähnlich Sturmmöwe jaulend „kii-ag“.

## PRÄRIEMÖWE D: A/–/S

Franklin's Gull *Leucophaeus pipixcan*

L 32-36 cm, S 81-93 cm. Nordamerikanischer Brutvogel.

**KENNZEICHEN** Zweijahres-Möwe (s. S. 182); Größe wie Lachmöwe oder etwas kleiner; am ehesten mit Aztekenmöwe zu verwechseln (s. dort), aber Vorsicht bei Dreizehenmöwen im SK, die von Weitem oder bei kurzen Beobachtungen ähnlich wirken könnten; Hauptunterschiede im Vergleich zur Aztekenmöwe: *etwas geringere Größe, Gestalt kompakter, Schnabel kürzer,* bei ad. kennzeichnendes *schwarz-weißes Flügelmuster, breitere weiße Halbmonde* hinter dem Auge zusammentreffend, *Schnabel und Beine leuchtend rot.*– 1er S: Nach Vollmauser im Frühjahr ähnlich SK, aber *weiße Querbinde* zwischen schwarzer Flügelspitze und grauem Oberflügel *schmal oder fehlend,* weiße Handschwingenspitzen kleiner, Kapuze nie komplett ausgebildet (gutes Unterscheidungsmerkmal vom PK); im 1en S also völlig anderes Gefieder als gleichaltrige Aztekenmöwe, die Schwung- und Steuerfedern des JK zeigt.– 2er W: Wie ad., aber manchmal weniger Weiß in Flügelspitze.

**STIMME** Weich „krro“ oder bei der Nahrungssuche schrill, wiederholt „kek, kek“.

## HEMPRICHMÖWE

## WEISSAUGENMÖWE

## AZTEKENMÖWE

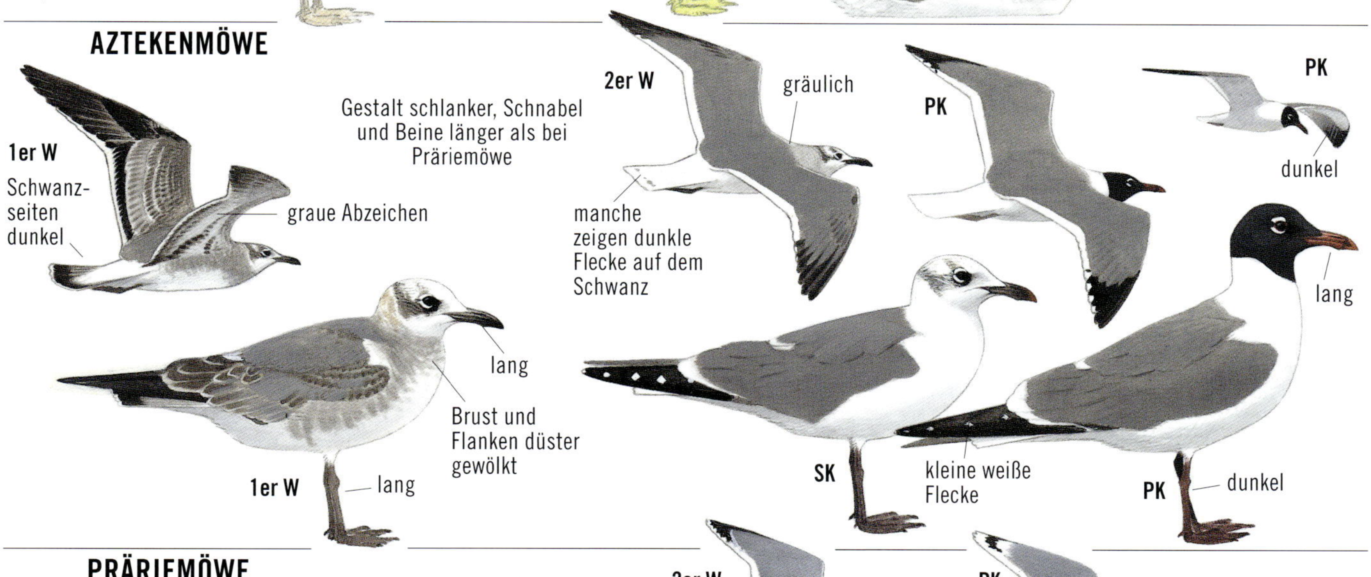


## PRÄRIEMÖWE

KM

# SEESCHWALBEN Sterninae

Relativ kleine bis mittelgroße, schlanke Seevögel mit langen, schmalen und spitzen Flügeln, meist langem und tief gegabeltem Schwanz und langem, spitzem Schnabel. Meisterhafte Flugkünstler, einige Arten extrem lange Zugstrecken zurücklegend, mit leichter, eleganter Flugweise, schwungvollen, elastischen Flügelschlägen und oft gewinkelten Flügeln. Erbeuten, oft nach Rüttelflug, sturztauchend Fische. Bodenbrüter, oft in dichten Kolonien, wo sie Eier und Küken schreiend mit Angriffsflügen verteidigen. Im Winterhalbjahr teilweise pelagisch.

## RAUBSEESCHWALBE — D: A/L1/Z

Caspian Tern *Hydroprogne caspia*

L 52-58 cm, S 110-135 cm. Brütet in Kolonien oder einzeln auf meist weiter im Meer gelegenen, flachen Inseln; von Apr.-Okt. in Europa; überwintert in Westafrika, gelegentlich am Mittelmeer; zieht teilweise Flüssen folgend über das europäische Binnenland. Nahrung vor allem Fische, die zur Brutzeit weit entfernt (30-60 km oder mehr) und oft in Binnengewässern erbeutet werden.

**KENNZEICHEN** Größte Seeschwalbe mit *größerer Flügelspannweite als Sturmmöwe,* fliegt mit langsameren Flügelschlägen als andere Seeschwalben, wirkt im Flug auffallend *vorderlastig* und insgesamt eher möwenähnlich; in allen Kleidern *Schnabel sehr groß und rot* und *Handschwingen unterseits ausgedehnt schwärzlich.*– Ad.: *Schnabel leuchtend rot* mit meist dunkler Markierung vor Spitze, Beine schwarz; im Winter *schwarze Kappe ausgedehnt* und mit weißlichen Federn durchsetzt, nicht auf Hinterkopf reduziert wie bei meisten anderen Seeschwalben.– JK: Komplette dunkle Kappe reicht weiter auf Wangen und Zügel als bei ad.; Schnabel orange mit dunkler Spitze, *gelblich grüne Beine werden zum Winter dunkler;* Oberseite und Schwanz eher schwach dunkel markiert, Armflügel recht einfarbig hell ohne den dunklen Bugstreif anderer Seeschwalben.– 1er W: Schnabel orangerot (nur wenig heller als SK), Beine ab Sommer schnell dunkler werdend, Stirn allmählich weißlich durchsetzt ähnlich SK.– 1er S: Wie SK, aber Flügel- und Steuerfedern stark abgetragen oder durch einzelne neue Federn unregelmäßig gemustert.

**STIMME** Im Flug tief, scharf und reiherartig rau „krre-ähk!"; in Kolonien ohrenbetäubend laut; Bettelrufe der Jungvögel bis zum 1en W wiederholt piepsend „swii-WI".

## KÖNIGSSEESCHWALBE —

Royal Tern *Thalasseus maximus*

L 42-49 cm, S 86-92 cm. Vorwiegend in Amerika verbreitet, brütet am Ostatlantik nur von Mauretanien bis Guinea und zieht nordwärts an nordwestafrikanische Küste (ausnahmsweise nach Spanien), im übrigen Westeuropa sehr seltener Gast von wahrscheinlich nordamerikanischer Herkunft.

Raubseeschwalbe

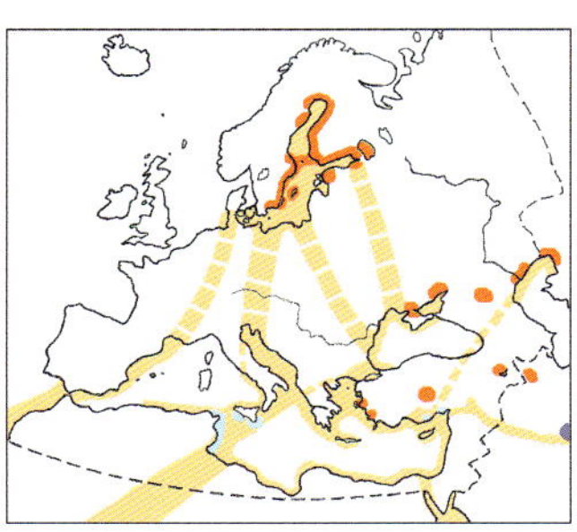

**KENNZEICHEN** Größe zwischen Brand- und Raubseeschwalbe. Von Letzterer in allen Kleidern unterschieden durch *geringere Größe, schwächeren Schnabel,* schlankere Flügel, *spitzeres Hinterende, stärker gegabelten Schwanz und unterseits helle Handschwingen mit nur schmalem dunklem Hinterrand.* Im Unterschied zur Guineaseeschwalbe (S. 204), die (meist Juni-Okt.) an marokkanischer Atlantikküste auftaucht, Schnabel durchschnittlich kürzer, kräftiger, mehr rötlich orange (statt gelblich orange), Gestalt etwas größer und kräftiger. Zur Unterscheidung von der ähnlichen Rüppellseeschwalbe, s. dort (S. 204). Unterscheidet sich von der Eilseeschwalbe (s. u.) der Unterart *velox* durch deutlich hellere Oberseite (statt eher bleigrau) und orangenen (statt gelben oder blass grünlich gelben), geraden, dolchförmigen (statt schlankeren und mehr abwärts gebogenen) Schnabel, ferner sind im PK Bürzel und Schwanzmitte weiß (statt gräulich) und die Stirn schwarz (statt weiß). Kann auch mit sehr seltener, mittelamerikanischer Schmuckseeschwalbe (S. 204) verwechselt werden, ist aber etwas größer, Schnabel kräftiger, gerader und intensiver rötlich orange (statt schlanker, länger, leicht abwärts gebogen und orange mit gelblicher Spitze), Stirn und Augenregion im SK und 1en W oft ausgedehnter weiß (statt Augenregion immer schwarz).– Ad.: Von Raubseeschwalbe unterschieden durch *einfarbig orangefarbenen oder orangegelben* (nur ausnahmsweise roten), etwas schlankeren und spitzeren *Schnabel; Haube struppiger; Kappe nur im Frühjahr komplett schwarz, ab Mai/Juni Stirn/Vorderscheitel allmählich weiß durchsetzt* wie im SK.– JK/1er W: Im Vergleich zur Raubseeschwalbe *Schnabel gelblich oder hellorange* (nicht orangerot), Bugstreif, Große Armdecken und Armschwingen auffallend dunkel, Kopfmuster hell (wie SK). Vorsicht: Die Bestimmung seltener orangeschnäbeliger Seeschwalben hängt von der Einschätzung subjektiver Kriterien ab und erfordert sorgfältiges, selbstkritisches Einschätzen von Größe, Schnabelform und -länge, Mantel- und Bürzelfärbung usw.

**STIMME** Im Flug guttural „kerrjup" oder „krrii-it" ähnlich Brandseeschwalbe, aber rauer und tiefer.

## EILSEESCHWALBE —

Greater Crested Tern *Thalasseus bergii*

L 50–54 cm (davon Schwanzspieße 7-10 cm), S 100–114 cm. Brütet von S-Afrika über Indischen Ozean bis Pazifik, auch Rotes Meer und Persischer Golf. Teilzieher, manchmal nordwärts bis Suez und Golf von Akaba.

**KENNZEICHEN** *Sehr groß* mit *etwas schmaleren Flügeln* als die ähnlich große Raubseeschwalbe, von dieser leicht an schmalerem (aber langem) und *kalt gelbem* Schnabel unterscheidbar. Schnabelfirst leicht gebogen, *Stirn* auch im PK *weiß* (obwohl schmal). Schwarzer Scheitel mit *borstigem, lockerem Schopf.* Im Nahen Osten (ssp. *velox*) sind *Mantel, Bürzel und Oberflügel ziemlich dunkelgrau* (vor allem bei bedecktem Himmel), ohne den bläulichen Ton z. B. der Rüppellseeschwalbe (dunkelgraue Farbe etwa wie Heringsmöwe der ssp. *graellsii*). Auf der dunklen Oberseite heben sich die weißen Spitzen der Schirmfedern gut ab. Eleganter Flug mit hüpfenden, kräftigen Flügelschlägen.– JK/1. W: Oberseite eine Mischung aus schmutzig weiß, grau und bräunlich, Federn dunkel zentriert und hell umrandet. Große Decken und Schwungfedern schwarzbraun.

**STIMME** Häufigster Ruf ein tiefes, krächzendes „karrack", viel rauer und gutturaler als Brandseeschwalbe.

## RAUBSEESCHWALBE

## KÖNIGSSEESCHWALBE

## EILSEESCHWALBE

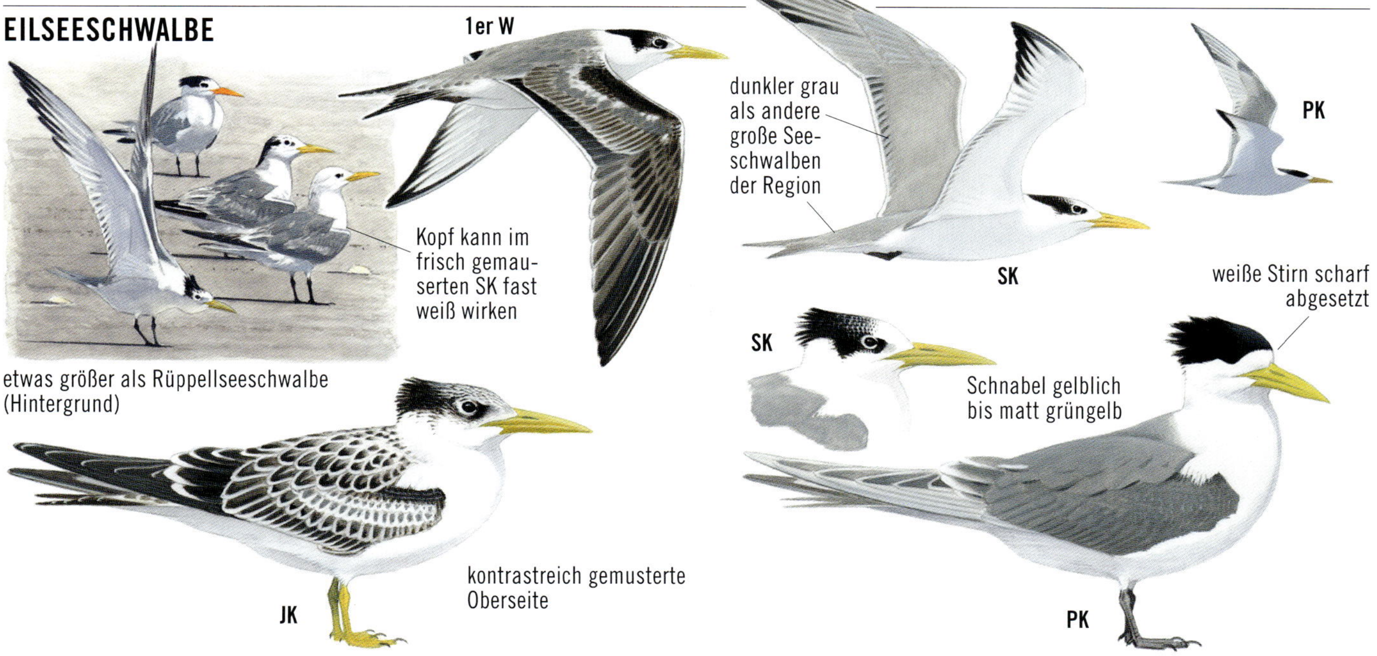


KM

## GUINEASEESCHWALBE –

West African Crested Tern *Thalasseus albididorsalis*

L 42–48 cm, S 105–110 cm. Früher als Unterart der Königsseeschwalbe betrachtet, steht genetisch aber der Rüppellseeschwalbe näher und wird inzwischen als eigene Art behandelt. Brütet an der Küste von W-Afrika und zieht nach dem Brüten teilweise nach Norden bis N-Marokko, ist auch an Küsten von W-Europa erschienen, N bis Großbritannien.

**KENNZEICHEN** Erinnert an Rüppellseeschwalbe, ist aber *deutlich größer* und hat etwas *heller graue Oberseite. Schnabel kräftiger* als bei Rüppell- und Schmuckseeschwalbe, aber nicht so kräftig und an der Basis nicht so dick wie bei Königsseeschwalbe. Ad. haben *gelblich orangen Schnabel mit angedeutet hellerem und gelblicherem äußerem Teil* (Kontrast nicht so deutlich wie bei Schmuckseeschwalbe); Schnabelfarbe im Durchschnitt eher gelblich orange, nicht so rötlich wie bei den meisten Königsseeschwalben (wenige Vögel aber ähnlich und verwirrend). Gonyseck variabel deutlich, aber immer näher an Schnabelbasis als bei Königsseeschwalbe. Beachte beim stehenden Vogel aus der Nähe, dass das Nasenloch etwas außerhalb der Schnabelbasis liegt (berührt bei Königsseeschwalbe fast die Befiederung an der Schnabelbasis). Anders als bei Schmuckseeschwalbe Bürzel und Schwanzmitte grau, nicht weiß (beachte, dass junge Schmuckseeschwalben Grauton auf Bürzel zeigen können) und etwas kräftigerer Schnabel mit weniger ausgeprägter Firstkrümmung.– SK: Schwarze Kappe bald nach der Brut reduziert, entweder zu kleinem schwarzem Nackenfleck oder komplett; solche fast weißköpfigen Vögel sind unverwechselbar. *Schnabel wird allmählich blasser und gelber.*

**STIMME** Ruf demjenigen von Brand- und Schmuckseeschwalbe sehr ähnlich und wohl nicht immer unterscheidbar, aber oft etwas höher und weniger kratzend „kirrih".

## RÜPPELLSEESCHWALBE D: A/–/S

Lesser Crested Tern *Thalasseus bengalensis*

L 35-41 cm (davon Schwanzspieße etwa 7 cm), S 95-101 cm. In Libyen brütende Population überwintert an nordwestafrikanischer Küste; am Golf von Suez und Akaba sehr selten (Population vom Roten Meer); hat in Italien und Spanien gebrütet, war in England jahrelang mit Brandseeschwalbe verpaart. Verhalten, Nahrung und Brut sehr ähnlich Brandseeschwalbe.

**KENNZEICHEN** Größe und Gefieder wie Brandseeschwalbe, aber *Schnabel hell gelborange* (JK/1er W) *bis leuchtend orange* (ad.), manchmal in gelbliche Spitze übergehend (aber seltener als bei Schmuckseeschwalbe), etwas kürzer und an der Basis meist etwas dicker als bei Brandseeschwalbe. Im Vergleich zu Schmuckseeschwalbe *Schnabel ein wenig gerader,* First nicht so gekrümmt. *Oberseite* einheitlicher und *etwas dunkler grau* als bei Brand- oder Schmuckseeschwalbe, *einschließlich Bürzel und Schwanzmitte.* Sehr ähnlich der Guineasseeschwalbe, aber kleiner mit schlankerem, spitzerem und nicht so dunkelorangem Schnabel und oberseits dunkler grau, auch an Bürzel und Schwanzmitte. Königs- ist viel größer als Rüppellseeschwalbe und hat kräftigen orangeroten Schnabel, fast so groß wie bei Raubseeschwalbe; Flug leichter, Schwanz tiefer gegabelt und auch hier Oberseite einschließlich Bürzel einheitlich und dunkler grau (obwohl bei Königsseeschwalbe im 1en Jahr auch grau).– JK/1er W: Wie Brandseeschwalbe, aber Schnabel gelborange (junge Brandseeschwalben sehr selten mit blassorangem oder gelblichem Schnabel, nur auf First und Spitze dunkel; Hybriden?). Beine zunächst stumpf braungrau, werden aber schnell schwärzlich wie bei ad.

Rüppellseeschwalbe

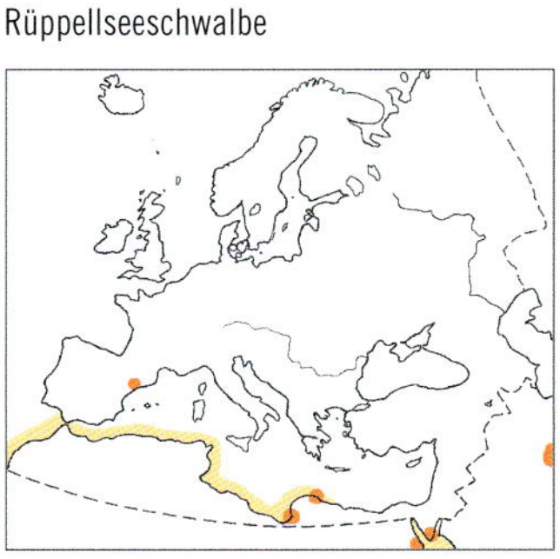

**STIMME** Ruft rollend „kirrick" etwas höher als Brandseeschwalbe. Jungvögel betteln sehr hoch und quiekend.

## SCHMUCKSEESCHWALBE D: A/–/S

Elegant Tern *Thalasseus elegans*

L 39–43 cm, S 93–102 cm. Brütet im W von Nord- und Mittelamerika, überwintert in Südamerika. Ein Vogel 1974-85 in Brandseeschwalben-Kolonie in Frankreich, mit Brandseeschwalbe verpaart, hat auch in Spanien gebrütet. Ausnahmsweise in Belgien, Großbritannien, Dänemark, Deutschland, Irland und den Niederlanden festgestellt.

**KENNZEICHEN** Der Rüppellseeschwalbe sehr ähnlich, hat aber *etwas längeren und stärker gebogenen Schnabel,* oft etwas *heller orange,* aber an der *Spitze etwas blasser und gelber.* Schnabelbasis eher schmal, Gonyseck unauffällig und näher an Basis. *Scheitel oft struppiger* als bei Rüppellseeschwalbe, *Oberseite tendenziell blasser grau* mit *fast weißlichem oder sogar reinweißem Bürzel.*– SK: Kurz nach der Brut wird Stirn weiß, aber Schwarz bleibt sauber um Auge herum bis zum Nacken erhalten. Zur Trennung von aberranter gelbschnäbeliger Brandseeschwalbe (sehr selten) oder Hybriden, beachte deren geraderen und an der Spitze nicht so abwärts gebogenen Schnabel. Unterscheidet sich von Guineaseeschwalbe durch etwas geringere Größe, etwas schmaleren Schnabel und Beibehaltung eines ausgedehnten schwarzen Hinterkopfs nach der Brut (Guineaseeschwalbe hat dann oft ganz weißen Kopf oder nur kleinen dunklen Bereich auf dem Hinterscheitel). Königsseeschwalbe ist etwas größer und hat kräftigeren orangefarbenen Schnabel, im SK schwarze Kappe auf im Vergleich zur Schmuckseeschwalbe kleineren Bereich im Nacken reduziert.

**STIMME** Ruf dem der Brandseeschwalbe sehr ähnlich, aber etwas höher und weniger rau, eher schrill „kruu-it".

KÖNIGSSEESCHWALBE

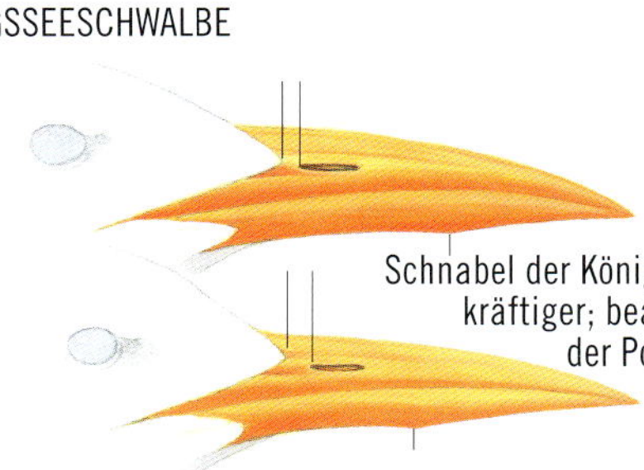

Schnabel der Königsseeschwalbe etwas kräftiger; beachte Unterschiede in der Position von Nasenloch und Gonyseck

GUINEASEESCHWALBE

## GUINEASEESCHWALBE

## RÜPPELLSEESCHWALBE

## SCHMUCKSEESCHWALBE

KM

## BRANDSEESCHWALBE A/R3/Z

Sandwich Tern *Thalasseus sandvicensis*

L 37-43 cm (davon bei ad. 6-9 cm Schwanzspieße), S 85-97 cm. Brütet in dichten Kolonien auf Sandstränden oder flachen Inseln in Salz- oder Brackwasser. In Nordeuropa Ende März bis Ende Sept., überwintert in Südeuropa und Afrika. Zieht strikt entlang der Atlantikküste, im Binnenland selten. Ernährt sich von Fischen.

**KENNZEICHEN** *Etwa lachmöwengroße, aber schlanke Seeschwalbe* mit kennzeichnendem *langem, gleichmäßig schmalem Schnabel;* zeigt häufiges Stoßtauchen mit *gemäßigten, kräftigen Flügelschlägen* und *leicht gewinkelten, langen und gleichmäßig schmalen Flügeln; wirkt* im Flug *kurzschwänzig* und vorderlastig, fliegt im Suchflug mit nach unten weisendem Schnabel höher als Fluss- und Küstenseeschwalbe, um plötzlich steil ins Wasser zu stürzen, jagt bei kräftigem Wind oft in großen, lauten Trupps über Wellenbrechern.– PK: Wirkt durch hellgraue Oberseite, weiße (leicht hellrosa überhauchte) Unterseite und breit weißen Flügelhinterrand *sehr weiß;* 4-5 äußere, im Sommer nachdunkelnde Handschwingen erzeugen schwarzen Keil oder dunkle Spitze. Schwarze Kappe reicht nicht auf den Hinterhals, sondern endet im Nacken mit struppigem Schopf. *Beine schwarz, Schnabel schwarz mit gelber Spitze.*– SK: *Stirn und Vorderscheitel* (ab Juni) *weiß,* dunkle Kappe hinterlassend, Oberflügel (Nov.-März) einfarbig eisgrau.– JK: Oberseits *kräftig geschuppt, komplett dunkle Kappe,* Schnabel meist dunkel und kürzer als ad.– 1er W: Kopf und Körper wie SK, aber dunkle Markierungen auf Flügeldecken, Armschwingen und Schwanz; äußere Handschwingen und Steuerfedern abgetragen, im Frühjahr bereits schwärzlich; gelbe Schnabelspitze klein oder fehlend.

**STIMME** In Kolonien und bei der Nahrungssuche im Sommer und Frühherbst ruffreudig; Flugruf kennzeichnend, laut kratzend „kärRICK"; Bettelruf der Jungvögel bis in den 1en W dünn und hoch klingelnd „srii-sri".

## LACHSEESCHWALBE D: A/L1/Z

Gull-billed Tern *Gelochelidon nilotica*

L 35-42 cm, S 80-95 cm. Brütet kolonieweise auf offenen Ebenen an Seen, geschützten Lagunen und Bergseen (bis ca. 2.000 m) mit Wiesen und Sandstränden. In Europa Apr.-Sept., überwintert in Afrika; Nahrung vor allem Insekten, auch Frösche, Kleinsäuger usw.

**KENNZEICHEN** Von Brandseeschwalbe in allen Kleidern unterschieden durch *kurzen, dicken, ganz schwarzen Schnabel* von etwa halber Länge der schwarzen Kappe (bei Brandseeschwalbe etwa so lang wie Kappe, aber beachte unausgewachsenen schwarzen Schnabel bei immat. Brandseeschwalben), *etwas breitere Flügelbasen* (Flügel dennoch lang und spitz), kürzeren Hals und im Stehen *längere Beine. Verhalten* kennzeichnend: *Jagt normalerweise nicht sturztauchend* wie Brandseeschwalbe, sondern *erbeutet* in leichtem Flug oft über Wiesen *Insekten* oder pickt in wendigen Flugmanövern Nahrung von Vegetation oder Wasseroberfläche.– PK: *Oberseits einschließlich Bürzel und Schwanz* (mit weißen Außenkanten) *einfarbig eisgrau,* Handschwingen oft einfarbig, meist aber 4-5 äußere im Sommer durch Abnutzung dunkler werdend und manchmal ähnlich dunklen Flügelkeil wie bei Brandseeschwalbe bildend; *unterseits dunkler Hinterrand der äußeren Handschwingen länger und schärfer abgesetzt* als bei Brandseeschwalbe, oft auch oberseits sichtbar.– SK: *Isolierter Fleck oder Streif hinter dem Auge* reicht nicht auf Hinterhals.– JK: Schnabel schlanker als bei ad., *Oberseite und Flügel meist viel schwächer gemustert* als bei Brandseeschwalbe im JK, *am Kopf weniger Schwarz.*– 1er S: Wie SK, stehen gebliebene juv. Flügel- und Steuerfedern schwächer dunkel markiert als bei Brandseeschwalbe. Flügelschnitt erinnert etwas an Sturmmöwe (bei ad. ist der Armflügel etwas breiter, wodurch der Handflügel kürzer und spitzer wirkt).

**STIMME** In Kolonien ruffreudig, Flugruf tief, nasal, ansteigend „kä-WICK" (erinnert etwas an balzende Pfuhlschnepfe), bei Alarm schnell lachend „wick-wick-wick". Am Brutplatz auch knarrend „br-r-r-r-…"; Jungvögel betteln hoch pfeifend „pi-iip" (ohne klingelnden Ton junge Brandseeschwalben).

Brandseeschwalbe

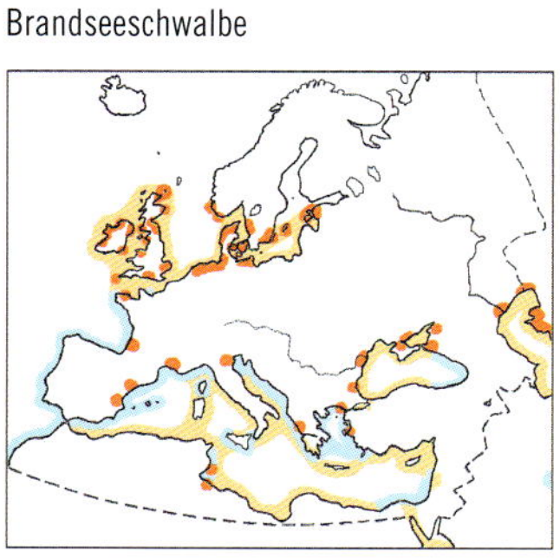

Lachseeschwalbe

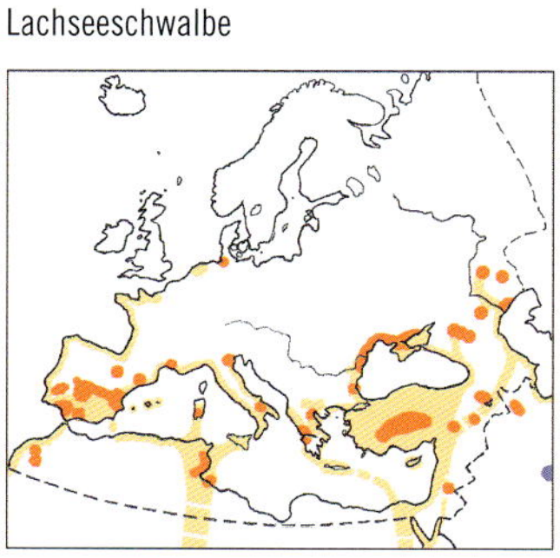

## FORSTERSEESCHWALBE –

Forster's Tern **Sterna forsteri**

L 33-36 cm (davon etwa 7,5 cm Schwanzspieße), S 64-70 cm. Nordamerikanische Ausnahmeerscheinung.

**KENNZEICHEN** Größe und Gestalt ähnlich Flussseeschwalbe, aber mit *etwas größerem Kopf, stärker dolch- bis kegelförmigem Schnabel, längeren Beinen und längeren Schwanzspießen,* die beim stehenden Vogel die Flügel deutlich überragen.– PK: Mit orangerotem, schwarzspitzigem Schnabel ähnlich Flussseeschwalbe, aber *mittlere Steuerfedern grau,* nur Bürzel reinweiß; *alle Handschwingen oberseits eisgrau* (ohne dunklen Flügelkeil der Flussseeschwalbe), *Unterseite weiß.* Ferner *Schnabel kräftiger* und schwarze Kappe weiter auf die Ohrdecken ausgedehnt. Auch Beine etwas länger und leuchtender rot.– SK: *Scheitel weiß, auffällige schwarze Maske* über Augenregion und Ohrdecken, Schnabel schwarz; Oberflügeldecken grau ohne dunklen Bugstreif der Flussseeschwalbe im SK (europäische Nachweise vorwiegend im Winter, aber Vorsicht: Von Nov.-März zeigen Brandseeschwalben im SK von Weitem eisgraue Handschwingen!).– JK/1er W: Verglichen mit gleichaltriger Flussseeschwalbe Flügel und Schwanz schwächer dunkel markiert, ohne dunklen Bugstreif, äußere Handschwingen vor allem an der Spitze nur geringfügig dunkler als bei ad.; am stehenden Vogel *dunkle Zentren der Schirmfedern* oft auffällig; *langer, spitzer Schnabel mit hoher Basis;* im Flug durch helle Grundfärbung, Vorderlastigkeit und kurzen Schwanz an Brandseeschwalbe erinnernd, aber äußere Handschwingen mit deutlicheren dunklen Spitzen, breitere Maske auffallender und Beine rötlich.

**STIMME** Rollend, leicht harsch „kriirr", etwas an Lachmöwe erinnernd.

## BRANDSEESCHWALBE

## LACHSEESCHWALBE

## FORSTERSEESCHWALBE

KM

## FLUSSSEESCHWALBE **D:** A/N3/Z

Common Tern *Sterna hirundo*

L 34-37 cm (davon 5-8 cm Schwanzspieße), S 70-80 cm. Brütet in Kolonien oder einzeln an Küsten- und Binnengewässern. In Europa Apr.-Okt., überwintert in West- und Südafrika; Nahrung Fische; Nestmulde am Boden.

**KENNZEICHEN** Sehr ähnlich Küstenseeschwalbe, aber etwas größer, strukturelle Merkmale hilfreich: *Schnabel* (wirkt oft leicht abwärts gebogen), *Kopf und Beine länger* (deutlicher Abstand zwischen Bauch und Boden), im Flug *Hals-Kopf-Profil länger, Flügel etwas breiter* und etwa Körpermitte bildend; rüttelt und taucht in direktem Stoß nach Fischen.– PK: *Schnabel orangerot mit* (vor allem im Mittsommer manchmal sehr kleiner) *schwarzer Spitze;* Unterseite hellgrau und meist ohne Kontrast zur weißen Wange; *Schwanzspieße überragen Flügelspitzen nicht;* äußere 4-6 dunklere Handschwingen formen oberseits *dunklen Flügelkeil,* der im Frühjahr oft noch sehr schwach ist (nur dunkle Kerbe an Flügelhinterkante bildend) und sich bis Mittsommer durch Abnutzung verstärkt; unterseits *Handschwingen weiß mit breiter, verwaschen dunkler Hinterkante,* innere Handschwingen am stärksten transparent.– SK: Stirn und Unterseite weiß, dunkler Bugstreif, Schnabel ganz schwarz (Mauserbeginn bei einigen im Juli, bei Küstenseeschwalbe erst im Winterquartier).– JK: *Rechteckiges, helles Feld zwischen schmalem grauem Armschwingen-Hinterrand und auffälligem dunklem Armflügel-Vorderrand; etwas Orange an Schnabelbasis* (ab Spätsommer Schnabel bei Küstenseeschwalbe ganz schwarz); *deutlich ingwerbraune Tönung von Stirn und Oberseite* bei gerade flüggen Vögeln, *dunkler Bugstreif* bei stehenden *meist sichtbar* (bei Küsten- kleiner, meist verdeckt).– 1er S: Stirn und Unterseite weiß, Schnabel schwärzlich; durch ganz oder teilweise erhaltene, abgetragene juv. Flügel- und Steuerfedern sehr bunt gemustert (bleibt meist im Winterquartier, in Europa selten).– 2er S: Wie PK, aber Weiß an der Stirn, Unterseite graufleckig und Schnabel schwärzlich (bleibt oft im Winterquartier).

**STIMME** In Kolonien ruffreudig, z. B. kurz, scharf „kit", schnell gereiht „kt-kt-kt-kt-…" und mit Variationen „KIERri-KIERri-KIERri…"; Warnruf zweisilbig, gedehnt, abfallend „kriii-errr" oder scharf „tschip!".

## KÜSTENSEESCHWALBE **D:** A/R3/Z

Arctic Tern *Sterna paradisaea*

L 33-39 cm (davon 7-11,5 cm Schwanzspieße), S 66-77 cm. Brütet in oft großen und dichten Kolonien oder einzeln an Küsten, lokal an Taiga- oder kahlen Bergseen und in der Tundra in Wassernähe; ist von Ende Apr.-Okt. in Europa, zieht an Küsten; überwintert zwischen Südafrika und Antarktis, hat einen der längsten Zugwege.

**KENNZEICHEN** Von sehr ähnlicher Flussseeschwalbe unterschieden durch etwas geringere Größe, *kürzeren Schnabel und kürzeres Hals-Kopf-Profil, längeren Schwanz,* wodurch Flügel etwas vor Körpermitte versetzt wirken; Beine sehr kurz, Flügel etwas schmaler. Fliegt oft elastischer und schwungvoller als Flussseeschwalbe; Sturzflug vor dem Eintauchen oft von stufenweisem, kurzem Rütteln unterbrochen; pickt gelegentlich ähnlich Trauerseeschwalbe Nahrung von der Wasseroberfläche.– PK: *Schnabel dunkelrot ohne schwarze Spitze, untere Kehle, Brust und Bauch verwaschen grau* und zum Weiß von Kehle und Wangen leicht kontrastierend; *lange Schwanzspieße überragen* beim stehenden Vogel Flügelspitzen; *Oberflügel einfarbig hellgrau* ohne dunklen Keil der Flussseeschwalbe, *unterseits alle Schwungfedern weiß und durchscheinend,* schmaler, scharf abgesetzter schwarzer Hinterrand des äußeren Handflügels (schmaler als bei Flussseeschwalbe).– JK: Bugstreif oft schwächer als bei Flussseeschwalbe, *Armschwingen weißlich* statt grau überhaucht; *am Hinterflügel oft weißes Dreieck;* Schnabel dunkel, oft zunächst mit roter Basis, ab Aug./Sept. ganz schwarz; Stirn weiß (schärfer begrenzt als bei Flussseeschwalbe).– 1er S: Stirn weiß, Schnabel dunkel, durch schwachen Bugstreif ähnlich SK; kaum in Europa.

**STIMME** Ähnlich Flussseeschwalbe, z. B. flötend, klar „pi-pi-pi-pi-…", „piu piu piu", klirrend „PRRII-ih", hart ratternd „kt-kt-kt-krrr-kt-…"; warnt zweisilbig „krri-ärrrrr" (oft härter und trockener als Flussseeschwalbe).

## ROSENSEESCHWALBE **D:** A/0 (B)/S

Roseate Tern *Sterna dougallii*

L 33-36 cm (davon 8-11 cm Schwanzspieße), S 67-76 cm. Koloniebrüter an Küsten, von Mitte Mai-Aug. in Europa, überwintert vor Westafrika, sehr selten und lokal verbreitet.

**KENNZEICHEN** Hat im Vergleich zu Fluss- und Küstenseeschwalbe kürzere Flügel, schnellere, flachere Flügelschläge und schnellere, direktere Flugweise; rüttelt weniger und stürzt *mit typisch angewinkelten Flügeln „wie fliegend" ins Wasser.*– PK: Durch heller graue Oberseite und weißliche Unterseite zwischen graueren Fluss- und Küstenseeschwalben *herausleuchtend; Schnabel ganz schwarz oder mit roter Basis* (im Sommer intensiver rot); Beine recht lang und leuchtend rot; *Unterseite rosa überhaucht* (ohne Grau); *Schwanzspieße sehr lang und biegsam;* nur 2-4 äußere, dunklere Handschwingen bilden *schmalen* dunklen Flügelkeil; stehend durch *weißliche innere Handschwingen* nur „kurze dunkle Flügelspitze" sichtbar (bei Fluss- und Küstenseeschwalbe alle Handschwingenspitzen recht dunkel).– SK: Stirn und Unterseite weiß, dunkler Bugstreif, Schnabel schwarz; mausert Schwanzspieße Juli-Aug.– JK: Durch *stark geschuppte Oberseite, Schwarz von Kappe* (Stirn wird ab Sept. allmählich weiß), Schnabel und *Beinen wie Miniaturausgabe einer juv. Brandseeschwalbe.*

**STIMME** Kennzeichnender Ruf schnell und zweisilbig „TCHIWwick", etwas an entfernten Dunkelwasserläufer erinnernd, und gerade, tief und rau „krrähk".

Flussseeschwalbe

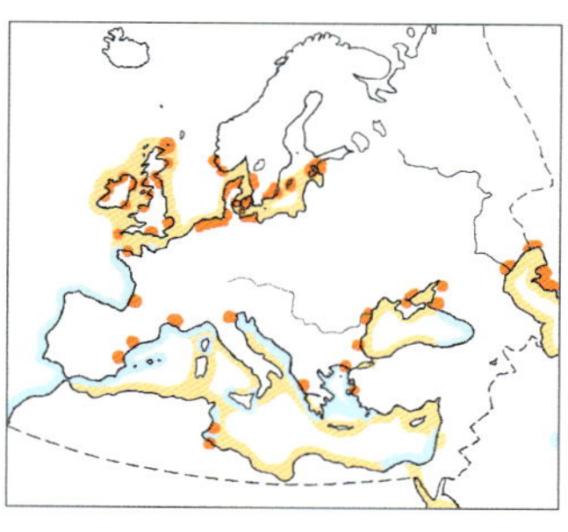

Küstenseeschwalbe

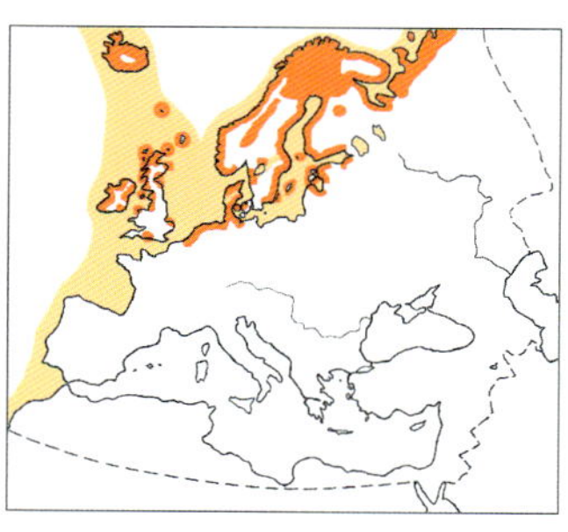

Rosenseeschwalbe

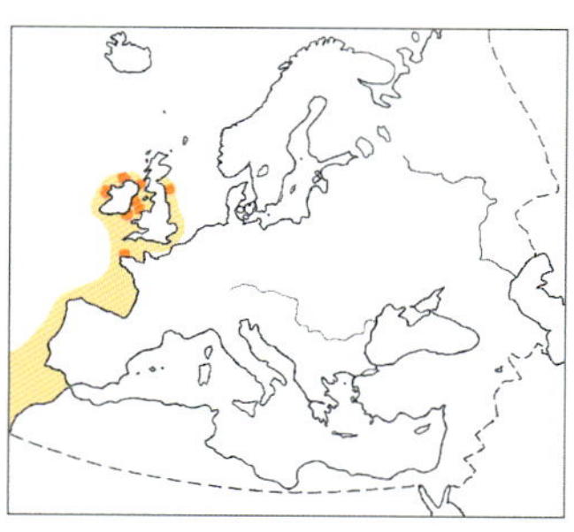

## FLUSSSEESCHWALBE

## KÜSTENSEESCHWALBE

## ROSENSEESCHWALBE

KM

## ZWERGSEESCHWALBE D: A/R2/Z

Little Tern *Sternula albifrons*

L 21-25 cm, S 47-52 cm. Brütet in Einzelpaaren oder lockeren, kleinen Kolonien an flachen sandigen oder steinigen Küsten oder auf Inselchen, vorzugsweise mit Kieselsteinen, Muschelschalen und niedrigem Gras, lokal auch an flachen See- oder Flussufern. Sommervogel (hauptsächlich Ende März bis Ende Sept.), überwintert an Küsten von Afrika, Arabien und Indien. Nahrung hauptsächlich Fisch und kleinere Krustentiere. Nest in einer Bodenmulde.

**KENNZEICHEN** Eine *winzige, schmalflügelige* Seeschwalbe, nur etwa halb so groß wie Flussseeschwalbe. Fliegt mit *sehr schnellen Flügelschlägen,* normalerweise der erste auffallende Bestimmungshinweis, zeigt also nicht den entspannten, federnden Flug der Fluss- und Küstenseeschwalbe. *Rüttelt niedrig* über der Wasseroberfläche, oft länger, taucht dann ab, um Fisch zu fangen; *wiederholt Tauchgänge meist schneller* als andere Seeschwalben.– PK: Schwarze Kappe mit *weißer Stirn,* deren Weiß sich auf der Kopfseite spitz endend *bis über das Auge* erstreckt; schwarzer Zügelstreif verschmilzt hinten mit der Kappe. *Schnabel gelb mit kleiner schwarzer Spitze, Beine orangegelb.* Äußere 2-3 Handschwingen kontrastierend grauschwarz (Effekt von Mauser und Abnutzung). Bürzel und Oberschwanz kontrastieren weißlich (vgl. Orientseeschwalbe).– SK: Wie PK, aber Schnabel verfärbt sich unterschiedlich dunkel, ab Aug. Zügel weiß und vorderer Bereich der schwarzen Kappe heller.– JK/1er W: Schnabel dunkel, manchmal ganz schwarz, häufiger mit schmutzig gelber Basis. Dunkle Handschwingen (die inneren allmählich etwas heller grau) und vordere Oberflügeldecken erzeugen dunklere Vorderkante der Oberflügel. Mantel und Schultern dunkel geschuppt. Geringe Gefiedervariation, aber oft Bürzel und Oberschwanz grau (ad.: weißlich). Dunkle Maske bis zum Nacken.

**STIMME** Bei Balz und Alarm schnelle, schnatternde Rufserie, „KERre-kiet KERre-kiet KERe-kiet…“. Jungvögel betteln hell klingend „plih“ oder „plih-wi“ um Futter“.

## ORIENTSEESCHWALBE –

Saunders's Tern *Sternula saundersi*

L 21-24 cm, S 40-45 cm. Brütet selten und lokal an Küsten des Indischen Ozeans, Persischen Golfs und Roten Meeres, hat kürzlich kleine Kolonie an der Sinaiküste gegründet. Überwintert pelagisch oder bei Inseln im Indischen Ozean (jedoch offenbar nicht wie Zwergseeschwalbe an arabischen Küsten). Eng verwandt mit ähnlicher Zwergseeschwalbe.

**KENNZEICHEN** Größe und Färbung wie Zwergseeschwalbe, aber ad. unterscheiden sich im PK durch *heller graue Oberseite,* besonders Mantel, *weißliche Armschwingen* (statt grau mit schmalen weißen Spitzen), eher quadratischen weißen Stirnfleck, der nicht bis zum oder hinter das Auge reicht (statt eher in Spitze bis hinter das Auge auslaufend); Bürzel und Schwanzoberseite grau (statt im PK normalerweise kontrastierender weißer Bürzel); Beine matter gefärbt, eher gelblich graubraun (statt gelborange); im Durchschnitt etwas höhere Schnabelbasis (Unterschied allerdings gering); 3-4 schwarze äußere Handschwingen (statt: äußere 1-2 [3] Handschwingen schwärzlich). Im Winter Unterschiede zwischen beiden Arten noch deutlicher, denn Orientseeschwalbe hat weißere Armschwingen, innere Handschwingen und Spitzen der Großen Decken in starkem Kontrast zu schwarzen äußeren Handschwingen und dunklem Flügelvorderrand (an Schwalbenmöwe im JK erinnernd) in Kombination mit bis auf den hintersten Teil fast ganz weißem Scheitel (statt: etwa Hälfte des Scheitels noch dunkel gestreift mit kleiner weißer Einbuchtung über dem Auge).– JK/1er W: Sehr ähnlich junger Zwergseeschwalbe, aber stärkerer Kontrast zwischen dunklem Armflügel-Vorderrand und äußeren Handschwingen zu weißen Armschwingen, inneren Handschwingen und Großen Decken, wobei letztere auch beim stehenden Vogel auffallen.

**STIMME** Ähnlich Zwergseeschwalbe, aber Kontaktruf oft deutlich zweisilbig „chewick“, klingt dadurch nachdrücklicher, nicht so undeutlich und schwatzhaft; auch bei der Balz weniger geschwätzig, eher hoch klingelnd.

## WEISSWANGEN-SEESCHWALBE –

White-cheeked Tern *Sterna repressa*

L 32-35 cm, S 70-75 cm. Brütet am Roten Meer, auf dem Sinai und im N Indischen Ozean. Sommervogel (meist Apr.-Okt). Gelegentlich im Golf von Akaba, hat dort gebrütet.

**KENNZEICHEN** *Ähnlich Flussseeschwalbe, jedoch Schnabel etwas länger,* Flügel schmaler und Flugweise oft eleganter und schwungvoller.– PK: Schnabel wie Flussseeschwalbe mit dunkler Spitze, aber *Oberseite dunkler grau, Bürzel und Schwanz grau wie Mantel;* dunklerer grauer Unterkörper mit deutlichem Kontrast zur weißen Wange (deutlicher als bei Küsten-, eher wie bei Weißbart-Seeschwalbe); gesamter Unterflügel mit breitem, diffusem, grauen Hinterrand, der sich von den gräulich weißen Unterflügeldecken abhebt (Flügel in der Mitte oft am blassesten); kein von den äußeren Handschwingen gebildeter dunkler Keil wie bei Flussseeschwalbe, sondern Handflügel eher gleichmäßig hellgrau, blasser als Innenflügel.– SK: Ähnlich Flussseeschwalbe, aber oberseits etwas dunkler und Schnabel an der Basis durchschnittlich schmaler.– JK/1er W: Wie Flussseeschwalbe, aber juv. oberseits stärker dunkel gemustert, Bürzel und Oberschwanz grau wie Mantel, Oberflügel einfarbiger und ungemustert mit weniger dunklen Armschwingen und hell silbergrauem Schimmer auf den Handschwingen. Schnabel überwiegend schwarz. Von ähnlicher junger Weißbart-Seeschwalbe unterschieden durch längeren, tiefer gegabelten Schwanz, längeren Schnabel und längere, schmalere Flügel.

**STIMME** Erinnert an Flussseeschwalbe, aber etwas klingelnder, nicht so hart und „streitend“.

Zwergseeschwalbe

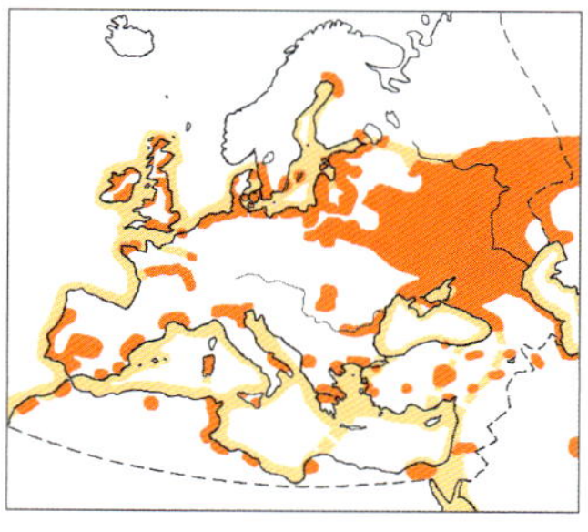

Orientseeschwalbe

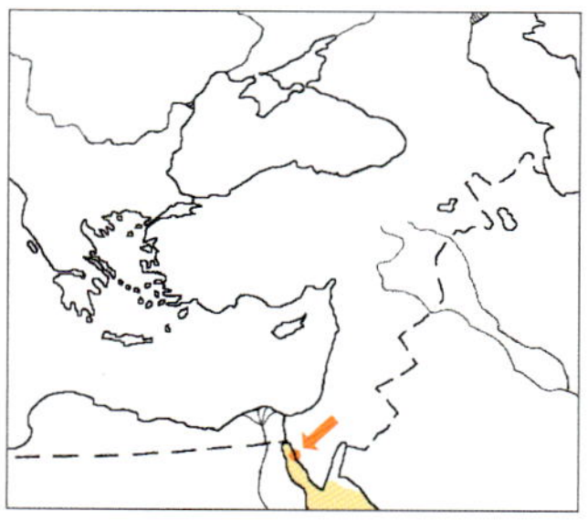

Weißwangen-Seeschwalbe

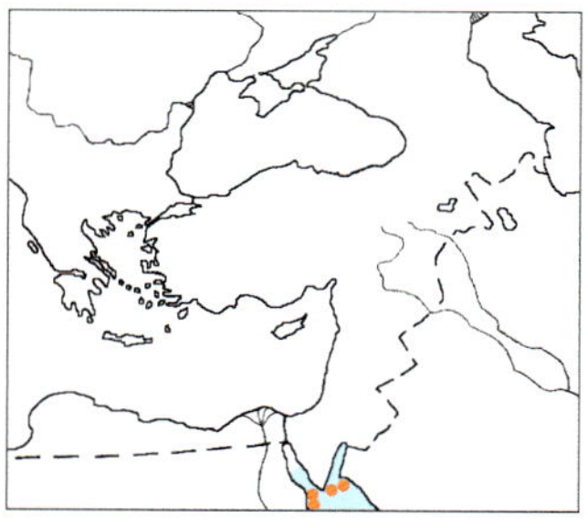

## ZWERGSEESCHWALBE

## ORIENTSEESCHWALBE

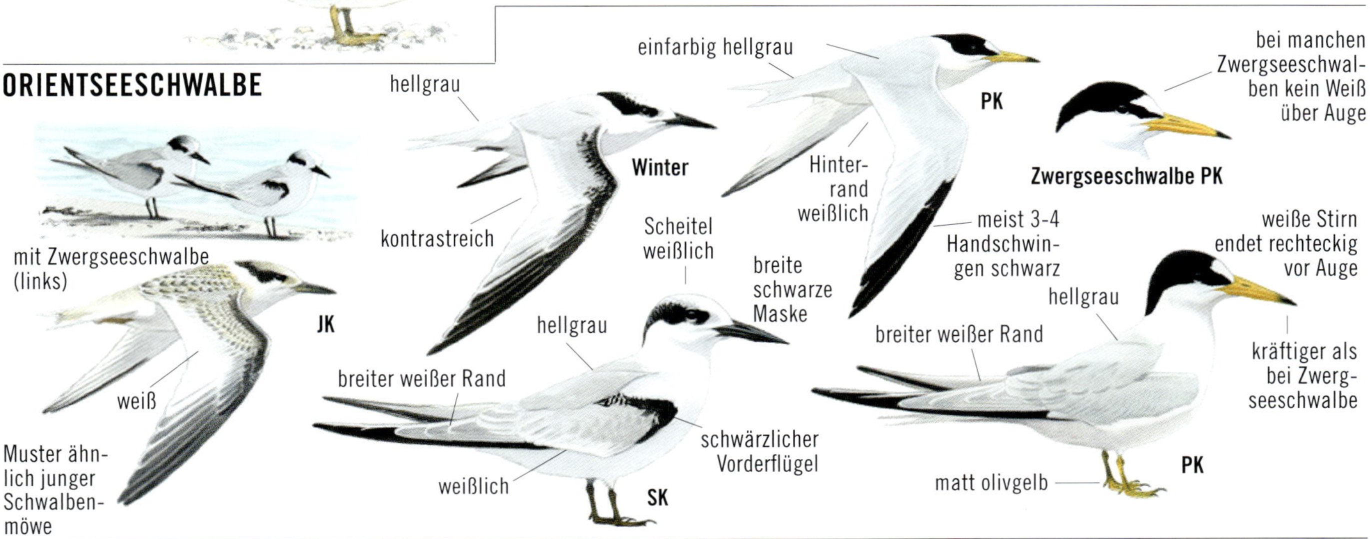


## WEISSWANGEN-SEESCHWALBE

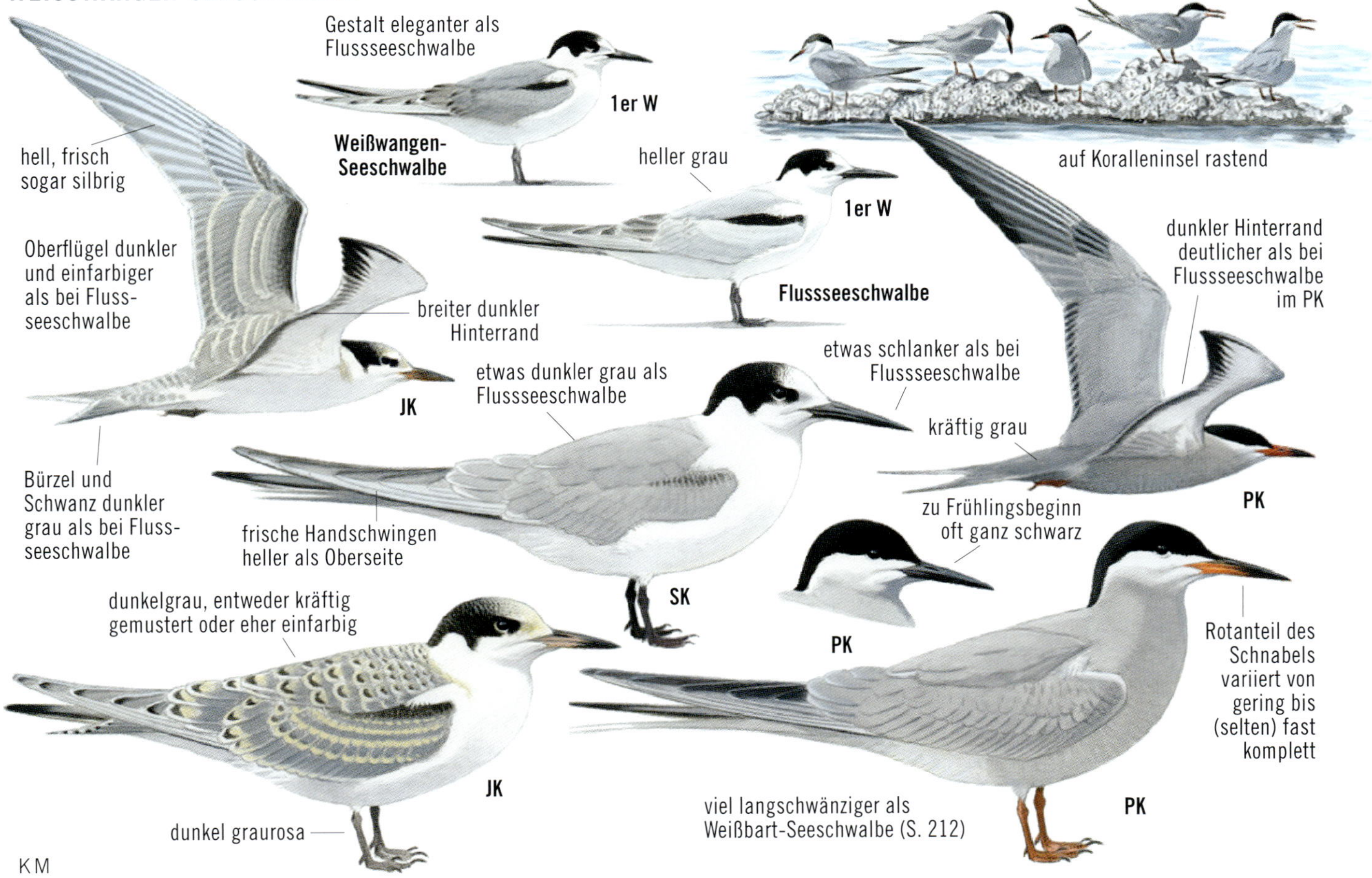


KM

# SUMPFSEESCHWALBEN

## *Chlidonias*

Sumpfseeschwalben unterscheiden sich von weißen Seeschwalben durch trägere, schaukelndere Flugweise (statt festeren Flügelschlägen in stetigem und direktem Flug), etwas kürzere und breitere Flügel und schwächer gegabelte Schwänze. Sie picken Nahrung von der Wasseroberfläche (tauchen nur ausnahmsweise) und jagen Insekten im Flug, zeigen also nicht das von Stoßtauchen gefolgte Rütteln. Sie brüten in lockeren Kolonien an Binnengewässern.

### TRAUERSEESCHWALBE — D: A/R2/Z

Black Tern *Chlidonias niger*

L 22-26 cm, S 56-62 cm. Häufigste Sumpfseeschwalbe, die auf Süßwasserseen mit Schwimmblattvegetation (gern in Gesellschaft Schutz bietender Lachmöwen) brütet; von Ende Apr.-Sept. in Europa, überwintert in Afrika.

**KENNZEICHEN** PK: Kopf und Körper schwarz, *Oberseite einfarbig dunkelgrau,* Schwanzunterseite weiß, Schnabel und Beine dunkel; Kopf und Unterseite bei mausernden Altvögeln im Frühjahr (vor Mai) und im Spätsommer/Herbst weiß gefleckt (erste weiße Federn am Kopf schon im Juni).– SK: Sehr ähnlich JK, aber *Oberseite einfarbig grau* ohne Schuppung, *äußere 5-7 Handschwingen dunkler als innere* (Kopf- und Körpergefieder ab Sept. komplett gemausert).– JK: *Ausgedehnte schwarze Kappe* und *auffällige dunkle Brustseitenflecke,* Mantel und Flügeldecken geschuppt wirkend; dunkler Bugstreif und Armschwingen-Hinterrand; äußere Handschwingen nicht dunkler als innere; Verwechslung mit juv. Fluss- oder Küstenseeschwalbe möglich, aber beachte geringere Größe, *kürzeren, schwächer gekerbten Schwanz,* etwas *kürzere Flügel,* dunkle Brustseitenflecke und andere Flugweise.– 1er S: Variabel; wie SK, aber in der Regel äußere Handschwingen und Armschwingen abgetragen und dunkler, bei einigen bereits wenige dunkle Federn an Kopf und Körperunterseite, solche Individuen von mausernden Altvögeln nur im Mai-Juni unterscheidbar (bleibt meist im Winterquartier).

**STIMME** Im Flug rau, fast mehrsilbig „k'schlett" (erinnert etwas an Zwergseeschwalbe) und kurz, nasal „klit", „KLII-ä"; warnt energisch „ki-ki-ki…" oder schrill „kiä".

### WEISSFLÜGEL-SEESCHWALBE — D: A/R1/Z

White-winged Tern *Chlidonias leucopterus*

L 20-24 cm, S 50-56 cm. Seltenere Verwandte der Trauerseeschwalbe mit östlicherer Verbreitung und ähnlichem Bruthabitat; in Europa von Mai-Sept., überwintert in Afrika, ziehend manchmal in Trauerseeschwalbentrupps versteckt.

**KENNZEICHEN** Unterscheidet sich von Trauerseeschwalbe durch kürzeren Schnabel, längere Beine, breitere Flügel und nur leicht gekerbten Schwanz.– PK: *Vorderflügel weiß* (diffus gezeichnet), *Mantel und Unterflügeldecken schwarz, Bürzel kontrastierend weiß, Beine leuchtend rot;* mausernde ad. zeigen weiße Flecke an Kopf und Körperunterseite, aber von Trauerseeschwalbe durch *schwarze Unterflügeldecken* leicht unterscheidbar.– SK: Von Trauerseeschwalbe unterschieden durch *ausgedehnter weiße Stirn* und *Fehlen von Brustseitenflecken; Bürzel und Schwanzaußenkanten grauweiß, nur 1-4 äußere Handschwingen dunkler als innere* (zumindest solange in Europa anwesend), oft *einzelne schwarze Unterflügeldecken* vorhanden (Kopf- und Körpergefieder ab Sept. komplett gemausert).– JK/1er W: Im Gegensatz zu gleichaltriger Trauerseeschwalbe *ohne dunkle Brustseitenflecke;* ab Spätsommer *mehr Weiß an Stirn, Mantel bräunlich schwarz und zu hellgrauem Armflügel und weißem Bürzel stark kontrastierend* (aber einige Trauerseeschwalben können dunkleren Mantel und sehr hellen Bürzel zeigen); Schirmfedern und hintere Schulterfedern recht einfarbig (bei Trauerseeschwalbe hellspitzig); *Schwanz hellgrau mit weißen Außenkanten;* kann auf den ersten Blick an juv. Zwergmöwe erinnern, bevor Gestalt und Oberseitenfärbung erkannt werden.– 1er S: Siehe Trauerseeschwalbe.

**STIMME** Ruft tiefer und oft rauer als Trauerseeschwalbe weich „kek", kennzeichnend raspelnd „tschr-re", im Klang an Rebhuhn (und Zwergseeschwalbe) erinnernd.

### WEISSBART-SEESCHWALBE — D: A/R1/Z

Whiskered Tern *Chlidonias hybrida*

L 24-28 cm, S 57-63 cm. Brütet auf Seen und Sümpfen; in Europa Ende Apr.-Sept., überwintert lokal am Mittelmeer.

**KENNZEICHEN** Größer und hochbeiniger als andere Sumpfseeschwalben, mit *kräftigerem Schnabel* und *steiferer Flugweise;* Färbung kann an Fluss- und Küstenseeschwalbe erinnern, aber beachte *schwach gekerbten Schwanz* und *grauen Bürzel und Schwanz.*– PK: *Brust und Bauch dunkelgrau,* zu *weißen Wangen und Unterflügeldecken* stark kontrastierend; Schnabel dunkelrot, Beine rot; kann von Weitem sehr hell wirken.– SK: Hinterscheitel dünn schwarz gestrichelt, *schwarzer Fleck hinter dem Auge;* im Vergleich zu Trauerseeschwalbe *dunkler Brustseitenfleck diffus angedeutet oder fehlend,* zu Weißflügel-Seeschwalbe *Oberflügel einfarbiger* ohne sich abhebende, dunklere äußere Handschwingen.– JK: Verwechslungsgefahr mit Weißflügel-Seeschwalbe im JK, aber *Flügel breiter, Schnabel oft kräftiger, Bürzel und Schwanz* (meist mit schmaler, dunkler Endbinde) *hellgrau; Bugstreif schwach oder fehlend; Mantel schwarz gefleckt und stärker geschuppt wirkend.* Von Fluss- und Küstenseeschwalbe im JK unterschieden durch *grauen Bürzel und Schwanz, hellere Flügel und sich abhebende Mantelfärbung,* von Küstenseeschwalbe auch durch *dunkle Armschwingen.*– 1er W: Ähnlich dem SK, aber Flügel mit dunklen Armschwingen und Schwanz stammen noch aus dem JK (Mauser von Kopf- und Körpergefieder Anfang Juli-Mitte Sept.).– 1er S: Siehe unter Trauerseeschwalbe.

**STIMME** Ruft scharf knirschend „zrik!" und raspelnd „tscherrk", im Klang fast an Wachtelkönig erinnernd.

Trauerseeschwalbe

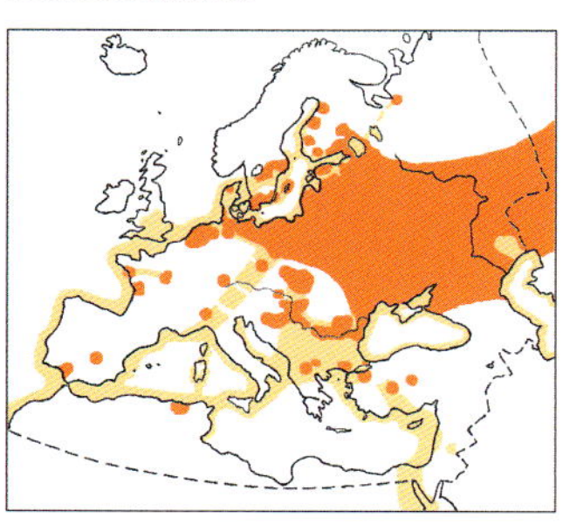

Weißflügel-Seeschwalbe

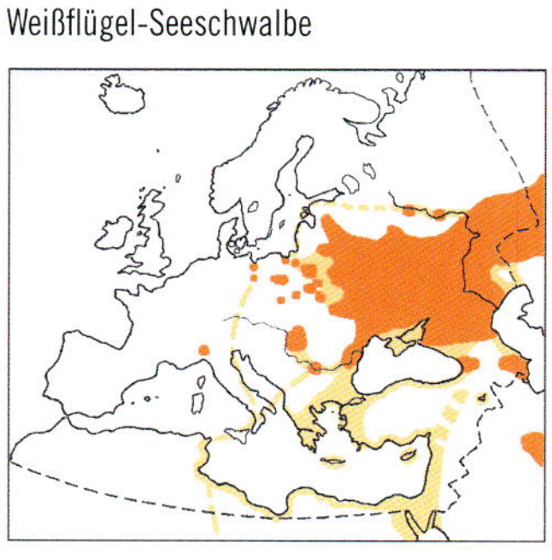

Weißbart-Seeschwalbe

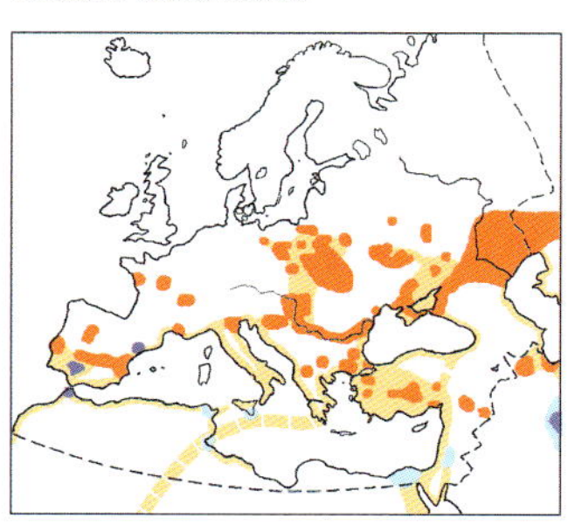

## TRAUERSEESCHWALBE

## WEISSFLÜGEL-SEESCHWALBE

## WEISSBART-SEESCHWALBE

KM

## RUSSSEESCHWALBE D: A/–/S

Sooty Tern *Onychoprion fuscata*

L 42-45 cm (davon Schwanzspieße 7-10 cm), S 80-88 cm. Brütet auf Inseln und an Küsten südlicher Ozeane und tropischer Gewässer bis zum Persischen Golf und Roten Meer; lebt außerhalb der Brutzeit pelagisch, ähnlich den Raubmöwen, landet aber ungern auf dem Wasser. Sehr seltener Sommergast, die meisten Nachweise von der westeuropäischen Atlantikküste, wenige vom Mittelmeer.

**KENNZEICHEN** Ist durch *schwarz-weißes Gefieder, dunklen Bürzel, lange, schlanke und spitze Flügel und langen, tief gegabelten Schwanz* eigentlich nur mit der Zügelseeschwalbe zu verwechseln. Die Rußseeschwalbe ist aber *größer* (fast brandseeschwalbengroß) mit proportional *etwas schwererem Kopf* und *längerem Schnabel,* etwas breiteren Flügeln und kräftigerer, stetigerer Flugweise (Zügelseeschwalbe schmalflügeliger mit leichterer Flugweise), Handschwingen unterseits dunkel (statt heller mit dunklen Spitzen).– PK: *Oberseite schwarz* oder fast schwarz (deutlich dunkler als Zügelseeschwalbe, die eher braungrau ist, aber beachte Einfluss der Lichtverhältnisse, durch die Rußseeschwalbe heller grau und Zügelseeschwalbe dunkler wirken kann). *Breiter weißer Stirnfleck* bildet stumpfen Keil, *schwarzer Zügelstreif am Schnabelwinkel schmal. Schnabel und Beine schwarz.*– SK: Wie PK, aber variabel weiß gestrichelter Kopf verwischt Kopfmuster und Zügelstreif wird oft undeutlicher.– JK: Gefieder vorwiegend rußgrau, nur Hinterbauch weißlich. Dunkle Oberseite *durch weiße Federspitzen schmal hell gebändert;* wirkt im Flug wie übergroße, langflügelige Trauerseeschwalbe, aber Hinterbauch weißlich (bei Trauerseeschwalbe nur Steiß hell) und Achselfedern dunkel (statt heller).– Auf Westindischen Inseln und im Südatlantik (Nominatform) Unterseite und Unterflügeldecken reinweiß, im Indischen und Pazifischen Ozean *(nubilosus)* im frischen Gefieder hellgrau überhaucht.

**STIMME** Gastvögel meist stumm, rufen aber gelegentlich sehr charakteristisch kurz und dreisilbig „ker-WÄCki-wäck“, oft schnell wiederholt. Erinnert etwas an Lachseeschwalbe, aber höher und lachender. Warnruf fast krährend, hart rollend „kerrrk“.

## ZÜGELSEESCHWALBE D: A/–/S

Bridled Tern *Onychoprion anaethetus*

L 37-42 cm (davon 8-10 cm Schwanzspieße), S 78-85 cm. Brutverbreitung umfasst Karibik, Mauretanien, Rotes Meer und Persischen Golf; in Europa sehr seltener, meist im Sommer auftretender Gast; Verhalten wie Rußseeschwalbe.

**KENNZEICHEN** Durch *dunkle Oberseite* einschließlich Bürzel und *tief gegabelten Schwanz* nur mit Rußseeschwalbe zu verwechseln (nur Weißwangen-Seeschwalbe kann von Weitem ähnlich wirken), aber Größe und Gestalt eher flussseeschwalbenartig mit schmalen Flügeln, langem Schwanz und recht kleinem Kopf, *Flugweise oft eleganter und leichter.*– Ad.: *Weißer Stirnfleck schmal* und *bis hinter das Auge spitz ausgezogen,* Zügelstreif breit schwarz, bei einigen helles Nackenband (kann fehlen; bei Rußseeschwalbe nie vorhanden); *Oberseite heller und braungrau* mit kontrastierenden dunklen Schwungfedern und weißen äußeren Steuerfedern (bei Rußseeschwalbe Oberseite schwärzlich; beachte, dass bei bestimmten Lichtverhältnissen Rußseeschwalbe heller gräulich oder Zügelseeschwalbe sehr dunkel wirken kann).– JK: Grundfärbung wie ad., aber Kopfmuster verwaschener, keine weißen äußeren Steuerfedern, Oberseite entweder durch helle Federränder geschuppt oder fast einfarbig und dunkler (Rußseeschwalbe im JK/1en W an Kehle und Brust rußgrau, oberseits rußschwarz mit deutlichen weißen Punktreihen oder Bändern).– Brutvögel des Atlantik und der Westindischen Inseln (ssp. *melanopterus*) oberseits brauner, unterseits ganz weiß, mehr Weiß am Schwanz, solche am Roten Meer und Indischen Ozean (ssp. *antarcticus*) oberseits dunkler, oft mit grauerem Bauch im Kontrast zur weißen Brust und weniger Weiß auf Schwanzseiten.

Zügelseeschwalbe

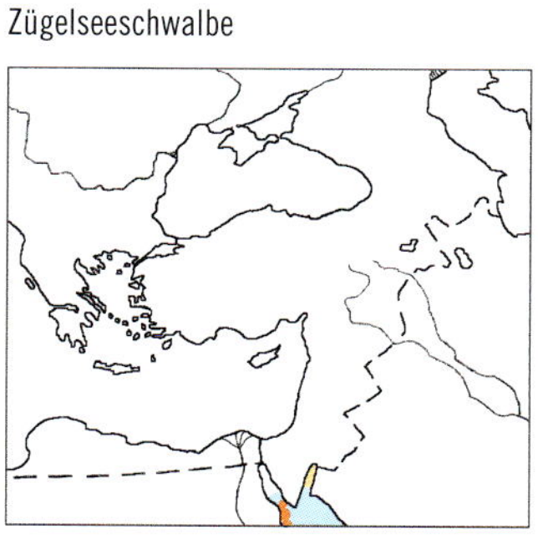

**STIMME** Gäste in Europa meist stumm, sonst anders als Rußseeschwalbe ein tiefes, fast bauchrednerisches Stakkato. Bei Alarm trocken rollend „terrrr“.

## „AMERIKANISCHE TRAUERSEESCHWALBE“ –

„American Black Tern“ *Chlidonias niger surinamensis*

L 21–25 cm, S 53–59 cm. Die nordamerikanische Unterart der Trauerseeschwalbe, die sich im Gefieder etwas von der europäischen Nominatform unterscheidet. Sie ist mehrfach in Großbritannien und Irland festgestellt worden. Lebensweise und Verhalten wie unsere Trauerseeschwalben.

**KENNZEICHEN** Fast alle Feststellungen betrafen Vögel im JK, deren Oberseite etwas schlichter gefärbt ist als bei europäischen Jungvögeln. Wichtiger ist, dass die meisten amerikanischen Vögel gleichmäßig grau schattierte Flanken (junge europäische Trauerseeschwalben: weiße Flanken) und helleren, an Weißflügel-Seeschwalbe erinnernden Scheitel zeigen. Exakte Altersbestimmung wichtig, da mausernde ad. Trauerseeschwalben unregelmäßige dunkle Fleckung auf den Flanken aufweisen und damit amerikanischen Jungvögeln ähneln: Jungvögel erkennbar an Kombination aus feinen, blassen Spitzen der Schulter- und Schirmfedern sowie Flügeldecken und dem Fehlen alter, schwärzlicher äußerer Handschwingen. Bleistiftgraue Schattierung auf Flanken erstreckt sich vom dunklen Brustseitenfleck bis etwa auf Höhe des hinteren Flügelrandes, deutlich erkennbar bei dunkleren Vögeln, bei helleren leicht zu übersehen. Die meisten amerikanischen Jungvögel haben deutlich grauere Unterflügeldecken als europäische. Im PK sind amerikanischen Vögel durchschnittlich etwas schwärzer auf dem Körper und dunkler grau auf den Oberflügeln, die weiße Vorderkante des Armflügels ist durchschnittlich etwas ausgeprägter, aber Unterschiede geringfügig, leicht durch Lichtverhältnisse beeinflusst, und eine gewisse Überschneidung zwischen den beiden Unterarten schränkt Verwendung dieser Merkmale weiter ein. Amerikanische Vögel im SK haben in der Regel viel weißeren Scheitel als die europäischen, auch damit an die Weißflügel-Seeschwalbe erinnernd, und zeigen oft dunklere Unterflügel als die europäischen Trauerseeschwalben im SK.

**STIMME** Die Rufe scheinen denjenigen der europäischen Trauerseeschwalbe sehr ähnlich zu sein.

## RUSSSEESCHWALBE

## ZÜGELSEESCHWALBE

## TRAUERSEESCHWALBE

***niger*** (Europa)

## „AMERIKANISCHE TRAUERSEESCHWALBE“

***surinamensis*** (Nordamerika)

KM

# ALKE Alcidae

Schwarz-weiße, mittelgroße bis eher kleine Meeresvögel, die nur zum Brüten an Land kommen. Körper lang gestreckt, Zehen mit Schwimmhäuten versehen, Beine weit hinten am Körper ansetzend, somit gut angepasste Tauchvögel, die sich vorwiegend von Fischen und Krebstieren ernähren, gewissermaßen die „Pinguine der Nordhalbkugel“, die mit den Flügeln „unter Wasser fliegen“ und dabei mit den Füßen steuern. Fliegen meist in lockeren Linien dicht über den Wellen mit schnellen, schwirrenden Flügelschlägen. Im Winter auf dem Meer, nach Stürmen in Küstennähe.

Ein Alk öffnet die Flügel und taucht mit typischem Ruck ab

Ein typischer Alkentrupp, der mit schnellen Flügelschlägen dicht über das Wasser zieht; hier ein Tordalk (l.) mit drei Trottellummen

## KRABBENTAUCHER — D: A/–/ZW

Little Auk *Alle alle*

L 19-21 cm, S 34-38 cm. Arktische Art, die in riesigen Kolonien an steilen Küstenklippen wie auch binnenländischen Berghängen in Felsspalten, Geröllfeldern oder unter Steinen brütet und südwärts bis zur Nordsee überwintert; im Winter oft näher an Küsten als andere Alke, besonders nach heftigen Stürmen. Nahrung vorwiegend Plankton.

**KENNZEICHEN** *Sehr klein,* nur etwa halb so groß wirkend wie Papageitaucher, mit *sehr kurzem, dickem Schnabel.* Schulterfedern weiß gerandet. Flugweise leicht, neigt häufiger zu Richtungswechseln als seine Verwandten; liegt zwischen Tauchgängen mit hängenden Flügeln sehr tief im, sonst höher und mit angelegten Flügeln auf dem Wasser und fliegt leicht und ohne Planschen auf; kann Hals strecken; vom Papageitaucher, der im 1en W mit recht kleinem, dunklem Schnabel und ähnlichen *dunklen Unterflügeln* zu Verwechslungen führen kann, unterschieden durch geringere Größe (50 %), *schwirrend schnelle Flügelschläge,* etwas schmalere und *stärker nach hinten gerichtete Flügel,* die etwa die Körpermitte bilden, weißen Armschwingen-Hinterrand, kleineren Kopf und Fehlen eines geschlossenen dunklen Brustbands. Kann in kurzem, ungünstigem Beobachtungsmoment auch mit größeren Alken verwechselt werden, aber beachte schwirrenden Flügelschlag und graue (schwärzlich wirkende) Unterflügel.

**STIMME** In Kolonien sehr stimmfreudig, sonst stumm; zwitschernde, schnatternde, in Gelächter endende Rufe „krrii-ek ak ak ak ak“, die in Kolonie brummenden Chor erzeugen; Warnruf im Flug heulend „huhuhuhuhu…“.

## PAPAGEITAUCHER — D: A/0 (B)/Z

Atlantic Puffin *Fratercula arctica*

L 28-34 cm, S 50-60 cm. Brütet kolonieweise in selbst gegrabenen Höhlen an grasbewachsenen Steilküsten; überwintert weiter draußen auf dem Meer als andere Alke.

Kennzeichen PK: Von Nahem unverkennbar durch *papageiartigen, riesigen, bunten Schnabel, ausgedehnt weiße Kopfseiten* und dunkles, geschlossenes Brustband; liegt hoch auf dem Wasser, Größe ca. 60 % der Trottellumme, von dieser im Flug von Weitem zu unterscheiden durch *kürzeren, dickeren Körper, größeren, runderen, im Sommer hellen Kopf, recht dunkle Unterflügel* (von Nahem grauweiße Bereiche erkennbar); kein weißer Armflügel-Hinterrand, Bürzel ohne weiße Außenkanten; hecklastig, *Flügel wirken weit hinten ansetzend,* orangefarbene Füße oft gut sichtbar.– SK: Schnabel kleiner, Augenregion dunkelgrau.– JK/1er W: Ähnlich SK, aber Schnabel viel kleiner und dunkler; kann mit Krabbentaucher verwechselt werden (s. o.).

**STIMME** Ruft meist in der Höhle tief grunzend „arrr-uh“.

## GRYLLTEISTE — D: A/V/ZW

Black Guillemot *Cepphus grylle*

L 32-38 cm, S 49-58 cm. Brütet zwischen Felsbrocken und in Felsspalten einzeln oder in kleinen, lockeren Kolonien.

**KENNZEICHEN** Deutlich kleiner als Trottellumme, etwas größer als Papageitaucher mit schwarzem, spitzem Schnabel, recht kleinem Kopf, dickem Bauch und plumpem, birnenförmigem Körper; fliegt mit *schnellen, schwirrenden Flügelschlägen hecklastig* und niedrig über Wasser.– PK: *Gefieder schwarz mit großen, ovalen, weißen Armschwingenfeldern* und weitgehend weißen Unterflügeln, Füße und Rachen rot; durch Hecklastigkeit und schnelle Flügelschläge auch von Samtenten-♂ (S. 38) zu unterscheiden, wenn weißes Flügelfeld von Weitem nicht genau lokalisierbar ist.– SK: *Unterseite weiß, Oberseite variabel stark weiß gebändert;* im Flug oberflächlich an Lappentaucher im SK erinnernd, aber an Gestalt, Flugweise, ovalem weißem Flügelfeld, ausgedehnt weißen Unterflügeln und Weiß von Bürzel und Oberschwanzdecken erkennbar.– JK/1er W: Helles Flügelfeld dicht dunkel gebändert; Kopf, Brust und Bürzel meist dunkler als bei ad.– 1er S: Köper wie bei ad. schwarz, aber Flügelfeld noch gebändert, manchmal ganzer Flügel durch sehr dichte Bänderung dunkel (im Norden seltene Variante ganz schwarzer Altvögel, *„motzfeldi“*).

**STIMME** Balzend gereiht, sehr fein und pieperähnlich (an Grille erinnernd) „sipp-sipp-sipp-…“, gelegentlich etwas kratzender „sipp-sü-sipp-sü-sipp-sü…“; auch sehr dünn und lang gezogen pfeifend „siiiiiüü“.

Krabbentaucher

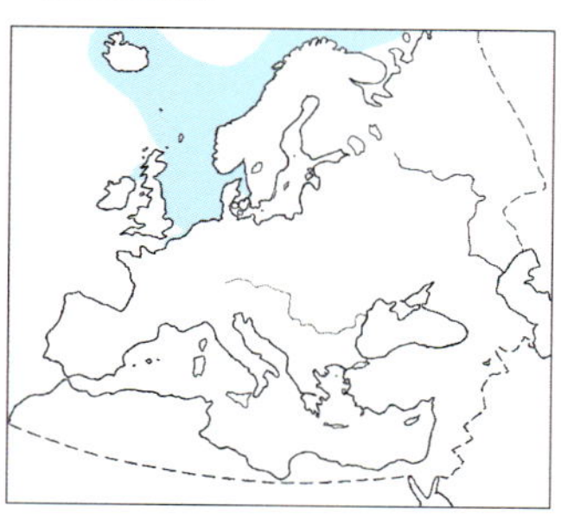

Papageitaucher

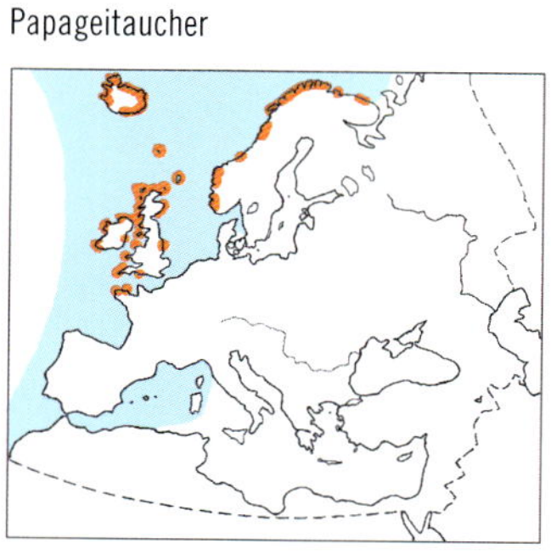

Gryllteiste

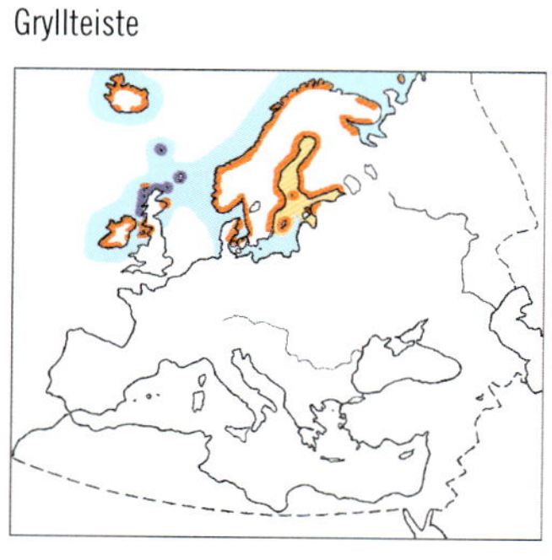

## KRABBENTAUCHER

## PAPAGEITAUCHER

## GRYLLTEISTE

KM

## TROTTELLUMME **D:** A/L3/JZW

Common Murre *Uria aalge*

L 38-46 cm (ohne etwa 4 cm überstehende Füße), S 61-73 cm. Brütet auf Felsbändern steiler Küstenklippen, oft in großen Kolonien; einziges Ei birnenförmig (rollt daher nicht herunter), wird direkt auf den Boden gelegt und vom stehenden Vogel bebrütet; Altvögel erkennen das eigene Ei an Fleckenmuster und später Stimme des Kükens; noch nicht flugfähige Küken springen im Alter von drei Wochen vom Felsen und werden auf dem Meer nur vom ♂ betreut.

**KENNZEICHEN** Kopf und Oberseite bräunlich, Unterseite weiß; als „Ringellumme" bezeichnete Variante (s. Abb.) im Norden häufiger; von Nahem *schlank und spitzschnäbelig;* leicht mit Dickschnabellumme zu verwechseln (s. u.), häufiger aber mit Tordalk, wenn Schnabelstruktur von Weitem überraschend schlecht erkennbar: Trottellumme *oberseits heller graubraun* (statt fast schwarz; Färbungsunterschied in Westeuropa deutlich, vor allem bei kleiner, südenglischer Unterart *albionis,* undeutlicher, aber noch erkennbar in Nordnorwegen), *etwas größer,* mit längerem Körper (aber beachte Variation, und dass im Winter in einigen Regionen größere Vögel aus dem Norden zwischen kleineren südlicherer Populationen schwimmen können), *Flanken,* Achseln und Unterflügeldecken unterschiedlich stark *dunkel gestrichelt,* aber bei einigen Populationen (z. B. Südengland und Baltikum) Strichelung in der Regel schwächer oder fehlend (statt immer reinweiß). Im Flug an *breit dunkler Bürzelregion mit meist unregelmäßiger Abgrenzung zu schmal weißen Außenseiten* erkennbar (statt mit schmalem schwarzem Bürzelstreif, von breit weißen Außenseiten gleichmäßig gesäumt, ähnlich Eisente); im Flug durch kurzen Schwanz überragende Füße *„unsauberes" Hinterende* (statt Füße unter Schwanz verborgen), etwas *rundbucklig* (statt mit geraderem Rücken); Flügel scheinen geringfügig vor Körpermitte anzusetzen (statt eher in Körpermitte).– PK: Kopf und Hals ganz dunkel.– SK: Weiß an Kopfseiten variiert wie bei Tordalk, doch Trottellumme in der Regel *weißköpfiger;* mausert früh im (Nov.) Dez.-Feb. ins PK und kann dann von Vögeln im 1en W unterschieden werden, die später mausern.–1er S: Wie ad., aber Kehle variabel ausgedehnt weiß, juv. Schwungfedern ausgeblichen und bräunlich.

**STIMME** In Kolonien z. B. „bauchrednerisch" „mmm…", harte, nasale, gereihte Stakkatotöne „ha ha ha ha…", in gedehntes Brüllen übergehend „…ha-aahr" usw.; Junge rufen nach Verlassen des Felsens hoch, zweisilbig „plii-ü".

## DICKSCHNABELLUMME **D:** A/–/S

Thick-billed Murre *Uria lomvia*

L 40-44 cm (ohne etwa 4 cm überstehende Füße), S 64-75 cm. Arktische Art, die Niststandort und Brutablauf mit Trottellumme teilt, oft in gemischten Kolonien; überwintert südwärts bis Mittelnorwegen.

**KENNZEICHEN** Von Trottellumme unterschieden durch *kürzeren, kräftigeren Schnabel* mit ausgeprägtem Gonyseck (beachte aber Variation bei Trottellumme), meist *deutliche weiße Linie entlang des oberen Schnabelwinkels* (bei Trottellumme heller Schnabelwinkelstreif ausnahmsweise angedeutet), *Fehlen deutlicher dunkler Flankenstrichelung* (bei einigen Individuen hintere Flanken schwach gestreift); im PK *auf Vorderhals spitz ausgezogenes Weiß* (bei Trottellumme rundlich), im Flug von Weitem durch etwas kürzeren Körper und Hals (nur am Brutplatz gültig; im Winter kann Vergleich mit kleinerer westeuropäischer Trottellumme *albionis* nötig sein; dann Größenverhältnisse umgekehrt), *Oberseite dunkler, fast schwärzlich, mit breiteren weißen Außenseiten des schwarzen Bürzels, Gestalt rundbuckliger und dickbäuchiger,* Achseln ausgedehnt weiß; im Flug von Weitem durch schwärzliche Oberseite und ähnliches Bürzelmuster an Tordalk erinnernd, aber unterschieden durch etwas größere, *bucklige Gestalt, kürzeren Schwanz,* überstehende Füße und *spitzen, abwärts gehaltenen Schnabel.*– SK: Ohrdecken ganz dunkel ohne Weiß hinter dem Auge; größte Verwechslungsgefahr dunkle Tordalke im JK/1en W mit ähnlichem Kopfmuster und schlankerem, spitzerem Schnabel als ad., sind aber kleiner als Dickschnabellumme mit meist etwas Weiß um die Ohrdecken und hinter dem Auge.– 1er S: Unterschiede wie bei Trottellumme.

**STIMME** Ruft härter, krähenähnlicher als Trottellumme.

## TORDALK **D:** A/L1/JZW

Razorbill *Alca torda*

L 38-43 cm, S 60-69 cm. Brütet an Steilküsten auf Felsvorsprüngen, auch zwischen Felsbrocken oder in Höhlen; in Deutschland nur wenige Paare auf Helgoland.

**KENNZEICHEN** Gekennzeichnet durch *hohen, stumpfen,* seitlich abgeflachten, *schwarzen, mit weißen Linien gezierten Schnabel, schwärzliche Oberseite* (immer schwärzer als Trottellumme, aber Unterschiede im Norden schwächer), kräftigen Hals und langen, spitzen Schwanz; am Brutplatz immer *kleiner* als Trottellumme (Unterschied in England und Frankreich am geringsten); Schnabelform beim fliegenden Vogel von Weitem erstaunlich schwer zu erkennen, beachte dann schwärzere Oberseite, *geraderen Rücken, weißere Unterflügel* und Achseln und *gerader abgesetzte weiße Seiten der Bürzelregion;* Füße von langem Schwanz verdeckt, bei Trottellumme meist überstehend. Zum Vergleich mit Trottellumme und Dickschnabellumme s. dort.– PK: Weißer Streif vor Schnabelspitze und weiße Linie oberhalb des Zügels.– SK: Weißer Schnabelstreif meist erhalten, Zügelstreif fehlend.– 1er W: Ohne weißen Schnabelstreif, Zügelstreif aber oft angedeutet, *Schnabel deutlich schwächer und spitzer,* auf Ohrdecken zumindest kleiner weißer Fleck.– 1er S: Unterschiede wie bei Trottellumme.

**STIMME** Recht stumm. Brutvögel äußern sehr tiefes, knarrendes „urrr".

Trottellumme

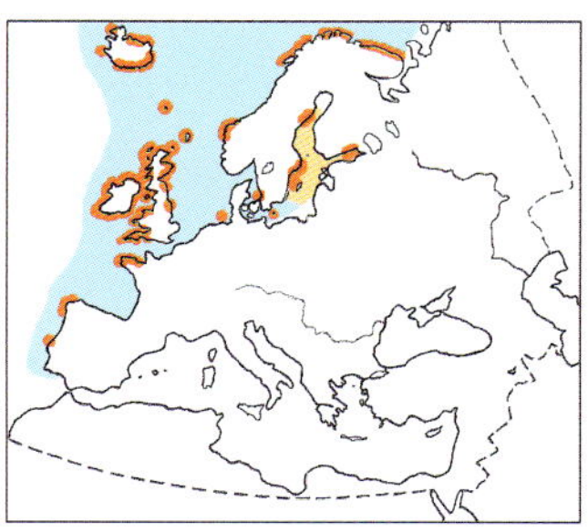

Dickschnabellumme

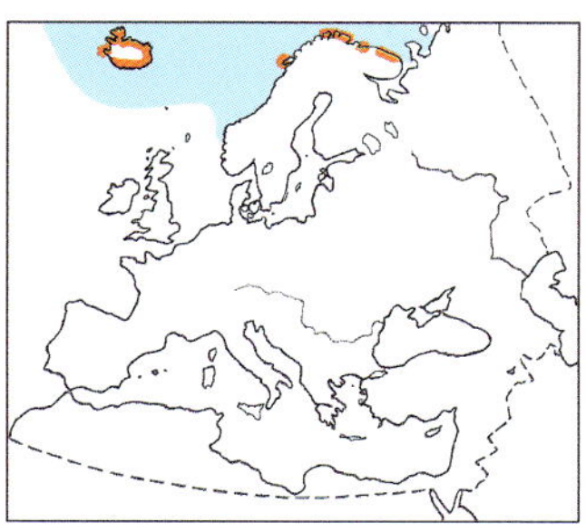

Tordalk

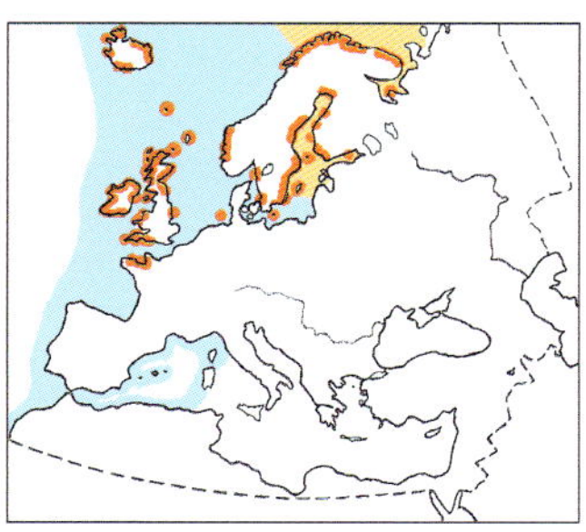

## TROTTELLUMME

## DICKSCHNABELLUMME

## TORDALK

KM

# FLUGHÜHNER *Pterocliformes*

Mittelgroße, kurzhalsige, kräftige, kompakte Wüsten- und Steppenbewohner. Schnelle, ausdauernde Flieger mit langen, spitzen Flügeln und teilweise Schwanzspießen, fliegen meist in Trupps morgens und abends an Wasserstellen, ernähren sich vegetarisch und legen 2-3 Eier auf den Boden.

## SANDFLUGHUHN D: B/–/S

Black-bellied Sandgrouse *Pterocles orientalis*

L 30-35 cm. Brütet in vegetationsarmen Ebenen, weniger wärmebedürftig als Verwandte und daher auch in größeren Höhen, besucht Wasserstellen nach teilweise sehr langer Flugstrecke meist morgens; aufmerksam und scheu.

**KENNZEICHEN** Groß und *kräftig* mit *recht breiten Flügeln und bauchiger Silhouette,* sofort am schwarzen Bauch erkennbar; unterseits starker Kontrast zwischen schwarzen Schwungfedern und weißen Unterflügeldecken.– ♂: *Brust einfarbig grau,* rostgelbe Kehle in der Mitte schwarz, Oberseite dicht rostgelb gefleckt.– ♀: *Gelbbraune Brust kräftig schwarz gestrichelt,* Oberseite fein meliert.

**STIMME** Rollend oder brodelnd, am Ende abfallend und tiefer „TJÜRRR'R're-ka", aus der Nähe singender Beiton, aus Distanz schnaubend (und zu „tjörrr'r" zusammenfließend); aufgescheucht auch steinkauzähnlich „tjiio".

## SPIESSFLUGHUHN D: E/–/S

Pin-tailed Sandgrouse *Pterocles alchata*

L 28-32 cm (dazu 2-10 cm Schwanzspieße), S 55-63 cm. Brütet in offenem, trockenem, niedrig gelegenem Gelände. Besucht Tränke morgens, oft in gewaltigen Trupps.

**KENNZEICHEN** Etwas kleiner und schlanker als Sandflughuhn, mit *langen, dünnen Schwanzspießen* (beim ♂ am längsten), *Bauch und Unterflügeldecken kreideweiß* zu schwarzen Schwungfedern kontrastierend; beide Geschlechter mit *schwarzem Augenstreif* und schwarz eingerahmtem Brustfeld.– ♂: *Goldgrüne Flügeldecken* schmal schwarz gebändert, Mantel- und Schulterfedern mit runden, gelbgrünen Flecken, *kleiner Kinnfleck schwarz,* Scheitel, Nacken und Halsband ungemustert olivgrün, *Brustfeld rotbraun.*– ♀: Unterscheidet sich vom ♂ durch *weniger grünliche* (eher graubraune und weißliche) und *stärker schwarz gebänderte Flügeldecken,* dicht schwarze Bänderung von Scheitel und Nacken, *weißliche Kehle, zwei schwarze Halsbänder* (statt einem) und blasser braunes Brustfeld.

**STIMME** Im Flug guttural, hart, abfallend „rräh-a" (nasal, von Weitem etwas an Schwarzkopfmöwe erinnernd).

## TROPFENFLUGHUHN –

Spotted Sandgrouse *Pterocles senegallus*

L 29-33 cm (dazu 3-6 cm Schwanzspieße). Brütet wie Kronenflughuhn in flachem, wüstenartigem, steinigem Gelände, besucht Wasserstellen morgens in großen Trupps.

**KENNZEICHEN** Mittelgroß, hell gelblich beige, Hinterkörper zugespitzt, *dünne Schwanzspieße;* im Flug von unten *kontrastierend schwarze Armschwingen,* Handschwingen diffus heller, auf Bauchmitte schmaler schwarzer Längsstrich.– ♂: Scheitel, Nacken und Brust hell blaugrau, *Kinn, Kehle und Halsseiten orange.*– ♀: Ähnlich Kronenflughuhn-♀, hat aber *Schwanzspieße,* eher *beige Grundfärbung, spärlichere Oberseitenfleckung* und feine *Sprenkelung auf Brust,* Scheitel und Hinterhals.

**STIMME** Trupps rufen beim Besuch der Tränke im Chor zweisilbig peitschend „kuITT-o" (ähnlich Wellenflughuhn), manchmal von einsilbigem „kwi" eingeleitet.

## KRONENFLUGHUHN –

Crowned Sandgrouse *Pterocles coronatus*

L 25-29 cm. Brutvogel in Wüsten, Halbwüsten und trockenem, steinigem, kaum bewachsenem Gelände in niedrigen Lagen; besucht Tränken meist nur morgens, wenig scheu.

**KENNZEICHEN** Nimmt in Größe und Färbung eine Mittelstellung zwischen Tropfen- und Wellenflughuhn ein; *schwärzliche Schwungfedern* kontrastieren im Flug ober- und unterseits zu den Deckfedern.– ♂: *Unterseits ungemustert rosagrau,* Kopf- und Halsseiten gelborange, von der *Stirn zum Kinn senkrechtes schwarzes Band,* zum Auge und um dieses herum weiß; breiter, blaugrauer Augenstreif, Scheitelmitte rotbraun, Flügeldecken mit *mattgelben Tropfenflecken.*– ♀: Durch ober- und unterseits *dichte, feine, schwarze Bänderung* ähnlich Wellenflughuhn, Kehle jedoch fast *ungezeichnet ockergelb.*

**STIMME** Ruft im Flug (vier- bis) fünfsilbig recht hart, etwas nasal und leicht stoßend „tju-KU tju-ku-KURR".

## WELLENFLUGHUHN –

Lichtenstein's Sandgrouse *Pterocles lichtensteinii*

L 22-25 cm. Brütet in Südmarokko, Südisrael und auf der Sinaihalbinsel in Wadis und niedrigerem Bergland in wüstenartigem, steinigem Gelände mit einzelnen Bäumen; besucht Tränke in Kleingruppen in der späten Dämmerung.

**KENNZEICHEN** Kompakt mit *dunklem, dicht gebändertem Gefieder,* recht hochbeinig und mit weniger spitzem Körperende, läuft mit stärker angehobenem Schwanz; Lidring gelb.– ♂: *Stirn breit schwarz-weiß gebändert, rostgelbe und schwarze Querbänder auf unterer Brust* und Großen Armdecken, Schnabel orange.– ♀: *Gleichmäßig fein gebändert* ohne die Brust- und Flügelfärbung des ♂, Schnabel grau.

**STIMME** An der Tränke im Chor stimmungsvoll klingendes „kuIT(a)l" mit metallischem Beiklang; warnt krächzend, trocken „krre-krre-krre-krre-…".

Sandflughuhn

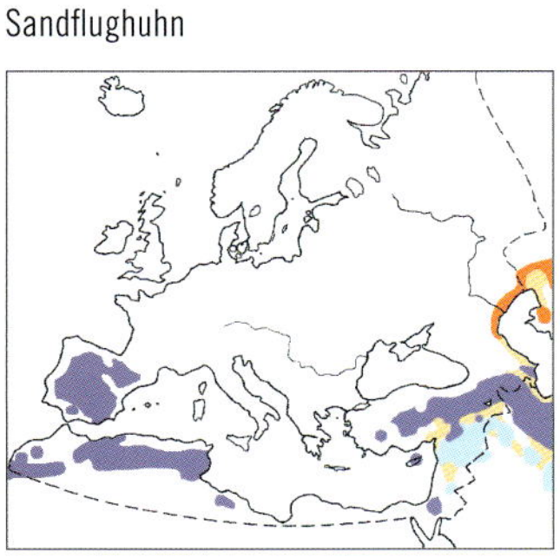

Spießflughuhn

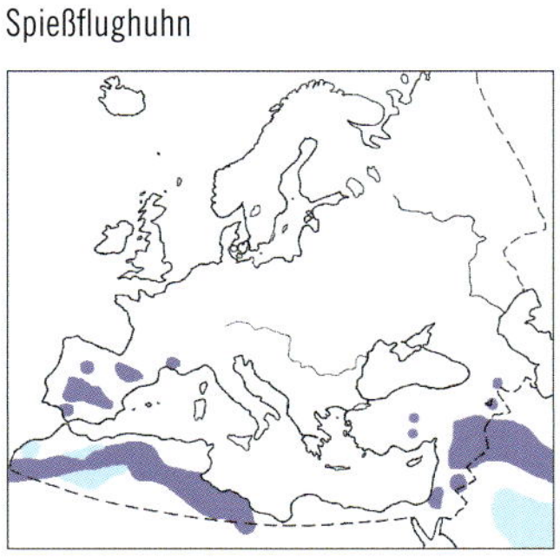

Tropfenflughuhn

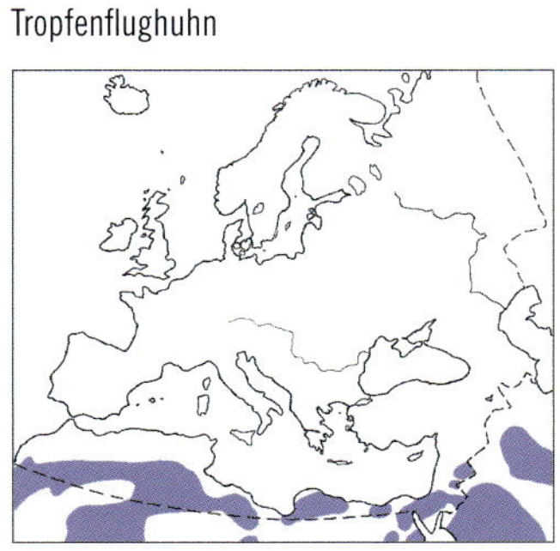

Kronenflughuhn

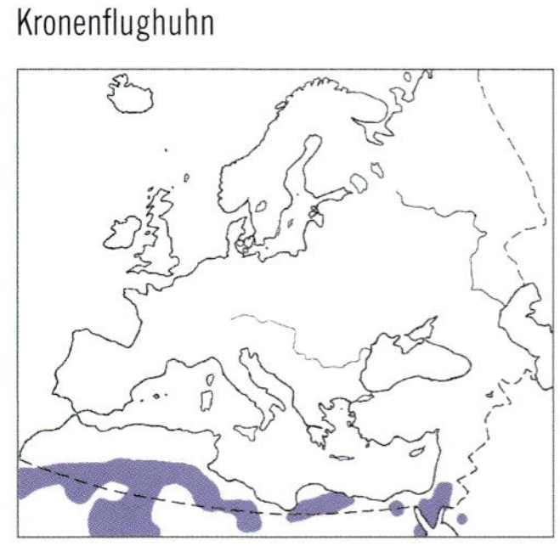

## SANDFLUGHUHN

## SPIESSFLUGHUHN

## TROPFENFLUGHUHN

## KRONENFLUGHUHN

## WELLENFLUGHUHN

DZ

# TAUBEN Columbiformes

Mittelgroße, kompakt gebaute Vögel mit wegen starker Flugmuskulatur kräftig gewölbter Brust und kleinem Kopf sowie schnellem, meist geradlinigem Flug. Beine kurz, laufen am Boden mit nickenden Kopfbewegungen. Nahrung pflanzlich, z. B. Getreide, Sämereien, frische Blätter, meist am Boden aufgenommen. Tauben trinken mit ins Wasser eingetauchtem Schnabel saugend (im Gegensatz zu anderen Vögeln). Nest in Baumhöhlen, Felsen oder frei aus Zweigen gebaut. Jungvögel werden mit „Kropfmilch" ernährt.

## FELSENTAUBE –

Rock Dove *Columba livia*

L 30-35 cm, S 62-68 cm. Brütet in Felshöhlen und an Klippen, meist an der Meeresküste, aber auch im Bergland. Standvogel, früher in Europa weit verbreitet, jetzt eher lokal hauptsächlich im Mittelmeerraum und an Küstenklippen Westeuropas. Oft kleine Trupps in großer Höhe in zielgerichtetem Flug zwischen Brut- und Nahrungsplatz. Stammform der Straßen- und Brieftauben, solche gelegentlich auch fernab von Städten in Gruppen von Felsentauben durch Musterung oder rötliche Färbung auffallend.

**KENNZEICHEN** In Gestalt und Gefieder ähnlich der Hohltaube, jedoch *auf Mantel und Flügeloberseite heller grau,* wodurch Kopf, Hals und Brust dunkler hervorstechen (Hohltaube ist einfarbiger), sowie mit *weißer Flügelunterseite* (bei Hohltaube grau); *Bürzel schneeweiß* (in Asien hellgrau), *zwei durchgehende schwarze Flügelbinden.* Augen rötlich, Schnabel dunkel. Fliegt rasant und kraftvoll; Balzflug mit v-förmiger Flügelhaltung wie Straßentaube.

**STIMME** Gurrt ähnlich Straßentaube klagend, mehrfach wiederholt „drruO-u", oft etwas anschwellend.

## „STRASSENTAUBE" D: C4/N5/J

Feral Pigeon *Columba livia* f. *domestica*

L 29-35 cm, S 60-68 cm. Straßentauben stammen von Felsentauben ab (verwilderte Gefangenschaftsvögel; früher u. a. als Brieftauben, heute noch als Reisetauben gezüchtet); weit verbreitet und zahlreich in Städten und Dörfern.

**KENNZEICHEN** Gestalt wie Felsentaube, manche der unzähligen Gefiedervarianten sehen fast genau wie Stammform aus (s. o.), andere sind weiß-grau gemustert, einheitlich dunkelgrau, rotgrau, dunkel gescheckt oder wie die Felsentaube gefärbt, aber ohne deren weißen Rücken.

**STIMME** Wie Felsentaube.

## HOHLTAUBE D: A/N4/Z

Stock Dove *Columba oenas*

L 28-32 cm, S 60-66 cm. Brütet in Baumhöhlen, sowohl in Wäldern als auch in größeren ruhigen Parks, gebietsweise auch an der Steilküste oder an Gebäuden. Recht scheu, oft eher zu hören als zu sehen.

**KENNZEICHEN** Größe und Gestalt recht ähnlich Straßentaube, aber kleiner und *kurzschwänziger als Ringeltaube,* was in gemischten Schwärmen auffällt; fliegt mit *schnelleren Flügelschlägen* und „entschlossener" als Ringeltaube (Unterschied aber nicht immer auffällig). Gefieder blaugrau mit grün und weinrot schimmerndem Halsfleck. Im Flug mit *grauem Unterflügel und Rücken* (bei Felsen- und Straßentaube weiß), ferner *hell blaugraue Oberseitenfärbung* (heller als bei Ringel-, aber dunkler als bei Felsen-/Straßentaube); nur kurze, schmale schwarze Armflügelbänder innen, aber nicht über ganzen Flügel (vgl. Felsentaube) und keine weißen Binden (vgl. Ringeltaube). Balzflug mit langsamen, tiefen Flügelschlägen und anschließender Gleitphase mit leicht erhobenen Flügeln und manchmal Flügelklatschen über dem Rücken.

**STIMME** Gesang eine Folge recht eintöniger, zweisilbiger, dumpf klagender „oo-uo"-Laute, zu Beginn zaghafter, ein Ton pro sek. Lautes Flügelklatschen beim Auffliegen, dünn pfeifendes Geräusch im normalen Flug.

## RINGELTAUBE D: A/N6/JZW

Common Wood Pigeon *Columba palumbus*

L 38-43 cm, S 68-77 cm. Brütet in Wäldern aller Art, in Parks und großen Gärten, gebietsweise mitten in Städten, dort wenig scheu; Nahrungssuche auf Wiesen und Feldern. Regionale Bestandszunahmen; im Norden und Osten Zugvogel, der vor allem in Westeuropa überwintert; tritt während des Wegzuggipfels (Anfang Okt.) und des Heimzugs (März/Apr.) in großen bis sehr großen, dicht fliegenden Schwärmen auf. Sehr einfaches, flaches Reisignest, meist hoch in Bäumen in Stammnähe, oft so schütter, dass die Eier von unten durch den Nestboden sichtbar sind. Lange Brutperiode, flügge Jungvögel von Mai bis Okt.

**KENNZEICHEN** Große Taube, *deutlich größer als Straßentaube* sowie mit im Verhältnis etwas längerem Schwanz und kleinerem Kopf, ferner mit rundlicherer Brust und trotzdem *lang gestreckter Gestalt.* Bestes Erkennungsmerkmal ist *großer weißer Halsseitenfleck* sowie im Flug *weißes Querband auf Flügeloberseite.* Von fliegenden Hohltauben durch etwas *ruhigeren Flügelschlag,* bedeutendere Größe und wenig *längeren Schwanz* zu unterscheiden. Typischer Balzflug mit kurzem steilem Aufstieg und lautem Flügelklatschen, darauf Abwärtsgleiten mit steif gehaltenen Flügeln und gespreizten Steuerfedern. Bei Gefahr lautes Flügelklatschen beim Abfliegen.– JK: Ohne weiße Halsabzeichen (diese erscheinen je nach Schlupftermin meist Aug.–Dez.).

**STIMME** Zur Brutzeit oft dumpf, heiser, gedämpft, knurrend „huh-hruu…". Gesang fünfsilbige, dumpf gurrende, rhythmische Strophe (gewisse individuelle Variation, fast immer erste Silbe betont und etwas längere Pause vor der kurzen fünften) „DUH-duu, doo-doo...du", ohne Pause 3-5-mal wiederholt (daher wirkt fünfte Silbe wie Einleitungssilbe zur nächsten Strophe).

Felsentaube

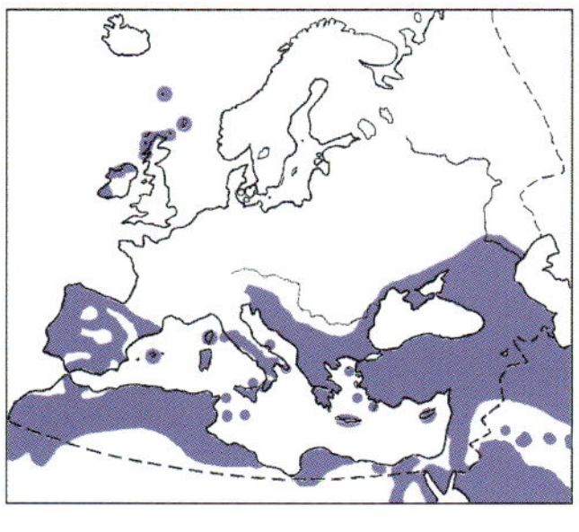

Hohltaube

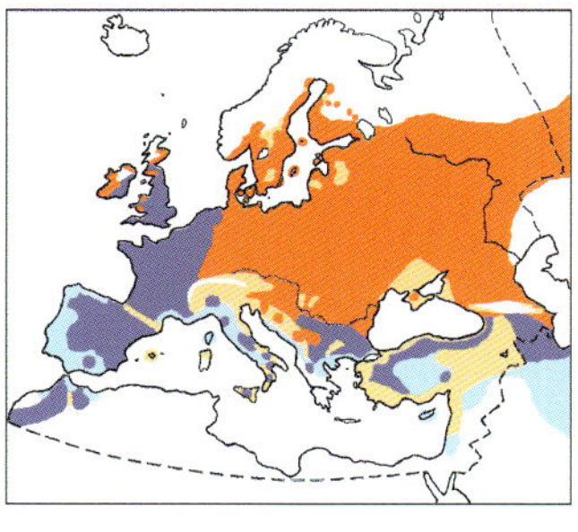

Ringeltaube

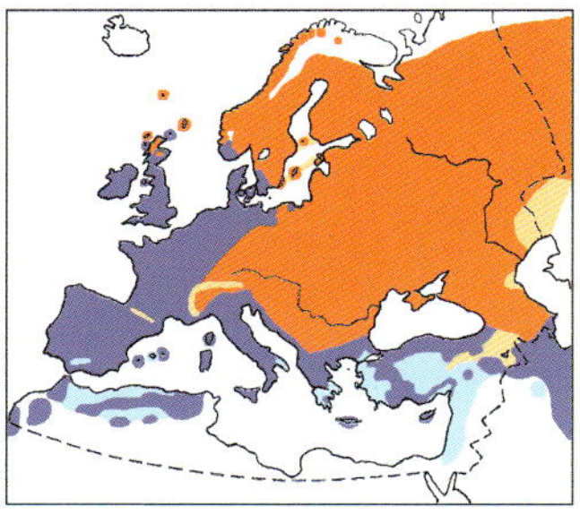

## FELSENTAUBE

## „STRASSENTAUBE“

Straßentauben zeigen eine große Gefiedervariation; manche sehen fast wie ihre Stammform, die Felsentaube, aus

## HOHLTAUBE

## RINGELTAUBE

KM

## LORBEERTAUBE –

Laurel Pigeon *Columba junoniae*

L 38-41 cm, S 62-67 cm. Endemischer Jahresvogel der Kanaren (La Palma, Gomera, Teneriffa, Hierro, < 2.000 Paare?) an felsigen Berghängen in oder knapp unterhalb der Baumheide- und Lorbeerzone. Wird meist einzeln gesehen. Wachsam, aber nicht wirklich scheu. Lange Brutzeit, oft zwei Gelege zwischen Feb. und Sept.; Nest in Felsspalte oder an steilem Hang im Schutz von Büschen oder Bäumen.

**KENNZEICHEN** *Einheitlich dunkel graubraun* mit Purpurton und Metallglanz auf Kopf und Hals. Flügel *ohne Kontrast zwischen Schwung- und Deckfedern,* aber *Bürzel/Schwanzoberseite heller blaugrau* mit diffus abgesetzter *beigeweißer Schwanzendbinde.* Auge rot, Schnabel gelblich weiß mit rosa Basis. Wirkt im *recht unsteten* Flug mit *langsamen Flügelschlägen langhalsig* und *kurzflügelig.* Balzflug mit langsamen Flügelschlägen und horizontalen Gleitstrecken in weiten Kreisen bei voll gespreiztem Schwanz erlaubt besten Blick auf kennzeichnende helle Schwanzspitze.– JK: Matter gefärbt als ad., Gefieder eher warm braun getönt mit weniger Purpur und Metallglanz, Schulterfedern und Flügeldecken mit schmalen hellen Spitzen.

**STIMME** Gesang beginnt mit hohem, langem Knurren und geht über in wiederholtes dreisilbiges Gurren mit falsettierter zweiter und gezogener dritter Silbe, „hrrrüh…ru-pwiJUUH…ru-pwiJUUH…ru-pwiJUUH…“ usw.

## KANARENTAUBE (Bolles Lorbeertaube) –

Bolle's Pigeon *Columba bollii*

L 35-38 cm, S 60-65 cm. Endemischer Jahresvogel der Kanaren (La Palma, Gomera, Teneriffa, Hierro, etwa 3.000 Paare) in Lorbeerwäldern und Baumheide an Berghängen. Scheu und in Baumkronen schwer zu entdecken, verrät sich aber oft durch das Flattern während der Nahrungssuche. Meist einzeln oder in Paaren, manchmal in kleinen Gruppen. Legt nur ein Ei, Brutzeit erstreckt sich von Juli-Okt., doch hauptsächlich Frühjahr.

**KENNZEICHEN** Erinnert etwas an Hohltaube, ist aber etwas größer und *langschwänziger.* Gefieder graublau mit grün und altrosa glänzenden Halsseiten. Schwungfedern und Oberschwanz kontrastierend dunkler, Schwanz mit angedeuteter heller Querbinde. Flügel recht kurz und gerundet; rasanter Flug, auffliegend mit klatschendem Geräusch, im Streckenflug mit rhythmischem Pfeifen. Schwanz im Flug oft zusammengelegt, wirkt dann abgeschnitten. Schnabel rot, Auge gelb.– JK: Matter und bräunlicher gefärbt als ad., Schwanzendbinde nicht so dunkel.

**STIMME** Gesang leise, viersilbig, heiser und tief gurrend, dritter Ton etwas gedehnt, auch bei guten Bedingungen nur über 100 m hörbar, 5-6-mal in schneller Folge wiederholt, erste Folge oft auf fünf Silben erweitert, etwa „hwo hwo hwooh hwo“.

## SILBERHALSTAUBE –

Trocaz Pigeon *Columba trocaz*

L 40-45 cm, S 68-74 cm. Endemischer Jahresvogel auf Madeira (4.000-5.000 Paare) in Grotten und an steilen Berghängen in der Lorbeerwald- und Baumheidezone, bevorzugt die tieferen Lagen und Nordhänge; Fortbestand hängt vom Erhalt des schrumpfenden Lebensraums ab. Scheu; Nahrungssuche in Baumkronen und am Boden, bei gutem Angebot in Trupps von 10-30 Vögeln. Lange Brutperiode, wohl vom Reifezeitpunkt der Lorbeeren abhängig. Baumnest enthält meist nur ein Ei.

**KENNZEICHEN** Ähnlich einer großen, kurzflügeligen Ringeltaube ohne weiße Abzeichen an Hals oder Flügeln, jedoch mit *silbergrauem Halsfleck* (der je nach Lichteinfall auch bläulich bis rosa wirkt). Gefieder *oberseits* etwas *dunkler und einheitlicher blaugrau* als Ringeltaube, ohne deren helleren Mantel und Rücken. *Schwanz mit charakteristischer heller Querbinde,* etwa so breit wie dunkle Endbinde. *Unterflügel dunkelgrau* (vgl. Felsentaube); Auge hell gelbweiß.– JK: Gefieder matter, bräunlich getönt, nicht so sauber blaugrau, Schulterfedern und Flügeldecken mit schmalen hellen Spitzen.

**STIMME** Gesang ähnlich Ringeltaube, aber rauer, tiefer, weniger kräftig, ein sechssilbiges Gurren mit Betonung und Dehnung der beiden mittleren Silben, mehrfach wiederholt „uh-uh HROOH-HROOH ho-ho“.

## KAPTÄUBCHEN –

Namaqua Dove *Oena capensis*

L 22-26 (inkl. 10-12 cm Schwanz), S 28-33 cm. Weit verbreitet in Afrika südlich der Sahara und in Arabien, brütet im Bearbeitungsgebiet nur in Südisrael. Lebt in Kulturflächen in der Halbwüste mit Akazien und Büschen, Nest niedrig in Bäumen. Oft am Boden, eher scheu und nervös.

**KENNZEICHEN** Sehr *klein* (Körper kaum größer als Haussperling) und *schlank.* Sehr *langer, schmaler, schwarzer Schwanz,* bei Fächerung keilförmig. Fliegt oft tief mit raschen, schneidenden Flügelschlägen, zeigt dabei rostbraunes Flügelfeld.– Ad. ♂: *Stirn, Kehle und Brust schwarz,* diffus weiß begrenzt, Bauch weiß, Schnabel gelb und rot.– Ad. ♀: Ohne Schwarz an Kopf und Brust; Schnabel dunkelgrau mit rötlicher Basis.– JK: Armdecken und Schulterfedern grob weiß, beige und dunkelgrau gemustert.

**STIMME** Eher ruhige Taube, Gesang ein bauchrednerischer, tiefer, gedehnter, klagender, gurrender, in der Lautstärke und etwas in der Höhe ansteigender Laut zwischen je einem kurzen Ton, etwa „hu-huoooOOO-hu“.

Lorbeertaube

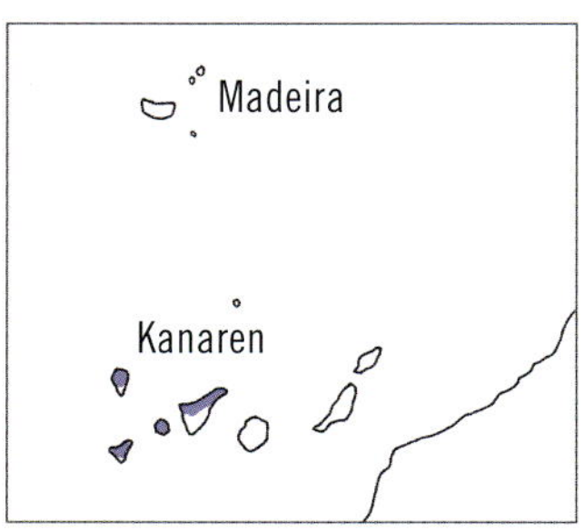


Kanarentaube

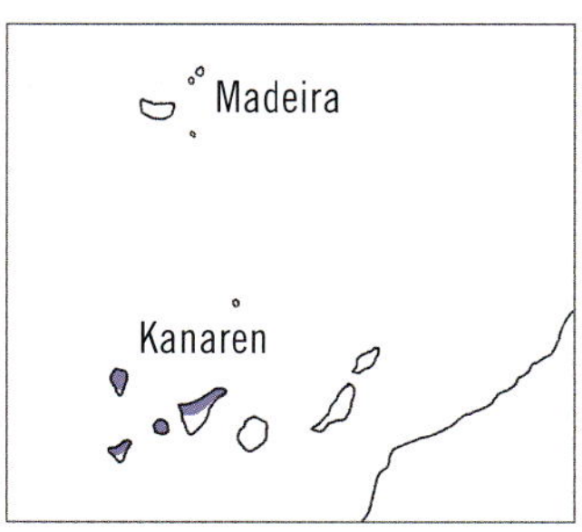


Silberhalstaube

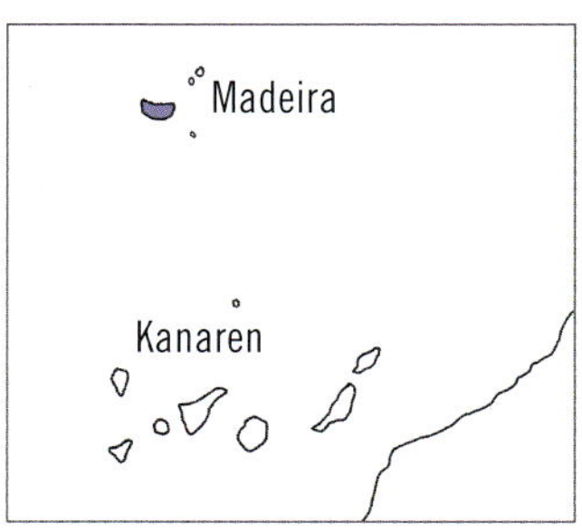


Kaptäubchen

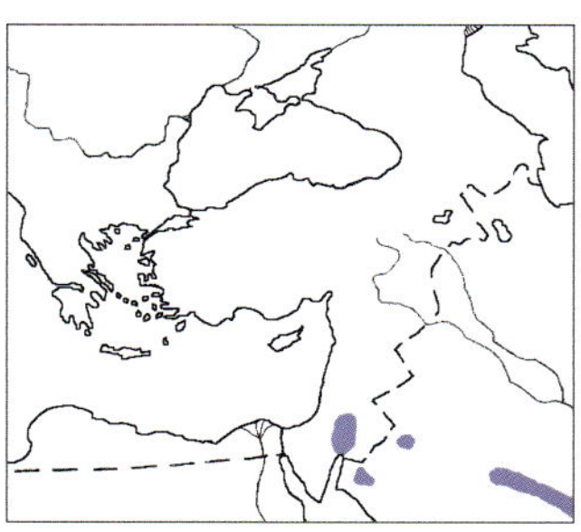

## LORBEERTAUBE

## KANARENTAUBE

## SILBERHALSTAUBE

## KAPTÄUBCHEN

KM

## TÜRKENTAUBE D: A/N5/J

Eurasian Collared Dove *Streptopelia decaocto*

L 29-33 cm, S 48-53 cm. Brütet fast ausschließlich in Ortschaften. Ist von Südosten nach Europa eingewandert. Jahresvogel, Nahrung vor allem vegetarisch, gerne an Getreidesilos, im Winter auch in Trupps; wenig scheu.

**KENNZEICHEN** Mittelgroße, *lang gestreckte,* recht elegante Taube mit *langem Schwanz* und heller Färbung; leicht kenntlich an schmalem (weiß gerandetem) schwarzem *Nackenring;* Gefieder *recht einheitlich hell beigegrau* mit bräunlicherem Ton auf Rücken und blaugrauem Anflug auf Großen Armdecken. Dunkles Auge sticht aus einfarbig hellem Kopf hervor. *Äußere Steuerfedern mit breiten weißen Spitzen* (fallen im Flug bei gespreiztem Schwanz auf), zusammengelegt wirkt *Schwanzunterseite fast reinweiß,* zu *aschgrauen Unterschwanzdecken kontrastierend.* Geschlechter ähnlich, ♂ durchschnittlich sauberer rosa mit deutlicherem Blauschimmer auf Kopf, Hals und Brust.– JK: Ohne schwarzes Halsabzeichen, Färbung etwas matter, brauner.

**STIMME** Ruft nasal, etwas lachmöwenartig „chräh". Singt dreisilbig, mehrfach wiederholt, aus der Ferne an Kuckuck erinnernd „du-DUU do", der zweite Laut betont und gedehnt, der dritte etwas tiefer.

## TURTELTAUBE D: A/N4/Z

European Turtle Dove *Streptopelia turtur*

L 25-28 cm, S 45-50 cm. Brütet in offenen Laubwäldern, Gehölzen und Heckenlandschaften des Tieflands. Sommervogel (Apr.–Sept.), überwintert südlich der Sahara. Scheu, oft in Bäumen verborgen. Wird am Mittelmeer stark bejagt.

**KENNZEICHEN** Recht kleine, schlanke Taube mit schneller, etwas ruckartiger und (besonders vor der Landung) hin und her schwankender Flugweise. Unterschiede zu ähnlicher Palmtaube: *Leuchtend rostgelbe Federsäume* und scharf abgesetzte *schwarze Federzentren oberseits* auf Schulterfedern und Kleinen Armdecken (statt dunkler rotbraun und nahezu einfarbig); *deutlicher abgesetztes blaugraues Feld in Flügelmitte; längere, spitzere Flügel* (große Handschwingenprojektion) *und etwas kürzerer Schwanz;* ferner durch *schmaleren weißen Endsaum, innen von durchgehendem schwarzem Band eingefasst;* aus der Nähe sieht man *Halsfleck aus schwarzen und weißen* (manchmal eher bläulichen) *Streifen,* die *deutliche schwarze Schwanzbasis unterseits* sowie das *orangerote Auge mit recht deutlichem rötlichem Lidring* (vgl. Orientturteltaube).– JK: Eher einfarbig schmutzig braun und beigegrau, ohne Halsfleck. Kann mit juv. Türkentaube verwechselt werden, beachte aber Schwanzmuster. Auch der Orientturteltaube extrem ähnlich (s. u.).

**STIMME** Gesang ein tiefes, mehrfach wiederholtes Gurren „turrrr turrrr turrrr".

## ORIENTTURTELTAUBE D: A/–/S

Oriental Turtle Dove *Streptopelia orientalis*

L 30-35 cm, S 54-62 cm. Brütet in der Taiga Mittelsibiriens (Nominatform) sowie in der Waldsteppe Südwestsibiriens und in Bergwäldern Mittelasiens (ssp. *meena*), wegen der Unterschiede in Färbung und Gesang vielleicht zwei Arten, beide ausnahmsweise in Nord- und Westeuropa festgestellt.

**KENNZEICHEN** Nominatform: Gefieder ähnlich Turteltaube, aber deutlich *größer* und *kräftiger;* erinnert im Flug durch *relativ schwerfällige, zielgerichtete Flugweise* eher an Hohl- als an Turteltaube. Ad. unterschieden von Turteltaube durch *blaugraue Schwanzspitze, hellgrauen Bauch/Unterschwanz* (statt reinweiß), Federn der Flügeloberseite mit *größeren und diffuser abgegrenzten dunkelgrauen* (nicht schwarzen) *Zentren* und mit *schmaleren, eher rotbraunen* (nicht ockergelben) Säumen (solange Federn frisch, bleichen später aus), zwei (angedeutete) *schmale helle Flügelbinden* über Spitzen der Mittleren und Großen Armdecken; *blaugraues Flügelfeld dunkler und kleiner, Brust dunkler braunrosa* (statt heller rosa mit bläulichem Schimmer); *Rücken und Bürzel bilden einfarbig dunklen blaugrauen Bereich* (statt mit beigemischtem Graubraun), Mantel dunkler, oft mit schwarzen Flecken; *Lidring weniger auffallend.*– Unterart *meena* etwas kleiner, manchmal fast wie Turteltaube. Von *orientalis* unterschieden durch *weiße Färbung von Schwanzspitze und Bauch,* Oberseite und Brust aber fast wie Nominatform.– JK: Sehr ähnlich juv. Turteltaube, jedoch Rücken und Brust dunkler, Gestalt weniger zierlich, Handschwingenprojektion etwas geringer, helle Handdeckenspitzen schwächer.

**STIMME** Gesang der Nominatform hohl und kehlig, abwechselnd jeweils zwei heisere Töne, gefolgt von zwei etwas klareren „hru-hruu uu-uu hru-hruu uu-uu…". Bei *meena* folgt auf drei gedämpft heisere Töne ein klarerer und tieferer vierter, etwa „HRUUUH…hru-HRU…hoo".

## PALMTAUBE D: E/–/S

Laughing Dove *Spilopelia senegalensis*

L 23-26 cm, S 40-45 cm. Brütet in Gehölzen, auch in Siedlungen. Charaktervogel von Oasen (dort teilweise eingebürgert). Jahresvogel; wenig scheu.

**KENNZEICHEN** Klein, schlank, recht langschwänzig und kurzflügelig; wirkt aus mittlerer Entfernung rotbraun, von Nahem blaugraues Flügelfeld zwischen dunkelgrauen Schwungfedern und rotbraun gemusterter Oberseite, ferner das *einheitliche Weiß* von Schwanzunterseite (und Bauch) erkennbar; Brustband schwarz und ocker gemustert. Im Flug recht ähnlich Turteltaube (z. B. ähnlich gefärbte Schwanzoberseite und dunkle Flügelunterseite), unterscheidet sich aber durch *gleichmäßiger braunen Rücken* (ohne schwarze Federzentren) und meist erkennbar *längeren Schwanz und kürzere Flügel.*

**STIMME** Singt hohl gurrend, sechsilbig, schnell, etwas stotternd, dritte und vierte Silbe etwas höher und betont „do-do-DO-DO-do-do"; im Chor etwas an Birkhahnbalz erinnernd.

Türkentaube

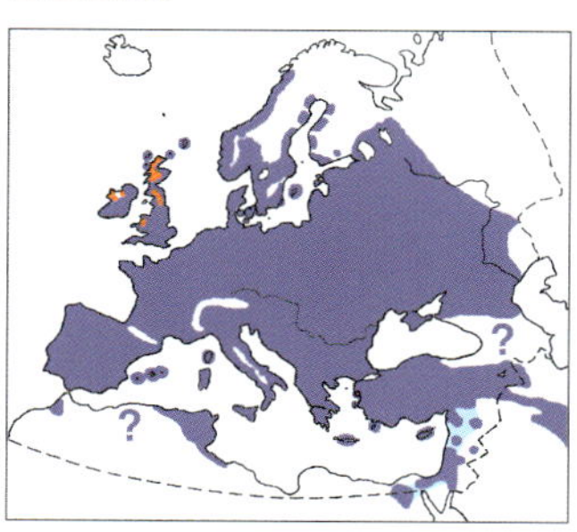

Turteltaube

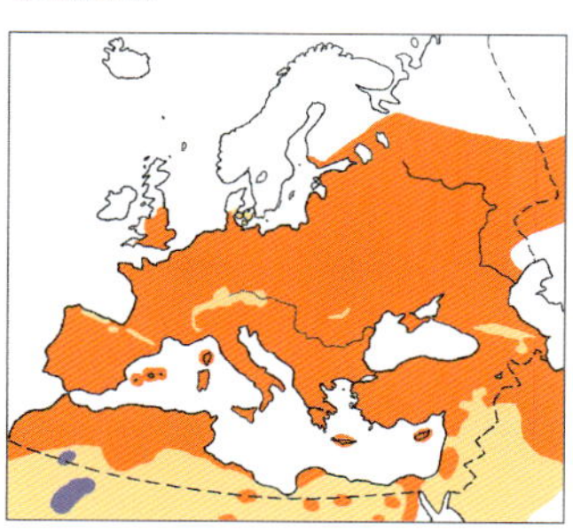

Palmtaube

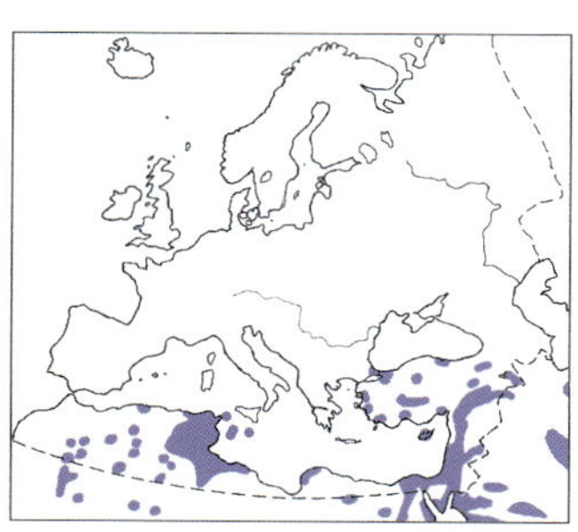

## TÜRKENTAUBE

## TURTELTAUBE

## ORIENTTURTELTAUBE

## PALMTAUBE

KM

# KUCKUCKE Cuculiformes

Vier Brutvögel und zwei Ausnahmeerscheinungen aus Nordamerika; mittelgroß, lang gestreckt, langschwänzig, mit kurzen Beinen. Drei der Arten sind Brutschmarotzer.

## KUCKUCK — D: A/N4/Z

Common Cuckoo *Cuculus canorus*

L 32-36 cm, S 54-60 cm. Bewohnt Wälder und halboffene Landschaft, Sommervogel (meist Mai-Sept.), überwintert im tropischen Afrika. Zur Brutzeit leicht zu sehen, steht oft frei. Legt Eier einzeln in fremde Nester.

**KENNZEICHEN** Mittelgroßer, *schlanker* Vogel mit *langem, abgerundetem Schwanz* und *spitzen Flügeln.* Fliegt mit gleichmäßigen Flügelschlägen (gleitet selten und nur kurz), die *Flügel* werden *kaum über den Körper angehoben* (vgl. mit Sperber und Turmfalke), Flughaltung mit gerader Rückenlinie und *vorgestrecktem Schnabel.* Steht oft frei auf Leitungen oder Masten, meist mit hängenden Flügeln und etwas erhobenem Schwanz.– Ad. ♂: Oberseite, Kopf und Brust ungemustert blaugrau, unterseits scharfe Grenze zum hellen, fein dunkel quer gebänderten Bauch; Iris, Lidring, Schnabelbasis und Füße gelb.– Ad. ♀: Zwei Morphen, die graue wie ♂, jedoch auf der Brust mit rostbeiger Tönung und dunkler Querbänderung, die seltene braune oberseits und auf der Brust rostbraun, oft gesamtes Gefieder mit Querbänderung.– JK: Schiefergrau mit mehr oder weniger deutlich rostbrauner Tönung, leicht kenntlich durch *weißen Nackenfleck* und *schmal weiß gesäumte Oberseitenfedern.*

**STIMME** Singt auf der ersten Silbe betont zweisilbig (gelegentlich dreisilbig) „gu-ko"; bei Verfolgungsjagden heiser räuspernd „GUCH-chä-chä-chä". ♀ trillert schnell brodelnd, etwas an Zwergtaucher erinnernd. Jungvögel betteln anhaltend mit durchdringenden, unreinen „psrieh"-Rufen.

## HOPFKUCKUCK — –

Oriental Cuckoo *Cuculus optatus*

L 30-34 cm. Brütet in der Taiga und in Buschlandschaften; Ankunft Mitte Mai bis Juni; überwintert in Südostasien.

**KENNZEICHEN** Sehr ähnlich Kuckuck, oft an Gefiedermerkmalen kaum zu unterscheiden; kaum *kleiner* und mit *verhältnismäßig etwas kräftigerem Schnabel.* Graue Morphe (beide Geschlechter) auf Rücken und Oberflügeln etwas dunkler als Kuckuck; manche Vögel mit etwas weniger und gröberen Querbändern auf dem weißen Bauch; *Steißbereich oft rostbeige und nahezu ungezeichnet* (wie bei manchen Kuckucken); Unterhanddecken oft ungefleckt oder mit reduzierter Bänderung (auch bei einigen Kuckucken). Braune Morphe (nur ♀; häufig) gänzlich kräftig quer gebändert, oberseits (vor allem Schwanz) *schwarze Bänder meist breiter als die rotbraunen* (beim Kuckuck-♀ meist umgekehrt).

**STIMME** Gesang bestes Bestimmungsmerkmal: rasche, gleichmäßig betonte Folge mit *wiedehopfartigem Klang,* meist von stammelnder Tonreihe von 4-8 Lauten eingeleitet „(pupupupupu) pu-pu pu-pu pu-pu pu-pu…". ♀ trillert wie Kuckuck-♀, aber langsamer, härter, ratternder.

## HÄHERKUCKUCK — D: A/–/S

Great Spotted Cuckoo *Clamator glandarius*

L 35-39 cm. Brütet in offener Landschaft mit Gehölzen und Plantagen. Brutparasit meist bei Elstern.

**KENNZEICHEN** Größe ähnlich Kuckuck, jedoch mit *breiteren, stumpfer endenden Flügeln* sowie *etwas längerem, schmalerem Schwanz; Oberseite dunkel, mit kleinen weißen Flecken übersät,* Unterseite hell.– Ad.: Handschwingen dunkelgrau; Scheitel und Ohrdecken silbergrau, Hinterscheitel mit angedeuteter Haube; Schirmfedern und Armschwingen mit breit weißen Spitzen; Kehle und Brustseiten gelblich weiß.– JK: *Handschwingen lebhaft rostbraun, schwarzspitzig; Oberkopf matt schwärzlich;* Oberseite schwärzlich mit etwas kleineren weißen Flecken als bei ad.; Schirmfedern und Armschwingen mit nur schmalen weißen Spitzen; Kehle und Brust ockerbeige.– 1er S: Meist an rostbrauner Tönung der Handschwingen sowie etwas dunklerer Kopf- und Mantelfärbung von ad. unterscheidbar.

**STIMME** Ruft oft laut ratternd „tjerr-tjerr-tje-tje-tje" oder „ki-ki-ki-kriä-kriä-kriä…"; erregt nasal rau „chäh".

## GELBSCHNABELKUCKUCK — –

Yellow-billed Cuckoo *Coccyzus americanus*

L 29-32 cm. Seltener Gast aus Nordamerika, vom Schwarzschnabelkuckuck unterschieden durch *gelbe Schnabelbasis, lebhafteren Rostton der Handschwingen, deutlichere weiße Spitzen und Außenfahnen der Steuerfedern;* Lidring gelblich.

## SCHWARZSCHNABELKUCKUCK — D: A/–/S

Black-billed Cuckoo *Coccyzus erythropthalmus*

L 28-31 cm. Sehr seltener Gast aus Nordamerika. Etwas ähnlich einem kleinen jungen Häherkuckuck, jedoch ohne deutliche helle Oberseitenfleckung. Vom Gelbschnabelkuckuck durch *ganz schwarzen Schnabel, undeutlicheren Rostton auf den Handschwingen* sowie schmalere, undeutliche helle Steuerfederspitzen unterschieden.– Ad.: Mit schwarzem Schnabel (juv. grau) und rotem Lidring (juv. beige).

## SPORNKUCKUCK — –

Senegal Coucal *Centropus senegalensis*

L 35-41 cm. Brütet in Ägypten in offener Landschaft mit Büschen. Jahresvogel, scheu.

**KENNZEICHEN** *Groß,* langschwänzig, *kräftiger schwarzer Schnabel; Flügel rostbraun, abgerundet;* fliegt unbeholfen mit kurzem Gleiten; *Kopf und Schwanz schwarz,* Rücken dunkelbraun, Unterseite beigeweiß.– JK: Oberseite dunkel gebändert.

**STIMME** Eine Reihe brodelnder, dumpfer Töne, ähnlich Geräusch beim Ausgießen einer Flasche „buu-buu bu-bu-bu-bu…".

Kuckuck

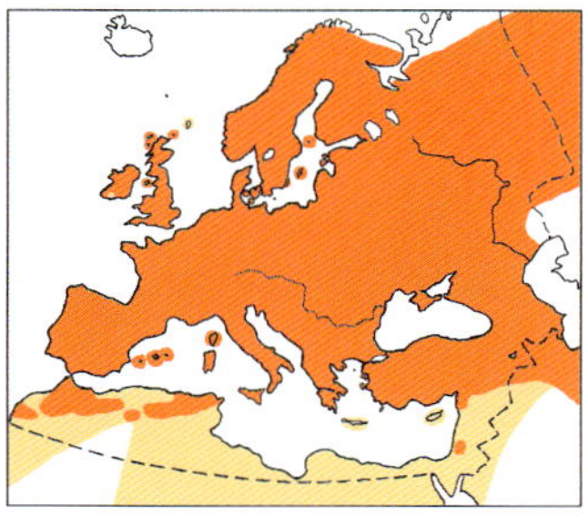

Hopfkuckuck

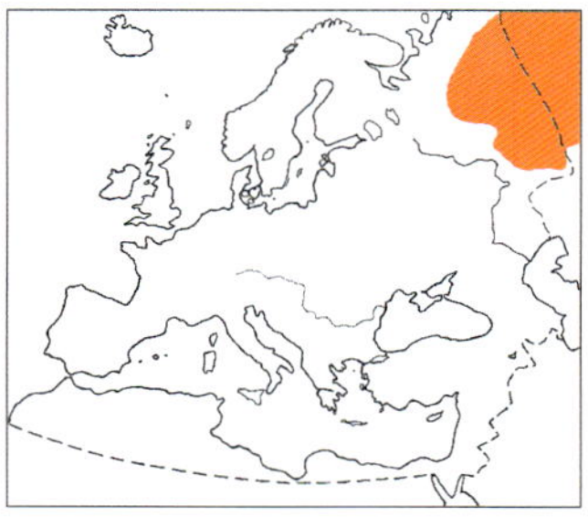

Häherkuckuck

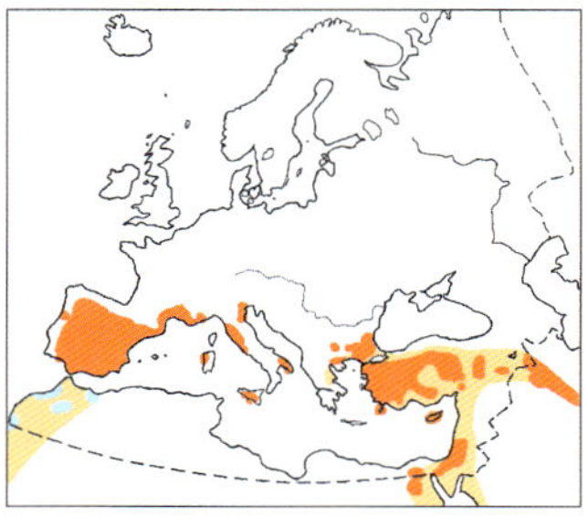

## KUCKUCK

## HOPFKUCKUCK

## HÄHERKUCKUCK

## GELBSCHNABELKUCKUCK

## SCHWARZSCHNABELKUCKUCK

## SPORNKUCKUCK

KM

# EULEN Strigiformes

Vorwiegend nachtaktive Beutegreifer, 18 Arten. Durch gutes Gehör und Sehvermögen bei schwächstem Licht geortete Beute wird vorwiegend im Überraschungsflug ergriffen, Flug durch dichtes, weiches Gefieder lautlos. Kopf groß, oft mit charakteristisch gezeichnetem „Gesicht“ (Schleier), einige Arten mit Federohren. Geschlechter gleich gefärbt, Weibchen meist etwas größer. Nest in Höhlen, altem Zweignest oder am Boden; Eier weiß, rund. Jungvögel bilden ein zweites Dunenkleid aus, bevor das eigentliche, vom Alterskleid kaum unterscheidbare Jugendkleid wächst, und verlassen den Brutplatz oft als noch flugunfähige „Ästlinge“.

## UHU — D: A/N3/J

Eurasian Eagle-Owl *Bubo bubo*

L 59-73 cm, S 138-170 cm. Bewohnt Gebirge und Wälder, bevorzugt mit Felsen, Steilwänden und alten Bäumen (vor allem Koniferen). Zerstreute Verbreitung, meist selten und lokal, Standvogel. In Mitteleuropa an vielen Stellen ausgesetzt und zunehmend, dann oft auch in Städten an Gebäuden, an Fabriken und Kraftwerken. Nacht- und teilweise dämmerungsaktiv. Nahrung Säugetiere (Mäuse, Ratten, Igel, Hasen) und Vögel (Krähenverwandte, Möwen, Wasservögel usw.); brütet auf unzugänglichen Felsbändern oder seltener an Baumstamm am Boden, ausnahmsweise in verlassenem Greifvogelnest. Trotz Größe und imposanter Krallen Menschen gegenüber nicht aggressiv (im Gegensatz zum Habichtskauz), zeigt am Brutplatz eher ein als „Verleiten“ bezeichnetes Verhalten, indem er Eindringlinge mit vorgetäuschter Flügelverletzung und jammernden Rufen am Boden laufend vom Brutplatz fortlockt.

**KENNZEICHEN** *Größte* Eule mit großem Kopf, deren kräftige Erscheinung durch dichtes, aufgeplustertes Gefieder verstärkt wird, kann in Ruhestellung *tonnenförmig*, bei Alarm aber (dick- und) langhalsig wirken; *lange* (außer im Flug) gut sichtbare *Federohren*, die beim Ruhen waagerecht gehalten, beim Rufen oder bei Störung aufgestellt werden; Flugweise kräftig und stetig, mit recht flachen Flügelschlägen, geraden Gleitstrecken ähnlich großem Bussard (aber Kopf größer und Flügel beim Gleiten stärker gebogen). Augen groß und orangerot, Gefieder unterseits gelblich braun, dunkel (auf Brust breit) gestreift, oberseits dunkler braun mit kräftigen schwarzen Streifen und Kritzeln; Kehle weiß, beim Rufen sichtbar. Im Flug Handschwingenbasen nur wenig heller (gelblich braun) als übriges Gefieder (vgl. Bartkauz), kräftig und gleichmäßig gebändert.– JK: Dunenjunge an proportional riesigem Schnabel, großen Krallen und Nistplatz zu erkennen. Wenige Wochen alte Ästlinge am Körper voll befiedert, zeigen aber in den ersten Monaten noch Dunen am runden Kopf und nur kleine Federohren.

**STIMME** ♀ ruft rau bellend „RHÄew“; Alarmruf scharfes, laut nasal beginnendes Bellen „KWA!“, oft 3-5-mal schnell wiederholt „KWA-kWA-kWA-KWA!“; bei Beunruhigung nasal, gedämpft und möwenähnlich „gao“; Gesang tief und voll klingend „UU-hu“, zweite Silbe abfallend, meist in Intervallen von 8-12 s wiederholt, bei jungen ♂ schneller, alle 5 s oder öfter, Stimme bis 4 km hörbar, aber von Nahem erstaunlich verhalten klingend, von Weitem oft nur erste Silbe zu hören; manche ♂ eher ruffaul. ♀ ruft höher und oft rauer, Bettelruf der Jungvögel laut, heiser kratzend „tschuIIsch“ (wie Holzhobel), in milden Sommer- und Frühherbstnächten hörbar.

## WÜSTENUHU —

Pharaoh Eagle-Owl *Bubo ascalaphus*

L 38-50 cm, S 100-120 cm. Mit dem Uhu eng verwandte kleinere, südliche Art in Wüsten und trockenem Gelände, brütet in Spalten von Felswänden oder Wadis.

**KENNZEICHEN** *Beträchtlich kleiner* als Uhu (nur 75 % von dessen Größe) und insgesamt *deutlich heller* mit durch feinere und sparsamere Streifung stärker hervortretender *rosa-sandfarbener Grundtönung;* dennoch gewisse Variation und einzelne Vögel fast so dunkel und bräunlich wie Uhu. *Unterseits fein rötlich gewellt,* kräftige *dunkle Streifung auf obere Brust beschränkt. Gesichtsschleier* durch schwärzliche, weiß begrenzte Umrandung *deutlicher,* Federohren etwas kürzer, *Irisfarbe* variabel, doch häufig *gelborange,* weniger rötlich als bei Uhu. *„Hosen“ dünn,* oft *fein rötlich gebändert.*

**STIMME** Gesang viel höher als bei Uhu, zweite Silbe fast verschluckt „huo“. Eine Variante wurde als dreisilbiges „DOO-uu-hu“ beschrieben, die erste Note betont, die folgenden höher.

## FISCHUHU —

Brown Fish Owl *Ketupa zeylonensis*

L 50-58 cm, S 125-140 cm. Im Bearbeitungsgebiet extrem seltener und lokaler Brutvogel der Südtürkei (früher vielleicht auch im libanesisch-syrisch-israelischen Grenzraum) an fischreichen Flüssen oder Seen mit alten Bäumen. Jagt Fische von ufernaher Warte aus, im Flachwasser watend oder mit hängenden Beinen niedrig über das Wasser fliegend, rastet tagsüber in Höhle oder dichtem Baum.

**KENNZEICHEN** *Groß,* durch *waagerechte, breite Federohren* flach- und breitköpfig, oberseits *hell mittelbraun,* fein dunkler gestrichelt; unterseits heller gelblich- oder cremebraun mit *lückigen, dünnen, braunen Stricheln, helle untere Schulterfedern bilden oberseits helles Band. Augen gelb,* unbefiederte Füße gelblich grau, *kräftiger, hervortretender Schnabel* erzeugt charakteristisches Profil. Schwungfedern dunkelbraun gebändert, Schwanz kräftig braun gebändert, Schleier schwach entwickelt; leises Flügelgeräusch.

**STIMME** Wenig bekannt; Gesang tief, gedämpft (nicht weit hörbar), dreisilbig und langsam wiederholt „huu, WHUU huu“ (zweite „inhalierte“ Silbe höher). Soll auch trielähnliche Schreie äußern, Alarmruf zischend.

Uhu

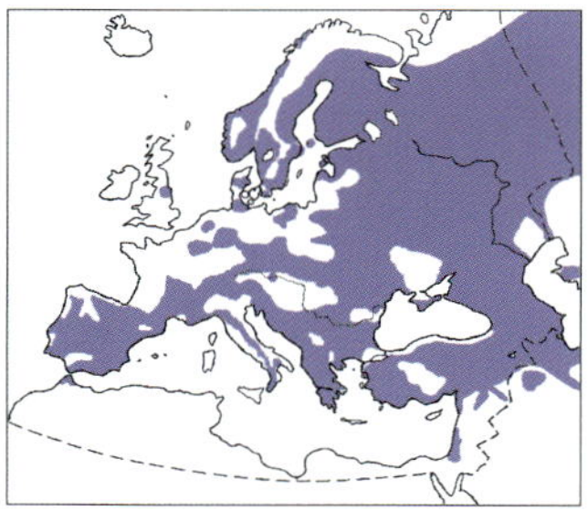

Wüstenuhu

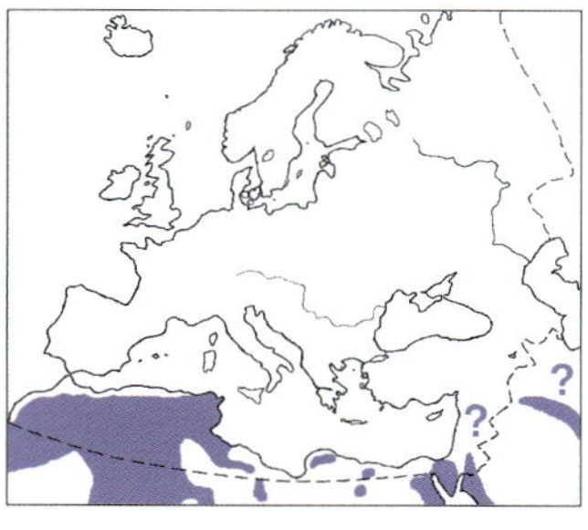

Fischuhu

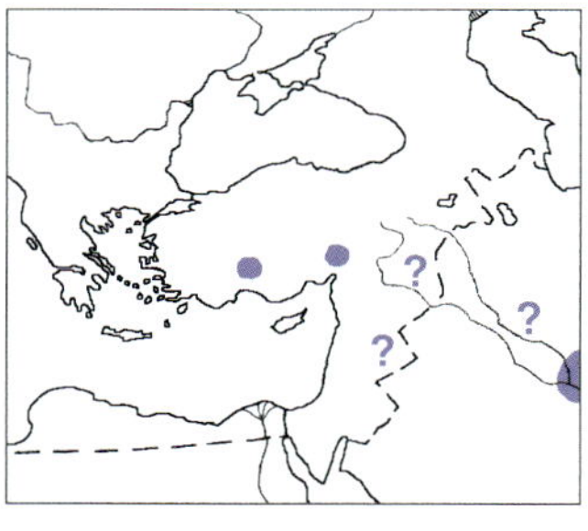

## UHU

## WÜSTENUHU

## FISCHUHU

DZ

## BARTKAUZ –

Great Grey Owl *Strix nebulosa*

L 59-68 cm, S 128-148 cm. Bewohnt boreale Wälder, oft nahe Mooren oder Feldern; selten und lokal verbreitet, teilweise nomadisch; vorwiegend dämmerungsaktiv (inkl. Mittsommernächte im Norden); Nahrung fast ausschließlich Mäuse (trotz mächtiger Erscheinung, die aber nur durch Federn, nicht Knochen und Muskeln erzeugt wird), die nach Ansitz auf Warte am Boden erbeutet werden; brütet in verlassenem Greifvogelnest oder in ausgefaultem Baumstumpf, selten am Boden; kann zur Zeit des Ausfliegens der Jungvögel aggressiv sein und Eindringlinge angreifen.

**KENNZEICHEN** *Groß,* mit dickem Hals und proportional *sehr großem, rundem Kopf, im Profil wie abgeschlagener Holzscheit* wirkend; Flügel sehr lang, breit und gerundet, Schwanz recht lang und gerundet; fliegt beeindruckend *mit bedächtigen, langsamen Flügelschlägen* (fast reiherartig) und kann lange gleiten. Grundfärbung *düster grau* mit dunkelgrauer Musterung, unterseits heller, Brust und Bauch mit groben Streifen und dünnen Kritzeln gezeichnet. Auffälliger Gesichtsschleier, *kleine, gelbe Augen* mit weißen Augenbrauen, schwarzes Kinn und gelber Schnabel, Oberflügel zeigt deutliches, *großes, hellgelbliches Feld an Handschwingenbasen* und dunkelgrauen Bugfleck und Vorderflügel; Schultern hellgrau („Hosenträger"); *oberseits* breite, *dunkle Schwanzendbinde* (bei Habichtskauz und Uhu fehlend); ♀ größer, oft mit proportional etwas kleinerem Kopf.

**STIMME** ♀ ruft heiser und hoch „tschiEP-tschiEP-tschiEP", Alarm- oder Aggressionslaut ein tiefes, gedämpftes Grollen „grrook-grrook-grrook", bei ♀ lang gezogen „grrrrrrrrrrrrk"; bei Unmut lautes Schnabelknabbern; Gesang Serien sehr tiefer, pumpender Laute (9-12) in gesetztem Tempo (1,5/s), am Ende in Höhe und Lautstärke abfallend „bwo, bwo, bwo…", normalerweise nur etwa 400 m weit zu hören; Bettelrufe der Jungvögel ähnlich Ruf des ♀ „psiep-psiep", mit Älterwerden tiefer klingend.

## HABICHTSKAUZ D: BE/L1E/J

Ural Owl *Strix uralensis*

L 50-59 cm, S 103-124 cm. Bewohner alter borealer Wälder mit Mooren, oft auch offenem Wasser, Kahlschlägen und kleinen Feldern, in Südeuropa auch Bergwälder und Buchenbestände; in Deutschland im Bayerischen Wald ausgesetzt. Nahrung Mäuse, Frösche und Insekten, kann dank seiner Körperkraft aber auch Vögel (darunter andere Eulen!) jagen; brütet in Baumstümpfen, Nistkästen oder verlassenen Greifvogelnestern. Vorsicht: Zur Zeit des Ausfliegens der Jungvögel sehr aggressiv und angriffsbereit; nach Entdeckung eines bewohnten Nests Gebiet schnell verlassen, beim Rückzug Altvögel im Auge behalten!

**KENNZEICHEN** Mittelgroß, mit rundem Kopf und *langem Schwanz,* der (vor allem im Flug) angedeutet keilförmig wirkt; Flügel gerundet, fliegt direkt und zielgerichtet ähnlich Bussard; Gefieder *hell graubraun* (heller als Waldkauz), dunkelbraun gestreift; *helle Färbung* meist bestes Kennzeichen; *Iris schwarz,* von *einfarbig gelbgrauem Schleier* gut abgehoben, Schnabel gelblich; Oberflügel gleichmäßig dunkel gebändert, *ohne auffällig helle Handschwingenbasen* von Bartkauz und Sumpfohreule, *Schwanz oberseits gleichmäßig und kräftig dunkel gebändert* (vgl. Bartkauz).

**STIMME** ♀ ruft krächzend, sehr rau (ähnlich Graureiher und Uhu), zweisilbig „KRI-ef!"; Alarmruf laut, nasal bellend „wak"; Gesang des ♂ tief gurrend „WO-ho……woho uhWO-ho", aus konstant 7 Silben bestehend, nach zwei ersten Silben ca. 4 s pausierend, gefolgt von zwei und drei weiteren Silben; bis 2 km weit hörbar; ♀ klingt höher, rauer; alternativer Gesang des ♂ (Balz, Nestzeigen, Aufregung) Serie von 6-8 kurzen, tiefen Tönen, in Ton und Tempo leicht ansteigend, am Ende abfallend „po po po po po po"; ♀ klingt harscher; Bettelruf der Jungvögel sehr ähnlich Waldkauz (aber tiefer), heiser „pitchepp".

## SCHNEEEULE D: A/–/S

Snowy Owl *Bubo scandiacus*

L 53–65 cm, S 125–150 cm. Bewohnt Tundra oder Hochplateaus, bevorzugt Gebiete mit einzelnen Felsen und guter Rundumsicht. In Abhängigkeit vom Nahrungsangebot nomadisch lebend, Nahrung vor allem Lemminge und andere Mäuse, Vögel; brütet in ausgescharrter Bodenmulde.

**KENNZEICHEN** *Groß,* in fast allen Kleidern *leuchtend weiß, Iris gelb;* Flug kräftig, mit proportional kürzerem Arm- und spitzerem Handflügel als andere große Eulen.– Ad. ♂: Reinweiß (bis auf einzelne dunkle Punkte).– Ad. ♀: Weiß, Scheitel dunkel gefleckt, unterseits bis auf Brustmitte dunkel gebändert, Mantel, Rücken und Schulterfedern pfeilförmig dunkel gemustert; Schwungfedern und Flügeldecken weiß, kräftig dunkel gebändert.– ♂ 1er W: Sehr ähnlich ad. ♀, aber etwas kleiner; frisches Gefieder matter weiß, oberseits deutlicher, unterseits durchschnittlich etwas feiner gebändert; *Schirmfederspitzen, innere Große Armdecken und Schwungfedern diffus grau gemasert;* bleicht im 1en S zu überwiegend weißem Gefieder aus.– ♀ 1er W/1er S: Wie ad. ♀, aber stärker und dichter dunkel gefleckt, von Weitem Kontrast zwischen weißem „Gesicht" und Hals und fast einfarbig dunklem Scheitel und Körper zeigend; auch an Scheitel und Brust stärker dunkel gebändert.

**STIMME** Warnt laut, unmutig krächzend „krek-krek-krek-…" (ähnlich Stockente), ♂ etwas tiefer als ♀; ♀ ruft auch jammernd „pjij, pjij, pjij…", falsettartig bellend, dünn pfeifend „siijuii". Singt tief „gäh", in Abstand von 5 s wiederholt und 1-3 km weit zu hören, mit Variationen in Tonlage (weich und klar wie Uhu oder heiserer an Mantelmöwe erinnernd) und Muster (ein- bis mehrsilbig). Bettelruf der Jungvögel ein hohes, pfeifendes Quietschen, schwächer als bei ♀.

Bartkauz

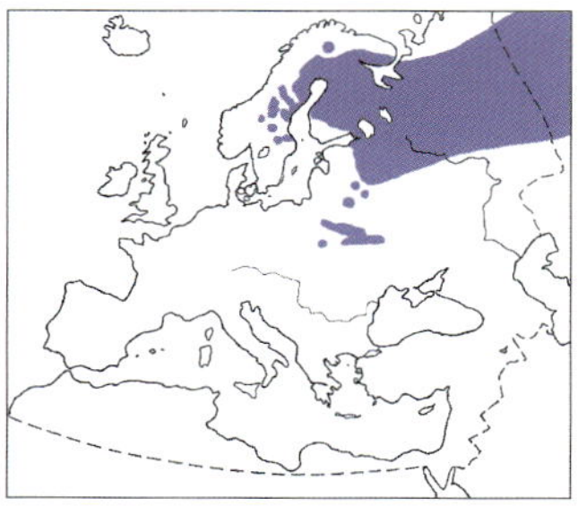

Habichtskauz

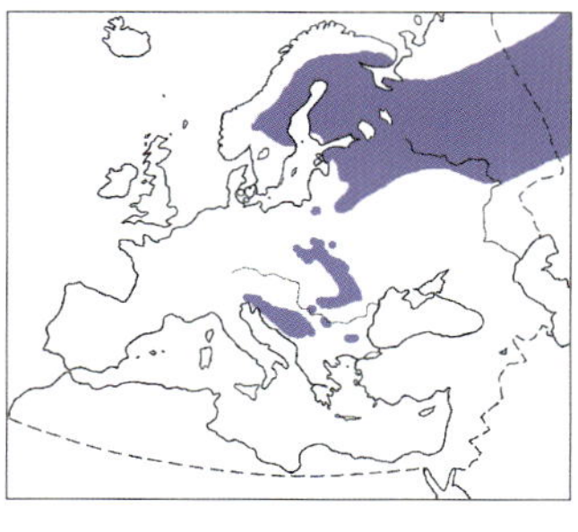

Schneeeule

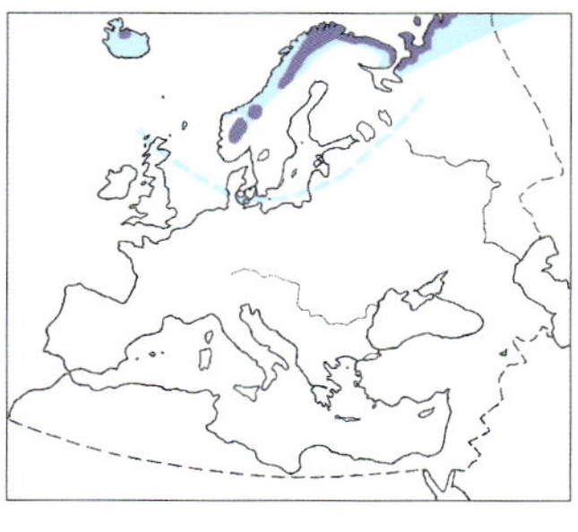

## BARTKAUZ

## HABICHTSKAUZ

## SCHNEEEULE

## SPERBEREULE **D:** A/–/S

Northern Hawk-Owl *Surnia ulula*

L 35-43 cm, S 69-82 cm. Bewohnt vor allem boreale Wälder, oft die obere Baumzone an Berghängen (Nadel-Birken-Mischwald), bevorzugt Nähe von Mooren, Wiesen oder gerodeten Flächen; Bestand jährlich schwankend, in manchen Jahren lokal recht häufig, im Herbst gelegentlich verstärkte Wanderungen nach Süden. Teilweise tagaktiv; Nahrung Mäuse und Vögel; brütet in Bäumen (ausgefaulte Baumstümpfe oder Höhlen) oder verlassenen Greifvogelnestern. Vorsicht: Kann zur Zeit des Ausfliegens der Jungvögel aggressiv sein, dann nicht näher herangehen und Altvögel im Auge behalten!

**KENNZEICHEN** Mittelgroß mit einprägsamen Proportionen: *durch sehr langen, schmalen Schwanz und stumpfe Flügelspitzen* eher sperber- als eulenartige Gestalt; *Flugweise direkt und wendig,* mit wenigen, durch kurze Gleitstrecken unterbrochenen Flügelschlägen; steht gern frei auf Baumspitzen; Kopf recht groß, *mit oft flachem Scheitel* (bei Störung, Alarm).– Ad.: Oberseite dunkelbraun, *Hinterhals hell, helle Schulterfedern* formen großes V; Unterseite weißlich, bis auf *reinweiße obere Brust* dünn gebändert, „Gesicht" weißlich, breit schwarz umrahmt (ernster Gesichtsausdruck), Iris gelb; Hinterkopf hell und dunkel gemustert („Scheingesicht" formend; Abschreckung), schwarzer Fleck an Kopfseiten.– JK: Ähnlich ad., aber etwas grauer und matter gefärbt, Augenregion dunkel, Kehle und Vorderbrust verwaschen gezeichnet.

**STIMME** Alarmruf schrill, ähnlich einem Merlin-♀ „ki-ki-kikikikikiki"; Bettelruf des ♀ heiser quietschend, lang gezogen „ksiii-lip", abrupt endend; Gesang sehr lang gezogenes und schnelles Blubbern oder Trillern „lülülülülülülü…", 8-9 s andauernd, 8-25 s pausierend, zumindest 1 km weit zu hören; äußert erregt ein gurgelndes, kurzes Gurren, fast wie Birkhuhn; Bettelrufe der Jungvögel ähnlich denen des ♀, aber zischender „psssss-lip".

## RAUFUSSKAUZ **D:** A/N3/J

Boreal Owl *Aegolius funereus*

L 22-27 cm, S 50-62 cm. Brütet in dichten Mischwäldern, oft im Bergland, gern mit kleinen Mooren und Lichtungen. Vorwiegend Standvogel. Ausschließlich nachtaktiv; Nahrung hauptsächlich Mäuse; Höhlenbrüter (alte Schwarzspechthöhle oder Nistkasten).

**KENNZEICHEN** Mittelgroß (etwa wie Steinkauz), mit *großem Kopf* und flachem Scheitel, Augen mittelgroß, Iris gelb, *„erstaunter Gesichtsausdruck";* oberseits braun, auf Schulterfedern diffus weißlich gefleckt, unterseits weißlich, undeutlich bräunlich gefleckt; Flügel gerundet, *Flugweise recht geradeaus,* mit Serien schneller Flügelschläge, unterbrochen durch kurze, gerade Gleitstrecken. Größte Verwechslungsgefahr ist Sperlingskauz (klein, besiedelt dasselbe Verbreitungsgebiet und denselben Lebensraum), dieser aber nur starengroß, mit proportional kleinerem Kopf und „ernsterem Gesichtsausdruck", etwas wellenförmigerer Flugweise und proportional kürzeren Flügeln; auch bevorzugt der Sperlingskauz Baumspitzen als Sitzwarten, der *Raufußkauz dagegen das Innere von Baumkronen.*– JK: Ästlinge vorwiegend *schokoladenbraun* mit variablem Weißanteil im Gesicht.

**STIMME** Recht stimmfreudig, häufiger Ruf ähnlich Eichhörnchen „tschiAK"; Gesang schnelle Serie von 5-8 tiefen Pfeiftönen, bei Erregung zu längeren Serien gedehnt, anfänglich in Ton und Tempo ansteigend, überraschend laut (in ruhigen Nächten über 3 km weit zu hören) „po-po-PO-PO-PO-PO"; in Klang und Tempo etwas variierend; Bettelrufe der Jungen dünn und abrupt „ksi!".

## SPERLINGSKAUZ **D:** A/N3/J

Eurasian Pygmy Owl *Glaucidium passerinum*

L 15-19 cm, S 32-39 cm. Brütet in Nadel- oder Mischwäldern, in Mitteleuropa vorwiegend in Bergwäldern; hauptsächlich Standvogel. Dämmerungsaktiv (bei tiefer Dunkelheit schlechtes Sehvermögen), recht furchtlos; Nahrung Vögel, Mäuse; für seine geringe Größe sehr kräftig, kann sogar seine eigene Größe übertreffende Drosseln erlegen, legt Nahrungsvorräte in Höhlen an; brütet in Baumhöhlen, oft in alten Buntspechthöhlen.

**KENNZEICHEN** *Sehr klein* (starengroß) mit rundem Kopf (rudimentäre Federohren selten sichtbar), *Kopf proportional kleiner* als bei Stein- und Raufußkauz; fliegt schnell, über längere Strecken in *spechtartigem Wellenflug,* hält oft von Fichtenspitzen aus Ausschau, zuckt dabei gelegentlich mit dem Schwanz oder hebt ihn langsam ähnlich einem Fliegenschnäpper. Schleier schwach entwickelt, aber *kurzer, auffälliger, weißer Überaugenstreif* und kleine, eng zusammenliegende Augen mit *gelber Iris* lassen verbiesterten Gesichtsausdruck entstehen; helle Nackenflecken erzeugen angedeutetes abschreckendes „Scheingesicht"; Oberseite graubraun, *fein weiß gesprenkelt,* Unterseite weißlich mit brauner Brust (vor allem Brustseiten) und dünn gestreiftem Bauch.– JK: Ästlinge ähnlich Altvogel, aber ohne weiße Fleckung von Scheitel, Mantel und Flügeldecken.

**STIMME** ♀ ruft sehr dünn, lang gezogen „tsiiiih" (an Amsel der Rotkehlchen erinnernd, aber mit mehr Nachdruck); häufigster Ruf besonders im Herbst ist die „Leiter", eine Serie von 5-10 scharfen, ansteigenden Pfeiftönen „tschook tschuuk tschüük tschiik…" (wie Luftpumpe mit Finger auf Öffnung); Gesang ein weiches, in 10 Sekunden 6-7-mal wiederholtes Pfeifen, ähnlich Gimpel, aber gedehnter, etwas höher und am Ende leicht betont „hjük", 500-1.000 m weit zu hören; bei Erregung dünnes, gedämpftes Stottern zwischen regelmäßigen Pfeiftönen, „hjük… (huhuhu)…hjük…(huhuhu)…" usw.; Bettelruf der Jungvögel dünn „tsiih", ähnlich ♀, aber kürzer.

Sperbereule

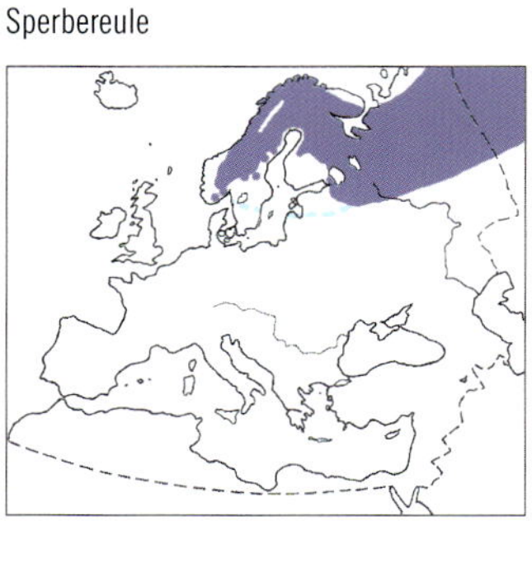

Raufußkauz

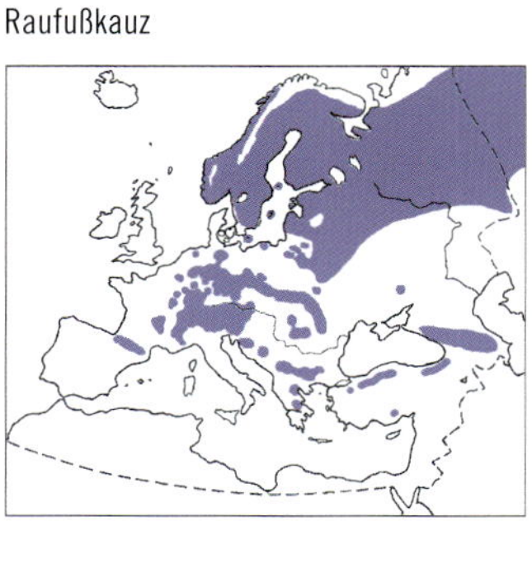

Sperlingskauz

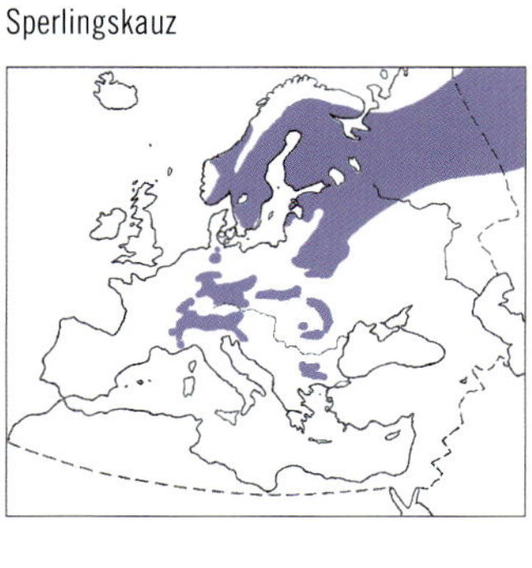

## SPERBEREULE

## RAUFUSSKAUZ

## SPERLINGSKAUZ

DZ

## WALDOHREULE D: A/N4/JZW

Long-eared Owl *Asio otus*

L 31-37 cm, S 86-98 cm. Bewohnt Wälder in der Nähe offener Flächen, Feldgehölze, größere Parks mit Koniferen usw. Im Norden Zugvogel, im Süden und Westen Standvogel. Nacht- und dämmerungsaktiv, Nahrung hauptsächlich Mäuse und Kleinvögel, die vom Ansitz oder im Suchflug erbeutet werden. Im Winter oft kleine Gruppen an Tagesschlafplätzen. Brütet in verlassenen Nestern anderer Vögel, meist in Krähennestern.

**KENNZEICHEN** Deutlich *kleiner als Waldkauz,* etwas kleiner und proportional kurzflügeliger als Sumpfohreule, mit *langen und recht schmalen Flügeln; lange Federohren* bei Balz, Alarm und in Tarnstellung oft gut erkennbar, im Flug und in entspannter Stellung aber auch angelegt; *Flugweise recht langsam und gaukelnd,* mit wenigen rudernden Flügelschlägen (deutlich langsamer als bei Waldkauz, sehr ähnlich Sumpfohreule) und eingelegten Gleitstrecken. Verwechslungsgefahr mit Sumpfohreule durch ähnliches Oberflügelmuster: *großes gelblich beiges Feld an Basen der äußeren Handschwingen* kontrastiert zu dunklem Bugfleck und dunkler Flügelspitze; von Sumpfohreule unterschieden durch *Fehlen des weißen Armschwingen-Hinterrands, gleichmäßig dunkel gebänderte Flügelspitze, recht gleichmäßig gestreifte Körperunterseite,* diffus eng gebänderten Schwanz, unterseits Fehlen kontrastierender dunkler Schirmfedern; Iris orange; Flügel proportional etwas kürzer und breiter.– Geschlechter gleich gefärbt, ♂ durchschnittlich heller, unterseits schwächer gestreift, mit blasserem, weniger rötlichem „Gesicht".

**STIMME** Ad. recht schweigsam, ♀ ruft schwach, nasal, etwas gebrochen und wiederholt „PIH-äw". Alarmruf recht impulsiv, krächzend, nasal „wräck, wräck-wräck". Gesang eine Serie tiefer, alle 2,5 s wiederholter Töne, „oh", „huuh huuh huuh huuh…", oft ununterbrochen über mehrere Minuten, anfänglich schwach und tief, bis 1.000 m weit zu hören, aber bereits ab 200 m sehr verhalten; gelegentlich singen ♂ und ♀ im Duett (♀ klingt dumpfer, nasaler); kann während des Balzflugs die Flügel unterhalb des Körpers unregelmäßig zusammenklatschen. Bettelrufe der Jungvögel laut und „herzzerreißend", hoch, zweisilbig und lang gezogen „PII-ih", über 1 km hörbar und häufig anderen Vogelarten zugeordnet.

## SUMPFOHREULE D: A/R1/ZW

Short-eared Owl *Asio flammeus*

L 33-40 cm, S 95-105 cm. Brütet auf Heideflächen, in Wiesen unter Büschen, auf Mooren und Lichtungen in nördlicher borealer Waldzone; im Norden vorwiegend Zugvogel, sonst meist Standvogel. Im Winter manchmal kleine Gruppen an bevorzugten Rastplätzen. Teilweise tagaktiv; Hauptnahrung Mäuse; Bodenbrüter.

**KENNZEICHEN** Mittelgroß mit sehr *langen, schmalen* und recht spitzen *Flügeln* und *vergleichsweise kleinem, rundem Kopf,* Federohren sehr klein und selten sichtbar; Gefieder *hell gelblich braun,* cremefarben und stark gestreift; kann bei bestimmten Lichtverhältnissen, z. B. trübem Wetter oder in der Dämmerung, überraschend weißlich wirken; Gesicht fahl, *mit kennzeichnender äußerer schwarzer Augenumrandung, gelber Iris* und „übernächtigtem" Gesichtsausdruck; Flugweise lebhaft und schaukelnd, mit *zeitlupenartig langsamen, rudernden Flügelschlägen, steif wirkenden Flügeln* und frei eingeschobenen Gleitstrecken; steht oft am Boden. Im Flug von Waldohreule (s. o.) unterschieden durch breiten *weißen Armflügelhinterrand,* fast einfarbig schwarze, von nur einer Binde unterbrochene Flügelspitze, *Kontrast zwischen gestreifter Brust und weitgehend ungestreiftem Bauch,* grob gebänderten Schwanz, unterseits kontrastierende, dunkle Schirmfedern; Flügel proportional etwas länger und schmaler.– Geschlechter gleich gefärbt, ♂ meist unterseits und im Gesicht blasser, schwächer gestreift.

**STIMME** ♀ ruft heiser, unheilvoll „TSCHIH-eff", bettelnd gedehnt „TSCHIII-op"; Warnruf rau „tschef-tschef-tschef"; Gesang im Flug (oft in großer Höhe) schnell gereihte, dumpfe, tiefe Töne „po-po-po-po-po-po-…", 6-20-mal gereiht, ca. 1 km weit zu hören; Bettelruf der Jungvögel ähnlich ♀, aber zischender und anfangs schwächer.

## KAPOHREULE –

Marsh Owl *Asio capensis*

L 30,5-37 cm, S 80-95 cm. Bewohnt sumpfige Flächen und Feuchtwiesen mit hohem Gras, selten und nur lokal in Nordwestmarokko, Bestand abnehmend; Standvogel, teilweise tagaktiv; brütet am Boden in Grasbülte. Hauptverbreitungsgebiet Afrika südlich der Sahara.

**KENNZEICHEN** Ähnlich einer kleinen Sumpfohreule (bewohnt auch vergleichbaren Lebensraum) mit folgenden Kennzeichen: Größe geringfügig *kleiner* als Waldohreule, Flügel *kürzer, breiter und stumpfer,* Flugweise eher wie Wald- als Sumpfohreule, *gleitet auf leicht gewölbten Flügeln;* Oberkörper, Brust und Oberflügeldecken fast einfarbig dunkelbraun, *Gesicht stark kontrastierend cremeweiß, Iris schwarz; Armschwingen oberseits dunkel,* unterseits breit gebändert; Bauch hell, dünn gebändert.– JK: Diffuses, helles Feld auf Oberflügeldecken, von Nahem grobe Bänderung von Brust und Oberseite sichtbar.

**STIMME** Ruft froschähnlich rau krächzend „krark". Gesang offenbar eine Serie krächzender Laute in abgehacktem Rhythmus, „kra-kra-KRREK-kra-kra", im Kreisflug mehrfach wiederholt. Bei Gefahr am Nest ein dünner, quiekender Pfeifton. Kann auch mit den Flügeln klatschen. Bettelrufe der Jungvögel zweisilbig, ziemlich melodisch und ansteigend „tuu-ih".

Waldohreule

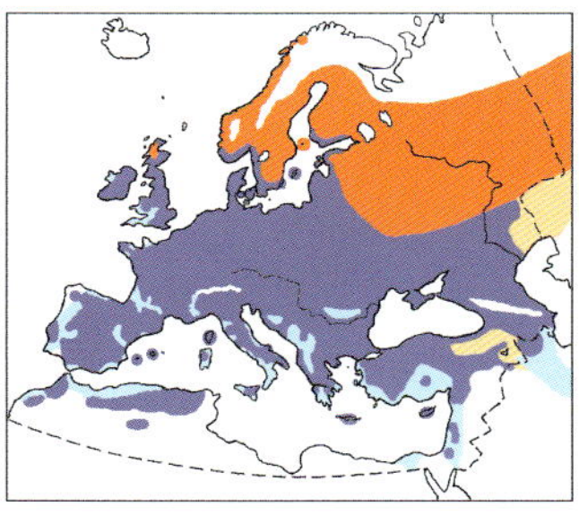

Sumpfohreule

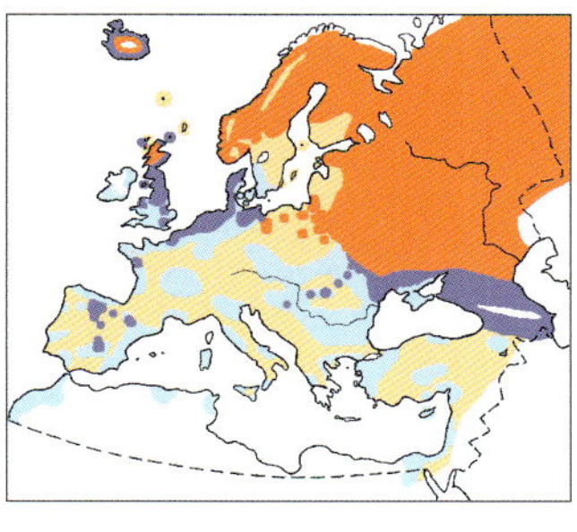

Kapohreule

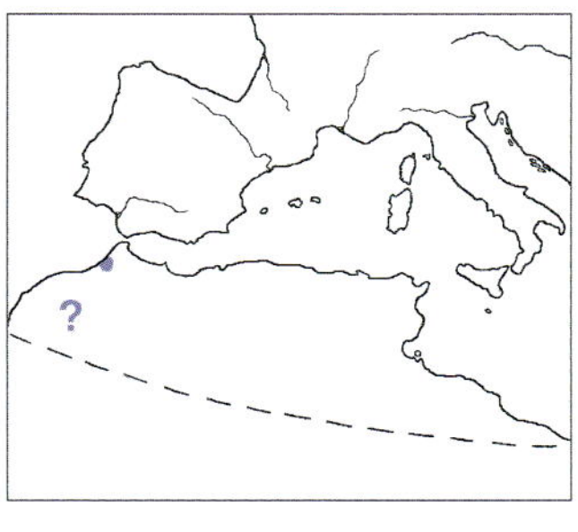

## WALDOHREULE

## SUMPFOHREULE

## KAPOHREULE

DZ

## WALDKAUZ D: A/N4/J

Tawny Owl *Strix aluco*

L 37-43 cm, S 81-96 cm. Brütet in Wäldern und Parks, bevorzugt alte Laubbäume (gerne Eichen) mit großen Höhlen, nimmt auch Nistkästen an, besucht auch Gärten und Siedlungen und schläft dort sogar in Mauernischen. Recht häufiger, nachtaktiver Standvogel; Nahrung vor allem Mäuse und Insekten, die nach Ansitz am Boden erbeutet werden. Nistet in Höhlen. Aggressiv, wenn die noch grauen und wolligen Jungvögel die Höhle verlassen, kann dann Menschen heftig angreifen.

**KENNZEICHEN** Eine mittelgroße und kompakte Eule mit *breiten, runden Flügeln und großem, rundem Kopf.* Flugweise gerade mit recht schnellen Flügelschlägen und oft langen, geraden Gleitstrecken. Grundfärbung variabel von rostbraun bis graubraun, übersät mit dunklen Flecken, Stricheln und Kritzeln. Schleier recht einfarbig, zeigt aber meist schmalen dunklen Keil von der Stirn zum Schnabel; durch *dünne, weißliche „Stirnbrauen"* freundlich wirkendes Gesicht; Augen schwarz (beachte, dass gelbäugige Eulen, z. B. Waldohreule, bei weit geöffneten Pupillen dunkeläugig wirken können); Schulterfedern mit weißer Punktreihe besetzt, oberseits ohne helles Handflügelfeld (vgl. Wald- und Sumpfohreule, Bartkauz), Schwanzbänderung dünn und undeutlich.– JK: In den ersten Wochen an Resten heller Dunenfedern am Kopf und unvollständigem Gesichtsmuster erkennbar.– Variation: Unterart *mauritanica* in Nordwestafrika größer, dunkler, unterseits gebändert, kommt nur in grauer Morphe vor.

**STIMME** Recht stimmfreudig und laut; ruft häufig schrill und wiederholt „kju-wIck", bei Alarm in schärferen Variationen; Gesang „hUUUUuh…hu, hu'hu'huhUUUUuh", ähnlich hölzernem Blasinstrument mit etwas klagendem Ton, zunächst lang gezogen und am Ende in der Höhe abfallend, nach 4 s Pause abrupt einsilbig, gefolgt von gereihten, schnellen, vibrierenden Tönen, schließlich wieder abfallend; ♀ ruft ähnlich, aber rauer und klagender (angeblich selten auch ♂); bei der Balz äußern ♂ und ♀ ein tiefes, zitterndes Tremolo „u'u'u'u'u'u'…" (sog. „Xylophon-Triller", unter günstigen Bedingungen bis zu 500 m weit hörbar); Bettelruf der Jungvögel zischend „psII-ip".

## SCHLEIEREULE D: A/N4/J

Western Barn Owl *Tyto alba*

L 33-39 cm, S 80-95 cm. Bewohnt Kulturlandschaft mit Büschen, Gärten usw., oft Dörfer mit umliegenden Feldern. Nachtaktiver Standvogel, jagt oft schon in früher Dämmerung Mäuse, Frösche, Insekten; brütet in Baumhöhlen, Gebäuden, Ruinen, besonders in Scheunen und dort aufgehängten geräumigen Nistkästen, in guten Mäusejahren mehrfach im Jahr. Gewölle typisch schwarz glänzend, wie lackiert.

**KENNZEICHEN** Mittelgroß mit *schlankem Körper,* langen Flügeln und *langen Beinen; Schleier sehr hell und charakteristisch herzförmig, Iris dunkel;* fliegt ähnlich Waldohreule langsam schwankend und elegant, *Flügelschläge* jedoch im normalen Jagdflug deutlich *schneller,* wirkt im *Flug langhalsig und kurzschwänzig, lässt beim Rütteln oft die Beine baumeln, besonders kurz vor dem Zugriff auf Beute; Gefieder auch im Flug sehr hell* (♂ meist am hellsten), Oberseite ziemlich einfarbig grau und ocker.– Färbung der Unterseite variiert zwischen den Unterarten: reinweiß in West- und Südeuropa und auf westlichen Kanarischen Inseln (hauptsächlich *alba*), in Nordafrika und Nahem Osten *(erlangeri),* aber gelborange in Nord-, Mittel- und Osteuropa *(guttata)* sowie auf den östlichen Kanarischen Inseln *(gracilirostris)* und Madeira *(schmitzi).*

**STIMME** Ruf des ♀ (selten ♂) wiederholter, schnurrender, gedehnter Schrei (mit der Stimme eines Ziegenmelkers), Warnruf oft im Flug schrilles, heiseres Quietschen. Gesang ca. 2 s lang gezogen, ratternd oder gurgelnd, mehrfach wiederholt schreiend „schrrriiii"; Bettelruf der Jungvögel 0,5-1 s langes, keuchendes Schnarchen.

## FAHLKAUZ –

Desert Owl *Strix hadorami*

L 29-35 cm, S 70-80 cm. Bewohnt trockene, tiefere Bergregionen, Wüsten mit tiefen, felsigen Wadis oder Klippen. Im Bearbeitungsgebiet sehr seltener Brutvogel von Jordanien bis zur Sinaihalbinsel. Nachtaktiv, Nahrung Mäuse und Insekten; brütet in Felshöhlen und -spalten.

**KENNZEICHEN** *Mittelgroß* mit großem Kopf; Gestalt wie kleiner Waldkauz, aber *Iris gelb* (bei Jungvögeln eher orangegelb), *Gefieder hell und eher einfarbig,* unterseits nicht gestreift, nur dünn und undeutlich hell ockergelb gebändert. Schwungfedern mit markanter Bänderung, Gesicht blass und mehr oder weniger ungemustert, aber wie Waldkauz mit dunklerem Keil auf der Stirnmitte. Flug wie Waldkauz, aber durch geringere Größe mit schnelleren Flügelschlägen und unsteterer Bahn.

**STIMME** Ein pumpendes „do-do-do-do-do-dü", am Ende leicht ansteigend, scheint Verteidigungsfunktion zu haben. Das ♀ bettelt mit feinem, flötendem, einsilbigem, aber leicht ansteigendem „doooa". Der Gesang ist rhythmisch, sonor, aus fünf Silben bestehend, eher an eine Türkentaube erinnernd als an den Waldkauz (Stimme klingt „freundlich", weich und ähnlich Kinder-Okarina, ohne Vibrato), erste Silbe leicht abfallend, gefolgt von 1,5 s Pause und 4 Silben fast im Rhythmus des Habichtskauzes „HUUo…Ho-hu ho-hu", ca. 300 m weit zu hören und 1-4-mal pro Minute wiederholt; das ♀ bringt eine tiefere und etwas gedämpftere Variante davon. Bei der Balz ist auch eine exaltierte, zitternde oder stammelnde Tonfolge, „hohohohohohoho…" zu hören. Die Bettelrufe der Jungvögel sollen dünn niesend klingen.

Waldkauz

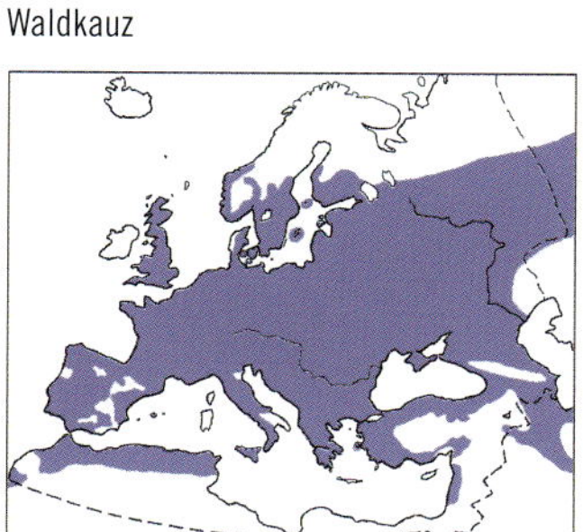

Schleiereule

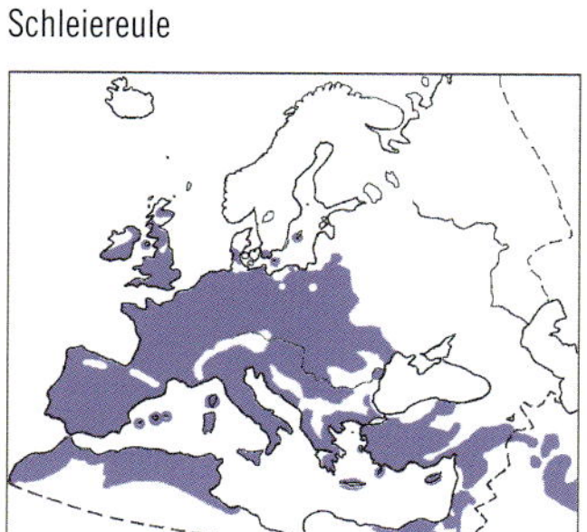

Fahlkauz

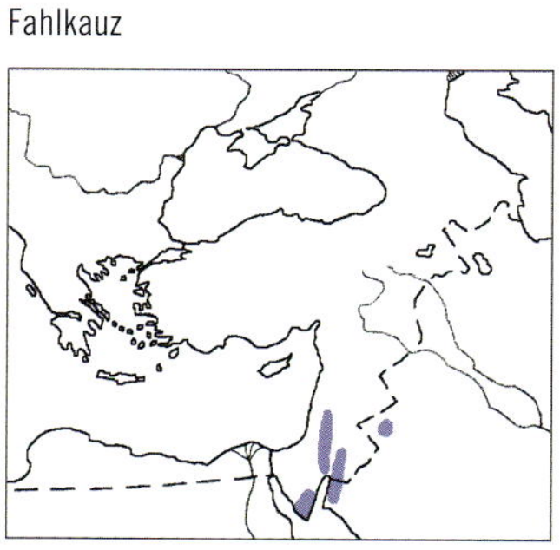

## WALDKAUZ

## SCHLEIEREULE

## FAHLKAUZ

## STEINKAUZ — D: A/N3/J

Little Owl *Athene noctua*

L 23-27,5 cm, S 50-57 cm. Bewohnt offene Landschaft, z. B. mit einer Mischung aus Feldern, Wiesen, Wein- und Obstgärten, Gehölzen, Felsen, Gärten, Gebäuden und Baumhecken, weiter im Süden auch Halbwüsten. Teilweise tagaktiver Standvogel, der gerne exponiert steht, weshalb man ihn häufig sieht; Nahrung Insekten, Vögel, kleine Amphibien und Schlangen. Brütet in Baumhöhlen oder Gebäudenischen, auch Felswänden, Steinmauern oder Bodenhöhlen.

**KENNZEICHEN** *Eine recht kleine und kompakte Eule* mit *großem, breitem und rundem Kopf,* vergleichsweise flachem Scheitel, *langen Beinen* und kurzem Schwanz, duckt sich bei Beunruhigung und wippt bei Aufregung heftig auf und ab; *Flugweise* schnell, über längere Strecken *wellenförmig* wie bei Spechten, auf Kurzstrecken eher direkt mit stetigem Flügelschlag. Oberseite braun, auf dem Scheitel fein und der Oberseite kräftiger weiß gesprenkelt, Unterseite weißlich, dicht braun gestreift; *weißliche Überaugenstreifen* vermitteln „ernsten“ Gesichtsausdruck; Iris gelb, Schnabel gräulich gelb.– JK: Gefieder matter gefärbt, ohne weiße Flecke am Scheitel.– Variation: Im südlichen Nahen Osten eine auffallend helle, graubraune Form *lilith* („Hartertsteinkauz“). Intermediär gefärbte Populationen in Südosteuropa und der Westtürkei *(indigena)* und in Mittelasien *(bactriana)*.

**STIMME** Häufigster Ruf scharf, vorwurfsvoll und abfallend fistelnd „KII-jo“ oder „kwiew“ mit Falsettstimme, gewöhnlich abfallend, oft eifrig wiederholt. Warnruf ein explosives, hohes „kji, kji, kji-kji…“. ♀ bettelt mit halb unterdrückten Schreien mit oder ohne rollenden Ton. Gesang weich und voll klingend, etwas lang gedehnt und recht tief, am Ende ansteigend „guuuuhk“ (fragender Ton), im Abstand von 5-10 s wiederholt, jede Silbe länger als bei Zwergohreule andauernd; ♀ ruft höher, nasaler und etwas härter; Bettelruf der Jungvögel zischend „schrii“.

## ZWERGOHREULE — D: A/V/S

Eurasian Scops Owl *Otus scops*

L 19-21 cm, S 47-54 cm. Bewohnt offene Laub- und Mischwälder, Buschwerk in Kulturland, Alleen, Obstplantagen, größere Gärten, auch bewaldete Berghänge bis in 1.500 m oder höher. Zugvogel, der normalerweise in Afrika südlich der Sahara überwintert, doch einige vielleicht lokale Vögel bleiben im südlichsten Europa und Nordafrika. Jagt erst bei völliger Dunkelheit, Nahrung vor allem Insekten. Höhlenbrüter, bezieht auch Nistkästen. Nimmt wie Waldohreule eine steife, aufrechte Tarnstellung ein.

**KENNZEICHEN** Klein, deutlich *kleiner als Steinkauz,* etwa so groß wie Star oder geballte Faust. Steht aufrecht, Federohren klein und bei Entspannung kaum sichtbar (dann eher wie *scharfe Kopfecken* wirkend), bei Beunruhigung stärker aufgerichtet. Flugweise auf proportional langen und schmalen Flügeln schnell und kaum wellenförmig (vgl. Steinkauz). Wirkt von Weitem recht *einfarbig braun* (variabel rötlich oder grauer gefärbt), mit *hellem* grauweißem *Schulterstreifen,* Gesicht und Körperunterseite etwas heller; von Nahem Gefiederzeichnung aus verschlungenen schwarzen Stricheln und Kritzeln, diffusen weißlichen Sprenkeln und rötlichen Flecken erkennbar; Iris gelb. Zur Unterscheidung von manchmal sehr ähnlicher Streifen-Zwergohreule siehe dort.

**STIMME** Von Altvögeln ist während der Futterübergabe bei der Balz ein unterdrücktes „drrr-drrr“ zu hören. Gesang ein im Abstand von 2-3(4) s beständig wiederholter, kurzer, tiefer Pfeifton „tjok“, einfach nachzuahmen und ca. 1 km weit zu hören; ♀ ruft etwas höher, oft mit ♂ im Duett; Gesang von Rufen der Geburtshelferkröte unterschieden durch etwas längeren und volleren Ton von musikalischerer Qualität (nicht so gerade und mechanisch klingend).

## STREIFEN-ZWERGOHREULE — –

Pallid Scops Owl *Otus brucei*

L 20-22 cm. Lebensraum ähnlich Zwergohreule. Teilweise Zugvogel, einige überwintern in Südisrael; rastet oft in dichten Akazien; nachtaktiv, Nahrung hauptsächlich Insekten, auch Kleinsäuger und Kleinvögel. Brütet in Höhlen, auch alten Elsternestern.

**KENNZEICHEN** *Klein,* wenig größer als Zwergohreule (Unterschied im Freiland aber nicht wahrnehmbar), doch in Gestalt und Lebensweise mit dieser identisch; *Federohren breit,* bei Entspannung kaum sichtbar, steht aufrecht, Flügel lang, Schwanz kurz; Hauptunterschied, abgesehen vom Gesang, *helleres, matt sandgraues Gefieder,* vor allem im „Gesicht“; unterseits auf hellem Grund nur *gleichmäßig fein quer gemasert* (ohne breite weiße Querflecke und dunkle Querbänder der Zwergohreule); heller Schulterstreif immer gelblich (nicht weißlich wie bei einigen Zwergohreulen); Gefieder *ohne Rosttöne,* Fleckung oberseits schwach (aber einige Zwergohreulen in Südeuropa und Nahem Osten recht ähnlich); rudimentäre Befiederung der Zehen (bei Zwergohreule fehlend) im Freiland kaum sichtbar.– JK: Unterseits dünn quer gebändert, aber *ohne deutliche Längsstreifen* (im Unterschied zu ad. sowie zu ad. und juv. der Zwergohreule).

**STIMME** Gesang bestes Unterscheidungsmerkmal gegenüber sehr ähnlicher Zwergohreule. Rufe weicher und leiser, meist nur 300 m weit zu hören. Gesang eine Serie von etwa 10 tiefen Tönen „woh woh woh woh woh woh…“; gedämpft und bauchrednerisch klingend (nicht laut und weich flötend wie Zwerg-ohreule), Geschwindigkeit etwa wie Hohltaube; die ersten und letzten Töne sind (wie beim Bartkauz) etwas weicher. Manchmal wird der Gesang länger und schneller vorgetragen. Ruft bei Erregung hoch quiekend „tzir tir tir ir“.

Steinkauz

Zwergohreule

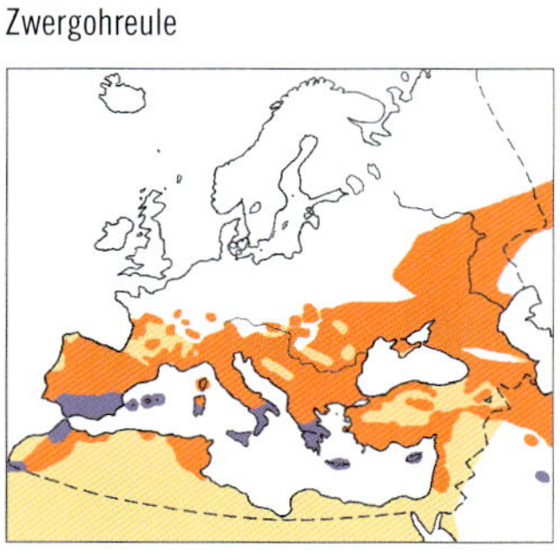

Streifen-Zwergohreule

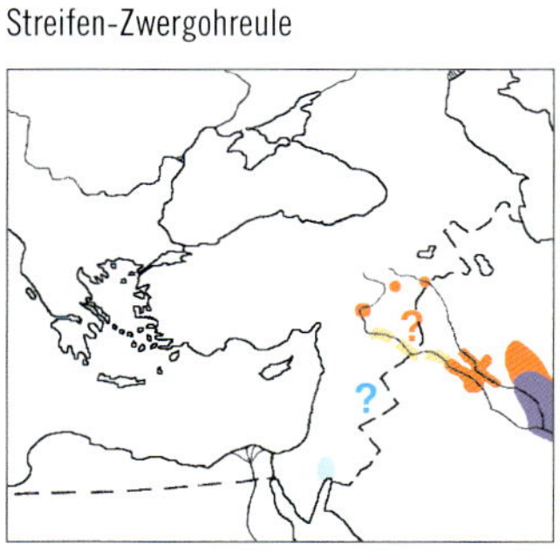

## STEINKAUZ

## ZWERGOHREULE

## STREIFEN-ZWERGOHREULE

DZ

# NACHTSCHWALBEN

## Caprimulgiformes

Mittelgroße Vögel, auf den Fang von Fluginsekten in der Dämmerung und nachts spezialisiert: große Rachenöffnung, steife Borsten am Schnabelwinkel (um „Insektenkäscher“ zu vergrößern), Flügel und Schwanz lang, Kopf groß, Hals und Füße kurz, Schnabel kurz. Gefieder weich, braun gesprenkelt, weiße Signalflecke auf Flügeln und Schwanz. Tagesruhe bewegungslos auf einem Ast oder am Boden; fallen meist nachts durch die Stimme auf; Bodennest.

### **NACHTSCHWALBE** (ZIEGENMELKER) **D:** A/N3/Z

European Nightjar *Caprimulgus europaeus*

L 24-28 cm, S 52-59 cm. Brütet vor allem in lichtem Kiefernwald auf Sandboden, gerne nahe Moor- und Heideflächen. Sommervogel (Mai-Sept.), überwintert in Afrika.

**KENNZEICHEN** Mit *braun, beigeweiß, grau und schwarz gemustertem Tarngefieder* und fast geschlossenen Augen längs auf Ast ruhend kaum zu entdecken. Fliegt bei Insektenjagd lautlos, leicht und mit Seitwärtswendungen, kurzen Rüttelphasen, plötzlichem raschem Gleiten. Kreideweiße Flecke auf Flügeln und Schwanzecken (fehlen bei ♀ und ♂ im ersten Herbst); ferner kleiner, schmaler, weißer Kehlseitenfleck (bei ♀ fehlend oder undeutlich).

**STIMME** Meist nur zur Brutzeit nachts zu hören; ruft froschähnlich klangvoll „krruit“. Singt oft 1 km weit hörbar hart schnurrend, aus der Nähe erstaunlich kräftig ratternd mit nur kurzen Pausen und einem Tonwechsel stundenlang „errrrrrrörrrrrrrörrrrrerrrrrrr“. Ist ein ♀ in der Nähe, geht das Schnurren in eine hackende Tonfolge über, „fiORR, fiORR“, und stirbt wie ausgehender Motor ab.

### **ROTHALS-NACHTSCHWALBE** –

Red-necked Nightjar *Caprimulgus ruficollis*

L 30-34 cm, S 60-65 cm. Brütet in Heide oder Pinienwald. Sommervogel (Ende Apr.–Okt.), überwintert in Afrika.

**KENNZEICHEN** *Größer* und *langschwänziger* als Nachtschwalbe, Gefieder ähnlich, jedoch mit *gelblich rostroter Färbung von Halsband, Kehle und Vorderbrust;* alle Flügeldecken mit breit hellen Spitzen. Beide Geschlechter mit hellen Flügel- und Schwanzabzeichen (bei ad. ♂ am deutlichsten) und recht großem weißem Kehlfleck.– Unterart *desertorum* (Nordafrika) viel heller und eher rostfarben.

**STIMME** ♀ ruft heiser „tsche-tsche-tsche…“ (wie Dampflok). Gesang weittragend, zweisilbig, knackend mit hohlem, leicht nasalem Klang, lang, etwas an- und abschwellend, etwa „kju-TOK-kjuTOK-kjuTOK…“.

### **PHARAONENNACHTSCHWALBE** **D:** B/–/S

Egyptian Nightjar *Caprimulgus aegyptius*

L 24-27 cm, S 53-58 cm. Jahresvogel in Wüsten und Halbwüsten mit niedrigem Buschwerk und einzelnen Bäumen, gerne bei Quellen oder kleinen Wasserläufen.

**KENNZEICHEN** Größe wie Nachtschwalbe, *lange schmale Flügel* und *recht langer Schwanz,* jedoch insgesamt *heller* und eher *sandfarben;* Oberseite zart gemustert, *ohne kräftige schwarze Längszeichnung der Nachtschwalbe, ohne deutliche weiße Flügelabzeichen* (aber mit einigem Weiß auf den Innenfahnen der äußeren Handschwingen, sodass Handunterseite weiß schimmert, auf Oberseite erscheint Weiß jedoch nur bei ganz ausgebreitetem Flügel). Im Flug kann Oberseitenmuster des Flügels *(Handflügel dunkler als der gelbbraune Armflügel)* an Turmfalken-♀ erinnern. *Schwanz hell, beim ♂ mit deutlichen weißen Ecken. Fliegt mit recht langsamen, waldohreulenähnlich ruckartigen Flügelschlägen.* (Beachte die im Nahen Osten im Winterhalbjahr vom Iran her durchziehenden kleinwüchsigen, hellen Nachtschwalben der Unterart *unwini;* diese jedoch unterseits mit gänzlich quer gebänderten Handschwingen sowie mit kräftigen schwarzen Längsstreifen auf dem Mantel.)

**STIMME** Bei Erregung klopfend „dok-dok-dok…“.. Gesang aus langen Folgen rasch wiederholter, hohl und mechanisch klingender, kurzer Schnarrtöne „krru-kruu-kruu-krru…“, aus der Ferne wie tuckernder Bootsmotor.

### **NUBIENNACHTSCHWALBE** –

Nubian Nightjar *Caprimulgus nubicus*

L 20-22 cm, S 46-50 cm. Jahresvogel in Halbwüsten mit Bäumen. Kann mit Gesang vor Dämmerung beginnen.

**KENNZEICHEN** *Kleinste* Nachtschwalbe des Gebiets; proportional *kürzerer Schwanz* als Nachtschwalbe, *etwas breitere, weniger spitze Flügel.* In der Färbung ähnlich Rothals-Nachtschwalbe. ♂ mit auffälligen *weißen Flügel- und Schwanzflecken* (Erstere kontrastieren mit den sonst *fast schwarzen Flügelspitzen),* beim ♀ fast genauso groß.

**STIMME** Gesang hohl klingender, klangvoller Doppellaut, fast einmal pro Sekunde wiederholt „kjau kjau“ (oder „trül trül“); nur rund 200 m weit zu hören.

### **FALKENNACHTSCHWALBE** (NACHTFALKE) –

Common Nighthawk *Chordeiles minor*

L 23-25,5 cm, S 54-60 cm. Nordamerikanische Art; sehr seltener Gast in Europa (Sept.-Okt.), vorwiegend in Großbritannien. Größe wie Nachtschwalbe, jedoch mit *spitzeren Flügeln* und *mittellangem, leicht gegabeltem Schwanz.* Von vorne im Gleitflug v-förmig angehobene, im Bugbereich etwas angewinkelte Flügel. Ungebändert schwärzliche Handschwingen bei ♂ mit breit weißem Querband, undeutlicher bei ♀. Bei ♂ *Schwanz* mit *breiter weißer Subterminalbinde;* ferner mit deutlichem *weißem Kehlfleck* (bei ♀ kleiner und beigefarben). Jungvögel mit weißem Flügelhinterrand.

Nachtschwalbe

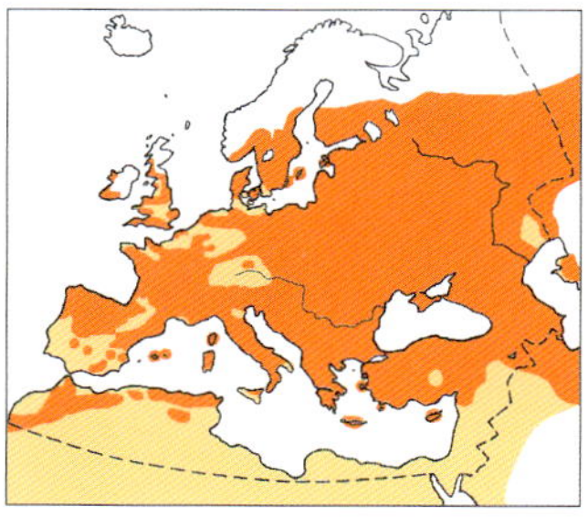

Rothals-Nachtschwalbe

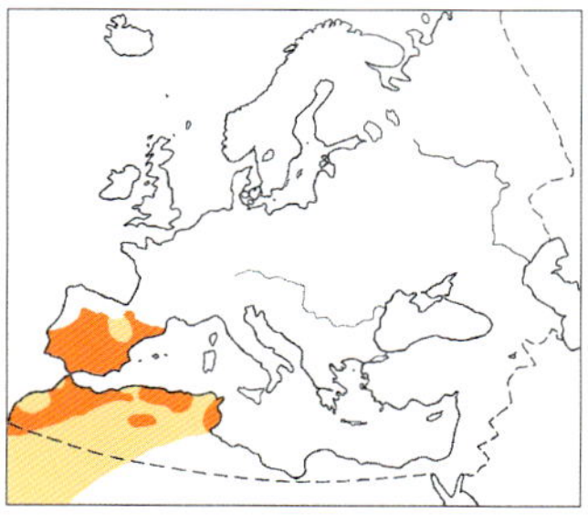

Pharaonennachtschwalbe

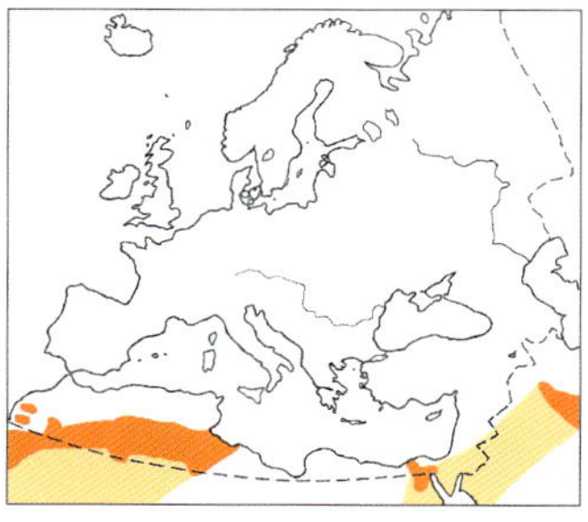

Nubiennachtschwalbe

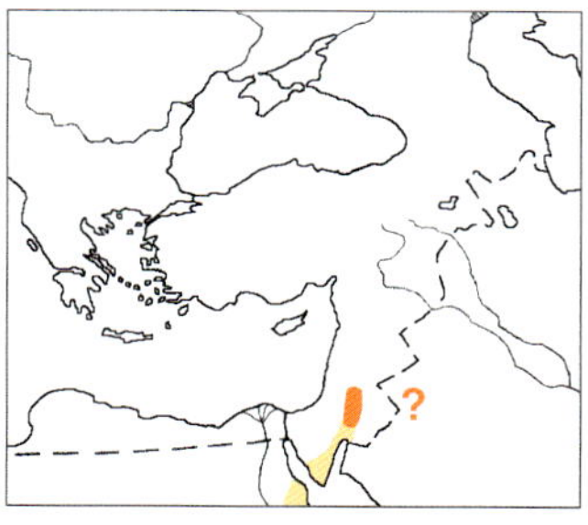

## NACHTSCHWALBE

## ROTHALS-NACHTSCHWALBE

## PHARAONENNACHTSCHWALBE

## NUBIENNACHTSCHWALBE

## FALKENNACHTSCHWALBE

# SEGLER Apodidae

Stromlinienförmig gebaute kleine bis mittelgroße Vögel mit langen, spitzen Flügeln, sehr gewandte, ausdauernde Flieger; ihr Klammerfuß taugt nicht zum Stehen. Geschlechter gleich gefärbt. Segler können im Flug schlafen und sich paaren. Nahrung hauptsächlich Insekten, die in reißendem Flug mit dem offenem, sehr breiten Schnabel eingefangen werden. Nest in Höhlungen. Nächstverwandt mit Kolibris.

## MAUERSEGLER — D: A/N5/Z

Common Swift *Apus apus*

L 17-18,5 cm, S 40-44 cm. Brütet in Städten und Dörfern sowie (seltener) in Waldgebieten. Nest in Hohlräumen unter Dächern, in Mauerlöchern, Felsspalten oder lokal auch in alten Spechthöhlen in Bäumen. Oft große Nistplatztreue und monogame Dauerehe, Paare können ihren Brutplatz zehn Jahre lang benutzen. Sommervogel (meist Anfang Mai-Anfang Aug.), überwintert im südlichen Afrika.

**KENNZEICHEN** Ausgedehnte Luftjagden, oft zusammen mit Schwalben (von Laien häufig mit diesen verwechselt), unterscheidet sich vor allem durch *einheitlich dunkle Unterseite* (nur Kehle hell, im Flug kaum zu sehen), etwas bedeutendere Größe sowie andere Flügelform und Flugweise. *Flügel lang und schmal, sichelförmig* mit langem, gebogenem Handflügel und sehr kurzem Armflügel (Flügelbug kaum erkennbar). Flug bald mit sehr schnellen, tiefen Flügelschlägen, bald in langem Gleit- oder Segelflug oder bewegungslos gegen den Wind segelnd (Schwalben flattern oder schlagen die Flügel mehr nach hinten und legen nur kurze Gleitstrecken zwischen den Flügelschlägen ein).– JK: Grundfärbung schwärzer, Stirn und Zügelregion hell (wegen weißer Federsäume); Kehlfleck heller, schmal weiß gerandete Flügeldecken.– Variation: Brutvögel des Iran, Mittelasiens und weiter östlich (ssp. *pekinensis,* möglicher Ausnahmegast in Europa) unterscheiden sich geringfügig durch etwas helleres und brauneres Gefieder, größeren hellen Kehlfleck und hellere Stirn (und könnten für Fahlsegler gehalten werden).

**STIMME** Verschiedene einsilbige, schrille Rufe „srriiirr", manchmal leicht abfallend (oder ansteigend), oft gereiht. Besonders auffallend der Chor an Hochsommerabenden knapp über Dächer fliegender dichter Trupps.

## FAHLSEGLER — D: A/–/S

Pallid Swift *Apus pallidus*

L 16-18 cm, S 39-44 cm. Brütet in Höhlungen von Gebäuden oder Felsen. Kleines Vorkommen in der Schweiz. Zugvogel, überwintert südlich der Sahara.

**KENNZEICHEN** Sehr ähnlich Mauersegler, aber mit *etwas breiteren Flügeln, breiterem Kopf/Hals* und *gedrungenerem Rumpf.* Flug mit etwas langsamerem Flügelschlag und längeren Gleitphasen. *Stirn und Kehle* meist *heller, dunkler Augenfleck* hebt sich von heller braunen Kopfseiten ab. Oberflügel mit *etwas heller braunen Armschwingen, inneren Handschwingen und Handdecken,* kontrastieren zu fast schwärzlichen äußeren Handschwingen und dunkler braunem Mantel. *Rücken/Bürzel ein wenig heller braun als Mantel* (angedeuteter „Sattel"; Mauersegler oberseits einheitlicher dunkel, doch dessen asiatische Unterart *pekinensis* oft mit sehr deutlichem Sattel). Körperunterseite etwas heller und stärker geschuppt als bei Mauersegler. Licht und Hintergrund können Farbeindruck verfälschen!

**STIMME** Ähnlich Mauersegler (manchmal schwer zu unterscheiden), aber häufigster Ruf fast immer *tiefer, deutlich abfallend* (daher zweisilbig), Klang etwas trockener und härter (mehr „mechanisch"), „vrrüü-e".

## EINFARBSEGLER — –

Plain Swift *Apus unicolor*

L 14-15,5 cm, S 36-39 cm. Brütet auf Madeira und den Kanaren. Vorwiegend Sommervogel (März-Aug.), doch viele auch im Winter anwesend. Überwinterungsgebiet kaum bekannt, aber wahrscheinlich Küste von NW-Afrika.

**KENNZEICHEN** Sehr ähnlich Mauersegler, jedoch *etwas kleiner, schlanker und schmalflügeliger;* Schwanz proportional *etwas länger* und mit *schmalerer Basis; heller Kehlfleck kleiner,* weniger leuchtend und zur Brust undeutlicher begrenzt; Färbung etwas heller bräunlich grau als Mauersegler (nicht rußschwarz), nur unter optimalen Bedingungen zu sehen. Flug wirkt noch schneller, mit wilderen Wendungen, fliegt anders als Mauersegler sogar durch Baumkronen.

**STIMME** Kaum von der des Mauerseglers unterscheidbar.

## ALPENSEGLER — D: A/L2/Z

Alpine Swift *Tachymarptis melba*

L 20-23 cm, S 51-58 cm. Brütet kolonieweise an Felswänden und hohen Gebäuden. Sommervogel (meist Apr.-Sept.), überwintert im südlichen Afrika; monogame Dauerehe.

**KENNZEICHEN** Leicht bestimmbar an *bedeutender Größe* (Flügelspannweite fast wie ein Merlin!) und verhältnismäßig *gemächlich, aber tief schlagenden Flügeln* (erinnert gelegentlich an Baumfalke) sowie am scharf abgesetzten *weißen Bauch; Weiß der Kehle* hingegen oft erstaunlich unauffällig, kann beschattet oder reduziert sein; *Oberseiten- und Brustbandfärbung fahl graubraun.* Gestalt ähnlich Mauersegler mit ziemlich kurzem und schwach gegabeltem Schwanz, doch ist der Körper proportional etwas kräftiger.– JK: Wie ad., aber mit etwas deutlicheren weißlichen Rändern der Flügelfedern. Flügelhinterrand gleichmäßig (bei ad. durch die Schwungfedermauser oft etwas uneben).

**STIMME** Leicht erkennbarer langer, lauter Triller, der sich beschleunigt oder (häufig) verlangsamt und zum Schluss in der Tonhöhe etwas abfällt, z. B. „ti ti titititititititititi-ti-ti-ti-ti-ti tü tü".

Mauersegler

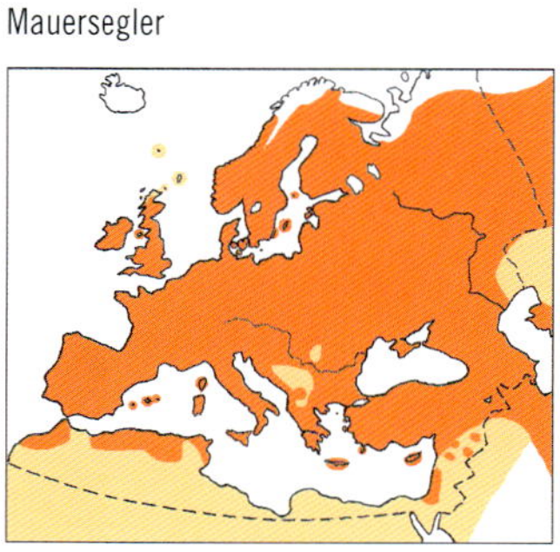

Fahlsegler

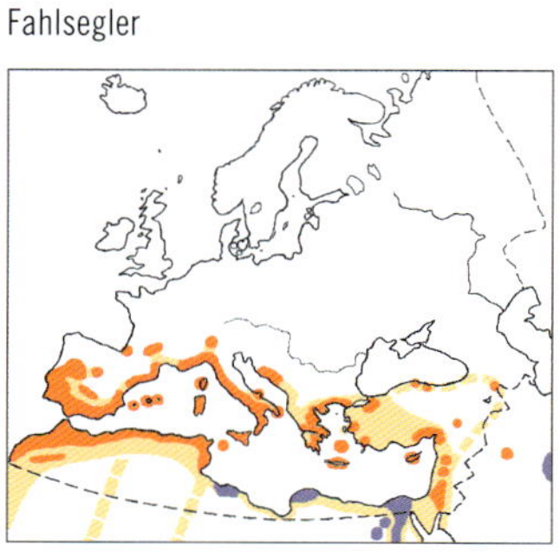

Alpensegler

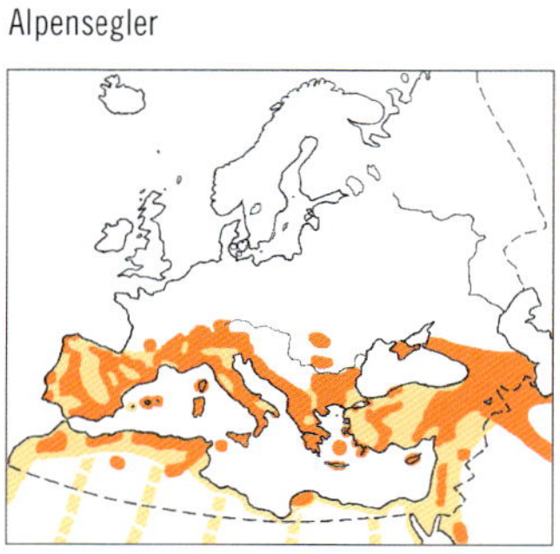

## MAUERSEGLER

## FAHLSEGLER

## ALPENSEGLER

## EINFARBSEGLER

DZ

## PAZIFIKSEGLER — D: A/–/S

Pacific Swift *Apus pacificus*

L 18-19 cm. Brütet in Asien, von Mittelsibirien ostwärts bis Japan und Australien, auch im Himalaja und NE-Indien separate Population, die hauptsächlich auf Indischem Subkontinent überwintert. Ausnahmeerscheinung in Europa.

**KENNZEICHEN** In Größe und Gestalt wie ein Mauersegler, aber leicht zu unterscheiden, wenn der schmale *weiße Bürzelfleck* erkannt wird. Es gibt jedoch eine Verwechslungsgefahr mit teilweise leukistischen Mauerseglern, die (selten) einen weißen Bürzelfleck zeigen. Der Pazifiksegler ist aber *geringfügig größer* und *schlanker* mit *weiter vorstehendem Kopf,* etwas *längerem* und *tiefer gegabeltem Schwanz* (der meist zusammengelegt ist und daher spitz erscheint). Bei guter Beleuchtung ist die deutliche helle Schuppung der dunklen Körperunterseite erkennbar. Der ähnliche Weißbürzelsegler ist deutlich kleiner, zeigt etwas abweichende Flügelform mit eher breitem Hand- und schmalerem Armflügel, deutlicher abgesetzten weißen Kehlfleck und hellspitzige Armschwingen (die zum Eindruck eines schmalen Armflügels beitragen).

**STIMME** Ruf ein rauerer, schrillerer, am Ende deutlich abfallender Triller „wriiüh" (kann an Fahlsegler erinnern).

## STACHELSCHWANZSEGLER —

White-throated Needletail *Hirundapus caudacutus*

L 19-21 cm, S 50-53 cm. Brütet in Mittel- und Südsibirien und von Mittelasien bis Japan, überwintert in Südostasien und Australien, Population des Himalaja Standvögel. Ausnahmeerscheinung in Europa.

**KENNZEICHEN** *Groß* mit *kräftigem, kompaktem Körper,* „halslos", stummelschwänzig (Gestalt wie Zwischending aus flacher Zigarre und „fliegendem Fass"). Überwiegend dunkel mit hervorstechender *weißer Kehle* und *u-förmigem weißem Feld* von den Unterschwanzdecken bis auf die Hinterflanken. Zur sonst dunklen Oberseite diffus abgegrenzter *bräunlich weißer Rücken.* Stachelige Spitzen der Steuerfedern nur aus der Nähe erkennbar. *Flug beeindruckend schnell,* wesentlich schneller als andere Segler (die schon schnell genug sind!).

**STIMME** Ruf ein hoher, sehr schneller, „elektrisch" klingender Triller.

## WEISSBÜRZELSEGLER —

White-rumped Swift *Apus caffer*

L 14-15,5 cm, S 33-37 cm. Hauptverbreitung südlich der Sahara, hat sich aber in den 1960er-Jahren im Atlas (Marokko), in SW-Spanien und E-Portugal als Brutvogel angesiedelt. Brütet oft in alten Nestern der Rötelschwalbe. Sommervogel (Mai-Okt.), nördliche Brutvögel überwintern wahrscheinlich südlich der Sahara, doch gibt es einzelne Winternachweise von der Iberischen Halbinsel.

**KENNZEICHEN** Mittelgroß, *deutlich kleiner als Mauersegler,* mit spitzen Flügeln, *schlankem Hinterkörper* und *schmalem, langem, tief gegabeltem Schwanz.* Sehr *dunkel* mit *schmalem weißem Bürzelfleck, kleinem, scharf begrenztem weißem Kehlfleck* sowie diffus *hellspitzigen Armschwingen.* Weißes Bürzelfeld erstreckt sich, anders als beim Haussegler, nicht auf die Flanken, daher in Seitenansicht kaum zu sehen. Obwohl die Flügel lang und spitz sind, können sie anders als bei Mauer- und Pazifiksegler wirken, indem der *Handflügel recht breit* erscheint, der *Armflügel dagegen kurz und schmal* (oft verstärkt durch die weißen Spitzen der Armschwingen), das Flugbild also nicht so sichelförmig wie bei den beiden anderen Arten erscheint. Flügel spitz mit langem Handflügel. Schwanz im Flug oft zusammengelegt, damit ein langes, spitzes Körperende bildend. Flug mit raschen Flügelschlägen schnell und agil, oft flatternder und erratischer als Mauersegler. *Schlankes Hinterende mit langem, tief gegabeltem Schwanz,* im Flug oft zusammengelegt.

**STIMME** Stotternde, harte Stakkatofolge, die in Triller umschlagen kann, „tjütt-tjütt-tjütt-tjütt-ürrrrrrrr".

Weißbürzelsegler

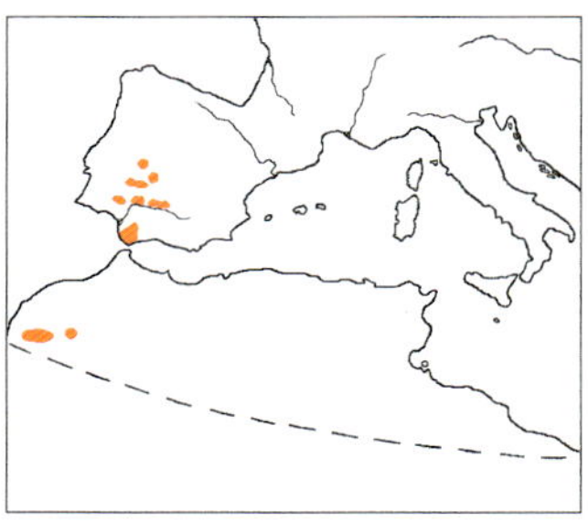

Haussegler

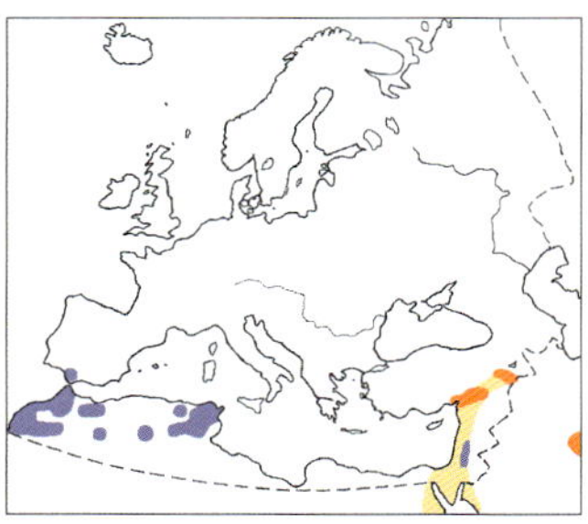

## HAUSSEGLER — D: A/–/S

Little Swift *Apus affinis*

L 12-13,5 cm, S 32-34 cm. Brütet in Städten und Dörfern, auch in Felswänden und Gebäuden. Teilweise Jahresvogel, südlich der Sahara und in SW-Asien weit verbreitet, brütet auch in NW-Afrika und sehr lokal in S-Spanien.

**KENNZEICHEN** *Dunkel* mit *ziemlich breitem weißem Bürzelfleck, der bis zu den Flanken reicht, Silhouette typisch mit breiter Schwanzbasis* und *kurzem, aber recht breitem, gerade abgeschnittenem Schwanz* (bei Spreizung gerundet) sowie recht breiten inneren Handschwingen, aber kurzen Armschwingen, sodass der Flügel in der Mitte „voll" wirkt, aber Hinterkante sieht nahe am Rumpf eingeschnitten aus (besonders im Frühjahr, wenn innerste Handschwingen wegen des frühen Mausertermins gewechselt werden). Flugweise nicht so schnell, eher flatternd ähnlich Mehlschwalbe.

**STIMME** Helles, raues Zwitschern, leicht pulsierend (erinnert aus der Entfernung etwas an balzende Doppelschnepfe).

## SCHORNSTEINSEGLER —

Chimney Swift *Chaetura pelagica*

L 12-13 cm. Brütet im östlichen und mittleren Nordamerika. Ausnahmeerscheinung im Herbst in Frankreich, Großbritannien (mehrfach), Irland, den Kanaren und Schweden.

**KENNZEICHEN** *Klein,* nahezu komplett dunkel, *untersetzter Körper,* recht kurzer, gerade abgeschnittener Schwanz und breite, aber lange *Flügel, besonders innerer Handflügel* (Armschwingen kürzer, wodurch Flügel am Übergang eingekerbt wirken kann). Feine Dornen an den Spitzen der Steuerfedern nur aus der Nähe zu sehen. Gefieder recht *einfarbig dunkel bräunlich grau,* nur *Kehle und Vorderbrust wenig heller.* Flug zeitweise schnell auf zurückgebogenen Flügeln, wenig später langsamer mit schnellen, flachen Flügelschlägen, unterbrochen durch Gleitstrecken.

**STIMME** Ruf ein hohes, schnelles, „elektrisches" Zwitschern, ähnlich Haussegler.

## PAZIFIKSEGLER

## STACHELSCHWANZSEGLER

## WEISSBÜRZELSEGLER

## HAUSSEGLER

## SCHORNSTEINSEGLER

DZ

### WIEDEHOPF — D: A/R2/Z

Eurasian Hoopoe *Upupa epops*

L 25-29 cm (davon Schnabel 4-5 cm), S 44-48 cm. Brütet in Kulturlandschaft mit Gehölzen, gern in Wein- und Obstanbaugebieten. Nahrungssuche (meist Würmer, Insekten) auf kurzrasigen oder vegetationsarmen Flächen; recht scheu. Nest in Baumhöhlen, Mauern oder Erdlöchern. Sommervogel (meist Ende Apr.-Sept.), überwintert in Afrika.

**KENNZEICHEN** Einer der auffälligsten Vögel des behandelten Gebiets, jedoch am Boden leicht zu übersehen. Gefieder *orangebräunlich mit schwarz-weiß gerandeten, breiten, abgerundeten Flügeln* und einer aufrichtbaren, *an Indianerhäuptling erinnernden Federhaube* (wird jedoch meist nur kurz beim Landen gefächert, sonst selten); Schnabel lang und schmal, leicht abwärts gebogen; Schwanz schwarz mit breiter weißer Querbinde. Fliegt flatternd und recht unstet in kurzen Bögen, oft niedrig über dem Boden.

**STIMME** Bei Erregung helles, kreischendes „schäär", erinnert an Türkentaube oder entfernte Lachmöwe; daneben ein trocken rollendes „tscherr", z. B. am Nest. Gesang mehrfach wiederholtes, dumpf und hohl klingendes, dreisilbiges „hup hup hup", nicht laut, aber recht weit hörbar.

## EISVÖGEL Alcedinidae

Kleine bis mittelgroße, kompakte Vögel mit im Verhältnis großem Kopf und Schnabel, kurzem Hals und kleinen Füßen; meist am Wasser, fangen dort stoßtauchend Fische.

### EISVOGEL — D: A/N4/JZW

Common Kingfisher *Alcedo atthis*

L 17-19,5 cm (davon Schnabel ca. 4 cm). Brütet an fischreichen Gewässern mit geeigneten Steilufern für die Nestanlage. Steht oft auf Warte still am Ufer und lauert auf kleine Fische, die in senkrechtem Sturzflug (oft nach einer Rüttelphase) erbeutet werden; scheu; gräbt eine knapp einen Meter lange Röhre mit rundlicher Nestkammer.

**KENNZEICHEN** Ein kleiner, *gedrungener, kurzschwänziger* und *kurzbeiniger* Vogel mit *großem Kopf,* prächtiger Färbung und unverhältnismäßig *langem Schnabel;* steht aufrecht. *Scheitel und Flügel grünlich blau* (je nach Lichteinfall auch mehr grünlich), *Schwanzoberseite, Bürzel, Rücken und Teile des Mantels rein blau* (schimmert von azur- bis kobaltblau!), *Unterseite und Wangen warm orangebraun,* Kehle und Halsseitenfleck kreideweiß; trotz Farbenpracht ist der gedeckt am schattigen Ufer auf einem Zweig stehende Vogel manchmal schwer zu entdecken; fliegt oft niedrig und schnell (häufig rufend) über dem Wasser. Geschlechter gleich, ♀ mit rötlicher Unterschnabelbasis, ♂ mit ganz schwarzem Schnabel. Beine rosarot.– JK: Wie ad., Gefieder jedoch weniger glänzend, eher grün, Beine grau.

**STIMME** Ruft kurz scharf pfeifend „zii", manchmal zweisilbig „ZII-ti", bei Erregung gereiht. Gesang ist eine einfache Strophe aus abgewandelten Lockrufen, etwas stammelnd und in variablem Rhythmus vorgetragen.

### BRAUNLIEST — –

White-throated Kingfisher *Halcyon smyrnensis*

L 26-30 cm (davon Schnabel ca. 6 cm). Nicht streng an Wasser gebunden, oft trockenere Agrarlandschaft, Palmenhaine, Parks; trotzdem meist in Wassernähe. Nahrung Fische, Amphibien, Eidechsen, Insekten.

**KENNZEICHEN** Etwa drosselgroß, kaum zu verwechseln: Kopf, Bauch, Flanken und Kleine Armdecken kastanienbraun, *Kehle und Vorderbrust kreideweiß, Rücken, Schwanzoberseite und größter Teil des Oberflügels blaugrün, Schnabel korallenrot.* Im Flug oberseits himmelblauer Handwurzelfleck, unterseits *großes weißes Flügelfeld.*– JK: Etwas mattere Färbung, oft zartes Schuppenmuster auf weißer Brust; Schnabel gelbbraun oder orange mit dunklerer Spitze.

**STIMME** Sehr stimmfreudig und laut, kann eine Gegend akustisch dominieren. Warnt mit gackernden, metallischen Reihen „krix-krix-krix-krix-ix…". Gesang ein lautes und durchdringendes, mehrfach wiederholtes, schnell trillerndes Pfeifen, das in der Tonhöhe abfällt und aufgeregt/klagend klingt „PÜHÜHÜHÜHÜHÜ…".

### GÜRTELFISCHER — –

Belted Kingfisher *Megaceryle alcyon*

L 31-34 cm. Sehr seltener Gast aus Nordamerika.

**KENNZEICHEN** Groß und kräftig. Oberseite bleigrau mit weißem Halsband, Brust weiß mit entweder nur einem grauen (♂) oder darunter einem zusätzlichen rötlichen Band (♀). Verlängerte Scheitel- und Nackenfedern können zu zerzauster Haube gesträubt werden.

### GRAUFISCHER — –

Pied Kingfisher *Ceryle rudis*

L 25-27 cm (davon Schnabel ca. 5 cm). Brütet an fischreichen Gewässern, auch Küsten. Jahresvogel.

**KENNZEICHEN** Recht großer, lebhafter Eisvogel, der viel rüttelt und frei steht. Gefieder *auffällig schwarz-weiß.* Unterseite weiß mit zwei (♂) oder einem (♀) *schwarzen Brustband;* deutlicher weißer Überaugenstreif zwischen schwarzem Scheitel und schwarzem Augenstreif. Schwanz recht lang, mittlere Federn und Endbinde schwarz. Außenflügel schwarz mit weißem Feld auf Handschwingenbasen. Schnabel schwarz.

**STIMME** Laute, durchdringende, etwas vibrierende Pfeiftöne, oft schnell und strukturlos gereiht, manchmal auch rhythmisch „titi-TÜTT titteRITT".

Wiedehopf

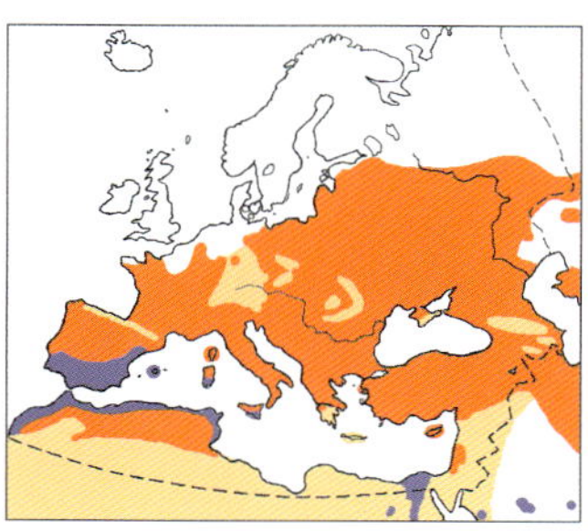

Eisvogel

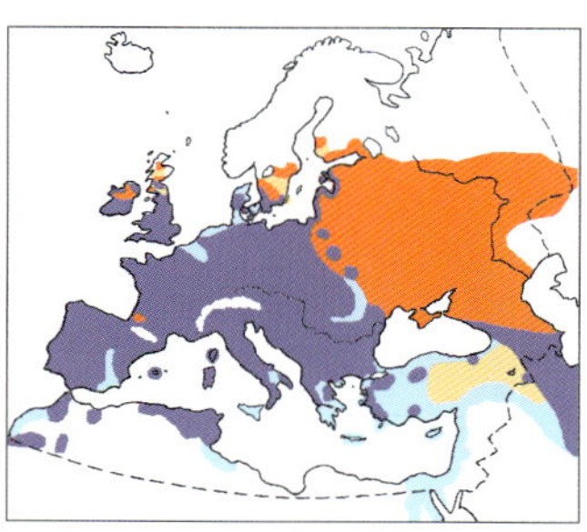

Braunliest

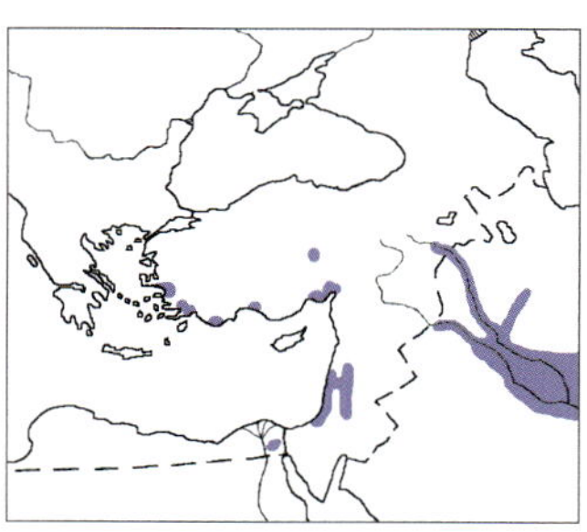

Graufischer

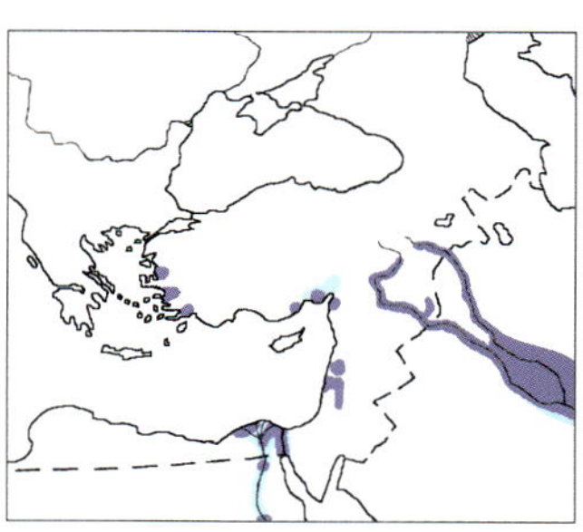

## WIEDEHOPF

## EISVOGEL

## BRAUNLIEST

## GÜRTELFISCHER

## GRAUFISCHER

KM

# SPINTE Meropidae

Recht kleine bis drosselgroße, schlanke Vögel mit schmalem, spitzem, abwärts gebogenem Schnabel, langen, spitzen Flügeln und langem Schwanz, meist mit Schwanzspießen. Drei Arten im behandelten Gebiet, viele weitere im Süden. Auf den Fang fliegender Insekten (sogar stechende Hautflügler) spezialisiert. Koloniebrüter, häufig in Trupps, Nester in Erdhöhlen, Steilufern oder Sandgruben.

## BIENENFRESSER D: A/N3/Z

European Bee-eater *Merops apiaster*

L 25-29 cm (einschließlich Schwanzspieße 0-3 cm), S 36-40 cm. Brütet in offenen, warmen Gegenden, Feldflur oder hügeliger Landschaft mit Weiden, Gebüsch, einzelnen Bäumen oder Gehölzen, oft an Flüssen mit Steilufern oder Bodenentnahmestellen. Sommervogel (Mai-Aug.), überwintert im südlichen Afrika.

**KENNZEICHEN** Spint mit exotischer Farbenpracht; ad. mit *leuchtend gelber Kehle, bläulicher Unterseite, gelbweißen Schulterfedern* sowie *rotbrauner Färbung von Scheitel, Mantel, Rücken und Armdecken,* unverkennbar. Jungvögel mit eher grünlicherer Oberseitenfärbung, aus der Ferne mit Blauwangenspint (s. u.) zu verwechseln. Insektenjagd oft in größerer Höhe, dabei wechseln Gleitphasen mit gerader Flügelhaltung und kurze, schnelle (mehlschwalbenartige) Flügelschlagserien ab. Flugbild der meisten Spinte von unten ähnlich mit schmalem schwarzem Hinterrand der *spitzen, rötlich getönten Flügel.* Beim Bienenfresser *schwarzer Hinterrand des Armflügels* jedoch etwas *breiter* als derjenige des Handflügels.

**STIMME** Ruft häufig mehrfach wiederholt, weich rollend „prrüt", von fliegenden Trupps im Chor, weit hörbar. Bei Beunruhigung am Nest reiner, kurz pfeifend „wüt".

## BLAUWANGENSPINT D: A/–/S

Blue-cheeked Bee-eater *Merops persicus*

L 28-32 cm (einschließlich Schwanzspieße 4-8 cm), S 35-39 cm. Brütet in trockener, offener Landschaft, gern am Wasser, manchmal auch in offenen Wäldern. Sommervogel (meist Apr.-Sept.), überwintert in Afrika.

**KENNZEICHEN** Nahezu einheitlich grün gefärbter Spint, ähnlich groß wie Bienenfresser, ad. mit *längeren schmaleren Schwanzspießen und rostroten Unterflügeln.* Beachte *einheitlich grüne Rückenfärbung* (ohne helle Schulterflecke), *rotbraunen Kehlfleck* mit nur *wenig Gelb am Kinn* sowie *schmaleren dunklen Hinterrand auf der Armflügel-Unterseite,* genauso schmal wie auf Handflügel.– JK: Gefieder matter grün gefärbt, sehr kurze Schwanzspieße, nahezu ohne Gelb am Kinn sowie ohne Blaugrün auf den Kopfseiten.

**STIMME** Rufe erinnern an Bienenfresser, sind jedoch trockener, etwas härter und wenig höher „prri prri prri…", weniger melodisch und daher nicht so weit hörbar.

## SMARAGDSPINT –

Green Bee-eater *Merops orientalis*

L 20-25 cm (einschließlich Schwanzspieße 2-8 cm). Brütet in trockener, offener Landschaft mit Einzelbäumen, auch in Palmenhainen und Gärten. Wenig scheu.

**KENNZEICHEN** Kleinster Spint im Gebiet, nur steinschmätzergroß, *Gefieder fast einheitlich grün,* schwarzer Augenstreif sowie ein *schwarzes Querband zwischen Kehle und Brust.* Geschlechter gleich. Im JK matter gefärbt und ohne Schwanzspieße.– Unterart *cyanophrys* („Blaukehl-Smaragdspint"; Israel, Jordanien) mit *rein blauer Kehle* und einem *schmalen Überaugenstreif,* schwarzes Querband unter der Kehle meist breit und unscharf begrenzt, *Schwanzspieße kurz,* im Niltal (*viridissimus cleopatra,* „Sahelsmaragdspint") *Kehle blassgrün,* Kehlband immer schmal, *Schwanzspieße lang;* beide auch als eigene Arten betrachtet.

**STIMME** Warnt kurz und hart „kitt". Gesang besteht aus harten, rollenden, durchdringenden, schnell gereihten Pfeiftönen „krrie krrie krö-krö krieh kr-krü".

## BLAURACKE D: A/0/S

European Roller *Coracias garrulus*

L 29-32 cm, S 52-57,5 cm. Brütet in trockenen, warmen, offenen Gegenden mit Einzelbäumen, Gehölzen und lichtem Wald (meist Eichen, lokal auch Kiefern) sowie mit vielen Bodeninsekten (z. B. Käfer); Nest in Baumhöhlen. Sommervogel (meist Mai-Aug.), überwintert im südlichen Afrika.

**KENNZEICHEN** Dohlengroß und kräftig gebaut, überwiegend *türkisblau* gefärbt (wirkt manchmal grünlicher) mit *rötlich braunem Mantel,* großem Kopf und *kräftigem schwarzem Schnabel.* Im Flug fällt *Kontrast zwischen blauen Flügeldecken und schwärzlichen Schwungfedern* auf, wegen der blassblauen, fast weißlich wirkenden Unterflügeldecken unterseits noch stärker als oberseits. Fliegt über längere Strecken geradlinig und mit recht ruhigen, kräftigen Flügelschlägen, vollführt jedoch manchmal kleine Wendungen und Richtungsänderungen. Im Vergleich z. B. zur Dohle wirken die Flügel gegenüber dem schlanken Körper groß und werden stärker gewinkelt gehalten.– JK: Gefieder matter und mehr grüngrau gefärbt, Brust und Mittlere Armdecken eher braun.

**STIMME** Ruft hart „RACK-ack" (manchmal auch ein- oder dreisilbig); bei Beunruhigung heisere Folgen wie „reehr-eehr-eehr-eehr…" (klingt wie streitende Dohlen oder Saatkrähen). Während des fast kiebitzartigen Balzflugs beginnt das ♂ mit einigen harten Lockrufen, darauf folgen 1-4 schnelle, heisere, gezogene „krääh"-Laute.

Bienenfresser

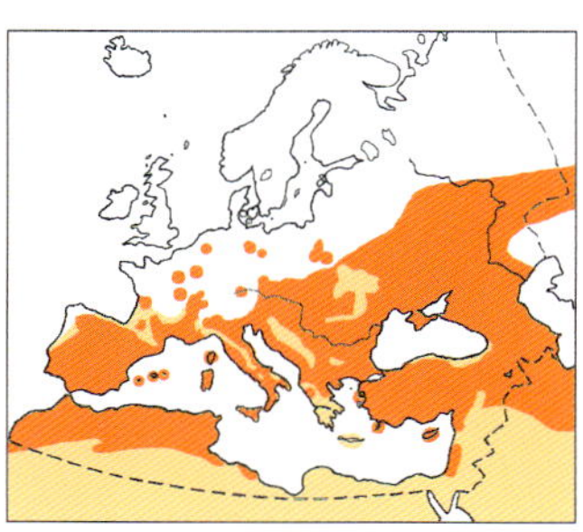

Blauwangenspint

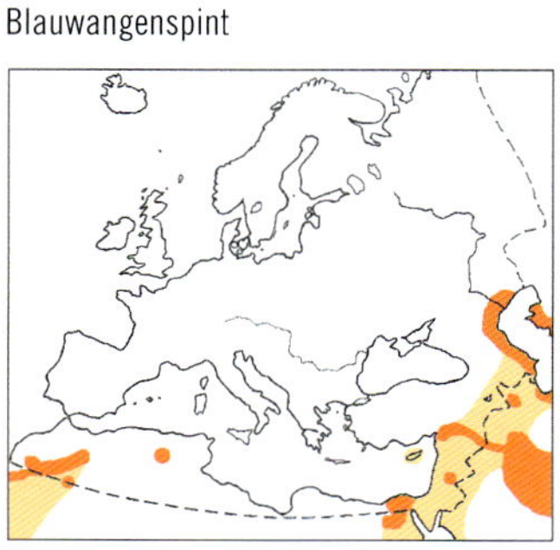

Smaragdspint

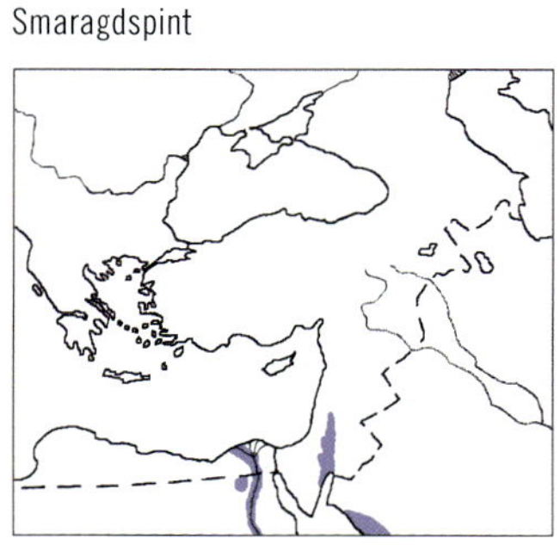

Blauracke

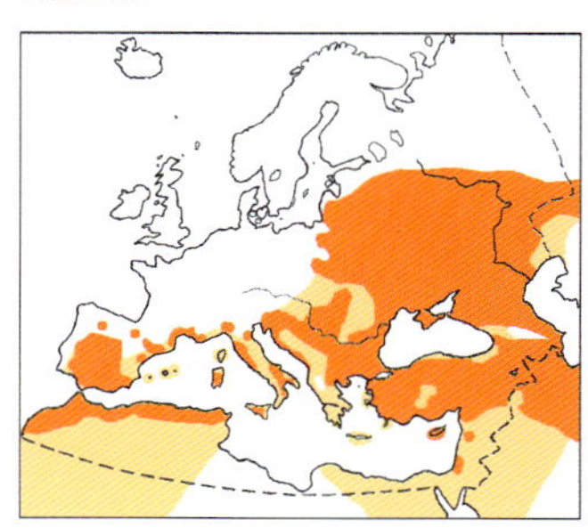

## BIENENFRESSER

## BLAUWANGENSPINT

## SMARAGDSPINT

***cyanophrys*** (BLAUKEHL-SMARAGDSPINT; Israel, Jordanien)

***cleopatra*** (SAHELSMARAGDSPINT; Ägypten)

## BLAURACKE

# SPECHTE Picidae

Elf Arten, alle, außer Wendehals, auf das Klettern an senkrechten Baumstämmen und das Zimmern von Nisthöhlen spezialisiert; anatomische Anpassungen dafür sind kräftige Füße mit beweglichen Zehen (meist zwei nach hinten gerichtet) und scharfe Krallen, steife Steuerfedern (Stützschwanz) sowie kräftige pfriem- oder meißelförmige Schnäbel und eine „stoßdämpfende“ Schädelkonstruktion. Nahrung sind holzbewohnende Insekten, die mit sehr langer Zunge aus ihren Gängen hervorgeholt werden. Die meisten Arten trommeln (entspricht dem Gesang); alle Spechte sind Jahresvögel, nur Wendehals ist Langstreckenzieher.

## SCHWARZSPECHT — D: A/N4/J

Black Woodpecker *Dryocopus martius*

L 40-46 cm, S 67-73 cm. Brütet in älterem Buchen- oder Mischwald, auch in Kiefernwald. Hochovaler Höhleneingang ca. 9 × 12 cm.

**KENNZEICHEN** Krähengroß und *ganz schwarz* mit weißem Auge; ♂ roter Scheitel, ♀ nur roter Hinterscheitelfleck. Im Vergleich zum Grünspecht mit *schmalerem Hals und* längerem, *kantigem Kopf. Flug flatternd* und etwas unstet mit *hochgehaltenem Kopf, Flugbahn meist gerade* (nicht in Bögen wie andere Spechte), erinnert an Tannenhäher.

**STIMME** Flug-/Warnruf ganzjährig „krrück krrück krrück…“; kurz nach dem Landen oft gellend „KLII-ö“. Singt durchdringend pfeifend, vom „Lachen“ des Grünspechts durch den „zögernden“ Beginn, gleichmäßigere Tonhöhe am Ende und wilden Klang unterschieden „koih kvi kvi-kvi-kvi-kvi-kvi-kvi-kvi“. Trommelwirbel sehr kräftig, 2-4 km weit hörbar, 1,75-3 s lang (♂ länger als ♀).

## GRÜNSPECHT — D: A/N4/J

European Green Woodpecker *Picus viridis*

L 30-36 cm, S 45-51 cm. Brütet in offenen Laub- und Mischwäldern, strukturreichen Obstanbaugebieten und offenen Gegenden mit Gehölzen, auch größeren Parks. Nahrung vor allem Ameisen. Höhleneingang ca. 6 × 7 cm.

**KENNZEICHEN** Fliegt oft in *stark bogenförmiger Flugbahn;* wenn dabei die *grüne Oberseite mit gelbem Bürzelbereich* erkennbar ist, Verwechslung nur mit Grauspecht möglich (s. dort); Pirol-♀ sind oberseits ebenfalls grünlich und fliegen bogenförmig, sind aber deutlich kleiner, schlanker und schmalflügeliger. Aus der Nähe *roter Scheitel* und *schwarze Maske um das weiße Auge* sichtbar. ♂ mit *roter Wangenstreifmitte,* ♀ dort ohne Rot.– JK: Gesamtes Gefieder kräftig schwärzlich gestrichelt und gefleckt.– Variation: Vögel der Iberischen Halbinsel (*sharpei,* Iberiengrünspecht) fast ohne Schwarz im Gesicht, Augenregion grau, roter Wangenstreif des ♂ ist nur unten schwarz begrenzt.

**STIMME** Meist durch Stimme zu entdecken; im Flug laut gellend „kjükjüKJÜCK“, gelegentlich zu langen Serien gereiht, mit Betonung beispielsweise auf jeder zweiten oder jeder vierten Silbe. Gesang in laut lachenden Strophen von jeweils 10-18 „klü“-Lauten, die leicht in der Tonhöhe abfallen und am Ende ein wenig schneller gereiht werden „klüh-klüh-klü-klü-klü-klü-klü-klü…“ Trommelt nur selten, die Wirbel sind schnell, lang und dauern ca. 1,5 s.

## GRAUSPECHT — D: A/N4/J

Grey-headed Woodpecker *Picus canus*

L 27-32 cm. Brütet vor allem in Laub- oder Mischwald mit vielen morschen Laubbäumen, oft an Gewässerufern, in Auwäldern, großen Parks; gern im Bereich von Lichtungen und Waldrändern; geht im Gebirge oft höher als der Grünspecht. Nahrung vor allem Ameisen; besucht Futterstellen. Höhleneingang ca. 5,5 cm Durchmesser.

**KENNZEICHEN** Kleiner als Grünspecht und eigentlich nur mit diesem zu verwechseln; im Vergleich zu Grünspecht mit etwas *kleinerem, mehr gerundetem Kopf,* was durch den etwas *kürzeren und schwächeren Schnabel* betont wird (wirkt dadurch „freundlich“), ferner mit andersartigem, mehr *einheitlich grauem Kopfmuster* und weniger Schwarz (nur Zügel) um *bernsteinfarbenes Auge,* mit *schmalerem Wangenstreif* sowie bei ♂ mit *Rot auf den Vorderscheitel beschränkt,* bei ♀ *ganz ohne Rot auf dem Scheitel.* Oberseite überwiegend moosgrün (nicht gelbgrün wie Grünspecht), Unterseite ungebändert hellgrau (mit schwacher Grüntönung), nicht gelb getönt.– JK: Sehr ähnlich ad., jedoch mit etwas matteren Farben.

**STIMME** Bei Beunruhigung Serien etwas unterdrückt klingender „tjk“-Rufe. Gesang aus Strophen von 6-9 Pfeiftönen, die sukzessive in der Tonhöhe abfallen und nach den drei Anfangstönen langsamer werden „kikiki kü-kü-kü-kü kö“, leicht nachzupfeifen, ohne den lachenden Ton des Grünspechts, klingt eher wehmütig. Trommelt häufig in lauten, recht schnellen und ca. 1,5 s dauernden Serien.

## ATLASGRÜNSPECHT — –

Levaillant's Woodpecker *Picus vaillantii*

L 30-33 cm. Brütet in Bergwäldern mit Eichen, Pappeln, Zedern und Tannen, geht bis zur Baumgrenze (ca. 2.000 m).

**KENNZEICHEN** Sehr ähnlich ♀ der iberischen Grünspechtunterart (s. dort), mit bis zum Schnabel reichendem *ganz schwarzem, oberhalb hell begrenztem Wangenstreif,* ferner *weniger Grau hinter und über Auge.* ♂ mit ganz rotem Scheitel, ♀ mit rotem Nacken (übriger Scheitel dunkel gefleckt).

**STIMME** Ähnlich Grünspecht, Gesang aber schneller, Tonhöhenverlauf gleichmäßiger, Tonfall eher sprudelnd. Trommelt öfter, Wirbel dauern 1-1,5 s.

Schwarzspecht

Grünspecht

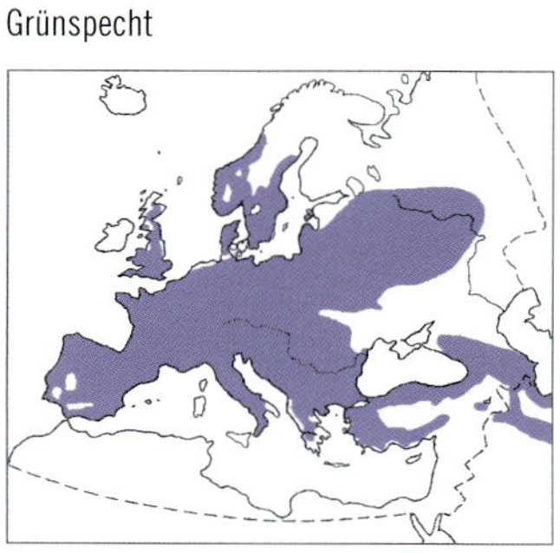

Grauspecht

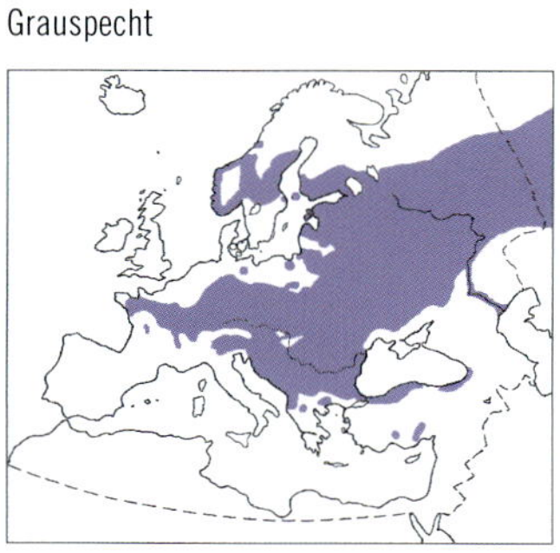

Atlasgrünspecht

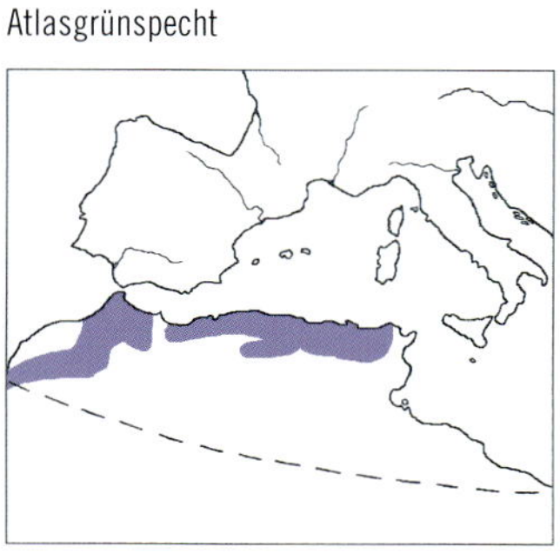

## SCHWARZSPECHT

## GRÜNSPECHT

## GRAUSPECHT

## ATLASGRÜNSPECHT

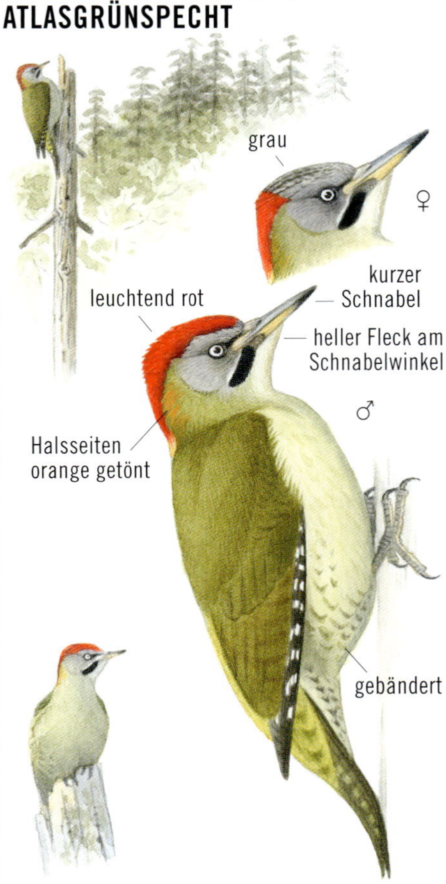


***sharpei* „Iberiengrünspecht“**, (Iberische Halbinsel)

DZ

## BUNTSPECHT D: A/N5/JZW

Great Spotted Woodpecker *Dendrocopos major*

L 23-26 cm, S 38-44 cm. Brütet in Wäldern, Agrarlandschaften mit Gehölzen, häufig auch in Parks (sogar mitten in Großstädten) sowie in größeren Gärten mit Baumbestand. Wachsam und vorsichtig, besucht jedoch häufig Futterstellen, hängt manchmal wie Meise an Meisenring. Nahrung Insekten, Nadelbaumsamen (vor allem im Winter), mitunter auch Eier und Jungvögel. Bearbeitet Zapfen, indem er sie in Rindenspalten („Spechtschmieden") einklemmt, darunter liegen oft große Mengen geleerter Zapfen. Unternimmt in manchen Jahren mit geringer Zapfenernte invasionsartige Wanderungen, meist in Süd- oder Südwestrichtung. Höhleneingang ca. 5 × 6 cm.

**KENNZEICHEN** Weitaus häufigster der *schwarz-weiß-roten* Spechte („Buntspechte"); meist leicht erkennbar am *satten Rot von Unterschwanzdecken und Steiß,* scharf vom weißlichen Bauch abgesetzt, ferner an den *ungezeichneten Flanken* und den *großen, ovalen, weißen Schulterflecken. Fliegt in tiefen Bögen geradlinig und zielgerichtet.*– Ad. ♂: Roter Fleck am Hinterscheitel/Nacken.– Ad. ♀: Scheitel und Nacken schwarz, ohne Rot.– JK: Größter Teil des Scheitels rot (bei jungen ♂ Scheitelfleck am größten und kräftigsten), im Vergleich zu ad. schwächer ausgebildeter Verbindungsstreif zwischen Wangenstreif und Nacken, ferner mit blasserem Rot im Steißbereich und gelegentlich schwach gestrichelten Flanken; diese Merkmalskombination kann zu Verwechslung mit Mittel- und Weißrückenspecht führen. Beachte jedoch: *Weiße Schulterflecken* wie ad.; schwarzer Wangenstreif erreicht den Schnabel; schwarze Scheitelseitenstreifen.– Mittel- und südeuropäische Vögel an Unterseite und Stirn generell dunkler (graubeige) als nordeuropäische. Vögel aus Algerien und Tunesien *(numidus)* mit rot-schwarzem Brustband und mit auf den Bauch reichender Rotfärbung von Steiß und Unterschwanzdecken.

**STIMME** Lockruf kurz und scharf „kick", manchmal in längeren Reihen und mit ca. einer Sekunde Tonabstand; bei Beunruhigung sehr schnelle, scheltende, undeutliche Lautfolgen „tschrett-tschrett-tschrett-tschrett…". Trommelt in typischen kurzen Wirbeln (0,4-0,8 s), sehr schnell (Einzelschläge kaum hörbar) und jäh abbrechend. Jungvögel in der Höhle betteln hell und laut „wiwiwiwiwiwi…".

## BLUTSPECHT D: A/–/S

Syrian Woodpecker *Dendrocopos syriacus*

L 23-25 cm. Brütet in offener Kulturlandschaft, in Obst- und Weinanbaugebieten, Gärten, Parks und Alleen. Hat sein Areal im 20. Jahrhundert nach Nordwesten ausgedehnt. Nahrung Insekten, Früchte; Höhleneingang ca. 5 cm.

**KENNZEICHEN** Sehr ähnlich Buntspecht, ♂ mit *etwas größerem rotem Nackenfleck,* ♀ mit ganz schwarzem Scheitel; wie Buntspecht mit *großen weißen Schulterflecken und rotem Steiß.* Beachte: *Keine Verbindung zwischen schwarzem Wangenstreif und Nacken* (sicherstes Bestimmungsmerkmal bei ad.), *etwas längerer Schnabel,* helle Federn um die Nasenöffnungen (beim Buntspecht schwarz), *viel weniger Weiß auf äußeren Steuerfedern* (nur wenige weiße Flecken ganz außen; beim Buntspecht weiß mit geringer schwarzer Bänderung); im Durchschnitt reiner weiße Kopfseiten und hellere Stirn (Buntspecht meist mit schmutzig weißen Wangen und braunweißer Stirn, aber manche Vögel ähneln darin dem Blutspecht); manchmal einige schwache graue Strichel auf hinteren Flanken und Bauch (nicht bei ad. Buntspechten, nur juv.); im Durchschnitt weniger intensiv rot gefärbter Steiß (manche Buntspechte aber ähnlich).– JK: Gestrichelte Flanken; oft rötlich getönte Brust.

**STIMME** Ruft weicher als Buntspecht, eher „gück" als „kick", erinnert stark an Warnruf des Rotschenkels; bei stärkerer Beunruhigung wird der Ruf zu schnellen „gip-gip-gip"-Folgen gereiht, auch mit „tschirr" kombiniert. Trommelwirbel ähnlich denen des Buntspechts, jedoch gewöhnlich länger (0,8-1,2 s) und am Ende leiser (die des Buntspechts sind kurz und enden abrupt); im Vergleich zu Wirbeln des Weißrückenspechts sind sie kürzer und mit höherer Frequenz. Jungvögel betteln nicht ganz so laut wie junge Buntspechte.

## MITTELSPECHT D: A/N4/J

Middle Spotted Woodpecker *Dendrocoptes medius*

L 19,5-22 cm, S 33-34 cm. Wärmeliebender Specht, brütet in Laubwald mit alten Eichen und Buchen, gebietsweise auch in Erlenwald. Nahrung Insekten und Baumsaft; hält sich oft hoch in Baumkronen auf, bewegt sich bei der Insektenjagd auch waagerecht auf starken Ästen. Nisthöhle oft in morschem Stamm oder starkem, manchmal schrägem oder sogar waagerechtem Seitenast, Eingang ca. 4 cm.

**KENNZEICHEN** Nur wenig kleiner als Buntspecht, wirkt aber durch *kurzen, recht schwachen Schnabel* und *runden, hellen Kopf* deutlich kleiner. Geschlechter einander ähnlich; *roter Scheitel* (reicht bei ♂ weiter nach hinten); *schwarzer Wangenstreif fehlend;* weiße Stirn und Kopfseiten mit hervorstechendem dunklem Auge; *ovale weiße Schulterflecken* (vgl. Weißrückenspecht); *rosa Steiß,* der ohne scharfe Farbgrenze in gelbbraun getönten Bauch übergeht; *zarte dunkle Strichel auf Flanken.* Steht oft quer auf einem Ast in leicht kauernder Haltung, mit gesenktem Schwanz.

**STIMME** Einzelruf „kück" klingt recht schwach (erinnert an Kleinspecht) und wird selten geäußert; häufiger sind Serien in rasch trabendem Takt und mit abweichender, höherer erster Silbe „KICK kück-kück-kück-kück-kück…". Der Reviergesang besteht aus 4-8 (oder mehr) nasal quäkenden Tönen in langsamem Tempo (ca. 2 pro Sekunde) „gwäk gwäk gwäk gwäk gwäk gwäk". *Trommelt nicht* zur Revierbehauptung (sondern nur *sehr selten* in Konfliktsituationen).

Buntspecht

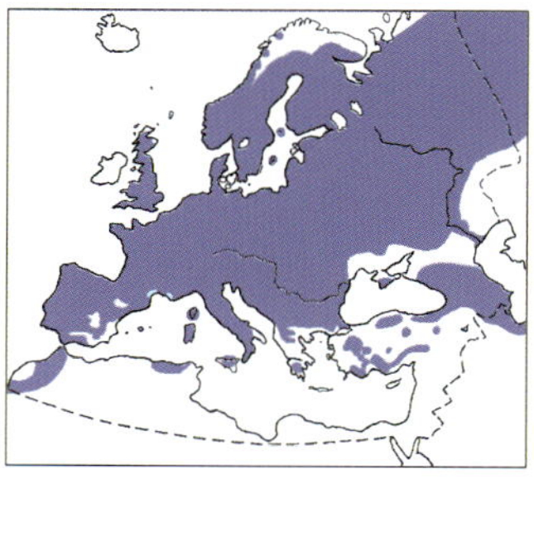

Blutspecht

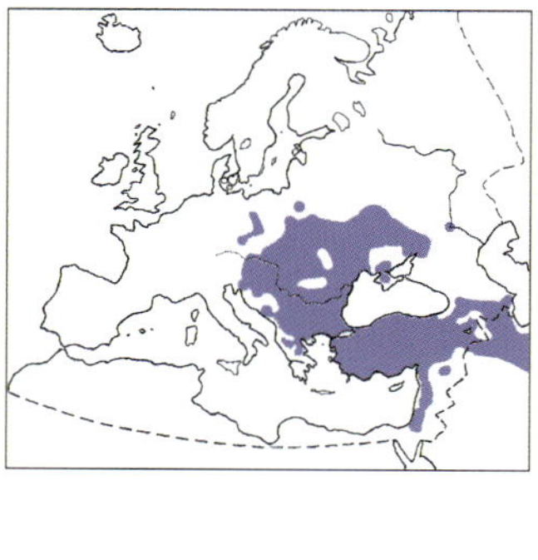

Mittelspecht

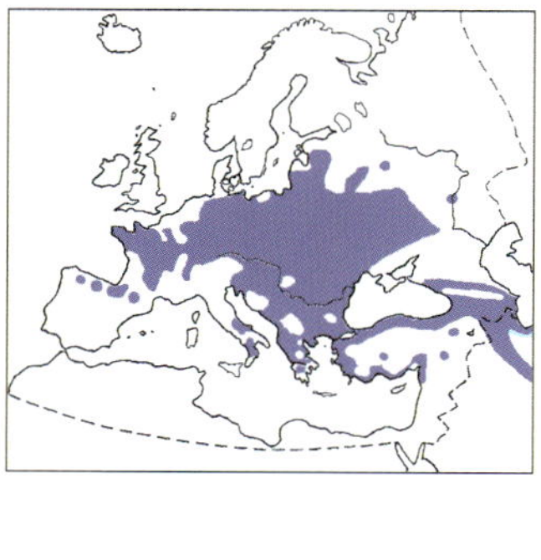

## BUNTSPECHT

kommt in unterschiedlichen Lebensräumen vor: Fichtenwälder der Taigazone, aber auch Mischwälder, Parks und Gärten

## BLUTSPECHT

brütet in alten Laubwäldern offener Kulturlandschaften; auch in Dörfern und Städten

## MITTELSPECHT

bewohnt alte Eichenwälder

Geschlechter ähnlich, doch bei ♀ Rot am Scheitel etwas matter und weniger weit in Nacken reichend

## WEISSRÜCKENSPECHT **D:** A/R2/J

White-backed Woodpecker *Dendrocopos leucotos*

L 25-28 cm. Brütet in Laub- und Mischwäldern mit urwaldartigen Bereichen und viel Alt- und Totholz, oft in Gewässernähe. Nahrung holzbewohnende Insekten (z. B. Bockkäferlarven); häufig in Bodennähe, wo er morsche Stubben aufhackt. Großes Revier, besonders im Winter. Hochovaler Höhleneingang ca. 5,5 × 6,5 cm.

**KENNZEICHEN** Etwas *größer* als Buntspecht, mit längerem Hals und kantigerem Kopfprofil sowie *längerem Schnabel; Unterschwanzdecken hellrot,* allmählich in *beigerosa Bauchfärbung* übergehend; *Flanken gestrichelt;* trotz des Namens weißer Rücken manchmal schwer zu sehen, eher weißer Bürzel im Flug. Im Stehen fällt oberes *weißes, von Mittleren Armdecken gebildetes Band* auf, breiter als die übrigen Flügelbänder auf Schwungfedern. ♂ mit einheitlich rotem, ♀ mit schwarzem Scheitel.– Vögel aus Südosteuropa und der Türkei *(lilfordi)* mit dunkel gebändertem Rücken und oft quer gebänderten und gröber gestreiften Flanken.

**STIMME** Ruft tiefer, weniger scharf und leiser als Buntspecht „bjück“, bei Beunruhigung werden die Rufe zu ungleichmäßigen Folgen gereiht „bjück bjü-bjück…“. Trommelwirbel beginnen mit kräftigen, langsameren Schlägen und werden am Schluss schneller und schwächer (wie hüpfender Pingpongball); Dauer meist deutlich länger als beim Dreizehenspecht (1,6-2,1 s), jedoch trommelt Weißrückenspecht-♀ oft etwas kürzer, was manchmal der Wirbeldauer des Dreizehenspechtes nahekommt.

## DREIZEHENSPECHT **D:** A/R2/J

Eurasian Three-toed Woodpecker *Picoides tridactylus*

L 21,5-24 cm. Brütet in Nadel- und Mischwald mit älterem Fichtenbestand und viel stehendem Totholz. Nahrung Larven und Puppen rinden- und holzbewohnender Käfer (vor allem Borkenkäfer), entfernt oft Rindenstücke an sterbenden Fichten, wenig scheu; Höhleneingang ca. 4,5 × 5 cm.

**KENNZEICHEN** Etwas kleiner als Buntspecht; wirkt wegen *sehr dunkler Flügel, grau quer gebänderter Flanken* und der *breiten schwarzen Kopfstreifen* recht dunkel. Nominatform mit *breit weißem Streif von Nacken bis Bürzel.* Scheitel beim ♂ blass zitronengelb, beim ♀ dunkel mit feiner weißer Längsstrichelung.– Unterart *alpinus* (Mitteleuropa) mit dunkel gebändertem Mantel.

**STIMME** Ruft weicher als Buntspecht „bibb“ oder „bick“. Trommelwirbel kräftig mit deutlich voneinander getrennten Schlägen, mittellang (1,1-1,4 s), häufig am Anfang lauter (und am Schluss leicht beschleunigt), ähnlich „halbem“ Wirbel des Schwarzspechtes (Verwechslung möglich!). Bettelrufe der Jungvögel erinnern an ein Insekt oder fernes Motorengeräusch.

## KLEINSPECHT **D:** A/N4/JW

Lesser Spotted Woodpecker *Dryobates minor*

L 14-16,5 cm, S 24-29 cm. Brütet in Laubwald mit alten Bäumen, gern in Wassernähe, in Auwäldern, Obstgärten, Parks und großen Gärten. Höhleneingang ca. 3-3,5 cm.

**KENNZEICHEN** *Kleinster* europäischer Specht, *rundlicher Körper, runder Kopf* und *kurzer spitzer Schnabel.* Fliegt in tiefen Bögen. Oberseite schwarz mit *weißer Querbänderung über Flügel und Rücken;* schwarzer Kopfseitenstreif erreicht Scheitel nicht (ähnlich Weißrückenspecht); Flanken meist zart gestrichelt. ♂ mit rotem Scheitel, seitlich schmal und hinten breit schwarz eingefasst, ♀ völlig ohne Rot im Gefieder und mit schmutzig weißem, schwarz eingefasstem Vorderscheitelfleck. Gefieder bis auf das *fehlende Rot auf den Unterschwanzdecken* ähnlich Weißrückenspecht.

**STIMME** Ruft kurz und scharf „kik“, meist weicher und viel schwächer als Buntspecht (manchmal aber recht ähnlich). Singt hoch und schnell „kie-kie-kie-kie-kie-kie-kie kiet“. Recht schwaches Trommeln klingt eher knatternd als wirbelnd, Tempo konstant, Wirbellänge ca. 1,2-1,8 s; zwei mit sehr kurzer Pause aufeinanderfolgende Wirbel können ungewöhnlich lange Schlagfolge vortäuschen.

## WENDEHALS **D:** A/N4/Z

Eurasian Wryneck *Jynx torquilla*

L 16-18 cm. Brütet in strukturreicher Kulturlandschaft mit Gehölzen, in Obstgärten, Parks sowie in offenem Wald. Ameisenspezialist. Nest in Baumhöhlen oder Nistkästen (zimmert nicht selbst). Sommervogel (meist Mai-Sept.).

**KENNZEICHEN** Etwas kleiner als Neuntöter; Geschlechter gleich. *Oberseite überwiegend braun, grau, schwarz und weiß marmoriert* (verschmilzt mit der Färbung und Musterung von Baumrinde), Unterseite auf hellem Grund (beigeockerfarben auf der Brust ) dunkel quer gebändert; *durch das Auge und an den Halsseiten abwärts je ein dunkler Streif, ein weiterer Streif läuft entlang der Scheitel- und Rückenmitte*; der *lange Schwanz ist gebändert;* Schnabel recht kurz und spitz mit kräftiger Basis. Klettert nicht wie andere Spechte mithilfe eines Stützschwanzes, sondern bewegt sich eher wie ein Singvogel und steht auch häufig „normal“ auf einem waagerechten Ast; wirkt auch im Flug eher wie ein Sperlingsvogel, fliegt schnell und in flachen Bögen. Hüpft bei der Ameisenjagd viel auf dem Boden (mit angehobenem Schwanz); Verhalten sonst recht zurückgezogen und scheu, schwer zu entdecken.

**STIMME** Warnt bei Gefahr hart „teck“, zischt bei Störung in der Bruthöhle (wendet dabei den Hals schlangenartig). Jungvögel betteln mit schnellen, tickenden „ziziziziz…“-Folgen. Gesangsstrophen laut quäkend-klagend aus Reihen von 12-18 etwas abfallenden Silben „gjä-gjä-gjä-gjä…“.

Weißrückenspecht

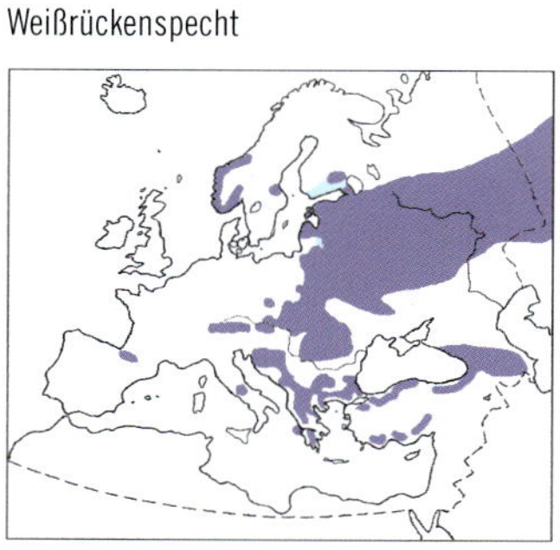

Dreizehenspecht

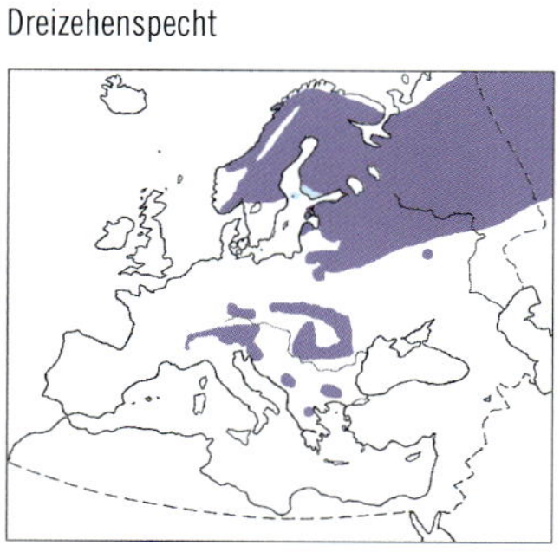

Kleinspecht

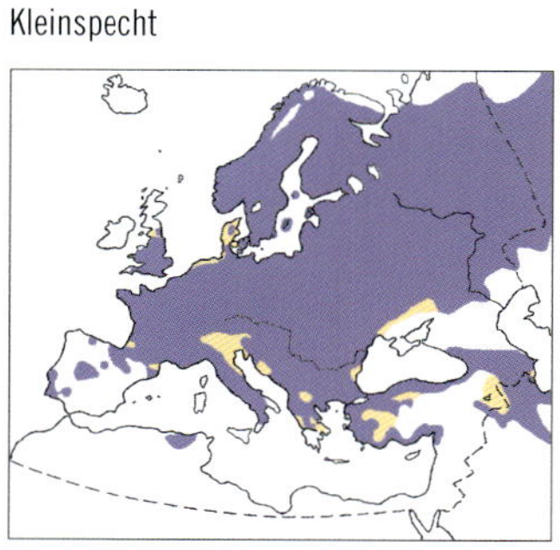

Wendehals

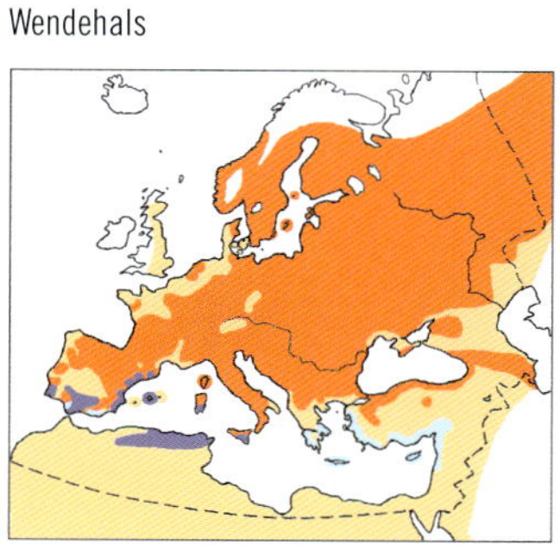

## WEISSRÜCKENSPECHT

## DREIZEHENSPECHT

## KLEINSPECHT

## WENDEHALS

# LERCHEN Alaudidae

Bodenlebende Sperlingsvögel mit meist braunem und sandfarbenem Gefieder, Hinterkralle lang und gerade. 20 Arten, viele zeigen ausdauernden Singflug, darunter einige exzellente Imitatoren; Bodenbrüter.

## FELDLERCHE D: A/N6/JZW

Eurasian Skylark *Alauda arvensis*

L 16-18 cm. Bewohnt offenes Kulturland, auch Wiesen und Heiden; vorwiegend Standvogel, aber nördliche Populationen weichen im Winter nach Süden aus; im Winter zuweilen große Trupps auf Stoppelfeldern und Grassteppen.

**KENNZEICHEN** *Graubraun,* oberseits *gestrichelt;* Brust gelblich weiß, gestrichelt, zum ungemustert weißen Bauch scharf abgesetzt. ♂ kann *stumpfe Haube* aufstellen (bei Haubenlerche länger und spitzer). Oft auf Feldern und an Wegen, duckt sich bei Störung, schnellt dann katapultartig hoch, fliegt kurze Strecke mit *flatterndem Flügelschlag* flach über den Boden, landet mit halb gespreiztem und gesenktem Schwanz, lässt dabei *schmalen, diffus bräunlich weißen Flügelhinterrand* und *weiße Schwanzaußenkanten* erkennen. Singt gelegentlich von Warte, meist im *typischen Singflug,* steigt dabei immer höher, verharrt an einer Stelle (in 50-150 m Höhe), fliegt wieder herab und lässt sich das letzte Stück stumm und mit gefalteten Flügeln zu Boden fallen.

**Stimme** Verschiedene Rufe, alle trocken rollend, z. B. „prri-it“, „prrli“, „prrüt-üt“ und „prriih-i“, manchmal bei Beunruhigung flötender „p(r)iih“. Gesang von Spätwinter bis Mittsommer, von Morgendämmerung bis Abend, eine endlose Aneinanderreihung rollender, zirpender und flötender Töne, die in schnellem Tempo 3-15 min vorgetragen werden; einige Töne wiederholt und variiert, einige Imitationen eingeflochten (z. B. Limikolen, Rauchschwalbe).

## ORIENTFELDLERCHE (KLEINE FELDLERCHE) –

Oriental Skylark *Alauda gulgula*

L 14-16 cm. Bewohnt Kulturland und Steppen Mittelasiens (westlich bis Iran); nördliche Populationen Kurzstreckenzieher.

**KENNZEICHEN** Sehr ähnlich Feldlerche. Im Flug klein und kurzschwänzig, stehend durch folgende Merkmale unterschieden: *kürzere Handschwingenprojektion, Unterseite einfarbiger und hell gelblich, Handschwingen oft rötlich gerandet,* äußere Steuerfedern meist hell gelblich grau (gelegentlich fast weiß und gegen Himmel schwer einzuschätzen), ohne hellen Flügelhinterrand; Schnabel durchschnittlich etwas länger und Schwanz kürzer als bei Feldlerche.

**Stimme** Von Feldlerche abweichender Flugruf kurz, schneidend, schwirrend „bzrü“. Andere Rufe feldlerchenähnlich, aber auch ähnlich Rauchschwalbe „plip“. Gesang ähnlich Feldlerche, aber trockener und mit mehr Wiederholungen, aus driftendem Singflug vorgetragen.

## HAUBENLERCHE D: A/N3/J

Crested Lark *Galerida cristata*

L 17-19 cm. Brütet auf Feldern, in Industriegebieten, in Häfen usw., wo Wildkrautsamen zugänglich sind; im Süden auch auf trockeneren Flächen; Standvogel.

**KENNZEICHEN** Wenig größer als Feldlerche, Gefieder graubraun, *lange, spitze Haube* auch zusammengelegt am Hinterkopf sichtbar (bei Feldlerche nicht); meist etwas grauer und dunkler (in Nordafrika auch rötlicher) als Feldlerche, mit *diffuserer Bruststrichelung* (einige aber deutlicher gestrichelt), ohne hellen Flügelhinterrand, *äußere Steuerfedern gelblich braun* statt weiß, Unterflügel und oft Unterschwanzdecken rötlich überhaucht; *Schnabel lang und spitz, mit gerader Unterschnabelkante* (Schnabellänge variierend: am längsten in Nordafrika, kürzer in Nordeuropa und im Nahen Osten; vgl. sehr ähnliche Theklalerche).– Brutvögel Marokkos und Algeriens (sspp. *macrorhyncha* und *randonii*) blass und auffallend langschnäbelig, vielleicht eigene Art.

**Stimme** Stimmfreudig, häufigster Ruf variable Kombination von 2-4 geraden Pfeiftönen, einer oder mehrere davon gedehnt mit wehmütigem Klang, z. B. „triiliiPÜÜ“ oder „wü ti WÜÜ“, Letzterer als „ungeduldiger“ Kontaktruf oder alternativer Gesang benutzt. Zu anderen Rufen gehören ein vergnügtes, weiches, aber meist etwas gebrochenes, ansteigendes, oft im Flug wiederholtes „dwuih“ und ein durchdringenderes „brschü“. Gesang lang und oft im Flug, variationsreich mit melancholischen, geraden Pfeiftönen.

## THEKLALERCHE –

Thekla's Lark *Galerida theklae*

L 15-17 cm. Bewohnt natürlichere und trockenere Lebensräume als Haubenlerche, oft in größerer Höhe an Steinhängen oder in trockenen Steppen; auch Obstplantagen, Korkeichensavannen oder Gebüsch auf Sandboden.

**KENNZEICHEN** Sehr ähnlich Haubenlerche und von dieser nur von Nahem sicher zu unterscheiden; geringfügig kleiner, *Schnabel kürzer, Unterschnabel weniger spitz zulaufend und meist leicht konvex* geformt (Ausnahme: Balearen), dadurch „niedlicher” wirkend, Schnabel oft auch etwas dunkler; *Bruststrichelung meist deutlicher* und feiner auf hellerem Grund (aber einige sehr ähnlich), Gefieder *grauer, Mantel meist stärker gestreift, Schirmfedern kontrastreicher und Oberschwanzdecken rötlicher;* steht auch auf Büschen oder Bäumen (Haubenlerche nur ausnahmsweise).– Binnenländische Brutvögel in NW-Afrika blasser und rötlicher getönt.

**Stimme** Ähnlich Haubenlerche, aber weicher und melodischer (nicht so melancholisch flötend mit geraden Tönen), oft vielsilbig, z. B. „tju-tel-li-TJU-tilli-TII“; einige Rufe eher wie Haubenlerche. Fluggesang etwas weicher, stärker variierend und gefälliger, nicht so scharf flötend; beide Arten imitieren.

Feldlerche

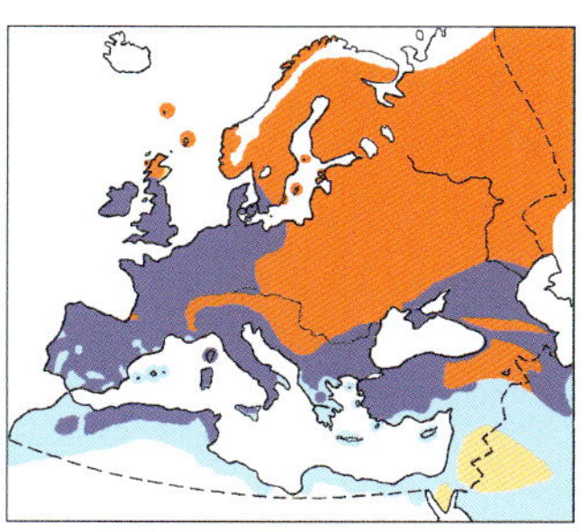

Haubenlerche

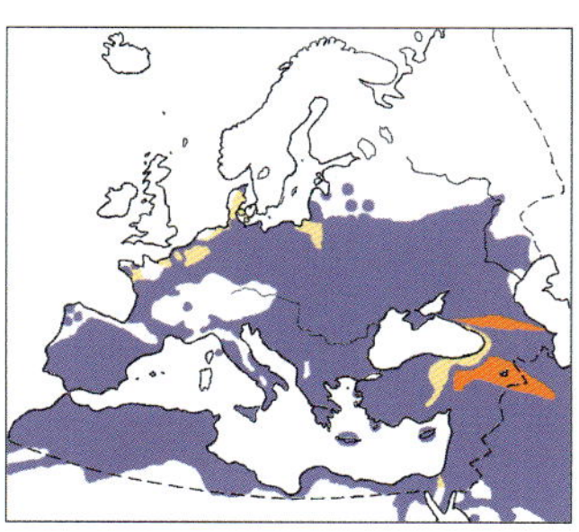

Theklalerche

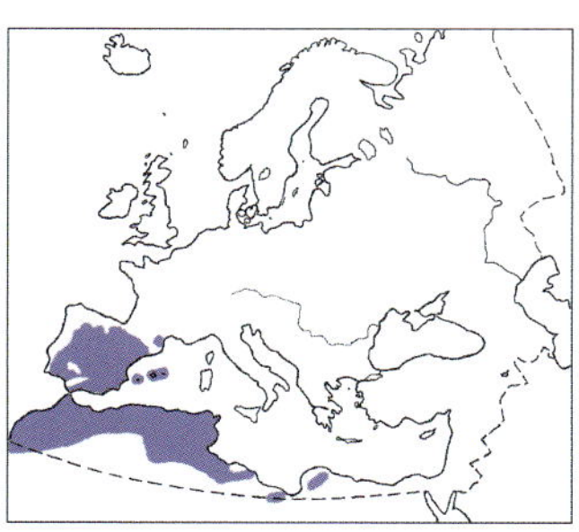

## FELDLERCHE

## ORIENTFELDLERCHE

## HAUBENLERCHE

## THEKLALERCHE

KM

## HEIDELERCHE **D:** A/N4/Z

Woodlark *Lullula arborea*

L 13,5-15 cm. Bewohnt offene Wälder, bevorzugt Kiefernwald auf Sandboden, auch Misch- oder Laubwald mit Lichtungen sowie Heide; im Süden Standvogel; nördliche Vögel ziehen nach Südeuropa; recht scheu und unnahbar.

**KENNZEICHEN** Recht klein, braun und *kurzschwänzig;* steht im Gegensatz zu anderen Lerchen oft auf Baum- oder Buschspitzen und Stromleitungen (lebt dennoch vorwiegend am Boden), *kann im wellenförmigen Flug mit kurzen, breiten Flügeln* und kurzem Schwanz *an Kleinspecht erinnern*! Schwanzspitze weiß (verstärkt vor grellem Hintergrund Kurzschwänzigkeit), Schwanzaußenkanten nicht weiß, sondern hellbraun, Flügelhinterrand bei Altvögeln nicht hell; zeigt am Boden charakteristisches *schwarz-weißes Muster vor Flügelbug* (Handdecken dunkel mit gelblich weißen Spitzen und weißem Fleck an der Basis); *breit cremefarbener Überaugenstreif reicht weit nach hinten* (am Hinterkopf zusammenlaufend); Gesang meist im Flug in großer Höhe vorgetragen (100-150 m), oft bei Sonnenaufgang, auch in sternenklarer Nacht.

**Stimme** Ruf ein weich flötendes Jodeln „TLUii-TLUii" oder schwächer „düDLUii", oft von ziehenden Trupps. Attraktiver Gesang besteht aus gefälligen, weichen, melancholischen Serien, die zögernd beginnen, sich beschleunigen und dann oft absteigen und an Lautstärke gewinnen, z. B. „li, li-li-lililiLIlülu…II-lü II-lü II-lü-IIlu-IIluIIlu…tljuii, tljui tljui vi vi vi TILLILLILLILL…" usw.

## KURZZEHENLERCHE **D:** A/–/S

Greater Short-toed Lark *Calandrella brachydactyla*

L 14-16 cm. Brütet in Südeuropa in offenen, trockenen Regionen auf Feldern oder kahleren Flächen.

**KENNZEICHEN** Recht klein, mit hellem, graubraunem und weißlichem Gefieder. Unterseite bei Altvögeln fast *ungezeichnet* mit nur einem *dunklen Brustseitenfleck* („Miniatur-Kalanderlerche"; Fleck bei einigen angedeutet, bei anderen aus Stricheln bestehend, aber *nie ganze* Brust gestrichelt; vgl. Stummellerche); *lange, die Flügelspitze fast erreichende Schirmfedern* wichtig zur Unterscheidung von Stummellerche; Mittlere Armdecken dunkel mit breit hellen Spitzen (ähnlich Pieper), breiter, schmutzig weißer Überaugenstreif und weitgehend ungestrichelte, graubraune, hell umrahmte Wangen bilden markanten Gesichtsausdruck, Schnabel spitz und recht hell. Scheitel manchmal leicht rötlich getönt (häufiger in Spanien und Afrika, oft mit reduzierter Strichelung) oder gleichmäßiger graubraun und deutlicher gestrichelt (oft in Osteuropa und Türkei). Langsamer, *wellenförmiger Singflug* mit zusammengelegtem Schwanz, *Strophen meist von plötzlich schnell flatternden Flügelschlägen begleitet* (Ende des Abstiegs, ganzer Anstieg), längere Strophen (bei erregtem Vogel) oder stärkerer (zu heftigerem Flügelschlag zwingender) Wind können typische Flugweise verändern.– JK: Federn der Oberseite hell gerandet, unterseits ganze Brust spärlich und diffus gefleckt; von Stummellerche im JK unterschieden durch Handschwingenprojektion, Schnabelform und Rufe.

**Stimme** Ruft trocken tschirpend „dritt", trockener, kürzer und heftiger als Feldlerche, ähnlich Mehlschwalbe; auch voller „trilp", etwas an Brachpieper erinnernd. Zwei Gesangstypen: charakteristischer, einfacher Gesang besteht aus kurzen, trocken tschilpenden Strophen (1-2 s), zu Beginn stockend, dann beschleunigend und am Ende rasend, mit 1-3 s Pause zwischen den Strophen; extatischerer Gesang mit 5-30 s andauernden Strophen, darunter Imitationen und mehr Variationen, leicht mit Stummellerche (und anderen Lerchen!) zu verwechseln, falls Ruf und stockende Elemente nicht eingewoben sind.

## STUMMELLERCHE **D:** B/–/S

Lesser Short-toed Lark *Alaudala rufescens*

L 13-14,5 cm. Brütet auf trockenen Ebenen (Lehm), in Salinen und wüstenartiger Steppe. Vorwiegend Standvogel, osteuropäische Populationen ziehen in den Nahen Osten.

**KENNZEICHEN** Klein, meist etwas kleiner, *grauer und gleichmäßiger gestrichelt* als Kurzzehenlerche (aber einige östliche Unterarten gleich groß), am besten unterschieden durch *gestrichelte Brust* (auch Brustmitte, wie sehr kleine Feldlerche), kürzere Schirmfedern (10-15 mm vor Flügelspitze endend), *kürzeren und dickeren Schnabel* und Stimme. *Rundlicher Kopf,* kleiner Schnabel und breit weißer Augenring erzeugen oft „niedlichen" Gesichtsausdruck, Überaugenstreif meist undeutlicher, Wangen dünn gestrichelt. Im Singflug oft mit flatternden Flügelschlägen und teilweise gespreiztem Schwanz umherdriftend, bei geeignetem Wind ab und zu Flügelschläge verlangsamend (nie bei Kurzzehenlerche).– Große geografische Variation, in Spanien *(apetzii)* klein und *eher graubraun, Brust kräftig gestrichelt, auch Flanken,* im südlichen Nahen Osten und Nordafrika *(minor)* und auf den Kanaren klein, aber eher braun, Bruststrichel dünn, Flanken ungestrichelt. In Osteuropa *(heinei)* und Türkei *(aharonii)* groß, grau, Brust dünn oder diffus, Flanken undeutlich gestrichelt, auch als eigene Art betrachtet (Turkestanlerche).

**Stimme** Ruft trocken rollend oder surrend „drrrrd", oft abfallend oder verhallend, meist mehrfach wiederholt, an Uferschwalbe erinnernd; Kurzzehenlerche ruft manchmal ähnlich. Gesang durchgehend variationsreicher und schneller als bei Kurzzehenlerche, mit exzellenten Imitationen (darunter andere Lerchen, was Bestimmung erheblich erschwert; kann mehrere Sekunden lang Hauben- und Kurzzehenlerche imitieren!); mischt Imitationen mit eigenen trockenen Trillern und weicheren, flötenden Tönen (ähnlich Theklalerche); einige Strophen kürzer und ähnlich Kurzzehenlerche.

Heidelerche

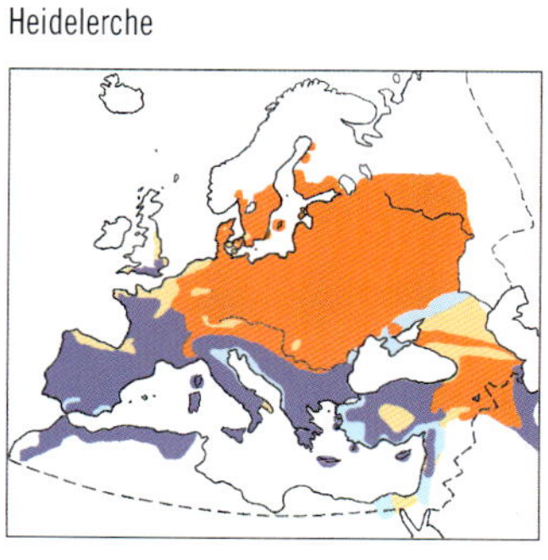

Kurzzehenlerche

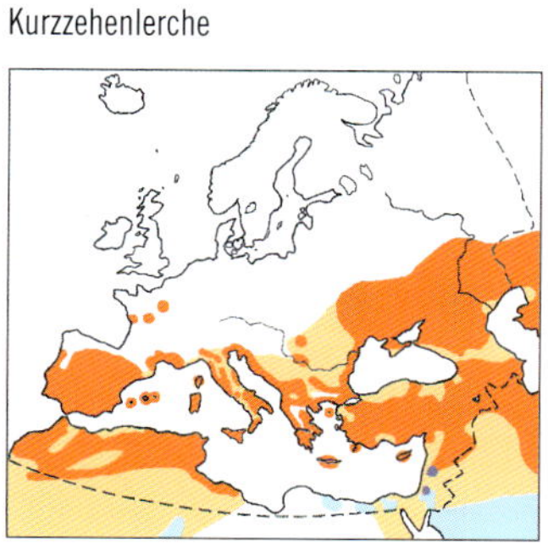

Stummellerche

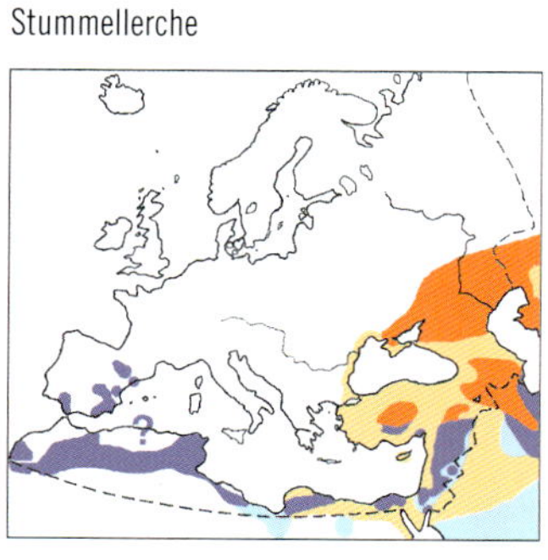

## HEIDELERCHE

## KURZZEHENLERCHE

## STUMMELLERCHE

KM

## STEINLERCHE –

Desert Lark *Ammomanes deserti*

L 15-16,5 cm. Brütet in wüstenartig trockenem, offenem, oft hügeligem und felsigem Gelände, in Wadis oder an steinigen Berghängen, meidet flache Sandwüsten; Standvogel. Lebensweise versteckt; oft wenig scheu.

**KENNZEICHEN** Buchfinkengroße, sandfarbene, kräftige Lerche mit vorderlastigem, hinten spitz zulaufendem Körper; *Schnabel recht schwer* und lang mit gewölbtem First (in Südmarokko größer, im Sinai und in Israel kleiner) und *hell bräunlich gelber Basis,* an First und Spitze etwas dunkler; Gefieder oberseits einfarbig graubraun, unterseits rosa graugelblich getönt und an *Brust meist deutlich verwaschen gestrichelt,* kurzer Überaugenstreif und schwacher Augenring hell, Zügelstreif etwas dunkler; Schirmfedern braungrau, rötlich überhaucht, im frischen Gefieder deutlich hell gerandet, *Steuerfedern recht dunkel* mit rostgelben Kanten, Außenfahnen der Handschwingen rostrot gerandet. (Geografische Variationen s. Tafel). Von ähnlicher Sandlerche am besten unterschieden durch Schnabelgröße und -farbe, *diffus abgesetzte* dunkle *Schwanzendbinde,* meist stärker gestrichelte Brust und Halsseiten, etwas größere Handschwingenprojektion, Stimme und Lebensraum.

**Stimme** Wenig stimmfreudig; mehrere Rufe, möglicherweise nur Variationen eines Rufs, häufig rollend„tschurrr", auch verhalten pfeifend und langsam wiederholt „tjiälp", „tju-ül", „tjü(ju)" oder „tschup". Gesang recht tief, laut und resonant mit wehmütigem Klang, schnell wiederholt aus 3-6 Silben, oft im wellenförmigen Singflug, z. B. „tju-vi-tjätjä, WUUII" oder „tju-WIIÜ tjuvi-tru-tru".

## SANDLERCHE –

Bar-tailed Lark *Ammomanes cinctura*

L 13-14 cm. Brütet in flachen Sandwüsten, auch in Halbwüsten mit Kies und vereinzelten, niedrigen Vegetationsflecken, nicht in bergigem oder felsigem Gelände; Standvogel, lokal wandernd, außerhalb der Brutzeit oft in Trupps; rennt emsig und rastlos mit nur kurzen Stopps umher.

**KENNZEICHEN** Von ähnlicher Steinlerche (neben Habitat und Stimme) unterschieden durch *geringere Größe,* rundlichere Gestalt mit *rundem Kopf, kürzerem Schnabel,* „niedlicherem" Gesichtsausdruck; morgens aber aufgeplustert rundlich und in Mittagshitze schlank und langbeinig; im Herbst Oberseite (Mantel/Schulterfedern) *oft* von Kopf, Nacken und Flügeln *grauer abgesetzt;* hell rostroter Schwanz mit *deutlich abgesetzter schwarzer Endbinde* beim Landen sichtbar; *Schnabel in grellem Licht schmutzig weiß,* bei trübem Wetter *leicht rosa;* Schirmfedern *hell rostrot,* bei angelegtem Flügel *schwarze Spitzen der äußeren Handschwingen* dazu kontrastierend.

**Stimme** Einige Rufe ähnlich Steinlerche, oft trocken, etwas gepresst und hart trillernd „tjerr", auch nasal und kurz „tjüp", manchmal rau „bschii" (wie Rohrammer). Charakteristischer Gesang ein mehrfach rhythmisch wiederholter, quietschender Ton, eingeleitet von 1-2 tieferen Tönen (nur von Nahem zu hören), ähnlich einer entfernten, rostigen Pumpe „(tliu) viiih, (tliu) viiih, (tliu) viiih…", oft den Silben folgend im wellenförmigen Singflug.

Steinlerche

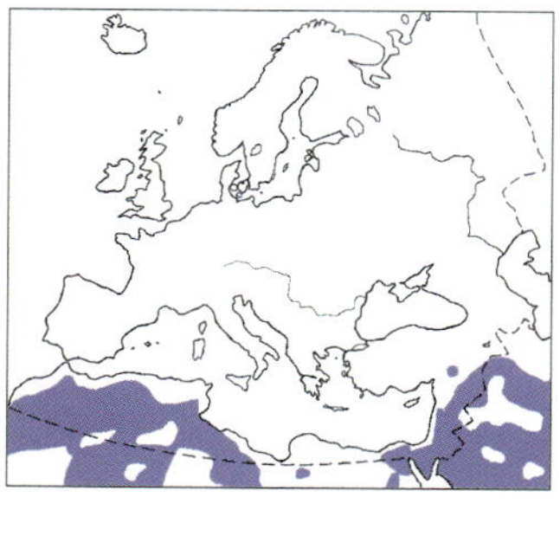

Sandlerche

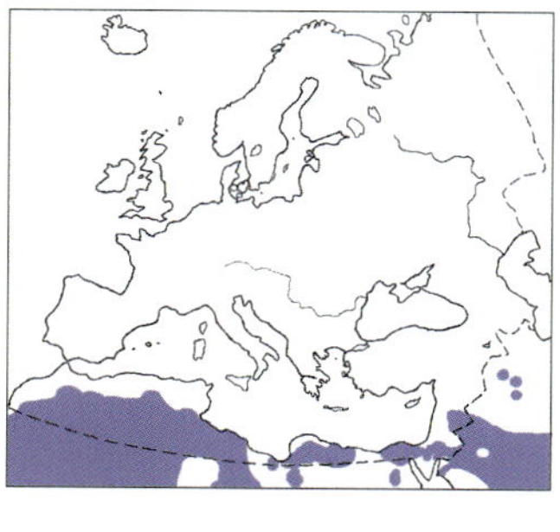

## ARABIENLERCHE –

Arabian Lark *Eremalauda eremodites*

L 14-15 cm. Seltener, lokaler Brutvogel flacher, sandiger Wüsten und Halbwüsten im Nahen Osten (z. B. Jordanien). Die ähnliche Einödlerche (S. 435) hat ausnahmsweise in Ostmarokko gebrütet. Standvogel oder nomadisch lebend; wenige Brut- und Winternachweise in Südisrael. Unterbricht stetiges Umherrennen durch längere Stopps als Sandlerche, um Pflanzenteile mit kräftigem Schnabel abzureißen.

**KENNZEICHEN** Größe zwischen Stein- und Sandlerche, *bis zur Spitze kräftiger, rosa Schnabel* (manchmal Spitze orange überhaucht) mit stark gebogenem First, aber *ohne deutlich dunkle Färbung von First und Spitze;* Gefieder sandbraun, rötlich überhaucht, *Scheitel, Mantel und Brustseiten rötlich gestrichelt; lange Schirmfedern erreichen Flügelspitze; dünner, grauer Wangen- und Kinnstreif, schwarze Schwanzseiten, gelbliche mittlere Steuerfedern,* recht deutlicher, gelblich weißer Augenring und kurzer Überaugenstreif.

**Stimme** Ruft guttural und ansteigend „dschrui", auch sperlingsartig „tschilp", in Trupps auch verhaltener „prt" und trillernd „drrri-ü". Gesang eine schnelle Strophe sperlingsartig schilpender Laute und trockener Lerchentöne.

## WEISSSTIRNLERCHE –

Black-crowned Sparrow-Lark *Eremopterix nigriceps*

L 11,5-12,5 cm. Im Bearbeitungsgebiet kein regelmäßiger Brutvogel, aber erscheint gelegentlich in Israel; weiter südlich verbreitet (Kapverden, Südmarokko, Sahelzone, Südostägypten, Südirak, Arabische Halbinsel usw.), in Algerien nachgewiesen; meist in Trupps in flachen Halbwüsten und auf trockenen Ebenen mit einzelnen Büschen oder Bäumen.

**KENNZEICHEN** *Sehr klein,* girlitzgroß, mit proportional großem Kopf, großem, kegelförmigem, grauweißem Finkenschnabel, *Unterflügel dunkel* (bei ♂ schwärzlich), äußere Steuerfedern schwarz, mittlere hell wie Rücken.– Ad. ♂: *Unterseits von Kinn bis Unterschwanzdecken schwarz,* oberseits sandfarben, am *Kopf markant schwarz-weiß gezeichnet.*– Ad. ♀: Oberseits hell rötlich-gelblich (Rotton schwindet durch Abnutzung), Scheitel, Schulterfedern und Brustseiten dünn gestrichelt, restliche Unterseite hell gelblich weiß, Mittlere Armdecken etwas dunkler braun, oft dunkles Band erzeugend. Färbung und Schwanzmuster ähnlich Arabienlerche, unterschieden durch geringere Größe, dunkle Unterflügel, kräftigen, kegelförmigen Schnabel (ohne rosa Tönung) und im Flug kürzere, stumpfere Flügel. Landet nach Störung und Auffliegen schnell wieder.

**Stimme** Ruft sperlingsartig „tschip". Gesang meist in Morgen- oder Abenddämmerung im niedrigen, flatternden Singflug vorgetragen, eine alle 4-5 s rhythmisch wiederholte Strophe aus 2-4 melancholisch klingenden Silben, z. B. „wit ti-wüü", letzte Silbe etwas tiefer und gedehnt.

## STEINLERCHE

## SANDLERCHE

## ARABIENLERCHE

## WEISSSTIRNLERCHE

KM

## KALANDERLERCHE D: A/–/S

Calandra Lark *Melanocorypha calandra*

L 17,5-20 cm. Brütet in offenem Kulturland und in Steppen; im Osten Zugvogel, im Westen vorwiegend Standvogel.

**KENNZEICHEN** Kräftige, große Lerche mit *schwerem, gelblich braunem Schnabel* und typischem *großem, schwarzem Brustseitenfleck* (in Größe und Form variierend), Überaugenstreif und Augenumrandung hell, *schwärzliche Unterflügel mit kennzeichnendem breit weißem Hinterrand* (im Flug auffällig, manchmal auch am gefalteten Flügel hervorlugend); Oberseite ähnlich Feldlerche graubraun, dunkel gestrichelt, Schwanzaußenseiten weiß, Beine bräunlich rosa. Hängt im typischen Singflug in 25-100 m Höhe mit *zeitlupenartig schlagenden,* steifen, geraden Flügeln und zusammengelegtem Schwanz in der Luft; langsamer Flügelschlag kann Vogel noch größer wirken lassen.

**Stimme** Ruft charakteristisch trocken rollend, fast klirrend „tschrrrriip“, feldlerchenartiger „triih“, „trip-trip“ usw. Gesang wie Feldlerche gedehnt, voller tschirpender, schneller Laute, mit wenigen Imitationen; erkennbar an etwas langsamerem Takt, angedeuteten Pausen und Fülle eingeflochtener trockener, rollender, rufartiger Töne.

## BERGKALANDERLERCHE D: A/–/S

Bimaculated Lark *Melanocorypha bimaculata*

L 16-18 cm. Brütet in trockenen, steinigen Halbwüsten und an Berghängen, auch auf Feldern wie Kalanderlerche, dann aber in höheren Lagen; Zugverhalten ausgeprägter.

**KENNZEICHEN** Ähnlich Kalanderlerche, mit sehr *kräftigem Schnabel* und *dunklem Brustseitenfleck,* aber unterschieden durch etwas geringere Größe, etwas kürzeren Schwanz, *braungraue Unterflügel, hellbräunlichen statt weißen Flügelhinterrand, Schwanzspitze (nicht Schwanzseiten) weiß; Kopfzeichnung* mit deutlicherem Überaugenstreif und dunklen, durch das Auge und unter dem Auge verlaufende Linien *kontrastreicher, besonders der Zügelstreif sehr markant;* frische Federn der Oberseite meist heller gerandet. Im Singflug *Flügel meist konstant schnell flatternd,* bei Wind aber fledermausartig langsamer; kann bei Sturm lange ohne Flügelschlag in der Luft stehen; zeigt keine zeitlupenartigen Flügelschläge auf steifen, geraden Flügeln, *Schwanz* im Gegensatz zur Kalanderlerche *oft gespreizt.*

**Stimme** Rufe ähnlich Kurzzehenlerche, z. B. kurz, trocken zwitschernd „tripp, tripp“, aber in rauerem Ton und stärker variierend, darunter raspelnd „tscher“ usw. Gesang verwirrend ähnlich Kalanderlerche, weitgehend aus schnellen, trockenen, zwitschernden Lauten bestehend, aber etwas tiefer und härter, fast hüpfend (nicht so „hoch klirrend“), monotoner und weniger Imitationen und weiche Töne enthaltend.

## KNACKERLERCHE –

Thick-billed Lark *Ramphocoris clotbey*

L 17-18 cm. Brütet in trockenem, offenem Gelände NW-Afrikas (Südmarokko), lokal im Nahen Osten; Standvogel.

**KENNZEICHEN** Groß, mit *riesigem Schnabel, breit weißem Flügelhinterrand und dunklen Unterflügeln.*– Ad. ♂: Kopfseiten schwarz mit abgesetzten weißen Flecken; Schnabel hell blaugrau; Unterseite schwarz gefleckt.– Ad. ♀: Kopfseiten dunkelgrau mit diffuseren weißen Flecken; Schnabel hell hornfarben mit leicht bläulichem Hauch; Unterseite schwächer gefleckt.– SK: Dunkle Gefiederteile durch helle Federränder größtenteils verdeckt.– JK: Kopf ohne dunkle Zeichnung, fast einfarbig, Schnabel etwas weniger wuchtig.

**Stimme** Ruft pfeifend (fragend) „tsu-II?“ oder rollend „zrrroüh“. Gesang schnelle Serie zwitschernder Laute.

## WEISSFLÜGELLERCHE D: B/–/S

White-winged Lark *Alauda leucoptera*

L 17-19 cm. Brütet in Steppen, trockenen Heideflächen und auch auf Feldern, teilweise Zugvogel.

**KENNZEICHEN** *Flügelmuster charakteristisch weiß, schwarz und braun* (bei beiden Geschlechtern) mit breit weißem Hinterrand (Flügel gegen grelles Licht schmal erscheinend). Ähnlich Mongolenlerche (*M. mongolica;* nicht behandelt), diese aber größer, mit schwererem Schnabel und schwarzem Brustseitenfleck.– Ad. ♂: Scheitel ungestreift rostrot, Brust meist nur spärlich gestrichelt.– Ad. ♀: Scheitel graubraun, gestrichelt, Brust deutlich gestrichelt.

**Stimme** Ruft trocken, hart „drrit-drrit“, ähnlich Bergkalanderlerche. Gesang ähnlich Feldlerche, aber erkennbar an Abschnitten schwankender Laute (wie bei Kurzzehen- oder Ohrenlerche) und etwas härterer, trockenerer Stimme.

## SCHWARZSTEPPENLERCHE D: A/–/S

Black Lark *Melanocorypha yeltoniensis*

L 18-20,5 cm. Brutvogel schwarzbödiger Steppen, oft nahe Feuchtflächen und Salzseen, lokal häufig, partiell Zugvogel.

**KENNZEICHEN** Ad. ♂: Groß, *schwarz, mit kräftigem, strohfarbenem Schnabel;* im Herbst Schwarz durch helle Federränder verdeckt. *Zeitlupenartiger* Singflug, niedriger Balzflug mit steil hochschlagenden, steifen Flügelschlägen oder taubenartigem Gleiten.– Ad. ♀: Braungrau, dunkel gefleckt; recht variabel, manche mit Brustseitenfleck ähnlich Kalanderlerche, aber *Beine dunkel, kein weißer Flügelhinterrand und unterseits meist kräftig gefleckt;* Unterflügeldecken fast schwarz, deutlich dunkler als Schwungfedern.

**Stimme** Gesang ähnlich Feldlerche, aber etwas höher, schwirrender und rasender zwitschernd (wie streitende junge Stare); Lautstärke schwankend, oft weiche, miauende Töne eingeflochten.

Kalanderlerche

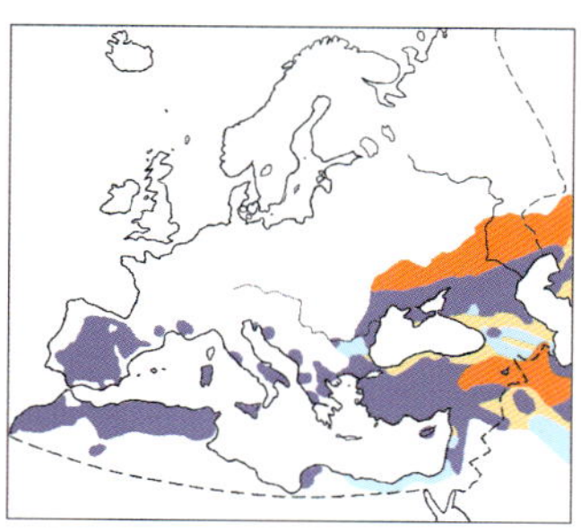

Bergkalanderlerche

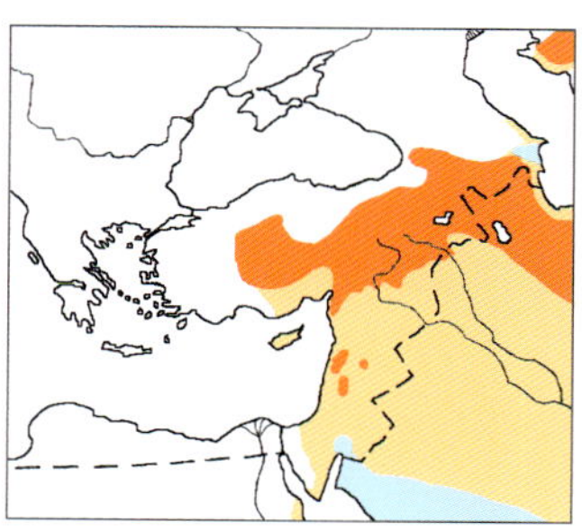

Weißflügellerche

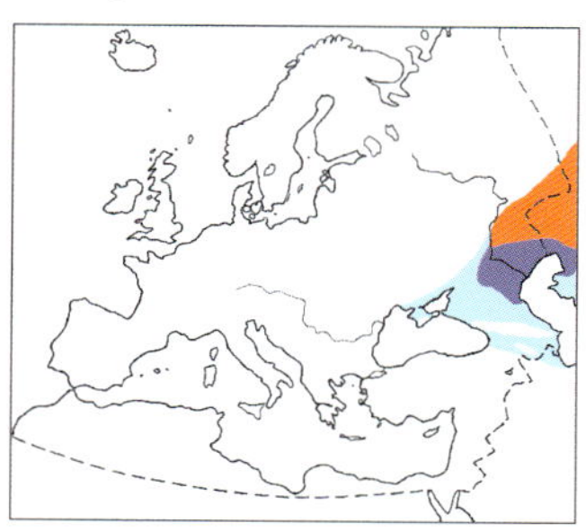

Schwarzsteppenlerche

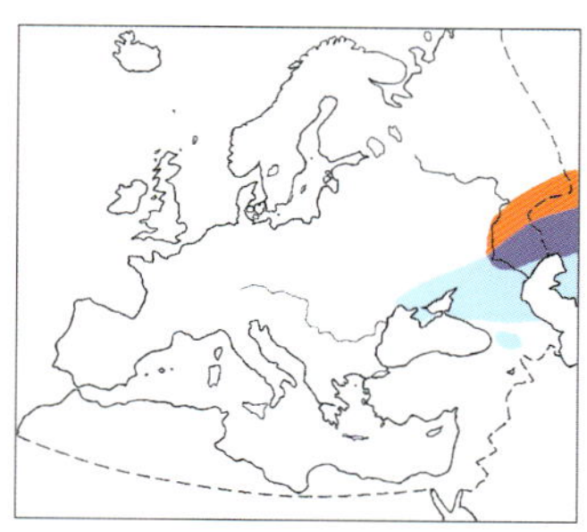

## KALANDERLERCHE

## BERGKALANDERLERCHE

## KNACKERLERCHE

## WEISSFLÜGELLERCHE

## SCHWARZSTEPPENLERCHE

KM

## OHRENLERCHE D: A/–/ZW

Horned Lark *Eremophila alpestris*

L 16-19 cm. Brütet in Gebirgen oberhalb der Baumgrenze, auf alpinen Mooren und auf trockenem, steinigem Gelände, im Norden auch auf Meereshöhe; im Norden Zugvogel.

**KENNZEICHEN** Etwas kleiner als Feldlerche, in allen Kleidern an *charakteristischer schwarz-gelber* (Europa, Nordafrika) *oder schwarz und mehr oder weniger weißlicher* (Asien) *Kopfzeichnung* zu erkennen, schwarze Federohren auf Scheitelseiten nicht immer sichtbar. Geschlechter und Altersstufen ähnlich, doch im direkten Vergleich ♂ größer, Kopf markanter gezeichnet mit längeren „Ohren", ungestreiftem, rosabraunem Scheitel und Hinterkopf, weniger Streifung auf Mantel. In winterlichen Trupps junge ♀ manchmal erkennbar an geringerer Größe, undeutlicherer Kopfzeichnung (Zügel grau statt schwarz, dunkler Wangenfleck klein), fehlenden „Ohren" und dunkler Streifung von Scheitel, Hinterkopf und Mantel. Beachte im Flug schwärzlichen Schwanz.– JK: Oberseite und Brust hell und dunkel gefleckt, dunkler Wangenfleck angedeutet.– Neben gelber oder weißer Grundfärbung des Kopfes (s. o.) folgende Unterschiede zwischen den Unterarten: In Nordeuropa *(flava)* schwarze Kopfzeichnung von schwarzem Brustfleck getrennt, in Südosteuropa *(balcanica),* der Nordtürkei und im Kaukasus *(penicillata)* mit Brustfleck verbunden, im Nahen Osten *(bicornis)* Oberseite rötlicher.

**Stimme** Rufe dünne, kurze Einzeltöne „iih" oder mit Echo „IIH-dü" oder „IIH-diidü", auch recht metallisches Klingeln, gelegentlich rauer „prsch" oder „tsrr". Gesang von Felsen aus oder im Singflug meist schnell wiederholte, kurze Strophen (1-2,5 s) mit charakteristischem Anstieg nach zögerndem, stammelndem Beginn und mit einsam zwitschernder und schwatzender Stimme.

## SAHARAOHRENLERCHE –

Temminck's Lark *Eremophila bilopha*

L 14-15 cm. Brütet in Halbwüsten, trockenen Steppen und an niedrigen Berghängen (unterhalb 1.000 m Höhe).

**KENNZEICHEN** Wie kleine Ohrenlerche der nahöstlichen Unterart *bicornis,* unterschieden durch lebhaft rostrote Tönung von Oberseite einschließlich Flügeldecken und Schirmfedern (ohne dunkle Zentren), kurze Handschwingenprojektion; Handschwingenspitzen schwärzlich (frisch hell gerandet) und zu rötlichen Schirmfedern kontrastierend, schwarzer Brustfleck nie mit schwarzer Wangenzeichnung verbunden und Grundfärbung des Kopfes nie gelb.

**Stimme** Ruf fein klingelnd wie Schlüsselbund. Gesang feiner als Ohrenlerche, enthält gebrochene, dünne Laute, Strophen häufig kurz und wenig variationsreich, Rhythmus gleichmäßiger, Beschleunigung nicht so deutlich.

## DUPONTLERCHE –

Dupont's Lark *Chersophilus duponti*

L 17-18 cm. Brütet auf trockenem, sandigem Untergrund mit Grasbülten, in Steppen oder Halbwüsten und auf flachen Berghängen, auf Hochplateaus wie auch in Tiefebenen in Küstennähe, zur Nahrungssuche auch auf Feldern; vorwiegend Standvogel, lebt extrem scheu und versteckt, läuft schnell in Deckung und bewegt sich nervös und ruckartig.

**KENNZEICHEN** Größe wie Feldlerche, aber schlanker mit *schmalerem, längerem Hals, längeren Beinen und langem, etwas abwärts gebogenem Schnabel,* steht zuweilen sehr aufrecht; Gefieder wie Feldlerche oberseits braun mit gestrichelter Brust und weißen Schwanzseiten, aber etwas dunkler mit im frischen Gefieder schmalen, hellen Federspitzen, *dünnem, hellem Scheitelstreif* (von vorne gut sichtbar), ohne hellen Flügelhinterrand und mit dünnem, dunklem Kinnstreif.– Beschrieben wurde die in Spanien und Nordwestafrika nördlich des Atlas vorkommende Unterart *duponti,* in Südalgerien und Libyen *(margaritae)* ist das Gefieder deutlicher rostrot getönt und der Schnabel ist länger.

**Stimme** Gesang meist in Morgen- und Abenddämmerung vorgetragen, Singflug auch nachts und in großer Höhe; langsam wiederholte, kurze, melancholische Strophen, die mit wenigen kurzen Flötentönen beginnen, gefolgt von nasalem, miauendem, gedehntem Ton „wu-tlii-tri-wiiüüih".

## WÜSTENLÄUFERLERCHE –

Greater Hoopoe-Lark *Alaemon alaudipes*

L 19-22,5 cm. Brütet in flachen Wüstenregionen, Halbwüsten, offenen Wadis usw.; meist einzeln oder paarweise auftretender Standvogel, flüchtet meist rennend statt fliegend.

**KENNZEICHEN** Große, schlanke, hell sandfarbene Lerche (einige grauer) mit recht breiten, schwarz-weiß gemusterten Flügeln, an der Spitze leicht abwärts gebogenem, langem Schnabel und langen Beinen; Kopf mit schwarzem Wangen- und Augenstreif, Brust meist dünn gefleckt; hebt auf Buschspitze oder am Boden stehend (oder im niedrigen, bodennahen Flatterflug) zum Gesang an, der im spektakulären Singflug mit 1-5 m steil aufsteigendem Flugmanöver mit gespreiztem Schwanz, darauffolgendem senkrechtem Absturz mit gefalteten Flügeln fortgeführt und am Boden landend oder im niedrigen, bodennahen Flug beendet wird.

**Stimme** Ruft kräftig rollend, etwas ansteigend „zrrruü".Gesang charakteristisches, dünnes Flöten und melancholische Töne, erst zögernd, dann anschwellend und wieder abfallend „wuj wuj…WÜÜÜÜ(tja) WÜÜÜÜ(tja) swe-swe-swe-swe-swe-swe sisisi…swii, swiih", dabei das „WÜÜÜ" durchdringend dünn und weittragend; im Nahen Osten auch an Schwarzspecht erinnerndes, „kri-kri-kri-kri-kri" eingeflochten (offenbar in Afrika nicht zu hören).

Ohrenlerche

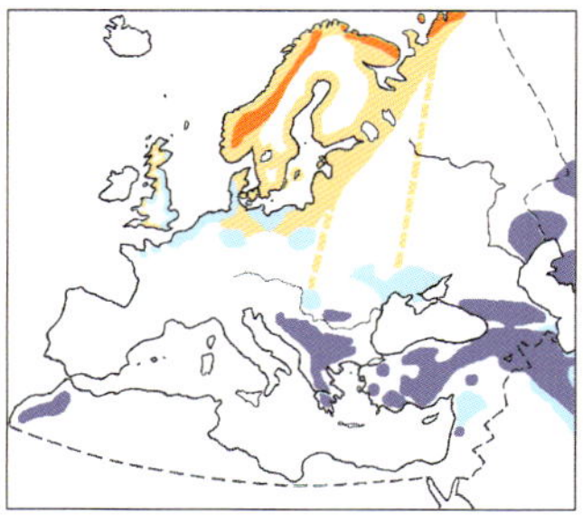

Saharaohrenlerche

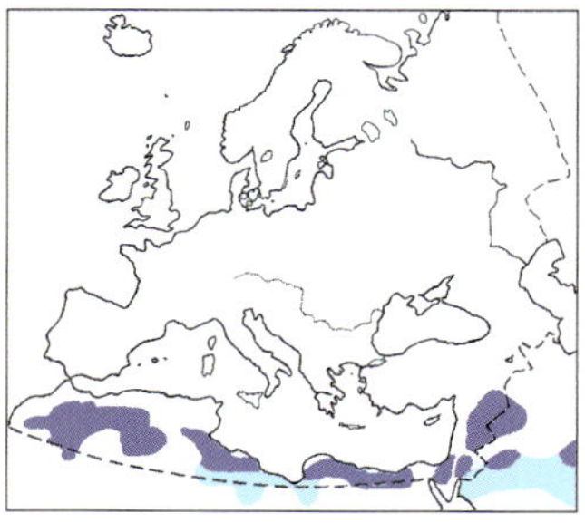

Dupontlerche

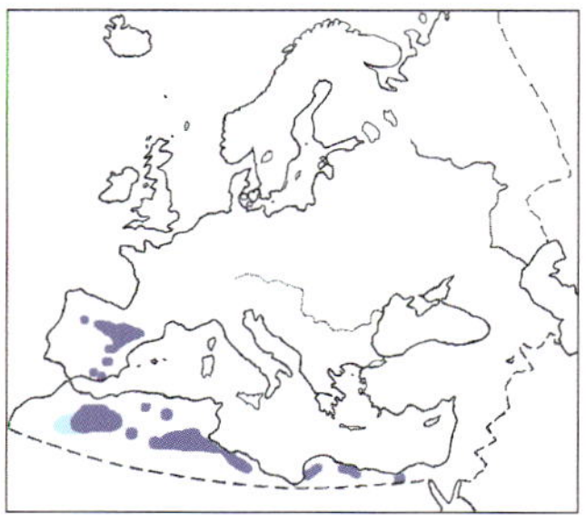

Wüstenläuferlerche

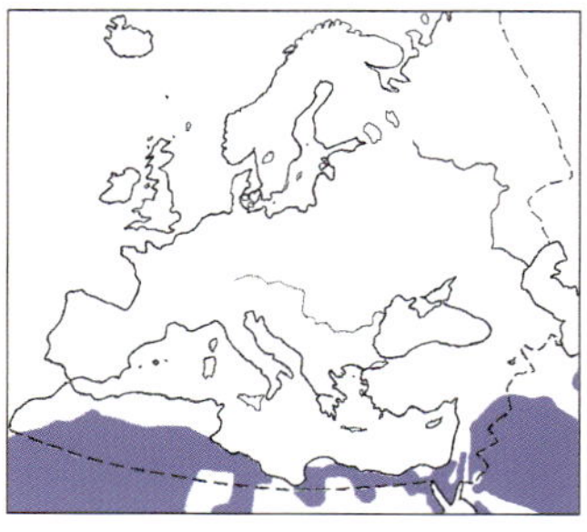

## OHRENLERCHE

## SAHARAOHRENLERCHE

## DUPONTLERCHE

## WÜSTENLÄUFERLERCHE

# SCHWALBEN Hirundinidae

Kleine Sperlingsvögel mit langen, spitzen Flügeln, breitem Rachen sowie rasantem, wendigem Flug, an Insektenjagd in der Luft angepasst. Sieben Arten, überwintern meist in den Tropen. Geschlechter gleich gefärbt. Einige brüten in selbstgegrabenen Röhren in Steilufern, andere bauen kunstvolle Nester aus Lehm, Pflanzen und Speichel.

## UFERSCHWALBE D: A/N5/Z

Sand Martin *Riparia riparia*

L 12-13 cm. Koloniebrüter in senkrechten, sandigen Steilufern an Flüssen, am Meer oder in Sandgruben; gräbt knapp meterlange, waagerechte Brutröhre. Sommervogel (Apr.-Sept.), überwintert in Westafrika. Zur Zugzeit Gemeinschaftsschlafplätze im Schilf.

**KENNZEICHEN** Eine der kleinsten Schwalbenarten. Gefieder *oberseits matt graubraun* (Handschwingen etwas dunkler), *unterseits weiß mit graubraunem Brustband; Flügelunterseite dunkel* (graubraun, Flügeldecken etwas dunkler); Schwanz nicht tief, aber deutlich gegabelt und ohne weiße Flecke. Unterscheidet sich von Braunkehl-Uferschwalbe durch etwas bedeutendere Größe, dunkles Brustband, weiße Kehle und *kontrastreicher abgesetzte dunkle Unterflügeldecken.* Fliegt rasant und leicht, beim Beschleunigen wirken die nach hinten schlagenden Flügel schmal; gleitet nur wenig.– JK: Aus der Nähe helle rostbeige oder weißliche Säume besonders auf Schirmfedern und Flügeldecken, diese Bereiche aus der Entfernung heller wirkend als bei ad.

**STIMME** Ruft rau raspelnd, wie durch grobes Sandpapier erzeugt „trrsch"; bei Erregung in langer, schneller sich oft beschleunigender Folge „trrrsch trre-trre-trre-rrerrerre…". Diese Serien und ähnliche Variationen bilden offenbar den Gesang. Alarmruf höher und erregt „tschiir".

## BRAUNKEHL-UFERSCHWALBE –

Brown-throated Martin *Riparia paludicola*

L 10,5-11,5 cm. Brütet im Winter in kleinen Kolonien in Steilufern, im Bearbeitungsgebiet nur in Marokko (sonst südliches Afrika). Verhalten wie Uferschwalbe, Jahresvogel.

**KENNZEICHEN** *Kleinste Schwalbe* im behandelten Gebiet. Proportional *kürzere Flügel* als Uferschwalbe, wirken daher etwas breiter und abgerundeter. Kann durch andere Gestalt in Kombination mit *fehlendem dunklem Brustband* sowie diffus dunkel gefleckte oder *schattierte Kehle* an Felsenschwalbe erinnern, wenn geringe Größe nicht einschätzbar. Unterflügel recht einfarbig (Flügeldecken nur unwesentlich dunkler als Schwungfedern). Flug leichter und flatternder als Uferschwalbe mit häufigeren Richtungs- und Tempoänderungen.– JK: Gefiederunterschiede wie bei Uferschwalbe.

**STIMME** Ähnlich Uferschwalbe, jedoch heller, weicher und weniger hart raspelnd „tschirr", „prri" u. a.

## FELSENSCHWALBE D: A/R1/Z

Eurasian Crag Martin *Ptyonoprogne rupestris*

L 14-15 cm. Brütet in Spalten und Höhlungen von Felswänden, seltener an Gebäuden oder Gemäuer, von Meereshöhe bis in unzugängliche Bergregionen über 2.000 m Höhe. Im Norden Zugvogel, im Süden Teilzieher oder Jahresvogel.

**KENNZEICHEN** Recht große und kompakte Schwalbe mit *kräftigem Körper, breitem Hals* und *breiten, aber spitzen Flügeln.* Oberseits düster braungrau mit etwas dunkleren Schwungfedern, unterseits auf *Brust bräunlich grauweiß, zu den Unterschwanzdecken dunkler* werdend. Aus mittlerer Entfernung bei gutem Licht auch *gestrichelte oder gewölkte Kehle* erkennbar. Unterflügel durch recht hell braungraue Schwungfedern und deutlich kontrastierende rußschwarze Flügeldecken charakteristisch. Nur bei Spreizung des leicht gegabelten Schwanzes *kleine weiße „Fenster" auf den meisten Steuerfedern erkennbar.* Flug kraftvoll und agil, gleitet oft auf flachen, gerade ausgestreckten Flügeln, unterbrochen von schnellen Schlägen, mit plötzlichen Wendungen oder rasanten Sturzflügen, patrouilliert entlang Felswänden, kreist auch seglerartig in großer Höhe.– JK: Gefiederunterschiede wie bei Uferschwalbe.

**STIMME** Wenig auffällig, manchmal unterdrückte, etwas mehlschwalbenartige Rufe wie „tret", „tsrett" oder zweisilbig „tre-tret", bei Erregung schärfer, oft ansteigend „züiit". Gesang eine leise, schnelle Zwitscherstrophe.

## STEINSCHWALBE –

Rock Martin *Ptyonoprogne fuligula*

L 12-13 cm. Brütet in Wüsten und wüstenartigem Gelände an Klippen, in Schluchten, auch an Ruinen und Gebäuden. Jahresvogel, in Afrika und im Nahen Osten weit verbreitet.

**KENNZEICHEN** Gestalt und Grundmuster ähnlich Felsenschwalbe, einschließlich der *weißen „Fenster" auf den meisten Steuerfedern* (nur bei gespreiztem Schwanz sichtbar), aber zwar geringfügig, doch deutlich *kleiner* und oberseits *etwas heller braungrau,* besonders auf Rücken und Bürzel (im direkten Vergleich oder bei großer Erfahrung erkennbar), *unterseits heller schmutzig weiß. Kehle hell,* nicht graubraun gefleckt wie bei Felsenschwalbe, und *Unterschwanzdecken ziemlich hell,* nicht dunkel wie bei Felsenschwalbe. Flügelunterseite nur im *Bugbereich dunkler* als übriger Unterflügel (bei Felsenschwalbe alle Flügeldecken dunkel), *Kontrast geringer.*

**STIMME** Ruft weich und recht trocken surrend „trrt", rauchschwalbenähnlich nasal „wick". Gesang ein gedämpftes raues Zwitschern.

Uferschwalbe

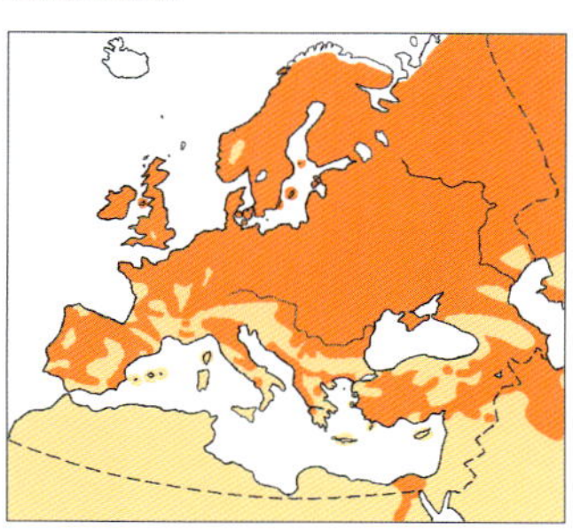

Braunkehl-Uferschwalbe

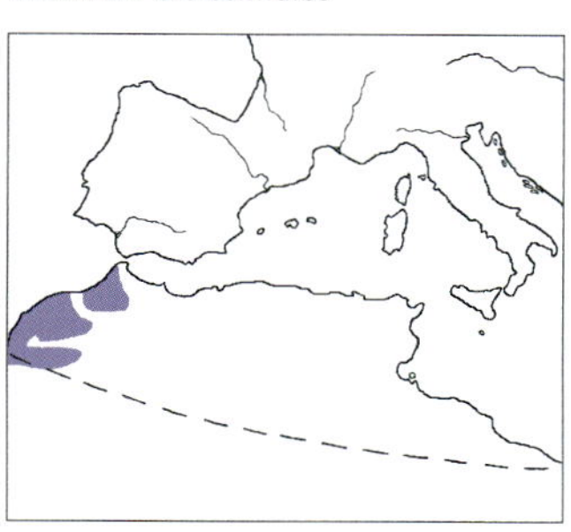

Felsenschwalbe

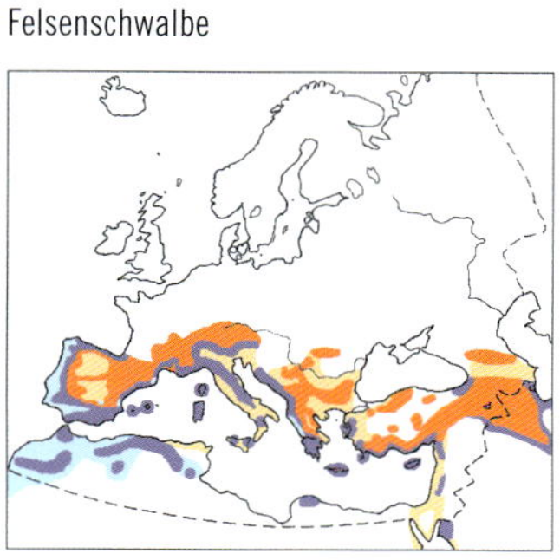

Steinschwalbe

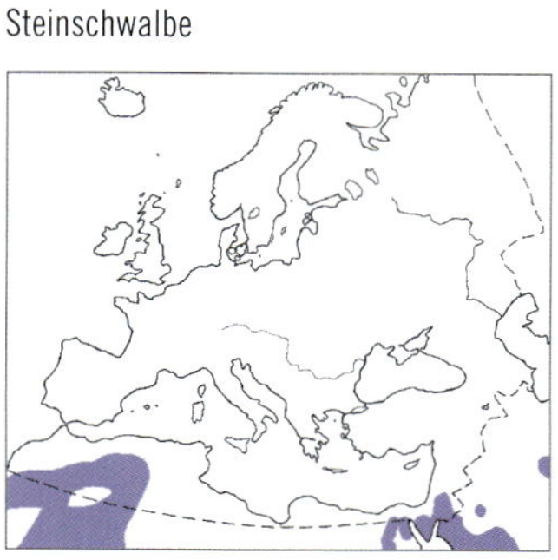

## UFERSCHWALBE

## BRAUNKEHL-UFERSCHWALBE

## FELSENSCHWALBE

## STEINSCHWALBE

DZ

## RAUCHSCHWALBE D: A/N5/Z

Barn Swallow *Hirundo rustica*

L ad. 17-21 cm (einschließlich 3-6,5 cm Schwanzspieße), juv. 14-15 cm. Brütet häufig in offenem Kulturland und in Dörfern. Sommervogel (Apr.-Okt.), überwintert in Afrika. Übernachtet außerhalb der Brutzeit in großen Trupps im Schilf. Nest eine mit Pflanzenstängeln verstärkte Schale aus gehärtetem Schlamm im Inneren von Gebäuden. Jagt Insekten oft niedrig über dem Boden, gerne bei Weidetieren.

**KENNZEICHEN** Die „klassische" Schwalbe, allgemein bekannt durch Nistgewohnheiten und charakteristisches Aussehen mit *langen, spitzen Flügeln* und *tief gegabeltem Schwanz mit langen, dünnen Schwanzspießen.* Oberseits glänzend blauschwarz, unterseits weiß oder beige (vgl. aber Unterarten) mit *blauschwarzem Brustband, Kinn, Kehle und Stirn dunkel blutrot.* Rot im Flug und aus der Entfernung erstaunlich schwer erkennbar, wirkt dann auf Kopf und Brust einheitlich dunkel. Wird der Schwanz bei Flugmanövern gespreizt, erkennt man die *kleinen weißen „Fenster"* auf den *äußeren Steuerfedern. Fliegt schnell, kraftvoll, reißend* und oft niedrig über Boden oder Wasserflächen (trinkt auch im Flug), gleitet nicht so oft in langen ruhigen Bögen wie Mehlschwalbe. Geschlechter einander ähnlich, ♂ jedoch mit durchschnittlich dünneren, längeren Schwanzspießen.– JK: Kurze, stumpfere Schwanzspieße, Kinn und Kehle rostbeige oder bräunlich rosa (statt blutrot), Oberseite mit schwachem Blauglanz.– Vögel der östlichen Mittelmeerküste *(transitiva)* sind unterseits rötlich beige, solche in Ägypten *(savignii)* satt rostrot.

**STIMME** Stimmfreudig. Im Flug häufig muntere, schneidende „witt"-Rufe, oft verdoppelt oder gereiht. Während der gegenseitigen Gefiederpflege von Paaren an Wellensittich erinnernd zärtlich plaudernd und zwitschernd. Warnruf bei auftauchenden Katzen scharf „siflitt", bei Greifvögeln ähnlich „flitt-flitt". Gesang laut und schnell zwitschernd, gelegentlich von kratzenden Tönen unterbrochen, die in trockenes Schnurren übergehen.

## RÖTELSCHWALBE D: A/–/S

Red-rumped Swallow *Cecropis daurica*

L 14-19 cm (ad., davon 3-5 cm Schwanzspieße). Brütet an Klippen im Bergland und an Steilküsten, auch in Höhlen, Ruinen und unter Brücken. Sommervogel, überwintert im tropischen Afrika. Klebt ein geschlossenes Lehmnest mit Eingangstunnel unter Decken.

**KENNZEICHEN** Erinnert durch ähnliche Größe, Gestalt und *lange, spitze Schwanzspieße* an Rauchschwalbe, aber sofort unterscheidbar am *hellen Bürzel,* der von Weitem weiß wirken kann (vgl. Mehlschwalbe), jedoch vorne hell *rostrot* und hinten blasser (manchmal weißlich) ist. Aus der Nähe *schmales rostbraunes Nackenband* sowie helle (statt blauschwarze) Kopfseiten. Flügel und Schwanz dunkel bräunlich schwarz (Schwanz ohne weiße „Fenster" der Rauchschwalbe), Rücken, Mantel, Schulterfedern und Scheitel glänzend blauschwarz. Im Flug unterseits auch aus großer Entfernung leicht kenntlich an *heller Färbung von Kehle und Brust* sowie *scharf abgegrenzten schwarzen Unterschwanzdecken* (bei Rauchschwalbe weiß), aus der Nähe feine, diffuse Längsstrichelung der hell rostbeigen Unterseite sichtbar. Flugweise zwischen Rauch- und Mehlschwalbe, schnelle Flügelschläge, aber auch langsames Gleiten auf gerade ausgestreckten Flügeln.– JK: Kürzere Schwanzspieße, oberseits schwächerer Blauglanz, beigeweiße Spitzen auf Schirmfedern und vielen Flügeldecken. In Ostasien (sspp. *daurica, japonica*) unterseits stärker gestrichelt.

**STIMME** Stimmfreudig, aber leiser als Rauchschwalbe. Ruft oft während der Insektenjagd im Trupp recht weich, aber schneidend nasal „tvejk" (Ton erinnert an Feldsperling); Alarmruf scharf „kiir!". Gesang strukturell ähnlich Rauchschwalbe, enthält quäkende und knirschende Töne, aber einleitendes Zwitschern viel tiefer, rauer, langsamer und kürzer (Rhythmus und Klang fast wie Kappenammer).

## MEHLSCHWALBE D: A/N5/Z

Common House Martin *Delichon urbicum*

L 13,5-15 cm. Brütet häufig und in Kolonien in Städten und Dörfern an Gebäuden, auch an Klippen in unbesiedelter Landschaft. Sommervogel (meist Apr.-Sept.), überwintert in Afrika. Übernachtet außerhalb der Brutzeit in Schwärmen auf Bäumen (nicht im Schilf) und in arteigenen Nestern. Recht vertraut gegenüber Menschen; kunstvolle geschlossene, meist viertelkugelförmige Lehmnester immer an den Außenseiten von Gebäuden, oft direkt unter dem Dach, auch unter Brücken, mitunter sogar auf pendelnden Fähren; an Felswänden nistende Mehlschwalben befestigen ihre Nester unter Überhängen und in Nischen. Nach der Brutzeit oft in Gruppen auf Leitungsdrähten (wie Notenblatt).

**KENNZEICHEN** Leicht am *kreideweißen Bürzel* erkennbar, der sich kontrastreich von der sonst *schwarzen Oberseite* mit *Blauglanz* auf Scheitel, Mantel und Schulterfedern abhebt. *Unterseite weiß.* Schwarzer Schwanz kurz, leicht gegabelt (ohne Schwanzspieße). Am Boden, z. B. beim Sammeln von Schlamm zum Nestbau, weiß befiederte Füße erkennbar (ähnlich Raufußhuhn). Flug nicht so pfeilschnell wie Rauchschwalbe, eher *flatternd,* manchmal *lange Gleitphasen auf gestreckten Flügeln* in weichen Bögen.– JK: Ähnlich ad., aber oberseits kaum Blauglanz, Kehle und obere Brust verwaschen bräunlich grau. Etwas Gelb an Unterschnabelbasis (bei ad. ganzer Schnabel schwarz).

**STIMME** Stimmfreudig. Ruft trocken, aber angenehm zwitschernd „prrit", je nach Stimmung und Kontext in verschiedenen Varianten. Alarmruf höher, betonter und länger „TSCHIerr". Gesang kaum mehr als ein schwatzhafter Ausbruch von Zwitschertönen ohne klare Struktur, aber recht niedlich und eifrig klingend.

Rauchschwalbe

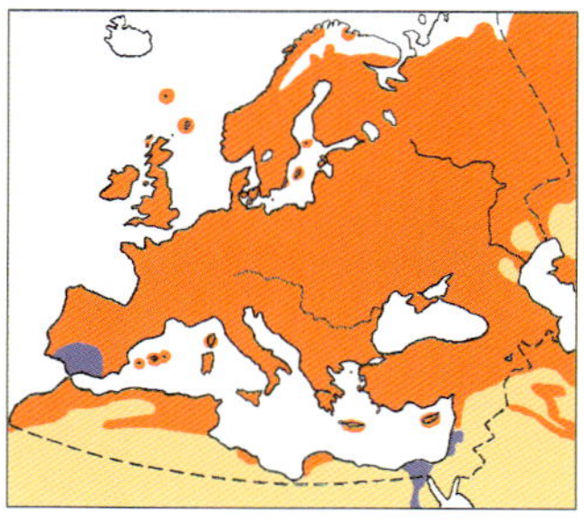

Rötelschwalbe

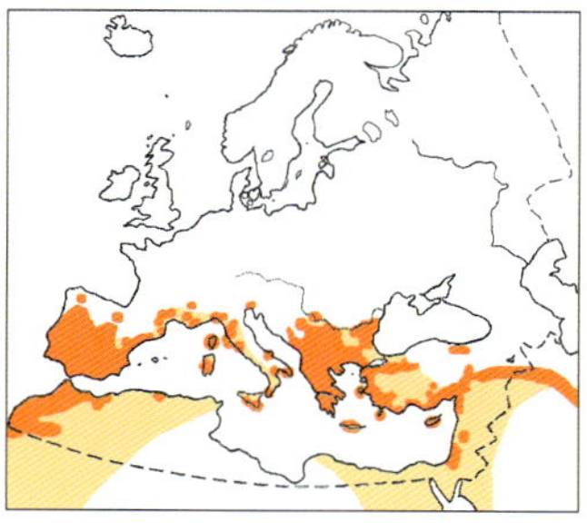

Mehlschwalbe

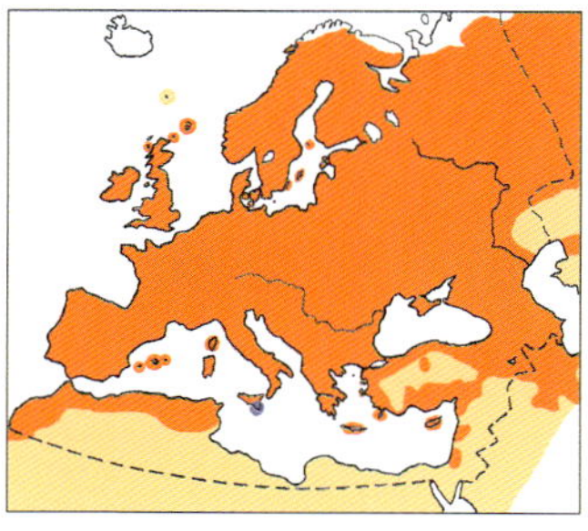

## RAUCHSCHWALBE

## RÖTELSCHWALBE

## MEHLSCHWALBE

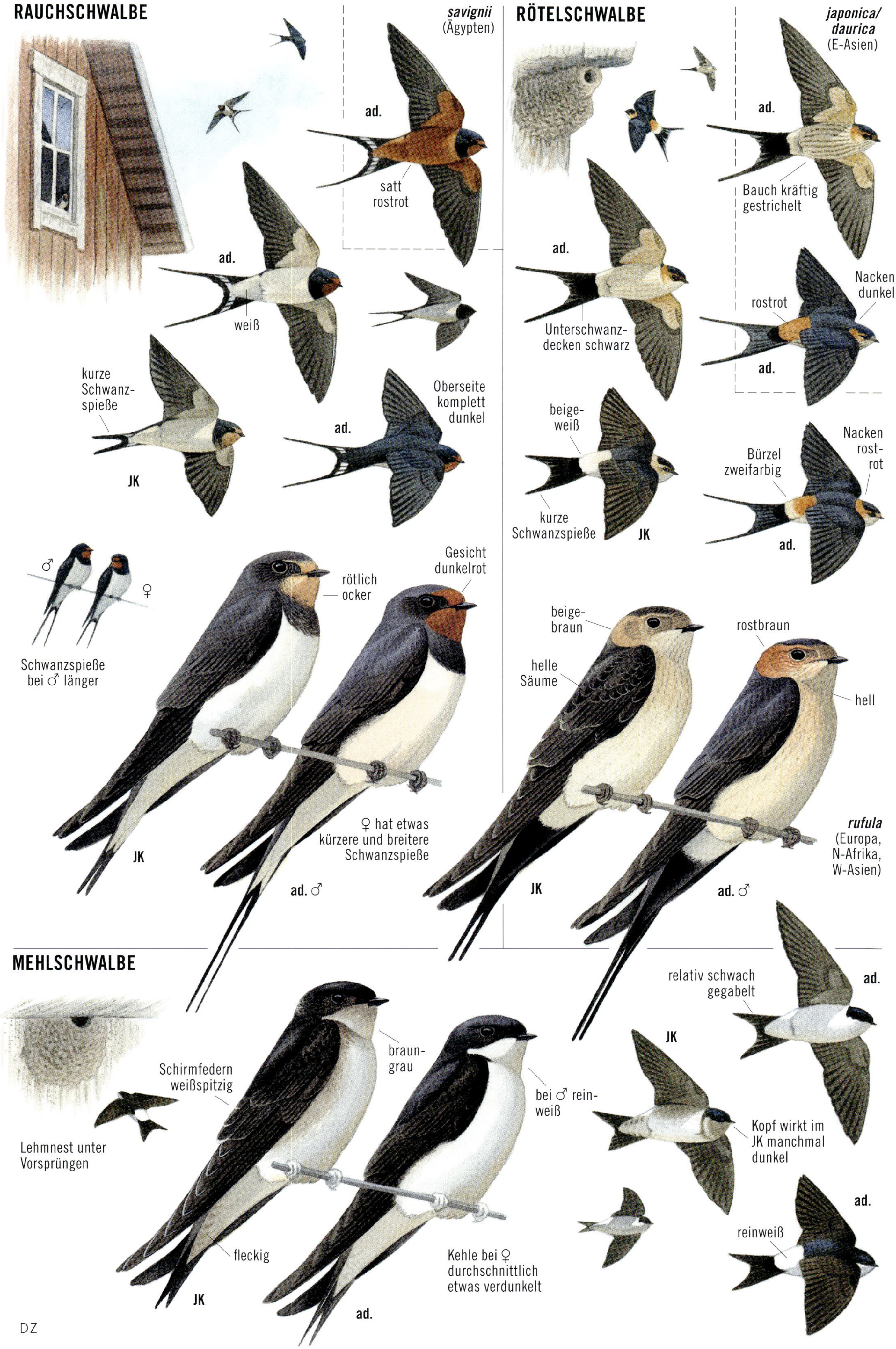


DZ

# STELZENVERWANDTE

## Motacillidae

Eher kleine, schlanke und langschwänzige Sperlingsvögel mit spitzem Schnabel, Insektenfresser, meist am Boden. Pieper (zehn Brutvögel und drei seltene Gäste) sind braun und weiß mit unterschiedlich ausgeprägter Streifung, charakteristischen, meist im Flug vorgetragenen Gesängen und brüten am Boden unter Grasbüscheln. Stelzen (vier Arten, viele Unterarten) haben kontrastreicheres Gefieder und einfachere Gesänge, wippen mit ihren sehr langen Schwänzen und brüten in Höhlen, Nischen oder in Vegetation.

### BRACHPIEPER — D: A/R3/Z

Tawny Pipit *Anthus campestris*

L 15,5-17,5 cm. Brütet spärlich in Sanddünen, auf offenem, sandigem Grund, auf Abbauflächen und Lichtungen, in Südeuropa auch an kahlen Berghängen. Sommervogel (Mai-Sept.), überwintert in Afrika.

**KENNZEICHEN** Großer, schlanker Pieper mit recht einheitlich *sandfarbenem Gefieder* und in allen Kleidern *dunklem Zügelstreif* (mitunter weniger deutlich). *Hinterzehe relativ kurz* (vgl. Spornpieper), Beine rosa bis hellbraun.– Ad.: *Oberseite fast ungestreift* (nur Andeutung diffuser Fleckung), *Unterseite ungestrichelt beige,* manchmal wenige dünne Strichel auf oberen Brustseiten. Deutlicher *heller Überaugenstreif,* meist dunkler Wangenstreif und sehr schmaler Kinnstreif. *Mittlere Armdecken kontrastierend dunkel, im frischen Gefieder mit breiten beigen Spitzen.*– JK: Scheitel und Mantel kräftig dunkel gefleckt, Federn fein weiß gesäumt; *obere Brust dunkel gefleckt* (Ausdehnung variabel, manchmal auch einige Flankenstrichel).

**STIMME** Ruft voll „tschilp“ (weich endend, ähnlich Haussperling, auch an Kurzzehenlerche erinnernd) oder kürzer „tjüp“. Einfacher Gesang, oft in wellenförmigem Singflug vorgetragen, zwei bis drei Silben mit klingelndem Ton, am Ende oft betont und gedehnt, im Takt zu den Scheitelpunkten der Flugbahn langsam wiederholt, etwa „tsirLIIH…tsirLIIH… tsirLIIH…“. (Auf dem Balkan eher wie „sr'r'riüh“, zitternd und in der Höhe abfallend.)

### LANGSCHNABELPIEPER — –

Long-billed Pipit *Anthus similis*

L 16,5-18,5 cm. Brütet auf kargen, offenen Hängen mit Kalkfelsen, Gras, Kräutern und niedriger Vegetation (ähnlich Garrigue). Jahresvogel oder Kurzstreckenzieher.

**KENNZEICHEN** Ähnlich Brachpieper (kaum größer), aber etwas *langschwänziger* und *langschnäbeliger,* Gefieder *grauer* und *kontrastärmer,* Schwanzoberseite dunkler. *Überaugenstreif* oft recht schmal, *reicht weit in den Nacken,* länger als beim Brachpieper. Brust nur undeutlich gefleckt; Bauch und Flanken oft warm beige. Mittlere Armdecken an der Basis dunkel (fast ähnlicher Kontrast wie beim Brachpieper). Schnabelbasis hellrosa.

**STIMME** Ruft ähnlich Steinlerche kurz „tchüpp“, warnt „siih“. Gesang von Felsen oder im langsam flatternden Singflug einfach, etwas an Brachpieper erinnernd, aber abwechslungsreicher, drei oder vier in langsamem Takt wahllos aneinander gereihte Elemente, etwa „SIu… tchürr … SIu … tjiWÜ … srrüi … SIu…“.

Brachpieper

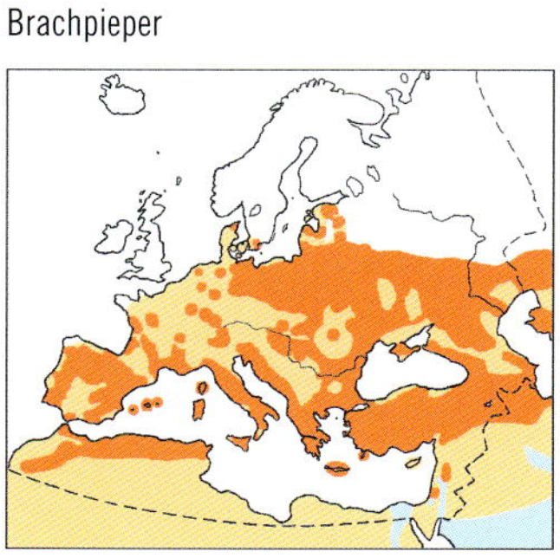

Langschnabelpieper

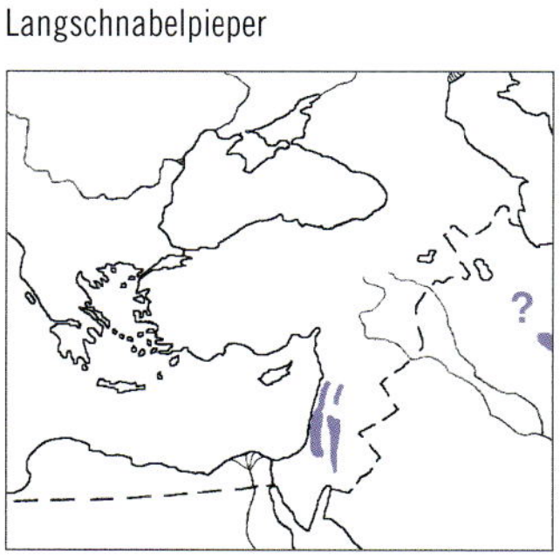

### SPORNPIEPER — D: A/–/Z

Richard's Pipit *Anthus richardi*

L 17-20 cm. Seltener, aber regelmäßiger Herbstgast aus Sibirien (Mitte Sept.-Nov.), überwintert lokal in S-Europa.

**KENNZEICHEN** Etwas größer als Brachpieper, dieser Eindruck verstärkt durch Hochbeinigkeit, längeren Schwanz und oft eingenommene *aufrechte Haltung mit gerecktem Hals.* Vor hellem Himmel auf Leitungsdraht stehend ist *sehr lange Hinterkralle* (länger als Hinterzehe) guter Hinweis. Schnabel durchschnittlich etwas länger und kräftiger als beim Brachpieper. *Flug kraftvoll mit langen Bögen, rüttelt* oft kurz vor der Landung im Gras (beim Brachpieper nur ausnahmsweise angedeutet). Gefieder ähnlich dem junger Brachpieper (auf Rücken und Brust dunkel gestreift), jedoch mit *hellem Zügel* (kann von vorne betrachtet dunkel wirken).– Ad.: *Brust und Flanken meist warm beige* bis rostfarben, zu weißer Bauchmitte kontrastierend, *obere Brust deutlich gestrichelt,* Strichel auf unteren Kehlseiten oft zusammenfließend. Große und Mittlere Armdecken sowie Schirmfedern in frischem Gefieder recht *breit rostbraun gesäumt.*– JK: Oft bis Okt. getragen, wie ad., jedoch Oberseite dunkler gestrichelt, schwärzliche Mittlere Armdecken und Schirmfedern *schmal und deutlich weiß gerandet.*

**STIMME** Ruf typisch, besonders beim Auffliegen und ziehend, laut, kratzig, lang gezogen, doch nicht ansteigend (oder leicht abfallend) „pschie!“ (oder „schriep“; manche Haussperlinge rufen ähnlich). Am Brutplatz und manchmal von rastenden Vögeln auch rau, weniger typisch und schwächer „tschiep“. Einfacher Gesang in tiefem Wellenflug schleifend „TSCHIvü-TSCHIvü-TSCHIvü-TSCHIvü“.

### STEPPENPIEPER — D: A/–/S

Blyth's Pipit *Anthus godlewskii*

L 15,5-17 cm. In Nordwesteuropa sehr seltener Herbstgast aus der Mongolei und umliegenden Regionen.

**KENNZEICHEN** Ähnlich Spornpieper, jedoch *etwas kleiner, kurzbeiniger, mit kürzerem, etwas spitzerem Schnabel, kürzerem Schwanz* und tendenziell deutlicheren Flügelbinden. In der Hand durch Maße (z. B. kürzere Hinterkralle) und Weißanteil auf zweitäußerster Steuerfeder unterschieden (Keil kurz und breit, dagegen bei fast allen Spornpiepern lang und schmal), für sichere Bestimmung im Freiland Ruf wichtig. *Unterseite einheitlicher beige.* Oft an Mittleren Armdecken des Alterskleids bestimmbar (bereits im 1en W), mit recht breiter, scharf abgesetzter hell ockerbeiger Spitze und stumpfem, außen breitem dunklem Zentrum (statt dunkler rostbraune, diffuser abgesetzte, schmalere Spitze mit dunklem, keilförmig auslaufendem Zentrum).

**STIMME** Ruft ähnlich Spornpieper, jedoch etwas höher und „sauberer“, etwas an Schafstelze erinnernd „pschiu“, oft von tieferem „tschip-tschüp“ unterbrochen

## BRACHPIEPER

## LANGSCHNABELPIEPER

## SPORNPIEPER

## STEPPENPIEPER

### BERGPIEPER D: A/R3/JZW

Water Pipit *Anthus spinoletta*

L 15,5-17 cm. Brütet in Gebirgen auf kahlen Hängen und Plateaus. Kurzstreckenzieher, überwintert in der Ebene an Fluss- und Seeufern, Überschwemmungswiesen, seltener an Küsten. Eng mit Strand- und Pazifikpieper verwandt (alle drei früher als „Wasserpieper“ zusammengefasst).

**KENNZEICHEN** Im Schlichtkleid sehr ähnlich Strandpieper (einschließlich der meist *dunklen Beine*), aber oberseits etwas heller und brauner (nicht olivgrau), *unterseits reiner weiß mit deutlicheren Stricheln. Überaugenstreif und Flügelbinde meist deutlicher, äußere Steuerfedern reinweiß* (beachte, dass graue Schwanzaußenkanten des Strandpiepers bei grellem Licht weiß wirken können).– PK: Mausert im März in typisches Kleid mit fast *ungezeichneter, hellrosa Unterseite* (nur Flanken schwach gestrichelt) und dunkel *aschgrauem Kopf und Nacken,* oft kontrastreich abgesetzt vom *braunen Mantel, ferner deutlichem weißem Überaugenstreif und weißlichen Flügelbinden.*– Vögel vom Kaukasus *(coutellii),* die u. a. im Nahen Osten überwintern, sind *oberseits deutlicher gestreift,* unterseits ausgedehnter beige.

**STIMME** Ruft wie Strandpieper oder auch leicht ansteigend „füisst“. Gesang sehr ähnlich Strandpieper, manchmal an etwas rhythmischeren Motiven und dünnen, feinen, gezogenen Tönen (etwas an Rotkehlpieper erinnernd) unterscheidbar, z. B. „zrü zrü zrü-zrü-zrü-zrü-zü-zü-züzüzüzüzüzüzüzü swirriIRR-swirirIRR-svirirIRR SUUü-SUUü PSIIIeh-PSIIIeh-PSIIIeh“ (aber geografische Variation!).

### STRANDPIEPER D: A/V/ZW

Eurasian Rock Pipit *Anthus petrosus*

L 15,5-17 cm. Brütet an Felsenküsten und auf Inseln. Nordeuropäische Vögel überwintern überwiegend an Küsten Westeuropas.

**KENNZEICHEN** Recht kräftig gebauter Pieper mit überwiegend *dunklem Gefieder* und *verwaschenen Abzeichen.* Beste Merkmale sind meist die *dunkle Beinfärbung* (mitunter eher rotbraun, doch nie rosa wie z. B. beim Wiesenpieper) sowie *der relativ lange, dunkle Schnabel. Äußere Steuerfedern hellgrau, nicht reinweiß* wie beim Bergpieper (außer manchmal an der Spitze, dieses Merkmal aber generell im Freiland oft schwer erkennbar).– PK: *Überaugenstreif meist undeutlich und kurz;* schmaler weißer Augenring. Unterseite schmutzig weiß, oft beige getönt, Brust und Flanken *kräftig, aber diffus dunkel gestrichelt.* Oberseite braungrau mit *leichtem Olivton,* Mantel undeutlich dunkel gestreift.– Manche ♂ in N-Europa (ssp. *littoralis*) sind oberseits kaum gestrichelt grau mit rosa getönter Unterseite und reduzierter dunkler Strichelung, oft Bergpiepern verblüffend ähnlich.– SK: Wie PK, aber jetzt insgesamt dunkler und dichter gestreift. Viele zeigen recht helle rötlich braune Beine und sind an Unterschnabel und Schneidekanten etwas gelblich, daher mit Wiesenpieper verwechselbar, haben aber einen Olivton im grauen Gefieder (Wiesenpieper gelblich braungrau), ober- und unterseits verwaschenere Streifung und diffus hellen Augenring als hervorstechendstes Merkmal am Kopf.

**STIMME** Ruft scharf, explosiv „wiisst“, meist Einzelrufe oder weniger rasch wiederholt als bei Wiesenpieper. Gesang ähnlich Bergpieper, Serien von wiederholten, scharfen, feinen Tönen mit 3-4 Motivwechseln im ansteigenden und auf steifen Flügeln hinabgleitenden Flug. Unterscheidet sich von Wiesenpiepergesang durch schärfer Stimme und härtere, weniger saubere und tiefere einleitende „zrü“-Töne.

Bergpieper

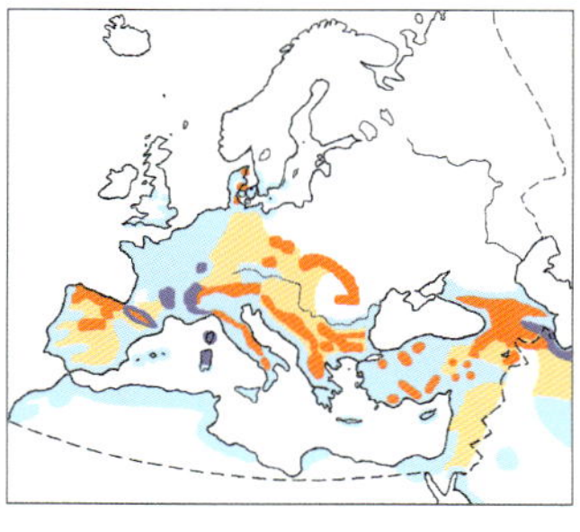

Strandpieper

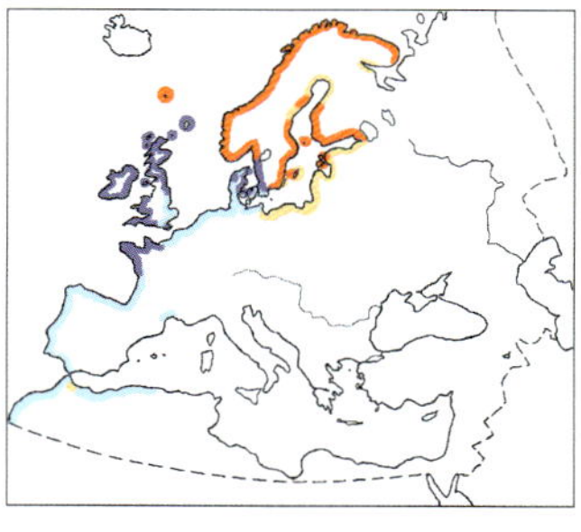

### PAZIFIKPIEPER D: A/–/S

Buff-bellied Pipit *Anthus rubescens*

L 15-16 cm. Sehr seltener Gast aus Amerika oder Asien. Nominatform brütet in Nordamerika und auf Westgrönland, wurde im Herbst in Westeuropa angetroffen; völlig anders gefärbte Unterart *japonicus* brütet in Ostasien (wohl nicht westlich des Baikal), erscheint im Winter u. a. in Israel.

**KENNZEICHEN** *Etwas kleiner* als Bergpieper, mit *schwächerem Schnabel* und *hellerem Zügel,* daher an Wiesenpieper erinnernd, aber oberseits stets *viel weniger gestreift.*– SK: Unterart *rubescens unterseits beige* mit schmalen, aber deutlichen dunklen Längsstricheln sowie meist *dunklen Beinen,* Unterart *japonicus* unterseits *weißer mit deutlicher schwarzer Strichelung* (einschließlich dunklem Halsseitenfleck, ähnlich jungem Rotkehlpieper), *oberseits dunkler und grauer,* oft mit *deutlichem Augenring und Überaugenstreif,* Letzterer manchmal oben dunkel begrenzt (erinnert an Waldpieper!); Beine rötlich braun, oft heller als bei *rubescens.*– PK: Gesamte Unterseite beige, Brust oft gestrichelt.

**STIMME** Ruft ähnlich Wiesenpieper „psipp“, aber etwas quietschender und betonter, meist einzeln geäußert.

### KANARENPIEPER –

Berthelot's Pipit *Anthus berthelotii*

L 13-14,5 cm. Brütet als einziger Pieper auf den Kanaren und Madeira auf trockenen, steinigen und sandigen Ebenen mit niedrigem Bewuchs und an Hängen. Jahresvogel.

**KENNZEICHEN** *Klein* wie Wiesenpieper, aber mit anderen Proportionen: *kurzes Hinterende, recht großer Kopf,* schlanker Schnabel. Ad. vorwiegend *grau und schmutzig weiß,* JK dagegen oberseits oft rötlich getönt. Schmutzig weißer, *deutlicher Überaugenstreif* charakteristisch, Kopf wirkt durch hellen Augenring, diffusen hellen Bereich unter dem Auge und auf der Ohrdeckenmitte, *dunklen Augenstreif* (einschließlich Zügel) und *dunklen Wangenstreif* sowie *schmalen dunklen Kinnstreif* markant. *Brust mit deutlicher Längsstrichelung auf schmutzig weißem Untergrund* (ohne Beigeton). Oberseite ungestreift (Nacken) oder mager gestrichelt. Deutliche helle Flügelbinde. Huscht fast wie eine Maus, bleibt abrupt stehen; fliegt nur ungern auf.

**STIMME** Ruft ähnlich Schafstelze „tsri(e)“, auch kürzer weich „tjüp“. Gesang im wellenförmigen Flug recht energisch 4-7-mal langsam wiederholt etwas brachpieperähnlich „tschilp… tschilp… tschilp…“, manchmal schneller und mit fast prinienartig ratterndem, rollendem Klang „tsivirr tsivirr tsivirr tsivirr“.

## BERGPIEPER

## STRANDPIEPER

## PAZIFIKPIEPER

## KANARENPIEPER

KM

## WIESENPIEPER D: A/N4/ZW

Meadow Pipit *Anthus pratensis*

L 14-15,5 cm. Brütet in offenem Gelände wie Wiesen, Weiden, Mooren, Heiden von der Küste bis zur Baumgrenze, überwintert von Okt.-März vor allem in Südwesteuropa, teilweise auch in Deutschland.

**KENNZEICHEN** Häufigster und typischer Pieper mit oberseits oliv getöntem graubraunem und unterseits beigem oder schmutzig weißem, mehr oder weniger stark gestreiftem Gefieder. Am ehesten mit Baumpieper zu verwechseln, aber meist allein an Stimme und Lebensraum unterscheidbar. Kommen beide doch nebeneinander vor (z. B. bewaldete Weiden, Hochmoorränder, zur Zugzeit Wiesen) und rufen nicht, helfen folgende Unterschiede: *etwas schlankerer Schnabel* (wirkt oft *ganz dunkel,* ohne rosa Unterschnabelbasis des Baumpiepers), etwas *diffuser,* weniger kontrastreich gemusterter Kopf mit *weniger deutlichem Überaugenstreif* und etwas schmalerem, weniger hellem Bartstreif. Oft ist ein *schmaler schmutzig weißer Augenring* der hellste Bereich im Gesicht. Mantel *kräftiger gestreift* als beim Baumpieper (im frischen Gefieder jedoch recht ähnlich). Kralle der Hinterzehe lang und weniger gekrümmt, Beine rosa. Häufig *auf dem Boden,* landet dort auch meist nach dem Flug, steht aber auch auf Zäunen, Buschspitzen und Freileitungen. Singflug typisch, steigt zunächst mit kräftigen Flügelschlägen auf, gleitet zum Schluss mit steif gehaltenen Flügeln hinab.

**STIMME** Ruft beim etwas ruckhaften, hüpfenden Auffliegen gereizt und dünn „ist ist ist"; überfliegende Vögel rufen ähnlich oder kürzer „ist", „ist üst" u. a. Warnruf ein zitternder Doppelton „sitt-itt" (oder „tirri"). Gesang aus Serien rasch wiederholter feiner, spitzer Töne mit 3-4-maligem Phrasenwechsel pro Strophe und recht konstantem Strophenaufbau „zi zi zi zi zi zi zi zi zi zi zü-zü-zü-zü-zü-zü-zü-zü-swiswiswiswiswi TÜÜ TÜÜ TÜÜ TÜÜ tii-swia". Vollständige Strophen nur im Singflug, Wartengesang aus ständig wiederholten Einleitungssilben „zi zi zi zi...".

## BAUMPIEPER D: A/N5/Z

Tree Pipit *Anthus trivialis*

L 14-16 cm. Brütet in offenem Wald, gern am Rand von Mooren, Heiden oder Kahlschlägen sowie auf Lichtungen. Sommervogel (meist Mai-Sept.), überwintert in Afrika.

**KENNZEICHEN** Dem Wiesenpieper sehr ähnlich, aber mit *etwas kräftigerem Schnabel,* etwas ausgeprägterer Kopfzeichnung mit deutlicherem Überaugenstreif, breiterem, hellerem Bartstreif und angedeutetem dunklem Augenstreif (diese geringen Unterschiede aber oft kaum wahrnehmbar). Unterseits mehr *Kontrast zwischen warm beiger Brust und weißem Bauch* sowie zwischen *kräftiger Bruststreifung und dünner Flankenstrichelung* (Wiesenpieper unterseits einheitlicher gelbweiß oder schmutzig weiß mit gleichmäßig grober Strichelung auf Brust und Flanken). Mantel gewöhnlich weniger deutlich dunkel gestreift als beim Wiesenpieper (Unterschiede aber gering). Aus der Nähe lässt sich manchmal die kurze, gekrümmte Hinterkralle erkennen; Beine und Schnabelbasis rosa. Etwas kräftiger gebaut als Wiesenpieper, fliegt etwas direkter, nicht ganz so leicht und „hüpfend". Recht scheu, Annäherung schwierig. Nahrungssuche meist am Boden, fliegt aber nach Störung eher *auf Baum,* in offenem Gelände oft weiter weg als Wiesenpieper. Singflug sehr typisch, startet von einem Baum aus, *gleitet zum Schluss mit hängenden Beinen zu neuer Baumwarte hinab.* Stehend oft pumpende Abwärtsbewegungen des Schwanzes.

**STIMME** Ruft gedehnt rau „spihz", warnt mit wiederholtem, durchdringendem, klarem „sütt". Gesang häufig zu hören, selbst während der Mittagspause anderer Vogelarten, eine muntere, laute, aus mehreren Phrasen zusammengesetzte Strophe in wechselndem Tempo und mit unterschiedlichen Motiven, z. B. „zit-zit-zit-zit zia-zia-zia-tsja sürrrrrrrrrrrrrrr SIIIII-a twet-twet-twet-twet SIwa-SIIwa SIIIwa SIIIEwa zia-zia-zia".

## WALDPIEPER D: A/-/S

Olive-backed Pipit *Anthus hodgsoni*

L 14-15,5 cm. Brütet in offener Taiga Sibiriens und im äußersten Nordosteuropa, überwintert in Südasien. Alljährlicher seltener Herbstgast (oft Okt.) im westlichen Europa.

**KENNZEICHEN** Dem Baumpieper ähnlich (ebenfalls mit kurzer, gekrümmter Hinterkralle, diese bei allen anderen Piepern etwas länger und gerader), jedoch mit typischem Kopfmuster, stärkerem *Olivton auf braungrauer, nur schwach gestrichelter Oberseite und kräftiger schwarzer Brustfleckung. Überaugenstreif* deutlich, weißlich und ungestrichelt (dieser bei Baumpieper blass gelbbraun, ganz fein gestrichelt und unterschiedlich ausgeprägt), *vor dem Auge rostbeige* getönt (höchstens schwach beige bei Baumpieper), oberhalb des Überaugenstreifs gewöhnlich ein *dunkler Scheitelseitenstreif* (nie so deutlich bei Baumpieper), hinter den Ohrdecken fast immer ein *isolierter heller Fleck, darunter ein dunkler Fleck* (gelegentlich beide Flecke bei Baumpieper angedeutet). Im Herbst stets *frische Schirmfedern mit breiten, olivbraunen Säumen* (junge Baumpieper mit schmalem grauweißem, oft abgenutztem Schirmfederrand).

**STIMME** Ruft sehr ähnlich Baumpieper scharf, etwas rau, hoch „spiz" (schwer zu unterscheiden, aber Waldpieperruf etwas feiner, weniger rau gedehnt). Warnt dünn und scharf „sitt". Gesang ähnlich Baumpieper, aber mit zumeist kürzeren, weicher und heller klingenden Strophen, Tempo durchgehend schnell (ohne gelegentliche Verlangsamung wie beim Baumpieper), mit trockeneren Trillern (was zusammen mit manchen dünnen, hellen Tönen an Rotkehlpieper erinnert); Stimmlage manchmal ähnlich Heckenbraunelle (nie beim Baumpieper).

Wiesenpieper

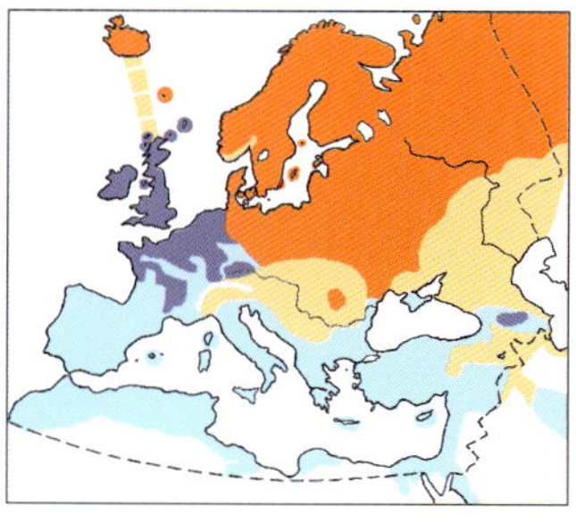

Baumpieper

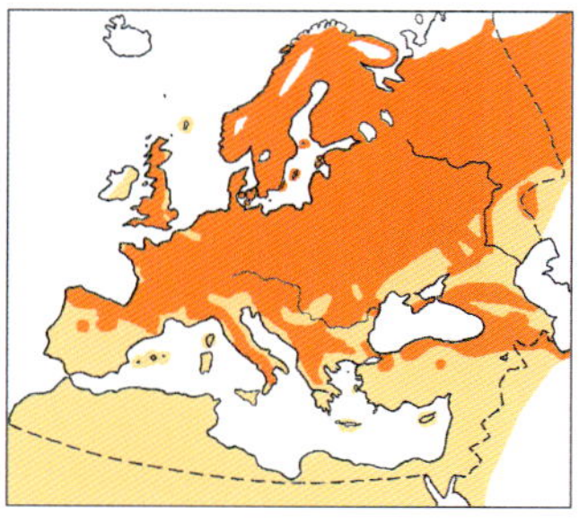

Waldpieper

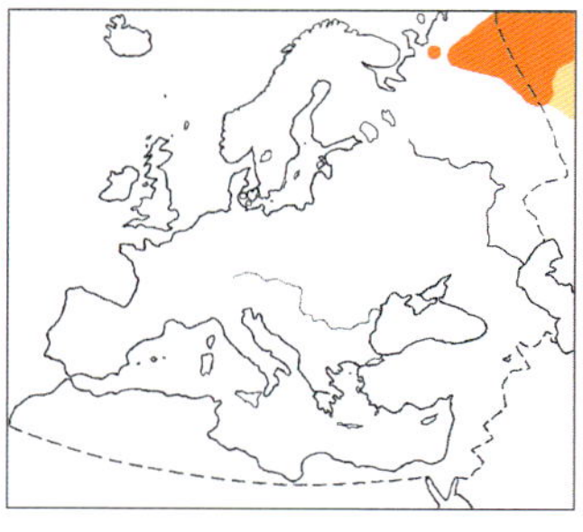

## WIESENPIEPER

## BAUMPIEPER

## WALDPIEPER

KM

## ROTKEHLPIEPER D: A/–/Z

Red-throated Pipit *Anthus cervinus*

L 14-15 cm. Brütet im nördlichsten Europa spärlich an kahlen Hängen, in der Tundra und Sümpfen in der Weiden- und offenen Birkenzone. Überwintert in Afrika und lokal im Nahen Osten. Zieht im Mai und Sept./Okt.

**KENNZEICHEN** Erinnert in Größe und Gestalt an Wiesenpieper, rastet (und brütet mitunter) im selben Lebensraum. Normalerweise nur Jungvögel im Herbst schwer bestimmbar. In allen Kleidern oberseits *kräftig schwarz gestrichelt, auch auf Rücken und Bürzel* (Bürzel beim Wiesenpieper nur schwach gestrichelt), *Grundfärbung braun* mit einigen rötlichen und weißlichen Säumen (ohne Olivton der meisten Wiesenpieper im Herbst).– Ad.: Leicht an rostroter Kehle kenntlich; manche Vögel (wohl meist ♂) zusätzlich mit ziegelroter Färbung von Überaugenstreif, Stirn und Vorderbrust sowie ohne Strichelung dieser Partien (und ohne dunklen Kinnstreif), andere (wohl meist ♀) mit eingeschränkter Rotfärbung und kräftigerer Streifung. Ziegelrote Färbung auch im SK (Herbst), jedoch anfänglich eher gelbbräunlich.– 1er W: Ohne rötliche Kehle, unterseits cremeweiß. Beachte *kräftig dunkel gestreifte* Oberseite mit eher brauner als olivgrauer Grundfärbung, *auffallend helle Schirmfedersäume, blasse Zügel, kompletten schmalen weißlichen Augenring,* schlanken Schnabel mit meist gelblicher Unterschnabelbasis, *weißliche Mantelstreifen* sowie oft kräftigen schwarzen Keilfleck auf unteren Kehlseiten.

**STIMME** Ruft dünn, gedehnt „psiiih“, von Nahem etwas rau (aber viel höher, sauberer und länger als Baumpieper!). Warnt ähnlich Ortolan „tschüpp“. Charakteristischer Gesang aus *rhythmisch* trillernden, pfeifenden und ratternden *Lautfolgen,* typischen *nadelfeinen langen Elementen* (Klang wie Artruf) und ähnlich Birkenzeisig *trocken surrenden Tönen,* z. B. „swü-swü-swü-SWÜ swü-swü-swü SWÜ swü-swü-swü-SWÜ psiü psiiiü psiiiiüh sürrrrrrrr wi-wi-wi-wi tswü-tswü-tswü“, meist im kurzen Singflug.

## PETSCHORAPIEPER D: A/–/S

Pechora Pipit *Anthus gustavi*

L 14-15 cm. Brütet in Mooren mit offenem Nadelwald und Weiden sowie auf sumpfiger Tundra mit vereinzelten Gehölzen. Sommervogel (Juni-Sept.), überwintert in Südostasien. Ausnahmeerscheinung im westlichen Europa (meist Sept./Okt.). Fliegt ungern auf, rennt mäuseartig in Vegetation.

**KENNZEICHEN** Kräftig gestreifte Oberseite mit *zwei weißlichen Mantelstreifen* (häufig zwei weitere helle Streifen angedeutet) und oft dunkler Halsseitenfleck erinnern an jungen Rotkehlpieper, aber folgende Unterschiede: etwas *kräftigerer Schnabel* mit meist rosa oder hellbrauner Basis, *die Handschwingenspitzen nicht erreichende Schirmfedern,* auffallend hellere, fast weißliche Flügelbinden, Kontrast zwischen *weißem Bauch und beiger Brust* (Rotkehlpieper unterseits einheitlicher weißlich), *Scheitel und Ohrdecken recht hell rötlich braun, deutlich dunkel gestrichelt;* tendenziell *dunkler Zügel,* aber undeutlicher Wangen- und Kinnstreif; Überaugenstreif kurz und diffus, fein gestrichelt; Schwanzkanten nicht reinweiß.

**STIMME** Ruft beim (unfreiwilligen) Auffliegen weniger häufig als andere Pieper kurz, scharf, klickend, mehrfach wiederholt „dzepp“ mit fast elektrischem Oberton. Singt leise mit gepresster, mechanischer Stimme, harten, trockenen Trillern, von Doppelschlag unterbrochen „türrrrrtirrrrrr-TJÜtji-türrrrrrr-TJÜtji-tirrrtürrrrr…“.

## BACHSTELZE D: A/N5/Z

White Wagtail *Motacilla alba*

L 17-19 cm. Häufiger Brutvogel in unterschiedlichen Lebensräumen, gern in offener Kulturlandschaft, z. B. Bauernhöfe oder Gewässerufer, in Dörfern, Städten, auf Industrieflächen sowie im Gebirge und sogar in der Tundra. In Deutschland Sommervogel (März-Okt.), im Westen und Süden Europas Jahresvogel. Nest auf Dachbalken, in Mauerlöchern, Holzstößen usw. Insektenjagd auf offenen oder vegetationsarmen Flächen.

**KENNZEICHEN** Allgemein bekannter schlanker und graziler Vogel, der ständig mit dem *langen, schwarzen Schwanz mit weißen Außenkanten wippt.* Läuft mit ruckartigen Kopfbewegungen hinter Insekten her, stoppt plötzlich und wippt erregt mit dem Schwanz. Färbung schwarz, weiß und grau, in allen Kleidern auf der *Brust dunkel.*– ♂ PK: Scheitel und Nacken schwarz, *scharf vom aschgrauen Mantel abgesetzt;* Stirn und Vorderscheitel weiß; schwarzer Latz (von Schnabel bis Brust); weiße Flügelbinden und weiße Schirmfedersäume.– ♀ PK: Wie ♂, aber weniger Schwarz auf Nacken, *diffus in grauen Mantel* übergehend, manchmal nur wenig Schwarz auf Scheitel oder sogar *Scheitel und Nacken einheitlich grau.*– SK: Weißer Kinn- und Kehlbereich, manchmal mit gelbem Anflug, schwarzes Brustband; Stirn weiß oder grünlich gelb getönt oder hellgrau mit grünlichem Ton (ad. ♂ am weißesten, juv. manchmal ohne jedes Weiß).– JK: Scheitelseiten dunkel, Flügelbinden grau, *Brustfleck grau statt schwarz.*– In fast ganz Europa brütet die Nominatform *alba,* auf den Britischen Inseln und sporadisch an den angrenzenden Küsten brütet die „Trauerbachstelze“ *yarrellii,* ♂ im PK *mit kohlschwarzer Oberseite,* ♀ (und jüngere ♂) dort *rußgrau mit schwarzem Bürzel,* Flanken dunkel olivgrau; im SK und 1en W Mantel etwas weniger dunkel. Marokkanische Vögel *(subpersonata)* mit markantem Kopfmuster.

**STIMME** Ruf zwei- oder dreisilbig munter „tsli-WITT“ oder „zi-ze-LITT“. Gesang wenig kunstvoll, von Pausen unterbrochene Zwitschertöne. Daneben bei allgemeiner Erregung, Revierkonflikten oder Verfolgung von Kuckucken und Sperbern eine lange, sehr schnell vorgetragene Folge aufgeregt klingender Zwitscherlaute.

Rotkehlpieper

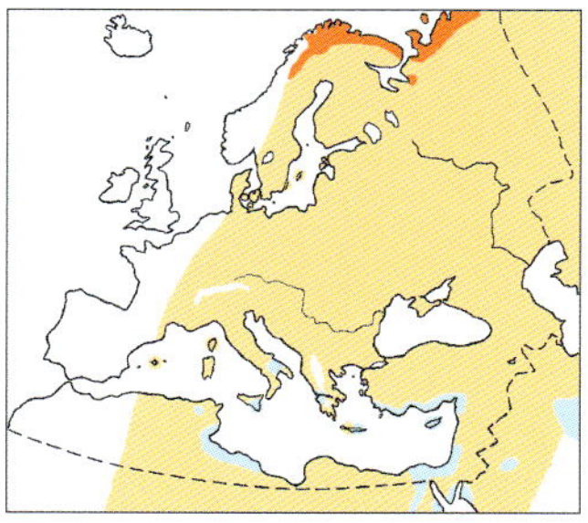

Petschorapieper

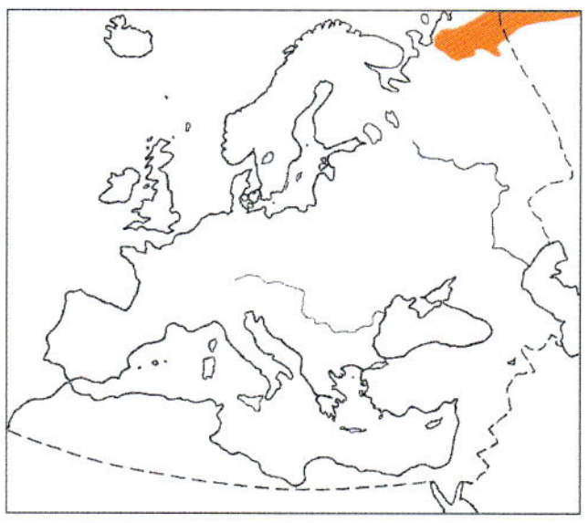

Bachstelze

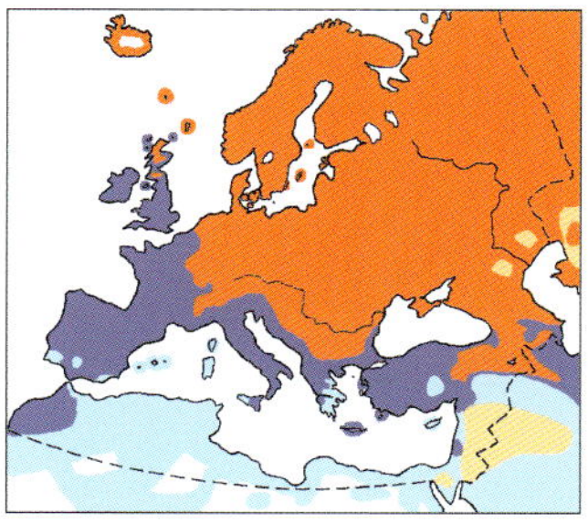

## ROTKEHLPIEPER

## PETSCHORAPIEPER

## BACHSTELZE

KM

## SCHAFSTELZE D: A/N5/Z

Western Yellow Wagtail *Motacilla flava*

L 15-16 cm. Brutvogel des Tieflands auf Weiden, feuchten Wiesen, Mooren, am Rand von Sümpfen; gebietsweise auf Feldern und Äckern. Sommervogel (Apr.-Sept.), überwintert in Afrika. Während des Zugs rasten Trupps oft auf Wiesen und Weiden und übernachten im Schilf. Nest in einer Mulde unter dichtem Bodenbewuchs. Komplexe geografische Variation mit mehreren oft als Arten betrachteten Formen mit unterschiedlichem Aussehen besonders der ♂.

**KENNZEICHEN** Von den Proportionen weniger extrem als andere Stelzen, Schwanz etwas kürzer als bei Bachstelze, deutlich kürzer als bei Gebirgsstelze. ♂ *unterseits sattgelb,* ♀ etwas matter gefärbt, vor allem auf der Brust. Im JK/1en W unterseits blass *beigeweiß mit nur schwachem Gelbton in der Steißregion* (dieser manchmal im Freiland schwer zu sehen oder sogar völlig fehlend; vgl. Zitronenstelze). *Oberseite graugrünlich* oder *graubraun* mit im Freiland *kaum erkennbarem Olivton; Beine schwarz,* mittellang; Flügel braungrau mit recht deutlichen, aber schmalen hellen Flügelbinden.– In Mitteleuropa, Teilen Westeuropas und in Südskandinavien brütet die „Wiesenschafstelze" *flava* (Kopf blaugrau mit deutlichem weißem Überaugenstreif und weißem Bartstreif zwischen dunkelgrauen Ohrdecken und gelber Kehle, unter dem Auge kleiner weißer Fleck), in Nordskandinavien die „Thunbergschafstelze" *thunbergi* (zieht durch Mitteleuropa, Scheitel und Nacken dunkel bleigrau, Ohrdecken grauschwarz, ohne weißen Überaugenstreif oder mit nur kurzem Fleck in Augennähe), auf den Britischen Inseln die „Gelbkopf-Schafstelze" *flavissima* (Scheitel, Nacken und Ohrdecken gelbgrün, übriger Kopf gelb wie Unterseite). Weitere Formen auf der Farbtafel gegenüber, daneben in Grenzgebieten auch Hybriden. Vgl. auch die ähnliche ostasiatische Tschuktschenstelze (S. 436).

**STIMME** Ruft dünn „psit" oder etwas voller „tslie" oder „tsrli", in Südosteuropa („Maskenschafstelze" *feldegg*) meist rauer und kräftiger „zrri(e)" (vgl. Zitronenstelze). Sehr anspruchsloser Gesang aus zwei (manchmal ein oder drei) rufähnlichen kratzenden Silben, wobei die letzte etwas mehr betont ist „srrii-SRRIIHT", oft auf Staudenspitze, Weidezaun oder im kurzen Singflug vorgetragen.

## ZITRONENSTELZE D: A/V/S

Citrine Wagtail *Motacilla citreola*

L 15,5-17 cm. Brütet in feuchtem Wiesengelände, auf offenen Mooren, an Flüssen sowie in Strauchtundra. Überwintert in Südostasien. Seltener Gast im westlichen Europa, breitet sich aber langsam westwärts aus.

**KENNZEICHEN** In Größe und Proportionen ähnlich Schafstelze, jedoch *langschwänziger; doppelte breit weiße (oder weißliche) Flügelbinde* in allen Kleidern (außer stark abgetragenes PK) kennzeichnend.– ♂ PK: Unverwechselbar durch ganz *zitronengelben Kopf, schwarzes Nackenband, aschgrauen Mantel,* gelbe Unterseite (mit meist weißlichen Unterschwanzdecken, diese bei Schaf- und Gebirgssstelze stets gelb); Flanken oft grau schattiert (wie bei Bachstelze, anders als bei anderen Stelzen).– ♀ PK/ad. SK: Scheitel und Ohrdecken grau getönt, Nacken ohne Schwarz, Unterseite meist blasser gelb; beachte *gelben Überaugenstreif* und gelb umrandete, schmutzig graue Ohrdecken sowie *weiße Flügelbinden;* besonders im SK ein paar dunkle Flecken auf der Brust.– 1er W: Ohne reines Gelb im Gefieder, kann mit blassen jungen Schafstelzen verwechselt werden, typisch jedoch *breit weiße Flügelbinden,* grauer oder braungrauer Mantel (nie oliv), heller Zügel und oft helle Stirn (bei Schafstelze dunkel), *hell umrandete Ohrdecken, ganz dunkler Schnabel* (Unterschnabelbasis bei Schafstelze etwas heller), *niemals Gelb auf Unterschwanzdecken; beachte auch Flugruf.*

**STIMME** Kontaktruf oft sehr bachstelzenähnlich „tscheLITT", dagegen Erregungs- und Flugruf (häufig von Durchzüglern zu hören) ein typisch hartes, raues, durchdringendes „tsriip" (ähnlich wie im Schafstelzengesang), oft mehrfach wiederholt. Gesang ähnlich Bachstelze, jeweils einige einfache Silben mit Pausen dazwischen, von der Spitze einer Warte vorgetragen (im Singflug etwas längere Strophen); manche Laute erinnern an Schafstelzenrufe.

## GEBIRGSSTELZE D: A/N4/JZW

Grey Wagtail *Motacilla cinerea*

L 17-20 cm. Brütet vorwiegend an Fließgewässern, Nest in Ufernähe zwischen Baumwurzeln, in Felsspalten, unter Brücken u. a. Im Norden des Areals Zugvogel; Berglandbrüter weichen bei uns lediglich ins Flachland aus und erscheinen dann auch an Seen und an der Küste.

**KENNZEICHEN** Besitzt unter den Stelzen den *längsten Schwanz* und die *kürzesten Beine.* Wippt ständig stark mit Schwanz und *Hinterkörper.* In allen Kleidern lebhaft gelbe Steißregion und *gelbgrüner Bürzel.* Beine bräunlich rosa (bei anderen Stelzen schwarz). *Grauer Mantel* kontrastiert mit *schwarzen Flügeln,* Schirmfedern mit (gelb)weißen Rändern, deutlicher heller Überaugenstreif. *Fliegt ausgeprägt wellenförmig,* dabei fallen langer Schwanz sowie *breiter weißer Flügelstreif* auf.– ♂ PK: *Schwarzer Kehllatz, reinweißer Überaugen- und Bartstreif,* übrige Unterseite gelb (manchmal mit helleren Flanken).– ♀ PK: Kehle weiß mit etwas Schwarz durchsetzt, gelegentlich großer Schwarzanteil fast wie bei ♂, aber stets weißer Einschlag, ferner beiger Überaugenstreif und undeutlicher Bartstreif.– SK/1er W: Helle Kehle ohne Schwarz; ältere Vögel auf der Brust gelber und an der Kehle weißer gefärbt, jüngere auf der Brust blasser gelb sowie an der Kehle beige.

**STIMME** Ruft bachstelzenähnlich, aber schärfer und höher „zi zi". Warnt wiederholt „süIHT". Gesang kurze, mechanische Folge scharfer Töne „ziss-ziss-ziss-ziss", oft kombiniert mit helleren Elementen „si si si siü".

Schafstelze

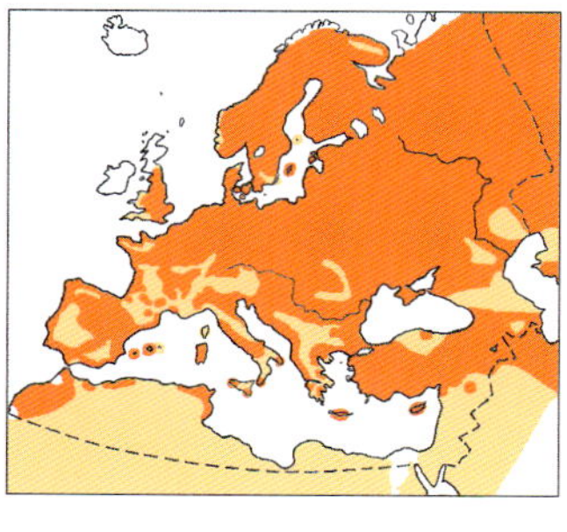

Zitronenstelze

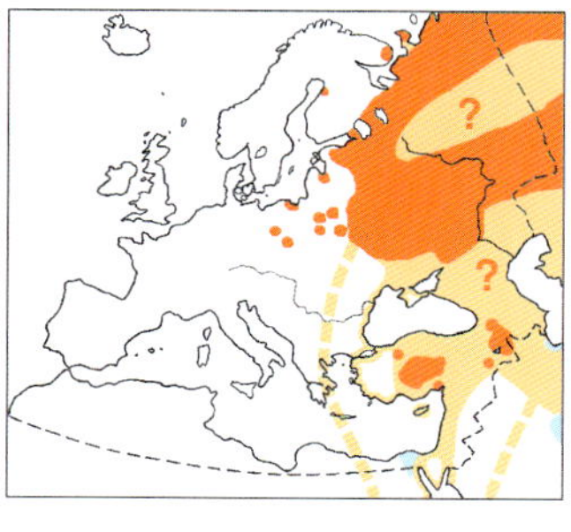

Gebirgsstelze

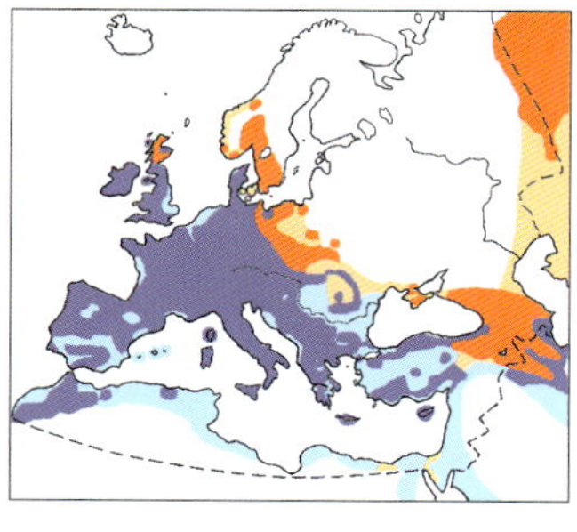

## SCHAFSTELZE

## ZITRONENSTELZE

## GEBIRGSSTELZE

DZ

### WASSERAMSEL — D: A/R4/JW

White-throated Dipper *Cinclus cinclus*

L 17-20 cm. Brütet an flachen, schnell fließenden Bächen und Flüssen im Wald- oder Bergland, häufig in der Nähe von Stromschnellen, steht gern auf Steinen im Wasser. Taucht, *schwimmt* (mithilfe der Flügel) und läuft *unter Wasser* (was durch ein außergewöhnlich massives Skelett ermöglicht wird), um nach Insekten und anderen Wassertieren zu suchen, taucht im Winter auch vom Eisrand. Überdachtes Nest aus Moos und Halmen mit seitlichem Eingang über dem Wasser in der Uferböschung, in Mauern, unter Brücken, manchmal sogar hinter einem Wasserfall. Zeitigt manchmal eine erste Brut im Süden, die zweite im Norden. Jahresvogel, nordeuropäische Vögel weichen jedoch nach Süden aus.

**KENNZEICHEN** *Kompakte Gestalt,* kräftige Beine und *kurzer Schwanz, der oft etwas aufgerichtet gehalten wird.* Gefieder *dunkel mit großem weißem Brustlatz,* entweder insgesamt rußschwarz (im Norden und Osten, weiten Teilen Frankreichs und Nordwest-Iberien) oder am Kopf bräunlich und unterhalb des Brustlatzes rostbraun (Mitteleuropa, Britische Inseln). Nickhaut weiß. Wirkt im *geradlinigen Flug auf schwirrenden, gerundeten Flügeln kompakt,* etwa starengroß. Im Stehen oft wiederholte knicksende Bewegungen.– JK: Fahl grau mit oberseits hellen und unterseits dunklen welligen Bändern. Helle Brust angedeutet, aber verwaschen grau und am Bauch undeutlich begrenzt.

**STIMME** Ruft kurz und scharf „zrik“, durchdringt das Wasserrauschen, oft von niedrig über dem Wasser fliegenden Vögeln zu hören. Gesang, auch im Winter, eine langsam vorgetragene, etwas unterdrückte Folge rau zwitschernder, knirschender, quietschender und gepresster Töne, einige mehrfach wiederholt. Beide Geschlechter singen.

### SEIDENSCHWANZ — D: A/–/ZW

Bohemian Waxwing *Bombycilla garrulus*

L 18-21 cm. Brütet im Nordteil des Taigagürtels, oft in einsamen, flechtenreichen, alten Wäldern mit feuchtem Moosboden. Tiefmuldiges Nest hoch auf Zweigen, häufig auf Kiefer. In manchen Wintern Evasionen großer Schwärme bis nach Westeuropa, dann oft Beeren von Ebereschen (und anderen Gehölzen, auch Äpfel) fressend. Oft vertraut, dennoch aufmerksam und nervös, bei Gefahr in hohe Baumkronen flüchtend. Frisst auch angegorene Beeren, nimmt wegen seiner extrem großen Leber jedoch keinen Schaden.

**KENNZEICHEN** Größe etwa wie Star, kompakt gebaut und mit dickem Hals. *Große Scheitelhaube* in Kombination mit *rötlich braunem Gefieder* schließt Verwechslung mit anderen Arten aus. Ferner charakteristisch sind schmale Augenmaske und *schwarzer Kinnfleck, gelbe Schwanzendbinde* sowie *gelbe und weiße Flügelabzeichen.* Fliegt schnell und direkt in langen Wellenbewegungen und oft dicht gedrängten Trupps, daher an gleich große und ähnlich gebaute Stare erinnernd.– Ad. ♂: Spitzen der Handschwingen auf den Außenfahnen mit gelben, auf den *Innenfahnen mit breit weißen Kanten,* die *Winkel* bilden. Breite gelbe Schwanzendbinde; viele lange rote, wachsartige Hornplättchen auf Armschwingen-, manchmal auch an Steuerfederspitzen; schwarzer Kinnfleck unten scharf begrenzt.– Ad. ♀: Schmalere weiße Spitzen der Handschwingen-Innenfahnen oder sogar unvollständige Winkel; gelbe Schwanzendbinde schmaler, oft weniger und kürzere rote Plättchen; undeutliche untere Begrenzung des Kinnflecks.– 1er W: *Ohne* jegliche *weiße Spitzen auf den Innenfahnen* der Handschwingen, nur auf den Außenfahnen schmale gelblich weiße Spitzen (also ohne leuchtendes Gelb und ohne Winkel).

**STIMME** Kontaktruf angenehm klingelnd „sirrrrr“, wie von kleiner Glocke, oft in anschwellendem Chor, bevor Trupp abfliegt. Gesang langsam und abgehackt, eine mit harten, rauchigen Tönen durchsetzte Serie von Rufen „sirrr sirrrrr tschark-tschark tschi-tschark sirrrr sirrrr“ usw.

### SEIDENWÜRGER — –

Hypocolius *Hypocolius ampelinus*

L 21-24 cm. Brütet im Nahen Osten, hauptsächlich im Irak und Südiran, in oder am Rand von Halbwüsten mit einzelnen Bäumen oder Büschen, in Dattelpalmenplantagen, Hainen oder Gärten. Ernährt sich wie der verwandte Seidenschwanz zeitweise von Beeren, dabei oft in kleinen Gruppen. Überwintert im Süden des Persischen Golfs, im Westen und Norden Saudi Arabiens und in den Emiraten.

**KENNZEICHEN** Wirkt aus der Entfernung wie ein Würger, ist aber schlanker, kürzflügeliger und *langschwänziger.* Aus der Nähe durch *sehr blass blaugraues Gefieder* und *schwarze Schwanzendbinde unverwechselbar.* Die Verwandtschaft zum Seidenschwanz zeigt sich in ähnlichem Schnabelbau, „schulterloser“ Körperform und der Angewohnheit, bei Gefahr den Hals zu strecken. Flugweise direkt mit ständigen Flügelschlägen.– Ad. ♂: Auf den *Kopfseiten große, schwarze Felder,* die eine Maske bilden, sich nach hinten verbreitern und im Nacken treffen. *Handschwingen überwiegend schwarz, doch mit breit weißen Spitzen,* im Flug ober- und unterseits sichtbar, das Schwarz im Stehen aber überwiegend verdeckt, die weißen Spitzen dagegen auffällig.– Ad. ♀: Ähnlich ♂, aber schwächer blau überhaucht, eher matt bräunlich grau, *ohne schwarze Maske,* vor den *Handschwingenspitzen nur schmales schwarzes Band* und *schmalere Schwanzendbinde.*– JK: Ähnlich ♀, doch mit schmalen hellen Spitzen der Schirm- und Steuerfedern, schmalerer und weniger dunkler Schwanzendbinde und lockererem, „wolligem“ Gefieder, aus der Nähe erkennbar.

**STIMME** Zu den Kontaktrufen gehören ein miauendes „mjee“ in Variationen und ein abfallendes „wiioo“ (fast wie Pfeifente). Ferner schnell und weich trillernd „tre-tur-tur“, dabei der erste Ton etwas höher als die folgenden. Ein eigentlicher Gesang scheint zu fehlen.

Wasseramsel

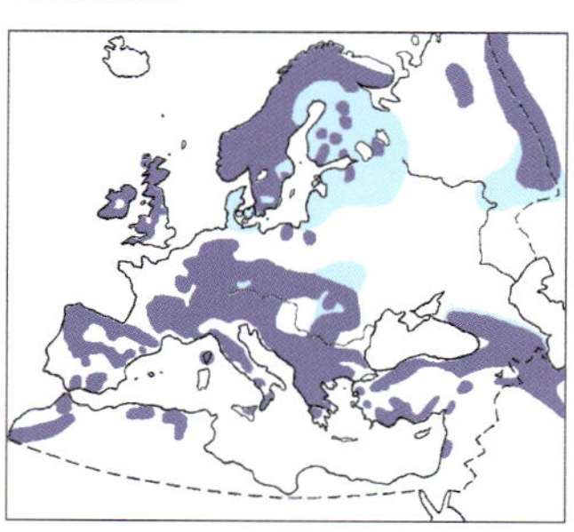

Seidenschwanz

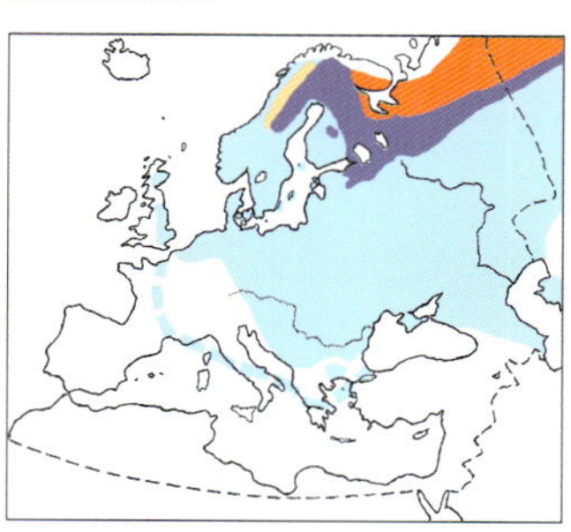

Seidenwürger

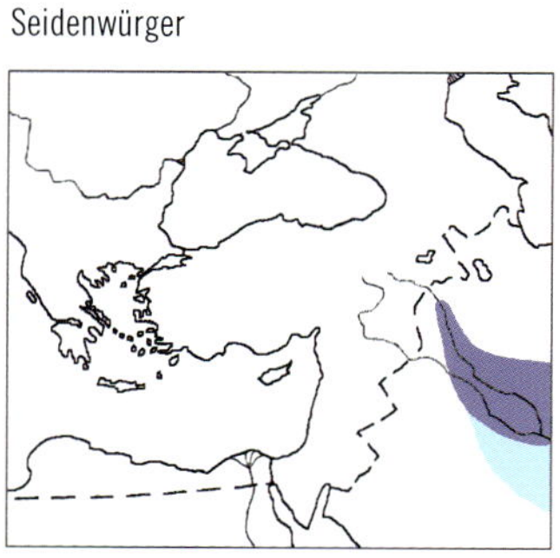

## WASSERAMSEL

## SEIDENSCHWANZ

## SEIDENWÜRGER

# BRAUNELLEN *Prunellidae*

Kleine, an Sperlinge sowie Zweigsänger oder kleine Drosseln erinnernde Sperlingsvögel, die sich viel am Boden oder in niedriger Vegetation aufhalten. Schnabel recht dünn und spitz (aber mit ziemlich breiter Basis), Gefieder meist braun, beige, grau und schwarz; Flügel recht kurz und gerundet. Alle Kleider sehr ähnlich. Nahrungssuche in geduckter Haltung meist am Boden.

## HECKENBRAUNELLE — D: A/N6/JZW

Dunnock *Prunella modularis*

L 13-14,5 cm. Brütet in Nadel- und Mischwäldern mit viel Unterwuchs, in Jungwald, Heckenlandschaften, Parks und Gärten. Im Sommer recht scheu und zurückgezogen. Nahrung meist Insekten, besucht Futterhäuser. Nest in dichten Büschen oder niedrig in Nadelbäumen. In Deutschland häufig. Teilzieher (Ende März-Okt.), viele überwintern.

**KENNZEICHEN** Etwa rotkehlchengroß und, ähnlich einem Zweigsänger, mit *dünnem Schnabel; Oberseite braun gemustert,* ähnlich Haussperling, typisch ist *bleigraue Färbung von Kopf* (Ohrdecken und Scheitel mit braunem Anflug) *und Brust;* Beine rotbraun. Große Armdecken mit feinen hellen Spitzenflecken, die manchmal als schmale Flügelbinde zu sehen sind. Wirkt jedoch normalerweise *einfarbig und recht dunkel.* Flug etwas ruckartig und sprunghaft. Steht beim Singen oft exponiert auf niedrigen Baumspitzen, sonst aber zurückgezogen, schwer zu beobachten, verschwindet bei Störung sofort in der Deckung.– JK: Gefieder brauner, *kräftiger gestreift* und mit heller Kehle.– Variation: Vögel Irlands und Großbritanniens (ssp. *occidentalis*) sind besonders auf Oberseite und Brust etwas dunkler, bei ad. ist das Bleigrau von Kopf und Brust satter.

**STIMME** Ruft zur Zugzeit vor allem im Flug etwas klingelnd, zitternd, sehr fein „si-si-si-si", warnt (und lockt gelegentlich) mit lautem, scharf pfeifendem „tiih". Gesang, oft von einer Buschspitze aus vorgetragen, klare, ca. 2 s lange, eilig zwitschernde Folge auf etwa gleicher Tonhöhe, z. B. „TÜtelliTItelletiTÜtellüTOtelitelleTI".

## ALPENBRAUNELLE — D: A/R2/JZ

Alpine Accentor *Prunella collaris*

L 15-17,5 cm. Brütet in alpinen Lagen, gewöhnlich in 1.800-3.000 m Höhe an felsigen Hängen mit niedriger Vegetation, auf Geröllhalden oder an Felsabbrüchen. Gesellig, auch zur Brutzeit gelegentlich kleine Gruppen. Überwiegend Jahresvogel, Nahrung Insekten und Sämereien, Nest in Felsspalten.

**KENNZEICHEN** Feldlerchengroß, gedrungen und dunkel; fliegt recht kraftvoll, schnell und in weichen Bögen, fast wie eine kleine Drossel; *hellgelber Schnabelbasisfleck, dunkles Flügelfeld* (von Großen Armdecken gebildet), grobe *rotbraune Längsfleckung auf den Flanken;* aus der Nähe helle Kehlsprenkel und weiße Spitzenflecke auf Flügeldecken erkennbar.– Brutvögel der Türkei *(montana)* etwas blasser braun und oberseits weniger kräftig gestreift.

**STIMME** Ruft beim Auffliegen gedämpft, lerchenartig rollend „drrü drrü", „drrip" oder „tschirr". Gesang anhaltend schwatzend und trillernd, wenig strukturiert, manche Laute erinnern an Haubenmeise, andere klingen quietschend; singt meist von Warte, manchmal im Flug.

## BERGBRAUNELLE — D: A/–/S

Siberian Accentor *Prunella montanella*

L 13-14,5 cm. Brütet vom westlichen Nordural bis Nordsibirien in Weiden- und Birkenwald am Rand von Mooren, Tundra oder Flüssen, auch in offenem, kargem Nadelwald. Überwintert in Südostasien. Ausnahmeerscheinung im westlichen Europa. Scheu, hält sich meist verborgen.

**KENNZEICHEN** Größe etwa wie Heckenbraunelle. Charakterisiert durch *breiten, langen, ockergelben Überaugenstreif* (am breitesten hinter Auge), betont durch *braunschwarzen Scheitel* (Seiten am dunkelsten) und *dunkle Ohrdecken. Gesamte Unterseite gelblich rostbeige* (manchmal mit angedeuteten dunklen Zentren der Brustfedern). Oberseite etwas variabel, *meist deutlich rötlich braun* mit dunkler rotbraunen Streifen, manchmal eher kalt dunkelbraun mit nur schwach rotbraunem Anflug und kräftigen schwarzen Flecken (dann Schwarzkehlbraunelle ähnlicher).

**STIMME** Ruft fein „ti-ti-ti", sehr ähnlich Heckenbraunelle. Auch Gesang ähnlich monotoner Heckenbraunelle, hoch, mit kleinen Tonschritten und harten R-Lauten.

## STEINBRAUNELLE — –

Radde's Accentor *Prunella ocularis*

L 13-14 cm. Brütet auf ca. 2.000-3.000 m Höhe in felsigem Buschgelände. Jahresvogel oder Kurzstreckenzieher. Wirkt rastlos, läuft viel auf dem Boden, zuckt mit den Flügeln, fliegt zwischen den niedrigen Büschen.

Kennzeichen Etwa heckenbraunellengroß; oberflächlich ähnlich Bergbraunelle – also *mit breitem hellem Überaugenstreif, dunklem Scheitel* und dunklen Ohrdecken sowie warm beiger Unterseite, unterscheidet sich jedoch durch eher schmutzig weißen oder rahmfarbenen Überaugenstreif (statt ockergelb) und *orange getönte, auf die Brust konzentrierte* Beigefärbung der Unterseite, etwas kontrastierend zum weißlicheren Bauch (wie bei Schwarzkehlbraunelle) und zur Kehle. Aus der Nähe feine dunkle Kehlseitenstrichelung erkennbar.

**STIMME** Ruft ähnlich Heckenbraunelle fein „ti-ti-ti". Gesang kristallklar, schnelle Strophen mit einzelnen wiederholten Tönen und eingeflochtenen kurzen, *hellen Trillern.*

## SCHWARZKEHLBRAUNELLE — D: A/–/S

Black-throated Accentor *Prunella atrogularis*

L 13-14,5 cm. Brütet im Fichtendickicht und Gebüsch, auch im Laubwald, oft auf oberen Hängen (Ural), in Mittelasien auch in hochstämmigem Nadelwald der Gebirgstäler. Sehr seltener Herbstgast im westlichen Europa.

**KENNZEICHEN** Ähnlich Berg- oder Steinbraunelle mit *braunschwarzem Scheitel und breitem beigem Überaugenstreif.* Kennzeichnend ist *schwarze Kehle,* leicht im Sommer zu sehen, schwerer aber bei unausgefärbten Vögeln im Herbst, wenn sie durch breite helle Federsäume teilweise (bei jungen ♀ selten komplett) verdeckt wird. Beachte *matt dunkelbraunen Mantel* (nicht kräftig rötlich braun getönt) mit dunkler Fleckung sowie *Kontrast zwischen warm orangebeiger Brust und weißlichem Bauch.* Auf der Brust einige dunkle Federzentren.

**STIMME** Ruft ähnlich anderen Braunellen fein „ti-ti-ti". Singt wie Heckenbraunelle zwitschernd mit kleinen Tonschritten, doch kürzer, leiser und mit weniger klaren Tönen.

## HECKENBRAUNELLE

## ALPENBRAUNELLE

## BERGBRAUNELLE

## STEINBRAUNELLE

## SCHWARZKEHLBRAUNELLE

DZ

Heckenbraunelle

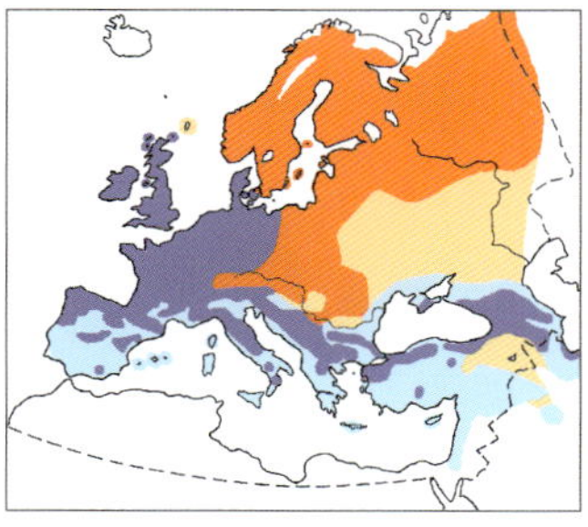

Alpenbraunelle

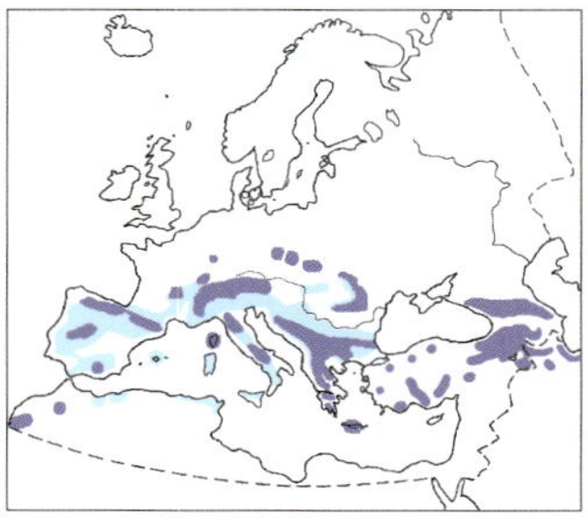

Steinbraunelle

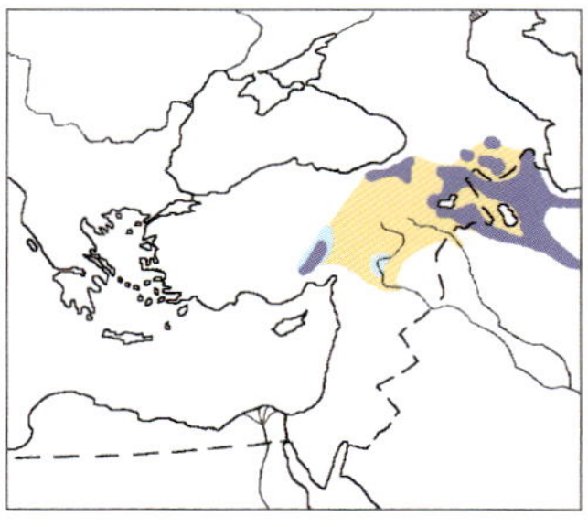

Schwarzkehlbraunelle

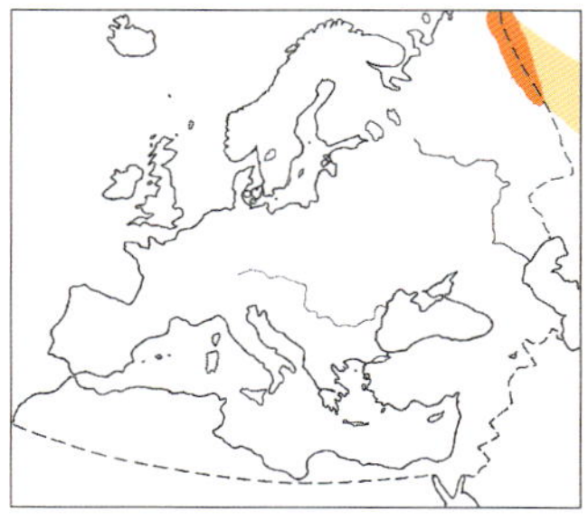

# SCHNÄPPERVERWANDTE

## Muscicapidae

Große Gruppe von kleinen bis mittelgroßen, sehr stimmbegabten Sperlingsvögeln, früher zu den Drosseln gestellt, nach molekulargenetischen Untersuchungen jedoch näher mit Fliegenschnäppern (S. 338-341) verwandt. Oft exzellente Sänger, häufig bunt gefärbt. Nahrung Insekten und Beeren. Überwiegend Sommervögel (36 Arten).

### ROTKEHLCHEN D: A/N6/JZW

European Robin *Erithacus rubecula*

L 12,5-14 cm. Brütet in Wäldern, Gärten, Parks, aber auch in offenem Gelände mit vielen Büschen. Nördliche Populationen ziehen. Wachsam, aber nicht scheu. Nest in Baumstümpfen, an Böschungen und bodennahen Höhlungen.

**KENNZEICHEN** Klein und bräunlich mit *rostroter „Kehle"* (Färbung auf Gesicht und Brust ausgedehnt). *Schmale gelbe Flügelbinde* (besonders deutlich bei Jungvögeln). Wirkt oft großköpfig, *Beine dünn und recht lang.* Gefieder manchmal aufgeplustert und dann rund und kompakt, meist aber eher schlank wirkend. Hüpft rasch und mit hängenden Flügeln am Boden, knickst und stelzt den kurzen Schwanz, steht still, bewegt sich plötzlich, steht wieder still usw.– JK: Gesamtes Gefieder fein gefleckt, keine rote Kehle.– Variation: Bei Brutvögeln auf Teneriffa und Gran Canaria (ssp. *superbus*) Kehllatz kleiner, dunkler ziegelrot, deutlicher abgegrenzt und Bauch weißer.

**STIMME** Ruft kurz und hart „tick". Bei Beunruhigung und in der Dämmerung schnell gereiht „tick-ick-ick-ick…", als würde Großvaters Uhr aufgezogen. Warnruf sehr dünn und scharf, schwer lokalisierbar „tsiiih". Nächtlicher Zugruf dünn und rau „tzi". Gesang beginnt oft mit einigen hohen, gedehnten, feinen Tönen, fällt in der Höhe ab, beschleunigt sich mit schnellen Folgen zitternder und erregter heller Töne, wobei Tempo und Lautstärke variieren.

### NACHTIGALL D: A/N5/Z

Common Nightingale *Luscinia megarhynchos*

L 15-16,5 cm. Der wegen seines schönen Gesangs jedem aus Literatur und Musik bekannte Vogel. Brütet in Wäldern, Gehölzen und Gärten mit viel Unterholz, gern in Wassernähe, auch in trockenem dichtem Gebüsch. Sommervogel (meist Apr.-Sept.), überwintert im südlichen Afrika.

**KENNZEICHEN** Öfter zu hören als zu sehen, doch ist ihre äußere Erscheinung überraschend schlicht: *Oberseits braun mit rostrotem Schwanz und Bürzel,* unterseits graubeige mit diffus hellerer Kehle. *Schwarzes Auge recht groß* und durch *undeutlichen weißlichen Augenring* betont. Sehr ähnlich Sprosser, manchmal im Freiland nicht unterscheidbar, aber Oberschwanz etwas rötlicher und keine auffallende graue Wölkung auf unterer Kehle/Brust (aber manchmal hellgrau getönt).– Variation:

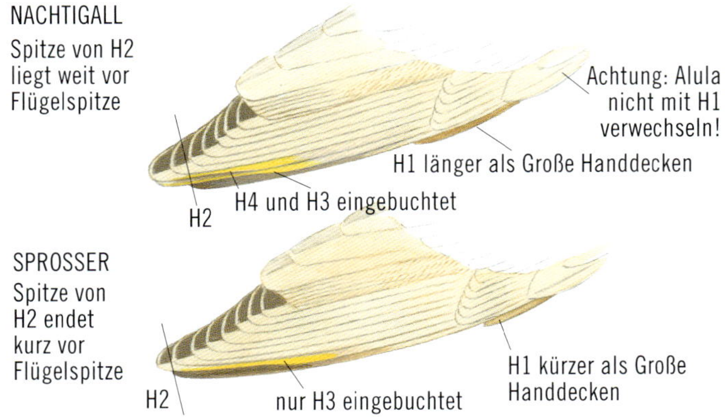


Die Unterart *golzii* (Mittelasien) ist langschwänziger, etwas heller graubraun, zeigt hell umrandete Schirmfedern und helle Spitzen der Großen Armdecken.

**STIMME** Warnruf pfeifend „ihp" (kürzer und tiefer als Sprosser, manchmal leicht ansteigend) und trocken, hölzern knarrend „errrr". Gesang kräftig, melodisch und abwechslungsreich, aus recht kurzen Phrasen (2-4 s) mit oft gleich langen Pausen dazwischen, bestehend aus trillernden, flötenden, schmetternden und gurgelnden Abschnitten, am einfachsten erkennbar an wiederkehrendem *crescendoartig ansteigendem Flötenmotiv* „lu lu lü lü li li".

### SPROSSER D: A/R4/Z

Thrush Nightingale *Luscinia luscinia*

L 15-17 cm. Vertritt die Nachtigall im Nordosten Europas (westwärts bis Ostdeutschland). Brütet in dichtem, feuchtem, schattigem Laubwald, gerne in Haselnussbeständen, auch in gewässernahen Gehölzen. Sommervogel (Ende Apr.-Aug.), überwintert im südlichen Afrika. Nahrung Insekten, Würmer, Schnecken und andere Wirbellose.

**KENNZEICHEN** Deutlich größer als das verwandte Rotkehlchen. Oberseite braun, Unterseite schmutzig weiß, mit Ausnahme des *rötlich getönten Schwanzes* eigentlich ohne besondere Merkmale. Der Nachtigall zum Verwechseln ähnlich, aber durchschnittlich *auf Schwanz und Bürzel etwas weniger rötlich braun,* auf dem *Mantel eher graubraun,* nicht so warm nussbraun. Ferner meist mit deutlicher *grauer Wölkung oder Strichelung auf unterer Kehle und Brust* („Sommersprossen"; Nachtigall allgemein mit ungezeichneter grauweißer Kehle und Brust). Etwas größere Handschwingenprojektion und Details der Schwingenformel lassen sich oft auf nur Fotos beurteilen.

**STIMME** Warnt durchdringend, schwer lokalisierbar, scharf pfeifend „iihp" (wie warnender Halsbandschnäpper) und hart knarrend „errr". Gesang ähnlich Nachtigall, doch eher laut als schön (dennoch herausragend!), eine Serie schnalzender, knarrender, glucksender Töne, oft mit einigen nachdenklichen scharfen Pfiffen eingeleitet, ohne das Crescendo der Nachtigall. Typisch eine galoppierende Phrase „tschuko-TSCHAK tschuko-TSCHAK tschuko-TSCHAK …".

Rotkehlchen

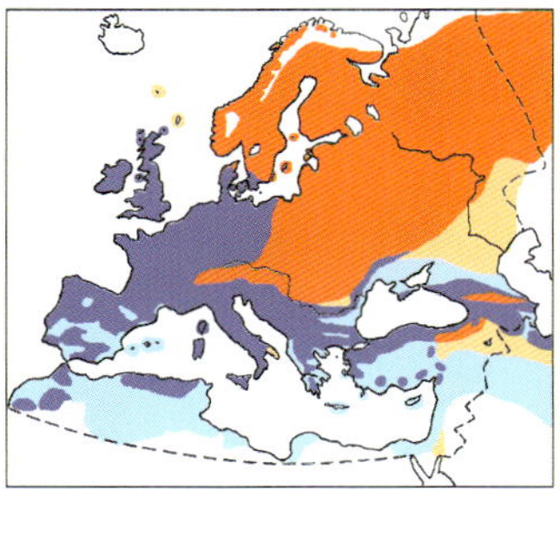

Nachtigall

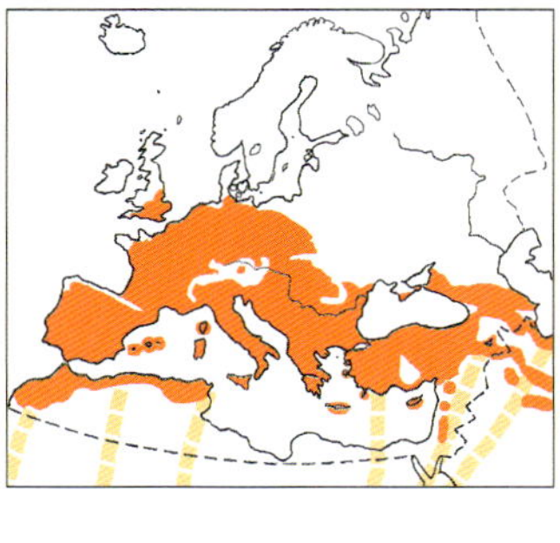

Sprosser

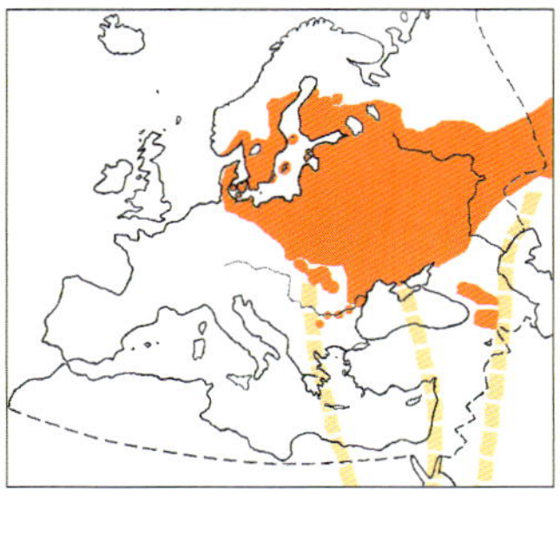

## ROTKEHLCHEN

## NACHTIGALL

## SPROSSER

KM

## HECKENSÄNGER D: A/–/S

Rufous-tailed Scrub Robin *Cercotrichas galactotes*

L 15-17 cm. Brütet in trockener, offener Landschaft mit dichtem Gebüsch, Hecken und Plantagen, bevorzugt Tamarisken, Feigenkakteen und Pistazien; oft bei Siedlungen, also nicht besonders scheu. Sommervogel (Mitte Mai-Sept.), überwintert südlich der Sahara. Nahrung Insekten, Nest bodennah in dichtem Gebüsch.

**KENNZEICHEN** Etwas kleiner als Nachtigall mit proportional etwas längerem Schwanz. Oberseite bräunlich, Unterseite schmutzig weiß, *langer rotbrauner Schwanz* mit auffallenden *schwarz-weißen Spitzen der äußeren Steuerfedern.* Markantes Kopfmuster *mit weißem Überaugenstreif, schmalem dunklem Augenstreif und dunklem Scheitelseitenstreif.* Die *hell gerandeten Federn des Flügels* geben diesem auch zusammengefaltet ein *kontrastreiches Muster.* Schnabel kräftig, Beine ziemlich lang. Verbringt viel Zeit auf dem Boden, fächert den Schwanz und schlägt ihn ruckartig hoch, schließt ihn und senkt ihn langsam ab. Zuckt auch mit den Flügeln und spreizt einen oder beide wie einen Fächer auf. Geschlechter und Altersstufen nicht unterscheidbar.– Variation: Bei der Unterart *galactotes* (Spanien, Nordwestafrika, Ägypten und Israel) kontrastiert der warm braune Mantel kaum zum Schwanz, die Brust ist beige, während in Griechenland und in der südlichen und zentralen Türkei (ssp. *syriaca*) die Oberseite eher graubraun ist, Brust und Flanken kälter gräulich weiß sind und das Kopfmuster kontrastreicher ist. In der Osttürkei und Transkaukasien (ssp. *familiaris*) sind die Brutvögel blasser und noch stärker grau getönt,weniger warm bräunlich.

**STIMME** Ruft hart schnalzend sowie weich pfeifend (angedeutet abfallend) „üh", ferner insektenartig surrend „bsssss". Gesang drosselähnlich klar und wehmütig, ähnlich müder Singdrossel (kurze Phrasen, kurze Pausen), aber heller, quietschender und schriller.

## RUSSHECKENSÄNGER –

Black Scrub Robin *Cercotrichas podobe*

L 20-23 cm. Brütet in trockener Akaziensavanne und offenem, trockenem Kulturland. Verbringt viel Zeit auf dem Boden oder bleibt in dichter Vegetation verborgen, singt aber wie der Heckensänger meist frei sichtbar von der Spitze eines Buschs oder Baums. Ursprünglich in Afrika südlich der Sahara beheimatet, hat der Rußheckensänger sich in letzter Zeit nordwärts auf die Arabische Halbinsel ausgebreitet und wird neuerdings ziemlich regelmäßig in Südisrael festgestellt, sogar brütend. Inzwischen auch Nachweise anderenorts im Nahen Osten und in Nordafrika. Hauptsächlich Standvogel, aber die nördlichen Populationen ziehen sich im Winter nach Süden zurück.

**KENNZEICHEN** Leicht zu erkennen am nahezu *komplett rußschwarzen Gefieder* und dem *langen Schwanz mit breiten weißen Federspitzen,* die besonders bei Betrachtung von unten auffallen. Der *Schwanz wird oft steil aufwärts gehalten,* kann fächerartig gespreizt werden und erweist sich dabei als stark gerundet; auch Unterschwanzdecken mit schmalen weißen Spitzen. Beim für alle Heckensänger typischen Flügelspreizen werden die an einen Tristramstar erinnernden rotbraun getönten Basen der Schwungfedern sichtbar. Geschlechter gleich gefärbt, auch Altersbestimmung im Freiland schwierig.

**STIMME** Ruf selten zu hören und wenig bekannt. Warnruf gedämpft heiser „tscheh". Gesang erinnert an Heckensänger, klare Töne und wehmütig klingende Pfiffe gemischt mit härteren und kratzenden Lauten. Strophen kurz, aber häufig wiederholt, oft mit aufgerichtetem oder zuckendem Schwanz.

## WEISSKEHLSÄNGER –

White-throated Robin *Irania gutturalis*

L 16,5-18 cm. Brütet an trockenen Felshängen oft über 1.000 m hoch, mit dichtem Gebüsch und einzelnen Bäumen, oft in Macchie. Sommervogel (meist Ende Apr.-Aug.), überwintert in Ostafrika. Eher scheu, singt aber frei auf Warte stehend und gelegentlich im gleitenden Singflug. Nahrung hauptsächlich Insekten, Nest im Gebüsch oder niedrig in dicht belaubten Bäumen.

**KENNZEICHEN** Recht groß und drosselähnlich schlank, mit langem Hals, langen Beinen und *kräftigem langem Schnabel. Ganz dunkler Schwanz, schmales helles Kehlfeld und etwas Orange auf der Unterseite sind kennzeichnend für alle Kleider.*– Ad. ♂: Unverwechselbar: *Brust orange, schwarze Kopfseiten* rahmen *schmales weißes Kehlfeld* ein, *schmaler weißer Überaugenstreif, Oberseite* attraktiv *bleigrau.* Der *Schwanz ist komplett schwarz.* Dabei leichte Abweichungen, denn manchmal ist die Brust blasser orangebeige oder der Kehlfleck ist unten schmal schwarz begrenzt.– ♀/♂ 1erW: Oberseite oft mit leichtem Braunstich oder nur mattgrau, Unterseits schmutzig gelblich weiß und Brust deutlich grau gewölkt, *Orange auf die Flanken beschränkt* (wie bei Blauschwanz), Zügel und *schmaler Augenring hell* und *diffuser* heller Bartstreif.– ♂ 1er S: Wie ad. ♂, aber meist erkennbar an nun abgenutzten und zu bräunlich grau ausgeblichenen noch juvenilen Flügelfedern ohne bleigraue Säume. Manche Jungvögel erneuern jedoch einige Flügelfedern im 1en W.

**STIMME** Warnt trocken ratternd „tschriih" oder mit verschiedenen kurzen, geraden Pfeiftöne, z.B. „üht", tiefer als die entsprechenden Rufe des Steinschmätzers. Gesang *sehr schnell zwitschernd,* voller scharfer Pfeiftöne und harter, knarrender Laute, oft so schnell vorgetragen, dass die Noten in der Kehle steckenzubleiben scheinen. Kann an ekstatisch singende Grasmücke oder Würger erinnern, doch sind die Strophen des Weißkehlsängers normalerweise kürzer (außer im Singflug), oft nur 2-5 s lang.

Heckensänger

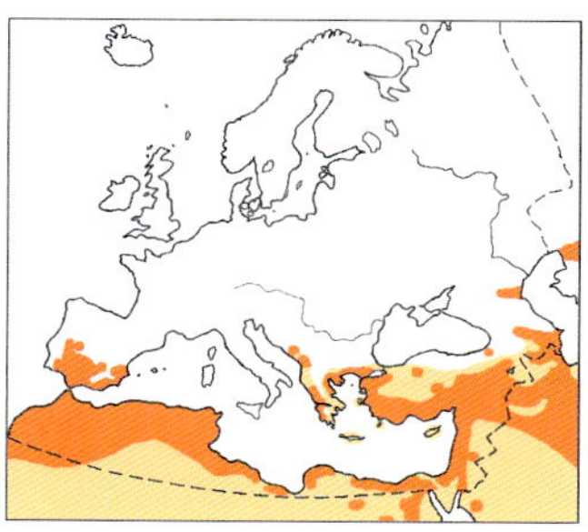

Rußheckensänger

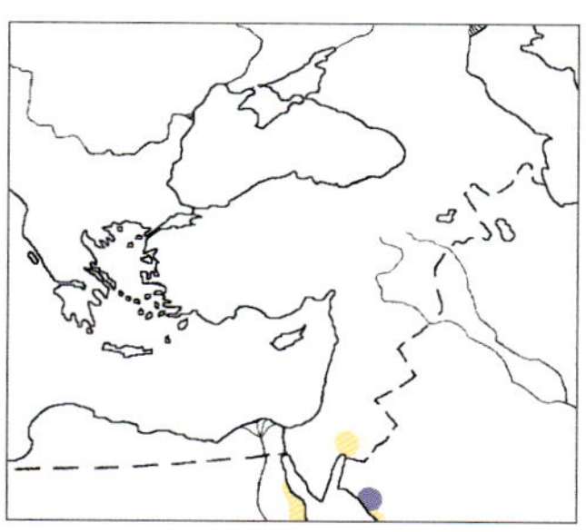

Weißkehlsänger

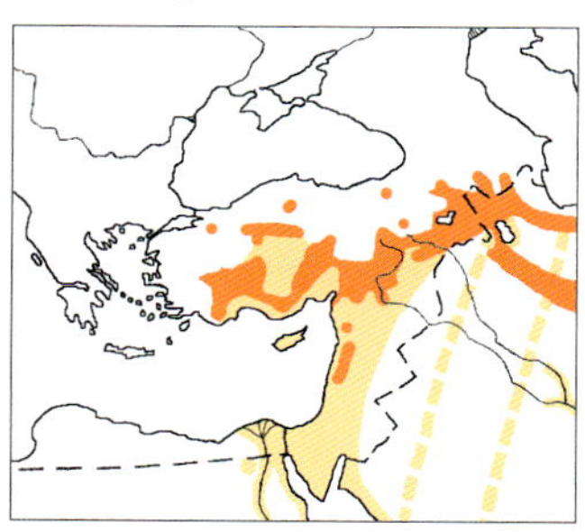

## HECKENSÄNGER

## RUSSHECKENSÄNGER

## WEISSKEHLSÄNGER

KM

## BLAUKEHLCHEN D: A/N4/Z

Bluethroat *Luscinia svecica*

L 13-14 cm. Brütet in Weidengebüsch und Schilf an Gewässern und Gräben, in Auwald u. a., in Nordeuropa (und den Alpen) auch an Berghängen mit niedrigen Gehölzen. Nest bodennah gut versteckt. Sommervogel (meist März-Sept.), überwintert vorwiegend von Nordostafrika bis ins westliche Indien, einige ziehen auch nach Südwesten zur Iberischen Halbinsel und nach Nordwestafrika. Die rotsternige Nominatform ist ein seltener Durchzügler in Deutschland.

**KENNZEICHEN** Recht kleiner, schlanker Vogel mit langen, dünnen Beinen, in allen Kleidern gekennzeichnet durch *deutlichen cremeweißen Überaugenstreif* und *rostroten Bereich an den Seiten der Schwanzbasis* (oft im Flug und bei gestelztem Schwanz sichtbar).– ♂: *Leuchtend blaue Kehle,* nach unten durch schmales schwarz-weißes und breiteres rostrotes Band begrenzt. Inmitten der blauen Kehle bei der Unterart *svecica* (Nordeuropa, Alpen) ein runder, rostroter Fleck. Im SK wird die blaue Färbung teilweise durch cremeweiße und schwarze Federn ersetzt.– ♀: Kehlfärbung variabel, oft nur ein Bogen schwarzer Flecke auf cremeweißem Grund. Oft ist das Blau auf den unteren Rand der Kehle beschränkt, manchmal aber fast so ausgedehnt wie bei ♂. Manche ältere und nahezu alle ♀ im 1en Sommer weisen jedoch weder Blau noch Rostrot auf der Brust auf.– JK: Wie Rotkehlchen im JK fein gefleckt, aber kenntlich am Schwanzmuster.– Variation: Brutvögel in Südskandinavien und weiten Teilen Europas (ssp. *cyanecula*) tragen einen kleinen (manchmal sogar fehlenden) weißen Brustfleck auf eher ultramarin- als kobaltblauem Grund. In N- und Z-Spanien (ssp. *azuricollis*) ist die Kehle oft komplett blau, im Kaukasus (ssp. *luristanica*) immer.

**STIMME** Ruft trocken und kehlig schmatzend „track“ (wie im Wind an Fahnenstange schlagende Leine); erregt auch steinschmätzerartig pfeifend „hiit“ (manchmal Gartenrotschwanz imitierend „HÜit“). Im Herbst auch rau „bsrü“ (ähnlich Rohrammer). Gesang kräftig und klar („Nachtigall des Nordens“), beginnt meist mit oft wiederholtem, sich langsam beschleunigendem, lautem, metallischem „zrü“ oder mehrsilbigem „zri-zri-ZRÜTT“, das plötzlich übergeht in eine Kaskade von melodischen oder harten, klirrenden Tönen, häufig mit eingeflochtenen guten Imitationen anderer Arten.

## BLAUSCHWANZ D: A/–/S

Red-flanked Bluetail *Tarsiger cyanurus*

L 13-14 cm. Brutvogel in bergiger Taiga, gern in feuchtem, moosigem Nadelwald mit einigen Birken, westwärts bis Ostfinnland (trifft ab Ende Mai ein). Überwintert in Südostasien, kehrt daher erst ab Ende Mai nach Nordeuropa zurück. Oft ziemlich scheu, agiert nervös, ständig in Bewegung, zuckt mit Schwanz und Flügeln und schlägt den Schwanz abwärts. Nahrung Insekten, Nest in ausgefaultem Astloch oder unter Wurzeln etc.

**KENNZEICHEN** Bei gutem Licht gesehen, ist das ♂ im PK ein wunderschöner Vogel mit *mattblauer Oberseite* (nur Bürzel, Schwanzbasis, Flügelbug und Scheitel sind leuchtender blau), *orangefarbenen Flanken* und weißer Unterseite. *Kurzer weißer Überaugenstreif* (am Hinterende manchmal hellblau). Flügel blau oder (meist) graubraun mit Olivton (offenbar individuell und nicht altersabhängig). Die blaugrauen Kopfseiten rahmen das *schmale weiße Kehlfeld* ein. Bei schlechtem Licht ist das Blau wenig auffallend und erscheint oft einfach dunkel. Im SK ist das Blau außer auf Oberschwanz und Bürzel sowie oft am Flügelbug verdeckt, der weiße Überaugenstreif ist prominenter als bei Vögeln im 1en W.– Ad. ♀/♂ 1er S: Oberseits graubraun mit Olivton, unterseits schmutzig weiß, leicht zu übersehen, da nur Oberschwanz zwar blau, aber oft nur dunkel wirkend. Beachte *orangene Flanken,* grau gewölkte Brust und *graue Wangen,* die *schmal weißliches Kehlfeld* einrahmen, sowie schmalen *weißlichem Augenring.*– JK: Fein gefleckt wie junges Rotkehlchen, aber mit Blauton auf dem Schwanz.

**STIMME** Warnt ähnlich Hausrotschwanz, mehrfach wiederholt, gerade pfeifend „wisst“ sowie gedämpft, etwas unsauber schnalzend „trk trk trk …“. Gesang oft beim ersten Licht im Morgengrauen oder bald nach Mitternacht in hellen nordeuropäischen Sommernächten von Baumspitze, eine recht konstant wiederholte, schnelle, kurze, klare und wehmütige Strophe, deren letzte Noten in der Höhe etwas abfallen, etwa„itiü-TSCHÜRR-tjetjetju-tjurr “.

## RUBINKEHLCHEN D: A/–/S

Siberian Rubythroat *Calliope calliope*

L 14,5-16 cm. Brütet in Nadelmischwald mit vielen Birken, Weiden und Unterholz, oft an feuchten Stellen; auch in gehölzreichen Parks. Sommervogel (meist Ende Apr.-Anfang Sept.), überwintert in Südostasien. Nest niedrig in Busch.

**KENNZEICHEN** Von der Gestalt wie eine Kreuzung aus Blaukehlchen und Sprosser, hochbeinig, aber recht kurzschwänzig. In allen Kleidern *dunkler Zügel* und *heller Überaugenstreif.*– ♂: *Rubinrote Kehle* durch Kinnstreif schmal schwarz begrenzt, *Bartstreif weiß, Zügelstreif schwarz.*– ♀: *Diffuseres Kopfmuster (Zügelstreif grau, Bartstreif verwaschen)* und entweder teilweise hellrote Kehle (ältere ♀) oder weißliches Kinn ohne schwarze Begrenzung.– 1er W: Wie ad., aber Große Decken und Schirmfedern mit hellen Spitzen.

**STIMME** Bei Gefahr zweisilbig pfeifend „II-lü“ und schnalzend „tschack“ (wie Wacholderdrossel, aber schwächer), manchmal auch gedämpft knarrend „arrr“. Gesang perlend, *ruhig schwatzend,* erkennbar an härteren, tieferen, eher gepressten Tönen und helleren Pfeiftönen; manchmal mit meisterlichen Imitationen verschiedenster anderer Vogelarten.

Blaukehlchen

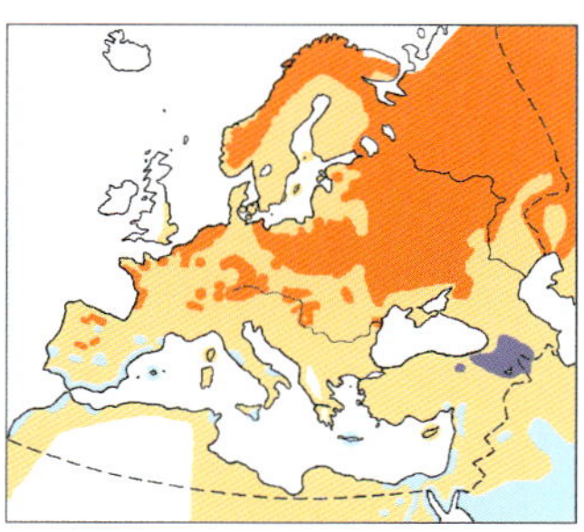

Blauschwanz

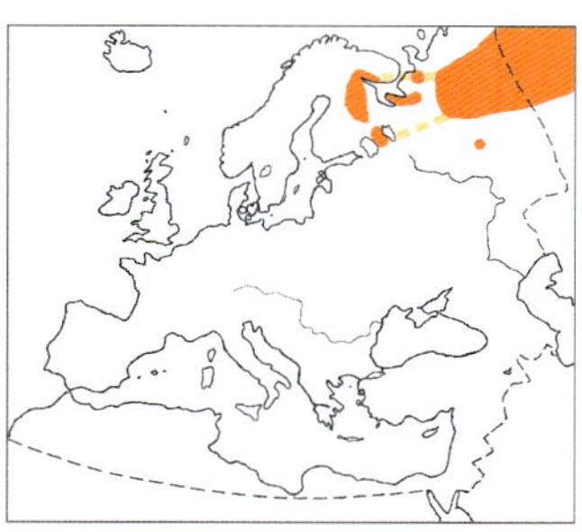

Rubinkehlchen

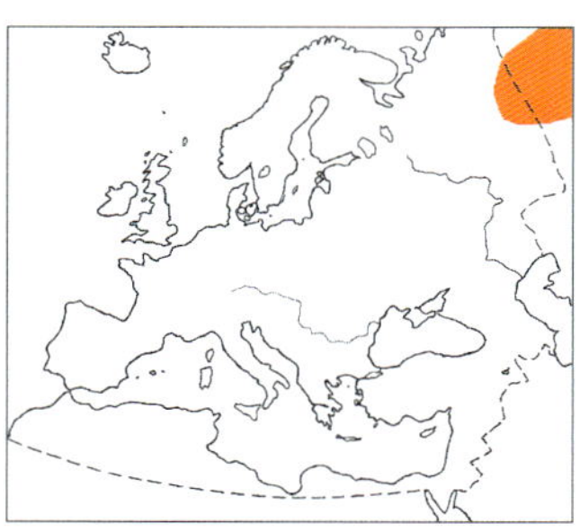

## BLAUKEHLCHEN

## BLAUSCHWANZ

## RUBINKEHLCHEN

## GARTENROTSCHWANZ D: A/N4/Z

Common Redstart *Phoenicurus phoenicurus*

L 13-14,5 cm. Brütet in Wäldern, oft altem Laub- und Mischwald, Gärten, Parks, in Nordeuropa auch älterem Kiefernwald in Baumhöhlen und Nistkästen. Sommervogel (Apr.-Sept.), überwintert in Afrika. Unauffällig, oft in Bäumen und Büschen verborgen und nur kurz am Boden.

**KENNZEICHEN** Recht schlank, steht oft ziemlich aufrecht und *zittert mit dem Schwanz,* wobei dessen *rostrote Farbe* exponiert wird.– ♂ PK: *Schwarze Kehle, orangerote Brust, weiße Stirn, aschgrauer Scheitel und Mantel.* Farben im SK teilweise durch beige Federsäume verdeckt.– ♂ 1er W: Recht ♀-ähnlich, jedoch Kehle grau und Brust orange gefleckt, manchmal etwas Weiß auf Stirn.– ♀: Oberseits graubraun, unterseits beige, verglichen mit ähnlichem Hausrotschwanz-♀ *heller, weniger grau getönt, Kehle, untere Brust und Bauchmitte deutlich heller.* Selten mehr ♂-ähnlich mit orange getönter Brust.– ♂ der Unterart *samamisicus* (Osttürkei, Kaukasus) oberseits etwas grauer und dunkler mit weißem Flügelfeld (variabler Größe), auch ♀ häufig mit angedeuteter Aufhellung der Armschwingen.

**STIMME** Ruft weich pfeifend ansteigend „hüit“ (*samamisicus* halsbandschnäpperartig gerade „ih“), oft gefolgt von schnalzendem „tick-tick-tick“. Gesang ab Morgengrauen eine kurze, weiche, wehmütige, hohe Strophe, oft mit Standardphrase beginnend, aber in Details unterschiedlich endend, z. B. „sih TRÜI-TRÜI-TRÜI si-si pli siWOJ si“.

## HAUSROTSCHWANZ D: A/N5/Z

Black Redstart *Phoenicurus ochruros*

L 13-14,5 cm. Brütet im Bergland an steinigen Hängen und in der Ebene meist im menschlichen Siedlungsbereich. Nest in Felsspalten, Mauernischen oder in Halbhöhlen. Sommervogel (März-Nov.), vereinzelt überwinternd.

**KENNZEICHEN** Größe und Gestalt wie Gartenrotschwanz, Verhalten ähnlich: steht aufrecht, vibriert ständig mit dem *rostroten Schwanz,* ist eher scheu und nervös, huscht viel herum.– Ad. ♂: *Grauschwarz mit deutlichem weißem Flügelfeld.*– ♂ 1er S: Kein weißes Flügelfeld (manchmal angedeutet), Gefieder entweder graubraun wie ♀ oder grauschwarz wie ad. ♂.– ♀/1er W: Kopf und Körper *rußig braungrau,* viel dunkler als Gartenrotschwanz-♀ (auch auf Kehle, unterer Brust und Bauch).– ♂ in weiten Teilen Europas (Unterart *gibraltariensis*) oberseits grau, Mantel in Iberien *(„aterrimus“)* oft schwärzlicher; ♂ in Türkei und Kaukasus (Nominatform) gewöhnlich mit Rostrot auf Bauch; ♂ im Nahen Osten *(semirufus)* deutlich verschieden durch rostrote Färbung von Bauch und unterer Brust, scharf abgesetzt vom schwarzen Kehllatz, ferner Mantel schwarz und kein Weiß im Flügel; in Mittelasien *(phoenicuroides)* schwarzer Brustlatz weniger ausgedehnt, Mantel überwiegend grau mit etwas eingesprengtem Schwarz.

**STIMME** Ruft gerade und etwas scharf pfeifend „fist“, oft ungeduldig wiederholt, bei hoher Erregung mit angehängtem Schnalzen, „fist tk-tk-tk“. Gesang laut, oft schon vor Morgendämmerung von hoher Warte, meist vierteilig: beginnt mit einigen Pfeiftönen und einer klappernden Wiederholung desselben Tons, gefolgt von etwa 2 s Pause, dann ein merkwürdig knirschender Ton, worauf Strophe in einigen kurzen Pfeiftönen endet, z. B. „si-srü-TILL-ILL-ILL-IL… (krschkrschkrsch) SRÜswiswi“; Reihenfolge der Komponenten kann umgedreht werden.

## RIESENROTSCHWANZ –

Güldenstädt's Redstart *Phoenicurus erythrogastrus*

L 15-16 cm. Lebt auf felsigen Matten und Blockhalden mit spärlicher Vegetation bis hinauf zur sommerlichen Schneegrenze, von 2.200 m (meist über 3.000 m) bis 5.000 m Höhe. Im Winter in Tälern bis 1.500 m (manchmal 900 m).

**KENNZEICHEN** *Recht groß,* kräftig und vollbrüstig mit großem Kopf. Steht oft frei auf Felsvorsprung, wechselt Warte häufig, Flug fast drosselartig kraftvoll.– Ad. ♂: Unverkennbar: *Scheitel/Nacken weiß* (im frischen Gefieder graugelb getönt), *großes weißes Flügelfeld, dunkel rostrote Unterseite* und *schwarzer Brustlatz.*– ♀: Wie übergroßes, helles Hausrotschwanz-♀, aber mit *angedeutetem kleinem hellem Flügelfeld.*

**STIMME** Ruft „tsi“ oder „tsi tek-tek“. Gesang kurz, klar, steinrötelartig mit eingewobenen harten Tönen.

## DIADEMROTSCHWANZ –

Moussier's Redstart *Phoenicurus moussieri*

L 12-13 cm. Brütet in offenem Gelände mit Gebüsch, einzelnen Bäumen und Gehölzen, gern an Berghängen, auch in Küstenwald, Plantagen, Gärten. Recht vertraut.

**KENNZEICHEN** Klein und kompakt, *Schwanz und Flügel eher kurz;* zittert ständig mit *rostrotem Schwanz,* zuckt mit Flügeln, steht oft frei.– Ad. ♂: *Gesamte Unterseite* und Bürzel *rostrot,* übrige Oberseite schwarz mit *großem weißem Flügelfeld* und *weißem Stirnband, das sich über die Augen bis auf die Halsseiten zieht.* Schwarze Gefiederpartien im Herbst mit braunen Säumen.– ♀: Ähnlich kurzschwänzigem Gartenrotschwanz-♀, aber *unterseits satter orange* und *mit angedeutetem hellem Flügelfeld.*– ♂ 1er W: Wie ad. ♂, aber schwarze Gefiederpartien braungrau (breit hell gesäumt), Schwungfedern brauner.

**STIMME** Ruft dünn pfeifend „hit“ und weich „tchirrrr“. Gesang zwitschernd, schüttelnd, etwas unregelmäßig aufgebaut, ähnlich Heckenbraunelle, aus quietschenden Tönen mit eingestreutem „tchirr“, 2-5 s lang.

Gartenrotschwanz

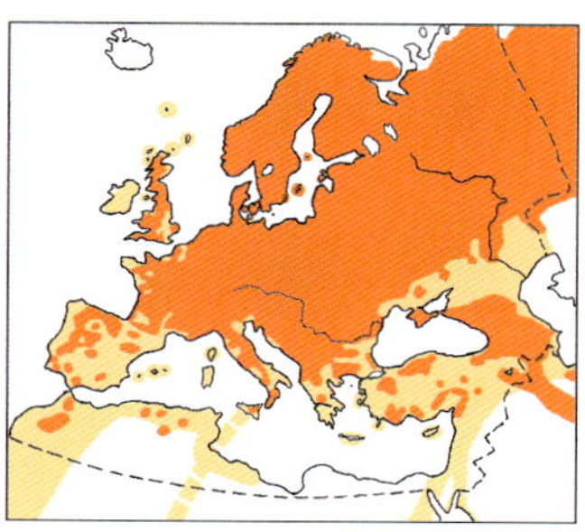

Hausrotschwanz

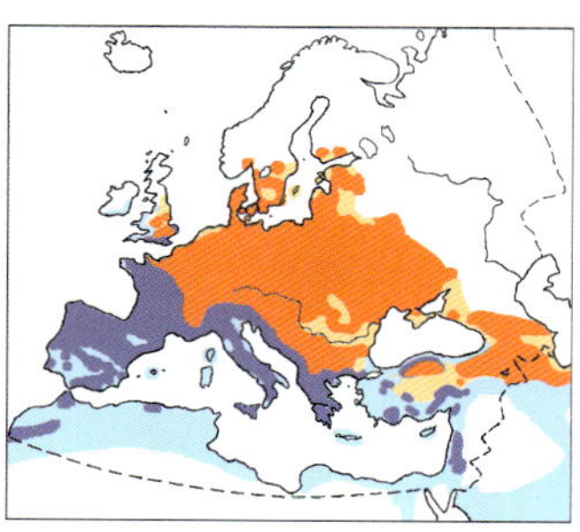

Riesenrotschwanz

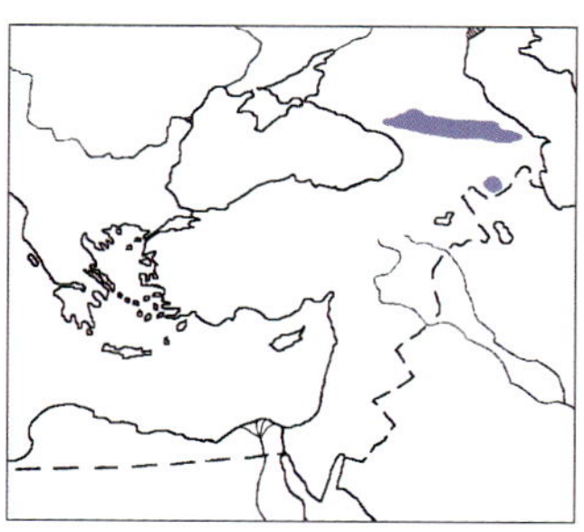

Diademrotschwanz

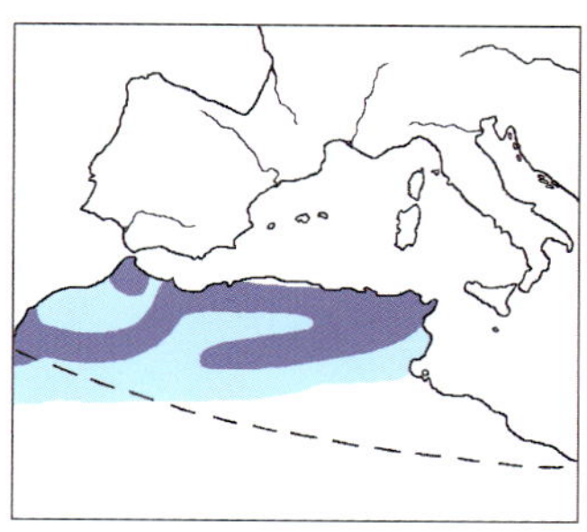

## GARTENROTSCHWANZ

## HAUSROTSCHWANZ

## RIESENROTSCHWANZ

## DIADEMROTSCHWANZ

# STEINSCHMÄTZER

## *Oenanthe*

Eine homogene Familie kleiner Sperlingsvögel offenen Geländes, meist am Boden. Alle zeigen ein charakteristisches schwarz-weißes Schwanzmuster, manchmal auch rötlich, oft mit einem umgedrehten schwarzen „T“.

### STEINSCHMÄTZER D: A/N3/Z

Northern Wheatear *Oenanthe oenanthe*

L 14-16,5 cm. Brütet in offenem, steinigem Gelände mit Wiesen, gerne auf Heiden, Strandwiesen, Weiden und Feldern mit Legsteinmauern, felsigen Inseln und Hängen mit Blocksteinen und an Klippen. In Südeuropa oft in alpinem Gelände. Sommervogel (meist Apr.-Okt.), überwintert in Afrika. Grönländische und kanadische Brutvögel überwintern ebenfalls in Afrika und gehören damit zu den extremen Langstreckenziehern (und legen darüber hinaus 2.400 km in 30-stündigem Nonstop-Flug über den Atlantik zurück). Nahrung Insekten, Nest in Höhlungen von Felsen, Steinhaufen, Mauern, Kaninchenbauen usw.

**KENNZEICHEN** In allen Kleidern *schwarz-weißer Schwanz (schwarzes T-Muster* an der Spitze, weiße Basis; etwas variabel, schwarze Endbinde in Südeuropa tendenziell schmaler). *Oberseite grau oder graubraun, Überaugenstreif weiß oder beige.*– ♂ PK: *Scheitel, Nacken und Rücken aschgrau,* weißer Überaugenstreif, schwarze Maske, schwarze Flügel und rosa-gelbliche Tönung auf Kehle und Brust (kann im Sommer zu Weiß ausbleichen und dann etwas an die hellkehligen Morphen des Mittelmeer-Steinschmätzers erinnern).– ♀ und Vögel im Herbst: Oberseits graubraun, unterseits beige, Flügel und Ohrdecken dunkler, Überaugenstreif hellbeige. ♂ im SK erkennbar an schwarzen Flügeln (mit schmalen hellen Säumen), schwarzem Zügel und etwas Schwarz auf Ohrdecken. ♀ und 1er W ähnlich, aber mit dunkelbraunen Flügeln, ohne Schwarz am Kopf; hellere Individuen mit Isabellsteinschmätzer verwechselbar (s. u.).– Grönländische und isländische Brutvögel *(leucorhoa)* etwas größer und im frischen Gefieder etwas dunkler rötlich braun. Doch auch Vögel der Nominatform aus Fennoskandien und der russischen Tundra sind im zeitigen Frühjahr und Herbst ähnlich satt gefärbt, wodurch die sichere Bestimmung von *leucorhoa* nur bei gefangenen Vögeln anhand der Maße möglich ist.

**STIMME** Ruft gerade pfeifend, wie saugendes „hiit“, und schnalzend „tschack“. Gesang, oft von erhöhtem Platz aus (Felsspitze, Leitungsdraht o. Ä.) oder in kurzem Singflug, explosive, schnelle, harte, zwitschernde und knirschende Strophen mit eingeflochtenem pfeifendem „hiit“, im Detail variierend und schwer beschreibbar; manchmal mit ein oder zwei Imitationen anderer Vogelarten. Singt oft während frühester Morgendämmerung, aber auch tagsüber.

### ATLASSTEINSCHMÄTZER –

Atlas Wheatear *Oenanthe seebohmi*

L 14-16 cm. Oft als Unterart des Steinschmätzers betrachtet, wegen abweichender Färbung des ♂ und des getrennten Vorkommens hier als selbstständige Art behandelt. Brütet an grasigen, steinigen Hängen, meist in 1.500-2.350 m Höhe. Sommervogel (meist März-Okt.), in Nordwest-Mauretanien und dem übrigen Westafrika überwinternder Kurzstreckenzieher. Nest in Bodenhöhle oder zwischen Felsen.

**KENNZEICHEN** Wie Steinschmätzer, aber ♂ im PK mit schwarzer Kehle, schwarzen Unterflügeldecken und durchschnittlich mehr Weiß auf der Stirn. Schwarze Schwanzendbinde recht schmal, wie bei südeuropäischen Steinschmätzern. ♀ und 1er W nicht von Steinschmätzer unterscheidbar, sofern die grau gefleckte Kehle nicht angedeutet ist.

**STIMME** Ähnlich Steinschmätzer, aber kaum untersucht. Ruft „hiit“, ähnlich Ohrenlerche. Gesang hört sich vielleicht weicher und weniger kratzend als Steinschmätzer an.

### ISABELLSTEINSCHMÄTZER D: A/–/S

Isabelline Wheatear *Oenanthe isabellina*

L 15-16,5 cm. Brütet auf kurzrasigen Ebenen oder Hängen, gern in Bereichen mit einzelnen Steinblöcken; Sommervogel, überwintert südlich der Sahara. Nest in Bodenhöhle, oft in Nagerbau.

**KENNZEICHEN** Durchschnittlich größer als Steinschmätzer, Flügel und Schwanz proportional etwas kürzer, *steht oft aufrechter* auf *senkrecht durchgedrückten Beinen* mit stärker *gestrecktem Hals,* aber darin viel Überschneidung zwischen beiden Arten. Ähnlich schlicht gefärbtem Steinschmätzer und oft schwer trennbar, neben den Grundmerkmalen jedoch folgende Unterschiede: *breitere schwarze Schwanzendbinde* (zwischen Steinschmätzer und Wüstensteinschmätzer, breiter als der auf den mittleren Steuerfedern zur Schwanzbasis weisende schwarze Bereich lang ist; beim Steinschmätzer entspricht die Länge dieser Basis der „T-Zeichnung“ der Breite der Endbinde oder ist länger); *hellere Flügel* mit breiteren beigen Säumen, Flügeldecken im Farbton daher eher dem Mantel als den dunkelbraunen Handschwingen entsprechend und Flügel im Flug vor dunklem Hintergrund hell wirkend. *Schwärzliche Alula hebt sich oft von heller braunen Hand- und Großen Armdecken ab* (beim Steinschmätzer wegen dunklerer Zentren aller Flügeldecken weniger Kontrast), *Überaugenstreif am hellsten vor dem Auge, beige und schmaler dahinter* (bei Steinschmätzer über und hinter dem Auge heller und breiter, also umgekehrt). Ohrdecken durchschnittlich heller braun, Tarsus länger. Geschlechter ähneln einander, ♂ meist mit schwärzlicherem Zügelstreif.

**STIMME** Ruft ziemlich scharf „tschip“, etwas abfallend „tschiü“, auch gedämpft schnalzend „tschack“. Gesang lang anhaltend (Strophen oft 10-15 s lang, Pausen kurz), plaudernd mit typischen wohlklingenden Pfeiftönen, z. B. „wi-wi-wi-wü-wü-wü-wuj-wuj-uj-…“, harten, schrillen Tönen und Imitationen.

Steinschmätzer

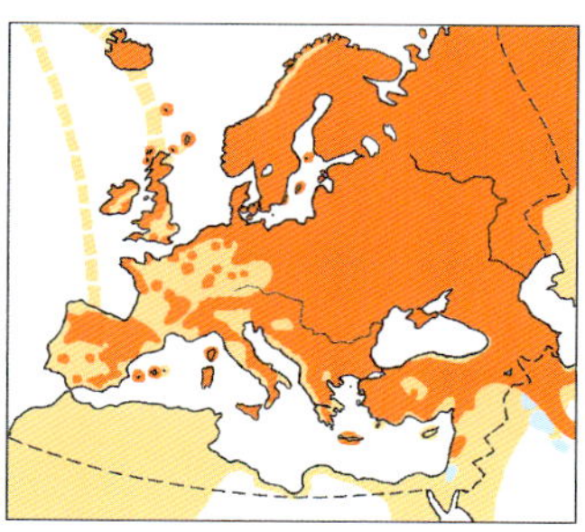

Atlassteinschmätzer

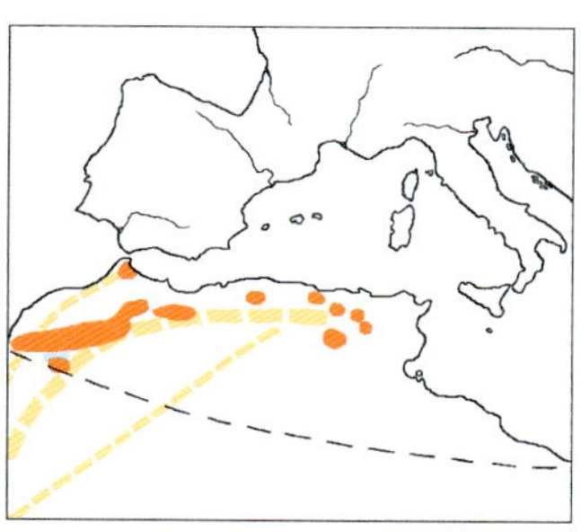

Isabellsteinschmätzer

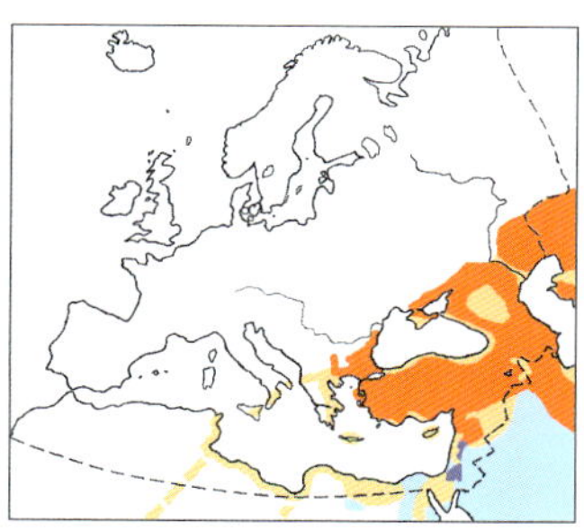

## STEINSCHMÄTZER

## ATLASSTEINSCHMÄTZER

## ISABELLSTEINSCHMÄTZER

DZ

## MITTELMEER-STEINSCHMÄTZER D: A/–/S

Black-eared Wheatear *Oenanthe hispanica*

L 13,5-15,5 cm. Brütet in offenem Gelände mit einzelnen Büschen, Bäumen und Felsen, meist unter 600 m Höhe, gern in kargem Weideland, an Flussufern sowie an steinigen Hängen. Sommervogel, überwintert südlich der Sahara. Nest unter Steinen, in Erdloch oder dichtem Grasbüschel.

**KENNZEICHEN** Recht klein, schlank und langschwänzig, steht oft aufrecht. *Schwanzendbinde* nicht gleichmäßig, sondern *außen breiter,* manchmal zur Mitte sogar durchbrochen (wie Nonnensteinschmätzer, aber anders als Steinschmätzer, Isabell-, Felsen-, Schwarzrücken-Steinschmätzer u. a.). Bei beiden Geschlechtern zwei Morphen, eine hellkehlige (am häufigsten im Westen) und eine dunkelkehlige (dominiert im Osten).– ♂: *Mantel weißlich,* im frischen Gefieder mit ockergelbem Ton; Schwarz von Kopf und Kehle klar vom Schwarz des Flügels getrennt (vgl. Felsensteinschmätzer).– ♀: Ähnlich Nonnensteinschmätzer, jedoch *oberseits wärmer gelblich graubraun, auf Brust einheitlicher gelborange.*– Zwei oft als Arten betrachtete Formen, bei *hispanica* („Maurensteinschmätzer", von Nordwestafrika über Iberien bis Norditalien) ♂ mit weniger ausgedehnter Augenmaske bzw. schwarzer Kehle, beide Geschlechter auf Mantel und Brust im frischen Gefieder mehr ockergelb, Handschwingenprojektion recht kurz. Bei *melanoleuca* („Balkansteinschmätzer", von Süditalien über Balkan bis in den Nahen Osten) ♂ mit ausgedehnterem Schwarz am Kopf, Gefieder im PK ausgeprägter schwarz-weiß; ♀ oberseits eher stumpf gräulich gelbbraun (daher ähnlich Nonnensteinschmätzer-♀), Handschwingenprojektion groß (wie Nonnensteinschmätzer).

**STIMME** Ruft gebrochen, fast fräsend „bschre", manchmal auch eher wie Steinschmätzer „tschak", warnt abfallend pfeifend „wiü". Gesang aus kurzen, trocken zwitschernden und recht „explosiven" Strophen (erinnert an Kurzzehenlerche oder schnelle Dorngrasmücke), z. B. „tchüTCHÜRRtchetjüTJIRR-trii", einige Teile oft gegen Imitationen von z. B. Rauch- und Rötelschwalbe, Bluthänfling oder Stieglitz ausgetauscht.

## NONNENSTEINSCHMÄTZER D: A/–/S

Pied Wheatear *Oenanthe pleschanka*

L 14-16,5 cm. Brütet an Felshängen mit niedriger Vegetation, auf Hochplateaus mit felsreichen Matten, manchmal bei kargen Weiden oder Feldern; steigt oft höher und in steilere Bereiche als Mittelmeer-Steinschmätzer. Nest in Felsspalten, Bodenhöhlen. Sommervogel, überwintert in Ostafrika.

**KENNZEICHEN** Größe, Gestalt und Schwanzmuster wie Mittelmeer-Steinschmätzer, manche ♀ und Herbstvögel sehr schwer unterscheidbar.– ♂ PK: *Schwarzer Mantel fließt mit schwarzen Halsseiten zusammen, Flügel im Flug dunkel* (bei Schwarzrücken-Steinschmätzer hell), *Brust im frischen Gefieder beige, Unterschwanzdecken hell gelblich weiß* (Schwarzrücken-Steinschmätzer auf Brust stets weiß, Unterschwanzdecken rostfarben). Flügel bei ad. schwärzlich, im 1en W/1en S brauner, ferner im 1en S weniger perfekt schwarz-weiß, mit Resten des 1en W. (Eine hellkehlige Morphe *„vittata"* ist sehr selten.).– ♂ SK: durch breite graubraune Säume auf Mantel (1er W ausgeprägter als bei ad.) entsteht Ähnlichkeit mit östlichem Mittelmeer-Steinschmätzer, jedoch *oberseits meist etwas kälter braungrau* mit *deutlicheren hellen Federspitzen* (helles Schuppenmuster).– ♀: Sehr ähnlich östlichem Mittelmeer-Steinschmätzer, jedoch *oberseits dunkler und kälter erdbraun,* im frischen Gefieder *helles Schuppenmuster, ferner Brust rötlich gelbbraun oder rosagrau,* oft mit ungleichmäßiger unterer Begrenzung zum hellen Bauch und Tendenz zu diffuser Strichelung (bei Mittelmeer-Steinschmätzer-♀ ausgeprägterer gelboranger Bereich auf Brust mit deutlicherer unterer Begrenzung und ohne diffuse Zeichnung); *Kehle* im PK variabel *dunkel,* Andeutung davon meist auch im Herbst (aber einige dann recht hellkehlig), dunkle Kehle reicht etwas weiter abwärts als bei Mittelmeer-Steinschmätzer (bei eingezogenem Kopf jedoch schwer zu sehen).

**STIMME** Sehr ähnlich Mittelmeer-Steinschmätzer; ruft ebenfalls „brsche", manchmal auch unrein schmatzend „tschack", warnt pfeifend „wih(e)". Gesangsstrophen oft etwas kürzer, Pausen länger, jedoch gleichermaßen „explosiv" und trocken zwitschernd, z. B. „surtruSCHIRR-etjö", kann Braunkehlchen ähneln; Strophen gelegentlich länger und mit Imitationen.

Mittelmeer-Steinschmätzer

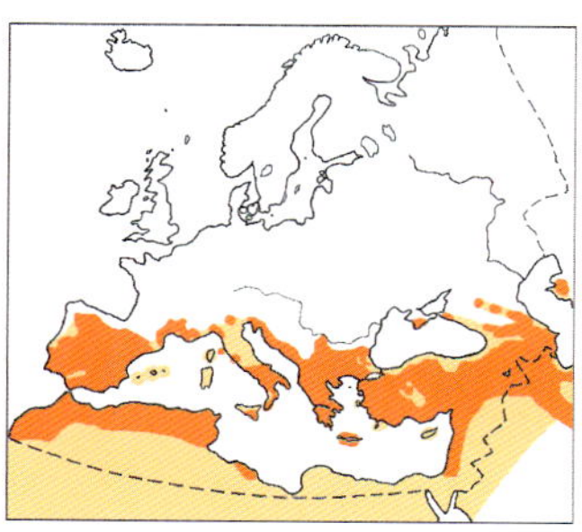

Nonnensteinschmätzer

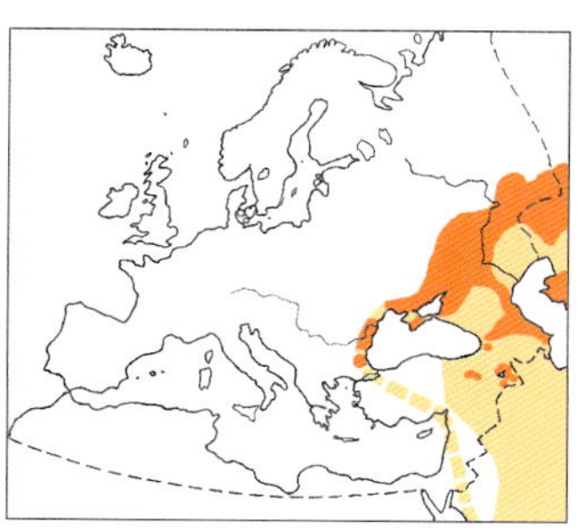

## ZYPERNSTEINSCHMÄTZER D: B/–/S

Cyprus Wheatear *Oenanthe cypriaca*

L 14-15 cm. Früher als Unterart des Nonnensteinschmätzers betrachtet, heute meist als eigene Art anerkannt. Brütet nur auf Zypern, dort häufig ab Mitte März bis Anfang Okt. in trockenem, grasigem Gelände aller Höhenstufen, oft in oder nahe Dörfern; steht beim Singen häufig auf Baumspitzen. Überwintert im Südsudan und in Äthiopien, rastet während des Zugs u. a. in Israel und Ägypten.

**KENNZEICHEN** Ähnlich Nonnensteinschmätzer, aber *etwas kürzere Flügel* und *kürzerer Schwanz,* wirkt kompakt und großköpfig; *Schwanzendbinde breiter, weniger Weiß im Nacken,* reicht nicht auf Mantel (entgegen Nonnensteinschmätzer), *Weiß auf Rücken ebenfalls weniger weit ausgedehnt; Unterseite* im SK/1en W *mehr sattgelb,* außerdem bleicht Brust im Sommer nie einheitlich weißlich aus. Geschlechter nahezu gleich, ♀ insgesamt *dunkler* (grauschwarz oder dunkel braungrau) auf Kehle und Mantel sowie mit *etwas Weiß im Nacken; Scheitel* im Herbst bei ♀ sowie bei ♂ im 1en W *rußgrau,* jedoch auf Scheitelseiten bereits etwas Weiß, das im Sommer durch Abnutzung ausgedehnter wird. ♂ im 1en S mit Kontrast zwischen braungrauen Schwungfedern und schwarzem Mantel bzw. übrigem Flügel.

**STIMME** Ruf zischend „brzü", rau und hart „tschik", ansteigend pfeifend „dchüi" (manchmal abfallend „dchiü"). Typischer Gesang ganz anders als andere Steinschmätzer, Folge gleichartiger, rauer Töne von 3-10 s Dauer, „bizz-bizz-bizz-bizz-bizz…".

## MITTELMEER-STEINSCHMÄTZER

**„BALKANSTEINSCHMÄTZER“**
***melanoleuca*** (SE-Europa, Naher Osten)

**„MAURENSTEIN-SCHMÄTZER“ *hispanica*** (SW-Europa)

## NONNENSTEINSCHMÄTZER

## ZYPERNSTEINSCHMÄTZER

DZ

## FELSENSTEINSCHMÄTZER –

Finsch's Wheatear *Oenanthe finschii*

L 15-16 cm. Brütet an kargen Berghängen und auf steinigen Hochebenen mit niedriger Vegetation. Kurzstreckenzieher, überwintert und rastet in höheren, kühleren Lagen als die meisten Verwandten. Rastlos, scheu, fliegt bei Gefahr weit weg. Nest meist in Felsnische oder -spalte.

**KENNZEICHEN** Kaum größer als Mittelmeer-Steinschmätzer, *Kopf* im Verhältnis *etwas größer, Beine und Schnabel kräftiger.* Schwanz mit *einheitlich breiter dunkler Endbinde* (wie Schwarzrücken-, anders als Mittelmeer- und Nonnensteinschmätzer). Im Flug recht helle Schwungfedern.– Ad. ♂: Schwarze Schulterfedern und Flügel, aber *weißer Mantel und Rücken* (meist nur bei abfliegendem Vogel sichtbar); ausgedehntes *Schwarz an Kehle,* reicht weit herab und *fließt auf Seiten mit Schwarz der Flügel zusammen;* Schwungfedern mit feinen weißen Spitzen, Weiß von Scheitel und Rücken in frischem Gefieder *beigerosa getönt,* Scheitel in abgetragenem Gefieder *heller und mit schmutzig grauer Mitte;* Brust weiß (ganz schwacher Beigeton), Unterschwanzdecken leicht rötlich beige.– ♂ SK/♂ 1er W: Wie ad. ♂ PK, jedoch Schwungfedern und vor allem *Handdecken brauner,* Letztere *mit weißen Spitzen.*– ♀: Überwiegend braungrau und schmutzig weiß (ohne wärmeres Beigebraun auf Brust wie Mittelmeer- und Nonnensteinschmätzer), ziemlich *kontrastlose Armdecken,* Handdecken mit deutlichen hellen Spitzen; Ohrdecken meist rotbraun getönt; schmutzig weißer Überaugenstreif; *Kehlfärbung* variabel, meist *grau schattiert* (im abgetragenen Gefieder manchmal fast so dunkel wie bei ♂), oft am dunkelsten an Seiten und unten, manchmal ganz hellkehlig; beachte Schwanzmuster.

**STIMME** Ruft kurz „tsit", oft wiederholt, auch steinhart „tscheck-tscheck" und raspelnd „bschäh". Gesang variabel, kurze, klare, laute Strophen in ruhigem Tempo mit aufsteigenden Pfeiftönen und einzelnen harten, knarrenden, gepressten Tönen, etwa „tk-tk-suIIH-wa tschi-tschi TRRÜÜ-u… tschutschu ketrü-chiiih-a…", imitiert wenig, singt auch im Flug.

## BERBERSTEINSCHMÄTZER –

Maghreb Wheatear *Oenanthe halophila*

L 14,5-16,5 cm. Früher als nordwestafrikanische Unterart des Schwarzrücken-Steinschmätzers betrachtet, jedoch u. a. durch deutlichen Sexualdimorphismus und getrenntes Verbreitungsgebiet von diesem verschieden. Brütet in kargen Bergregionen, an steinigen Hängen und in Wadis in Felsspalten oder Erdhöhlen.

**KENNZEICHEN** Ähnlich Schwarzrücken-Steinschmätzer mit *gleichmäßig breiter dunkler Schwanzendbinde* und im Flug erkennbaren *helleren Schwungfederbasen,* aber Geschlechter deutlich unterscheidbar.– ♂: *Mantel, Flügel und Kehle schwarz.* Vom Schwarzrücken-Steinschmätzer mit Mühe unterscheidbar an *nicht so weit auf den Rücken reichender schwarzer Mantelfärbung, schwächerem Rost- oder Beigeton auf Unterschwanzdecken* (oft weiß wirkend) und *weniger aufgehellten Schwungfederbasen* (dennoch mit Kontrast). Schwarzer Mantel selten durch weiße Strichelung aufgebrochen.– ♀: *Mantel recht hell beigebraun,* Kehle hell oder öfter verwaschen grau, wird durch Abnutzung schnell dunkel. Manche dunkelkehligen ♀ sind ♂ im 1en W ähnlich und zeigen braungrauen Ton auf Nacken (hell) und Mantel (dunkler). Mantel ausnahmsweise schwarz gestrichelt, dann nicht von ♂ unterscheidbar.

**STIMME** Stimme ähnlich Schwarzrücken-Steinschmätzer.

## SCHWARZRÜCKEN-STEINSCHMÄTZER –

Mourning Wheatear *Oenanthe lugens*

L 14,5-16,5 cm. Brütet in kargen Bergregionen, an steilen Hängen, in vegetationsarmen Wadis, manchmal in flachem, felsübersätem oder steinigem Gelände mit wenig Vegetation. Jahresvogel oder Kurzstreckenzieher.

**KENNZEICHEN** Ähnlich Nonnensteinschmätzer, aber folgende Unterschiede: *dunkle Schwanzendbinde gleichmäßig breit,* im Flug Kontrast zwischen *hellen Schwungfederbasen* und dunkleren Spitzen und Flügeldecken (statt einheitlicher dunkle Flügel), Beine und Schnabel etwas kräftiger. Ferner *schwarzer Kehllatz kleiner,* reicht nicht auf obere Brust, *diese immer reinweiß,* aber *Unterschwanzdecken rostbeige,* Weiß des Nackens weniger ausgedehnt, *reicht nicht auf oberen Mantel.* 1er W/1er S *mit weißen Spitzen auf Handdecken* und oft einigen äußeren Großen Armdecken, *bilden kleinen weißen Fleck* (nicht so bei Nonnensteinschmätzer). Geschlechter gleich gefärbt..

**STIMME** Ruft gerade pfeifend „hiit" und klickend „tschak", manchmal kreuzschnabelähnlich „tchüpp-tchüpp", nach Störung auffliegend gebrochen „brzü". Gesang kurze Strophen mit deutlichen Pausen und klarem, traurigem Klang, klingelnd und rollend (der Blaumerle vergleichbar), z. B. „tritraTSCHÜRR-tru", oft mit anfänglichem oder eingeflochtenem „tschack" und gelegentlichen Imitationen, wenig abwechslungsreich, manchmal länger und oft im Flug vorgetragen.

## BASALTSTEINSCHMÄTZER –

Basalt Wheatear *Oenanthe warriae*

L 14½–16½ cm. Sehr selten, Brutgebiet auf Basaltwüsten in S-Syrien und bis vor kurzem auch NE-Jordanien beschränkt. Winterbewegungen können sich auf S-Israel und Ägypten erstrecken. Vom Aussterben bedroht.

**KENNZEICHEN** *Kopf und Körper ganz schwarz, helle Schwungfederbasen* im Flug erkennbar, die weißen Innenfahnen bei ♂ auffälliger. Weißer Bürzel *schmal, Unterschwanzdecken weiß.*

**STIMME** Rufe klingen ähnlich wie beim Schwarzrücken-Steinschmätzer, aber Gesang unterdrückter, länger und komplexer.

Felsensteinschmätzer

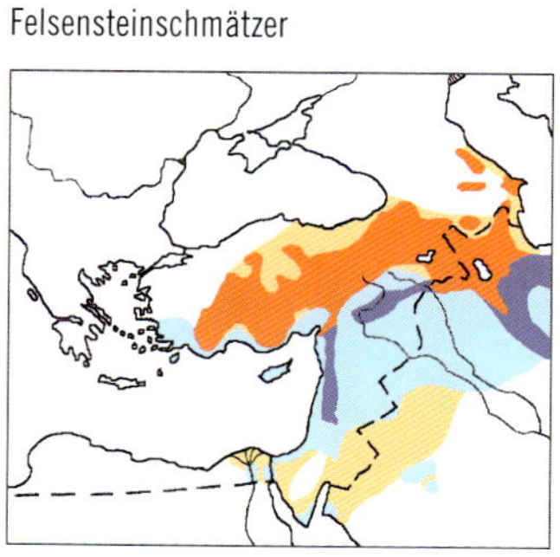

Berbersteinschmätzer

Schwarzrücken-Steinschmätzer

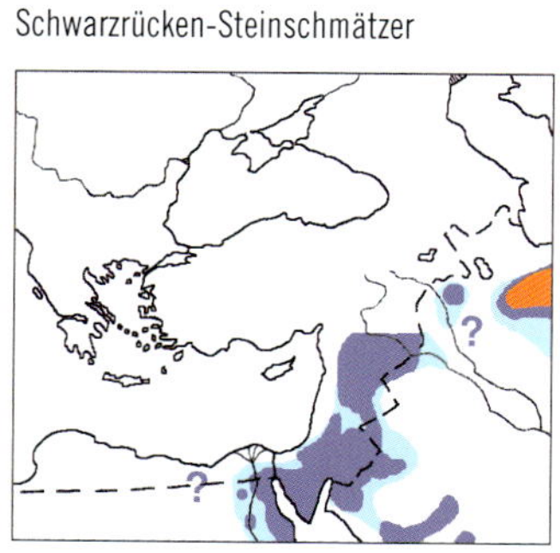

## FELSENSTEINSCHMÄTZER

## BERBERSTEINSCHMÄTZER

## SCHWARZRÜCKEN-STEINSCHMÄTZER

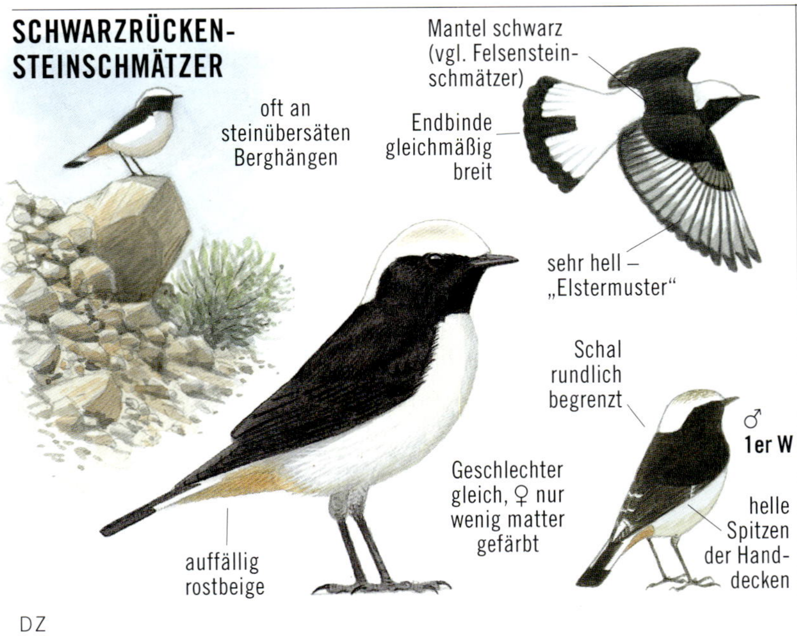


## BASALTSTEINSCHMÄTZER

DZ

## KAPPENSTEINSCHMÄTZER –

Hooded Wheatear *Oenanthe monacha*

L 15,5-17 cm. Brütet in vegetationslosen Gebirgswüsten, in steilen Felsschluchten und Wadis. Jahresvogel. Fängt größere Fluginsekten in hohem Verfolgungsflug, steht oft unauffällig auf Felsblock, um dann plötzlich nach unten in einer Schlucht zu verschwinden. Nest in Felsspalten.

**KENNZEICHEN** *Recht groß, großer Kopf, Schnabel,* Flügel und Schwanz *lang,* aber eher *kurze Beine;* steht oft geduckt.– ♂: *Schwanz zeigt viel Weiß* ohne deutliche Endbinde, *Schwarz nur auf mittleren Steuerfedern und etwas an Ecken,* was langschwänzigen Eindruck verstärkt (ähnliches Schwanzmuster nur bei Saharasteinschmätzer, s. u.); *Mantel, Kehle, Vorderbrust* und sogar obere Flanken *schwarz;* Weiß des Nackens verschmälert sich nach hinten zu.– ♀: Schwanzmuster wie ♂, Weiß jedoch durch blasses Rostbraun ersetzt; gesamtes Gefieder *blass graubraun* mit etwas hellerer Unterseite und leicht *rostbeigem Bürzel;* Flügeldecken mit dunkleren Zentren und sandfarbenen Säumen. Beachte *langen Schnabel.*

**STIMME** Ruf ein gerade gepfiffenes „wit", ein schnalzendes „tschak" und grob rollend „prrü". Gesang *langsam schwätzend* mit oft langen Strophen aus knirschenden Lauten und harten, klopfenden Tönen, aber auch einzelnen klaren, weicheren Tönen sowie reich an Imitationen anderer Vogelarten.

## SAHARASTEINSCHMÄTZER D: E/–/S

White-crowned Wheatear *Oenanthe leucopyga*

L 17-18,5 cm. Brütet in einsamen Gebirgswüsten, steinigen Ebenen, Wadis, auch an Häusern bei Oasen; ein vegetationsfreies Gelände bevorzugender Wüstenvogel. Meist scheu (lokal aber auch eher vertraut). Jahresvogel.

**KENNZEICHEN** Etwa so *groß* wie Trauersteinschmätzer, jedoch *schlanker,* Flügel und Schwanz länger, Schnabel schmaler. Fliegt schnell und kraftvoll. Gesamtes Gefieder *schwarz* mit *weißem Scheitel,* der sich aber erst nach einem Jahr entwickelt; einzelne jüngere Vögel zeigen im sonst schwarzen Scheitel eingestreute weiße Federn. *Schwanz mit viel Weiß,* schwarzem Mittelstreif und nur kleinen schwarzen Markierungen auf den Ecken (Muster wie Kappensteinschmätzer-♂). Im Flug *einheitlich dunkle Flügel.* Geschlechter gleich gefärbt.

**STIMME** Reiches, vielfältiges Repertoire, kräftige Stimme, guter Imitator (der „Beo der Wüste"). Ruft schrill pfeifend „hiit", hoch summend „bizz" und heiser „tschrä". Gesang oft laut mit vielen klaren Pfeiftönen, gleichartige Kurzstrophen längere Zeit wiederholt mit z. B. abfallenden Pfeiftönen als beherrschendem Lautmuster, „si-sü-so-trui-trü", oft mit hervorragenden Imitationen durchsetzt; daneben schwätzender weicher Vorgesang. Manchmal Singflug mit flatternden Flügeln und gefächertem Schwanz.

## TRAUERSTEINSCHMÄTZER –

Black Wheatear *Oenanthe leucura*

L 16-18 cm. Brütet an steilen, trockenen Hängen mit Felsen, Abbrüchen, etwas Buschwerk und einzelnen Bäumen, von Meereshöhe bis in 3.000 m Höhe (meist unter 2.000 m); meidet ebeneres Terrain und Menschennähe. Jahresvogel. Scheu, flüchtet früh, meist hangaufwärts.

**KENNZEICHEN** *Groß, kräftig, großer Kopf, kräftiger Schnabel,* wirkt etwas plumper als der unausgefärbt ähnliche Saharasteinschmätzer. Pumpende Aufwärtsbewegungen des Schwanzes mit langsamem Absenken. Flug kraftvoll auf breit gerundeten Flügeln. *Ganz dunkel* (♂ schwarz, ♀ rußbraun) mit weißem Bürzel und gattungstypischer Schwanzzeichnung (schwarzes „T" auf weißem Grund), *Schwanzendbinde ausgeprägt und gleichmäßig breit,* etwa wie bei Steinschmätzer. Schwungfedern dunkel (kontrastieren jedoch bei durchscheinendem Licht etwas mit dunklen Flügeldecken). Verwechslungsgefahr nur mit unausgefärbtem Saharasteinschmätzer, bevor dessen erste weißen Scheitelfedern erscheinen, dieser jedoch schlanker, hat unvollständige Schwanzendbinde und im Flug dunklere Flügel.

**STIMME** Ruft abfallend pfeifend „piüp", oft gereiht, sowie etwas zäh schmatzend „tschett-tschett", manchmal rollend „tscherrr". Gesang grob zwitschernd, etwas tieferer als andere südliche Steinschmätzer, fast drosselartig (aber ohne wehmütigen Klang und klare rollende Stimme der Blaumerle). Zeigt wellenförmigen Singflug.

## SCHWARZSCHWANZ-STEINSCHMÄTZER –

Blackstart *Oenanthe melanura*

L 14-16 cm. Brütet in Felswüste, Wadis, an steinübersäten Hängen mit einzelnen Büschen und Akazien. Jahresvogel. Vertraut, nähert sich oft furchtlos. Nest in Felsspalten.

**KENNZEICHEN** Gesamtes *Gefieder grau* (unterseits heller) mit *komplett schwarzem Schwanz.* Schwarze Alula kontrastiert mit grauen Flügeldecken. Alle Kleider identisch. Spreizt oft Schwanz und Flügel, vor allem bei Landung oder Ortswechsel, schlägt Schwanz langsam abwärts. Steht viel am Boden, oft auch niedrig in Akazienkronen.

**STIMME** Einzelne Gesangselemente werden wohl auch als Ruf benutzt. Warnt pfeifend „wih", erregt prasselnd oder fauchend „bschräh", erinnert an Nonnensteinschmätzer. Gesang aus 2-3 ziemlich tiefen, klaren Flötensilben, die erste betont, mit 4-5 s Abstand wiederholt, „TCHÜRRE-lü……TRRÜ-troo……TSCHÜRRlü…… TSCHÜRRtschurr……", Tonfall einsam und wehmütig, Lautstärke oft durch widerhallende Felswände verstärkt.

Kappensteinschmätzer

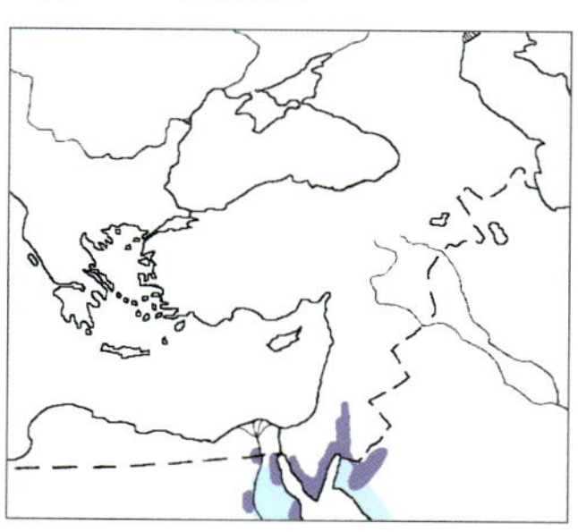

Saharasteinschmätzer

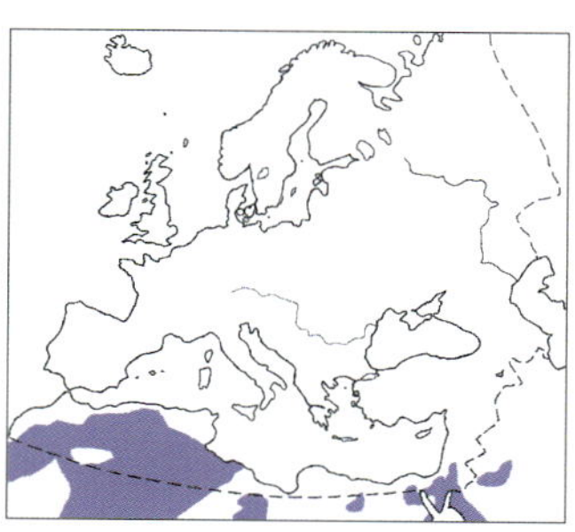

Trauersteinschmätzer

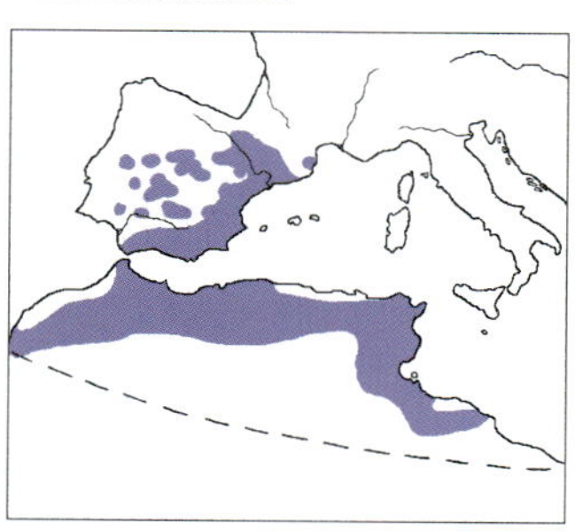

Schwarzschwanz-Steinschmätzer

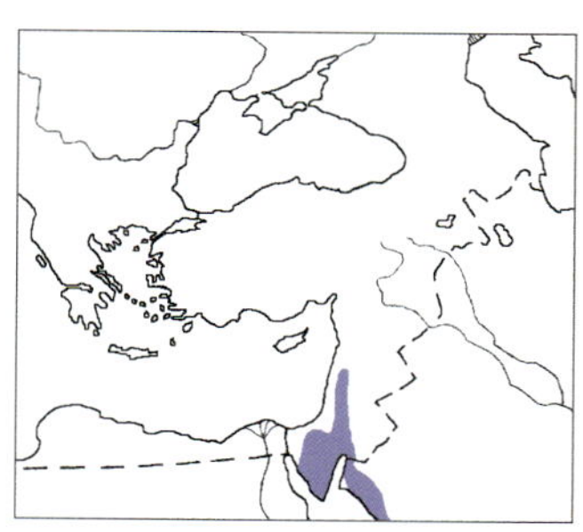

## KAPPENSTEINSCHMÄTZER

## SAHARASTEINSCHMÄTZER

## TRAUERSTEINSCHMÄTZER

## SCHWARZSCHWANZ-STEINSCHMÄTZER

DZ

## WÜSTENSTEINSCHMÄTZER A/–/S

Desert Wheatear *Oenanthe deserti*

L 14,5-15,5 cm. Brütet in trockenem, sandigem, steppenähnlichem Gelände und in Halbwüsten mit vereinzelten Büschen, niedrigem Bewuchs und Felsen (meidet aber reine Sandwüste). Kurzstreckenzieher.

**KENNZEICHEN** Recht kompakt mit relativ großem Kopf, Hals und Schwanz kurz. *Schwanz fast ganz schwarz;* Bürzel beige, leuchtet im Flug; Schwungfedern im Flug recht hell graubraun, aber *Unterflügeldecken* bei beiden Geschlechtern *kontrastierend dunkel* (beim ♂ schwärzlich).– ♂: Stets mit *schwarzer Kehle;* erinnert an schwarzkehlige Morphe des Mittelmeer-Steinschmätzers, jedoch mit schwarzem Schwanz und *weißen* (nicht schwarzen) *Schulterfedern,* daher Schwarz des Flügels viel schmaler, ferner *schwarze Verbindungslinie zwischen dem Schwarz von Kehle und Flügel* (bei Mittelmeer-Steinschmätzer selten). Im Herbst helle Säume der schwarzen Partien. Im 1en S Flügel brauner als bei ad.– ♀: Beachte neben Schwanzzeichnung ziemlich *blass graubraune Färbung auch des Flügels* (bei ♀ anderer Arten gewöhnlich dunkler); Brust beigebraun (ohne Orangeton); Mantel hell gelblich beige; *Schulterfedern sehr hell beigebraun,* mindestens so hell wie Mantel; Ohrdecken rötlich braun, Überaugenstreif schmutzig gelbweiß; gelegentlich mit dunkel schattierter Kehle.

**STIMME** Ruf schrill pfeifend lang „wiiäh“, hart schmatzend „tsak“ und dünn, gedämpft ratternd „tk-tk-tk“. Gesang recht konstant wiederholte *kurze,* klare, abfallende, etwas zitternde, verzweifelt klagende Flötentöne, „TRÜÜ-trururu“. Singflug vor Tagesanbruch, oft im Chor.

## ROSTBÜRZEL-STEINSCHMÄTZER –

Kurdish Wheatear *Oenanthe xanthoprymna*

L 14-15 cm. Brütet an kargen Gebirgshängen mit niedriger, spärlicher Vegetation, oft in großer Höhe (1.200-4.000 m). Überwiegend Sommervogel, ziehend auch in geringerer Höhe. Wenig scheu, steht auf niedrigen Büschen, untersten Baumzweigen und Steinen. Schlägt den Schwanz selten.

**KENNZEICHEN** Recht *kompakter* Steinschmätzer mit proportional großem Kopf, dagegen Hals, Schwanz und Beine eher kurz. Steht oft ziemlich waagerecht. Teilt mit Kaukasussteinschmätzer charakteristisch *rostfarbenen Bürzel und Steiß,* zeigt als ad. aber eine *weiße Schwanzbasis,* die jedoch im ersten Lebensjahr meist noch rostfarben ist. Geschlechter ähneln einander, ♂ jedoch durchschnittlich bunter, mit dunkleren Schwungfedern, grauerem Mantel und tieferem Rostton auf dem Steiß, Kehle schwarz (bei ♀ dunkelgrau), Überaugenstreif weiß (bei ♀ gräulich), Scheitel, Mantel und Rücken grau (bei ♀ mit Braunton), einige den Flügel etwas gemustert wirken lassende helle Federränder. Unterscheidet sich vom Fahlbürzel-Steinschmätzer u. a. durch *schmalere helle Flügeldeckensäume* (daher Flügel im Frühjahr recht dunkel), *graueren Mantel und Rücken,* etwas geringere Größe und schlankere Gestalt.

**STIMME** Ruf ein abfallender Pfiff „tijüp“, weniger durchdringend als entsprechender Steinschmätzerruf, und ein grob schnalzendes „tschack“, manchmal in ratternder Folge („tch'r'r'r“). Gesang kurz und ziemlich tief, eine konstant wiederholte zwitschernde Strophe aus 4-6 trocken rollenden Elementen, „TSCHU-i tschu TSCHURR“ o. Ä.

## KAUKASUSSTEINSCHMÄTZER –

Red-tailed Wheatear *Oenanthe chrysopygia*

L 14,5-16 cm. Früher als Unterart des Rostbürzel-Steinschmätzers betrachtet, unterscheidet sich aber durch mehrere Kriterien, getrennte Verbreitung und wird daher inzwischen als selbstständige Art betrachtet. Brütet im östlichen Kaukasus, Iran und angrenzenden Teilen Mittelasiens, überwintert in Ostafrika, zieht durch den Nahen Osten. Lebensraum und Lebensweise wie Rostbürzel-Steinschmätzer.

**KENNZEICHEN** Geschlechter gleich gefärbt. Wirkt wie ♀ des Rostbürzel-Steinschmätzers, aber *Bürzel und Schwanzbasis immer rostrot* (statt weiß) und *Kehle weißlich* (nie dunkel). Flügel eher *ungemustert braungrau,* Schirmfedern in frischem Zustand rötlich gesäumt, *Unterflügeldecken hell* (statt kontrastierend dunkel). *Oberseite rötlich graubraun* (nie dominierend grau), *Überaugenstreif undeutlich, kurz.*

**STIMME** Ruf harsch „kersch“, ähnlich Nonnensteinschmätzer. Gesang lang, lerchenähnlich, meditativ plaudernd, durchsetzt mit hartem Doppelruf „kersch-kersch“.

## FAHLBÜRZEL-STEINSCHMÄTZER –

Red-rumped Wheatear *Oenanthe moesta*

L 14,5-16 cm. Brütet überwiegend in niedrigeren Lagen auf flachen, trockenen, sandigen oder lehmigen Flächen oder karger, steiniger Halbwüste, manchmal zwischen Tamarisken und schütterer niedriger Vegetation, aber nicht in reiner Sandwüste. Jahresvogel.

**KENNZEICHEN** Ähnlich Rostbürzel-Steinschmätzer (s. o.), jedoch *etwas größer, Schnabel und Beine* länger, Schwanz fast komplett dunkel mit rostrotem Bürzel und beim ♂ schmaler, beim ♀ ausgedehnt rötlicher Basis; *weiße Ränder der Großen Armdecken bilden helles Flügelfeld,* besonders beim ♂; *helle Flügelbinden* auf Großen und Mittleren Armdecken; Mantel, Rücken und Schulterfedern bei ♂ im abgetragenen Kleid schwarz, was gelegentlich zu Verwechslungen mit anderen Arten verleiten kann.– ♀: Zeigt *an Scheitel, Nacken und Kopfseiten rostbeige* Färbung und *hellbeiges Flügelfeld.* Hebt den Schwanz oft an und senkt ihn langsam wieder ab (ähnlich Trauersteinschmätzer).

**STIMME** Ruf bei Erregung wiederholt kurz „prrit“, fast wie Zwergtrappe. Gesang recht langsam, weich, tief, ohne klare Struktur, kratzend oder metallisch, etwa „tschurr-urr tschorr-orr tschürr ürr tschirr-irr…“. Auch kürzere, einfachere Strophen.

Wüstensteinschmätzer

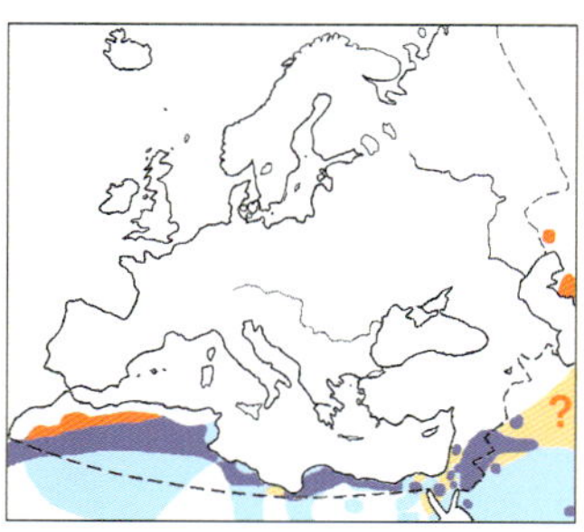

Rostbürzel-Steinschmätzer

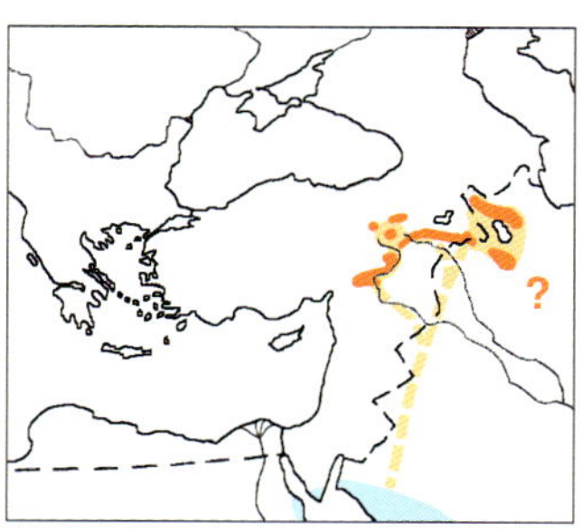

Fahlbürzel-Steinschmätzer

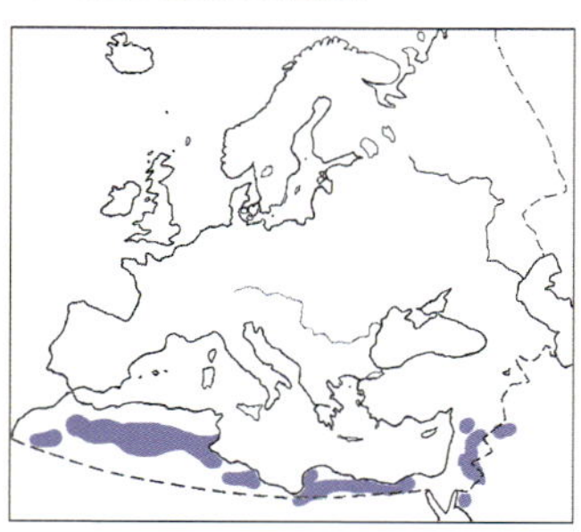

## WÜSTENSTEINSCHMÄTZER

## ROSTBÜRZEL-STEINSCHMÄTZER

## KAUKASUSSTEINSCHMÄTZER

## FAHLBÜRZEL-STEINSCHMÄTZER

DZ

## BRAUNKEHLCHEN D: A/N4/Z

Whinchat *Saxicola rubetra*

L 12-14 cm. Brütet in feuchtem Wiesen- und Weidegelände, in der Taiga auch in feuchten Seggenmooren mit niedrigen Weiden. Sommervogel (Apr.-Sept., selten Okt.), überwintert im tropischen Afrika. Nest unter Grasbüschel.

**KENNZEICHEN** Klein, kurzschwänzig und kompakt mit recht langen schwarzen Beinen. Steht aufrecht, knickst und wippt langsam mit dem Schwanz, fliegt oft niedrig und schwungvoll von einer Warte zur anderen auf eine Staudenspitze oder einen Zaun. Markanter heller Überaugenstreif in allen Kleidern charakteristisch. *Bürzel gelbbraun und dunkel gefleckt,* übrige Oberseite dunkel gestrichelt. Weiße Basen der äußeren Steuerfedern im Flug sichtbar.– Ad. ♂: Schwarze Zügel und schwarzbraune Kopfseiten, *von reinweißen Streifen eingerahmt. Kehle und Brust orange.* Flügel ziemlich dunkel mit ein oder zwei *weißen Flügelabzeichen,* am einfachsten im Flug erkennbar.– ♀/1er W: Beigeweißer Überaugenstreif, hellbraune Kopfseiten, meist kein weißes Flügelabzeichen. Altersbestimmung im Herbst außer bei sehr bunten ad. ♂ schwierig. Alt- wie Jungvögel können auf der Brust fein gefleckt sein.

**STIMME** Warnt mit weichen, kurzen Pfeiftönen und schnalzenden Lauten „jü teck, jü teck-teck…". Gesang (oft auch nachts) aus variablen, lauten, schnellen Kurzstrophen mit rauen und knirschenden, aber auch klaren, tiefen Tönen und vielen Imitationen. Strophen beginnen etwas abgehackt, beschleunigen sich und enden abrupt. Vom ebenfalls nachts singenden Steinschmätzer am weicheren, weniger kratzenden Tonfall, dem explosiven Vortrag und dem häufigen Einschluss des kurzen Warnrufs „jü" unterscheidbar.

## SCHWARZKEHLCHEN D: A/N4/Z

European Stonechat *Saxicola rubicola*

L 11,5-13 cm. Brütet von Europa bis zur Türkei, Südostrussland und der Kaukasusregion. Im Norden Kurzstreckenzieher nach Südeuropa, im Süden Jahresvogel. Brütet in offenem Gelände mit niedriger Vegetation, gern mit Heidekraut und Ginster, im Norden eher im Flachland, im Südosten auch in der alpinen Zone.

**KENNZEICHEN** Ad. ♂: Gesamter *Kopf* (einschließlich Kinn) *schwarz* (im Herbst teilweise durch helle Federsäume verdeckt), *weißer Halsseitenfleck. Brust rötlich orange,* auf oberen Bauch und Flanken variabel ausgedehnt. *Bürzel braun, dunkel gefleckt,* bleicht im Sommer manchmal zu kleinem (selten großem) weißen Fleck aus, aber längste Oberschwanzdecken stets dunkel gestreift. *Unterflügeldecken grau, schmal weiß gesäumt,* wirken nur selten schwärzlich kontrastierend.– ♀: Kehle dunkelbraun (im Herbst durch helle Federsäume überwiegend verdeckt).

**STIMME** Warnt ähnlich Hausrotschwanz mit schrillem, scharfem Pfeifton und kehligem Schnalzen „wist trak-trak, wist…". Gesang kurze, hohe Zwitscherstrophe, an Ohrenlerche oder Heckenbraunelle erinnernd, eher monoton und ohne Variationen und Stimmumfang des Braunkehlchens.

## PALLASSCHWARZKEHLCHEN D: A/–/S

Eastern Stonechat *Saxicola maurus*

L 12-14 cm. Nah mit Schwarzkehlchen verwandt, weit verbreitet: Osttürkei, Armenien, Südkaukasus und Westiran (*variegatus,* „Armenienschwarzkehlchen"), Nordkaukasus und um das nördliche Kaspische Meer herum (*hemprichii,* „Kaspischwarzkehlchen"), Südostrussland, nördliches Mittelasien und Südsibirien *(maurus, steinegeri).* Lebensraum ähnlich Schwarzkehlchen, doch wo beide Arten zusammentreffen meist in geringeren Höhenlagen.

**KENNZEICHEN** *(maurus)* Ad. ♂: Ähnlich Schwarzkehlchen, aber *weißer Halsseitenfleck größer und weiter auf Nacken reichend, orangeroter Brustfleck durchschnittlich kleiner und konzentrierter, übrige Unterseite also ausgedehnter weiß* (aber manchmal intermediäre Vögel). *Bürzel ungestrichelt beigeweiß,* im Sommer zu großem weißem Fleck ausbleichend. *Unterflügeldecken schwarz,* zum übrigen Unterflügel stark kontrastierend (doch oft schwer einschätzbar).– ♀: *Kehle hell,* gelblich weiß, nie dunkel.– 1er W: Ausnahmegäste in Europa zeigen angedeuteten *hellbeigen Überaugenstreif* und *ungestreiften großen, beigen Bürzelfleck.– hemprichii:* Ad. ♂ ähnlich *maurus,* aber etwas größer und mit *viel Weiß im Schwanz,* das *steinschmätzerähnliches schwarzes T-Muster* umrahmt.– *variegatus:* Ad. ♂ ähnlich *maurus,* aber *größer* und mit *kleinerem, dunkel ziegelrotem Brustfleck* in scharfem Kontrast zur sonst weißen Unterseite. Wird im Sommer oberseits sehr schwarz. *Sehr wenig Weiß an der Schwanzbasis,* nur selten erkennbar.– *steinegeri:* kaum unterscheidbar, hat etwas kräftigeren Schnabel, in Europa durch DNA-Analyse nachgewiesen.

**STIMME** Rufe und Gesang ähnlich Schwarzkehlchen.

## KANARENSCHMÄTZER –

Fuerteventura Stonechat *Saxicola dacotiae*

L 11-12,5 cm. Brütet nur auf Fuerteventura (Kanaren; wohl max. 1.300 Paare) auf kahlen Hängen und in Schluchten mit Büschen und einzelnen Bäumen. Jahresvogel.

**KENNZEICHEN** Etwas kleiner als Schwarzkehlchen, Gestalt und Verhalten ähnlich. Schnabel etwas dünner und länger (wie bei vielen Inselformen), Schwanz länger und schmaler. Ad. ♂: *Kopf braunschwarz* mit *schmalem weißem Kehlfeld* (auf Halsseiten fortgesetzt) und *kurzem weißem Überaugenstreif,* auf oberer Brust orangebeiger Fleck, kleiner weißer Flügelfleck, *Bürzel dunkel.*– ♂ 1er W: Matter gefärbt, meist ohne Flügelfleck. Im frischen Gefieder *helles Band entlang der Armschwingen* und dünne helle Flügelbinde.– ♀: Blasser und grauer, Kopf braungrau, zart gefleckt, Überaugenstreif diffus. Kehle immer hell.

**STIMME** Stimme ähnlich Schwarzkehlchen.

Braunkehlchen

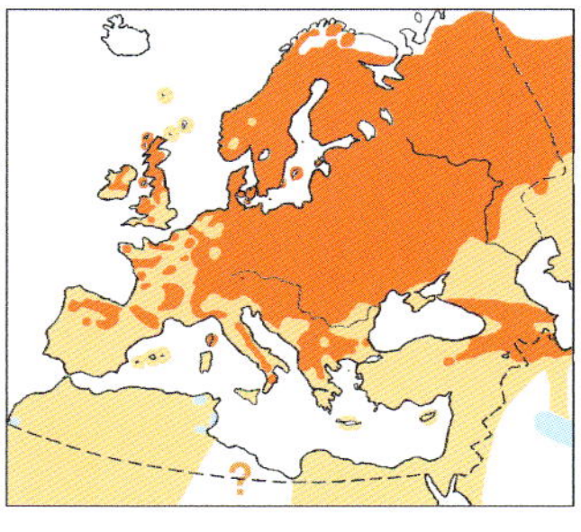

Schwarzkehlchen

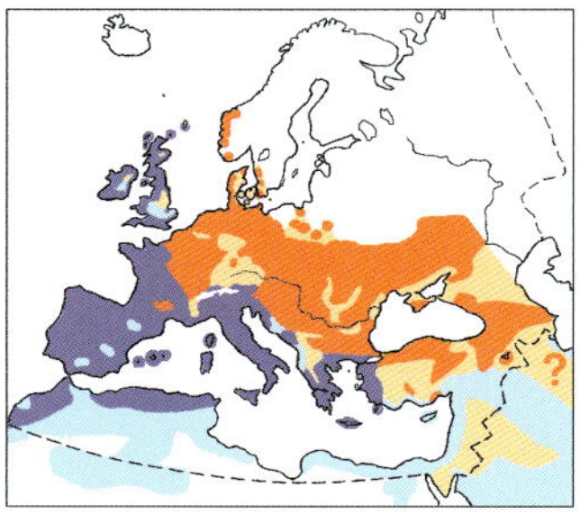

Pallasschwarzkehlchen

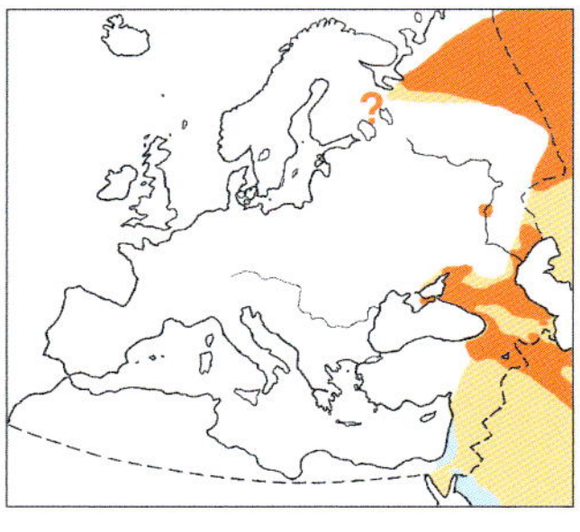

## BRAUNKEHLCHEN

## SCHWARZKEHLCHEN

## PALLASSCHWARZKEHLCHEN

## KANARENSCHMÄTZER

DZ

# DROSSELN Turdidae

Recht groß, langschwänzig, mit kräftigen Füßen und Schnäbeln. Jugendkleid gefleckt. Begnadete Sänger. Meist Waldbewohner, Nahrungssuche am Boden (18 Arten).

## SINGDROSSEL D: A/N6/Z

Song Thrush *Turdus philomelos*

L 20-22 cm. Brütet in Wäldern, Parks und Gärten. Nordöstliche Populationen ziehen nach West- und Südeuropa (März-Okt.). In Gehölzen gut verstecktes Nest innen mit Holzmulm und Lehm ausgekleidet.

**KENNZEICHEN** Eher klein und kompakt, *recht kurzschwänzig.* Flug schnell und etwas ruckartig. Oberseite braun, *Unterseite gelblich weiß, dicht übersät mit schwarzen Flecken* (vgl. Misteldrossel). *Unterflügeldecken rostbeige; oft mit wärmerem Ockerton auf Flanken* entlang der Flügelkanten (und der Brust), aber nie rostrot wie Rotdrossel und ohne deren Überaugenstreif. Geschlechter gleich gefärbt.

**STIMME** Ruft beim Auffliegen und auf dem Zug fein, spitz „zit" (weniger hart und klickend als Rotkehlchen). Warnt durchdringend zeternd „tix-ix-ix-ix-ix…" (schärfer und heller als Amsel). Gesang laut und sehr abwechslungsreich, wirkt „selbstsicher" und „rechthaberisch", oft scharfe, durchdringende Kaskaden mit wenigen, kurzen Pausen, typisch sind 2-4-malige Motivwiederholungen, z. B. „kückliVI kückliVI, tixi-tixi-tixi, PI-äh, trrrü-trrrü-trrrü tixiFIX, tjü-tjü-tjü, ko-ku-kiKLIX ko-ku-kiKLIX…".

## ROTDROSSEL D: A/V/ZW

Redwing *Turdus iliacus*

L 19-23 cm. Charaktervogel nordeuropäischer Nadel- und Fjällbirkenwälder bis in die Weidenzone, auch in Kulturland und Parks. In Mitteleuropa häufiger Durchzügler (meist Okt./Nov, März/Apr.), gelegentlich Überwinterung und einzelne Bruten. Eher scheu.

**KENNZEICHEN** *Klein* (knapp singdrosselgroß), recht kurzschwänzig, kompakt und mit ziemlich großem Kopf. Beachte *weißen Überaugenstreif* und *weißen Wangenstreif* sowie *rostrote Flanken* bei stehenden und *rostrote Unterflügeldecken* bei fliegenden Vögeln.

**STIMME** Flug- und Zugruf (auch nachts über Städten) hoch, gedehnt, etwas rau „ziih". Ruft auch nasal „gack", warnt schmetternd „tret-tret-tret". Gesang sehr variabel, individuell verschieden, recht kurz mit 3-6 s langen Pausen, besteht aus lauten, leicht wiederzugebenden Tonreihen, gefolgt von weich schnarrendem Zwitschern; häufige Einleitungsmotive abfallend „tjirre tjürre tjorre", ansteigend „trü tra tro-trü-tri", weich wie Karmingimpel „vidJE-vidJÜ", kurz und wehmütig „trüi trai", klar und klingend „tüllüllüllüllüll". Zur Zugzeit auch laute Zwitscherchöre.

## MISTELDROSSEL D: A/N5/JZ

Mistle Thrush *Turdus viscivorus*

L 26-29 cm. Brütet in Wald, Parks und großen Gärten, in Südeuropa oft an Hängen im Bereich der Baumgrenze, Nahrungssuche dann auf höher gelegenen Wiesen. Jahres-, teilweise Sommervogel (meist März-Nov.). In weiten Teilen des Verbreitungsgebiets wachsam und scheu, aber in Mitteleuropa vertrauter.

**KENNZEICHEN** Groß und einer Singdrossel ähnlich gemustert, aber leicht zu unterscheiden durch andere *Rufe, bedeutendere Größe, langschwänzige Gestalt, kraftvolleren Flug in längeren Bögen* (nicht ruckartig und hüpfend), *weiße Unterflügeldecken* und *weiße Schwanzecken.* Im Baum stehend manchmal schwieriger von Singdrossel zu unterscheiden, aber *Kopf- und Halsseiten blasser braungrau, schwarze Flecke auf Brustseiten größer,* unregelmäßige *dunkle Abzeichen auf Halsseiten, rundere schwarze Flecke auf Brust und Bauch, grauere Flügelfedern mit helleren Rändern.*

**STIMME** Ruf ein charakteristisches lang gezogenes, trockenes, hölzernes Schnarren „zer'r'r'r'r", warnt hart ratternd ähnlich Wacholderdrossel, aber etwas trockener. Gesang aus kurzen, variablen, lauten Strophen mit amselartigem Klang, jedoch mit wehmütigerem, etwas härterem Ton, schnellerem Tempo und kürzeren Pausen sowie kleineren Tonstufen (wirkt daher monotoner), ferner ohne (oder nur mit wenigen) gepressten Lauten am Strophenende „truItrüwu…tschuRItschurU… tschüWUtru…tschruwüTRU…".

## WACHOLDERDROSSEL D: A/N5/JZW

Fieldfare *Turdus pilaris*

L 22-27 cm. Brütet in offenen Laub- und Mischwäldern, Feldgehölzen, Alleen, Parks und Gärten, meist in kleinen Kolonien (greifen gemeinsam und sehr energisch Krähen und Greifvögel an, bespritzen sie manchmal sogar mit Exkrementen). Ab Herbst in Trupps auf Wiesen und an beerentragenden Gehölzen, Nahrung im Sommer jedoch überwiegend Würmer und Insekten.

**KENNZEICHEN** Große, *langschwänzige,* robuste Drossel. Im Flug langer Schwanz, *hellgrauer Rücken* (gut von hinten zu sehen), *weiße Unterflügeldecken* (sonst nur bei Misteldrossel) und eher flatternder, *weniger wellenförmiger Flug. Mantel rotbraun,* Scheitel/Nacken grau. Unterseits kräftig gefleckt, Brust mit rostgelbem Ton. Geschlechter ähneln einander.– JK: Helle Flecke auf Flügeldecken.

**STIMME** Ruft durchdringend gepresst „gih" und rau schackernd „schak-schak-schak". Krähen werden furios zeternd verjagt. Gesang einfach, schwatzende Töne ohne Struktur durch kurze Pausen getrennt, im Singflug etwas ekstatischer, schneller und länger.

Singdrossel

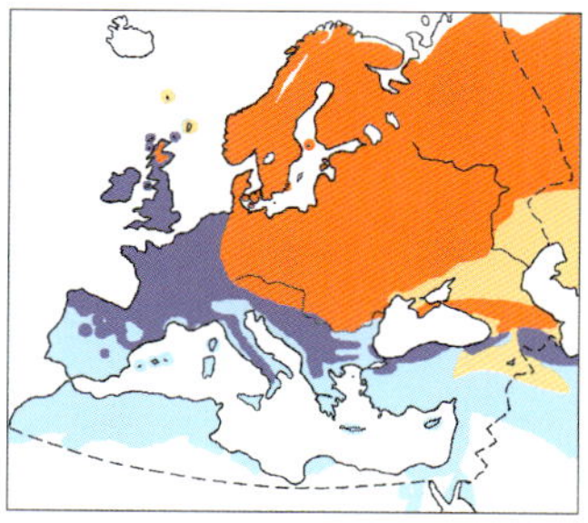

Rotdrossel

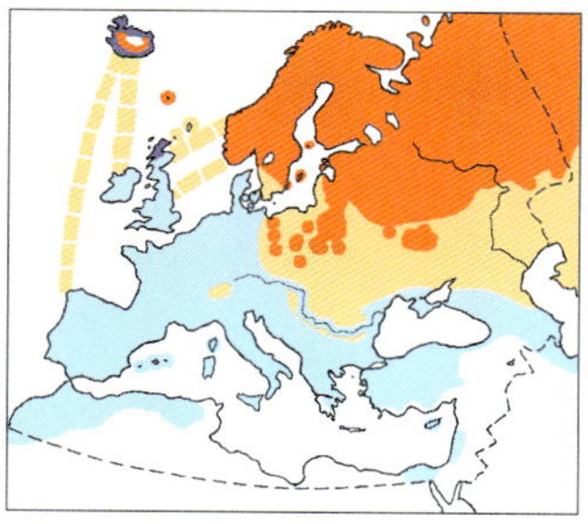

Misteldrossel

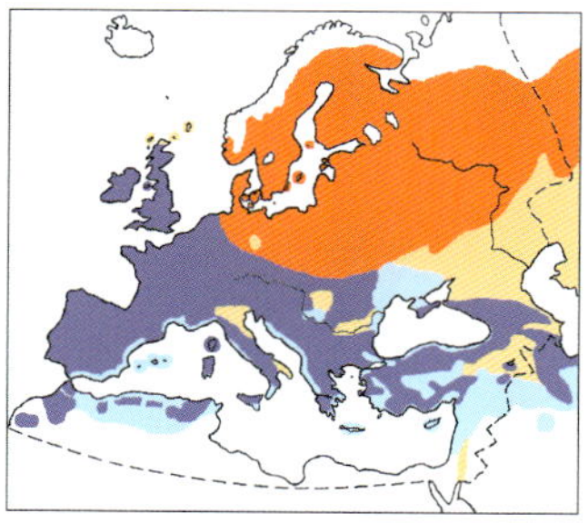

Wacholderdrossel

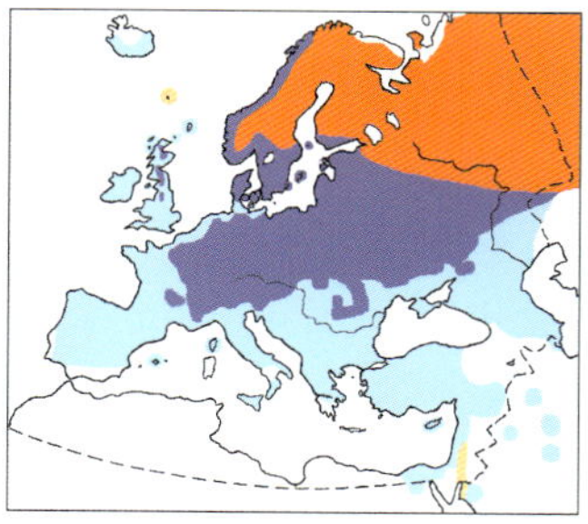

## SINGDROSSEL

## ROTDROSSEL

## MISTELDROSSEL

## WACHOLDERDROSSEL

KM

## AMSEL D: A/N6/JZW

Common Blackbird *Turdus merula*

L 23,5-29 cm. Brütet häufig in Wäldern, Parks und Gärten. Teilzieher, vor allem Jungvögel ziehen (Okt./Nov.). Vertraut, Nest in Gebüsch und Bäumen, in Spalieren, auf Dachbalken oder sogar auf Balkonen in Blumenkästen. Singt oft von Dächern, Antennen und Baumspitzen. Nahrung Regenwürmer, Insekten und Beeren.

**KENNZEICHEN** ♂: *Ganz schwarz mit gelbem Schnabel und gelbem Lidring.* Vom Beginner allenfalls mit Star zu verwechseln, aber *kein Schwarmvogel, Schwanz lang* (oft gestelzt), *hüpft* (statt zu trippeln), Gefieder ohne große weiße Flecke.– ♀: Dunkelbraun mit etwas *hellerer Kehle und diffuser Brustfleckung.*– JK: Wie ♀, aber oberseits kleine helle Flecke.

**STIMME** Vielfältiges Repertoire, stimmfreudig. Häufige Rufe: tief „pok"; während des Zugs gedämpft, fein rollend „srrri"; erregt rotkehlchenartig fein „tsiiih"; hart schnalzend „tjack-ack-ack-ack…"; warnend gegenüber Katze oder Eule, auch vor Aufsuchen des Schlafplatzes, metallisch hoch „pli-pli-pli-pli-pli…", das (oft beim Abfliegen) in Crescendo umschlägt. Gesang *melodisch* und weich im Ton, *klare und laute Flötentöne* (fast in Dur) in gemächlichem Tempo und mit oft großen Tonsprüngen sowie mit angehängtem, gepresstem Zwitschern; Strophen recht kurz, mit 3-5 s Abstand. Manchmal mit wehmütigem Ton an Misteldrossel erinnernd.

## RINGDROSSEL D: A/R3/Z

Ring Ouzel *Turdus torquatus*

L 24-27 cm. Brütet in Bergregionen, an steilen, steinübersäten Hängen, in Mittel- und Südeuropa in lichten alpinen Nadelwäldern und in der Latschenzone. Im Norden Sommervogel (Apr.-Okt.), überwintert im Mittelmeerraum. Scheu. Nahrung Insekten, Würmer, Beeren, Nest in Felsspalte, hohlem Baumstumpf, Baum usw.

**KENNZEICHEN** Gestalt und Größe ähnlich Amsel (etwas schlanker, langhalsiger und schmalflügeliger).– Ad.: Überwiegend schwarz oder rußig braunschwarz mit *weißem Brustband (Halbmond;* bei ♀, aber auch einigen ♂, mit schmalen braunen Federsäumen, am deutlichsten im frischen Gefieder), *gelber Schnabel* mit dunkler Spitze; Flügelfedern mit hellen Rändern, im Flug wirken Flügel daher *deutlich heller* als bei Amsel. Geschlechter einander ähnlich, ♂ jedoch im Durchschnitt schwärzer und mit ausgeprägter weißem Halbmond.– 1er W: ♂ wie ad. ♀, aber mit nur angedeutetem hellem Halbmond, ♀ gewöhnlich ganz ohne hellen Halbmond, erinnert an Amsel, jedoch mit etwas helleren Flügeln.– Vögel Mittel- und Südeuropas *(alpestris)* haben unterseits helles Schuppenmuster und hellere Flügel.

**STIMME** Ruft steinhart klickend „tück", härter und etwas höher als Amsel. Gesang laut und wehmütig klingende Strophen mit 2-4 gleichartigen Silben oder Motiven in ruhigem Tempo, z. B. „trrü trrü trrü trrü… si-WÜTT si-WÜTT si-WÜTT… tschuWÜÜ tschuWÜÜ tschuWÜÜ…".

## BLAUMERLE D: A/–/S

Blue Rock Thrush *Monticola solitarius*

L 21-23 cm. Diese und die folgende Art sind keine Drosseln, sondern gehören zu den Schnäpperverwandten (S. 276).Brütet in felsigem, steilem Gelände, an Steilhängen mit Felsblöcken, lokal auch in Steinbrüchen, an Ruinen und bewohnten Gebäuden in der Ebene, im Gegensatz zum Steinrötel auch in tieferen Lagen. Überwiegend Jahresvogel. Wachsam, geht schnell in Deckung. Nahrung Insekten, Pflanzenmaterial, kleine Eidechsen. Nest in Fels- oder Wandnische. Seltener Brutvogel der S-Schweiz.

**KENNZEICHEN** *Groß und schlank, auffallend langer Schnabel* (erinnert im Gegenlicht an Misteldrossel).– ♂: Dunkel *blaugrau* mit dunklen Flügeln (1er W matter blau und dunkel gebändert, Handdecken hellspitzig).– ♀: Dunkelbraun mit gebänderter Unterseite und *dunkelbraunem Schwanz,* selten mit blauem Hauch des Kleingefieders.

**STIMME** Ruft zweisilbig durchdringend pfeifend „üh-wih", auch tief und hart „tschuck". Gesang etwas variabel, oft ähnlich Steinrötel, laut, aber nicht so weich, enthält *klare sowie rollende oder vibrierende* (auf „r"), aber auch kratzende Töne, *sehr melancholischer Klang.*

## STEINRÖTEL D: A/L1/S

Rufous-tailed Rock Thrush *Monticola saxatilis*

L 17-20 cm. Brütet an steilen, felsigen Hängen oder auf hoch gelegenen Matten in über 1.500 m Höhe, somit meist höher als Blaumerle. Sommervogel (meist März/Apr.-Sept.), überwintert südlich der Sahara. Scheu. Nahrung Insekten, Pflanzenmaterial, kleine Eidechsen. Nest in Felsspalte, unter Felsbrocken oder im Boden.

**KENNZEICHEN** ♂ PK kaum verwechselbar (jedoch oft erstaunlich unauffällig).– ♂ SK/♀/JK: Einander ähnlich, deutlich schlichter gefärbt, bräunlich mit *dichter dunkler Bänderung;* kennzeichnend sind *kurzer rostroter Schwanz,* gedrungener Körperbau und recht langer Schnabel; ♂ zeigen manchmal etwas *Weiß auf Rücken* sowie Blaugrau auf Kopf und Kehle.

**STIMME** Ruft kurz, hell „wiht" und hart „tschack". Gesang, oft in wellenförmigem Singflug mit abschließendem Gleiten, weiche und melodische Strophen (mit traurigem Grundton), in der Höhe oft abfallend; kann an Rotdrossel und Amsel erinnern, weicher und weniger wehmütig als Blaumerle.

Amsel

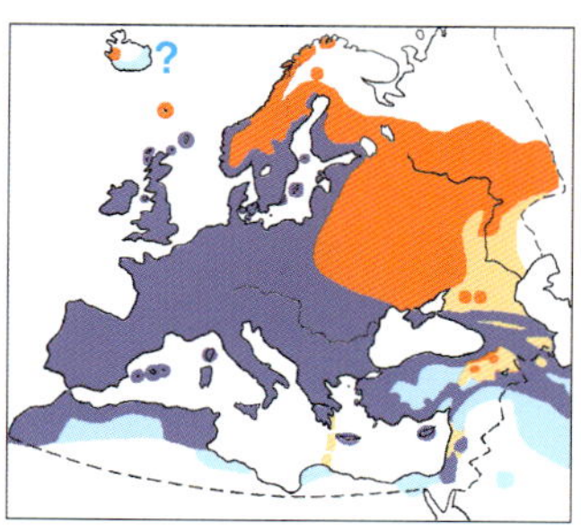

Ringdrossel

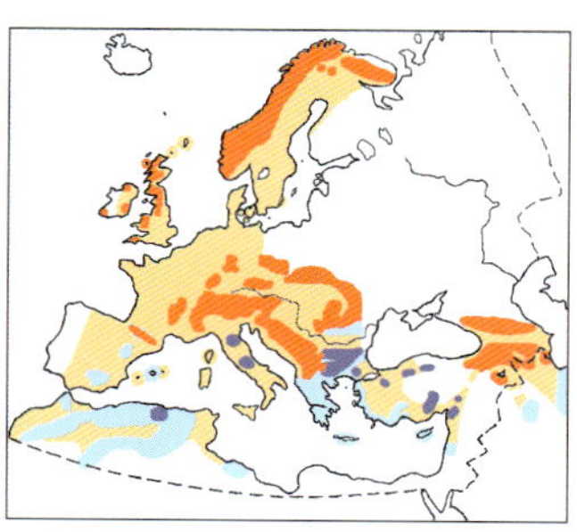

Blaumerle

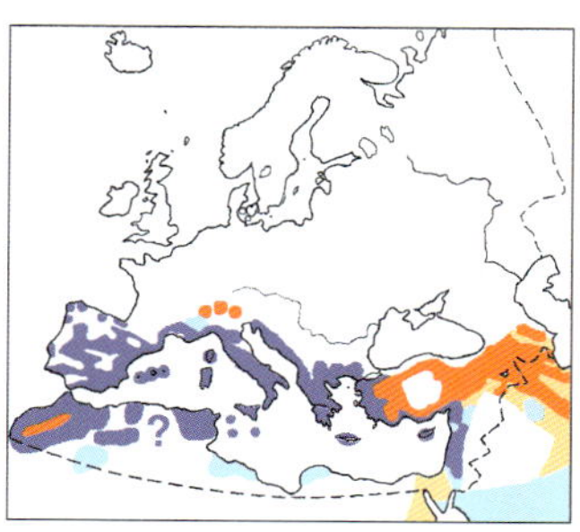

Steinrötel

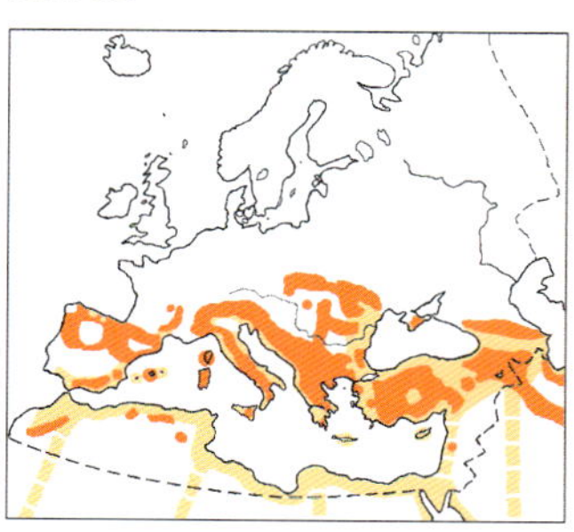

## AMSEL

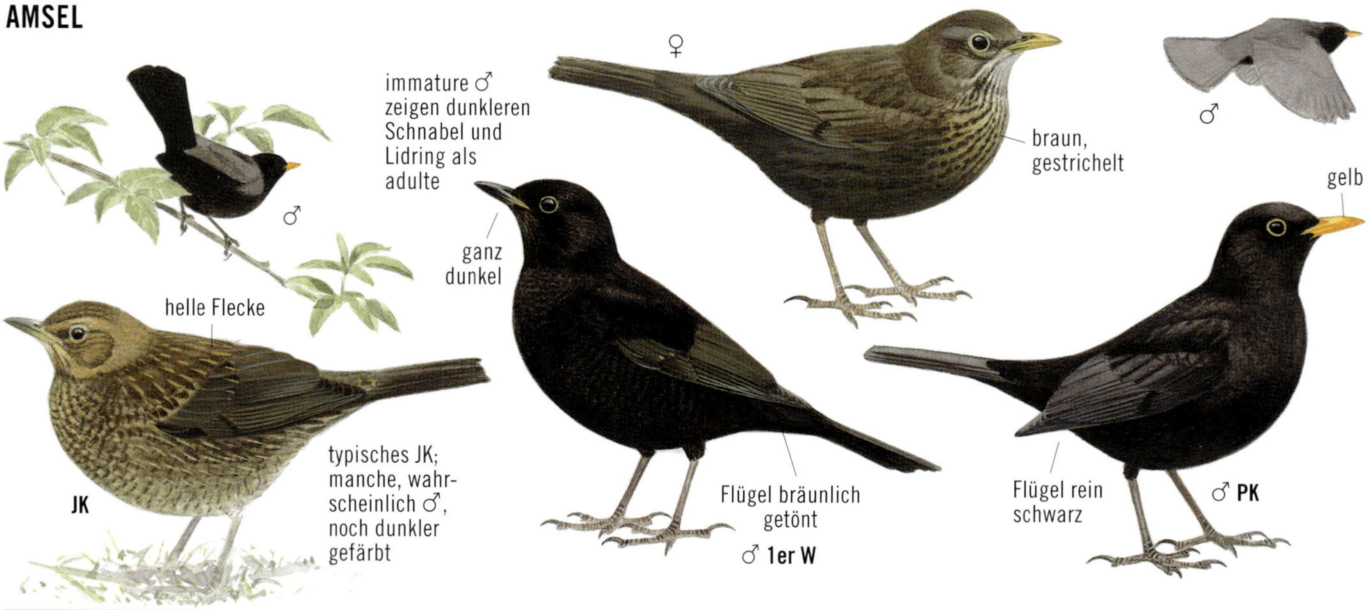


## RINGDROSSEL

## BLAUMERLE

## STEINRÖTEL

# NORDAMERIKANISCHE DROSSELN

Einige nordamerikanische Drosselarten wurden mehrfach in Europa nachgewiesen und sind hier dargestellt. Obwohl sie gute Flieger sind, benötigen sie für die Meeresüberquerung zusätzlich starken herbstlichen Rückenwind und ein Tiefdruckgebiet über dem Nordatlantik. Eine der gezeigten Arten gehört zur auch in Europa vertretenen Gattung *Turdus*, vier zur von kleineren Arten gebildeten, typisch amerikanischen Gattung der Musendrosseln *Catharus*.

### WANDERDROSSEL — D: A/–/S

American Robin *Turdus migratorius*

L 22-25 cm. War als „Robin“ für britische Auswanderer der rotbrüstige Ersatz für ihren geliebten Gartenvogel, das Rotkehlchen. Seltener Gast in Europa, meist Herbst und Winter. Wenig scheu (in Nordamerika auch in Gärten). Verhält sich wie Amsel.

**KENNZEICHEN** Recht kräftig gebaut, Gestalt und Verhalten etwa wie Wacholderdrossel oder Amsel, also langflügelig mit gutem Flugvermögen. *Gesamte Brust, Flanken und Vorderbauch tomaten- oder rostrot* (in frischem Gefieder beigeweiße Federspitzen, bei ad. ♂ am wenigsten ausgeprägt). *Oberseite dunkelgrau* (schwacher Braunton bei ♀ und im 1en W), *Kopf fast schwarz* (bei ♀ und 1er W matter) *mit weißen Markierungen um das Auge;* Kehle weiß, grob schwarz gefleckt; *Schnabel* bei Vögeln im PK fast *ganz gelb,* im SK dunkler, im 1en W ganz dunkel. Bei einigen ♂ (Variante *„nigrideus“*) Mantel rußig oder schwarzfleckig, Unterseite tiefer rot.

**STIMME** Amselartig, einschließlich tief schnalzendem „schock-schock-schock“ und erregterem „kli-kli-kli…“.

### ZWERGMUSENDROSSEL — D: A/–/S

Swainson's Thrush *Catharus ustulatus*

L 16-18 cm. Seltener Gast in Europa, vorwiegend im Herbst. Ziemlich wachsam.

**KENNZEICHEN** Recht klein, deutlich kleiner als die ähnlich gefärbte Singdrossel (aber ohne Größenvergleich oft schwer einschätzbar), dunkle Flecken der Unterseite jedoch *kleiner* und *auf Kehle und Brust begrenzt,* auf den Flanken weit vor Beinansatz endend (statt mit gröberer Fleckung bis Bauch und Flanken bis zu den Beinen) sowie mit dem für Musendrosseln (und *Zoothera*) typischen *Flügelmuster.* Schmaler dunkler Kinnstreif, Flanken gräulich. Erinnert an Grauwangen-Musendrossel, jedoch mit *beigem deutlicherem Augenring* (nicht grauweiß und schmal) sowie *schwach beige getönten Wangen* und *vor dem Auge deutlichem beigem Überaugenstreif.* Oberseits graubraun mit Olivton (Populationen in Nordwestamerika aber eher mit Rostton).

**STIMME** Flugruf, auch nachts zu hören, hoch, weich, ansteigend „kwüüi“. Warnruf peitschend und resonant „tschipp“.

### GRAUWANGEN-MUSENDROSSEL — D: B/–/S

Grey-cheeked Thrush *Catharus minimus*

L 15-17 cm. Nah mit Zwergmusendrossel verwandt. Seltener Gast in Europa, vorwiegend im Herbst. Scheu, bleibt meist in Deckung.

**KENNZEICHEN** Klein; *Flügelunterseite* wie bei anderen *Catharus*-Arten *weißlich mit breitem grauem Band in der Mitte;* ähnlich Zwergmusendrossel mit fein dunkel gefleckter Kehle und Brust, schmalem dunklem Kinnstreif, grau getönten Flanken, einfarbig graubrauner Oberseite, unterscheidet sich jedoch *durch eher grauweiße Grundfärbung an Kopfseiten und Kehle,* in der Regel *schmaleren, weniger hervortretenden grauweißen Augenring* (im 1en W manchmal etwas deutlicher) sowie durch *Fehlen* des *deutlichen hellen Überaugenstreifs.*– Die Unterart *bicknelli* aus dem Nordosten der USA und SE-Kanada (oft auch als eigene Art angesehen, Bicknellmusendrossel) ist etwas kleiner mit schwachem Rostton auf dem Schwanz sowie Gelbfärbung des halben Unterschnabels.

**STIMME** Auf dem Zug, meist nachts, schrill pfeifend und lang, angedeutet abfallend „tsii(ü)“.

### EINSIEDLER-MUSENDROSSEL — D: B/–/S

Hermit Thrush *Catharus guttatus*

L 15-17 cm. Sehr seltener Gast in Europa. Scheu, fast immer versteckt.

**KENNZEICHEN** Klein; *Flügelunterseite* gattungstypisch. *Brust mit wenigen, aber großen und markanten dunklen Flecken,* Flanken meist ganz ungefleckt (allenfalls grau gewölkt). Oberseite graubraun *mit rostrotem Ton auf Bürzel und Schwanz* (ähnlich Nachtigall, aber etwas größer, kompakter und kurzschwänziger). *Weißer Augenring.* Stelzt oft den Schwanz und senkt ihn langsam ab.

**STIMME** Ruft amselartig, aber höher und gedämpfter „tschück“, oft gereiht; daneben auch gepresst, nasal, etwas meisenartig, leicht ansteigend „weeüh“.

### WEIDENMUSENDROSSEL — –

Veery *Catharus fuscescens*

L 16-18 cm. Sehr seltener Gast in Europa (nur wenige Herbstnachweise). Scheu, bleibt in Deckung.

**KENNZEICHEN** Klein; Flügelunterseite gattungstypisch. Erinnert stark an Grauwangen- und Zwergmusendrossel, jedoch *Fleckung auf Kehle/Brust undeutlicher* und weniger ausgedehnt; außerdem *mit einheitlich rostgetönter Oberseite* (Einsiedler-Musendrossel nur Bürzel und Schwanz rotbraun; beachte aber, dass westliche Unterart der Zwergmusendrossel oberseits ähnlich rotbraun getönt ist); Augenring stets schmal und undeutlich. Kann bei flüchtiger Beobachtung mit Sprosser verwechselt werden, aber gesamte Oberseite (nicht nur Schwanz) rötlich, Beine rosabraun statt grau.

**STIMME** Ruft rau pfeifend abfallend „pjiu“.

Alle auf der gegenüberliegenden Seite abgebildeten Musendrosseln zeigen ein markantes Unterflügelmuster.

## WANDERDROSSEL

Die meisten der in Europa nachgewiesenen Vögel wurden in städtischen Parks und Gärten festgestellt, wo sie sich sehr ähnlich Amseln verhielten

Kontrast zwischen gemauserten inneren Großen Armdecken und verbliebenen äußeren des JK bestes Kennzeichen für Vögel im 1en KJ; Geschlechtsbestimmung schwieriger, aber ♀ am Kopf durchschnittlich brauner und unterseits heller gefärbt

## ZWERGMUSENDROSSEL

Zwergmusendrossel (r.) ohne angedeuteten Überaugenstreif hinter dem Auge

im Vergleich zur Singdrossel Zwergmusendrossel ohne kräftige Ohrdeckenzeichnung, hellbeige Spitzen der Mittleren Armdecken und beige Flankentönung

## EINSIEDLER-MUSENDROSSEL

Einsiedler-Musendrossel zeigt (anders als andere Musendrosseln) oft helle Spitzen der Mittleren Armdecken

## GRAUWANGEN-MUSENDROSSEL

die meisten der in Europa festgestellten amerikanischen Drosseln sind Vögel im 1en KJ, doch ad. und 1es KJ sehr ähnlich

***bicknelli*** nordöstliche Populationen oberseits rötlicher braun

## WEIDEN-MUSENDROSSEL

Weidenmusendrossel kann in Europa leicht mit Sprosser verwechselt werden, besonders bei flüchtiger Betrachtung

KM

# ASIATISCHE DROSSELN

Von den sieben hier gezeigten Arten brüten zwei am Rand des Bearbeitungsgebiets, die anderen weiter östlich in Sibirien. Ausnahmegäste in Europa meist im Herbst und Winter.

### ERDDROSSEL **D: A/–/S**

White's Thrush *Zoothera aurea*

L 27-31 cm. Brütet lokal unmittelbar westlich des Ural. Sommervogel (ab Ende Mai), überwintert in Südostasien. Meist am Boden, sehr scheu, fliegt bei Störung entweder hoch in Bäume oder versteckt sich im Unterwuchs.

**KENNZEICHEN** *Groß, lang,* mit *kräftigem Schnabel.* Im kraftvollen Flug, über längere Strecken wellenförmig, ist manchmal die kennzeichnende schwarz-weiße Längsbänderung des Unterflügels erkennbar. Gefieder sonst graubraun mit Olivstich, aus der Nähe *ober- und unterseits schwarze halbmondförmige Fleckung* sichtbar. *Flügel recht kontrastreich* (einschließlich zweifarbiger Schwungfedern). Geschlechter gleich gefärbt.

**STIMME** Sehr schweigsam, mit Ausnahme des bemerkenswerten Gesangs, monotone, jeweils eine Sekunde dauernde Pfeiftöne im Abstand von 5-10 s, „tüüü…… tüüü…… tüüü…“, manchmal zwischen zwei Tonhöhen wechselnd.

### SCHIEFERDROSSEL **D: A/–/S**

Siberian Thrush *Geokichla sibirica*

L 20-21,5 cm. Sibirische Taigaart. Scheu.

**KENNZEICHEN** Singdrosselgroß, in allen Kleidern mit *breitem, dunklem, weiß begrenztem Längsband auf Unterflügel* und weißspitzigen äußeren Steuerfedern.– Ad. ♂: Überwiegend *dunkel bleigrau* (wirkt schwarz) *mit weißem Überaugenstreif,* auf Bauchmitte und Flanken viel Weiß.– ♂ 1er W/1er S: Wie ad. ♂, jedoch *etwas Weiß an Kehle und Kopfseiten,* Überaugenstreif nicht sauber weiß, *Schwungfedern und Handdecken brauner,* oft mit deutlichen weißen Stricheln und dunklen Querflecken an Brust und Flanken.– ♀: *Oberseits* und an Flanken *olivbraun,* schmale gelblich weiße Flügelbinde auf Großen Armdecken, Überaugenstreif beige, Brust gelbweiß mit *dunklen Querflecken.* Selten mit Blauton auf Bürzel, Flügel und Flanken.

**STIMME** Ruft dünn und unrein „tsii“ oder kurz „zit“.

### SCHWARZKEHLDROSSEL **D: A/–/S**

Black-throated Thrush *Turdus atrogularis*

L 23-25,5 cm. Schwarzkehl- und Rotkehldrossel wurden bisher unter dem Namen „Bechsteindrossel“ zu einer Art zusammengefasst. Brütet vom Westhang des Ural ostwärts.

**KENNZEICHEN** Gestalt ähnlich Wacholderdrossel. Oberseits einfarbig bräunlich grau. Deutlicher Kontrast zwischen Schwarz auf Kehle/Brust und ungezeichnetem Bauch/Unterschwanzdecken (Letztere weißlich, selten rötlich überhaucht). *Flanken nur diffus grau gefleckt.* Im Flug rostrote Unterflügeldecken. Bei ad. ♂ Kehle und Brust einheitlich schwarz, im Herbst mit feinen hellen Federsäumen, *äußerer Schwanz schwärzlich.* Ad. ♀ und ♂ 1er W kräftig dunkel gefleckt und gestreift auf Brust (teilweise zusammenfließend) und Kehlseiten (bei ♂ gesamte Kehle dünn gestrichelt, bei ♀ hauptsächlich Brust). Im 1en W äußere Große Armdecken hellspitzig. Bei ♀ im 1en W Brust und Kehlseiten schwächer gestreift. *Schwanz graubraun.*

**STIMME** Ruft wacholderdrosselartig jammernd „gwih gwih“, bei Beunruhigung ähnlich Rotdrossel „gjack“ und ringdrosselartig hart „tock tock“. Gesang eine gesetzte Serie einfacher schwätzender Töne, „tschip-tschip-tschip“ und „tschat-tschat-tschat“, gelegentlich abgelöst durch kurze heisere Flötentöne wie „trro-UUH trri-WIH“.

### ROTKEHLDROSSEL **D: A/–/S**

Red-throated Thrush *Turdus ruficollis*

L 23-25,5 cm. Brütet in südlicher Taiga und Altai.

**KENNZEICHEN** Wie eine Kopie der Schwarzkehldrossel, bei der das Schwarz auf *Kehle, Brust und Schwanz* durch *Rostrot* ersetzt ist. Im Flug *rostrote Unterflügeldecken.* Alters- und Geschlechtsbestimmung wie bei Schwarzkehldrossel. ♀ im 1en W auf Brust und Kehlseiten spärlich gestrichelt.

**STIMME** Rufe offenbar ähnlich Schwarzkehldrossel, Gesang ebenso, mit einfachen getrennten Flötentönen, aber hauptsächlich langen Serien schwatzender Töne.

### WEISSBRAUENDROSSEL **D: A/–/S**

Eyebrowed Thrush *Turdus obscurus*

L 20,5-23 cm. Sibirische Taigaart, seltener Herbstgast.

**KENNZEICHEN** Singdrosselgroß, schlank, recht langschwänzig und kurzschnäbelig. Brustseiten und Flanken orange, *deutlicher weißer Überaugenstreif, dunkler Zügel, darunter weißer Streif* bis zum Kinn. Unterflügel grauweiß. Ad. ♂ fast einfarbig grau auf Kehle, Wangen und Hals, andere Kleider mit schmutzig weißer, schwarz gefleckter oder gestrichelter Kehle und dunklen, weiß gefleckten Wangen. Geschlechtsbestimmung wohl nur bei sehr sauber gefärbten ad. ♂ (schwärzliche Zügel, dunkelgraue Wangen, keine Kehlstrichelung) und matt gefärbten ♀ im 1en W (fast ohne Orange, Kehle stark gestrichelt) möglich.

**STIMME** Zugruf rotdrosselähnlich fein „ts(r)iih“.

### ROSTFLÜGELDROSSEL **D: A/–/S**

Dusky Thrush *Turdus eunomus*

L 21-24 cm. Brütet in der nördlichen Taiga, nah verwandt mit Rostschwanzdrossel.

**KENNZEICHEN** Gestalt ähnlich Singdrossel. Ad. ♂ mit *schwarzweißem Kopfmuster* und *kupferroten Oberflügeln.* Dunkler Mantel schwarz gefleckt, weißliche Unterseite mit *kräftigen braunschwarzen Flankenflecken* und oft komplettem *schwarzem Brustband. Überaugenstreif weiß, Wangen schwarz.* Geschlechter ähnlich, ♂ oft sauberer gezeichnet.

**STIMME** Ruft ähnlich Wacholderdrossel schrill „giieh“ und schnalzend „tschack-tschak“.

### ROSTSCHWANZDROSSEL **D: A/–/S**

Naumann's Thrush *Turdus naumanni*

L 21-24 cm. Brutvogel der südlichen Taiga.

**KENNZEICHEN** Größe und Gestalt wie Rostschwanzdrossel, Gefieder stark abweichend: *Unterseite ausgedehnt kräftig rostrot gefleckt,* Federn im frischen Gefieder beige gesäumt. Ad. ♂ am saubersten und rötlichsten gezeichnet, nur wenige oder keine Strichel auf Kehlseiten und manchmal *Rot auch auf Schulterfedern und Bürzel* der sonst braunen Oberseite. ♀ im 1en W blasser, weniger rot unterseits, deutliche dunkle Strichel auf Kehlseiten.

**STIMME** Offenbar ähnlich Rostflügeldrossel.

## ERDDROSSEL

## SCHWARZKEHLDROSSEL

## SCHIEFERDROSSEL

## ROTKEHLDROSSEL

## WEISSBRAUENDROSSEL

KM

## ROSTFLÜGELDROSSEL

## ROSTSCHWANZDROSSEL

# „ZWEIGSÄNGER“ Sylvioidea

Nach der hier aus pädagogischen Gründen beibehaltenen traditionellen Systematik waren die „Zweigsänger“ eine große Familie kleiner oder gut sperlingsgroßer Insektenfresser. Hier werden unter dieser Bezeichnung 68 Arten behandelt. Sie haben meist attraktive Gesänge oder zumindest auffällige Stimmen, alle leben in Wald, Gebüsch oder höherer Vegetation, die meisten sind ausgeprägte Zugvögel.

Alle Arten bewegen sich lebhaft und schnell, hüpfen oder fliegen ständig von einer Warte zur nächsten und zucken dabei oft hektisch mit Flügeln oder Schwanz, halten sich oft lange in der Vegetation verborgen und sind daher meist nur kurz zu sehen, aber oft an ihren charakteristischen Lautäußerungen bestimmbar. Um den Überblick über die verwirrende Vielfalt dieser Gruppe zu erleichtern, werden nachfolgend die wichtigsten Familien allgemein vorgestellt.

*Grasmücken* (22 Arten): Robust gebaut, Geschlechter meist verschieden gefärbt, Schwanzkanten oft weiß. Bewohnen Wald oder Gebüsch. Gesänge oft rau oder plaudernd.

*Schwirle* (5 Arten): Ähnlich Rohrsängern, Schwanz mehr gerundet. Heimlich. Gesänge meist insektenartig.

*Rohrsänger* (10 Arten): Schlank, schmalschnäbelig, meist braun. Oft Schilfbewohner. Gesänge monoton bis virtuos.

*Spötter* (9 Arten): Oben grauoliv oder sandbraun, unten hell. Bewohnen Wald oder Gebüsch. Gesänge schwatzend.

*Laubsänger* (18 Arten): Kleine, kurzschwänzige Waldbewohner mit grünlicher Ober- und weißlicher Unterseite, oft hellen Flügelbinden und Überaugenstreifen. Laute, oft schöne Gesänge.

## SPERBERGRASMÜCKE **D:** A/R3/Z

Barred Warbler *Curruca nisoria*

L 15,5-17 cm. Brütet in hohem Gebüsch mit einzelnen Bäumen im Offenland, teilt Lebensraum oft mit Neuntöter. Sommervogel, Mai-Sept. Sehr zurückgezogen, mitunter zwischen Büschen fliegend oder im flachen Singflug.

**KENNZEICHEN** Große, *langschwänzige* Grasmücke. Flügeldecken und Schirmfedern mehr oder weniger hell gerandet, Weiß an Schwanzspitze.– Ad. ♂: *Iris leuchtend gelb. Oberseite bleigrau,* auf dem Kopf am dunkelsten, *deutliche weiße Ränder auf Flügeldecken und Schirmfedern,* gesamte *Unterseite dicht und kräftig dunkelgrau quer gebändert.*– Ad. ♀/♂ 1er S: Wie ad. ♂, aber Iris etwas matter gelb, Oberseite mehr braungrau, Unterseitenbänderung weniger deutlich und vollständig (♀ 1er S fast ungebändert, oberseits brauner, Iris gelbbraun).– 1er W: Oberseits graubraun, unterseits ungebändert graubeige, Iris dunkel; erkennbar an *hell beigegrauen Schirmfeder- und Flügeldeckensäumen.*

**STIMME** Charakteristischer Ruf *laut ratternd* und zum Ende absterbend „trrrrr't't'-t“, erinnert etwas an zankende Haussperlinge, manchmal an Gesang angehängt. Warnruf heiser, gedämpft „tschähr“. Gesang ähnlich Gartengrasmücke, aber fast immer hörbar *härter und rauer* und etwas höher. Noch ähnlicher klingen manche ekstatisch singende Dorngrasmücken, manchmal muss für die Artbestimmung der ratternde Ruf gehört oder der Vogel gesehen werden.

## GARTENGRASMÜCKE **D:** A/N6/Z

Garden Warbler *Sylvia borin*

L 13-14 cm. Brütet in lichtem, gebüschreichem Waldland, in Feldgehölzen, auch in unterwuchsreichen Parks und verwilderten Gärten. Sommervogel (Mai-Sept.), überwintert im tropischen Afrika. Nest niedrig in dichtem Buschwerk oder Staudengewirr. Scheu, meist nur kurz zu sehen.

**KENNZEICHEN** „Anonyme“ Erscheinung, eine oliv braungraue, eher plumpe Grasmücke ohne auffallende Kennzeichen. *Schnabel recht dick und stumpf,* bläulich graubeige mit etwas dunklerer Spitze, recht kräftige Beine hellgrau. Diffuser hellerer Augenring (um das dunkle Auge) und noch undeutlicherer, kurzer Überaugenstreif; *an den Halsseiten oft ein grauer Anflug.* Kleider gleich, aber im 1en W frischere Flügel mit hellen Spitzen der Schirm- und Schwungfedern.

**STIMME** Ruf (meist vom im Laub nicht sichtbaren Vogel) etwas gackernd, nasal, schmatzend „tschäck-tschäck-tschäck…“, Tempo mit steigendem Unbehagen zunehmend (Mönchsgrasmückenruf härter und durchdringender). Gesang wohlklingend, 3-8 s lange Strophen von schnellen, bald drosselartig vollen, bald raueren Tönen, die ohne klare Gliederung wie ein Bach „dahinplätschern“. Ohne flötenden Schlussteil der Mönchsgrasmücke. Manche singen härter und können mit Sperbergrasmücke verwechselt werden.

## MÖNCHSGRASMÜCKE **D:** A/N6/Z

Eurasian Blackcap *Sylvia atricapilla*

L 13,5-15 cm. Brütet in schattigen Wäldern mit dichtem Unterwuchs, Parks und Gärten. Sommervogel (März-Okt.), vereinzelt überwinternd, in West- und Südeuropa Jahresvogel. Leichter zu entdecken und häufiger in Gärten als Gartengrasmücke. Nest niedrig in dichtem Gebüsch.

**KENNZEICHEN** Ähnlich untersetzt wie Gartengrasmücke. Oberseite grau, Unterseite hell olivgrau, ♂ *mit schwarzer, recht kleiner Platte* auf mittelgroßem Kopf (reicht nur bis zum Augenoberrand; vgl. „Graumeisen“, S. 356, diese mit größerer schwarzer Kopfplatte und schwarzem Kinnfleck), ♀ und JK mit *rotbrauner Kopfplatte.* Bei ♂ im 1en W Kopfplatte braun, schwarz oder aus beiden Farben gemischt. Schwanz immer ohne Weiß, Schnabel und Beine grau.

**STIMME** Ruft hart schnalzend „täck“ (härter und lauter als „tett“ der Klappergrasmücke), bei Alarm zu langen Folgen gereiht „täck-täck-täck…“, gelegentlich mit langem, rauem „schriih“ durchsetzt. Gesang überaus melodisch, beginnt mit schwätzendem Vorgesang ähnlich Gartengrasmücke (kann während der Mittagshitze und in Südeuropa verkürzt sein oder fehlen), der in *klare, kräftige, zum Ende hin wehmütige Flötentöne* mündet.

Sperbergrasmücke

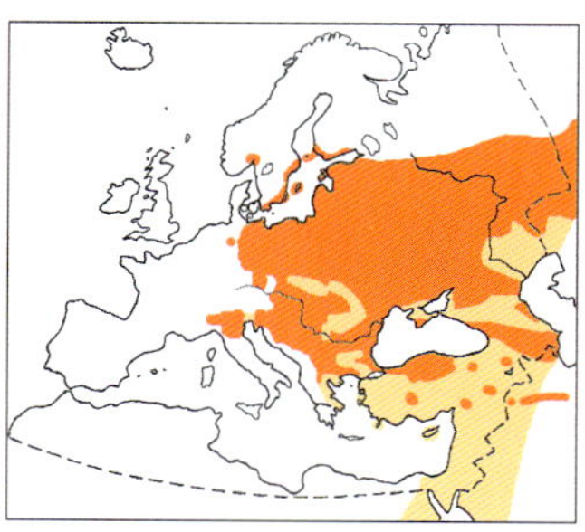

Gartengrasmücke

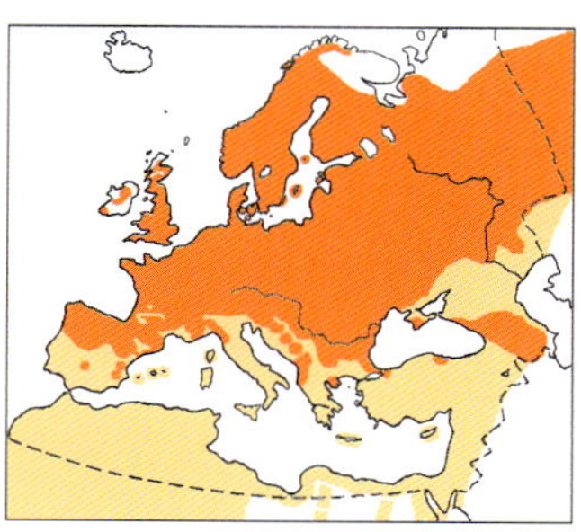

Mönchsgrasmücke

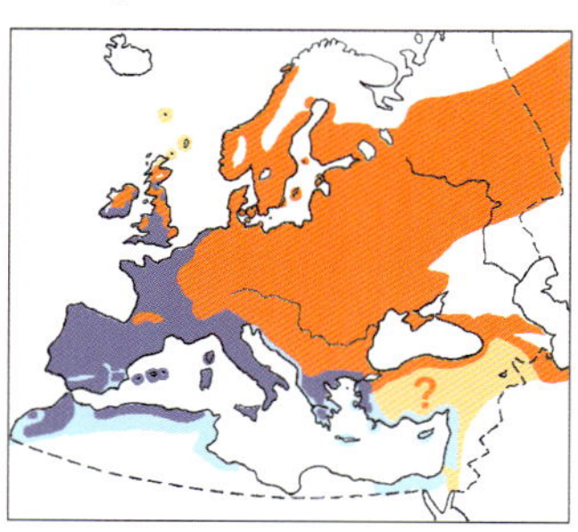

GEFIEDERVARIATION

Mit Erfahrung lernt man schnell, dass „Zweigsänger“ je nach Lichteinfall, Beobachtungswinkel, Stimmung des Vogels oder durch individuelle Variation sehr verschieden wirken können. Häufigste Ursache für unterschiedliches Aussehen ist jedoch der Gefiederzustand, entweder gerade gemausert und frisch oder alt, ausgeblichen und verschlissen. Als Beispiel ist rechts ein Gelbbrauen-Laubsänger im frischen Gefieder im Herbst (oben) mit grüner Oberseite, deutlichen grün getönten Flügelbinden und hellen Schirmfederrändern gezeigt, während der Vogel im abgetragenen Gefieder im Frühjahr (unten) oberseits eher graubraun wirkt und seine Flügelbinden und anderen hellen Markierungen weißlich verblichen, durch Abnutzung geschrumpft oder ganz verschwunden sind.

## SPERBERGRASMÜCKE

## GARTENGRASMÜCKE

## MÖNCHSGRASMÜCKE

## KLAPPERGRASMÜCKE D: A/N5/Z

Lesser Whitethroat *Curruca curruca*

L 11,5-13,5 cm. Brütet in offener Kulturlandschaft mit Gebüsch und Hecken, in Parks und Gärten, auch in Nadelbaumschonungen und Dornengestrüpp (dort nicht so oft wie Dorngrasmücke, bevorzugt einige Bäume). Sommervogel (Apr.-Sept.), überwintert in Nordostafrika. Am Brutplatz unauffällig, verrät sich meist nur durch die Stimme.

**KENNZEICHEN** *Klein,* aber *kompakt gebaut,* recht kurzschwänzig. In Europa *oberseits* stets *graubraun*, Scheitel und Schwanz grauer. Bestes Merkmal sind *dunkler graue Ohrdecken* (dunkler als Scheitel) in Kombination mit geringer Größe und *dunkelgrauen Beinen.* Manchmal angedeuteter grauweißer Überaugenstreif. *Iris dunkel* (grau oder braun), *Schnabel eher kurz, dunkel* mit heller blaugrauer Basis.– Östlich des Kaspischen Meeres in Halbwüsten heller und brauner gefärbt *(halimodendri),* erscheint ausnahmsweise weiter westlich. In mittelasiatischen Gebirgen groß und dunkel (*althaea,* als „Eibischgrasmücke" auch als eigene Art betrachtet), in Europa extrem selten, und die nicht nachgewiesene kleine und hellste Wüstenform *minula.*

**STIMME** Ruft trocken schnalzend „tett". Auf dem Zug auch zeternd „tsche-tsche-tsche…" (an Blaumeise erinnernd). Gesang in Europa laut klappernd „tell-tell-tell-tell…", davor ein leises, eiliges Schwätzen. In Osttürkei, Kaukasus, Mittelasien und Sibirien dominiert raues Zwitschern, die Klapperstrophe ist verkürzt oder fehlt.

## NACHTIGALLENGRASMÜCKE –

Eastern Orphean Warbler *Curruca crassirostris*

L 15-16,5 cm. Nah mit Orpheusgrasmücke verwandt und erst kürzlich wegen Unterschieden in Färbung und Stimme in Artstatus erhoben. Brütet in ähnlichen Lebensräumen, benötigt neben Büschen aber immer einige Bäume. Scheu.

**KENNZEICHEN** Sehr ähnlich Orpheusgrasmücke und ohne Gesang oder lange Beobachtung kaum unterscheidbar. Folgende Unterschiede: *Kopffärbung beim ♂ schwärzlicher und deutlicher abgesetzt* (oft aber ähnlich!), *Oberseite gräulicher* (besonders bei ♂), *Unterseite weißlicher* (auf Flanken und Steiß nur leicht graubeige verwaschen), längere *Unterschwanzdecken immer mit dunklen Zentren* (schwer erkennbar), Schnabel etwas kräftiger und länger (mit Überschneidung), beim ♂ das *bläuliche Weiß an der Unterschnabelbasis ausgedehnter und deutlicher abgesetzt,* oft bis zum Gonys reichend (weniger und diffuser bei Orpheusgrasmücke).

**STIMME** Ruft anscheinend wie Orpheusgrasmücke. Gesang jedoch ganz anders, länger und abwechslungsreicher, die Phrasen mit verschiedenen Motiven besser ausgearbeitet, manchmal sogar an Nachtigall erinnernd „TRÜ TRÜ TRÜ schiWÜ schiWÜ, ju-ju-ju-brü-TRIüh".

## ORPHEUSGRASMÜCKE D: A/–/S

Western Orphean Warbler *Curruca hortensis*

L 14,5-16 cm. Brütet im Laubwald (z. B. Eichen, Olivenhaine, üppiger Auwald), in hohem Gebüsch mit einigen Bäumen (Macchie), oft an steinigen, sonnigen Hängen, lokal auch in Kiefernwald. Sommervogel, überwintert südlich der Sahara. Scheu, bleibt meist in Baumkronen.

**KENNZEICHEN** Groß, etwas größer als Mönchsgrasmücke mit *längerem Schnabel* und etwas *größerem Kopf.* Oberseits *mattbraun,* unterseits schmutzig weiß mit *beigerosa Anflug auf Flanken und Steiß,* manchmal auch Brust und dann *zu weißer Kehle kontrastierend. Schwanz gerade abgeschnitten mit weißen Kanten.*– Ad. ♂: *Ohrdecken, Zügel und Stirn grauschwarz,* manchmal auch am Scheitel sehr dunkel (jedoch im Unterschied zu Samtkopf-Grasmücke stets unscharfe Grenze zum grauen Hinterscheitel/Nacken); *Iris hell.*– Ad. ♀: Kopf mit weniger Schwarz als bei ♂ (oft nur Ohrdecken und Zügel dunkler grau, wirkt daher etwa wie große Klappergrasmücke), Oberseite braun. Iris variabel, oft mit schmalem hellem Ring, manchmal dunkler.– 1er W: Wie ad. ♀, aber *Kopf graubraun ohne Schwarz, Iris stets dunkel.* Oft heller Überaugenstreif von Stirn bis Auge.

**STIMME** Ruft schnalzend „täck", kaum von Mönchsgrasmücke unterscheidbar. Bei Erregung summend ratternd „trrrrr", an Maskengrasmücke erinnernd, und ähnlich Sperbergrasmücke heiser „tschäh". Gesang eine einfache Komposition aus klaren Motiven, ringdrosselartig mehrfach wiederholt, z. B. „TÜru TÜru TÜru TÜru……LIru LIru LIru trü…".

## AKAZIENGRASMÜCKE –

Arabian Warbler *Curruca leucomelaena*

L 14,5-16 cm. Brütet in Akazienbeständen in Halbwüsten. Jahresvogel. Relativ scheu, rastlos und mobil, verschwindet trotz des offenen Lebensraums oft spurlos für Stunden.

**KENNZEICHEN** Sehr ähnlich Nachtigallengrasmücke, aber Schwanz *länger und runder mit weißen Spitzen der äußeren Steuerfedern* (statt weißer Schwanzkanten), stets *dunkles Auge* mit angedeutetem *weißem Augenring, kürzerer Schnabel und schwärzerer Oberkopf;* Kehle leuchtend weiß. Steht oft ziemlich aufrecht, hüpft aber auch etwas geduckt in dichten Akazienkronen. *Schlägt den Schwanz ständig abwärts.* Gesamteindruck einem Bülbül nicht unähnlich (der häufig im selben Revier vorkommt). Geschlechter gleich, unausgefärbt mit braungrauem Scheitel.

**STIMME** Ruft etwas „dick" schnalzend „t(r)ack", oft wiederholt. Gesang klar und wohlklingend aus recht kurzen Strophen mit großen Tonsprüngen, kann an Mönchs- und Nachtigallengrasmücke, Waldammer und aus der Entfernung sogar an Amsel erinnern.

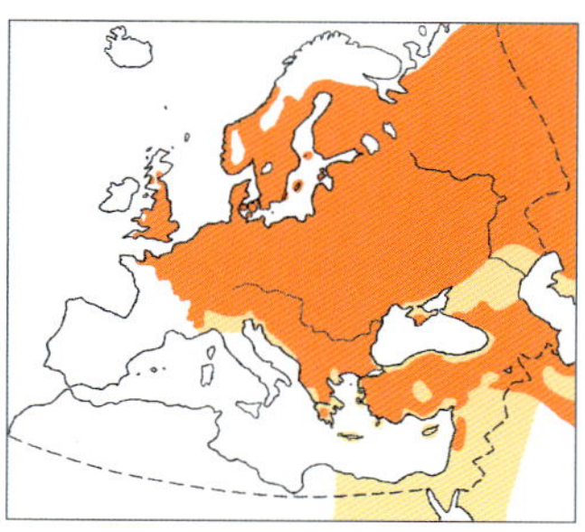
Klappergrasmücke

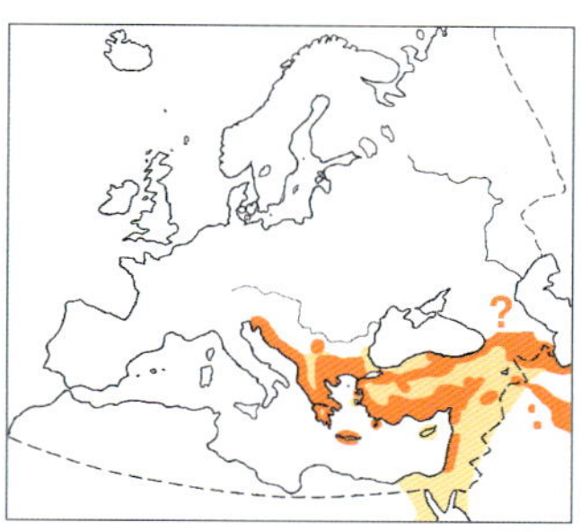
Nachtigallengrasmücke

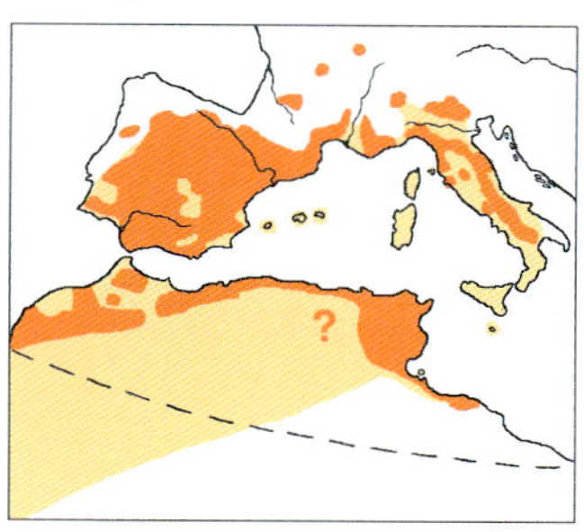
Orpheusgrasmücke

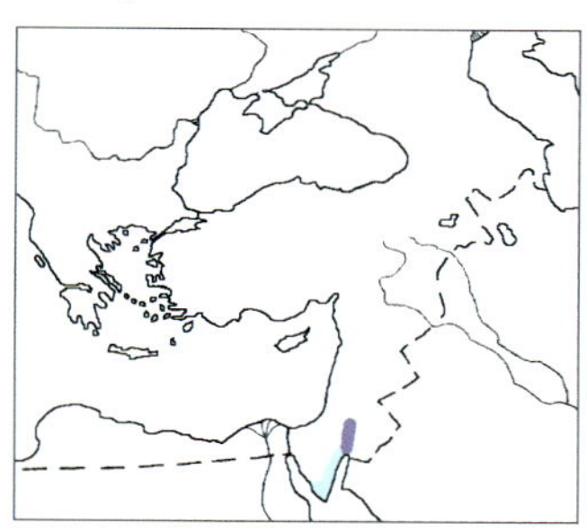
Akaziengrasmücke

## KLAPPERGRASMÜCKE

## NACHTIGALLENGRASMÜCKE

## ORPHEUSGRASMÜCKE

## AKAZIENGRASMÜCKE

## SAMTKOPF-GRASMÜCKE D: A/–/S

Sardinian Warbler *Curruca melanocephala*

L 13-14 cm. Brütet in höherem Gebüsch, offenem Wald und dichtem Gestrüpp, lokal auch in nur hüfthoher Vegetation. Vorwiegend Jahresvogel. Aktiv und rastlos, nicht scheu.

**KENNZEICHEN** Etwa so groß wie Klappergrasmücke, *kompakt* und ziemlich großköpfig. Zuckt mit Flügeln und Schwanz, nimmt oft geduckte Haltung mit gesenktem Kopf ein. In allen Kleidern *weiße Kehle, recht dunkle Flanken, rotbrauner Augenring* (am ausgeprägtesten rot bei ♂) um roten Lidring, *abgerundeter, recht langer Schwanz.* Ad. mit dunklen Steuerfedern und weißen Schwanzecken. Iris ocker- (ad.) oder graubraun (1er W).– ♂: *Schwarze Kapuze* mit oft unscharfer Grenze zum *dunkelgrauen Mantel,* Flanken mittelgrau, meist ab Aug. erkennbar.– ♀: Grauer Kopf (manchmal Grauschwarz auf Vorderscheitel und Ohrdecken), *brauner Mantel,* graubraune Flanken.– Vögel im östlichen Mittelmeerraum *(momus)* etwas kleiner und heller.

**STIMME** Ruft laut, sehr hart „tseck", typischer ist jedoch stotternd-ratternder Warnruf aus schnell gereihten ein- oder zweisilbigen Lauten, „trr-trr-trr-trr-trr" oder „ti-TRRÜ ti-TRRÜ ti-TRRÜ ti-TRRÜ", auch mit abweichendem ersten Ton „tüR-ETT trett-trett-trett-trett". Gesang ein für mediterrane Grasmücken typisches raues Schwätzen, meist kurze (2-5 s) Strophen *in schnellem Tempo* mit knarrenden und knirschenden Lauten, *ganz kurzen Pfeiftönen* sowie mit eingefügtem Rattern. Vertrautheit mit diesem Gesang erleichtert die Bestimmung anderer Arten.

## TAMARISKENGRASMÜCKE –

Ménétries's Warbler *Curruca mystacea*

L 12-13 cm. Brütet in Büschen, oft Tamarisken, in offenem Wald mit Unterwuchs, in trockenerem, offenem Gelände, entlang Wasserläufen. Überwintert rund ums Rote Meer.

**KENNZEICHEN** Sehr ähnlich Samtkopf-Grasmücke (besonders Unterart *momus*), jedoch zierlicher und etwas kurzschwänziger.– ♂: Dunkle, aber nicht samtig schwarze, sondern eher *matt grauschwarze und weniger weit nach hinten reichende Kapuze, Flanken* weniger grau, eher *weißlich;* die meisten Vögel der Türkei mit weißer Kehle und Brustmitte, manche jedoch (wie meist in Kaukasus und Mittelasien) mit *rosa oder ziegelrotem Ton auf Kehle/Brust.*– ♀: Von Samtkopf-Grasmücke *(momus)* unterschieden durch *hellere und gleichmäßiger sandbraune Oberseite,* einheitlicher beige verwaschene grauweiße Unterseite, meist *weißen Augenring,* einheitlicher graubraune Schirmfedern (statt dunkler und mit deutlichen hellen Rändern), helleren Schnabel mit hellgrauer oder rosa Basis (statt blaugrau).

**STIMME** Ruft „tseck" wie Samtkopf-Grasmücke und ganz anders auch sperlingsartig zeternd „tscher'r'r'r", eher wie Maskengrasmücke. Gesang ähnlich Samtkopf-Grasmücke, aber etwas langsamer und hüpfender.

## SCHUPPENGRASMÜCKE –

Cyprus Warbler *Curruca melanothorax*

L 12,5-13,5 cm. Brütet auf Zypern in dichtem Buschwerk in offener Landschaft, häufig. Sommervogel (März-Okt.), überwintert von Jordanien bis Sinai in Wadis, scheu.

**KENNZEICHEN** Ähnlich Samtkopf-Grasmücke, aber mit *dunkel gefleckter Unterseite* und *schmalem weißlichem Augenring.* In allen Kleidern graue Oberseite und *deutliche helle Ränder von Schirmfedern, Armschwingen und Großen Armdecken* (wie bei Maskengrasmücke), *Unterschwanzdecken mit dunklen Zentren,* Flanken grau(beige), Schnabelbasis rosa.– Ad. ♂ mit *schwarzer Kapuze, kräftiger Unterseitenfleckung;* ♀ 1er W mit wenigen oder fehlenden Unterseitenflecken; ad. ♀ und einjährige ♂ intermediär zwischen beiden letztgenannten Kleidern, etwas Grauschwarz an Vorderscheitel und Wangen.

**STIMME** Ruft *kehlig* schnalzend „zreck", bei Beunruhigung heiser, gedehnt „tschreh tschreh…", warnt hoch ratternd „ze-ze-ze-ze-ze…", manchmal ähnlich Samtkopf-Grasmücke, doch schneller „tri-tr'tr'tr'tr'tr…". Gesang trocken und holprig zwitschernd, recht monoton, ohne helle Pfeiftöne, langsam und etwas ungleichmäßig.

## MASKENGRASMÜCKE –

Rüppell's Warbler *Curruca ruppelli*

L 12,5-13,5 cm. Brütet in dichtem, oft dornigem Gestrüpp mit einigen niedrigen Bäumen auf trockenen, felsigen Berghängen, manchmal in offenem Eichenwald mit Unterwuchs (hohe Macchie). Sommervogel (meist Anfang Apr.-Sept.), überwintert südlich der Sahara. Am Brutplatz recht scheu, ♂ zeigt aber manchmal schmetterlingsartigen Singflug.

**KENNZEICHEN** Größe wie Samtkopf-Grasmücke, aber schlanker mit etwas kleinerem Kopf und auffallenderem Hals. *Oberseite grau mit deutlichen hellen Rändern der dunklen Schirmfedern, Armschwingen und (oft) Großen Armdecken,* Alula häufig kontrastierend schwarz. Schnabel schlank, recht lang, bei manchen mit deutlich gebogenem First.– ♂: Scheitel, Kopfseiten und *Kehle schwarz,* deutlicher *weißer Bartstreif;* Lidring und Beine matt ziegelbraun; ab Jan. ausgefärbt.– ♀/♂ 1er W: Scheitel und Mantel grau (schwach braun getönt); Lidring eher schwach, bräunlich weiß; manche ♀ im PK mit Dunkelgrau an der Kehle; von Schuppengrasmücken-♀ im 1en W durch *ungezeichnete grauweiße Unterschwanzdecken, hell grauweiße Flanken und hell blaugraue Schnabelbasis* unterschieden.

**STIMME** Ruft schnalzend „zack" ähnlich Mönchsgrasmücke, trocken ratternd „zrrr", warnt sperlingsähnlich ratternd, oft länger, schneller und schwächer als Sperbergrasmücke, gelegentlich sprudelnd, scheltend nasal „zett-ett-ett…". Gesang ähnlich Samtkopf-Grasmücke, aber *gemächlicher, in niedrigerer Tonlage, mit hohen, klaren Pfeiftönen und wohlklingender, sonorer.*

Samtkopf-Grasmücke

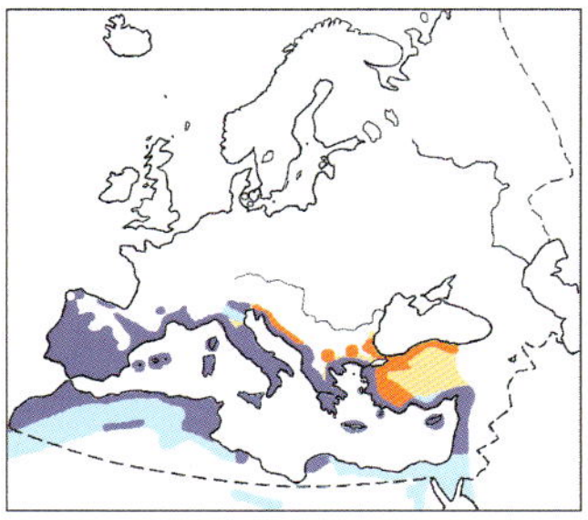

Tamariskengrasmücke

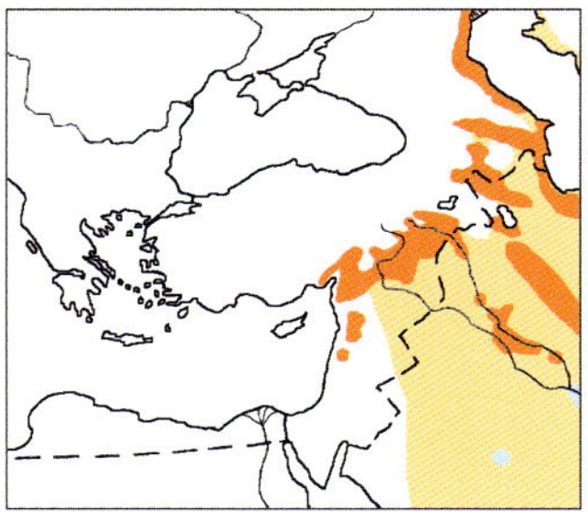

Maskengrasmücke

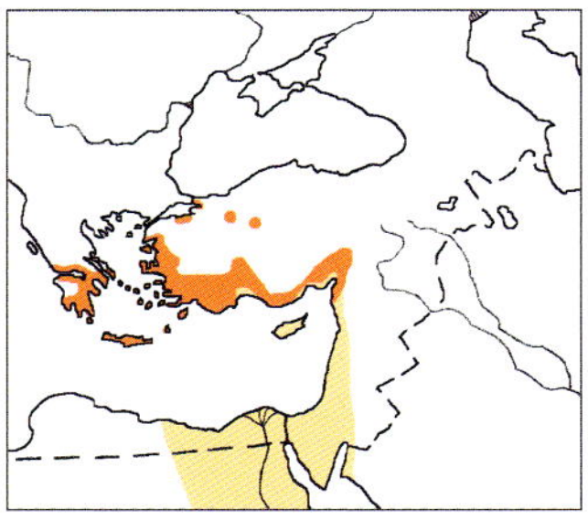

## SAMTKOPF-GRASMÜCKE

## TAMARISKENGRASMÜCKE

## SCHUPPENGRASMÜCKE

## MASKENGRASMÜCKE

## DORNGRASMÜCKE **D:** A/N5/Z

Common Whitethroat *Curruca communis*

L 13-15 cm. Brütet in verbuschtem Gelände und offener Landschaft mit Hecken. Sommervogel (Apr.-Sept.), überwintert südlich der Sahara.

**KENNZEICHEN** *Kräftig* und *langschwänzig. Schnabel grob* mit hellerer Basis, *Beine* recht dick, *gelbbraun.* In allen Kleidern *breit rostbraun gesäumte Schirmfedern und Große Armdecken* (sonst nur bei Brillen- und Atlasgrasmücke). Schwanzkanten weiß.– Ad. ♂: Kopf grau, *Augenring* und Kehle *weiß,* Brust rosa, Iris rötlich ocker.– Andere Kleider: Kopf graubraun, Augenring diffus, Kehle schmutzig weiß, Brust beige, Iris graubraun oder gelbbraun.

**STIMME** Ruft heiser, etwas nasal „wähd wähd wähd"; warnt gedehnt rau „tschähr". Wartengesang typisch, *kurze, hastige, raue, aber wohlklingende, etwas holprige Strophe.* Im Singflug Strophen länger, Stimme ähnelt dann mehr anderen Grasmücken, z. B. Sperbergrasmücke. Singt viel.

## BRILLENGRASMÜCKE **D:** A/V/S

Spectacled Warbler *Curruca conspicillata*

L 12-13 cm. Brütet in Gebüsch (Garrigue) an Berghängen, in trockenen Heiden oder Salzwiesen. Kurzstreckenzieher oder Jahresvogel. Scheu, dennoch oft frei zu sehen.

**KENNZEICHEN** Ähnlich Dorngrasmücke, aber *mit geringerer Handschwingenprojektion,* relativ kleinerem Körper, *größerem Kopf* und *schlankerem Schnabel* mit hellerer Basis.– Ad. ♂: Von Dorngrasmücke unterschieden durch *ausgedehnt grauschwarze Zügel, dunkel braunrosa Brust* und etwas Grau an unterer Kehle.– ♀/1er W: Ähnlich Dorn- und Bartgrasmücken, aber von Ersterer durch geringere Größe, kurze Flügel, schlankeren Schnabel, breitere rostbraune Flügeldeckensäume (dunkle Zentren kaum sichtbar) zu unterscheiden, von Letzteren durch kürzere Handschwingenprojektion und lebhafteren Rostton auf Flügeln.

**STIMME** Ruft hoch trocken summend „drr", oft zu langen Folgen mit kurzen eingeschobenen Silben gereiht, „drrrrrrr-dr-dr-drrrrrrr..." („Klapperschlangenrassel"). Gesang meist schnelles Zwitschern, oft *mit mehreren klaren Pfeiftönen eingeleitet* (kann wie Haubenlerche klingen).

## BALKAN-BARTGRASMÜCKE **D:** A/–/S

Eastern Subalpine Warbler *Curruca cantillans*

L 12,5-13,5 cm. Lebensraum wie Iberien-Bartgrasmücke. Sommervogel (Ende März-Sept.), überwintert in West- und Zentralafrika. Brutvogel Siziliens, Mittel- und Süditaliens *(cantillans),* des Balkan und der Westtürkei *(albistriata).*

**KENNZEICHEN** Ad. ♂: Ähnlich Iberien-Bartgrasmücke, aber *dunkel ziegelrote Kehle und obere Brust kontrastieren deutlich zu viel hellerem oder weißlichem Rest der Unterseite,* Bartstreif durchschnittlich breiter, Schwanzkanten weiß (bei Spreizung schmaler weißer Keil auf zweitäußerster Steuerfeder). Iris bräunlich ocker (mit Olivton).– Ad. ♀/1er W: Von Iberien-Bartgrasmücke nicht unterscheidbar, falls Schwanzmuster nicht erkannt (oder Ruf gehört).

**STIMME** Ruft weniger trocken schnalzend als Iberien-Bartgrasmücke, eher *voll* oder *kompakt* „tschrep" oder verdoppelt „tsche-trep". Gesang sehr ähnlich Iberien-Bartgrasmücke, wirkt aber durchgehend schneller und oft weniger variabel sowie enthält mehr harsche und kratzende Töne.

## IBERIEN-BARTGRASMÜCKE **D:** A/–/S

Western Subalpine Warbler *Curruca iberiae*

L 12-13 cm. Bewohnt verschiedene Lebensräume, oft Büsche an trockenen Hängen oder sandige Heiden, auch offenes Waldland oder üppiges Gebüsch an Wasserläufen. Sommervogel (Apr.-Sept.), überwintert in Westafrika.

**KENNZEICHEN** Ad. ♂: *Kopf und Mantel bleigrau, Unterseite rostorange,* auf Flanken und Bauch kaum heller, *Bartstreif schmal, roter Augenring* auffallend. Schwanzkanten schmal weiß, Iris oft rötlich ocker, Beine bräunlich rosa.– Ad. ♀: Kehle und Brust cremeweiß oder nur leicht verwaschen rostrosa, Oberseite bräunlich grau, *Augenring außerhalb des rotbraunen Lidrings oft teilweise weißlich.* Iris und Beine wie ♂ oder etwas matter.– 1er W: Ähnlich ♀, doch oberseits brauner, Iris anfangs graubraun oder blassocker.

**STIMME** Ruft ähnlich Klappergrasmücke trocken schnalzend „tscheck", bei Alarm schnell wiederholt. Singt höher als Samtkopf-Grasmücke, Phrasen durchschnittlich länger, in knöternder und hüpfender Art an Bluthänfling erinnernde unregelmäßige Folge hart zwitschernder, kurz knirschender und pfeifender Töne und rufähnlichen Schnalzens.

## LIGURIEN-BARTGRASMÜCKE **D:** A/–/S

Moltoni's Warbler *Curruca subalpina*

L 12-13 cm. Brütet an verbuschten Hängen, in dichter Macchie und naturnahem Laubwald des niederen Berglands. Sommervogel (Ende Apr.-Sept.), trifft im Frühjahr 2-3 Wochen später als beide nächsten Verwandten ein; überwintert in Westafrika.

**KENNZEICHEN** Ad. ♂: Ähnlich Iberien-Bartgrasmücke, aber *lachsrosa Unterseite* (statt orange), diese auf Flanken und Bauch ebenfalls nur etwas blasser. Weißer Bartstreif schmal, roter Augenring und Schwanzmuster wie bei Iberien-Bartgrasmücke. – Ad. ♀1/er W: Von Iberien-Bartgrasmücke nur am Ruf unterscheidbar.

**STIMME** Ruft ähnlich Zaunkönig *schnurrend* „zerrr", bei Alarm oft verlängert oder rasch gereiht. Gesang schneller, höher als Iberien-Bartgrasmücke, insektenartige „Raserei" scharfer, brutzelnder Töne, oft mit dem eingewobenen Ruf.

Dorngrasmücke

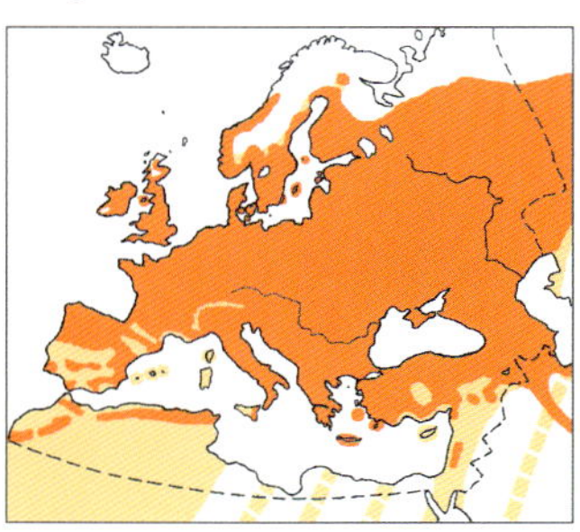

Brillengrasmücke

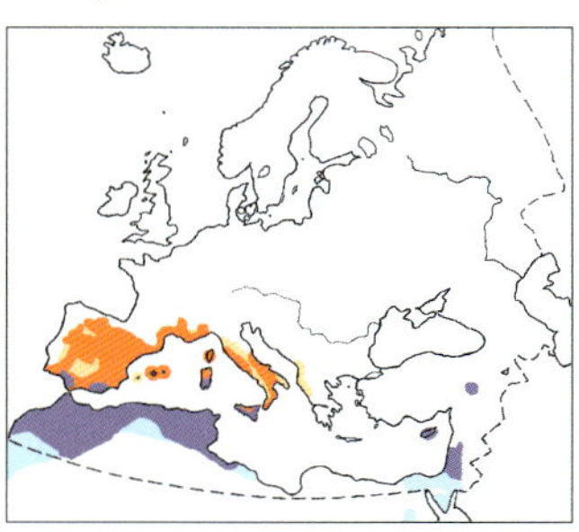

Iberien-/Balkan-Bartgrasmücke

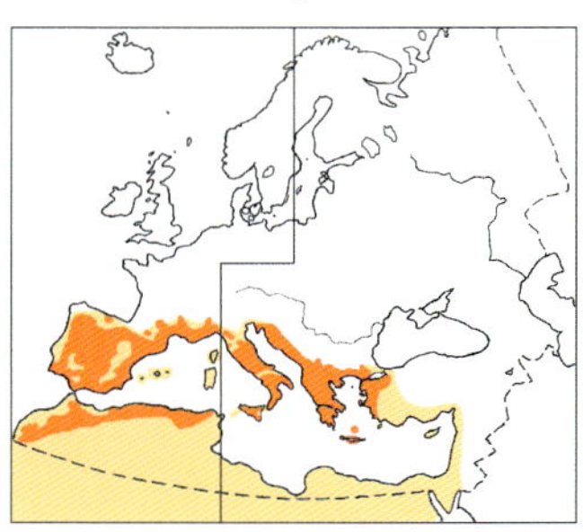

Ligurien-Bartgrasmücke

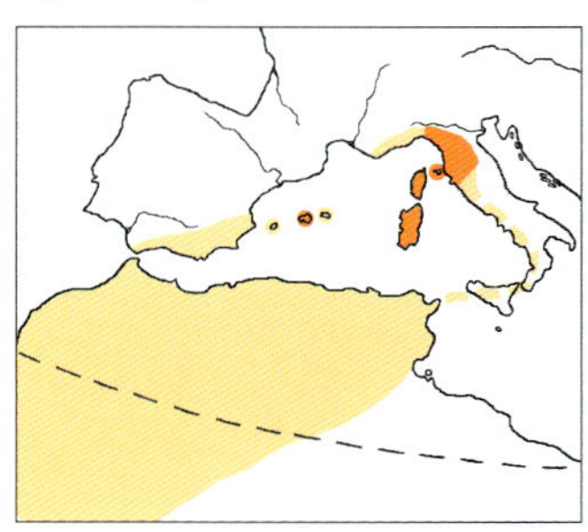

## DORNGRASMÜCKE

## BRILLENGRASMÜCKE

## BALKAN-BARTGRASMÜCKE

## IBERIEN-BARTGRASMÜCKE

## LIGURIEN-BARTGRASMÜCKE

## PROVENCEGRASMÜCKE D: A/–/S

Dartford Warbler *Curruca undata*

L 13-14 cm. Brütet auf buschreichen Heiden an Küsten oder in höheren Lagen (niedrige Macchie, Garrigue), auch in lichtem Kiefern- oder Eichenwald mit Ginster- und Heidebewuchs. Überwiegend Jahresvogel. Neugierig und vertraut, oft auf Buschspitzen. Nest niedrig in Busch.

**KENNZEICHEN** *Klein,* sogar kleiner als Brillengrasmücke, jedoch *mit längerem, oft gestelztem Schwanz.* Flug flatternd und ruckartig, knickst mit dem Schwanz. *Oberseite dunkelgrau* oder graubraun, *Unterseite matt weinrot* (wirkt oft nur dunkel, dann Verwechslungsgefahr mit Sarden- und Balearengrasmücke), Kehle mit feinen weißlichen Flecken (von Nahem erkennbar), Bauchmitte schmutzig weiß. Iris rotbraun, *Lidring rot.* Geschlechter einander ähnlich, ♀ jedoch oberseits brauner, unterseits weniger satt weinrot.– JK: Ohne roten Lidring, Iris dunkel; noch brauner als ♀, sehr ähnlich juv. Sardengrasmücke (s. u.).

**STIMME** Ruf typisch *lang gezogen und harsch* „tschäääähr" (manchmal „tschäääähr-tschr"); warnt ratternd „trrü-tr'r'r'r" ähnlich Samtkopf-Grasmücke, aber höher. Gesang kurz, sehr schnell, knatternd-zwitschernd mit einzelnen eingestreuten Pfeiftönen, *schneller, weniger kräftig und tiefer* als Samtkopf-Grasmücke.

## SARDENGRASMÜCKE –

Marmora's Warbler *Curruca sarda*

L 13-14 cm. Brütet an Berghängen mit niedriger Macchie und Garrigue (bis ca. 1.800 m) und in Gebüsch an Felsküsten (Heide, Zistrose), meidet Wald. Jahresvogel oder Kurzstreckenzieher nach Nordafrika und selten Süditalien. Nest niedrig in Busch oder Staude.

**KENNZEICHEN** Größe, Gestalt und Verhalten wie Provencegrasmücke (aber durchschnittlich nicht so langschwänzig), unterscheidet sich jedoch durch *graue Unterseite* und *fehlende deutliche helle Kehlflecke* (bei ad. ♂ manchmal angedeutet, bei ♀ und juv. ganze Kehle heller gräulich weiß). Geschlechter einander ähnlich, bei ad. ♂ Stirn und Zügel oft dunkler (grauschwarz).– JK: Sehr ähnlich juv. Provencegrasmücke, aber Kehle, Brustmitte und Bauch weißlicher (nicht so warm graubeige), Flanken mehr gräulich beige (weniger warm braun). Vgl. auch mit der sehr ähnlichen und nah verwandten Balearengrasmücke (s. u.).

**STIMME** Ruft rau und kehlig „tschreck" oder „tschek" (erinnert an Schwarzkehlchen, Weißflügel-Seeschwalbe oder Wasseramsel). Gesang ähnlich Samtkopf- oder Brillengrasmücke, ein *kurzes, schnelles, flüssiges Zwitschern,* gewöhnlich mit ziemlich klarem Triller oder Schnörkel endend.

## BALEARENGRASMÜCKE –

Balearic Warbler *Curruca balearica*

L 13-14 cm. Unterscheidet sich farblich und stimmlich etwas von der Sardengrasmücke und wird daher inzwischen als eigene Art betrachtet. Jahresvogel auf den Balearen (außer Menorca). Offenbar nur wenige sichere Nachweise von Gästen auf dem spanischen Festland. Lebensraum und Lebensweise wie Sardengrasmücke, bevorzugt aber Garrigue an der Küste (Mattoral).

**KENNZEICHEN** Der Sardengrasmücke sehr ähnlich und ohne Ruf, Gesang und detaillierte Gefiederbetrachtung oft nicht unterscheidbar. Geringfügig *kleiner* und relativ *langschwänziger* als Sardengrasmücke. Ad. ♂ mit *weißlicher Kehle* (statt grau). Oberseits durchschnittlich etwas *heller grau,* auf den *Flanken rosabeige* getönt (Sardengrasmücke oberseits eher dunkelgrau, unterseits einfarbig grau). *Prominenter* (statt schwächerer) *Lidring ziegelrot, Schnabelbasis lebhaft orange* (statt matt gelblich rosa), Beine tendenziell leuchtender orangebraun.– ♀/1er W: Matter gefärbt und schwerer von Sardengrasmücke unterscheidbar.

**STIMME** Ähnlich Sardengrasmücke, doch mit Übung unterscheidbar. Ruft unterdrückt, kaum hörbar „r", „tret" oder „tret", manchmal schärfer „witt" und fräsend „tschre!" (entfernt an auffliegende Bekassine erinnernd). Gesang erinnert durch monoton aufgereihte Laute mehr an Provence- als Sardengrasmücke mit deren abwechslungsreichen, klaren Tönen. Strophen kurz und schnell, meist mit ratternden Elementen beginnend (ähnlich Ruf der Samtkopf-Grasmücke), gefolgt von ungleichmäßigem Zwitschern, „tri-RUI-TRUI-RUI-tritritritritritre".

## ATLASGRASMÜCKE –

Tristram's Warbler *Curruca deserticola*

L 11,5-12,5 cm. Brütet an kargen Berghängen oder auf Heiden mit Buschwerk (niedrige Macchie, Garrigue), einzelne Steineichen oder Zedern werden toleriert. Überwiegend Jahresvogel, zieht teilweise im Winter etwas südwärts, dann in etwas niedrigeren Lagen und flacherem Gelände wie Halbwüste oder trockene Steppe mit niedrigen Büschen.

**KENNZEICHEN** Klein und recht langschwänzig (aber Schwanz etwas kürzer als bei Provencegrasmücke), Gefieder mit Merkmalen von Brillengrasmücke *(Rostbraun auf Flügeln, weißer Augenring)* und Iberien-Bartgrasmücke *(Kehle, Brust und Flanken ziegelrot,* zumindest *angedeuteter weißer Bartstreif). Gesamte Kehle rotbraun, im frischen Gefieder fein weiß geschuppt,* Kopf und Mantel grau. Vögel im Herbst oberseits brauner, Kehle wirkt von der Seite hell, dann sehr ähnlich Brillengrasmücke.

**STIMME** Ruft sehr hart metallisch „tschick", oft wiederholt, warnt sperlingsartig zeternd leicht nasal „tschett-ett-ett-ett-ett-…". Gesang schnell und zwitschernd mit wenigen eingeflochtenen kurzen Pfeiftönen ähnlich anderen Grasmücken. Schnell wie Provencegrasmücke, aber durchschnittlich abwechslungsreicher, manchmal etwas an Bartgrasmücken erinnernd.

Provencegrasmücke

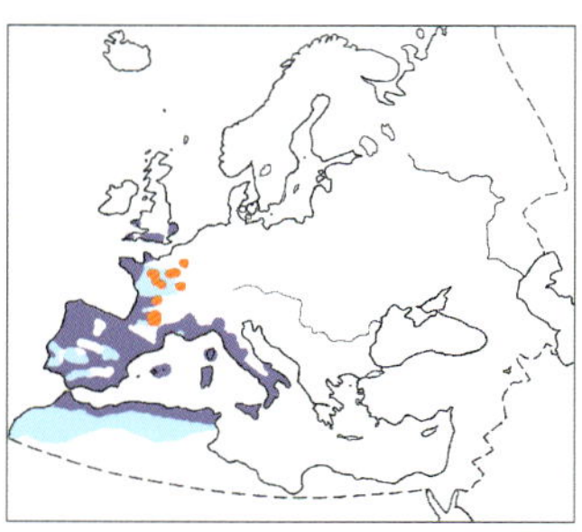

Balearen- und Sardengrasmücke

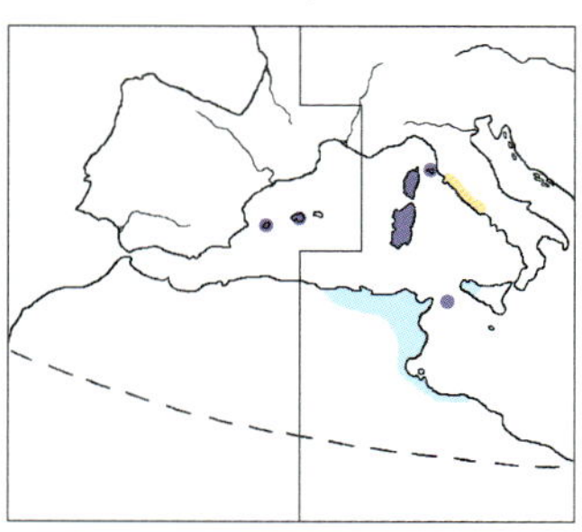

Atlasgrasmücke

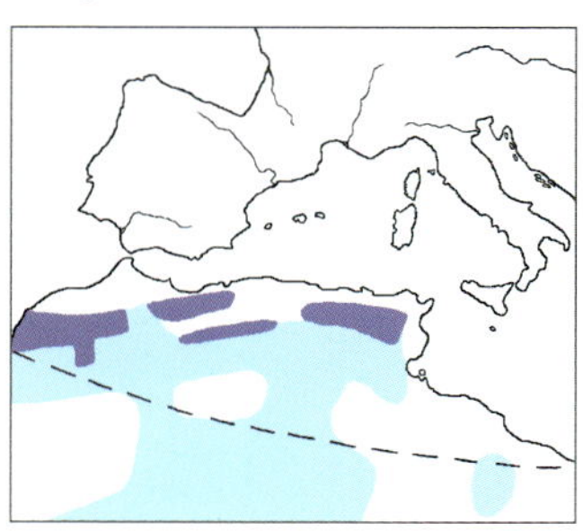

## PROVENCEGRASMÜCKE

## SARDENGRASMÜCKE

## BALEARENGRASMÜCKE

## ATLASGRASMÜCKE

DZ

## WÜSTENGRASMÜCKE D: A/–/S

Asian Desert Warbler *Sylvia nana*

L 11,5-12,5 cm. Brütet in Halbwüste oder trockener Steppe. Sommervogel, überwintert im Nahen Osten. Lebhaft und rastlos, huscht viel am Boden.

**KENNZEICHEN** *Klein,* Lebensraum, helles Gefieder mit *hell sandfarbener Oberseite* und Größe kennzeichnend. *Ockerfarbene Ränder von Schirmfedern und Großen Armdecken sowie breiter schmutzig weißer Augenring erinnern an Brillengrasmücke,* jedoch *Augen gelb, Beine hell gelbbraun; Schwanzoberseite leuchtend rostbraun, Schnabel* schlank, *mattgelb,* nur *Spitze* und First *dunkel.* Im Vergleich zur Saharagrasmücke auf *Kopf und Mantel etwas grauer, Handschwingen* etwas *dunkler,* Oberschwanz lebhafter rötlich und vor allem *schwarze Schaftstriche auf Schirm- und mittleren Steuerfedern.* Kann auch an ♀ von Dorngrasmücke erinnern, ist aber kleiner, hat gelbes Auge und blasser gelbliche Beine.

**STIMME** Ruft hoch zeternd „tscher'r'r'r". Gesang ein inspiriertes, klares Signal, eingeleitet von unterdrückten schwatzenden Lauten, gefolgt von einem silberhellen in der Höhe abfallenden Triller, „tsche-tre-zerr-SRRRIHR'R'R'R", manchmal mit angehängtem Warnruf.

## SAHARAGRASMÜCKE –

African Desert Warbler *Sylvia deserti*

L 11-12 cm. Früher als Unterart der Wüstengrasmücke betrachtet. Jahresvogel in nordafrikanischen Halbwüsten, Lebensweise wie Wüstengrasmücke.

**KENNZEICHEN** Größe und Gestalt wie Wüstengrasmücke. Durch *hell ockerbeige Oberseite* mit keiner anderen Art in Nordafrika verwechselbar. Bei schlechten Sichtbedingungen müssen aber ♀ und Jungvögel von Brillen- und Atlasgrasmücke ausgeschlossen werden, beachte dann *hellgelbes Auge, hell gelbbraune Beine* (statt rosabraun), *Oberschwanz mit Rostton, sehr helle Kopfseiten* ohne Kontrast zur Kehle, dünnen *blassgelben Schnabel,* Spitze und First dunkel.

**STIMME** Ruft plappernd „kerrrr". Gesang klar, hüpfend, mit hoher, klarer Stimme und wenigen harschen Tönen, jede Strophe mit rufartigem trockenem Triller eröffnet, gefolgt von lauten Tönen in unregelmäßigem Rhythmus, „krrrr-TI-TU-TI-TI-TJU-TI".

## STREIFENPRINIE –

Graceful Prinia *Prinia gracilis*

L 10-11 cm. Brütet in Gebüsch und hohem Gras in feuchten wie trockeneren Lebensräumen, oft an Gräben, Fluss- und Teichufern, auf sandigem Boden, in Kulturflächen und in Gebäudenähe, wenn dichter Unterwuchs, Tamarisken, Binsen, Schilf u. Ä. vorhanden sind. Jahresvogel. Furchtlos, aktiv, Nest niedrig in Vegetation.

**KENNZEICHEN** Erinnert an Orientdickichtsänger, jedoch *Kopf kleiner, runder, eher einfarbig gefärbt* (ohne hellen Überaugen- und dunklen Augenstreif), *Gefieder eher gräulich* getönt, nicht so warm bräunlich, auf *Mantel und Rücken dunkler gestreift,* langer *Schwanz stark gestuft,* jede *Steuerfeder mit schwarz-weißer Spitze.* ♂ im PK mit *schwarzem Schnabel.* Auge gelbbraun.

**STIMME** Ruft explosiv „tlipp!" oder metallisch ratternd-trillernd „srrrrrrt", oft wiederholt und mit etwas schwingendem Rhythmus. Warnt scharf „tsiit", ähnlich Baum- oder Rotkehlpieper. Gesang frenetisch wetzend „srrLIP srrLIP srrLIP srrLIP…".

## ORIENTDICKICHTSÄNGER –

Levant Scrub Warbler *Scotocerca inquieta*

L 10-11 cm. Früher als Prinie betrachtet, aber nicht näher verwandt. Brütet in Halbwüsten und sandigen oder steinigen Steppen mit niedrigen Büschen und Gras (Wadis, Garrigue), manchmal im selben Lebensraum wie Brillengrasmücke mit üppigem, aber niedrigem Unterwuchs, öfter in bergigem Gelände oder an Steinhängen. Jahresvogel, Nest in niedriger Vegetation. Unerschrocken, lebhaft, rastlos.

**KENNZEICHEN** Ein kleiner, recht hell braungrauer Federball mit *langem, schmalem, dunklem,* oft zuckendem oder zaunkönigartig gestelztem *Schwanz,* dieser *unterseits dunkel mit schmal weißen Federspitzen. Kopf relativ groß, mit markantem breitem, langem, hellem, durch schmalen dunklen Augenstreif und dunkel gestrichelten Scheitel noch betonten Augenstreif.* Wangen und Unterseite oft mit rosabeigem Anflug. Lange, bräunliche Beine wirken weit hinten am Körper angesetzt. *Iris dunkel.* Schnabel schlank und überwiegend dunkel, Unterschnabelbasis nur leicht aufgehellt.

**STIMME** Rufe variabel. Bei Erregung metallisch, trocken, trillernd, abfallend „prrrrr". Charakteristisch abfallendes zweisilbiges Pfeifen „wii-woo"; viersilbige Variante sukzessiv fallender Töne hat wohl Gesangsfunktion, „sii-sü-su-so" (ähnlich entfernt rufendem Flussuferläufer). Eigentlicher Gesang oft mit abweichender erster Silbe beginnend, z. B. „TSRIsrü wi-wü-wu" oder „TRSIRR-wujwuj-wuj".

## ATLASDICKICHTSÄNGER –

Saharan Scrub Warbler *Scotocerca saharae*

L 9,5-10,5 cm. Ersetzt Orientdickichtsänger in Nordafrika, bewohnt ähnliche Lebensräume, gern Halbwüste mit niedrigen Büschen. Rastlos, nur kurz im Dickicht sichtbar.

**KENNZEICHEN** Sehr ähnlich Orientdickichtsänger, aber durchschnittlich *heller sandfarben* und mit *hellem Auge. Überaugenstreif undeutlicher,* besonders hinter dem Auge, davor ockerbeige. Schnabelbasis meist heller.– Von Ostmarokko über Algerien bis Libyen *(saharae) heller* mit recht einfarbig rosabeigem Gefieder, aber Brutvögel Südwestmarokkos *(theresae)* dunkler braun mit kräftiger dunkler Strichelung von Scheitel und Nacken.

**STIMME** Wie Orientdickichtsänger, aber warnt tiefer „prrruuu"; Gesangsunterschiede unklar.

Sahara- und Wüstengrasmücke

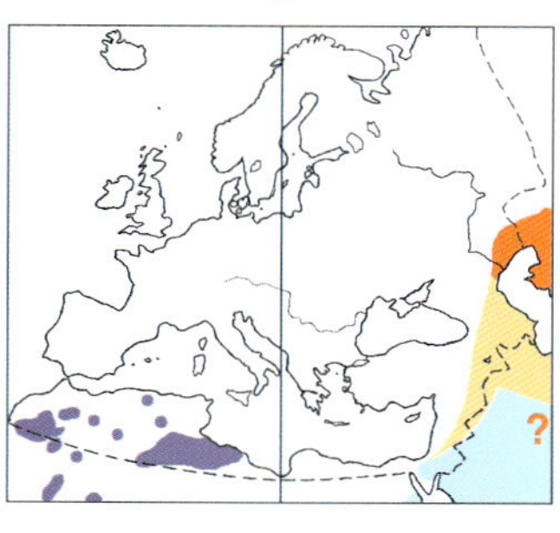

Streifenprinie

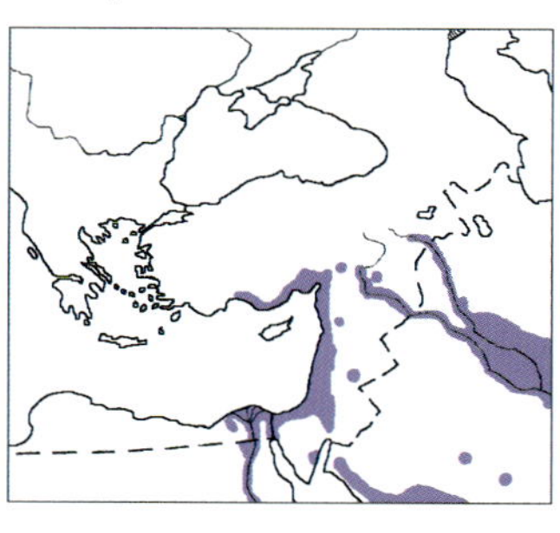

Atlas- und Orientdickichtsänger

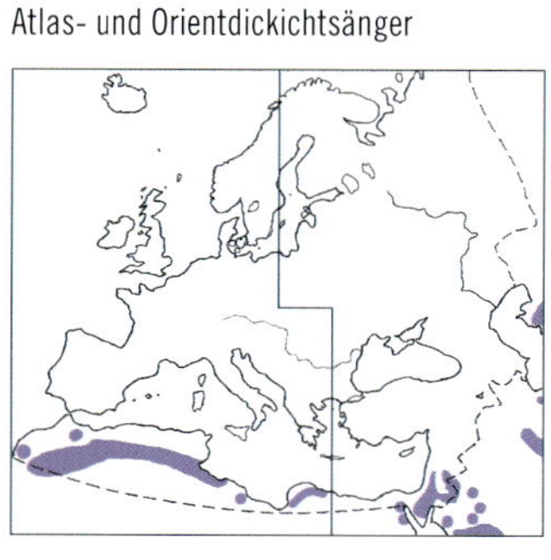

## WÜSTENGRASMÜCKE

## SAHARAGRASMÜCKE

## STREIFENPRINIE

## ORIENTDICKICHTSÄNGER

## ATLASDICKICHTSÄNGER

Vögel in feuchteren und vegetationsreicheren Gebieten tendenziell dunkler und brauner. Im Landesinneren Marokkos meist intermediär.

DZ

## SCHILFROHRSÄNGER D: BA/N4/Z

Sedge Warbler *Acrocephalus schoenobaenus*

L 11,5-13 cm. Brütet in dichter Vegetation von Feuchtgebieten, in Schilf (bevorzugt mit eingesprengten Büschen), in hohen Binsen, Weidengebüsch an Ufern, an verschilften Gräben usw. Sommervogel (Ende Apr.-Sept.), überwintert südlich der Sahara. Lebhaft, wenig scheu, oft frei sichtbar.

**KENNZEICHEN** Rohrsänger mit *deutlichem, ziemlich langem, weißlichem oder beigeweißem Überaugenstreif,* kontrastiert mit *recht dunklem, diffus gestreiftem Scheitel* und Wangen. Mantel/Rücken diffus dunkel gestreift, wirkt aber im Freiland oft fast einfarbig braun. Beim Auffliegen von hinten *wärmer gelbbrauner Bürzel* sichtbar. Scheitelseiten dunkler und dadurch hellen zentralen Bereich betonend, bei juv. in der Deutlichkeit manchmal zu Verwechslung mit Seggenrohrsänger einladend (s. u.).– JK/1er W: Oft deutliche dunkle Brustflecke, Flügelfedern frischer als bei ad.

**STIMME** Ruft beunruhigt gedämpft, trocken rollend „errrr“, warnt scharf „tsäck!“. Gesang, oft in kurzem Flug, laut, lang anhaltend, nur wenig variiert, aufgeregt und *eilig schwatzend,* hier und da abgelöst durch Kaskaden trillernder, pfeifender Töne sowie eingewobener Imitationen, z. B. „zrüzrü-trett zrüzrüzrü psit trutrutru-pürrrrrrrrurrrrr-WI-WI-WI lülülü zeTRE zeTRE…“.

## SEGGENROHRSÄNGER D: A/L1/Z

Aquatic Warbler *Acrocephalus paludicola*

L 11,5-13 cm. Brütet nur in offenen nassen Seggenwiesen mit fußhoher Vegetation, daher heute sehr selten. Sommervogel (Ende Apr.-Sept.), überwintert in Westafrika.

**KENNZEICHEN** Gestalt und Gesamteindruck wie Schilfrohrsänger, unterscheidet sich durch *schmalen gelbbeigen Scheitelstreif* (viel kontrastreicher und schmaler als bei Schilfrohrsänger), zwei *deutliche gelbbeige Streifen auf Mantelseiten* sowie *kräftigere schwarze Oberseitenstreifung.* Wirkt normalerweise insgesamt *heller und eher gelblich weiß* (sieht aber von Weitem mitunter genauso dunkel wie Schilfrohrsänger aus). *Zügel hell,* daher wirkt Überaugenstreif vorne breit (1er W und manche ad.; andere ad. mit etwas dunklerem Zügelstreif). Silhouette während des Singens typisch, Schwanz nach unten gedrückt, *Hals* bei jedem Strophenbeginn sehr weit *gestreckt.*– Ad. fast immer mit dünner Brust- und Flankenstrichelung, die im JK/1en W fehlt.

**STIMME** Ruft schnalzend „tschack“, bei Erregung ähnlich Schilfrohrsänger „errr“, warnt kurz, heiser „tscht“ (wie Heuschrecke!). Gesang (meist abends bis zur Dämmerung; nur selten im Flug) wie schläfriger Schilfrohrsänger; fast immer mit knarrendem „trrrrr“ beginnend, unmittelbar danach Reihe Pfeiftöne „jüjüjüjüjü“ oder „didididi“ (erinnert an Bruchwasserläufer, aber schriller); lange Zeit nur abwechselndes Knarren und Pfeifen mit Pausen zu hören; mitunter komplexere Strophen mit 4-5 Motiven.

## MARISKENROHRSÄNGER D: A/–/S

Moustached Warbler *Acrocephalus melanopogon*

L 12-13,5 cm. Brütet lokal und spärlich im Schilf, oft neben kleinen Blänken und mit Rohrkolben durchsetzt; bevorzugt dichte Bestände mit geknicktem Schilf. Im Westen überwiegend Jahresvogel, im Osten Sommervogel (März-Sept.).

**KENNZEICHEN** Sehr ähnlich Schilfrohrsänger, etwas größer und kompakter. Hüpft viel auf Boden oder in Wassernähe, zuckt häufig mit Schwanz und hält ihn leicht angehoben. Unterscheidet sich vom Schilfrohrsänger durch *geringere Handschwingenprojektion* (höchstens ein Drittel der Schirmfederlänge statt zwei Drittel), *weißeren Überaugenstreif, der hinten breiter ist und abgeschnitten endet, gleichmäßiger dunklen Scheitel* und Wangen mit am Unterrand *angedeutetem schmalem schwarzem Wangenstreif.* Im frischem Gefieder (Frühjahr) *rotbraun getönt,* besonders auf Bürzel, Nacken, Hals- und Brustseiten, Unterseite weißer (nicht beige gelbweiß).– Unterart *mimicus* (Osttürkei, Kaukasus, Naher Osten) dem Schilfrohrsänger ähnlicher, eher graubraunes, weniger rostgetöntes Gefieder und hellerer, stärker gestrichelter Scheitel.

**STIMME** Ruft gedämpft kehlig schnalzend „treck“ (klingt „zäher“ als Schilfrohrsänger, ähnlich Schwarzkehlchen), auch kürzer „trk“, bei Erregung zu schnellem „tk-tk-tk-tk…“ gereiht, und rollend „trrrt“. Gesang ähnlich Teichrohrsänger, aber lebhafter, etwas schneller, weicher und variabler mit typischen eingeflochtenen *Folgen nachtigallähnlich ansteigender Pfeiftöne* „wu wu wü wü wi wi…“.

## ZISTENSÄNGER D: A/V/S

Zitting Cisticola *Cisticola juncidis*

L 10-11 cm. Gehört zur Familie der Halmsänger. Brütet in warmen Gegenden in offenem Gelände mit hohen Gräsern oder auf Feldern, bevorzugt trockenen Untergrund, meidet Bäume. Jahresvogel. Nest in niedriger Vegetation.

**KENNZEICHEN** *Klein,* rundlich und *kurzschwänzig,* sandbraun und *dunkel gestreift.* Beim wellenförmigen *Singflug* zeigen sich oft *stark gerundeter, unten kontrastreich schwarz-weiß endender Schwanz* und *kurze, gerundete Flügel.* Beim stehenden Vogel schließt Kurzschwänzigkeit Verwechslung mit sonst ähnlicher Streifenprinie aus. Zur Brutzeit ♂ mit schwarzem Schnabel und einfarbig braunem Scheitel, ♀ mit hellbraunem Schnabel und gestreiftem hellem Scheitel.

**STIMME** Ruft laut „tschipp!“. Gesang die *monotone Wiederholung eines kurzen, scharfen Tons* über längere Zeit (meist im weit kreisenden Singflug) mit knapp 1 s dauernden Pausen, „dzip … dzip … dzip … dzip … dzip…“.

Schilfrohrsänger

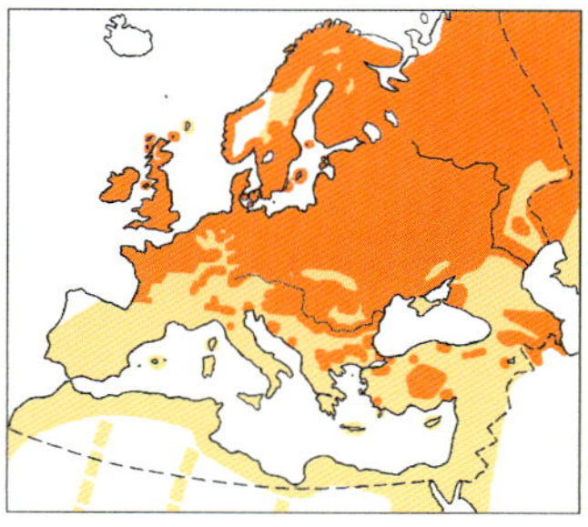

Seggenrohrsänger

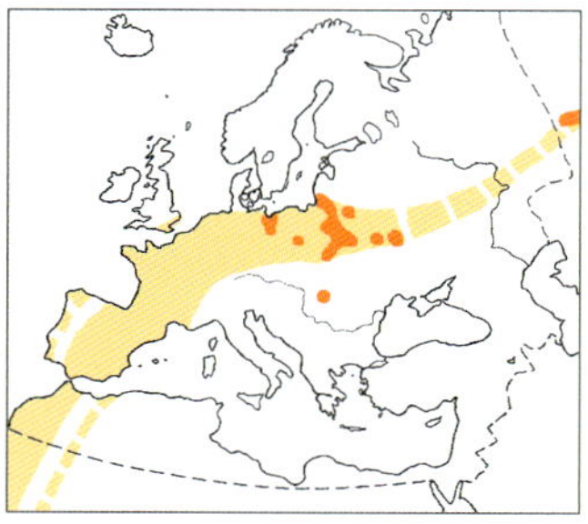

Mariskenrohrsänger

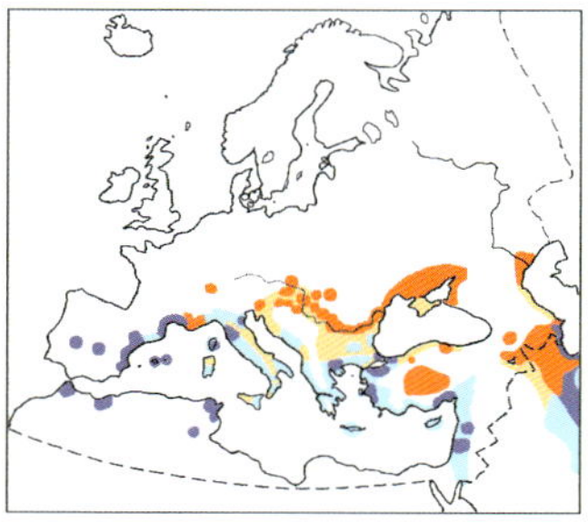

Zistensänger

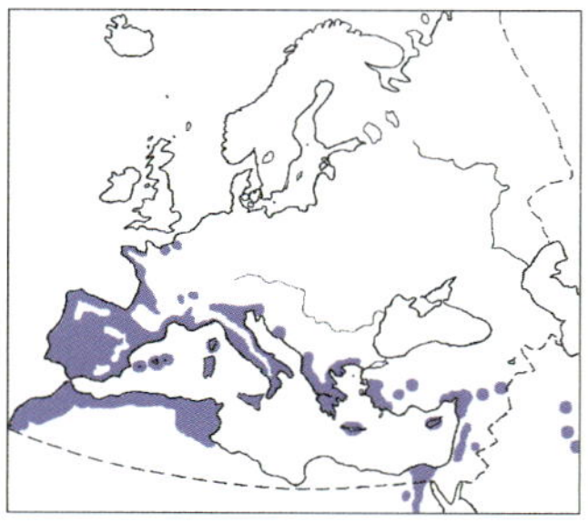

## SCHILFROHRSÄNGER

## SEGGENROHRSÄNGER

## MARISKENROHRSÄNGER

## ZISTENSÄNGER

DZ

## FELDSCHWIRL D: A/N4/Z

Common Grasshopper Warbler *Locustella naevia*

L 12,5-13,5 cm. Brütet in Gelände mit niedriger, dichter Vegetation, gern stauden- und kräuterreiche Feuchtwiesen mit einzelnen Büschen, in feuchtem Gebüsch an Gewässerrändern, auch auf Lichtungen, Kahlschlägen, in jungen Fichtenschonungen. Sommervogel (meist Ende Apr.-Sept.), überwintert soweit bekannt im tropischen Afrika. Außer beim Singen sehr schwer zu sehen, läuft und klettert wie eine Maus durch dichten Bewuchs.

**KENNZEICHEN** Graubrauner Vogel von der Größe eines Schilfrohrsängers ohne markante Gefiedermerkmale. *Oberseite* auf olivgraubraunem Grund *dunkel gestreift,* Unterseite schmutzig weiß oder manchmal wärmer beige gelbweiß, *ungefleckt* oder in variierender Anzahl *kleine dunkle Flecken auf Kehle* und Vorderbrust (viele mit wenigen dunklen Flecken, nur selten sieht man dichte, kräftige Fleckung und einige diffuse Strichel auf Flanken, dann ähnlich Strichelschwirl). Im Unterschied zum Schilfrohrsänger *ohne deutlichen weißlichen Überaugenstreif* (nur diffus angedeutet), *schmutzig weiße,* diffus *gestrichelte Unterschwanzdecken,* oliv graubrauner, schwach dunkel gefleckter *Bürzel, farblich kaum vom Mantel abgesetzt,* gleichmäßig fein gestrichelter Scheitel ohne dunklere Seiten. Beine rosa, Schnabel recht dunkel. Schirmfedern dunkel, an Basis mit breiten, diffus abgegrenzten braunen Rändern. Im 1en W unterseits oft gelb getönt, ad. dort schmutzig weiß, aber offenbar gelegentlich Überschneidungen.

**STIMME** Ruft scharf und durchdringend „pswitt". Gesang insektenartig, *mechanisch, trocken schwirrend,* „sir'r'r'r'r'r'r'r'r...", oft ab später Dämmerung und nachts zu hören und minutenlang andauernd, kann an Wecker mit gedämpfter Klingel erinnern. Lautstärke je nach Kopfstellung des Sängers etwas variierend. (Vgl. auch ähnliche Gesänge von Strichel-, Rohr- und Schlagschwirl.)

## STRICHELSCHWIRL D: A/–/S

*Lanceolated Warbler Locustella lanceolata*

L 11,5-12,5 cm. Brütet in feuchtem, offenem Wald mit üppigem Unterwuchs, zwischen Weiden und Stauden auf feuchten Lichtungen der Taiga, auch in offeneren Bereichen wie weitläufigen Feuchtgebieten mit Binsen und einzelnen Büschen. Verhalten ähnlich Feldschwirl, überwintert jedoch in Südostasien, Rückkehr ins Brutgebiet Ende Mai/Anfang Juni.

**KENNZEICHEN** *Klein* und *kompakt,* wirkt *kurzhalsiger* und *kurzschwänziger* als Feld- und Streifenschwirl, mitunter auch etwas großköpfiger. Färbung etwa wie Feldschwirl, also meist mit Grauton im *mattbraunen* Gefieder, jedoch ober- und unterseits *kräftiger schwarz gestreift.* Im typischen Gefieder *Brust und Flanken mit deutlicher Strichelung* (an Kehle am undeutlichsten); dagegen einzelne kräftig gezeichnete Feldschwirle mit *dichter Fleckung auf Kehle* und Vorderbrust, bildet fast einen Latz, und einigen *unscharf abgesetzten langen Stricheln* auf Flanken. Andere Strichelschwirle (oft 1er W) mit nur spärlicher Kehl- und Bruststrichelung und mitunter fehlender Flankenstrichelung erinnern an diese Feldschwirle, unterscheiden sich jedoch durch *spärliche, aber deutliche Strichel* (nicht diffusere rundere Flecken) sowie *gleichmäßigere Verteilung dieser Markierungen auf Kehle und Brust.* Bei allen Strichelschwirlen *Schirmfedern fast schwarz mit rundum schmalen, scharf abgegrenzten braunweißen Säumen* (Rand der Außenfahne bei manchen Vögeln etwas breiter, jedoch stets scharf abgesetzt, nicht diffus wie bei Feldschwirl); *Unterschwanzdecken rostig gelbbeige* oder beigeweiß, ungezeichnet wirkend oder mit deutlichen schwarzen Schaftflecken.

**STIMME** Ruft schnalzend „tschik". Gesang ähnlich Feldschwirl, jedoch etwas höher und schneller, durchschnittlich kürzere Strophen (selten über 1 min, beim Feldschwirl oft 5-10 min), Tonfall *schärfer und durchdringender* mit *Andeutung des schlagschwirlartigen Wetzens* „zizizizizi...", nicht so gleichmäßig trocken schwirrend wie Feldschwirl. (Selten können Feldschwirle mit Stimmdefekt sehr ähnlich klingen!)

Feldschwirl

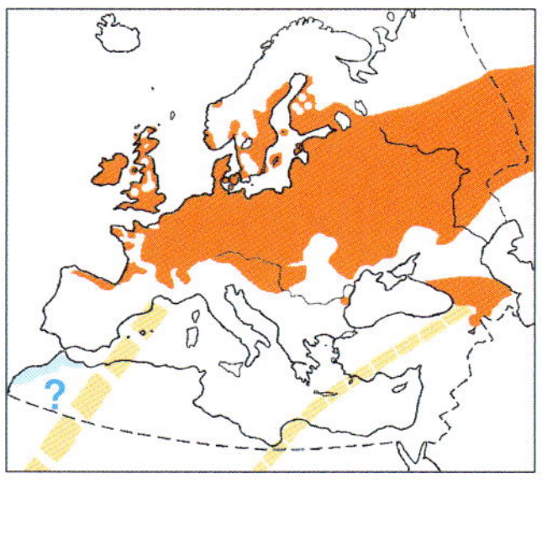


Strichelschwirl

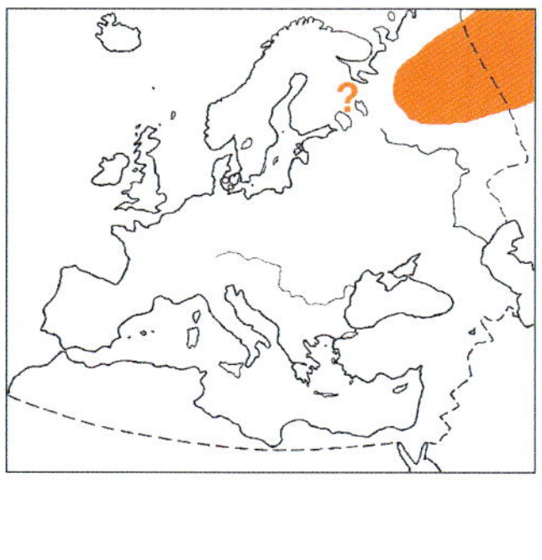


## STREIFENSCHWIRL D: B/–/S

Pallas's Grasshopper Warbler *Helopsaltes certhiola*

L 13-14 cm. Brütet in Sibirien, Teilen Mittelasiens, der Mongolei und weiter ostwärts in feuchten Wiesen mit dichtem Gestrüpp oder dichter Ufervegetation, auf feuchten Waldlichtungen oder an Moorrändern. Sehr seltener Herbstgast in Europa. Meist in Vegetation versteckt, kaum einmal zu sehen.

**KENNZEICHEN** Färbung zwischen Feldschwirl und Schilfrohrsänger: *heller Überaugenstreif* etwas deutlicher als bei Feldschwirl, jedoch weit weniger auffallend und kürzer als bei Schilfrohrsänger, Grundfärbung oberseits meist etwas mehr rotbraun (statt olivgrau wie bei den meisten Feldschwirlen), dunkle Zeichnung auf Scheitel, Mantel und Oberschwanzdecken im Durchschnitt kräftiger (bei manchen Individuen aber ähnlich), Bürzel oft rotbraun getönt und ungezeichnet (ähnlich Schilfrohrsänger). Wichtigste Merkmale sind *Steuerfedern mit weißen Spitzen* (im 1en W manchmal undeutlicher), davor dunkler Bereich, Schirmfedern dunkelbraun mit deutlich abgesetztem hellbraunem Rand der Außenfahne und (nahezu ausnahmslos) *mit weißem Fleck nahe der Spitze der Innenfahne,* Unterschwanzdecken völlig (oder nahezu) ungezeichnet rostbeige (mit helleren Spitzen). Unterseite ungezeichnet schmutzig weiß mit nur schwachem gelbbeigem Ton auf Brust und Flanken (ad.) oder deutlich gelbbeige mit wärmerem Ton auf Kehle, Brust und Flanken und mit gefleckter Brust (meist juv.).

**STIMME** Verschiedene Rufe, u. a. schnalzend „tschick", kürzer tickend „pt", trocken rollend „trrrrrt". Gesang für Schwirle untypische Strophe, die mit schnell wiederholten, unterschiedlichen Motiven eher an Rohrsänger erinnert, „tri-tri prt-prt tchif-tchif-tchif srrrrrt SIWIH-SIWIH-SIWIH", ziemlich weich, die letzten Töne aber laut und weit hörbar.

## FELDSCHWIRL

## STRICHELSCHWIRL

## STREIFENSCHWIRL

## SCHLAGSCHWIRL D: A/R3/Z

River Warbler *Locustella fluviatilis*

L 14,5-16 cm. Brütet in dichten, nicht zu hohen Laubgehölzen an Flüssen und Sumpfrändern, in feuchtem Gebüsch, kleinen Auwaldbeständen (Birke, Weide, Erle), doch nicht in niedriger Vegetation. Sommervogel (Mitte Mai-Aug.), überwintert in Ostafrika. Scheu und fast nur beim Singen zu sehen.

**KENNZEICHEN** Recht großer, dunkler, lang gestreckter Schwirl mit breitem, gerundetem Schwanz. *Oberseite einfarbig dunkel graubraun,* mitunter mit schwachem Olivton, Unterseite schmutzig weiß mit olivbraunen Flanken; *kurzer, undeutlicher, schmutzig weißer Überaugenstreif* und mit diesem zusammenhängender heller Augenring, *diffuse graue Fleckung oder Strichelung* (variierender Deutlichkeit, manche nur schwach gezeichnet) *auf Vorderbrust* (manchmal auch unterer Kehle), *olivbraune Unterschwanzdecken mit breiten weißlichen Spitzen* (wirken gefleckt). Von Nahem sieht man schmutzig weiße Färbung der Außenfahne der äußersten langen Handschwinge, leichte Bogenform der Flügelkante und lange Unterschwanzdecken, fast bis zur Schwanzspitze reichend. Schnabel recht dunkel, Beine rosa. Kleiderbestimmung im Freiland kaum möglich.

**STIMME** Rufe wenig kennzeichnend „zrr" oder unrein schnalzend „tschick". Gesang sehr typisch, bemerkenswert maschinenartig wetzend, oft mit nur kurzen Unterbrechungen, meist nachts, auch tagsüber zu hören, „zre-zre-zre-zre…" oder „dze-dze-dze-dze…", Tempo (oft recht ruhig) und Höhe etwas variabel. Erinnert an große Heuschrecke oder kraftvolle Nähmaschine, aus der Nähe mit metallischem Oberton.

## ROHRSCHWIRL D: A/N3/Z

Savi's Warbler *Locustella luscinioides*

L 13,5-15 cm. Brütet in ausgedehnten hohen Schilfbeständen, seltener in Rohrkolben- oder Binsenbereichen oder in anderer dichter Vegetation an Gewässern. Sommervogel (meist Apr.-Sept.), überwintert südlich der Sahara.

**KENNZEICHEN** Wegen einfarbig brauner und hellerer Färbung und ähnlicher Habitatansprüche hauptsächlich mit Teichrohrsänger zu verwechseln, wie dieser mit rotbrauner Oberseite und kurzem, undeutlichem hellem Überaugenstreif. Unterscheidet sich durch *lange, hell rotbraune Unterschwanzdecken* mit diffus helleren Spitzen (heben sich im Freiland meist nicht ab, sind aber mitunter fast so deutlich wie bei Schlagschwirl, s. o.), leicht *bogenförmigen Flügelvorderrand* (bei Rohrsängern gerader) *mit weißlicher Außenfahne der äußersten langen Handschwinge, gleichmäßigere und etwas dunkler rotbraune Oberseite* (ohne oft kontrastierend wärmer rotbraunen Bürzelbereich des Teichrohrsängers); Brust verwaschen graubraun, Flanken rötlich braungrau (ohne beigegelbe Töne), breiterer Schwanz mit oberseits feinen dunklen Querbändern (nur bei gutem Licht und aus der Nähe zu sehen). Beine bräunlich graurosa.– Östliche Populationen (besonders vom Kaspischen Meer an ostwärts, *fusca*) oberseits leicht olivgrau getönt und insgesamt weniger rotbraun, ferner oft mit etwas deutlicherer Grauschattierung auf Brust sowie gewöhnlich deutlicheren hellen Spitzen der Unterschwanzdecken, ähneln also in mehrfacher Hinsicht stärker einem Schlagschwirl.

**STIMME** Ruft scharf, metallisch „pwitt". Gesang erinnert stark an Feldschwirl, häufig nachts geäußertes, endloses, insektenartiges Schwirren. Unterscheidet sich (außer durch Singwarte in hohem, dichtem Schilf!) durch *tiefere Tonlage, schnellere Tonfolge* und *härtere, eher tonlos surrende* Klangqualität, „surrrrrrrr…" (Verwechslungsgefahr mit Maulwurfsgrille). Gesangsstrophen beginnen mit sich beschleunigender Reihe tickender Laute „pt… pt pt-ptptptsurrrr…".

## SEIDENSÄNGER D: A/V/S

Cetti's Warbler *Cettia cetti*

L 13-14 cm. Brütet in dichter, eher hoher und oft gut abgegrenzter Vegetation, meist am Wasser, z. B. trockeneren Gebüschen in hohem Schilf, in Beständen von Papyrus, Weiden, Bambus, mitunter in Gebäudenähe, in verwunschenen Parks, an Kanälen usw. Überwiegend Jahresvogel, zieht aber im Osten. Hält sich meist in der Vegetation verborgen, hüpft oft auf dem Boden oder niedrig in Büschen.

**KENNZEICHEN** Mittelgroßer, recht kompakter Sänger *mit kurzem Hals, breitem Schwanz und stark gerundeten Flügeln.* Schnabel spitz, Gefieder *oberseits einfarbig rotbraun,* unterseits schmutzig grauweiß mit Rostton auf Flanken und Bauch. Kopfzeichnung ähnlich Teichrohrsänger und Rohrschwirl, also *mit schmalem und nicht besonders deutlichem hellem Überaugenstreif,* hervorgehoben durch dunklen Zügel- und Augenstreif. Beste Merkmale sind Gestalt, *kurze Handschwingenprojektion, längerer Überaugenstreif* als Teichrohrsänger und Rohrschwirl, schwacher *Grauton auf Ohrdecken, Hals- und Brustseiten,* aber etwas wärmerer *rotbrauner, recht dunkler Ton auf unteren Flanken und Bauch, relativ kurze,* nur die halbe Schwanzlänge einnehmende *dunkelbraune Unterschwanzdecken* mit schmalen hellen Säumen. Sehr lebhaft, zuckt oft mit Flügeln und häufig gestelztem Schwanz.

**STIMME** Ruft explosiv metallisch „plitt!", oft in sich überschlagenden, schmetternden Serien „plir'r'r'r'r". Gesang *plötzlicher und lauter Ausbruch* klangvoller, metallischer Töne in typischem Rhythmus, zunächst 1-4 vortastende Laute, der letzte zumeist betont, dann kurze Pause, gefolgt von schneller Reihe ähnlicher Motive, mitunter zum Ende hin absterbend, „plitt, plitt-PLÜTT!… tiTSCHUTT-tiTSCHUTT-tiTSCHUTT tschütt, tschütt!" (oder auch „Hör ZU!… Wie HEIss ich denn?… CETti-CETti-CETti, ich bin's!").

Schlagschwirl

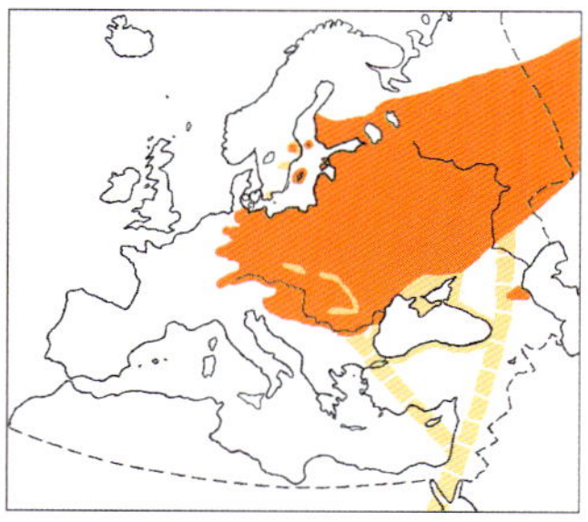

Rohrschwirl

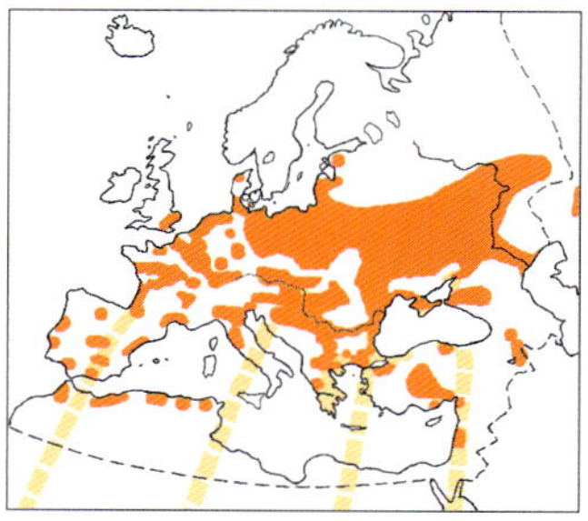

Seidensänger

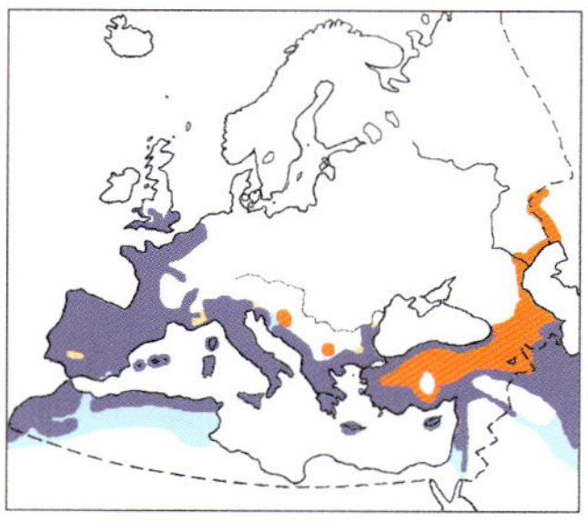

## SCHLAGSCHWIRL

## ROHRSCHWIRL

## SEIDENSÄNGER

DZ

## TEICHROHRSÄNGER D: A/N5/Z

European Reed Warbler *Acrocephalus scirpaceus*

L 12,5-14 cm. Brütet im Schilf, bevorzugt in hohen und dichten, im Wasser stehenden Beständen. Sommervogel (Ende Apr.-Sept./Okt.), überwintert im tropischen Afrika. Korbnest wird zwischen Schilfhalme geflochten.

**KENNZEICHEN** Spitzer Kopf *mit flachem Scheitel und langem, schmalem Schnabel.* Klettert geschickt an Schilfhalmen. *Oberseits einfarbig braun, unterseits beigeweiß* mit wärmerem Ton auf Flanken und Unterschwanzdecken, kurzer, recht undeutlicher heller *Überaugenstreif reicht gewöhnlich nicht hinter das Auge,* Zügel dunkel. Braune Oberseitenfärbung meist leicht olivgrau getönt, *Bürzel jedoch etwas wärmer rostbraun.* Ad. im abgetragenen Gefieder oberseits eher graubraun, unterseits weißlich, im 1en W oberseits warm rostbraun, Flanken satt beige (vgl. sehr ähnlichen Sumpf- und Buschrohrsänger).– Östliche Vögel (vor allem östlich des Schwarzen Meeres, *fuscus*) oberseits etwas grauer und unterseits blasser, ähnlicher Sumpf- und Buschrohrsänger, Rohrschwirl und Blassspötter.

**STIMME** Ruft kurz und unauffällig „tsche", manchmal etwas härter, fast schnalzend „tschk", bei Beunruhigung lang gezogen, rau „tschreeh", zäh rollend „tschrrrrä" und zweisilbig „trr-rr". Gesang *in gemächlichem Tempo* schwatzend, die zumeist *rauen Töne werden 2-3-mal wiederholt,* immer wieder Imitationen oder Pfeiflaute eingeflochten, z. B. „trett trett trett TIRri TIRri trü trü TIe tre tre wi wü tre tre trü trü TIRri TIri…"; gelegentlich etwas rascheres Tempo, jedoch ohne Crescendo des Schilfrohrsängers.

## SUMPFROHRSÄNGER D: A/N5/Z

Marsh Warbler *Acrocephalus palustris*

L 13-15 cm. Brütet in üppiger Hochstaudenvegetation mit Brennnessel, Mädesüß, Wasserdost usw., meist an feuchteren Standorten, Gräben oder Gewässerufern. Sommervogel (Mai-Aug.), überwintert im tropischen Afrika. Unauffällig.

**KENNZEICHEN** Sehr ähnlich Teichrohrsänger, unterscheidet sich durch *Gesang,* Lebensraum, etwas *kürzeren Schnabel, runderen Kopf,* oft undeutlicheren hellen Überaugenstreif, aber etwas deutlicheren hellen Augenring. Im Frühjahr recht helles Graubraun auf Scheitel und Mantel mit schwachem *Grünstich, unterseits* mehr *gelblich,* im Durchschnitt längere Handschwingenprojektion und deutlichere weiße Handschwingenspitzen.– JK: Oberseits wärmer braun mit rostgelb getöntem Bürzel, also *sehr ähnlich Teichrohrsänger,* Beine hell gelbrosa (nicht hell braungrau).

**STIMME** Rufe ähnlich Teichrohrsänger. Gesang (oft auch nachts) ein durch kurze Pausen unterbrochener Schwall quirlender, gequetschter, rauer und pfeifender Laute, meist helle Tonlage und flottes Tempo, besteht fast ausschließlich aus brillanten Imitationen (oft Blaumeise, Amsel, Rauchschwalbe, Bluthänfling, Wachtel, Bienenfresser). Gelegentlich längere Passagen von schnellen, trockenen Trillern „prri-prri-prrü-prri…" und heiserem „ti-ZÄÄH, ti-ZÄÄH". Tempo wechselt, langsamere Abschnitte mit gemächlichen Wiederholungen erinnern an Buschrohrsänger, Tonfolge wird jedoch schnell wieder beschleunigt.

## BUSCHROHRSÄNGER D: A/V/S

Blyth's Reed Warbler *Acrocephalus dumetorum*

L 12,5-14 cm. Brütet auf überwachsenen Laubwaldlichtungen, in Büschen am Wasser usw., meidet Schilf und Staunässe. Sommervogel (meist Ende Mai-Aug.), überwintert in Indien. Lebensweise wie Sumpfrohrsänger.

**KENNZEICHEN** Von Teich- und Sumpfrohrsänger unterschieden durch *Gesang,* Lebensraum, Singwarte in Busch oder niedrigem Baum (nicht im Schilf oder in der Krautschicht; wenige Ausnahmen), *etwas deutlicheren, längeren hellen Überaugenstreif bis unmittelbar hinter das Auge, kurze Handschwingenprojektion, dunkle,* braungraue *Beine* (nie hellrosa), *langen Schnabel und flache Stirn, gräulich braune Oberseite,* eher olivgraue als beige Flanken. Flügel manchmal auffallend einfarbig braun ohne kontrastierende dunkle Federzentren.– JK: Oberseits rostbraun getönt.

**STIMME** Ruft schnalzend „zäck" und rollend „zrrrrrt". Gesang typisch (sicherstes Bestimmungskriterium), meist nachts, mit meisterhaften Imitationen, die *in ruhigem Tempo* 3-5-mal (mitunter 10-mal) *wiederholt werden,* schnalzender Ruf zwischen Wiederholungen eingeschoben, „Tonleiterübungen" „lo-lü-LII-a" kommen regelmäßig vor.

## FELDROHRSÄNGER D: A/–/S

Paddyfield Warbler *Acrocephalus agricola*

L 12-13,5. Brütet ähnlich Teichrohrsänger im Schilf. Sommervogel (Mai-Aug.), überwintert in Indien.

**KENNZEICHEN** *Kleiner* als Teichrohrsänger, mit etwas *kürzerem Schnabel* und *längerem Schwanz.* Färbung meist *heller* braun, im frischen Gefieder mit Rostton, in abgetragenem mehr graubraun. Gesichtsausdruck andersartig durch kurzen Schnabel, der eine *dunkle Spitze des sonst strohgelben Unterschnabels* aufweist, sowie den *gleich breiten, langen, hellen Überaugenstreif,* der manchmal von angedeutet dunklem Scheitelseitenstreif betont wird. Meist warm *rostig gelbbrauner Bürzel* (abgetragen manchmal graubraun, vgl. Buschspötter) und *kurze Handschwingenprojektion.*

**STIMME** Rufe etwas schwächer als z. B. Teichrohrsänger. Alarmruf rollend „tscherrr". Gesang erinnert vor allem an Sumpfrohrsänger, schnell sprudelnd, vorwiegend aus Imitationen bestehend, jedoch *weniger kräftig, mit konstant hohem Tempo* und ohne heisere lange Töne und Triller.

Teichrohrsänger

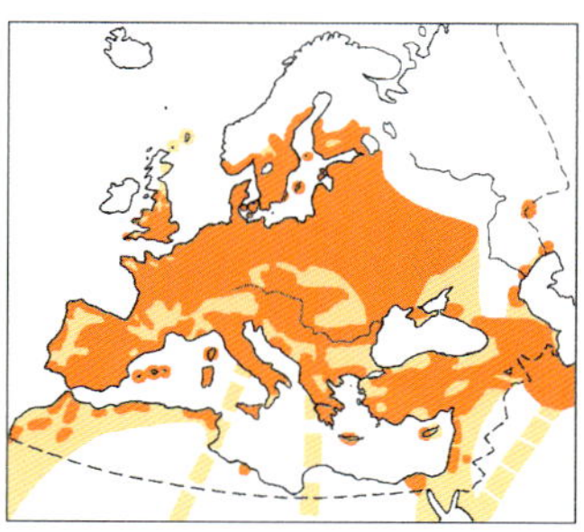

Sumpfrohrsänger

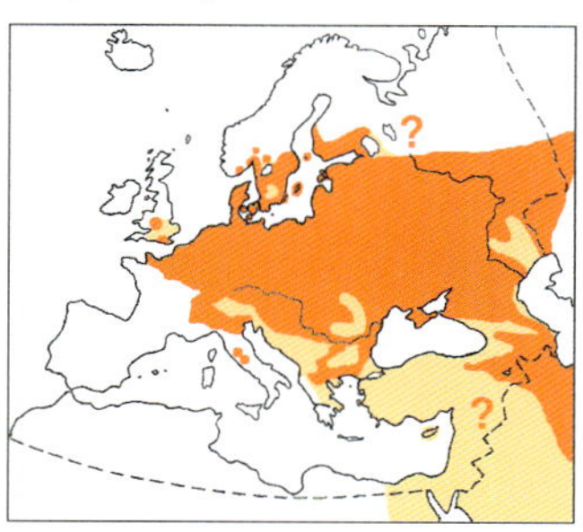

Buschrohrsänger

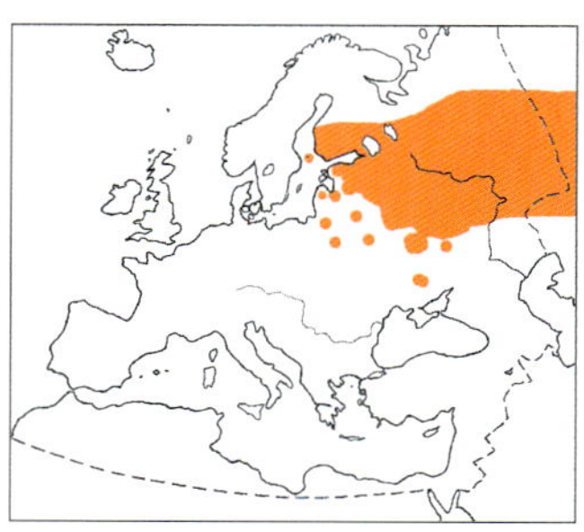

Feldrohrsänger

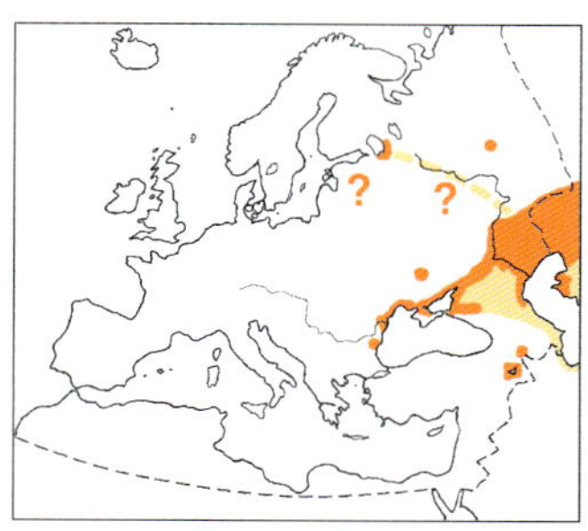

## TEICHROHRSÄNGER

## SUMPFROHRSÄNGER

## BUSCHROHRSÄNGER

## FELDROHRSÄNGER

### DROSSELROHRSÄNGER D: A/N4/Z

Great Reed Warbler *Acrocephalus arundinaceus*

L 16-20 cm. Brütet in hohem, dichtem Schilf, auch in kleinen Beständen z. B. an Gräben. Sommervogel (Ende Apr.-Sept.), überwintert im tropischen Afrika. Stabiles Hängenest zwischen kräftigen Schilfhalmen.

**KENNZEICHEN** Wie eine Großausgabe des Teichrohrsängers, ähnlich gefärbt (oben braun, unten beigeweiß) sowie mit ähnlichen Habitatansprüchen und Gesangsaufbau. Unterscheidet sich außer durch Größe und rauere Stimme durch proportional etwas *größeren Kopf und Schnabel* (drosselartig lang und kräftig), meist *dunklen Fleck an Unterschnabelspitze,* etwas längeren Schwanz, etwas größere Handschwingenprojektion (und deutliche weiße Handschwingenspitzen), oft etwas deutlicheren, *breiteren hellen Überaugenstreif* und im Durchschnitt *dunkleren Zügel und Augenstreif;* brauner Nacken/Hinterhals oft etwas heller und grauer. Aus der Nähe manchmal feine graue Strichelung auf unterer Kehle/oberer Brust. Beine rosabraun oder braungrau.– Ad.: Gefieder im Spätsommer meist etwas abgetragen, oberseits heller braungrau getönt, unterseits weißlicher; Handschwingen braungrau.– JK: Gefieder frisch, oberseits warm rostbraun, unterseits beige getönt; Handschwingen frisch, dunkel mit hellen Spitzen.

**STIMME** Ruft rau und „zäh" schnalzend „kschak" oder „krrack", warnt hart rollend „krrrrr". Gesang ähnlich Teichrohrsänger, aber viel lauter und rauer (oft erstaunlich weit hörbar), meist grobe und tief knarrende Töne sowie Folge wiederholter, klagender Falsettlaute, z. B. „trr trr karra-karra-karra KRIe-KRIe-KRIe trr-trr-KIe-KIe".

### STENTORROHRSÄNGER –

Clamorous Reed Warbler *Acrocephalus stentoreus*

L 16-18 cm. Brütet in dichten Papyrusbeständen, aber auch Schilf und Rohrkolben sowie Mais oder anderer dichter, mannshoher Vegetation in Wasser- oder wenigstens Sumpfnähe. Im behandelten Gebiet vorwiegend Jahresvogel.

**KENNZEICHEN** Ähnlich Drosselrohrsänger in Größe, Gesang und Habitatansprüchen, unterscheidet sich aber durch *kürzere, rundere Flügel (kurze Handschwingenprojektion), längeren, mehr abgerundeten Schwanz* und *längeren und vor allem schlankeren Schnabel.* Rumpf wirkt auch im Flug kürzer. Oberseite ähnlich braun wie bei Drosselrohrsänger, Unterseite jedoch in der Regel dunkler. Im Nahen Osten seltenere dunkle (melanistische) Morphe sowie Zwischenformen: Gewöhnlich *Oberseite recht dunkel rotbraun, Unterseite schmutzig braunbeige mit nur etwas hellerer Kehle* (Färbung erinnert eher an Rohrschwirl als an Drosselrohrsänger), beigeweißer *Überaugenstreif* mitunter kürzer und vor allem *schmaler,* dadurch weniger hervortretend als bei Drosselrohrsänger, *Augenstreif weniger auffallend,* dunkle Individuen oft ohne Überaugenstreif sowie mit dunklerem Schnabel (fast wie juv. Stare). Beine gräulich.

**STIMME** Ähnlich Drosselrohrsänger, vor allem Rufe. Gesang ähnlich grob und knarrend, aber etwas *stockender und weniger klar unterteilt* (ähnlich schackernder Wacholderdrossel), *schrille Falsettlaute meist einzeln,* nicht in schneller Folge, typische Strophe z. B. „track, track, track karra-KRU-kih karra-KRU-kih tschiwi TRÜ tschiwi TSCHIH".

### DICKSCHNABELSPÖTTER –

Thick-billed Warbler *Arundinax aedon*

L 16-17,5 cm. Ähnelt den großen Rohrsängern auf dieser Seite sehr, ist aber eher ein Spötter. Brütet in Südsibirien in Weidendickicht, jungen Birken u. a. am Rand von Taigamooren. Überwintert in Indien.

**KENNZEICHEN** Etwas kleiner als Drosselrohrsänger mit *kurzem, stumpfem Schnabel,* aber wenigen Gefiedermerkmalen. Oberseits graubraun, *Bürzel und Schwanzbasis etwas wärmer rotbraun* (kann im Flug an Nachtigall erinnern, zumal Schwanz auch lang und gerundet ist), unterseits schmutzig weiß mit Beigeton auf Brust, Flanken und Unterschwanzdecken. Ohne deutlichen Überaugenstreif, nur mit *hellgrauem Zügel* und diffus beigebraunem Augenring; Scheitel etwas wärmer braun, bildet nicht selten *angedeutete Kappe.* Handschwingenprojektion mittellang. Beine gräulich. Bewegungen träge, hüpft oft in nach vorne geneigter, geduckter Haltung mit gesenktem Schwanz.

**STIMME** Ruft schnalzend „tschack", oft in Folge. Warnt manchmal mit neuntöterartigem heiserem „wäht" (Imitation?). Gesang *laut, schnell zwitschernd, mit vielen Imitationen,* erinnert an Sumpfrohrsänger und Gelbspötter, jedoch ohne mehrfach wiederholte „ti-ZÄÄH"-Motive und die schnellsten Triller des Sumpfrohrsängers und ohne nasale Gelbspöttertöne.

### BASRAROHRSÄNGER –

Basra Reed Warbler *Acrocephalus griseldis*

L 15,5-17,5 cm. Brütet in ausgedehnten Schilf und Papyrusbeständen im S-Irak, S-Iran und Kuwait, unternimmt aber manchmal Vorstöße nach Nordisrael. Überwintert in Ostafrika.

**KENNZEICHEN** *Kleiner und schlanker als Drossel-, aber größer als Teichrohrsänger. Dunkelspitziger Schnabel lang, dünn und spitz, Unterschnabelbasis gelblich rosa* (nicht dunkel wie bei Stentorrohrsänger). *Oberseite eher kalt graubraun,* ohne warmen Rostton auf Bürzel, *Unterseite weißer* als bei anderen Rohrsängern, nur Flanken und Steiß cremeweiß. *Beine gräulich. Deutlicher heller Überaugenstreif* endet gleich hinter Auge, *dunkler Augenstreif* recht auffallend. Beachte lange Flügel und *große Handschwingenprojektion.*

**STIMME** Ruf harsch „tschärr" und hart „tschak". Gesang langsam und abgehackt, mit harter, gutturaler Stimme, lange Folge einfacher Töne, ähnlich schwatzendem Bülbül.

Drosselrohrsänger

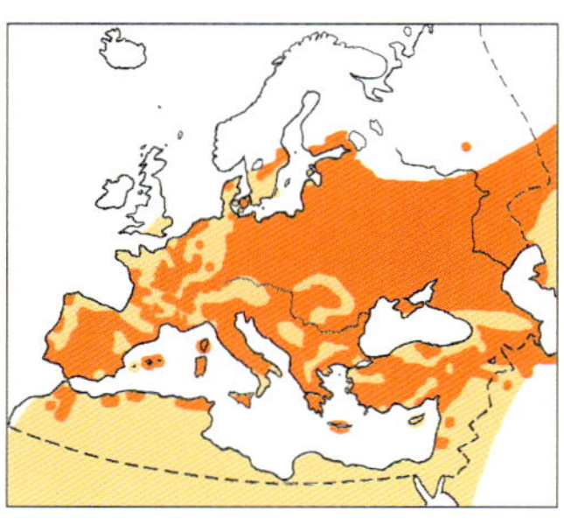

Stentorrohrsänger

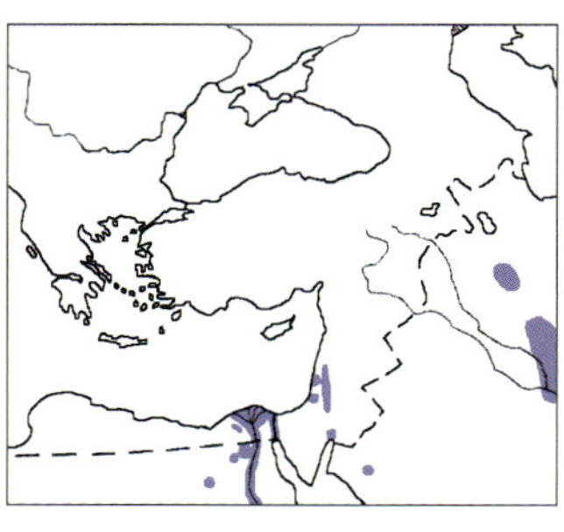

Basrarohrsänger

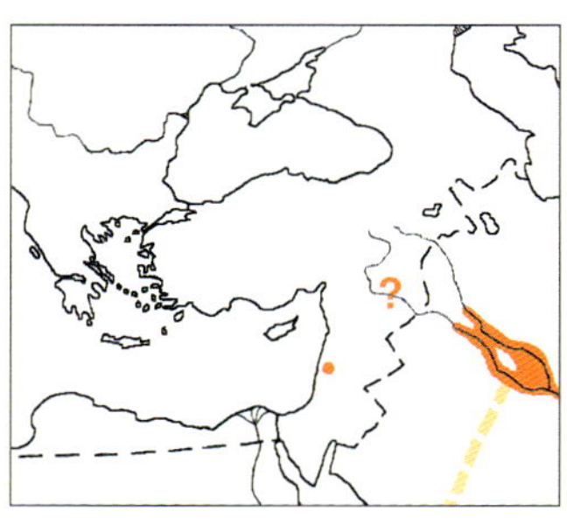

## DROSSELROHRSÄNGER

## STENTORROHRSÄNGER

## DICKSCHNABELSPÖTTER

## BASRAROHRSÄNGER

DZ

## GELBSPÖTTER D: A/N5/Z

Icterine Warbler *Hippolais icterina*

L 12-13,5 cm. Brütet in verschiedensten Waldtypen, in Parks usw. Sommervogel (Anfang Mai-Aug.), überwintert im tropischen Afrika. Meist hoch in Baumkronen versteckt.

**KENNZEICHEN** Typischer mittelgroßer Spötter, *recht kräftiger Schnabel mit breiter Basis,* ziemlich großer Kopf (oft mit gesträubten Scheitelfedern), lange Flügel *(Handschwingenprojektion entspricht Schirmfederlänge),* recht kurzer, gerade *abgeschnittener Schwanz. Oberseits gräulich grün, unterseits einheitlich hell zitronengelb* (selten heller), *heller Zügel,* in den recht undeutlichen gelbweißen Überaugenstreif übergehend, heller Augenring, *helle, gelbrosa Schnabelseiten.* Helle Ränder von Schirmfedern und Armschwingen bilden *am zusammengelegten Flügel helles Feld,* am deutlichsten im Frühjahr, kann bei ad. im Herbst abgenutzt sein. Beine gräulich, oft blaugrau.– JK: Oberseits mit Braunstich, weniger grün als ad., helles Flügelfeld undeutlicher, eher beigegelb, Unterseite oft etwas blasser gelb.

**STIMME** Ruft munter viersilbig „tä-tä-LÜÜit", auch „täck" und warnt „tä tä tä…". Gesang *laut, schnell,* lang anhaltend, variabel, viele eingeflochtene Imitationen, bestes Merkmal wiederkehrende *nasal jammernde Töne,* z. B. „Gle Gle…", typisch auch Einflechten des Rufs in die Strophen. Wiederholungen (oft 2-4-mal) häufiger als beim Sumpfrohrsänger, Tempo aber geringer.

## ORPHEUSSPÖTTER D: A/R2/Z

Melodious Warbler *Hippolais polyglotta*

L 12-13 cm. Ersetzt Gelbspötter in Südwesteuropa, ähnliche Habitatansprüche, aber auch in niedrigerem Gebüsch mit einzelnen Bäumen. Sommervogel (meist Mai-Aug.), überwintert in Westafrika.

**KENNZEICHEN** Ähnlich Gelbspötter, abseits des Brutgebiets oft schwer unterscheidbar. Wirkt etwas rundlicher und freundlicher, *Schnabel geringfügig kürzer, Flügel deutlich kürzer (Handschwingenprojektion zwischen Hälfte und drei Viertel der Schirmfederlänge).* Oberseite eher bräunlich grün, nicht so gräulich, Unterseite oft hellgelb mit schwach beigebraunem Anflug. Kopf- und Schnabelmuster wie Gelbspötter. *Flügel einfarbiger* und helle Ränder von Schirmfedern und Armschwingen gewöhnlich fast völlig abgenutzt; *Handschwingen oft etwas abgetragen und braungrau,* fast stets ohne deutliche helle Spitzen. Beine gräulich wie Gelbspötter oder *etwas bräunlich getönt.*– JK: Helles Flügelfeld braungelb und nur mäßig kontrastierend, Handschwingen frisch und etwas dunkler braungrau.

**STIMME** Verschiedene schnalzende Rufe, z. B. „tett", „tre-te-te-tü", anhaltende Folgen „te-te-te…" sowie schneller, sperlingsartig zeternd „tr'r'r'r'rt". Gesang *plaudernd,* lang anhaltend und in *hohem Tempo,* mitunter rasant und mit kurzen Imitationen (ähnlich Sumpfrohrsänger), manchmal nicht ganz so schnell und mit etwas schrillem, nasalem Ton (ähnlich Gelbspötter), bisweilen einfacher aufgebaut, leiernd und mit Pfeiftönen (ähnlich Grasmücke).

## OLIVENSPÖTTER –

Olive-tree Warbler *Hippolais olivetorum*

L 16-18 cm. Brütet in offenem Wald mit Lichtungen, in hoher Macchie, in Plantagen u. a. Sommervogel (Anf. Mai-Aug.), überwintert im tropischen Afrika. Meist in Deckung.

**KENNZEICHEN** Sehr groß und lang gestreckt *mit langem, kräftigem Schnabel* und *flacher Stirn* (sofern Scheitelfedern nicht gesträubt sind). *Flügel lang* (Handschwingenprojektion entspricht Schirmfederlänge), *dunkel grauschwarze Handschwingen. Oberseits grau, unterseits schmutzig weiß* (oft auf Brust und Flanken verwaschen grau), erkennbar an deutlichem *hellem Flügelfeld* (auf Mitte der Armschwingen konzentriert), *fast komplettem Fehlen eines hellen Überaugenstreifs* (nur weißlicher Fleck über dem Zügel und diffuser heller Augenring). Beine kräftig, (blau)grau.

**STIMME** Ruft tief schnalzend „tschack", warnt kehlig, nasal zeternd „kerrekekekekek" wie „Riesenblaumeise". Gesang grob und rauchig mit einfach aufgebauten Strophen mit zyklischen Wiederholungen, kann wie verstärkter und verlangsamter Blassspöttergesang klingen, z. B. „TSCHACK tschü tschi-TSCHACK tschira TSCHUCK tschi-tschi TSCHACK-era TSCHACK tschü tschi-TSCHACK".

## DORNSPÖTTER –

Upcher's Warbler *Hippolais languida*

L 14-15 cm. Brütet in Gebüschen und Anpflanzungen auf trockenem, kargem Boden, an Hängen oder in Hochlagen. Sommervogel (Mai-Aug./Sept.), überwintert in Ostafrika.

**KENNZEICHEN** Geringfügig größer als Blassspötter, *Schnabel, Beine und Schwanz etwas länger. Kopf häufig etwas runder* mit steilerer Stirn, Schwanz wirkt breiter. Gefieder ähnlich, *etwas dunkler grauschwarze Steuerfedern und Flügelspitzen,* längste Schirmfedern und innere Armschwingen mit helleren grauweißen Rändern, bilden *angedeutetes helles Flügelfeld. Dreht den Schwanz,* auch *seitwärts,* spreizt ihn leicht, schlägt ihn wie Oliven- und Blassspötter auch abwärts. Gleitet oft letztes Stück vor der Landung. Olivenspötter ist größer und hat kürzeren Überaugenstreif.

**STIMME** Ruf hart klickend „zack", bei Gefahr schnell, trocken „trrrt", warnt in langen Serien unrein schnalzend „scheck scheck…". Gesang energisch, nasal, zyklisch wiederholte zwitschernde Folgen, bleibt oft bei hellen, „schrägen" Pfeiflauten mit eingeschobenen Rattertönen hängen, „ … wiä wiä wiä trrrt wiä wiä wiä tjetjetjetje wiä…".e, '...vieh vieh vieh trrrt vieh vieh vieh chechecheche vieh...'.

Gelbspötter

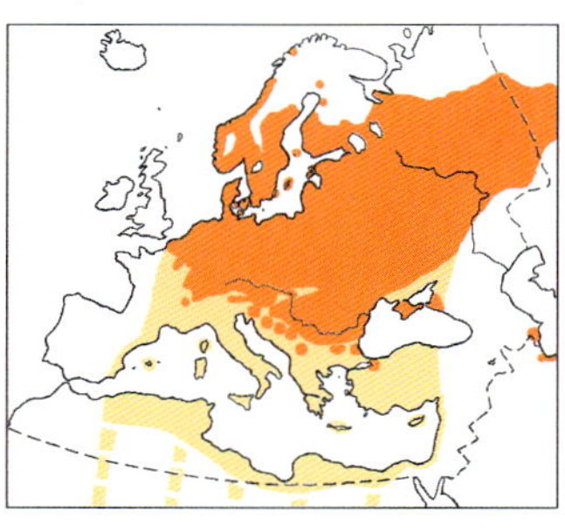

Orpheusspötter

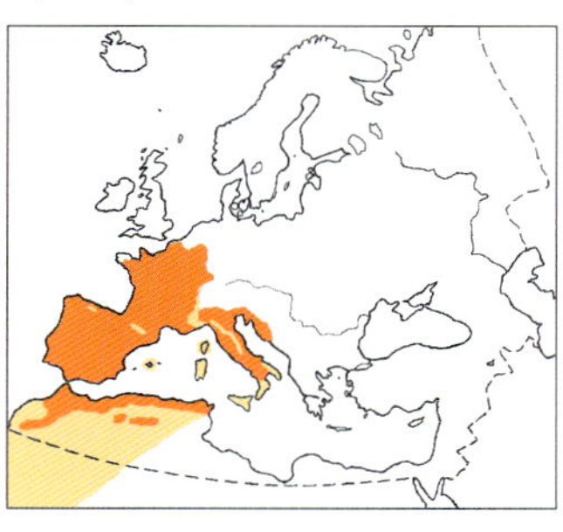

Olivenspötter

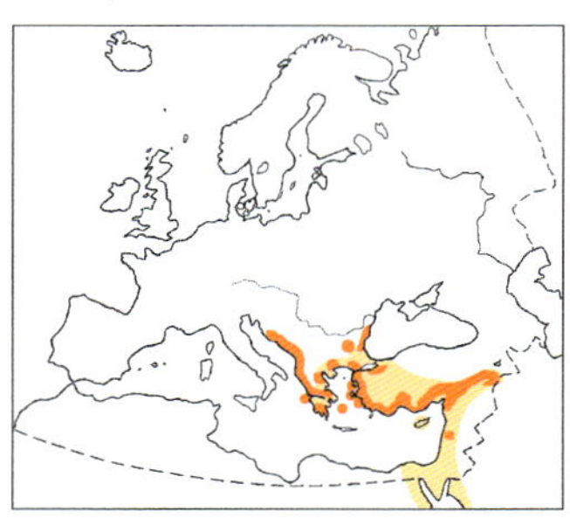

Dornspötter

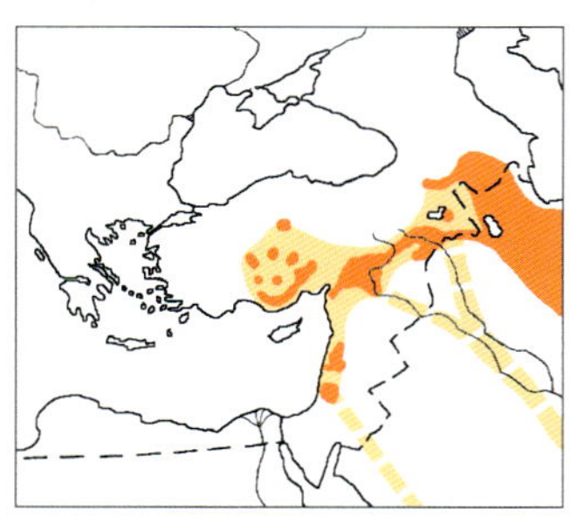

## GELBSPÖTTER

## ORPHEUSSPÖTTER

## OLIVENSPÖTTER

## DORNSPÖTTER

## BLASSSPÖTTER D: A/–/S

Eastern Olivaceous Warbler *Iduna pallida*

L 12-13,5 cm. Brütet in offenen Wäldern, Obstgärten, Parks, flussbegleitender Vegetation usw. Sommervogel (meist Mai-Aug.), überwintert südlich der Sahara.

**KENNZEICHEN** Wie ein farbloser, grau getönter Teichrohrsänger, gleiche Größe und spitzer Kopf *mit flacher Stirn und schlankem, langem Schnabel,* ähnlicher Gesichtsausdruck *mit dunklem Zügel, kurzem, hellem Überaugenstreif* (endet am Augenhinterrand) *und hellem Augenring.* Unterscheidet sich von Teichrohrsänger (auch von recht grauen *fuscus*-Vögeln im abgetragenen Gefieder) durch *regelmäßiges Abwärtsschlagen des Schwanzes* beim Hüpfen durch die Vegetation, *gräulichen Bürzel (nie rostbraunen),* nahezu gerade *abgeschnittenen Schwanz mit schmalen grauweißen Kanten und Spitzen der äußeren Steuerfedern,* stets *gräuliche Oberseite* und *weißere Unterseite,* von vorne *breitere Schnabelbasis,* meist etwas kürzere Handschwingenprojektion.

**STIMME** Ruft schnalzend „tschack", etwas zäh und nasal, wie Mischung aus Mönchs- und Gartengrasmücke; daneben schnellere schnalzende Serien, etwas nasal, „zet-zet-zet…" sowie gedämpft sperlingsartig „tr'r'r'r'r". Gesang recht monoton plaudernd, bei gemäßigtem Tempo zwischen tieferen raueren und höheren piepsenden Tönen zyklisch wechselnd, die Laute kratzend ineinander übergehend. Imitiert nicht.

## ISABELLSPÖTTER D: A/–/S

Western Olivaceous Warbler *Iduna opaca*

L 13-14 cm. Brütet in Macchie, offenen Wäldern, Obstgärten an Flüssen usw. Sommervogel (Apr.-Aug.), überwintert in Westafrika.

**KENNZEICHEN** Recht *großer, schlanker, langschwänziger,* einheitlich brauner und weißer Spötter, kann mit Teichrohrsänger und bei schlechtem Licht mit Orpheusspötter verwechselt werden. Muss in Nordwestafrika von der ähnlichen Unterart *reiseri* des Blassspötters unterschieden werden. Beachte *einfarbig blassbraune Oberseite* („Tee mit Milch") *ohne kontrastierend helle Armschwingenränder, kein Abwärtsschlagen des Schwanzes, langen und breiten Schnabel,* oft mit konvexen Kanten.

**STIMME** Ruft wie Blassspötter. Gesang weniger rau und kratzend, etwas langsamer und besser artikuliert, plaudernde Qualität ähnlich Teichrohrsänger, doch ohne 2-3-malige Tonwiederholung, abwechslungsreicher, oft nasale Laute wie Gelb- und Orpheusspötter, Strophen jeweils von „tscheck… tscheck…tscheck…"-Rufen eingeleitet.

## BUSCHSPÖTTER A/–/S

Booted Warbler *Iduna caligata*

L 11-12,5 cm. Brütet in niedrigem Gestrüpp in Steppen, in Gebüsch auf Wiesen, überwachsenem Weideland oder anderen offenen Gebieten, manchmal an Ufern. Sommervogel, überwintert in Indien.

**KENNZEICHEN** *Kleinster Spötter,* mit *kurzem,* meist *dunklem Schnabel,* recht *dunklem Zügel* und ziemlich deutlichem, aber *kurzem hellem Überaugenstreif.* Erinnert oft mehr an Laubsänger als an Spötter. Im frischen Gefieder oberseits beigebraun, im abgetragenen mehr graubraun. Flanken oft rostbeige getönt. *Helle Schwanzkanten, oft angedeutete dunkle Scheitelseitenstreifen.* Schnabel kräftiger als bei Zilpzalp und mit hellerer braunrosa Basis. *Beine bräunlich rosa mit dunkler grauen Zehen.* Zuckt manchmal mit Flügeln und Schwanz, schlägt Schwanz aber nicht wiederholt abwärts wie Blassspötter. Sehr ähnlich Steppenspötter (s. u.) und Feldrohrsänger (S. 332).

**STIMME** Ruft hart schnalzend „tschreck", etwas an Mariskenrohrsänger erinnernd, bei Beunruhigung trocken rollend, gedämpft „zerrrr". Gesang aus „brodelnden" 2-6 s langen Strophen, teilweise sehr rasche Lautfolge klingt nasal zwitschernd-zeternd, teilweise melodisch, enthält auch kurze tremolierende und rauere Töne. *Beginnt oft tief und zögernd, nimmt schnell an Geschwindigkeit und Volumen zu.* Enthält keine Imitationen.

## STEPPENSPÖTTER D: A/–/S

Sykes's Warbler *Iduna rama*

L 11,5-13 cm. Brütet in trockenen Ebenen und Halbwüsten, oft mit Saxaul und Tamariske. Sommervogel, überwintert in Pakistan und Indien.

**KENNZEICHEN** Sehr ähnlich Busch- und Blassspötter, ohne Stimme schwer unterscheidbar. Durchschnittlich *heller und einfarbiger* als Buschspötter, *oberseits wie „Tee mit Milch" gefärbt, unterseits weißlich* (ohne Rostton), Schirmfedern recht einfarbig ohne dunklen Schaft. *Schwanz und Schnabel gewöhnlich etwas länger* (aber Überschneidung). Unterschnabelspitze mit undeutlichem dunklem Fleck (dunkler bei Busch-, fehlend bei Blassspötter). Zuckt nervös mit dem Schwanz, schlägt ihn aber nicht wiederholt abwärts wie Blass-, zuckt nicht gleichzeitig mit den Flügeln wie Buschspötter. *Handschwingenprojektion recht kurz, Handschwingenspitzen eher bräunlich* als dunkelgrau (wie meist bei Blassspötter). Armschwingen nie mit schmalen weißen Spitzen.

**STIMME** Ruft trocken schnalzend „tscheck", sauberer als Buschspötter und ohne „r", auch voller „tslek" ähnlich Blaukehlchen. Gesang eilig, ähnlich Buschspötter, aber von Beginn an lauter, mit härteren und kratzenderen Tönen, manche schnell nacheinander *mehrfach wiederholt* und vage *an Schilfrohrsänger erinnernd,* verstärkt durch eingewobene kurze Triller und Pfeiftöne..

Blassspötter

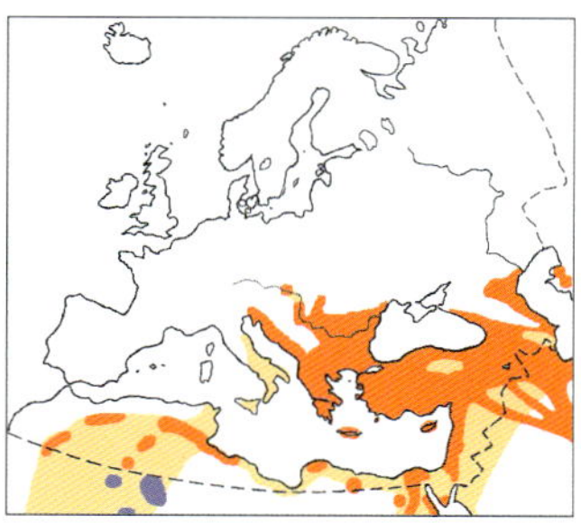

Isabellspötter

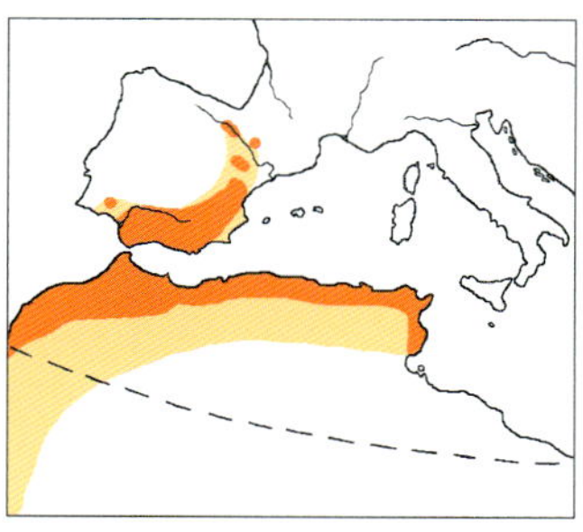

Buschspötter

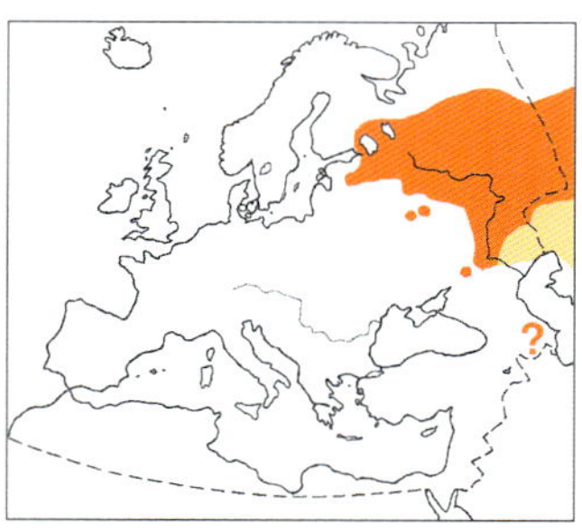

Steppenspötter

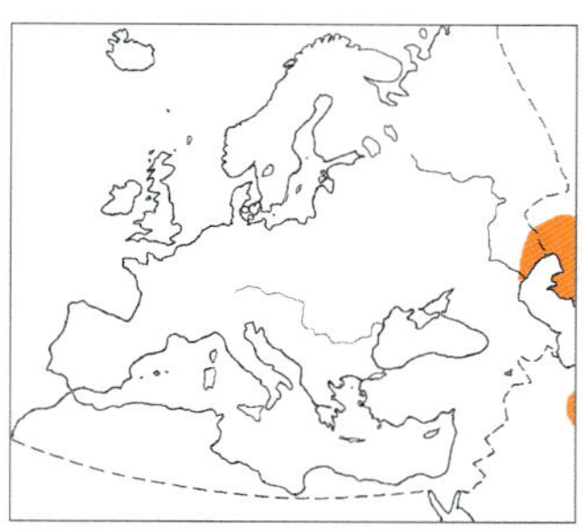

## BLASSSPÖTTER

## ISABELLSPÖTTER

## BUSCHSPÖTTER

## STEPPENSPÖTTER

DZ

## FITIS D: A/N6/Z

Willow Warbler *Phylloscopus trochilus*

L 11-12,5 cm. Brütet zahlreich überall, wo ein paar Bäume oder höhere Büsche zusammenstehen, von Wäldern bis zu Gärten mit Laubbäumen. Einer der häufigsten Vögel im nördlichen Europa. Bewegt sich zur Insektenjagd lebendig und rastlos durch Baumkronen. Sommervogel (Apr.-Sept.), überwintert im tropischen Afrika.

**KENNZEICHEN** Auffallendstes Kennzeichen ist ein *heller Überaugenstreif.* Oberseits gräulich braungrün (Grünton deutlich in Westeuropa, im Norden Fennoskandiens oft mehr graubraun), Bürzel manchmal etwas heller und leuchtender grün. *Kehle und Brust gelblich weiß,* Bauch weißer, *Beine* gewöhnlich *bräunlich rosa* (manchmal dunkel braungrau!). Am ehesten mit Zilpzalp zu verwechseln, beachte daher Stimme, *Beinfärbung* (bei Zilpzalp dunkler), im Durchschnitt *längeren und deutlicheren hellen Überaugenstreif* sowie *dunkleren Augenstreif,* dadurch markanterer Gesichtsausdruck, olivgraue Ohrdecken, *direkt unter dem Auge* aber meist recht *hell* (statt eher gleich dunkel, daher weiße untere Augenringhälfte hervorgehoben), im Durchschnitt etwas *kräftigeren Schnabel* mit deutlicherer *Gelbrosafärbung an Seiten/Basis,* längere Handschwingenprojektion (oft rund drei Viertel der Schirmfederlänge, bei Zilpzalp Hälfte bis zwei Drittel), schlägt den Schwanz nicht abwärts.– JK/1er W: *Unterseite* und Überaugenstreif *satter hellgelb,* manchmal Beigeton auf Brustseiten.

**STIMME** Ruft weich pfeifend, zweisilbig und ansteigend „HU-itt“, etwas variabel (manchmal eher wie schnelleres, anders betontes „hüITT“ des Zilpzalps), sehr ähnlich Gartenrotschwanzruf, aber etwas weicher. Gesang eine ca. 3 s dauernde, fleißig wiederholte, etwas abfallende Folge weicher Pfeiftöne, z. B. „sisisi-WÜJ-WÜJ-WÜJ swi-swi-swi tuui tuui tuui si-si-SWIIJ-sü“, erkennbar am lieblichen Klang mit weich ansteigenden Tönen.

## WALDLAUBSÄNGER D: A/N5/Z

Wood Warbler *Phylloscopus sibilatrix*

L 11-12,5 cm. Brütet meist in geschlossenen Wäldern, bevorzugt Buchenwald mit Unterwuchs junger Bäume, Eichenwald, auch Mischwälder. Sommervogel (Apr.-Aug.), überwintert im tropischen Afrika. Lebensweise unauffällig,

**KENNZEICHEN** Größe wie Fitis, ähnlich *lang gestreckt,* sogar *mit noch längeren, spitzeren Flügeln* (Handschwingenprojektion entspricht mindestens Schirmfederlänge), sieht daher kurzschwänzig aus. *Oberseite satt dunkel moosgrün* (manchmal grau getönt) *mit kontrastierenden hellen Schirmfederrändern* sowie *gelbgrün gerandeten Schwungfedern* und Großen Armdecken; sehr langer, *auffälliger gelber Überaugenstreif, markanter graugrüner Augenstreif, Kehle, Ohrdecken und Vorderbrust hell zitronengelb* mit gewöhnlich *quer abgesetzter silberweißer Färbung der übrigen Unterseite.* (Selten ohne Gelb- und Grüntöne, sieht dann braun und weiß aus, aber an Lautäußerungen, Größe, Gestalt und typischem Kopfmuster bestimmbar.)

**STIMME** Ruft scharf „zip“, bei Beunruhigung gedämpft flötend wehmütig „tüh“. Gesang sehr typisch, sich beschleunigende Folge spitzer, metallischer, rufartiger Töne, endet mit fast pulsierendem Triller „zip … zip … zip, zip, zip zip zip zip-zip-zip-zipzipzipzwürrrrürrrr“ (ähnlich einer sich auf einer Marmorplatte ausdrehenden Münze). Alternativer Gesangstyp eine zwischen Schwirrstrophen eingeschobene Reihe wehmütiger, anfangs intensiver werdender, weicher Töne „tüh tüh tüh-tüh-tüh-tüh“.

## BERGLAUBSÄNGER D: A/R3/Z

Western Bonelli's Warbler *Phylloscopus bonelli*

L 10,5-11,5 cm. Brütet in Wäldern, im Norden des Verbreitungsgebiets auch in tieferen Lagen und in offenerem, unterwuchsreichem Wald, im Süden meist an Berghängen mit Nadel- oder Eichenwald. Sommervogel (Apr.-Aug.), überwintert im tropischen Westafrika.

**KENNZEICHEN** Knapp fitisgroß, *gelblicher Bürzel* kontrastiert zum matter grünlich braunen Mantel, *weißliche Unterseite* ohne deutliches Gelb oder Beige an Kehle, Brust oder Bauch, *Handschwingen und Steuerfedern mit hell gelbgrünen Rändern, Schirmfedern dunkel mit kontrastierenden gelben und weißen Rändern, helle Ränder der Armschwingen bilden leuchtend grünes Flügelfeld, heller Augenring ununterbrochen, heller Zügel und hellgraue Ohrdecken* bewirken blassen Gesichtsausdruck (aber mitunter dunklerer Zügel und Augenstreif!), dunkle braungraue Beine.

**STIMME** Ruft laut, *deutlich zweisilbig,* ansteigend pfeifend „hü-IIF“. Gesang einfache Wiederholung eines hohen Tons „svi-svi-svi-svi-svi-svi-svi“, mit silbriger, lachender Stimme, erinnert im Klang an Waldlaubsänger.

## BALKANLAUBSÄNGER D: A/–/S

Eastern Bonelli's Warbler *Phylloscopus orientalis*

L 11-12 cm. Lebensraum ähnlich Berglaubsänger, oft in geschlossenen Eichenwäldern. Sommervogel (Apr.-Aug.), überwintert im tropischen Ostafrika.

**KENNZEICHEN** Sehr ähnlich Berglaubsänger, juv. und abgetragene ad. oft nur am Ruf erkennbar, aber etwas größer, langflügeliger, im Frühjahr Schirmfedern und die meisten Großen Armdecken recht ausgeblichen und abgetragen, daher oft *Andeutung eines hellen gräulichen Flügelfelds* (statt frischer Federn und grünerem Flügel). Oberseite mehr graubraun (kaum auffallend), Handschwingenprojektion etwas größer, Schnabel und Beine kürzer.

**STIMME** Ruft *einsilbig flach „tschip“,* fast wie gerade flügger junger Haussperling, während des Zugs gedämpfter „iss(t)“. Gesang strukturell sehr ähnlich Berglaubsänger, aber Stimme *flacher, trockener, mechanischer* oder insektenähnlicher.

Fitis

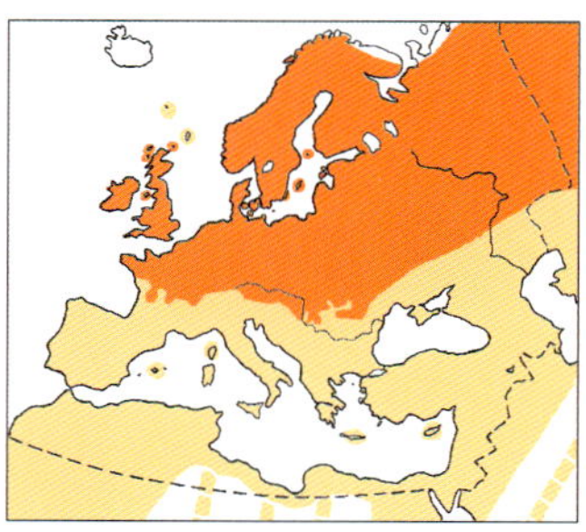

Waldlaubsänger

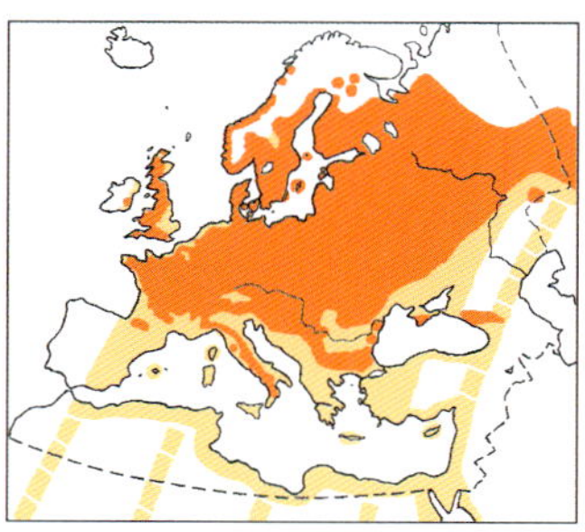

Berglaubsänger Balkanlaubsänger

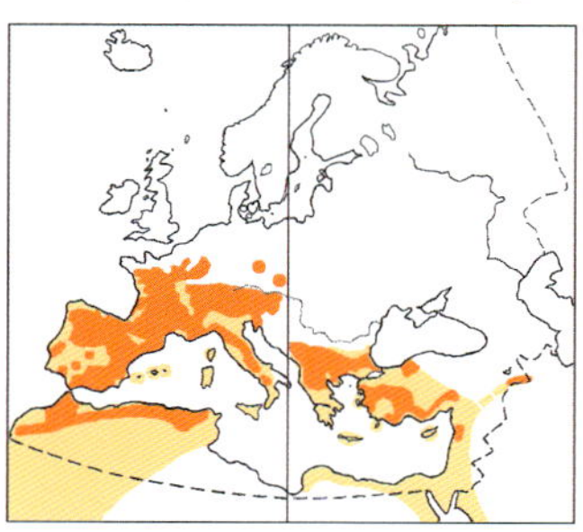

## FITIS

## WALDLAUBSÄNGER

## BERGLAUBSÄNGER

## BALKANLAUBSÄNGER

DZ

## ZILPZALP D: A/N6/Z

Common Chiffchaff *Phylloscopus collybita*

L 10-12 cm. Brütet in verschiedenartigen Laub- und Mischwäldern, auch in Feldgehölzen, Parks und Gärten. Sommervogel (März-Okt.), überwintert vorwiegend im Mittelmeerraum, vereinzelt auch in Mitteleuropa.

**KENNZEICHEN** Sehr ähnlich Fitis, doch etwas kleiner, kompakter und matter gefärbt. Oberseits gräulich braungrün, unterseits weißlich mit unterschiedlich ausgeprägtem Gelb- und Beigeanteil auf Kehle und Brust, besonders im Herbst oft deutlicher *beigebraune Brustseiten* als Fitis. Ferner unterschieden durch *dunkle Beine, feinen, oft recht dunklen Schnabel,* gewöhnlich *recht kurzen, undeutlichen hellen Überaugenstreif,* dunklen *Augenstreif, der weißlichen Augenring vorne und hinten unterbricht, weiße untere Augenringhälfte hervorgehoben* durch recht einheitlich dunkle Ohrdecken, geringe Handschwingenprojektion. *Schlägt Schwanz bei Bewegung ständig deutlich abwärts* (Fitis nicht).– Vögel im größten Teil Europas *(collybita)* und nördlichen Fennoskandien *(abietinus)* einander sehr ähnlich, *abietinus* jedoch im Durchschnitt etwas heller und oberseits grauer; im äußersten Nordosten nehmen Grün- und Gelbtöne im Gefieder graduell ab.

**STIMME** Ruft weich pfeifend „hüIT", schwach ansteigend und am Ende betont, juv. ab Sommer auch schärfer „hiip" (leicht mit „Taigazilpzalp" verwechselbar), ebenso Vögel der Türkei, des Kaukasus und Nahen Ostens. Gesang taktfeste Folge klarer, kräftiger, *einsilbiger* (selten zweisilbiger) Töne in *zwei oder drei Höhen* „zilp zalp zilp zalp zelp zilp…", zwischen Strophen gelegentlich gedämpftes „perre-perre".

## „TAIGAZILPZALP" D: A/–/Z

„Siberian Chiffchaff" *Phylloscopus collybita tristis*

L 11-12 cm. Als östliche Unterart des Zilpzalps betrachtet, obwohl es Unterschiede in Aussehen und Stimme gibt, aber kaum genetische. Brütet in Nadelwaldtaiga vom Ural ostwärts, überwintert vorwiegend in Indien. Einzelvögel verfliegen sich alljährlich (Ende Sept.-Okt.) nach Westeuropa.

**KENNZEICHEN** Unterscheidet sich von Zilpzalpen in Europa durch *graubraune Färbung von Scheitel, Nacken und Mantel* (ohne Spur von Grün) sowie *helles Rostbeige auf Überaugenstreif, Ohrdecken, Hals- und Brustseiten* (völlig ohne Gelb). Rücken und Bürzel jedoch mit schwachem olivgrünem Anflug, frische Schwung- und Steuerfedern mit schmalen grünen Säumen. *Beine und Schnabel stets schwarz.* Viele Individuen im 1en W mit angedeuteter heller Flügelbinde. (Beachte, dass manche *abietinus*-Zilpzalpe ähnlich graubraun sein können und das Fehlen von Gelb oder Grün im Freiland oft schwer erkennbar ist.)

**STIMME** Ruft klagend, pfeifend, gerade (oder am Ende kaum abfallend) „swii(e)", aber auch andere östliche Populationen rufen ähnlich. Gesang deutlich *schneller* und *variabler* als bei europäischen Zilpzalpen, Töne zusammenfließend, Tonlage *höher, mehr viel- als einsilbige* Töne.

## IBERIENZILPZALP D: A/–/S

Iberian Chiffchaff *Phylloscopus ibericus*

L 11-12 cm. Früher als Unterart des Zilpzalps betrachtet, aber wegen Unterschieden in Stimme, Aussehen, Genetik und Zugverhalten nun als selbstständige Art betrachtet. Brütet in Misch- und Laubwäldern, oft am Fuß von Bergen. Sommervogel (März-Sept.), offenbar im tropischen Westafrika überwinternd.

**KENNZEICHEN** Würde ohne Gesang kaum auffallen. Wie Zilpzalp, Flügel fast so gerundet, aber *oberseits sauberer grün, Brust gelb, Bauch weißlicher,* eher wie Fitis. Im Frühjahr praktisch *kein beiger Ton auf Kopf, Hals und Brust,* im Herbst allenfalls Spur von Braun auf Kopfseiten. *Überaugenstreif besonders vor Auge oft lebhaft zitronengelb,* auch durch oft *deutlichen dunklen Augenstreif* an Fitis erinnernd. *Beine durchschnittlich etwas heller* als bei Zilpzalp, Schnabelbasis oft heller braun (beides mit Überschneidung). *Schlägt Schwanz* bei der Nahrungssuche wie Zilpzalp oft *abwärts* (Fitis nicht).

**STIMME** Ruft charakteristisch *abfallend* und sanft pfeifend „fiü". Gesang im Tonfall wie Zilpzalp, etwas variabel, doch meist aus drei Motiven bestehend; beginnt ähnlich Zilpzalp (etwas schneller und monotoner), dann eine Serie schneller, trockener, stotternder Töne, schließlich wenige längere Pfeiftöne, oft z. B. „tschif tschif tschif tschif tr-tr-tr-tr-tr swüi swüi swüi" (Reihenfolge der Motive variabel).

## KANARENZILPZALP –

Canary Islands Chiffchaff *Phylloscopus canariensis*

L 11-12,5 cm. Wird inzwischen als lokale Inselform vom Zilpzalp artlich getrennt. Brütet auf den westlichen Kanaren in Wäldern und Dickichten. Jahresvogel.

**KENNZEICHEN** Durch kurze Flügel *geringe Handschwingenprojektion* (und langschwänziger Eindruck). *Oberseite* recht *dunkel olivbraun, Unterseite im frischen Gefieder verwaschen beige,* abgetragen im Frühjahr sauberer gelb. *Heller Überaugenstreif lang, schmal und deutlich. Schnabel recht lang,* dunkel mit hellen Schneidekanten, Spitze wirkt oft leicht abwärts gebogen; *Beine lang.*

**STIMME** Ruft entweder wie Zilpzalp „hüit", gerader „hiip" oder zweisilbig „wüst-iist". Gesang ähnlich Zilpzalp, doch durchdringender und „explosiv", Rhythmus ungleichmäßiger, daher insgesamt erstaunlich an Seidensänger erinnernd; andere Strophen ähnlich Iberienzilpzalp.

## KAUKASUSZILPZALP –

Caucasian Chiffchaff *Phylloscopus lorenzii*

L 10-11,5 cm. Meist als Unterart des Bergzilpzalps *P. sindianus,* hier aber als selbstständige Art betrachtet. Brütet an Berghängen in 1.500-2.500 m Höhe in Weiden, hohem Gebüsch oder in Mischwald an Baumgrenze.

**KENNZEICHEN** Unterscheidet sich vom sehr ähnlichen „Taigazilpzalp" durch *kräftigeren weißlichen Überaugenstreif, dunkler braunen Scheitel* (wirkt oft wie Kappe), *stärker zur weißen Kehle kontrastierende Brust und Kopfseiten,* relativ *längeren, breiteren, eher quer abgeschnittenen Schwanz, stämmige, recht schwarze Füße* mit kräftigen Krallen. Hauptsächlich braune Oberseite kann auf Mantel, Schulterfedern und Flügeldecken Spur von Grün zeigen.

**STIMME** Ruft etwas wehmütig pfeifend leicht abfallend „tüü(u)", ähnlich „Taigazilpzalp". Gesang wie Zilpzalp, jedoch etwas rascher, Strophen kürzer, etwas quietschender „pjit pjüt pjüt pjei pjit pjet pjüt…", zwischen den Strophen manchmal gedämpft „te-ti".

## ZILPZALP

**Fitis**
(zum Vergleich: Abbildung zeigt kurzflügeliges ♀)

Bestimmung der Unterarten aufgrund gewisser Variation z. B. im Gelbanteil der Unterseite auch bei Vögeln Mittel- und W-Europas schwierig oder unmöglich

***collybita***
(W- und Mitteleuropa)

***abietinus***
(N- u. NO-Europa)

## IBERIENZILPZALP

viele im Freiland anhand Gefiedermerkmalen nicht unterscheidbar; beste Kennzeichen sind Gesang und Ruf!

## „TAIGAZILPZALP“

Kombination von Ruf und Gefiedermerkmalen für sichere Bestimmung unerlässlich

typischer *tristis* ohne grünlichen Anflug an Kopf und Mantel, aber mit Grünton auf Flügeln, Bürzel und Schwanz

***tristis***
(Sibirien)

## KANARENZILPZALP

Lautäußerungen von anderen Formen der Zilpzalp-Gruppe verschieden!

## KAUKASUSZILPZALP

Braun der Oberseite reicht bis auf Oberschwanzdecken

DZ

Zilpzalp

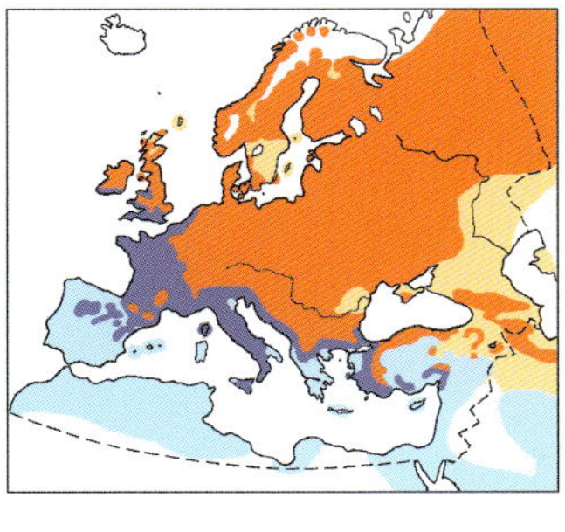

Iberienzilpzalp

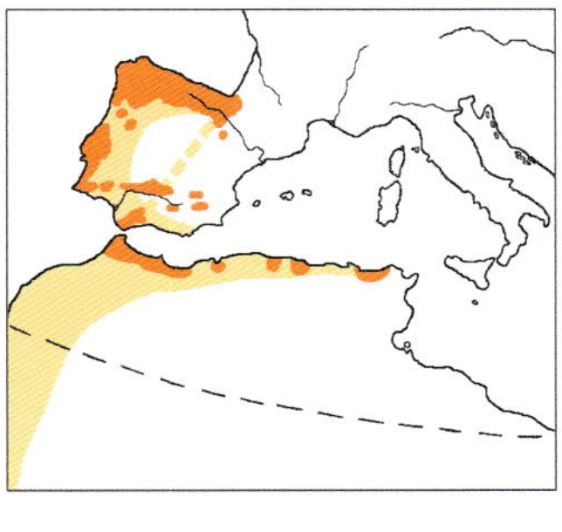

Kanarenzilpzalp

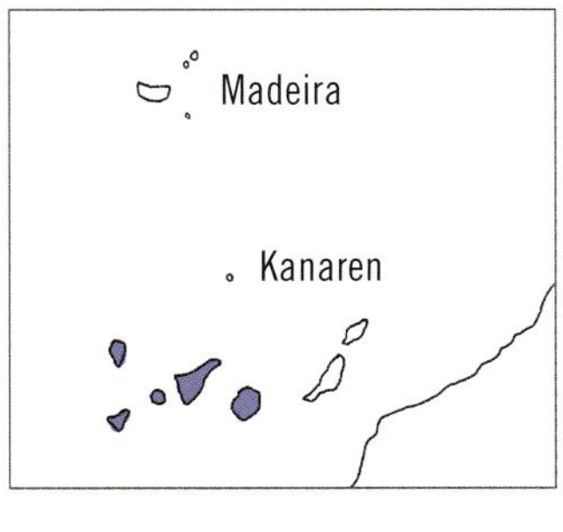


Kaukasuszilpzalp

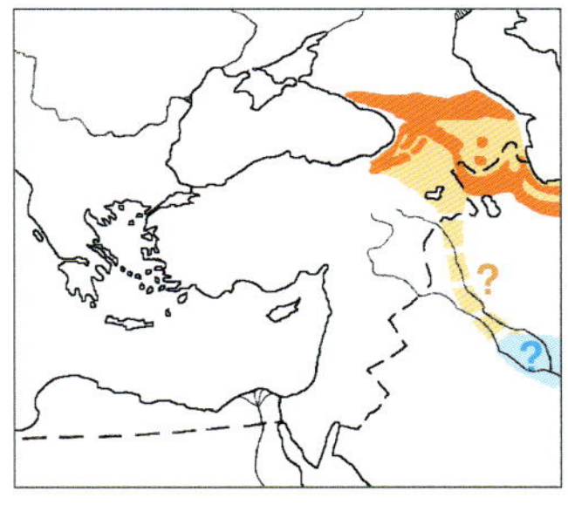

## WANDERLAUBSÄNGER **D:** A/–/S

Arctic Warbler *Phylloscopus borealis*

L 11,5-13 cm. Brütet im nördlichsten Waldgürtel, in Fennoskandien oft in reinem Fjällbirkenwald an sich zu Bächen neigenden Hängen, weiter östlich auch in Nadelwald mit vielen Birken und Weiden. Lebhaft, häufig in Baumkronen. Sommervogel (Ende Juni-Aug.), überwintert in Südostasien (bis Indonesien, hat einen der längsten Zugwege).

**KENNZEICHEN** Gut fitisgroß. Durch *grünlich graue Oberseite, schmutzig weiße Unterseite, sehr deutlichen und langen Überaugenstreif, langen, breiten, dunklen Augenstreif* sowie *kurze, schmale weißliche Flügelbinde* ähnlich Grünlaubsänger, unterscheidet sich jedoch durch *bedeutendere Größe, recht kräftigen Körperbau,* aber verhältnismäßig *kleineren Kopf, dickeren, eher keilförmigen Schnabel* (breite Basis, aber zugespitzt) *mit schwarzer Unterschnabelspitze* (fehlt Grünlaubsänger), Tendenz zu *olivgrauer Tönung* (mitunter in Form diffuser Fleckung) *auf Brust und Flanken, bis zur Schnabelwurzel reichenden dunklen Zügelstreif, aber kurz vor Stirn endenden hellen Überaugenstreif.* Handschwingenprojektion recht groß. Schirmfedern einheitlich gräulich grün, Handschwingen oft mit bräunlichen Rändern (wie Bartlaubsänger), Ohrdecken gewöhnlich dunkel gefleckt. Flügelbinde ausnahmsweise auf einem oder beiden Flügeln abgenutzt, gelegentlich Andeutung einer zweiten kürzeren Binde auf Mittleren Armdecken. Beine braunrosa, manchmal dunkler braungrau. Wirkt durch flache Stirn und leicht spitzen Hinterscheitel oft stupsnasig.

**STIMME** Ruft kurz, scharf, rau „dzri“ (untypisch für Laubsänger, ähnlich Wasseramsel, durchdringt Wasserrauschen). Gesang schneller, recht hart schwirrender, tiefer Triller „sresresresresresresresre…“, erinnert an Zaunammergesang; gelegentlich wird Tonhöhe gesenkt (Vokalwechsel) oder Tempo nach halber Strophe geändert.

## GRÜNLAUBSÄNGER **D:** A/L1/Z

Greenish Warbler *Phylloscopus trochiloides*

L 9,5-10,5 cm. Brütet in Laub- und Mischwald, oft in hochstämmigen Beständen, und Parks, auch in niedrigeren, dichten, küstennahen Gehölzen. Sommervogel (Ende Mai-Aug.), überwintert in Indien.

**KENNZEICHEN** Klein (wie Zilpzalp) mit verhältnismäßig *großem Kopf und gerundetem Scheitel. Oberseits grünlich grau, unterseits schmutzig weiß* mit Hauch von Gelb auf Kehle und Brust. Erkennbar an *langem, deutlichem, weißlichem Überaugenstreif* (reicht oft bis zur Stirn; vgl. Wanderlaubsänger), *kurzer, schmaler, etwas diffuser weißlicher Flügelbinde.* Keine zweite weiße Flügelbinde auf Mittleren Armdecken (vgl. Wacholder- und Middendorff-Laubsänger), gelegentlich im frischen Gefieder wenige etwas hellere graugrüne Spitzen. Dunkler Augenstreif normalerweise weniger markant als bei Wanderlaubsänger, im Zügelbereich meist nur *dunkler Fleck vor dem Auge, reicht nicht bis zur Schnabelbasis* (wenige Ausnahmen). *Unterschnabel hell.*

**STIMME** Ruft scharf, angedeutet zweisilbig „t'sli“ oder deutlich zweisilbig (ähnlich Bachstelze) „tiSLI“. Gesang mit spitzem, scharfem Klang, kurze, am Anfang im Tempo zunehmende, oft etwas ruckartige Strophe mit kurzer Pause in der Mitte, z. B. „tiSLI-zizi-tiSLI-züt-SITlie-ZI, t'SLI-sli-zitSLI-sli“, manchmal mit zaunkönigartigem Triller endend, manchmal mehr wie Tannenmeise klingend.

## MIDDENDORFF-LAUBSÄNGER **D:** A/–/S

Two-barred Greenish Warbler *Phylloscopus plumbeitarsus*

L 10-11 cm. Östlicher Verwandter des Grünlaubsängers, jetzt oft als eigene Art betrachtet. Brütet in der Taiga Mittel- und Ostsibiriens, sehr seltener Herbstgast in Europa.

**KENNZEICHEN** Sehr ähnlich Grünlaubsänger, aber *Flügelbinde* entlang Spitzen der Großen Armdecken *länger* (reicht bis zu Schulterfedern), *breiter* (Faustregel: breiter als Tarsus), *schärfer abgesetzt,* daneben meist *kurze, schmale zweite Binde* auf Mittleren Armdecken. Weitere Unterschiede (mit großem Überschneidungsbereich): Oberseite etwas grüner, weniger grau, Unterseite etwas reiner weiß, Überaugenstreif und Kopf-/Halsseiten mit etwas deutlicherem Gelbton, etwas dickerer (aber nicht längerer) Schnabel, hinter dem Auge etwas dunklerer Augenstreif. Im Vergleich zu Gelbbrauen-Laubsänger etwas größer, *Schirmfedern einfarbiger, Unterschnabel einheitlich hell.*

**STIMME** Sehr ähnlich Grünlaubsänger, oft nicht unterscheidbar. Ruft oft etwas voller und deutlicher zweisilbig „tsi-z'li“. Gesangsstrophen im Durchschnitt etwas tiefer, länger, schneller und flüssiger als bei Grünlaubsänger, in kleineren Tonschritten und ohne Pausen.

## WACHOLDERLAUBSÄNGER **D:** A/–/S

Green Warbler *Phylloscopus nitidus*

L 10-11 cm. Naher Verwandter des Grünlaubsängers, Lebensweise wie dieser. Brütet an Berghängen der Nordtürkei, des Kaukasus und Nordirans mit üppigem Laub- und Mischwald, auch an der Baumgrenze. Sommervogel (Anfang Mai-Aug./Sept.), überwintert in Südindien.

**KENNZEICHEN** Ähnlich Grünlaubsänger, unterscheidet sich durch *grüne Oberseite* (Farbe wie Waldlaubsänger), *sehr auffallenden und sauber gelben Überaugenstreif, gelblichen Ton auf Ohrdecken, Halsseiten, Kehle und Vorderbrust.* (Beachte jedoch, dass grüne und gelbe Nuancen leicht im sonnendurchfluteten Laubwerk verschwinden und Ähnlichkeit mit Grünlaubsänger zunimmt.) Deutliche *gelbweiße Flügelbinde,* manchmal Andeutung einer kurzen zweiten. Gelber Überaugenstreif endet kurz vor Schnabelbasis, reicht nicht bis Stirn wie meist bei Grünlaubsänger.

**STIMME** Ruft wie „Middendorff-Laubsänger“. Gesang ähnlich Grünlaubsänger, aber oft pro Strophe 1-3 eingeflochtene trocken rollende Phrasen „tsi-tserr“.

Wanderlaubsänger

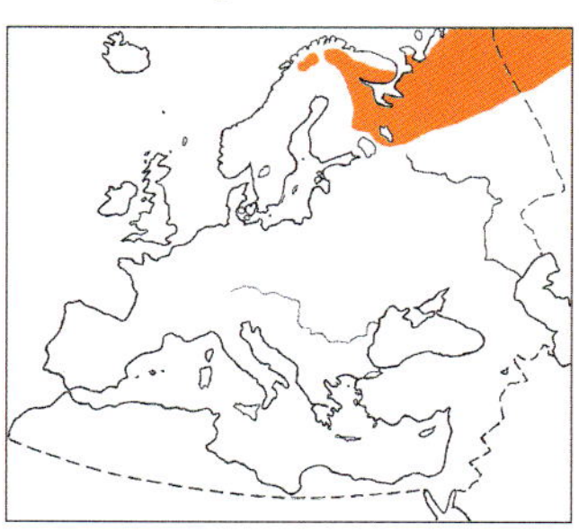

Grünlaubsänger

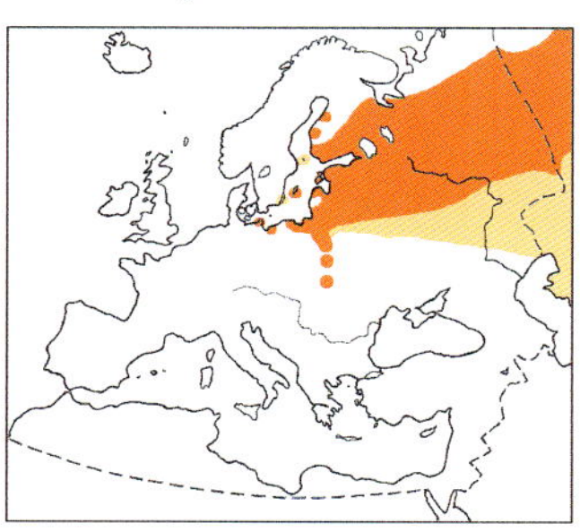

Wacholderlaubsänger

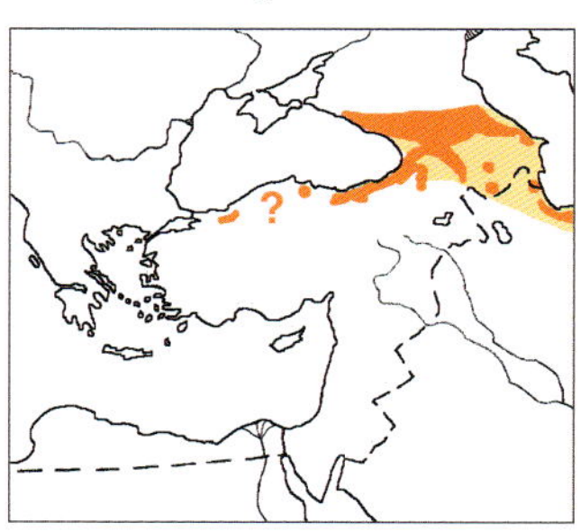

## WANDERLAUBSÄNGER

## GRÜNLAUBSÄNGER

## MIDDENDORFF-LAUBSÄNGER

## WACHOLDERLAUBSÄNGER

## GELBBRAUEN-LAUBSÄNGER D: A/–/Z

Yellow-browed Warbler *Phylloscopus inornatus*

L 9-10,5 cm. Brutvogel der sibirischen Taiga, im Nordural und an der Petschora auch auf europäischem Boden. Überwintert in Südostasien, erscheint aber alljährlich in geringer Zahl im Westen Europas, besonders im Okt. an Küsten. Rege, rastlos, ständiges Flügelzucken.

**KENNZEICHEN** Oft durch die Stimme auffallend. Kleiner und *lebhafter* als Zilpzalp, oberseits graugrün, unterseits schmutzig weiß, Beine mittelbraun. *Langer, deutlicher hellgelber Überaugenstreif,* dunkler Augenstreif, *breite weißlich gelbe Flügelbinde* auf Großen Armdecken, weniger deutlich auf Mittleren Armdecken, besonders die zwei *inneren Schirmfedern mit dunklen Zentren und gelblich weißen Säumen* (im Unterschied zu Grünlaubsänger). Scheitelseiten etwas dunkler graugrün als Scheitelmitte, daher oft Andeutung eines Scheitelstreifs, besonders am Hinterkopf.

**STIMME** Stimmfreudig. Häufigster Ruf laut, durchdringend und hell „tsuIIST“, etwas an Tannenmeise erinnernd, aber höher und am Ende deutlicher ansteigend (sowie immer identisch, während Tannenmeisenrufe in Höhe und Details oft variieren). Gesang einige haspelnde, sehr feine Töne, z. B. „tsüi, süsüwüi…suiis“ (erinnert an Haselhuhn).

## TIENSCHAN-LAUBSÄNGER D: A/–/S

Hume's Leaf Warbler *Phylloscopus humei*

L 9-10 cm. Nah mit Gelbbrauen-Laubsänger verwandt, wegen der Unterschiede in Färbung und besonders Stimme inzwischen als eigene Art betrachtet. Seltener Herbst- und Wintergast aus Gebirgswäldern Mittelasiens.

**KENNZEICHEN** Sehr ähnlich Gelbbrauen-Laubsänger. Im frischen Herbstgefieder oberseits etwas *matter und gräulich grün,* Überaugenstreif (vorne), Wangen, Hals- und Brustseiten *beige getönt,* Schwungfedern und Flügeldecken nicht ganz so dunkel, obere helle *Flügelbinde verwaschener, nicht so deutlich und hell,* auch Binde auf Großen Armdecken oft etwas beige getönt statt sauber hellgelb. Schnabel und Beine durchschnittlich dunkler. Im abgetragenen Frühjahrsgefieder meist nicht unterscheidbar.

**STIMME** *Bestes Unterscheidungsmerkmal zu Gelbbrauen-Laubsänger ist die Stimme.* Ruft außerhalb der Brutzeit *kräftig zweisilbig pfeifend* „dsuIISS(u)“, kürzer, weicher und tiefer als Gelbbrauen-Laubsänger, oder leicht abfallend „DSI-wü“ (dem Alternativgesang ähnlich). Gesang lang gezogener, etwas abfallender, rauer Summton „bzzzzzzü“ (ähnlich langem Zugruf der Rotdrossel), daneben tiefer und abfallend „WISSlo“, oft verdoppelt oder gereiht.

## GOLDHÄHNCHEN-LAUBSÄNGER D: A/–/S

Pallas's Leaf Warbler *Phylloscopus proregulus*

L 9-9,5 cm. Seltener, aber alljährlicher Herbstgast aus Asien (meist Okt./Nov.). Sehr aktiv, bewegt sich schnell und rastlos durch das Gezweig, flattert und rüttelt z. B. in Büschen und Baumkronen, hängt sogar meisenartig kopfüber an Zweigen.

Gelbbrauen-Laubsänger

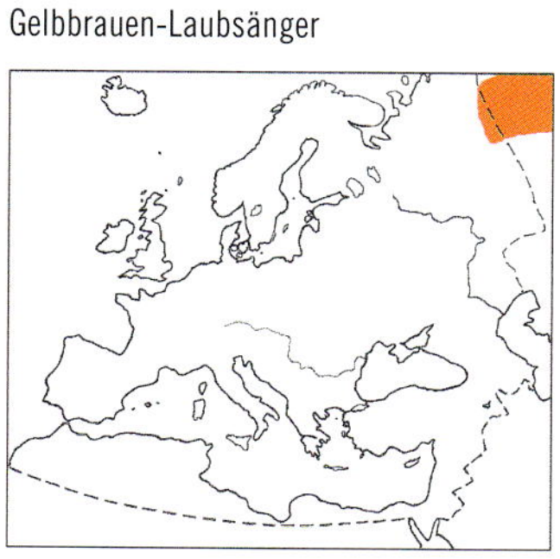

**KENNZEICHEN** *Sehr klein,* etwa goldhähnchengroß und oft mit diesen vergesellschaftet, unterscheidet sich aber allein durch *viel schnellere Bewegungen* und rastlose Nahrungssuche. Vom Gelbbrauen-Laubsänger unterschieden durch auffallend *hellgelbes* (bis weißliches) *Bürzelfeld,* besonders beim Rütteln oder der Nahrungssuche am Boden, sonst aber schwer sichtbar. *Scheitel sehr dunkel* olivgrün mit schmalem *hellgelbem Scheitelstreif.* Wirkt oft *großköpfig* und *kurzschwänzig.* Von unten betrachtet, beachte langen *dunklen Augenstreif* und lebhaft *gelben Überaugenstreif, vorne orange getönt.*

**STIMME** Schweigsamer als Gelbbrauen-Laubsänger. Häufigster Ruf schwach, weich, nasal, leicht ansteigend „tjui“, auch gerader und dünner „pih“. Gesang ungewöhnlich und überraschend laut und zaunkönigartig trillernd („Kanarienvogel der Taiga“).

## DUNKELLAUBSÄNGER D: A/–/S

Dusky Warbler *Phylloscopus fuscatus*

L 10,5-12 cm. Brütet in Sibirien in Weiden und anderem Gebüsch auf Taigamooren oder Feuchtwiesen, immer auf feuchtem Untergrund. Überwintert in Südostasien, in Westeuropa sehr seltener Herbstgast, dann meist in Stauden und Gestrüpp in offenen Lebensräumen, besonders gern in Wassernähe.

**KENNZEICHEN** Gestalt ähnlich Zilpzalp, aber rundflügelig mit geringerer Handschwingenprojektion, Beine etwas länger. Färbung ähnlich Kaukasuszilpzalp, *rostgetönte dunkel graubraune Oberseite,* verwaschen graubraune Unterseite, auf Brustseiten und Flanken am dunkelsten, manchmal leicht rostig getönt. Gekennzeichnet durch *dünne rotbraune Beine, schlanken Schnabel* mit etwas Rotbraun an der Basis, *langen, scharf abgesetzten hellen Überaugenstreif, vor dem Auge weiß und meist schmal, hinter Auge* meist breiter und mitunter *schwach rostbeige getönt, sowie breiten dunklen Augenstreif.* Flanken und Unterschwanzdecken im Gegensatz zum Bartlaubsänger nie gelb.

**STIMME** Ruft ähnlich Klappergrasmücke hart schnalzend „teck“.

## BARTLAUBSÄNGER D: A/–/S

Radde's Warbler *Phylloscopus schwarzi*

L 11,5-12,5 cm. Brütet in sibirischer Taiga an Lichtungen bei Wasserläufen mit üppiger Vegetation. Überwintert in Südostasien, seltener Herbstgast in Europa.

**KENNZEICHEN** Etwa fitisgroß, aber untersetzter, etwas *größerer Kopf* (im Profil oft steilere Stirn), *gröberer Schnabel und kräftigere Beine.* Oberseite recht *dunkel braun mit olivgrauem Ton, Unterseite schmutzig weiß mit warm gelbbeigem* (oder mehr olivbraunem) Ton auf Brust, Flanken sowie besonders *Steiß und Unterschwanzdecken. Markanter heller Überaugenstreif, dunkler Augenstreif.* Vom Dunkellaubsänger unterschieden durch *dickeren Schnabel, kräftigere, im Durchschnitt heller rosabraune Beine,* vor Auge *oben diffuser abgegrenzten, breiten und im frischen Gefieder gelbbeigen Überaugenstreif,* hinter Auge meist weißlich; Bewegungen etwas träger, weniger nervös und lebhaft.

**STIMME** Ruft weich, etwas nasal, zäh schnalzend „tschrep“ oder „tschett“, manchmal brodelnd gereiht „tschett-et-et-et-et“.

## GELBBRAUEN-LAUBSÄNGER

## TIENSCHAN-LAUBSÄNGER

## GOLDHÄHNCHEN-LAUBSÄNGER

## DUNKELLAUBSÄNGER

## BARTLAUBSÄNGER

beide Arten zucken nervös mit den Flügeln und schlagen den Schwanz (im Gegensatz zum Zilpzalp) aufwärts

DZ

# GOLDHÄHNCHEN Regulidae und ZAUNKÖNIGE Troglodytidae

Goldhähnchen wurden früher in die Nähe der oberflächlich ähnlichen Laubsänger gestellt, sind aber nicht näher verwandt, sondern bilden eine eigene sehr urtümliche Familie kleiner Singvögel. Wegen der Verwechslungsgefahr sind sie hier dennoch an dieser Stelle behandelt, ebenso wie die in Europa nur durch eine Art vertretene, hauptsächlich amerikanische Familie der ebenfalls sehr kleinen Zaunkönige.

## WINTERGOLDHÄHNCHEN D: A/N6/JZW

Goldcrest *Regulus regulus*

L 8,5-9,5 cm. Brütet in Nadel- und Mischwäldern, bevorzugt dichte Bestände von Fichten und Tannen, hält sich meist in Baumkronen auf, bewegt sich rastlos hüpfend und rüttelnd zwischen Zweigen. Überwiegend Jahresvogel, aber auch häufiger Durchzügler aus Nordosteuropa, im Winter oft mit Meisen vergesellschaftet, dann auch in offenerem Gelände und in Gärten. Nicht scheu.

**KENNZEICHEN** Erregt die Aufmerksamkeit oft durch die dünne, hohe Stimme. *Winzig* (kleinster Vogel Europas!), in Kombination mit grüner Ober- und schmutzig weißer Unterseite fast unverwechselbar. Kurzer Hals und proportional großer Kopf vermitteln kompakten, runden Eindruck, wie Pfefferkorn hervorstechend schwarzes Auge wirkt im sonst hellen, kontrastlosen Gesicht groß. *Gelber, schwarz begrenzter Scheitelstreif.* Dunkler Schnabel sehr fein.– Ad. ♂: Scheitelstreif *gelborange,* bei angelegten Federn verdeckt, bei Erregung aber deutlich.– Ad. ♀: *Kein Orange im gelben Scheitelstreif* (manchmal etwas, aber kaum sichtbar).– JK: Scheitel einfarbig ohne Gelb, Schnabel auffallend hell. Alterskleid wird ab Spätsommer getragen.– Unterarten *teneriffae* und *ellenthalerae* auf Kanaren (Teneriffa, La Palma, Gomera, Hierro), manchmal als eigene Art betrachtet, mit *schwarzem Stirnband* und schmaleren hellen Schirmfederspitzen, sind unterseits tiefer rosabeige, haben schmalere helle Schirmfederspitzen und etwas längere Schnäbel.

**STIMME** Stimmfreudig. Häufigster Ruf fein, sehr hoch, etwas unrein drei- bis viersilbig „sri-sri-sri". Warnruf scharf, hoch und gerade „tsiih". Gesang zyklisch gereiht 4-6-mal „piTIItilü", mit Triller oder baumläuferartigem Schnörkel „zizisuZRIIo" endend. Für ältere Menschen oft schwer hörbar.

## SOMMERGOLDHÄHNCHEN D: A/N6/Z

Common Firecrest *Regulus ignicapilla*

L 9-10 cm. Brütet in Laub- und Mischwäldern, auch reinen Koniferenbeständen (einschließlich Kiefern, Zedern). Wählt durchschnittlich niedrigere Wälder als Wintergoldhähnchen, auch hohe Büsche und Hecken, Mischwälder mit hohem Laubholzanteil, auch alte Parks und Gärten. In Iberien und Nordwestafrika auch in Korkeichen- und Buchenbeständen. Kurzstreckenzieher.

**KENNZEICHEN** Ähnlich Wintergoldhähnchen, am besten anhand der Lautäußerungen zu finden und zu bestimmen. Gleichfalls *winzig,* aber *kräftiger weißer Überaugenstreif* und *schwarzer Augenstreif, Kopfmuster daher gestreifter und schärfer, Halsseiten lebhaft grünlich gelb* mit Ockerton statt einfarbig graugrün. Scheitel wie Wintergoldhähnchen, aber schwarze Scheitelseitenstreifen auf Stirn zusammenlaufend.– Ad. ♂: *Scheitelstreif deutlich orange,* oft auch in entspanntem Zustand erkennbar.– Ad. ♀: Kein oder wenig Orange im Scheitel sichtbar (bei extremer Ausprägung aber ähnlich ♂).– JK: Bis zur Mauser im Herbst ohne Scheitelstreifung, aber schwacher Augen- und Überaugenstreif.

**STIMME** Ruft ähnlich Wintergoldhähnchen, aber etwas tiefer mit meist längerer und betonter Einleitungssilbe, gefolgt von 2-3 kürzeren, etwas ansteigenden, sich beschleunigenden Tönen „ZÜÜ zü-zi-zi". Gesang Folge feiner, hoher, leicht ansteigender, mit kurzem Triller endender Töne, „zü-zi-zi-zi-zi-zi-zi-zi-zirrr", ohne an- und abschwellenden Rhythmus des Wintergoldhähnchens.

## MADEIRAGOLDHÄHNCHEN D: –

Madeira Firecrest *Regulus madeirensis*

L 9-10 cm. Brütet ziemlich häufig in den Wäldern Madeiras. Jahresvogel. Neuerdings vom Sommergoldhähnchen wegen teilweise abweichender Stimme, genetischer Unterschiede und etwas anderer Färbung artlich getrennt.

**KENNZEICHEN** Sehr ähnlich Sommergoldhähnchen, zeigt jedoch einen *satter goldbronzenen Bereich auf den Halsseiten,* auf den Handschwingenbasen mehr Schwarz und damit einen *größeren schwarzen Bereich unterhalb der breiten Flügelbinde,* einen *kürzeren,* hinter dem Auge auslaufenden *Überaugenstreif,* ferner einen durchschnittlich *längeren Schnabel* und etwas *längere Beine* (wodurch ein schmächtigerer Eindruck entsteht), Scheitel beim ♂ weniger orange.

**STIMME** Unter an Sommergoldhähnchen erinnernden feinen Rufen auch ein kennzeichnendes ansteigendes, schrilles „suiss", fast wie der Ruf des Gelbbrauen-Laubsängers. Singt recht ähnlich Sommergoldhähnchen eine schnelle, sich etwas beschleunigende Folge spitzer Töne.

## ZAUNKÖNIG D: A/N6/JZW

Eurasian Wren *Troglodytes troglodytes*

L 9-10,5 cm. Brütet in Wäldern mit dichtem Unterwuchs, Dickichten, gerne am Wasser, auch in offener Landschaft und auf fast kahlen Inseln mit Büschen und Mauern, auch in Parks und Gärten. Überwiegend Jahresvogel, fennoskandische Vögel ziehen nach Westeuropa.

**KENNZEICHEN** *Sehr klein mit kurzem Schwanz,* der *oft steil aufgerichtet* wird, und kurzem Hals. *Oberseite rötlich braun, Unterseite bräunlich weiß mit verwaschener Querbänderung.* Auffallendstes Gefiedermerkmal ist der schwache, bräunlich weiße Überaugenstreif. Schnabel recht lang, spitz und ganz leicht abwärts gebogen. Alter und Geschlecht nicht unterscheidbar.– Brutvögel der nördlichsten Britischen Inseln, Färöer *(borealis)* und Islands *(islandicus)* sind etwas dunkler mit längeren Schnäbeln und Beinen.

**STIMME** Ruft bei Beunruhigung ratternd hart „zerrrr" (härter und metallischer als Zwergschnäpper) oder hart schnalzend einzeln „zeck!", beide Lautäußerungen auch in langen Serien kombiniert. Gesang fast ganzjährig zu hören, für einen so kleinen Vogel verblüffend laut, metallisch klingende und trillernde Lautfolgen, die etwas an Kanarienvogel oder Baumpieper erinnern, z. B. „zitrivi-si SWI-SWI-SWI-SWI-SWI ziwüsö ZÜ-ZÜ-ZÜ-ZÜ si ZIRRRRRRRR SWI-SWI-SWI sijöZERRRRR siWI!". Singt meist aus der Deckung, manchmal auch exponiert auf einer Warte stehend.

## WINTERGOLDHÄHNCHEN

***teneriffae*** und ***ellenthalerae*** (Kanaren)

## SOMMERGOLDHÄHNCHEN

## MADEIRAGOLDHÄHNCHEN

## ZAUNKÖNIG

***islandicus, borealis***
(nordatlantische Unterarten; Island, Inseln vor NW-Küsten Großbritanniens)

in einigen Regionen ein häufiger Gartenvogel, in anderen aber ein scheuer und schwer zu entdeckender Waldbewohner

DZ

Wintergoldhähnchen

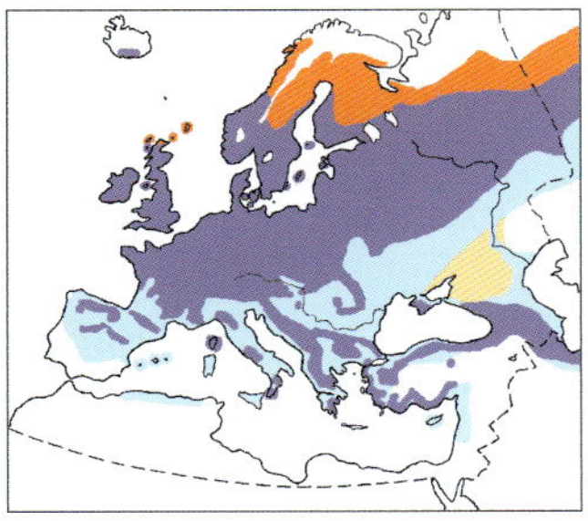

Sommergoldhähnchen

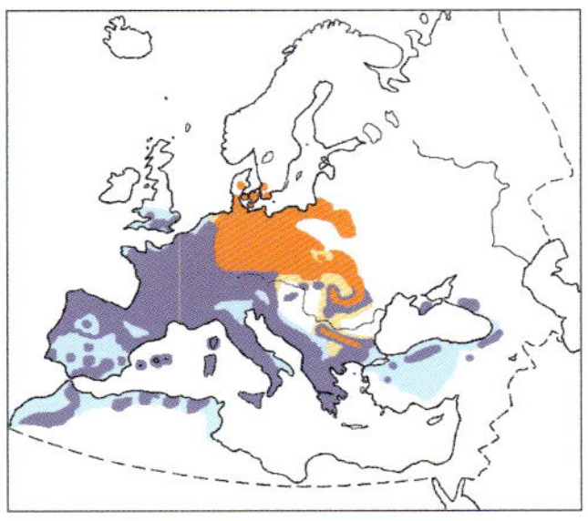

Madeiragoldhähnchen

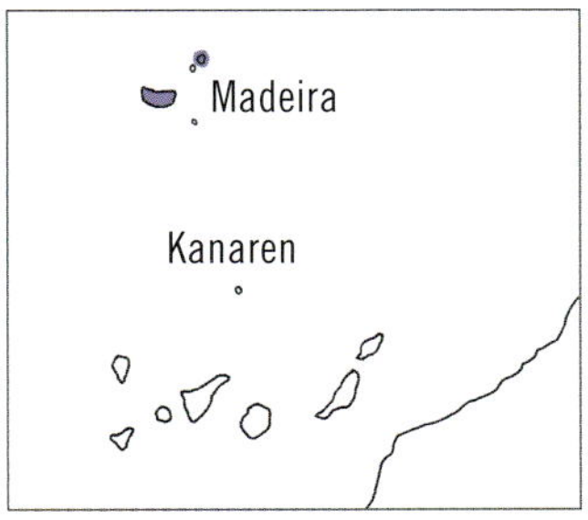


Zaunkönig

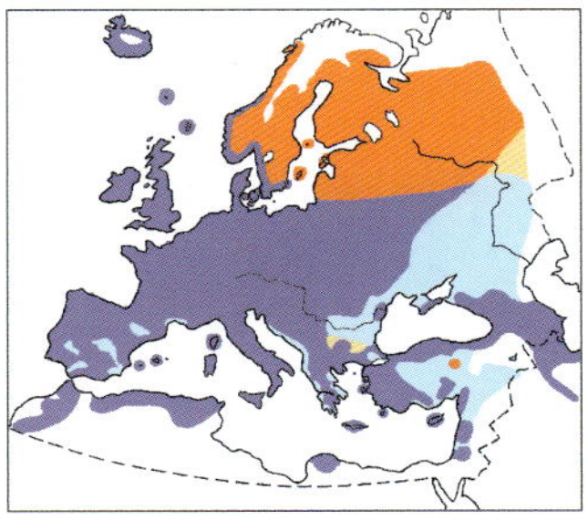

# SCHNÄPPER Muscicapidae

Kleine Sperlingsvögel, im behandelten Gebiet sieben Brutvögel. Stehen oft kurze Zeit unbeweglich und frei auf einem Zweig, um plötzlich in schnellem Flug in der Luft, am Boden oder im Laubwerk ein Insekt zu fangen. Beine kurz, Schnabel breit, aber spitz. Zucken oft mit Schwanz und Flügeln. Stimmen charakteristisch. Im Jugendkleid kräftig gefleckt.

### GRAUSCHNÄPPER — D: A/N5/Z

Spotted Flycatcher *Muscicapa striata*

L 13,5-15 cm. Brütet in Gärten, Parks und offenen Wäldern. Sommervogel (Mai-Sept.), überwintert in Afrika. Nest in Baum- oder Gebäudenischen oder in Halbhöhlen.

**KENNZEICHEN** Mittelgroß, graubraun, ziemlich schlank, ohne besondere Merkmale. Schnabel dunkel, recht lang und kräftig. *Schwanz und Flügel lang,* Hinterende recht schlank, *kurze Beine* schwarz. *Graubraune Oberseite, schmutzig weiße Unterseite, dunkle Strichelung nur auf Brust, Kehlseiten, Stirn und Vorderscheitel, hervorstechend schwarzes Auge* mit diffusem, schmalem hellem Augenring. Im frischen Gefieder bilden helle Ränder der Armschwingen am zusammengelegten Flügel undeutliches helleres Feld. Geschlechter gleich, JK ähnlich und oft kaum unterscheidbar. Steht meist aufrecht, oft ganz frei, zuckt mit dem Schwanz, hält nach fliegenden Insekten Ausschau, meist kurzer Verfolgungsflug, um danach auf derselben oder anderer Warte zu landen. Flug schnell und agil, steigt bei Insektenjagd manchmal einige Meter steil in die Höhe und rüttelt oder gleitet mehrere Meter im Bogenflug.– Variation: Brutvögel der Balearen (ssp. *balearica*) etwas kleiner, deutlich heller, unterseits kaum, auf der Stirn kräftig gestrichelt (zusammen mit ssp. *tyrrhenica* von Sardinien und Korsika auch als eigene Art „Mittelmeer-Grauschnäpper" betrachtet).

**STIMME** Stimmfreudig, jedoch sehr einfaches Repertoire. Ruft kurz, scharf „zri", Warnruf „isst-te(-te)". Gesang Reihe einfacher, *leiser,* spitzer, etwas gepresster oder rauer Töne in ungleichmäßigem Rhythmus mit *großem Abstand.*

### BRAUNSCHNÄPPER —

Asian Brown Flycatcher *Muscicapa dauurica*

L 12-13 cm. Sehr seltener Ausnahmegast aus der Taiga Sibiriens. Lebensweise ähnlich Grauschnäpper.

**KENNZEICHEN** Ähnlich kleinem Grauschnäpper, unterscheidet sich jedoch durch *ungestrichelten Vorderscheitel, meist einfarbig hell braungrau verwaschene Brust,* markanten *weißlichen Augenring* (um recht großes, dunkles Auge) und *weißliche Zügel.* Schnabel kräftig, lang und im Profil flach, mit breiter Basis, leicht konvexen Seiten und rosa oder *strohfarbener Unterschnabelbasis.*

**STIMME** Ähnlich Grauschnäpper hoch und scharf „tzi".

Grauschnäpper

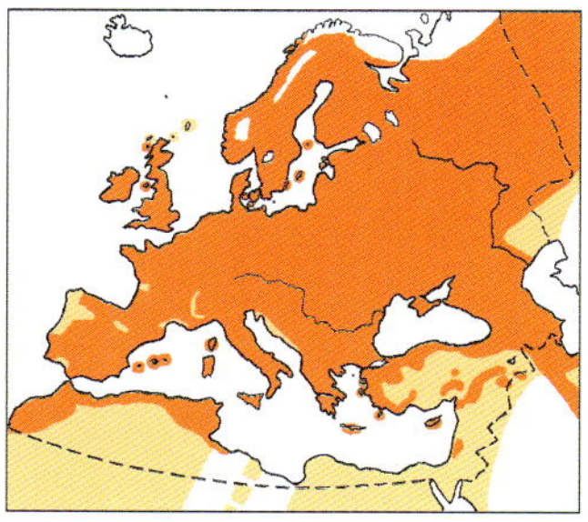

Zwergschnäpper

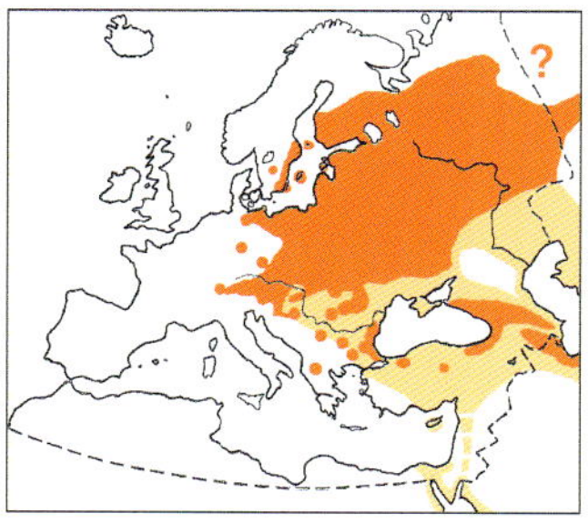


### ZWERGSCHNÄPPER — D: A/R3/Z

Red-breasted Flycatcher *Ficedula parva*

L 11-12 cm. Brütet in Wäldern in verschiedenen Lebensräumen, meist in dichten Altbeständen mit reichlich Unterwuchs, gern nahe Bächen oder anderen Gewässern, bevorzugt Laub-, meidet aber auch Mischwald nicht. Sommervogel (Mai-Sept.), überwintert in Westasien.

**KENNZEICHEN** Klein, flitzt rastlos im Laubwerk umher (anders als andere Schnäpper); steht auch still auf einem Zweig und zeigt schnäppertypisches Zucken mit Flügeln und Stelzen des *schwarz-weißen Schwanzes.* Oberseits braun, unterseits weißlich, schmaler weißlicher Ring um dunkles Auge. Recht kleiner Schnabel dunkel mit rosabrauner Unterschnabelbasis.– Ad. ♂: *Orangerote Kehle* mit *diffuser unterer Begrenzung,* jedoch seitlich scharf begrenzt gegen *bleigraue Halsseiten,* Kopf und Nacken ebenfalls mit blaugrauem Ton. Kehle auch im Winter rot. Oberschwanzdecken schwärzlich.– ♂ 2er S: Wie ad., aber Rot auf Kehle und Grau am Kopf weniger ausgeprägt.– ♀/♂ 1er S: Kehle ohne Orangerot (Ausnahmen selten), Kopf und Hals ohne Bleigrau. Oberschwanzdecken braun oder schwärzlich, *nicht schwärzer als mittlere Steuerfedern.* Unterseite cremefarben.– 1er W: Wie ♂ im 1en S und ♀, aber Unterseite warm beige, beige Spitzen der Große Armdecken bilden Flügelbinde, Schirmfedern beige gerandet.

**STIMME** Stimmfreudig, ruft kurz, trocken, trillernd „serrrt" wie gedämpfter Zaunkönig. Warnruf kurz, weich, zweisilbig pfeifend „DIlü". Ruft auch kurz, scharf „sri" und trocken schnalzend „teck". Gesang beginnt mit mehreren spitzen Kurztönen, gefolgt von rhythmischem, trauerschnäpperähnlichem Mittelteil, endet mit typischer langsamer Folge abfallender, klarer Töne „tjü tjü tu to ta".

### TAIGASCHNÄPPER —

Taiga Flycatcher *Ficedula albicilla*

L 11-12,5 cm. Brütet in dichter sibirischer Taiga bis an den Westrand des Ural, bevorzugt Plätze mit hohem Birkenanteil und anderen Laubbäumen. Extreme Ausnahmeerscheinung in Nordwesteuropa.

**KENNZEICHEN** Sehr ähnlich Zwergschnäpper, aber beim ♂ im PK orangeroter Kehlfleck *unten sauber durch bleigraues Brustband begrenzt,* ferner Tendenz zu bräunlicher Kappe und Braun auf Ohrdecken, aber Zügel und Überaugenstreif grau. ♀ und Unausgefärbte tragen immer *tief schwarze Oberschwanzdecken, schwärzer als die mittleren Steuerfedern.* Ferner *Schnabel fast komplett schwarz,* nur etwas Braun unter Unterschnabel (schwer sichtbar), *Unterseite gräulich braun getönt,* matter und kälter als bei Zwergschnäpper, oft zum weißen Kinn kontrastierend.– 1er W: Wie Zwergschnäpper, aber Flügeldecken und Schirmfedern statt *mit beigen meist mit weißlichen Spitzen bzw. Rändern* (mit Überschneidung).– ♂ 1er S: Durch bereits vorhandenen roten Kehlfleck ähnlich ♂ im PK.– ♂ SK: Verliert roten Kehlfleck ganz oder teilweise, daher ähnlich ♀.

**STIMME** Häufigster Ruf sehr schnell hart ratternd „trrrt". Singt ganz anders als Zwergschnäpper, eher an Buchfink, Ammer oder Pieper erinnernd, eine schnelle Serie trockener Triller und scharfer Töne unterschiedlicher Höhe, z. B. „zri-zri-DA zri-zri-DA tü-tü-tü-zrri-DAH-zi"..

## GRAUSCHNÄPPER

## BRAUNSCHNÄPPER

## ZWERGSCHNÄPPER

## TAIGASCHNÄPPER

DZ

## TRAUERSCHNÄPPER D: A/N4/Z

European Pied Flycatcher *Ficedula hypoleuca*

L 12-13,5 cm. Brütet in Parks, offenen Laub- und Mischwäldern, bevorzugt in insektenreichen offenen Eichenwäldern, auch in Taiga, in Baumhöhlen und Nistkästen. Sommervogel (Mai-Aug.), überwintert in Westafrika.

**KENNZEICHEN** Viele ♂ im PK praktisch schwarz-weiß, übrige Kleider braun und schmutzig weiß. In allen Kleidern *weißes oder beiges Feld* auf sonst dunklem Flügel, schmale weiße Schwanzkanten (wenige Ausnahmen), weißliche Unterseite, gewöhnlich *gar kein* oder *nur undeutlicher, schmaler weißer Keilfleck auf Handschwingenbasen, dieser kaum bis vor Handdeckenspitzen reichend.*– ♂ PK: *Oberseite schwärzlich* oder dunkel braungrau (besonders in Mittel- und Osteuropa) mit meist zweigeteiltem *kleinem weißem Stirnfleck.* Handschwingen ziemlich dunkel und frisch. Bräunlichste Vögel ähnlich ♀, jedoch erkennbar an weißem Stirnfleck, *ausgedehntem Weiß auf Außenfahnen der Schirmfedern sowie schwärzerem Oberschwanz,* wenige haben heller grauen Bürzel.– ♂ 1er S: Wie ad. ♂, aber Handschwingen abgenutzter und brauner.– Ad. ♀: Oberseits braun, ohne weißen Stirnfleck, nur Außenrand der Schirmfedern weiß.– ♂ SK: Wie ad. ♀, aber oft *mit schwärzerem Oberschwanz* und eher schwärzlichen Flügeldecken.– 1er W: Wie ♀, aber Schirmfederspitzen mit Stufe zwischen breit weißem Außen- und schmalem Innenfahnenrand.– ♂ der Unterart *iberiae* (Spanien) gefärbt wie Halsbandschnäpper ohne Halsband, sehr schwärzlich mit großem weißem Stirnfleck, viel Weiß im Flügel und ganz schwarzem Schwanz, manche sogar mit Halbring am Hals; viele ♀ mit Stirnfleck.

**STIMME** Stimmfreudig, warnt mit wiederholtem, kurzem, metallischem „pik“, ruft trocken schnalzend „tett“. Gesang laut, rhythmisch, eine 2 s dauernde Strophe mit Wiederholungen und plötzlichem Tonhöhenwechsel, „tsi WRITsü WRITsü WRITsü tsu tsu tjü-WI tjü-WI tsi tsi tsi“, mitunter eingebaute Tonleiterübung „didüdeloi“.

## ATLASSCHNÄPPER –

Atlas Pied Flycatcher *Ficedula speculigera*

L 12-13,5 cm. Brütet im nordwestafrikanischen Atlasgebirge. Sommervogel (Ankunft Ende Apr.), überwintert in Westafrika. Nah mit Trauerschnäpper verwandt.

**KENNZEICHEN** ♂ PK: wie Halsbandschnäpper oberseits tief schwarz mit viel Weiß auf Stirn und Flügeln und ganz schwarzem Schwanz, aber ohne komplettes weißes Halsband (selten schmal und fast komplett vorhanden).– ♀: Wie Halsbandschnäpper, aber Oberschwanz durchschnittlich schwärzer, zum hellgrauen Bürzel und gräulichen Rücken kontrastierend; großer weißer Handschwingenfleck.– ♂ 1er S: Ähnlich Trauerschnäpper, manchmal nicht unterscheidbar, aber oft mit recht großem weißem, nie geteilten Stirnfleck und tieferem Schwarz auf Oberseite.

**STIMME** Ruft geringfügig anders als Trauerschnäpper gereiht „wiit“, auch Gesang ähnlich, aber etwas langsamer, tiefer, mit größeren Tonschritten, klingt statt munter eher nachdenklich.

## HALBRINGSCHNÄPPER –

Semicollared Flycatcher *Ficedula semitorquata*

L 12-13,5 cm. Brütet in Laub- und Mischwald in unteren und mittleren Gebirgslagen, oft an Flussläufen. Sommervogel (meist Apr.-Sept.), überwintert in Afrika.

**KENNZEICHEN** Färbung zwischen Halsband- und Trauerschnäpper.– ♂ PK: Mehr Weiß an Halsseiten als Trauerschnäpper (manche aber erstaunlich ähnlich), *weißspitzige Mittlere Armdecken* (verschmelzen jedoch gelegentlich mit weißem Flügelfeld), größerer weißer Fleck auf Handschwingenbasen (etwa wie bei ♂ 1er S Halsbandschnäpper), *viel Weiß an Basis der äußeren Steuerfedern* (auch von unten sichtbar).– Ad. ♀: Sehr ähnlich Halsbandschnäpper-♀, normalerweise *weißspitzige Mittlere Armdecken* (mitunter fehlend, ausnahmsweise auch bei Halsbandschnäpper vorhanden), weißer Fleck auf Handschwingenbasen im Durchschnitt etwas weniger weit ausgedehnt.

**STIMME** Ruft klar, gerade und hell „tüüp“, etwas tiefer als Halsbandschnäpper, mitunter dünner, schriller, ansteigend „tüihp“; Kontaktruf gedämpft „tett“, Warnruf unrein „schäh“. Gesang schwach, leicht zu überhören, gepresste Töne wie Halsband-, Rhythmus eher wie Trauer-, Tonhöhe gleichmäßiger als bei Halsbandschnäpper, z. B. „sri sü-sü srü-ti srü-ti srü-ti srrih si-wi sri…“.

## HALSBANDSCHNÄPPER D: A/R3/Z

Collared Flycatcher *Ficedula albicollis*

L 12-13,5 cm. Brütet in Laubwald, Parks und Gärten. Sommervogel (Mai-Aug.), überwintert in Afrika. Verhalten ähnlich Trauerschnäpper, mit dem er auch hybridisiert.

**KENNZEICHEN** Ad. ♂: Am *breit weißen Halsband* leicht kenntlich, sonst großer weißer Stirnfleck, ausgeprägt schwarze Oberseite einschließlich Handschwingen, großer weißer Fleck auf Handschwingenbasen, ganz schwarzer Schwanz, Bürzel hellgrau oder weiß.– ♂ 1er S: Handschwingen brauner, weniger weiße Gefiederanteile, aber kennzeichnendes Halsband ausgebildet.– ♀/1er W: Sehr ähnlich Trauerschnäpper, aber ♀ im Frühjahr oberseits heller und grauer, *weißer Handschwingenfleck größer, rechteckig oder tropfenförmig,* näher am Flügelrand als bei Trauerschnäpper.– ♂ SK: Oberseits braun wie ♀ SK und 1er W, aber *Flügel schwärzlich* mit *großem weißem Handschwingenfleck.* Manchmal viel Weiß auf äußeren Steuerfedern.

**STIMME** Ruft gezogen, gerade, dünn pfeifend, einatmend „iihp“ (wie ein Ton im Gesang), auch leise schnalzend „tett“. Gesang ganz anders als bei Trauerschnäpper, Folge recht langsamer, gezogener, scharfer, gepresster Pfeiflaute, oft mit großen Tonsprüngen.

Trauerschnäpper

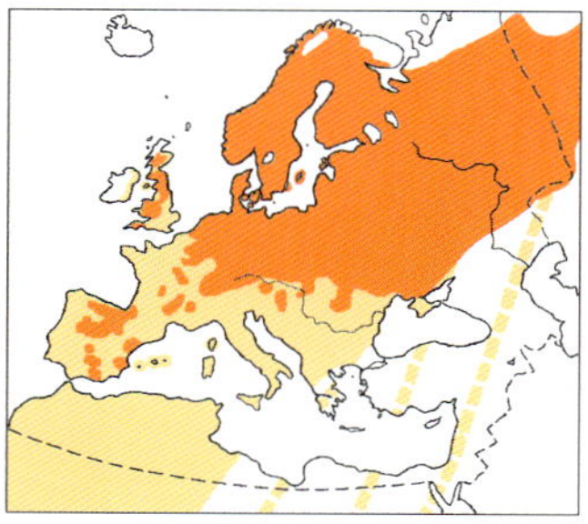

Halbringschnäpper

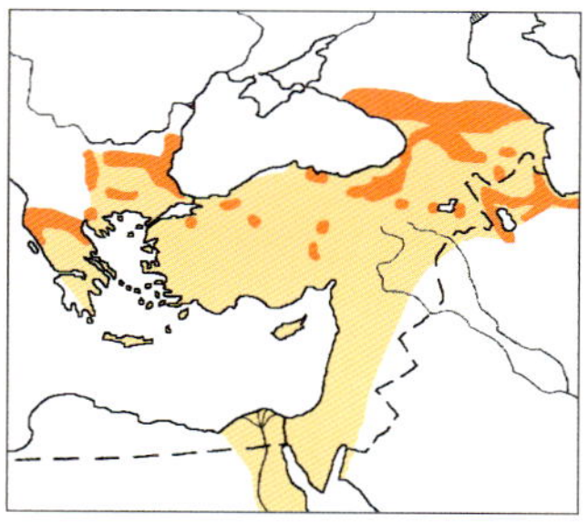

Halsbandschnäpper

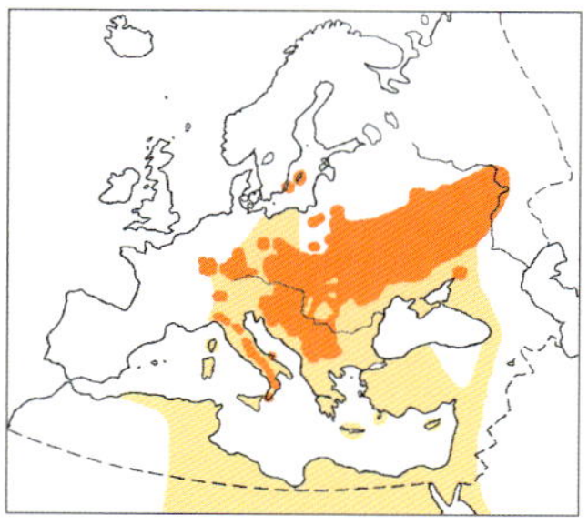

## TRAUERSCHNÄPPER

*iberiae*
(Zentralspanien)

## ATLASSCHNÄPPER

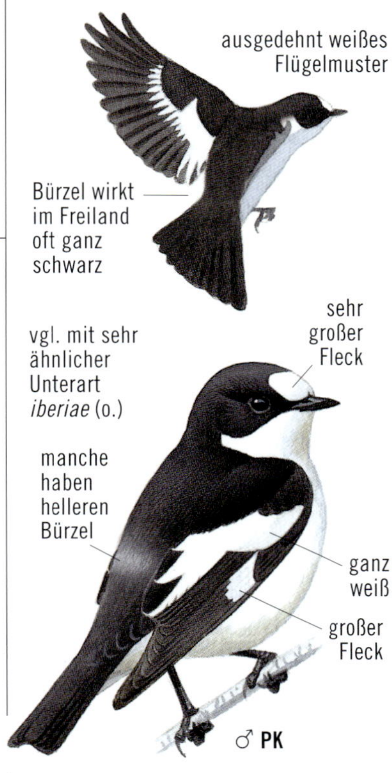


## HALBRINGSCHNÄPPER

## HALSBANDSCHNÄPPER

DZ

# MEISEN Paridae u. a.

Kleine, lebhafte, kurzschnäbelige Sperlingsvögel, überwiegend Waldbewohner und Höhlenbrüter. Schließen sich im Winter oft zu gemischten Trupps zusammen; meist Jahresvögel. Drei Arten auf S. 360 gehören zu anderen Familien.

## KOHLMEISE — D: A/N6/JZW

Great Tit *Parus major*

L 13,5-15 cm. Brütet häufig in baumbestandenem Gelände von Wäldern bis in Gärten, besucht häufig Vogelfütterungen, wenig scheu. Nest in Baumhöhlen oder Nistkästen.

**KENNZEICHEN** Größte Meise, leicht zu erkennen an *gelber Unterseite* mit schwarzem Längsstreif, *glänzend schwarzem Kopf mit großem weißem Wangenfeld,* moosgrünem Mantel und schmaler weißer Binde über blaugrauem Flügel. ♂ meist unterseits intensiver gelb mit *breiterem schwarzem Längsstreif* (bildet auf hinterem Bauch schwarzen Fleck), ♀ unterseits oft etwas blasser gelb mit schmalerem, oft unterbrochenem schwarzem Bauchstreif.– JK: Ähnlich ad., jedoch mit gelblichem, unten nicht vollständig schwarz eingerahmtem Wangenfeld.

**STIMME** Reiches Repertoire. Wichtigste Rufe z. B. buchfinkenähnlich „ping ping“, heiter „siCHUTti CHUTti“ und geschäftig „ti TUUi“, im Herbst oft zaghaft fragend „ti ti tüh“, zetert in rauen Folgen „schää-schä-schä…“, Bettelrufe ausgeflogener juv. durchdringend „teteTE teteTE…“. Gesang (ab Spätwinter) monoton wiederholt, mechanisch pfeifend z. B. „TI ta TI ta TI ta…“ oder dreisilbig und anders betont „zi zi-TÄ zi-zi-TÄ zi-zi-TÄ…“.

## BLAUMEISE — D: A/N6/JZW

Eurasian Blue Tit *Cyanistes caeruleus*

L 10,5-12 cm. Brütet in gehölzreichen Lebensräumen von Wäldern bis zu Gärten, nimmt Nistkästen an und besucht Futterplätze. Jahresvogel, aber im Herbst oft Zugbewegungen nördlicher Populationen, manchmal invasionsartig.

**KENNZEICHEN** Kleine Meise mit *kleinem rundem Kopf,* oft „halslos“ zwischen die Schultern gezogen. Sieht durch typische Gestalt, lebhaftes Verhalten sowie Kopfzeichnung *mit schwarzem Augenstreif, kleiner blauer Kappe* und viel Weiß im „Gesicht“ niedlich und hübsch aus. *Unterseite gelb* mit schmalem schwarzem Längsstreif auf dem Bauch, *Flügel blau,* besonders leuchtend auf Großen Armdecken und Flügelbug. Schmale weiße Flügelbinde wie Kohlmeise. Geschlechter ähnlich, ♀ oft etwas matter gefärbt.

**STIMME** Stimmfreudig. Häufigster Ruf schnell, hell „sisisüdu“ mit tieferem Schlusston, manchmal nur „sisisi“ (gelegentlich scharf wie Gebirgsstelze), bei Erregung zeternde Reihe „ter'r'r'r'r'ek-ek-EK“. Gesang mehrere lange, spitze Töne, gefolgt von silberhellem Triller in geringerer Tonhöhe, „siiiih siih si-sürrrrr“, auch zwei rasch wiederholte Kurzstrophen „si-si-sürrr, si-si-sürrr“.

## KANARENMEISE — –

African Blue Tit *Cyanistes teneriffae*

L 11-12 cm. Brütet in Nordafrika und auf den Kanaren in Wäldern und Gärten. Jahresvogel. Von der Blaumeise als selbstständige Art getrennt wegen genetischer Distanz, Unterschieden in Färbung und Stimme sowie getrennter Verbreitungsgebiete.

**KENNZEICHEN** Ähnlich Blaumeise, ist aber *kleiner* und hat *dunkleren, schwärzlich blauen Scheitel.* Ferner *auf Hinterscheitel ausgedehnter weißer Überaugenstreif durchgehend schmaler, Mantel gräulich blau* ohne Grünton der Blaumeise (außer bei einer Unterart, s. u.), Flügel dunkler ultramarinblau.– JK: Etwa dieselben Unterschiede wie bei Blaumeise, also weiße Kopfpartien gelblich und Blau der Flügel matter.– Variation: Als Folge der Isolation auf Inseln deutliche Unterschiede zwischen den Unterarten. Brutvögel Nordafrikas ostwärts bis Tunesien (ssp. *ultramarinus*) sind oben beschrieben, während libysche Vögel (ssp. *cyrenaicae*) dunkler sind und schmaleren weißen Überaugenstreif zeigen. Bei Kanarenmeisen auf Fuerteventura und Lanzarote (ssp. *degener*) ist das *Weiß der Stirn* so weit *ausgedehnt,* dass die blaue Kappe wie nach hinten geschoben wirkt. Abweichend von den anderen Unterarten ist bei *ombriosus* auf Hierro der *Mantel grünlich getönt* (statt gräulich blau). Die auf den zentralen Inseln der Kanaren (Gomera, Teneriffa, Gran Canaria) brütende ssp. *teneriffae* ähnelt nordafrikanischen Vögeln, doch *fehlt* ihnen die *weiße Flügelbinde.* Schließlich zeigen Vögel auf La Palma (ssp. *palmensis*) einen *weißen Bauch,* sind also nur auf Brust und Flanken gelb, sowie eine sehr dünne weiße Flügelbinde.

**STIMME** Einige Rufe erinnern an Kohl- wie an Haubenmeise. Gesang meist wiederholte pfeifende Töne, z. B. „tizih tizih tizih tizih…“, auch mit komplexeren Variationen.

## LASURMEISE — D: A/–/S

Azure Tit *Cyanistes cyanus*

L 12-13 cm. Brütet von W-Russland ostwärts in Sibirien. Lebt in Laub- und Mischwald, oft in Weiden an Flüssen und Gehölzen an Feuchtgebieten. Westlich des Brutgebiets Ausnahmeerscheinung, sehr seltener Gast in N-Europa.

**KENNZEICHEN** Unverkennbar mit *weißem und blauem Gefieder.* Lediglich mit albinotischen Blaumeisen oder viel Weiß zeigenden Hybriden zwischen Lasur- und Blaumeise *(„pleskii“)* verwechselbar. Beachte daher *weißen Scheitel* (ohne blaue Kappe), *langen Schwanz mit großen weißen Dreiecken auf den Außenseiten* (nur weiße Schwanzkanten deuten auf Hybriden), *sehr breite weiße Flügelbinden, viel Weiß auf Schirmfedern und Schwungfederspitzen.* Alters- und Geschlechtsbestimmung im Freiland kaum möglich.

**STIMME** Rufe erinnern an Blaumeise z. B. „tsi-tsi-tserrr de-de-de“. Gesang klingt wie ein Mittelding zwischen Blau- und Haubenmeise.

Kohlmeise

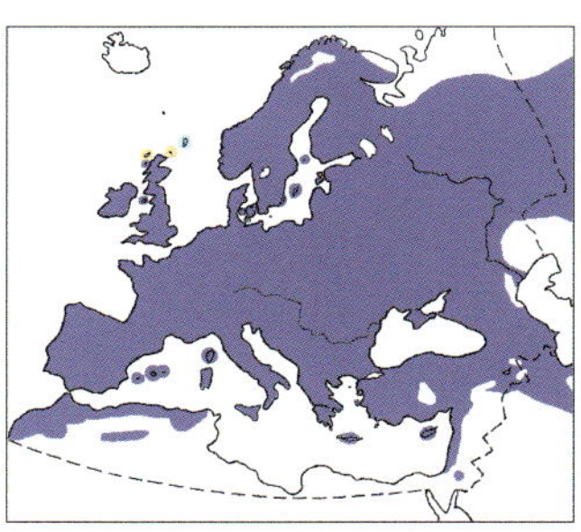

Blaumeise

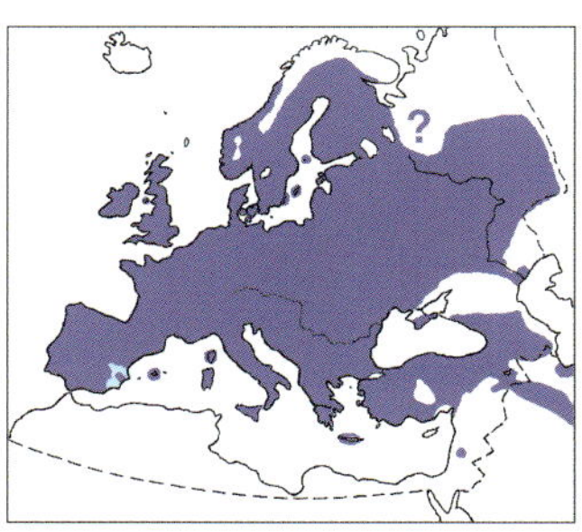


Lasurmeise

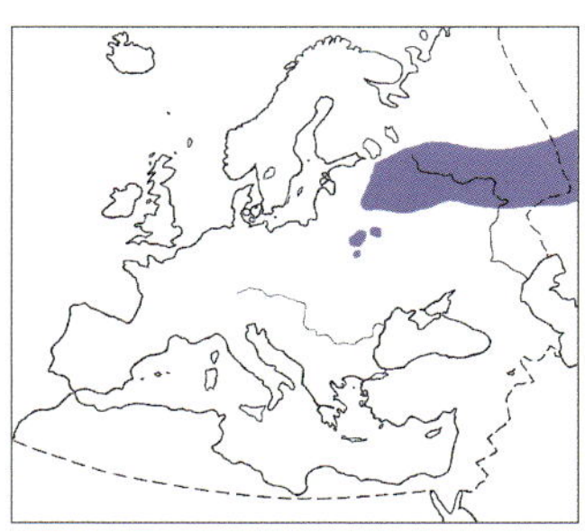

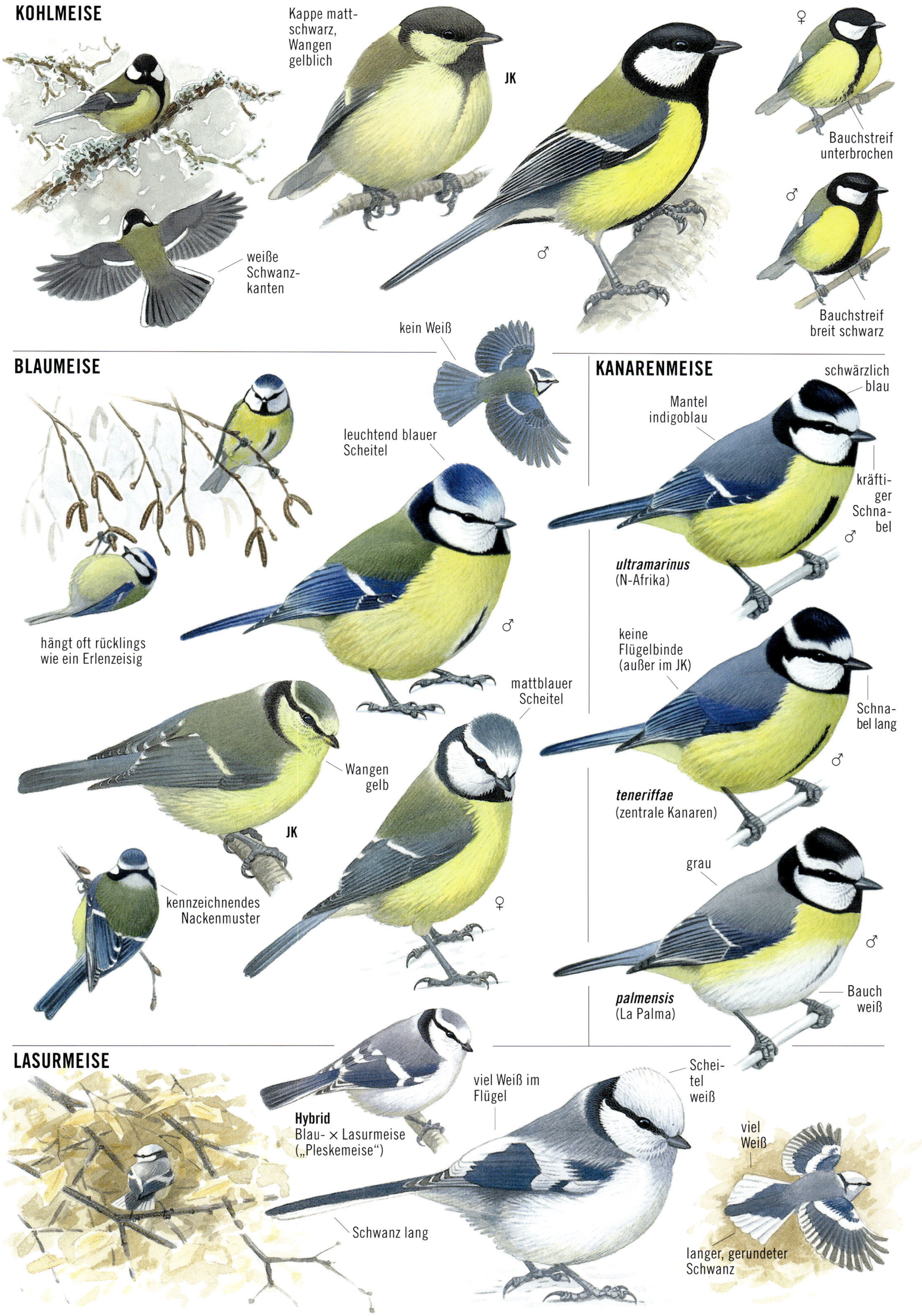
KOHLMEISE
Kappe mattschwarz, Wangen gelblich
JK
♂
♀
Bauchstreif unterbrochen
♂
Bauchstreif breit schwarz
weiße Schwanzkanten
BLAUMEISE
kein Weiß
leuchtend blauer Scheitel
♂
hängt oft rücklings wie ein Erlenzeisig
mattblauer Scheitel
Wangen gelb
JK
kennzeichnendes Nackenmuster
♀
KANARENMEISE
schwärzlich blau
Mantel indigoblau
kräftiger Schnabel
♂
ultramarinus
(N-Afrika)
keine Flügelbinde (außer im JK)
Schnabel lang
♂
teneriffae
(zentrale Kanaren)
grau
♂
Bauch weiß
palmensis
(La Palma)
LASURMEISE
Hybrid
Blau- × Lasurmeise („Pleskemeise“)
viel Weiß im Flügel
Scheitel weiß
viel Weiß
Schwanz lang
langer, gerundeter Schwanz

## SUMPFMEISE D: A/N5/J

Marsh Tit *Poecile palustris*

L 11,5-13 cm. Brütet in dichtem, oft feuchtem Laubwald mit viel Totholz, auch in Parks mit älteren Laubbäumen und Unterwuchs. Jahresvogel. Besucht häufig Fütterungen. Wenig scheu, dominiert über Weidenmeise, wo beide zusammen vorkommen. Nest in Baumhöhlen, Astlöchern, Nistkästen.

**KENNZEICHEN** Sehr ähnlich Weidenmeise (s. u.), bestes Unterscheidungskriterium ist die Stimme. Kopf proportional kleiner (nicht immer auffällig), *kein deutliches helles Armschwingenfeld* bei zusammengelegtem Flügel (diffuse Aufhellung in frischem Herbstgefieder aber möglich). Weitere Unterschiede: die *schwarze Kopfplatte glänzt* (aber im JK matter), an der Basis des Oberschnabels befindet sich ein kleiner weißer Fleck, die *Wangen sind im Schnitt weniger reinweiß* und *im hinteren Bereich leicht braun getönt, und der schwarze Kinnfleck ist etwas kleiner* (jedoch Überschneidungen). Sumpfmeisen Nordeuropas sind oberseits etwas brauner und unterseits nicht so rein weißlich wie Weidenmeisen, in Mittel- und Westeuropa ist die Grundfärbung beider Arten ähnlicher.– Variation: Brutvögel Großbritanniens und der westlichen Bretagne (ssp. *dresseri*) sind oft kräftig braun getönt, besonders auf den Flanken und hinteren Wangen (aber, wie oft bei Unterarten, mit Überschneidung).

**STIMME** Ruft explosiv „piTSCHÄ", manchmal etwas länger „zii-zii-TSCHÄ" oder etwas blaumeisenähnlich zeternd „piTSCHÄ-de-de-de-de-de-de-DET". Gesang monoton wiederholte gleiche Töne, mehrere Strophentypen, zwischen denen ♂ wechseln, häufiger Typ laut und klappernd „tjüpp tjüpp tjüpp tjüpp…" (schnelle Varianten grünfinkenähnlich „tjipptjipptjipptjipp…"), anderer Typ erinnert mehr an Tannenmeise „WIta-WIta-WIta-WIta…" oder als Kombination „ti-tschüpp ti-tschüpp ti-tschüpp…".

## WEIDENMEISE D: A/N5/J

Willow Tit *Poecile montanus*

L 12-13 cm. Brütet in unterwuchsreichem, gern feuchtem Laub- und Mischwald, oft mit Birken, Erlen und Weiden, in Gehölzen an Gewässern und in Mooren, im Norden und Süden auch Nadelwald in höheren Lagen. Jahresvogel. Hackt Bruthöhle in dünne, morsche Äste selbst.

**KENNZEICHEN** Recht großer Kopf, kräftiger Nacken, Gefieder *graubraun und weißlich mit schwarzem Scheitel und Kinnfleck.* Verwechslungsgefahr mit Sumpfmeise, unterscheidet sich vor allem durch *Stimme, helles Armschwingenfeld* (mitunter bei ad. im Sommer völlig abgenutzt; manche Sumpfmeisen im frisch gemauserten Herbstgefieder mit angedeuteten hellen Armschwingensäumen). Weitere Unterschiede: *schwarzer Scheitel immer matt* (bei ad. Sumpfmeisen glänzend), *Kinnfleck* im Durchschnitt *größer,* Kopfplatte reicht weiter in den Nacken, *Kopfseiten bis zum Nacken durchgehend weiß* (hinten nicht

Weidenmeisen schlagen ihre Bruthöhle in morschem Holz selbst, Sumpfmeisen nicht

bräunlich getönt) und *Schnabel* gewöhnlich *komplett dunkel.*– Nord- und osteuropäische Vögel *(borealis)* unterseits und auf Wangen weißlich, oberseits braungrau, britische *(kleinschmidti)* dunkler, oberseits deutlich braun, Wangen schmutzig weiß, Flanken beige. In Kontinentaleuropa weitere intermediäre Unterarten.

**STIMME** Ruf 1-2 kurze, spitze Töne, gefolgt von 2-4 tieferen, heiser und nasal klingenden Lauten „zi zi DÄÄH DÄÄH DÄÄH", Kontaktruf fein „zi". Gesang aus zwei Haupttypen, nachdenklich, wehmütig, waldlaubsängerartig klingende Tonreihe „ziÜ ziÜ ziÜ ziÜ ziÜ ziÜ" (in den Alpen und Teilen Osteuropas dialektbedingt auf gleicher Höhe bleibend „düü düü düü… ") und variable, schwatzende, helle Folge mit trillerndem Schluss.

## LAPPLANDMEISE –

Grey-headed Chickadee *Poecile cinctus*

L 12,5-14 cm. Brütet in unberührtem Nadelwald im nördlichsten Europa, meist flechtenreichem Kiefernurwald, auch Fjällbirkenwald. Jahresvogel, kaum südlich des Brutgebiets. Meist sehr vertraut, da nicht an Menschen gewöhnt.

**KENNZEICHEN** Ähnlich Weidenmeise (die im selben Lebensraum vorkommt), aber mit etwas längerem Schwanz, flauschigerem Gefieder, wirkt großköpfiger, *mit viel größerem Kinnfleck* (unten oft unsauber begrenzt) sowie rostbeigen Flanken variabler Deutlichkeit und *matt dunkel graubrauner* (nicht schwarzer) *Kopfplatte.* Mantel warm zimtbraun, dunkler und brauner als bei nördlichen Weidenmeisen, und helles Flügelfeld meist deutlicher.

**STIMME** Ruf schwer von Weidenmeise unterscheidbar „zi-zi TÄH TÄH TÄH", doch nasale Töne weniger lang und meist nicht so energisch betont. Kontaktruf fein „tsih", manchmal auch hart kreuzschnabelähnlich „tschick". Gesang heiser schnurrende Reihe „tji-ÜRR tji-ÜRR tji-ÜRR…" oder mehr wie Sumpfmeise monoton „tje-tje-tje-tje…". Funktion eines auch wiederholten eher melodischen Schwätzens „zi-zi-djüTWUJ" unklar.

Sumpfmeise

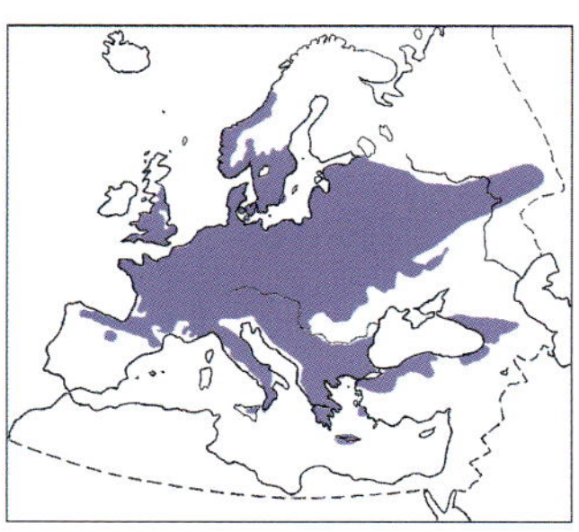

Weidenmeise

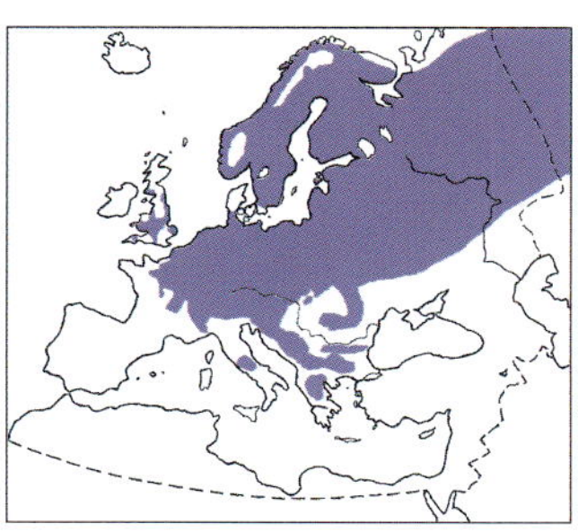

Lapplandmeise

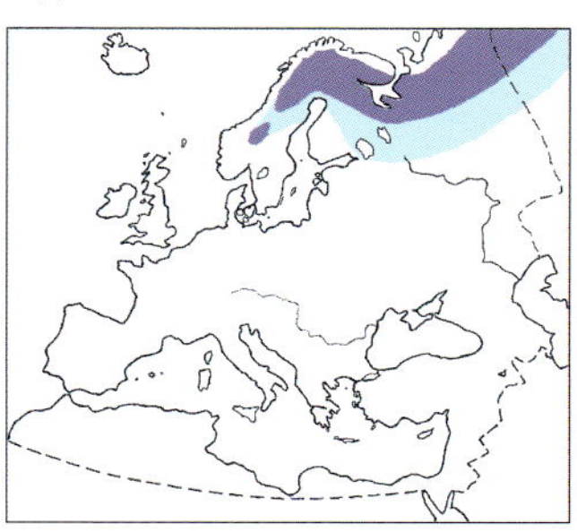

## SUMPFMEISE

## WEIDENMEISE

## LAPPLANDMEISE

DZ

## HAUBENMEISE D: A/N5/J

European Crested Tit *Lophophanes cristatus*

L 10,5-12 cm. Brütet in Nadelwald, gern in älteren Fichten- und Kiefernbeständen, auch in kleinen Nadelwaldinseln im Laubwald und in Parks, gebietsweise in Südeuropa auch in Laubwald. Sehr standorttreu. Hackt Bruthöhle in morsche Stämme oder Baumstümpfe.

**KENNZEICHEN** Recht klein mit bräunlicher Oberseite und beiger Unterseite, *Kopf* ansprechend *schwarz und weiß gemustert* mit *spitzer dreieckiger Federhaube,* stets sichtbar, aber unterschiedlich hoch aufrichtbar. Das schwarz-weiße Nackenmuster bildet ein sogenanntes „Scheingesicht", das wahrscheinlich hinterrücks erfolgende Angriffe von Prädatoren verhindern soll. Kleider gleich.– Variation: Geringe geografische Abweichungen, in West- und Südeuropa Oberseite wärmer braun, Kopfseiten mit schwachem Beigeton, Flanken mit rotbraunem Anflug.

**STIMME** Ruft typisch brodelnd trillernd „bürrürRET", oft wiederholt, ganz anders als andere Meisen (erinnert etwas an Schneeammerruf), daneben hoch und spitz „zit". Gesang aus Folgen von Rufen und spitzen Tönen, alternierend in raschem Tempo vorgetragen „zi-zi-ZÜT bürrürre zi-zi-ZÜT bürrürre zi-zi-ZÜT bürrürre…".

## TANNENMEISE D: A/N6/JZW

Coal Tit *Periparus ater*

L 10-11,5 cm. Brütet hauptsächlich in Nadelwald, oft mit einzelnen hohen Fichten. Jahresvogel, besonders nördliche Populationen aber im Herbst evasionsartig wandernd. Nahrungssuche vorwiegend in Wipfeln und an Zweigenden.

**KENNZEICHEN** Ähnlich kleiner, nahezu farbloser Kohlmeise, *schwarzer Kopf mit großem weißem Wangenfeld, schmale weiße Flügelbinde,* aber mit größerem Kopf und *vollerem Nacken.* Unterseite *graubeige* (statt gelb) ohne schwarzen Bauchstreif. *Länglicher weißer Nackenfleck,* bei Erregung wird kleine Haube aufgerichtet. Mantel blaugrau, außer weißer unterer Flügelbinde noch eine zweite in Form einer Perlenschnur entlang der Mittleren Armdecken.– Variation: Brutvögel auf Zypern (ssp. *cypriotes*) sind dunkler mit graubraunem Mantel und kleinerem weißen Wangenfeld. Nordafrikanische Tannenmeisen (ssp. *ledouci*) sind auf den Wangen und der Unterseite kräftig gelb getönt. Daneben mehrere weitere weniger differenzierte Unterarten in der Westpaläarktis, z. B. sind Vögel Großbritanniens und der Iberischen Halbinsel auf dem Mantel eher oliv als bläulich getönt, ihre Flanken mit rötlich braunem Anflug, in Irland sind Unterseite und Wangen schwach gelblich.

**STIMME** Ruft mit verschiedenen feinen, klaren Tönen, manche wehmütig, z. B. „tüüh", „tih tüh-e". Gesang, oft von Spitze der höchsten Fichte im Revier, erinnert an zu schnelle Kohlmeisenstrophe, hell klingende, zarte, schnell wiederholte Motive „sitTJÜ-sitTJÜ-sitTJÜ-sit-TJÜ-…".

## BALKANMEISE –

Sombre Tit *Poecile lugubris*

L 13 -14 cm. Brütet in offenem Laubwald an Berghängen oder in felsigem Gelände mit Bäumen und Büschen, oft in Obstplantagen. Jahresvogel. Verhalten unauffällig.

**KENNZEICHEN** Gestalt und Größe etwa wie Kohlmeise. Färbung ähnlich Weidenmeise, aber mit (braun getöntem) *gräulich schwarzem Scheitel,* der an den Seiten weiter nach unten reicht, sowie mit *viel größerem Kehlfleck,* wodurch das *schmutzig weiße Wangenfeld* eine *typische Keilform* bekommt. Schnabel kräftig.

**STIMME** Ruft ähnlich Blaumeise „si-si-si" und sperlingsartig zeternd „kerrr'r'r'r", oft beide Rufe kombiniert, mitunter auch rauer „zri-zri-zri" sowie mehr wie Kohlmeise zänkisch „tchetchetche…". Gesang eine rasche, einfache Tonreihe ähnlich Sumpfmeise, klingt aber rau und unrein „tchriw-tchriw-tchriw…".

## ELBURSMEISE –

Caspian Tit *Poecile hyrcanus*

L 12½–13½ cm. Kommt nur in einem kleinen Gebiet am Südrand des Kaspischen Meeres vor, wo sie in mittleren Höhen des Elburs-Gebirges in Laubwäldern mit stellenweise dichtem Unterwuchs brütet. Schlägt ihre Nisthöhle in Totholz wie die Weidenmeise selbst. Im Erscheinungsbild ist sie eine Mischung aus Sumpf-, Weiden-, Lappland- und Balkanmeise. Standvogel.

**KENNZEICHEN** Erinnert durch die *ausgedehnt weißen Wangen* und den *großen schwarzen Kinnfleck* am ehesten an eine Weidenmeise, doch ist der *Scheitel braun* wie bei der Lapplandmeise. Im frischen Gefieder mit hellem Armschwingenfeld, das durch Abnutzung schnell verschwindet (dann wie Sumpfmeise). Von der Balkanmeise (als deren Unterart sie früher galt) als einziger ähnlicher Meise in ihrem Verbreitungsgebiet schnell am großen weißen Wangenfeld (statt kleiner und keilförmig) zu unterscheiden, ferner an den Lautäußerungen.

**STIMME** Ruf ein kurzer, einsilbiger Laut mit quäkendem Ton ähnlich Bergfink, „tschöö", oft in lockerer Folge wiederholt. Dieser Ruf manchmal auch zweisilbig mit vorangestelltem kurzem, höherem Ton, etwa „sitt-tschö", was bei Wiederholung an eine Sumpfmeise erinnert. Gesang ähnlich Weidenmeise, eine kurze Folge von 4-5 wehmütig pfeifenden Tönen, „tju-tju-tju-tju", im Vergleich zur dort nicht vorkommenden Weidenmeise ist das Tempo oft jedoch etwas schneller und die einzelnen Töne können in unterschiedlicher Höhe vorgetragen werden, sowohl tiefer wie höher.

Haubenmeise

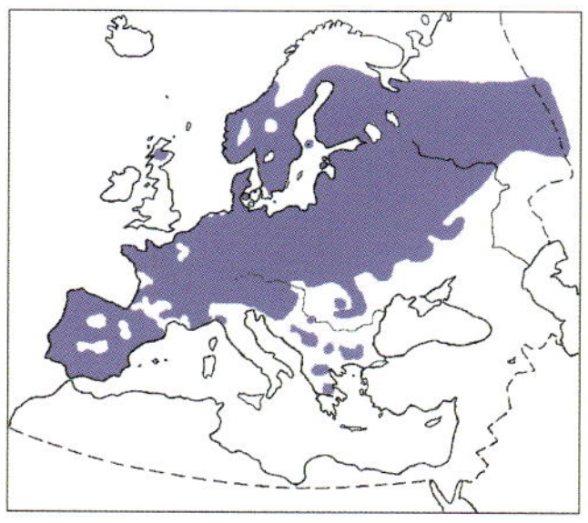

Tannenmeise

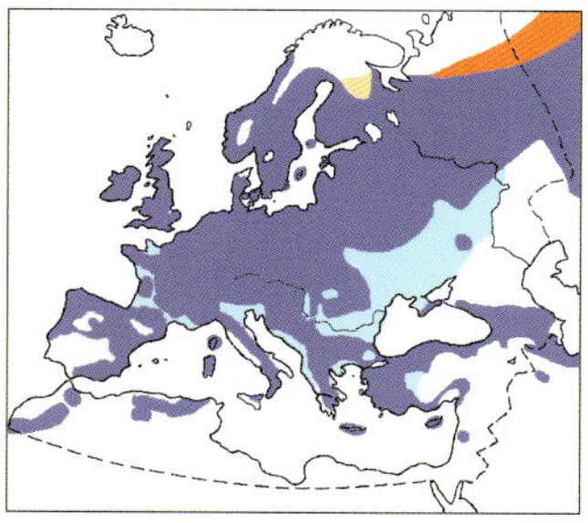

Balkanmeise

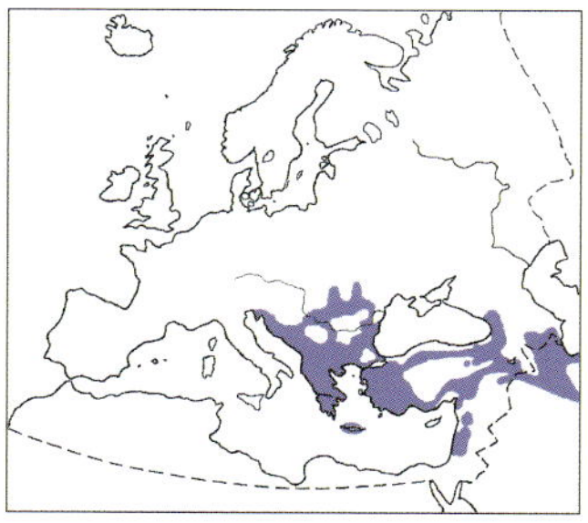

Elbursmeise

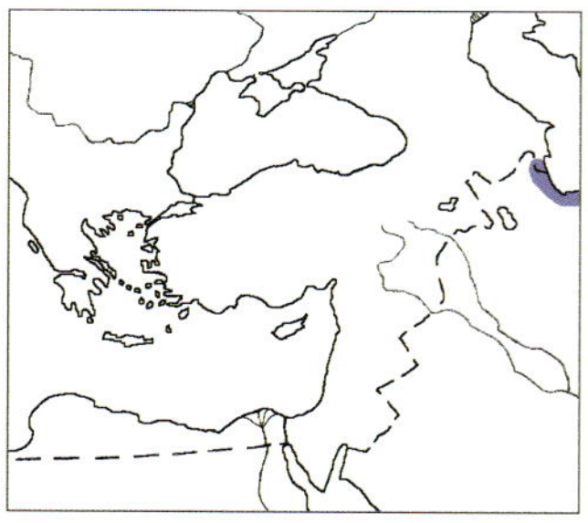

## HAUBENMEISE

## TANNENMEISE

## BALKANMEISE

## ELBURSMEISE

DZ

## SCHWANZMEISE D: A/N5/JZW

Long-tailed Tit *Aegithalos caudatus*

L 13-15 cm (davon Schwanz 7-9 cm). Nicht näher mit den „echten“ Meisen verwandt (S. 354-359), sondern ein Mitglied derselben großen Gruppierung, zu der auch Laubsänger, Schwalben und Lerchen gehören. Brütet in naturnahen Laub- und Mischwäldern mit viel Unterwuchs (oft Hasel und Salweide) und einigen toten Bäumen, auch in hohem Gebüsch, Parks und Gärten. Vorwiegend Jahresvogel, im Winter Zuzug aus Nordosten. Wenig scheu, aber rastlos und oft nur kurz zu sehen, meist im Familienverband. Baut kunstvolles geschlossenes, hochovales Moosnest in Astgabel, zusammengehalten von Spinnweben und mit Stücken von Birkenrinde und Flechten getarnt.

**KENNZEICHEN** Sehr klein, rundlich, mit langem Schwanz. Sieht im Flug wie kleiner heller Ball mit Schwanz aus, fliegt hüpfend und in leichten Bögen, klettert akrobatisch an dünnen Zweigen, hängt oft mit Bauch nach oben. *Kopf und Unterseite weiß* mit *breitem dunklem Scheitelseitenstreif* (*europaeus*, Mitteleuropa und *rosaceus*, Britische Inseln), Ohrdecken zart dunkel gestrichelt, Mantel schwarz mit rosa Schulterfedern, Flanken und Bauch hell rötlich braun. Schmaler schwarzer Schwanz mit weißen Kanten. Schnabel kurz, schwarzes Auge wie Pfefferkorn, Lidring oben gelborange.– JK: *Stirn und Kopfseiten dunkel,* Lidring mattrot. Mausert ab Juli ins Alterskleid.– Vögel Nord- und Osteuropas *(caudatus)* mit ganz weißem Kopf, unterseits weißer, Flanken rosa, in Mitteleuropa aber Übergangsformen. In Südspanien, Italien und Türkei Kopfseiten kräftig grau gestrichelt, in Sizilien *(siculus)* Scheitelseiten bräunlich. Türkische Vögel *(tephronotus)* mit dunklem Kinnfleck, grauem Mantel und kürzerem Schwanz.

**STIMME** Rastlos vorbeiziehende Gruppen rufen dreisilbig scharf „srih-srih-srih“ und etwas explosiv schnurrend „zerrrr“; auch schnalzende Kontaktlaute, „pt“ (oder „zepp“), gelegentlich lange helle Triller, z. B. bei Beunruhigung. Scheint keinen Reviergesang zu besitzen.

## BARTMEISE D: A/N3/JZ

Bearded Reedling *Panurus biarmicus*

L 14-15,5 cm. Die Bartmeise ist (recht überraschend) am nächsten mit den Lerchen verwandt, wird aber wegen ihrer oberflächlichen Ähnlichkeit mit Meisen an dieser Stelle behandelt. Brütet kolonieweise in ausgedehnten Schilfflächen. Meist Jahresvogel, aber in ungünstigen Jahren wandern manche Populationen im Herbst ab (beginnt mit Höhenflügen in dichten, sehr erregten Trupps über dem Bruthabitat), ausharrende Trupps werden in strengen Wintern oft stark dezimiert. Nahrung Insekten, Schilfsamen. Nest aus Schilfhalmen niedrig im Schilf.

**KENNZEICHEN** Ein im Schilfdschungel entdeckter kleiner, *hell gelblich brauner* Vogel mit *langem, hell gelbbraunem Schwanz* sollte immer eine Bartmeise sein. Flug etwas unstet in unregelmäßigen, flachen Bögen und mit schwirrenden Flügelschlägen; klettert geschickt an Schilfhalmen, zuckt oft mit Schwanz oder stelzt und spreizt ihn, fächert den Schwanz mitunter auch im Flug.– Ad. ♂: *Kopf hell blaugrau mit langem schwarzem „Bart“,* Kehle weiß, *Unterschwanzdecken schwarz.*– Ad. ♀: Kopf beigebraun ohne Bart, Kehle schmutzig weiß, Unterschwanzdecken beige.– JK: Wie ad. ♀, jedoch *Mantel und Schwanzkanten schwarz,* Gefieder mehr gelblich beige, ♂ unterscheidet sich von ♀ durch schwarzen Zügel und orangegelben Schnabel (bei ♀ Zügel gräulich oder braun, Schnabel graubraun bis gräulich schwarz), mausern von Juli-Okt. ins Alterskleid.

**STIMME** Verrät sich meist durch Rufe, auch im Flug, schwungvoll, nasal und etwas unrein „psching“, oft im vielstimmigen Chor im Schilfwald; ferner rollend „tschirrr“ und weicher schnalzend „pett“. Gesang aus 3-4 unreinen, knirschenden Tönen, z. B. „pschin-dschick-tschrääh“.

## BEUTELMEISE D: A/N3/Z

Eurasian Penduline Tit *Remiz pendulinus*

L 10-11,5 cm. Wird in eigene Familie gestellt, u. a. wegen abweichender Brutbiologie. Brütet in Laubbäumen an Flüssen und Seen sowie in buschreichen Sumpfgebieten; braucht für Nestanlage geeignete Bäume mit lang herabhängenden Zweigen (Weiden, Birken, Erlen). Im Norden Sommervogel (Apr.-Okt.), im Mittelmeerraum Jahresvogel. Hat sich in den letzten Jahrzehnten weit nach Nordwesten ausgebreitet. Polygam (vor allem Polygynie), mehrere Nester können nahe beieinanderliegen, jedoch kein Koloniebrüter. Sehr kunstvolles Nest, beutelförmig und mit Einschlupfröhre, geschickt in dünne, herabhängende Zweige geflochten, außen hell und flauschig durch eingewobene Samenwolle von Weiden, Pappeln und Rohrkolben.

**KENNZEICHEN** *Sehr klein,* kennzeichnend *feiner, konisch-spitzer Schnabel.* Ad. fast wie Neuntöter-♂ gefärbt, mit *schwarzer Maske, hellgrauem Scheitel/Nacken und rotbraunem Mantel.* ♂ im Vergleich zu ♀ mit breiterer Augenmaske und dunkler rotbraunem Mantel sowie mit ausgeprägterer diffuser rotbrauner Brustfleckung. Fliegt leicht und etwas hüpfend, klettert sehr geschickt an dünnen Zweigen, hängt oft mit dem Bauch nach oben.– JK: Matter gefärbt, Maske fehlend oder graubraun und schwach angedeutet (nie schwarz), Mantel gelblich graubraun, Scheitel graubeige. Variation: Brutvögel am Kaspischen Meer (ssp. *caspius*) am Kopf ausgedehnt rotbraun.

**STIMME** Ruft sehr fein, dünn pfeifend „tsiiiü“, etwas abfallend, klingt sanft und etwas verträumt (länger als „siü“ der Rohrammer). Gesang ein einfaches Liedchen mit eingebauten Rufen (oder Ruffragmenten) und hellen Trillern mit vielen Pausen, z. B. „tsiiü… sirrrr… twitwitwitwi… tsiiü… zwer'r'r'r'r'r… tsiiü…“ (wie ein leiser, hoch klingender Grünfink).

Schwanzmeise

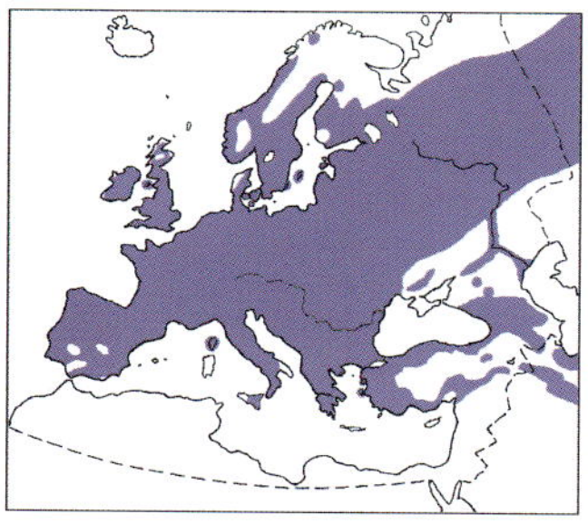

Bartmeise

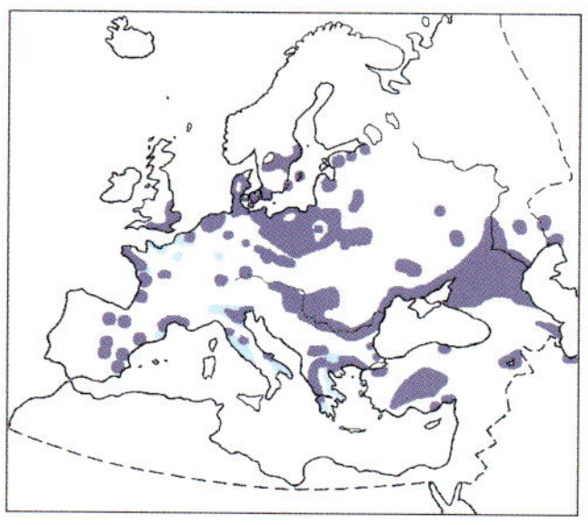

Beutelmeise

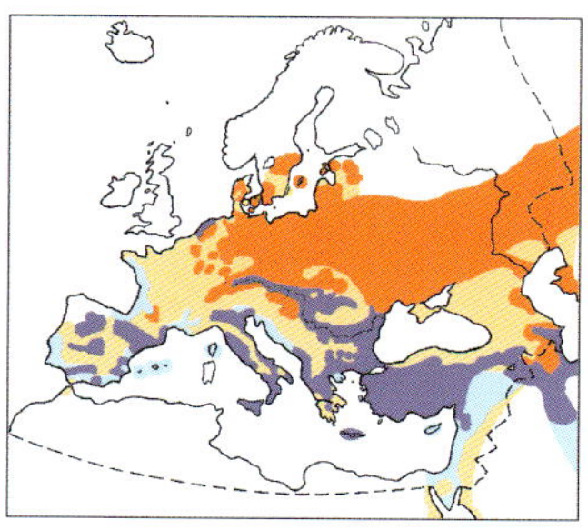

## SCHWANZMEISE

## BARTMEISE

## BEUTELMEISE

# KLEIBER Sittidae

Sechs kleine bis mittelgroße, kompakte Sperlingsvögel mit großem Kopf und kräftigen Füßen, auf Klettern an schrägen Oberflächen spezialisiert, auch abwärts mit Kopf voran oder auf Astunterseiten. Langer, pfriemförmiger Schnabel, kurzer Schwanz. Nest in Höhlen oder Nischen, manchmal ganz oder teilweise aus Lehm gemauert.

### KLEIBER D: A/N6/JZW

Eurasian Nuthatch *Sitta europaea*

L 12-14,5 cm. Brütet in Laub- und Mischwald mit älteren Bäumen, Parks und großen Gärten. Jahresvogel, häufigster und am weitesten verbreiteter Kleiber. Nahrung Insekten, Samen, Nüsse, besucht im Winter häufig Futterstellen. Nest aus Kiefernrinde in Baumhöhlen und Nistkästen, mauert zu große Einflugöffnungen mit Lehm zu.

**KENNZEICHEN** Typische Silhouette: *halslos* mit *großem Kopf* und *langem spitzem Schnabel.* Flink, lebhaft, bewegt sich energisch, klettert ruckartig, aber geschickt an Ästen und Stämmen, kann, anders als Baumläufer, *kopfunter klettern.* Kurze, gerundete Flügel, Flugweise über kurze Strecken direkt, im Streckenflug in kurzen Bögen. *Oberseite blaugrau,* Unterseite heller (je nach Unterart orangebeige oder weiß), *schwarzer Augenstreif.* ♂ mit intensiv rotbraunen hinteren Flanken.– Mitteleuropäische Vögel (*caesia* u. a.) unterseits warm rostbeige, fennoskandische *(europaea)* auf Brust und Bauchmitte weißlich und ohne Weiß auf Stirn, in Russland und Sibirien *(asiatica)* kleiner, oberseits heller blaugrau und mit Weiß an der Stirn.

**STIMME** Reiches Repertoire lauter Rufe, verrät sich oft zuerst durch Stimme. Während Nahrungssuche spitze Kontaktrufe „zit" und längeres „ziit", schärfer als entsprechende Meisenrufe. Bei Erregung und als Warnruf kräftig und sehr laut „twett" (oder leicht ansteigend „tschüITT"), oft zu schnellen, kurzen Folgen mit eingeschobenen kurzen Pausen gereiht. Gesang aus mehreren lauten Strophentypen, von hoher Warte aus vorgetragen, oft etwas langsamere Folge gleicher Pfeiftöne, etwas an- oder absteigend „wüIH wüIH wüIH wüIH…" oder „WIIü WIIü WIIü WIIü…", manche Varianten schnell, fast trillernd und klar „wiwiwiwiwiwi…", andere langsamer und rhythmischer gereiht „djüdjüDJÜ djüdjüDJÜ…".

### KORSENKLEIBER –

Corsican Nuthatch *Sitta whiteheadi*

L 11-12 cm. Brütet in hochstämmigen Kiefernwäldern nur auf Korsika, insgesamt etwa 2.000 Paare, vorwiegend in 1.000-1.500 m Höhe, meist in steilen Tälern, im Winter manchmal in tieferen Lagen. Nest in Höhlen von Kiefern.

**KENNZEICHEN** *Klein mit kleinem Kopf* und *kurzem Schnabel. Weißer Überaugenstreif* kontrastiert bei ♂ zu *schwarzem Scheitel* (dieser bei ♀ blaugrau). *Unterseite gräulich beige,* Kehle weißer, kein Rotbraun im Gefieder. Nahrungssuche hoch in Kiefern, turnt meist meisenartig an Zweigenden.

**STIMME** Ruft bei Beunruhigung heiser, gedehnt „pschääh", langsam wiederholt und etwas an Angstruf des Stars erinnernd. Gesang klar und laut, schnell trillernd „didididididididi…", fast wie Alpensegler (aber nicht in Tonhöhe sinkend und zum Schluss absterbend), ähnliche Triller auch als Kontaktlaut benutzt.

### TÜRKENKLEIBER –

Krüper's Nuthatch *Sitta krueperi*

L 11,5-12,5 cm. Brütet in Wald verschiedener Höhenlagen, meist Nadelwald in größerer Höhe; zieht auf Lesbos und in niedrigen Lagen der Türkei Kiefernwald vor, sonst Fichtenwald. Vorwiegend Jahresvogel. Nest in Baumhöhle.

**KENNZEICHEN** *Klein,* mit *kleinem Kopf* und *relativ kurzem Schnabel.* Oberseite blaugrau, Unterseite schmutzig weiß, leicht kenntlich an Kombination von *rotbraunem Brustfleck, weißem Überaugenstreif* und *schwarzem Vorderscheitel.* Bei ♂ schwarzes Scheitelfeld größer und nach hinten schärfer begrenzt, Zügel und Augenstreif schwärzer, Flanken mehr blaugrau (bei ♀ bräunlicher Anflug).

**STIMME** Bei Beunruhigung heiser, rau „äähtch", manchmal schnelle Zeterreihen fast wie Häherkuckuck „zreh-zreh-zreh-zreh…". Ruft grünfinkartig, weich ansteigend „dwui". Gesang schnelle Tonreihe mit schrillem, nasalem Klang, aus alternierenden hohen und tieferen Tönen, klingt wie altertümliche Fahrradhupe oder Kindertrompete, „tütitütitütitüti…"; Tempo variierend, die schnellsten Strophen klingen fast trillernd, die langsamsten wie buchstabiert. Gelegentlich auch einsilbige „ti-ti-ti-ti…"-Serie.

### KABYLENKLEIBER –

Algerian Nuthatch *Sitta ledanti*

L 11,5-12,5 cm. Jahresvogel in Nordalgerien (erst 1975 entdeckt; ca. 500 Paare bekannt) in Eichenwald (350-1.120 m Höhe) oder in Mischwald mit Eiche, Ahorn, Pappel und Nadelbäumen (2.000 m Höhe). Nest in Baumhöhle.

**KENNZEICHEN** Sehr ähnlich Korsenkleiber, aber ♂ hat (wie Türkenkleiber) *schwarzen Vorderscheitel* (♀ grauschwarz oder dunkelgrau), scharf vom *blaugrauen Hinterscheitel/Nacken* abgesetzt (bei ♀ unscharfe Grenze) und *hellere, mehr warm rosabeige Unterseite.*

**STIMME** Ruft bei Beunruhigung rau „schääh", mehrmals wiederholt. Gesang ein langsam wiederholter, nasal pfeifender oder flötender Ruf mit ansteigender Höhe und kurzem Schlusston „wuü-di wuü-di wuü-di…", gelegentlich schnelle zweisilbige Triller „di-du-di-du…".

Kleiber

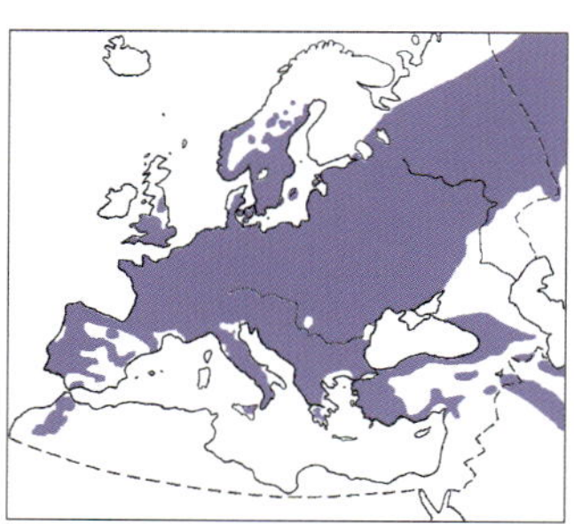

Korsenkleiber

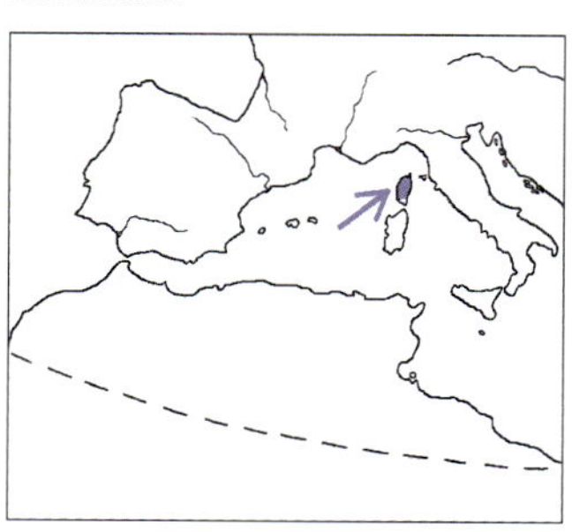

Türkenkleiber

Kabylenkleiber

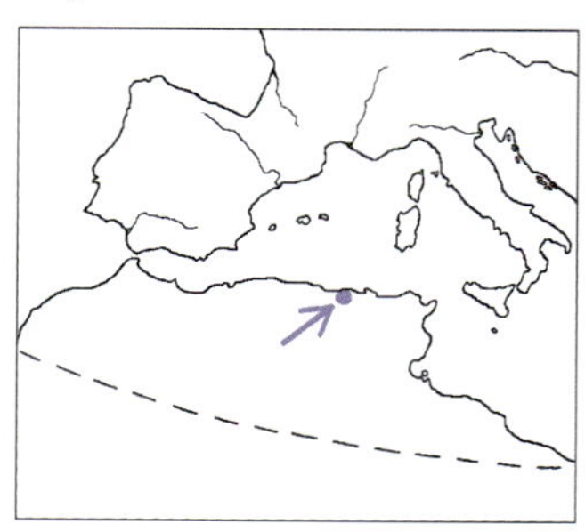

## KLEIBER

## KORSENKLEIBER

## TÜRKENKLEIBER

## KABYLENKLEIBER

### FELSENKLEIBER –

Western Rock Nuthatch *Sitta neumayer*

L 14-15,5 cm. Brütet in felsiger Landschaft (oft Kalk) mit einzelnen Büschen und Bäumen in unterschiedlicher Höhe (mitunter Küstenklippen, meist in 1.000-2.500 m Höhe). Geschlossenes Lehmnest mit Eingangsröhre in Felsspalte.

**KENNZEICHEN** Kaum größer als Kleiber, jedoch mit *etwas längerem Schnabel, heller blaugrauer Oberseite* sowie *ohne Rotbraun auf Flanken und Unterschwanzdecken* (an Flanken/Bauch schwach rotbeige getönt, etwa wie südosteuropäische Kleiber, aber *auf der Brust weißer*). Schwanz einheitlich grau ohne weiße und schwarze Zeichnung (aber im Freiland schwer erkennbar); helle Oberseite, langer Schnabel und *Lebensraum* meist beste Merkmale.

**STIMME** Stimmfreudig, laut. Gesang (♂ und ♀, mitunter im Duett) aus langen Folgen klarer Pfeiftöne, oft beschleunigt und in der Tonhöhe abfallend, erinnern von Weitem entfernt an Heidelerchenstrophen (aber viel schneidender, nicht so weich), z. B. „wi-JÜ wi-JÜ wi-JÜ … tüI-tüI-tüI-tüI… wiwiwiwiwiwiwiwi … trrrrtititi-ti-ti-ti-tü tü tü tu … TI-wü TI-wü TI-wa TI-wü…“.

### KLIPPENKLEIBER –

Eastern Rock Nuthatch *Sitta tephronota*

L 16-18 cm. Brütet in ähnlichen Habitaten wie Felsenkleiber, normalerweise aber nicht unter 1.000 m Höhe, meidet Wald nicht. Oft in Bäumen, bewohnt auch Eichenwald mit Felsen und Blöcken. Lehmnest an Felsen oder in Bäumen.

**KENNZEICHEN** *Deutlich größer* als Felsenkleiber, *Kopf und Schnabel* wirken proportional *noch größer. Schwarzer Augenstreif hinter Auge verbreitert und weiter an Halsseiten hinablaufend,* von hinten beide Streifen auf Nacken sichtbar (bei Felsenkleiber nur erahnbar). Steht oft aufrecht.

**STIMME** Ähnlich Felsenkleiber, aber kräftiger, *tiefer, langsamer.* Gesangsstrophen z. B. „TÜ-ti TÜ-ti TÜ-ti … witt-witt-witt-witt … tschu-tschu-tschu-tschu … TWUI TWUI TWUI TWUI TWUI…“.

## MAUERLÄUFER Tichodromidae

Familie mit nur einer Art, steht den Kleibern sehr nahe.

### MAUERLÄUFER D: A/R2/J

Wallcreeper *Tichodroma muraria*

L 15,5-17 cm. Brütet an steil abfallenden Felswänden mit etwas Bewuchs und Wasservorkommen (meist in 1.000-3.000 m Höhe). Im Winter oft in tieferen Lagen, auch an Gebäuden und in Steinbrüchen. Nest in Felsspalte.

**KENNZEICHEN** Unverkennbar, der Wiedehopf der Felsen! Kletternd durch überwiegend graue und schwarze Gefiederfärbung erstaunlich unauffällig, im Flug *prächtiges Rot-Schwarz-Weiß* auf Oberseite *der breiten, runden Flügel* erkennbar.– ♂ PK: Kehle und Brust schwarz, viel Rot auf Flügeln.– ♀ PK: Kehle grauweiß gefärbt mit kleinerem grauschwarzem Fleck, weniger Rot auf Flügeln.– SK: Kehle/Brust hell grauweiß.

**STIMME** Recht schweigsam. Gesang gezogene, gepresste Pfeiftöne mit Glissando und typisch alternierend an- und absteigendem Ton „tu … rruuüh … ziiiüu…“.

## BAUMLÄUFER Certhiidae

Kleine braune und weiße Vögel mit spitzem, schwach abwärts gebogenem Schnabel und steifen Steuerfedern. Klettern spiralig, etwas ruckartig, an Stämmen oder Ästen empor, fliegen dann zum Fuß des nächsten Baums usw. Nahrung Insekten. Nest unter abstehender Baumrinde.

### WALDBAUMLÄUFER D: A/N5/J

Eurasian Treecreeper *Certhia familiaris*

L 12,5-14 cm. Brütet in Wäldern, oft mit Nadelholzanteil, bevorzugt in dichteren Bereichen. Überwiegend Jahresvogel, nordöstliche Populationen ziehen in manchen Jahren.

**KENNZEICHEN** Sehr ähnlich Gartenbaumläufer, durchschnittlich *etwas kürzerer Schnabel, unterseits meist reiner weiß, mit deutlicherem, weißerem Überaugenstreif und weißerer, kontrastreicherer Fleckung auf Scheitel/Mantel* (im Süden Europas Färbung aber einander ähnlicher). Weitere Unterschiede im Flügelmuster (s. Abb.), Beurteilung aber nur bei guten Beobachtungsbedingungen oder auf Foto möglich. Stimme bestes Merkmal!

**STIMME** Ruft wiederholt, fein, klingelnd trillernd „srri“ (zarter und unauffälliger als ähnlicher Amselruf), manchmal auch locker wiederholt dünn und sauberer (ohne „r“) „tiih“. Gesang eine 2-3 s dauernde hohe Strophe (im Klang wie Blaumeise), *abfallend* mit Schnörkel oder *Triller am Ende* (Vorsicht, manche imitieren Gartenbaumläufer).

### GARTENBAUMLÄUFER D: A/N5/J

Short-toed Treecreeper *Certhia brachydactyla*

L 12-13,5 cm. Brütet in Wäldern, bevorzugt aber Laubwald im Flachland, auch in Parks und Gärten.

**KENNZEICHEN** Sehr ähnlich Waldbaumläufer. *Hintere Flanken durchschnittlich bräunlicher, Schnabel etwas länger.* Unterschiede im Freiland kaum hilfreich, zudem individuelle Variation. Stimme daher wichtig.

**STIMME** Ruft kräftig, tannenmeisenähnlich klar und durchdringend „tiiir“, oft mehrfach und schneller werdend wiederholt, selten mehr waldbaumläuferähnlich „srri“. Gesang *kurze Strophe* in holprigem Rhythmus auf gleicher Tonhöhe in rufähnlicher Stimmlage „TÜÜT e-to e-tiTITT“ (Vorsicht, manche imitieren Waldbaumläufer).

Felsenkleiber

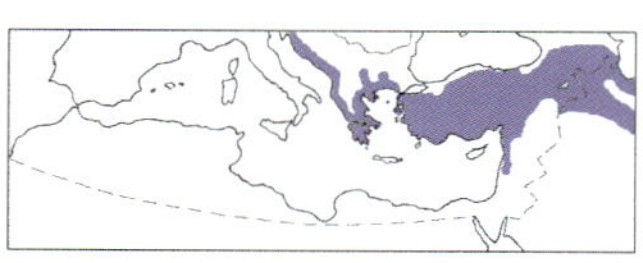

Klippenkleiber

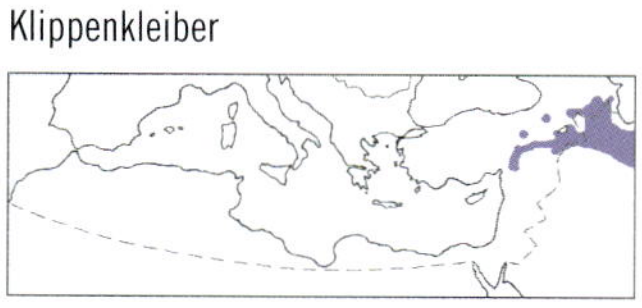

Mauerläufer

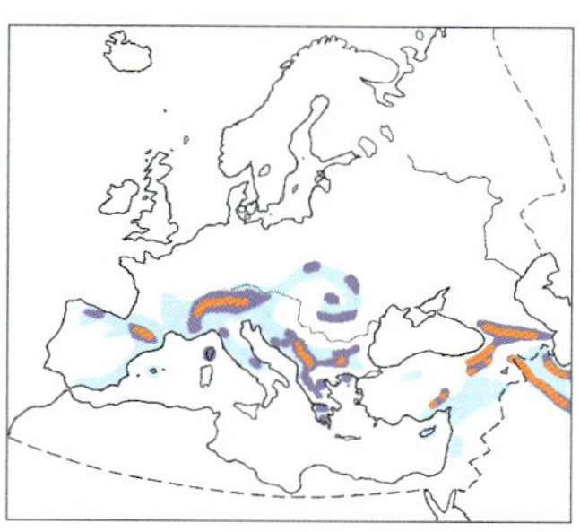

Waldbaumläufer

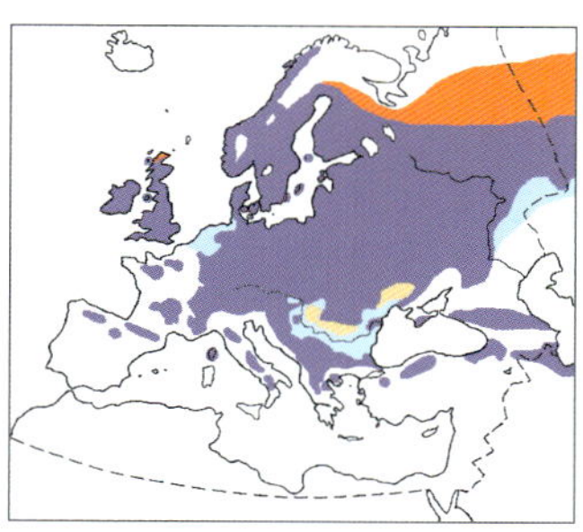

Gartenbaumläufer

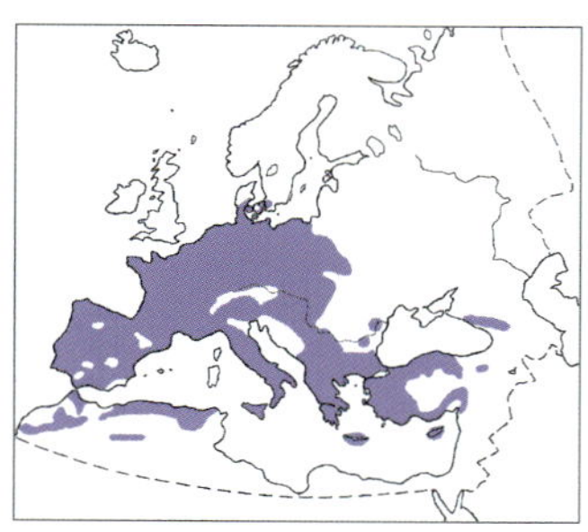

## FELSENKLEIBER

## KLIPPENKLEIBER

## MAUERLÄUFER

## WALDBAUMLÄUFER

## GARTENBAUMLÄUFER

# WÜRGER Laniidae

Neun mittelgroße Sperlingsvögel mit langem Schwanz, kräftigem Schnabel mit hakenförmiger Spitze, kräftigen Füßen mit scharfen Krallen sowie meist breiter dunkler Maske. Spähen lange bewegungslos auf Warten nach Beute (Insekten, Eidechsen, Kleinsäuger, Kleinvögel). Überwiegend Langstreckenzieher. Nest in Astgabeln von Büschen.

## RAUBWÜRGER D: A/N3/JZW

Great Grey Shrike *Lanius excubitor*

L 21-26 cm. Weit verbreitet, daher Unterschiede in Lebensraum und Lebensweise zwischen Nord und Süd. Nordeuropäische Brutvögel *(excubitor)* auf Moor- und Heideflächen mit Baumgruppen und in weiter Feldflur; Kurzstreckenzieher. Südliche Populationen (mehrere Unterarten) in offener, oft trockener Landschaft mit Warten (Bäume, Leitungen) und dichten Büschen zum Nestbau; Jahresvögel. Unterschiede zwischen den teilweise isoliert voneinander brütenden Unterarten könnten nach ausstehender eingehender Untersuchung zur Aufspaltung in zwei oder drei Arten führen.

**KENNZEICHEN** *Großer, hellgrauer und weißer* Würger mit großem Kopf, *schwarzer Maske,* schwarzen, recht kurzen und *stumpfen Flügeln* mit *relativ großem weißem Feld auf Handschwingenbasen* sowie *langem, gerundetem schwarzem Schwanz* mit weißen Kanten. Steht oft auf hohen, exponierten Warten, dreht Schwanz seitwärts, *fliegt größere Strecken in tiefen Bögen,* rüttelt gelegentlich. Geschlechter einander ähnlich, aber aus der Nähe zumindest zur Brutzeit ♂ mit komplett schwarzem Schnabel, schwarzem oder sehr dunklem Zügel (komplette Maske bildend) und durchschnittlich schwärzeren Schwungfedern, ♀ meist mit heller Unterschnabelbasis, hellerem Zügel und nicht ganz so schwärzlichen Flügeln, im Norden ferner mit fein grauer Wellung von Brustseiten und Flanken, die ♂ fehlt.– JK: Oberseite schmutzig grau, so gut wie ungebändert, Unterseite schmutzig weiß, dicht braungrau gebändert.– Vögel aus Südrussland *(homeyeri),* als Wintergast in der Schwarzmeerregion und selten weiter westlich: heller mit mehr Weiß in Flügeln und Schwanz, einschließlich großem weißem Handschwingenfeld und breit weißem Flügelstreif auch auf Armschwingen, grauweißer Stirn und blassgrauem Mantel.– Naher Osten und Arabien *(aucheri)*: wie *excubitor,* aber ♂ mit auf Stirn reichender schwarzer Maske (aber viel weniger als Schwarzstirnwürger), Flanken aschgrau; diese und die folgenden Unterarten im JK im Gegensatz zu Nordeuropäern unterseits völlig ungebändert.– In Nordafrika dunkle Küstenform mit schiefergrauer Oberseite, grauer Brust und ohne weißen Überaugenstreif *(algeriensis)* und blassere Wüstenform mit viel Weiß auf Flügeln und Schwanz *(elegans);* bei beiden zeigen ♂ oft etwas Schwarz auf Stirn.– Auf den Kanaren *(koenigi)* ähnlich dunkel wie *algeriensis,* aber kleiner und oft mit Andeutung des weißen Überaugenstreifs.– In mittelasiatischen Wüsten hat *pallidirostris* nur auf Handflügel großes weißes Feld, oft unterseits Beigeton, schmalen, recht kurzen Schwanz, im 1en W *helle Schnabelbasis, helle Zügel, breit beigeweiße Spitzen der Großen Armdecken;* hier bei ad. ♂ im PK aber ebenfalls Schnabel und Zügel schwarz.

**STIMME** Ruft meist lang trillernd „prrrih“, warnt heiser „wääch wääch wääch“. Gesang leise einfache Phrase, z. B. metallischer, knirschender Doppelton oder verschiedene Kurzlaute, gefolgt von rauem Triller, rhythmisch alle 1-3 s wiederholt; ferner weicher Vorgesang mit Imitationen.

## IBERIENRAUBWÜRGER Mittelmeer-Raubwürger –

Southern Grey Shrike *Lanius meridionalis*

L 23-25 cm. Brütet in offenen, trockenen Ebenen, oft verkarstetem Gelände mit einzelnen Bäumen und Büschen. Überwiegend Jahresvogel. Scheu, bleibt oft in Deckung. Nahrung überwiegend Insekten und kleine Reptilien.

**KENNZEICHEN** Größe ähnlich nordeuropäischem Raubwürger, aber Kopf vielleicht etwas größer, Schnabel kräftiger und *Schwanz etwas schmaler* sowie deutliche Gefiederunterschiede. Scheitel, Nacken und Mantel *viel dunkler grau, Brust und Bauch rosa getönt, breite schwarze Maske und schmaler, sauber abgegrenzter,* oft über die Schnabelbasis reichender *Überaugenstreif,* Weiß auf Schulterfedern schmal und begrenzt, Handschwingenfeld mittelgroß und *nie Weiß auf Armschwingen.*– JK: Kopfmuster weniger deutlich, Unterseite ohne Rosa, aber oft fein grau gewellt; ab Spätherbst ähnlich ad.

**STIMME** Rufe und Gesang offenbar ähnlich Raubwürger, aber eingehende Untersuchungen fehlen.

## SCHWARZSTIRNWÜRGER D: A/0/S

Lesser Grey Shrike *Lanius minor*

L 19-21 cm. Brütet in offenem Gelände mit Obstplantagen, Alleen und einzelnen Bäumen (nicht in Waldland). Wärmeliebender Sommervogel (Mai-Aug.), überwintert in Afrika.

**KENNZEICHEN** Größe zwischen Raubwürger und Neuntöter. Großer runder Kopf und kurzer gerundeter Schnabel. Färbung ähnlich Raubwürger mit *weißem Handbasisfleck,* aber bei ad. *Stirn und Vorderscheitel schwarz* (ausgedehnt bei ♂, kleiner und oft grau meliert bei ♀), *Handschwingenprojektion größer,* proportional etwas *kürzerer und weniger stark gerundeter Schwanz, Brust und Bauch hell lachsrosa.* Viele ad. im Herbst mit grauer Stirn (wohl meist ♀).– JK/1er W: Stirn ohne Schwarz, Scheitel und Mantel gebändert, Unterseite ungebändert (bei Raubwürger im JK umgekehrt).

**STIMME** Ruft elsterähnlich „tsche tsche“. Gesang papageiartig hart kreischend „tschilip“, in Abständen wiederholt, einzeln von Baumspitze oder doppelt im Singflug. Daneben rauer kontinuierlicher Gesang mit vielen Imitationen, wohl von unverpaarten ♂.

Raubwürger

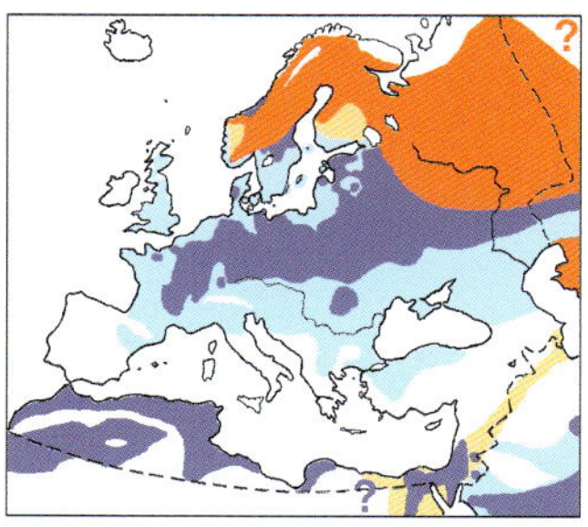

Iberienraubwürger

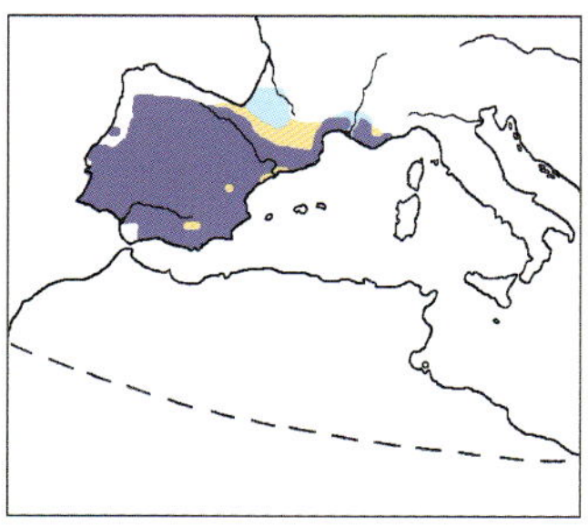

Schwarzstirnwürger

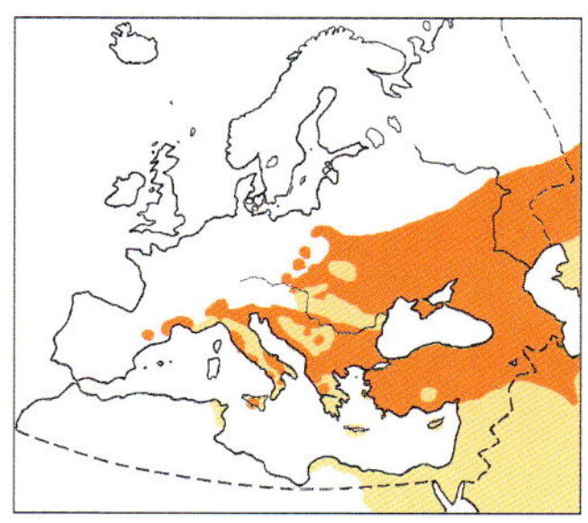

## RAUBWÜRGER

## IBERIENRAUBWÜRGER

## SCHWARZSTIRNWÜRGER

## NEUNTÖTER D: A/N5/Z

Red-backed Shrike *Lanius collurio*

L 16-18 cm. Brütet in offener Kulturlandschaft, oft auf Heiden und Weiden mit Hecken und Dornengebüsch. Sommervogel (Mai-Sept.), überwintert im tropischen Afrika. Insektenspezialist, spießt Beutetiere als Vorrat auf Dornen.

**KENNZEICHEN** Steht oft gut sichtbar aufrecht, schlägt den Schwanz bei Beunruhigung seitwärts. Kurze Flüge schnell und gerade, längere wellenförmig.– Ad. ♂: Brust und Bauch hell braunrosa, *keine Flankenbänderung,* Kehle weiß, *Scheitel hell aschgrau, Mantel rotbraun,* breite *schwarze Augenmaske,* manchmal etwas über Schnabelbasis reichend und oben oft schmal weiß begrenzt, *Schwanz schwarz, basal mit großen weißen Seitenfeldern* (Steinschmätzermuster), mitunter kleiner weißer Fleck auf Handschwingenbasen.– Ad. ♀: Unterseite cremeweiß *mit Querbänderung, Scheitel braun oder bräunlich grau,* Nacken grauer, Mantel matter braun als bei ♂; Oberseite individuell variabel gemustert (teils nicht, teils kräftig gebändert), Maske rötlich getönt, Zügel oft heller, *Schwanz dunkelbraun mit schmalen weißen Kanten;* mitunter ♂-ähnlicher, jedoch stets unterseits mit wenigstens etwas Bänderung.– JK/1er W: Wie ♀, aber meist *oberseits stärker rötlich getönt und kräftig gebändert,* Schirmfedern mit beigen Spitzen und dunklen Subterminalbinden. Manchmal auf Oberschwanz wärmer braun und dann ähnlich Rotschwanz- und Braunwürger im JK.

**STIMME** Warnt nasal, heiser „wäw“, in Abständen wiederholt, bei größerer Unruhe gereiht schnalzend „tschäk“. Zwei Gesangstypen, entweder Warnruf „wäw“ zur Revieranzeige oder seltener langes, leises Zwitschern, vermischt mit guten Imitationen anderer Vögel.

## ISABELLWÜRGER D: A/–/S

Isabelline Shrike *Lanius isabellinus*

L 16,5-18 cm. Nah mit Rotschwanzwürger verwandt, brütet im Hochland der Mongolei und Westchinas. Ausnahmeerscheinung in Europa, meist im Herbst.

**KENNZEICHEN** Fällt oft durch *rostroten Oberschwanz* auf, der länger ist als beim Neuntöter. Ad. ♂: Oberseits sandfarben graubraun (frisch oft mit rosabeigem Schimmer, wird im Sommer reiner grau), *unterseits kräftig rostbeige,* komplett schwarze Maske (reicht nicht über Schnabel), *kurzer, unscharfer, beiger Überaugenstreif,* kleines *weißes Feld auf Handschwingenbasen.*– ♀/1er W: Maske nicht komplett (Zügel oft braun), Handschwingenfeld schwach oder fehlend, ♀ auf Flanken und Brustseiten meist fein gewellt.– Klassisch gefärbte ♂ von Isabell- und Rotschwanzwürger zwar recht verschieden, ♀ und 1er W oft intermediär und schwer bestimmbar. Zur Unterscheidung vom Neuntöter im 1en W, s. Rotschwanzwürger.

**STIMME** Wahrscheinlich von Rotschwanzwürger nicht unterscheidbar, jedoch nicht genau untersucht.

Neuntöter

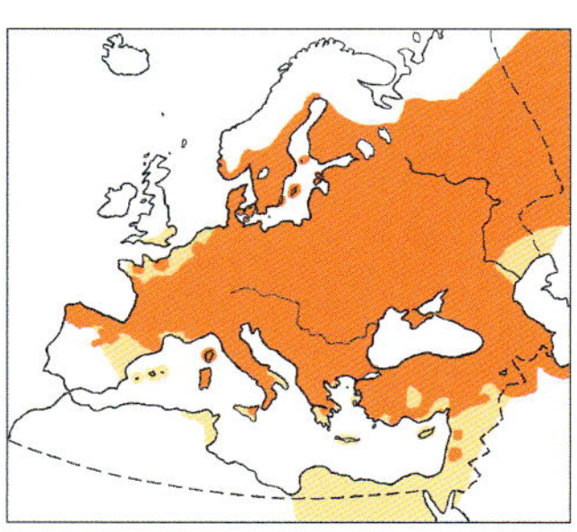

Isabell-/Rotschwanzwürger

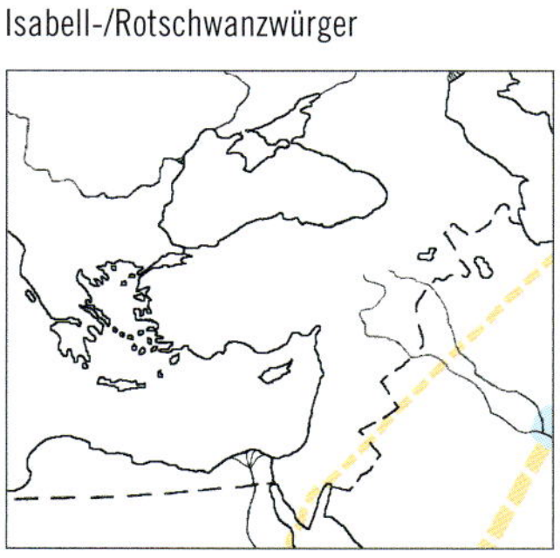

## ROTSCHWANZWÜRGER D: A/–/S

Red-tailed Shrike *Lanius phoenicuroides*

L 16,5-18 cm. Oft als Unterart des Isabellwürgers betrachtet, aber ♂ recht gut unterscheidbar, Hybridisation eingeschränkt und genetische Unterschiede, daher hier als Art betrachtet. Auch mit Neuntöter nah verwandt und mit diesem in einigen Regionen Mittelasiens hybridisierend. In Europa seltene Ausnahmeerscheinung im Herbst.

**KENNZEICHEN** Erinnert durch rostroten Oberschwanz und schwarze Maske des ♂ an Isabell- und Braunwürger.– Ad. ♂: Oberseits etwas dunkler und matter graubraun als Isabellwürger, *unterseits viel weißer,* rosabeige Tönung auf Flanken und Brustseiten beschränkt, *deutlicher Überaugenstreif reinweiß, Scheitel/Nacken oft rostfarben, schwarze Maske zieht sich oft über Schnabelbasis.* Bei der Varietät *„karelini“* Scheitel/Nacken/Mantel grau. *Weißer Handschwingenfleck* wie bei Isabellwürger.– ♀ und 1er W wie Isabellwürger, aber durchschnittlich unterseits weißer mit stärkerer dunkler Wellung.– Unterscheidet sich im 1en W vom jungen Neuntöter durch etwas *blassere und grauere Grundfärbung, feinere oder keine Bänderung auf Mantel und Nacken, hellere, leuchtendere rostrote Oberschwanzfärbung* (einige aber ähnlich!), grauschwarze (nicht rötlich getönte) Ohrdecken und *geringere Handschwingenprojektion.*

**STIMME** Rufe und Gesang sehr ähnlich Neuntöter. Warnruf, auch zur Revieranzeige benutzt, wiederholt harsch „wehw“. Bei Anwesenheit des ♀ Vorgesang mit Imitationen und kratzenden Lauten.

## BRAUNWÜRGER D: A/–/S

Brown Shrike *Lanius cristatus*

L 17,5-20 cm. Seltene sibirische Ausnahmeerscheinung, brütet in Taigamooren und -lichtungen oder Waldsteppe. Hybridisiert in Westsibirien gelegentlich mit Neuntöter, wo sich Brutgebiete überschneiden.

**KENNZEICHEN** Ähnelt Neuntöter und Rotschwanzwürger, aber etwas größer mit größerem Kopf, *kräftigerem Schnabel* und *schmaleren Steuerfedern.* Ad. ♂ oberseits einschließlich Oberschwanz ziemlich *einfarbig rötlich braun,* ohne Kontrast zwischen rostrotem Schwanz und mattbrauner Oberseite des Rotschwanzwürgers. Normalerweise *kein weißer Fleck auf Handschwingenbasen* (allenfalls angedeutet). *Schwarze Maske komplett,* darüber *deutlicher weißer Überaugenstreif.* Ungebänderte Unterseite *gelblich* beige getönt (ohne rosa Anflug vieler Rotschwanzwürger-♂). Geschlechter ähnlich, doch ♂ mit schwärzerer Maske, ♀ fast immer auf Brust und Flanken gewellt.– Im 1en W sehr ähnlich gleichaltrigem Neuntöter, aber *Schnabel kräftiger, Handschwingenprojektion etwas geringer* (mit Überschneidung), drei statt zwei Handschwingen mit Einbuchtung der Außenfahne, *Steuerfedern schmaler* und *Schwanz stärker gestaffelt, komplett dunkle Schirmfederzentren* (mit scharfen hellen Rändern) ohne schwarze Subterminalbinden, *deutlicherer heller Überaugenstreif* und dunkelgraue (statt rotbraune) Ohrdecken.

**STIMME** Nicht genau untersucht, aber offenbar ähnlich Neuntöter, Isabell- und Rotschwanzwürger.

## NEUNTÖTER

## ISABELLWÜRGER

## ROTSCHWANZWÜRGER

## BRAUNWÜRGER

KM

### ROTKOPFWÜRGER D: A/0/Z

Woodchat Shrike *Lanius senator*

L 17-19 cm. Brütet in offenem Waldland mit Lichtungen, Einzelbäumen, Plantagen, gerne mit sandigen oder unbewachsenen Bereichen. Überwintert im tropischen Afrika.

**KENNZEICHEN** Etwas größer als Neuntöter.– Ad. ♂ (ssp. *senator*): Leicht bestimmbar an *rotbraunem Scheitel/Nacken* sowie *Schwarzfärbung von Maske, Stirn und Mantel.* Oberflügel schwarz *mit weißem Handbasisfleck. Ausgedehntes Weiß auf Schultern* und Oberschwanzdecken. Rücken aschgrau.– Ad. ♀: Wie ♂, aber matter gefärbt *mit dunkel braungrauem Mantel* und oft *eingesprengtem Beigeweiß im Schwarz von Stirn und Maske,* Geschlechtsbestimmung aber manchmal im Freiland unmöglich.– JK/1er W: Oberseite, Brust und Flanken *grau gebändert,* Grundfärbung grau mit variierendem Braunanteil, aber fast stets *an Halsseiten, Großen Armdecken und Schirmfedern deutlich rotbraun getönt.* Beachte Andeutung von hellem Schulterfleck (mit grauer Schuppung) und hellem Bürzel; heller Handbasisfleck unscharf und rostbeige.– Vögel der westlichen Mittelmeerinseln *(badius)* ohne hellen Handbasisfleck (manchmal angedeutet), weniger Schwarz auf Stirn, Rücken dunkler grau, Geschlechtsunterschiede geringer, ♀ fast so sauber wie ♂.– Vögel von Südosttürkei ostwärts *(niloticus)* mit sehr großem weißem Handbasisfleck (dennoch Überschneidung mit *senator*), weißer Schwanzbasis und viel Schwarz auf Stirn. Ad. kann schwer von *senator* trennbar sein, aber Unausgefärbte durch deutlichen, großen, reinweißen Handbasisfleck charakteristisch; wegen früheren Schlupftermins und Mauserbeginns schon ab Herbst erste Merkmale der ad.

**STIMME** Warnt mit Serie kurzer, heiserer Rufe „wä-wä-wä…" oder schneller heiser trillernd „dscherrrrr". Gesang recht laut und in variablem Tempo, manchmal schnell plaudernd mit schnalzenden und knirschenden Lauten, bisweilen langsamer und mit guten Imitationen; Phrasen mitunter wiederholt, aber im Detail etwas abgewandelt.

### MASKENWÜRGER D: A/–/S

Masked Shrike *Lanius nubicus*

L 17-18,5 cm. Brütet in offenem Waldland mit Büschen und Lichtungen, gern am Rand kleiner Felder, oft an Hängen mit Kiefern, Eichen und Dornenbüschen. Steht weniger häufig exponiert auf Spitzen, sondern im Schutz von Baumkronen oder höheren Büschen. Überwintert in Afrika.

**KENNZEICHEN** *Kleinster Würger. Schlanker* als Neuntöter, *mit längerem, schmalerem Schwanz.* Oberseite schwarz (♂) oder grau (♀), *Stirn und Schulterflecke weiß, großes weißes Handbasisfeld im Flug auffallend, Flanken orange* (bei ♂ satter). Manche ♀ oberseits ähnlich ♂ sehr dunkel grauschwarz.– JK: Grau, weiß und schwarz, kräftig gebändert, helle Schulterflecken und großer weißer Handbasisfleck angedeutet, ähnlich östlichem Rotkopfwürger *(niloticus),* aber kleiner, *kein Rotbraun auf Flügeln und Nacken, Oberschwanzdecken dunkel, Schwanz schmaler, Schnabel kleiner,* einheitlicher dunklere Schirmfedern und Große Armdecken. Manche schon im Sept. ähnlich ad., Mehrzahl behält aber gebändertes graues Gefieder den Herbst über.

**STIMME** Bei Beunruhigung bekassinenartig „tschäähr", warnt mit trockenem Rattern. Gesang erstaunlich ähnlich Oliven- und Blassspötter, recht monotone Strophe mit zyklischen Wiederholungen und rauem Klang, im Aufbau eher stotternd und langsamer als Blassspötter, im Ton nicht ganz so harsch und tief wie Olivenspötter.

## BUSCHWÜRGER Malaconotidae

Recht große, vielfältige, hauptsächlich afrikanische Familie. Schnäbel meist lang und kräftig, Beine recht lang, Schwanz lang und Flügel stark gerundet. Nur eine Art im Bearbeitungsgebiet, Nest in Astgabeln dichter Büsche.

### SENEGALTSCHAGRA –

Black-crowned Tchagra *Tchagra senegalus*

L 21-24 cm. Brütet im Tiefland in trockenem offenem Buschland. Jahresvogel. Hüpft häufig auf Boden, steht oft niedrig in Büschen. Recht scheu und versteckt, verrät sich durch laute Rufe. Nahrung Insekten, kleine Eidechsen usw.

**KENNZEICHEN** Markante Kopfzeichnung mit *schwarzem Scheitel, breitem, langem cremeweißem Überaugenstreif* und *schwarzem Augenstreif.* Schulter- und Schirmfedern schwarz, ocker gesäumt. Kräftiger schwarzer Schnabel. Flügel lebhaft rostbraun, *langer Schwanz* mit weißer Spitze, gräuliche mittlere Steuerfedern dunkel gebändert. Geschlechter gleich gefärbt, im JK schwarze Partien auf Kopf, Schirm- und Schulterfedern mit Braunton, Letztere mit diffus beigen Spitzen.

**STIMME** Gesang bemerkenswert laute, kräftige, an- und absteigende Glissandopfiffe. Ruf des ♀ hart ratternder Triller „trrrrrrr…", manchmal im Duett mit ♂.

Rotkopfwürger

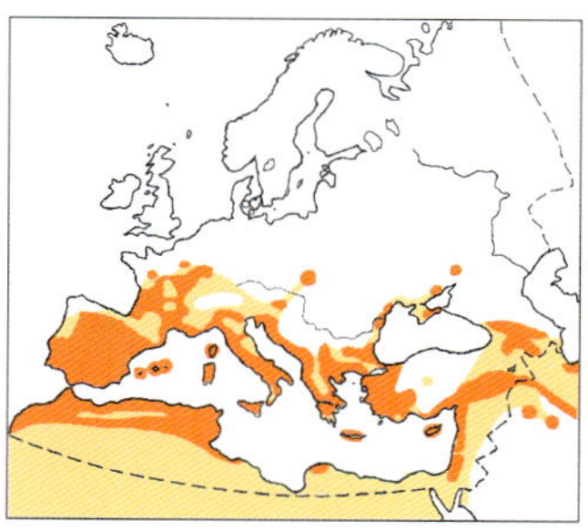

Maskenwürger

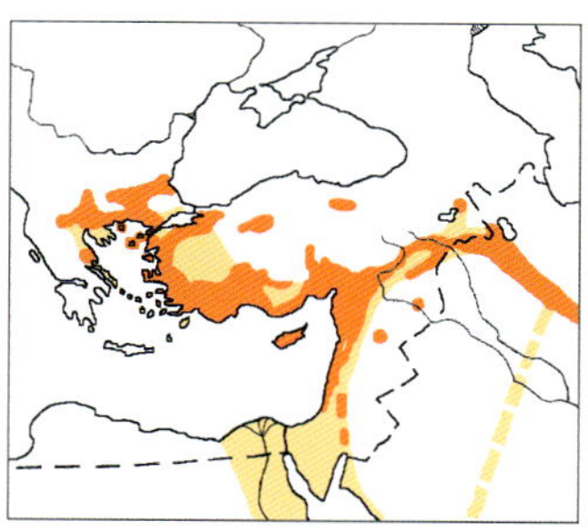

Senegaltschagra

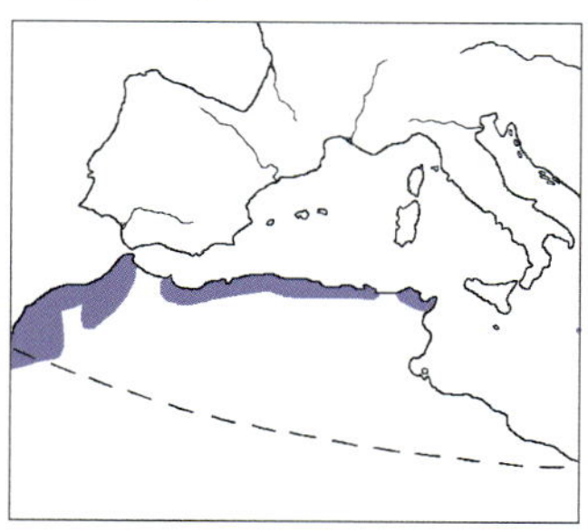

## ROTKOPFWÜRGER

***senator*** (Europa bis W-Türkei)

***badius*** westl. Mittelmeerinseln)

## MASKENWÜRGER

KM

## SENEGALTSCHAGRA

DZ

# BÜLBÜLS Pycnonotidae

Eine Familie kleiner bis mittelgroßer Sperlingsvögel mit 160 Arten, nach neuen Erkenntnissen am nächsten mit Lerchen und Schwalben verwandt, hier aber aus praktischen Gründen mit den Nektarvögeln behandelt, da beide Familien hauptsächlich in Afrika und Asien verbreitet sind. Sozial, lebhaft und stimmfreudig, verbringen viel Zeit in Baumkronen (gern Palmen) und Büschen, auch in Gärten. Baumbrüter.

## GRAUBÜLBÜL –

Common Bulbul *Pycnonotus barbatus*

L 19-21 cm. Brütet in Gärten und Plantagen, an Wasserläufen im Bergland und in Oasen. Meidet nicht die Nähe des Menschen und ist daher schnell zu entdecken: lärmend, fliegt viel umher, tritt oft in kleinen Trupps auf, steht häufig frei. Jahresvogel. Verhalten ähnlich Gelbsteißbülbül.

**KENNZEICHEN** Knapp drosselgroßer, *recht langschwänziger,* dunkelgrau und schmutzig gräulich weiß gefärbter Vogel. *Kopf rußgrau* (Zügel fast schwarz, kein heller Augenring), Oberseite fast genauso dunkelgrau, Brust etwas heller braungrau, *Bauch und Steiß weißlich.* Schwanz matt schwarz, Flügel dunkelgrau. Drosselartiger Schnabel schwarz und leicht abwärts gebogen. Alle Kleider identisch. *Flug direkt und etwas unstet, Flügel gerundet.* Öffnet und schließt den Schwanz häufig während des Fliegens und im Stehen. Kann Scheitelfedern aufrichten, doch entsteht keine Haube, sondern eher ein spitzes Kopfprofil.

**STIMME** Sehr laut und lärmend. Von Trupps hört man oft wiederholte, heisere Folgen „tschor tschor tschor…“, erregte Vögel äußern schärfere, zeternde „tschirr“-Reihen. Gesang aus kräftigen, etwas stotternden, recht variablen Lautfolgen in ungleichmäßigem Rhythmus, z. B. „TCHICK tchilleWI TSCHÜWÜ“, vor allem während Morgen- und Abenddämmerung.

## GELBSTEISSBÜLBÜL –

White-spectacled Bulbul *Pycnonotus xanthopygos*

L 19-21 cm. Ähnelt in Verhalten und Habitatansprüchen dem nahe verwandten Graubülbül (am Suezkanal treffen sich die Areale beider Arten). Lebt in Palmenhainen, Gebüsch, bewachsenen Wadis, Gärten u. a. Sehr sozial, meist in kleinen Gruppen, die immer sehr beschäftigt wirken. Jahresvogel.

**KENNZEICHEN** Ähnlich Graubülbül, aber mit *zitronengelbem Steiß,* dunklerem, *nahezu schwarzem Kopf,* der zum heller grauen Körper deutlich kontrastiert, schmalem grauweißem Augenring, hellgrauem Bauch und etwas gerader abgeschnittenem Schwanz.

**STIMME** Offenbar sehr ähnlich Graubülbül, Gesang scheint aber immer in geringerer Geschwindigkeit und ohne holprigen Rhythmus vorgetragen zu werden.

## WEISSOHRBÜLBÜL –

White-eared Bulbul *Pycnonotus leucotis*

L 17-19 cm. Nah mit Himalajabülbül *(P. leucogenys)* verwandt, hat sich in letzter Zeit vom Irak und der Golfregion westwärts bis Syrien ausgebreitet. Bewohnt ähnliche Lebensräume wie seine Verwandten, nähert sich Menschen sehr vertraut. Jahresvogel.

**KENNZEICHEN** Gestalt ähnlich Gelbsteißbülbül, aber etwas kleiner. Auffallendstes Merkmal *schwarz umrandeter, großer weißer Wangenfleck,* ähnlich Kohlmeise. Oft aufgerichtete *stumpfe Haube ist deutlicher* entwickelt. *Steiß* stärker *orange* getönt als bei Gelbsteißbülbül, *dunkler Schwanz mit weißer Spitze,* fliegend und stehend auffallend. Schnabel etwas länger und kräftiger als bei anderen Bülbüls.

**STIMME** Offenbar ähnlich Gelbsteißbülbül, genaue Untersuchungen fehlen jedoch.

# NEKTARVÖGEL Nectariniidae

Große Familie (in Afrika und Asien über 140 Arten) sehr kleiner Vögel, die mit ihren dünnen, spitzen, abwärtsgebogenen Schnäbeln, dem oft prächtigen Gefieder und der Suche nach Nektar in Blüten als die „Kolibris der Alten Welt“ bezeichnet werden können. Rütteln jedoch nur selten (und nicht mit insektenartig schnellen Flügelschlägen), stehen beim Blütenbesuch. Fressen auch Insekten, Spinnen usw. Nest in Baumkronen.

## JERICHONEKTARVOGEL –

Palestine Sunbird *Cinnyris osea*

L 11-12 cm. Brütet vorwiegend in trockenen, savannenartigen Akazienbeständen, aber auch am Rand von Plantagen, in Parks und Gärten mit nektarreichen Blüten. Jahresvogel, nur lokale Wanderungen. Nahrung Blütennektar und Insekten.

**KENNZEICHEN** Wirkt durch kurzen Schwanz niedlich. Lebendig, *flink und agil,* zuckt oft nervös mit dem Schwanz, *Flug schnell und ruckartig. Schnabel schwarz, schmal, spitz, abwärts gebogen.*– ♂ PK (Dez.-Juli): Schwarz mit oft aus der Nähe erkennbarem blauem und violettem Metallglanz.– ♀: Oberseits graubraun, unterseits grauweiß mit schwach gelbgrünem Ton. Flügel kontrastierend dunkel.– ♂ SK: Wie ♀, manchmal einzelne schwarze Federn.

**STIMME** Reichhaltiges Repertoire lauter Rufe, pfeifend „wijÜ“, erinnert an Kleiber und Tienschan-Laubsänger (!), auch ansteigend, heiter „twüit“, daneben „elektrisch“ schnalzend „züt-züt-züt-züt-züt…“. Gesang aus wenigen Pfeiftönen, gefolgt von ratterndem Triller, „twuI twuI twuI TIRRRRRR“, aus der Ferne ähnlich Hausrotschwanz.

## ERZNEKTARVOGEL –

Nile Valley Sunbird *Hedydipna metallica*

L 9-10 cm (dazu bei ♂ Schwanzspieße 4,5-6,5 cm). Brütet im behandelten Gebiet nur nahe Kairo (Ägypten). Lebensraum wie Jerichonektarvogel. Manchmal kurze Zugbewegungen. Brutzeit beginnt im Apr.

**KENNZEICHEN** Sehr klein. Bewegungen nervös, zuckt mit Flügeln, spreizt Schwanz. *Schnabel* wie bei allen Nektarvögeln *schwach abwärts gebogen,* aber *auffallend kurz.* ♂ im PK (Dez.-Juli) unverkennbar mit *grün glänzender Oberseite, schwarzer Brust, gelbem Bauch, langen dünnen Schwanzspießen* mit keulenförmigen Spitzen. Andere Kleider oberseits graubraun, unterseits mit weißlicher Kehle und *gelblich weißem Bauch.* ♂ im SK etwas kräftiger gelb, manchmal mit einzelnen metallisch glänzenden Flügeldecken und etwas Dunkel an der Kehle, im Herbst ohne Schwanzspieße.

**STIMME** Recht ähnlich Jerichonektarvogel. Gesang hoch mit wiederholten harten und trillernden Tönen.

## GRAUBÜLBÜL

## GELBSTEISSBÜLBÜL

## WEISSOHRBÜLBÜL

## JERICHONEKTARVOGEL

## ERZNEKTARVOGEL

Graubülbül

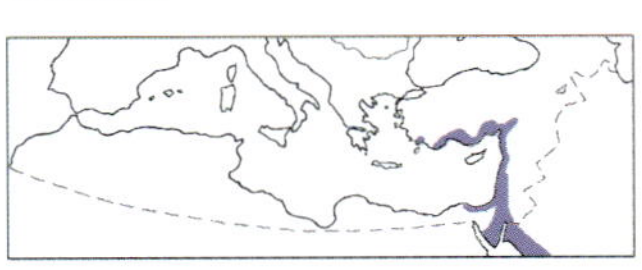

Gelbsteißbülbül

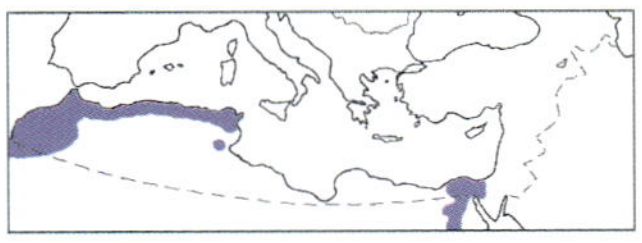

Weißohrbülbül

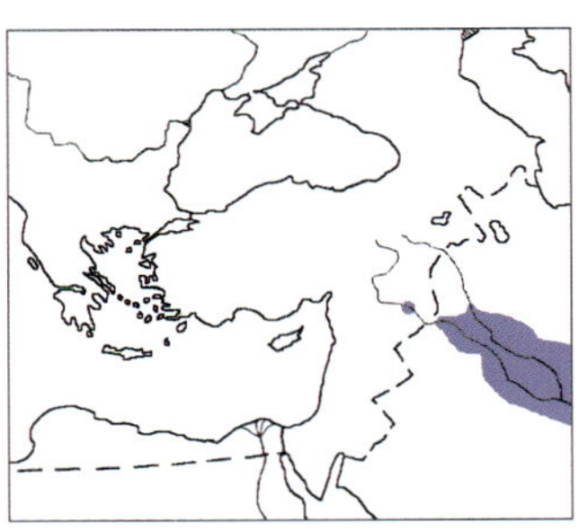

Jerichonektarvogel

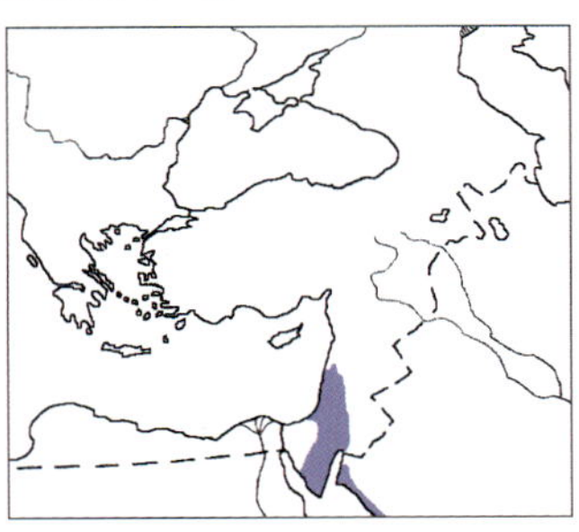

Erznektarvogel

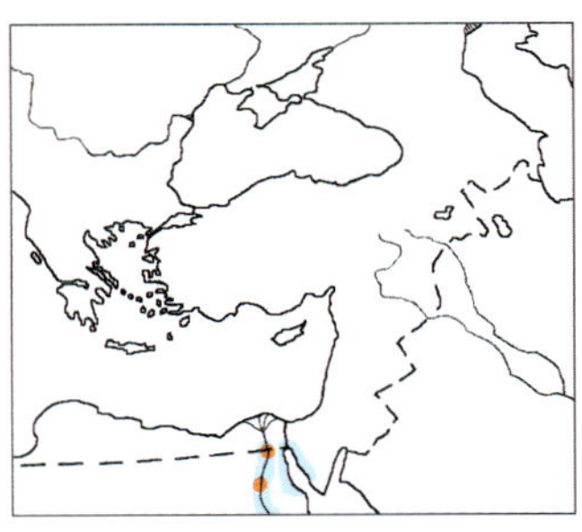

# HÄHERLINGE Leiothrichidae

Eine hauptsächlich in Südasien und Afrika verbreitete Familie kleiner bis mittelgroßer Sperlingsvögel, oft schlicht gefärbt, mit runden Flügeln und kräftigen Beinen.

**AKAZIENDROSSELHÄHERLING** (Akaziendrossling) –

Fulvous Babbler *Argya fulva*

L 23-25 cm. Brütet in karger Buschlandschaft, in Halbwüsten mit einzelnen Bäumen und Büschen, in Palmenhainen mit Unterwuchs, in Oasen usw. Jahresvogel. Meist in Trupps von 5-10 Vögeln. Brütet in Dornengebüsch.

**KENNZEICHEN** Knapp drosselgroß, *langschwänzig*. Gefieder *recht einheitlich hell rötlich sandbraun* (wärmer als Graudrossling) mit diffusen dunklen Federzentren auf Scheitel, Nacken und Mantel, Kehle weißlich. *Schnabel kräftig,* leicht abwärts gebogen, meist *gräulich schwarz* (bei ♂ etwas Gelb im Schnabelwinkel), aber strohgelb mit dunkler Spitze in Nordostafrika *(acaciae). Iris* gewöhnlich *dunkel,* Beine kräftig, hellbraun.

**STIMME** Lärmend. Rufe kurz „tschitt" und verschiedene lange Triller, z. B. recht hart rollend mit metallischem Ton, oft hell „priür'r'r'r'r'r...". Gesang eine Reihe pfeifender Doppellaute „piü piü-piü-piü piiä".

**GRAUDROSSELHÄHERLING** (Graudrossling) –

Arabian Babbler *Argya squamiceps*

L 25-29 cm. Brütet in kargem Buschland, in Halbwüsten mit einigen Akazien und Tamarisken, in Plantagen und Gärten. Gesellig. Nest meist in dichtem Busch.

**KENNZEICHEN** Drosselgroß, *hell graubraun, langschwänzig.* Kopf und Hals etwas grauer als Körper, *Scheitel und Nacken fein dunkel gefleckt. Schnabel kräftig und leicht abwärts gebogen,* gräulich schwarz (ad. ♂, juv.) oder gelblich mit diffus dunkler Spitze (ad. ♀), Iris hellgelb (♂), ocker (♀) oder graubraun (juv.). Flug flatternd und direkt mit Gleitphasen auf gestreckten Flügeln. Hüpft am Boden, schlägt oft mit dem meist angehobenen Schwanz.

**STIMME** Ruft geschwätzig pfeifend sowie typisch hoch und durchdringend trillernd „zwir r'r'r'r'r'r'r...", warnt rau trillernd „kschärh", wie ein kleiner Eichelhäher. Gesang eine Serie pfeifender Flötentöne „PIä PIä PIä PIä PIä...".

**RIEDDROSSELHÄHERLING** (Rieddrossling)

Iraq Babbler *Argya altirostris*

L 20-23 cm. Jahresvogel des Nahen Ostens, der sich vom Irak nach Syrien und in die Südosttürkei ausgebreitet hat. Lebt in Gruppen hauptsächlich in Schilfbeständen an Flüssen.

**KENNZEICHEN** Kleinster Drosselhäherling der Region, erinnert an Langschwanz-Drosselhäherling *A. caudata* (Irak, Iran; nicht behandelt), hat aber helle Zügel, warm braunen Scheitel, dort und auf Brust weniger gestrichelt, weißere Kehle und kräftigeren Rostton auf Brustseiten und Flanken. Beine matt dunkelbraun, dunkler Schnabel kräftig.

**STIMME** Lang gezogene, abfallende hohe Triller.

# KRÄHENVERWANDTE Corvidae

Mittelgroße bis große, kräftig gebaute Sperlingsvögel mit starken Füßen und kräftigem Schnabel. Hoch entwickelt, wachsam und lernfähig. Gesellig, oft in Trupps. Geschlechter gleich gefärbt. Allesfresser, nehmen Insekten, Samen, Nüsse, Beeren, Abfälle, Eier und Jungvögel anderer Arten usw. Meist Reisignest in Baumkronen.

**BLAUELSTER** –

Azure-winged Magpie *Cyanopica cooki*

L 31-35 cm (davon Schwanz 16-20 cm). Brütet in Wäldern, vor allem Pinie, aber auch Laubwald. Jahresvogel auf der Iberischen Halbinsel (daneben eine nah verwandte, ähnliche Art in Ostasien). Außerhalb der Brutzeit in Familiengruppen oder größeren Verbänden. Wachsam, recht scheu, bewegt sich während der Suche nach Insekten und Beeren flink durch Baumkronen. Nest oft außen in Steineichenkronen.

**KENNZEICHEN** Mittelgroß, recht schlank und *langschwänzig.* Wirkt in schattigen Baumkronen oft nur diffus graubraun mit starkem Kontrast zwischen *schwarzer Kappe* und *weißlicher Kehle,* in besserem Licht prächtiges *Hellblau auf Flügeln und Schwanz* sowie Braunrosa des Mantels und Beige auf Brust und Bauch erkennbar. Weiße Handschwingenkanten. Flug leichter und elastischer als bei Elster.

**STIMME** Mehrere Rufe, am häufigsten helles, raues, leicht nasales „wriiüIIH", manchmal hoch „kui" und jammernd „wih-e", warnt hoch, lang, hart rollend oder ratternd „krrrrrrr...". Selten zu hörender Gesang ein weiches, quietschendes Zwitschern.

**ELSTER** **D:** A/N5/J

Eurasian Magpie *Pica pica*

L 40-51 cm (davon Schwanz 20-30 cm). Brütet in offener Landschaft mit Gehölzen und im Siedlungsbereich. Jahresvogel. Sucht oft auf Rasenflächen nach Nahrung (Würmer, Insekten, Essensreste u. a.). Großes, überdachtes Reisignest.

**KENNZEICHEN** Unverkennbar, *schwarz-weiß, sehr langer, grün glänzender Schwanz,* kurze, abgerundete *Flügel mit viel Weiß auf Handflügel.* Flug flatternd, geradlinig, häufig kurzer Gleitflug; schreitet selbstbewusst und etwas ruckartig mit oft erhobenem Schwanz, hüpft auch beidbeinig.

**STIMME** Warnt mit heiser schackernden Stakkatofolgen „tschek-tschek-tschek...", ruft auch hart, heiser und klagend, ebenso zweisilbig schnalzend „tscha-ka!", „tschAH-tscha" usw. Gesang selten zu hören, leise, rau schwatzend.

Akaziendrosselhäherling

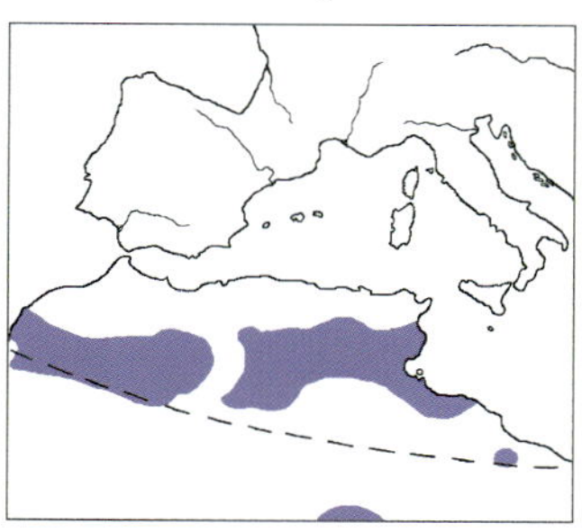

Graudrosselhäherling

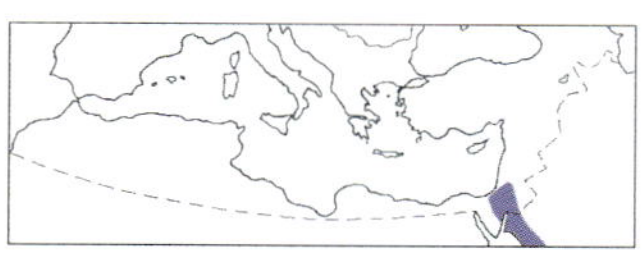

Rieddrosselhäherling

Blauelster

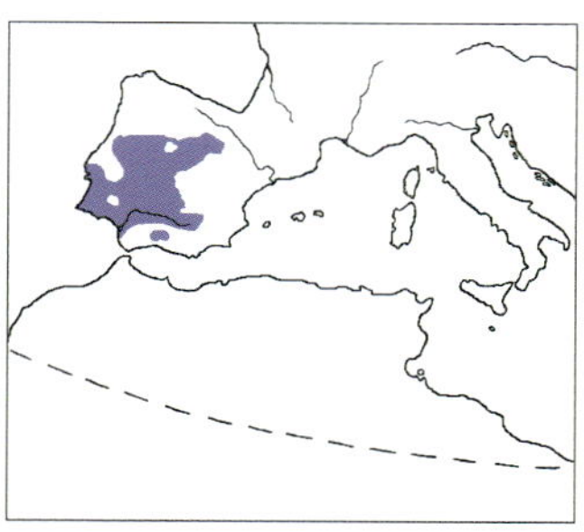

Elster

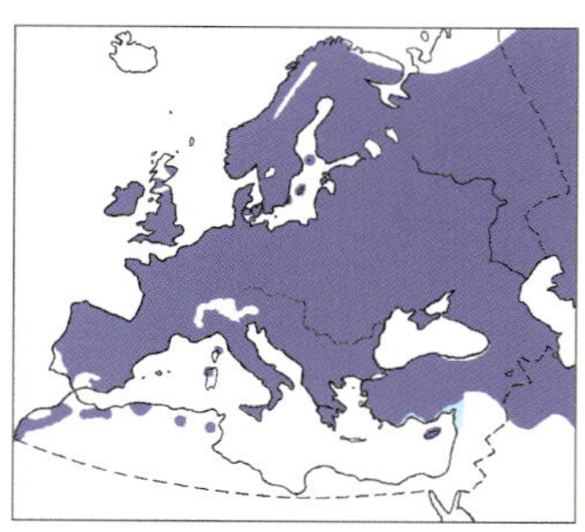

## AKAZIENDROSSELHÄHERLING

## RIEDDROSSELHÄHERLING

## GRAUDROSSELHÄHERLING

## BLAUELSTER

## ELSTER

DZ

## EICHELHÄHER D: A/N5/JZW

Eurasian Jay *Garrulus glandarius*

L 32-35 cm, S 54-58 cm. Brütet in verschiedenen Waldtypen, Laub- wie Nadelwald, Gehölzen und Parks. Bevorzugt Gebiete mit Eiche (daneben Buche und Hainbuche), deren Samen er im Herbst als Winternahrung versteckt. Transportiert Nüsse und Samen im Kehlsack oft viele Kilometer weit. Überwiegend Jahresvogel, in manchen Jahren Evasionen nördlicher Populationen nach Süden und Südwesten. Wachsam und scheu, Annäherung schwierig. Allesfresser, im Frühjahr auch Eier und Jungvögel. Baumnest meist gut versteckt.

**KENNZEICHEN** Markant gefärbtes Gefieder, *überwiegend rosa graubraun,* Kehle und Steiß weiß, *am Flügelbug hellblaues,* fein schwarz gebändertes *Feld,* breiter schwarzer Bartstreif, Scheitel weißlich mit schwarzer Strichelung. Scheitelgefieder zu kleiner, spitzer Haube aufrichtbar. Im Flug *großes weißes Bürzelfeld* sowie breites weißes Armschwingenabzeichen. Streckenflug gerade, flatternd, etwas ungleichmäßig. Aus der Entfernung vom ähnlich fliegenden Tannenhäher an *recht langem Schwanz* und *kurzem Schnabel* unterscheidbar.– Britische und irische Vögel *(rufitergum, hibernicus)* dunkler rotbraun, im Kaukasus *(krynicki),* Nahen Osten *(atricapillus)* und Nordafrika *(cervicalis)* mit schwarzem Scheitel und kräftigerem Schnabel, in Nordrussland *(brandtii)* mit rotbraunem Kopf.

**STIMME** Häufigster Ruf typisches, lautes, heiser rätschendes „krschääh!", oft in kurzen Abständen wiederholt, bei Auftauchen eines Feindes (Eule, Habicht, Marder) zu ohrenbetäubendem Geschrei anschwellend. Gelegentlich abfallendes, klagendes „pijäh", sehr ähnlich Mäusebussard, aber echter Bussardruf meist vom Himmel zu hören, Häher aus dichtem Wald. Oft auch Imitation des gackernden Habichtrufs „kja-kja-kja…". Im Spätwinter manchmal leiser Gesang, recht eigenartige Mischung aus glucksenden, knackenden, klagenden und rauen Tönen, nicht weit zu hören.

## UNGLÜCKSHÄHER –

Siberian Jay *Perisoreus infaustus*

L 26-29 cm. Brütet in nordeuropäischen Nadelwäldern, meist dichte, ältere, mit Bartflechten behangene Bestände. Jahresvogel. Legt in Bäumen Wintervorräte aus Insekten, Samen und Beeren an (Verstecke hinter Rinde, zwischen Nadeln usw.). Allesfresser, Nahrungssuche auch an Lagerfeuern, Elchschlachtplätzen; plündert auch Kleinvogelnester. Geht seinen Geschäften meist ruhig und vertrauensvoll nach, selbst, wenn Waldwanderer ihm sehr nahe kommen.

**KENNZEICHEN** Etwa drosselgroß, ziemlich *langschwänzig, dunkel* und *einfarbig.* Gefieder rötlich graubraun mit rosabraunem Einschlag, *dunkler braunem Scheitel* und etwas heller braunweißer Kehle. Befiederung am Nasenloch bildet *auf Stirn kleinen beigefarbenen Bausch.* Flug lautlos, geschickt, schnell, oft lange Gleitstrecken, wendiges Manövrieren zwischen Fichten, dabei *Rostbraun auf Handflügel, Schwanzbasis und Schwanzseiten* sichtbar. Geschlechter gleich gefärbt.

**STIMME** Überwiegend schweigsam, gelegentlich kurz klagend „geä", ansteigend „küi" und dünner „kiij", Warnruf hart „kwi-kwi-kwi-kwi…" in Folge, mitunter eichelhäherartig (aber schwächer) „kräh" oder anhaltend jammernd „geeäh". Gesang selten und kaum über 20 m weit zu hören, ein leiser Subsong aus zwitschernden, pfeifenden und klagenden Lauten.

## TANNENHÄHER D: A/R3/JZW

Spotted Nutcracker *Nucifraga caryocatactes*

L 32-35 cm, S 49-53 cm. Brütet fast ausschließlich in Gebieten mit Zugang zu Nadelwald zum Nestbau und reichlichen Vorkommen von Arven oder Haselsträuchern, deren Samen als Wintervorräte dienen. Samen werden im Spätsommer und Herbst im Boden versteckt und auch unter hoher Schneedecke wiedergefunden. Europäische Brutvögel *(caryocatactes)* wachsam und scheu, vorwiegend Jahresvögel. Bei schlechtem Fruchtansatz der sibirischen Arven wandern in manchen Jahren große Scharen der Unterart *macrorhynchos* im Spätsommer oder Frühherbst aus Nordostrussland und Sibirien nach Mitteleuropa, fallen dort durch geringe Scheu auf; bisher wurden keine konzentrierten Rückwanderungen dieser Vögel festgestellt. Im Sommer Allesfresser. Nest schon früh im Jahr hoch in dichter Tanne (gelegentlich Kiefer) in Stammnähe.

**KENNZEICHEN** Etwa so groß wie Eichelhäher, aber anders proportioniert: *Schwanz kurz* (bestes Merkmal im Flug), *Schnabel lang und kräftig,* Kopf länger ohne Haube. *Gefieder dunkelbraun, mit kleinen weißen Flecken übersät,* Scheitel und breite, runde Flügel jedoch ungefleckt dunkelbraun. Flug geradlinig, oft recht hoch, ähnlich Eichelhäher mit flatternden Flügelschlägen. Von unten fällt *Weiß von Steiß und Schwanzspitze* auf.– Europäische Vögel mit kräftigerem Schnabel (dickere Basis) und schmalerer weißer Schwanzendbinde. Bei sibirischer Unterart *macrorhynchos* Schnabel eher gleichmäßig schlank und durchschnittlich etwas länger, Schwanzendbinde breiter.

**STIMME** Insgesamt ein eher schweigsamer Vogel. Allerdings besitzt er einen sehr charakteristischen, oft zu hörenden Ruf, zumindest im zeitigen Frühjahr und Sommer, nämlich ein gedehntes, hart rollendes „krrrrrreh" von fast maschinenartiger Qualität, oft in schneller Folge mehrmals wiederholt; er ist länger, schwächer und von höherer Frequenz als der häufigste Ruf der Rabenkrähe, der Klang ist gleichmäßiger und mechanisch. Manchmal leise, dohlenartige Rufe „jäk" und „kja". Gesang selten zu hören, leise schwatzend mit rauen und zwitschernden Lauten vom selben Typ wie bei der Elster.

Eichelhäher

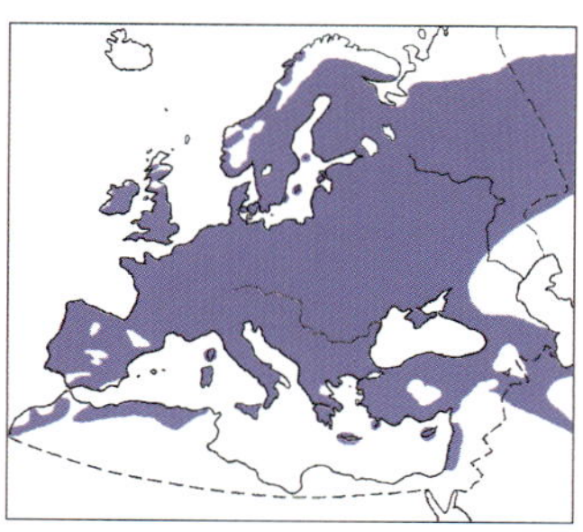

Unglückshäher

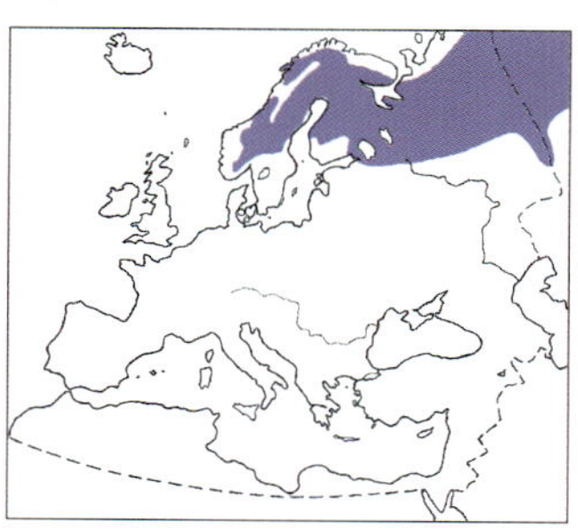

Tannenhäher

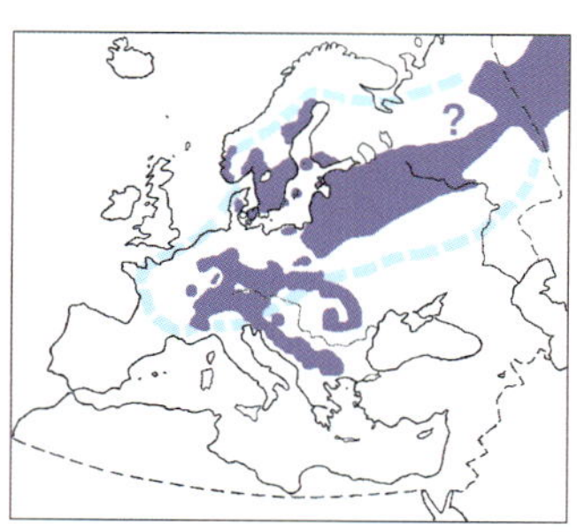

## EICHELHÄHER

## UNGLÜCKSHÄHER

## TANNENHÄHER

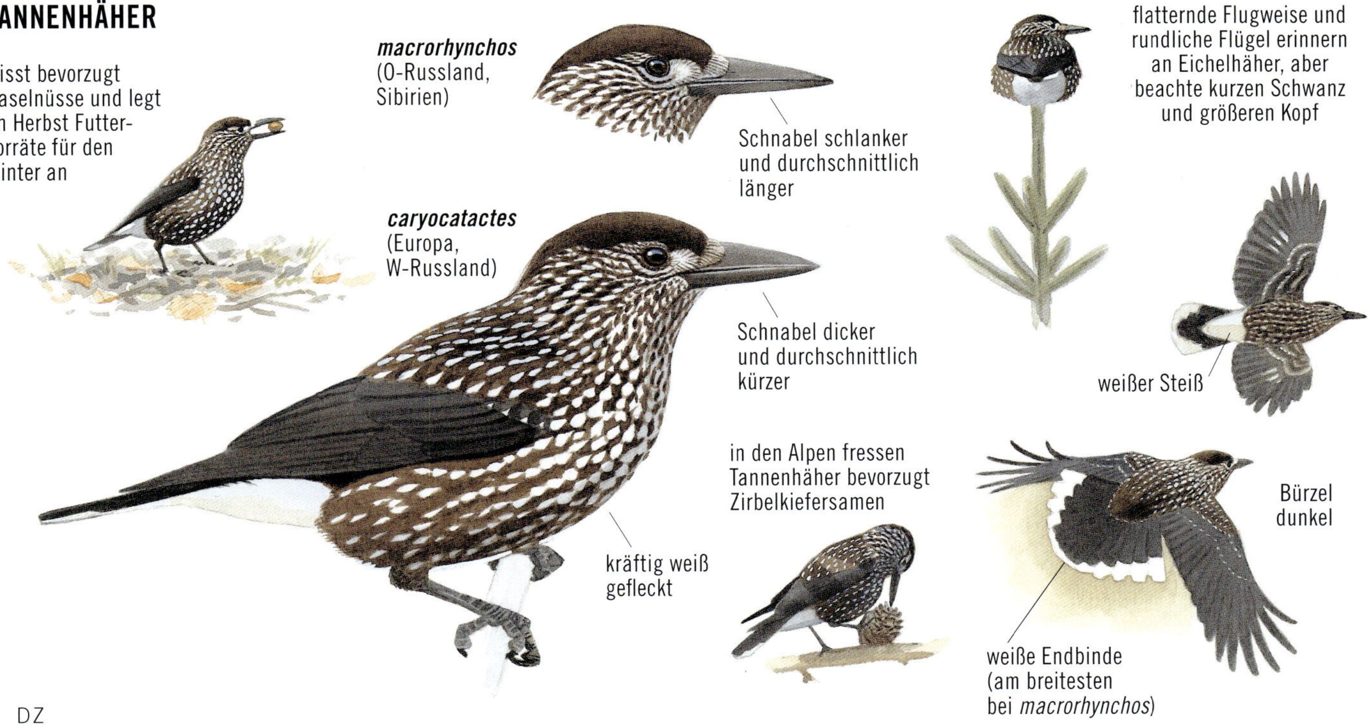

## DOHLE D: A/N5/JZW

Western Jackdaw *Coloeus monedula*

L 30-34 cm, S 64-73 cm. Brütet sowohl im menschlichen Siedlungsbereich in Gebäudenischen wie in Parks und Laubwäldern mit Baumhöhlen, lokal auch im Gebirge und an Küstenklippen. Im Nordosten Kurzstreckenzieher, sonst Jahresvogel. Paare leben in Dauerehe, stehen oft wie Verliebte nah beieinander; außerdem sehr gesellig, Nahrungssuche in Gruppen, besonders im Herbst große Schwärme an Schlafplätzen in Gehölzen oder Stadtparks. Kann recht zutraulich werden, sofern sie nicht verfolgt wird. Allesfresser. Nest in Schornsteinen, Belüftungsschächten, Baumhöhlen, Nistkästen für Enten, Höhlen, Felsspalten usw.

**KENNZEICHEN** Aus der Entfernung ganz schwarz, aus der Nähe *dunkelgrau* mit *hellerem Grau auf Halsseiten und Nacken. Augen gräulich weiß,* Schnabel proportional kleiner als bei Raben-, Nebel- und Saatkrähe. Läuft am Boden schnell und aufrecht. Im Flug von Krähen durch *schnellere, etwas tiefere Schläge* der proportional etwas längeren, schlankeren Flügel sowie durch breiteren, aber kürzeren Hals und das wegen des kurzen Schnabels vorne etwas gestutzt wirkende Aussehen unterschieden, fliegt meist in dichteren Schwärmen als Rabenkrähe.– Bei nordosteuropäischen Vögeln *(soemmerringii)* Halsseiten besonders im frischen Herbstgefieder heller, aber in Fennoskandien Übergänge zur Nominatform, daher Unterartbestimmung schwierig. In West- und Südeuropa *(spermologus)* dunkler.

**STIMME** Stimmbegabt. Lock- und Stimmfühlungsrufe recht kurz und scharf, klingen angenehm, manche auch rau und heiser. Oft plötzliches „kja", mehrfach wiederholt, härteres „kjack!", gedehntes „kjaar" und etwas raueres „tschräh", Details und Lautstärke variieren mit Stimmung. Oft leises Schwatzen auf einem Schornstein beieinanderstehender schnäbelnder und turtelnder Paare. Warnruf furios, rau, gedehnt „tschäähr". Ein gackernder Chor ist von großen Trupps an Schlafplätzen zu hören, bevor sie sich zur Nachtruhe begeben.

## ALPENKRÄHE D: B/–/S

Red-billed Chough *Pyrrhocorax pyrrhocorax*

L 37-41 cm, S 68-80 cm. Brütet im Gebirge (1.200-3.000 m, lokal höher) mit Steilabfällen und Schluchten, aber auch auf Meereshöhe an Küstenklippen mit Grotten und tiefen Spalten. Jahresvogel. Oft wenig scheu, daher Annäherung leicht möglich. Außerhalb der Brutzeit gesellig, doch bei Mangel an geeigneten Brutplätzen Tendenz zu Koloniebildung, mitunter zusammen mit Alpendohlen. Nahrungssuche (Insekten, andere Wirbellose, Beeren) am Boden. Nest auf Felssimsen, in Nischen und Spalten von Felswänden, manchmal auch in Höhlungen von Gebäuden und Ruinen.

**KENNZEICHEN** *Metallisch glänzender, schwarzer,* gut dohlengroßer Vogel mit kennzeichnenden Proportionen: *Flügel recht lang, breit und mit geradem Hinterrand* sowie *gerundeter, tief gefingerter Flügelspitze, gerader abgeschnittener, recht kurzer Schwanz* (entspricht Flügelbreite). *Langer Schnabel rot, spitz und abwärts gebogen,* lange rote Beine. Flügelspitze reicht bei stehenden Vögeln bis zur Schwanzspitze (Alpendohle mit deutlich die Flügel überragendem Schwanz). Akrobatisches Flugvermögen, vollführt trotz breiter, ausgefranster Flügel mit größter Leichtigkeit schnelle Drehungen und jähe Richtungswechsel sowie Abstürze *mit angewinkelten Flügeln* und sausendem Fluggeräusch, um gleich darauf wieder himmelwärts zu schießen.– JK: Schnabel matt orangegelb, kürzer als bei ad., Gefieder matter rußschwarz, Beine oft matter rot.

**STIMME** Typischer Ruf, oft bei der Balz im Flug zu hören, schneidend, pfeifend „tjiach", erinnert an Dohle, aber durchdringender, höher und zäher ausklingend; variiert beträchtlich im Detail, z. B. auch „tjiaa", „tjriää", „TJI-ah", „tschraah" usw.

## ALPENDOHLE D: A/R2/J

Alpine Chough *Pyrrhocorax graculus*

L 36-39 cm, S 65-74 cm. Brütet nur in Gebirgen (1.500-3.900 m Höhe) mit steilen, unzugänglichen Felswänden. Jahresvogel. Sehr gesellig, oft das ganze Jahr über in großen Schwärmen (mehrere Hundert). Auf der Suche nach Essensresten häufig an Skihütten und Liftstationen, dort oft erstaunlich vertraut. Rastlos, verschwindet oft unvermutet schnell wieder hinter einem Bergkamm. Nahrung im Sommerhalbjahr vorwiegend Insekten, im Winter Beeren, Samen und Nahrungsreste. Nistet auf Felsvorsprüngen und in Höhlen.

**KENNZEICHEN** Ähnlich nah verwandter Alpenkrähe *mit ganz schwarzem Gefieder* und roten Beinen, *kontrastierend kohlschwarzen Unterflügeldecken* sowie mit atemberaubenden Flugmanövern und spielerischen Verfolgungsjagden. Unterscheidet sich durch *längeren Schwanz* (länger als Flügelbreite) *mit schmalerer Basis und gerundeter Spitze,* etwas kürzere Flügel *mit geschwungenem Armflügelhinterrand, etwas schmalerem Ansatz* sowie *stärker gerundeter Flügelspitze und weniger, nicht gleich langen „Fingern".* Aus der Nähe *kurzer gelber Schnabel* diagnostisch. Von Weitem mit gleich großer Dohle verwechselbar, diese hat aber kürzeren Schwanz (weniger als Flügelbreite), breitere Schwanzbasis, breiteren Kopf/Hals sowie einheitlich graue Unterflügel.– JK: Rußschwarz, etwas matter gefärbt als ad., dunkle Beine, oft dunkle Spitze des gelben Schnabels.

**STIMME** Mindestens 90 % der Rufe artspezifisch und nicht mit Alpenkrähe verwechselbar. Häufigster Ruf von fliegenden Gruppen hell rollend „zirrrrr" von fast „elektrischer" Qualität, daneben durchdringend pfeifend „ziieh" sowie dazwischen liegende Rufe, z. B. „zrieh". Angstruf etwas tiefer und voller „krrrrü". Einzelne Rufe erinnern mehr an Alpenkrähe.

Dohle

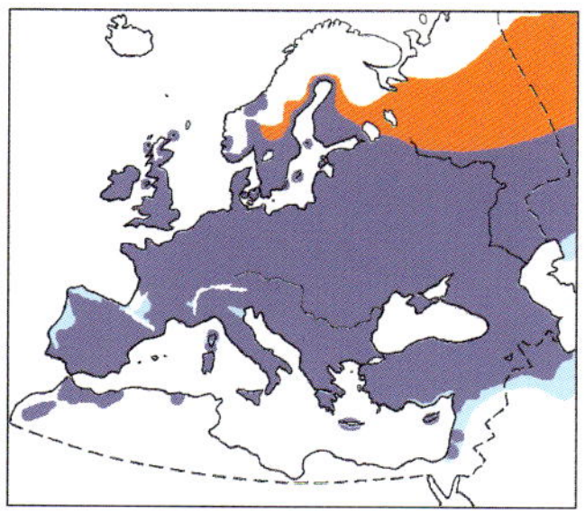

Alpenkrähe

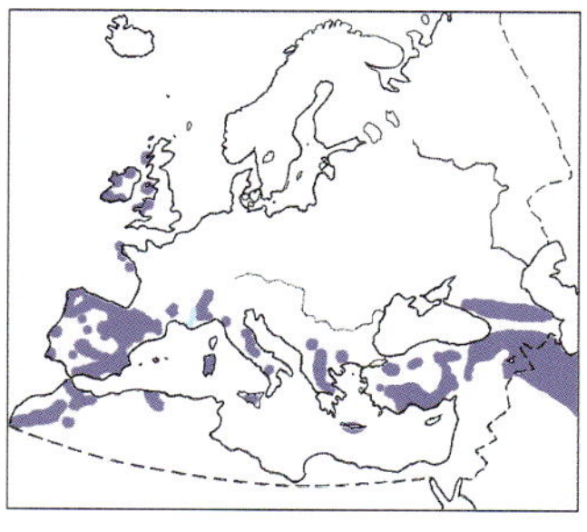

Alpendohle

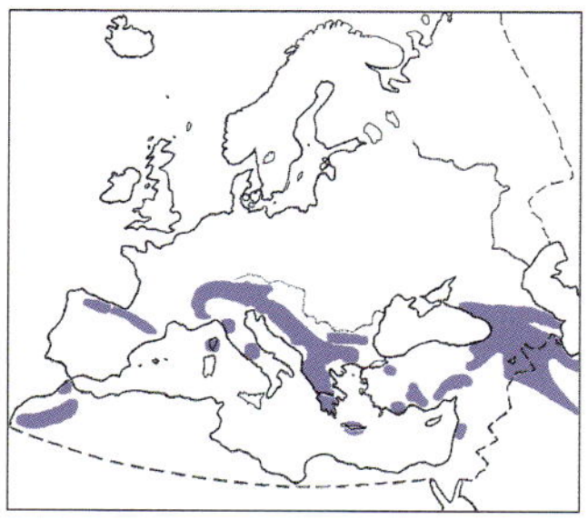

## DOHLE

## ALPENKRÄHE

## ALPENDOHLE

DZ

## SAATKRÄHE D: A/N4/JZW

Rook *Corvus frugilegus*

L 41-49 cm, S 81-94 cm. Brütet in Kolonien in der Agrarlandschaft, baut lockere Reisignester in Baumkronen auch bei Gehöften oder in Parks, sehen vor Laubaustrieb wie große Hexenbesen aus. Nahrungssuche in oft großen Schwärmen auf gepflügten Feldern und auf Weiden, oft in Gesellschaft von Dohlen. Ohne Jagddruck wenig scheu. Allesfresser, nimmt aber überwiegend Insekten und Regenwürmer. Im Nordosten Zugvogel.

**KENNZEICHEN** Größe wie Rabenkrähe (und oft mit ihr verwechselt), *einheitlich schwarzes Gefieder,* aus manchen Perspektiven violett schimmernd. Ad. mit *unbefiederter grauweißer Hautpartie am Schnabelgrund* und ohne Befiederung der Nasenlöcher. Ferner im Unterschied zur Rabenkrähe Stirn steiler, Scheitel spitzer und Hals kürzer, Brust flacher, Bauch durch locker abstehendes Gefieder voller wirkend. Unbefiederter Schnabelgrund entsteht Feb.-Mai des 2en KJ, bis dahin von sehr ähnlicher Rabenkrähe unterschieden durch etwas andere Schnabelform *mit geraderem First und schlankerer Spitze* (sowie Stimme). *Flügelschläge bei Saatkrähe elastischer, schneller und tiefer, Schwanzspitze mehr gerundet,* fast keilförmig, etwas längerer Handflügel und schmalere Flügelspitze (Unterschiede jedoch gering).

**STIMME** Ruft heiser und nasal, ohne höheres, offenes, rau rollendes „r" der Rabenkrähe, eher schleifend und gereizt „geaah", „gääääh", „gra gra grah…" u. Ä.; Lärm einer Kolonie oft ohrenbetäubend.

## NEBELKRÄHE D: A/R5/JZW

Hooded Crow *Corvus cornix*

L 44-51 cm, S 84-100 cm. Brütet in Einzelpaaren in offenem Waldland, in Baumgruppen in der Kultur- und Agrarlandschaft, auch in Parks in Städten. Überwiegend Jahresvogel, nordöstliche Populationen Kurzstreckenzieher. Hybridisiert in schmaler Kontaktzone mit Rabenkrähe. Wachsam und scheu, da in vielen Ländern von Jägern verfolgt. Allesfresser, verzehrt Abfall, Aas, Beeren und Samen, erbeutet verschiedene Kleintiere auf Feldern, Wiesen und am Strand (dort auch kleine Fische, Muscheln u. Ä.). Stabiles Nest in Baumkrone, gewöhnlich gut getarnt.

**KENNZEICHEN** Größe etwa wie Saatkrähe, ähnliche Gestalt, jedoch *Gefieder zweifarbig, Körper schmutzig hellgrau,* Flügel, Schwanz und Kopf sowie *ausgefranster Brustlatz schwarz* (vgl. Glanzkrähe, S. 382). Fliegt recht lässig und locker, Flügelbewegung etwas zögerlich (im Unterschied zu tieferen, energischeren Flügelschlägen der Dohle). Truppformation meist locker.

**STIMME** Laut. Ruft meist heiser, hart, krächzend am häufigsten 3-4-mal wiederholt „krra krra krra" (mitunter wie Saatkrähe ohne rollendes „r", „gaah…"); bei Streitereien oder beim Hassen auf Sperber oder Eule gedämpft, aber hartnäckig schnarrend „krrrr krrrr…", angesichts eines Habichts aber meist laut, hart, erregt „krrah".

## RABENKRÄHE D: A/R5/JZW

Carrion Crow *Corvus corone*

L 44-51 cm, S 84-100 cm. Nah mit Nebelkrähe verwandt, vertritt diese in Mittel- und Südwesteuropa. Beide hybridisieren in einer schmalen Kontaktzone in Deutschland entlang der Elbe und produzieren intermediär aussehende Nachkommen. Lebensraum und Lebensweise wie Nebelkrähe.

**KENNZEICHEN** Größe und Gestalt wie Nebelkrähe, aber *gesamtes Gefieder schwarz* (frisch mit schwachem grünem oder violettem Metallglanz). Vom Kolkraben unterschieden durch deutlich geringere Größe, breitere, kürzere Flügel, *lässigere Flugweise* mit flacheren Flügelschlägen sowie *stumpf gerundetes, nicht keilförmiges Schwanzende.* Verwechslungsgefahr mit jungen Saatkrähen, aber *Schnabel dicker, stumpfer,* an Spitze *deutlich abwärts gebogen,* Flugweise etwas lässiger, Flügel ein wenig kürzer und breiter (Unterschiede jedoch gering).

**STIMME** Sehr ähnlich Nebelkrähe, klingt aber oft etwas härter und garstiger, nicht so offen rollend.

## KOLKRABE D: A/N4/J

Northern Raven *Corvus corax*

L 54-67 cm, S 115-130 cm. Brütet in größeren Wäldern, im Gebirge und an Küstenklippen. Revier groß, streift weit umher, führt Dauerehe. Jahresvogel. Sehr scheu und wachsam. Allesfresser. Großes Zweignest in unzugänglichen Felsen oder auf hohen Bäumen, brütet im zeitigen Frühjahr.

**KENNZEICHEN** Größter Sperlingsvogel, *größer als Mäusebussard.* Gefieder *ganz schwarz* mit Metallglanz (grün, blauviolett). *Schnabel sehr kräftig,* auch im Flug auffallend wie *zottig abstehende Kehlbefiederung.* Flugsilhouette typisch durch *lange, verhältnismäßig schmale Flügel* mit gefingertem, aber *recht schmalem, langem Handflügel, weit hervorstehende Halspartie* und *keilförmiges Schwanzende,* Flugweise ebenfalls kennzeichnend, oft in beträchtlicher Höhe und in recht hohem Tempo; dabei *langsame, aber tiefe und fördernde, elastische Flügelschläge* mit leicht *nach hinten abgewinkeltem Handflügel;* tritt oft paarweise auf. Kreist häufig, hält Flügel waagrecht oder sogar leicht gesenkt, nicht angehoben wie Bussard oder Steinadler.

**STIMME** Laut, klangvoll, kehlig mit rollendem „r". Ruft tief „korrp", manchmal 3-4-mal wiederholt. Warnruf schneller hart „krack-krack-krack". Im Frühjahr verschiedene merkwürdig knackende und glucksende Laute sowie resonant „klong".

Saatkrähe

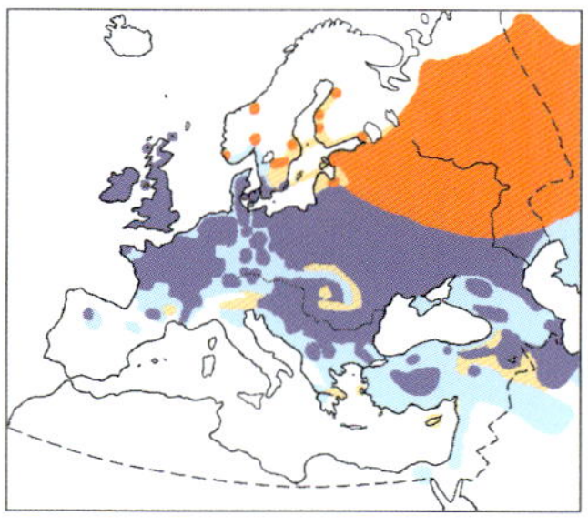

Nebelkrähe

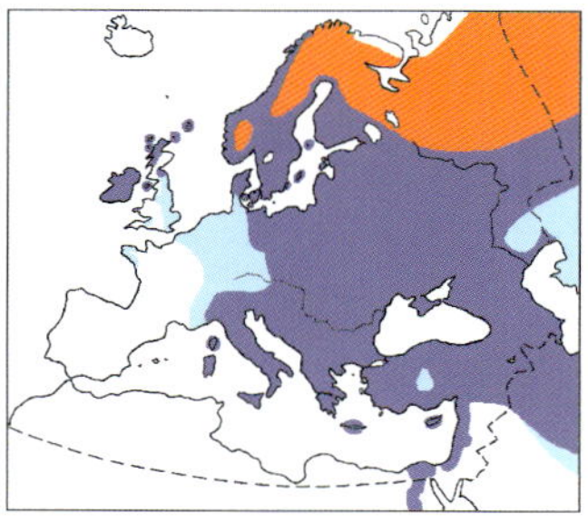

Rabenkrähe

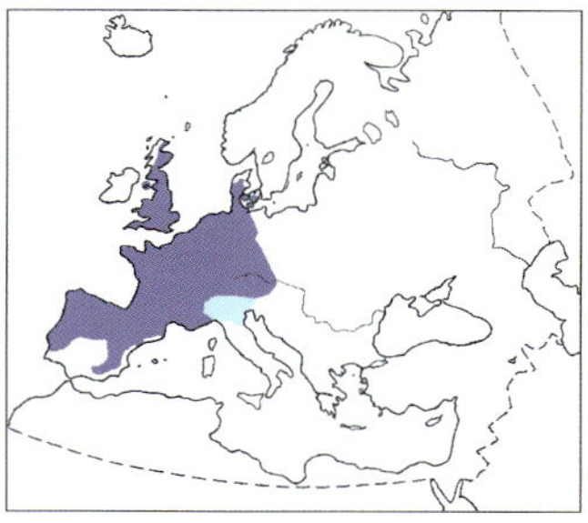

Kolkrabe

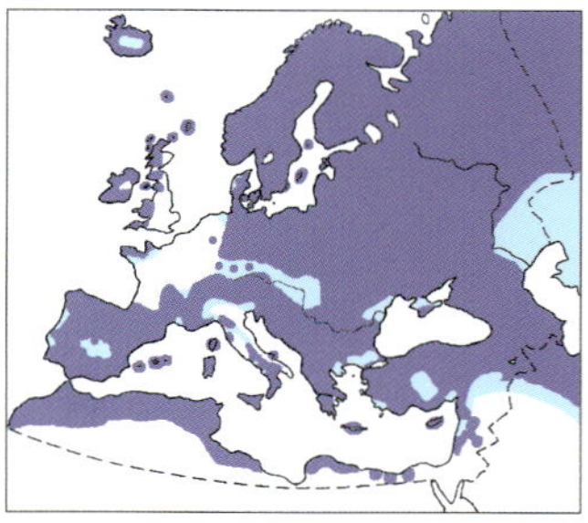

## SAATKRÄHE

## NEBELKRÄHE

## RABENKRÄHE

## KOLKRABE

DZ

### WÜSTENRABE –

Brown-necked Raven *Corvus ruficollis*

L 48-56 cm, S 103-120 cm. Brütet in Wüste und Trockensteppe, gelegentlich zwar an Berghängen oder felsigen Wadis zu sehen, aber kein Bergbewohner. Jahresvogel. Wachsam, scheu, daher Annäherung oft schwierig. Nest in Baumkronen, Masten oder in Klippen, ausnahmsweise auf dem Boden.

**KENNZEICHEN** Sehr ähnlich Kolkrabe, im Freiland nur schwer zu unterscheiden, Stimme oft sicherstes Merkmal (s. u.). *Etwas kleiner* als Kolkrabe (ohne direkten Vergleich aber schwer zu beurteilen), proportional *etwas kleinerer* (dünnerer) *Schnabel,* etwas weniger struppige Kehlbefiederung sowie *etwas schmalerer Handflügel* (in Flügelspitze ein „Finger" weniger). Fliegt oft mit abwärts gerichtetem Schnabel, Schwanzspitze oft weniger deutlich keilförmig (mitunter etwas vorragende mittlere Steuerfedern wie bei Rötelfalke), diese Merkmale jedoch nicht immer zutreffend oder oft schwierig zu beurteilen, aus der Nähe *bronzebrauner Nacken* (bei Kolkrabe manchmal angedeutet), Zehen oft gelblich (zumindest im Nahen Osten).

**STIMME** Ruft u. a. erstaunlich krähenartig krächzend „krriäh", etwas heiser und hell, nicht so tief, widerhallend oder rollend wie Kolkrabe. Ferner ähnlich Nebelkrähe „grreu grreu grreu", wohl als Revierruf.

### BORSTENRABE –

Fan-tailed Raven *Corvus rhipidurus*

L 45-52 cm, S 103-110 cm. Brütet in Gebirgswüsten, lokal in felsigen, kargen Gebieten in geringerer Höhe. Jahresvogel. Gesellig, oft in Trupps, kreist häufig, vollführt Flugspiele. Allesfresser, besucht Deponien, Felder, Oasen. Nest an Klippen oder in Höhlungen steiler Felsen.

**KENNZEICHEN** Größe wie Wüstenrabe, kleiner als Kolkrabe. Schwanz sehr kurz, *Flügelspitzen überragen* am Boden *deutlich die Schwanzspitze* (bei Wüstenraben gleiche Länge). Schnabel recht kurz und dick, Kopf jedoch klein (erinnert mitunter an Geier). Läuft oft mit halb geöffnetem Schnabel am Boden. Im Flug sofort erkennbar an besonderer Silhouette *mit sehr breiten Flügeln (am Flügelansatz am breitesten)* und gestutztem Schwanz.

**STIMME** Ruft kolkrabenähnlich „offen" rollend und angenehm klingend „korr korr". Bei Beunruhigung, z. B. bei Nähe eines Greifvogels, helles, trockenes, hölzern rollendes „trrrü trrrü…" oder gedehntes „krriah".

### GLANZKRÄHE –

House Crow *Corvus splendens*

L 37-42 cm, S 68-80 cm. Indische Art, erst in jüngerer Zeit durch Schiffstransport (oder Aussetzung) ins Bearbeitungsgebiet gelangt. Koloniebrüter in Menschennähe, in Hafengegenden oder Städten mit Brutbäumen und Nahrung in Form von Abfällen. Allesfresser, gesellig, fast stets im Trupp.

**KENNZEICHEN** Größe zwischen Dohle und Nebelkrähe, aber schlanker und eleganter als beide. Am Boden recht *schmächtig mit auffallend langen Beinen* und Flügeln, *kleinem Kopf,* aber verhältnismäßig *großem Schnabel,* oft durch steile Stirn betont. Gefieder erinnert an Hybriden zwischen Raben- und Nebelkrähe, d. h. *Kopf, Brustlatz, Mantel, Flügel und Schwanz schwarz, übriges Gefieder dunkelgrau* (Nacken, Hals und Vorderbrust etwas heller), Schwarz des Kopfs endet weniger ausgedehnt als bei Nebelkrähe direkt hinter dem Auge, Kontrast zwischen Grau und Schwarz bei entfernten Vögeln schwierig zu sehen, wirken dann nur dunkel. Durch *schlanke, leicht gewinkelte Flügel* und recht großen Schnabel sowie *langen Schwanz* entsteht Eindruck eines kleinen Kolkraben.

**STIMME** Schweigsam, ruft gedämpft krächzend „kraar", erinnert etwas an Nebelkrähe, bei Annäherung von Greifvögeln härter „krao-krao".

## STARE Sturnidae

Vier mittelgroße, kompakt gebaute Sperlingsvögel mit kurzem Schwanz, kräftigen Füßen und spitzem Schnabel. Oft in großen, dichten Schwärmen; häufig auf dem Boden, laufen recht flink. Höhlenbrüter. Vielfältige Nahrung. Eine asiatische Art unten behandelt, die drei europäischen auf der Folgeseite.

### TRISTRAMSTAR –

Tristram's Starling *Onychognathus tristramii*

L 24-27 cm. Brütet in kargen Gebirgsgegenden, vor allem im Bereich von Schluchten, Wadis und Tälern mit etwas Vegetation. Jahresvogel. Gesellig, außerhalb der Brutzeit oft in Trupps (10-15 Vögel nicht ungewöhnlich). Nahrung Insekten, Früchte, Beeren; besucht mitunter tiefer gelegene Anbauflächen. Brütet in Felshöhlen.

**KENNZEICHEN** Etwa starengroß, aber etwas *langschwänziger und schlanker.* Gefieder überwiegend *schwarz* mit blauviolettem Metallglanz. Typisches *großes, leuchtend kupferfarbenes* Feld im Handflügel, im Flug auffällig, bei geschlossenem Flügel nur als schmales Band am Flügelrand sichtbar. Augen (braun)rot. Kopf und Hals bei ♀ gräulich mit diffus dunklerer Strichelung oder Fleckung.

**STIMME** Stimmfreudig und laut. An Berghängen fliegende Trupps äußern kräftige Glissandorufe, erinnern an Gassenpfiffe oder an Sendersuche (mit voller Lautstärke) auf altem Radio, „WIJwuuWIJ" und „woWIIJuu". Warnruf pirolähnlich „wäääch", aber mit garstigerem Klang. Gesang soll leise Serie knirschender und rauer Laute sein.

Wüstenrabe

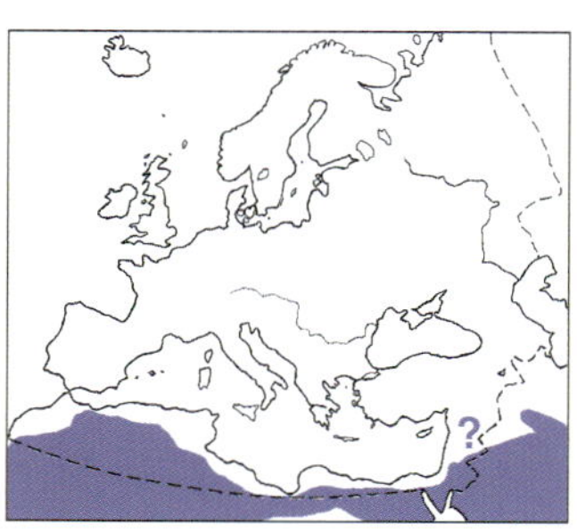

Borstenrabe

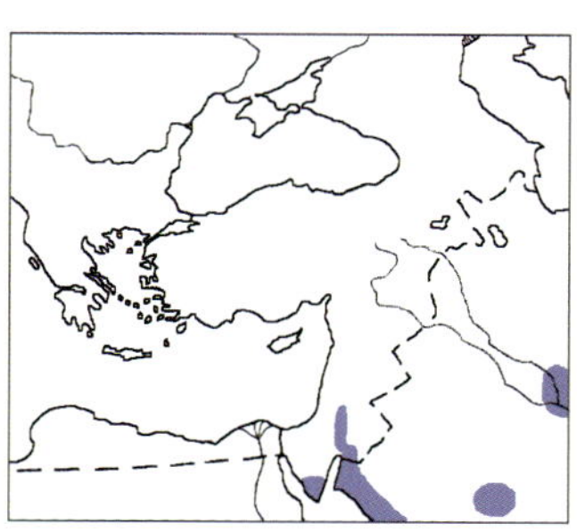

Glanzkrähe

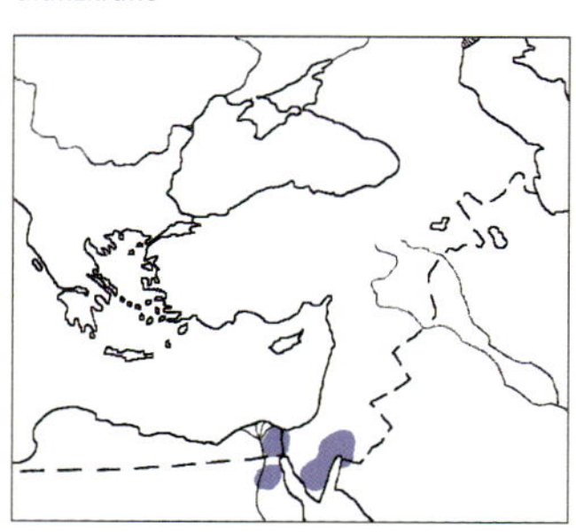

Tristramstar

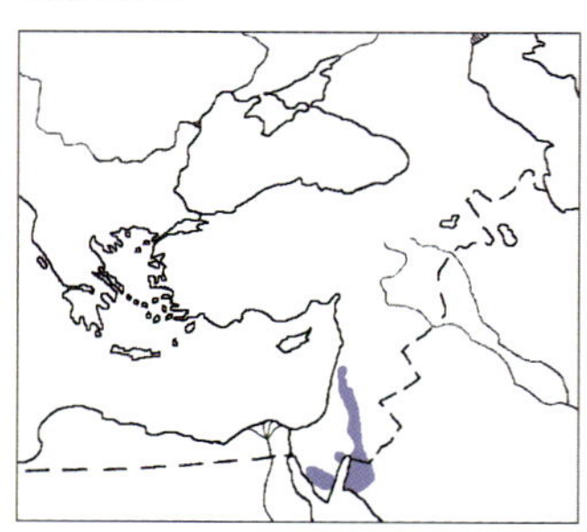

## WÜSTENRABE

## BORSTENRABE

## GLANZKRÄHE

## TRISTRAMSTAR

DZ

### STAR **D:** A/N6/JZ

Common Starling *Sturnus vulgaris*

L 19-22 cm. Bekannter Brutvogel im menschlichen Siedlungsbereich, in Gärten, Parks und Wäldern mit Höhlenangebot. Teilzieher (März-Okt.), viele überwintern in Mitteleuropa. Nach der Brutzeit in oft riesigen Schwärmen zur Nahrungssuche auf Wiesen, Feldern und Tangflächen, aber auch an Obstbäumen, übernachtet oft im Schilf.

**KENNZEICHEN** Bei einem *schwarzen Vogel mit gelbem Schnabel auf dem Rasen* muss der Beginner zwischen Amsel und Star unterscheiden, doch ist der Star leicht erkennbar: Ad. mit *gelblich weißen Flecken* im Gefieder, Federn mit *grün-violettem Metallglanz; Schwanz kurz, Schnabel recht lang und spitz,* hüpft nicht, sondern *trippelt mit ruckartigen Bewegungen.* Fliegt schnell und in leichten Bögen, typische Silhouette mit recht *spitzen Flügeln und kurzem Schwanz.*– ♂ PK: Ungefleckte Brust und blaugraue Unterschnabelbasis.– ♀ PK: Unterseits mit einigen verbliebenen hellen Flecken, gelblich weiße Unterschnabelbasis.– SK: Schnabel dunkel, gesamtes Gefieder dicht gelbweiß gefleckt, Kinn hell.– JK: Gefieder *matt schmutzig braun.*– 1er W: ähnlich SK, mausernde Vögel (Ende Juli-Sept.) mit hell geflecktem Körper und verbliebenem mattbraunem Kopfgefieder.

**STIMME** Reiches Lautrepertoire. Auffliegend und im Flug kurz schwirrend „tjürr“, Warnruf am Nest heiser quäkend „stääh“, bei Gefahr aus der Luft scharf „kjätt“, Bettelrufe der Jungvögel murmelnd, heiser schwirrend, bei ausgeflogenen juv. mitunter metallisch ratternd. Gesang im Frühjahr an Nisthöhle (mit heftig schlagenden Flügeln und gesträubtem Kehlgefieder), bei warmem Wetter auch im Herbst und Winter, aus lauten, gedehnten Pfeiftönen und recht leisen, knackenden, klickenden und knirschenden Lauten sowie vielen Imitationen anderer Vögel (u.a. Kiebitz, Brachvogel, Haussperling, Elster) oder Geräusche.

### EINFARBSTAR –

Spotless Starling *Sturnus unicolor*

L 19-22 cm. Jahresvogel in Siedlungen und Gärten, manchmal in Olivenhainen oder auf Klippen. Verhalten wie Star.

**KENNZEICHEN** Sehr ähnlich Star, aber im Frühjahr und Sommer *völlig ungefleckt schwarz* (♀ und ♂ im 1en S manchmal mit einigen feinen Flecken auf Unterschwanzdecken) mit *einheitlicherem Purpurglanz* (aus manchen Winkeln grün). Im Winter helle Flecke auf Rücken, Bauch und Unterschwanzdecken, *Scheitel meist ungefleckt* (bei Star gefleckt). Schnabel wirkt oft kurz, *Beine hellrosa* (heller als bei Star).

**STIMME** Sehr ähnlich Star, Pfeiftöne im Gesang jedoch schärfer, oft klarer, lauter und ansteigend, Triller oft kräftiger und rollender.

### ROSENSTAR **D:** A/–/S

Rosy Starling *Pastor roseus*

L 19-22 cm. Brütet kolonieweise in Agrarlandschaft oder Steppen. Auftreten unstet, abhängig vom Massenvorkommen von Heuschrecken. Sommervogel.

**KENNZEICHEN** *Körper rosa,* Kopf, Flügel und Schwanz schwarz. Ad. ♂ mit violettem Metallglanz am Kopf und grünem auf Flügeln und *langem, hängendem Schopf.* ♀ etwas matter gefärbt sowie mit kürzerem Schopf und bräunlichem Rücken.– 1er W: Schmutzig graubraune Rosafärbung auf Rücken und Bauch, oft ohne Metallglanz und Schopf.– JK: Wie blasser junger Star, aber mit *gelblichem, kürzerem und stumpferem Schnabel,* Kontrast zwischen dunkleren Flügeln und hellerem Körper sowie (besonders im Flug erkennbar) *hellem Bürzel* (beachte abweichend helle junge Stare, diese aber mit dunklem, spitzem Schnabel).

**STIMME** Ruft kurz und rau. Gesang, oft mit zuckenden Flügeln, ein klingelnder, aufbrausender Chor von knackenden, quietschenden und silberhellen Lauten.

## PIROLE Oriolidae

Mittelgroße Sperlingsvögel von länglicher, drosselähnlicher Gestalt. Meist im Laub von Baumkronen versteckt. Im Bearbeitungsgebiet nur eine Art.

### PIROL **D:** A/N4/Z

Eurasian Golden Oriole *Oriolus oriolus*

L 22-25 cm. Brütet in offenem Laubwald (auch mit einzelnen Koniferen), gern an Gewässern und im Auwald, auch in Parks. Sommervogel (Mai-Aug.), überwintert im tropischen Afrika. Scheu und rastlos, schwer zu beobachten, hält sich meist hoch im Laubwerk verborgen. Nahrung Insekten, Früchte. Kunstvolles, hängendes Nest in Astgabel geflochten (wie Vogelnest in Comic), meist hoch in Laubbäumen.

**KENNZEICHEN** Fliegt schnell durch Baumkronen, im Streckenflug drosselartig in langen, flachen Bögen.– Ad ♂: Unverkennbar, *leuchtend gelb mit schwarzen Flügeln und schwarzem Schwanz* sowie rötlichem Schnabel, *Zügel schwarz.*– ♀/♂ 1er S/JK: *Oberseite grün, Unterseite schmutzig weiß mit feiner Strichelung,* an Flanken und Bauch variabler Anflug von Gelbgrün oder Gelb. (Einzelne ad. ♀ mitunter sehr ♂-ähnlich, jedoch mit dunkelgrauem Zügel und teilweise olivfarbenen Schirmfedern und mittleren Steuerfedern.)

**STIMME** Ruft oft rau und heiser „wjääehk“, erinnert etwas an Eichelhäher, klingt aber nasaler und gepresster. Ferner falkenartig schnell „gigigigigi“. Gesang aus kräftigen, sehr melodischen Flötentönen, die (aus der Ferne) etwas an Amselgesang erinnern, z.B. „FOH-flüo-FIH-fiu“, kürzer „fo FLÜH-füo“ oder nur „fiiooh“, im Detail variabel.

Star

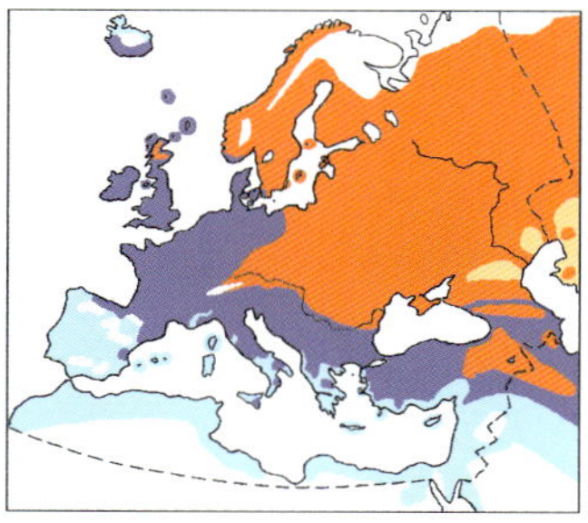

Einfarbstar

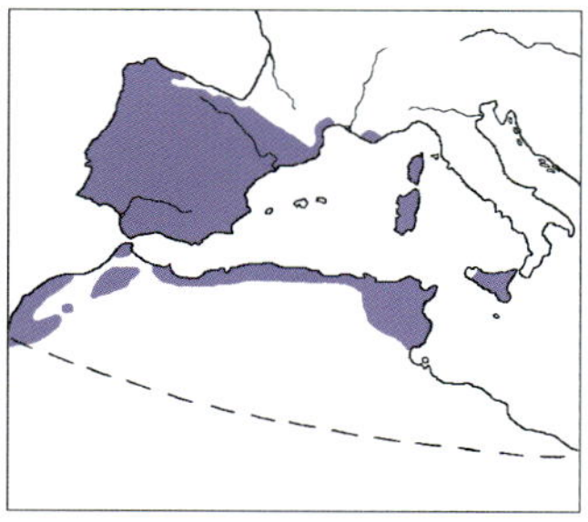

Rosenstar

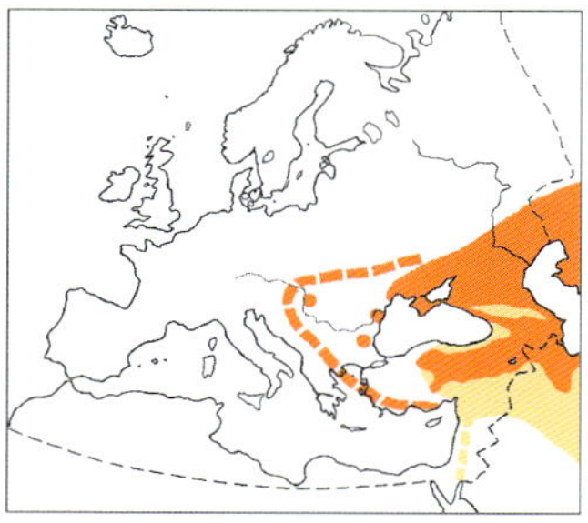

Pirol

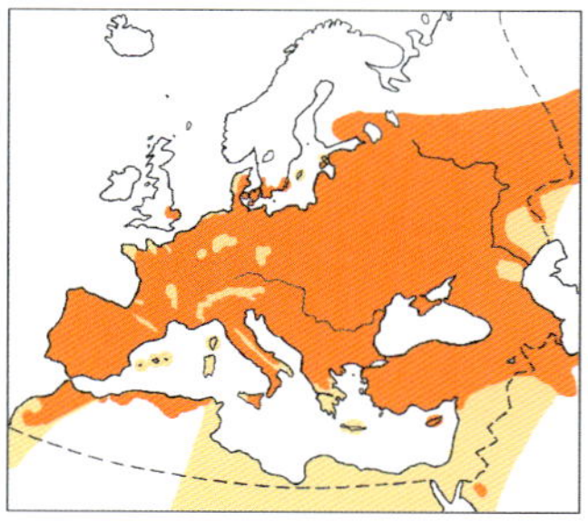

## STAR

## EINFARBSTAR

## ROSENSTAR

## PIROL

# SPERLINGE Passeridae

Kräftig gebaut, mit kegelförmigem Schnabel. Einfaches Stimmrepertoire, oft liederliches, kugeliges Nest. Im Sommer das Großgefieder einschließende Jugendmauser.

### HAUSSPERLING D: A/N6/J

House Sparrow *Passer domesticus*

L 14-16 cm. Brütet fast ausschließlich in menschlichen Siedlungen. Jahresvogel. Auch zur Brutzeit gesellig, oft in dichten Trupps. Nest unter Dachziegeln, in Lüftungsschächten und Gebäudenischen, gelegentlich in Bäumen.

**KENNZEICHEN** Robust mit breitem Körper, recht großem Kopf und *kräftigem Schnabel.* Gefieder häufig aufgeplustert, „locker" und struppig erscheinend. Grundmerkmale sind *kräftig schwarz gestreifter bräunlicher Mantel,* im Stehen *kauernde Haltung* mit eingezogenen Beinen und schwerfälliger, angestrengt wirkender Flug mit *ständig schwirrenden Flügelschlägen.*– Ad. ♂: *Kehle,* Zügel und Augenregion *schwarz, grauer Scheitel* an den Seiten breit kastanienbraun eingefasst, Halsseiten weißlich, aber *Ohrdecken meist düster grau; breite weiße Flügelbinde.* Schnabel zur Brutzeit schwarz.– ♀/JK: Unterseits düster bräunlich grau, oberseits schmutzig braun mit schwarz gestreiftem Mantel, meist deutlicher hellbeiger Überaugenstreif. Erste schwarze Kehlfedern des juv. ♂ ab Aug./Sept.

**STIMME** Bei der Balz lange Serien einsilbiger, ständig variierter Tschilptöne, etwa „tschilp tschef tschilp tschelp tschürp …". Bei Beunruhigung ratternd „tscher'r'r'r'r'r".

### ITALIENSPERLING D: E/–/S

Italian Sparrow *Passer italiae*

L 14-16 cm. Früher als Mischform zwischen Haus- und Weidensperling betrachtet, inzwischen eher als eigene Art (wie hier) oder als Unterart des Weidensperlings. Brutvogel des italienischen Festlands, Korsikas und teilweise Siziliens, hybridisiert in den Südalpen mit Haussperling. Ähnlich aussehende Vögel Nordafrikas jedoch eher Hybriden zwischen Haus- und Weidensperling. (Ohne Karte.)

**KENNZEICHEN** Kombiniert *kastanienbraunen Scheitel* und *weißliche Wangen* des Weidensperlings mit dem *Fehlen schwarzer Unterseitenfleckung* des Haussperlings. Oft *angedeuteter kurzer weißer Überaugenstreif* wie bei Weidensperling. ♀ nicht von den beiden anderen Arten unterscheidbar.

**STIMME** Nicht von Haussperling unterscheidbar.

### WEIDENSPERLING –

Spanish Sparrow *Passer hispaniolensis*

L 14-16 cm. Brütet anders als Haussperling in hohen Gebüschen oder Baumgruppen, oft in großen Kolonien. Kugelförmiges Nest aus Stroh und Zweigen, auch als „Untermieter" in Storchennestern. Überwiegend Jahresvogel im Westen, Zugvogel im Osten, *tagsüber ziehende dichte, wogende Trupps* mit zielgerichtetem, niedrigem Flug.

**KENNZEICHEN** Gestalt wie Haussperling.– ♂: Leicht zu bestimmen an Kombination von *kastanienbraunem Scheitel, ausgedehnt schwarzer Kehle und Brust,* die *bis zu den schwärzlichen Schultern reicht, grob schwarz gefleckten Flanken, weißen Ohrdecken und Halsseiten, schmalem weißem Überaugenstreif* (gelegentlich über dem Auge unterbrochen); im PK viel *Schwarz auf Mantel und Schulterfedern.*– ♀: Im Freiland meist nicht von Haussperling zu unterscheiden (durchschnittlich etwas größerer Schnabel, hellerer Bauch, gelegentlich angedeutete Strichel auf Flanken, aber Unterschiede zu gering für sichere Bestimmung).

**STIMME** Etwas *höher* und *metallischer als Haussperling. Schnelle, monotone Serie* „tschiLI-tschiLI-tschiLI-…".

### FELDSPERLING D: A/N5/J

Tree Sparrow *Passer montanus*

L 12,5-14 cm. Brütet in offenem Waldland, meist nahe Kulturland, oder Siedlungen. Jahresvogel. Höhlenbrüter.

**KENNZEICHEN** Kleiner und sauberer gezeichnet als Haussperling, wie dessen ♂ mit schwarz gestreiftem, braunem Mantel, deutlicher weißer Flügelbinde, schwarzem Kinn und braungrauer Unterseite, unterschieden jedoch durch *rotbraune Kopfplatte, reinweiße Kopfseiten* mit *großem schwarzem Wangenfleck, kleineren und schärfer abgesetzten schwarzen Kinnfleck* und *schmal weißes Halsband* (nur im Nacken unterbrochen); Geschlechter gleich gefärbt.

**STIMME** Recht ähnlich Haussperling, jedoch kennzeichnendes „tsuWITT", etwas nasal und zweisilbig mit vergnügtem Klang. Flugruf trocken „tett-ett-ett-ett". Gesang schnelle Folge von „tswit" oder ähnlichen Rufen, etwas höher als Haussperling.

### MOABSPERLING –

Dead Sea Sparrow *Passer moabiticus*

L 12-13 cm. Brütet in trockenen Ebenen mit Tamarisken oder anderen Büschen und Zugang zu Wasser, nicht an Menschen gebunden. Ortstreu oder nomadisch, recht scheu.

**KENNZEICHEN** Klein.– ♂: *Scheitel, Nacken und Ohrdecken dunkelgrau* (im SK leicht braun getönt), kleiner schwarzer Kinnfleck, *heller Überaugenstreif am Ende beige,* charakteristische *hellgelbe Halsseiten.*– ♀: Ähnlich *kleinem, hellem* Haussperling, einige mit angedeutet gelben Halsseiten.

**STIMME** Stimme dünner als Haussperling. Flugrufe wiederholt hoch und zweisilbig „tschi-vit". Gesang aus schnellen, rollenden „trirp-trirp-trirp-trirp"-Rufen oder auch langsameren Serien sonorer, aber variabler Tschilptöne „sri-tja-sri-tja-sri-tja-sri-tja".

Haussperling

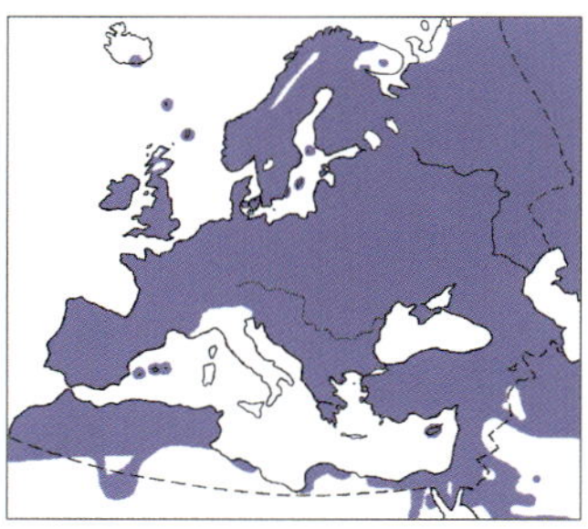

Weidensperling

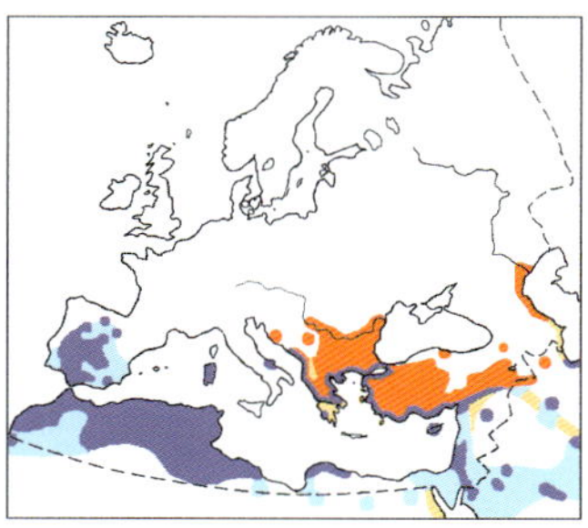

Feldsperling

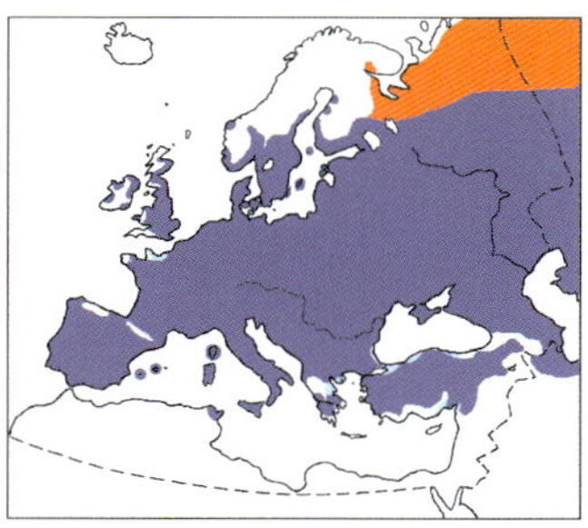

Moabsperling

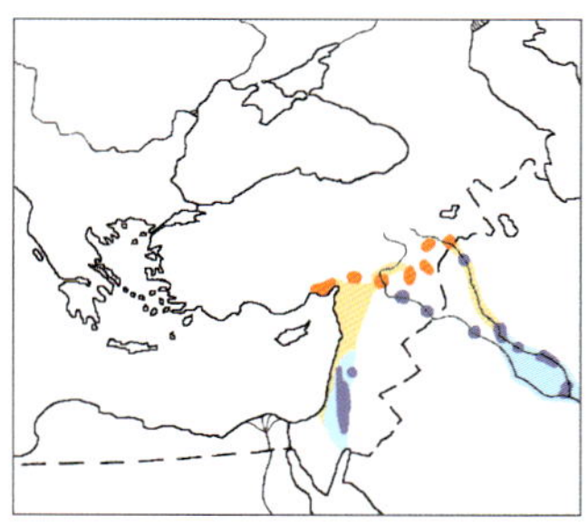

## HAUSSPERLING

## ITALIENSPERLING

♀ vom Haussperling-♀ nicht unterscheidbar

## WEIDENSPERLING

## FELDSPERLING

## MOABSPERLING

## STEINSPERLING D: B/0/–

Common Rock Sparrow *Petronia petronia*

L 15-17 cm. Bewohnt Lebensräume mit kahlen Böden, z. B. Felsen, Schluchten, Wadis, Sand- und Steinbrüche, offene Landschaften mit Mauern, Ruinen oder Häusern, lokal auch Bergwiesen mit Geröllblöcken und Kulturlandschaft. Jahresvogel, gesellig, außerhalb der Brutzeit oft in großen Schwärmen. Nest in Felshöhlen oder -spalten.

**KENNZEICHEN** Recht groß und *sehr kräftig* mit breitem Kopf und *grobem Schnabel.* Gefieder kräftig gestreift, Flügel gemustert, *breiter heller Überaugenstreif, breiter dunkler Scheitelseiten-* und Augenstreif. Großer Teil der *weißlichen Unterseite markant braungrau gestreift* (wirkt auf Entfernung recht dunkel), gelber Fleck auf Kehle/Vorderbrust (aber oft schwer zu sehen). Schwanz dunkel, *äußere Federn mit breit weißen Spitzenflecken, Unterschwanzdecken dunkel mit breiten hellen Säumen.* Geschlechter gleich gefärbt.

**STIMME** Vielfältig. Ruft kurz nasal „vüi", bei Alarm hart rollend „tii-tür'r'r'r", kennzeichnend ein lauter, gedehnter Ruf, wiederholt und variiert auch als Gesang, „sle-väit" oder „twäjuIIT", etwas nasal, knarrend und „verführerisch" klingend, gelegentlich auch kürzer „twüIT".

## FAHLSPERLING –

Pale Rock Sparrow *Carpospiza brachydactyla*

L 14,5-15,5 cm. Brütet in trockenem, hügeligem und kahlem Gelände mit einzelnen Büschen und etwas Bodenvegetation. Zugvogel. Nest in Astgabel von Baum oder Busch.

**KENNZEICHEN** Recht schlank mit kleinem Kopf und *großem, kurzem, hohem Schnabel,* an der Basis etwas geschwollen. Gefieder recht einfarbig *hell graubeige* (Mantel ohne deutliche Streifung). Schwach angedeuteter, heller Überaugenstreif, diffuser heller Augenring, zwei undeutliche helle Flügelbinden. *Schnabel* im PK recht *dunkelgrau* mit etwas hellerer Unterschnabelbasis, im SK heller graubeige. Im Flug *schmale weiße Steuerfederspitzen.*

**STIMME** Rufe grünfinkenähnlich „dvui", auch kurz, tief, rollend „trrü" (wie entfernter Bienenfresser). Gesang einfaches, gedehntes, 1 s andauerndes, kehliges Summen, „bzrüüüüiz", wie Insekt oder Elektromotor, manchmal eingeleitet durch „bz-bz-bz-bzrüüüiz" (ähnlich Grauammer).

## GELBKEHLSPERLING –

Yellow-throated Sparrow *Gymnoris xanthocollis*

L 13-14,5 cm. Brütet im Bearbeitungsgebiet nur an wenigen Stellen der Südosttürkei in Gehölzen und Plantagen oder in trockenem Gebüsch mit einzelnen Bäumen. Sommervogel, überwintert in Indien, zurück im Mai.

**KENNZEICHEN** Kleiner und *schlanker* Sperling mit kleinem Kopf, aber *langem, kräftigem, spitzem, kegelförmigem Schnabel,* dessen Größe durch flache Stirn/Scheitel betont wird (kann aber Scheitelfedern aufstellen). Gefieder braungrau mit etwas hellerem Bauch und *doppelter Flügelbinde.* ♂ von ♀ durch *rotbraune Randdecken, gelben Kehlfleck, dunklen Zügel* und (im PK) *schwarzen Schnabel* unterschieden. Schwanz graubraun, gerade abgeschnitten, Beine grau.

**STIMME** Ähnlich Haussperling. Einfacher, tschilpender Gesang, aber Tempo kennzeichnend schnell, Ton voll und klingelnd. Ruft durchdringend „tschiAH" (wie kleine Alpenkrähe).

## WÜSTENSPERLING –

Desert Sparrow *Passer simplex*

L 13-14,5 cm. Brütet in Sandwüsten bei Oasen, Siedlungen oder Plantagen. Ortstreu oder nomadisch. Höhlenbrüter.

**KENNZEICHEN** Wie blasser kleiner Haussperling. Gefieder *blassbeige sandfarben.*– ♂: *Kehle, Zügel und Augenregion schwarz,* im PK *schwarzer Schnabel;* Handdecken, Alula, äußere Große Armdecken, Handschwingenspitzen und Schirmfederzentren bräunlich schwarz; *Scheitel und Mantel grau getönt.*– ♀: Überwiegend hell sandfarben mit wärmer *ockerfarbenem Ton auf Scheitel, Mantel* und Brust; Kehle hell, dunkle Flügelmarkierungen braungrau, nicht schwarz wie bei ♂. Heller Schnabel zur Brutzeit dunkler.– JK: Wie ♀, aber Flügelmarkierungen noch weniger kontrastierend.

**STIMME** Ähnlich Haussperling, aber metallischer, durchsetzt mit bachstelzenartigem hohem „tschi-vi tschi-i". Im Flug oft grünfinkenähnlich „tschüpp-tschüpp-tschüpp".

## SCHNEESPERLING D: A/R2/J

White-winged Snowfinch *Montifringilla nivalis*

L 16,5-19 cm. Brütet im Gebirge, oft in 1.900-3.100 m Höhe. Jahresvogel, bleibt auch im Winter in alpiner Zone. Nahrungssuche oft bei Berghütten; unruhig, aber furchtlos.

**KENNZEICHEN** Ziemlich *groß, lang gestreckt* und langflügelig mit viel Weiß im Gefieder. Am Boden unscheinbar graubraun mit schmalem, aber langem weißem Flügelfeld, im Flug *großer Teil des inneren Flügels weiß* und *weißer Schwanz mit schwarzem Längsband* (und schmaler schwarzer Endbinde). Matt erdbrauner Mantel, grauer Kopf und weißliche Unterseite mit schwarzem, häufig diffus abgesetztem Kinnfleck. Schnabel im PK schwarz, im SK elfenbeinweiß. Fliegt schnell und kraftvoll in langen Wellen.

**STIMME** Ruft z. B. rau „züiiih", jammernd „mjäh", kurz „ti ti zü" und erregt haubenmeisenartig rollend „tir'r'r'r", auch klappernd „tjett-tjett-tjett-tjett". Gesang von Warte oder in kreisförmig gleitendem Singflug sperlingsartig, variabel, zögernd und holprig mit wiederholten trockenen, angestrengten Trillern. Auch leise zwitschernder Vorgesang.

Steinsperling

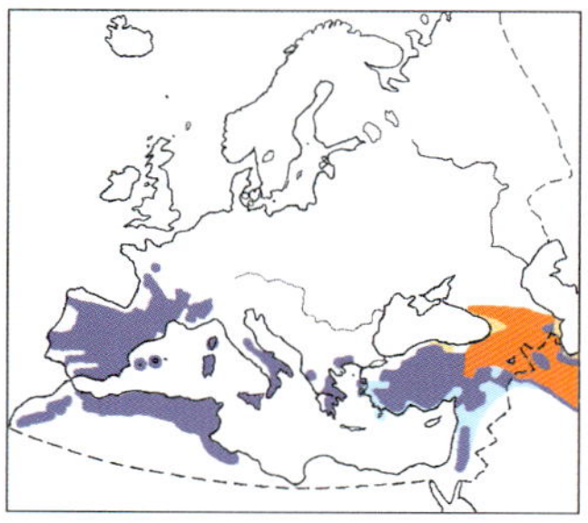

Fahlsperling

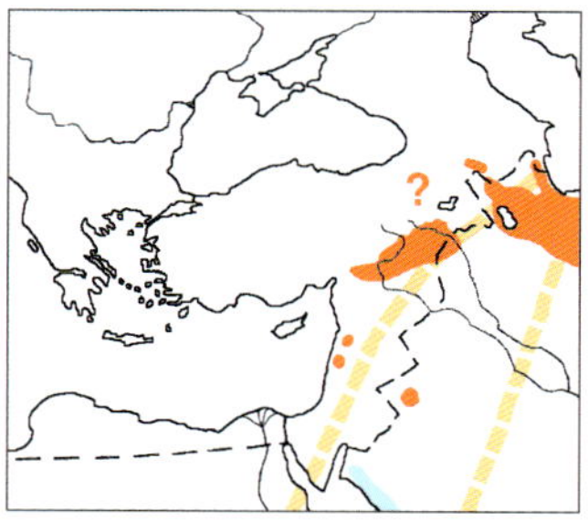

Wüstensperling

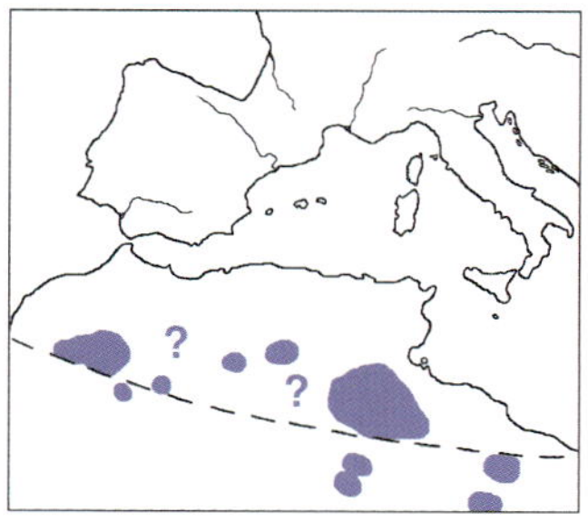

Schneesperling

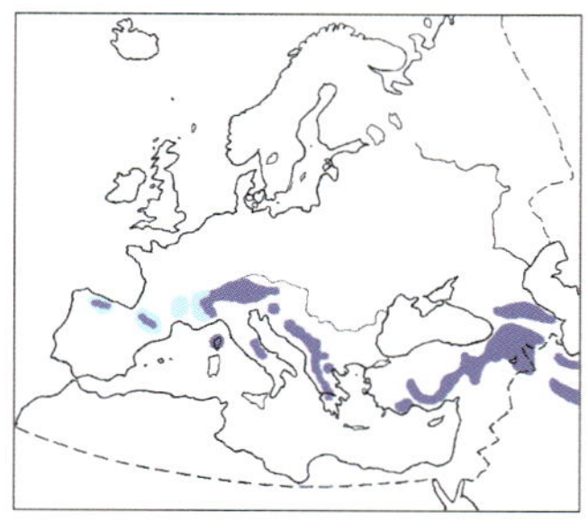

## STEINSPERLING

## FAHLSPERLING

## GELBKEHLSPERLING

## WÜSTENSPERLING

## SCHNEESPERLING

DZ

# FINKEN Fringillidae

Große, vielgestaltige Familie relativ kleiner Sperlingsvögel mit großem, kegelförmigem Schnabel. Schwanz meist schmal und eingekerbt, wellenförmiger Flug kraftvoll. Viele Arten hervorragende, eifrige Sänger. Außerhalb der Brutzeit oft gesellig, Zug und Nahrungssuche im Trupp, Hauptnahrung Samen, die mit dem kräftigen Schnabel aufgebrochen und geschält werden, im Sommer auch Insekten. Offene, napfförmige Nester, meist in dichten Büschen oder Bäumen.

## BUCHFINK — D: A/N6/JZW

Common Chaffinch *Fringilla coelebs*

L 14-16 cm. Brütet häufig in verschiedensten, bevorzugt lichten Waldtypen, in Parks und Gärten. Er ist einer unserer häufigsten Brutvögel, der seine Nahrung vorwiegend am Boden sucht. Kurzstreckenzieher, viele überwintern in Mitteleuropa und bekommen dort starken Zuzug aus Nord- und Nordosteuropa. Nest in Astgabeln, außen mit Moos und Flechten getarnt.

**KENNZEICHEN** Größe wie Haussperling, aber schlanker und langschwänziger. Leicht zu erkennen an *zwei breiten weißen Flügelbinden* (obere viel breiter), *weißen Schwanzkanten* und *graugrünem Bürzel*.– ♂: *Kopfseiten und Brust rostrot, Scheitel und Nacken blaugrau* (im frischen Gefieder brauner), Mantel rotbraun.– ♀/JK: Oberseite grünlich braungrau; weißlich graue Unterseite, schmalere weiße Flügelbinden als ♂.– Flug kräftig und wellenförmig, Trupps ziehen in lockerem Verband (vgl. Bergfink, aber häufig auch gemischte Schwärme), vor dem Landen oft einige flatternde, schwungvolle Wendungen.

**STIMME** Vielfältiges Repertoire, eine Reihe charakteristischer Rufe, z. B. explosiv, scharf „fink!" (nur mit Kohlmeise zu verwechseln), im Flug weich „jupp" (weicher als Bergfink und schwächer als Grünfink), von überfliegenden, ziehenden Schwärmen ständig wiederholt. In Nordeuropa häufig kraftvoller, aufwärts gezogener, oft beharrlich wiederholter Pfiff, „hüITT", in Südskandinavien, Großbritannien und Mitteleuropa häufig ersetzt durch rollenden, geraden, dissonanten Pfiff „rrhü" (als „Rülschen" oder „Regenruf" bezeichnet, viele lokale Varianten, in Südeuropa auch sprosserartig reiner „hiit"), bei großer Erregung scharf pfeifend „ziih"; flügge juv. betteln mit lautem „tjripp". Gesang sehr charakteristisch, recht konstant vorgetragen und ruhelos wiederholt, klare, laute und lebhafte Strophe eingeleitet durch 3-4 schnell wiederholte, scharfe Töne, Wechsel zu einer ähnlichen Folge tiefer Töne und in einen Endschnörkel gipfelnd, „zitt-zitt-zitt-zitt-sett-sett-sett-tjatt-tjiterIIdia", bei einigen noch ein buntspechtartiges „kick" angehängt.

Buchfink

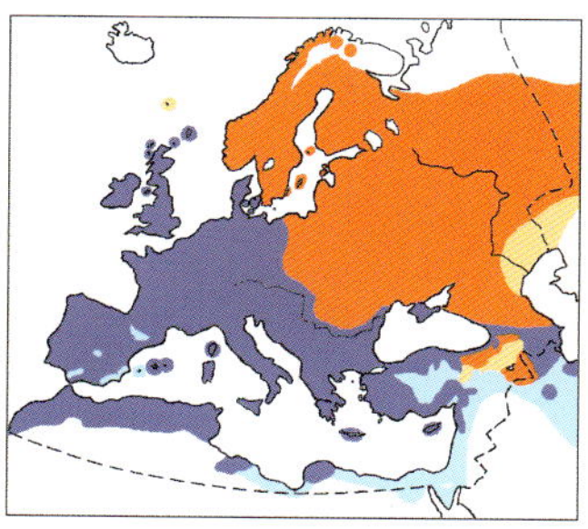

Bergfink

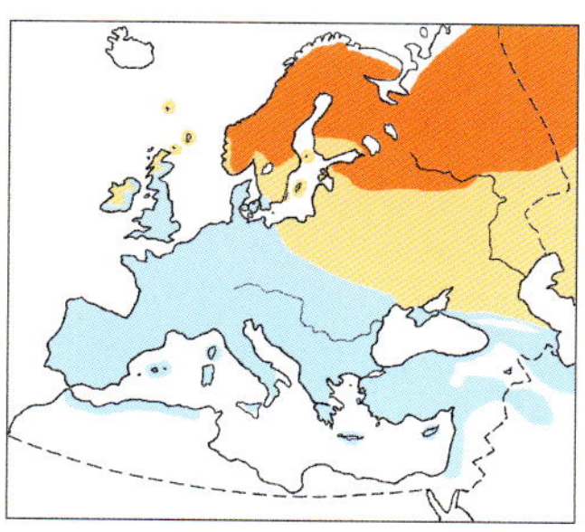

## BERGFINK — D: A/V/ZW

Brambling *Fringilla montifringilla*

L 14-16 cm. Häufiger Brutvogel im nordeuropäischen Nadelwaldgürtel und fennoskandischen Birkenwäldern, bevorzugt offeneren Nadelwald mit einigen Laubbäumen. Meist von Mitte Apr.-Okt. im Brutgebiet, überwintert in Mittel- und Südeuropa. Besucht auch Futterhäuser. In Jahren mit guter Buchenmast oft riesige Schwärme. Nest in Astgabeln, meist in Birken, auch in Fichten.

**KENNZEICHEN** Größe und Gestalt wie Buchfink, aber in allen Kleidern durch auffallenden *weißen Bürzel* gekennzeichnet (im JK leicht gelblich), ferner wenig oder *kein Weiß auf Schwanzkanten*. Wie Buchfink mit hellen Flügelbinden, diese aber teilweise gelblich bis rostfarben, schmaler und weniger auffällig. Flug ähnlich Buchfink, aber artreine Trupps ziehen dichter zusammen.– ♂ PK: *Kopf, Mantel und Schulterfedern glänzend blauschwarz*. Kehle, *Brust und Randdecken ungefleckt gelblich rostfarben*, einige dunkle Flecke auf hinteren Flanken; Schnabel schwarz.– ♀: Scheitel, Mantel und Nackenseiten recht dunkel graubraun, Kopfseiten und mittlerer Nackenstreifen heller beigegrau, *Brust braunorange*.– ♂ SK: Schwarze Färbung des PK teilweise durch ziemlich breit rostbraune Federsäume verdeckt, daher geschecktes Aussehen, Schnabel strohgelb mit dunkler Spitze. Von ♀ am sichersten am *durchscheinenden Schwarz auf Kopfseiten* unterschieden; ♂ im 1en W mit schwarz gefleckten Randdecken und oberseits breiteren hellen Federsäumen.

**STIMME** Typischer Ruf laut, quäkend, hart, nasal „tä-ÄHP", ziehende Trupps rufen hart, kurz, etwas nasal „jäck", aufgeregt feine, silberklare Rufe, „slitt, slitt, slitt…". Gesang kennzeichnend, mit einsamem Klang, langsam wiederholt, gerade, kaum 1 s lang, grell summend „rrrrrhüh", kann an entfernte Kettensäge erinnern.

## TEIDEFINK — –

Blue Chaffinch *Fringilla teydea*

L 16-18 cm. Brütet in Kiefernwäldern in 1.200-1.800 m Höhe auf Teneriffa (recht häufig) und Gran Canaria (selten). Nahrungssuche meist in Kiefernwäldern, gelegentlich an buschreichen Berghängen und ausnahmsweise (in harten Wintern) auch in Kulturlandschaft bis ca. 500 m hinab. Meist einzeln oder in kleinen Gruppen. Nahrung vor allem Samen der Kanarenkiefer. Brütet spät, Ende Mai-Juli.

**KENNZEICHEN** Sichtbar *größer* als Buchfink, vorderlastiger, *Brust, Kopf und Schnabel kräftiger. Unscheinbar gefärbt, schmale grauweiße Flügelbinden, kein Weiß im Schwanz*, kräftiger, kegelförmiger Schnabel hellgrau.– ♂: *Kopf und Mantel dunkel graublau, Kehle, Brust und Flanken heller bleigrau*, Unterschwanzdecken weiß.– ♀: Oberseits braungrau, unterseits grauweiß.– Variation: Bei ssp. *polatzeki* von Gran Canaria, oft als eigene Art betrachtet (Gran-Canaria-Fink), Bauch heller grauweiß, Stirn schwarz, Flügelbinde weißer, weniger bläulich.

**STIMME** Ruft raspelnd „tschrip" und kreuzschnabelartig „glipp". Gesang kürzer, weniger kraftvoll als Buchfink, mit abfallendem Ende aus einigen wiederholten, recht rauen Tönen, der letzte lang gezogen, z. B. „sitt-itt-sitt-rüha-rüha, rrüüAAH". Gesang von ssp. *polatzeki* liegt zwischen diesem und dem des Buchfinken.

## BUCHFINK

## BERGFINK

## TEIDEFINK

KM

## BLUTHÄNFLING D: A/N5/JZW

Common Linnet *Linaria cannabina*

L 12,5-14 cm. Bewohnt Landschaften mit dichten Büschen, Gärten, Heide mit Ginster und Obstgärten. Teilzieher, aktiv und ruhelos. Paare bleiben im Sommer dicht zusammen.

**KENNZEICHEN** *Schlank* und recht langschwänzig mit kurzem grauem Schnabel. In allen Kleidern *brauner Mantel und Rücken,* beige Kehle mit undeutlicher dunkler Fleckung, *Kopfseiten mit heller Augenumgebung und hellem Fleck auf dunklen Ohrdecken. Handschwingen mit weißen Außenfahnen.*– Ad. ♂: *Stirn und Brust rot* (im SK braunrot, teilweise verdeckt durch helle Federsäume), Nacken einheitlich grau.– ♀/1er W: Ohne Rot im Gefieder, Nacken braungrau, Brust und Scheitel leicht gestreift.– JK: Stärker gestreift und oberseits weniger zimtbraun als ad. ♀.

**STIMME** Flugrufe trocken, etwas nasal, hüpfend „tigg-ITT" oder „tett-ett-ETT", besonders beim Auffliegen. Gesang Mischung aus kurzen, knöternden, den Flugrufen ähnlichen Silben und musikalisch pfeifenden Lauten, gelegentlich lange Phrasen in recht schnellem Tempo, aber meist ruhiger, mit kurzen, wohlplatzierten Versen. Häufige Gesangselemente neben den Rufen z. B. „piUU", „trrrüh" und „tu-ki-JÜÜ".

## BERGHÄNFLING D: A/V/W

Twite *Linaria flavirostris*

L 12,5-14 cm. Brütet in baumlosen Mooren und kahlen Küstenheiden. Überwintert vor allem an Küsten von Nord- und Ostsee (meist Okt.-Apr.), seltener auch im Binnenland. Nahrungssuche oft auf Ruderalflächen und bestellten Feldern, dann teilweise in großen, dichten Trupps. Lokal Schlafplätze an Gebäuden. Rastlos, aktiv, aber nicht scheu.

**KENNZEICHEN** Erinnert in Größe und Gestalt an Bluthänfling, aber insgesamt etwas *längerer und tiefer eingekerbter Schwanz,* kleinerer Kopf und etwas lockerer getragenes Gefieder; von Bluthänfling im 1en W unterschieden durch *kräftiger dunkel gestreiftes, ockerbraunes Gefieder* (weniger variabel als Bluthänfling), *Fehlen von Zimtbraun oberseits, fehlende dunkle Kehlfleckung, deutlichere helle Flügelbinde,* im Flug kleineres weißliches Handschwingenfeld, im SK *gelben Schnabel* mit dunkler Spitze (im PK braungrau); ♂ mit *rosafarbenem Bürzel.*– Brutvögel des Kaukasus und Mittelasiens *(brevirostris)* zeigen dunkle Bruststreifung und helleren Kopf.

**STIMME** Ruft kurz und hart „jätt", erinnert an Bergfink, Birkenzeisig und Bluthänfling, außerdem kennzeichnendes *gedehntes, etwas ansteigendes* „tweeiht". Gesang eher wie Zitronenzeisig als Bluthänfling, schnell trillernd, surrend und zwitschernd mit wiederholten tiefen, knatternden „trrrrrrr"-Rufen.

## BIRKENZEISIG D: A/N4/JZW

Common Redpoll *Acanthis flammea*

L 11,5-14 cm. Brütet in Birkenwäldern, jungen Koniferenbeständen, seltener in Weiden im Fjäll, in den Alpen gern in lärchendominierten Wäldern, in Mitteleuropa auch in Gärten und Friedhöfen. Teilzieher, Wintergast in stark schwankender Zahl, in manchen Jahren Evasionen aus dem Norden. Mobil und rastlos, dichte Winterschwärme selten lange an einem Ort, auch zur Brutzeit weit umherfliegend. Klettert geschickt, oft rücklings in Birkenzweigspitzen.

**KENNZEICHEN** Gräulich und dunkel gestreift mit *kleinem, spitz kegelförmigem Schnabel mit dunklem First, hellen Flügelbinden, schwarzem Kinn, Zügel und Schnabelgrund und rotem Vorderscheitel.* Unter guten Beobachtungsbedingungen nur mit Polarbirkenzeisig zu verwechseln (s. u.). *Bürzel gestreift,* aber beachte, dass einige (besonders ad. ♂) weiße (oder blassrote) Grundfärbung und nur schwache Strichel aufweisen können (dann ähnlich Polarbirkenzeisig). Brust nur bei ad. ♂ kräftig rot, Geschlechts- und Altersbestimmung sonst schwierig.– Vögel der Britischen Inseln, Mitteleuropas und Südwestskandinaviens (*cabaret,* „Alpenbirkenzeisig") kleiner und dunkler als solche aus Fennoskandien (*flammea,* „Taigabirkenzeisig"). Grönländische Vögel *(rostrata)* groß, dunkel und kräftig gestreift.

**STIMME** Ruf hart und metallisch, fast nachhallend, wiederholt „tschett-tschett-tschett", häufig im Flug, beunruhigt etwas grünfinkenähnlicher, aber schwächer und rauer „djüih" (auch bei Balz). Gesang aus metallischem Ruf mit eingestreutem, trockenem, surrendem „serrrrrrr", meist in wellenförmigem, weiträumigem Singflug.

## POLARBIRKENZEISIG D: A/–/S

Arctic Redpoll *Acanthis hornemanni*

L 12-14 cm. Brütet in Weiden und niedrigen, offenen Birkenwäldern in oder nahe Tundra, selten auch in hohen, geschlossenen Bergbirkenwäldern; Zugverhalten unklar, einige wandern im Winter mit Birkenzeisigen südwärts.

**KENNZEICHEN** Sehr ähnlich Birkenzeisig. *Schnabel klein* und spitz mit *geradem First,* Gefieder locker.– Ad. ♂: Großer, *ungestreift weißer Bürzel* (auch leicht rosa), nur *wenige schmale Flankenstrichel, Grundfarbe von Mantel/Rücken weißlich,* Stirn meist hell. *Brust hellrosa* (nie kräftig rot); meist *weiße Unterschwanzdecken.*– ♀/1er W: Ohne Rosa auf Brust und Bürzel, viele mit kleinem, ungestreift weißem Bürzel, einige (wohl jüngere) dort schwach gestreift; Flankenstrichelung variabel, einige kräftig gestreift.

**STIMME** Sehr ähnlich Birkenzeisig und schwer zu unterscheiden. Surrender Triller durchschnittlich weicher und weniger umschlagend, mit fast lispelndem Klang, „tschett-tschett-tschett"-Ruf ebenfalls weicher und höher.

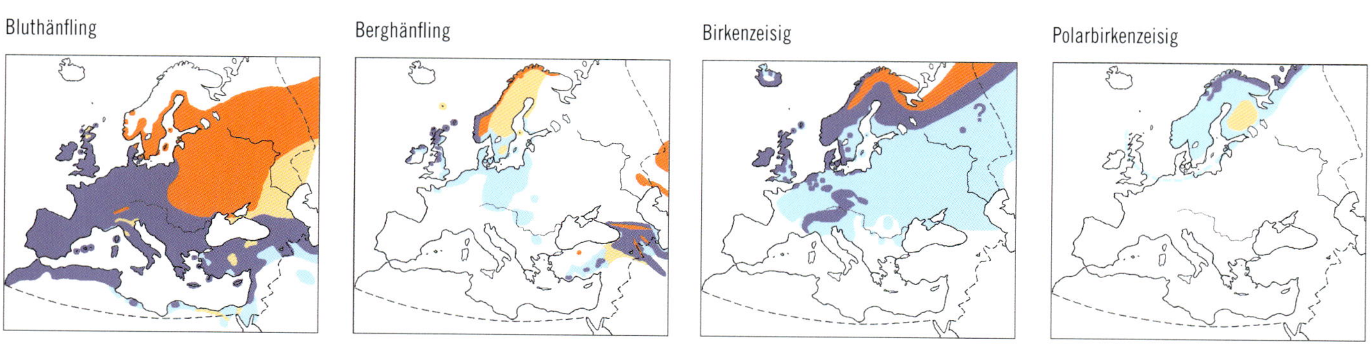

## BLUTHÄNFLING

## BERGHÄNFLING

## BIRKENZEISIG

## POLARBIRKENZEISIG

## STIEGLITZ D: A/N5/JZW

European Goldfinch *Carduelis carduelis*

L 12-13,5 cm. Brütet in Kulturlandschaft, in lichten Laub- und Mischwäldern und Gärten. Überwiegend Sommervogel (Apr.-Okt.), überwintert in Süd- und West-, aber auch Mitteleuropa; nach der Brutzeit häufig in Schwärmen. Nahrungssuche oft an samentragenden Disteln, Kletten u.a.

**KENNZEICHEN** Unverkennbar mit *rotem Gesicht,* sonst *schwarzweißem Kopf, schwarzen Flügeln mit breit gelbem Flügelstreif* (auch bei zusammengelegtem Flügel sichtbar), im Flug auffallend *weißem Bürzel* und *schwarzem Schwanz mit weißen Flecken.* Schnabel recht lang und sehr spitz, elfenbeinweiß.– JK: Kopf graubraun und diffus gestreift, ohne Rot, Schwarz und Weiß der ad.

**STIMME** Ruf dreisilbig, hüpfend und fröhlich „stickeLITT", Kontaktrufe einsilbig „litt" oder zweisilbig „teLITT"; Schwärme rufen auch kratzend „tschrre". Gesang recht leise, ähnlich Erlenzeisig, aus schnellen Trillern, miauenden Lauten und zwitschernden Sequenzen bestehend, aber immer erkennbar am eingewobenen typischen Ruf.

## GRÜNFINK D: A/N6/JZW

European Greenfinch *Chloris chloris*

L 14-16 cm. Brütet an Waldrändern, in gehölzreichen Weidelandschaften, Gärten und Städten. Überwiegend Jahresvogel, einige ziehen nach West- und Südwesteuropa.

**KENNZEICHEN** *Kräftiger Körper, Kopf und Schnabel.* Schnabel blassrosa oder elfenbeinfarben. Gekennzeichnet durch auch am zusammengelegten Flügel sichtbares *grüngelbes Flügelfeld,* gebildet von *gelben Außenfahnen der Handschwingen, grünliche Unterseite, viel Gelb an Schwanzbasis.*– ♂: *Brust und Bauch gelbgrün,* graugrüne Oberseite, gräuliche Kopfseiten, *hellgraues Flügelfeld;* viel Gelb auf Handschwingen und Schwanz.– ♀: Mattere, grauere Farbtöne, Mantel bräunlicher, weniger Gelb auf Handschwingen und Schwanz.– JK: Diffus gestreift.

**STIMME** Ruf kurz, kräftig „jüpp", meist in schnellen Serien wiederholt und zu kurzen Trillern gesteigert „djüp-rüp-rüp", auch laut ansteigend „juIT". Zwei sehr verschiedene Gesangstypen, unmusikalisches, vibrierendes, krächzendes „dschrüüüüjuh", mit langen Pausen wiederholt, und gefälliger, langer, kanarienvogelartiger Gesang aus Trillern, Pfiffen und schnellem Zwitschern, z.B. „djüpp-djüpp-djüpp djürrrrrrrrr tuj-tuj-tuj djuIT tjipp-tjipp-tjipp-tjipp dürdürdürdür djürrrrrrrr…".

## ERLENZEISIG D: A/N4/JZW

Eurasian Siskin *Spinus spinus*

L 11-12,5 cm. Brütet in Nadel- und Mischwald, vor allem mit Fichten, bevorzugt Nähe von Erlen und Birken zur Nahrungssuche. Jahresvogel, Wintereinflüge aus Nord- und Osteuropa (Sept.-Apr./Mai), gelegentlich in großer Zahl, im Winter oft in großen Schwärmen. Aktiv, weit umherstreifend (auch zur Brutzeit), nicht scheu. Nest hoch in Fichten.

**KENNZEICHEN** Klein und zierlich, mit recht kleinem Kopf und kurzem Schwanz. *Dunkler Flügel mit kontrastierend gelben oder gelblich weißen Binden, Schwanzseiten an der Basis gelb, stark gestreifte hintere Flanken.*– ♂: *Stirn, Scheitel und Kinn schwarz* (im frischen Gefieder teilweise durch hellgraue Federsäume verdeckt), Überaugenstreif, *Brust und Bürzel ungestreift grüngelb.*– ♀: Scheitel graugrün, Brust und Bürzel weißlich mit gelbgrünem Ton, diffus gestreift.– JK: Bräunlicher Mantel, Kopf recht blass, dunkel gestreift.

**STIMME** Zwei charakteristische zweisilbige Rufe, abfallend „tiLÖ" und ansteigend „tluIH", ferner ersticktes, ratterndes „tetete". Gesang flüssige Serie zwitschernder und trillernder Töne mit einigen (z.T. sehr guten) Imitationen, gelegentlich unterbrochen durch langen, erstickten Ton.

## ZITRONENZEISIG D: A/R2/J

Citril Finch *Carduelis citrinella*

L 11,5-12,5 cm. Brütet in Bergwäldern von 700 m bis zur Baumgrenze, meist in Fichtenbeständen mit angrenzenden Bergwiesen oder Lichtungen. Nahrungssuche in Bäumen und oft am Boden. Überwiegend Jahresvogel.

**KENNZEICHEN** Größe wie Erlenzeisig mit *kürzerem,* aber *spitzem Schnabel. Zwei gelbgrüne Flügelbinden,* sonst im Flug keine hellen Markierungen auf Flügel und Schwanz.– ♂: *Gesicht, Unterseite und Bürzel gelbgrün, Nacken und Halsseiten aschgrau, Mantel fast ungestreift olivgrau.*– ♀: Matter und grauer, weniger Gelbgrün im Gefieder, besonders im Gesicht, Mantel leicht gestreift, Grau der Halsseiten läuft zu Brustband zusammen.

**STIMME** Ruft einsilbig kurz „teh", z.B. unregelmäßig wiederholt im Flug, oder schnell stotternd „te-te-te", Bettel- und Warnrufe scharf „ziit" oder pfeifend „tüht". Gesang erinnert etwas an Stieglitz, oft kurz mit Pausen, enthält viele birkenzeisigartig summende Triller und fast buchfinkenartige Passagen.

## KORSENZEISIG –

Corsican Finch *Carduelis corsicana*

L 11,5-12,5 cm. Vom Zitronenzeisig als eigene Art abgetrennt. Brütet an buschbestandenen Hängen Korsikas und Sardiniens bis in 1.650 m Höhe. Jahresvogel.

**KENNZEICHEN** Sehr ähnlich Zitronenzeisig, aber *brauner Mantel dunkel gestreift, Unterseite und Gesicht eher gelb* als grünlich, Oberschwanzdecken gräulich statt olivgrün.

**STIMME** Flugruf vielleicht schwächer und zitternder, Gesang vielleicht länger und strukturierter als Zitronenzeisig.

Stieglitz

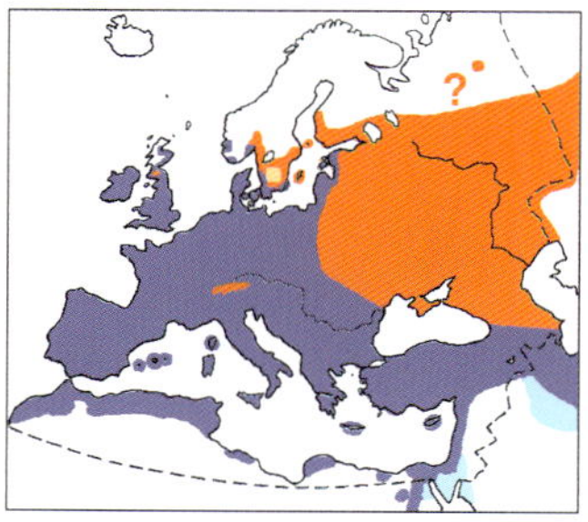

Grünfink

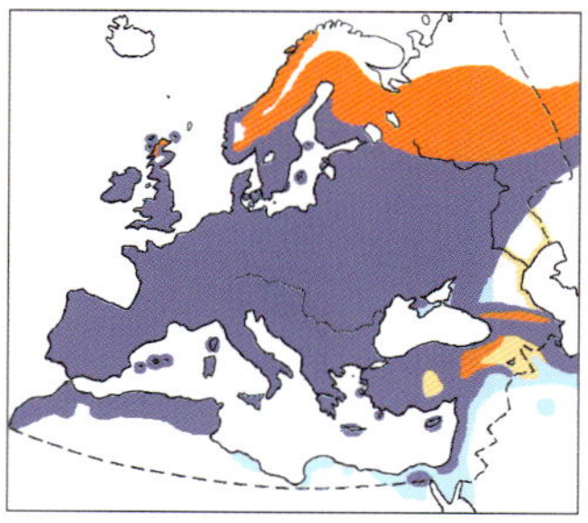

Erlenzeisig

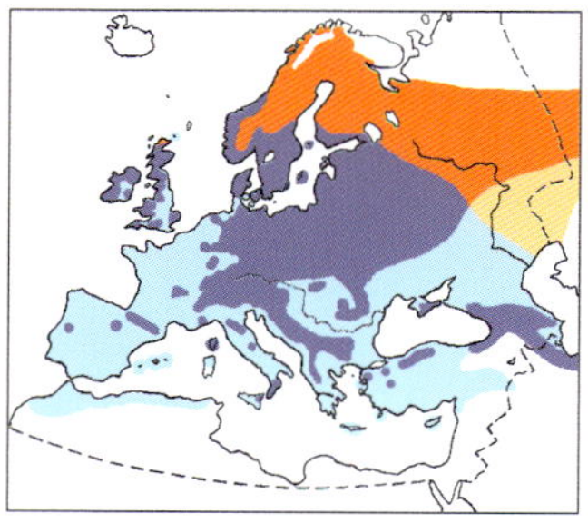

Zitronenzeisig

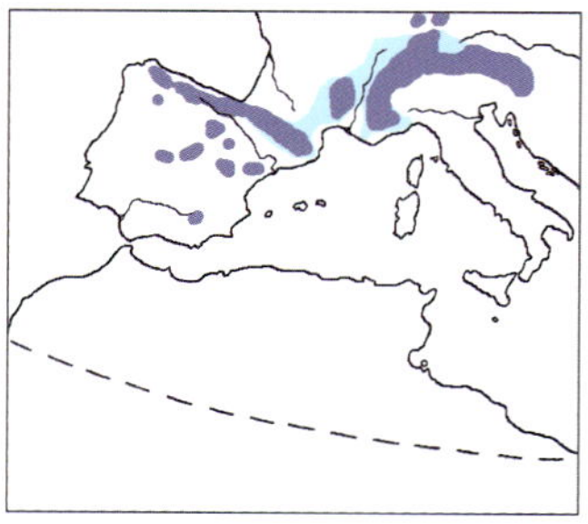

## STIEGLITZ

## GRÜNFINK

## ERLENZEISIG

## ZITRONENZEISIG

## KORSENZEISIG

KM

## GIRLITZ D: A/N5/Z

European Serin *Serinus serinus*

L 11-12 cm. Brütet in Baumgruppen, an Waldrändern, in Gärten, Parks, auf Friedhöfen, meist mit einigen Nadelbäumen. Sommervogel, zieht im Winter nach Südwesten, wenige überwintern. Nest hoch in dichten Nadelbäumen.

**KENNZEICHEN** Klein mit proportional *großem Kopf,* aber *winzigem Schnabel.* Wichtige Merkmale sind geringe Größe, *energetischer, hüpfender Flug* und *rastloses* Verhalten. Mantel, Rücken und *Flanken* immer kräftig *gestreift. Langer heller Überaugenstreif* zieht sich um Ohrdecken bis zu *hellen Halsseiten,* düstere *Ohrdecken mit hellem Fleck* im Zentrum, *Bürzel hell,* leuchtend gelb und kontrastierend bei ♂, matter grünlich gelb bei ♀ (manchmal kaum auffallend). Bei ♂ Stirn, Überaugenstreif, Halsseiten, Kehle, Brust leuchtend zitronengelb, diese Regionen bei ♀ heller gelblich weiß.– JK: Beigeweiße statt gelbe Gefiederpartien.

**STIMME** Ruf ein summender, hüpfender Triller „zir'r'r'rl" mit typisch hohem, klarem, silbernem Klang, Alarmruf ansteigend „tü-ih", ähnlich Birkenzeisig, aber deutlicher zweisilbig. Gesang rasend schnell und angeregt wirkender Fluss quietschender, scharfer und klingelnder Töne (oft mit klirrendem Glas verglichen, Klangcharakter ähnlich Ruf) auf *gleichmäßiger Höhe,* von Baumspitze oder im Singflug mit steifen, zeitlupenartigen Flügelschlägen.

## KANARENGIRLITZ –

Atlantic Canary *Serinus canaria*

L 12,5-13,5 cm. Stammform des Kanarienvogels, brütet auf Madeira und den Kanaren (außer Fuerteventura und Lanzarote) in Kulturlandschaften, Gebüschen, Hecken u. a., von Meereshöhe bis in ca. 1.500 m Höhe; Jahresvogel.

**KENNZEICHEN** Verglichen mit Girlitz *größer, schlanker,* mit *längerem Schnabel und Schwanz,* kürzeren Flügeln (kurze Handschwingenprojektion). Graue und hellbraune Farbtöne im Gefieder, *diffusere, ausgewaschenere Zeichnung* als Girlitz, ohne dessen zur hellen Stirn kontrastierenden dunklen Scheitel.– ♂: Grüngelbe Partien im Gesicht, auf Nacken, Halsseiten, Kehle, Brustmitte und Bürzel, Kopfseiten und Scheitel diffus grau, hintere Flanken hell gelblich und gestreift.– ♀: Matter, weniger gelb, heller Bürzel undeutlich.– JK: Ohne Gelb.

**STIMME** Recht charakteristischer, etwas abfallender, zitternder Ruf „tit-ti-türr" mit umschlagendem, trällerndem Klang, außerdem ansteigendes, grünfinkenartiges „djuit", erlenzeisigähnliches, abfallendes „tiüh" und silbriges, girlitzartiges „twi-wi-wi-wi". Gesang vergleichbar Stieglitz, im selben Tempo, bestehend aus nasalen, dissonanten Tönen, schnellem Zwitschern, dumpfen Trillern und vielen hohen Tönen.

## ZEDERNGIRLITZ –

Syrian Serin *Serinus syriacus*

L 12-13 cm. Brütet an unteren Berghängen und in hügeligem Hochland mit einzelnen Bäumen und Büschen, gelegentlich in Kulturlandschaft. Bleibt teilweise im Brutgebiet, weicht aber im Winter in niedrigere Lagen aus, manche ziehen südwärts bis zum Sinai. Recht scheu. Nest in Bäumen.

**KENNZEICHEN** Kaum größer als Girlitz, etwas *schlanker und langschwänziger,* proportional kleinerer Kopf, *Schnabel klein und kurz* wie Girlitz. Gefieder erinnert an Zitronenzeisig, recht *einheitlich und blass,* schwach gestreifter olivgrauer Mantel, *ungestreifter gelbgrüner Bürzel,* blass gelblich grauweiße *Unterseite ohne oder mit sehr schwacher Strichelung, Flügel grünlich.*– ♂: Stirn, Augengegend und Kinn leuchtend gelb, Scheitel, Nacken und Kopfseiten grau getönt, im Gegensatz zum Girlitz *ohne dunkel abgesetzten Scheitel, gelben Augenring und Ohrdecken umrahmende gelbe Halsseiten.*– ♀: Matter, weniger gelb, insgesamt mehr olivgrau und deutlicher gestreift.– JK: Beigeweiße statt gelbe Gefiederpartien.

**STIMME** Trockener, etwas nasaler, rollender oder zitternder Ruf „pe-re-ret" oder „pü-tü", erinnert an Zitronenzeisig, aber tiefer, auch grünfinkenartig, kraftvoll „tjüpp", z. T. wiederholt, auch höher und schneller „tjip-ip-ip-ip", teilweise in Gesang eingebaut. Gesang erinnert an Rotstirngirlitz und Zitronenzeisig, quietschend und zwitschernd, in hohem Tempo, mit gelegentlich eingewobenem Summen, Strophen recht kurz, aber mit kurzen Pausen wiederholt.

## ROTSTIRNGIRLITZ –

Red-fronted Serin *Serinus pusillus*

L 11,5-12,5 cm. Brütet in Gebirgen nahe oder knapp unter der Baumgrenze in Nadel- und Mischwäldern, oft an Bächen in hoch gelegenen Tälern mit spärlicher, niedriger Vegetation oder an Bergwiesen mit einzelnen Wacholdern oder Rhododendren. Weicht im Winter in niedrigere Lagen aus. Gesellig, meist nicht scheu. Nest in niedrigen Büschen oder dichten Bäumen.

**KENNZEICHEN** *Klein* wie Girlitz (aber Schwanz geringfügig länger), ähnlich *hüpfender Flug.*– Ad. unverkennbar durch *schwarzen Kopf* mit *leuchtend rotem Stirnfleck.* Restliches *Gefieder kräftig und dicht schwarz gestreift,* dunkler Gesamteindruck. *Bürzel orangegelb,* diffus gestreift. Geschlechter ähnlich, einige ♀ mit weniger intensiv schwarzem Kopf (rußgrau mit dunkler Streifung auf Hinterscheitel, Nacken und Brust) und kleinerem rotem Stirnfleck.– JK/1er W (bis Okt./Nov., z. T. bis März): Kopf überwiegend einheitlich zimtbraun.

**STIMME** Ruf brodelnder und zwitschernder Triller mit fröhlichem Klang „twir'r'r'r", ähnlich Zitronenzeisig und Zederngirlitz, Triller (immer lang wie Girlitz, nicht teilweise kurz wie Zitronenzeisig) am Ende leicht abfallend. Gesang lange, zwitschernde und fanatische Serie, ähnlich schnellem Stieglitzgesang, Triller und schnelle Pfiffe vermischt mit summenden Tönen.

Girlitz

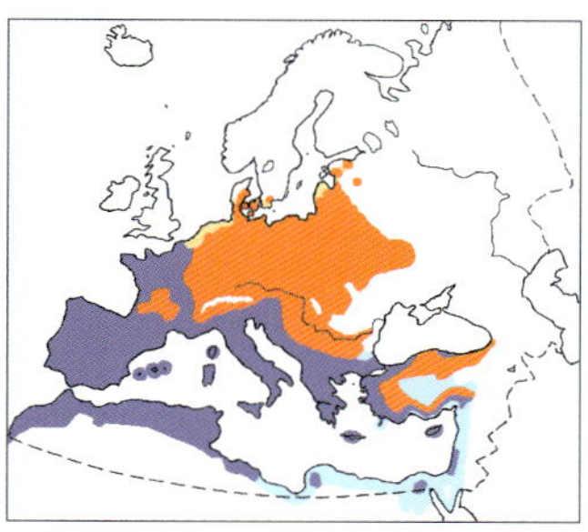

Zederngirlitz

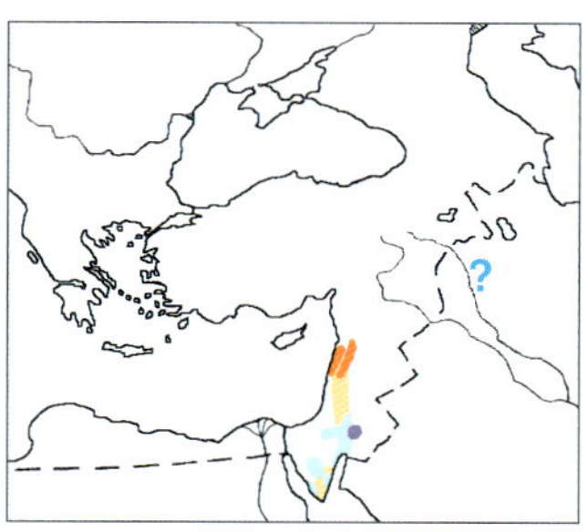

Rotstirngirlitz

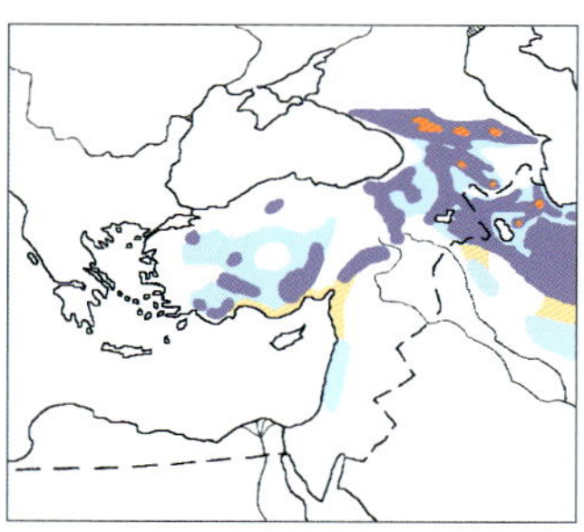

## GIRLITZ

## KANARENGIRLITZ

## ZEDERNGIRLITZ

## ROTSTIRNGIRLITZ

DZ

## GIMPEL D: A/N5/JZW

Eurasian Bullfinch *Pyrrhula pyrrhula*

L 15,5-17,5 cm. Brütet in Mischwäldern, Parks, größeren Gärten usw. mit einigen Nadelbäumen, gelegentlich (besonders in Fennoskandien) auch in Nadelwäldern. Überwiegend Jahresvogel, einige nordosteuropäische Brutvögel wandern (überwiegend Ende Okt.) nach Südskandinavien und Mitteleuropa. Nicht sehr scheu, aber heimlich und im Sommer leicht zu übersehen. Ruhiges, fast träges Verhalten. Häufig paarweise oder in kleinen, lockeren Gruppen. Nahrung verschiedene Samen und Knospen, im Sommer auch Insekten, besucht im Winter Futterhäuser. Nest in Büschen oder Bäumen.

**KENNZEICHEN** Recht großer, sehr *kompakter* Fink, wirkt stiernackig und *halslos,* hat rundlichen Körper, großen Kopf und sehr kurzen, hohen, *dicken schwarzen Schnabel.* Flügel und Schwanz recht lang, Flug schnell und in langen Bögen, dann *weißer Bürzel* mit kontrastierendem *schwarzem Schwanz* und *grauem Rücken* sowie *breit weiße Flügelbinden* kennzeichnend.– ♂: Gesicht und Kappe schwarz, *kräftig rosarote Unterseite,* aschgrauer Mantel.– ♀: Unterseite beigegrau, grauer Mantel leicht braun getönt.– JK (bis Sept./Okt.): Kopf ganz graubraun mit herausstechendem schwarzem Auge, beide Geschlechter unterseits wie ♀ beigegrau gefärbt.

**STIMME** Ruft kurz pfeifend oder flötend, tief, recht leise, mit meist melancholischem Klang, „püh", oder am Ende leicht abfallend „pjü", lokal auch deutlicher abfallend „pjü-u". Eine Variante mit dem Klang einer Kindertrompete könnte ihren Ursprung in Nordrussland haben. Kontaktrufe (manchmal beim Auffliegen) gedämpft wiederholt „bütt". Gesang weich, langsam, zögernd und vorsichtig vorgetragen, Mischung aus den Rufen ähnlichen, tief flötenden Tönen und erstickt quietschenden und kratzenden Lauten, gelegentlich zweisilbiges „phü-phü" oder lang gezogene, melancholisch absinkende Rufe „pjüüuh" eingefügt, einige Töne so leise, dass sie nur aus der Nähe zu hören sind, Gesang wirkt daher auf Entfernung noch zusammenhangsloser.

## HAKENGIMPEL D: A/–/S

Pine Grosbeak *Pinicola enucleator*

L 19-22 cm. Brütet in der Taiga, meist in alten, ungestörten Nadelwäldern mit einigen Birken und beerenreichem Unterwuchs. Wohl überwiegend Jahresvogel, in einigen Jahren Massenwanderungen südwärts bis Südskandinavien (meist Ende Okt.-Nov.), nur ausnahmsweise bis Mitteleuropa. Zur Brutzeit heimlich und unauffällig, im Winter recht furchtlos, dann gelegentlich Gruppen an Vogelbeeren. Nahrung Samen, Knospen und junge Sprosse z. B. von Fichten, Birken, auch Vogel-, Heidel- und Preiselbeeren, in dichten Wäldern Nahrungssuche häufig niedrig in Strauchschicht. Nest am Stamm, meist in Fichten.

**KENNZEICHEN** *Drosselgroß,* stämmige, untersetzte und halslos wirkende Gestalt, *langschwänzig. Kurzer, hoher Schnabel* mit geschwungenem First, *zwei weißliche Flügelbinden* (Große und Mittlere Armdecken mit breit weißen Spitzen und schmalen weißlichen Außenkanten) und *Schirmfedern außen mit weißen Säumen,* kontrastierend zu sonst grauschwarzen Flügeln. Tief wellenförmiger Flug kraftvoll und schnell.– Ad. ♂: Großteil des Gefieders *himbeerrot* (mit hellgrauem Einschlag), Mantel, Rücken und Oberschwanzdecken dunkel gefleckt.– ♀/1er W: *Gräulich gelborange* statt rot.

**STIMME** Ruft im Flug laut flötend „PLÜit" oder „dju-DJÜ", auch (besonders vor dem Auffliegen) vielsilbig „plüiDJIH, püllidiDJÜH" u. Ä. Gruppen rufen leise, schnell „bütt-bütt-bütt…". Hübscher Gesang mit einsamem Klang, sehr schnelle, rasch wiederholte, hohe, silberhelle Phrasen (2-3 s lang), unentschlossen zwischen zwei Tönen hin- und hervibrierend, Strophen in der Mitte häufig etwas mehr betont als an Anfang und Ende, erinnert entfernt an Bruchwasserläufergesang, z. B. „piliDÜ-pilüDI-piliDÜ-pilidiPÜ-pilüpiPI".

## KERNBEISSER D: A/N5/JZW

Hawfinch *Coccothraustes coccothraustes*

L 16,5-18 cm. Brütet in Laub- und Mischwald, bevorzugt alte, hohe Laubwälder mit vielen Eichen, Hainbuchen, Buchen, Eschen und Ulmen, auch gern in Obstbäumen, besonders Kirschen, deren Kerne er mit seinem kräftigen Schnabel knacken kann (Druckkraft 50 kp). Frisst auch Insekten. Jahresvogel, zieht aber auch. Sehr aufmerksam und scheu, verbringt viel Zeit in Baumkronen. Nest meist hoch in Laubbäumen, nahe am Stamm oder in Astgabel, recht offen.

**KENNZEICHEN** Recht großer Fink mit typischen Proportionen: *sehr kräftiger, dreieckiger Schnabel, großer Kopf,* dicker Hals, aber *kurzer Schwanz.* Gefieder vorwiegend *rostbraun und beige* mit schwarzer, weißer und grauer Zeichnung. Schnabel im PK grauschwarz mit blaugrauer Basis, im SK elfenbeinweiß oder blass gelbbraun. Schwungfedern metallisch glänzend blauschwarz, innere Handschwingenbasen mit keulenförmigen Verbreiterungen. Im Flug mit *breitem weißem Handflügelstreif* und *breit weißer Schwanzspitze.* Geschlechter ähnlich gefärbt, aber ♂ mit schwärzeren Schwungfedern, ♀ mit aschgrauen Armschwingen-Außenfahnen.– JK: Brust gräulich gelb, Bauch grob dunkel gefleckt.

**STIMME** Ruft sehr hart und knackend „pix!", mit fast elektrischem Klang, mit etwas Übung leicht von z. B. knatternden „tick"-Rufen des Rotkehlchens zu unterscheiden, oft in langsamem Tempo im wellenförmigen Flug wiederholt (ein „pix!" pro Wellenaufstieg), daneben auch unauffälliger „zrri" und „zih". Gesang recht leise, stockende Serie von „zih"- und „zrri"-Lauten.

Gimpel

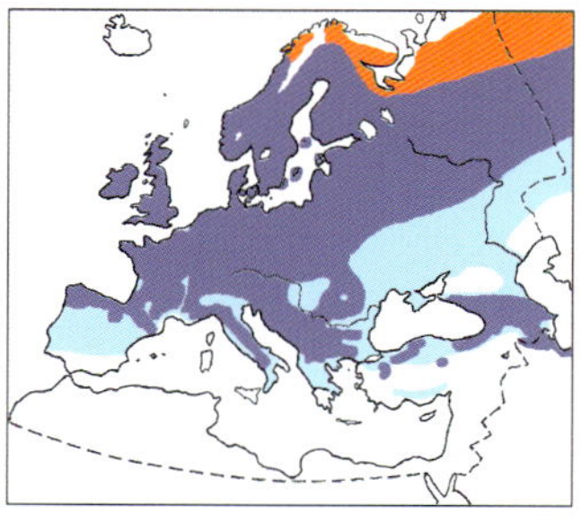

Hakengimpel

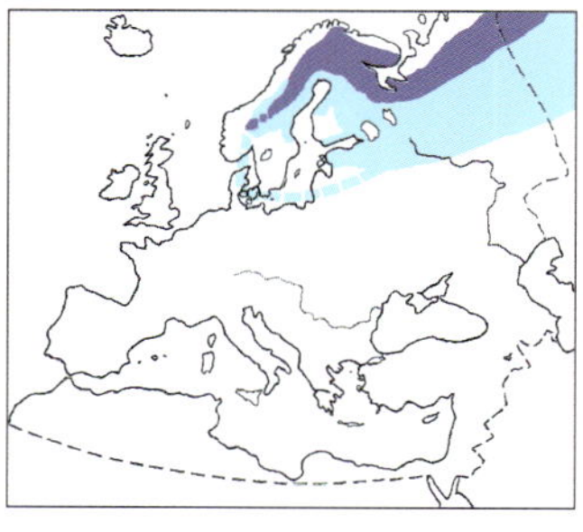

Kernbeißer

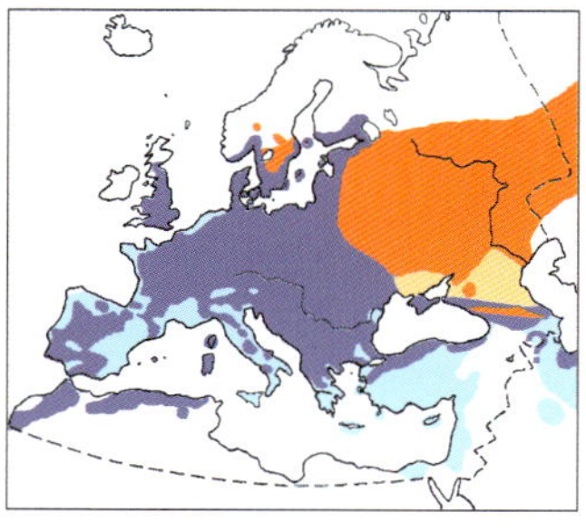

## GIMPEL

## HAKENGIMPEL

## KERNBEISSER

# KREUZSCHNÄBEL *Loxia*

Kräftige Finken mit großen Köpfen und Stiernacken, langen Flügeln, tief gekerbten Schwänzen und kräftigen Schnäbeln mit in Anpassung an das Öffnen von Zapfen gekreuzten Spitzen. Brutzeit oft früh im Jahr (Feb.-März).Meist Jahresvögel in nördlichen Nadelwäldern, aber regelmäßige, durch Nahrungsknappheit ausgelöste Massenwanderungen nach Süden und Westen. Bei der Nahrungssuche meist stumm (leicht zu übersehen, auf fallende Zapfen und rieselnde Samenflügel achten!), klettern geschickt wie Papageien. Fliegende Familienverbände machen durch laute, metallische Rufe auf sich aufmerksam. Flug wellenförmig.

## FICHTENKREUZSCHNABEL — D: A/N4/JZW

Common Crossbill *Loxia curvirostra*

L 15-17 cm. Brütet in Nadelwald, auch in kleineren Beständen, bevorzugt Fichten, Nest hoch in deren Kronen. Häufigster und am weitesten verbreiteter Kreuzschnabel, aber Zahlen fluktuieren regional. Unternimmt unregelmäßige evasionsartige Wanderungen nach Westen und Süden.

**KENNZEICHEN** Sehr ähnlich Kiefernkreuzschnabel (s. dort), aber kleiner, mit proportional *kleinerem Kopf, dünnerem Hals* und *schlankerem Schnabel. Schnabel länger als hoch,* First nur sanft gebogen, *Unterschnabel schmaler als Oberschnabel* und unten ohne die durch die Ausbeulung in der Mitte erzeugte deutliche S-Form des Kiefernkreuzschnabels.– ♂ 1er W/1er S: Kopf, Unterseite und Bürzel ziegelrot mit variablem Anteil von Gelborange oder gräulich Grün (nicht streng altersabhängig).– ♀ 1er W/1er S: *Graugrün* oder matt gelblich grün, unterseits ungestrichelt, *Bürzel oft blassgelb,* Rücken und Kopfseiten bräunlich.– JK: Braungrau, unterseits kräftig gestrichelt, manchmal bis in den 1en W. (Zur seltenen Variante mit schmalen hellen Flügelbinden, s. Bindenkreuzschnabel).– Variation: Viele Unterarten, solche mit großem Schnabel kommen z. B. in Schottland (ssp. *scotica*) und auf Zypern vor (ssp. *guillemardi*). Schottische Brutvögel werden auf Grundlage feiner Unterschiede in DNA und Stimme und des sympatrischen Vorkommens mit kleinschnäbeligeren Fichtenkreuzschnäbeln oft als selbstständige Art betrachtet. Aber auch zypriotische Fichtenkreuzschnäbel haben nicht nur dickere Schnäbel, sondern als ♂ weniger oder gar kein Rot im Gefieder, und auch die ♀ sind matter gefärbt.

**STIMME** Stimmfreudig, Rufe laut und metallisch, recht hoch „glipp", meist in schneller Folge wiederholt „glipp-glipp-glipp…", klingen klickend, wie mit eingefügtem „I" nach einleitendem Konsonant, manchmal auch härter „kipp". Die Rufe variieren in Tonhöhe und Lautstärke abhängig von Alter, Population und Stimmung, sind aber immer etwas höher als beim Kiefernkreuzschnabel. Gesang eine Mischung aus gepressten Trillern und sanftem Zwitschern mit (bei der Bestimmung hilfreichen) eingestreuten Rufen, einige Elemente zwei- bis dreifach wiederholt.

## KIEFERNKREUZSCHNABEL — D: A/V/S

Parrot Crossbill *Loxia pytyopsittacus*

L 16-18 cm. Brütet in Nadelwäldern mit hohem Kiefernanteil; frisst bei Evasionen auch an Fichten. Seltener als Fichtenkreuzschnabel. Nest hoch in Kiefern.

**KENNZEICHEN** Wenig größer als Fichtenkreuzschnabel mit proportional größerem Kopf, Schnabel und dickerem Hals, Gefieder wie dieser. Bestes Kennzeichen ist *größerer, dickerer Schnabel,* ungefähr *so hoch wie lang, Unterschnabel fast so hoch wie Oberschnabel,* First stärker gebogen, daher Spitze stumpfer, *Unterschnabel mit s-förmiger Unterkante und papageienartiger Ausbuchtung in der Mitte,* Unterschnabelspitze im Profil meist nicht hinter Oberschnabel zu sehen.

**STIMME** Stimmfreudig, ruft sehr ähnlich Fichtenkreuzschnabel, aber durchschnittlich *tiefer und härter,* nachhallender, oft weniger „klickend" mit härterem Anfangskonsonanten, „tüpp-tüpp-tüpp-…". Unterschiede sind mit Übung herauszuhören. Gesang Mischung aus gepressten Trillern und weichem Gezwitscher mit kennzeichnenden rufähnlichen Tönen, einige Motive schnell wiederholt (was auch Fichtenkreuzschnäbel tun).

## BINDENKREUZSCHNABEL — D: A/VE/S

Two-barred Crossbill *Loxia leucoptera*

L 14,5-16 cm. Nur in Russland regelmäßiger Brutvogel, in manchen Jahren auch in Finnland und Schweden. Bevorzugt Lärchenzapfen, nimmt im Winter oft Vogelbeeren.

**KENNZEICHEN** Gefieder ähnlich anderen Kreuzschnäbeln, aber ad. ♂ häufig intensiver himbeerrot gefärbt, Schulterfedern und Oberschwanzdecken mit dunkleren Zentren. Etwas kleiner als Fichtenkreuzschnabel (aber Überschneidungsbereich), Schnabel etwas schwächer. Am sichersten an Stimme und *breit weißen Flügelbinden* und *scharf abgesetzten weißen Schirmfederspitzen* bestimmbar.– Ad.: Durch sehr breite weiße Flügelbinden und Schirmfederspitzen unverwechselbar.– JK: Unterseite gräulich, kräftig gestreift. Flügelbinden und Schirmfederspitzen deutlich schmaler als bei ad. (Einige Fichtenkreuzschnäbel ebenfalls mit weißlichen Flügelbinden und Schirmfederspitzen, aber meist mindestens eine Flügelbinde unvollständig, Schirmfedern meist nur mit schmalen hellen Rändern statt mit breiten, scharf begrenzten weißen Spitzen).– 1er W/1er S: Einige erkennbar an noch vorhandenen juv. Flügeldecken und Schirmfedern mit wenig Weiß.

**STIMME** Ruf weicher und höher als Fichtenkreuzschnabel, weniger metallisch „tjipp-tjipp-tjipp…". Daneben kennzeichnender nasaler Ruf wie gedämpfte Kindertrompete, „twiiht" (Kontakt-, Warnruf, seltener Flugruf). Gesang schnell, variationsreich, erlenzeisigähnlich zwitschernd..

Fichtenkreuzschnabel

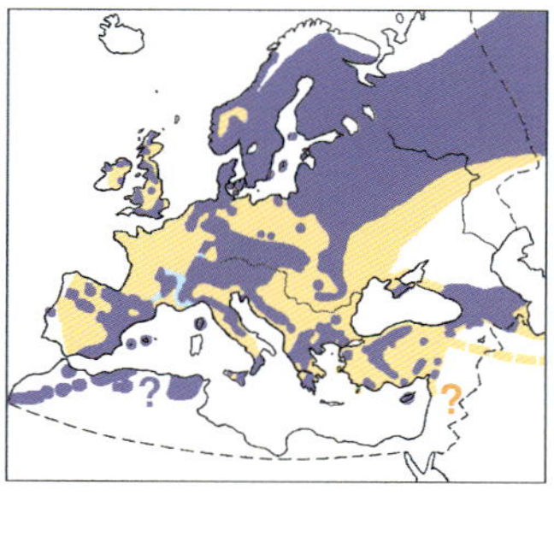

Kiefernkreuzschnabel

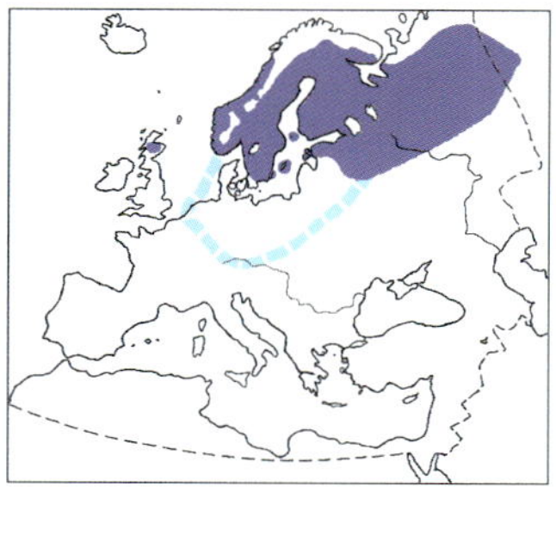

Bindenkreuzschnabel

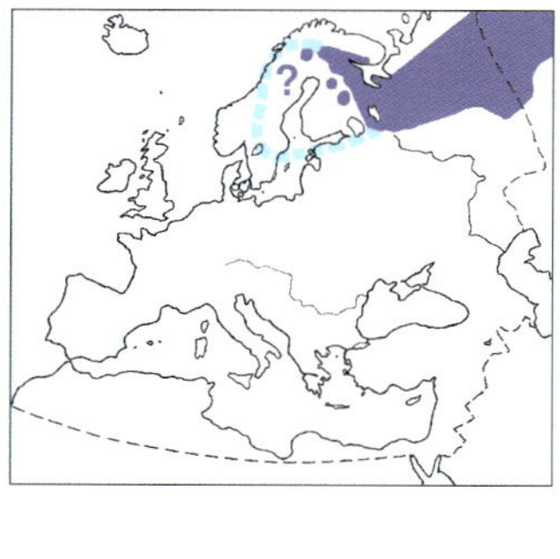

## FICHTENKREUZSCHNABEL

## KIEFERNKREUZSCHNABEL

## BINDENKREUZSCHNABEL

DZ

## KARMINGIMPEL D: A/R2/Z

Common Rosefinch *Carpodacus erythrinus*

L 13,5-15 cm. Brütet in Gebieten mit Laubsträuchern, üppigem Gebüsch, oft an feuchten Stellen. Sommervogel (Ende Mai-Aug.), überwintert in Indien. Ist erst in jüngerer Zeit aus Osteuropa eingewandert. Nest niedrig in Büschen.

**KENNZEICHEN** Knapp gimpelgroß mit *kurzem, kräftigen Schnabel* und relativ langem Schwanz. Ausgefärbte ♂ durch rote Färbung und Gesang auffallend, alle anderen Kleider unscheinbar (bei flüchtiger Begegnung leicht verwechselbar, z. B. mit Grauammer, Haussperling-♀ usw.). Beachte aber bullige Schnabelform, *kontrastlos braungraues* Gefieder, *einheitlich braungrauen Kopf,* diffuse Strichelung auf Scheitel, Mantel und Unterseite, *zwei schmale, eher unauffällige helle Flügelbinden,* helle Schirmfederränder, kein Weiß im Schwanz.– Ad. ♂: *Brust, Kopf und Bürzel leuchtend karminrot,* helle Flügelbinden oft rosa.– ♂ 1er S: Meist ♀-ähnlich braungrau ohne Rot (ohne Gesang kaum von ♀ zu unterscheiden), einige mit roten Federn und wenige bereits wie ad. (aber mit grauen Flügelbinden und einzelnen braungrauen Federn zwischen roten Gefiederpartien.– ♀: Insgesamt braungrau, grauweiße Flügelbinden schmal.– JK: Wie ♀, aber frischeres Gefieder, etwas wärmer olivbraun, stärker dunkel gefleckt, Flügelbinden beige.

**STIMME** Ruf ansteigender Pfiff „wüIH", manchmal rauer und grünfinkenähnlich, aber meist weicher. Gesang eine typische, weiche Pfeifstrophe aus einigen rhythmisch verbundenen Silben, z. B. „WIDje-wüj-WIIDja" in Variationen. Bei Erregung und Balz auch leise, ekstatisch ratternde und zwitschernde Töne zwischen den Strophen.

## EINÖDGIMPEL –

Sinai Rosefinch *Carpodacus synoicus*

L 13-14,5 cm. Brütet in Felswüsten, benötigt Wasser in erreichbarer Entfernung. Jahresvogel. Mobil, Nest in Felsspalten, oft hoch an steilen Felswänden,

**KENNZEICHEN** Größe und Gestalt ähnlich Karmingimpel, aber *Schnabel etwas kleiner.* In allen Kleidern *blass* und *fast ohne Streifung, keine hellen Flügelbinden.*– Ad. ♂: *Gesicht rot, Unterseite und Bürzel blasser rosa, Vorderscheitel* und hintere Ohrdecken *mit silbrig weißen Federspitzen.*– ♀/♂ 1er S: Fast einfarbig hell graubraun, wie trockener Lehm, Kopf etwas brauner, Flügeldeckensäume wenig heller als übriger Flügel. Unterscheidet sich vom kleineren jungen Wüstengimpel durch kleineren, dunkleren Schnabel und fehlenden hellen Augenring. Einige jüngere ♂ zeigen etwas Rosa auf Kopf und Brust.

**STIMME** Ruft beim Auffliegen sperlingsartig „tschip". Gesang eine Folge kurzer, spitzer Töne, wie Goldammer ohne Abschluss, „zi-zi-zi-zi-zi-zi".

## MEISENGIMPEL D: E/–/S

Long-tailed Rosefinch *Carpodacus sibiricus*

L 15-16,5 cm. Brütet in feuchter, dichter Taiga, oft an Ufern, klammert sich wie eine Schwanzmeise geschickt an dünne Weidenzweige. Hauptverbreitungsgebiet östlich des Ural, aber lokal im europäischen Teil. Hauptsächlich Standvogel, weicht nur in sehr kalten Wintern nach Süden aus.

**KENNZEICHEN** Für einen Gimpel klein, dieser Eindruck verstärkt durch *niedlich gerundeten Kopf* und *kleinen Schnabel.* Aber *Schwanz sehr lang,* fast wie bei Schwanzmeise, *dunkel mit breiten weißen Kanten.* Wirkt insgesamt hell, hervorgerufen durch *breite doppelte weiße Flügelbinde* (bei ad. im frischen Gefieder am breitesten), weiß umrandete Schirmfedern und weißes Feld auf den Armschwingen.– Ad. ♂: *Kopf, Unterseite und Bürzel rosarot,* aber auf Scheitel, Wangen und Kehle überwiegend verdeckt durch silbrig weiße Federn. Mantel ziemlich dunkel, kräftig dunkel gestreift mit unterschiedlich hervortretendem Rotanteil.– ♀: Oberseits braungrau, unterseits weißlich.– ♂ 1er W: Erste rote Federn, erscheinen im Spätsommer und Herbst, beginnend auf Brust, Bürzel und Flanken.

**STIMME** Ruft wie schwacher Hakengimpel mehrsilbig und melodiös. Warnt wie Buchfink, aber weniger kräftig wiederholt „fink". Gesang eilig, kurz, flötend oder etwas quietschend, hell in hüpfendem Rhythmus, ähnelt am ehesten der Tannenmeise, aber immer noch charakteristisch genug, z. B. „tschiWI-tschiWI tschilleWI tschi-tschiWI".

## BERGGIMPEL –

Great Rosefinch *Carpodacus rubicilla*

L 19-20,5 cm. Brütet in alpinen Lebensräumen über 2.500 m (meist über 3.000 m), gerne in der Nähe von Gletschern an sonnigen, geröllreichen Hängen. Jahresvogel, steigt im Winter je nach Schneelage bis ca. 1.000 m oder niedriger hinab. Meist scheu. Brütet spät, oft nicht vor Ende Juli, Nest in Felsspalten oder unter Geröll.

**KENNZEICHEN** *Groß* wie Hakengimpel mit kräftigem Schnabel und langem Schwanz. Streckenflug tief wellenförmig. Gefieder recht *dunkel,* kann zusammen mit Größe und Flugweise an Drossel erinnern.– Ad. ♂: *Dunkel himbeerrot, auf Scheitel und Unterseite fein weiß gesprenkelt, schwärzliche Zügel- und Augenregion* erzeugt ernsten Gesichtsausdruck, hintere Ohrdecken mit rosaweißem Glanz, *Schnabel recht hell gelblich grau.*– ♀/♂ 1er S: Einheitlich braungau (ohne Rot), kräftig dunkel gestreift, am dunkelsten auf Kopfseiten.

**STIMME** Ruf hoch und fröhlich „twoi". Warnruf unrein, voll, sperlingsähnlich „tjick". Gesang reine, klare Strophe in langsamem Tempo und etwas abfallend, z. B. „tjüIH, tjü-tjü-tjü twu-twu-twu tsü", einige Strophen länger..

Karmingimpel

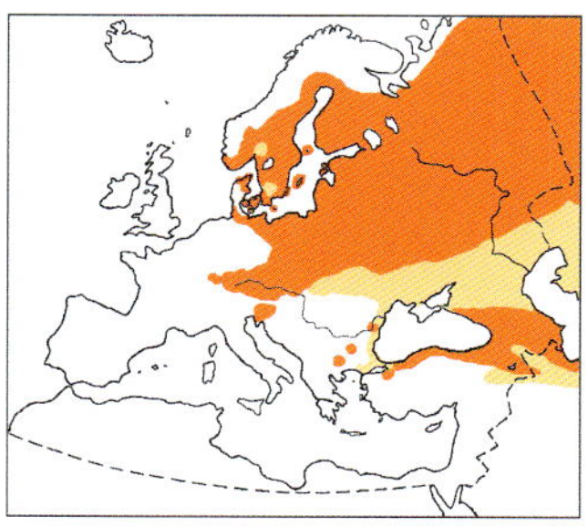

Einödgimpel

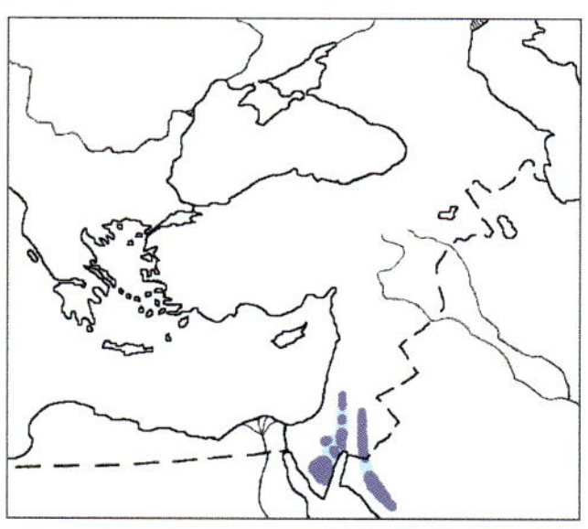

Meisengimpel

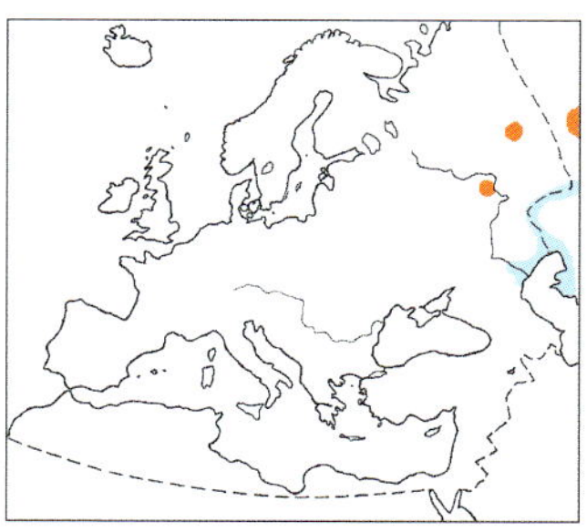

Berggimpel

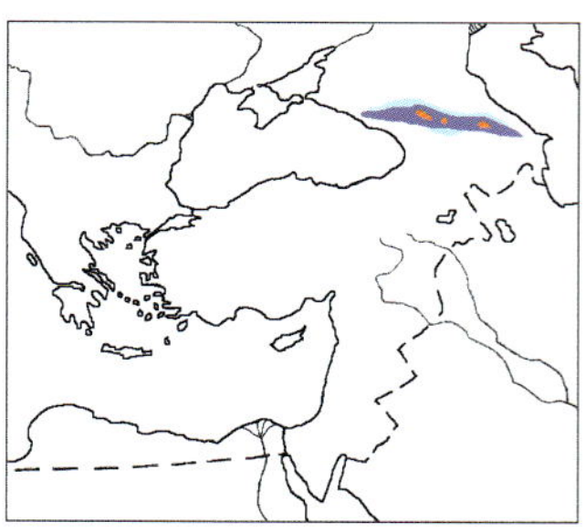

## KARMINGIMPEL

## EINÖDGIMPEL

## MEISENGIMPEL

## BERGGIMPEL

DZ

### WÜSTENGIMPEL D: A/–/S

Trumpeter Finch *Bucanetes githagineus*

L 11,5-13 cm. Brütet in Felswüsten und Halbwüsten in niedrigen oder mittleren Lagen, auch in trockenen, vegetationsarmen Gebieten mit Wasserangebot. Recht häufig auf den Kanaren. Jahresvogel, aber mobil. Gesellig, aber Trupps meist klein. Bodennest in Spalten oder unter Vegetation.

**KENNZEICHEN** *Klein,* langflügelig, recht großköpfig, *kurzer,* aber *sehr dicker, kräftiger Schnabel, schmaler heller Augenring,* kontrastierend *dunkle* (fast schwarze), *schmal hell gesäumte Handschwingen- und Steuerfederspitzen.*– ♂ PK: Kennzeichnend *roter Schnabel, rosa Beine,* lebhaft *rosa Schwanzseitenbasen,* rosa Ton auf Bürzel, Bauch und hinteren Flanken, *Schwungfedern und Große Flügeldecken mit rosa Rändern,* ungestreift warm brauner Mantel, Gefieder sonst *einheitlich hellgrau* (teilweise rosa überhaucht).– ♀/♂ SK: Schnabel hell gräulich gelbbraun, oft mit leichtem Rosaton, Beine hell ockerbeige, Gefieder etwas blasser, mit weniger Rosa und klarem Grau, mehr beige und braungrau getönt.– JK: Ohne Rosa.

**STIMME** Ruf kurz nasal „ahp“, unrein und trällernd (ähnlich Gesang, aber tiefer), häufig wiederholt, in Lautstärke und Tonhöhe variierend. Gesang besteht hauptsächlich aus eigentümlich nasalem und gedehnt summendem Ton, lautem, geradlinigem, rauem, metallischem Surren „äääääähp“, erinnert an Spielzeugtrompete, oft auf zwei verschiedenen Tonhöhen, häufig mit einigen kurzen, klaren Tönen beginnend oder endend, z. B. „tju tju zi äääääähp“.

### MONGOLENGIMPEL –

Mongolian Finch *Bucanetes mongolicus*

L 11,5-13 cm. Brütet in kahlen, felsigen Bergregionen über 2.000 m Höhe. Jahresvogel, teilweise in niedrigere Regionen ausweichend. Meist in kleinen Gruppen, nicht scheu.

**KENNZEICHEN** Ähnlich Wüstengimpel, aber etwas *kleinerer Schnabel* (besonders Basis weniger hoch) *gelblich braun* oder hell graubraun, nie rosa oder rot. *Kopf hellbraun wie Mantel* (nicht kontrastierend grau), in sämtlichen Kleidern *Oberseite* leicht, aber *deutlich dunkel gestreift* (statt fast ungezeichnet) und anderes Flügelmuster (bei ad. ♂, bei manchen ♀ schwerer erkennbar), im Flug *kurzer, breiter Streif auf Armschwingen* und *angedeuteter Streif auf Basen der Großen Armdecken.* Armschwingen mit breiteren hellen Spitzen als Wüstengimpel, bei zusammengelegtem Flügel meist *schmaler weißlicher Fleck auf Armschwingen* erkennbar.

**STIMME** Flugruf ein ansteigender Laut, gefolgt von einer kurzen Silbe, „tu-wüiit“, auch kürzer „twüi“ oder „tui“. Gesang eine wohlklingende, melodische, kurze Strophe, z. B. „wiit-wüah…vreüah“, wird langsam wiederholt.

### ROTFLÜGELGIMPEL –

Asian Crimson-winged Finch *Rhodopechys sanguineus*

L 13-15 cm. Alpine Art kahler Gebirge bis in 3.300 m Höhe, im Winter oft niedriger. Bewohnt steile Abhänge, Schluchten und fast vegetationsfreie Geröllhänge. Mobil, Nahrungssuche und Trinken oft weit vom Brutplatz, meist recht scheu. Nest in Felsspalten oder -höhlen.

**KENNZEICHEN** *Großer Kopf, dicker Hals, schwerer, dreieckiger Schnabel, kurzer Schwanz* und *lange Flügel. Ausgedehnt rosa Basen der Schwungfedern und Handdecken* bilden Flügelfeld. *Scheitel schwarz* (im frischen Gefieder teilweise von hellen Säumen verdeckt), Kehle braun wie Kopfseiten, *Flanken und Mantel braun, dunkel gefleckt.* Geschlechter ähnlich, ♀ matter.

**STIMME** Ruft sonor „tjivLI“ und „tju-tjeLÜTT“ (ähnlich Heidelerche), etwas schrill „djuWÜ-djuWÜ“. Gesang von Warte oder in wellenförmigem Singflug schnelle, kurze, wiederholte Strophe mit typischem Rhythmus und Klang, z. B. „tjodlütjodlü-udle-FRIIIH-tjodlü“.

### ATLASGIMPEL –

African Crimson-winged Finch *Rhodopechys alienus*

L 13-15,5 cm. Nordwestafrikanische Schwesterart des Rotflügelgimpels, früher als dessen Unterart betrachtet.

**KENNZEICHEN** Etwas größer als Rotflügelgimpel, *hell abgesetzte Kehle, Mantel und Flanken eher einfarbig braun ohne dunkle Fleckung,* Nacken grauer, Bürzel brauner statt rosa, rosa Kopffleckung weniger ausgedehnt und matter.

**STIMME** Offenbar ähnlich Rotflügelgimpel.

### WEISSFLÜGELGIMPEL –

Desert Finch *Rhodospiza obsoleta*

L 13-14 cm. Brütet in offener, trockener, flacher Landschaft, oft bei Plantagen, Oasen usw. Überwiegend Jahresvogel. Oft in Gruppen, steht anders als Wüstengimpel gern auf Bäumen, Nahrungssuche aber meist am Boden.

**KENNZEICHEN** *Sandfarben* mit charakteristischer Flügel- und Schwanzzeichnung: *schwarze, fein weiß gerandete Handschwingenspitzen,* am zusammengelegten Flügel *großes weißes und rosafarbenes Flügelfeld,* nur unterbrochen vom Schwarz der Alula und Spitzen der Großen Handdecken.– ♂: *Schirmfedern schwarz,* schmal weißlich gesäumt, *Schnabel schwarz. Zügel schwarz* bei ad., hell im 1en W.– ♀: Schirmfederzentren, Schnabel und Zügel graubraun.

**STIMME** Drei häufige Rufe: brodelnd, am Ende fallend „drrr'r“, gebogen „twoi (oder „twio“), an Karmingimpel erinnernd, und trällernd, an Berghänfling und Steinsperling erinnernd „dweüüt“. Gesang weiche, zögernde Folge kurzer, ungleichmäßiger Töne, manchmal mit eingewobenen langen, summenden, wüstengimpelähnlichen Lauten.

Wüstengimpel

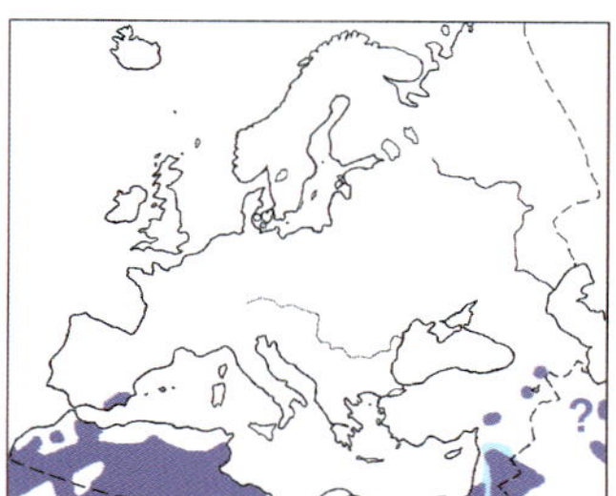

Mongolengimpel

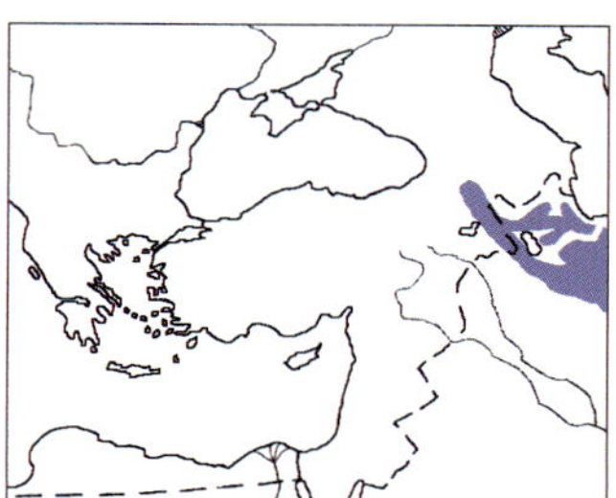

Atlasgimpel Rotflügelgimpel

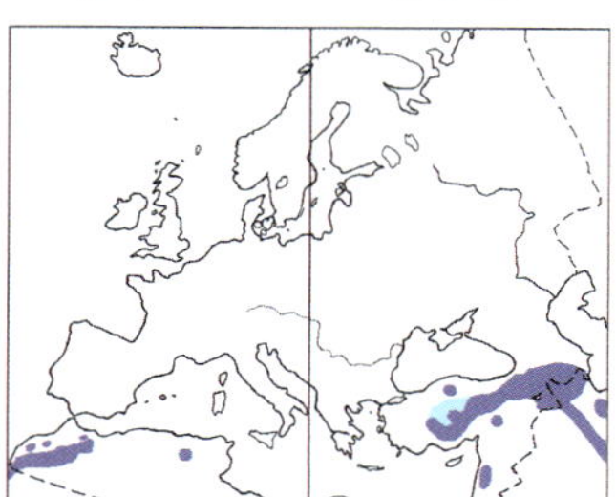

Weißflügelgimpel

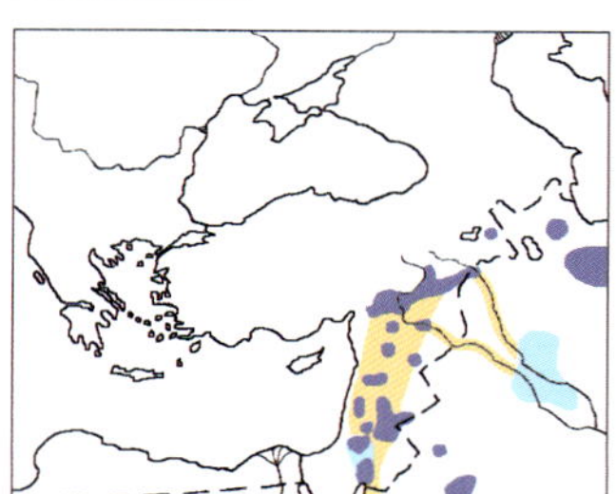

## WÜSTENGIMPEL

## MONGOLENGIMPEL

## ROTFLÜGELGIMPEL

## ATLASGIMPEL

## WEISSFLÜGELGIMPEL

# AMMERNVERWANDTE

## Emberizidae

Mehr am Boden als die verwandten Finken. Die europäischen Arten gehören zur Gattung *Emberiza,* haben kegelförmige Schnäbel und eine charakteristische Gefiederfärbung und -musterung. Artkennzeichnende Gesänge laut und oft eher kurz. Überwiegend Zugvögel. Bevorzugte Nahrung Grassamen. Nest in Grasbüscheln oder niedrig in Büschen.

### ROHRAMMER — D: A/N5/Z

Common Reed Bunting *Emberiza schoeniclus*

L 13,5-15,5 cm. Brütet in Schilfgebieten, hohen Binsenbeständen, Gebüschen auf feuchtem Untergrund oder an Gewässerrändern, auch auf trockeneren Flächen (mit jungen Koniferen, Rapsfeldern u. a.). Sommervogel (März-Okt.), in Westeuropa Teilzieher. Nur auffällig, wenn ♂ frei von Warte aus singt. Fliegt in hüpfendem, ungleichmäßigem Flug auf und verschwindet schnell wieder in Deckung.

**KENNZEICHEN** Mittelgroße Ammer. *Schnabel* klein (außer in Südosteuropa und am Schwarzen und Kaspischen Meer, dort größer und kräftiger) und *dunkel. Gefieder überwiegend braun und beigeweiß mit dunkler Streifung* und *weißen Schwanzkanten.*– ♂ PK: Leicht kenntlich an *schwarzem Kopf und Kehle* mit *reinweißem Nackenband* und *schmalem weißem Bartstreif.*– Andere Kleider: Beiger Überaugenstreif, Scheitel und Ohrdecken graubraun. ♂ meist an düsterer oder ungleichmäßig schwarz gefleckter Kehle erkennbar, ♀ mit ungefleckt beiger Kehlmitte und auffallendem schwarzem Kinnstreif. Randdecken rötlich braun. Ohrdecken immer düster (statt rotbraun wie Zwergammer). Beine rotbraun oder schwarz (dunkler als bei Zwergammer).

**STIMME** Ruft hoch, sanft abfallend „siü“, oft im Herbst auch etwas unrein klingelnd „bzü“, manchmal kurz, scharf „zi zi…“. Gesang kurze, einfache Strophe, meist in langsamem Tempo aus einigen scharf rollenden Einzeltönen und mit einigen schnelleren Rufen oder kurzem Triller endend, z. B. „sripp, sripp, sriA, srisriSIRR“, im Detail variabel und gelegentlich schnell, aber immer kennzeichnend.

### PALLASAMMER —

Pallas's Reed Bunting *Emberiza pallasi*

L 12-13,5 cm. Brütet in ähnlichen Lebensräumen wie nördliche Rohrammerpopulationen in niedriger Tundravegetation an Wasserläufen, auch in offenem Lärchenwald am Tundrarand. Sommervogel, überwintert in Südostasien, Rückkehr erst Mitte Juni. Verhalten ähnlich Rohrammer.

**KENNZEICHEN** Wie kleine Ausgabe der Rohrammer, aber *kleiner* (nicht größer als Zwergammer), *schmalerer, schwächerer Schnabel* mit in ♀-ähnlichen Kleidern *rosa Unterschnabelbasis* (bei Rohrammer kräftiger und dunkler), *aschgraue* (♂) *oder mattbraune* (♀) *Randdecken.* ♀-farbene Vögel auf *Brust und Flanken fast ungestreift,* dadurch dunkler Kinnstreif hervorgehoben, *zwei beigeweiße Flügelbinden* (deutlicher als bei Rohrammer), *Scheitel und Ohrdecken einfarbig braun* (Rohrammer mit dunkel eingerahmten Ohrdecken und oft dunklen Scheitelseiten), meist erkennbar *blassere, eher gelbbeige Grundfärbung* (einige östliche Rohrammern aber ähnlich hell). Geschlechtsbestimmung wie bei Rohrammer; ad. ♂ mit kontrastierend grauweißem Bürzel (aber auch bei einigen Rohrammern aus Südostrussland).

**STIMME** Ruft recht voll, sperlingsartig, etwas abwärts gezogen „tschialp“ und leicht raspelnd „tschirp“, soll auch rohrammerähnlicher fein „dsiu“ rufen. Gesang sehr *einfach und monoton,* aus einer Folge gleichartiger, energischer Töne „srih-srih-srih-srih-srih“, kaum variiert.

### ZWERGAMMER — D: A/–/S

Little Bunting *Emberiza pusilla*

L 12-13,5 cm. Brütet in Nordosteuropa in der Taiga, oft an Lichtungen und lichten Nadelwäldern mit einzelnen Birken und Weiden, auch in hoch gelegenen Birkenwäldern mit einigen Fichten, meist in Gewässernähe. Seltene, aber regelmäßige Ausnahmeerscheinung in Mittel- und Westeuropa (meist Sept.-Okt.). Verbringt viel Zeit am Boden.

**KENNZEICHEN** *Klein.* Hat im PK *rotbraunen Kopf* mit *schwarzem Scheitelseitenstreif* und *weißem Augenring.* Im Herbst leicht mit ♀-farbener Rohrammer zu verwechseln, aber anderer *Ruf,* deutlicherer *weißer Augenring, Ohrdecken, Zügel und vorderer Überaugenstreif einheitlich warm rotbraun, hintere Ohrdecken meist mit kleinem hellem Fleck* und schmal schwärzlicher Begrenzung, *kein den Schnabel erreichender Wangen- oder Augenstreif, deutlicher heller Scheitelstreif zwischen dunklen Scheitelseiten,* proportional *längerer Schnabel* mit *geradem First,* deutlichere beigeweiße Flügelbinden, graubraune Randdecken, stets rosa Beine. Geschlechter gleich gefärbt (individuelle Variation größer als Tendenz zu deutlicherer Kopfzeichnung bei ad. ♂).

**STIMME** Ruft scharf kurz „zick“, Lautstärke stimmungsabhängig. Gesang melodisch, recht kurz und hoch, aus klaren und kratzenderen, härteren, rollenderen Klängen bestehend, wie „trütrütrütrü srrri tüüj siwi-siwi tju si“ oder „siTRÜ-si-TRÜ-siTRÜ srisrisri swi-swi-sürrr“.

### GELBBRAUENAMMER —

Yellow-browed Bunting *Emberiza chrysophrys*

L 13-14 cm. Extrem seltene Ausnahmeerscheinung aus Ostsibirien; wenige Beobachtungen Ende Sept./Okt.

**KENNZEICHEN** Fast so groß wie Waldammer, recht *großköpfig,* kräftiger *Schnabel mit geradem First und rosa Unterschnabel.* PK unverwechselbar: *leuchtend gelber Überaugenstreif, schwarzer Scheitel* mit *schmalem weißem Scheitelstreif.* Im Herbst mehr wie Zwerg- und Waldammer, aber mit *gelb angehauchtem Überaugenstreif, angedeutetem weißem Scheitelstreif, Brust und Flanken schmal, aber deutlich schwarz gestreift.*

**STIMME** Ruft durchdringend, scharf „zick!“ (wie Zwergammer).

Rohrammer

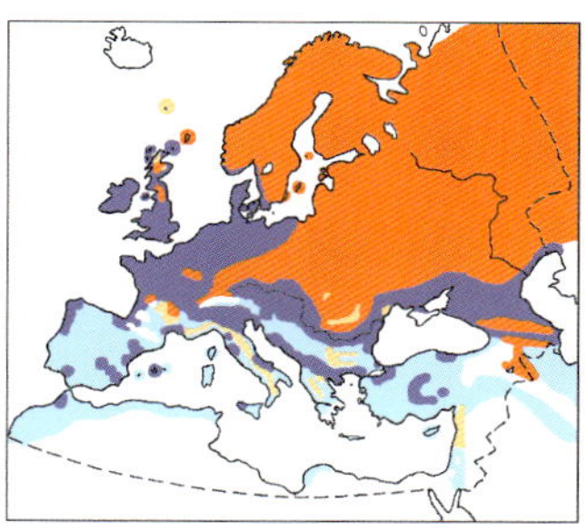

Pallasammer

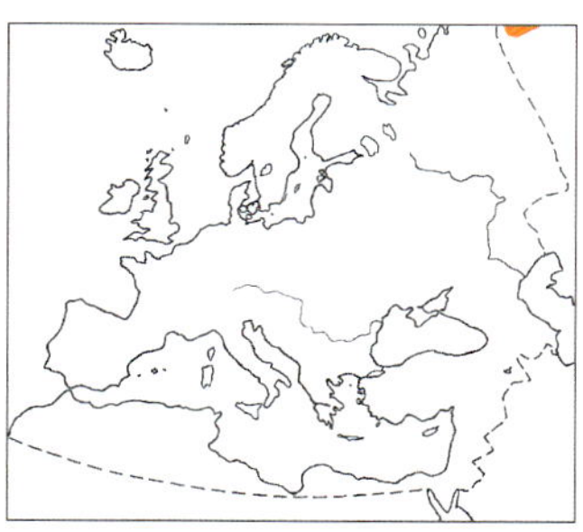

Zwergammer

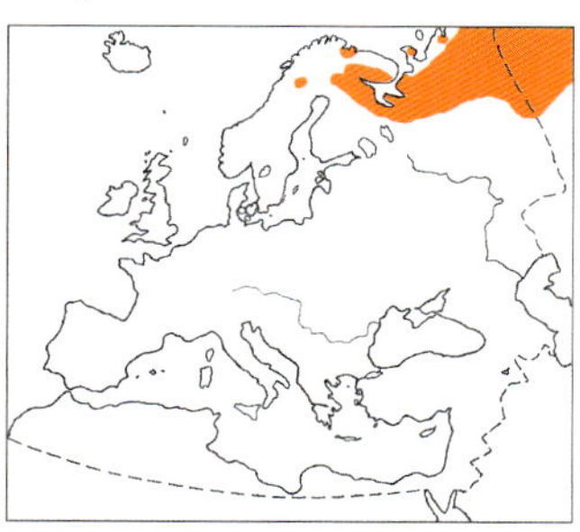

## ROHRAMMER

## PALLASAMMER

## ZWERGAMMER

## GELBBRAUENAMMER

DZ

## SCHNEEAMMER D: A/–/ZW

Snow Bunting *Plectrophenax nivalis*

L 15,5-18 cm. Brütet in nördlichen hochalpinen Lebensräumen in geröllreichen Bergregionen, auch entlang steiniger Küsten und in offenen Heiden und Tundra. Sommervogel (März-Okt.), Wintergast an Nord- und Ostseeküste, seltener im Binnenland, oft zwar zutraulich, aber ständig in Bewegung in großen Trupps an Spülsäumen und auf Wiesen. Gehört mit Spornammer zur Familie Tundraammern.

**KENNZEICHEN** *Großes weißes Feld auf innerem Flügel* und Schwanzseiten blitzen im Flug auf. Kann nur im Süden mit Schneesperling (S. 388) verwechselt werden, beachte aber Verbreitung, Lebensraum, weniger Weiß im Schwanz, deutlicheres Kopfmuster usw.– ♂ PK: Unverkennbar, *Kopf und Unterseite vollständig weiß, ganz schwarzer Mantel.*– ♀ PK: Scheitel, Ohrdecken und Brustseiten diffus dunkel, Mantel braun gefleckt.– JK: Deutlich anders gefärbt, *Kopf grau,* Brust diffus schmutzig grau; JK wird vor Wegzug gemausert.– SK/1er W: *Rostfarben gelbbraune Töne* auf Brust-, Kopfseiten und Scheitel/Nacken, Mantel gelbbraun, schwarz gestreift, *Schnabel strohgelb mit dunkler Spitze;* ♂ mit mehr Weiß auf Schwungfedern und Flügeldecken (Letztere oft weiß mit schwarzen Spitzen, Alula schwarz, daher im Flug isolierter dunkler Fleck an Flügelvorderkante) und mit schwärzerer Flügelspitze als ♀.– Isländische Vögel *(insulae)* im Vergleich zu skandinavischen *(nivalis)* mit etwas dunklerem Gefieder und dunkleren Handdecken (auch bei ♂ oft braun).

**STIMME** Ruft im Flug rollend, fast haubenmeisenartig „per'r'r'rit", auch weicherer, aber bestimmt klingender Pfiff (meist von Einzelvögeln), „pjüu", erinnert an Flussregenpfeifer, in dichten Schwärmen oder bei Revierstreitigkeiten rau „bersch". Gesang kurzes Gezwitscher mit *klarem und einsamem Klang* (ähnlich Wald- und Spornammer, härter als Erstere), z. B. „SWIto-swÜÄ-wiTÜty-süWÄH".

## SPORNAMMER D: A/–/ZW

Lapland Bunting *Calcarius lapponicus*

L 14-15,5 cm. Brütet in hoch gelegenen, weidengebüschreichen Gebieten, meist an feuchten Stellen, auch auf kahlen Bergen, Heiden, Tundra und großen, offenen Mooren mit Zwergbirken, Kriechweiden und niedrigen Gebüschen. Sommervogel (Mai-Sept.), überwintert hauptsächlich in südrussischer Kultursteppe, seltener in Westeuropa, dann besonders an Küsten. Meist einzeln oder in Kleingruppen, meist am Boden, recht aufmerksam, läuft davon oder duckt sich und fliegt aufgescheucht meist hoch ab, Flug kraftvoll.

**KENNZEICHEN** Recht *kräftig gebaute,* mittelgroße Ammer mit *auffallend großer Handschwingenprojektion, recht dickem, kurzem Schnabel* und *langer, gerader Hinterkralle; Schnabel strohgelb mit dunkler Spitze* (im JK etwas dunkler und grauer), Beine dunkelbraun.– ♂ im PK unverwechselbar, Kopf und Brust schwarz, weißer Überaugenstreif zieht sich hinter den Ohrdecken bis zu den Brustseiten, Nacken rotbraun, Bauch weiß, auch ♀ dann mit *rotbraunem Nacken, diffus grauweißem Fleck auf Vorderbrust,* hellem Schnabel.– Im frischen Herbstgefieder ähnlich Rohrammer, aber *breit rotbraune Schirmfederränder und Große Armdecken,* Letztere bei zusammengelegtem Flügel rotbraunes, von *zwei schmalen hellen Flügelbinden* eingefasstes Feld bildend, heller Schnabel, *heller, graubrauner Scheitelstreif* (heller und deutlicher als bei Rohrammer), *graubrauner, stark gestreifter Bürzel,* manchmal *rotbrauner Nacken;* Geschlechter und Alterskleider im Herbst einander sehr ähnlich, ad. ♂ manchmal an angedeutet rotbraunem Nacken und dichter dunkler Brustfleckung (statt vereinzelten Flecken) erkennbar.

**STIMME** Recht ruffreudig, im Flug (oft beim Auffliegen) trocken rollend „pr'r'r'rt", etwas härter und trockener als Schneeammer, kurzer Pfiff „tju" (manchmal sehr ähnlich „pju" der Schneeammer), daneben etwas rauer und nachdrücklicher „tjüb" (oft im Flug, auch von nachts ziehenden Vögeln), am Brutplatz nervös zweisilbig „tihü". Gesang kurze, recht konstant *klingelnde Strophe* mit einsamem Klang, z. B. „kretle-KRLII-trr kritle-kretle-trü", etwas an Ohrenlerche erinnernd, aber ohne deren zögernde Einleitung; gelegentlich hoher Singflug mit gefächertem Schwanz und kurzem Rütteln.

## WALDAMMER D: A/–/S

Rustic Bunting *Emberiza rustica*

L 13-14,5 cm. Brütet in sumpfigen Nadelwäldern mit zahlreichen Laubbäumen und in überfluteten Laubwäldern. Sommervogel (Mai-Sept.), überwintert in Südostasien. Leicht zu übersehen, meist einzeln oder in kleinen Gruppen.

**KENNZEICHEN** Größe wie Rohrammer, unterscheidet sich durch *weißen Bauch, einfarbig rotbraunen Bürzel, rotbraune Flankenfleckung,* rosabraune Beine, *langen Schnabel mit geradem First und rosa Unterschnabel.*– ♂ PK: *Brustband und Nacken rotbraun, Oberkopf schwarz mit weißem Überaugen- und Bartstreif, kleiner weißer Fleck im Nacken.*– ♀ PK: Scheitel und Ohrdecken braun gefleckt, Überaugenstreif schmutzig weiß, Nacken weniger ausgedehnt rotbraun; einige sehr ähnlich ♂.– SK/1er W: Schwarze und rotbraune Gefiederpartien teilweise von beigebraunen Federrändern verdeckt; wie Zwergammer oft mit *dunkel begrenztem, weißlichem Fleck auf hinteren Ohrdecken* und *deutlichem hellem Überaugenstreif.* Geschlechts- und Altersbestimmung im Herbst kaum möglich.

**STIMME** Ruf kurz und durchdringend „zit", schärfer als Singdrossel, spitzer als Rotkehlchen. Gesang oft in hellen Nächten vorgetragen, unverkennbar durch *weichen, recht dunklen und melodischen Klang* ohne harte und scharfe Töne, in *flottem Rhythmus,* z. B. „DUU-dele-DÜÜdo-deLUU-deLÜ".

Schneeammer

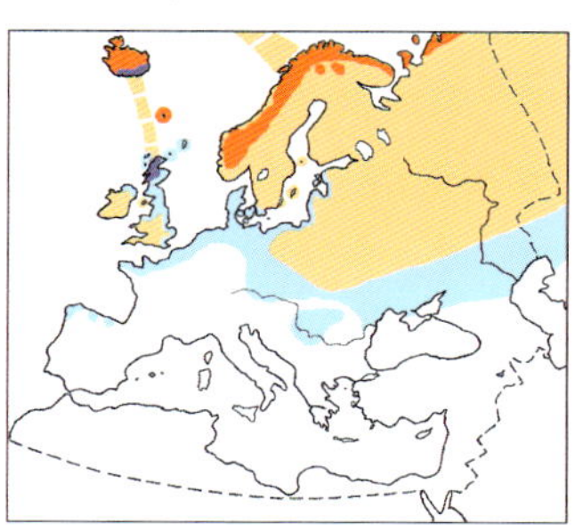

Spornammer

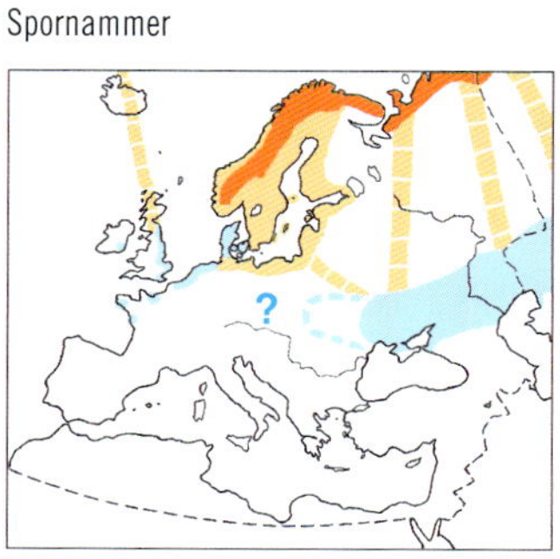

Waldammer

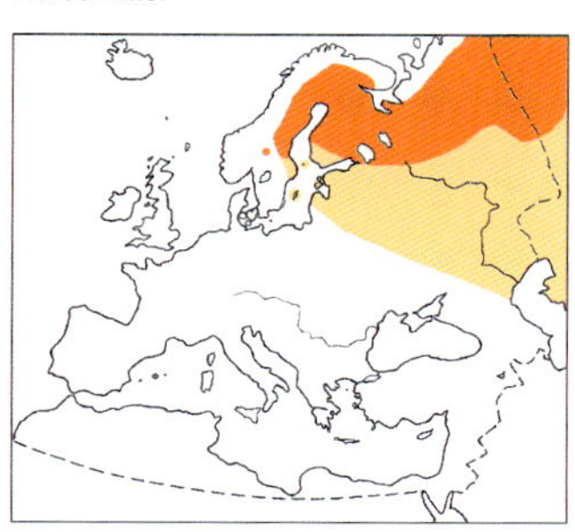

## SCHNEEAMMER

## SPORNAMMER

## WALDAMMER

im Herbst kann die Unterscheidung von Rohr- und Waldammer schwierig sein; einige hilfreiche Unterscheidungsmerkmale sind rechts dargestellt

DZ

## ORTOLAN **D:** A/R4/Z

Ortolan Bunting *Emberiza hortulana*

L 15-16,5 cm. Brütet im Tiefland in landwirtschaftlich genutzten, oft sandigen Gebieten mit Laubbaumgruppen und Gebüschen, in offenen, baumreichen Weidelandschaften und auf Kahlschlägen; in Südeuropa, der Türkei und im Kaukasus auch in Bergregionen meist auf Lichtungen und an Waldrändern oft über 1.500 m. Sommervogel (meist Apr.-Sept.), überwintert im tropischen Afrika, Nachtzieher. Nahrungssuche am Boden, gern auf trockenen, kurzrasigen Flächen, recht scheu und wachsam, flüchtet frühzeitig in Deckung.

**KENNZEICHEN** Mittelgroße, schlanke Ammer, *Schnabel recht lang, beigerosa,* First etwas dunkler und gerade, Beine beigerosa. In allen Kleidern *deutlich gelblich weißer Augenring, kräftig dunkel gestreifter, graubrauner Mantel, dunkler Kinnstreif auf hellgelbem Grund* (juv. jedoch bis Juli/Aug. ohne Gelb), *Flanken und Bauch* mit variablem, deutlich *orangebraunem* Farbton (außer JK), *Kopf und Nacken* meist *oliv getönt, graubrauner, gestreifter Bürzel.*– ♂ PK: Kopf, breites Brustband und schmaler Kinnstreif *ungefleckt olivgrau,* Bauch und Flanken *tief orangebraun.*– ♀ PK/ SK: Scheitel, Brust und Kinnstreif *fein dunkel gefleckt,* olivgraues Brustband schmal und undeutlich, Orangefärbung unterseits manchmal schwächer; einige ♂ im SK ähnlich PK.– 1er W: Kopf braungrau (ohne Grünstich) und deutlich gestreift, Kinnstreif, Brust und obere Flanken kräftig gestreift, Augenring beigeweiß, Kinn beigegelb.

**STIMME** Ruft metallisch, fast zweisilbig „sli-e“, auch etwas holprig, aus der Entfernung fast klickend „tju“, beide Rufe abwechselnd mit 2 s Abstand geäußert, z. B. von nachts durchziehenden Vögeln; auch klarer klickend „plett“, z. B. beim Auffliegen. Gesang eine klare Strophe mit typisch *klingelndem Klang* und mit wiederholten Silben, die nach einer halben Strophe gewechselt werden, teils *wie Echo klingend,* wie „srü-srü-srü-srü-drö-drö-drö“ oder „sia sia sia drü drü“, „Echosilben“ oft etwas tiefer. Viele regionale Dialekte, bergbewohnende Vögel Südeuropas am Beginn klingelnd mit meist abgebrochenem, zu lang gezogener Endsilbe verkürztem zweitem Teil, „srü-srü-srü-srü-tjuuüj“ (Verwechslungsgefahr mit Grauortolan, s. u.).

## GRAUORTOLAN **D:** A/–/S

Cretzschmar's Bunting *Emberiza caesia*

L 14-15,5 cm. Brütet an sonnigen und trockenen, kahlen Berghängen mit Felsen, Gras und Dornensträuchern, meist küstennah, im gemeinsamen Verbreitungsgebiet mit Ortolan eher (aber nicht immer) in niedrigen Lagen, meist unter 1.350 m. Sommervogel (meist Mitte Apr.-Aug.), überwintert südlich des Roten Meeres. Nachtzieher; meist auf dem Boden oder niedrigen Steinen, singt aber auch von niedrigen Büschen; nicht scheu.

**KENNZEICHEN** Etwas kleiner als Ortolan, Gestalt ähnlich, *Schnabel etwas kürzer,* auch Gefieder ähnlich, aber *Kopf, Brust und Kinnstreif bleigrau* (statt grüngrau), *Kinn und Bartstreif rostrot* oder weiß (statt fahlgelb), deutlicher *Augenring weiß* (nicht gelblich), *Bürzel rotbraun,* intensiv gefärbt und ungestreift bei ad. ♂, matter bei ad. ♀ und nur rotbraun angehaucht und zudem gestreift im 1en W.– Ad. ♂: *Sehr dunkel orangebraune Unterseite,* aus der Entfernung wirken Brust und Kehle dunkler als Bauch (nie bei Ortolan).– ♀: Blasser als ♂.– 1er W: Sehr ähnlich Ortolan, aber Kehle und Augenring weißer, Bürzel schwach rotbräunlich.

**STIMME** Ortolanartige Rufe, deutliche regionale Unterschiede, meist zu erkennen an scharf raspelnden („tsrip“) und melancholischen, recht tiefen, voll pfeifenden, leicht abwärts gezogenen Tönen („tjüu“), auch trockener, sehr ähnlich Ortolan „plett“. Gesang recht ähnlich südeuropäischen Ortolanen, gleiche Struktur mit (2-)3 wiederholten, kurzen Silben und lang gezogenem Schlusston, „dji dji dji DJÜÜ“ oder etwas schneller „si-si-si-SIÜÜH“, stets ohne angenehm klingelnden Klang am Beginn, einige Vögel wechseln mit rau (fast asthmatisch) klingenden Strophentypen ab, „tcha-tcha-tcha-TCHEEH“.

## STEINORTOLAN **D:** A/–/S

Grey-necked Bunting *Emberiza buchanani*

L 14-15,5 cm. Brütet auf kahlen Berghängen oder Hochplateaus mit Felsen, karger Vegetation und einzelnen niedrigen Büschen, meist über 2.000 m. Ähnliche Habitatansprüche wie Zippammer oder südeuropäische Ortolane. Sommervogel (in Osttürkei meist Ende Apr.-Sept.), überwintert in Indien. Ruhig, nicht scheu.

**KENNZEICHEN** Ähnlich Grauortolan, aber etwas *langschwänziger. Schnabel lang und schmal, ganz rosa* (ohne dunklen First), *Augenring weiß, Mantel* stets *unscheinbar gestreift,* in frischem Gefieder recht *einheitlich braungrau* wirkend, *Bürzel einfarbig braungrau,* manchmal angedeutet gestreift.– Ad. ♂: Gräulicher Kopf (schmutzig grau, manchmal aschgrau), *kleiner weißlicher Kehlfleck* und schmutzig weißer, langer Bartstreif, *kalt rotbraune Brust* (im SK mit weißlichen Säumen), *bräunlich weißer Bauch, rotbraune Schulterfedern.*– Ad. ♀: Matter, Brust und Scheitel *fein gestrichelt.*– 1er W: Bürzel mattbraun ohne Rostton, Mantel nur mäßig gefleckt, beachte schmalen, spitzen Schnabel und weißen Augenring.

**STIMME** Ruft ähnlich Grauortolan und Türkenammer, kraftvoll „tschüpp“ und höher, schärfer „zrip“, beide Rufe variiert und abwechselnd vorgetragen. Gesang ähnlich Türkenammer, einfache, kurze Serie mit etwas kratzender Stimme (meist nicht so schön summend wie Ortolan) „srüsrüsrü SRIH-srusru“ oder „srisrisri-suSRIIH-ria“, auch in größerem Tonbereich „tru-trü-TRI tre-tra“, *oft auf drittletzter Silbe betont.*

Ortolan

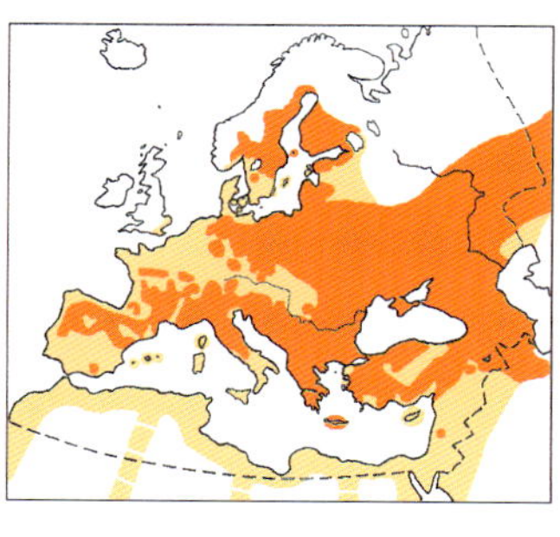

Grauortolan

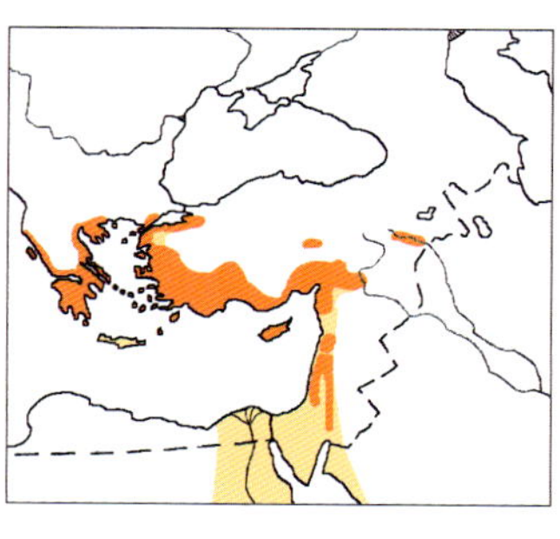

Steinortolan

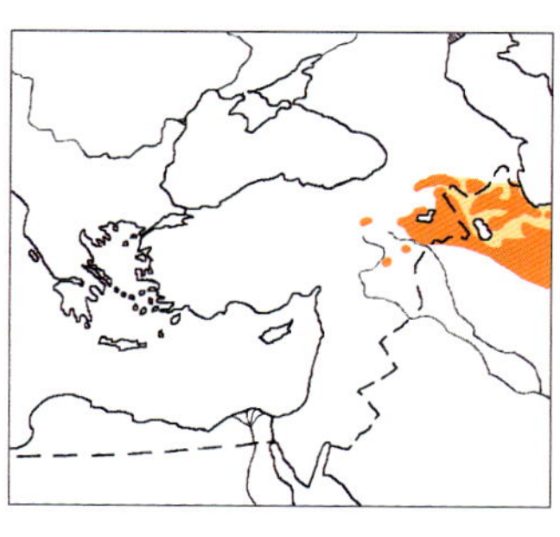

## ORTOLAN

## GRAUORTOLAN

## STEINORTOLAN

DZ

## GOLDAMMER D: A/N6/JZW

Yellowhammer *Emberiza citrinella*

L 15,5-17 cm. Brütet häufig in der Agrarlandschaft, an Waldrändern, auf Lichtungen, Heiden und an Küsten mit einzelnen Büschen und Bäumen. Teilzieher, Wintergäste aus Skandinavien (Okt.-Apr.), im Herbst und Winter oft in Trupps. Nahrungssuche am Boden, z. B. nach liegen gebliebenen Getreidekörnern auf Stoppelfeldern.

**KENNZEICHEN** *Langschwänzig* mit *ungezeichnetem rotbraunem Bürzel* und *Gelb* im *Gefieder.* Mantel/Rücken olivbraun, kräftig schwarz gestreift. Schnabel relativ klein, Unterschnabel hell blaugrau. *Weiße Schwanzkanten,* etwas ruckartiger Flug in langen Bögen, wirkt dabei langschwänziger als Rohrammer.– ♂ PK: Unverkennbar, *fast ganz gelber Kopf* mit wenigen dunklen Markierungen auf Scheitel und Ohrdecken, *sattgelbe Unterseite, Brust mit viel Olivgrün und Rotbraun, Flanken rotbraun gestrichelt.*– ♀ PK: Graugrüner, gestrichelter Scheitel, oft mit kleinem hellem Fleck, graugrüne Ohrdecken mit wenig Gelb, unterseits *blasser gelb, Brust und Flanken grauschwarz gestreift.*– SK/1er W: ♂ oft an angedeutet kräftigem Gelb auf Kopf und Unterseite und *olivgrünen und rotbraunen Farbtönen auf Brust* erkennbar. ♀ SK ähnlich ♀ PK. ♀ im 1en W hat oft gänzlich braunen, gestreiften Kopf, beigeweiße Unterseite und nur geringen, im Freiland oft schwer erkennbaren Gelbstich.

**STIMME** Ruft dissonant „stüff", daneben zahlreiche kürzere, erstickte, knackende Rufe, „pt…pt, pt, pittiLITT" u. Ä., auch scharf „tsit" oder fein, gedehnt „tsiih". Gesang schnelle Folge 5-8 kurzer Töne mit gedehntem Ende, z. B. „si-si-si-si-si-si-SÜÜÜ", vorletzte Silbe oft höher und die letzte tiefer „sre-sre-sre-sre-sre-sre SIII-suuuu", Klang manchmal auch schlagschwirlartig „dzre-dzre-dzre…".

## FICHTENAMMER D: A/–/S

Pine Bunting *Emberiza leucocephalos*

L 16-17,5 cm. Brütet in Sibirien (soweit bekannt nicht westlich des Ural) in ähnlichen Habitaten wie die nah verwandte Goldammer, aber stärker an Wald gebunden, hybridisiert in Westsibirien mit dieser. Sommervogel, überwintert in Mittelasien und lokal im westlichen Mittleren Osten und in Südeuropa. Ausnahmeerscheinung in West- und Mitteleuropa, meist im Herbst und Winter in Goldammertrupps.

**KENNZEICHEN** Schwesterart der Goldammer, bei der alle gelben Farbtöne durch Weiß ersetzt sind.– PK: Beim ♂ (gelegentlich auch beim ♀) *Kehle und Überaugenstreif rotbraun.*– SK/1er W: Oft schwer von Goldammer-♀ im 1en W zu unterscheiden, beachte *weißliche Grundfarbe der Unterseite* (ohne Gelb), recht *blass graubraunen Mantel* (ohne Grün), oft *rotbräunliche Schulterfedern,* hell bräunlich bis schmutzig weißen *Überaugenstreif ohne Gelb,* schmal *weißliche* (statt gelbliche) *Handschwingenkanten,* eher *rotbraune Flankenstreifung* (statt gräulich schwarze).

**STIMME** Überwiegend wie Goldammer. Neben normalem „stüff"-Ruf gelegentlich etwas anders „tsick" und leicht abfallend „tschüeh". Gesang klingt wie Goldammer.

## ZAUNAMMER D: A/R2/JZ

Cirl Bunting *Emberiza cirlus*

L 15-16,5 cm. Brütet an Waldrändern, auf Lichtungen, in größeren Parks u. Ä., bevorzugt hügeliges Gelände mit einigen großen Bäumen, dichten Büschen und Hecken, oft an trockenen, sonnigen Hängen (süd- oder ostexponiert), z. B. in Weinbergen, meidet offene Ebenen; ganz im Westen oft an Berghängen bis ca. 1.500 m Höhe. Jahresvogel.

**KENNZEICHEN** Etwas kleiner als Goldammer, proportional *etwas größerer Schnabel* und kürzerer Schwanz.– ♂ PK: *Kehle und Augenstreif schwarz, breites, olivgraues Brustband.*– ♀/1er W: Sehr ähnlich Goldammer, unterschieden durch *oliv getönten graubraunen Bürzel,* auf hellerem Grund *stärker kontrastierende* dunkle *Kopfmarkierungen, rötlich braune Schulterfedern, einfarbiger braungraue Große Armdecken, gleichmäßig gestrichelten, grünlich graubraunen Scheitel* (keine angedeutet hellere Scheitelmitte), Tendenz zu eher zweifarbigem Schnabel und andere Stimme.

**STIMME** Ruft fein, spitz klickend „zitt", auch etwas rohrammerartig abfallend „siiü" und bei Verfolgungsjagden schnell, scharf trillernd „zir'r'r" (kann an Schwanzmeise erinnern). Gesang gut 1 s lang, monotoner, trockener Triller, „sre'sre'sre'sre' sre'sre'sre'sre'sre", klappernd und recht metallisch, manchmal Wechsel zwischen zwei Tonlagen, kann aus der Entfernung an Wanderlaubsänger erinnern.

## TÜRKENAMMER D: B/–/S

Cinereous Bunting *Emberiza cineracea*

L 16-17 cm. Brütet lokal und spärlich an trockenen, steinigen Hängen mit niedriger Vegetation, Macchie und einzelnen Bäumen. Sommervogel (in der Türkei Mitte Apr.-Anfang Aug.), überwintert rund ums Rote Meer.

**KENNZEICHEN** Recht groß, *schlank* und *langschwänzig. Blasses, fast ungestreiftes Gefieder, schmaler heller Augenring, kräftiger heller Schnabel,* daher ähnlich Kappenammer-♀, jedoch mit *weißen Schwanzkanten.*– ♂: *Kehle gelblich, Kopf einfarbig gelblich grau, Brust grau, Mantel gräulich,* undeutlich dunkel gefleckt.– ♀/1er W: Kehle beigeweiß, Kopf und Mantel bräunlich, Brust graubraun, Brust und Scheitel fein gestrichelt.– Von der Südosttürkei ostwärts (Unterart *semenowi*) sind ♂ auch auf unterer Brust und Bauch gelb.

**STIMME** Ruft ähnlich Grau- oder Steinortolan scharf, energisch „tschirp", voll „tschülp" (oder kürzer „tschü"), oft abwechselnd und leicht variiert. Gesang erinnert an Steinortolan, einfache, schnelle Strophe mit scharfen, leicht rauen Tönen und etwas variablem Tempo, z. B. „zre, zrü-zrü-zrü ZRIH-zra", oft mit schnell aufeinander folgendem hohem und tiefem Ton endend.

Goldammer

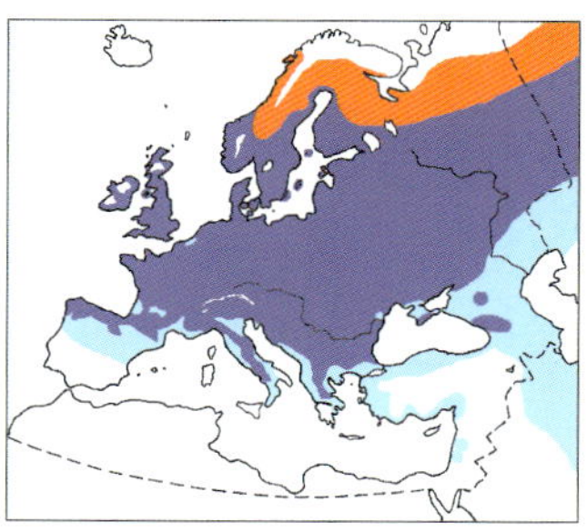

Zaunammer

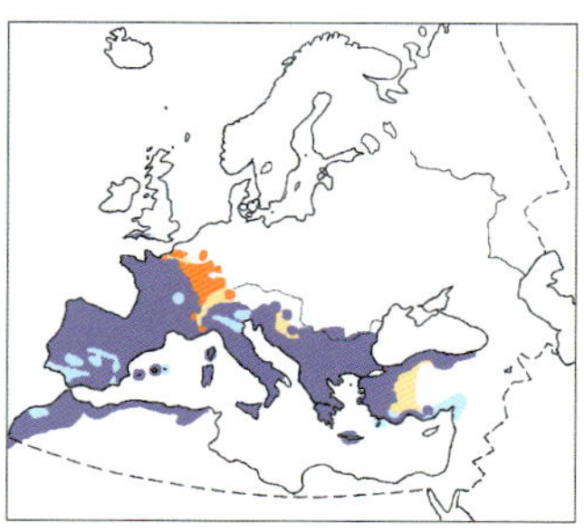

Türkenammer

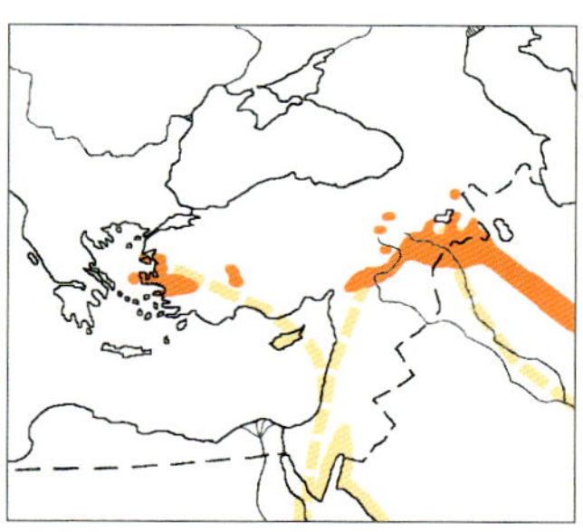

## GOLDAMMER

## FICHTENAMMER

## ZAUNAMMER

## TÜRKENAMMER

## BRAUNKOPFAMMER D: BD/–/S

Red-headed Bunting *Emberiza bruniceps*

L 15-16,5 cm. Sehr nah mit Kappenammer verwandt und mit dieser im Überschneidungsbereich hybridisierend. Brütet in Steppengebieten mit einigen Büschen und einzelnen Bäumen, in Halbwüsten, an offenen Berghängen und auf Hochplateaus. Sommervogel (Juni-Aug.), überwintert in Indien. Nicht besonders scheu. Gelegentliche Beobachtungen in West- und Mitteleuropa betreffen wohl überwiegend Gefangenschaftsflüchtlinge.

**KENNZEICHEN** *Ziemlich groß* und recht langschwänzig. *Kein Weiß im Schwanz.*– ♂: *Kopf und Vorderbrust rotbraun, Bürzel gelblich, Mantel gelblich grün, gestreift.*– ♀: Recht unscheinbar und schwer zu bestimmen, beachte *langen, kräftigen, hellgrauen Schnabel, schmalen beigeweißen Augenring;* hell mattbrauner Mantel und Scheitel/Nacken nur *unauffällig fein gestrichelt,* meist schwach gestreifter, gelbgrüner oder *gelblicher Bürzel,* gänzlich *ungestreifte, schmutzig gelblich weiße Unterseite* und *kräftig gelbe Unterschwanzdecken.*– 1er W: Wie ♀, aber *Brust beigeweiß* (gelegentlich fein gestrichelt), *stärker gestreifter graubrauner Mantel,* Bürzel ohne gelbgrüne Farbtöne; sehr ähnlich Kappenammer und oft nicht unterscheidbar.

**STIMME** Zahlreiche Rufe, überwiegend kappenammerähnlich, z. B. ortolanähnlich „tschüpp" und grauortolanartig „zrit", auch ähnlich Goldammer „tschüh", scharf „tsit" und scharf klickende Rufserien, „ptr'r'r". Gesang wie Kappenammer, leicht beschleunigte, etwas abfallende Strophe in niedriger Tonlage mit holprigem Rhythmus und sehr rollendem Klang, „zrit…zrit…srütt, srütt-srütt sütteRI-sütt sütterRÄH".

## KAPPENAMMER D: A/V/S

Black-headed Bunting *Emberiza melanocephala*

L 15,5-17,5 cm. Sehr nah mit Braunkopfammer verwandt und lokal hybridisierend. Brütet in offenen, trockenen Gebieten mit Büschen, oft in Feldlandschaften mit einzelnen Baumgruppen, Wein- und Obstanbaugebieten, flussnahen Wäldern, an Waldrändern, auf Lichtungen und trockeneren Berghängen mit dornigen Sträuchern und einzelnen Bäumen. Sommervogel (Mai-Juli), überwintert in Indien.

**KENNZEICHEN** *Ziemlich groß,* etwas größer als Braunkopfammer, ähnlich langschwänzig, *ohne Weiß im Schwanz.*– ♂: *Schwarze Kapuze, ungestreift rotbraune Oberseite.*– ♀: Sehr ähnlich Braunkopfammer und im Freiland oft schwer zu unterscheiden; *etwas längerer Schnabel, matt graubrauner Mantel und Rücken* gelegentlich *mit schwach rotbraunem Stich, Bürzel mattbraun* oder gelblich braun (nie mit Grünstich wie Braunkopfammer), *Scheitel* manchmal *deutlicher dunkel gestreift* und Ohrdecken etwas dunkler.– 1er W: Sehr ähnlich Braunkopfammer (s. o.) und im Freiland oft nicht sicher bestimmbar.

**STIMME** Rufe sehr ähnlich Braunkopfammer, aufgrund der Variation (bei beiden Arten) im Freiland nicht sicher zu unterscheiden. Gesang wie bei Braunkopfammer (s. o.).

## WEIDENAMMER D: A/–/S

Yellow-breasted Bunting *Emberiza aureola*

L 14-15,5 cm. Brütet in Nordosteuropa und Sibirien in gebüschreichen Gebieten, oft an Rändern von Feuchtgebieten. Sommervogel (Juni-Juli), überwintert in Südostasien. Bestand hat in den letzten Jahren massiv abgenommen.

**KENNZEICHEN** Etwa so groß wie Rohrammer, *längerer Schnabel mit geraderem First* und *rosa* (statt grauschwarzem) *Unterschnabel.* In allen Kleidern unterseits mit *gelben oder gelbbeigen Farbtönen* und *sparsam schmal gestrichelten Flanken.*– ♂ PK: *Gesicht schwarz, Oberseite ungestreift dunkel rotbraun, rotbraunes Brustband, sattgelbe Unterseite, weißer Flügelfleck;* im 1en S dunkel gefleckter, kleinerer weißer Flügelfleck, braune und weiße Flecke im schwarzen Gesicht, schmales oder unterbrochenes Brustband, einige unterseits blasser gelb.– ♀/1er W: *Gelbweißer Überaugenstreif,* dunkler Augenstreif (aber heller Zügel), *hell gelbbraune Ohrdecken dunkel umrahmt, dunkle Scheitelseitenstreifen,* schmaler, heller graubrauner Scheitelstreif, *weiße Schwanzkanten* (Rötelammer-♀ mit ganz dunklem Schwanz), *kräftig gestreifter, graubrauner Bürzel* (mit leicht rotbraunem Stich), weißliche Unterschwanzdecken.

**STIMME** Ruft scharf klickend „tsick". Gesang aus *klaren, lauten, paarweise wiederholten Tönen* und mit *großem Tonumfang,* oft stufenweise höher werdend (Strophen am Ende aber oft auf- und absteigend) „tru-tru trüa-trüa TRI-TRI tscha" (letzte Silbe abfallend) oder „trü-trü, tra, tro-tro TRIIH" (in der Mitte am tiefsten), große Variation.

## RÖTELAMMER –

Chestnut Bunting *Emberiza rutila*

L 12,5-13,5 cm. Brütet in ostsibirischer Taiga. Sommervogel, überwintert in Südostasien. Sehr seltene Ausnahmeerscheinung in Europa oder Gefangenschaftsflüchtling.

**KENNZEICHEN** Klein, *Bürzel ungestreift rotbraun, Unterseite hellgelb,* Schnabel lang, mit rosa Unterschnabelbasis.– ♂ PK: Unverkennbar.– ♀/1er W: Recht ähnlich Weidenammer, aber *kleiner, ungestreift rotbrauner Bürzel, deutlicherer Kinnstreif, weißliche Kehle, gelbliche Unterschwanzdecken* und *kein Weiß im Schwanz.*

**STIMME** Ruft kurz, hart und scharf klickend „zit", gelegentlich schnell gereiht. Gesang kurz, laut, recht schnell, ähnlich Teilen von Goldhähnchen-Laubsänger- oder Waldpiepergesang. Oft beginnt jede Phrase mit drei langsamen, klaren Tönen oder Doppellauten, gefolgt von charakteristischem kratzend trillerndem Teil (fehlt bei ähnlichem Gelbbrauenammergesang) und weichem, rotschwanzähnlichem Ende (wie Gelbbrauenammer), „TWIa TWIa TWIa sre-sre-sre sisiitscha".

Braunkopfammer

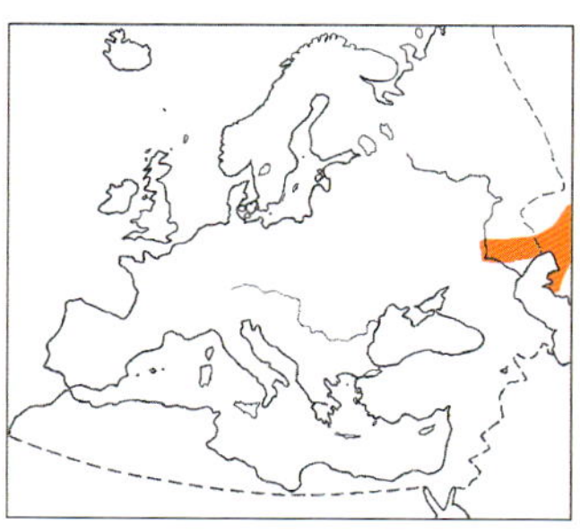

Kappenammer

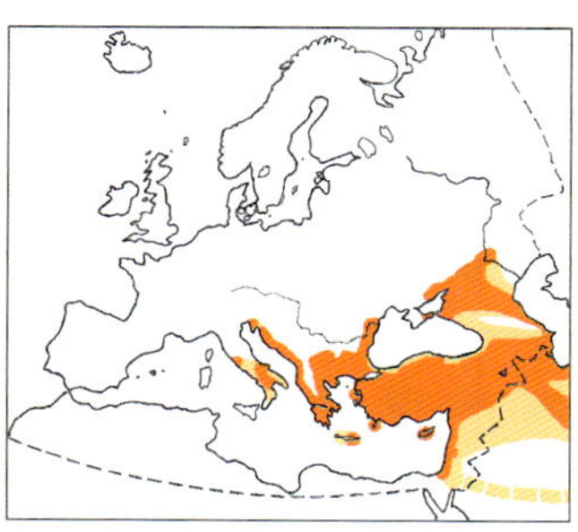

Weidenammer

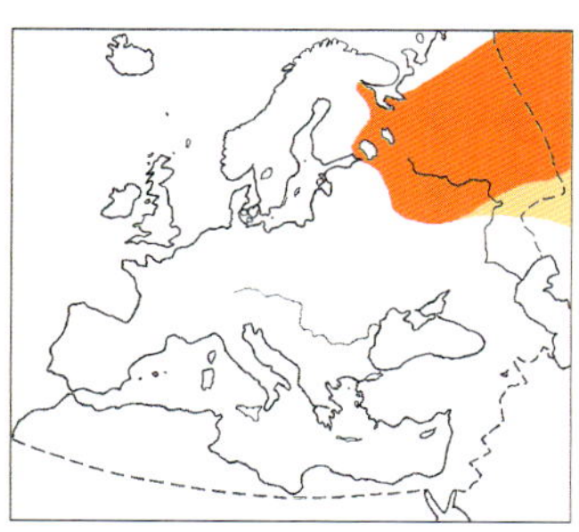

## BRAUNKOPFAMMER

## KAPPENAMMER

## WEIDENAMMER

## RÖTELAMMER

## GRAUAMMER D: A/N4/JZW

Corn Bunting *Emberiza calandra*

L 16-19 cm. Brütet in weiten Teilen Europas in extensiv genutztem, offenem Feldgelände, meist bei großen Getreide-, Grünfutter- oder Gemüsefeldern, benötigt erhöhte Singwarten, z. B. Einzelbäume, -büsche, Stromleitungen oder Zaunpfähle; im Süden des Verbreitungsgebiets auch an trockenen Berghängen mit niedrigen, dornigen Sträuchern. Starker Bestandsrückgang in mitteleuropäischen Gebieten mit industrialisierter Landwirtschaft. Überwiegend Jahresvogel. Gesellig, oft in kleinen, lockeren Gruppen. Kompliziertes Brutverhalten, lokal 2-3 ♀ pro ♂. Wenig scheu.

**KENNZEICHEN** Groß, mit recht *schwerem Körper* und *kräftigem Schnabel,* wirkt oft *großköpfig.* Gefieder lerchenähnlich gefärbt, oberseits graubraun und dunkel gestreift, unterseits beigeweiß mit dunkler Strichelung auf Kehlseiten, Brust und (schmaler) Flanken. Mittellanger *Schwanz ohne Weiß,* Kopf auf beigeweißem Grund unregelmäßig dunkel gestreift mit *dunklerem Kinnstreif* und *angedeutetem Wangenstreif,* dunkler Fleck auf hinteren Ohrdecken, in abgetragenem Gefieder (Sommer) Bruststrichelung oft zu unregelmäßigen dunklen Flecken zusammenfließend. *Beine und Schnabelseiten gelblich rosa.* Geschlechter gleich gefärbt. *Fliegt* kurze Strecken recht *schwerfällig, oft mit hängenden Beinen* (kann lerchenähnlich wirken), Streckenflug in tiefen Wellen.

**STIMME** Ruft dissonant metallisch „tsritt“, auch kurz klickend „bitt“ oder „bt“, oft zu schnellen, „elektrisierten“ Folgen gereiht, „bt'bt'bt'bt…“. Gesang charakteristisch (kann aber z. B. von Braunkehlchen gut imitiert werden), kurze, wenig variierte und häufig wiederholte Strophe mit zögerndem Beginn und zu knirschendem, rasselndem Ende hin beschleunigt, „tück tück-zick-zik-zkzkzkzrississss“.

## ZIPPAMMER D: A/R2/JZ

Rock Bunting *Emberiza cia*

L 15-16,5 cm. Brütet an steilen, oft steinigen oder felsigen, offenen Berghängen mit Gräsern, Kräutern, Gebüschen und einzelnen Bäumen im Bereich der Waldgrenze (in Europa oft unter 1.500 m), gelegentlich auf Lichtungen und bei Bergwiesen, an Küsten lokal bis hinab auf Meereshöhe. Überwiegend Jahresvogel, weicht im Winter aber meist in tiefere Lagen aus. Nicht besonders scheu, aber zurückgezogene Lebensweise, daher leicht zu übersehen.

**KENNZEICHEN** Ziemlich groß, kurzflügelig, aber *langschwänzig.* In allen Kleidern kontrastreiche Kopfzeichnung mit *dunklem Scheitelseiten-, Augen- und Wangenstreif,* dunkel eingerahmten Ohrdecken, *aschgrauer Kehle* und Brust (besonders bei ♂). *Bauch und Flanken rostbraun* (bei jungen ♀ orangebeige), *Schwanzkanten weiß, Randdecken grau,* Unterschnabel hell bleigrau, Bürzel ungestreift rotbraun.– ♂ PK: Kopfmarkierungen schwarz, Überaugenstreif weißlich grau, Brust und Kehle ungefleckt hell bleigrau, Flanken ungestreift.– ♀: Gelegentlich im Freiland nicht von ♂ zu unterscheiden, bei vielen aber Brust weniger ausgedehnt grau, Kehle, Brust und Flanken leicht gestrichelt, Kopfzeichnung diffuser.

**STIMME** Ruft kurz scharf „tsi“, auch gedehnt „tsiii“, gelegentlich leicht abfallend und dann rohrammerähnlich „tsiü“, bei Beunruhigung fein zwitschernd „tir'r'r'r“ (ähnlich bettelnden Bachstelzen). Gesang *hoch und klar,* recht melodisch mit deutlichen Tonhöhenwechseln, oft typisch *zögernder Einleitung* und ungleichmäßigem Rhythmus, z. B. „sütt, titt-itt, swi tja-tja-siwi-süasüa, sitt siwisürrr si“.

## WÜSTENAMMER –

Striolated Bunting *Emberiza striolata*

L 13-14 cm. Lebt in unbewohnten, kahlen Bergregionen mit karger Vegetation, ist sehr scheu und recht schwer zu beobachten. Nest stets in Felsnischen. Jahresvogel, weicht im Winter aber gelegentlich in Kulturland in tieferen Lagen aus.

**KENNZEICHEN** *Recht klein, Flügel mit viel Rotbraun, Kehle und Brust dunkel gefleckt oder schattiert, strohgelber Unterschnabel, Schwanz ohne Weiß.* Kann an Zippammer erinnern, da Kopf häufig gräulich weiß mit dunklen Streifen, aber kleiner, Schwanz ohne Weiß (statt mit weißen Schwanzkanten), dunkel gefleckte Kehle und Brust (statt ungefleckt hellgrau), *rostbraune* (statt graue*) Randdecken, keine* (statt zwei schmale) *weißen Flügelbinden.* ♀ eher bräunlich als grau an Kopf, Brust und Nacken, Kopfzeichnung undeutlicher.

**STIMME** Ruft nasal wimmernd „tschuäht“, kürzer „twett“ und rau, haussperlingsartig „tschriff“. Gesang einfache, muntere, kurze Folge, ständig wiederholt, erster und letzter Ton tiefer, „TRI-i ah TRÜ-TRÜ trieitri TRAH“.

## HAUSAMMER –

House Bunting *Emberiza sahari*

L 13-14 cm. Brütet nahe bei Siedlungen, an Berghängen mit kleineren Feldern und einzelnen Büschen und Bäumen, lokal auch in Gärten, keineswegs scheu, fliegt sogar in Häuser und brütet in deren Mauernischen. Jahresvogel. Früher als Unterart der nah verwandten Wüstenammer betrachtet.

**KENNZEICHEN** Sehr ähnlich Wüstenammer, aber *Bauch und Flügel viel intensiver rostbraun, Mantel* so gut wie *ungestreift.* Bei ♂ Kopf düsterer und diffuser gezeichnet, statt kontrastreich grauweiß und schwarz.

**STIMME** Ruft u. a. ähnlich einer Rötelschwalbe munter „dwuit“, wehmütig klagend und abfallend „tschuo“ und etwas an einen Grünfink erinnernd „tschüpp“. Der Gesang ist eine kurze, konstant aufgereihte, hohe Strophe in hüpfendem Rhythmus, etwa „WISS-to SISS-to-schiWISStjo“, klingt fast wie eine Mischung aus Buchfink und Karmingimpel.

Grauammer

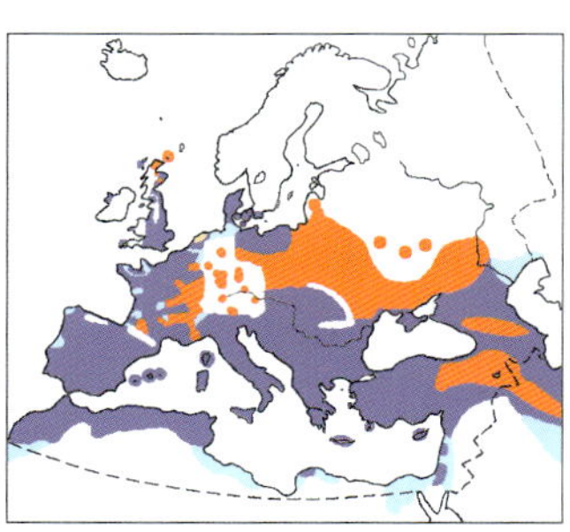

Zippammer

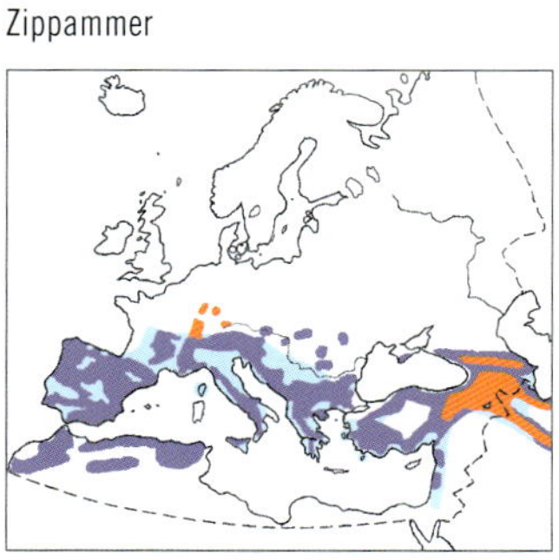

Hausammer Wüstenammer

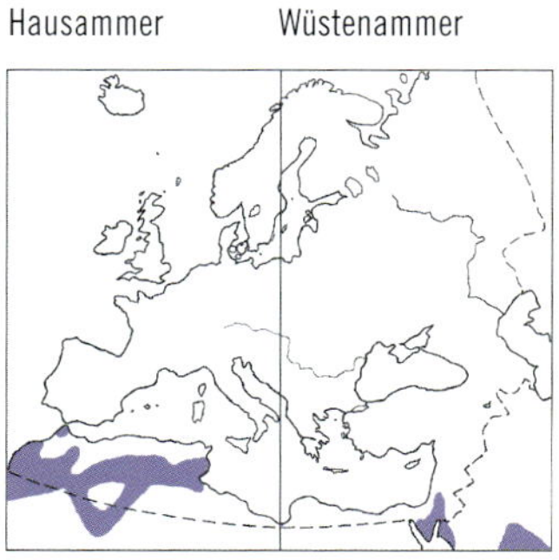

## GRAUAMMER

## ZIPPAMMER

## WÜSTENAMMER

## HAUSAMMER

# NORDAMERIKANISCHE SINGVÖGEL

Alljährlich werden einzelne nordamerikanische Sperlingsvögel in Europa festgestellt, besonders auf den Britischen Inseln, Irland und Island, meist unterstützt von starkem westlichem Rückenwind. Einige sind auf den beiden folgenden Doppelseiten behandelt, Drosseln auf S. 310-311.

## VIREOS Vireonidae

Große Familie, an Grasmücken oder Fliegenschnäpper erinnernd, meist eher klein, oberseits grau und grün, unterseits weißlich, kräftige Schnäbel mit Hakenspitze.

### ROTAUGENVIREO — D: A/–/S

Red-eyed Vireo *Vireo olivaceus*

L 13-14 cm. Alljährlicher Herbstgast, meist Sept./Okt., gern in alten Gärten und Hecken versteckt.

**KENNZEICHEN** Größe und Gesamteindruck ähnlich Gelbspötter, recht *großköpfig, kräftiger Schnabel, gerade abgeschnittener, recht kurzer Schwanz, olivgrüne Oberseite,* blaugraue Beine. Kennzeichnendes Kopfmuster mit markantem, langem, *weißlichem Überaugenstreif,* durch *dunklen Scheitelseitenstreif* (deutlich) und *dunklen Augenstreif* (kürzer) eingefasst, Scheitel blaugrau, manchmal erkennbar *rote* (oder rotbraune) *Iris.* Oft träge und schwerfällige Bewegungsweise, etwas an Gartengrasmücke erinnernd, kann sich allerdings auch schneller bewegen. Ruft nasal wimmernd „tschäij".

## WALDSÄNGER Parulidae

An Laubsänger erinnernde, aber eher mit Ammern verwandte Familie mit über 100 Arten. Waldbewohner, Insektenfresser mit kleinen, spitzen Schnäbeln und oft laubsängerartigem Erscheinungsbild. Gefieder oft charakteristisch bunt gefärbt, viele mit großen weißen Schwanzflecken, oft von unten sichtbar.

### MEISENWALDSÄNGER — D: A/–/S

Northern Parula *Setophaga americana*

L 10,5-11,5 cm. Erscheinungsbild ähnlich Goldhähnchen, rastlose Bewegungen, manchmal rüttelnd oder kopfüber hängend.

**KENNZEICHEN** *Klein,* recht dunkel *bläulich graugrüne Oberseite,* Kopf und Schwungfederkanten blaugrün (besonders bei ad.), Mantel grün, zwei schmale, aber *deutliche Flügelbinden,* schmaler weißer Augenring (vorne und hinten unterbrochen), *Kehle und Brust gelb, Bauch weiß.* ♂ mit angedeutetem dunklem Brustband, bei ♀ fehlend.

### KRONWALDSÄNGER —

Yellow-rumped Warbler *Setophaga coronata*

L 12,5-13,5 cm. Ausnahmsgäste bei Nahrungssuche oft zusammen mit Piepern in kurzem Gras.

**KENNZEICHEN** *Gelber Bürzel und weißliche Kehle* (gelegentlich eher beige) kennzeichnend (diese Merkmale sonst nur bei Magnolienwaldsänger, S. 445, dieser jedoch mit hellgelber Kehle). Im Herbst *braune Oberseite schwach dunkel gefleckt, zwei helle Flügelbinden,* weißliche Unterseite, Brust und Flanken dunkel gestreift, *gelber Brustseitenfleck* (kann ♀ im 1en W fehlen), auf *Scheitelmitte* manchmal *kleiner gelber Fleck* (oft durch braune Federränder verdeckt, kann auch fehlen, besonders bei ♀ im 1en W), Ohrdecken und Zügel recht dunkel graubraun, heller Überaugenstreif diffus und schmal, recht deutlicher weißer Augenring, blaugrau gesäumte Oberschwanzdecken und Steuerfedern. Ruft besonders im Flug hart schmatzend „tschick".

### STREIFENWALDSÄNGER —

Blackpoll Warbler *Setophaga striata*

L 12-13 cm. Seltene Ausnahmeerscheinung.

**KENNZEICHEN** Im Herbst *Kopfseiten, Kehle und Brust gelblich,* Bauch und *Unterschwanzdecken weißlich,* Scheitel und Mantel olivgrün, *Mantel* dünn *dunkel gestreift,* undeutlicher olivgrüner Augenstreif, Flügel dunkel mit zwei deutlichen, recht schmalen *weißen Flügelbinden, Schirmfedersäume weiß.* Brust und Flanken meist fein gestreift. Beine gelbbraun, Sohlen orange. Ruft hart, aber flüssig „tsück".

### GOLDWALDSÄNGER —

American Yellow Warbler *Setophaga aestiva*

L 11,5-13 cm. Ausnahmeerscheinung, oft Ende Sept./Okt.

**KENNZEICHEN** Im Herbst *gelblich* mit etwas dunkler *graugrüner Oberseite* und *angedeuteter gelblicher Flügelbinde.* Ad. ♂ auf Kopf und Unterseite intensiv gelb, *unterseits rotbraun gestreift.* ♀ und 1er W matter, Scheitel/Nacken grünlicher und Unterseitenstreifung schwach oder fehlend. Gespreizter Schwanz zeigt *gelbe Flecke auf Innenfahnen der Steuerfedern.* Ruft kennzeichnend „tsipp".

### SCHNÄPPERWALDSÄNGER —

American Redstart *Setophaga ruticilla*

L 13-14 cm. Sehr seltene Ausnahmeerscheinung, meist Okt. Sehr schnelle Bewegungen.

**KENNZEICHEN** Langschwänzig, häufiges Schwanzheben und -spreizen mit hängenden Flügeln. ♀/♂ im 1en W mit grauem Kopf, olivgrauem Mantel und Flügel, weißlicher Unterseite, *großen gelben Feldern auf Schwanzbasis, kleinem gelbem Flügelfleck,* diffus abgegrenztem gelbem (♀) oder orangegelbem (♂ 1er W) Brustseitenfleck. Ruft schmatzend „tschick" oder spitz „tsiit".

### KLETTERWALDSÄNGER —

Black-and-white Warbler *Mniotilta varia*

L 11,5-13 cm. Sehr seltener Herbstgast.

**KENNZEICHEN** *Klettert an Baumstämmen* oder größeren Ästen auf und ab, manchmal auch *kleiberartig kopfüber.* Kennzeichnend *schwarz-weiß gestreift, weißer Scheitel- und Überaugenstreif,* Schnabel recht lang und schmal. Geschlechter ähnlich, ad. ♂ mit schwarzer Kehle und Brust, ♂ im 1en W mit kräftig schwarz gestreiften Flanken und Unterschwanzdecken, ♀ im 1en W unterseits nur undeutlich gestreift, Kopfseiten und Flanken eher beige. Ruft rotkehlchenartig hart „tick" und scharf „ziit".

### DROSSELWALDSÄNGER —

Northern Waterthrush *Parkesia noveboracensis*

L 13-14,5 cm. Bodenvogel, sucht an Gewässerufern nach Insekten.

**KENNZEICHEN** Pieperähnlich, aber *längerer, markanterer Überaugenstreif, Kopf und Schnabel kräftiger,* Schwanz kürzer, *wippt häufig mit dem Hinterende,* Schnabel dunkel, Beine hellrosa. Unterseite weißlich bis gelblich.

## ROTAUGENVIREO

ad. und 1er W sehr ähnlich; Iris bei ad. leuchtend rot, im 1en W matter gefärbt

Größe und Gestalt ähnlich Gelbspötter, aber kurzschwänziger

## MEISENWALDSÄNGER

klein und farbenfroh, mit deutlichem Augenring; Brust bei ♂ rotbraun gefleckt

## KRONWALDSÄNGER

kräftiger gefärbte Vögel mit blaugrauen Flügeldecken und Oberschwanzdecken wohl ♂, aber zuverlässige Alters- und Geschlechtsbestimmung oft problematisch

sucht oft am Boden nach Nahrung

## STREIFENWALDSÄNGER

viel größer als Gelbbrauen-Laubsänger (S. 334), mit Strichelung auf Ober- und Unterseite und undeutlicherem Überaugenstreif

deutliche weiße Flügelbinden und Schirmfedersäume

Alter und Geschlecht im Herbst extrem schwer bestimmbar

## GOLDWALDSÄNGER

auffälliger Augenring, ohne dunklen Augenstreif

Gefieder variabel, einige ♀ im 1en W recht matt gefärbt

beim kurzen Schwanzspreizen leuchten gelbliche Innenfahnen auf

## SCHNÄPPERWALDSÄNGER

anmutige Gestalt, auffälliges Schwanzmuster

hebt und fächert den langen Schwanz unaufhörlich

Flügelbinde variabel, bei ♂ ausgedehnter als bei ♀

## KLETTERWALDSÄNGER

klettert zur Nahrungssuche nach Kleiberart

♂ unterseits kräftiger gestreift als ♀

## DROSSELWALDSÄNGER

zeigt Schwanzwippen ähnlich Flussuferläufer; verharrt oft in schattiger Deckung

so groß wie Strandpieper, aber kurzschwänziger

### WINTERAMMER –

Dark-eyed Junco *Junco hyemalis*

L 13,5-14,5 cm. Gehört zur Familie der Neuweltammern Passerellidae. Seltene Ausnahmeerscheinung, meist im Frühjahr, aber manchmal auch zu anderen Jahreszeiten. Nahrungssuche fast immer hüpfend am Boden, zuckt mit dem Schwanz, versteckt sich im Laub.

**KENNZEICHEN** *Finkenartiger Schnabel rosa, Oberseite, Kopf und Brust rußgrau, Bauch weiß, Schwanz* lang *mit weißen Kanten.* Beine rötlich braun, Füße dunkler; Geschlechter ähneln einander, ♀ etwas heller grau, oberseits mit leichtem Braunstich, Bauch weniger reinweiß. Ruft klickend „tick“, teilweise in schneller Folge wiederholt, auch leicht schnalzend „tscheck“.

### INDIGOFINK D: E/–/S

Indigo Bunting *Passerina cyanea*

L 11,5-13 cm. Gehört zu den Kardinälen Cardinalidae. Seltene Ausnahmeerscheinung zu allen Jahreszeiten, häufiger Käfigvogel, daher oft Gefangenschaftsflüchtlinge.

**KENNZEICHEN** ♂ PK: *Ganz blau* mit *dunklem Zügel,* wirkt auf Entfernung einfach dunkel, *hell blaugrauer Unterschnabel* (kann nur mit Azurfink *Passerina caerulea* verwechselt werden, dieser jedoch größer und mit rotbraunen Flügelbinden, hier nicht behandelt).– ♂ SK: Blaue Färbung überwiegend durch braune Federsäume verdeckt.– ♀/1er W: Unscheinbarer, *Oberseite rötlich graubraun* mit undeutlicher Streifung, Unterseite gelblich graubraun mit diffus dunkler Fleckung; *Steuerfedern, Oberschwanzdecken* und gelegentlich Handschwingen *mit schmalen blaugrünen Rändern* (bei ♀ im 1en W oft fehlend); im 1en W etwas deutlichere hellbraune Flügelbinden und kräftigere Brustfleckung als ad. ♀. Ruft scharf „tsick“.

## STÄRLINGE Icteridae

Nur in Amerika verbreitete Ammernverwandte. Die meisten Arten erinnern sowohl an Stare als auch an Finken. Ihr Gefieder ist oft schwarz, manchmal mit einem Einschlag leuchtender Farben, die Schnäbel sind entweder kräftig und finkenartig oder lang, schmal und spitz, die Beine kräftig und recht lang, der Schwanz oft lang und gerundet.

### BOBOLINK –

Bobolink *Dolichonyx oryzivorus*

L 16-18 cm. Seltene Ausnahmeerscheinung von Sept.-Nov. Verhalten teilweise lerchenähnlich, oft auf Stoppelfeldern, auch auf Büschen und im Schilf.

**KENNZEICHEN** ♂ PK: Unverkennbar, schwarz mit großem, gelblichem Nackenfleck, weißem Schulterfleck und weißem Bürzel.– ♀/SK: Nicht unähnlich Haussperling-♀, aber mit *gelblicherem Grundton,* Oberseite braun und schwärzlich gestreift, Unterseite gelblich weiß; *dunkler Scheitelseiten-* und *beiger Scheitelstreif, dunkler Augenstreif, aber heller Zügel, hellbeige Ohrdecken, zwei helle Mantelstreifen* (ähnlich Seggenrohrsänger). Überraschend ähnlich Weidenammer-♀ (S. 414), aber viel *größer* und *ohne dunkle Ohrdeckenbegrenzung, Steuerfedern* schmal und *spitz.* Steht oft aufrecht und mit lang gestrecktem Hals am Boden, Kopf dann recht klein wirkend; *fliegt geradlinig,* nicht wellenförmig. Ruft im Flug scharf „pink“.

### BALTIMORETRUPIAL –

Baltimore Oriole *Icterus galbula*

L 17-19 cm. Seltene Ausnahmeerscheinung, meist Sept.-Okt., gelegentlich Winter- und Frühjahrsbeobachtungen.

**KENNZEICHEN** Groß, *langschwänzig, Schnabel lang und spitz.*– ♂ PK: Unverkennbar, Oberseite, Kopf und Kehle schwarz, Unterseite und Bürzel orange.– ♀/SK: *Zwei weiße Flügelbinden,* obere breiter und auffälliger, *Unterseite lebhaft gelb,* am kräftigsten auf Kehle, Brust und Unterschwanzdecken, *gräulich gelber Schwanz und Bürzel,* Mantel etwas variabel gefärbt, olivbraun mit kräftiger dunkler Fleckung (Hinweis auf ♂) oder einheitlich grau (Hinweis auf ♀). Ad. ♀ und ♂ im 1en W manchmal schwarz auf Kopf und Kehle. Ruft zweisilbig, klar und voll pfeifend „pjo-li“, auch nasal schwatzend.

### ROSENBRUST-KERNKNACKER D: E/–/S

Rose-breasted Grosbeak *Pheucticus ludovicianus*

L 17,5-20 cm. Finkenähnliche Vögel der Familie Kardinäle. Seltene Ausnahmeerscheinung in Europa, fast ausschließlich im Okt.

**KENNZEICHEN** Groß, stämmig, *großköpfig* und *großschnäbelig,* Proportionen fast wie Kernbeißer. *Schnabel* überwiegend *hell,* oft *mit deutlichem Rosaton.*– ♂ PK: Bauch weiß, großer roter Brustfleck, Oberseite schwarz, Bürzel weiß, weiße Flügelmarkierungen.– ♀/1er W: Ohrdecken braun, fast vollständig umrahmt durch sehr *breiten weißlichen Überaugenstreif* und *weißliche Halsseiten,* Scheitel braun, fein dunkel gestrichelt, *schmaler weißlicher Scheitelstreif, weißer Fleck unter dem Auge,* diffuser weißlicher Fleck auf hinteren Ohrdecken, *zwei weiße Flügelbinden, Schirmfedern mit weißen Spitzenflecken,* Oberseite braun, dunkel gestreift, Unterseite schmutzig beigeweiß, manchmal deutlicher beigegelb, Kehlseiten, Brustseiten und Flanken dunkel gestreift. ♂ 1er W oft durch *breitere obere Flügelbinde, größeren weißen Fleck auf Handschwingenbasen* und *hellroten Schimmer auf Brust* von ♀ unterschieden, oft auch etwas Rot auf Achselfedern sichtbar. Ruft hart „tschick“.

### WEISSKEHLAMMER D: E/VE/S

White-throated Sparrow *Zonotrichia albicollis*

L 15-17 cm. Neuweltammer (siehe S. 406 und 439), seltene Ausnahmeerscheinung, gelangt meist im Frühjahr und wie viele ihrer weiteren nordamerikanischen Verwandten (siehe S. 445) als „Blinder Passagier“ an Bord von transatlantischen Schiffen an westeuropäische Küsten. Nahrungssuche meist hüpfend am Boden, versteckt sich oft in Büschen.

**KENNZEICHEN** *Weiße Kehle* (unten manchmal schmal schwarz begrenzt), *graue Brust, schwarzer Augen-, breit heller Überaugen-, breit dunkler Scheitelseiten-* und *schmaler heller Scheitelstreif, einfarbig graue Ohrdecken.* Kopfzeichnung typischerweise schwarzweiß mit *vor dem Auge gelblichem Überaugenstreif,* bei einigen (meist 1er W) helle Partien eher bräunlicher. Im 1en W Kehle etwas weniger scharf abgesetzt und schmutzig weiß (statt scharf abgesetzt weiß bei ad.). Verwechslungsgefahr mit Dachsammer (S. 439), diese aber mit hellgrauer Kehle (im 1en W beigeweiß), hellgrauen Kopf- und Halsseiten, grauem Nackenband und breiterem weißem Scheitelstreif. Ruft und dünn „ziit“ sowie hart „tschink“.

## WINTERAMMER

## INDIGOFINK

recht unscheinbar

Jungvögel beider Geschlechter können im Herbst wie ♀ aussehen; Blau im Gefieder kennzeichnend für ♂

## BOBOLINK

im Herbst gelegentlich mit Weidenammer (S. 414) verwechselt; auch Webervögel (Wildvögel oder Gefangenschaftsflüchtlinge) können mit Bobolink verwechselt werden; zugespitzte Steuerfedern diagnostisch

Alters- und Geschlechtsbestimmung im Herbst (fast alle Nachweise) schwierig

Kopf und Brust hell gelblich beige; ohne Kinn- und Bartstreif der meisten europäischen Ammern

## BALTIMORETRUPIAL

Geschlechtsbestimmung von Jungvögeln anhand der Farbintensität nicht immer sicher

kräftige Färbung und schwarz zentrierte Schulterfedern kennzeichnend für ♂

## ROSENBRUST-KERNKNACKER

als Ausnahmegast oft in Brombeeren beobachtet

etwas größer als Kernbeißer!

## WEISSKEHLAMMER

„weißstreifige“ bzw. „ockerstreifige“ Varianten kommen bei ad. beider Geschlechter vor

sucht ähnlich Heckenbraunelle meist am Boden nach Nahrung, aber zuweilen mit Haussperling-Trupp vergesellschaftet

KM

# SEHR SELTENE AUSNAHMEERSCHEINUNGEN

Einige nicht zur ursprünglichen Avifauna des Bearbeitungsgebiets gehörende Arten wurden vom Menschen eingeführt oder konnten nur durch menschliche Hilfe frei lebende Populationen aufbauen. Die nachfolgende Übersicht ist sicher nicht vollständig, enthält aber zumindest die bekanntesten Arten. Auch sind einige nicht brütende Arten aufgeführt, die aber höchstwahrscheinlich aus Gefangenschaft stammen und somit keine echten Wildvögel sind. Einige eingeführte Arten sind so gut bekannt, dass sie in den Hauptteil des Buchs aufgenommen wurden, auch um den Vergleich mit ähnlichen Arten zu erleichtern, z. B. Kanada- (S. 20), Nil- und Streifengans (S. 22) sowie Indigofink (S. 420). Eine große Anzahl von Vögeln aus verschiedenen Teilen der Erde wird zudem in öffentlichen Zoos und noch mehr in privaten Vogelsammlungen gekäfigt und gezüchtet. Auch gibt es einen regen legalen und illegalen Handel mit Wildvögeln, und Arten aus Asien, Australien und Afrika werden in großem Umfang nach Europa eingeführt und unterliegen meist keiner Beringungspflicht. Einige von ihnen entfliegen und tauchen in der freien Natur auf.

Die Zeichnungen in diesem Kapitel stammen von den auf S. 475 genannten Künstlern.

Sichelente

**SICHELENTE** *Mareca falcata* Falcated Duck **D:** D/–/S

L 46-54 cm, S 70-82 cm. Brütet in Ostasien, hauptsächlich SE- Sibirien, überwintert normalerweise in China. Wurde schon in vielen europäischen Ländern nachgewiesen, von Schweden bis Portugal. Meist als Gefangenschaftsflüchtling betrachtet (wird häufig als Ziergeflügel gehalten), aber wenige Nachweise aus Großbritannien, den Niederlanden, Jordanien und der Türkei werden derzeit für Wildvögel gehalten.– **Kennzeichen:** Wirkt aus der Entfernung meist grau mit dunklem Kopf von charakteristischer Form. Im Flug *dunkler, grün glänzender Spiegel.*– ♂ aus der Nähe unverwechselbar durch *dunkelgrünen Kopf* (mit Ausnahme des scharf abgesetzten weißen Kinns, das oft im Schnabelschatten liegt und schwer erkennbar ist), *sanft geschwungene Stirn* und *vollen Nacken.* Krickentenähnlicher *gelber Fleck am Steiß* oft durch *überhängende lange, sichelförmige Schulterfedern* verdeckt.– ♀ kann an *kleine, breitflügelige* Spießente erinnern, hat *schmalen dunklen Schnabel* und fein melierte Kopfseiten, zeigt aber auch einen vollen Nacken, wenngleich nicht so sehr wie das ♂.– **Stimme:** ♂ äußert einen ansteigenden, an Brachvogel erinnernden Pfiff, „klüüih". Das Quaken des ♀ ist demjenigen der Krickente ähnlich, etwas nasal und harsch.

Fahlente

**FAHLENTE** *Anas capensis* Cape Teal **D:** E/–/s

L 44-48 cm. Brütet in Afrika südlich der Sahara. Einige Frühjahrs- und Sommernachweise in Israel und Libyen. Auch in vielen europäischen Ländern nachgewiesen, dann aber als sehr wahrscheinlicher Gefangenschaftsflüchtling eingestuft.– **Kennzeichen:** Etwa pfeifentengroß, alle Kleider einander ähnlich, fahl grau mit *aufgeworfenem rosa Schnabel* und *breit weiß eingefasstem grünem Spiegel* (auch außen, da die *äußerste Armschwinge komplett weiß* ist). Während der Kopf ungemustert ist, zeigt sich der *Körper spärlich dunkelbraun gefleckt,* besonders auf den Flanken. Kopf wirkt durch fülligen, gerundeten Nacken oft recht groß.

Plüschkopfente

**PLÜSCHKOPFENTE** *Somateria fischeri* Spectacled Eider –

L 52-58 cm, S 83-92 cm. Brütet in Alaska und Nordostsibirien, überwintert in Eislöchern im Beringmeer und der Ostarktis, wenige Winterbeobachtungen in N-Norwegen und Spitzbergen.– **Kennzeichen:** Größe wie Samtente, also *etwas kleiner als Eiderente,* doch Gestalt und Proportionen Letzterer ähneln. Bei ♂ im PK *Brust* und Bauch *schwarz,* auf dem überwiegend *hellgrünen Kopf* eine große, *ovale, weiße „Brille"* (von schwarz eingerahmtem weißem Feld ums Auge gebildet), *orangefarbener Schnabel,* teilweise durch samtige grüne und weiße Federn über der Basis verdeckt. Im SK sind die weißen Partien überwiegend braungrau, das Grün am Kopf schmutzig grau, das Weiß von Oberflügeldecken und Schirmfedern bleibt aber erhalten und ist im Schwimmen sichtbar. ♀ rötlich braun und dunkel gebändert wie alle Eiderenten-♀, trägt aber wie das ♂ eine *„Brille",* weniger auffällig dezent *hellbeige,* und zeigt die sich weit auf den *Schnabel* erstreckende *plüschartige Befiederung.*

### KAPVERDEN-STURMTAUCHER *Calonectris edwardsii* –

Cape Verde Shearwater

L 37–43 cm, S 95–115 cm. Brütet auf den Kapverden, überwintert hauptsächlich im Südatlantik, ist aber seltener Besucher der Kanaren. Früher als eine der drei Unterarten des „Gelbschnabel-Sturmtauchers" betrachtet.– **Kennzeichen:** Dem Corysturmtaucher extrem ähnlich, aber *kleiner,* mit *dünnerem und dunklerem* (gräulichem) *Schnabel.* Flügel können recht breit wirken, *Schwanz proportional etwas länger, Flugweise etwas weniger möwenähnlich,* eher wie Atlantiksturmtaucher mit schnelleren Flügelschlägen zwischen längeren Gleitstrecken. Unterflügel ähnlich Corysturmtaucher, also mit *ausgedehnt dunklen Spitzen der Handschwingen.* Manche zeigen dunkle Flecken auf Unterflügeldecken, Steißseiten und längsten Unterschwanzdecken. *Kopfkappe etwas dunkler* als bei Corysturmtaucher.

Kapverden-Sturmtaucher

### SCHWARZBAUCH-STURMSCHWALBE *Fregetta tropica* –

Black-bellied Storm Petrel

L 18–21 cm, S 43–48 cm. Brütet auf südatlantischen Inseln, dispergiert anschließend auch nordwärts über den Äquator, erscheint dann selten vor Kanaren, einmal vor Madeira.– **Kennzeichen:** Mittelgroße Sturmschwalbe mit *weißem Bürzel,* unterscheidet sich von Wellenläufer und Sturmwellenläufer durch *weißen Bauch* mit unterschiedlich deutlichem *schwarzem Längsband* und viel breiteres und deutlicheres, von den Armdecken gebildetes *weißes Feld auf den Unterflügeln.* Kopf und Brust dunkel, in Seitenansicht schräge Grenze zum weißen Bauch. Füße ragen oft über *geraden* Schwanz.

Schwarzbauch-Stumschwalbe

### GELBNASENALBATROS *Thalassarche chlororhynchos* –

Yellow-nosed Albatross

L 71–82 cm, S 180–200 cm. Brütet im Südatlantik (Tristan da Cunha, Gough), außerhalb der Brutzeit bis W-Südafrika, teilweise bis vor Südamerika. Ausnahmsweise im Nordatlantik (Großbritannien, Island, Färöer, Frankreich, Norwegen, Portugal, Spanien und Schweden, teilweise wohl dasselbe Individuum).– **Kennzeichen:** Ein ziemlich kleiner Albatros mit langen, spitzen Flügeln. Hauptsächlich schwarz und weiß, als ad. mit schwer erkennbarem *leicht grau getöntem Kopf,* aber Stirn und Vorderscheitel weiß. *Schnabel schwarz mit gelbem First und oranger Spitze* (kann aus der Entfernung ganz schwarz wirken). Unterflügel weiß mit schmalem schwarzen Vorder- und Hinterrand und schwarzer Spitze (wie die meisten kleinen Albatrosse), aber arttypisch sind der *sehr dünne Hinter- und nur mittelbreite Vorderrand. Auge von dunklem Dreieck umgeben.*– JK: Wie ad., aber Schnabel zeichnungslos ganz dunkel und Kapuze diffus begrenzt und leicht bräunlich getönt.

ad.

Gelbnasenalbatros

ad.

### ROTSCHNABEL-TROPIKVOGEL *Phaethon aethereus* –

Red-billed Tropicbird

L 45-50 cm (zuzüglich ca. 45 cm Schwanzspieße bei ad.), S 100-115 cm. Brütet auf den Kapverden, im Südatlantik, am Roten Meer und Persischen Golf. Nachweise von Britischen Inseln, Kanaren (dort neuerdings Bruten), Israel, Madeira und Portugal.– **Kennzeichen:** Ein heller Vogel von der Größe einer großen Seeschwalbe, *weiß mit schwarzen äußeren Handschwingen,* Mantel, Rücken und Armdecken schwarz gemasert, ein *V auf der Oberseite* andeutend. Schmale schwarze Maske vom Schnabel über das Auge bis zum Nacken. Ad. mit großem, *leuchtend rotem Schnabel* und *sehr stark verlängerten mittleren Steuerfedern.* Im JK ohne Schwanzspieße, Schnabel gelblich braun mit dunkler Spitze, Schwanzendbinde dunkel. Fliegt oft hoch mit mechanischen Flügelschlägen, rüttelt häufig vor dem Stoßtauchen, Suchflug mit kurzen Gleitphasen.

Rotschnabel-Tropikvogel

**MASKENTÖLPEL** *Sula dactylatra* Masked Booby –

L 80-90 cm, S 165-185 cm. Brütet im Indischen Ozean, Südatlantik und der Südkaribik. In Großbritannien, Frankreich, Israel, Marokko, Spanien und den Niederlanden nachgewiesen.– **Kennzeichen:** Erinnert an Basstölpel, auch im Verhalten, ist jedoch etwas kleiner und hat weniger keilförmigen oder spitzen, sondern eher *stumpf gerundeten Schwanz.* Schnabel hellgelb mit hoher Basis und stark zugespitzt, schwarze Gesichtsmaske (außer auf der Stirn). Ad. weiß mit *durchgehend schwarzen Schwungfedern,* daher mit noch nicht ganz ausgefärbtem Basstölpel, der seine dunklen Schwungfedern länger und in größerem Umfang als üblich behalten hat, oder mit Kaptölpel (*Morus capensis,* nicht behandelt) verwechselbar, hat aber *schwarze Schirm- und längste Schulterfedern* (weiß bei älteren Bass- und Kaptölpeln) und *dunkle Maske.* Im JK recht charakteristisch mit einfarbig dunkelbraunen Oberflügeln und braunem Kopf, scharf vom weißen Hinterhals und Bauch abgegrenzt. Auf den Unterflügeln sind die Deckfedern überwiegend weiß. Schnabel schmutzig grüngelb.

**ROTFUSSTÖLPEL** *Sula sula* Red-footed Booby –

L 66–77 cm, S 135–155 cm. Brütet auf Inseln der tropischen Ozeane der südlichen Hemisphäre, häufig z. B. auf Galapagos und den Westindischen Inseln. Ist auf den Kanaren, in Großbritannien, Frankreich, Norwegen, Portugal und Spanien erschienen. Kommt in einer braunen und einer weißen Morphe vor, intermediäre Individuen sind selten.– **Kennzeichen:** Ziemlich *klein,* deutlich kleiner als Bass- und Maskentölpel, etwa so groß wie Weißbauchtölpel. Weiße Morphe dem Maskentölpel ähnlich, *weiß mit schwarzen Schwungfedern,* aber an geringerer Größe, *hellem* (rosa) *Gesicht, blaugrauem Schnabel* und *unterseits schwarzem Fleck am Flügelbug* unterscheidbar. Die *roten Füße* sind zwar einmalig, aber nur beim stehenden Vogel sichtbar. Die dunkle Morphe ist hellbraun mit weißem „Hinterteil" einschließlich Schwanz. Jungvögel ähneln der braunen Morphe, haben aber einen dunklen Schwanz und dunkleren Schnabel als Altvögel.

**RÖTELPELIKAN** *Pelecanus rufescens* Pink-backed Pelican **D:** E/–/S

L 125-135 cm, S 225-260 cm. Brütet in Afrika südlich der Sahara. In vielen Ländern Europas gehalten und als Gefangenschaftsflüchtling nachgewiesen, aber einige Meldungen von den Kanaren, aus Ägypten, Israel, Italien, Marokko, Spanien, der Türkei und aus Polen werden teilweise als Wildvögel betrachtet.– **Kennzeichen:** Im unscheinbaren Gefieder eines unausgefärbten Vogels (wie hier abgebildet) dem Krauskopfpelikan sehr ähnlich, obwohl der Rötelpelikan *viel kleiner* ist, was aber nur auffällt, wenn man ihn neben einer der europäischen Arten sieht. Ein kleiner, aber auffälliger *dunkler Zügelfleck* ist kennzeichnend, bei Jungvögeln aber oft reduziert. *Beine gelblich bis fleischrosa* (gräulich bei Krauskopfpelikan, allenfalls auf Tarsus-Innenseite matt rosabraun) und *Kehlsack* aus der Nähe mit *feiner, eng gerippter Textur,* die bei den beiden anderen Arten nicht vorkommt. Gefieder im JK insgesamt mattgrau, variabel dunkel gefleckt, manchmal recht dunkel. Ad. sauberer, aber mit „nassgekämmter" Textur des Körpergefieders und einem auffälligen „ungekämmten" dunkleren Schopf. Im PK sind *breiter Lidring und Kehlsack leuchtend gelb.* Unterflügel im Flug verdunkelt mit hellem Längsband und schmutzig rosagrauen Kleinen Decken, etwas mehr als beim Rosapelikan, aber deutlich weniger als beim Krauskopfpelikan kontrastierend.

**PRACHTFREGATTVOGEL** *Fregata magnificens* –
Magnificent Frigatebird

L 90-114 cm, S 215-245 cm. Brütet auf den Kapverden, in Mittel- und Südamerika. Wenige Beobachtungen in Europa (Großbritannien, Dänemark, Frankreich, Italien, Spanien), außerdem einige Beobachtungen nicht auf Artniveau bestimmter Fregattvögel.– **Kennzeichen:** *Sehr groß, Flügel lang, schmal und spitz, Schwanz lang, tief gegabelt* (im Flug meist zusammengelegt, dann lang und schmal erscheinend), Kopf im Flug eingezogen, Schnabel lang, kräftig und kormoranartig; fliegt oft mit langsamen, unterbrochenen Flügelschlägen und *leicht gewinkeltem Handflügel* (daher Flügelbug hervortretend), häufig gleitend und mit gewandten Flugmanövern; ♂ *ganz schwarz* mit hellgrauem Schnabel (roter Kehlsack abseits der Brutplätze meist nicht zu sehen), ♀ mit *weißem Bereich auf Brust und Vorderbauch,* unausgefärbt zusätzlich mit *weißlichem Kopf.* Unterscheidung von anderen Fregattvogelarten (Ariel- und Adlerfregattvogel nachgewiesen, siehe S. 441) bei schwierigen Beobachtungsbedingungen oft unmöglich. Prachtfregattvogel ist am größten, glänzt am Kopf grün und auf Mantel, Schulterfedern und Brust purpurn; bei ad. ♂ kein Weiß auf Unterseite (Arielfregattvogel mit weißem Achselfleck).

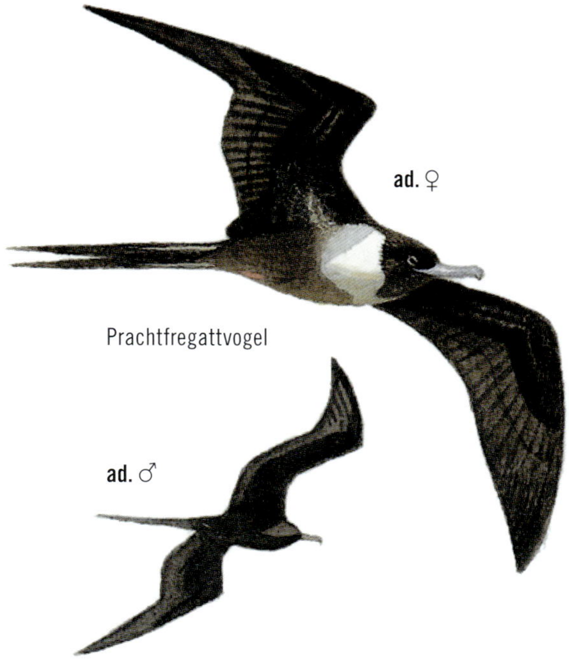

Prachtfregattvogel

**GRAURÜCKENDOMMEL** *Ixobrychus sturmii* Dwarf Bittern –

L 27-30 cm. Brütet in weiten Teilen von Afrika südlich der Sahara. Einige anerkannte Nachweise von den Kanaren, Malta und aus Spanien.– **Kennzeichen:** Sehr kleine Dommel, ähnlich Zwergdommel, Flügel kurz und gerundet. Kopf und Großteil der *Oberseite einfarbig bläulich grau, Unterseite hell gelblich beige mit breiten schwärzlichen Streifen, Schnabel gelb* mit dunklem First. Beine hellgelb, *lange Zehen oft leuchtend orange,* im Flug meist deutlich über die Schwanzspitze ragend.

Graurückendommel

**GRÜNREIHER** *Butorides virescens* Green-backed Heron –

L 40-47 cm. Amerikanischer Verwandter des fast kosmopolitischen Mangrovereihers (S. 80), früher als dessen Unterart betrachtet; beide hybridisieren gelegentlich in Mittelamerika. Mehrfach in einigen westeuropäischen Ländern festgestellt.– **Kennzeichen:** Größe wie Mangrovereiher und diesem sehr ähnlich, unterscheidet sich hauptsächlich durch insgesamt *dunklere Farben, tiefer rötliche* (fast purpurne) Färbung von *Kopfseiten, Hals und Brust* mit stärker *kontrastierender weißer Streifung auf Kinnseiten und Kehlmitte, dunkler schiefergraue Oberseite mit blaugrünem Stich* (Mangrovereiher oberseits heller und grauer, unterseits weniger satt rötlich). Die hauptsächlich in Europa erscheinenden Jungvögel haben jedoch *grob hell gestreiften, weniger tief rötlichen Hals,* anfangs *hell gesprenkelte Flügeldecken* und eine dunkel braungraue Oberseite ohne blaugrünen Glanz.– **Stimme:** Ruf ein charakteristisches, etwas dohlenartiges, leicht gebogenes, fast tonloses „kjeo".

Grünreiher

**SCHMUCKREIHER** *Egretta thula* Snowy Egret **D:** D/–/s

L 55-65 cm, S 90-105 cm. Amerikanische Art, nachgewiesen auf Island und den Britischen Inseln.– **Kennzeichen:** Sehr nah mit Seidenreiher verwandt, wie dieser mit *dunklem Tarsus* und *gelben Zehen,* aber unterschieden durch stets *gelbliche untere Tarsushinterkante,* gelegentlich so ausgedehnt, dass nur die Vorderkante dunkel ist (statt beim Seidenreiher generell komplett dunkler Tarsus), *satter gelbe Zehen* einschließlich Sohlen (statt matter gelb mit grünlichen Sohlen), im SK *leuchtend gelbe Zügel* (statt blaugrau oder grünlich), im PK *kürzere, buschigere weiße Schmuckfedern im Nacken,* zudem etwas kleiner, Hals und Beine kürzer.

Schmuckreiher

Mittelreiher

**MITTELREIHER** *Ardea intermedia* Intermediate Egret –

L 60-72 cm, S 105-115 cm. Brütet in Afrika südlich der Sahara, Süd- und Ostasien. Wenige Nachweise aus Ägypten, Israel, Italien und Jordanien.– **Kennzeichen:** Wenig größer als Seidenreiher, wegen des *kurzen* und meist *komplett gelben Schnabels* (nur äußerste Spitze dunkel) eher an Silberreiher erinnernd und von diesem schwer unterscheidbar, wenn *geringere Größe* nicht einschätzbar, aber *Schnabelwinkel endet unter oder vor Hinterrand des Auges* (statt dahinter), *Kopf ist runder* (Scheitelspitze in Kopfmitte), *Hals* weniger geknickt, eher *sanft s-förmig.* Beine etwas kürzer als bei Silberreiher und ganz dunkel, aber Tibia zeigt aus der Nähe einen gelbgrünen Anflug. Im PK ohne Schmuckfedern am Kopf (anders als Seidenreiher).

Goliathreiher

**GOLIATHREIHER** *Ardea goliath* Goliath Heron –

L 135-150 cm, S 210-230 cm. Brütet im tropischen Afrika und Ostirak. Gelegentliche Beobachtungen im Bearbeitungsgebiet, z. B. Israel (mehrfach, Frühjahr und Herbst), Jordanien und Syrien (spätes 19. Jh.).– **Kennzeichen:** *Sehr groß,* wie Graureiher mit *blaugrauem Oberflügel* und weißem Vorderhals mit schwarzen Längsstreifen, jedoch mit *rotbraunem Scheitel und Hinterhals,* dunkel *rotbrauner Unterseite, kräftigem, schwarzem Schnabel* und schwarzen Beinen; ad. mit *rotbraunem Schopf am Hinterscheitel,* JK ohne Schopf und etwas blasser.

**NIMMERSATT** *Mycteria ibis* Yellow-billed Stork **D:** E/–/s

L 95-105 cm, S 150-165 cm. Brütet im tropischen Afrika. Gelegentliche Beobachtungen auf den Kanaren, in Ägypten, Israel, Jordanien, Portugal und Spanien.– **Kennzeichen:** Erinnert an Weißstorch, hat aber *rote Gesichtsmaske* (kann auch teilweise orange sein), *gelblichen Schnabel* (mit etwas dunkler gelboranger, abwärts gebogener Spitze). Gefieder weiß, *Flügeldecken, Schulterfedern und Mantel rosa getönt,* Beine orangerot. Im Flug sehr ähnlich Weißstorch, jedoch mit *schwarzem Schwanz* (statt weiß). Unausgefärbt mit schmutzig graubraunem Gefieder, gräulichen Beinen und rosagelber Gesichtsmaske.

**JK**

Nimmersatt

**WEISSRÜCKENGEIER** *Gyps africanus* White-backed Vulture –

L 80–90 cm, S 205–230 cm. In Afrika südlich der Sahara weit verbreitet, hauptsächlich Standvogel, wurde aber schon in Marokko, Portugal und Spanien festgestellt (mehrere Nachweise).– **Kennzeichen:** Deutlich *kleiner* als Gänse- und Sperbergeier, aber durch breite Flügel mit ausgebuchtetem Armflügel und kurzem, keilförmigem bis gerundetem Schwanz im Flug mit ähnlicher Silhouette. Fliegt wie Gänsegeier, kreist und gleitet mit *leicht angehobenen Flügeln.* Geschlechter einander ähnlich. Bei ad. führen die überwiegend weißen Unterflügeldecken zu einem *auffallenden weißen Vorderflügel.* Körperunterseite variiert zwischen blassbraun bis fast weiß. *Schnabel schwarz, Kopf und Hals gräulich schwarz. Weißer Hinterrücken und Bürzel* erscheinen im Alter von etwa fünf Jahren, können aber beim stehenden wie fliegenden Vogel schwer erkennbar sein.– JK/Imm.: Insgesamt *dunkler braun,* Körperunterseite dunkelbraun mit schmaler beiger Strichelung. Während der ersten zwei Jahre kein Weiß auf der Oberseite, auf der Unterseite auf ein *schmales Band am Flügelvorderrand* beschränkt, dehnt sich in den Folgejahren auf einen diffus hellen Bereich auch auf den Mittleren Decken aus. JK sehr ähnlich Sperbergeier (S. 92), beachte aber geringere Größe, Fehlen auffallend hellspitziger Flügeldecken auf der Oberseite und dunklere Färbung von Schnabel und Kopf.

**JK**

Weißrückengeier

**BINDENSEEADLER** *Haliaeetus leucoryphus* **D:** E/–/s
Pallas's Fish Eagle

L 73-84 cm, S 185-210 cm. Brütet lokal und selten an Gewässern von Mittel- bis Südasien. Nimmt ab und ist stark bedroht, nur noch etwa 1.000 Paare. Früher auch am Kaspischen Meer. Kurzstreckenzieher, besonders nördliche Vögel weichen im Winter nach Süden aus. Nahrung Fisch und Aas. Ausnahmsweise z. B. in Finnland, Israel, den Niederlanden, Norwegen und Polen.– **Kennzeichen:** Ad. sofort kenntlich an mittellangem, gleichmäßig gerundetem *weißem Schwanz mit breiter schwarzer Endbinde* (wie Steinadler im JK), dunkelbraunem Körper, *ganz dunklen Flügeln,* kontrastierend zum *Beigeweiß von Kopf, Hals und oberer Brust.* Beine recht lang, unbefiedert, hellgrau. Unausgefärbte Vögel sind auf Kopf und Körper hell zimtbraun mit schmaler, dunkelbrauner Maske. Kann im Flug durch Größe und *weißes Längsband auf Unterflügeln* an Steppenadler erinnern, Band aber auf Mittleren statt Großen Decken, also näher am Flügelvorderrand und oft etwas breiter. *Achseln weiß* (wie bei jungem Seeadler), *innere Handschwingen unterseits mit großem weißlichem Bereich,* ganz dunkler Schwanz eher gerade abgeschnitten als beim Steppenadler. Alterskleid entwickelt sich innerhalb von 4-5 Jahren.– **Stimme:** Ein zwei- bis dreimal wiederholtes, überraschend schrilles und hohes Bellen wie von einem kleinen Hund.

**GAUKLER** *Terathopius ecaudatus* Bateleur **D:** E/–/s

L 50-60 cm, S 170-190 cm. Brütet in Afrika. Ausnahmeerscheinung in N-Ägypten, Israel (alljährlich), Spanien, Türkei.– **Kennzeichen:** Unverkennbar durch lange, eigentümlich geformte Flügel mit *ausgebuchtetem Armflügel-Hinterrand* und *verengter innerer Hand,* Flügelspitze schmal, aber tief gefingert, *kurzer Schwanz,* bei ad. so kurz, dass *Füße den Schwanz im Flug überragen,* Kopf und Hals unproportional lang und weit vorstehend. Fliegt oft schnell mit elastischen Flügelschlägen, Flügel beim Gleiten v-förmig gehalten, macht auch Loopings. Gefieder im JK ähnlich dunklem Bussard, bei ad. Kopf, Körperunterseite und Schulterfedern schwarz, Rücken und Schwanz rötlich, *Wachshaut und Füße orangerot,* Schwungfedern bei ♂ komplett schwarz, bei ♀ weiß mit schwarzem Hinterrand.

**HUDSONWEIHE** *Circus hudsonius* Northern Harrier –

L 42–53 cm, S 96–116 cm. Nordamerikanischer Brutvogel, nördliche Populationen ziehen südwärts. Ausnahmeerscheinung in Großbritannien (mehrere), Irland, Island, Norwegen und Portugal, teilweise wohl dasselbe über Jahre zurückkehrende Individuum betreffend.– **Kennzeichen:** Nah mit Kornweihe verwandt (früher als deren Unterart betrachtet), besonders ♀ und Jungvögel dieser sehr ähnlich. Ad. ♂ (bislang in Europa nicht nachgewiesen) und ♂ im 2en W recht einfach erkennbar *an ausgedehnter rötlicher Bänderung oder Fleckung auf Brust und Achseln* (einzelne Kornweihen können ebenfalls einige rotbraune Flecken zeigen), *weniger ausgedehnter schwarzer Flügelspitze, dunkler Schwanzendbinde,* von verdunkelten Schulter- und Rückenfedern erzeugtem *dunklem „Sattel"* und durchschnittlich breiterem schwarzen Armflügel-Hinterrand als Kornweihe.– ♀: Wie Kornweihe, aber auf längsten Handschwingen durchschnittlich mehr und schmalere dunkle Bänder, auf Oberflügeln etwas deutlichere dunkle Querbänder.– ♂ JK/imm.: Ähnlich gleichaltriger Kornweihe, aber Unterseite durchschnittlich einfarbiger und wärmer rostbeige (kann komplett ungestreift wirken), dunkle „Boa" oft auffälliger und vorletzte dunkle Armschwingenbinde dünner als die benachbarten (sehr selten bei Kornweihe angedeutet); Auge hell.– ♀ JK/imm.: Wie junges ♂, doch Auge dunkel und Armschwingenbänder gleichbreit, eher wie bei Kornweihe.

Buntfalke

## **BUNTFALKE** *Falco sparverius* American Kestrel **D:** E/–/S

L 23-27 cm. Amerikanische Ausnahmeerscheinung in Belgien, Großbritannien, Dänemark, Malta und den Niederlanden.– **Kennzeichen:** Erinnert an *kleinen* Turmfalken, aber *Flügel etwas kürzer und breiter,* vor deren *Hinterrand im Flug ein helles Band* andeutende helle Flecken. Rüttelt oft mit gespreiztem Schwanz, dieser *rötlich braun mit breiter schwarzer Endbinde* (bei ♂ breiter). In allen Kleidern kontrastreiche Kopfzeichnung mit *spitzem, schwarzem Kinnstreif* und *zwei schwarzen Markierungen auf Kopf- und Nackenseiten.* Bei beiden Geschlechtern *Scheitel blaugrau, in der Mitte rötlich braun,* rotbrauner Mantel schwarz gebändert, *Flügel* bei ♂ *blaugrau, bei ♀ rotbraun.* ♂ im JK oberseits kräftiger gebändert als ad.

Amurfalke

## **AMURFALKE** *Falco amurensis* Amur Falcon –

L 23-27 cm. Brütet in Südostsibirien, Ostmongolei, Ostchina, überwintert in Südostafrika, überfliegt dorthin den Indischen Ozean. In Großbritannien, Griechenland, Italien, Schweden, Ungarn und Zypern nachgewiesen.– **Kennzeichen:** Fernöstliches Gegenstück zum nah verwandten Rotfußfalken, etwas kleiner und kompakter. Ad. ♂ unterscheidet sich durch *reinweiße Unterflügeldecken* und durchschnittlich etwas dunkleren Scheitel, Mantel und Flügelvorderrand. Ad. ♀ zeigt *weiße* (nicht rötlich beige) *Unterseite mit kräftigen schwarzen Bruststreifen und Flankenbändern* (statt fein gestreift oder nur gepunktet), ferner *dunkelgrauen Scheitel* (statt rötlich beige). Im JK sehr ähnlich Rotfuß- und Baumfalke, aber *Unterflügeldecken* eher *weißlich* als gelbbeige und *kontrastreicher schwarz* statt dunkelbraun *gebändert,* ebenso Brust weißer mit schwärzlicher statt dunkelbrauner Strichelung, die auf den *Flanken in Halbmonde oder Pfeilspitzen* übergeht.

Bronzesultanshuhn

## **BRONZESULTANSHUHN** *Porphyrio alleni* Allen's Gallinule **D:** BD/–/s

L 22-25 cm. Brütet im tropischen Afrika. Ausnahmeerscheinung, z.B. in Deutschland, Finnland, Frankreich, Griechenland, Großbritannien, Israel, Kanaren, Marokko, Spanien. Lebt in dichten Sümpfen.– **Kennzeichen:** *Klein,* nicht größer als Wasserralle, *kurzer, gänzlich roter Schnabel,* Gefieder *dunkelblau und grün.* Ähnlich Zwergsultanshuhn (s. u.), aber deutlich kleiner, *Beine rot,* weiße *Unterschwanzdecken in der Mitte schwarz geteilt* (wie bei Teichhuhn). Im JK ähnlich Mischung aus Kampfläufer im JK und weiblichem Kleinsumpfhuhn.

Zwergsultanshuhn

## **ZWERGSULTANSHUHN** *Porphyrio martinica* American Purple Gallinule –

L 29-33 cm. Brütet in Nordamerika. Ausnahmeerscheinung auf Kanaren, Madeira, Island, in Großbritannien, Irland, Norwegen und der Schweiz.– **Kennzeichen:** Teichhuhnähnlich, *aber ohne weiße Flankenlinie,* mit etwas längeren Beinen, *tief ultramarinblauer Unterseite* und *grünlicher Oberseite,* Schnabel rot mit gelber Spitze, *Stirnschild blaugrau.* Ähnlich Bronzesultanshuhn, aber *größer, Unterschwanzdecken ganz weiß* (ohne dunkle Zentren), *Beine gelb.*

Indianerblässhuhn

## **INDIANERBLÄSSHUHN** *Fulica americana* American Coot –

L 31-37 cm. Brütet in Nordamerika. Beobachtungen u. a. auf den Britischen Inseln, Island, Färöer, Madeira, in Irland, Spanien, und Portugal.– **Kennzeichen:** Erinnert an Blässhuhn, heller graues Körpergefieder und dunkles Band auf dem weißlichen Schnabel (aus der Nähe Schnabel bläulich bis rosa getönt, dunkle Binde purpurn). Befiederungsgrenze an der Schnabelbasis fast gerade, ohne den spitzen Winkel über der Schnabelbasis. Ferner *äußere Unterschwanzdecken weiß, kleiner dunkler* (rötlicher) *Fleck oben auf Stirnschild (zur Brutzeit am deutlichsten).* Insgesamt etwas schlanker, mit *geraderem Rückenprofil* als

Blässhuhn.– **Stimme:** Ruft leiser, trockener und kürzer als Blässhuhn „krk". Dagegen können lautere Varianten im Ton an Kranich erinnern.

Savannenralle

**SAVANNENRALLE** *Crecopsis egregia* African Crake –

L 20–23 cm. In Afrika südlich der Sahara weit verbreitet. Begrenzte Wanderungen wahrscheinlich von Nahrungsangebot abhängig. Hat mehrfach die Kanaren besucht und je einmal Israel, Madeira und Spanien.– **Kennzeichen:** Wie eine Mischung aus Wachtelkönig, Tüpfelsumpfhuhn und Wasserralle. Größe und Gestalt wie Tüpfelsumpfhuhn, aber insgesamt dunkler und Bauch sowie Flanken schwarz-weiß gebändert wie Wasserralle. Oberseite olivbraun mit schwarzen Federzentren ähnlich Wachtelkönig, jedoch etwas dunkler und ohne dessen rötliche Oberflügel. Kopfseiten, Kehle und Brust einfarbig grau, Scheitel und Nacken dunkler braun. Weißlicher Überaugenstreif nach hinten schwächer. Schnabel dunkelgrau mit roter Basis, Beine graubraun, Auge und Lidring rot. Geschlechter einander ähnlich.– JK: Gefieder etwas dunkler und matter gefärbt, Schnabel ohne Rot.– **Stimme:** Ruft ratternd „krre-krre-krre".

ad.

Kanadakranich

**KANADAKRANICH** *Antigone canadensis* Sandhill Crane **D:** A/–/s

L 80-95 cm, S 155-180 cm. Brütet in Nordamerika und Nordostsibirien, überwintert im südlichen Nordamerika und Mexiko. Ausnahmeerscheinung in mehreren Ländern in N- und W-Europa einschließlich Deutschlands, teilweise dasselbe Individuum betreffend.– **Kennzeichen:** Die in Europa nachgewiesene Unterart *canadensis* ist *kleiner* als der Kranich, hat graues Gefieder mit diffuser dunklerer Fleckung und ist im PK wie Kranich oberseits rostfarben getönt. Bei ad. *Kehle und Kopfseiten weißlich, Stirn/Vorderscheitel rot.*– JK: Schwerer von jungem Kranich zu unterscheiden, jedoch *Mantel und Flügeldecken deutlicher rostbraun* und *Kopf dunkler braun.*– **Stimme:** Ruft sehr ähnlich Kranich und manchmal schwer unterscheidbar, aber etwas höher und knatternder.

Arabertrappe

**ARABERTRAPPE** *Ardeotis arabs* Arabian Bustard –

L 70-90 cm, S 205-250 cm. Brütet in Afrika südlich der Sahara und (entgegen dem Namen) selten in SW-Saudi-Arabien und S-Jemen, früher auch in Marokko, dort gelegentlich noch Beobachtungen.– **Kennzeichen:** *Graubraun* und *groß, fein gemaserter grauer Hals* (bei ♂ dick und buschig). Hinterscheitel mit *kurzem Schopf,* durch schwarze Scheitelseitenstreifen betont, Schopf meist angelegt, abgesehen von der Balz meist wenig auffällig. Im Flug *weniger Weiß im Flügel* als andere Trappen.

Reiherläufer

**REIHERLÄUFER** *Dromas ardeola* Crab Plover –

L 38-41 cm. Brütet am Persischen Golf, im Oman und am Golf von Aden. Ausnahmeerscheinung in Ägypten, Israel, Syrien und der Türkei. Gräbt sich Bruthöhlen in den Sand und ist sehr gesellig.– **Kennzeichen:** *Groß, schwarzweiß gefärbt* (JK dunkelgrau und gräulich weiß); erinnert am ehesten an Säbelschnäbler, aber *Schnabel kurz, gerade und dolchförmig.* Steht oft aufrecht wie Rennvogel am Sandstrand, kann sich aber auch ducken wie Regenpfeifer, Bewegungen regenpfeiferähnlich, kurz rennend, innehaltend und Ausschau haltend, erneut kurz rennend usw. Beachte im Flug oberseits schwarze Flügel mit weißen Vorderflügeln (entfernt fliegender Säbelschnäbler zeigt weiße Flügel mit schwarzen Spitzen und Armflügelfeldern). Flugruf etwas lachseeschwalbenähnlich „WEDde-WEK, WEDde-WEK …".

Krokodilwächter

**KROKODILWÄCHTER** *Pluvianus aegyptius* Egyptian Plover **D:** E/–/s

L 19-21 cm. Brütet im tropischen Afrika. Erscheint gelegentlich in Ägypten und Libyen, früher Brutvogel entlang des Nil fast bis Kairo; in den letzten Jahren auch Meldungen von den Kanaren und aus Israel. Vertraut und nahbar, ist fast ausschließlich an Flüssen zu sehen und scheint Küsten und Höhenlagen zu meiden.– **Kennzeichen:** Ein recht kleiner, *kompakter* Watvogel mit *breiten Flügeln* und *kurzen blaugrauen Beinen.* Gefieder unverkennbar mit außergewöhnlich schönen, *breiten schwarzen und weißen Streifen auf den Flügeln,* schwarz-weißem Kopfmuster, *orange getönter Unterseite* und auffallendem, weiß begrenztem *schwarzem Brustband.* Geschlechter gleich gefärbt. Im Jugendkleid ähnlich, doch mit rostfarben getönten Kleinen und Mittleren Flügeldecken und teilweise ebenso gefärbten Federspitzen auf dem Mantel. Hat die Angewohnheit, beim Laufen mit dem Kopf und Vorderkörper auf und ab zu wippen.– **Stimme:** Ruf laut, etwas raspelnd „tscherk", oft im Flug geäußert.

Orientbrachschwalbe

**ORIENTBRACHSCHWALBE** *Glareola maldivarum* **D:** A/–/s
Oriental Pratincole

L 23-27 cm. Brütet in Südasien von Indien ostwärts. Findet sich wie seine Verwandten meist auf Wiesen und offenen, feuchten Lebensräumen an Küsten und Seen ein. Neuerdings zunehmende Ausnahmeerscheinung in mehreren europäischen Ländern einschließlich Deutschland sowie auf Zypern und in Israel, früher vielleicht öfter übersehen bzw. falsch bestimmt.– **Kennzeichen:** Insgesamt eine typische Brachschwalbe, *Unterflügeldecken rötlich braun* (wie bei der Rotflügel-Brachschwalbe), *Oberflügel dunkel und ohne deutlichen weißen Armschwingen-Hinterrand* (wie bei der Schwarzflügel-Brachschwalbe), aber *Schwanzspieße kurz,* ca. 1-3 cm *vor der Flügelspitze endend,* wodurch sie auch im Flug relativ stummelschwänzig wirkt. *Oberer Bauch oft wärmer orangebeige* (unter braungrauem Brustfleck); Nasenlöcher rund bis oval (bei den Verwandten schmal schlitzförmig, doch nur aus geringster Entfernung sichtbar). Durchschnittlich *breitere schwarz-weiße Kehleinfassung, schwärzere Zügel* und *weniger Rot an der Unterschnabelbasis* als Rotflügel-Brachschwalbe. Fehlbestimmungen sind leicht möglich, denn bei manchen Rotflügel-Brachschwalben ist der weiße Armflügel-Hinterrand abgenutzt, und unausgefärbte Vögel können selten kürzere Schwanzspieße besitzen, weshalb die Bestimmung immer auf so viele Merkmale wie möglich zu stützen ist.– **Stimme:** Ähnlich den anderen Brachschwalben.

Anadyrknutt

**ANADYRKNUTT** *Calidris tenuirostris* Great Knot **D:** A/–/s

L 24-27 cm. Brütet in Nordostsibirien, überwintert in Australien und Südasien, erscheint selten, aber regelmäßig westwärts bis zum E-Oman. Ausnahmeerscheinung in mehreren Ländern Europas, u. a. Deutschland.– **Kennzeichen:** Wenig größer als (der nächstverwandte) Knutt, doch mit etwas anderen Proportionen: Hals länger, *Kopf kleiner, längerer, leicht abwärts gebogener Schnabel mit dicker Basis und dünnerer Spitze,* durch lange Flügel zugespitztes, *lang gezogenes Hinterende* beim stehenden Vogel. Im PK charakteristisch gefärbt mit *grober dunkler Brustfleckung* (aus der Entfernung zu schwarzem Brustband verschmelzend), *Flanken mit Pfeilflecken, kontrastierende Oberseite* mit breit weiß gesäumten schwarzen Federn und *rostbraunen Schulterfedern.* Im SK dem Knutt ähnlicher, aber Oberseite deutlicher gestreift und Brust kräftiger gefleckt. Beachte im Flug den im Vergleich zum Knutt schmaleren, unauffälligeren hellen Flügelstreif, aber weißeren, sich deutlicher abhebenden Bürzel.– **Stimme:** Flugruf kurz, zackig „uett!", kürzer und weniger ansteigend als beim Knutt. Daneben u. a. auch gedämpft „krüt".

**WILSONBEKASSINE** *Gallinago delicata* Wilson's Snipe –

L 23-28 cm. Nordamerikanisches Gegenstück zur Bekassine, neuerdings wegen abweichender Stimme und geringen morphologischen Unterschieden als eigene Art abgetrennt. Nachgewiesen in mehreren europäischen Ländern von Island und den Färöer im Norden über Großbritannien und Irland bis Frankreich und Portugal, auch auf Madeira und den Kanaren. In Finnland und Norwegen wurden sogar balzende Vögel entdeckt.– **Kennzeichen:** Größe und Gestalt etwa wie Bekassine, sichere Unterscheidung von dieser erfordert beste Beobachtungsbedingungen aus der Nähe und das Erkennen möglichst vieler der folgenden Merkmale: *weißer Armflügel-Hinterrand schmaler* (oft < 2 mm), aber Überschneidung; Unterflügeldecken mit schmaleren hellen Spitzen, daher *Unterflügel dunkler; äußerste Steuerfedern stärker und dichter gebändert,* meist 3-4 deutliche dunkle Binden auf ziemlich weißem Grund erkennbar, etwa so breit wie die hellen (bei Bekassine oft weniger Binden, undeutlicher auf graubeigem Grund, die dunklen schmaler als die hellen). Bei der Flugbalz werden die zwei äußersten Steuerfedern vom übrigen Schwanz abgespreizt (bei der Bekassine auf jeder Seite nur eine).– **Stimme:** Singt vom Boden oder im Flug bekassinenartig „tschick" oder zweisilbig „TSCHIK-a", oft in Serie. Das „Meckern" bei der Flugbalz ist ein etwas tieferes, mehr stoßendes oder pulsierendes Wummern, etwa „hu-hu-hu-hu-hu-hu-hu-hu", nicht so schnell und hell wie bei der Bekassine und aus der Entfernung vage an den Gesang des Raufußkauzes erinnernd.

Wilsonbekassine

**WALDBEKASSINE** *Gallinago megala* Swinhoe's Snipe –

L 26-31 cm. Brütet in mittel- und ostsibirischer Taiga, weiter westlich vielleicht nur übersehen; balzende Vögel wurden im europäischen Teil Russlands und in Finnland festgestellt. Winterquartier Südasien.– **Kennzeichen:** Geringfügig *größer und massiger* als Bekassine, doch etwas kleiner als Doppelschnepfe. Sehr ähnlich Bekassine und Spießbekassine, am sichersten an den *Balzlauten* unterscheidbar (s. u.). Bestimmung an Gefieder und Struktur erfordert größte Sorgfalt, denn die Gefiedermerkmale überschneiden sich teilweise mit denjenigen der Spießbekassine. Waldbekassine unterscheidet sich von dieser durch *2-5 schmale äußere Steuerfedern* (statt *6-7 spießförmige,* aber am zusammengelegten Schwanz beim stehenden Vogel kaum erkennbar), *massigeren Körper* und *längeren Schwanz,* der im Flug *von Zehen kaum überragt* wird. Im Unterschied zur Bekassine *kein breiter weißer Armflügel-Hinterrand, dunklerer Unterflügel* und durchschnittlich *kürzerer Schnabel.*– **Stimme:** Ruft kurz, rau krächzend „kreesch". Flugbalz ähnlich Spießbekassine (S. 174), beginnt mit langer, krächzender, einsilbiger „krrech"-Serie, gefolgt von jammerndem, hohlem Ton, lauter werdend, in pulsierendem Schnörkel endend, mit unterdrückten harschen Tönen wie „TRE tretti-tre, TRE tretti-tre" ähnlich Holzrassel.

Waldbekassine

**HUDSONSCHNEPFE** *Limosa haemastica* Hudsonian Godwit –

L 37-42 cm, S 67-79 cm. Brütet hauptsächlich in Alaska und NW-Kanada, überwintert in Südamerika. Beobachtungen in Dänemark, Großbritannien, Irland, Norwegen und Schweden.– **Kennzeichen:** Erinnert in Größe und Gestalt an Pfuhlschnepfe, aber noch *auffälliger aufwärts gebogener Schnabel* und etwas *längere Beine,* Gefieder eher uferschnepfenähnlich durch (angedeuteten) *weißen Flügelstreif, weißen Bürzel* und *komplett schwarzen Schwanz.* Flügelstreif nur auf inneren Handschwingen markant. *Brust im SK ungemustert graubraun.* Im Flug zum übrigen Unterflügel kontrastierende *diagnostische schwarze Achselfedern und Unterflügeldecken.*– **Stimme:** Flugruf schnell zweisilbig „pii-wid" oder nur „wid"

JK

Hudsonschnepfe

JK

Schlammtreter

Südpolarskua

ad.
(helle Morphe)

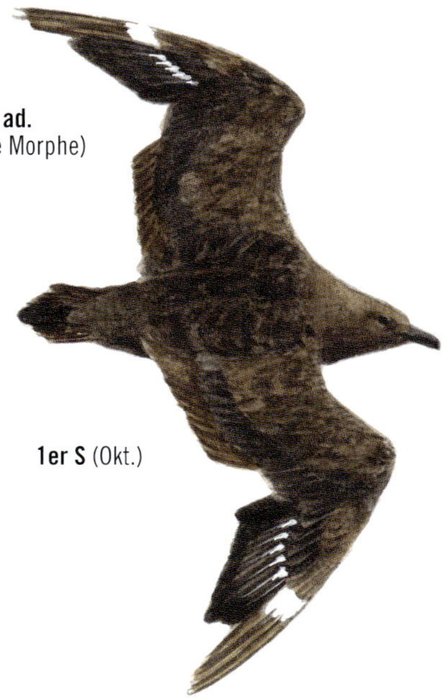

1er S (Okt.)

Graukopfmöwe

1er W

**SCHLAMMTRETER** *Tringa semipalmata* Willet –

L 31-36 cm, S 54-62 cm (östliche Nominatform). Brütet in Nordamerika. Beobachtet in Finnland, Frankreich, Italien, Norwegen und Portugal.– **Kennzeichen:** Größe und Proportionen ähnlich Grünschenkel, aber *Schnabel kürzer, gerader und massiger* (First gerade, nur Unterschnabel leicht aufgeworfen), *Hals kürzer und dicker.* Im *PK Brust und Flanken ausgedehnter gemustert* und gebändert. Im Flug *breit weißer Flügelstreif im Kontrast zu sonst schwärzlichen Handschwingen und -decken* und unterseits zu überwiegend schwärzlichem übrigem Unterflügel. Im JK und SK unterseits fast ungemustert hell graubraun. Westliche Unterart *inornata* (vielleicht eigene Art) größer, Schnabel und Beine länger.– **Stimme:** Flugruf schnell, klar trillernd „kli-li-li" oder zweisilbig „ki-litt".

**SÜDPOLARSKUA** *Stercorarius maccormicki* South Polar Skua –

L 45–52 cm, S 115–130 cm. Brütet in der Antarktis, dispergiert außerhalb der Brutzeit in den Pazifik und Atlantik, hat dabei die Kanaren, Färöer, Grönland, Irland, Israel, Jordanien, Madeira, Marokko und Spanien erreicht.– **Kennzeichen:** Der Skua (S. 179) sehr ähnlich und oft schwer zu unterscheiden. Etwas kleiner als Skua mit proportional *geringfügig kleinerem Kopf und Schnabel. Gefieder durchschnittlich grauer,* nicht so rötlich braun, und *weißes Handschwingenfeld etwas kleiner.* Ad. zeigen meist einen *kleinen weißlichen Stirnfleck.* Geschlechter einander ähnlich. Handschwingenmauser hauptsächlich im Sommer (bei Skua im Herbst/Winter).– Ad. dunkle Morphe: Sehr dunkel schwärzlich braun, *hellere Oberflügeldecken noch nicht einmal angedeutet.* Sichere Unterscheidung von Skua schwierig und von guten Lichtverhältnissen abhängig. Einige Individuen haben etwas helleren Nacken und oberen Mantel.– Ad. helle Morphe: *Gesamte Körperunterseite, Kopf, Hals und Mantel auffallend hell bräunlich grauweiß* mit lediglich einem *dunklen Fleck um das Auge* („Sonnenbrille").– Ad. intermediäre Morphe: Variabel zwischen den beiden anderen Morphen, wobei der dunklere Typ aus der Entfernung einer Skua sehr ähnlich sieht.– JK: *Dunkel* und weniger braun, eher rußgrau. *Schnabel zweifarbig, grau mit schwarzer Spitze,* der weißliche Stirnfleck ist noch nicht vorhanden.

**GRAUKOPFMÖWE** *Chroicocephalus cirrocephalus* **D:** E/–/s
Grey-headed Gull

L 39-43 cm, S 100-115 cm. Brütet im tropischen Afrika und in Südamerika. Nachweise aus Israel, Jordanien, Marokko, Spanien und Tunesien.– **Kennzeichen:** Etwas *größer als Lachmöwe* mit etwas größerem Kopf und breiteren, stumpferen Flügeln. *Flügelspitze ausgedehnter schwarz und mit zwei weißen Flecken vor Spitze; Unterflügel dunkel.*– PK: *Hellgraue Kapuze.* Schnabel rot, recht lang und *Befiederung am Schnabelgrund lang gezogen und schmal auf Oberschnabel auslaufend* wie bei Dünnschnabelmöwe. Auge *weißlich* mit schmalem rotem Lidring und weißem Augenring.– SK: Kopf weiß mit nur *angedeutetem dunklem Ohrfleck,* Auge weißlich (bei Lachmöwe dunkel).– JK/1er W: Wie entsprechende Kleider der Lachmöwe, im JK aber nicht so rötlich getönt, eher graubraun, Schnabel schwarz, Beine rosa. *Schwarze Schwanzendbinde schmal, Flügelspitze ausgedehnt schwarz.*– **Stimme:** Ruf klingt etwas härter und trockener als bei der Lachmöwe.

**DOMINIKANERMÖWE** *Larus dominicanus* Kelp Gull –

L 57–65 cm, S 130–145 cm. Weit verbreiteter Brutvogel an Küsten der Südhalbkugel, kleine Populationen auch im Senegal und in Gambia, hat auch schon in Mauretanien gebrütet. Ausnahmsweise auf den Kanaren, in Marokko, Frankreich, Portugal und Spanien festgestellt.– **Kennzeichen:** *Ziemlich groß,* etwas größer als Heringsmöwe, wenngleich deren Unterart *fuscus* von der Färbung her sehr ähnlich, also *Mantel, Rücken und Oberflügel schwärzlich* mit *weißem Subapikalfleck nur auf der längsten Handschwinge.* Die Dominikanermöwe ist jedoch *kräftiger gebaut* und *breitflügeliger* und der *Schnabel ist viel dicker* mit *prominentem Gonyseck* und *geschwollener Spitze,* wodurch der Kopf regelrecht klein wirken kann. Die recht *langen Beine* sind *grünlich grau* oder matt gelblich grau, nie leuchtend gelb. *Armflügel mit breitem weißem Hinterrand,* im Stehen wird die *Schwanzspitze nur mäßig von der Flügelspitze überragt* (weniger als bei Heringsmöwe). SK kaum abweichend, der *Kopf bleibt ganzjährig weiß.*– JK: Recht *einheitlich dunkel graubraun* mit weitgehend *schwarzem Schnabel.* Beine dunkel braungrau. Ähnlich Kanadamöwe (S. 184) im JK, aber Körper massiger, Schnabel schwerer und Beine dunkler.

**BERINGMÖWE** *Larus glaucescens* Glaucous-winged Gull –

L 60–66 cm, S 137–150 cm. Brütet im W Nordamerikas und N Ostasiens. Hybridisiert im NW der USA u. a. mit Westmöwe *L. occidentalis* (nicht behandelt), ist auf den Kanaren und Island, in Großbritannien, Irland, Dänemark, Norwegen und Marokko aufgetaucht; wahrscheinlich ist ein einziges Individuum für mehrere dieser Nachweise verantwortlich.– **Kennzeichen:** *Groß,* etwa zwischen Silber- und Mantelmöwe. Gefieder hell, wie eine Silbermöwe mit gebleichten Flügelspitzen, *dunkles Flügelmuster mittelgrau* statt schwarz. *Schnabel sehr kräftig,* besonders an der Spitze, Beine rosa, *Auge schwarz,* Lidring rosa. Geschlechter ähnlich, ♂ größer.– PK: Kopf weiß wie Silbermöwe, aber Flügelspitze verwaschen grau.– SK: Kopf und Hals *homogen bräunlich meliert,* nicht so gestrichelt oder gefleckt wie bei Silbermöwe.– JK: *Fast einheitlich hell graubraun,* Schnabel schwarz (Unterschnabelbasis unbedeutend heller).– 1er W: Wie JK mit eingestreuten grauen Federn auf Mantel und Schultern.– 2er W: Etwas heller als im 1en W und durch Mauser und Abnutzung noch einheitlicher. Basis und Spitze des Schnabels werden heller.– 3er W: Ähnlich SK, doch Schnabel elfenbeinfarben mit ausgedehnter schwarzer Spitze, nicht überwiegend gelb, Brust und Bauch bräunlich gefleckt.– **Stimme:** Erinnert an Silbermöwe, aber Warnruf „gag-ag-ag" tiefer, eher wie Mantelmöwe, und Klageruf gellender und „verzweifelter".

**KAMTSCHATKAMÖWE** *Larus schistisagus* Slaty-backed Gull –

L 61–66 cm, S 140–150 cm. Brütet im Norden Ostasiens, hauptsächlich Standvogel, aber überwintert auch in N-Japan und tritt spärlich in E-China auf. Einzelnachweise aus Belarus, Großbritannien, Finnland, Irland, Island, Lettland, Litauen und Polen.– **Kennzeichen:** *Groß,* etwas kleiner als Mantelmöwe und dieser ähnlich, von der Färbung her eher der Unterart *graellsii* der Heringsmöwe, also *oberseits schiefergrau,* gleichwohl mit *rosa Beinen* und *kräftigerem Schnabel.*– PK: Kopf weiß.– SK: Legt auf Kopf und Hals bräunliche Strichelung an.– JK: Insgesamt ziemlich *einfarbig graubraun* mit *schwarzem Schnabel;* Beine rosa.– 1er W: Wie JK, nur etwas heller, besonders am *Kopf teilweise weiß,* auf Mantel und Schultern vereinzelte graue Federn mit schwarzen Zentren; Schnabelbasis wird etwas heller gelblich grau.– 2er W: Variabel, meist etwas heller als 1er W, manche mit schiefergrauen Federn auf Mantel und Rücken, andere dort noch wie im 1en W mit schmutzig grauen Federn mit dunkleren Zentren.– 3er W: Wie SK, aber Oberflügeldecken weiterhin braun getönt und *Schnabel* noch nicht gelb, sondern eher *elfenbeinfarben mit hervortretendem schwarzen Spitzenfleck.*– **Stimme:** Erinnert an Silbermöwe.

ad.
(März–Sept.)
Dominikanermöwe

SK
Beringmöwe

SK
Kamtschatkamöwe

Braunbauch-Flughuhn

**BRAUNBAUCH-FLUGHUHN** *Pterocles exustus* –
Chestnut-bellied Sandgrouse

L 28-32 cm (ohne 4-8 cm Schwanzspieße), S 50-56 cm. Brütet in Afrika, S-Arabien und SW-Iran. Kam im 19. Jh. bis Suez vor, dort vereinzelt beobachtet bis 1929, heute in Nordägypten ausgestorben. Ein alter Nachweis aus Ungarn.– **Kennzeichen:** *Bauch bräunlich schwarz.* Vom Sandflughuhn unterschieden durch geringere Größe, *ganz dunkle Unterflügel* und *schmale, aber ziemlich lange Schwanzspieße,* vom Tropfenflughuhn durch *oberseits dunkle Handschwingen.* Stehend wirkt ♂ wie schmutziges oder verwaschenes Sandflughuhn, da Kopf und Hals ziemlich einfarbig sind und die Oberseite gelblich ocker mit wenig Fleckung. ♀ etwas dunkler, weniger ockergelb mit kräftiger Fleckung auf Kehle und Brust.– **Stimme:** Flugruf klangvoll, aber stoßend „WITT-terre" in Varianten.

Steppenflughuhn

**STEPPENFLUGHUHN** *Syrrhaptes paradoxus* **D:** A/V (B)/s
Pallas's Sandgrouse

L 27-32 cm (ohne 4-11 cm Schwanzspieße bei ad.), S 60-71 cm. Brütet in asiatischen Steppengebieten von Kasachstan ostwärts. Seltene und unregelmäßige Ausnahmeerscheinung (überwiegend im 19. Jh.), teilweise in kleinen Invasionen und mit Brutversuchen (z. B. 1888/89).– **Kennzeichen:** *Schwarzer, scharf abgesetzter Bauchfleck* in Kombination mit spitzen, ziemlich hellen Flügeln ober- und unterseits liefern gute Bestimmungshinweise bei fliegenden Vögeln. Kennzeichnende nadelartig verlängerte äußere Handschwingen im Freiland schwer zu sehen. Am Boden, wenn der schwarze Bauchfleck oft schwer zu erkennen ist, unterscheidet sich das ♂ von ähnlichem Tropfenflughuhn durch kräftig *schwarz gebänderten Mantel, Rücken und Bürzel,* jedoch *einfarbige Oberflügeldecken.* ♀ zeigt mehr schwarze Tüpfel und Flecke auf Scheitel, Nacken und Flügeldecken als ♂, trägt ein schmales schwarzes Kehlband und der Rostton am Kopf ist blasser.– **Stimme:** Flugruf melodisch zirpend „türr-trr, türr-trr", das bei einem auffliegenden Trupp zu einem brodelnden Murmeln zusammenfließt.

Lachtaube

**LACHTAUBE** *Streptopelia roseogrisea* African Collared Dove –

L 28-30 cm. Brütet in Afrika südlich der Sahara und auf der S Arabischen Halbinsel. Seltener Herbst-/Wintergast in Südisrael und Jordanien. Vgl. auch mit domestizierter Form (S. 450).– **Kennzeichen:** Sehr ähnlich Türkentaube, *etwas kleiner* und *kurzschwänziger.* Gefieder etwas *heller, Bauch weißer, Schwungfedern und Steuerfedern oberseits* jedoch *dunkler,* daher etwas stärkerer Kontrast.– **Stimme:** Der oft viersilbige Gesang ist gekennzeichnet durch hohe, lang gezogene erste Silbe, gefolgt von sehr kurzer Pause und abfallendem Teil mit *rollendem Klang,* „koo, kurroo-ooh".

Carolinataube

**CAROLINATAUBE** *Zenaida macroura* Mourning Dove **D:** A/–/s

L 28-33 cm. Brütet häufig in Nordamerika in verschiedensten Lebensräumen einschließlich Städten. Nachweise in Großbritannien, Island, Spanien, Schweden, Irland, Dänemark und Deutschland (die letzten drei wohl denselben Vogel betreffend).– **Kennzeichen:** Größe etwa wie Türkentaube, vielleicht etwas *schlanker* und eleganter. *Langer, spitzer Schwanz mit weißen Kanten* im Flug auffallend. Gefieder hell *rosabraun* mit Grauton oberseits und auf Nacken und einigen *schwarzen Flecken auf der Oberseite.* Auge und Schnabel dunkel, Beine rosa. Beide Geschlechter mit kleinem schwarzem Wangenfleck. ♂ zeigt mehr Purpurglanz auf Nacken und Halsseiten als ♀.– JK: Hellere beige Säume der Flügeldecken und schwarze Punkte auf Kopf und Brust.– **Stimme:** Singt klagend gurrend „uhrrr-hroah". Im Flug pfeifendes Flügelgeräusch.

## GELBBAUCH-SAFTLECKER *Sphyrapicus varius* –
Yellow-bellied Sapsucker

L 18-21 cm. Nordamerikanischer Specht, der auch zieht. Ausnahmeerscheinung in Großbritannien, Irland und Island. Erinnert etwas an Dreizehenspecht, z. B. durch die Angewohnheit, Baumsaft zu trinken.– **Kennzeichen:** *Schwarz-weiß* gefärbt, ad. mit *rotem Scheitel,* ♂ auch mit *roter Kehle* (weiß bei ♀), *Kopfseiten breit schwarz-weiß gestreift,* Kehle breit schwarz eingefasst, als Band auf der *Brust* zu *breitem schwarzem Fleck* verbreitert (fehlt im 1en W). Über die Flügel zieht sich ein *längsovales, weißes Feld.* Mantel und Rücken fein schwarzweiß gefleckt, Bürzel weiß. Unterseite gelblich getönt (entgegen dem Namen manchmal am stärksten auf den Brustseiten).– **Stimme:** Ruft nasal, weinerlich, quietschend „keeah“, oft langsam wiederholt, im Ton etwas wie der nordamerikanische Blauhäher (*Cyanocitta cristata;* nicht behandelt). Trommelt stark abweichend von allen europäischen Spechten, beginnt mit ein paar kurzen, maschinengewehrartigen Salven und fährt mit sich verlangsamenden einzelnen Schlägen fort, „tarra tra ta ta, ta…ta“.

Gelbbauch-Saftlecker

## EINÖDLERCHE *Eremalauda dunni* Dunn‘s Lark –

L 13–14 cm. Brütet in Halbwüsten und trockenen Ebenen mit verstreuten Büschen in Afrika südlich der Sahara von Mauretanien bis zum Sudan. Eine kleine Population auch in Westsahara, und hat in O-Marokko gebrütet. Standvogel. Wurde bis vor kurzem als Unterart einer auch im Nahen Osten und in Arabien brütenden Superspezies betrachtet, von der auch die Arabienlerche *E. eremodites* (S. 262) abgetrennt wurde.– **Kennzeichen:** Unterscheidet sich von der sehr ähnlichen Arabienlerche durch etwas *geringere Größe, kleineren und spitzeren Schnabel* (First weniger gebogen), eine oft etwas schlichtere Gesichtszeichnung (aber manchmal sehr ähnlich) und fehlende Tendenz der Arabienlerche zu einer grauen Halstönung. Eine kleine blassbraune Lerche mit *feiner, dunklerer braunen Strichelung auf der Oberseite* (manche sehen im Freiland eher einfarbig aus). *Schwanz schwärzlich* mit Ausnahme der hellbraunen mittleren Federn. Breite Flügel einfarbig braun. Undeutlicher weißlicher Überaugenstreif kurz, breiter Augenring weiß. Kleine dunkle Sprenkel bilden einen schmalen Bartstreif, normalerweise schwächer ausgeprägt als bei der Arabienlerche. Geschlechter und Altersgruppen gleich gefärbt.– **Stimme:** Äußert eine Vielzahl von zwitschernden und eher musikalisch pfeifenden Tönen, doch müssen eventuelle Unterschiede zur Arabienlerche erst noch untersucht werden.

Einödlerche

## FAHLSTIRNSCHWALBE *Petrochelidon pyrrhonota* –
American Cliff Swallow

L 13-14 cm. Brütet in Nordamerika. Herbstliche Ausnahmeerscheinung in Großbritannien, Irland, Island, Frankreich, Schweden und auf den Kanaren.– **Kennzeichen:** Von ähnlicher Gestalt wie die Mehlschwalbe, hat aber *gerade abgeschnittenen Schwanz* und *etwas breitere Flügel. Stirn rahmweiß, Wangen, Kehle und Halsseiten rötlich braun, Nacken ebenso, wodurch der blauschwarze Scheitel wie eine Kappe isoliert ist. Bürzel rostorange* und *Mantel diffus weiß gestreift.*– JK: Ähnlich ad., Farben jedoch matter und Markierungen weniger scharf abgegrenzt. Noch kein heller Stirnfleck, Bürzel verwaschen blassbraun. Aus der Entfernung Verwechslungsgefahr mit junger Rötelschwalbe möglich, aber Fahlstirnschwalbe hat *kürzeren, geraden Schwanz ohne Spieße,* dunkleren Kopf mit ausgedehnt matt kastanienbrauner Kehle, eher einfarbig dunkle Unterflügel und eine gräuliche Fleckung der Unterschwanzdecken.– **Stimme:** Ruft sperlingsartig nasal „tschiew“.

Fahlstirnschwalbe

„Tschuktschenstelze"

**„TSCHUKTSCHENSTELZE"** *Motacilla flava tschutschensis* **D:** A/–/s
Eastern Yellow Wagtail

L 15–16 cm. Brütet in Feuchtgebieten Sibiriens westlich bis Sajan und Tuwa, wurde auch in Alaska gefunden. Überwintert in SE-Asien. Neuerdings erstaunlich viele Nachweise in W- und N-Europa, meist von Okt.-Dez. Mehrere Feststellungen in Großbritannien und Schweden, auch auf den Kanaren, in Frankreich, Deutschland, den Niederlanden, Norwegen, Portugal und Spanien. Inzwischen oft als eigene Art behandelt, hier noch als Unterart der Schafstelze (S. 280).– **Kennzeichen:** Sehr ähnlich der ssp. *flava* der Schafstelze, unterscheidet sich im PK nur durch *graueren, weniger bläulich getönten Kopf* und oft das *Fehlen eines weißen Flecks auf der unteren Wange* (Wangen sehr dunkel und gleichmäßig gräulich). Überaugenstreif durchschnittlich etwas schmaler. Die durchschnittlich geradere und längere Hinterkralle kann im Freiland selten als Kennzeichen verwendet werden.– 1er W: Wie junge europäische *flava,* doch durchschnittlich eher graubraun und weiß, manchmal *fast rein grau und weiß, ohne jegliches Gelb,* auch nicht am Steiß.– **Stimme:** Ruf im Unterschied zu *flava* und *thunbergi* schriller, raspelnder, knirschender, „zrri(e)" mit hörbarem „r" statt weich „tslie" oder „swii-ip".

Zedernseidenschwanz

**ZEDERNSEIDENSCHWANZ** *Bombycilla cedrorum* Cedar Waxwing –

L 15-19 cm. Brütet in Nordamerika. Zugvogel, unternimmt wie Seidenschwanz unregelmäßige Evasionen. Ist in Island, Irland und Großbritannien aufgetreten.– **Kennzeichen:** Kleiner als Seidenschwanz, Gestalt und Verhalten ähnlich. Gefieder unterscheidet sich durch *Fehlen gelber oder weißer Handschwingenspitzen und weißer Handdeckenspitzen* sowie *matt grauweißen Steiß* (bei Seidenschwanz satt rötlich). Außerdem *Bauch gelblich* (statt graurosa), Armschwingen ganz dunkel ohne weißliche Spitzen oder Ränder. Ad. haben rote wachsartige Anhängsel an den Armschwingenspitzen. Schwarze *Maske auch oben* und auf der Stirn *schmal weiß begrenzt* (statt nur unterhalb). In allen Kleidern bilden *weiße Innenränder der Schirmfedern* zwei schmale weiße Linien parallel zum Rücken.– JK: Ohne rote Anhängsel an den Armschwingenspitzen und durchschnittlich weniger Schwarz am Kinn.– **Stimme:** Ruf wie beim Seidenschwanzes ein feines Klingeln auf einem Ton, „sirrrrrr", aber noch höher.

Katzenspottdrossel

**KATZENSPOTTDROSSEL** *Dumetella carolinensis* **D:** B/–/s
Grey Catbird

L 19-22 cm. Brütet in Nordamerika. Ausnahmeerscheinung in Belgien, Deutschland, Großbritannien, Irland, auf den Kanaren und Kanalinseln.– **Kennzeichen:** Wie kleine langschwänzige Drossel. Ad. *einfarbig aschgrau* mit *schwarzem Scheitel* und *kastanienbraunem Steiß.* Hüpft am Boden oder versteckt sich in Vegetation.

Blaunachtigall

**BLAUNACHTIGALL** *Larvivora cyane* Siberian Blue Robin –

L 12-13 cm. Brütet in sibirischer Taiga, überwintert in Südostasien. Hat sich nach Großbritannien, auf die Kanalinseln und nach Spanien verflogen.– **Kennzeichen:** Kleiner, kompakter Nachtigall-Verwandter mit kurzem Schwanz, ziemlich langen und kräftigen blassrosa Beinen und kräftigem, spitzem Schnabel.– Ad. ♂: unverwechselbar mit reinweißer Unter- und dunkelblauer Oberseite mit schwarzer Kontaktzone zwischen Blau und Weiß von Zügel bis Brustseite.– ♂ 1er S: Wie ad., behält aber größere Teile des bräunlichen juvenilen Flügels, manchmal auch einige braune Körperfedern.– ♀/1er W: Oberseite graubraun, nur Bürzel und Oberschwanzdecken mit Blauton. Unterseite graubeige mit dunklerer Wellung auf der Brust.– **Stimme:** Ruft entweder harte klickend „teck" oder dünner und hoch „tsit".

**ELSTERSCHMÄTZER** *Saxicola caprata* Pied Bushchat –

L 13-14,5 cm. Brütet in Mittel- und Südasien, Standvogel im Süden des Verbreitungsgebiets. Ausnahmeerscheinung auf den Kanalinseln, Zypern, Finnland, Israel (mehrere Nachweise), Italien und Schweden.– **Kennzeichen:** Etwas größer als Schwarzkehlchen, dem er in Form und Verhalten ähnelt. Steht oft aufrecht gut sichtbar auf Buschspitze.– Ad. ♂: *Fast ganz schwarz mit weißem Bürzel,* weißem Unterbauch (bei einigen ganzer Bauch) und Steiß sowie *kleinem weißem Schulterfleck.*– ♀/♂ 1es KJ: Braungrau, ähnlich Hausrotschwanz-♀, aber *kürzerer, ganz dunkler Schwanz,* nur *Bürzel und Steiß rostrot.* Unterscheidet sich vom Schwarzkehlchen-♀ durch *ganz dunkle Flügel* (angedeuteter heller Fleck bei einigen) und *hellere Kehle.*– **Stimme:** Ruf ein charakteristischer, abfallender Pfiff, „tseeuh“. Auch kurze, kehlige Töne wie „tschreck“, oft wiederholt, und quietschender Pfiff, „tseeh“, beide oft abwechselnd bei Alarm.

Elsterschmätzer

**KRONENLAUBSÄNGER** *Phylloscopus coronatus* **D:** A/–/s
Eastern Crowned Warbler

L 11-12 cm. Brütet in Ostasien am Amur und in Ussurien südlich bis SE-China, Japan und Korea, überwintert in Südostasien. Ist in Deutschland, Belgien, Großbritannien, Finnland, Frankreich, den Niederlanden, Norwegen und Schweden aufgetaucht.– **Kennzeichen:** Am ähnlichsten dem Wander- und Middendorff-Laubsänger, hat *mindestens eine schmale gelbe Flügelbinde,* gewöhnlich zwei. Von beiden Verwandten zu unterscheiden durch dunkler grüngrauen *Scheitel* (am dunkelsten hinten), augenfällig *dunkler als der moosgrüne Mantel,* mit ausgeprägtem, *schmalem, gelbweißem Scheitelstreif,* der vorne oft etwas diffus und kurz vor der Stirn endet. *Überaugenstreif lang, vor dem Auge gelblich, dahinter weiß.* Außerdem *Augenstreif dunkler, breiter und deutlicher markiert* als bei den Verwandten. *Schnabel lang und kräftig,* mindestens so kräftig wie beim Wanderlaubsänger, rosagelber Unterschnabel ohne dunkle Spitze. Säume der Schwung- und Steuerfedern einschließlich Bürzel hell gelbgrün. Bauch reiner weiß als bei Wanderlaubsänger, *Steiß und Unterschwanzdecken oft gelb getönt.*– **Stimme:** Ruf ein ziemlich charakteristischer dreisilbiger, durchdringender Ton, der an den verkürzten Gesang des Gelbbrauen-Laubsängers erinnert, „wiss-ju-WIIHZ“. Ein anderer Ruf, der möglicherweise bei Alarm geäußert wird, ist ein kurzer melancholischer Pfiff, „tschju“.

Kronenlaubsänger

**SCHACHWÜRGER** *Lanius schach* Long-tailed Shrike –

L 21,5-24 cm. Brütet in Mittel- und Ostasien, überwintert in Indien und Südasien, Ausnahmeerscheinung in mehreren europäischen Ländern.– **Kennzeichen:** Ziemlich großer Würger mit *langem, schmalem, stark gerundetem Schwanz. Warm rostgelbe Färbung von Flanken, Bürzel, Steiß und Schultern* ist bestes Merkmal in allen Kleidern. Kehle und Brustmitte weiß, Scheitel bis Mantel hellgrau. *Breite schwarze Maske* geht bei ad. ♂ in Stirn über, während die meisten ♀ und Jungvögel eine graue und weniger auffällige Maske haben, die normalerweise die Stirn frei lässt. Oft ein dünner, undeutlicher weißlicher Überaugenstreif oberhalb der Maske. Flügel schwarz (ad. ♂) oder dunkel graubraun, *kleiner weißer Handbasisfleck* oft sichtbar (beim stehenden Vogel manchmal durch Flügeldecken verdeckt). Schwanz schwarz oder sehr dunkel braungrau mit rötlich gefärbten weißlichen Seiten. Jungvögel haben im 1en W eine dunkle Querbänderung auf Ober- und Unterseite, die durch Mauser verschwindet, zuerst auf der Ober-, im Frühjahr auch auf der Unterseite.– **Stimme:** Ruf (im Frühjahr auch als Revieranzeige) ein kurzer, heiserer Ton, „kscheh“. Ekstatischer, gedämpfter Gesang wie bei meisten anderen Würgern voller Imitationen.

Schachwürger

ad.
Elsterdohle

**ELSTERDOHLE** *Coloeus dauuricus* Daurian Jackdaw **D:** E/–/s

L 30-34 cm. Brütet in SE-Sibirien, E-Mongolei und NE-China. Standvogel oder Kurzstreckenzieher. Ausnahmsweise festgestellt in Dänemark, Deutschland, Finnland, Frankreich, den Niederlanden und Schweden.– **Kennzeichen:** Größe und Gestalt wie Dohle, unterscheidet sich in allen Kleidern durch die immer *dunklen Augen* (bei ad. Dohle weißlich, im JK grau) und als ad. durch *hell grauweiße Färbung von Nacken, Halsring, Bauch und Flanken. Hintere Kopfseiten mit silbrig weißen Federspitzen* der Ohrdecken. Vögel im ersten Jahr treten in zwei Farbmorphen auf, dunkel wie Dohle (häufigere Morphe), dann nur mit wenig hellerem Bauch und dunklem Nacken (bei Dohle heller grau) oder bereits ähnlich den ad. (seltene helle Morphe), aber Schwungfedern weniger schwarz und glänzend.– **Stimme:** Sehr ähnlich Dohle, geringer Unterschied in der Tonlage nur mit geübtem Ohr wahrnehmbar.

Schildrabe

**SCHILDRABE** *Corvus albus* Pied Crow **D:** E/–/s

L 43–50 cm. In offenen Lebensräumen südlich der Sahara weit verbreitet. Standvogel. Zwar in einigen europäischen Ländern festgestellt, aber meist als Gefangenschaftsflüchtling oder mit Schiffen eingetroffener „blinder Passagier" eingestuft, z. B. auf den Kanaren und Britischen Inseln, in den Niederlanden, Italien, Portugal, Spanien und Deutschland. **Kennzeichen:** Mittelgroße Krähe mit *kräftigem Schnabel, First stark gebogen.* Sofort erkennbar am auffallenden *weißen Halsband* und weißen oberen Bauch. Da bei manchen Nebelkrähen das Körpergefieder sehr hell ausgeblichen sein kann, auch auf den *schwarzen unteren Bauch* und die *komplett schwarzen Unterflügel* achten.– JK/1er W: Ähnlich ad., nur schwarze Schwungfedern noch nicht so bläulich glänzend, sonder eher rußschwarz und weiße Gefiederpartien schwach dunkel meliert.– **Stimme:** Alle Rufe harsch und hart, doch mit weniger rollendem „r", eher wie das aus einer Saatkrähenkolonie zu hörende „aahrk".

ad. ♂
Abendkernbeißer

**ABENDKERNBEISSER** *Hesperiphona vespertina* **D:** E/–/s
Evening Grosbeak

L 18-20 cm. Nordamerikanische Ausnahmeerscheinung, in Großbritannien und Norwegen nachgewiesen.– **Kennzeichen:** Starengroß. *Großer dreieckiger, grünlich gelber Schnabel. ♂ gelb und olivbraun, Schwanz und Flügel schwarz, Schirmfedern weiß,* Stirn und Scheitelseiten gelb, Scheitelmitte schwarz. ♀ erinnert an Kernbeißer, Gefieder beige grauweiß und graubraun mit weißen Flecken auf Flügel und Schwanz, meist *gelblichen Halsseiten.* Achselfedern gelb.

Brauenwaldsänger

**BRAUENWALDSÄNGER** *Oreothlypis peregrina* –
Tennessee Warbler

L 10,5-12 cm. Brütet in Nordamerika. Ausnahmeerscheinung auf Britischen Inseln, Irland, Färöer und Island. (Waldsänger sind dünnschnäbelige Ammernverwandte und füllen die in Europa von „Zweigsängern" besetzte ökologische Nische.)– **Kennzeichen:** Im Herbst durch *grüne Oberseite, gelbliche Unterseite* und *gelben Überaugenstreif* ähnlich Laubsänger. *Beine dunkelgrau,* spitzer *Schnabel recht lang, hellgrau mit dunklem First.*– **Stimme:** Ruft scharf „tsiit".

Pieperwaldsänger

**PIEPERWALDSÄNGER** *Seiurus aurocapilla* Ovenbird –

L 13,5-15 cm. Nordamerikanischer Waldvogel. Ausnahmeerscheinung in Großbritannien, Frankreich, Irland und Norwegen.– **Kennzeichen:** *Einfarbig grünlich braune Oberseite,* blasse *Unterseite grob dunkel gestrichelt,* schmaler schwarzer Kinnstreif. *Heller Augenring,* sonst einheitlich braune Kopfseiten. *Rötlich brauner Scheitelstreif schmal schwarz eingefasst.* Läuft pieperartig am Boden.

**WEIDENGELBKEHLCHEN** *Geothlypis trichas* –
Common Yellowthroat

L 12-13 cm. Nordamerikanische Ausnahmeerscheinung, nachgewiesen in Großbritannien (mehrfach), Irland, Island, Portugal und Spanien.– **Kennzeichen:** *Ungezeichnetes* Gefieder, *oberseits olivgrün,* unterseits schmutzig weiß, *Kehle und Unterschwanzdecken gelb,* Flanken bräunlich weiß. Ad. ♂ mit bis auf die Stirn reichender *schwarzer Maske,* hinten schmal hellgrau begrenzt. ♂ im 1en W mit düsteren Ohrdecken und verdunkelter Stirn. Kopf des ♀ olivbraun.

Weidengelbkehlchen

**SCHARLACHKARDINAL** *Piranga olivacea* Scarlet Tanager –

L 15,5-17 cm. Nordamerikanische Art aus der neuweltlichen Familie der Kardinäle (Cardinalidae). Ausnahmeerscheinung in Frankreich, Großbritannien, Irland und Island, fast alle im Okt.– **Kennzeichen:** *Schnabel kräftig, recht lang* und spitz; im SK/1en W *Kopf und Körpergefieder gräulich gelbgrün,* unterseits am blassesten. Ad. ♂ mit leuchtend gelber Unterseite, Scheitel gelblich, Mantel/Rücken grüner. *Flügel dunkler als Mantel,* bei ♀ grau, bei ad. ♂ schwarz, im 1en W grau mit einigen schwärzeren Flügeldecken und Schirmfedern.

Scharlachkardinal

**SINGAMMER** *Melospiza melodia* Song Sparrow **D:** E/–/s

L 13-15 cm. Nordamerikanische Art. Wenige Beobachtungen in Belgien, Großbritannien, den Niederlanden, Deutschland, der Schweiz, Schweden und Norwegen.– **Kennzeichen:** Mittelgroß, *langschwänzig,* Flügel kurz und rund, Schnabelgröße variabel, oft recht schmal und spitz. *Brauner Scheitelseitenstreif, heller grauer Scheitelstreif, graue Kopfseiten mit dunklem Augen-, Wangen- und Kinnstreif.* Unterseite kräftig gestreift und gestrichelt, auf *Vorderbrust* meist zu *kleinem dunklem Fleck* zusammenfließend.

Singammer

**DACHSAMMER** *Zonotrichia leucophrys* **D:** E/–/s
White-crowned Sparrow

L 15-16 cm. Nordamerikanische Ausnahmeerscheinung in Frankreich, Großbritannien, Irland, Island, Norwegen und den Niederlanden.– **Kennzeichen:** Der Weißkehlammer (S. 420) ähnlich, doch ohne scharf abgesetzte weiße Kehle, mit *sehr breitem weißem Scheitelstreif, markant schwarzen Scheitelseitenstreifen, weißem Überaugenstreif* (nie gelb vor Auge), einfarbig grauen Wangen, *breiterem hellem Halsring, grauer Oberseite* (statt braun). Im 1en W braune und beigeweiße Kopfmarkierungen.

Dachsammer

**MASKENAMMER** *Emberiza spodocephala* **D:** A/–/s
Black-faced Bunting

L 14-15,5 cm. Brütet in Sibirien in feuchter Taiga, flussbegleitenden Gehölzen und überwachsenen Mooren. Überwintert in Südasien und wurde als Ausnahmeerscheinung nachgewiesen in Deutschland, Finnland, Großbritannien, Frankreich, Norwegen, Schweden und den Niederlanden.– **Kennzeichen:** Eine oberseits und an den Flanken gestreifte und gestrichelte Ammer mit etwas *schmutzigem, gelblich weißem, grauem und braunem Gefieder.* Schwanz mit schmalen weißen Kanten, Augen dunkel, Beine rosa. Bei ♂ im PK *Kopf und Brust olivgrau, Gesicht schwärzlich,* Oberseite rotbraun mit kräftiger schwarzer Streifung. ♀ etwas matter gefärbt. Herbstvögel unscheinbar, Merkmale sind *einheitlich* (oder nur diffus gefleckter) *bräunlich grauer Bürzel, olivgrau getönte Ohrdecken und Halsseiten,* schmutziger und *recht undeutlicher heller Überaugenstreif, leicht gelblich getönte Unterseite,* gerader Schnabelfirst und *überwiegend rosa Unterschnabel.*– **Stimme:** Ruft kurz und scharf „zit“, ähnlich dem Ruf der Singdrossel, manchmal auch etwas kehliger „zrit“.

Maskenammer

# EXTREME SELTENHEITEN

Von den nachfolgend aufgelisteten Arten gibt es im Bearbeitungsgebiet nur 1-5 Nachweise (ausnahmsweise mehr). Neben deutschen und wissenschaftlichen Namen sind die Herkunftsregionen (Haupt- oder nächstgelegene Brutgebiete) sowie Land und Zeitpunkt der Nachweise angegeben. Nachweise, die mit großer Wahrscheinlichkeit auf Gefangenschaftsflüchtlinge zurückzuführen sind oder deren Glaubwürdigkeit fraglich ist, wurden meist nicht aufgenommen. Veröffentlichte Nachweise wurden bis einschließlich Dezember 2020 berücksichtigt.

| Art | | Herkunft | Nachweise |
|---|---|---|---|
| Strauß | *Struthio camelus* | Afrika | Ägypten (alte Nachweise Sinai), Israel (gelegentlich bis 1920er), Jordanien (1930er?) |
| Gelbbrust-Pfeifgans | *Dendrocygna bicolor* | Amerika, Afrika, Indien | Marokko (1977, Sept. 1980), Portugal (Sept. 2015) |
| Javapfeifgans | *Dendrocygna javanica* | Südasien | Israel (Nov. 1966-März 1967) |
| Sporngans | *Plectropterus gambensis* | Afrika | Marokko (Juni 1984) |
| Koromandelzwergente | *Nettapus coromandelianus* | Südasien, Australien | Israel (Dez. 2010), Jordanien (Apr. 1997) |
| Rotschnabelente | *Anas erythrorhyncha* | Afrika | Israel (Juni-Juli 1958, Jan. 2015) |
| Rotaugenente | *Netta erythrophthalma* | Afrika, Südamerika | Israel (Mai 1998) |
| Tristanalbatros | *Diomedea dabbenena* | Südatlantik | Italien (Okt. 1957) |
| Tasmanalbatros | *Thalassarche cauta* | Südatlantik, Indischer Ozean | Ägypten und Israel (Feb.-März 1981) |
| Riesensturmvogel | *Macronectes giganteus* | Antarktis | Großbritannien (Juli 2019), Italien (Sept. 1991) |
| Kapsturmvogel | *Daption capense* | Südatlantik | Italien (Sept. 1964), Norwegen (Mai 2010), Spanien (Gibraltar, Juni 1979) |
| Weichfeder-Sturmvogel | *Pterodroma mollis* | Kapverden, Südatlantik | Israel und Jordanien (März 1997), Norwegen (Juni 2009) |
| Schlegelsturmvogel | *Pterodroma incerta* | Südatlantik | Israel und Jordanien (Mai 1982, Apr. 1989) |
| Teufelssturmvogel | *Pterodroma hasitata* | Westindische Inseln | Großbritannien (Frühjahr 1850, Dez. 1984), Madeira (Mai 2010), Marokko (März 2013), Spanien (Apr. 2002) |
| Weißkinn-Sturmvogel | *Procellaria aequinoctialis* | Südatlantik | Großbritannien (Mai 2020) |
| Weißgesicht-Sturmtaucher | *Calonectris leucomelas* | Indischer Ozean & Pazifik | Ägypten (Apr. 2015), Israel und Jordanien (Juni-Sept. 1992, Mai-Juli 1993), Israel (Feb. 2003, Mai 2008) |
| Blassfuß-Sturmtaucher | *Ardenna carneipes* | Indischer Ozean & Pazifik | Israel und Jordanien (Aug. 1980) |
| Kurzschwanz-Sturmtaucher | *Ardenna tenuirostris* | Indischer Ozean & Pazifik | Frankreich (Aug., Sept. 2020), Irland (Juni 2020) |

| Art | | Herkunft | Nachweise |
|---|---|---|---|
| Tropensturmtaucher | *Puffinus bailloni* | Indischer Ozean & Pazifik | Israel (Juni 1992, Mai 1999, Apr. 2003; diese Nachweise könnten sich auch auf *P. atrodorsalis* beziehen, weitere Untersuchungen nötig) |
| Arabiensturmtaucher | *Puffinus persicus* | Indischer Ozean | Israel (Jan.-Feb. 1985, Dez. 1989, Okt.-Nov. 2020 |
| Audubonsturmtaucher | *Puffinus lherminieri* | Karibik | Dänemark (Sept. 1912) |
| Ohrenscharbe | *Phalacrocorax auritus* | Nordamerika | Frankreich (Okt. 2000), Großbritannien (Jan.-Apr. 1989), Irland (Nov. 1995-Jan. 1996, Sept., Nov.-Dez. 2020), Kanaren (Aug., Okt.-Nov. 2012) |
| Afrika-Schlangenhalsvogel | *Anhinga rufa* | Afrika | Israel (Mai 2004), Marokko (Aug. 1985), Türkei (brütete 1933-ca. 1950) |
| Adlerfregattvogel | *Fregata aquila* | Südatlantik | Großbritannien (Juli 1953, Juli 2013) |
| Arielfregattvogel | *Fregata ariel* | tropische Meere | Israel und Jordanien (Dez. 1997, Mai 1999) |
| Indianerdommel | *Ixobrychus exilis* | Amerika | Irland (Okt. 2019), Island (Sept. 1970) |
| Mandschurendommel | *Ixobrychus eurhythmus* | Ostasien | Italien (Nov. 1912) |
| Bacchusreiher | *Ardeola bacchus* | Asien | Dänemark (Juni 2016), Großbritannien (Okt. 2004, Jan.-März 2014) |
| Blaureiher | *Egretta caerulea* | Amerika | Irland (Sept.-Okt. 2008) |
| Dreifarbenreiher | *Egretta tricolor* | Amerika | Kanaren (Nov. 2007-Juni 2008) |
| Glockenreiher | *Egretta ardesiaca* | Afrika | Griechenland (Juni 2012), Israel (Okt. 1982), Italien (Mai-Juni 2017) |
| Schwarzhalsreiher | *Ardea melanocephala* | Afrika | Frankreich (Ende 19. Jh., Nov. 1971), Israel und Jordanien (Okt.-Dez. 1987) |
| Kanadareiher | *Ardea herodias* | Amerika | Großbritannien (Dez. 2007, Apr.-Mai 2015), Island (Nov. 1983, Apr. 1984, Jan. 2019, März 2019), Kanaren (Dez. 1998-Jan. 1999) |
| Krabbenreiher | *Nyctanassa violacea* | Amerika | Madeira (Feb.-Dez. 2011, Jan. 2012), Portugal (Mai-Juni 2020) |
| Marabu | *Leptoptilos crumenifer* | Afrika | Israel (Mai 1951, Apr.-Mai 1957) |
| Pharaonenibis | *Threskiornis aethiopicus* | Afrika, Irak | Ägypten (1889, 1891), Aserbaidschan (1944), Kanaren (März 1991), – (siehe auch S. 450) |
| Weißkopf-Seeadler | *Haliaeetus leucocephalus* | Nordamerika | Irland (Jan. 1973, Nov. 1987) |
| Schwalbenweih | *Elanoides forficatus* | Amerika | Kanaren (März 1993) |
| Silberadler | *Hieraaetus wahlbergi* | Afrika | Tunesien (Apr. 2018) |

| Art | | Herkunft | Nachweise |
|---|---|---|---|
| Graukehl-Sumpfhuhn | *Aenigmatolimnas marginalis* | Afrika | Algerien (Jan. 1867), Italien (Jan. 1997), Libyen (Feb. 1970), Malta (März 1981, Apr. 2004), Spanien (Dez. 2010, Jan. 2016) |
| Zwergteichhuhn | *Paragallinula angulata* | Afrika | Kanaren (Jan. 2020), Madeira (Jan. 1895), Spanien (Feb. 2000, März 2003, Jan. 2020) |
| Graukopfkiebitz | *Vanellus cinereus* | Ostasien | Niederlande (Juni 2019), Norwegen (Mai 2019), Schweden (Mai 2019), Türkei (Feb.-März 2018) |
| Schwarzschopfkiebitz | *Vanellus tectus* | Afrika | Israel und Jordanien (Dez. 1869) |
| Dreiband-Regenpfeifer | *Charadrius tricollaris* | Afrika | Ägypten (sechs Nachweise März 1993-Nov. 2007), Israel (Apr.-Mai 2020) |
| Steppenregenpfeifer | *Charadrius veredus* | Asien | Finnland (Mai 2003), Niederlande (Aug. 2020), Norwegen (Juni-Juli 2017), Schweden (Mai-Juni 2020) |
| Kanadaschnepfe | *Scolopax minor* | Nordamerika | Frankreich (Okt. 2006) |
| Eskimobrachvogel | *Numenius borealis* | Nordamerika | Großbritannien (Sept. 1855, Sept. 1878, Sept. 1880, Sept. 1887), Irland (Okt. 1870) |
| Grauschwanz-Wasserläufer | *Tringa brevipes* | Sibirien | Großbritannien (Okt.-Nov. 1981, Nov.-Dez. 1994), Niederlande (Juli 2010), Schweden (Juli 2003) |
| Braunkopfmöwe | *Chroicocephalus brunnicephalus* | Mittelasien | Israel (Mai 1985) |
| Reliktmöwe | *Ichthyaetus relictus* | Asien | europäisches Russland (Mai 2000) |
| Aleutenseeschwalbe | *Onychoprion aleuticus* | Beringmeer | Großbritannien (Mai 1979) |
| Antillen-Zwergseeschwalbe | *Sternula antillarum* | Amerika | Großbritannien (Sommer 1983-93, derselbe Vogel |
| Braunnoddi | *Anous stolidus* | Westindische Inseln, südl. Rotes Meer | Deutschland (Okt. 1912) |
| Afrikascherenschnabel | *Rynchops flavirostris* | Afrika | Israel (Juli 1934), Marokko (Jan. 1987) |
| Marmelalk | *Brachyramphus perdix* | Pazifik | Großbritannien (Nov. 2006), Rumänien (Dez. 2006), Schweiz (Dez. 1997) |
| Silberalk | *Synthliboramphus antiquus* | Pazifik | Großbritannien (Frühjahr 1990, 1991 und 1992, wahrscheinlich derselbe Vogel) |
| Schopfalk | *Aethia cristatella* | Beringmeer | Island (Aug. 1912) |
| Rotschnabelalk | *Aethia psittacula* | Beringmeer | Schweden (Dez. 1860) |
| Gelbschopflund | *Fratercula cirrhata* | Pazifik | Färöer (Jan. 2020), Großbritannien (Sept. 2009, Mai 2016), Norwegen (Juli 2019), Schweden (Juni 1994) |
| Gelbaugentaube | *Columba eversmanni* | Asien | europäisches Russland (Mai 1881) |
| Goldkuckuck | *Chrysococcyx caprius* | Afrika | Israel (März 1994), Libanon (Dez. 2016), Zypern (Juni 1982) |

| Art | | Herkunft | Nachweise |
|---|---|---|---|
| Senegalracke | *Coracias abyssinicus* | Afrika | Kanaren (Juni 2014, Jan.-März 2020), Marokko (März 2005) |
| Zimtracke | *Eurystomus glaucurus* | Afrika | Israel (Okt. 2019) |
| Weißkehlspint | *Merops albicollis* | Afrika | Israel (Aug.-Sept. 2019), Marokko (Dez. 2013, März 2017) |
| Prachtnachtschwalbe | *Caprimulgus eximius* | Afrika | Marokko (März 2020) |
| Goldspecht | *Colaptes auratus* | Nordamerika | Dänemark (Mai 1972; vielleicht nicht spontan) |
| Schieferrücken-Königstyrann | *Tyrannus tyrannus* | Nordamerika | Großbritannien (Sept.-Okt. 2016), Irland (Okt. 2012, Sept 2013) |
| Weißbauch-Phoebetyrann | *Sayornis phoebe* | Nordamerika | Großbritannien (Apr. 1987) |
| Buchenschnäppertyrann | *Empidonax virescens* | Nordamerika | Großbritannien (Sept. 2015), Island (Nov. 1967) |
| Zwergschnäppertyrann | *Empidonax minimus* | Nordamerika | Island (Okt. 2003) |
| Erlenschnäppertyrann | *Empidonax alnorum* | Nordamerika | Großbritannien (Okt. 2008, Sept. 2010), Island (Okt. 2003, Okt. 2020), Norwegen (Sept. 2016) |
| Birkenschnäppertyrann | *Empidonax flaviventris* | Nordamerika | Großbritannien (Sept. 2020) |
| Harlekinlerche | *Eremopterix signatus* | Ostafrika | Israel (Mai 1983) |
| Tibetlerche | *Calandrella acutirostris* | E-Mittelasien, Himalaja | Israel (Feb. 1986) |
| Sumpfschwalbe | *Tachycineta bicolor* | Nordamerika | Großbritannien (Juni 1990, Mai 2002), Island (Mai 2012) |
| Purpurschwalbe | *Progne subis* | Nordamerika | Großbritannien (Sept. 2004) |
| Braunscheitelschwalbe | *Petrochelidon fluvicola* | Südasien | Ägypten (Nov. 2003) |
| Fahlkehlschwalbe | *Hirundo aethiopica* | Afrika | Israel (März 1991) |
| Kaschmirschwalbe | *Delichon dasypus* | Asien | Litauen (Okt. 2016) |
| Gartenspottdrossel | *Mimus polyglottos* | Nordamerika | Großbritannien (Aug. 1982, Mai 1988), Niederlande (Okt. 1988) |
| Rotspottdrossel | *Toxostoma rufum* | Nordamerika | Großbritannien (Nov. 1966-Feb. 1967) |
| Schwirrnachtigall | *Larvivora sibilans* | Sibirien | Dänemark (Okt. 2012), Großbritannien (Okt. 2004, 2010, 2011, 2019), Polen (Dez. 2005) |
| Sprosserrotschwanz | *Phoenicurus erythronotus* | Mittelasien, N-Mongolei | Israel (Nov. 1988), europäisches Russland (Okt. 1881, Okt. 1888) |
| Spiegelrotschwanz | *Phoenicurus auroreus* | Sibirien | Großbritannien (Apr. 1988), europäisches Russland (Sept. 2006) |
| Halsbanddrossel | *Ixoreus naevius* | Nordamerika | Großbritannien (Nov. 1982), Island (Mai 2004) |

| Art | | Herkunft | Nachweise |
|---|---|---|---|
| Walddrossel | *Hylocichla mustelina* | Nordamerika | Großbritannien (Okt. 1987), Island (Okt. 1967) |
| Einfarbdrossel | *Turdus unicolor* | W-Himalaja | Deutschland (Okt. 1932) |
| Riesenschwirl | *Helopsaltes fasciolata* | Ostsibirien | Dänemark (Sept. 1955), Frankreich (Sept. 1913) |
| Chinarohrsänger | *Acrocephalus orientalis* | Ostasien | Israel (Feb.-Apr. 1988, Mai 1990) |
| Ussurilaubsänger | *Phylloscopus tenellipes* | Sibirien | Großbritannien (Okt. 2012, Okt. 2016, Okt. 2020) |
| Pamirlaubsänger | *Phylloscopus griseolus* | Sibirien | Dänemark (Mai-Juni 2016) |
| Eichenlaubsänger | *Phylloscopus neglectus* | Mittelasien | Schweden (Okt. 1991), Türkei (Juni 2004) |
| Rubingoldhähnchen | *Corthylio calendula* | Nordamerika | Irland (Okt. 2013), Island (Nov. 1987, Okt. 1998) |
| Rußschnäpper | *Muscicapa sibirica* | Sibirien | Island (Okt. 2012) |
| Mugimakischnäpper | *Ficedula mugimaki* | Ostasien | Italien (Okt. 2011), Norwegen (Okt. 2017), europäisches Russland (Aug. 2007) |
| Rotbrustkleiber | *Sitta canadensis* | Nordamerika | Großbritannien (Okt. 1989-Mai 1990), Island (Mai 1970), Deutschland (Nov. 2022) |
| Taigaraubwürger | *Lanius borealis* | Nordamerika, Sibirien | Finnland (Nov. 2014, Jan.-März 2020), Litauen (Dez. 2019), Norwegen (Nov. 1881) |
| Graudrongo | *Dicrurus leucophaeus* | Asien | Israel (Dez. 2014), vielleicht auch Norwegen (Okt. 2020) |
| Rotflügelstärling | *Agelaius phoeniceus* | Amerika | Großbritannien (Apr.-Mai 2017) |
| Mongolenstar | *Agropsar sturninus* | Asien | Niederlande (Okt. 2005) |
| Braunrücken-Goldsperling | *Passer luteus* | Afrika | Kanaren (März 2016, Dez. 2016-Feb. 2017), Spanien (Aug. 2003, Nov. 2018) |
| Afrikasilberschnabel | *Euodice cantans* | Afrika | Ägypten (März 2014) |
| Gelbkehlvireo | *Vireo flavifrons* | Nordamerika | Deutschland (Sept. 1998), Großbritannien (Sept. 1990) |
| Philadelphiavireo | *Vireo philadelphicus* | Nordamerika | Großbritannien (Okt. 1987), Irland (Okt. 1985, Okt. 2008, Okt. 2020) |
| Rosengimpel | *Carpodacus roseus* | Sibirien | europäisches Russland (5 Nachweise bis 2011), Ukraine (3 Nachweise bis 1927), Ungarn (Dez. 1850, Dez. 2002) |
| Hausgimpel | *Haemorhous mexicanus* | Amerika | Großbritannien (Mai 1962, Mai und Juni 2010), Niederlande (Jan. 1979, Juni 2011) |
| Zitronenwaldsänger | *Protonotaria citrea* | Nordamerika | Island (Juni oder Juli 2010) |
| Goldflügel-Waldsänger | *Vermivora chrysoptera* | Nordamerika | Großbritannien (Jan. 1989) |
| Blauflügel-Waldsänger | *Vermivora cyanoptera* | Nordamerika | Irland (Okt. 2000) |

| Art | | Herkunft | Nachweise |
|---|---|---|---|
| Gelbscheitel-Waldsänger | *Setophaga pensylvanica* | Nordamerika | Frankreich (Okt. 2010), Großbritannien (Sept. 1985, Okt. 1995) |
| Pappelwaldsänger | *Setophaga cerulea* | Nordamerika | Island (Okt. 1997) |
| Blaurücken-Waldsänger | *Setophaga caerulescens* | Nordamerika | Island (Sept. 1988, Okt. 2003) |
| Grünmantel-Waldsänger | *Setophaga virens* | Nordamerika | Deutschland (Nov. 1858), Island (Okt. 2003) |
| Fichtenwaldsänger | *Setophaga fusca* | Nordamerika | Frankreich (Okt. 2019), Großbritannien (Okt. 1961, Okt. 1988, Sept. 2009), Island (Okt. 1987, Okt. 2003) |
| Tigerwaldsänger | *Setophaga tigrina* | Nordamerika | Großbritannien (Juni 1977, Okt.-Nov. 2013), Norwegen (Sept. 2020) |
| Magnolienwaldsänger | *Setophaga magnolia* | Nordamerika | Großbritannien (Sept. 1981, Sept. 2012), Island (Sept. 1995, Okt. 1995) |
| Palmenwaldsänger | *Setophaga palmarum* | Nordamerika | Großbritannien (Mai 1976), Island (Okt. 1997) |
| Braunbrust-Waldsänger | *Setophaga castanea* | Nordamerika | Großbritannien (Okt. 1995) |
| Kapuzenwaldsänger | *Setophaga citrina* | Nordamerika | Großbritannien (Sept. 1970, Sept. 1992) |
| Mönchswaldsänger | *Cardellina pusilla* | Nordamerika | Großbritannien (Okt. 1985, Okt. 2015), Irland (Sept. 2013) |
| Kanadawaldsänger | *Cardellina canadensis* | Nordamerika | Irland (Okt. 2003), Island (Sept. 1973) |
| Sommertangare | *Piranga rubra* | Nordamerika | Großbritannien (Sept. 1957) |
| Rötelgrundammer | *Pipilo erythrophthalmus* | Nordamerika | Großbritannien (Juni 1966) |
| Fuchsammer | *Passerella iliaca* | Nordamerika | Estland (Dez. 2012), dasselbe Individuum auch in Finnland (Dez. 2012-Apr. 2013), Irland (Jun. 1961), Island (Nov. 1944) |
| Baumammer | *Spizelloides arborea* | Nordamerika | Schweden (Nov. 2016) |
| Rainammer | *Chondestes grammacus* | Nordamerika | Großbritannien (Juni 1981, Mai 1991) |
| Grasammer | *Passerculus sandwichensis* | Nordamerika | Großbritannien (Apr. 1982, Sept.-Okt. 1987, Okt. 2003), Polen (Juni 2020) |
| Lincolnammer | *Melospiza lincolnii* | Nordamerika | Island (Dez. 2013-Apr. 2014) |
| Gelbkehlammer | *Emberiza elegans* | Asien | Dänemark (Okt. 1994), Finnland (Apr. 1991), Norwegen (Nov. 2016), Polen (Jan. 2005) |
| Bandammer | *Emberiza fucata* | Asien | Großbritannien (Okt. 2004, Okt. 2012, Okt. 2019), Schweden (Okt. s2011) |
| Braunkopf-Kuhstärling | *Molothrus ater* | Nordamerika | Deutschland (Mai 2012), Frankreich (Mai 2010), Großbritannien (Apr. 1988, Mai-Juli 2009), Norwegen (Juni 1987) |
| Purpurgrackel | *Xanthocephalus xanthocephalus* | Nordamerika | Island (Juli 1983), Niederlande (Mai-Juli 1982) |

# EINGEFÜHRTE BRUTVÖGEL UND GEFANGENSCHAFTSFLÜCHTLINGE

Einige nicht zur ursprünglichen Avifauna des Bearbeitungsgebiets gehörende Arten wurden vom Menschen eingeführt oder konnten nur durch menschliche Hilfe frei lebende Populationen aufbauen. Die nachfolgende Übersicht ist sicher nicht vollständig, enthält aber zumindest die bekanntesten Arten. Auch sind einige nicht brütende Arten aufgeführt, die aber höchstwahrscheinlich aus Gefangenschaft stammen und somit keine echten Wildvögel sind. Einige eingeführte Arten sind so gut bekannt, dass sie in den Hauptteil des Buchs aufgenommen wurden, auch um den Vergleich mit ähnlichen Arten zu erleichtern, z. B. Kanada- (S. 20), Nil- und Streifengans (S. 22) sowie Indigofink (S. 420). Eine große Anzahl von Vögeln aus verschiedenen Teilen der Erde wird zudem in öffentlichen Zoos und noch mehr in privaten Vogelsammlungen gekäfigt und gezüchtet. Auch gibt es einen regen legalen und illegalen Handel mit Wildvögeln, und Arten aus Asien, Australien und Afrika werden in großem Umfang nach Europa eingeführt und unterliegen meist keiner Beringungspflicht. Einige von ihnen entfliegen und tauchen in der freien Natur auf.

Die Zeichnungen in diesem Kapitel stammen von den auf S. 475 genannten Künstlern.

Schwarzschwan

**SCHWARZSCHWAN** *Cygnus atratus* Black Swan **D:** E/L1E/J

L 115-140 cm. Australische Art. Ausgesetzte sich selbst erhaltende Population in den Niederlanden, Freibruten meist in Parks auch in anderen Ländern, z. B. Deutschland.– **Kennzeichen:** Schwimmend *ganz schwarz* mit *rotem Schnabel mit weißer Binde vor der Spitze. Hals besonders dünn,* Körper kurz und mit seltsam geformten, *wie Dachziegel wirkenden Flügeldecken.* Im Flug werden *weiße Hand- und äußere Armschwingen* sichtbar. Im JK blasser, rußig braungrau.

Zwergschneegans

**ZWERGSCHNEEGANS** *Anser rossii* Ross's Goose **D:** E/–/S

L 53-66 cm. Brütet in Nordkanada. Einzeln oder paarweise in vielen nordwesteuropäischen Ländern festgestellt (z. B. Deutschland, Großbritannien, Niederlande, Schweden), oft in Gesellschaft von Weißwangengänsen, aber allgemein als Gefangenschaftsflüchtlinge betrachtet.– **Kennzeichen:** Wie Schneegans, aber *kleiner* und *kurzhalsiger, Kopf runder* und *Schnabel kürzer, an der Basis grünlich blau.* Auch eine seltene graue Morphe.

Kaisergans

**KAISERGANS** *Anser canagicus* Emperor Goose **D:** E/–/S

L 66-85 cm. Brütet in Alaska und Nordostsibirien. In einigen europäischen Ländern festgestellt, auch brütend, aber wahrscheinlich ausschließlich Gefangenschaftsflüchtlinge.– **Kennzeichen:** Hübsche, mittelgroße, ziemlich *kompakte* und *kurzhalsige* Gans, *Körper bläulich grau geschuppt, Kopf und Hinterhals weiß,* aber *Kinn und Vorderhals schwarz. Beine orangegelb,* Schnabel schwarz mit großem rosagelbem Feld. Dunkle Morphe der Schneegans oberflächlich ähnlich, aber mit langem Hals und ungeschupptem Gefieder.

Schwarzkopf-Ruderente

**SCHWARZKOPF-RUDERENTE** *Oxyura jamaicensis* **D:** C5/V/j
Ruddy Duck

L 35-43 cm (einschließlich 6-8 cm Schwanz). Nordamerikanische invasive Art, die in den 1950er-Jahren in Großbritannien eingeführt wurde und sich in weiten Teilen des britischen Tieflands und von dort aus nach Westeuropa ausgebreitet hat. Brütet an flachen, eutrophen Gewässern. Hat mit der europäischen Weißkopf-Ruderente in Spanien hybridisiert, was zum ernsthaften Problem für den Artenschutz wurde. Ein Programm zur weitgehend erfolgreichen Ausrottung der britischen Population wurde in den frühen 1990er-Jahren eingeleitet.– **Kennzeichen:** Etwas kleiner als die ähnliche Weißkopf-Ruderente, Schnabelbasis nicht aufgetrieben, sondern *First konkav, Unterschwanzdecken weiß.*– ♂: Im PK *Körper größtenteils kastanienbraun,* Scheitel (bis zum Auge hinab) und Hinterhals schwarz, Wangen, Kinn und *Unterschwanzdecken weiß. Schnabel hellblau.* Im SK Schnabel grau und Körper stumpf braun, aber Wangen weiterhin weiß.– ♀: Wie ♂ im SK, aber Kopf stumpf dunkelbraun mit braunbeigen Seiten und waagerechtem, diffusem (Stärke variabel) *braunem Wangenstreif*.– **Stimme:** Meist stumm, balzendes ♂ erzeugt klopfende Laute mit auf die Brust schlagendem Schnabel.

**KAPGANS** *Tadorna cana* South African Shelduck

L 60-68 cm. Brütet in Südafrika. In einigen europäischen Ländern nachgewiesen, hat in Schweden gebrütet.– **Kennzeichen:** Sehr ähnlich Rostgans, besonders im Flug (beide mit schwarzen Handschwingen, weißem Armflügelfeld und grünem Spiegel), aber ♂ hat *einfarbig grauen Kopf*, ♀ *dunkelbraunen mit reinweißem Gesicht.* **Stimme:** Kaum von Rostgans unterscheidbar.

Kapgans

**BRAUTENTE** *Aix sponsa* Wood Duck **D:** E/L1E/J

L 43-51 cm. Amerikanische Art, oft in Gefangenschaft und zunehmend frei brütend. Ausnahmeerscheinung auf Island.– **Kennzeichen:** Etwas größer als Mandarinente. ♂ im PK unverkennbar, *Kopf und Oberseite mit metallisch blauem und grünem Glanz, Kopf mit feinen weißen Linien,* Kinn und obere Kehle weiß, Halsseiten und Brust dunkel rötlich, weiß gesprenkelt. ♀ (und ♂ im SK) der Mandarinente sehr ähnlich, aber *mehr Weiß ums Auge, Kopf dunkler ohne helle Strichelung der Seiten, Grenze zwischen Befiederung und Schnabelbasis tief konkav* (bei Mandarinente fast senkrecht; gilt in allen Kleidern), Nagel dunkel, *feinere Flankenfleckung.*

Brautente

**MANDARINENTE** *Aix galericulata* Mandarin Duck **D:** C1/N2/J

L 41-49 cm. Brütet in Ostasien, etablierte Populationen z. B. in Großbritannien, Irland, Frankreich, Deutschland und der Schweiz, Feststellungen und Bruten in vielen anderen Ländern. Bevorzugt Gewässer mit überhängender schützender Vegetation. Höhlenbrüter, oft hoch in Bäumen.– **Kennzeichen:** Kleinere kompakte Ente mit langem Schwanz und großem Kopf. Geschlechter sehr unterschiedlich gefärbt. ♂ im PK unverwechselbar mit *rotem Schnabel, breit weißem Band vom Schnabel über das Auge bis zum Ende der aufrichtbaren Haube,* orangefarbenen, gekämmt wirkenden Halsseiten und über den Rücken ragenden *orangen „Segeln“.* ♀ dagegen matt olivgrau mit *weißer „Brille mit schmalen Bügeln“,* weißer Linie entlang der eher *geraden Schnabelbasis* und kräftig hell gefleckten Flanken. Nagel hell. JK matter und brauner als ♀, Kopfmarkierungen undeutlicher.

Mandarinente

**ZIMTENTE** *Anas cyanoptera* Cinnamon Teal

L 38-48 cm. Brütet im westlichen Nordamerika und in Südamerika. In Europa selten frei fliegend beobachtet, höchstwahrscheinlich ausschließlich als Gefangenschaftsflüchtling.– **Kennzeichen:** Größe zwischen Stock- und Krickente, *Schnabel bemerkenswert lang.* Beide Geschlechter mit *grünem Spiegel* und *auffallend blauen Armdecken.* ♂ einfarbig rötlich mit dunklem Scheitel und Mantel, ♀ ähnlich Blauflügelenten-♀ (S. 28), aber rötlicher mit *weniger kontrastreichem Kopfmuster.* Im JK matter und weniger rötlich gefärbt als ♀.

Zimtente

**SCHOPFWACHTEL** *Callipepla californica* California Quail

L 24-27 cm. Brütet in Nordamerika. In Europa eingeführt, lokal frei lebende Populationen z. B. in Frankreich und auf Korsika.– **Kennzeichen:** *Oberseite und Brust einfarbig blaugrau,* Bauch grob weiß gefleckt. Beide Geschlechter mit *schwarzer Stirntolle* (bei ♂ größer). Bei ♂ *Kehle schwarz, weiß begrenzt,* weißer Überaugenstreif, bei ♀ Kopf fein gefleckt.– **Stimme:** Singt laut, wiederholt „ka-KAH-ko“.

Schopfwachtel

Helmperlhuhn

**HELMPERLHUHN** *Numida meleagris* Helmeted Guineafowl

L 58-68 cm. Wahrscheinlich in Marokko ausgestorben, wo es die letzte nordwestafrikanische Population der Unterart *sabyi* gab. Südliche Nominatform aus Zentralafrika jedoch eingeführt und domestiziert, z. B. in Südfrankreich. Brütet in trockenerem, savannenartigem, mit Büschen und vereinzelten Bäumen bestandenem Gelände, auch in landwirtschaftlichen Nutzflächen. Gesellig, meist in kleinen oder ziemlich großen Gruppen, übernachtet wie Fasane in Bäumen, nimmt auch „Siesta" im Schatten. Bei Störung rennt der ganze Schwarm mit gestrecktem Hals schnell in Deckung. Standvogel. Ernährt sich hauptsächlich von Pflanzen, teilweise Insekten.– **Kennzeichen:** Gut so *groß wie Haushuhn,* mit schwerem, *kompaktem Körper,* dünnem Hals, kleinem Kopf, breiten, abgerundeten Flügeln und recht langen Beinen (daher truthuhnähnlich). Gefieder *grau mit violettem Ton, mit weißen Sprenkeln* übersät, *unbefiederter Kopf mit bläulicher und roter Haut* und bräunlichem *Scheitelhöcker.* Grauschwarzer oberer Hals und spärliches, „ungepflegtes Haar" an Nacken und Hinterhals. Geschlechter gleich.– JK: Graubraun mit hellen Flecken. Kopfzeichnung ähnlich Jagdfasan-♀.– **Stimme:** Vielseitig, aber meist laut und unmusikalisch, z. B. „ka-back", hart „teck-teck-teck-…", rollend „tk trrrrrrr tk tk tk…" oder klagend „TSCHE-tschih, TSCHE-tschih,…".

♂

Virginiawachtel

**VIRGINIAWACHTEL** *Colinus virginianus* Northern Bobwhite

L 24-26 cm. Brütet in Nordamerika. Eingeführt in Südeuropa, frei lebende Populationen z. B. in Zentralfrankreich und Norditalien.– **Kennzeichen:** Überwiegend *rotbraun,* schwarz und weiß gefleckt und gestreift. ♂ mit *schwarzem Kopf, weißem Überaugenstreif, weißer Kehle,* bei ♀ Kopf dunkelbraun und hell rostbraun gemustert. Singt klar pfeifend „tüh tweIIT".

Erckelfrankolin

**ERCKELFRANKOLIN** Pternistis erckelii Erckel's Francolin

L 38-43 cm. Brütet in Ostafrika, eingeführt in Italien.– **Kennzeichen:** Mittelgroßer Frankolin, oberseits braun, unterseits weißlich, gesamtes Gefieder dunkelbraun gestreift. Typisch sind *einfarbig rötlicher Scheitel, schwarze Stirn und Maske, unmarkiertes weißes Kinn.* Gelbliche Beine sehr kräftig und mit zwei Sporen.

**JAGDFASAN** *Phasianus colchicus* Common Pheasant **D:** C1/N5/J

L ♂ 70-90 cm (davon 35-45 cm Schwanz), ♀ 55-70 cm (Schwanz 20-25 cm). Wird in weiten Teilen Europas in großer Zahl in Gefangenschaft gezüchtet und zu Jagdzwecken freigelassen, mancherorts selbsterhaltende Populationen. Oft Gemisch aus verschiedenen Unterarten, am häufigsten *torquatus* mit breitem weißen Halsring. Als Wildvogel in der behandelten Region nur im östlichsten Kaukasus (ssp. *colchicus,* S. 54).– **Kennzeichen:** Ad. ♂ unverwechselbar mit langem, rötlichem, quer gestreiften Schwanz, bläulich grünem Kopf mit nackten, warzigen, roten Kopfseiten, meist breiter weißer Halsring. ♀ Beigebraun, dunkel gefleckt, Schwanz kürzer als bei ♂.– **Stimme:** Wie bei den Wildvögeln.

♀ ♂

Jagdfasan

**GOLDFASAN** *Chrysolophus pictus* Golden Pheasant
L ♂ 90-105 cm (davon ca. 60-70 cm Schwanz), ♀ 60-80 cm (Schwanz 30-35 cm). Beheimatet in Bergen Zentralchinas, seit den späten 1800er-Jahren in Großbritannien eingeführt, sich selbst erhaltende Populationen heute nur noch in wenigen Gebieten Südostenglands, wo sie jüngeren, dichten, dunklen Kiefern- und Lärchenwald bevorzugen. Eng verwandt mit dem Diamantfasan (s. u.).– **Kennzeichen:** Ad. ♂ unverwechselbar. Bleibt trotz *leuchtend roter Unterseite* und *gelber Partien auf Scheitel und Rücken* schwer zu entdecken, wenn er heimlich durch die Vegetation schleicht. Das *orangegelbe Nackencape* kann bei der Balz *wie ein Fächer aufgerichtet* werden.– ♀: Ähnelt dem ♀ des Jagdfasans, wirkt durch proportional längeren Schwanz und längere Beine eleganter. ♀ von Gold- und Diamantfasan unterscheiden sich vom Jagdfasan-♀ durch insgesamt etwas dunkleres, *dichter gebändertes Gefieder* und fülligere Nackenbefiederung. Goldfasan-♀ hat etwas blassere gelbbraune Stirn und Vorderscheitel, vergleichsweise unauffälligen gelblich rosa Lidring, gelb getönte Beine, gebänderte Bauchmitte und etwas weniger kräftig gebänderten Schwanz als Diamantfasan.– **Stimme:** ♂ balzt ein- oder zweisilbig, schrill, durchdringend „ähk" oder „äh-ehk" (zweite Silbe einen Ton höher), höher als Jagdfasan.

**DIAMANTFASAN** *Chrysolophus amherstiae*
ady Amherst's Pheasant
L ♂ 105-120 cm (davon Schwanz 75-90 cm), ♀ 60-80 cm (Schwanz 25-30 cm). Lebt in Bergwäldern in SW-Ostasien. Eingeführt im 19. Jahrhundert in Großbritannien; eine kleine verwilderte Population überlebte bis ins frühe 21. Jahrhundert in Bedfordshire, jetzt aber wahrscheinlich ausgestorben. Lebensraum Wälder und Dickichte mit reichem, dichtem Unterwuchs. Hat in England gelegentlich mit Goldfasan hybridisiert.– **Kennzeichen:** ♂ durch ein Feuerwerk an Farben und Federpracht unverwechselbar! Die normalerweise wie ein *silbriger Schleier* herabhängenden breiten, weißen Nackenfedern mit schwarzen (aus bestimmten Blickwinkeln blau glänzenden) Spitzen können bei der Balz wie ein *Fächer* entfaltet werden (wie beim Goldfasan); der *grauweiße Schwanz mit Fischgrätmuster ist extrem lang*.– ♀: Oberseits und am Hals dunkler als ♀ des Jagdfasans und *gleichmäßiger quer gebändert,* nicht so grob gefleckt; dem ♀ des Goldfasans ähnlicher, aber *Stirn, Scheitel und Vorderhals dunkler rotbraun* (ähnlich dem ♀ des Auerhuhns), recht ausgeprägte *hellgraue Hautpartie um das Auge, graue Beine,* ungebänderter Bauch, aber *stärker gebänderter Schwanz*.– **Stimme:** Gesang oft in der Abenddämmerung, ähnlich Goldfasan, aber mit doppeltem Nachschlag „äähk ek-ek".

**KÖNIGSFASAN** *Syrmaticus reevesii* Reeve's Pheasant
L ♂ 140-190 cm, ♀ 60-85 cm. Chinesische Art, in Europa eingeführt, frei lebende Brutpopulationen z. B. in Frankreich und Tschechischer Republik. Waldbewohner.– **Kennzeichen:** Groß, braun gefleckt wie Jagdfasan, aber ♂ mit *extrem langem Schwanz* (100-150 cm!), *weißem Kopf mit schwarzem Band* vom Schnabel bis zum Nacken und *weißem Fleck unter dem Auge.* ♀ hat viel kürzeren Schwanz und kontrastärmeres Kopfmuster.– **Stimme:** ♂ balzt mit einer Serie von Pfeiftönen, „tschip-tschip-tschip-…", oft von Flügelschlagen begleitet.

ad.

Pharaonenibis

**PHARAONENIBIS** *Threskiornis aethiopicus* Sacred Ibis **D:** E/VE/S

L 60-85 cm. S 110-125 cm. Schon im Alten Ägypten als „Heiliger Ibis“ bekannt. Brütet in Afrika, baut Nest in Bäume in Reiherkolonien (wie Sichler). In Frankreich 1976 eingeführt, dort heute frei fliegende Population, ebenso in Italien; erscheint gelegentlich auch anderswo.– **Kennzeichen:** Überwiegend weiß mit *schwarzem Kopf und Hals* (beide unbefiedert), *kräftigem, abwärts gebogenem, schwarzem Schnabel* und *schwarzen, flaumartig herabhängenden Schirmfedern.*

Rotgesichtlöffler

ad.

**ROTGESICHTLÖFFLER** *Platalea alba* African Spoonbill **D:** E/–/s

L 85-95 cm. Alter Name Afrikanischer Löffler. Brütet in Afrika. Einige Beobachtungen in Frankreich und Spanien, einzelne auch Dänemark, Deutschland und Österreich, die wohl alle entflogene Vögel betreffen.– **Kennzeichen:** Groß wie Löffler, *Gefieder weiß, rosarote Beine. Rotes Gesicht* und rote Basis und Kanten des sonst grauen, *löffelförmigen Schnabels.*

Kubaflamingo

ad.

**KUBAFLAMINGO** *Phoenicopterus ruber* American Flamingo **D:** E/L1E/z

L 125-145 cm, S 140-170 cm. Brütet in Mittelamerika. Mehrere europäische Nachweise, aber wohl alles Gefangenschaftsflüchtlinge, da häufig gehalten.– **Kennzeichen:** Groß wie Rosaflamingo, Gefieder aber *kräftiger und ausgedehnter rosarot.* Rotton hängt jedoch von Alter und Nahrung ab, daher manchmal hell wie Rosaflamingo, manchmal *intensiv rot an Kopf, Hals, Brust und Schwanz.* Beine gräulich mit wenig Rosa am „Knie“ (viel weniger Kontrast als bei Chileflamingo), *Schnabel* oft *tiefer rosa* als beim Rosaflamingo.

Chileflamingo

ad.

**CHILEFLAMINGO** *Phoenicopterus chilensis* **D:** D/L1E/z
Chilean Flamingo

L 100-120 cm, S 120-135 cm. Südamerikanische Art, in Europa häufig in Gefangenschaft. In Deutschland eine verwilderte Population.– **Kennzeichen:** Etwas kleiner als Rosaflamingo, *Schnabel vorne mehr als zur Hälfte schwarz, Beine beigegrau mit kontrastierend roten „Knien“* und Zehen, *Gefieder oft blasser rosa.*

**HAUSLACHTAUBE** *Streptopelia roseogrisea* f. *domestica*
Barbary Dove

L 27-29 cm. Schon lange domestizierte Form der afrikanischen Lachtaube (S. 434), manchmal als eigene Art behandelt. Einige Brutpaare auf Teneriffa (Kanaren) gehen auf entflogene Käfigvögel zurück.– **Kennzeichen:** Sehr ähnlich Türkentaube, aber *kleiner,* etwas *kurzschwänziger, blasser* beige grauweißes Gefieder, fast weißer Bauch (Türkentaube hellgrau), schwarzes Nackenband oft breiter, stärker gerundet. Auch etwas kleiner und blasser als die wilde afrikanische Stammform.– **Stimme:** Singt angenehm „ko k'rruuh“, mehrfach wiederholt.

Hauslachtaube

**HALSBANDSITTICH** *Psittacula krameri* **D:** C1/R3/J
Rose-ringed Parakeet

L 37-43 cm (inkl. 18-23 cm Schwanzverlängerung bei ad.). Brütet in Südasien und Afrika südlich der Sahara, eingebürgert u. a. in Ägypten, Belgien, Deutschland, Frankreich, Griechenland, Großbritannien, Israel, den Niederlanden, Spanien usw. Laut und lebhaft, oft hoch in Baumkronen, meist in Parks und Städten. Bildet oft große Schlafgemeinschaften.– **Kennzeichen:** Fast *komplett leuchtend grün* mit *langem, spitzem Schwanz* und *langen, schmalen Flügeln* mit dunkleren Schwungfedern. *Oberschnabel hagebuttenrot.* ♂ mit *schwarzer Kehle,* in *schmaler Linie auf Halsseiten* verlängert und in rosarotes Nackenband übergehend. Kopf/Hals des ♀ einfarbig grün. Auge hell mit rotem Lidring. Laut und lebendig, meist in Baumkronen in großen Parks.– **Stimme:** Explosive Ausbrüche von Serien lauter Töne wie „k(i)ja!", „kjä" oder „kjih".

Halsbandsittich

**ALEXANDERSITTICH** *Psittacula eupatria* **D:** C1/L2/J
Alexandrine Parakeet

L 50-62 cm. Brütet in Südasien von Indien ostwärts. Auf Gefangenschaftsflüchtlinge zurückgehende kleine Populationen in Belgien, Deutschland, den Niederlanden und der Türkei (Istanbul).– **Kennzeichen:** Wie Großausgabe des Halsbandsittichs, fast doppelt so groß, zudem *komplett roter Schnabel proportional viel kräftiger* und *rötliche „Schulterbänder"*.– **Stimme:** Im Vergleich zum Halsbandsittich kreischender und höher. Ein häufiger Ruf klingt wie „kwihep".

Alexandersittich

**PFIRSICHKÖPFCHEN** *Agapornis fischeri* Fischer's Lovebird

L 14-16 cm. Ostafrikanische Art. Sich ausbreitende, verwilderte Population in Frankreich.– **Kennzeichen:** Recht kleiner, kompakter Papagei mit proportional *großem, rundem Kopf* und *kurzem Schwanz.* Leicht erkennbar an *grünem Körper, orangem Kopf* und *gelber Brust. Kräftiger Schnabel ganz rot, weißer Augenring* um dunkles Auge.

Pfirsichköpfchen

**NANDAYSITTICH** *Aratinga nenday* Nanday Parakeet

L 32-36 cm. Südamerikanische Art. Gefangenschaftsflüchtlinge brüten lokal in Kleinkolonien in Israel.– **Kennzeichen:** Mittelgroßer Papagei mit *überwiegend leuchtend gelbgrünem Gefieder, bläulichem Brustband* und *schwärzlichem Kopf.* Bernsteingelbes Auge mit weißem Ring. *Schwanz lang, spitz, grün,* Schenkelbefiederung rot.

Nandaysittich

**MÖNCHSSITTICH** *Myiopsitta monachus* Monk Parakeet

L 28-31 cm. Südamerikanische Art. Kleine Brutkolonien in Belgien, Deutschland, Italien, Österreich, Slowakei, Spanien, auf Balearen und Kanaren auf entflogene Käfigvögel zurückgehend.– **Kennzeichen:** *Oberseite leuchtend grün,* Stirn, Kehle und *Brust hellgrau,* Brust fein dunkel gebändert, Bauch hellgrün. *Flügel bläulich getönt. Schwanz lang, spitz, grün.* Schnabel orange.– **Stimme:** Ruft oft trocken rollend in Serie „zerr zerr zerr…". Auch streitsüchtige Laute in verschiedener Höhe, aber immer mit rollendem „r".

Mönchssittich

**SPITZSCHWANZSITTICH** *Thectocercus acuticaudus*
Blue-crowned Parakeet

L 33-38 cm. Südamerikanische Art. Flüchtlinge haben in Großbritannien (Kent) und Spanien (Barcelona) gebrütet.– **Kennzeichen:** Mittelgroße, überwiegend grün gefärbte Art, Brust heller grün, Kopf dunkler und blau getönt, besonders Scheitel. Langer, spitzer Schwanz grün, goldbraun und rötlich. Recht schwerer Schnabel rosabraun, Lidring weißlich.

Spitzschwanzsittich

Hirtenmaina

Schwarzkopfweber

Manyarweber

Tahaweber

Rotschnabel-Sonnenvogel

### HIRTENMAINA *Acridotheres tristis* Common Myna **D: E/VE/S**

L 22-25 cm. Die Hirtenmaina ist eine hauptsächlich indische Starenart, die sich mit menschlicher Unterstützung nach Norden und Westen ausgebreitet hat. Brütet reichlich z. B. in Israel und angrenzenden Ländern des Nahen Ostens und auf Teneriffa (seit 1993), in allen Fällen von entflogenen Käfigvögeln abstammend. Gesellig, beleben oft in kleinen Gruppen Palmenhaine mit ihren lauten Rufen. Vertraut, gern in menschlicher Nähe und oft Mülldeponien besuchender Allesfresser.– **Kennzeichen:** Etwas größer als der Star. *Stumpf braun* mit *rußschwarzem Kopf.* Schnabel kurz und kompakt, *Schnabel, Beine und nackte Haut um das Auge leuchtend gelb.* Im etwas mühsamen Flug auf breit gerundeten Flügeln fallen die *großen weißen Felder auf dem Handflügel* auf, ebenso die *weiße Schwanzendbinde* und der weiße Steiß. Geschlechter und Altersstufen gleich gefärbt.– **Stimme:** Verschiedene laute Rufe, manchmal ein explosiver Ausbruch von pfeifenden, schrillen oder glucksenden Tönen. Gesang eine kurze Strophe von schnellen, scharfen, metallischen und trocken rollenden Tönen, je nach Stimmung mit unterschiedlich langen Pausen.

### SCHWARZKOPFWEBER *Ploceus melanocephalus* Black-headed Weaver

L 14-16 cm. Afrikanische Art, die am Südrand der Sahara brütet. Entflogene Käfigvögel haben sich in Portugal angesiedelt.– **Kennzeichen:** Einer von vielen überwiegend gelblichen afrikanischen Webern mit *schwarzem Kopf.* Erkennbar an Kombination von *leicht gestricheltem graubraunem Mantel,* mehr oder weniger deutlichem *gelbem Halsband, gelber Brust* ohne orangeroten Anflug und *dunklem Auge.*

### MANYARWEBER *Ploceus manyar* Streaked Weaver

L 12-13 cm. Asiatische Art. Entflogene Käfigvögel haben Brutkolonien in Schilfgebieten des ägyptischen Nildeltas gebildet.– **Kennzeichen:** *Großköpfig, kräftiger Schnabel,* kurzer, ziemlich gerade abgeschnittener Schwanz, ebenfalls recht kurze Beine. Bei ♂ *Scheitel gelb, Kopfseiten dunkel,* stark gestreifte bräunlich beige Unterseite, im PK *schwarzer Schnabel.* ♀ mit *gelbem Überaugenstreif, gelbem Halsseitenfleck,* Ohrdecken und Scheitel dunkel, Schnabel elfenbeingelb.

### TAHAWEBER *Euplectes afer* Yellow-crowned Weaver

L 9,5-12 cm. Weit verbreitete afrikanische Art. Kleine Population entflogener Käfigvögel in Portugal.– **Kennzeichen:** Rundlich und kurzschwänzig. ♂ *gelb auf Scheitel, Oberseite und Steiß, sonst schwarz.* ♀ braun, oberseits gestreift, ähnlich Haussperling, aber kleiner.

### ROTSCHNABEL-SONNENVOGEL *Leiothrix lutea* Red-billed Leiothrix

L 14–15 cm. Ein Mitglied der großen asiatischen Familie der Häherlinge (S. 374), ziemlich weit verbreitet in Südasien in Wäldern mit Unterholz. Wegen seiner Robustheit, Farbenpracht und des schönen Gesangs schon lange ein beliebter Käfigvogel, der früher sogar unter der an das Märchen von Hans Christian Andersen erinnernden Bezeichnung „Chinesische Nachtigall“ verkauft wurde. Verwilderte Populationen z. B. in Japan und in Europa in Frankreich, Italien, Portugal und Spanien. Nahrung Insekten, Beeren und Samen. Nest gewöhnlich niedrig in einem Busch oder Bambusdickicht angelegt.– **Kennzeichen:** Ein kleiner, kohlmeisengroßer, *kompakter Vogel* mit *gegabeltem Schwanz.*– ♂: überwiegend grau mit *orangerotem Schnabel, gelber Kehle* *und orangegelber Brust* sowie gelblich oliv gefärbtem Scheitel. Handschwingenbasen bilden *orangefarbenes Feld am Flügel, Armschwingen leuchtend gelb gesäumt.* Dunkles Auge hebt sich von den hellgrauen Kopfseiten ab.– ♀: Etwas matter gefärbt.– JK: Wie ♀, aber Schnabel blasser und Gefieder noch stumpfer olivgrau.– **Stimme:** Ruft ziemlich rau „schirk", das rasselnd zu „schri-schrschri…" gereiht werden kann. Gesang erinnert ein wenig an Mönchsgrasmücke, ein klares, schnelles Flöten.

Senegalamarant

**SENEGALAMARANT** *Lagonosticta senegala* Red-billed Firefinch

L 9,5-11 cm. Afrikanische Art, südlich der Sahara weit verbreitet. Eingeführt in El Golea, Algerien, inzwischen aber selten oder verschwunden.– **Kennzeichen:** *Klein.* Winzige helle Brustseitenflecken. ♂ auf Kopf und Brust überwiegend rot, Schnabel rot, *Flügel einfarbig braun,* Schwanz schwarz. ♀ graubraun, *Zügel, Schnabel und Bürzel rot.* Schmaler gelber Augenring um dunkles Auge.

Wellenastrild

**WELLENASTRILD** *Estrilda astrild* Common Waxbill

L 11-12 cm. Afrikanische Art. Auf Iberischer Halbinsel eingeführt, brütet heutzutage lokal von Feb.-Nov. besonders in Portugal in Schilf-, Binsen-, Seggenbeständen usw. Jahresvogel.– **Kennzeichen:** *Klein,* graubraun, fein gebändert, *rote Maske, roter Bauchmittenfleck, schwarzer* (oder dunkelbrauner) *Steiß, Schnabel* bei ad. *rot,* im JK braunschwarz. Gesang dreisilbige, einfache Strophe zweier rauer Töne, gefolgt von ansteigender Silbe, etwas rollender Klang, „schreschre-srri".

Tüpfelastrild

**TÜPFELASTRILD** *Amandava amandava* Red Avadavat

9,5-10,5 cm. Indische Art. Eingeführt z. B. in Spanien und im Po- und Nildelta. Brütet im Herbst (im Nildelta im Frühjahr) in üppiger Ufervegetation, auch in Agrarflächen.– **Kennzeichen:** *Sehr klein.* In allen Kleidern graubraune Oberseite, fein *weiß gefleckte Flügeldecken und Schirmfedern, rote Oberschwanzdecken,* dunkler Schwanz. Bei ♂ im PK *Kopf und Unterseite satt rot, Unterseite fein weiß gesprenkelt.* ♀ und ♂ im SK unterseits schmutzig weiß, Brust beigegrau, *Bauch gelblich,* Zügel dunkel, ♂ im SK mit mehr Rot auf Oberschwanzdecken, deutlicherer weißer Sprenkelung und *Rotschimmer am Bauch.* Flugruf kurz, dumpf „schick-schick", bei Nahrungssuche auch scharf „zsi". Gesang eine Serie abfallender, klarer, weicher Töne, oft in kurzem Triller endend.

Indiensilberschnabel

**INDIENSILBERSCHNABEL** *Euodice malabarica* Indian Silverbill

L 11-12 cm. Indische Art. Brütet seit 1988 in Israel, seit 1990 in Jordanien, inzwischen auch Population im französischen Nizza. Herkunft aus Gefangenschaft in allen Fällen wahrscheinlich. Selbst zur Brutzeit gesellig, furchtlos.– **Kennzeichen:** *Klein. Kräftiger, silbergrauer Schnabel, einfarbig hellbraune Oberseite,* weißliche Unterseite mit bräunlich getönten Flanken, schwarze Handschwingen, *langer, spitzer, schwarzer Schwanz, Oberschwanzdecken und Bürzel weiß.* Geschlechter gleich gefärbt. Im JK mit kürzerem, stumpferem Schwanz, bräunlichem Gesicht und Bürzel.

Dreifarbnonne

**DREIFARBNONNE** *Lonchura malacca* Tricolored Munia

L 10,5-12 cm. Indische Art. Entflogene Käfigvögel haben in Portugal Kolonien etabliert.– **Kennzeichen:** Attraktive, recht kleine, finkenähnliche Art. Bei ad. Kopf, Bauchmitte und Steiß schwarz, getrennt durch *weiße obere Brust und Flanken, Oberseite einfarbig braun,* schwerer konischer Schnabel gräulich weiß. Im JK einfarbig graubraun und weißlich ohne besondere Merkmale, aber gewöhnlich am kräftigen, konischen, hellgrauen Schnabel erkennbar.

# LITERATUR UND ANDERE QUELLEN

Die nachfolgend aufgeführten Referenzen wurden während der Erstellung dieses Buchs zu Rate gezogen. Sie alle können zur Vertiefung empfohlen werden. Für die Erstellung der Verbreitungskarten wurden alle bekannten nationalen Artenlisten und Atlanten konsultiert, hier jedoch nur die wichtigsten und aktuellsten aufgenommen.

## ALLGEMEINE BESTIMMUNGSLITERATUR


Ali, S., & S.D. Ripley (1987): Handbook of the Birds of India and Pakistan. Compact Edition. 2. Aufl. Oxford Univ. Press, Oxford.

Alström, P., K. Mild & B. Zetterström (2003): Pipits & Wagtails of Europe, Asia and North America. Helm, London.

*Alula* (1995-2008): Finnische ornithologische Zeitschrift (4 Hefte/Jahr). Helsinki.

Ayé, R., M. Schweizer & T. Roth (2012): Birds of Central Asia. Helm, London

Baker, K. (1997): Warblers of Europe, Asia and North Africa. Helm, London.

Beaman, M., & S. Madge (1998): Handbuch der Vogelbestimmung. Ulmer, Stuttgart.

*Birding World* (1988-2013): Britische Ornithologische Zeitschrift (12 Hefte/Jahr). Cley-next-the-sea, Holt, England.

Blomdahl, A., B. Breife & N. Holmström (2003): Flight Identification of European Seabirds. Helm, London.

Brazil, M. (2009): Birds of East Asia. Helm, London.

Brewer, D. (2001): Wrens, Dippers and Thrashers. Helm, London.

*British Birds* (1907–): Britische ornithologische Zeitschrift (12 Hefte/Jahr). London.

Brown, L.H., et al. (Hrsg.; 1982-2004): The Birds of Africa. Bd. 1-7. Academic Press/Helm, London.

BWPi (Birds of the Western Palearctic interactive) (2004): DVD. Birdguides/Oxford University Press, London/Oxford.

BWP Update. The Journal of the Birds of the Western Palearctic (1997–2004): Bd. 1–6. Oxford University Press, Oxford.

Campbell, B., & E. Lack (Hrsg.; 1985): A Dictionary of Birds. Poyser, Calton.

Chantler, P., & G. Driessens (1995): Swifts. Pica, Mountfield.

Clarke, T. (2006): Birds of the Atlantic Islands. Helm, London.

Cleere, N., & D. Nurney (1998): Nightjars. Pica, Mountfield.

Clement, P., A. Harris & J. Davis (1993): Finches and Sparrows. Helm, London.

Clement, P., & R. Hathway (2000): Thrushes. Helm, London.

Clement, P., & C. Rose (2015): Robins and Chats. Helm, London.

Cottridge, D., & K. Vinicombe (1996): Rare Birds in Britain & Ireland. A photographic record. HarperCollins, London.

Cramp, S., K.E.L. Simmons & C.M. Perrins (Hrsg.; 1977-1994): The Birds of the Western Palearctic. Bd. 1-9. Oxford University Press, Oxford.

Curry-Lindahl, K., et al. (195-1962): Våra fåglar i Norden. Bd. 1-4. 2. Aufl. Natur och Kultur, Stockholm.

Curson, J., D. Quinn & D. Beadle (1994): New World Warblers. Helm, London.

Delin, H., & L. Svensson (1989): Der Kosmos-Vogelatlas. Kosmos, Stuttgart.

Delin, H., & L. Svensson (2007): Philip's Guide to Birds of Britain & Europe. Philip's, London.

Doherty, P. (2004): The Birds of Britain & Europe. 6 DVDs. Bird Images, Sherburn-in-Elmet.

Dunn, J., & K. Garrett (1997): A Field Guide to the Warblers of North America. Houghton Mifflin, Boston.

Dunn, P., D. Sibley & C. Sutton: (1988): Hawks in Flight. Houghton Mifflin, Boston.

*Dutch Birding* (1979–): Niederländische ornithologische Zeitschrift (6 Hefte/Jahr). Santpoort-Zuid.

Farrand Jr., J., et al. (Hrsg.; 1983): The Audubon Society Master Guide to Birding. Bd. 1-3. Knopf, New York.

Flood, B., & A. Fisher (2013): North Atlantic Seabirds. Storm-petrels & Bulwer's Petrel. 2. Aufl. Buch mit CD. Multimedia Identification Guides, Hockley.

Flood, B., & A. Fisher (2013): North Atlantic Seabirds. Pterodroma Petrels. Buch mit CD. Multimedia Identification Guides, Hockley.

Flood, B., A. Fisher & J. Gale (2020): Shearwaters. Multimedia Identification Guides, Hockley.

Forsman, D. (1984): Rovfågelsguiden. Lintutieto, Helsinki.

Forsman, D. (1999): The Raptors of Europe and the Middle East. Poyser, London.

Forsman, D. (2016): Flight Identification of Raptors of Europe, North Africa and the Middle East. Bloomsbury, London.

Fry, C.H., K. Fry & A. Harris (1992): Kingfishers, Bee-eaters & Rollers. Helm, London.

Garner, M., & R. Scally (2014): Challenge Series – Autumn. Birding Frontiers.

Garner, M., & R. Scally (2015): Challenge Series – Winter. Birding Frontiers.

Génsbøl, B. (2006): Rovfåglar i Europa. Prisma, Stockholm.

Géroudet, P. (1953-1961): Les Passereaux d'Europe. I-III. Délachaux & Niestlé, Paris.

Géroudet, P. (1965): Les Rapaces Diurnes et Nocturnes d'Europe. Délachaux & Niestlé, Paris.

Géroudet, P. (1965): Water-birds with webbed feet. Blandford, London.

Gibbs, D., E. Barnes & J. Cox (2001): Pigeons and Doves. Pica, Mountfield.

Glutz von Blotzheim, U.N., & K.M. Bauer (Hrsg.; 1966-1997): Handbuch der Vögel Mitteleuropas. Bd. 1-14. Aula, Wiesbaden.

Grant, P.J. (1986): Gulls: a guide to identification. 2. Aufl. Poyser, Calton.

Grimmett, R., C. Inskipp & T. Inskipp (1998): Birds of the Indian Subcontinent. Helm, London.

Hancock, J., & J. Kushlan (1984): The Herons Handbook. Harper & Row, New York.

Harrap, S., & D. Quinn (1996): Tits, Nuthatches & Treecreepers. Helm, London.

Harris, A., L. Tucker & K. Vinicombe (1991): Vogelbestimmung für Fortgeschrittene. Kosmos, Stuttgart.

Harris, T., & K. Franklin (2000): Shrikes & Bush-Shrikes. Helm, London.

Harrison, P., M. Perrow & H. Larsson (2021): Seabirds. The New Identification Guide. Lynx, Barcelona.

Hayman, P., J. Marchant & T. Prater (1986): Shorebirds. Croom Helm, Beckenham.

Hobbs, J. (2021): A List of Nearctic Passerines in the Western Palearctic. Online-Veröffentlichung, Dutch Birding.

Hollom, P.A.D., R.F. Porter, S. Christensen & I. Willis (1988): Birds of the Middle East and North Africa. Poyser, London.

Howell, S.N.G., I. Lewington & W. Russell (2014): Rare Birds of North America. Princeton Univ. Press, Princeton.

del Hoyo, J., A. Elliott & D.A. Christie (Hrsg.; 1992-2011): Handbook of the Birds of the World. Bd. 1-16. Lynx, Barcelona.

Jenni, L., & R. Winkler (2020): Moult and Ageing of European Passerines. 2. Aufl. Helm, London.

Jonsson, L., & T. Tysse (1992): Lommar. Vår Fågelvärld, Suppl. 15.

Kaufman, K. (1990): Advanced Birding. Houghton Mifflin, Boston.

Kennerley, P., & D. Pearson (2010): Reed and Bush Warblers. Helm, London.

König, C., & F. Weick (2008): Owls of World. 2. Aufl. Helm, London.

Lefranc, N., & T. Worfolk (1997): Shrikes. Pica, Mountfield.

Lewington, I., P. Alström & P. Colston (1991): A Field Guide to the Rare Birds of Britain and Europe. Harper Collins, London.

*Limicola* (1987–2012): Deutsche ornithologische Zeitschrift (6 Hefte/Jahr). Einbeck.

Madge, S., & H. Burn (1989): Wassergeflügel. Parey, Hamburg & Berlin.

Madge, S., & H. Burn (1991): Crows and Jays. Helm, London.

Madge, S., & P. McGowan (2002): Pheasants, Partridges & Grouse. Helm, London.

Mebs, T., & W. Scherzinger (2020): Die Eulen Europas. 3. Aufl. Kosmos, Stuttgart.

Mikkola, H. (1983): Owls of Europe. Poyser, Calton.

Mitchell, D., & S. Young (1997): Rare Birds of Britain and Europe. New Holland, London.

Naoroji, R. (2006): Birds of Prey of the Indian Subcontinent. Helm, London.

Norevik, G., et al. (2020): Ageing & Sexing of Migratory East Asian Passerines. Avium, Mörbylånga.

O'Brien, M., R. Crossley & K. Karlson (2006): The Shorebird Guide. Houghton Mifflin, Boston.

Olsen, K.M., & H. Larsson (1995): Terns of Europe and North America. Helm, London.

Olsen, K.M., & H. Larsson (1997): Skuas and Jaegers. Pica, Mountfield.

Olsen, K.M., & H. Larsson (2004): Gulls of Europe, Asia and North America. 2. Aufl. Helm, London.

Olsson, U., J. Curson & C. Byers (1995): Buntings and Sparrows. Pica, Mountfield.

Palmer, R.S., et al. (Hrsg.;1962-1988): Handbook of North American Birds. Bd. 1-5. Yale University Press, New Haven.

Panov, E.N. (2005) : Wheatears of Palearctic. Pensoft, Sofia & Moskau.

Panov, E.N. (2011): The true Shrikes (Laniidae) of the World. Pensoft, Sofia & Moskau.

Paulson, D. (2005): Shorebirds of North America. The Photographic Guide. Helm, London.

Porter, R. F., & S. Aspinall (2015): Birds of the Middle East. Helm, London.

Porter, R.F., S. Christensen & P. Schiermacker-Hansen (1996): Field Guide to the Birds of the Middle East. Poyser, London.

Pyle, P., et al. (1997): Identification Guide to North American Birds. Part 1. Slate Creek Press, Bolinas.

Rasmussen, P.C., & J. Anderton (2005): Birds of South Asia. The Ripley Guide. Bd. 1-2. Smithsonian & Lynx, Barcelona.

Reeber, S. (2017): Entenvögel – Europa, Asien und Nordamerika. Kosmos, Stuttgart.

Robb, M.S. & K. Mullarney (2008): Petrels night and day. Buch mit 2 CDs. Poole, England.

Robson, C. (2008): A Field Guide to the Birds of South-East Asia. 2. Aufl. New Holland, London.

Rosair, D., & D. Cottridge (1995): Photographic Guide to the Waders of the World. Hamlyn, London.

Rosenberg, E. (1953): Fåglar i Sverige. Almqvist & Wiksell, Stockholm.

Shirihai, H. (2007): A Complete Guide to Antarctic Wildlife. 2. Aufl. A&C Black, London.

Shirihai, H., D. Christie & A. Harris (1996): Birder's Guide to European and Middle Eastern Birds. Macmillan, London.

Shirihai, H., G. Gargallo & A.J. Helbig (2001): Sylvia Warblers. Helm, London.

Shirihai, H., & L. Svensson (2018): Handbook of Western Palearctic Birds. Passerines. Bd. I–II. Helm, London.

Sibley, D.A. (2000): The Sibley Guide to Birds. Knopf, New York.

Svensson, L. (1992): Identification Guide to European Passerines. 4. Aufl. Selbstverl., Stockholm.

Taylor, B., & B. van Perlo (1998): Rails. Pica, Mountfield.

Ticehurst, C.B. (1938): A Systematic Review of the Genus Phylloscopus. British Museum, London.

Turner, A., & C. Rose (1989): Swallows and Martins of the World. Helm, London.

Urquhart, E. (2002): Stonechats. Helm, London.

Vår Fågelvärld (1942–): Schwedische ornithologische Zeitschrift (8 Hefte/Jahr). Stockholm.

Winkler, H., D.A. Christie & D. Nurney (1995): Woodpeckers. Pica, Mountfield.

Witherby, H.F., F.C.R. Jourdain, N.F. Ticehurst & B.W. Tucker (1938-1941): The Handbook of British Birds. Bd. 1-5. Witherby, London.

### Atlanten und Artenlisten

Adamian, M.S. & D. Klem Jr. (1997): A Field Guide to Birds of Armenia. American Univ. of Armenia, Eriwan.

Andrews, I.J. (1995): The Birds of the Hashemite Kingdom of Jordan. Selbstverl., Musselburgh.

Atlas de las Aves Reproductoras de España (2003): SEO/BirdLife, Madrid.

Atlas des Aves Nidificantes em Portogal (1999–2005) (2008): ICNB, Lisbon.

Balmer, D. et al. (2013): Bird Atlas 2007–11. The breeding and wintering birds of Britain and Ireland. BTO, Thetford.

Bannerman, D.A., & W.M. Bannerman (1983): The Birds of the Balearics. Helm, London.

Baumgart, W. (2003): Birds of Syria. 2. Aufl. OSME.

Barthel, P.H., & T. Krüger (2018): Artenliste der Vögel Deutschlands. Vogelwarte 56: 171-203.

Barthel, P.H., et al. (2022): Die Vögel der Erde – Arten, Unterarten, Verbreitung und deutsche Namen. 3. Aufl. Vogelwarte 60, digitales Sonderheft: 1-540.

Beaman, M. (1994): Palearctic Birds. Harrier, Stonyhurst.

Bønløkke, J. et al. (2006): Dansk Trækfugleatlas. Rhodos/Zoological Museum, Kopenhagen.

Clements, J.F. (2000): Birds of the World. A Checklist. 5. Aufl. Pica, Mountfield.

Dickinson, E.C., et al. (Hrsg.; 2003): The Howard & Moore Complete Checklist of the Birds of the World. 3. Aufl. Aves Press, Eastbourne.

Dubois, P.J., P. Le Maréchal, G. Olioso, P. Yésou (2000): Inventaire des Oiseaux de France. Nathan, Paris.

Estrada, J., et al. (Hrsg.; 2004): Atles dels ocells nidificants de Catalunya 1999-2002. Lynx, Barcelona.

Ferguson-Lees, J., I. Willis & J.T.R Sharrock (1983): The Shell Guide to the Birds of Britain and Ireland. Michael Joseph, London.

Gavrilov, E., & A. Gavrilov (2005): The Birds of Kazakhstan. Tethys, Almaty.

Gedeon, K. et al. (Hrsg.) (2014): Atlas Deutscher Brutvogelarten. Dachverband Deutscher Avifaunisten, Münster.

Gjershaug, J.O., P.G. Thingstad, S. Eldøy & S. Byrkjeland (Hrsg.; 1994): Norsk fugleatlas. NOF, Klæbu.

Goodman, S.M., P.L. Meininger (Hrsg.; 1989): The Birds of Egypt. Oxford Univ. Press, Oxford.

Gorman, G. (1996): The Birds of Hungary. Helm, London.

Hagemeijer, W.J.M., & M.J. Blair (Hrsg.; 1997): The EBCC Atlas of European Breeding Birds. Poyser, London.

Handrinos, G., & T. Akriotis (1997): The Birds of Greece. Helm, London.

Hartert, E. (1903-1938): Die Vögel der paläarktischen Fauna. Bd. 1-4. Friedländer, Berlin.

Isenmann, P., & A. Moali (2000): Birds of Algeria. SEOF, Paris.

Isenmann, P., et al. (2005): Birds of Tunisia. SEOF, Paris.

Isenmann, P., et al. (2016): Birds of Libya. SEOF, Paris.

de Juana, E., & E. Garcia (2015): The Birds of the Iberian Peninsula. Helm, London.

Kirwan, G., et al. (2008): The Birds of Turkey. Helm, London.

Kren, J. (2000): Birds of the Czech Republic. Helm, London.

Larsson, L., E. Larsson & G. Ekström (2002): Birds of the World. Interaktive elektronische Checklist, 2 CDs. Väse.

Leibak, E., V. Lilleleht & H. Veromann (1994): Birds of Estonia. Estonian Academy Publ., Tallinn.

Lindell, L. (Hrsg.; 2002): Sveriges fåglar. 3. Aufl. SOF, Stockholm.

Martí, R., & J.C. del Moral (Hrsg.; 2003): Atlas de las Aves Reproductoras de España. Ministerio de Medio Ambiente/SEO Birdlife, Madrid.

Maumary, L., L. Vallotton & P. Knaus (2007): Die Vögel der Schweiz. Schweizerische Vogelwarte, Sempach und Nos Oiseaux, Montmollin.

Meschini, E., & S. Frugis (Hrsg.; 1993): Atlante degli Uccelli Nidificanti in Italia. Suppl. Ric. Biol. Selvaggina, Bologna.

Parkin, D.T., & A.G. Knox (2010): The Status of Birds in Britain & Ireland. Helm, London.

Priednieks, J., M. Strazds, A. Strazds & A. Petrins (1989): Latvijas Ligzdojoso Putno Atlants 1980-1984. Zinatne, Riga.

Purroy, F.J., et al. (Hrsg.; 1997): Atlas de las Aves de España. SEO Birdlife/Lynx, Barcelona.

Rogacheva, H. (1992): The Birds of Central Siberia. Druck- u. Verlagsgesellschaft, Husum.

Roselaar, C.S. (1995): Songbirds of Turkey. An atlas of biodiversity of Turkish passerine birds. Pica, Mountfield.

Rufino, R., et al. (Hrsg.; 1989): Atlas das Aves que nidificam em Portugal Continental. Minist. plano e administr. território, Lisbon.

Ryabitsev, V.K. (2001): Ptitsy Urala, Priuralya, i Zapadnoy Sibiri. Ekaterinburg.

Scott, D.A., et al. (Hrsg.; 1983): The Birds of Iran. 2. Aufl. Dept of Environment, Teheran.

Shirihai, H. (1996): The Birds of Israel. Academic Press, London.

Stewart, P.F., & S.J. Christensen (1971): A Checklist of the Birds of Cyprus. RAF, Plymouth.

Stresemann, E., L.A. Portenko, H. Dathe, I.A. Neufeldt et al. (1960-1988): Atlas der Verbreitung palaearktischer Vögel. Lfg. 1-15. Akademie-Verlag, Berlin.

Svensson, S., M. Svensson & M. Tjernberg (1999): Svensk fågelatlas. Vår Fågelvärld, Suppl. 31. SOF, Stockholm.

Thévenot, M., R. Vernon & P. Bergier (2003): The Birds of Morocco. BOU Checklist 20. BOU, Tring.

Tomialojc, L., & T. Stawarczyk (2003): Awifauna Polski. Bd. 1-2. PTPP, Wroclaw.

Vaurie, C. (1959, 1965): The Birds of the Palearctic Fauna. Bd. 1-2. Witherby, London.

Voous, K.H. (1977): List of Recent Holarctic Bird Species. BOU, London.

Wassink, A., & G.J. Oreel (2007): The Birds of Kazakhstan. Selbstverl., Texel.

Zink, G. (1973-1985): Der Zug europäischer Singvögel. Bd. 1-4. Vogelzug-Verlag, Möggingen.

## VOGELSTIMMEN


Andersson, B., L. Svensson & D. Zetterström (1990): Fågelsång i Sverige. CD mit Buch. Mono Music, Stockholm.

Bergmann, H.-H., H.-W. Helb & S. Baumann (2008): Die Stimmen der Vögel Europas. Aula, Wiebelsheim.

Carlsson, S., & P.-E. Gydemo (1993): Tättingläten. CD. Schweden.

Chappuis, C. (1987): Migrateurs et hivernants. 2 Tonkassetten. Grand Couronne,.

Chappuis, C. (2000): African Bird Sounds – 1. North-West Africa, Canaria and Cap-Verde Islands. 4 CDs. SEOF/Nat. Sound Arch., London.

Constantine, M., et al. (2006): The Sound Approach to birding. Mit 2 CDs. Poole.

Cramp, S., et al. (Hrsg.; 2006): BWPi, version 2.0. (Elektronische Version von BWP, seiner Concise Edition, der BWP Updates, plus Film- und Tonmaterial). Birdguides, London.

Gulledge, J., et al. (1983): A Field Guide to Bird Songs of Eastern and Central North America. 2. Aufl. 2 Tonkassetten. Cornell/Houghton Mifflin, Boston.

Gunn, W.W.H., P.P. Kellogg et al. (1975): A Field Guide to Western Bird Songs. 3 Tonkassetten. Cornell/Houghton Mifflin, Boston.

Jännes, H. (2003): Calls of Eastern Vagrants. CD. Earlybird, Helsinki.

Martens, J. (2013): Vocalizations of Leaf-warblers and Spectacled Warblers (*Phylloscopus* and *Seicercus*). CD. Syrinx, Berlin.

Mild, K. (1987): Soviet Bird Songs. 2 Tonkassetten mit Begleitheft. Stockholm.

Mild, K. (1990): Bird Songs of Israel and the Middle East. 2 Tonkassetten mit Begleitheft. Stockholm.

Palmér, S., & J. Boswall (1981): A Field Guide to the Bird Songs of Britain and Europe. 16 Tonkassetten. SR Phonogram, Stockholm.

Ranft, R., & N. Cleere (1998): A Sound Guide to Nightjars and Related Nightbirds. CD. Pica/Nat. Sound Arch., Mountfield.

Robb, M.S. (2000): Introduction to vocalizations of crossbills in north-western Europe. CD mit Begleitheft. Dutch Birding, Amsterdam.

Roché, J.C. (1998): Birds of prey and Owls of Western Europe. CD. Frémeaux, Cervennes.

Roché, J.C., et al. (1990): All the bird songs of Britain and Europe. 4 CDs. Sittelle, Mens.

Roché, J.C., J. Chevereau et al. (1998): A sound guide to the Birds of North-West Africa. CD. Sittelle, Mens.

Roché, J.C., J. Chevereau et al. (2001): Guía sonora de las aves de Europa. 10 CDs. Lynx, Barcelona.

Sample, G. (1998): Bird Call Identification. Buch und CD. HarperCollins, London.

Sample, G. (2003): Warbler Songs & Calls of Britain and Europe. Buch und 3 CDs. HarperCollins, London.

Schubert, M. (1981): Stimmen der Vögel Zentralasiens. 2 LP. Eterna, Berlin.

Schubert, M. (1984): Stimmen der Vögel. VII, Vogelstimmen Südosteuropas (2). LP. Eterna, Berlin.

Schulze, A. (Hrsg.; 2003): Die Vogelstimmen Europas, Nordafrikas und Vorderasiens. 17 CDs. Ample, Germering.

Strömberg, M. (1994): Moroccan Bird Songs and Calls. Tonkassette. Schweden.

Svensson, L. (1984): Soviet Birds. Tonkassette. Stockholm.

Ueda, H. (1998): 283 Wild Bird Songs of Japan. Yama-kei, Tokio.

Veprintsev, B.N. (1982-1986): Birds of the Soviet Union: A Sound Guide. 7 LP. Melodia, Moskau.

Veprintsev, B.N., & O. Veprintseva (2007): Voices of the birds of Russia. MP3. Phonotheca, Pushchino.

Wahlström, S. (1992): Från Alfågel till Ärtsångare. 2 CDs. Bra Böcker, Viken.

Walton, R.K., & R.W. Lawson (1994): More Birding by Ear. A Guide to Bird-song Identification. Eastern/Central North America. 3 CDs mit Begleitheft. Houghton Mifflin, Boston.

Wetland Birds – a celebration. (1996): CD. Wildfowl & Wetlands Trust/Bird Watching.

Zöckler, C. (2004): Birdsounds of Northern Siberia. CD mit Begleitheft. Bird Sounds.nl.

# REGISTER

Die Seitenverweise beziehen sich auf die Textseiten. Die Illustrationen befinden sich in der Regel auf den gegenüberliegenden Seiten.


Abendkernbeißer 438
*Acanthis cabaret* 392
*flammea* 392
*hornemanni* 392
*Accipiter badius* 118
*brevipes* 118
*gentilis* 116
*nisus* 116
*Acridotheres tristis* 452
*Acrocephalus agricola* 332
*arundinaceus* 334
*dumetorum* 332
*griseldis* 334
*melanopogon* 326
*orientalis* 444
*paludicola* 326
*palustris* 332
*schoenobaenus* 326
*scirpaceus* 332
*stentoreus* 334
*Actitis hypoleucos* 162
*macularius* 166
Adlerbussard 112
Adlerfregattvogel 441
*Aegithalos caudatus* 360
*Aegolius funereus* 234
*Aegypius monachus* 92
*Aenigmatolimnas marginalis* 441
*Aethia cristatella* 442
*psittacula* 442
*Afrikascherenschnabel* 442
*Afrika-Schlangenhalsvogel* 441
*Afrikasilberschnabel* 444
*Agapornis fischeri* 451
*Agelaius phoeniceus* 444
*Agropsar sturninus* 444
*Aix galericulata* 447
*sponsa* 447
Akaziendrosselhäherling 374
Akaziengrasmücke 316
*Alaemon alaudipes* 266
*Alauda arvensis* 258
*Alauda gulgula* 258
*Alauda leucoptera* 264
*Alaudala heinei* 260
*rufescens* 260
*Alca torda* 218
*Alcedo atthis* 248
*Alectoris barbara* 56
*chukar* 56
*graeca* 56
*rufa* 56
Aleutenseeschwalbe 442
Alexandersittich 451
*Alle alle* 216
*Alopochen aegyptiaca* 22
Alpenbirkenzeisig 392
Alpenbraunelle 284
Alpendohle 378
Alpenkrähe 378
Alpenschneehuhn 48
Alpensegler 244
Alpenstrandläufer 154
*Amandava amandava* 453
*Ammomanes cinctura* 262
*deserti* 262
*Ammoperdix griseogularis* 52
*heyi* 52
*Amsel* 308
*Amurfalke* 428
*Anadyrknutt* 430
*Anas acuta* 24
*capensis* 422
*carolinensis* 46
*crecca* 28
*erythrorhyncha* 440
*platyrhynchos* 24
*rubripes* 24
*Anhinga rufa* 441
*Anous stolidus* 442
*Anser albifrons* 16
*anser* 18
*brachyrhynchus* 18
*caerulescens* 14
*canagicus* 446
*erytropus* 16
*fabalis* 18
*indicus* 22
*rossii* 446
*serrirostris* 18
*Anthus berthelotii* 274
*campestris* 272
*cervinus* 278
*godlewskii* 272
*gustavi* 278
*hodgsoni* 276
*petrosus* 274
*pratensis* 276
*richardi* 272
*rubescens* 274

*similis* 272
*spinoletta* 274
*trivialis* 276
*Antigone canadensis* 429
Antillenseeschwalbe 442
*Apus affinis* 246
*apus* 244
*caffer* 246
*pacificus* 246
*pallidus* 244
*unicolor* 244
*Aquila adalberti* 96
*chrysaetos* 96
*fasciata* 102
*heliaca* 96
*nipalensis* 100
*rapax* 100
*verreauxii* 100
Arabienlerche 435
Arabiensturmtaucher 441
Arabientrappe 429
Arabienwüstenhuhn 52
*Aratinga nenday* 451
*Ardea alba* 82
*cinerea* 84
*goliath* 426
*herodias* 441
*intermedia* 426
*melanocephala* 441
*purpurea* 84
*Ardenna carneipes* 440
*gravis* 68
*grisea* 72
*tenuirostris* 440
*Ardeola bacchus* 441
*ralloides* 82
*Ardeotis arabs* 429
*Arenaria interpres* 152
*Argya altirostris* 374
*caudata* 374
*fulva* 374
*squamiceps* 374
Arielfregattvogel 441
Armenienmöwe 190
*Arundinax aedon* 334
*Asio capensis* 236
*flammeus* 236
*otus* 236
*Athene noctua* 240
Atlantiksturmtaucher 70
Atlasgimpel 404
Atlasgrasmücke 322
Atlasgrünspecht 252
Atlasschnäpper 352
Atlassteinschmätzer 294
Audubonsturmtaucher 441
Auerhuhn 50
Austernfischer 138
*Aythya affinis* 46
*americana* 46
*collaris* 32
*ferina* 30
*fuligula* 32
*marila* 32
*nyroca* 30
*valisineria* 46
Aztekenmöwe 200

Bacchusreiher 441
Bachstelze 278
Bairdstrandläufer 158
Balearengrasmücke 322
Balearensturmtaucher 70
Balkan-Bartgrasmücke 320
Balkanlaubsänger 340
Balkanmeise 358
Balkansteinschmätzer 296
Baltimoretrupial 420
Bandammer 445
Barolosturmtaucher 70
Bartgeier 90
Bartkauz 232
Bartlaubsänger 346
Bartmeise 360
*Bartramia longicauda* 170
Basaltsteinschmätzer 298
Basrarohrsänger 334
Basstölpel 76
Baumammer 445
Baumfalke 122
Baumpieper 276
Bekassine 172
Berberbussard 112
Bergbraunelle 284
Bergente 32
Bergfink 390
Berggimpel 402
Berghänfling 392
Bergkalanderlerche 264
Berglaubsänger 340
Bergpieper 274
Bergstrandläufer 158
Bergzilpzalp 342
Beringmöwe 433
Beutelmeise 360
Bicknellmusendrossel 310
Bienenfresser 250
Bindenkreuzschnabel 400
Bindenseeadler 426
Bindenstrandläufer 170
Bindentaucher 64
Birkenschnäppertyrann 443
Birkenzeisig 392
Birkhuhn 50
Blassfuß-Sturmtaucher 440
Blässgans 16
Blässhuhn 130

Blassspötter 338
Blauelster 374
Blauflügelente 28
Blauflügel-Waldsänger 444
Blaukehlchen 290
Blaukehl-Smaragdspint 250
Blaumeise 354
Blaumerle 308
Blaunachtigall 436
Blauracke 250
Blaureiher 441
Blaurücken-Waldsänger 445
Blauschwanz 290
Blauwaldsänger 444
Blauwangenspint 250
Bluthänfling 392
Blutspecht 254
*Bombycilla cedrorum* 436
*garrulus* 282
Bonapartemöwe 184
Borstenrabe 382
*Botaurus lentiginosus* 80
*stellaris* 80
Brachpieper 272
Brachvogel 168
*Brachyramphus perdix* 442
Brandgans 22
Brandseeschwalbe 206
*Branta bernicla* 20
*canadensis* 20
*hutchinsii* 20
*leucopsis* 20
*ruficollis* 22
Brauenwaldsänger 438
Braunbauch-Flughuhn 434
Braunkehlchen 304
Braunkehl-Uferschwalbe 268
Braunkehl-Waldsänger 445
Braunkopfammer 414
Braunkopf-Kuhstärling 445
Braunkopfmöwe 442
Braunliest 248
Braunnoddi 442
Braunrücken-Goldsperling 444
Braunscheitelschwalbe 443
Braunschnäpper 350
Braunwürger 368
Brautente 447
Brillenente 38
Brillengrasmücke 320
Brillenstärling 445
Bronzescheitel-Smaragdspint 250
Bronzesultanshuhn 428
Bruchwasserläufer 162
*Bubo ascalaphus* 230
*bubo* 230
*scandiacus* 232
*Bubulcus ibis* 82
*Bucanetes githagineus* 404
*mongolicus* 404
*Bucephala albeola* 46
*clangula* 42
*islandica* 42
Buchenschnäppertyrann 443
Buchfink 390
Büffelkopfente 46
Bülbüls 372
*Bulweria bulwerii* 72
Bulwersturmvogel 72
Buntfalke 428
Buntfuß-Sturmschwalbe 74
Buntspecht 254
*Burhinus oedicnemus* 140
*senegalensis* 140
Buschgrasmücke 316
Buschrohrsänger 332
Buschspötter 338
*Buteo buteo* 110
*lagopus* 110
*rufinus* 112
*Butorides striata* 81
*virescens* 425

*Calandrella acutirostris* 443
*brachydactyla* 260
*Calcarius lapponicus* 408
*Calidris acuminata* 160
*alba* 152
*alpina* 154
*bairdii* 158
*canutus* 152
*falcinellus* 154
*ferruginea* 154
*fuscicollis* 158
*himantopus* 170
*maritima* 152
*mauri* 158
*melanotos* 160
*minuta* 156
*minutilla* 156
*pugnax* 160
*pusilla* 158
*ruficollis* 158
*subminuta* 156
*subruficollis* 160
*temminckii* 156
*tenuirostris* 430
*Calliope calliope* 290
*Callipepla californica* 447
*Calonectris borealis* 68
*diomedea* 68
*edwardsii* 423
*leucomelas* 440
*Caprimulgus aegyptius* 242
*europaeus* 242
*eximius* 443
*nubicus* 242

*ruficollis* 242
*Cardellina canadensis* 445
*pusilla* 445
*Carduelis carduelis* 394
*citrinella* 394
*corsicana* 394
Carolinakrickente 46
Carolinasumpfhuhn 128
Carolinataube 434
*Carpodacus erythrinus* 402
*roseus* 444
*rubicilla* 402
*sibiricus* 402
*synoicus* 402
*Carpospiza brachydactyla* 388
*Catharus bicknelli* 310
*fuscescens* 310
*guttatus* 310
*minimus* 310
*ustulatus* 310
Cayenneseeschwalbe 442
*Cecropis daurica* 270
*Centropus senegalensis* 228
*Cepphus grylle* 216
*Cercotrichas galactotes* 288
*podobe* 288
*Certhia brachydactyla* 364
*familiaris* 364
*Ceryle rudis* 248
*Cettia cetti* 330
*Chaetura pelagica* 246
*Charadrius alexandrinus* 144
*dubius* 142
*hiaticula* 142
*leschenaultii* 144
*mongolus* 144
*morinellus* 146
*pecuarius* 144
*semipalmatus* 142
*tricollaris* 442
*veredus* 442
*vociferus* 142
*Chersophilus duponti* 266
Chileflamingo 450
Chinarohrsänger 444
*Chlamydotis macqueenii* 134
*undulata* 134
*Chlidonias hybrida* 212
*leucopterus* 212
*niger* 212
*Chloris chloris* 394
*Chondestes grammacus* 445
*Chordeiles minor* 242
*Chroicocephalus brunnicephalus* 442
*cirrocephalus* 432
*genei* 184
*philadelphia* 184
*ridibundus* 184
*Chrysococcyx caprius* 442
*Chrysolophus amherstiae* 449
*pictus* 449
Chukarhuhn 56
*Ciconia ciconia* 84
*nigra* 84
*Cinclus cinclus* 282
*Cinnyris osea* 372
*Circaetus gallicus* 102
*Circus aeruginosus* 106
*cyaneus* 106
*hudsonius* 427
*macrourus* 108
*pygargus* 108
*Cisticola juncidis* 326
*Clamator glandarius* 228
*Clanga clanga* 98
*pomarina* 98
*Clangula hyemalis* 40
*Coccothraustes coccothraustes* 398
*Coccyzus americanus* 228
*erythropthalmus* 228
*Colaptes auratus* 443
*Colinus virginianus* 448
*Coloeus dauuricus* 438
*monedula* 378
*Columba bollii* 224
*eversmanni* 442
*junoniae* 224
*livia* 222
*livia* f. *domestica* 222
*oenas* 222
*palumbus* 222
*trocaz* 224
*Coracias abyssinicus* 442
*garrulus* 250
*Corthylio calendula* 444
*Corvus albus* 438
*corax* 380
*cornix* 380
*corone* 380
*frugilegus* 380
*rhipidurus* 382
*ruficollis* 382
*splendens* 382
Corysturmtaucher 68
*Coturnix coturnix* 58
*Crecopsis egregia* 429
*Crex crex* 58
*Cuculus canorus* 228
*optatus* 228
*Curruca althaea* 316
*balearica* 322
*cantillans* 320
*communis* 320
*conspicillata* 320
*crassirostris* 316
*curruca* 316
*deserti* 324
*deserticola* 322

*hortensis* 316
*iberiae* 320
*leucomelaena* 316
*melanocephala* 318
*melanothorax* 318
*minula* 316
*mystacea* 318
*nana* 324
*nisoria* 314
*ruppeli* 318
*sarda* 322
*subalpina* 320
*undata* 322
*Cursorius cursor* 140
*Cyanistes caeruleus* 354
*cyanus* 354
*teneriffae* 354
*Cyanopica cooki* 374
*Cygnus atratus* 446
*columbianus* 14
*cygnus* 14
*olor* 14

Dachsammer 439
*Daption capense* 440
*Delichon dasypus* 443
*urbicum* 270
*Dendrocopos leucotos* 256
*major* 254
*syriacus* 254
*Dendrocoptes medius* 254
*Dendrocygna bicolor* 440
Diademrotschwanz 292
Diamantfasan 449
Dickschnabellumme 218
Dickschnabelspötter 334
*Dicrurus leucophaeus* 444
*Diomedea dabbenena* 440
Dohle 378
*Dolichonyx oryzivorus* 420
Dominikanermöwe 432
Doppelschnepfe 172
Doppelspornfrankolin 52
Dorngrasmücke 320
Dornspötter 336
Dreiband-Regenpfeifer 442
Dreifarbenreiher 441
Dreifarbnonne 453
Dreizehenmöwe 196
Dreizehenspecht 256
*Dromas ardeola* 429
Drosselrohrsänger 334
Drosseluferläufer 166
Drosselwaldsänger 418
*Dryocopus martius* 252
*Dryopbates minor* 256
*Dumetella carolinensis* 436
Dunkelente 24
Dunkellaubsänger 346
Dunkelsturmtaucher 72
Dunkelwasserläufer 164
Dünnschnabel-Brachvogel 170
Dünnschnabelmöwe 184
Dupontlerche 266

*Egretta ardesiaca* 441
*caerulea* 441
*garzetta* 82
*gularis* 82
*thula* 425
*tricolor* 441
Eibischgrasmücke 316
Eichelhäher 376
Eichenlaubsänger 444
Eiderente 36
Eilseeschwalbe 202
Einfarbdrossel 443
Einfarbsegler 244
Einfarbstar 384
Einödgimpel 402
Einödlerche 435
Einsiedelwasserläufer 166
Einsiedler-Musendrossel 310
Eisente 40
Eismöwe 198
Eissturmvogel 68
Eistaucher 60
Eisvogel 248
*Elanoides forficatus* 441
*Elanus caeruleus* 104
Elbursmeise 358
Eleonorenfalke 122
Elfenbeinmöwe 198
Elster 374
Elsterdohle 438
Elsterschmätzer 437
*Emberiza aureola* 414
*bruniceps* 414
*buchanani* 410
*caesia* 410
*calandra* 416
*chrysophrys* 406
*cia* 416
*cineracea* 412
*cirlus* 412
*citrinella* 412
*elegans* 445
*fucata* 445
*hortulana* 410
*leucocephalos* 412
*melanocephala* 414
*pallasi* 406
*pusilla* 406
*rustica* 408
*rutila* 414
*sahari* 416

*schoeniclus* 406
*spodocephala* 439
*striolata* 416
*Empidonax alnorum* 443
*flaviventris* 443
*minimus* 443
*virescens* 443
Erckelfrankolin 448
Erddrossel 312
*Eremalauda dunni* 435
*eremodites* 262
*Eremophila alpestris* 266
*bilopha* 266
*Eremopterix nigriceps* 262
*signatus* 443
*Erithacus rubecula* 286
Erlenschnäppertyrann 443
Erlenzeisig 394
Erznektarvogel 372
Eskimobrachvogel 442
Eskimoregenpfeifer 142
*Estrilda astrild* 453
*Euodice cantans* 444
*malabarica* 453
*Euplectes afer* 452
*Eurystomus glaucurus* 442

Fahlbürzel-Steinschmätzer 302
Fahlente 422
Fahlkauz 238
Fahlkehlschwalbe 443
Fahlsegler 244
Fahlsperling 388
Fahlstirnschwalbe 435
*Falco amurensis* 428
*biarmicus* 126
*cherrug* 126
*columbarius* 124
*concolor* 122
*eleonorae* 122
*naumanni* 120
*pelegrinoides* 124
*peregrinus* 124
*rusticolus* 126
*sparverius* 428
*subbuteo* 122
*tinnunculus* 120
*vespertinus* 120
Falkenbussard 112
Falkennachtschwalbe 242
Falkenraubmöwe 180
Feldlerche 258
Feldrohrsänger 332
Feldschwirl 328
Feldsperling 386
Felsenhuhn 56
Felsenkleiber 364
Felsenschwalbe 268
Felsensteinschmätzer 298
Felsentaube 222
*Ficedula albicilla* 350
*albicollis* 352
*hypoleuca* 352
*mugimaki* 444
*parva* 350
*semitorquata* 352
*speculigera* 352
Fichtenammer 412
Fichtenkreuzschnabel 400
Fichtenwaldsänger 445
Fischadler 89
Fischmöwe 192
Fischuhu 230
Fitis 340
Flussregenpfeifer 142
Flussseeschwalbe 208
Flussuferläufer 162
Forsterseeschwalbe 206
*Francolinus francolinus* 52
*Fratercula arctica* 216
*cirrhata* 442
*Fregata aquila* 441
*ariel* 441
*magnificens* 425
*Fregetta tropica* 423
*Fringilla coelebs* 390
*montifringilla* 390
*polatzeki* 390
*teydea* 390
Fuchsammer 445
*Fulica americana* 428
*atra* 130
*cristata* 130
*Fulmarus glacialis* 68

*Galerida cristata* 258
*theklae* 258
*Gallinago delicata* 430
*gallinago* 172
*media* 172
*megala* 431
*stenura* 174
*Gallinula chloropus* 130
Gänsegeier 92
Gänsesäger 44
*Garrulus glandarius* 376
Gartenbaumläufer 364
Gartengrasmücke 314
Gartenrotschwanz 292
Gartenspottdrossel 443
Gaukler 427
*Gavia adamsii* 60
*arctica* 62
*immer* 60
*pacifica* 62
*stellata* 62

Gebirgsstelze 280
Gelbaugentaube 442
Gelbbauch-Saftlecker 435
Gelbbrauenammer 406
Gelbbrauen-Laubsänger 346
Gelbbrust-Pfeifgans 440
Gelbkehlammer 445
Gelbkehlsperling 388
Gelbkehlvireo 444
Gelbnasenalbatros 423
Gelbscheitel-Waldsänger 444
Gelbschenkel 166
Gelbschnabelkuckuck 228
Gelbschnabeltaucher 60
Gelbschopflund 442
Gelbspötter 336
Gelbsteißbülbül 372
*Gelochelidon nilotica* 206
*Geokichla sibirica* 312
*Geothlypis trichas* 439
Gerfalke 126
*Geronticus eremita* 86
Gimpel 398
Girlitz 396
Glanzkrähe 382
*Glareola maldivarum* 430
*nordmanni* 140
*pratincola* 140
*Glaucidium passerinum* 234
Gleitaar 104
Glockenreiher 441
Gluckente 28
Goldammer 412
Goldfasan 449
Goldflügel-Waldsänger 444
Goldhähnchen-Laubsänger 346
Goldkuckuck 442
Goldregenpfeifer 148
Goldschnepfe 174
Goldspecht 443
Goldwaldsänger 418
Goliathreiher 426
Gran-Canaria-Fink 390
Grasammer 445
Grasläufer 160
Grauammer 416
Graubrust-Strandläufer 160
Graubülbül 372
Graubürzel-Singhabicht 118
Graudrongo 444
Graudrosselhäherling 374
Graufischer 248
Graugans 18
Graukehl-Sumpfhuhn 441
Graukopfkiebitz 442
Graukopfmöwe 432
Grauortolan 410
Graureiher 84
Graurückendommel 425
Grauschnäpper 350
Grauschwanz-Wasserläufer 442
Grauspecht 252
Grauwangen-Musendrossel 310
Großtrappe 134
Grünfink 394
Grünlaubsänger 344
Grünmantel-Waldsänger 445
Grünreiher 425
Grünschenkel 164
Grünspecht 252
*Grus grus* 132
*virgo* 132
Gryllteiste 216
Guineaseeschwalbe 204
*Gulosus aristotelis* 78
Gürtelfischer 248
*Gymnoris xanthocollis* 388
*Gypaetus barbatus* 90
*Gyps africanus* 426
*fulvus* 92
*rueppelli* 92

Habicht 116
Habichtsadler 102
Habichtskauz 232
*Haematopus ostralegus* 138
*Haemorhous mexicanus* 444
Häherkuckuck 228
Hakengimpel 398
Halbringschnäpper 352
*Halcyon smyrnensis* 248
*Haliaeetus albicilla* 94
*leucocephalus* 441
*leucoryphus* 426
Halsbanddrossel 443
Halsbandfrankolin 52
Halsbandschnäpper 352
Halsbandsittich 451
Harlekinlerche 443
Haselhuhn 50
Haubenlerche 258
Haubenmeise 358
Haubentaucher 66
Hausammer 416
Hausgimpel 444
Hauslachtaube 450
Hausrotschwanz 292
Haussegler 246
Haussperling 386
Heckenbraunelle 284
Heckensänger 288
*Hedydipna metallica* 372
Heidelerche 260
Helmperlhuhn 448
*Helopsaltes certhiola* 328
*fasciolatus* 443
Hemprichmöwe 200

Heringsmöwe 194
*Hesperiphona vespertina* 438
*Hieraaetus pennatus* 102
*wahlbergi* 441
Himalajabülbül 372
*Himantopus himantopus* 138
*Hippolais icterina* 336
*languida* 336
*olivetorum* 336
*polyglotta* 336
Hirtenmaina 452
Hirtenregenpfeifer 144
*Hirundapus caudacutus* 246
*Hirundo aethiopica* 443
*rustica* 270
*Histrionicus histrionicus* 40
Höckersamtente 46
Höckerschwan 14
Hohltaube 222
Hopfkuckuck 228
Hudsonschnepfe 431
Hudsonweihe 427
*Hydrobates castro* 74
*leucorhous* 74
*monorhis* 74
*pelagicus* 74
*Hydrocoloeus minutus* 196
*Hydroprogne caspia* 202
*Hylocichla mustelina* 443
*Hypocolius ampelinus* 282

Iberienadler 96
Iberien-Bartgrasmücke 320
Iberiengrünspecht 252
Iberienraubwürger 366
Iberienzilpzalp 342
*Ichthyaetus audouinii* 190
*hemprichii* 200
*ichthyaetus* 192
*leucophthalmus* 200
*melanocephalus* 186
*relictus* 442
*Icterus galbula* 420
*Iduna caligata* 338
*opaca* 338
*pallida* 338
*rama* 338
Indianerblässhuhn 428
Indianerdommel 441
Indiensilberschnabel 453
Indigofink 420
*Irania gutturalis* 288
Isabellspötter 338
Isabellsteinschmätzer 294
Isabellwürger 368
Italiensperling 386
*Ixobrychus eurhythmus* 441
*exilis* 441
*minutus* 80
*sturmii* 425
*Ixoreus naevius* 443

Jagdfasan 54
Jerichonektarvogel 372
*Junco hyemalis* 420
Jungfernkranich 132
*Jynx torquilla* 256

Kabylenkleiber 362
Kaiseradler 96
Kaisergans 446
Kalanderlerche 264
Kammblässhuhn 130
Kampfläufer 160
Kamtschatkamöwe 433
Kamtschatkasamtente 46
Kanadabergente 46
Kanadagans 20
Kanadakranich 429
Kanadamöwe 188
Kanadapfeifente 26
Kanadareiher 441
Kanadaschnepfe 442
Kanadawaldsänger 445
Kanarengirlitz 396
Kanarenmeise 354
Kanarenpieper 274
Kanarenschmätzer 304
Kanarentaube 224
Kanarenzilpzalp 342
Kapgans 447
Kapohreule 236
Kappenammer 414
Kappensäger 46
Kappensteinschmätzer 300
Kappensturmtaucher 68
Kapsturmvogel 440
Kaptäubchen 224
Kaptölpel 424
Kapuzenwaldsänger 445
Kapverden-Sturmtaucher 423
Kapverden-Sturmvogel 72
Karmingimpel 402
Kaschmirschwalbe 443
Kaspikönigshuhn 54
Katzenspottdrossel 436
Kaukasusbirkhuhn 54
Kaukasuskönigshuhn 54
Kaukasussteinschmätzer 302
Keilschwanz-Regenpfeifer 142
Kernbeißer 398
*Ketupa zeylonensis* 230
Kiebitz 150
Kiebitzregenpfeifer 146
Kiefernkreuzschnabel 400

Klappergrasmücke 316
Kleiber 362
Kleinspecht 256
Kleinsumpfhuhn 128
Kletterwaldsänger 418
Klippenadler 100
Klippenkleiber 364
Knackerlerche 264
Knäkente 28
Knutt 152
Kohlmeise 354
Kolbenente 30
Kolkrabe 380
Königsfasan 449
Königsseeschwalbe 202
Korallenmöwe 190
Kormoran 78
Kornweihe 106
Koromandelzwergente 440
Korsenkleiber 362
Korsenzeisig 394
Krabbenreiher 441
Krabbentaucher 216
Kragenente 40
Krähenscharbe 78
Kranich 132
Krauskopfpelikan 76
Kreuzschnäbel 400
Krickente 28
Krokodilwächter 430
Kronenflughuhn 220
Kronenlaubsänger 437
Kronenwaldsänger 418
Kubaflamingo 450
Kuckuck 228
Kuckucke 228
Kuhreiher 82
Kurzfangsperber 118
Kurzschnabelgans 18
Kurzschwanz-Sturmtaucher 440
Kurzzehenlerche 260
Küstenreiher 82
Küstenseeschwalbe 208

Lachmöwe 184
Lachseeschwalbe 206
Lachtaube 434
*Lagonosticta senegala* 453
*Lagopus lagopus* 48
*muta* 48
Langschnabelalk 442
Langschnabelpieper 272
Langschwanz-Drosselhäherling 374
Langzehen-Strandläufer 156
*Lanius borealis* 444
*collurio* 368
*cristatus* 368
*excubitor* 366
*isabellinus* 368
*meridionalis* 366
*minor* 366
*nubicus* 370
*phoenicuroides* 368
*schach* 437
*senator* 370
Lannerfalke 126
Lapplandmeise 356
*Larus argentatus* 188
*armenicus* 190
*cachinnans* 192
*canus* 186
*delawarensis* 186
*dominicanus* 432
*fuscus* 194
*glaucescens* 433
*glaucoides* 198
*hyperboreus* 198
*marinus* 194
*michahellis* 190
*occidentalis* 433
*schistisagus* 433
*smithsonianus* 188
*Larvivora cyane* 436
*sibilans* 443
Lasurmeise 354
Laufhühnchen 58
*Leiothlypis peregrina* 438
*Leiothrix lutea* 452
*Leptoptilos crumenifer* 441
*Leucogeranus leucogeranus* 132
*Leucophaeus atricilla* 200
*pipixcan* 200
Ligurien-Bartgrasmücke 320
*Limnodromus griseus* 174
*scolopaceus* 174
*Limosa haemastica* 431
*lapponica* 168
*limosa* 168
*Linaria cannabina* 392
*flavirostris* 392
Lincolnammer 445
*Locustella fluviatilis* 330
*lanceolata* 328
*luscinioides* 330
*naevia* 328
Löffelente 26
Löffler 86
*Lonchura malacca* 453
*Lophodytes cucullatus* 46
*Lophophanes cristatus* 358
Lorbeertaube 224
*Loxia curvirostra* 400
*leucoptera* 400
*pytyopsittacus* 400
*scotica* 400
*Lullula arborea* 260
*Luscinia luscinia* 286

*megarhynchos* 286
*svecica* 290
*Lymnocryptes minimus* 172
*Lyrurus mlokosiewiczi* 54
*tetrix* 50

*Macronectes giganteus* 440
Madeiragoldhähnchen 348
Madeirasturmvogel 72
Madeirawellenläufer 74
Maghrebsteinschmätzer 298
Magnolienwaldsänger 445
Mandarinente 447
Mandschurendommel 441
Mangrovereiher 81
Mantelmöwe 194
Manyarweber 452
Marabu 441
*Mareca americana* 26
*falcata* 422
*penelope* 26
*strepera* 24
Mariskenrohrsänger 326
*Marmaronetta angustirostris* 26
Marmelente 26
Maskenammer 439
Maskengrasmücke 318
Maskentölpel 424
Maskenwürger 370
Mauerläufer 364
Mauersegler 244
Maurensteinschmätzer 296
Mäusebussard 110
Meerstrandläufer 152
*Megaceryle alcyon* 248
Mehlschwalbe 270
Meisengimpel 402
Meisenwaldsänger 418
*Melanitta americana* 46
*deglandi* 46
*fusca* 38
*nigra* 38
*perspicillata* 38
*stejnegeri* 46
*Melanocorypha bimaculata* 264
*calandra* 264
*mongolica* 264
*yeltoniensis* 264
*Melierax metabates* 118
*Melospiza lincolnii* 445
*melodia* 439
*Mergellus albellus* 42
*Mergus merganser* 44
*serrator* 44
Merlin 124
*Merops albicollis* 442
*apiaster* 250
*cyanophrys* 250
*orientalis* 250
*persicus* 250
*viridissimus* 250
*Microcarbo pygmaeus* 78
Middendorff-Laubsänger 344
*Milvus aegyptius* 104
*migrans* 104
*milvus* 104
*Mimus polyglottos* 443
Misteldrossel 306
Mittelmeer-Grauschnäpper 350
Mittelmeer-Steinschmätzer 296
Mittelmeer-Sturmtaucher 70
Mittelmeermöwe 190
Mittelreiher 426
Mittelsäger 44
Mittelspecht 254
*Mniotilta varia* 418
Moabsperling 386
*Molothrus ater* 445
Mönchsgeier 92
Mönchsgrasmücke 314
Mönchssittich 451
Mönchswaldsänger 445
Mongolengimpel 404
Mongolenlerche 294
Mongolenregenpfeifer 144
Mongolenstar 444
*Monticola saxatilis* 308
*solitarius* 308
*Montifringilla nivalis* 388
Moorente 30
Moorschlammläufer 174
Moorschneehuhn 48
Mornellregenpfeifer 146
*Morus bassanus* 76
*capensis* 424
*Motacilla alba* 278
*cinerea* 280
*citreola* 280
*flava* 280
*flava beema* 281
*flava cinereocapilla* 281
*flava feldegg* 280
*flava flava* 280
*flava flavissima* 281
*flava iberiae* 281
*flava lutea* 281
*flava thunbergi* 280
*tschutschensis* 435
Mugimakischnäpper 444
*Muscicapa balearica* 350
*dauurica* 350
*sibirica* 444
*striata* 350
*tyrrhenica* 350
*Mycteria ibis* 426
*Myiopsitta monachus* 451

Nachtigall 286
Nachtigallengrasmücke 316
Nachtreiher 80
Nachtschwalbe 242
Nachtschwalben 242
Nandaysittich 451
*Nanopterum auritum* 441
Nebelkrähe 380
Nektarvögel 372
*Neophron percnopterus* 94
*Netta erythrophthalma* 440
  *rufina* 30
*Nettapus coromandelianus* 440
Neuntöter 368
Nilgans 22
Nimmersatt 426
Nonnensteinschmätzer 296
Nubiennachtschwalbe 242
*Nucifraga caryocatactes* 376
*Numenius arquata* 168
  *borealis* 442
  *minutus* 170
  *phaeopus* 168
  *tenuirostris* 170
*Numida meleagris* 448
*Nyctanassa violacea* 441
*Nycticorax nycticorax* 80

*Oceanites oceanicus* 74
Odinshühnchen 176
*Oena capensis* 224
*Oenanthe chrysopygia* 302
  *cypriaca* 296
  *deserti* 302
  *finschii* 298
  *halophila* 298
  *hispanica* 296
  *isabellina* 294
  *leucopyga* 300
  *leucura* 300
  *lugens* 298
  *melanoleuca* 296
  *melanura* 300
  *moesta* 302
  *monacha* 300
  *oenanthe* 294
  *pleschanka* 296
  *seebohmi* 294
  *warriae* 298
  *xanthoprymna* 302
Ohrengeier 90
Ohrenlerche 266
Ohrenscharbe 441
Ohrentaucher 64
Olivenspötter 336
*Onychognathus tristramii* 382
*Onychoprion aleuticus* 442
  *anaethetus* 214
  *fuscatus* 214
Orientbrachschwalbe 430
Orientfeldlerche 258
Orientseeschwalbe 210
Orientturteltaube 226
*Oriolus oriolus* 384
Orpheusgrasmücke 316
Orpheusspötter 336
Ortolan 410
*Otis tarda* 134
  *brucei* 240
  *scops* 240
*Oxyura jamaicensis* 446
  *leucocephala* 44

*Pagophila eburnea* 198
Pallasammer 406
Pallasschwarzkehlchen 304
Palmenwaldsänger 445
Palmtaube 226
Pamirlaubsänger 444
*Pandion haliaetus* 89
*Panurus biarmicus* 360
Papageitaucher 216
*Paragallinula angulata* 441
*Parkesia noveboracensis* 418
*Parus major* 354
*Passer domesticus* 386
  *hispaniolensis* 386
  *italiae* 386
  *luteus* 444
  *moabiticus* 386
  *montanus* 386
  *simplex* 388
*Passerculus sandwichensis* 445
*Passerella iliaca* 445
*Passerina cyanea* 420
*Pastor roseus* 384
Pazifikpieper 274
Pazifiksegler 246
Pazifiktaucher 62
Pazifiktrauerente 38
*Pelagodroma marina* 74
*Pelecanus crispus* 76
  *onocrotalus* 76
  *rufescens* 424
*Perdix perdix* 58
*Periparus ater* 358
*Perisoreus infaustus* 376
*Pernis apivorus* 114
  *ptilorhynchus* 114
Persienwüstenhuhn 52
*Petrochelidon fluvicola* 443
  *pyrrhonota* 435
*Petronia petronia* 388
Petschorapieper 278
Pfeifente 26
Pfirsichköpfchen 451

Pfuhlschnepfe 168
*Phaethon aethereus* 423
*Phalacrocorax carbo* 78
*Phalaropus fulicarius* 176
*lobatus* 176
*tricolor* 176
Pharaonenibis 450
Pharaonennachtschwalbe 242
*Phasianus colchicus* 54
*Pheucticus ludovicianus* 420
Philadelphiavireo 444
*Phoeniconaias minor* 86
*Phoenicopterus chilensis* 450
*roseus* 86
*ruber* 450
*Phoenicurus auroreus* 443
*erythrogastrus* 292
*erythronotus* 443
*moussieri* 292
*ochruros* 292
*phoenicurus* 292
*Phylloscopus bonelli* 340
*borealis* 344
*canariensis* 342
*collybita* 342
*collybita tristis* 342
*coronatus* 437
*fuscatus* 346
*griseolus* 444
*humei* 346
*ibericus* 342
*inornatus* 346
*lorenzii* 342
*neglectus* 444
*nitidus* 344
*orientalis* 340
*plumbeitarsus* 344
*proregulus* 346
*schwarzi* 346
*sibilatrix* 340
*sindianus* 342
*tenellipes* 444
*trochiloides* 344
*trochilus* 340
*Pica pica* 374
*Picoides tridactylus* 256
*Picus canus* 252
*sharpei* 252
*vaillantii* 252
*Picus viridis* 252
Pieperwaldsänger 438
*Pinicola enucleator* 398
*Pipilo erythrophthalmus* 445
*Piranga olivacea* 439
*rubra* 445
Pirol 384
*Platalea alba* 450
*leucorodia* 86
*Plectrophenax nivalis* 408
*Plectropterus gambensis* 440
*Plegadis falcinellus* 86
*Ploceus manyar* 452
*melanocephalus* 452
Plüschkopfente 422
*Pluvialis apricaria* 148
*dominica* 148
*fulva* 148
*squatarola* 146
*Pluvianus aegyptius* 430
*Podiceps auritus* 64
*cristatus* 66
*grisegena* 66
*nigricollis* 64
*Podilymbus podiceps* 64
*Poecile cinctus* 356
*hyrcanus* 358
*lugubris* 358
*montanus* 356
*palustris* 356
Polarbirkenzeisig 392
Polarmöwe 198
*Polysticta stelleri* 36
*Porphyrio alleni* 428
*martinica* 428
*porphyrio* 130
*Porzana carolina* 128
*porzana* 128
Prachteiderente 36
Prachtfregattvogel 425
Prachtnachtschwalbe 443
Prachttaucher 62
Prärie-Goldregenpfeifer 148
Prärieläufer 170
Präriemöwe 200
*Prinia gracilis* 324
*Procellaria aequinoctialis* 440
*Progne subis* 443
*Protonotaria citrea* 444
Provencegrasmücke 322
*Prunella atrogularis* 284
*collaris* 284
*modularis* 284
*montanella* 284
*ocularis* 284
*Psittacula eupatria* 451
*krameri* 451
*Pternistis bicalcaratus* 52
*erckelii* 448
*Pterocles alchata* 220
*coronatus* 220
*exustus* 434
*lichtensteinii* 220
*orientalis* 220
*senegallus* 220
*Pterodroma feae* 72
*hasitata* 440
*incerta* 440
*madeira* 72

*mollis* 440
*Ptyonoprogne fuligula* 268
*rupestris* 268
*Puffinus bailloni* 440
*baroli* 70
*lherminieri* 441
*mauretanicus* 70
*persicus* 441
*puffinus* 70
*yelkouan* 70
Purpurhuhn 130
Purpurreiher 84
Purpurschwalbe 443
*Pycnonotus barbatus* 372
*leucogenys* 372
*leucotis* 372
*xanthopygos* 372
*Pyrrhocorax graculus* 378
*pyrrhocorax* 378
*Pyrrhula pyrrhula* 398

Rabenkrähe 380
Rainammer 445
Rallenreiher 82
*Rallus aquaticus* 128
*Ramphocoris clotbey* 264
Raubseeschwalbe 202
Raubwürger 366
Rauchschwalbe 270
Raufußbussard 110
Raufußkauz 234
Rebhuhn 58
*Recurvirostra avosetta* 138
Regenbrachvogel 168
*Regulus ignicapilla* 348
*madeirensis* 348
*regulus* 348
Reiherente 32
Reiherläufer 429
Reisstärling 420
Reliktmöwe 442
*Remiz pendulinus* 360
Rennvogel 140
*Rhodopechys alienus* 404
*sanguineus* 404
*Rhodospiza obsoleta* 404
*Rhodostethia rosea* 196
Rieddrosselhäherling 374
Riesenrotschwanz 292
Riesenschwirl 443
Riesensturmvogel 440
Riesentafelente 46
Ringdrossel 308
Ringelgans 20
Ringeltaube 222
Ringschnabelente 34
Ringschnabelmöwe 186
*Riparia paludicola* 268
*riparia* 268
*Rissa tridactyla* 196
Rohrammer 406
Rohrdommel 80
Rohrschwirl 330
Rohrweihe 106
Rosaflamingo 86
Rosapelikan 76
Rosenbrust-Kernknacker 420
Rosengimpel 444
Rosenmöwe 196
Rosenseeschwalbe 208
Rosenstar 384
Rostbürzel-Steinschmätzer 302
Rostflügeldrossel 312
Rostgans 22
*Rostratula benghalensis* 174
Rostschwanzdrossel 312
Rotaugenente 440
Rotaugenvireo 418
Rotbrustkleiber 444
Rotdrossel 306
Rötelammer 414
Rötelfalke 120
Rötelgrundammer 445
Rötelpelikan 424
Rötelschwalbe 270
Rotflügel-Brachschwalbe 140
Rotflügelgimpel 404
Rotflügelstärling 444
Rotfußfalke 120
Rotfußtölpel 424
Rotgesichtlöffler 450
Rothalsgans 22
Rothals-Nachtschwalbe 242
Rothalstaucher 66
Rothuhn 56
Rotkehlchen 286
Rotkehldrossel 312
Rotkehlpieper 278
Rotkehl-Strandläufer 158
Rotkopfente 46
Rotkopfwürger 370
Rotlappenkiebitz 150
Rotmilan 104
Rotschenkel 164
Rotschnabelalk 442
Rotschnabelente 440
Rotschnabel-Sonnenvogel 452
Rotschnabel-Tropikvogel 423
Rotschwanz-Waldsänger 418
Rotschwanzwürger 368
Rotspottdrossel 443
Rotstirngirlitz 396
Rubingoldhähnchen 444
Rubinkehlchen 290
Rüppellseeschwalbe 204
Rußheckensänger 288
Rußschnäpper 444

Rußseeschwalbe 214
*Rynchops flavirostris* 442

Saatkrähe 380
Säbelschnäbler 138
Saharadickichtsänger 324
Saharagrasmücke 324
Saharakragentrappe 134
Saharaohrenlerche 266
Saharasteinschmätzer 300
Sahelsmaragdspint 250
Samtente 38
Samtkopf-Grasmücke 318
Sanderling 152
Sandflughuhn 220
Sandlerche 262
Sandregenpfeifer 142
Sandstrandläufer 158
Sardengrasmücke 322
Savannenadler 100
Savannenralle 429
*Saxicola caprata* 437
*dacotiae* 304
*maurus* 304
*rubetra* 304
*rubicola* 304
*stejnegeri* 304
*Sayornis phoebe* 443
Schachwürger 437
Schafstelze 280
Scharlachkardinal 439
Scheckente 36
Schelladler 98
Schellente 42
Schieferdrossel 312
Schieferfalke 122
Schieferrücken-Königstyrann 443
Schikrasperber 118
Schildrabe 438
Schilfrohrsänger 326
Schlagschwirl 330
Schlammtreter 432
Schlangenadler 102
Schlegelsturmvogel 440
Schleiereule 238
Schmarotzermilan 104
Schmarotzerraubmöwe 180
Schmuckreiher 425
Schmuckseeschwalbe 204
Schmutzgeier 94
Schnatterente 24
Schneeammer 408
Schneeeule 232
Schneegans 14
Schneekranich 132
Schneesperling 388
Schopfalk 442
Schopfwachtel 447
Schopfwespenbussard 114
Schornsteinsegler 246
Schottlandkreuzschnabel 400
Schreiadler 98
Schuppengrasmücke 318
Schwalbenmöwe 196
Schwalbenweih 441
Schwanzmeise 360
Schwarzbart-Rohrdommel 80
Schwarzbauch-Sturmschwalbe 423
Schwarzbrauenalbatros 76
Schwarzflügel-Brachschwalbe 140
Schwarzhalsreiher 441
Schwarzhalstaucher 64
Schwarzkehlbraunelle 284
Schwarzkehlchen 304
Schwarzkehldrossel 312
Schwarzkopfmöwe 186
Schwarzkopf-Ruderente 446
Schwarzkopfweber 452
Schwarzmilan 104
Schwarzrücken-Steinschmätzer 298
Schwarzschnabelkuckuck 228
Schwarzschopfkiebitz 442
Schwarzschwan 446
Schwarzschwanz-Steinschmätzer 300
Schwarzspecht 252
Schwarzsteppenlerche 264
Schwarzstirnwürger 366
Schwarzstorch 84
Schwirrnachtigall 443
*Scolopax minor* 442
*rusticola* 172
*Scotocerca inquieta* 324
*saharae* 324
Seeadler 94
Seeregenpfeifer 144
Seggenrohrsänger 326
Seidenreiher 82
Seidensänger 330
Seidenschwanz 282
Seidenwürger 282
*Seiurus aurocapilla* 438
Senegalamarant 453
Senegalracke 442
Senegaltriel 140
Senegaltschagra 370
Sepiasturmtaucher 68
*Serinus canaria* 396
*pusillus* 396
*serinus* 396
*syriacus* 396
*Setophaga aestiva* 418
*americana* 418
*caerulescens* 445
*castanea* 445
*cerulea* 444
*citrina* 445
*coronata* 418

*fusca* 445
*magnolia* 445
*palmarum* 445
*pensylvanica* 444
*ruticilla* 418
*striata* 418
*tigrina* 445
*virens* 445
*Sibirionetta formosa* 28
Sichelente 422
Sichelstrandläufer 154
Sichler 86
Silberadler 441
Silberalk 442
Silberhalstaube 224
Silbermöwe 188
Silberreiher 82
Singammer 439
Singdrossel 306
Singschwan 14
*Sitta canadensis* 444
*europaea* 362
*krueperi* 362
*ledanti* 362
*neumayer* 364
*tephronota* 364
*whiteheadi* 362
Skua 179
*Smaragdspint* 250
*Somateria fischeri* 422
*mollissima* 36
*spectabilis* 36
Sommergoldhähnchen 348
Sommerkardinal 445
Spatelente 42
Spatelraubmöwe 179
*Spatula clypeata* 26
*cyanoptera* 447
*discors* 28
*querquedula* 28
Sperber 116
Sperbereule 234
Sperbergeier 92
Sperbergrasmücke 314
Sperlingskauz 234
*Sphyrapicus varius* 435
Spiegelrotschwanz 443
Spießbekassine 174
Spießente 24
Spießflughuhn 220
*Spilopelia senegalensis* 226
*Spinus spinus* 394
Spitzschwanzsittich 451
Spitzschwanz-Strandläufer 160
*Spizelloides arborea* 445
Spornammer 408
Sporngans 440
Spornkiebitz 150
Spornkuckuck 228
Spornpieper 272
Sprosser 286
Sprosserrotschwanz 443
Stachelschwanzsegler 246
Star 384
Steinadler 96
Steinbraunelle 284
Steinhuhn 56
Steinkauz 240
Steinlerche 262
Steinortolan 410
Steinrötel 308
Steinschmätzer 294
Steinschwalbe 268
Steinsperling 388
Steinwälzer 152
Stejnegerschwarzkehlchen 304
Stelzenläufer 138
Stentorrohrsänger 334
Steppenadler 100
Steppenflughuhn 434
Steppenkiebitz 150
Steppenkragentrappe 134
Steppenmöwe 192
Steppenpieper 272
Steppenregenpfeifer 442
Steppenspötter 338
Steppenweihe 108
*Stercorarius longicaudus* 180
*maccormicki* 432
*parasiticus* 180
*pomarinus* 179
*skua* 179
*Sterna dougallii* 208
*forsteri* 206
*hirundo* 208
*paradisaea* 208
*repressa* 210
Sterntaucher 62
*Sternula albifrons* 210
*antillarum* 442
*saundersi* 210
Stieglitz 394
Stockente 24
Strandpieper 274
Straßentaube 222
Strauß 440
Streifengans 22
Streifenprinie 324
Streifenschwirl 328
Streifenwaldsänger 418
Streifen-Zwergohreule 240
*Streptopelia decaocto* 226
*orientalis* 226
*roseogrisea* 434
*turtur* 226
Strichelschwirl 328
*Strix aluco* 238
*hadorami* 238

*nebulosa* 232
*uralensis* 232
*Struthio camelus* 440
Stummellerche 260
Sturmmöwe 186
Sturmwellenläufer 74
*Sturnus unicolor* 384
*vulgaris* 384
Südpolarskua 432
*Sula dactylatra* 424
*leucogaster* 76
*sula* 424
Sumpfläufer 154
Sumpfmeise 356
Sumpfohreule 236
Sumpfrohrsänger 332
Sumpfschwalbe 443
*Surnia ulula* 234
Swinhoewellenläufer 74
*Sylvia atricapilla* 314
*borin* 314
*Synthliboramphus antiquus* 442
*Syrmaticus reevesii* 449
*Syrrhaptes paradoxus* 434

*Tachybaptus ruficollis* 64
*Tachycineta bicolor* 443
*Tachymarptis melba* 244
*Tadorna cana* 447
*ferruginea* 22
*tadorna* 22
Tafelente 30
Tahaweber 452
Taigabirkenzeisig 392
Taigaraubwürger 444
Taigaschnäpper 350
Taigazilpzalp 342
Tamariskengrasmücke 318
Tannenhäher 376
Tannenmeise 358
*Tarsiger cyanurus* 290
Tasmanalbatros 440
*Tchagra senegalus* 370
Teichhuhn 130
Teichrohrsänger 332
Teichwasserläufer 164
Teidefink 390
Temminckstrandläufer 156
*Terathopius ecaudatus* 427
Terekwasserläufer 162
*Tetrao urogallus* 50
*Tetraogallus caspius* 54
*caucasicus* 54
*Tetrastes bonasia* 50
*Tetrax tetrax* 134
Teufelssturmvogel 440
*Thalassarche cauta* 440
*chlororhynchos* 423
*melanophris* 76
*Thalasseus acuflavidus* 442
*albididorsalis* 204
*bengalensis* 204
*bergii* 202
*elegans* 204
*maximus* 202
*sandvicensis* 206
*Thectocercus acuticaudatus* 451
Theklalerche 258
Thorshühnchen 176
*Threskiornis aethiopicus* 450
Tibetlerche 443
*Tichodroma muraria* 364
Tienschan-Laubsänger 346
Tigerwaldsänger 445
Tordalk 218
*Torgos tracheliotos* 90
*Toxostoma rufum* 443
Trauerente 38
Trauerschnäpper 352
Trauerseeschwalbe 212
Trauersteinschmätzer 300
Triel 140
*Tringa brevipes* 442
*erythropus* 164
*flavipes* 166
*glareola* 162
*melanoleuca* 166
*nebularia* 164
*ochropus* 164
*semipalmata* 432
*solitaria* 166
*stagnatilis* 164
*totanus* 164
Tristanalbatros 440
Tristramstar 382
*Troglodytes troglodytes* 348
Tropensturmtaucher 440
Tropfenflughuhn 220
Trottellumme 218
Tschuktschenstelze 436
Tundra-Goldregenpfeifer 148
Tundrasaatgans 18
Tundraschlammläufer 174
Tüpfelastrild 453
Tüpfelgelbschenkel 166
Tüpfelsumpfhuhn 128
*Turdus atrogularis* 312
*eunomus* 312
*iliacus* 306
*merula* 308
*migratorius* 310
*naumanni* 312
*obscurus* 312
*philomelos* 306
*pilaris* 306
*ruficollis* 312
*torquatus* 308

*unicolor* 443
*viscivorus* 306
Türkenammer 412
Türkenkleiber 362
Türkentaube 226
Turkestanlerche 260
Turmfalke 120
*Turnix sylvaticus* 58
Turteltaube 226
*Tyrannus tyrannus* 443
*Tyto alba* 238

Uferschnepfe 168
Uferschwalbe 268
Uhu 230
Unglückshäher 376
*Upupa epops* 248
*Uria aalge* 218
*lomvia* 218
Ussurilaubsänger 444

*Vanellus cinereus* 442
*gregarius* 150
*indicus* 150
*leucurus* 150
*spinosus* 150
*tectus* 442
*vanellus* 150
*Vermivora chrysoptera* 444
*cyanoptera* 444
*Vireo flavifrons* 444
*olivaceus* 418
*philadelphicus* 444
Virginiawachtel 448

Wacholderdrossel 306
Wacholderlaubsänger 344
Wachtel 58
Wachtelkönig 58
Waldammer 408
Waldbaumläufer 364
Waldbekassine 431
Walddrossel 443
Waldkauz 238
Waldlaubsänger 340
Waldohreule 236
Waldpieper 276
Waldrapp 86
Waldsaatgans 18
Waldschnepfe 172
Waldwasserläufer 164
Wanderdrossel 310
Wanderfalke 124
Wanderlaubsänger 344
Wasseramsel 282
Wasserralle 128
Weichfeder-Sturmvogel 440
Weidenammer 414
Weidengelbkehlchen 439
Weidenmeise 356
Weidenmusendrossel 310
Weidensperling 386
Weißaugenmöwe 200
Weißbart-Seeschwalbe 212
Weißbauch-Phoebetyrann 443
Weißbauchtölpel 76
Weißbrauendrossel 312
Weißbürzelsegler 246
Weißbürzel-Strandläufer 158
Weißflügelgimpel 404
Weißflügellerche 264
Weißflügel-Seeschwalbe 212
Weißgesicht-Sturmschwalbe 74
Weißgesicht-Sturmtaucher 440
Weißkehlammer 420
Weißkehlsänger 288
Weißkehlspint 442
Weißkinn-Sturmvogel 440
Weißkopf-Ruderente 44
Weißkopf-Seeadler 441
Weißohrbülbül 372
Weißrückengeier 426
Weißrückenspecht 256
Weißschwanzkiebitz 150
Weißstirnlerche 262
Weißstorch 84
Weißwangengans 20
Weißwangen-Seeschwalbe 210
Wellenastrild 453
Wellenflughuhn 220
Wellenläufer 74
Wendehals 256
Wespenbussard 114
Westmöwe 433
Wiedehopf 248
Wiesenpieper 276
Wiesenstrandläufer 156
Wiesenweihe 108
Wilsonbekassine 430
Wilsonwassertreter 176
Winterammer 420
Wintergoldhähnchen 348
Würgfalke 126
Wüstenammer 416
Wüstendickichtsänger 324
Wüstenfalke 124
Wüstengimpel 404
Wüstengrasmücke 324
Wüstenläuferlerche 266
Wüstenrabe 382
Wüstenregenpfeifer 144
Wüstensperling 388
Wüstensteinschmätzer 302
Wüstenuhu 230

*Xanthocephalus xanthocephalus* 445
*Xema sabini* 196
*Xenus cinereus* 162

*Zapornia parva* 128
*pusilla* 128
Zaunammer 412
Zaunkönig 348
Zederngirlitz 396
Zedernseidenschwanz 436
*Zenaida macroura* 434
Zilpzalp 342
Zimtente 447
Zimtracke 442
Zippammer 416
Zistensänger 326
Zitronenstelze 280
Zitronenwaldsänger 444
Zitronenzeisig 394
*Zonotrichia albicollis* 420
*leucophrys* 439
*Zoothera aurea* 312
Zügelseeschwalbe 214
Zwergadler 102
Zwergammer 406
Zwergbrachvogel 170
Zwergdommel 80
Zwergflamingo 86
Zwerggans 16
Zwergkanadagans 20
Zwergmöwe 196
Zwergmusendrossel 310
Zwergohreule 240
Zwergsäger 42
Zwergscharbe 78
Zwergschnäpper 350
Zwergschnäppertyrann 443
Zwergschneegans 446
Zwergschnepfe 172
Zwergschwan 14
Zwergseeschwalbe 210
Zwergstrandläufer 156
Zwergsultanshuhn 428
Zwergsumpfhuhn 128
Zwergtaucher 64
Zwergteichhuhn 441
Zwergtrappe 134
Zypernsteinschmätzer 296

### Illustratoren des Abschnitts „Sehr seltene Ausnahmeerscheinungen“ (S. 422–439)

**Dan Zetterström** – Sichelente, Fahlente, Plüschkopfente, Rotschnabel-Tropikvogel, Maskentölpel, Rötelpelikan, Prachtfregattvogel, Graurückendommel, Schmuckreiher, Mittelreiher, Goliathreiher, Nimmersatt, Weißrückengeier, Bindenseeadler, Gaukler, Hudsonweihe, Buntfalke, Amurfalke, Bronzesultanshuhn, Zwergsultanshuhn, Indianerblässhuhn, Kanadakranich, Arabertrappe, Reiherläufer, Krokodilwächter, Orientbrachschwalbe, Anadyrknutt, Wilsonbekassine, Waldbekassine, Hudsonschnepfe, Schlammtreter, Graukopfmöwe, Braunbauch-Flughuhn, Steppenflughuhn, Lachtaube, Gelbbauch-Saftlecker, Fahlstirnschwalbe, Tschuktschenstelze, Katzenspottdrossel, Blaunachtigall, Elsterschmätzer, Kronenlaubsänger, Schachwürger, Elsterdohle, Abendkernbeißer, Brauenwaldsänger, Pieperwaldsänger, Weidengelbkehlchen, Singammer, Dachsammer, Maskenammer.

**Hans Larsson** – Rotfußtölpel, Grünreiher, Savannenralle, Südpolarskua, Dominikanermöwe, Beringmöwe, Kamtschatkamöwe, Carolinataube, Zedernseidenschwanz, Schildrabe.

**Killian Mullarney** – Kapverden-Sturmtaucher, Schwarzbauch-Sturmschwalbe, Gelbnasenalbatros, Einödlerche, Scharlachkardinal.

### Illustratoren des Abschnitts „Eingeführte Brutvögel und Gefangenschaftsflüchtlinge“ (S. 446–453)

**Dan Zetterström** – Schwarzkopf-Ruderente, Helmperlhuhn, Schopfwachtel, Jagdfasan, Goldfasan, Diamantfasan, Pharaonenibis, Rotgesichtlöffler, Chileflamingo, Hauslachtaube, Halsbandsittich, Mönchssittich, Hirtenmaina, Manyarweber, Senegalamarant,Wellenastrild, Tüpfelastrild, Indiensilberschnabel.

**Hans Larsson** – Schwarzschwan, Zwergschneegans, Kaisergans, Kapgans, Zimtente, Virginiawachtel, Erckelfrankolin, Königsfasan, Kubaflamingo, Alexandersittich, Pfirsichköpfchen, Nandaysittich, Spitzschwanzsittich, Schwarzkopfweber, Tahaweber, Rotschnabel-Sonnenvogel, Dreifarbnonne.

**Killian Mullarney** – Brautente, Mandarinente.

## Übersetzung und Bearbeitung

**Peter H. Barthel** (Übersetzung und Bearbeitung) ist Diplom-Biologe und einer der erfahrensten Ornithologen Deutschlands. Seit ihrer ersten Auflage 1999 betreut er die deutsche Ausgabe des *Kosmos Vogelführers.* Neben dem Klassiker *Was fliegt denn da?* hat er viele weitere Vogelbücher geschrieben, übersetzt und bearbeitet und zahlreiche Fachartikel über Vogelbestimmung verfasst. Von 1987-2012 war er Herausgeber der deutschen Zeitschrift für Feldornithologie *Limicola*, von 1988-2010 Vorsitzender der Deutschen Seltenheitenkommission. Bei der Deutschen Ornithologen-Gesellschaft leitet er die Kommissionen für die offizielle nationale Artenliste und für die deutschen Namen der Vögel der Erde. Auf gemeinsamen Reisen mit Lars Svensson hat er Vögel u.a. in Russland, Mittelasien und Israel studiert, mit Dan Zetterström in China. Er wohnt im südlichen Niedersachsen.

# IMPRESSUM

Titel der Originalausgabe:
Fåglarna (3:e uppl)
3. Auflage, erschienen 2023 bei Bonnier Fakta, Stockholm, Schweden
unter ISBN 978-91-7887-540-5
Veröffentlichung in deutscher Sprache nach Absprache mit
Bonnier Rights, Stockholm, Schweden


Text und Karten: Lars Svensson
Illustrationen und Bildlegenden: Killian Mullarney und Dan Zetterström
Einige Illustrationen von Hans Larsson, siehe Seite 476
Originaltitel: Fåglarna (3:e uppl)

Über 4000 Farbzeichnungen von Killian Mullarney und Dan Zetterström

Aus dem Schwedischen und Englischen übersetzt und bearbeitet
von Peter H. Barthel

Umschlaggestaltung von Jorge Schmidt, KommunikationsDesign, München,
unter Verwendung folgender Zeichnungen: Umschlagvorderseite: v. o. n. u.
Weißwangen-Seeschwalbe, Rauchschwalbe, Fischadler, Alpenschneehuhn und
Blaukehlchen; Umschlagrückseite: Habichtskäuze



3. Auflage 2024, komplett überarbeitet, aktualisiert und erweitert
Diese Ausgabe entspricht inhaltlich nahezu der kleinen Ausgabe
mit dem Titel „Der Kosmos-Vogelführer" (ISBN 3-440-17611-5).
Für die deutschsprachige Ausgabe:

ISBN 978-3-440-18096-9
Projektleitung: Stefanie Tommes
Lektorat und Satz: Barbara Kiesewetter, Redaktionsbüro München
Produktion: Markus Schärtlein
Druck und Bindung: UAB BALTO print, Vilnius
Printed in Lithuania / Imprimé en Lituanie

# SYSTEMATIK DER VÖGEL EUROPAS

In Artenlisten und vielen Vogelbüchern werden die Vogelarten in streng systematischer Reihenfolge behandelt. Dabei sind eng verwandte Arten zu Gattungen und diese wiederum zu Familien zusammengefasst, einander nahestehende Familien zu Ordnungen, welche zusammen die Klasse der Vögel bilden (s. S. 8). Eine solche Systematik spiegelt weitgehend auch den Stammbaum der Vögel wider.

Besonders durch molekulargenetische Untersuchungen ist unser Verständnis der Verwandtschaftsbeziehungen bei Vögeln in den letzten 30 Jahren enorm gewachsen, wodurch eine aktuelle systematische Vogelliste mit einer früheren kaum noch Gemeinsamkeiten besitzt. In der Folge mussten neben der systematischen Reihenfolge auch viele wissenschaftliche und sogar einige deutsche Vogelnamen verändert werden.

Für ein Bestimmungsbuch wie dieses ist es jedoch nicht unbedingt sinnvoll, sich streng an die Systematik zu halten. Wichtiger ist es, einander ähnliche Gruppen und Arten vergleichbar nebeneinander zu behandeln (z. B. die See- neben den Lappentauchern, Falken mit den nicht verwandten Greifvögeln oder das zu den Regenpfeifervögeln gehörende Laufhühnchen bei den Hühnervögeln).

Dennoch ist es oft nützlich, sich auch der Verwandtschaft der verschiedenen Gruppen untereinander bewusst zu sein. Daher folgt hier eine Übersicht der im Buch vorkommenden 27 Ordnungen und (eingerückt) der 98 auf sie verteilten Familien in der aktuellen systematischen Reihenfolge. Zusätzlich ist die Seitenzahl angegeben, auf der die Behandlung der jeweiligen Familie beginnt.

## Urkiefervögel, Palaeognathae


Strauße, Struthioniformes
- Strauße, Struthionidae S. 440


## Neukiefervögel, Neognathae

### Enten- und Hühnervögel, Galloanseres


Entenvögel, Anseriformes
- Entenverwandte, Anatidae S. 14

Hühnervögel, Galliformes
- Perlhühner, Numididae S. 448
- Zahnwachteln, Odontophoridae S. 447
- Fasanenverwandte, Phasianidae S. 48


### Neuvögel, Neoaves


Nachtschwalben, Caprimulgiformes
- Nachtschwalben, Caprimulgidae S. 242

Seglervögel, Apodiformes
- Segler, Apodidae S. 244

Trappen, Otidiformes
- Trappen, Otididae S. 314

Kuckucke, Cuculiformes
- Kuckucke, Cuculidae S. 228

Flughühner, Pterocliformes
- Flughühner, Pteroclidae S. 220

Tauben, Columbiformes
- Tauben, Columbidae S. 222

Kranichvögel, Gruiformes
- Rallen, Rallidae S. 128
- Kraniche, Gruidae S. 132

Lappentaucher, Podicipediformes
- Lappentaucher, Podicipedidae S. 64

Flamingos, Phoenicopteriformes
- Flamingos, Phoenicopteridae S. 86

Regenpfeifervögel, Charadriiformes
- Laufhühnchen, Turnicidae S. 58
- Triele, Burhinidae S. 140
- Austernfischer, Haematopodidae S. 138
- Säbelschnäblerverwandte, Recurvirostridae S. 138
- Regenpfeiferverwandte, Charadriidae S. 142
- Krokodilwächter, Pluvianidae S. 430
- Goldschnepfen, Rostratulidae S. 174
- Schnepfenverwandte, Scolopacidae S. 152
- Reiherläufer, Dromadidae S. 429
- Brachschwalbenverwandte, Glareolidae S. 140
- Möwenverwandte, Laridae S. 182
- Raubmöwen, Stercorariidae S. 178
- Alke, Alcidae S. 216

Tropikvögel, Phaethontiformes
- Tropikvögel, Phaethontidae S. 423

Seetaucher, Gaviiformes
- Seetaucher, Gaviidae S. 60

Röhrennasen, Procellariiformes
- Sturmschwalben, Oceanitidae S. 74
- Albatrosse, Diomedeidae S. 76
- Wellenläufer, Hydrobatidae S. 74
- Sturmvögel, Procellariidae S. 68

Störche, Ciconiiformes
- Störche, Ciconiidae S. 84

Ruderfüßer, Suliformes
- Fregattvögel, Fregatidae S. 425
- Tölpel, Sulidae S. 76
- Schlangenhalsvögel, Anhingidae S. 441
- Scharben, Phalacrocoracidae S. 78

Pelikanvögel, Pelecaniformes
- Ibisse, Threskiornithidae S. 86
- Reiher, Ardeidae S. 80
- Pelikane, Pelecanidae S. 76

Greifvögel, Accipitriformes
- Fischadler, Pandionidae S. 89
- Habichtverwandte, Accipitridae S. 90

Eulen, Strigiformes
- Schleiereulen, Tytonidae S. 238
- Eulen, Strigidae S. 230

Hornvögel, Bucerotiformes
- Wiedehopfe, Upupidae S. 248

Rackenvögel, Coraciiformes
- Racken, Coraciidae S. 250
- Eisvögel, Alcedinidae S. 248
- Spinte, Meropidae S. 250

Spechtvögel, Piciformes
- Spechte, Picidae S. 252

Falken, Falconiformes
- Falken, Falconidae S. 120

Papageien, Psittaciformes
- Neuweltpapageien, Psittacidae S. 451
- Altweltpapageien, Psittaculidae S. 451

Sperlingsvögel, Passeriformes
- Buschwürger, Malaconotidae S. 370
- Würger, Laniidae S. 366
- Vireos, Vireonidae S. 418
- Pirole, Oriolidae S. 384
- Krähenverwandte, Corvidae S. 374
- Seidenschwänze, Bombycillidae S. 82
- Seidenwürger, Hypocoliidae S. 82
- Meisen, Paridae S. 354
- Beutelmeisen, Remizidae S. 360
- Bartmeisen, Panuridae S. 360
- Lerchen, Alaudidae S. 258
- Bülbüls, Pycnonotidae S. 372
- Schwalben, Hirundinidae S. 268
- Seidensängerverwandte, Cettiidae S. 380
- Wüstendickichtsänger, Scotocercidae S. 324
- Schwanzmeisen, Aegithalidae S. 360
- Laubsänger, Phylloscopidae S. 340
- Rohrsängerverwandte, Acrocephalidae S. 326
- Schwirlverwandte, Locustellidae S. 328
- Halmsänger, Cisticolidae S. 324
- Grasmückenverwandte, Sylviidae S. 314
- Häherlinge, Leiothrichidae S. 374
- Goldhähnchen, Regulidae S. 348
- Zaunkönige, Troglodytidae S. 348
- Kleiber, Sittidae S. 362
- Mauerläufer, Tichodromidae S. 364
- Baumläufer, Certhiidae S. 364
- Starenverwandte, Sturnidae S. 382
- Drosseln, Turdidae S. 306
- Schnäpperverwandte, Muscicapidae S. 286
- Wasseramseln, Cinclidae S. 282
- Nektarvögel, Nectariniidae S. 372
- Sperlinge, Passeridae S. 386
- Weber, Ploceidae S. 452
- Prachtfinken, Estrildidae S. 453
- Braunellen, Prunellidae S. 284
- Stelzenverwandte, Motacillidae S. 272
- Finkenverwandte, Fringillidae S. 390
- Tundraammern, Calcariidae S. 408
- Ammern, Emberizidae S. 406
- Neuweltammern, Passerellidae S. 421
- Stärlinge, Icteridae S. 420
- Waldsänger, Parulidae S. 418
- Kardinäle, Cardinalidae S. 439

# STATUSANGABEN ZUM VORKOMMEN DER VOGELARTEN IN DEUTSCHLAND

Für jede in diesem Buch behandelte Vogelart befindet sich in der Kopfzeile mit dem Artnamen eine Statusangabe zu ihrem Vorkommen in Deutschland. Sie soll dabei helfen, eigene Beobachtungen besser einordnen zu können. So ist es wahrscheinlicher, im Sommer eine weit verbreitete und nicht allzu seltene Art als Brutvogel im eigenen Landkreis zu entdecken als eine in ganz Deutschland nur lokal und sehr selten vorkommende, oder im Herbst einem regelmäßigen Durchzügler zu begegnen als einer seit 1950 nicht mehr beobachteten Art.
Bisher wurden in Deutschland etwa 535 Vogelarten in den Kategorien A, B und C nachgewiesen (Stand Ende 2022). Grundlage der Statusangaben für Deutschland ist die offizielle Artenliste der Deutschen Ornithologen-Gesellschaft (Barthel & Krüger 2019), aktualisiert und leicht modifiziert (s. auch www.do-g.de). Aus Platzmangel hier nicht aufgenommene entsprechende Angaben für Österreich (www.birdlife-afk.at) und die Schweiz (www.vogelwarte.ch) finden sich im Internet. Die Statusangabe für Deutschland setzt sich immer aus **drei durch Schrägstriche voneinander getrennten Angaben** zusammen, also: **Kategorie / Brutstatus / Status außerhalb der Brutzeit**. Durch die Hinzufügung von Ziffern sowie durch Groß- oder Kleinschreibung werden auch quantitative Informationen vermittelt.

**–** : Diese Vogelart wurde in Deutschland bislang nicht nachgewiesen.

### Kategorie

**A**: Die Art wurde seit dem Jahr 1950 mindestens einmal als Wildvogel in Deutschland festgestellt (etwa 495 Arten).
**B**: Die Art wurde lediglich im Zeitraum vom 1800 bis 1949 als Wildvogel in Deutschland nachgewiesen (etwa 30 Arten; einschließlich der mit BC, BD oder BE markierten Arten, s. u.).
**C**: Die gebietsfremde Art wurde in Deutschland als Brutvogel durch den Menschen beabsichtigt oder unbeabsichtigt eingebürgert (etwa zehn Arten) und pflanzt sich in voller Freiheit regelmäßig fort, hält oder vergrößert langfristig ohne jede menschliche Hilfe und weitere Freisetzungen ihren Bestand und bildet neue Teilpopulationen, ist also etabliert. Dabei werden fünf Unterkategorien unterschieden. C1: Etablierte eingebürgerte Art, deren Vorkommen ausschließlich auf Aussetzungen zurückgeht). C4: Verwilderte Form einer domestizierten Art mit etablierten Populationen. C5: Art, die in Deutschland lediglich als Gastvogel aus etablierten Brutpopulationen der Kategorie C anderer europäischer Länder stammt. (C2 und C3 treffen aktuell auf keine Art zu.)
**D**: Die Art wurde in Deutschland festgestellt, doch bestehen begründete Zweifel, dass sie das Land unter natürlichen Bedingungen erreicht hat. Sie ist nicht Bestandteil der deutschen Artenliste.
**E**: Die Art wurden in Deutschland nur als ausgesetzt, als wahrscheinlicher Gefangenschaftsflüchtling, als mit Verkehrsmitteln oder auf andere Weise durch menschliches Zutun hierher gelangt festgestellt und ist nicht Bestandteil der Artenliste.
**BC**, **BD**, **BE**: Bei Kombination der Kategorie B mit den Buchstaben C, D oder E werden Nachweise vor 1950 auf wahrscheinliche Wildvögel zurückgeführt, während sich seit 1950 eine den Kriterien der Kategorie C entsprechende Brutpopulation etabliert hat oder Meldungen seit 1950 in die Kategorie D oder E eingestuft wurden. Vor 1950 als Brutvögel aus Deutschland verschwundene Arten, bei denen Wiedereinbürgerungsprojekte noch nicht zu einer den Kriterien der Kategorie C3 entsprechenden Etablierung geführt haben, fallen somit vorerst in die Kategorie BE.

### Brutstatus

Die Angabe besteht aus der Kombination eines Buchstabens für die Verbreitung in der Fläche (N, R, L) und einer Ziffer für die Häufigkeit (1-6). Daneben können Buchstaben ein Vorkommen als Vermehrungsgast (V) oder als auf beeinträchtigte bzw. ausgesetzte Individuen zurückgehend (E) kennzeichnen. Die Angaben zur Verbreitung in Deutschland beziehen sich ausschließlich auf regelmäßige, alljährlich vorkommende Brutvogelarten.
**N**: Nationaler Brutvogel in geeigneten Lebensräumen in weiten Teilen Deutschlands (152 Arten).
**R**: Regionaler Brutvogel nur in bestimmten Landesteilen, z. B. Alpenraum, Küsten – ergibt sich aus den Verbreitungskarten (75 Arten).
**L**: Lokaler Brutvogel, nur sehr kleinräumig, doch dort teilweise in großer Dichte (20 Arten).
**V**: Hat seit 1800 ausnahmsweise einmal oder mehrfach, jedoch nicht in mehr als drei aufeinander folgenden Jahren gebrütet und ist daher als Vermehrungsgast einzustufen (gut 30 Arten).
**0**: Ausgestorbener Brutvogel, von dem es seit mindestens 2005 keinen Brutnachweis mehr gibt (zwölf Arten).
**E**: Bruten gehen ausschließlich auf flugunfähige bzw. anderweitig in ihrer Fortbewegung teilweise bis ganz eingeschränkte oder entflogene sowie ausgesetzte Vögel zurück (zwölf Arten).
**–** : Die Art hat noch nicht in Deutschland gebrütet.

An die Buchstaben angehängte **Häufigkeitsangaben zum Brutstatus**:
**1**: 1-100 Brutpaare (31 Arten)
**2**: 101-1.000 Brutpaare (34 Arten)
**3**: 1.001-10.000 Brutpaare (60 Arten)
**4**: 10.001-100.000 Brutpaare (58 Arten)
**5**: 100.001-1.000.000 Brutpaare (42 Arten)
**6**: Mehr als 1 Million Brutpaare (22 Arten)

### Status außerhalb der Brutzeit

**J/j**: Jahresvogel; Brut- und Winterpopulation sind dabei nicht immer identisch; das kleine j weist auf eine durchschnittliche Populationsgröße von weniger als 100 Individuen hin.
**Z/z**: Zugvogel, deutsche Brutvögel verlassen uns im Winter und Vögel anderer Regionen ziehen häufig (**Z**) oder mit durchschnittlich weniger als 100 Vögeln pro Jahr spärlich (**z**) durch.
**W/w**: Wintergast; Vögel meist nordeuropäischer Herkunft überwintern regelmäßig zumindest in einigen Landesteilen (**W**), jedoch mit durchschnittlich weniger als 100 Individuen (**w**).
**S/s**: Seltenheit; seit 1980 gab es durchschnittlich weniger als fünf Nachweise pro Jahr (S) oder es liegen seit 1950 insgesamt weniger als fünf deutsche Nachweise (**s**); auch nur vor 1950 festgestellte Arten haben hier meist ein kleines „s".
Die Kennbuchstaben J, Z und W können auch **kombiniert** sein.

## Gefiederzeichnung

## Kopfzeichnung

## Oberflügel

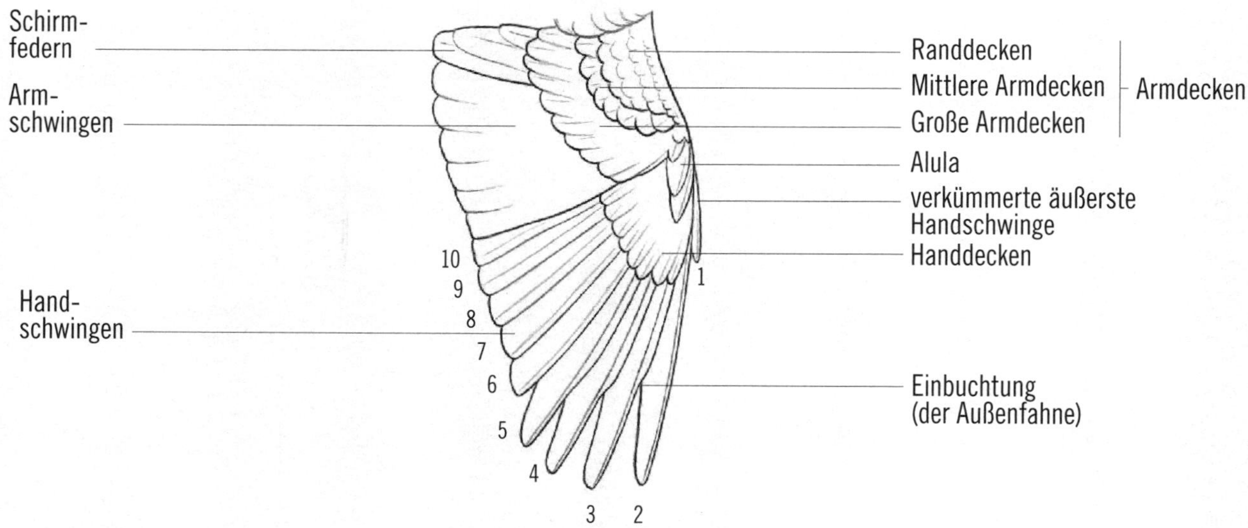